IL ÉTAIT UNE FOIS NOS ANCÊTRES

DU MÊME AUTEUR

Le Gène égoïste, Odile Jacob, 1996.
L'Horloger aveugle, Robert Laffont, 1989.
Le Fleuve de la vie : qu'est-ce que l'évolution ?, Hachette Littérature, 1997.
Les Mystères de l'arc-en-ciel, Bayard, 2000.

RICHARD DAWKINS

IL ÉTAIT UNE FOIS NOS ANCÊTRES

Une histoire de l'évolution

Traduit de l'anglais
par Marie-France Desjeux

ROBERT LAFFONT

Ouvrage traduit avec le concours du Centre national du livre

Titre original : THE ANCESTOR'S TALE

ISBN 978-2-221-10505-4
(édition originale : ISBN 0-618-00583-8 Houghton Mifflin Company, New York)

John Maynard Smith
(1920-2004)

Il a vu l'ébauche de cet ouvrage dont il a de bonne grâce accepté la dédicace ; et celle-ci, malheureusement, s'est transformée en un hommage à sa mémoire.

> « Peu importent les conférences ou les "ateliers" ; au diable les excursions en car vers les beaux sites locaux ; oubliez tout votre attirail visuel et auditif sophistiqué ; la seule chose qui compte vraiment dans un congrès, c'est la présence de John Maynard Smith et l'accès à un bar spacieux et convivial. S'il ne peut accepter les dates que vous envisagez, vous n'aurez qu'à les changer... Il charmera et amusera les jeunes chercheurs, écoutera ce qu'ils auront à dire, les inspirera, ravivera les enthousiasmes qui pourraient vaciller, et les renverra à leur laboratoire ou aux incertitudes de leur spécialité, revigorés, et impatients d'essayer les nouvelles idées qu'il a généreusement partagées avec eux. »

Rien ne sera plus jamais pareil, et pas seulement les congrès.

SOMMAIRE

Rendez-vous 15

Rendez-vous 16

Rendez-vous 17

Rendez-vous 18

PRÉTENTION DE LA VISION RÉTROSPECTIVE

L'histoire ne se répète pas, elle rime.
MARK TWAIN

L'histoire se répète ; c'est un de ses défauts.
CLARENCE DARROW

L'histoire a souvent été présentée comme une pure et simple succession d'événements. On peut voir dans cette boutade une mise en garde contre deux tentations, mais, bien averti, je jouerai la prudence pour flirter avec les deux. La première tentation de l'historien, c'est de fouiller le passé pour y dénicher des schémas récurrents ou, du moins, pour reprendre l'expression de Mark Twain, de chercher rime et raison à tout. Les détracteurs de ce besoin effréné de schémas invoquent aussi Mark Twain, pour qui « l'histoire est en général une affaire aléatoire et confuse » qui ne connaît ni règles ni direction. La deuxième tentation de l'historien, c'est la vanité qu'inspire le présent, et qui consiste à s'imaginer que le passé a pour finalité notre temps présent, comme si les personnages de la pièce qui se joue dans l'histoire n'avaient rien de mieux à faire de leur vie que d'être nos précurseurs.

Sous des noms dont il est inutile de nous encombrer, ces questions brûlantes dans l'histoire de l'être humain se posent avec encore plus d'acuité et sans se trouver mieux résolues dans la longue perspective de l'évolution. On peut représenter l'histoire de l'évolution comme une simple succession d'espèces, mais de nombreux biologistes conviendront avec moi que c'est une optique bien réductrice : à voir ce processus sous cet angle, on perd la plus grande partie de l'essentiel. L'évolution rime, les schémas se répètent. Et ce n'est pas simplement par hasard. Il en va ainsi pour des raisons que l'on connaît bien : essentiellement des raisons darwiniennes car, contrairement à l'histoire de l'être humain ou même à la physique, la biologie possède déjà sa grande théorie unificatrice, et tous les spécialistes bien informés y souscrivent sans s'arrêter aux variations entre les versions et entre les interprétations. En retraçant l'histoire de l'évolution, je ne m'interdis pas de chercher des schémas et des principes, mais j'essaie de procéder avec prudence.

Qu'en est-il de la deuxième tentation, la prétention de la vision rétrospective, l'idée que le passé travaille à produire notre présent tel qu'il est ? Le regretté Stephen Jay Gould a montré judicieusement que prévaut dans la mythologie populaire une représentation caricaturale de l'évolution, presque aussi universellement répandue que celle des lemmings se jetant du haut des falaises (mythe tout aussi faux). On y voit un défilé d'ancêtres simiens qui se redressent petit à petit dans le sillage de la silhouette majestueuse d'*Homo sapiens*, lequel avance, bien droit, à grandes enjambées : l'homme, aboutissement de l'évolution (en l'occurrence, c'est toujours l'homme, et pas la femme), l'homme, but suprême de toute l'entreprise, l'homme, un aimant qui attire l'évolution depuis le passé jusqu'à sa propre apothéose.

Il existe une version de physicien moins franchement prétentieuse que je dois citer au passage. C'est la notion d'« anthropie » selon laquelle les lois mêmes de la physique ou les constantes fondamentales de l'univers résultent d'un agencement subtil et bien calculé qui conduit au bout du compte à l'existence de l'humanité. Cette façon de voir les choses ne relève pas de la vanité. Elle ne signifie pas nécessairement que l'univers a été délibérément fait pour que nous existions, mais seulement que nous sommes là, et que nous ne pourrions pas nous trouver dans un univers qui n'aurait pas la capacité de nous produire. Comme des physiciens l'ont fait remarquer, ce n'est pas par hasard que nous voyons des étoiles dans notre ciel car elles sont indispensables dans tout univers capable de nous produire. Là encore, cela n'implique pas qu'elles existent dans l'intention de nous fabriquer. C'est seulement que, sans elles, il n'y aurait pas d'atomes plus lourds que le lithium dans la classification périodique des éléments, et qu'une combinaison chimique de trois éléments seulement ne suffit pas pour entretenir la vie. La vue est un type d'activité qui ne s'exerce que dans le type d'univers où ce que l'on voit, ce sont les étoiles.

Mais ce n'est pas tout. Étant donné cette banalité que notre présence exige des lois et des constantes physiques capables de nous produire, l'existence de règles de base dotées d'une telle portée peut toujours sembler extrêmement improbable. En fonction de leurs présupposés, les physiciens peuvent estimer que l'ensemble des univers possibles dépasse de beaucoup ce sous-ensemble dont les lois et les constantes ont permis à la physique de mûrir par l'intermédiaire des étoiles dans la chimie, et par celui des planètes dans la biologie. Pour certains, cela signifie que les lois et les constantes ont sûrement été préméditées dès le départ (mais cela me renverse que quelqu'un puisse y voir une quelconque explication, étant donné que ce problème se ramène vite à celui, plus large, d'expliquer l'existence du préméditateur qui serait tout aussi subtilement agencé et improbable).

D'autres physiciens sont moins certains que ces lois et constantes aient été libres de varier d'emblée. Quand j'étais petit, j'ai eu du mal à comprendre pourquoi cinq fois huit donnait nécessairement le même résultat que huit fois cinq. Je l'ai accepté comme une de ces affirmations qu'avancent les grandes personnes. Ce n'est que plus tard que j'ai compris, peut-être en visualisant des rectangles, pourquoi ces paires de multiplications ne sont pas libres de varier indépendamment. Nous comprenons que la circonférence et le diamètre d'un cercle ne sont pas indépendants, sinon nous pourrions être tentés de postuler une pléthore d'univers possibles, chacun avec une valeur différente de π. Peut-être, disent certains physiciens comme le théoricien et prix Nobel Steven Weinberg, les constantes fondamentales de l'univers que nous considérons actuellement comme indépendantes les unes des autres, vont-elles s'expliquer, dans une Grande Plénitude unifiée du temps, comme dotées d'une moins grande liberté que nous ne l'imaginons aujourd'hui. Peut-être n'y a-t-il pour l'univers qu'une seule façon d'exister. Cela ferait disparaître l'apparence de coïncidence anthropique.

D'autres physiciens encore, entre autres Sir Martin Rees, qui est l'actuel *Astronomer Royal* britannique, acceptent l'idée d'une réelle coïncidence qui réclame une explication, et l'expliquent en postulant l'existence en parallèle de nombreux univers qui ne peuvent communiquer entre eux, et dont chacun possède son propre ensemble de lois et de constantes*. De toute évidence, nous qui nous trouvons à nous poser cette question, nous devons être dans un de ces univers, si rares soient-ils, dont les lois et les constantes sont capables de nous faire évoluer.

Pour sa part, le physicien Lee Smolin a ingénieusement fait entrer un peu de darwinisme dans sa théorie, ce qui réduit l'aspect statistiquement improbable de notre existence. Dans son modèle, les univers donnent naissance à des univers fils dont les lois et constantes comportent des variations. Les univers fils naissent dans les trous noirs produits par un univers parent, et ils héritent de ses lois et de ses constantes mais avec une certaine possibilité de légers changements aléatoires – de « mutations ». Ces univers fils qui ont le moyen de se reproduire (ils durent assez longtemps par exemple pour faire des trous noirs) sont, bien sûr, ceux qui transmettent leurs lois et constantes à leurs fils. Les étoiles sont les précurseurs des trous noirs qui, dans le modèle de Smolin, sont les événements de la naissance. Ainsi, les univers dont la constitution permet la fabrication d'étoiles sont favorisés dans ce darwinisme cosmique. Les propriétés d'un univers qui fait ce cadeau au futur sont précisément les mêmes qui conduisent incidemment à la fabrication des gros atomes, entre autres des atomes de carbone qui sont vitaux. Non seulement nous vivons dans un univers capable de produire la vie, mais des générations successives d'univers évoluent peu à peu pour devenir de plus en plus le type d'univers qui a accessoirement la capacité de produire la vie.

La logique de la théorie de Smolin ne peut que séduire un darwinien, voire quiconque a de l'imagination. En ce qui concerne la physique, je ne suis pas qualifié pour en juger, mais je ne connais pas un seul physicien qui pourrait condamner cette théorie au titre qu'elle est définitivement mauvaise, le pire qu'ils puissent en dire étant qu'elle est superflue. Certains, comme nous l'avons vu, rêvent d'une théorie définitive à la lumière de laquelle la précision

* Bien que ce soit souvent le cas, il ne faut pas confondre cette idée de « nombreux univers » avec les « nombreux mondes » dans l'interprétation de Hugh Everett de la théorie quantique, brillamment défendue par David Deutsch dans *The Fabric of Reality* [La structure de la réalité]. La ressemblance entre les deux théories est superficielle et dénuée de sens. Il se pourrait que les deux soient vraies, qu'aucune des deux ne le soit, ou que seulement l'une ou l'autre le soit. Elles ont été avancées pour répondre à des problèmes complètement différents. Dans la théorie d'Everett, les univers différents ont les mêmes constantes fondamentales. Or c'est le point capital de la théorie que nous étudions ici, que les univers différents ont des constantes fondamentales différentes.

des réglages de l'univers s'avérera de toute façon illusoire. Rien de ce que nous savons n'infirme la théorie de Smolin, et il revendique pour elle le mérite d'être vérifiable, ce qui a beaucoup plus de prix pour les scientifiques que pour les profanes. Son ouvrage s'intitule *The Life of the Cosmos* [La vie du cosmos], et je le recommande fortement.

Mais c'était une digression sur la prétention de la vision rétrospective dans la version des physiciens. Celle des biologistes est plus facile à rejeter depuis Darwin, alors que c'était plus difficile auparavant, et c'est notre propos. L'évolution biologique n'a pas de lignée de descendance privilégiée et pas de but défini. Elle a atteint des millions de buts intermédiaires (le nombre d'espèces survivant au moment de l'observation), et seule la vanité – en l'occurrence, la vanité humaine puisque c'est nous qui parlons – fait dire que l'un d'eux est davantage privilégié ou plus parfait qu'un autre.

Cela ne veut pas dire, comme je ne cesserai de le répéter, qu'il y ait une absence totale de rimes et raisons dans l'histoire de l'évolution. Je crois qu'il existe des schémas récurrents. Je crois aussi, bien que cela soit plus discuté aujourd'hui que naguère, qu'on peut dire à certains égards que l'évolution est orientée, progressiste, et même prévisible. Mais le progrès n'a absolument rien à voir avec le progrès vers l'humanité, et nous devons vivre avec la notion que le prévisible est fragile et peu flatteur. L'historien doit se garder de monter un récit qui semble si peu que ce soit orienté vers une apogée humaine.

Un ouvrage de ma bibliothèque (un bon livre au demeurant, je ne lui ferai donc pas la honte de le nommer) illustre ce point. Il compare *Homo habilis* (une espèce humaine dont nous descendons probablement) avec ses prédécesseurs les australopithécinés*. Ce que dit ce livre, c'est qu'*Homo habilis* était « considérablement plus évolué que les australopithécinés ». Plus évolué ? Quel sens

* La nomenclature zoologique obéissant rigoureusement à la loi de la préséance, je crains qu'on ne puisse espérer changer le nom *Australopithecus* pour un autre qui prête moins à confusion pour la majorité de nos contemporains n'ayant pas reçu un enseignement classique. Il n'a rien à voir avec l'Australie, et l'on n'a retrouvé aucun membre de ce genre en dehors de l'Afrique. *Australo* signifie simplement « du Sud ». L'Australie est le grand continent du Sud, l'aurore australe est l'équivalent dans le Sud de l'aurore boréale (boréal signifie « du Nord ») et *Australopithecus* a été trouvé pour la première fois *au sud* de l'Afrique, dans la personne de l'enfant de Taung.

cela peut-il avoir sinon que l'évolution avance dans une certaine direction préétablie ? Ce livre ne nous laisse aucun doute sur ce qu'est cette direction présumée : « Les premiers signes d'un menton sont apparents » ; le terme « premiers » nous incite à attendre un deuxième signe et un troisième, vers un menton humain « complet ». « Les dents commencent à ressembler aux nôtres… » comme si ces dents étaient comme elles étaient, non pas parce qu'elles convenaient au régime alimentaire d'*Homo habilis*, mais parce qu'elles étaient en voie de devenir nos dents. Le passage se termine sur une remarque révélatrice concernant une espèce plus tardive d'êtres humains qui s'est éteinte, *Homo erectus* :

> Malgré un visage encore très différent du nôtre, leurs yeux ont un aspect beaucoup plus humain. Ce sont comme des sculptures en cours d'exécution, des œuvres « inachevées ».

En cours d'exécution ? Inachevées ? Seulement dans l'imprudence de la vision rétrospective. Reconnaissons, à titre d'excuse, que si nous devions nous trouver face à face avec un *Homo erectus*, il est fort probable qu'il nous donnerait effectivement l'impression d'une sculpture inachevée, en cours d'exécution. Mais c'est seulement parce que nous regardons les choses dans une rétrospective humaine. Une créature vivante est toujours occupée à survivre dans l'environnement qui lui est propre. Elle n'est jamais inachevée – ou, dans un autre sens, elle l'est toujours. Et nous aussi, vraisemblablement.

La prétention de la vision rétrospective nous donne des tentations à d'autres étapes de notre histoire. De notre point de vue humain, l'émergence de nos lointains ancêtres poissons de l'eau à la terre a été un pas capital, un rite de passage dans l'évolution. Elle s'est effectuée au cours du Dévonien avec, pour acteurs, des poissons à nageoires lobées un peu comme les dipneustes modernes. En regardant les fossiles de cette période avec un désir bien pardonnable de contempler nos ancêtres, nous sommes influencés par ce que nous savons de ce qui s'est passé plus tard : amenés à voir ces poissons dévoniens comme « à mi-chemin » pour devenir des animaux terrestres, nous imaginons que tout ce qui les concerne est authentiquement transitoire, et qu'ils sont liés à une quête épique pour envahir la terre et lancer la grande phase suivante de l'évolution. Il n'en allait alors pas ainsi. Ces poissons dévoniens avaient à gagner leur vie, ils n'étaient pas en mission pour évoluer, ni lancés dans une quête vers l'avenir lointain. Un ouvrage, excellent par ailleurs, sur l'évolution des vertébrés, contient la phrase suivante sur les poissons qui

> se sont aventurés hors de l'eau sur la terre à la fin du Dévonien, et ont sauté le fossé, pour ainsi dire, d'une classe de vertébrés à une autre pour devenir les premiers amphibiens…

Ce « fossé » vient de la vision rétrospective. Il n'y avait alors rien qui ressemblât à un fossé, et les « classes » que nous connaissons aujourd'hui n'étaient pas plus séparées en ce temps-là que ne l'étaient deux espèces. Comme nous le reverrons, le saut de fossés n'est pas l'affaire de l'évolution.

Il n'y a pas plus de sens (et pas moins non plus) à cibler notre récit historique sur *Homo sapiens* plutôt que sur aucune autre espèce moderne – *Octopus vulgaris*, par exemple, ou *Panthera leo*, ou *Sequoia sempervirens*. Un martinet s'intéressant à l'histoire, et fier à juste titre du vol dans lequel il voit de toute évidence le premier tour de force de la vie, considérera l'espèce des martinets – ces machines volantes si spectaculaires avec leurs ailes ramenées vers l'arrière, et qui peuvent demeurer en l'air une année durant et même copuler en vol libre – comme le summum du progrès dans l'évolution. Pour reprendre une idée fantasque de Steven Pinker, si les éléphants pouvaient écrire l'histoire, ils représenteraient peut-être les tapirs, les macroscélides, les éléphants de mer et les nasiques comme de timides débutants sur la voie royale de la trompe dans l'évolution. Ils les décriraient comme y faisant leurs premiers pas maladroits, sans qu'aucun, pour une raison ou une autre, n'arrive jamais au bout : si près du but, et pourtant encore si loin. Les astronomes éléphants pourraient se demander si, dans un autre monde, il existe des formes de vie extraterrestre qui ont franchi le Rubicon nasal et effectué le saut final jusqu'à la *proboscitude* pleine et entière.

Nous ne sommes ni des martinets ni des éléphants, mais des humains. Quand notre imagination se promène dans une époque révolue depuis longtemps, il est humain que nous éprouvions davantage d'attachement et de curiosité pour toute espèce, ordinaire par ailleurs, qui est notre ancêtre dans ce paysage (c'est curieux, on ignore souvent qu'il se trouve toujours une telle espèce). Il est difficile de ne pas céder à notre tentation humaine de considérer que cette espèce unique est « dans la ligne principale » de l'évolution, les autres étant des faire-valoir, des figurantes, des rôles secondaires. Sans tomber dans cette erreur, il y a une façon de s'autoriser un anthropocentrisme bien légitime sans se départir de l'attitude qui convient face à l'histoire. Cela consiste à établir notre histoire à rebours, et c'est ainsi que je procède dans cet ouvrage.

La chronologie à rebours à la recherche d'ancêtres peut effectivement viser de façon raisonnable une cible lointaine unique. Cette cible lointaine est le premier ancêtre de tout le vivant, et nous ne pouvons nous empêcher de converger vers lui d'où que nous partions, que ce soit de l'éléphant ou de l'aigle, du martinet ou de la salmonelle, du wellingtonia ou de la femme. La chronologie à rebours et la chronologie prospective sont l'une et l'autre utiles pour des objectifs différents. Si vous remontez le temps, d'où que vous partiez, vous finissez par célébrer l'unité du vivant. Si au contraire vous allez de l'avant, c'est la diversité que vous faites ressortir. Et cela vaut aussi bien pour les courtes que pour les longues durées. La chronologie descendante des mammifères, sur une période importante mais toujours limitée, est une histoire de diversification via de nombreux embranchements qui dévoile la richesse de ce groupe d'êtres à sang chaud et à poils. La chronologie à rebours en partant de n'importe quel mammifère moderne convergera toujours sur le même mammifère primordial unique : mystérieux, insectivore, et contemporain nocturne des dinosaures. C'est une convergence locale. Une autre encore plus locale aboutit à l'ancêtre le plus récent de tous les rongeurs, qui vivait à peu près au moment de l'extinction des dinosaures. Plus locale encore est la convergence, en remontant le temps, de tous les grands singes (dont l'homme) vers leur ancêtre commun qui vivait il y a environ 18 millions d'années. Sur une plus grande échelle, on trouve une convergence du même ordre si l'on remonte à partir de n'importe quel vertébré, et une encore plus grande si l'on remonte de n'importe quel animal vers l'ancêtre de tous les animaux. La plus grande de toutes les convergences nous fait remonter de n'importe quelle créature moderne – animal, plante, champignon ou bactérie – jusqu'à l'ancêtre universel de tous les organismes survivants, qui ressemblait probablement à un certain type de bactérie.

Dans le paragraphe précédent, j'ai utilisé le terme de « convergence », mais je tiens à le réserver pour un sens complètement différent dans la chronologie descendante. Je lui substituerai donc ici celui de « confluence » ou, pour des raisons qui s'expliqueront bientôt, celui de « rendez-vous ». J'aurais pu parler de « coalescence », mais, comme nous le verrons, les généticiens ont déjà adopté ce terme dans un sens plus précis, semblable à mon « confluence », mais à propos des gènes et pas des espèces. Dans la chronologie à rebours, les ancêtres de n'importe quel ensemble d'espèces finissent nécessairement par se rencontrer à un moment géologique particulier. Leur point de rendez-vous est le dernier ancêtre qu'ils ont tous en commun, et que j'appellerai donc leur « coancêtre* » : ce sera par exemple, le rongeur focal, le mammifère focal ou le vertébré focal. Le coancêtre le plus ancien est le premier ancêtre de toute vie qui survit à ce jour.

Nous pouvons dire avec une grande certitude qu'il se trouve bien un coancêtre unique de toutes les formes de vie qui survivent sur notre planète. La preuve en est que tout ce qui a jamais été examiné a en commun (exactement dans la plupart des cas, presque exactement dans les autres) le même code génétique ; et ce code génétique est trop détaillé sur des points arbitraires de sa complexité pour avoir été inventé deux fois. Même si tous les codes génétiques des espèces n'ont pas été étudiés, nous en connaissons déjà suffisamment pour être pratiquement certains, hélas, que nous n'aurons pas de surprises. S'il nous arrivait aujourd'hui de découvrir une forme de vie suffisamment étrangère et coupée des nôtres pour avoir un code génétique complètement différent, ce serait la découverte biologique la plus passionnante de ma vie d'adulte, qu'elle existe sur cette planète ou sur une autre. Au point où en sont les choses, il apparaît que toutes les formes de vie connues peuvent être suivies à la trace jusqu'à un ancêtre unique qui vivait il y a plus de 3 milliards d'années. S'il y a eu d'autres origines de la vie indépendantes de celle-là, elles n'ont pas laissé de descendants que nous ayons découverts. Et si de nouvelles formes de vie apparaissaient maintenant, elles seraient vite dévorées, probablement par des bactéries.

L'ultime confluence de toute la vie qui a survécu n'est pas la même chose que l'origine de la vie elle-même. En effet, toutes les espèces survivantes ont probablement en commun un coancêtre qui a vécu après l'origine de la vie : toute alternative serait une coïncidence fort peu probable car cela laisserait penser que la forme de

* L'auteur utilise le terme *concestor*, dont il attribue la paternité à Nicky Warren. (*N.d.T.*)

vie originale s'est *immédiatement* ramifiée et qu'il ne survit aujourd'hui plus qu'une seule de ses branches. Selon l'orthodoxie des manuels actuels, les plus anciens fossiles bactériens datent d'environ 3,5 milliards d'années, si bien que l'origine de la vie doit être au moins antérieure à cette date. Si l'on accepte une récente contestation* de ces fossiles apparemment anciens, notre datation de l'origine de la vie pourrait être un peu plus récente. L'ultime confluent – le dernier ancêtre commun de toutes les créatures survivantes – pourrait ou bien être antérieur aux fossiles les plus anciens (il ne se serait pas fossilisé), ou bien avoir vécu un milliard d'années plus tard (toutes les autres lignées sauf une se seraient éteintes).

Étant donné que, d'où qu'elles partent, toutes les chronologies à rebours culminent à l'ultime confluence unique, nous pouvons légitimement laisser parler notre intérêt humain et nous concentrer sur la seule lignée de nos ancêtres. Au lieu de considérer que l'évolution est dirigée vers nous, nous *choisissons* de faire partir notre chronologie à rebours de l'*Homo sapiens* moderne, un point de départ arbitraire mais que l'on peut nous pardonner de préférer. Parmi tous les chemins possibles pour remonter dans le passé, c'est celui que nous choisissons parce que nous sommes curieux de découvrir nos propres ancêtres lointains. En même temps, bien qu'il ne soit pas nécessaire de les suivre en détail, nous n'oublierons pas qu'il existe d'autres historiens, des animaux et des plantes appartenant à d'autres espèces, qui cheminent de leur côté à rebours eux aussi en partant chacun de son propre point de départ, en pèlerinages séparés pour rendre visite à leurs propres ancêtres, y compris en fin de compte ceux qu'ils ont en commun avec nous. Si nous marchons dans les pas de nos ancêtres, nous les rencontrerons inévitablement et nous nous joindrons à eux dans un ordre défini, celui dans lequel leurs lignées rejoignent la nôtre, celui d'un cousinage toujours plus étendu.

* La mise en évidence, abondamment citée, par J. W. Schopf d'une bactérie de 3,5 milliards d'années a été vivement critiquée par mon collègue d'Oxford Martin Brasier. Brasier a peut-être raison concernant cette mise en évidence, mais de nouveaux faits, publiés quand cet ouvrage était en cours d'édition, rétabliraient la datation des fossiles les plus anciens à 3,5 milliards d'années. En Afrique du Sud, le scientifique norvégien Harald Fumes et ses collaborateurs ont découvert dans du verre volcanique de cette époque de minuscules trous qui ont été creusés, pensent-ils, par des micro-organismes. Ces « terriers » contiennent du carbone qui, selon ces découvreurs, est d'origine biologique. Il ne reste aucune trace des micro-organismes eux-mêmes.

Des pèlerinages ? S'unir à d'autres pèlerins ? Oui, pourquoi pas ? Le pèlerinage est une bonne façon de nous représenter notre voyage dans le passé. Ce livre revêtira donc la forme d'un pèlerinage épique du présent vers le passé. Tous les chemins mènent à l'origine de la vie, mais comme nous sommes des êtres humains, celui que nous suivrons sera celui de nos propres ancêtres. Ce sera un pèlerinage d'êtres humains à la découverte d'ancêtres humains. Chemin faisant, nous rencontrerons d'autres marcheurs qui se joindront à nous dans un ordre bien défini à mesure que nous arriverons aux ancêtres que nous avons en commun avec eux.

Les premiers pèlerins que nous saluerons, voilà 5 millions d'années environ, au plus profond de l'Afrique où s'est échangée la célèbre poignée de main entre Stanley et Livingstone, sont les chimpanzés. Ces derniers auront déjà rejoint les bonobos « avant » notre rencontre avec eux. À ce propos, nous nous heurtons à une petite complication linguistique que je dois aborder d'emblée avant qu'elle nous perturbe davantage. J'ai mis « avant » entre guillemets parce que ce mot pourrait prêter à confusion. Je l'ai utilisé pour dire avant en sens inverse – « avant, en cheminant vers le passé ». Mais chronologiquement parlant, cela veut dire *après*, c'est-à-dire exactement l'inverse ! J'imagine qu'aucun lecteur ne s'est trompé dans ce cas particulier, mais il s'en trouvera d'autres où sa patience pourrait être mise à l'épreuve. En écrivant ce livre, j'ai essayé de forger pour ce mot une nouvelle préposition adaptée aux besoins particuliers de l'historien rétrospectif, mais en vain. J'adopterai donc plutôt la convention de « avant » entre guillemets. Quand vous verrez « avant », rappelez-vous qu'en réalité cela veut dire après ! Et quand vous verrez avant, cela voudra vraiment dire avant. Inversement, il en ira de même pour « après » et après !

En poursuivant notre retour aux sources, les pèlerins suivants avec lesquels nous aurons rendez-vous seront les gorilles, puis les orangs-outans (beaucoup plus loin dans le passé, et probablement plus en Afrique). Ensuite, nous saluerons successivement les gibbons, les petits singes de l'Ancien Monde, ceux du Nouveau Monde, puis différents autres groupes de mammifères... et ainsi de suite, jusqu'à ce que finalement tous les pèlerins de la vie cheminent ensemble dans une unique quête à rebours de l'origine même de la vie. En poussant plus loin, viendra un temps où cela n'aura plus de sens de nommer le continent où se situent les rendez-vous, si différente était la carte du monde du fait de ce phénomène notoire qu'est la tectonique des plaques. Et plus loin encore, tous les rendez-vous auront lieu dans la mer.

C'est un fait assez étonnant que nous, les pèlerins humains, ne passons que par 40 points de rendez-vous en tout pour atteindre l'origine de la vie. À chacune de ces 40 étapes, nous trouverons un ancêtre particulier qui est commun au groupe que nous aurons formé, le coancêtre qui portera le même numéro que celui du rendez-vous. Par exemple, le coancêtre 2 est le plus récent ancêtre commun des gorilles d'une part et des ((humains + (chimpanzés + bonobos)) d'autre part. Le coancêtre 3 est l'ancêtre commun le plus récent des orangs-outans et des ((humains + (chimpanzés + bonobos)) + gorilles). Le coancêtre 39 est l'ultime ancêtre de toutes les formes de vie survivantes. Quant au coancêtre 0, il s'agit d'un cas particulier, c'est l'ancêtre le plus récent de tous les humains survivants.

Nous serons donc des pèlerins, ouvrant sans cesse notre groupe à d'autres groupes de pèlerins qui auront eux aussi grossi en cours de route vers leur rendez-vous avec nous. Après chaque rencontre, nous continuerons ensemble sur le grand chemin qui remonte au but archéen qui nous est commun, notre « Cantorbéry ». Il y a, bien sûr, d'autres allusions littéraires, et j'ai failli prendre Bunyan pour modèle, avec pour titre *Pilgrim's Regress**. Mais c'est aux *Contes de Cantorbéry* qu'avec mon assistant Yan Wong nous sommes sans cesse revenus dans nos discussions, et il nous a paru de plus en plus naturel d'évoquer Chaucer tout au long de ce livre.

À la différence des pèlerins de Chaucer en général, les miens ne se mettent pas en route tous ensemble, même s'ils partent en même temps, dans le temps présent. Les autres se dirigent vers leur ancienne Cantorbéry depuis des points de départ différents, rejoignant notre groupe humain à des rendez-vous différents sur la route. À cet égard, mes personnages ne sont pas semblables à ceux qui se sont réunis à Londres à l'auberge du Tabard. Ils ressemblent davantage à l'affreux chanoine et à son assistant infidèle à juste titre qui ont rejoint les pèlerins de Chaucer à Boughton-lès-Blean, à cinq lieues à peine de Cantorbéry. Comme dans Chaucer, mes marcheurs, qui constituent toute la palette des espèces vivantes, auront l'occasion de prendre la parole en marchant vers leur Can-

* Jeu de mots sur le titre de Bunyan, *Pilgrim's Progress* (*Le Voyage du pèlerin*). L'auteur aurait ainsi souligné la notion de retour aux sources. (*N.d.T.*)

torbéry qui est l'origine de la vie. Ce sont ces messages qui composent la principale substance de ce livre.

Comme les morts ne parlent pas, on ne peut considérer que les créatures éteintes, comme les trilobites, sont des pèlerins capables de prendre la parole, mais je ferai des exceptions pour deux classes particulières. Les animaux, comme le dodo, qui ont survécu dans des temps historiques et dont l'ADN nous est encore accessible, sont traités comme des membres honoraires de la faune moderne qui part en même temps que nous et qui nous rejoint à un rendez-vous particulier. Comme nous sommes responsables de leur extinction si récente, il semble que c'est la moindre des choses. Les autres pèlerins honoraires qui font exception à la règle que les morts ne parlent pas sont des hommes (et des femmes) à part entière. Étant directement à la recherche de nos ancêtres, nous considérons que font partie de notre groupe d'humains les fossiles qui, à notre sens, peuvent prétendre *être* nos ancêtres ; nous entendrons donc les messages de certaines de ces « ombres-pèlerins », comme par exemple l'artisan *Homo habilis*.

J'ai trouvé qu'il serait ridicule de donner la parole à mes orateurs animaux et végétaux pour qu'ils parlent à la première personne, aussi je m'abstiendrai de le faire. Excepté pour des apartés occasionnels et des remarques préliminaires, les pèlerins de Chaucer ne prennent pas non plus la parole. Chez Chaucer, beaucoup de messages ont leur propre prologue et éventuellement un épilogue, que l'auteur en tant que narrateur a placés dans sa propre bouche. Je suivrai son exemple à l'occasion. Comme chez lui, un épilogue peut servir de transition entre deux exposés.

En préambule à ses messages proprement dit, Chaucer commence par un long prologue général dans lequel il présente la liste de ses pèlerins qui, dans la taverne, s'apprêtent à prendre la route ; il indique leur profession et éventuellement leur nom. Pour moi, je les présenterai à mesure qu'ils se joindront à nous. L'hôte sympathique de Chaucer propose aux voyageurs de les guider et les incite à prendre la parole pour faire passer la fatigue de la route. Pour ma part, en tant qu'hôte, je me servirai du prologue général pour introduire quelques remarques préliminaires sur les méthodes utilisées pour reconstituer l'histoire de l'évolution, et sur les problèmes que pose cet objectif, méthodes et problèmes qu'il faut de toute façon aborder et résoudre, que l'on procède du présent vers le passé ou en sens inverse.

Puis nous nous mettrons en route pour remonter dans l'histoire. Certes, je me concentrerai sur nos propres ancêtres, en ne notant en général d'autres créatures qu'au moment où elles nous rejoignent, mais nous lèverons de temps en temps les yeux de notre chemin en nous rappelant que d'autres pèlerins marchent sur des routes plus ou moins séparées en se dirigeant vers notre destination finale. Les bornes numérotées des rendez-vous, auxquelles s'ajoutent quelques jalons intermédiaires nécessaires pour consolider la chronologie, marqueront notre périple. Chacune ouvrira un nouveau chapitre où nous nous arrêterons pour faire le point, et éventuellement écouter un intervenant ou deux. Il pourra arriver qu'un événement important survenu dans le monde environnant donne à nos marcheurs l'occasion de faire une courte halte pour réfléchir sur ce phénomène. Le plus souvent cependant, nous évaluerons notre progression vers l'aube de la vie à l'aune de ces quarante bornes naturelles, ces rendez-vous qui enrichissent notre pèlerinage.

PROLOGUE GÉNÉRAL

Pour connaître le passé et pour le dater, comment allons-nous procéder ? Quels sont les matériels visuels qui vont nous permettre de regarder les théâtres de la vie des temps anciens et d'en reconstituer les scènes et les acteurs, avec leur entrée en scène et leur sortie ? L'histoire humaine traditionnelle recourt à trois méthodes, et nous en trouverons les équivalents sur l'échelle de temps plus vaste de l'évolution. En premier lieu, il y a l'archéologie, l'étude des os, pointes de flèche, débris de poterie, écailles de coquille d'huître, statuettes et autres vestiges qui survivent en témoins matériels du passé. Dans l'histoire évolutive, les archives matérielles les plus évidentes sont les os et les dents, ainsi que les fossiles qu'ils sont devenus à la longue. Deuxièmement, il y a les *vestiges renouvelés*, toutes les archives qui, sans être anciennes à proprement parler, sont des copies ou des représentations d'une pièce ou d'un document ancien. Dans l'histoire humaine, ce sont les récits écrits ou oraux qui se transmettent, sont répétés ou sont dupliqués d'une autre manière depuis le passé jusqu'à nos jours. Dans l'évolution, je dirai que l'ADN est le principal vestige renouvelé, l'équivalent d'un document écrit et recopié. Enfin et troisièmement, il y a la *triangulation*. Ce terme vient d'une méthode pour évaluer les distances en mesurant des angles. Prenez une cible et relevez-en les coordonnées. Déplacez-vous ensuite latéralement d'une longueur donnée et effectuez un nouveau relevé. À partir de l'intersection des deux angles, calculez la distance de la cible. Certains télémètres d'appareils photo fonctionnent selon ce principe, et c'est celui qu'utilisaient traditionnellement les ingénieurs topographiques. On peut dire que les évolutionnistes situent un ancêtre par triangulation en comparant au moins deux de ses descendants survivants. J'utiliserai ces trois types de données dans l'ordre, en commençant par les vestiges tangibles, et en particulier, les fossiles.

Les fossiles

Il peut arriver que des corps ou des os aient survécu jusqu'à tomber sous nos yeux après avoir échappé à l'attention des hyènes, des coléoptères nécrophages et des bactéries. C'est ainsi que l'« homme des glaces » du Tyrol italien a été préservé dans son glacier pendant 5 000 ans, et que des insectes ont été embaumés dans l'ambre (gomme d'arbre pétrifiée) pendant 100 millions d'années. Sans avoir bénéficié de la glace ou de l'ambre, ce sont les pièces dures comme les dents, les os et les coquilles qui ont les meilleures chances de se conserver, les dents étant celles qui résistent le plus longtemps car, pour remplir leur fonction dans la vie, elles doivent être plus dures que tout ce que leur propriétaire pourrait éventuellement manger. Les os et les coquilles, qui doivent être durs pour d'autres raisons, peuvent aussi subsister longtemps. Ces pièces dures, et parfois des éléments mous qui ont bénéficié de circonstances exceptionnelles, se pétrifient sous forme de fossiles de pierre qui se conservent pendant des centaines de millions d'années.

Si fascinants que soient les fossiles, il est étonnant de voir tout ce que, sans eux, nous saurions quand même sur notre passé évolutif. S'ils disparaissaient tous par magie, l'étude comparative des organismes modernes – qui montre comment le schéma de leurs ressemblances, et en particulier de leurs séquences génétiques, se retrouve entre les espèces, et comment celles-ci se répartissent sur les continents et sur les îles – prouverait toujours, au-delà du doute raisonnable, que notre histoire s'inscrit dans l'évolution, et que toutes les créatures vivantes sont cousines. Les fossiles viennent en prime. Une prime bienvenue, c'est certain, mais pas essentielle. Il est utile de se le rappeler quand les créationnistes nous rebattent les oreilles avec les « lacunes » dans les collections de fossiles. Quand bien même le témoignage des fossiles ne serait qu'une seule et unique lacune gigantesque, la réalité de l'évolution serait toujours étayée de façon inébranlable. En même temps, si nous n'avions *que* des fossiles, et pas d'autres données, la réalité de l'évolution serait là encore massivement étayée. Le fait est que nous sommes comblés en disposant des deux.

Le terme « fossile » s'emploie par convention pour désigner tout vestige de plus de 10 000 ans ; cette convention est d'une utilité relative car un chiffre rond comme 10 000 n'a rien de particulier : si nous avions moins ou plus de dix doigts, c'est un autre ensemble de chiffres que nous considérerions comme rond*. Quand on parle d'un fossile, on veut normalement dire que le matériel d'origine a été remplacé ou infiltré par un minéral de composition chimique différente, et donc qu'il a pour ainsi dire bénéficié d'un sursis au regard de la mort. Une empreinte de la forme originelle peut effectivement se conserver dans la pierre pendant très longtemps, en étant éventuellement mélangée avec une partie du matériel d'origine. Cela peut se produire de différentes façons. Je réserve ces détails – qu'on appelle techniquement la « taphonomie » – à l'exposé d'*Homo ergaster*.

Quand on a commencé à découvrir et à répertorier les fossiles, on ne connaissait pas leur âge. Tout au plus pouvait-on espérer établir une hiérarchie d'ancienneté en se fondant sur le principe qu'on appelle la loi de la superposition. Pour des raisons évidentes, les strates les plus récentes gisent au-dessus des plus anciennes, sauf dans des situations exceptionnelles. Malgré leur caractère parfois temporairement déroutant, ces exceptions sont en général assez évidentes. Un vieil amalgame rocheux, entier et contenant des fossiles a pu être projeté à la surface d'une strate plus jeune, par un glacier par exemple. Ou bien une série de strates a pu être retournée en bloc, ce qui lui aura donné un agencement vertical exactement inverse. On peut remédier à ces anomalies en comparant des roches équivalentes dans d'autres parties du monde. Cela fait, les paléontologues peuvent reconstituer la véritable séquence de tout l'ensemble des fossiles dont on dispose, dans un puzzle de séquences qui se superposent en provenant de différentes parties du monde. Cette logique est complexe en pratique, mais pas en principe, du fait que la carte du monde elle-même change au fil du temps (comme nous le dira l'oiseau-éléphant).

À quoi bon ce puzzle ? Pourquoi ne pas simplement creuser aussi profondément qu'on le veut, en considérant que cela revient

* Si nous avions huit doigts (ou seize), nous penserions naturellement en base huit (ou seize), la logique binaire serait plus facile à comprendre et l'ordinateur aurait peut-être été inventé plus tôt.

à creuser régulièrement en remontant dans le temps ? Eh bien, le temps lui-même peut s'écouler en douceur, mais cela ne signifie pas que, quelque part dans le monde, il se trouve une seule séquence de sédiments déposés au fil du temps géologique de façon régulière et continue du début à la fin. Les lits de fossiles s'agencent par à-coups, quand les circonstances s'y prêtent. Si l'on prend au hasard un lieu et une époque, il y a bien des chances qu'il ne s'y trouve ni roche sédimentaire ni aucun fossile. Mais il est très possible aussi, en revanche, que *quelque part* dans le monde, des fossiles se déposent à un moment donné. En sautant autour du monde d'un site à l'autre où des strates différentes affleurent près de la surface, les paléontologues peuvent en principe aspirer à reconstituer quelque chose qui s'approche d'un ensemble de vestiges continu. En pratique, ils ne sautent pas, bien sûr, d'un site à l'autre ; ils sautent d'un musée à l'autre, regardant les spécimens dans les tiroirs, ou d'une revue à l'autre dans les bibliothèques universitaires en quête de documents décrivant des fossiles dont le lieu de découverte a été soigneusement répertorié. À l'aide de ces descriptions, ils reconstituent le puzzle dont les pièces proviennent de différentes parties du monde.

Ce travail est facilité par le fait que des strates particulières, dotées de propriétés rocheuses caractéristiques et facilement reconnaissables, et recelant régulièrement les mêmes types de fossiles, ne cessent d'apparaître dans des régions différentes. La roche dévonienne, ainsi nommée parce qu'elle a été identifiée d'abord comme le « vieux grès rose » du beau comté du Devon, foisonne en d'autres lieux des îles britanniques, en Allemagne, au Groenland, et en Amérique du Nord. L'argument paraît circulaire, mais il n'en est rien : pas plus que quand, en se fondant sur des caractéristiques intrinsèques, un érudit identifie un manuscrit de la mer Morte comme un fragment du Premier Livre de Samuel. On reconnaît de façon certaine les roches dévoniennes à la présence de certains fossiles caractéristiques.

Il en va de même pour des roches d'autres périodes géologiques remontant jusqu'au temps des tout premiers fossiles de corps durs. Depuis le Cambrien ancien jusqu'à l'Holocène actuel, les séparations entre les périodes géologiques répertoriées sur le tableau photo 1 du cahier photo ont été établies essentiellement d'après des changements observés dans les fossiles dont nous disposons. Il en résulte que la fin d'une période et le début d'une autre sont souvent marqués par des extinctions qui créent une rupture évidente dans la continuité des fossiles. Comme l'a dit Stephen Jay Gould, aucun paléontologue n'a la moindre difficulté pour dater un fragment de roche avant ou après la grande extinction de masse de la fin du Permien, car les types d'animaux ne se chevauchent pratiquement pas. À vrai dire, les fossiles (et en particulier les microfossiles) sont si utiles pour identifier et dater les roches que les industries pétrolières et minières comptent parmi leurs principaux utilisateurs.

Il y a donc longtemps qu'on peut pratiquer cette « datation relative » en raccordant verticalement les pièces du puzzle que constituent les roches.

Avant que l'on soit en mesure d'effectuer une datation absolue, on a donné des noms aux périodes géologiques pour faciliter la datation relative, et ces noms sont toujours en vigueur, mais la datation relative est plus difficile pour les roches pauvres en fossiles, notamment pour toutes celles qui sont antérieures au Cambrien, c'est-à-dire celles qui couvrent les huit neuvièmes de l'histoire de la Terre.

La datation absolue a dû attendre les récents développements de la physique, et en particulier de la physique nucléaire. Une explication s'impose, mais ce sera le séquoia qui en donnera les détails. Pour l'instant, il suffit de savoir que nous disposons de toute une gamme de méthodes fiables pour donner un âge absolu aux fossiles ou aux roches qui les contiennent ou qui les entourent. De plus, des méthodes différentes dans cette gamme donnent une sensibilité dans toute la gamme des âges, depuis les centaines d'années (les cernes des arbres), en passant par les milliers (carbone 14), les millions et les centaines de millions d'années (uranium-thorium-plomb), jusqu'aux milliards d'années (potassium-argon).

Les vestiges renouvelés

Les fossiles, comme les spécimens archéologiques, sont des archives plus ou moins directes du passé. Venons-en maintenant à notre deuxième catégorie d'archives historiques, les vestiges renouvelés, qui ont été copiés successivement à travers les générations. Pour les historiens des questions humaines, cela pourrait être des récits de témoins oculaires, transmis par la tradition orale ou sur des documents écrits. Nous ne pouvons demander à aucun témoin vivant de nous décrire la vie dans l'Angleterre du XIVe siècle, mais nous la connaissons grâce à des écrits, notamment ceux de Chaucer. Ils contiennent des informations qui ont été copiées, imprimées, stockées dans les bibliothèques, rééditées et diffusées pour que nous puissions les lire aujourd'hui. Dès lors qu'un récit est mis sous presse ou passe dans un support informatique d'un certain type, ses copies ont une bonne chance de se perpétuer à long terme.

Les archives écrites sont plus fiables que la tradition orale, et de beaucoup. On pourrait penser que chaque génération d'enfants, connaissant ses parents comme les enfants les connaissent en général, les a écoutés tandis qu'ils racontaient leurs souvenirs en détail, et a transmis ces souvenirs à la génération suivante. Au bout de cinq générations, on pourrait s'imaginer qu'une tradition orale importante a nécessairement survécu. Or je me souviens bien de mes quatre grands-parents, mais sur mes huit arrière-grands-parents, je ne connais qu'un petit nombre d'anecdotes fragmentaires. Un de mes arrière-grands-pères chantait une certaine rengaine dénuée de sens (et je peux la chanter), mais seulement en laçant ses bottes. Un autre adorait la crème et envoyait promener l'échiquier quand il perdait. Un troisième était médecin de campagne. C'est à peu près tout. Comment huit existences entières ont-elles pu se réduire à ce point ? Comment, quand la chaîne des informateurs qui nous relie aux témoins oculaires semble si courte, et la conversation humaine si riche, tous ces milliers de détails personnels qui ont constitué l'existence de huit individus humains ont-ils pu être oubliés en si peu de temps ?

Ce qui est frustrant, c'est que la tradition orale se tarit presque instantanément, sauf si elle est célébrée dans des récits épiques du genre de ceux qu'Homère a fini par coucher par écrit, et même alors, l'histoire est loin d'être exacte. Elle se délabre dans l'absurde et le faux au bout d'un nombre de générations étonnamment réduit. Les faits historiques relatifs aux héros, scélérats, animaux et volcans de la vraie vie se dégradent vite (ou s'enjolivent, selon les goûts) en mythes sur des demi-dieux, des démons, des centaures et des dragons cracheurs de feu*. Mais il est inutile de nous attarder

* Dans *Man on Earth*, John Reader note que les Incas, qui ne possédaient pas l'écrit (à moins que, comme on l'a récemment suggéré, leurs ficelles nouées n'aient servi pour le langage aussi bien que pour compter), ont tenté, probablement pour compenser cette absence, d'améliorer l'exactitude de leur tradition orale. Les historiens officiels étaient « obligés de mémoriser de grandes quantités d'informations et de les répéter pour les administrateurs à la demande. Il ne faut pas s'étonner que le rôle d'historien se soit transmis de père en fils ».

sur les traditions orales et leurs imperfections car, de toute façon, elles n'ont pas d'équivalent dans l'histoire de l'évolution.

L'écrit constitue un progrès considérable. Le papier, le papyrus, et même les tablettes de pierre peuvent s'user ou se délabrer, mais les traces écrites peuvent être fidèlement recopiées pendant un nombre infini de générations, même si, en pratique, l'exactitude n'est pas parfaite. Il faut que je précise ce que j'entends par « exactitude » ainsi que par « générations ». Si vous m'écrivez un message à la main, et que je le recopie pour le passer à un tiers (la « génération » de copie suivante), ce ne sera pas une réplique exacte car mon écriture n'est pas la même que la vôtre. Mais si vous écrivez soigneusement et que je m'applique à faire correspondre très exactement chacune de vos arabesques avec une arabesque de notre alphabet commun, votre message a une bonne chance que je le copie de façon parfaitement exacte. En théorie, cette exactitude pourrait subsister en passant par un nombre infini de « générations » de scribes. Étant donné qu'il existe un alphabet discret communément admis par l'écrivain et par le lecteur, la copie fait qu'un message survit à la destruction de l'original. Cette propriété de l'écrit peut s'appeler l'« autonormalisation ». Elle fonctionne parce que les lettres d'un véritable alphabet sont discontinues. Ce point, qui rappelle la distinction entre le code analogique et le code digital, nécessite une plus ample explication.

Il existe un son de consonne qui, en anglais, est intermédiaire entre le *c* dur et le *g* (c'est le *c* dur français de *comme*). Mais personne n'aurait l'idée de représenter ce son par une lettre qui semblerait à mi-chemin entre le *c* et le *g*. Nous comprenons tous qu'une lettre en anglais doit être un membre, et un seul, de notre alphabet de 26 lettres. Nous comprenons que les Français utilisent les 26 mêmes lettres pour des sons qui ne sont pas exactement les mêmes que les nôtres et qui peuvent être intermédiaires entre les nôtres. Chaque langue, et à vrai dire chaque accent ou dialecte local, utilise séparément l'alphabet pour autonormaliser des sons différents.

L'autonormalisation lutte contre l'« effet téléphone* » qui, de génération en génération, déforme les messages. Le dessin, qui est copié et recopié par une succession d'artistes imitateurs, ne bénéficie pas de

* Dans le jeu du téléphone, des enfants se tiennent en ligne. On chuchote un message à l'oreille du premier enfant, lequel le chuchote au deuxième, et ainsi de suite jusqu'au dernier. Quand celui-ci dévoile en bout de course sa version du message, il en ressort une version amusante de l'original, complètement embrouillée et déformée.

cette protection sauf si son style comprend des conventions rituelles qui constituent sa propre version de l'« autonormalisation ». Le témoignage oculaire d'un événement qui est exprimé par écrit, plutôt que dessiné comme une image, a une bonne chance d'être toujours reproduit fidèlement dans les livres d'histoire des siècles plus tard : nous possédons ce qui est probablement un récit exact de la destruction de Pompéi en 79 après J.-C. parce qu'un témoin, Pline le Jeune, a noté ce qu'il avait vu dans deux épîtres adressées à l'historien Tacite, et que certains écrits de Tacite ont survécu grâce à des copies successives et finalement grâce à l'imprimerie, de sorte que nous pouvons les lire aujourd'hui. Même avant Gutenberg, quand les documents étaient recopiés par des scribes, l'exactitude de l'écrit était bien supérieure à celle de la mémoire et de la tradition orale.

Que la copie répétitive soit parfaitement fidèle n'est cependant qu'un idéal théorique. En pratique, les scribes sont faillibles et ils ne sont pas à l'abri de la tentation d'enjoliver leur copie pour lui faire dire des choses dont ils sont convaincus (sans doute de bonne foi) que le document original aurait dû les dire. L'exemple le plus célèbre, démontré au prix d'un gros travail par des théologiens allemands du XIXe siècle, en est la falsification du récit du Nouveau Testament pour le rendre conforme aux prophéties de l'Ancien Testament*.

En dehors des enjolivements positifs, tout recopiage répété est sujet à de simples erreurs comme quand on saute une ligne ou un mot dans une liste. Mais, de toute façon, l'écrit ne peut nous ramener en deçà de son invention survenue il y a à peine 5 000 ans. Les symboles d'identification, les marques de comptage et les images remontent un peu plus loin, à peut-être des dizaines de milliers d'années, mais toutes ces périodes sont dérisoires comparées à la durée de l'évolution comme on le constate au premier coup d'œil sur la version simplifiée de l'échelle du temps géologique proposée dans le cahier photo (ill.1).

* Les scribes concernés n'étaient probablement pas délibérément des faussaires. Comme les évangélistes, qui eux-mêmes ont vécu longtemps après la mort de Jésus, ils pensaient vraiment que Jésus avait été l'incarnation des prophéties messianiques de l'Ancien Testament. Il « devait » donc être né à Bethléem, et descendre de David. Si les documents s'abstenaient de le dire sans raison apparente, c'était pour les scribes un devoir de conscience que de remédier à cette lacune. À mon avis, un scribe suffisamment dévot n'y aurait pas davantage vu une falsification que nous, quand nous corrigeons automatiquement une faute d'orthographe ou une maladresse de grammaire.

Heureusement, quand nous abordons l'évolution, il existe un autre type d'information dupliquée qui remonte à un nombre de générations de copies presque inimaginable. Avec un peu de licence poétique nous pouvons le considérer comme l'équivalent d'un texte écrit : c'est une archive historique qui se renouvelle avec une exactitude frappante sur des centaines de millions de générations précisément parce que, comme notre système d'écriture, son alphabet est autonormalisant. Les informations de l'ADN présent dans toutes les créatures vivantes se sont transmises depuis de lointains ancêtres avec une fidélité prodigieuse. Les atomes individuels de l'ADN se renouvellent sans cesse, mais les informations qu'ils codent dans leur agencement sont copiées sur des millions, voire des centaines de millions d'années. Grâce à la biologie moléculaire moderne, nous pouvons lire directement ce document en décryptant les véritables séquences de lettres de l'ADN, ou leur traduction en séquences d'acides aminés de protéines, ce qui est un peu plus indirect. Ou encore, beaucoup plus indirectement, comme à travers un verre sombre, en étudiant les produits embryologiques de l'ADN : la forme des corps ainsi que leurs organes et leur composition chimique. Nous n'avons pas besoin de fossiles pour regarder dans le passé. Comme l'ADN change très lentement à travers les générations, l'histoire est tissée dans le tissu des animaux et des plantes d'aujourd'hui, et inscrite dans ses lettres codées.

Les messages de l'ADN sont rédigés dans un véritable alphabet. À l'instar des systèmes d'écriture roman, grec et cyrillique, l'alphabet de l'ADN est un répertoire strictement limité de symboles dépourvus de sens évident. Ces symboles arbitraires sont choisis et combinés pour former des messages affectés de sens, et dont la complexité et la taille sont illimitées. Là où l'alphabet français comprend 26 lettres, et le grec 24, celui de l'ADN en a quatre. L'ADN le plus utile comporte des mots de trois lettres tirés d'un dictionnaire limité à 64 mots, et dont chaque mot est un « codon ». Certains codons de ce dictionnaire sont synonymes, ce qui revient à dire que le code génétique est techniquement « dégénéré »*.

* On utilise parfois à tort le terme « redondant » à la place de « dégénéré » mais il ne renvoie pas à la même chose. Le fait est que le code génétique est également redondant en ce que chacun des deux brins de la double hélice pourrait être décodé pour donner la même information. Seul l'un des deux l'est effectivement, mais l'autre sert à corriger les erreurs. Les ingénieurs eux aussi recourent à la redondance – à la répétition – pour corriger les erreurs. La dégénérescence du code génétique est autre chose, et c'est ce dont nous parlons ici. Un code dégénéré contient des synonymes et pourrait donc traiter une plus grande palette de sens qu'il n'en traite en réalité.

Le dictionnaire donne pour 64 mots codés 21 sens – les 20 acides aminés biologiques, plus une marque de ponctuation polyvalente. Alors que les langues humaines sont nombreuses et se transforment, et que leurs dictionnaires contiennent des dizaines de milliers de mots différents, le dictionnaire de 64 mots de l'ADN, lui, est universel et immuable (avec de très minimes variations dans quelques rares cas). Les 20 acides aminés s'enfilent en séquences de quelques centaines en général, dont chacune séquence une molécule de protéine particulière. Alors que le nombre des lettres est limité à 4 et celui des codons à 64, il n'y a pas de limite théorique au nombre de protéines susceptibles d'être définies par des séquences de codons différentes. Il est absolument inchiffrable. Une « phrase » de codons spécifiant une molécule de protéine est une unité identifiable qu'on appelle souvent un gène. Les gènes ne sont séparés de leurs voisins (qu'il s'agisse d'autres gènes ou de non-sens répétitifs) par aucune délimitation en dehors de ce que l'on peut lire de leur séquence. À cet égard, ils ressemblent à des TÉLÉGRAMMES QUI N'ONT PAS DE MARQUES DE PONCTUATION VIRGULE ET QUI DOIVENT LES ÉCRIRE EN TOUTES LETTRES COMME DES MOTS VIRGULE CEPENDANT MÊME LES TÉLÉGRAMMES BÉNÉFICIENT D'ESPACES ENTRE LES MOTS VIRGULE CE QUI N'EST PAS LE CAS DE L'ADN STOP.

L'ADN diffère du langage écrit en ce que les îlots de sens sont séparés par une mer de non-sens qui ne sont jamais transcrits. Les gènes « entiers » s'assemblent au cours de la transcription à partir d'« exons » dotés de sens, séparés d'« introns » dénués de sens, et sur lesquels le dispositif de lecture passe tout simplement. Et dans bien des cas, même des brins d'ADN dotés de sens ne sont pas lus, sans doute parce que ce sont des copies de gènes périmées qui ont servi et qui traînent comme les premières ébauches d'un chapitre sur un disque dur encombré. De fait, cette représentation du génome comme un vieux disque dur en mal de nettoyage nous servira de temps en temps au cours de cet ouvrage.

Il n'est pas inutile de répéter que les molécules d'ADN d'animaux morts depuis longtemps ne se conservent pas. En revanche, les *informations* que contient l'ADN peuvent se conserver pour toujours, mais seulement au moyen de fréquents recopiages. Sans être stupide, l'intrigue de *Jurassic Park* est entachée d'erreurs techniques. On peut concevoir que, pendant un court moment après avoir été embaumé dans l'ambre, un insecte suceur de sang ait pu contenir des instructions nécessaires pour reconstruire un dinosaure, mais, malheureusement, après la mort d'un organisme, l'ADN contenu dans son corps et dans le sang qu'il a sucé ne survit pas intact au-delà de quelques années – de quelques jours seulement dans le cas de certains tissus mous. La fossilisation elle non plus ne conserve pas l'ADN.

Et même la congélation ne le conserve pas très longtemps. Au moment même où j'écris, des scientifiques procèdent à l'exhumation d'un mammouth congelé dans le permafrost sibérien, dans l'espoir d'en extraire suffisamment d'ADN pour créer un nouveau mammouth qui sera cloné dans l'utérus d'un éléphant moderne. Je crains que cet espoir ne soit vain, même si la mort du mammouth ne remonte qu'à quelques milliers d'années. Parmi les cadavres les plus anciens dont on a extrait de l'ADN lisible, figure un homme de Neandertal. Quel tohu-bohu si quelqu'un réussissait à le cloner ! Malheureusement, on ne peut récupérer que des fragments disparates de son ADN de 30 000 ans. Quant aux plantes qui se trouvent dans le permafrost, elles remontent à environ 400 000 ans.

Ce qui est important concernant l'ADN, c'est que, tant que la chaîne de reproduction de la vie n'est pas interrompue, ses informations *codées* sont copiées dans une nouvelle molécule avant que les vieilles soient détruites. Sous cette forme, les informations de l'ADN survivent de beaucoup à leurs molécules. Elles sont renouvelables – copiées –, et comme les copies sont littéralement parfaites dans la plus grande partie de leurs lettres à tout moment, elles peuvent éventuellement durer indéfiniment. De grandes quantités d'informations de l'ADN de nos ancêtres survivent totalement inchangées, certaines mêmes depuis des centaines de millions d'années, conservées dans des générations successives de corps vivants.

En ce sens, l'archive que constitue l'ADN est pour l'historien un cadeau d'une richesse incroyable. Quel historien aurait pu oser espérer trouver un monde dans lequel le corps du moindre individu de chaque espèce porte un texte long et détaillé, un document écrit qui s'est transmis à travers le temps ? De plus, il comporte des changements aléatoires mineurs qui se produisent suffisamment rarement pour ne pas embrouiller le témoignage, mais assez souvent pour fournir des étiquettes distinctes. C'est même encore mieux : le test n'est pas seulement arbitraire. Dans *Les Mystères de l'arc-en-ciel*, j'ai donné des arguments darwiniens convaincants pour que l'on considère l'ADN d'un animal comme un « Livre génétique des morts » : une pièce descriptive des mondes ancestraux. Il s'ensuit de l'évolution darwinienne que tout ce qui concerne un animal ou une plante, y compris la forme de son corps, son comportement hérité et la composition chimique de ses cellules, est un message codé sur les mondes dans lesquels ses ancêtres ont survécu : la nourriture qu'ils recherchaient, les prédateurs auxquels ils ont échappé, les climats qu'ils ont subis, les partenaires qu'ils ont séduits. Ce message s'inscrit finalement dans l'ADN passé au travers des tamis successifs qui constituent la sélection naturelle. Quand on aura appris à le lire comme il convient, l'ADN d'un dauphin confirmera peut-être ce que nous savons déjà à partir des indices révélateurs donnés par son anatomie et sa physiologie, à savoir que ses ancêtres vivaient autrefois sur la terre ferme. Il y a 300 millions d'années, les ancêtres de tous les vertébrés terrestres, y compris les ancêtres terrestres des dauphins, sont sortis de la mer où ils avaient vécu depuis l'origine de la vie. Il ne fait aucun doute que notre ADN contient cette information, mais il faudrait pouvoir la lire. Tout ce qui concerne un animal moderne, en particulier son ADN, mais aussi ses membres et son cœur, son cerveau et son cycle de reproduction, peut être considéré comme une archive, une chronique de son passé, même si cette chronique est un palimpseste réécrit à de nombreuses reprises.

La chronique de l'ADN a beau être un cadeau pour l'historien, c'est un cadeau difficile à lire, et qui exige une interprétation profondément éclairée. Il devient encore plus puissant s'il est combiné avec notre troisième méthode de reconstitution historique, la triangulation. C'est ce que nous abordons maintenant, et, là encore, nous commençons par le cas analogue de l'histoire humaine, plus précisément par l'histoire des langues.

La triangulation

Les linguistes cherchent souvent à suivre les langues à la trace jusque dans le passé. Quand des écrits ont survécu, c'est assez facile. Le spécialiste de l'histoire des langues peut recourir à la deuxième de nos deux méthodes de reconstitution, en partant de vestiges renouvelés, en l'occurrence, des mots. L'anglais moderne remonte, par le moyen anglais, à l'anglo-saxon, suivant la tradition littéraire continue qui passe par Shakespeare, Chaucer et *Beowulf**.

* Poème épique rédigé entre le VIIIe et le Xe siècle, et considéré comme le premier écrit de la littérature anglo-saxonne. (*N.d.T.*)

Mais le langage parlé remonte à l'évidence loin avant l'invention de l'écrit, et, de toute façon, nombreuses sont les langues qui n'ont pas de forme écrite. Pour les premiers temps des langues mortes, les linguistes recourent à une version de ce que j'appelle la triangulation. Ils comparent les langues modernes, et les groupent hiérarchiquement en familles à l'intérieur d'autres familles. Le roman, le germanique, le slave, le celtique et les autres familles de langues européennes sont à leur tour groupés avec quelques familles de langues indiennes. Les linguistes pensent que le « proto-indo-européen » était une véritable langue parlée par une tribu particulière il y a environ 6 000 ans. Ils aspirent même à reconstituer une grande partie de ses détails en extrapolant à partir des caractéristiques communes de ses descendantes. En procédant de la même manière, on a retrouvé l'historique d'autres familles de langues parlées dans d'autres parties du monde, et de rang équivalent à celui de l'indo-européen : il s'agit par exemple des langues altaïques, dravidiennes, et ouralo-youkaghir. Certains linguistes optimistes (et controversés) pensent pouvoir remonter encore plus loin, réunissant ces grandes familles en une famille des familles encore plus grande et qui les rassemblerait toutes. Ce faisant, ils ont acquis la conviction qu'ils peuvent reconstituer les éléments d'une langue originelle hypothétique qu'ils appellent le « nostratique », et dont ils pensent qu'elle était parlée entre – 12 000 et – 15 000 ans.

De nombreux linguistes, qui se contentent du proto-indo-européen et d'autres langues ancestrales de même rang, doutent que l'on puisse reconstituer une langue aussi ancienne que le nostratique. Leur scepticisme de professionnels renforce ma propre incrédulité d'amateur. Il n'y a cependant aucun doute que des méthodes de triangulation équivalentes – diverses techniques pour comparer les organismes modernes – fonctionnent pour l'histoire de l'évolution, et peuvent servir pour s'enfoncer dans les centaines de millions d'années. Même si nous n'avions pas de fossiles, en comparant des animaux modernes selon une méthode sophistiquée, nous pourrions reconstituer leurs ancêtres de façon tout à fait plausible. De même que le linguiste pénètre dans le passé jusqu'au proto-indo-européen en effectuant une triangulation à partir des langues modernes et des langues mortes déjà reconstituées, nous pouvons procéder de la même manière avec les organismes modernes en comparant soit leurs caractéristiques externes, soit leurs séquences de protéines ou d'ADN. À mesure que les bibliothèques du monde accumuleront de longues séries de données exactes sur un nombre de plus en plus grand d'espèces modernes, la fiabilité de nos triangulations se renforcera, en particulier du fait des nombreux chevauchements que comportent les textes d'ADN.

Laissez-moi vous dire ce que j'entends par « nombreux chevauchements ». Même quand on les prélève sur des cousins extrêmement lointains, comme des êtres humains et des bactéries, de grandes sections d'ADN se ressemblent encore sans équivoque. Et des parents très proches, comme l'être humain et le chimpanzé, ont encore davantage d'ADN en commun. Si vous choisissez bien vos molécules, il y a d'un bout à l'autre un spectre complet de proportions d'ADN qui augmentent régulièrement. On peut choisir des molécules qui, entre elles, couvrent toute la gamme des comparaisons, depuis les cousins lointains que sont l'être humain et la bactérie, jusqu'aux proches cousins que sont deux espèces de grenouilles. Les ressemblances entre les langues sont plus difficiles à discerner, sauf quand il s'agit de deux langues qui sont proches comme l'allemand et le néerlandais. La chaîne de raisonnement qui rallie les fervents défenseurs du nostratique est suffisamment ténue pour lui valoir le scepticisme des autres linguistes. L'équivalent pour l'ADN de la triangulation qui a mené au nostratique serait-il une triangulation, mettons, entre les humains et les bactéries ? Difficilement. Les humains et les bactéries ont quelques gènes qui ont à peine changé depuis l'ancêtre commun, l'équivalent du nostratique. De plus, le code génétique lui-même est pratiquement identique dans toutes les espèces et il devait être le même chez les ancêtres communs. On pourrait dire que la ressemblance entre l'allemand et le néerlandais est comparable à celle qui existe entre deux mammifères quels qu'ils soient. Les ADN de l'être humain et du chimpanzé se ressemblent tellement qu'ils sont comme l'anglais parlé avec deux accents légèrement différents. La ressemblance entre l'anglais et le japonais, ou entre l'espagnol et le basque est si faible qu'on ne peut pas choisir à titre de comparaison deux organismes vivants quels qu'ils soient, pas même l'être humain et la bactérie. Ces deux organismes ont des séquences d'ADN qui se ressemblent tellement qu'elles comportent des paragraphes entiers qui sont identiques, mot pour mot.

J'ai évoqué l'utilisation des séquences d'ADN pour la triangulation. En principe, cela fonctionne aussi pour les caractères morphologiques bruts, mais en l'absence d'informations moléculaires, les ancêtres lointains sont à peu près aussi insaisissables que le nostratique. Avec les caractères morphologiques comme avec l'ADN, nous supposons que les traits qu'ont en commun un grand nombre de descendants d'un ancêtre ont des chances d'avoir été hérités de lui (ou du moins un peu plus de chances d'avoir été hérités que de ne pas l'avoir été). Tous les vertébrés ont une colonne vertébrale et on suppose qu'ils l'ont héritée (ou plus précisément qu'ils ont hérité des gènes pour qu'elle se développe) d'un ancêtre lointain qui vivait, comme le laissent penser les fossiles, il y a plus d'un demi-milliard d'années, et qui avait lui aussi une colonne vertébrale. C'est ce genre de triangulation morphologique qui a servi ici pour aider à imaginer les formes corporelles des coancêtres. J'aurais préféré me fonder plus solidement sur la triangulation qui utilise directement l'ADN, mais notre aptitude à prédire comment une modification dans un gène affectera la morphologie d'un organisme ne s'y prête pas.

La triangulation est encore plus efficace si l'on y fait entrer un grand nombre d'espèces. Or on a besoin pour ce faire de méthodes sophistiquées qui se fondent sur un arbre généalogique exact. Ces méthodes seront expliquées par le gibbon. La triangulation se prête aussi à une technique pour calculer la date de n'importe quel embranchement. C'est l'« horloge moléculaire ». Pour être bref, cette méthode consiste à compter les différences de séquences moléculaires entre des espèces survivantes. Il y a moins de différences entre des proches cousins ayant des ancêtres communs récents qu'entre des cousins lointains, l'âge de l'ancêtre commun étant – du moins on l'espère – proportionnel au nombre de différences moléculaires entre leurs deux descendants. On calibre ensuite l'échelle de temps arbitraire de l'horloge moléculaire en la traduisant en véritables années, à l'aide de fossiles de date connue pour quelques embranchements clés. En pratique, ce n'est pas aussi simple, et les complications, les difficultés et les controverses qui s'ensuivent occuperont l'épilogue de l'onychophore.

Le prologue général de Chaucer présentait la liste complète des acteurs de son pèlerinage. Ma liste à moi est beaucoup trop longue pour que je la donne ici et, de toute façon, mon récit est une longue suite de présentations – aux 40 rendez-vous. Mais une introduction préliminaire s'impose pour traiter une question qui ne se posait pas pour Chaucer : sa liste de personnages était un ensemble d'individus, la mienne est un ensemble de groupements. Il faut donc expliquer comment nous groupons les animaux et les plantes. Au Rendez-vous 10, se joignent à notre pèlerinage quelque 2 000 espèces de rongeurs, plus 87 espèces de lapins, lièvres et pikas, qu'on appelle globalement les gliridés. Les espèces sont groupées selon une hiérarchie, et chaque groupement a un nom qui lui est propre (la famille de rongeurs à l'allure de souris est celle des muridés*, et la famille des rongeurs à l'allure d'écureuils celle des sciuridés). Et chaque catégorie de groupement a un nom (comme muridés et sciuridés). Ces deux familles appartiennent à l'ordre des rongeurs. Les rongeurs avec les lapins et leurs proches sont réunis dans le super-ordre des gliridés. Il y a une hiérarchie de ces noms de catégorie, la famille et l'ordre étant quelque part au milieu de la hiérarchie. L'espèce se trouve près du bas de la hiérarchie. Nous remontons en passant par le genre, la famille, l'ordre, la classe et le phylum, avec des préfixes comme sous- et super- qui permettent des interpolations.

L'espèce a un statut particulier, comme nous l'apprendrons au cours de différents récits. Chaque espèce porte un nom scientifique binominal unique qui consiste en son nom de genre affecté d'une majuscule, suivi de son nom d'espèce sans majuscule, les deux mots étant en italique. Ainsi, le léopard (« panthère »), le lion et le tigre sont tous membres du genre *Panthera* : respectivement *Panthera pardus*, *Panthera leo*, et *Panthera tigris*, à l'intérieur de la famille des chats, les félidés, laquelle, à son tour, est membre de l'ordre des carnivores, de la classe des mammifères, du sous-phylum des vertébrés et du phylum des cordés. Je ne disserterai pas davantage sur les principes de la taxinomie, mais je les citerai éventuellement en passant.

---

* Gardant le nom latin pour les genres et les espèces, nous avons choisi d'adopter dans ce livre la nomenclature française, et non latine, pour les noms des familles, ordres, classes et phylums. (*N.d.T.*)

Par ailleurs, pour des raisons de lisibilité, et conformément à certains usages, nous n'avons pas conservé la majuscule pour tous les noms en français. (*N.d.E.*)

LE PÈLERINAGE COMMENCE

Il est temps de nous mettre en route pour ce pèlerinage dans le passé, que nous pouvons nous représenter comme un voyage dans une machine à remonter le temps à la recherche de nos ancêtres. Ou plus précisément, pour des raisons que nous expliquera l'homme de Neandertal, à la recherche de nos gènes ancestraux. Pendant les premières petites dizaines de milliers d'années de cette quête, nos gènes ancestraux résident dans des individus qui semblent être pareils à nous. Enfin, évidemment pas au pied de la lettre car, à nous regarder, nous ne sommes pas tout à fait pareils entre nous. Je vais donc reformuler ça. Pendant les premières dizaines de milliers d'années de notre pèlerinage, les personnages que nous rencontrerons en sortant de notre machine à remonter le temps ne seront pas plus différents de nous que nous ne le sommes aujourd'hui les uns des autres. Gardez à l'esprit que le « nous aujourd'hui » comprend les Allemands et les Zoulous, les Pygmées et les Chinois, les Berbères et les Mélanésiens. Nos ancêtres génétiques d'il y a 50 000 ans auraient figuré dans la même palette de diversité que celle que nous observons tout autour du monde aujourd'hui.

À défaut d'évolution biologique, quels changements verrons-nous donc en remontant à travers des dizaines de millénaires, par rapport à des centaines ou des milliers de millénaires ? Dans les premiers temps de notre voyage, un processus semblable à l'évolution, beaucoup plus rapide que l'évolution biologique, va prédominer dans ce que nous voyons par le hublot de notre machine. Ce phénomène, qu'on appelle l'évolution culturelle, ou l'évolution exosomatique, ou encore l'évolution technologique, nous pouvons l'observer dans l'« évolution » de l'automobile, de la cravate ou de la langue française. Ne surestimons pas sa ressemblance avec l'évolution biologique, mais de toute façon elle ne nous retiendra pas longtemps. Une route de 4 milliards d'années nous attend, et nous devrons bientôt lancer notre machine à une vitesse trop grande pour avoir plus qu'une vision fugitive des événements à l'échelle de l'histoire humaine. Mais d'abord, pendant que nous progressons encore lentement, à l'échelle du temps de l'histoire humaine plutôt qu'à celle de l'histoire de l'évolution, voici deux exposés sur deux avancées culturelles majeures. Celui de l'agriculteur traite de la révolution de l'agriculture, qui passe à juste titre pour l'innovation humaine ayant le plus grand retentissement sur tous les autres organismes du monde. L'homme de Cro-Magnon parlera ensuite du « Grand Bond en avant », cet essor de l'esprit humain qui, dans un sens particulier, a donné au processus même de l'évolution un nouveau moyen d'expression.

Il était une fois… l'agriculteur

La révolution de l'agriculture a commencé au déclin de la dernière période glaciaire, il y a environ 10 000 ans, dans ce qu'on appelle le Croissant fertile, entre le Tigre et l'Euphrate. Cette région est le berceau de la civilisation humaine ; ses vestiges irremplaçables dans le musée de Bagdad ont été vandalisés en 2003 sous le regard indifférent des envahisseurs américains qui, pour respecter les priorités qu'ils s'étaient fixées, ont préféré protéger le ministère du Pétrole. L'agriculture est aussi apparue, sans doute indépendamment, en Chine et sur les bords du Nil, et tout à fait indépendamment, dans le Nouveau Monde. On a aussi de bonnes raisons de penser que la civilisation agricole est aussi apparue séparément dans les hautes terres de Nouvelle-Guinée, dont l'isolement est stupéfiant. La révolution de l'agriculture marque le début du nouvel âge de pierre, le Néolithique.

Avec le passage du nomadisme des chasseurs-cueilleurs au sédentarisme de l'agriculture, les hommes ont peut-être eu pour la première fois la notion du foyer. Les contemporains des premiers agriculteurs dans d'autres parties du monde étaient des chasseurs-cueilleurs irréductibles qui se déplaçaient plus ou moins continuellement. À vrai dire, le mode de vie de ces derniers (le terme « chasseurs » comprend éventuellement les pêcheurs) n'a pas disparu. Il continue à se pratiquer dans des poches tout autour du monde : chez les aborigènes d'Australie, chez les San et dans les tribus apparentées (qu'on appelle à tort les *bushmen*) au sud de l'Afrique, dans différentes tribus amérindiennes (qu'on appelle les « Indiens » à la suite d'une erreur de navigation), et chez les Inuits de l'Arctique (qui préfèrent qu'on ne les appelle pas les « Eskimos »). En principe, les chasseurs-cueilleurs ne pratiquent ni la culture ni l'élevage. En pratique, on trouve tous les intermédiaires entre les purs chasseurs-cueilleurs et les purs agriculteurs ou les purs éleveurs. Mais dans les tout premiers temps, toutes les populations étaient des chasseurs-cueilleurs. Il n'en restera probablement bientôt plus : celles qui ne sont pas éteintes seront « civilisées » – ou corrompues, selon le point de vue où on se place.

Dans son petit ouvrage, *Néandertaliens, bandits et fermiers : les origines de l'agriculture*, Colin Tudge rejoint Jared Diamond (dans *Le Troisième Chimpanzé*) pour dire que le passage des chasseurs-cueilleurs à l'agriculture ne fut absolument pas le progrès que l'on imagine volontiers avec la prétention que donne le recul du temps. À leur avis, la révolution de l'agriculture n'a pas rendu l'homme plus heureux. Par rapport au mode de vie des chasseurs-cueilleurs auquel elle s'est substituée, elle a fait vivre des populations plus importantes, mais sans améliorer visiblement leur santé ni les rendre plus heureuses. En fait, les populations plus importantes recèlent en général des maladies plus virulentes, pour des raisons évolutives parfaitement logiques (un parasite cherche moins à préserver la vie de l'hôte qu'il infecte s'il peut facilement trouver de nouvelles victimes).

Toutefois, notre situation de chasseurs-cueilleurs n'était sûrement pas non plus l'idéal. Ces derniers temps, c'est devenu la grande mode que de considérer les sociétés de chasseurs-cueilleurs et les sociétés primitives* d'agriculteurs plus « en équilibre » que nous avec la nature. C'est probablement une erreur. Il est possible qu'elles connaissaient mieux la nature, tout simplement parce qu'elles y vivaient et y ont survécu. Mais, comme nous, elles semblent avoir utilisé leurs connaissances pour exploiter (et souvent surexploiter) l'environnement au

* Dans tout le livre, j'emploie « primitif » dans son sens technique pour dire « plus conforme à l'état ancestral ». Cet emploi n'implique aucune notion d'infériorité.

mieux de leur potentiel du moment. Jared Diamond met l'accent sur la surexploitation que pratiquaient les premiers agriculteurs, et qui a provoqué une catastrophe écologique et la disparition de leur société. Loin d'être en équilibre avec la nature, les chasseurs-cueilleurs d'avant l'avènement de l'agriculture ont probablement été responsables de l'extinction à grande échelle d'un grand nombre de gros animaux tout autour du globe. Les données archéologiques montrent que juste avant la révolution de l'agriculture, la colonisation de régions lointaines par les chasseurs-cueilleurs a souvent été suivie de la disparition suspecte de nombreux gros oiseaux et mammifères (sans doute fort goûteux).

Nous avons tendance à considérer qu'« urbain » est le contraire d'« agricole » mais, dans la perspective plus large que ce livre doit adopter, il faudrait mettre les citadins dans le même sac que les agriculteurs par rapport aux chasseurs-cueilleurs. Presque toute la nourriture d'une ville vient de terres cultivées appartenant à des propriétaires – elle venait autrefois de champs autour de la ville, et dans ces temps modernes elle nous arrive de n'importe où dans le monde, après avoir été transportée et vendue par des intermédiaires. La révolution agricole a vite entraîné la spécialisation : potiers, tisserands et forgerons ont échangé leurs talents contre des aliments que d'autres cultivaient. Avant la révolution agricole, la nourriture n'était pas cultivée sur des propriétés, elle était capturée ou ramassée sur des terres communes qui n'appartenaient à personne. Le pastoralisme, où l'on a rassemblé les animaux sur des terres communes, a peut-être été une étape intermédiaire.

Salutaire ou non, la révolution de l'agriculture n'a sans doute pas été un phénomène instantané. L'élevage et l'agriculture n'ont pas été inventés du jour au lendemain dans un éclair de génie par un quidam qui aurait été l'homologue au Néolithique de l'inventeur du fil à couper le beurre. Au départ, il est possible que les chasseurs qui traquaient les animaux sauvages en liberté sur des terres n'appartenant à personne aient monté la garde sur les territoires de chasse pour en écarter des rivaux, ou qu'ils aient gardé les bêtes elles-mêmes en les suivant dans leurs déplacements. À partir de là, ils en sont naturellement venus à les rassembler, puis à les nourrir, et enfin à les parquer et à les mettre à l'abri. J'imagine qu'aucun de ces changements n'a été considéré comme une révolution quand il s'est produit.

Dans le même temps, les animaux eux-mêmes évoluaient, ils sont devenus « domestiqués » sous l'effet de formes rudimentaires d'une sélection artificielle dont les conséquences darwiniennes sur les animaux ont dû être progressives. Sans intention délibérée de les élever « pour » la docilité domestique, nos ancêtres ont involontairement modifié les pressions que la sélection exerçait sur eux. Dans les pools géniques des troupeaux, la rapidité ou d'autres qualités pour la survie en pleine nature n'étaient vraisemblablement plus prioritaires. Des générations successives d'animaux domestiques sont devenues plus dociles, moins capables de se débrouiller seules, plus aptes à prospérer et à engraisser dans des conditions de vie confortables. Il y a un phénomène de domestication étonnamment similaire chez les fourmis et les termites, insectes sociaux qui domestiquent le « bétail » que sont les pucerons et les « produits » que sont les champignons. Nous entendrons parler de ces phénomènes par la fourmi coupe-feuilles quand les pèlerins fourmis se joindront à nous au Rendez-vous 26.

À la différence des éleveurs modernes de plantes et d'animaux, nos aïeux de la révolution agricole ne semblent pas avoir pratiqué sciemment la sélection artificielle pour développer des caractéristiques désirables. Je doute fort qu'ils aient compris que pour augmenter la production de lait, il fallait accoupler des vaches grosses productrices avec des taureaux eux-mêmes nés d'excellentes laitières. D'intéressants travaux menés en Russie sur le renard commun donnent une certaine idée des conséquences génétiques accidentelles de la domestication.

D. K. Belyaev et ses collaborateurs ont pris des renards communs, *Vulpes vulpes*, en captivité et ont commencé à les élever pour les rendre dociles. La réussite a été spectaculaire. En croisant ensemble les individus les plus dociles de chaque génération, Belyaev avait, au bout de vingt ans, produit des renards qui se comportaient comme des border colleys, recherchant activement la compagnie humaine et frétillant de la queue quand on s'en approchait. Ce n'est pas très étonnant, mais ce qui l'est peut-être, c'est la rapidité du résultat. Moins attendus ont été les effets secondaires de la sélection pour la docilité : non seulement ces renards génétiquement dociles se comportaient comme des colleys, mais ils ressemblaient aussi aux chiens de cette race. Il leur a poussé un pelage noir et blanc avec des taches blanches sur la face et le museau. À la place des oreilles pointues caractéristiques du renard sauvage, ils ont acquis d'« adorables » oreilles pendantes. L'équilibre de leurs hormones reproductrices s'est modifié, et ils ont pris l'habitude de se reproduire toute l'année, et pas seulement pendant la période de reproduction. Enfin, on a trouvé qu'ils avaient une élévation de leur niveau de sérotonine, cette substance chimique qui agit sur les nerfs ; ce phénomène est probablement lié à la diminution de leur agressivité. Il avait suffi de vingt ans pour transformer des renards en « chiens » par sélection artificielle*.

J'ai mis « chiens » entre guillemets car nos chiens domestiques ne descendent pas des renards mais des loups. Soit dit en passant, l'idée bien connue de Konrad Lorenz, que seules certaines races de chiens (ceux qu'il préfère, comme le chow-chow) sont dérivées des loups, les autres l'étant des chacals, s'est révélée fausse. Lorenz a fondé sa théorie sur des anecdotes fort perspicaces sur le tempérament et le comportement, mais la taxinomie moléculaire met en évidence les erreurs de l'intuition humaine, et la biologie montre clairement que toutes les races modernes de chiens descendent du loup gris *Canis lupus*. Les parents les plus proches des chiens (et des loups) sont les coyotes et les « chacals » simiens (qu'on devrait plutôt appeler « loups simiens » d'après ce qu'on sait maintenant). Les vrais chacals (les chacals dorés, rayés sur les côtés et avec le dos noir) sont des parents plus lointains, bien qu'appartenant toujours au genre *Canis*.

Il ne fait pas de doute que l'histoire originale de l'évolution des chiens à partir des loups a été la même que celle que Belyaev a récemment simulée sur des renards, avec cette différence que ce dernier a délibérément cherché à développer la docilité. Nos ancêtres ont agi par inadvertance, et ce phénomène s'est probablement produit séparément à plusieurs reprises dans différentes parties du monde. Il est possible que les êtres humains aient trouvé que ces détritivores étaient un bon moyen de se débarrasser de leurs détritus, et peut-être les ont-ils appréciés comme chiens de garde, voire comme édredons. Si ce scénario sympathique vous étonne, pensez que c'est l'ignorance qui a inspiré la légende médiévale des loups, symboles mythiques de la terreur qui sort des bois. Nos ancêtres qui vivaient à l'état sauvage, plus près de la nature, en savaient plus long que nous sur ce chapitre. La preuve, c'est qu'ils

* L'archéologue canadienne Susan Crockford a attribué ces modifications à celle des niveaux de deux hormones thyroïdiennes.

ont fini par domestiquer le loup, créant ainsi ce chien fidèle sur lequel on peut compter.

Du point de vue des loups, les campements des hommes leur fournissaient des détritus, de véritables mines d'or pour éboueurs. Avaient le plus de chances d'en profiter ceux dont le niveau de sérotonine (« la propension à la docilité ») et autres caractéristiques du cerveau faisaient qu'ils se sentaient bien avec les humains. Plusieurs auteurs ont imaginé un scénario plausible, où des louveteaux abandonnés ont été adoptés par des enfants à titre d'animaux de compagnie. Des expériences ont montré que les chiens domestiques s'y entendent mieux que les loups pour « lire » les expressions sur les visages humains. C'est probablement une conséquence involontaire de notre évolution mutuelle sur de nombreuses générations. Dans le même temps, nous lisons sur la face des chiens, et leurs expressions faciales en sont arrivées à ressembler davantage à celles des humains que celles des loups du fait de la sélection involontaire qu'ont exercée les humains. Voilà vraisemblablement pourquoi l'on trouve que le loup fait peur, alors que le chien donne l'impression d'être tour à tour affectueux, honteux, craquant, et ainsi de suite.

Il y a un parallélisme lointain avec le cas du « crabe samouraï » japonais. Ce crabe sauvage a sur le dos un motif qui ressemble au visage d'un guerrier samouraï. La théorie darwinienne pour expliquer ce phénomène veut que les pêcheurs superstitieux rejetaient à la mer les crabes qui ressemblaient vaguement à un samouraï. De génération en génération, comme les gènes donnant la ressemblance avec un visage humain avaient plus de chances de survivre chez « leurs » crabes, leur fréquence a augmenté dans la population jusqu'à devenir la norme aujourd'hui. Que cette histoire des crabes sauvages soit vraie ou non, c'est sûrement quelque chose de ce genre qui s'est produit dans l'évolution des animaux vraiment domestiqués.

Revenons à l'expérience russe sur les renards, qui démontre la rapidité avec laquelle la domestication peut se produire, et la possibilité qu'un ensemble d'effets secondaires apparaisse dans le sillage de la sélection pour la docilité. Il est tout à fait probable que la vache, le cochon, le cheval, le mouton, la chèvre, la poule, l'oie, le canard et le chameau aient suivi une voie tout aussi rapide et tout aussi riche en effets secondaires. Il semble aussi possible que nous-mêmes ayons évolué après la révolution agricole sur une voie de domestication parallèle menant à notre propre version de docilité avec des caractères secondaires associés.

Dans certains cas, l'histoire de notre propre domestication est clairement inscrite dans nos gènes. L'exemple classique, démontré de façon méticuleuse par William Durham dans son ouvrage *Coevolution*, est la tolérance au lactose. Le lait est l'aliment des bébés, il n'est pas « destiné » aux adultes et, d'emblée, il n'est pas bon pour eux. Le lactose, le sucre qu'il contient, a besoin d'une enzyme particulière, la lactase, pour être digéré. (Soit dit en passant, il est utile de garder en mémoire cette terminologie conventionnelle. Le nom d'une enzyme est souvent construit en ajoutant le suffixe « -ase » à la première partie du nom de la substance sur laquelle elle agit.) Chez les jeunes mammifères, le gène qui produit la lactase se désactive quand ils passent l'âge normal du sevrage. Ce n'est pas, bien sûr, qu'ils n'ont pas ce gène. Les gènes qui ne sont nécessaires que pendant l'enfance ne disparaissent pas du génome, pas même chez le papillon, qui doit porter un grand nombre de gènes qui ne servent qu'à faire une chenille. Mais la production de lactase cesse chez le nourrisson humain vers l'âge de quatre ans, sous l'influence d'autres gènes actifs. Le lait frais donne aux adultes humains l'impression d'être malades, avec des symptômes qui vont des ballonnements et des douleurs abdominales à la diarrhée et aux vomissements.

Tous les adultes ? Non, bien sûr. Il y a des exceptions. J'en suis une, et il y a de bonnes chances que vous aussi. Ma généralisation concernait l'espèce humaine dans l'ensemble et, par conséquent, l'*Homo sapiens* sauvage dont nous descendons tous. C'est comme si j'avais dit « les loups sont des gros carnivores féroces qui chassent en meute et hurlent à la lune », en sachant très bien que les pékinois et les yorkshires démentent cette affirmation. La différence est que nous avons un mot séparé, « chien », pour le loup domestique, mais pas pour l'homme domestique. Les gènes des animaux domestiques se sont modifiés sous l'effet de plusieurs générations de contacts avec les êtres humains, suivant involontairement le même type de parcours que les gènes du renard commun. Les gènes des êtres humains (de certains d'entre eux, du moins) se sont modifiés sous l'effet de plusieurs générations de contacts avec les animaux domestiques. La tolérance au lactose semble avoir évolué dans une minorité de tribus, notamment chez les Tutsis du Rwanda (et dans une moindre mesure, chez leurs ennemis traditionnels, les

Hutus), les éleveurs fulanis d'Afrique de l'Ouest (mais, phénomène intéressant, pas dans la branche sédentaire des Fulanis), chez les Sindhis du nord de l'Inde, les Touaregs de l'est de l'Afrique, les Béjas de l'est de l'Afrique du Nord, et dans certaines tribus européennes dont je descends, et vous aussi peut-être. Il est significatif que ce que toutes ces tribus ont en commun, c'est un passé marqué par le pastoralisme.

À l'autre extrémité de la palette se trouvent les peuples qui ont conservé à l'âge adulte l'intolérance normale des humains au lactose : ce sont les Chinois, les Japonais, les Inuits, la plupart des Amérindiens, les Javanais, les Fidjiens, les aborigènes d'Australie, les Iraniens, les Libanais, les Turcs, les Tamouls, les Cinghalais, les Tunisiens et de nombreuses tribus d'Afrique, parmi lesquelles les San et les Tswanas, les Zoulous, les Xhosas et les Swasis du sud de l'Afrique, les Dinkas et les Nouers d'Afrique du Nord, ainsi que les Yorubas et les Igbos au centre de l'Afrique. Ces peuples intolérants au lactose n'ont en général pas un passé de pastoralisme. Certaines exceptions sont très instructives : le régime traditionnel des Massaïs de l'est de l'Afrique ne comporte pas grand-chose d'autre que du lait et du sang. On penserait donc qu'ils ont une tolérance particulière au lactose. Or ce n'est pas le cas, probablement parce qu'ils font cailler le lait avant de le consommer. Comme dans le fromage, le lactose est largement supprimé par les bactéries. C'est une manière de se débarrasser de ses effets indésirables : se débarrasser de la substance elle-même. L'autre manière, c'est de modifier ses gènes. C'est ce qui s'est produit dans les autres tribus pastorales énumérées ci-dessus.

Bien sûr, personne ne change ses gènes à volonté. Actuellement, la science commence tout juste à découvrir comment y parvenir. Comme d'habitude, c'est la sélection naturelle qui s'en est chargée pour nous, et cela, il y a des milliers d'années. Je ne sais pas exactement par quel chemin elle a produit la tolérance au lactose chez l'adulte, mais il se peut que des adultes aient eu recours à l'aliment des bébés dans des situations de désespoir, et que les adultes qui le toléraient le mieux aient mieux survécu. Peut-être dans certaines cultures retardait-on le sevrage si bien que la survie des enfants dans ces conditions a peu à peu entraîné la tolérance chez les adultes. Quels qu'en soient les détails, cette modification, toute génétique qu'elle soit, a été induite par la culture. L'évolution de la domestication avec l'augmentation de la production de lait chez la vache, la brebis et la chèvre a eu lieu en parallèle avec celle de la tolérance au lactose dans les tribus qui les élevaient. L'une et l'autre étaient des tendances évolutives en ce sens qu'il s'agissait de modifications dans la fréquence de certains gènes dans des populations, mais les deux ont été induites par des changements culturels non génétiques.

La tolérance au lactose est-elle seulement la pointe de l'iceberg ? Est-ce que nos génomes sont pleins de marques de domestication, affectant non seulement notre composition chimique, mais aussi notre esprit ? À l'instar des renards communs domestiqués de Belyaev, et des loups domestiqués que nous appelons des chiens, sommes-nous devenus plus dociles, plus affectueux, avec l'équivalent humain des oreilles pendantes et de la queue qui frétille ? Je vous laisse méditer cette question et je m'empresse de poursuivre.

Tandis que la chasse glissait vers l'élevage, la cueillette a probablement suivi une voie similaire vers la culture des plantes. Là aussi, ce changement s'est probablement effectué surtout involontairement. Il y a eu sans aucun doute des moments de découvertes créatrices, comme quand les individus ont remarqué pour la première fois que si l'on mettait des graines dans le sol, elles donnaient des plantes semblables à celles d'où venaient les graines. Ou bien quand quelqu'un a été le premier à observer que cela fait du bien aux plantes de les arroser, de les désherber et de leur donner du fumier. Il a sans doute été plus difficile d'imaginer que ce pourrait être une bonne idée de garder les meilleures graines pour les planter, au lieu de suivre la tendance évidente à consommer les meilleures et planter le rebut (mon père, tout frais émoulu du *college*, a enseigné l'agriculture à des paysans du centre de l'Afrique dans les années 1940 ; il m'a dit que c'était là un des messages les plus difficiles à faire passer). Cependant, comme la transformation du chasseur en éleveur, celle du cueilleur en cultivateur est essentiellement passée inaperçue chez ceux qu'elle touchait.

Beaucoup de nos produits alimentaires de base, entre autres le blé, l'avoine, l'orge, le seigle et le maïs, qui appartiennent à la famille des herbes, ont été énormément modifiés depuis l'aube de l'agriculture par la sélection humaine qui, involontaire dans les premiers temps, est devenue plus tard délibérée. Il est possible que nous aussi, nous nous soyons modifiés génétiquement au cours des millénaires pour accroître notre tolérance aux céréales, selon un mode parallèle à l'évolution de notre tolérance au lactose. Il est impossible que les céréales riches en amidon, comme le blé et l'avoine, aient eu une place prépondérante dans notre régime depuis la révolution agricole. À la différence des oranges et des fraises, les grains de céréales ne « veulent » pas être mangés. Le passage dans la voie digestive d'un animal ne s'inscrit pas dans leur stratégie de dispersion comme c'est le cas pour les noyaux de prune ou les graines de tomate. De notre côté, la voie digestive humaine n'est pas capable, à elle seule, d'absorber beaucoup de nutriments des grains de la famille des herbes, avec leurs pauvres réserves d'amidon et leur enveloppe dure et résistante. Le broyage et la cuisson facilitent un peu les choses, mais il semble aussi concevable que, parallèlement à l'évolution de la tolérance au lait, nous ayons acquis une tolérance physiologique de plus en plus grande au gluten du blé par rapport à nos ancêtres sauvages. L'intolérance au gluten est un problème bien connu pour un grand nombre d'individus qui découvrent, à la suite d'une expérience pénible, qu'il vaudrait mieux pour eux qu'ils évitent d'en consommer. Une comparaison de l'incidence de l'intolérance au gluten chez des chasseurs-cueilleurs comme les San, et chez d'autres peuples dont les ancêtres cultivateurs ont longtemps consommé du blé, peut être révélatrice. Il n'y a pas eu, que je sache, de grande étude comparative de la tolérance au gluten, comme celle sur la tolérance au lactose entre des tribus différentes.

Une étude comparative systématique sur l'intolérance à l'alcool serait aussi intéressante. On sait en effet que certains allèles génétiques réduisent la capacité de notre foie à décomposer l'alcool comme nous le voudrions.

De toute façon, la coévolution entre les animaux et leurs plantes nourricières n'avait rien de nouveau. Les animaux qui paissent exercent une sorte de sélection darwinienne sur les herbes, en orientant leur évolution vers une coopération mutuelle, et cela depuis des millions d'années, avant que nous ayons commencé à domestiquer le blé, l'orge, l'avoine, le seigle et le maïs. Les herbes prospèrent quand elles servent de pâture, ce qui a probablement été le cas pendant la plus grande partie des 20 millions d'années après leur apparition, signalée par leur pollen, dans les fossiles que nous détenons. Ce n'est pas, bien sûr, le fait d'être consommées qui avantage réellement les plantes en général, mais les herbes supportent mieux la cueillette que les plantes concurrentes. L'ennemi de mon ennemi étant mon ami, même quand elles sont broutées, les herbes prospèrent quand les herbivores mangent (en même temps qu'elles) d'autres plantes qui leur disputeraient la terre, le soleil et l'eau. Elles ont acquis au fil de ces millions d'années une capacité toujours plus grande à prospérer en présence de bovins sauvages, d'antilopes, de chevaux et d'autres herbivores, dont les tondeuses à gazon. Et au fur et à mesure, ces herbivores ont été mieux équipés – notamment avec des dents spécialisées et des appareils digestifs comprenant des cuves de fermentation avec des cultures de micro-organismes – pour prospérer en s'en nourrissant.

Ce n'est pas ce que nous entendons d'ordinaire par « domestication », mais en fait, ça n'en est pas loin. Quand nos ancêtres ont commencé il y a environ 10 000 ans à domestiquer les herbes sauvages du genre *Triticum* pour qu'elles deviennent ce que nous appelons maintenant le blé, c'était en un sens la poursuite du traitement que les herbivores avaient réservé aux ancêtres de *Triticum* pendant 20 millions d'années. Nos ancêtres ont accéléré ce processus, en particulier quand nous sommes passés de la domestication accidentelle, involontaire, à la domestication délibérée, et à la reproduction sélective programmée (et très récemment au développement d'hybrides et au contrôle des mutations génétiques par les scientifiques).

C'est tout ce que je voulais dire sur les origines de l'agriculture. Maintenant que notre machine à remonter le temps quitte la borne des 10 000 ans en direction du Rendez-vous 0, nous faisons encore une brève halte aux alentours de – 40 000 ans. C'est là que la société humaine faite de chasseurs-cueilleurs a subi ce qui a peut-être été une révolution encore plus grande que celle de l'agriculture, le « Grand Bond en avant culturel ». Celui qui va nous en parler, c'est l'homme de Cro-Magnon, qui tient son nom de la grotte en Dordogne où l'on a découvert pour la première fois des fossiles de cette race d'*Homo sapiens*.

Il était une fois… l'homme de Cro-Magnon

Les données de l'archéologie laissent penser que notre espèce a commencé à vivre quelque chose de très particulier vers – 40 000 ans. Sur le plan anatomique, nos ancêtres qui vivaient avant ce grand tournant étaient pareils à ceux qui sont venus par la suite. Les êtres humains échantillonnés auparavant n'étaient pas plus différents de nous qu'ils ne l'étaient de leurs contemporains dans d'autres parties du monde, ou, à vrai dire, que nous ne le sommes de nos contemporains. Enfin, si vous regardez leur anatomie, car si vous regardez leur culture, il y a une énorme différence. Il y a aussi bien sûr aujourd'hui d'énormes différences entre les différents peuples à travers le monde, comme il y en avait probablement en ce temps-là. Mais ce n'était pas vrai si nous remontons bien en deçà de 40 000 ans. Il s'est alors passé quelque chose, une chose suffisamment soudaine aux yeux de beaucoup d'archéologues pour qu'ils en parlent comme d'un « événement ». J'aime bien le nom que lui donne Jared Diamond : le « Grand Bond en avant ».

Jusque-là, les artéfacts humains avaient à peine changé pendant un million d'années. Ceux qui nous sont parvenus sont pratiquement tous des outils et des armes de pierre de forme très grossière. Sans aucun doute le bois (ou, en Asie, le bambou) était un matériau plus souvent utilisé, mais les vestiges de bois se conservent mal. Pour autant qu'on puisse le dire, il n'y avait pas de peintures, pas de sculptures, pas de statuettes, pas d'objets funéraires, pas de décoration. Après le Grand Bond en avant, tout cela est apparu soudain dans les archives archéologiques, avec des instruments de musique comme des flûtes en os, et, très vite, les hommes de Cro-Magnon ont réalisé des œuvres stupéfiantes, comme les peintures rupestres de la grotte de Lascaux. Un observateur impartial regardant de loin, d'une autre planète, pourrait voir notre culture moderne, avec ses ordinateurs, ses avions supersoniques et l'exploration de l'espace, comme un simple prolongement de ce Grand Bond en avant. Sur la très longue échelle de temps de la géologie, toutes nos réalisations modernes, de la chapelle Sixtine à la relativité spéciale, des *Variations Goldberg* à la conjecture de Goldbach, pourraient sembler pratiquement contemporaines de la Vénus de Willendorf et de la grotte de Lascaux, faisant toutes partie de la même révolution culturelle, du jaillissement culturel qui a suivi la longue stagnation du Paléolithique inférieur. En réalité, je ne suis pas sûr que la vision uniformisante de notre observateur interplanétaire résisterait à une analyse approfondie, mais on peut la défendre au moins un court instant.

Dans *L'Esprit dans la grotte : la conscience et les origines de l'art*, David Lewis-Williams étudie toute la question de l'art des cavernes du paléolithique supérieur, et ce que cet art peut nous dire sur l'éveil de la conscience chez *Homo sapiens*.

Certaines autorités sont si impressionnées par le Grand Bond en avant qu'elles pensent qu'il a coïncidé avec l'origine du langage. Quoi d'autre, se demandent-elles, pourrait expliquer un changement aussi soudain ? Il n'est pas aussi stupide que ça en a l'air de dire que le langage est apparu tout d'un coup. Personne ne pense que l'écriture remonte à plus de quelques milliers d'années, et tout le monde s'accorde pour dire que l'anatomie du cerveau n'a pas changé pour coïncider avec une chose aussi récente que l'invention de l'écriture. En théorie, la parole pourrait être un autre exemple du même phénomène. Je pense toutefois, et mon avis est corroboré par l'autorité de linguistes tels que Steven Pinker, que le langage est apparu avant le Grand Bond en avant. Nous reviendrons sur cette question dans un million d'années dans le passé, quand notre pèlerinage atteindra l'*Homo ergaster* (*erectus*).

Si ce n'est pas avec le langage lui-même, peut-être le Grand Bond en avant a-t-il coïncidé avec la découverte brutale de ce que nous pourrions appeler un nouveau programme : un nouveau truc de grammaire, comme la proposition conditionnelle dont le « et si… » aurait, d'un seul coup, ouvert tout grand les portes de l'imagination. Ou bien, peut-être est-ce qu'un langage précoce, antérieur à ce bond, ne pouvait servir que pour parler de ce qui se trouvait devant soi, dans l'instant ; un certain génie oublié aurait réalisé la possibilité d'utiliser les mots de façon référentielle, comme des symboles d'objets qui n'étaient pas directement présents. C'est toute la différence entre « ce puits que nous voyons toi et moi » et « imagine qu'il y ait un trou d'eau de l'autre côté de la colline ». Ou bien encore, l'art descriptif, qui est absolument inconnu dans les archives archéologiques avant le Grand Bond en avant, aurait favorisé l'accès au langage référentiel. Il est possible que les individus aient appris à dessiner des bisons avant d'apprendre à parler de bisons qui n'étaient pas sous leurs yeux.

J'aurais bien aimé pouvoir m'attarder sur cette période fascinante du Grand Bond en avant, mais un long pèlerinage nous attend et nous devons avancer. Nous arriverons bientôt au point où nous pourrons commencer à chercher le coancêtre 0, l'ancêtre le plus récent de tous les humains survivants.

Rendez-vous 0

L'ESPÈCE HUMAINE TOUT ENTIÈRE

Le projet du génome humain a été mené à son terme sous les acclamations de la communauté humaine qui se félicitait à juste titre de cette réalisation. On pourrait cependant se demander à juste titre quelle est la personne dont le génome a été séquencé. Est-ce un illustre notable qui a été choisi pour avoir cet honneur, ou un quidam pris au hasard dans la rue, ou même un clone anonyme de cellules provenant d'une culture de tissu en laboratoire ? Ce n'est pas la même chose car nous sommes très différents les uns des autres. Moi, j'ai les yeux marron alors que vous, vous les avez peut-être bleus. Moi, je peux enrouler ma langue dans un tube, alors qu'il y a une chance sur deux que vous n'y arriviez pas. Alors, laquelle des deux versions du gène pour enrouler sa langue a-t-elle fait son chemin dans le génome humain qui a été publié ? Quel est le canon pour la couleur des yeux ?

Je ne pose cette question que pour établir un parallèle. Ce livre suit « nos » ancêtres à la trace en remontant dans le temps, mais les ancêtres de qui : les vôtres ou les miens, ceux d'un pygmée bambuti ou ceux d'un îlien du détroit de Torrès ? J'y viendrai tout à l'heure. Pour l'instant, comme j'ai une question analogue concernant le génome humain, je ne peux la laisser en suspens. Quel est l'individu que l'on choisit pour analyser son génome ? En ce qui concerne le projet « officiel », la réponse est que, étant donné le faible pourcentage des lettres de l'ADN qui varient, l'individu dont le génome sert de référence a été choisi à l'issue d'un « vote » à la majorité parmi deux cents personnes qui ont été sélectionnées pour offrir une large gamme de diversité raciale. En ce qui concerne le projet concurrent, lancé à l'initiative du Dr Craig Venter, le génome analysé a été essentiellement celui de... Craig Venter lui-même, et c'est lui qui l'a annoncé*, à la consternation discrète du comité d'éthique qui avait recommandé, pour toutes sortes de raisons aussi généreuses que valables, que les donneurs soient anonymes et tirés au hasard dans toute une palette de races différentes. Il existe d'autres projets pour étudier la diversité génétique elle-même, et, bizarrement, ils font toujours l'objet d'attaques politiques, comme s'il était en quelque sorte indécent de reconnaître qu'il existe des différences entre les êtres humains. Dieu merci, nous sommes différents les uns des autres, voire très différents.

Mais revenons-en maintenant à notre pèlerinage. Des ancêtres de quel individu allons-nous suivre la trace ? Si nous remontons suffisamment loin dans le temps, les ancêtres de tout le monde sont communs à tous : tous vos ancêtres sont les miens, qui que vous soyez, et tous les miens sont les vôtres. Et pas à peu près, mais littéralement. C'est une de ces vérités qui, à la réflexion, n'ont pas besoin d'être démontrées plus avant. Nous en apportons la preuve par la pure raison, par la technique mathématique du raisonnement par l'absurde. Amenez notre machine imaginaire à remonter le temps à une époque absurdement reculée, disons à 100 millions d'années, à un moment où nos ancêtres ressemblaient à des musaraignes ou à des opossums. Quelque part dans le monde à cette époque lointaine, il devait exister au moins un de mes ancêtres, sinon je ne serais pas là. Appelons ce petit mammifère particulier Henri (il se trouve que c'est aussi un nom de famille). Nous cherchons à prouver que si Henri est mon ancêtre, il est nécessairement aussi le vôtre. Imaginez un instant le contraire : je descends d'Henri, et pas vous. Pour que ce soit vrai, il faudrait que votre lignée et la mienne aient marché côte à côte mais sans jamais se toucher pendant 100 millions d'années d'évolution jusqu'à aujourd'hui, sans jamais se croiser, mais pour arriver en fin de compte à la même destination évolutive – en se ressemblant tellement que les personnes de votre famille sont malgré tout capables de se reproduire avec celles de la mienne. Ce raisonnement est de toute évidence absurde. Si Henri est

* Quand son équipe est passée au déchiffrage du génome du chien, personne ne s'est étonné de découvrir que l'individu qui a eu l'honneur d'être choisi n'était autre que Shadow, le propre caniche de Venter.

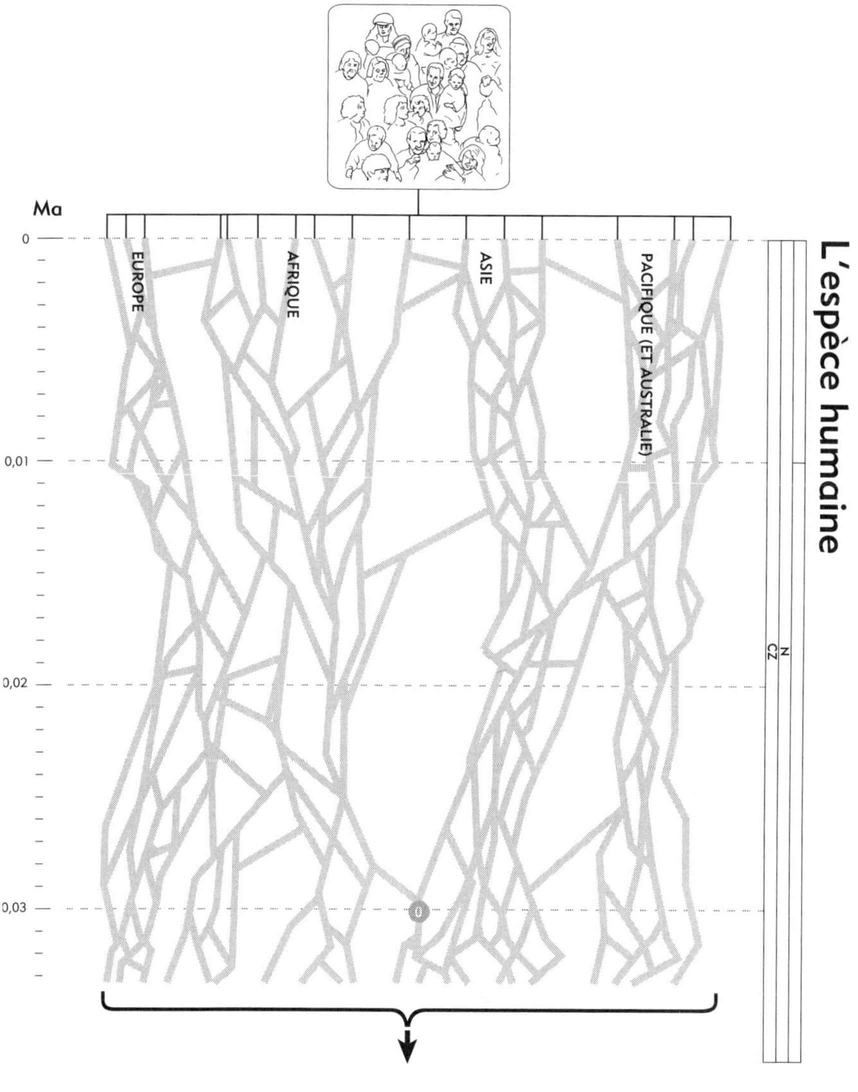

L'espèce humaine. Représentation stylisée de l'arbre généalogique de la famille humaine, qui ne prétend pas être une description exacte : l'arbre véritable serait d'une densité inimaginable. En descendant la page, on remonte dans le temps, l'échelle du temps géologique (photo 1 du cahier photo) étant donnée sur la barre qui figure à droite. Les lignes grises illustrent les croisements, un grand nombre d'entre eux ayant lieu à l'intérieur des continents, avec des migrations occasionnelles d'un continent à l'autre. Le chiffre entouré d'un cercle marque le Coancêtre 0, l'ancêtre commun le plus récent de tous les êtres humains vivants. Vous pouvez le vérifier par vous-même : en suivant les voies qui remontent à partir de lui, vous pouvez arriver à n'importe quel être humain des temps modernes.

mon ancêtre, il est nécessairement le vôtre. S'il ne l'est pas, il ne peut être le vôtre.

Sans préciser ce qu'on entend par « suffisamment loin dans le temps », nous avons seulement démontré qu'un individu suffisamment ancien, du moment qu'il a des descendants humains, doit être un ancêtre de la race humaine tout entière. L'ascendance lointaine d'un groupe particulier de descendants tel que l'espèce humaine relève du tout ou rien. Qui plus est, il est parfaitement possible qu'Henri soit mon ancêtre (et nécessairement le vôtre puisque vous êtes suffisamment humain pour pouvoir lire ce livre), alors que son frère Éric est l'ancêtre, disons, de tous les oryctéropes survivants. Non seulement c'est possible, mais c'est un fait remarquable qu'il s'est nécessairement trouvé un moment de l'histoire où existaient deux animaux de la même espèce dont l'un est devenu l'ancêtre de tous les êtres humains et d'aucun oryctérope, et l'autre celui de tous les oryctéropes et d'aucun être humain. Ils ont très bien pu se rencontrer, voire être frères. Si vous remplacez l'oryctérope par n'importe quelle espèce de votre choix, cette affirmation sera toujours vraie. Réfléchissez-y bien, et vous trouverez qu'il s'ensuit que toutes les espèces sont cousines les unes des autres. Ce faisant, gardez à l'esprit que l'« ancêtre de tous les oryctéropes » sera aussi l'ancêtre d'un tas d'autres sujets à côté des oryctéropes (en l'occurrence, la totalité de ce groupe majeur qu'on appelle les « afrothériens », que nous rencontrerons au Rendez-vous 13 et qui comprend les éléphants et les dugongs, ainsi que les damans, et les tenrecs de Madagascar.

Ma démonstration était construite selon un raisonnement par l'absurde. Elle présupposait qu'Henri avait vécu il y a suffisamment longtemps pour qu'il soit évident qu'il ait engendré ou bien tous les êtres humains vivants, ou bien aucun. Combien de temps faut-il pour que ce soit suffisamment longtemps ? La question est plus difficile. 100 millions d'années est plus qu'il n'en faut pour garantir notre conclusion. Si nous ne remontons que de 100 ans, aucun individu ne peut prétendre avoir la race humaine tout entière comme descendants directs. Entre ces deux cas évidents de 100 ans et de 100 millions d'années, que pouvons-nous dire de ces intermédiaires peu évidents que sont 10 000 ans, 100 000 ans ou 1 million d'années ? Ces calculs précis étaient au-delà de mes capacités quand j'ai expliqué ce raisonnement dans *Qu'est-ce que l'évolution ? Le fleuve de la vie*, mais heureusement, un statisticien de l'université Yale, Joseph T. Chang, s'est maintenant attaqué à cette question. Ses conclusions et leurs implications vont être exposées par le Tasmanien, ce qui est tout à fait approprié pour ce rendez-vous car le coancêtre 0 est l'ancêtre commun le plus récent de tous les êtres humains vivants. Ce sont des versions de calculs plus élaborés, du genre de ceux de Chang, dont nous avons besoin pour dater le Rendez-vous 0.

Dans notre pèlerinage, le Rendez-vous 0 est le moment où nous rencontrons pour la première fois un ancêtre commun aux êtres humains. Or d'après notre raisonnement par l'absurde, il existe un point plus éloigné dans le passé où *chaque* individu que nous rencontrerons avec notre machine à remonter le temps sera soit un ancêtre commun, soit pas un ancêtre. Et même si aucun ancêtre ne pourra être identifié à cette étape lointaine, il méritera d'être salué au passage car il marquera le point où nous pouvons cesser de nous préoccuper de savoir si ce sont vos ancêtres ou les miens dont nous suivons la trace : à partir de cette borne, tous mes lecteurs marcheront côte à côte dans une cohorte de pèlerins vers le passé.

Il était une fois… le Tasmanien

Rédigé avec la collaboration de Yan Wong

La recherche de ses ancêtres peut être un passe-temps passionnant. Comme pour l'histoire, il y a deux méthodes. Vous pouvez remonter dans le temps en dressant la liste de vos deux parents, quatre grands-parents, huit arrière-grands-parents, et ainsi de suite. Ou bien, vous pouvez prendre un ancêtre lointain et descendre en dressant la liste de ses enfants, petits-enfants, arrière-petits-enfants, jusqu'à ce que vous arriviez à vous. Les généalogistes amateurs font les deux, faisant des va-et-vient entre les générations jusqu'à ce qu'ils aient rempli l'arbre autant que le permettent les registres de paroisse et les bibles familiales. Cette histoire, comme ce livre dans son ensemble, utilise la méthode ascendante.

Si vous prenez deux personnes au hasard et que vous remontez dans le temps, tôt ou tard, nous tomberons sur un ancêtre commun le plus récent (ACPR). Vous et moi, le plombier et la reine, le moindre ensemble converge nécessairement sur un coancêtre (ou un couple) unique. Mais, à moins de choisir des parents proches, il faut pour trouver un coancêtre un énorme arbre généalogique, dont la plus grande partie sera inconnue. Cela s'applique *a fortiori* au coancêtre de tous les êtres humains vivant aujourd'hui. Dater le coancêtre 0, l'ancêtre commun le plus récent de tous les êtres vivants, est un travail qui sort des compétences du généalogiste patenté. Faisant appel à des estimations, c'est une tâche de mathématicien.

Le spécialiste de mathématiques appliquées essaie de comprendre le monde réel en en concevant une version simplifiée, un « modèle ». Ce modèle facilite la réflexion sans perdre la capacité d'éclairer la réalité. Il nous donne parfois une base de départ à partir de laquelle nous pouvons faire la lumière sur le monde réel. Pour construire un modèle mathématique de façon à dater les ancêtres communs de tous les êtres humains survivants, ce qui simplifie bien les choses, c'est de postuler l'existence d'une population de taille fixe et constante, qui se reproduit, et qui vit sur une île qui ne connaît ni immigration, ni émigration – une sorte de monde miniature. Mettons que ce soit une population idéalisée d'aborigènes de Tasmanie dans des temps plus heureux, avant qu'ils aient été exterminés comme des parasites par les colons au XIXe siècle. La dernière Tasmanienne de pure souche, Truganinni, est morte en 1876, peu après son ami « King Billy » dont le scrotum a été transformé en blague à tabac (cela fait penser aux abat-jour nazis). Les aborigènes tasmaniens ont été isolés il y a quelque 13 000 ans quand les bandes de terre qui reliaient la Tasmanie à l'Australie ont été submergées par la montée du niveau des mers, à la suite de quoi ils n'ont plus vu d'étrangers jusqu'à leur retour en force lorsqu'ils ont subi cet holocauste au XIXe siècle. Pour les besoins de notre modèle, nous considérons que la Tasmanie est restée totalement coupée du monde pendant 13 000 ans, jusqu'en 1800, le « temps présent » étant défini comme l'an 1800 après J.-C.

L'étape suivante consiste à modéliser le schéma de l'accouplement. Dans le monde réel, les individus tombent amoureux, ou passent par des mariages arrangés, mais, ici, nous sommes des concepteurs de modèles, remplaçant froidement les détails humains par des équations plus maniables. Nous pouvons imaginer plus d'un modèle d'accouplement. Dans le modèle de la diffusion aléatoire, les hommes et les femmes se comportent comme des particules qui se propagent vers l'extérieur à partir de leur lieu de naissance, en ayant plus de chances de se cogner dans leurs proches voisins que dans leurs voisins plus lointains. Un modèle encore plus simple et moins réaliste est celui de l'accouplement aléatoire. Là, nous ignorons complètement la distance et nous supposons simplement que, strictement à l'intérieur de l'île, les accouplements entre n'importe quel homme et n'importe quelle femme ont autant de chances de se produire.

Bien sûr, ces deux modèles sont absolument impossibles. La propagation aléatoire présuppose que les individus se déplacent dans n'importe quelle direction à partir de leur point de départ. Dans la réalité, il y a des chemins ou des routes que leurs pas doivent emprunter : des conduits étroits qui mènent les gènes à travers les forêts et les prairies de l'île. Le modèle d'accouplement aléatoire est encore plus irréaliste. Peu importe. Nous construisons des modèles pour voir ce qui arrive dans des situations idéales simplifiées. Cela peut réserver des surprises. Il faut ensuite voir si le monde réel en réserve autant, ou moins, et dans quelle direction.

Suivant une longue tradition de généticiens mathématiques, Joseph Chang a opté pour l'accouplement aléatoire. Son modèle ne tenait pas compte de la taille de la population en présupposant qu'elle était constante, ni les particularités de la Tasmanie, mais nous présupposerons, là encore en simplifiant beaucoup, mais c'est volontaire, que notre population modèle est restée constante au chiffre de 5 000, ce qui est une estimation de la population aborigène de la Tasmanie en 1800, avant le début du massacre. Je dois redire que les simplifications sont dans l'essence de la modélisation mathématique : ce n'est pas une faiblesse de la méthode mais, à certains égards, une force. Bien sûr, Chang ne croyait pas que la population s'accouplait au hasard, pas plus qu'Euclide ne croyait que les lignes n'ont pas d'épaisseur. Nous suivons des suppositions abstraites pour voir où elles mènent, puis nous décidons si le détail des différences avec le monde réel est important.

La question est donc de savoir à combien de générations il faut remonter pour être raisonnablement sûr de trouver un individu qui soit l'ancêtre de tous ceux qui vivent aujourd'hui. La réponse calculée à partir du modèle abstrait est le logarithme (base 2) de la taille de la population. Le logarithme à base 2 d'un nombre est le nombre de fois qu'il faut multiplier 2 par lui-même pour obtenir ce nombre. Pour obtenir 5 000, il faut multiplier 2 par lui-même environ 12,3 fois, si bien que pour notre exemple de la Tasmanie, la théorie nous dit de remonter à 12,3 générations pour trouver le coancêtre commun. En partant du principe qu'il y a quatre générations par siècle, cela fait moins de quatre siècles. C'est même encore moins si les individus se reproduisent avant l'âge de vingt-cinq ans.

Je donne le nom de « Chang 1 » à la date de l'ancêtre commun le plus récent d'une population donnée. En continuant à remonter à partir de Chang 1, il ne faut pas longtemps pour atteindre le point – que j'appellerai « Chang 2 » – où *tous* les individus ou bien sont un ancêtre commun, ou bien n'ont pas de descendants survivants. C'est seulement dans le bref intervalle entre Chang 1 et Chang 2 qu'il existe une catégorie intermédiaire d'individus qui ont quelques descendants survivants mais sans être des ancêtres communs de tous. La déduction étonnante à laquelle on arrive, et je ne donnerai pas les détails du raisonnement qui y a conduit, c'est qu'à Chang 2 un grand nombre d'individus sont des ancêtres universels : environ 80 % des individus de n'importe quelle génération seront en théorie les ancêtres de tous les individus vivants dans un avenir lointain.

En ce qui concerne les dates, les calculs disent que Chang 2 est à peu près 1,77 fois plus ancien que Chang 1. 1,77 multiplié par 12,3 donne juste un peu moins de 22 générations, c'est-à-dire entre cinq et six siècles. En voyageant en Tasmanie dans notre machine à remonter le temps, vers l'époque de Chaucer en Angleterre, nous entrons donc dans un territoire du « tout ou rien ». En poursuivant à partir de là, jusqu'au temps où la Tasmanie était reliée à l'Australie et où il est impossible de dire ce qui va se passer, chaque individu que rencontrera notre machine ou bien aura la population tout entière comme descendants, ou bien n'en aura aucun.

Je ne sais pas ce que vous en pensez, mais moi, je suis frappé de voir à quel point ces dates issues du calcul sont récentes. Qui plus est, les conclusions ne changent pas beaucoup si vous partez d'une population beaucoup plus importante. En prenant dans notre modèle une population de la taille de celle de la Grande-Bretagne aujourd'hui, soit 60 millions, il nous suffit toujours de remonter à 23 générations pour atteindre Chang 1 et notre ancêtre universel le plus récent. Si ce modèle s'appliquait à la Grande-Bretagne, Chang 2, où tout le monde est ou bien l'ancêtre de tous les Britanniques d'aujourd'hui, ou bien l'ancêtre de personne, se trouverait seulement à 40 générations, soit aux alentours de l'an 1000. Si les présupposés du modèle sont vrais (et ils le sont, bien sûr), le roi Alfred le Grand est ou bien l'ancêtre de tous les Britanniques d'aujourd'hui, ou bien celui d'aucun.

Il faut que je répète les mises en garde que j'ai données au début. Il y a toutes sortes de différences entre les populations « modèles » et les vraies, que ce soit en Grande-Bretagne, en Tasmanie ou ailleurs. La population de la Grande-Bretagne a énormément augmenté au cours de l'histoire pour atteindre sa taille actuelle, ce qui change tous les calculs. Dans toute population réelle, les personnes ne s'accouplent pas au hasard. Elles donnent la préférence à leur tribu, au groupe qui parle leur langue, ou à la zone où elles se trouvent et, naturellement, elles ont toutes des préférences individuelles. En Grande-Bretagne, l'histoire complique encore les choses en ce sens que, bien qu'elle soit géographiquement une île, sa population est loin d'être isolée. Des vagues d'immigrants venus d'Europe y ont déferlé au cours des siècles, notamment les Romains, les Saxons, les Danois et les Normands.

Si la Tasmanie et la Grande-Bretagne sont des îles, le monde est une « île » plus vaste puisqu'il ne connaît pas d'immigration et d'émigration (en dehors des enlèvements par des extraterrestres en soucoupe volante). Mais il est imparfaitement subdivisé en continents et en plus petites îles, avec non seulement la mer, mais aussi des chaînes de montagnes, des fleuves et des déserts qui compliquent plus ou moins les déplacements des individus. La complexité des écarts par rapport à la norme de l'accouplement aléatoire fausse nos calculs, et de beaucoup. La population mondiale actuelle est de 6 milliards d'individus, mais il serait absurde de chercher le logarithme de 6 milliards, de le multiplier par 1,77, et d'accepter naïvement la date de 500 après J.-C. pour celle du Rendez-vous 0 ! La véritable date est plus ancienne, ne serait-ce que parce que des isolats d'êtres humains sont restés à l'écart bien plus longtemps que ce que nous donnent nos calculs. Si une île a été isolée pendant 13 000 ans, ce qui est le cas de la Tasmanie, il est impossible que l'ensemble de la race humaine ait un ancêtre universel à moins de 13 000 ans. Il suffit de l'isolement partiel de sous-populations, ou de la moindre forme d'accouplement non aléatoire, pour bouleverser tous nos calculs bien propres.

La date du début de l'isolement de la population d'une île la plus isolée du monde fait reculer la date limite du Rendez-vous 0. Mais pour prendre vraiment en compte ce recul du seuil, il faut que cet isolement soit complet, du fait du chiffre de 80 % que nous avons vu plus haut. Un seul migrant en Tasmanie, une fois qu'il a été suffisamment accepté dans la société pour s'y reproduire normalement, a 80 % de chances de finir par devenir un ancêtre commun de tous les Tasmaniens. Ainsi, il suffit même de migrations infimes pour raccorder l'arbre généalogique d'une population isolée par ailleurs à celui du continent. La date du Rendez-vous 0 pourrait dépendre de celle à laquelle la poche d'êtres humains la plus isolée a commencé à être totalement isolée de sa voisine, ajoutée à celle à laquelle sa voisine a commencé à son tour à être totalement isolée de sa voisine, et ainsi de suite. Il faudrait peut-être faire quelques sauts de puce d'île en île avant de pouvoir raccorder ensemble tous les arbres généalogiques, mais la rencontre avec le coancêtre 0 n'en serait retardée que d'un nombre de siècles insignifiant. Cela situerait donc le Rendez-vous 0 à il y a quelques dizaines de milliers d'années, vraisemblablement à quelques centaines de milliers d'années, mais pas plus loin.

Pour ce qui est de l'endroit où a eu lieu le Rendez-vous 0, c'est presque aussi surprenant. Vous pourriez être tenté de penser à l'Afrique, ce qui a été ma première réaction. Comme c'est en Afrique que se trouvent les plus profondes divisions génétiques de l'espèce humaine, il pourrait paraître logique d'y chercher un ancêtre commun à tous les êtres humains vivants. On a dit à juste titre que si l'on supprimait l'Afrique subsaharienne, on perdrait la grande majorité de la diversité génétique humaine, alors que si l'on supprimait tout sauf l'Afrique, ça ne changerait pas grand-chose. Pourtant, il est bien possible que le coancêtre 0 ait vécu en dehors de l'Afrique. Le coancêtre 0 est l'ancêtre commun le plus récent qui réunit la population la plus isolée géographiquement – mettons celle de la Tasmanie, pour les besoins de la démonstration – au reste du monde. Si nous supposons que les populations de tout le reste du monde, y compris l'Afrique, se sont permis au moins quelques croisements pendant une longue période où la Tasmanie a été totalement isolée, la logique des calculs de Chang pourrait nous amener à soupçonner le coancêtre 0 d'avoir vécu en dehors de l'Afrique, près du point d'embarquement des migrants dont la progéniture est devenue des immigrants tasmaniens. Pourtant, ce sont les groupes africains qui comportent toujours la plus grande diversité génétique de l'humanité. Ce paradoxe apparent sera résolu dans le message de notre prochain orateur, où nous explorerons les arbres généalogiques des gènes au lieu de ceux des individus.

Notre conclusion surprenante, c'est que le coancêtre 0 a probablement vécu il y a des dizaines de milliers d'années, et très vraisemblablement pas en Afrique. D'autres espèces aussi pourraient avoir en général des ancêtres communs très récents. Mais ce n'est pas la seule partie du message du Tasmanien qui nous oblige à examiner les idées de la biologie sous un éclairage nouveau. Pour les professionnels darwiniens, il semble paradoxal que 80 % d'une population deviennent des ancêtres universels. Je m'explique. Nous avons l'habitude de penser que les organismes individuels s'efforcent de maximiser une quantité qu'on appelle la *fitness*. Ce que ce terme recouvre exactement ne fait pas l'unanimité. Beaucoup penchent pour « le nombre total d'enfants », et d'autres préfèrent « le nombre total de petits-enfants ». Mais comme il n'y a pas de raison de s'arrêter aux petits-enfants, de nombreux spécialistes aiment mieux dire quelque chose comme « le nombre total de descendants vivant à un certain moment dans un futur lointain ». Mais cela semble poser un problème si, dans notre population théoriquement idéalisée sans sélection naturelle, on peut s'attendre à ce que 80 % d'entre elle aient un maximum de fitness, c'est-à-dire prétendre avoir pour descendants la population entière ! C'est important pour les darwiniens car ils partent en général du principe que la fitness est ce que tous les animaux s'efforcent de développer au maximum au prix d'une lutte incessante.

Il y a longtemps que je dis que la seule raison pour laquelle un organisme se comporte comme une entité quasiment dotée de détermination – capable d'aller jusqu'au bout de n'importe quoi – est qu'il est construit par des gènes qui ont survécu à travers les générations passées. On peut être tenté d'y voir une personne et de lui attribuer des intentions : de traduire « la survie des gènes dans le passé » par quelque chose comme « l'intention de se reproduire dans le futur », ou « l'intention de l'individu d'avoir de nombreux descendants dans le futur ». Cette personnification peut aussi s'appliquer aux gènes : nous sommes tentés de voir les gènes comme influençant les corps des individus pour qu'ils se comportent de manière à augmenter le nombre de leurs futures copies.

Les scientifiques qui s'expriment de cette façon, que ce soit au niveau de l'individu ou du gène, savent très bien que ce n'est qu'une façon de parler. Les gènes ne sont que des molécules d'ADN. Il faudrait être complètement fou pour croire que les gènes « égoïstes » ont *réellement* une intention délibérée de survivre ! Nous pouvons toujours reformuler cette idée dans un langage plus respectable : le monde se remplit progressivement des gènes qui ont survécu dans le passé. Comme le monde a une certaine stabilité et ne change pas au petit bonheur, les gènes qui ont survécu dans le passé ont tendance à être ceux qui seront capables de survivre dans le futur. Cela signifie capables de programmer des corps pour survivre et faire des enfants, des petits-enfants et des descendants lointains. Ainsi, nous sommes revenus à notre définition de la fitness fondée sur l'individu et tournée vers l'avenir. Mais nous admettons maintenant que les individus ne comptent que comme véhicules de la survie des gènes. Le fait pour les individus d'avoir des petits-enfants et des descendants lointains n'est qu'un moyen pour l'objectif qu'est la survie des gènes. Ce qui nous ramène une fois de plus à notre paradoxe : il semble que 80 % des individus qui se reproduisent se bousculent au premier rang, avec une fitness saturée au maximum !

Pour résoudre ce paradoxe, revenons à la base théorique : les gènes. Nous neutralisons un paradoxe en en créant un autre, un peu comme si l'on pouvait réparer une injustice par une autre. Réfléchissez-y : un organisme individuel peut être un ancêtre universel de la population tout entière à un certain moment éloigné dans le futur, sans qu'un seul de ses gènes ne survive dans ce futur. Comment est-ce possible ?

Chaque fois qu'un individu a un enfant, *exactement* la moitié de ses gènes vont dans cet enfant, et chaque fois qu'il a un petit-enfant, celui-ci reçoit *en moyenne* un quart de ses gènes. À la différence de la progéniture de la première génération où la proportion de la contribution de chaque parent est exacte, le chiffre pour chaque petit-enfant est d'ordre statistique. Il pourrait être supérieur au quart, ou inférieur. La moitié de vos gènes viennent de votre père, et la moitié de votre mère. Quand vous faites un enfant, quelle est la moitié de vos gènes que vous lui donnez ? En moyenne, ces gènes viendront en parties égales de ceux que vous avez reçus à l'origine du grand-père de l'enfant et de ceux que vous avez reçus à l'origine de sa grand-mère. Mais, par hasard, *il se pourrait* que vous lui donniez tous les gènes de votre mère, et aucun de votre père. En ce cas, votre père n'aurait donné aucun de ses gènes à son petit-enfant. Bien sûr, ce scénario est extrêmement improbable, mais au fil des générations, l'absence totale de contribution des gènes devient davantage possible. En moyenne, vous pouvez vous attendre à ce qu'un huitième de vos gènes arrive dans chacun de vos arrière-petits-enfants, un seizième dans chaque arrière-arrière-petit-enfant, mais ce pourrait être plus, ou moins. Et ainsi de suite, jusqu'à ce que la chance d'une contribution de 0 à proprement parler à un descendant donné devienne significative.

Dans notre population tasmanienne hypothétique, la date de Chang 2 remonte à 22 générations. Ainsi, quand nous disons que 80 % des individus de la population peuvent s'attendre à être les ancêtres de tous les individus survivants, nous parlons de leurs arrière-petits-enfants à la vingt-deuxième génération. La proportion du génome d'un ancêtre que l'on peut s'attendre à trouver, en moyenne, dans un de ces descendants à la vingt-deuxième génération est de 1 sur 4 millions. Comme le génome humain n'a que des dizaines de milliers de gènes, il apparaîtrait que la proportion de 1 sur 4 millions serait particulièrement minime. Ce ne sera pas tout à fait comme ça, bien sûr, car la population de notre Tasmanie n'est que de 5 000 habitants. N'importe quel individu peut descendre d'un ancêtre particulier par un grand nombre de voies différentes. Mais il pourrait quand même arriver par hasard que certains ancêtres universels se trouvent en fin de compte n'avoir légué aucun de leurs gènes à la postérité lointaine.

Je suis peut-être partial, mais je vois là une raison de plus pour revenir au gène comme cible de la sélection naturelle : pour orienter sa pensée sur le passé en regardant les gènes qui ont survécu jusqu'au présent, plutôt que sur l'avenir en pensant aux individus ou, à vrai dire, aux gènes, qui essaient de survivre dans le futur. Cette « intentionnalité » dans la façon de penser prospective peut être utile si elle est employée avec prudence et bien comprise, mais elle n'est pas vraiment nécessaire. Il est tout aussi éclairant de voir les gènes de façon rétrospective quand on y est habitué, et cela risque moins de donner la mauvaise réponse.

Le Tasmanien nous a parlé des ancêtres généalogiques : les individus dans l'histoire qui sont des ancêtres d'individus vivant aujourd'hui dans le sens conventionnel des généalogistes : les « ancêtres humains ». Or ce que vous pouvez faire pour les êtres humains, vous pouvez le faire pour les gènes. Les gènes ont aussi des gènes parents, des gènes grands-parents, des gènes petits-enfants. Les gènes eux aussi ont des pedigrees, des arbres généalogiques, des « ancêtres communs les plus récents » (ACPR). Ils ont eux aussi leur Rendez-vous 0, et, là, nous pouvons dire que pour la majorité d'entre eux, leur propre Rendez-vous 0 se trouvait en Afrique. Cette contradiction apparente va nécessiter quelques explications qui vont nous être données dans le message d'Ève.

Avant d'y venir, je dois dissiper une confusion possible sur le sens du mot « gène ». Il peut vouloir dire beaucoup de choses pour des personnes différentes, mais la confusion particulière qui nous menace ici est la suivante. Certains biologistes, en particulier en génétique moléculaire, réservent strictement ce mot à un emplacement sur un chromosome (le « locus »), et ils emploient le mot « allèle » pour chacune des versions alternatives de ce gène qui pourraient se trouver sur ce locus. Pour prendre un exemple extrêmement simplifié, le gène pour la couleur des yeux existe en différentes versions d'allèles, entre autres un allèle bleu et un allèle marron. D'autres biologistes, notamment ceux dans lesquels je me range, et qu'on appelle souvent des sociobiologistes, des écologistes comportementaux ou des éthologues, ont tendance à employer le mot gène dans le même sens qu'allèle, et quand nous avons besoin d'un mot pour désigner dans un chromosome l'espace que pourrait occuper n'importe quel allèle d'un ensemble, nous parlons volontiers de « locus ». Ainsi, les personnes qui sont comme moi diront éventuellement : « Imaginez un gène des yeux bleus et un gène concurrent des yeux marron. » Les spécialistes de génétique moléculaire n'aiment pas ça en général, mais c'est une habitude bien établie chez les biologistes de mon espèce, et je les suivrai à l'occasion.

Il était une fois... Ève

Rédigé avec la collaboration de Yan Wong

Il y a une différence significative entre les « arbres de gènes » et les « arbres de personnes ». Contrairement à la personne, qui descend de deux parents, le gène n'a qu'un parent. Chacun de vos gènes vient nécessairement soit de votre mère, soit de votre père, d'un de vos quatre grands-parents, et d'un seul, d'un de vos huit arrière-grands-parents, et d'un seul, et ainsi de suite. Or quand on recherche ses ancêtres selon le mode classique, on descend au même titre de ses deux parents, de ses quatre grands-parents, de ses huit arrière-grands-parents, et ainsi de suite. Cela veut dire qu'une « généalogie de personnes » comporte beaucoup plus de mélanges qu'une « généalogie de gènes ». En un sens, un gène emprunte une voie unique dans le labyrinthe de celles qui s'entrecroisent dans l'arbre des personnes. Les noms de famille fonctionnent comme les gènes, pas comme les personnes. Votre nom de famille suit une ligne ténue dans l'arbre entier de votre famille. Il fait ressortir votre ascendance masculine de génération en génération. En dehors de deux exceptions importantes sur lesquelles je reviendrai plus tard, l'ADN n'est pas aussi sexiste que le nom de famille : les gènes remontent à leurs ancêtres aussi bien par les hommes que par les femmes.

Certains des pedigrees humains les mieux répertoriés sont ceux des familles royales d'Europe. Dans l'arbre généalogique de la maison de Saxe-Cobourg regardez les princes Alexis, Waldemar, Heinrich et Rupert. L'arbre d'un de leurs gènes est facile à dessiner car, malheureusement pour eux, sinon pour nous, le gène concerné était défectueux. Il a donné à ces quatre princes et à beaucoup d'autres de leur malheureuse famille cette maladie du sang facilement reconnaissable qu'est l'hémophilie, où le sang se coagule mal. Cette affection se transmet de façon particulière : elle est portée sur le

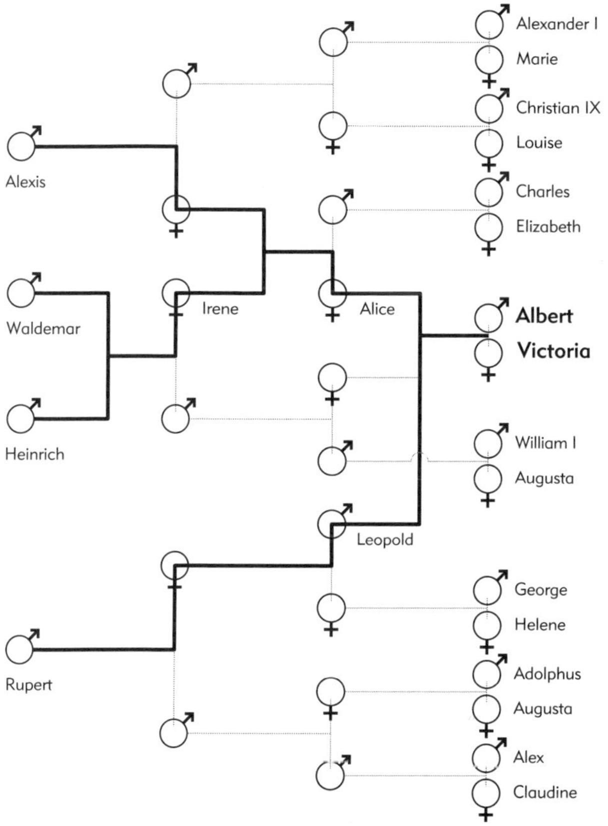

Lignées du sang dans la maison de Saxe-Cobourg à la triste destinée

chromosome X. Les hommes ont un seul chromosome X qu'ils héritent de leur mère. Les femmes en ont deux, dont chacun vient de l'un de leurs deux parents. Elles n'ont la maladie que si elles ont hérité la version défectueuse du gène à la fois de leur père et de leur mère (c'est-à-dire que l'hémophilie est « récessive »). Les hommes n'ont la maladie que si leur chromosome X unique « non protégé » porte le gène défectueux. Très peu de femmes, donc, sont hémophiles mais beaucoup sont « porteuses » de la maladie. Elles ont une copie du gène défectueux, et 50 % de chances de la transmettre à chaque enfant. Les femmes porteuses de la maladie et qui sont enceintes espèrent toujours avoir une fille, mais elles gardent un risque élevé d'avoir des petits-fils hémophiles. Si un homme hémophile vit assez longtemps pour avoir des enfants, il ne peut pas transmettre le gène à un fils (puisque les hommes ne reçoivent jamais leur chromosome X de leur père), mais il le transmet obligatoirement à une fille (puisque les femmes reçoivent toujours le chromosome X unique de leur père). Connaissant ces règles, et sachant quels hommes de la famille royale étaient hémophiles, nous pouvons remonter la piste du gène défectueux. Voici l'arbre généalogique rétrospectif de la famille royale, avec, en gras, le chemin qu'a dû prendre le gène de l'hémophilie.

Il semble que c'est la reine Victoria elle-même qui a été la mutante. Ce n'était pas Albert, car son fils, le prince Leopold, était hémophile, et les fils ne reçoivent pas leur chromosome X de leur père. Aucun des collatéraux de Victoria n'était hémophile. Elle était la première de la famille royale à porter ce gène. L'erreur de copie a dû se produire soit dans un œuf de sa mère, Victoria de Saxe-Cobourg, soit, ce qui est plus vraisemblable pour des raisons qu'a expliquées mon collègue Steve Jones dans *The Language of the Genes*, « dans les augustes testicules de son père, Edouard, duc de Kent ».

Bien qu'aucun des deux parents n'ait été porteur de l'hémophilie, ni n'ait eu la maladie, l'un d'eux avait bien un gène (un allèle, plus précisément) qui était le « parent » prémuté du gène royal de l'hémophilie. Nous pouvons imaginer (mais pas déceler) la lignée du gène de l'hémophilie de Victoria avant sa mutation en gène de l'hémophilie. Pour notre propos, peu importe, sinon pour le diagnostic, que la copie du gène de Victoria ait été défectueuse alors que ses prédécesseurs ne l'étaient pas : en remontant l'arbre du gène, nous ne nous intéressons à ses effets que dans la mesure où ils le rendent visible. La lignée du gène doit remonter à avant Victoria, mais son tracé visible disparaît quand le gène n'était pas celui de l'hémophilie. La leçon qui en découle, c'est que chaque gène a un gène parent même si, par mutation, il ne lui est pas identique. De même, il n'a qu'un seul gène grand-parent, qu'un seul gène arrière-grand-parent, et ainsi de suite. Cette façon de penser peut paraître étrange, mais rappelez-vous que notre pèlerinage est une chasse aux ancêtres. L'exercice consiste ici à voir ce que serait une chasse aux ancêtres du point de vue du gène plutôt que de l'individu.

Le Tasmanien nous a fait découvrir le sigle ACPR (ancêtre commun le plus récent), synonyme de coancêtre. Je préfère réserver le terme de coancêtre pour l'ancêtre commun le plus récent de toute une généalogie (de personnes ou d'organismes). Pour parler des gènes, j'emploierai donc « ACPR ». Deux allèles au moins, chez des individus différents (ou même, comme nous le verrons, chez le même individu), ont certainement un ACPR. C'est le gène ancestral dont ils sont chacun une copie (qui a éventuellement muté). L'ACPR des gènes de l'hémophilie des princes Waldemar et Heinrich de Prusse se trouvait sur l'un des deux chromosomes de leur mère, Irene de Hesse und bei Rhein. Quand elle était encore un fœtus, l'unique gène hémophile qu'elle portait s'est dédoublé. Deux de ses ovules, qui en ont reçu une copie, sont à l'origine de l'infortune de ses fils. Ces gènes à leur tour ont en commun un ACPR avec le gène de l'hémophilie du tsarévitch Alexis de Russie (1904-1918), sous la forme d'un gène porté par leur grand-mère, la princesse Alice de Hesse. Enfin, l'ACPR du gène de l'hémophilie chez les quatre princes que nous avons choisis est celui-là même qui s'est signalé à notre attention au départ, le gène mutant de Victoria elle-même.

Les généticiens ont un mot pour désigner ce phénomène dans le parcours d'un gène dans le passé : c'est la coalescence. En remontant dans le temps, on peut dire que deux lignées de gènes fusionnent en une seule au point de coalescence d'où, en redescendant, un parent émet deux copies de ce gène pour deux enfants successifs. Le point de coalescence est l'ACPR. Tout arbre génétique comporte de nombreux points de coalescence. La coalescence des gènes hémophiles de Waldemar et Heinrich s'opère dans le gène ACPR que porte leur mère Irene, lequel fusionne à son tour avec la lignée qui remonte du tsarévitch Alexis ; et, comme nous l'avons vu, la grande coalescence de tous les gènes hémophiles royaux se produit dans la reine Victoria : son génome comporte le gène de l'hémophilie qui est l'ACPR de toute la dynastie.

Dans mon exemple, la coalescence des gènes de l'hémophilie des quatre princes se produit dans l'individu même (Victoria) qui se trouve aussi être leur ancêtre *généalogique* (des personnes) commun le plus récent, leur coancêtre. Mais ce n'est qu'une coïncidence. Si nous prenions un autre gène (mettons, celui de la couleur des yeux), le chemin qu'il a suivi dans l'arbre familial serait très différent, et la coalescence des gènes se ferait dans un ancêtre plus lointain que Victoria. Si nous prenions un gène des yeux marron chez le prince Rupert et un des yeux bleus chez le prince Heinrich, la coalescence remonterait nécessairement au moins aussi loin que la séparation d'un gène ancestral de la couleur des yeux en deux formes, marron et bleu, événement qui se situe dans les profondeurs de la préhistoire. Chaque fragment d'ADN a une généalogie que l'on peut suivre à la trace selon un mode qui est indépendant du type de généalogie où nous remontons la filière des noms de famille à travers les registres de naissances, de mariage et de décès ; un mode indépendant, mais parallèle.

Nous pouvons même faire cette démarche pour deux gènes identiques présents dans la même personne. Le prince Charles a les yeux bleus, ce qui veut dire, le bleu étant récessif, qu'il possède deux allèles des yeux bleus. La coalescence de ces deux allèles a dû se produire quelque part dans le passé, sans que l'on puisse dire quand et où. Ce pourrait être il y a des siècles ou des milliers d'années, mais dans le cas particulier du prince Charles, il est possible que la coalescence se soit produite dans un individu aussi proche dans le temps que la reine Victoria. C'est parce qu'il se trouve que le prince Charles descend deux fois de cette reine : par le roi Edouard VII et par la princesse Alice de Hesse. Selon cette hypothèse, un gène unique des yeux bleus de la reine Victoria s'est copié deux fois à des moments différents. Ces deux copies du même gène se sont transmises respectivement à la reine actuelle (arrière-petite-fille d'Edouard VII) et à son mari, le prince Philip (arrière-petit-fils de la princesse Alice). Deux copies d'un gène de Victoria ont donc très bien pu se rencontrer à nouveau sur deux chromosomes différents dans le prince Charles. En fait, c'est très probablement ce qui s'est produit pour certains de ses gènes, que ce soient ceux des yeux bleus ou pas. Et, que la coalescence des deux gènes des yeux bleus du prince Charles ait eu lieu dans la reine Victoria ou chez quelqu'un d'autre beaucoup plus tôt, ces deux gènes ont nécessairement eu un ACPR à un moment précis dans le passé. Peu importe que nous parlions de deux gènes dans une seule personne (le prince Charles) ou dans deux (Rupert et Heinrich), la logique est la même. Toute paire d'allèles, que ce soit dans deux personnes différentes ou dans la même, convient pour la question que nous nous posons : quand et chez qui la coalescence de ces gènes s'opère-t-elle quand nous remontons dans le passé ? Et, par extension, nous pouvons poser la même question concernant n'importe quel ensemble de trois gènes, ou n'importe quel nombre de gènes dans une population, qui se trouvent au même emplacement génétique (« locus »).

En regardant encore beaucoup plus loin dans le temps, nous pouvons poser la même question pour des paires de gènes situées à des locus différents car les gènes font apparaître des gènes à d'autres locus par le processus de la « duplication des gènes ». Le hurleur et la lamproie nous reparleront de ce phénomène.

Les individus qui sont proches parents ont de nombreux *arbres génétiques* en commun. Nous partageons la majorité de ces arbres avec nos proches, mais certains ont une voix minoritaire, ce qui nous rapproche de nos parents qui sont plus éloignés à d'autres égards. Nous pouvons imaginer l'étroitesse des liens de parenté entre les individus comme une sorte de vote à la majorité entre les gènes. Certains de vos gènes votent, mettons pour la reine, comme proche cousine. D'autres disent que vous êtes plus proche d'individus apparemment beaucoup plus éloignés (et même, comme nous le verrons, de membres d'autres espèces). Quand il doit s'exprimer, chaque fragment d'ADN a une vue différente sur l'histoire parce que chacun s'est frayé un chemin différent à travers les générations. Nous ne pouvons espérer avoir une vue complète des événements qu'en interrogeant un grand nombre de gènes. Mais, en ce cas, il faut prendre avec prudence les déclarations des gènes qui se trouvent à proximité les uns des autres sur un chromosome. Pour savoir pourquoi, il faut un peu connaître le phénomène de la recombinaison qui se produit chaque fois qu'est fabriqué un spermatozoïde ou un œuf.

Dans la recombinaison, les chromosomes s'échangent des sections d'ADN choisies au hasard et qui se correspondent. On ne voit en moyenne qu'un ou deux de ces échanges par être humain (moins pour la fabrication des spermatozoïdes, plus pour celles des œufs, on ne sait pas pourquoi). Mais au bout d'un grand nombre de générations, une grande quantité de fragments du chromosome finiront par avoir été échangés. Ainsi, généralement parlant, plus deux morceaux d'ADN sont proches sur un chromosome, moins ils ont de chances de s'échanger, et plus ils en ont de se transmettre ensemble.

En faisant « voter » les chromosomes, il faut donc se rappeler que plus deux chromosomes sont proches l'un de l'autre, plus ils ont de chances d'avoir le même passé. Et cela pousse les gènes qui sont proches de soutenir le vote les uns des autres. À l'extrême, certaines sections d'ADN sont si liées entre elles que le fragment tout entier a parcouru l'histoire comme un seul bloc. Ces compagnons de voyage sont ce qu'on appelle des « haplotypes », terme que nous serons appelés à revoir. Parmi ces groupes d'électeurs à l'intérieur du parlement des gènes, deux ont une place prépondérante, non que leur vision de l'histoire soit plus valable, mais parce qu'ils ont été énormément sollicités pour clore les débats biologiques. Les deux ont des idées sexistes car le premier est venu jusqu'à nous en passant par des corps femelles, et le second n'est jamais sorti d'un corps mâle. Ce sont les deux principales exceptions à la transmission non biaisée des gènes dont j'ai parlé plus haut.

Comme le nom de famille, la portion du chromosome Y qui ne se recombine pas passe toujours par la lignée exclusivement mâle. Avec quelques autres gènes, le chromosome Y contient le matériel génétique qui fait basculer l'embryon dans le schéma de développement mâle plutôt que femelle. L'ADN mitochondrial, en revanche, passe exclusivement dans la lignée femelle (mais, en ce cas, il n'est pas responsable de ce que l'embryon se développe suivant un schéma femelle : les mâles ont des mitochondries, seulement ils ne les transmettent pas). Comme nous le verrons dans le Grand Rendez-vous historique, les mitochondries sont des petits corps dans les cellules, des vestiges de bactéries libres autrefois qui, il y a environ 2 milliards d'années, ont adopté pour résidence exclusive des cellules où, depuis, elles n'ont cessé de se reproduire de façon non sexuée, par simple division. Elles ont perdu beaucoup de leurs qualités bactériennes et la plus grande partie de leur ADN, mais elles en ont conservé suffisamment pour être utiles aux généticiens. Les mitochondries constituent une lignée de reproduction indépendante à l'intérieur de notre corps, sans lien avec la principale lignée nucléaire que nous voyons comme nos « propres » gènes.

Du fait de leur taux de mutation, les chromosomes Y sont extrêmement utiles pour les travaux sur des populations récentes. Une étude ingénieuse a pris des échantillons d'ADN de chromosome Y en ligne droite dans la Grande-Bretagne d'aujourd'hui. Les résultats ont montré que les chromosomes Y anglo-saxons sont venus d'Europe pour traverser la Grande-Bretagne d'est en ouest, et se sont arrêtés très brutalement à la frontière galloise. Il n'est pas difficile d'imaginer les raisons pour lesquelles cet ADN transporté par des êtres de sexe masculin n'est pas représentatif du reste du génome. Pour prendre un exemple plus évident, les navires vikings transportaient (avec d'autres gènes) des cargaisons de chromosomes Y qu'ils ont déversés dans des populations fort disséminées. La répartition actuelle des gènes du chromosome Y viking montre selon toute vraisemblance qu'ils ont « voyagé » un peu plus que d'autres gènes vikings qui avaient statistiquement plus de chances de préférer quelques arpents de la terre natale à la séduction du faiseur de veuves.

Qu'est-ce qu'une femme, que tu l'aies oubliée,
Elle, et le feu dans l'âtre et ton lopin de quelques arpents,
Pour partir avec ce triste et vieux faiseur de veuves ?

RUDYARD KIPLING
« Harp song of the Dane Women »
[Chant à la harpe des Danoises]

L'ADN mitochondrial, lui aussi, peut être révélateur, en particulier pour les schémas très anciens. Si nous comparons votre ADN mitochondrial et le mien, nous pourrons dire quand, dans le passé, ils ont eu une mitochondrie ancestrale en commun. Et comme nous tenons tous nos mitochondries de notre mère, et donc de notre grand-mère maternelle, de notre arrière-grand-mère maternelle, et ainsi de suite, la comparaison des mitochondries peut nous dire quand vivait notre plus récente ancêtre commune de lignée maternelle. On peut faire pareil pour les chromosomes Y, pour nous dire quand vivait notre plus récent ancêtre commun dans la lignée paternelle, mais pour des raisons techniques, ce n'est pas aussi facile. La beauté de l'ADN mitochondrial et de l'ADN chromosomal Y, c'est qu'aucun d'eux n'est contaminé par les mélanges sexuels. Cela facilite la recherche généalogique de ces classes particulières d'ancêtres.

L'ACPR mitochondrial de toute l'espèce humaine, qui identifie l'ancêtre commune des personnes dans la lignée exclusivement féminine, est souvent désigné sous le nom d'Ève mitochondriale – celle qui fait l'objet de ce message. Et, naturellement, son équivalent dans la lignée exclusivement masculine pourrait aussi bien s'appeler l'Adam du chromosome Y. Tous les mâles de l'espèce humaine portent le chromosome Y d'Adam (créationnistes, de grâce, évitez les citations volontairement déformées). Si les noms de famille s'étaient toujours transmis selon la règle qui prévaut aujourd'hui en Grande-Bretagne, nous porterions tous, nous aussi, le nom d'Adam, ce qui ferait disparaître l'intérêt d'avoir un nom de famille.

Ève étant une grande tentatrice, mieux vaut être sur ses gardes. Les erreurs sont très instructives. En premier lieu, il est important de comprendre qu'Adam et Ève ne sont que deux parmi une multitude d'ACPR auxquels nous pourrions aboutir en remontant dans le temps par des lignées différentes. Ce sont les ancêtres communs de cas particuliers si nous remontons l'arbre généalogique respectivement de mère en mère ou de père en père. Mais il existe beaucoup, beaucoup d'autres façons de remonter dans l'arbre généalogique : de mère à père, à père, à mère, ou encore de mère à mère, à père, à père, et ainsi de suite. Chacun de ces chemins possibles aura un ACPR différent.

Deuxièmement, Ève et Adam ne formaient pas un couple. Ce serait une immense coïncidence s'ils s'étaient jamais rencontrés, et il est bien possible qu'ils aient été séparés par des dizaines de milliers d'années. Soit dit en passant, il existe des raisons indépendantes pour croire qu'Ève a vécu avant Adam. En effet, les hommes ont un taux de reproduction plus variable que les femmes : là où certaines femmes ont cinq fois plus d'enfants que d'autres, les hommes qui en ont le plus pourraient en avoir des centaines de fois plus que ceux qui n'en ont pas. Il est facile pour celui qui a un grand harem de devenir un ancêtre universel. Pour réaliser ce tour de force, il faut à une femme davantage de générations puisqu'elle a moins de chances d'avoir une grande famille. Et en effet, les meilleures estimations de l'horloge moléculaire situent ces dates à environ – 140 000 ans pour Ève et à environ – 60 000 ans seulement pour Adam.

Troisièmement, Adam et Ève sont des titres honorifiques précaires, et pas des noms d'individus particuliers. Si demain, le dernier membre d'une certaine tribu marginale venait à mourir, le sceptre d'Adam, ou celui d'Ève, pourrait se trouver brutalement projeté à quelques milliers d'années plus tôt. Il en va de même pour tous les ACPR définis par des arbres génétiques différents. Pour savoir pourquoi, supposez qu'Ève ait eu deux filles, dont l'une aurait été l'ancêtre des aborigènes de Tasmanie, et l'autre celle de tout le reste de l'espèce humaine. Et supposez, ce qui est tout à fait plausible, que l'ACPR de la lignée féminine couvrant « le reste de l'espèce humaine » ait vécu 10 000 ans plus tard, alors que toutes les autres lignées collatérales descendant d'Ève à part les Tasmaniens seraient éteintes. À la mort de Truganinni, la dernière des Tasmaniens, le titre d'Ève aurait d'un seul coup avancé de 10 000 ans.

Quatrièmement, il n'y a rien eu de particulier en leur temps pour distinguer Adam ou Ève. En dépit de leurs homonymes légendaires, l'Ève mitochondriale et l'Adam chromosome Y n'étaient pas particulièrement seuls. Tous deux ont dû avoir une foule de compagnons, et chacun a sûrement eu de nombreux partenaires sexuels avec lesquels il a pu avoir aussi de nombreux descendants survivants. La seule chose qui les distingue, c'est qu'Adam s'est retrouvé largement doté de descendants dans la lignée masculine, et Ève dans la lignée féminine. Il est possible que parmi leurs contemporains, d'autres aient laissé au total autant de descendants.

Pendant que j'écrivais ces lignes, quelqu'un m'a envoyé l'enregistrement vidéo d'un documentaire de la BBC intitulé *Motherland*, et autour duquel on faisait beaucoup de battage, le taxant de « film incroyablement poignant » et « d'une beauté authentique, une œuvre vraiment mémorable ». Les héros en étaient trois « Noirs* » dont les familles avaient émigré de Jamaïque en Grande-Bretagne. On comparait leur ADN à des banques de données tout autour du monde en essayant de trouver de quelle partie de l'Afrique leurs ancêtres avaient été emmenés en esclavage. La société de production a ensuite mis en scène des « retrouvailles » larmoyantes entre nos héros et leurs familles africaines qu'ils avaient perdues de vue depuis si longtemps. Ils ont eu recours à l'ADN chromosomal Y et à l'ADN mitochondrial car, pour les raisons que nous avons vues, ils sont plus traçables que les gènes en général. Malheureusement, les producteurs n'ont jamais parlé clairement des limites que cela imposait. En particulier, pour de bonnes raisons télévisuelles, il s'en est fallu de peu qu'ils trompent délibérément ces individus, ainsi que leurs « parents africains perdus de vue depuis si longtemps », pour susciter chez eux des émotions bien plus fortes que ces réunions ne le justifiaient.

Je m'explique. Quand Mark, qui s'est vu plus tard donner le nom tribal de Kaigama, a rendu visite à la tribu Kanuri au Niger, il croyait « retourner » à la terre de « son peuple ». De son côté, Beaula a été accueillie comme une fille qu'on a perdue de vue depuis longtemps par huit femmes de la tribu des Bubis sur une île au large de la côte de Guinée, et dont les mitochondries correspondaient aux siennes. Selon la jeune femme :

> C'était comme si deux sangs se touchaient… C'était comme une famille… Je n'arrêtais pas de pleurer, mes yeux étaient tout simplement pleins de larmes, j'avais le cœur qui battait à tout rompre. Je n'arrêtais pas de penser : « Je reviens à ma terre natale. »

Quel mélo de pacotille ! On n'aurait jamais dû la tromper pour lui faire penser cela. Tout ce à quoi elle, ou Mark, allait rendre

---

* Pour une explication sur ces guillemets, voir l'histoire de la sauterelle.

visite en réalité – du moins dans la mesure où l'on était censé trouver des preuves –, c'étaient des personnes qui avaient leurs mitochondries en commun avec elle. En fait, on avait déjà dit à Mark que son chromosome Y venait d'Europe (ce qui l'avait bouleversé, mais il a été bien soulagé de découvrir de respectables racines africaines à ses mitochondries !). Beaula, bien sûr, n'a pas de chromosome Y, et elle ne semble pas s'être donné la peine de voir du côté de son père, si intéressant que cela puisse être, car elle avait la peau très claire. Or à aucun moment on n'a expliqué ni à Beaula, ni à Mark, ni aux téléspectateurs, que leurs gènes à l'extérieur de leurs mitochondries venaient presque certainement d'une grande quantité de « terres natales » différentes, à mille lieues sans doute de celles qui ont été identifiées pour les besoins du documentaire. Si les producteurs avaient choisi d'autres gènes, nos héros auraient pu assister à des « retrouvailles » tout aussi fortes en émotions sur des centaines de lieux différents dans toute l'Afrique, l'Europe et très probablement aussi l'Asie. Évidemment, cela aurait gâché l'effet dramatique.

Comme je n'ai cessé de le répéter, il peut être trompeur de se référer à un seul gène. Mais la combinaison des données qui nous viennent d'une grande quantité de gènes constitue un outil puissant pour chercher dans le passé. Les arbres génétiques d'une population et les points de coalescence qui les définissent reflètent les événements du passé. Non seulement nous pouvons identifier ces points, mais nous pouvons aussi deviner leur date grâce à l'horloge moléculaire. Et c'est là que se trouve la clé car le schéma des embranchements à travers le temps en dit long. L'accouplement aléatoire, ce présupposé que nous avons établi avec le Tasmanien, donne un schéma de coalescence très différent de ceux que donnent les différents types d'accouplement non aléatoire – chacun d'eux imprimant à son tour sa propre forme sur l'arbre de coalescence. Les fluctuations dans la taille de la population, elles aussi, laissent leur propre signature bien caractéristique. Nous pouvons ainsi remonter dans le temps à partir des schémas de répartition des gènes d'aujourd'hui, et en effectuer des déductions sur la densité des populations et sur les moments où se sont produites des migrations. Par exemple, quand une population est peu nombreuse, elle connaît des coalescences plus fréquentes. Une population en expansion s'exprime par des arbres aux longues ramifications terminales, si bien que les points de coalescence se concentrent près de la base de l'arbre, au temps où la population était réduite. À l'aide de l'horloge moléculaire, cet effet peut servir à trouver quand la population a augmenté et quand elle s'est réduite dans des « goulets d'étranglement ». (Malheureusement, en faisant disparaître les lignées génétiques, les goulets d'étranglement particulièrement étroits ont tendance à effacer les traces des événements qui les ont précédés.)

Les arbres génétiques coalescents ont aidé à résoudre un long débat sur les origines de l'homme. Selon la théorie de l'« origine africaine » (*Out of Africa*), tous les peuples survivant en dehors de l'Afrique descendent d'un exode unique qui s'est produit il y a à peu près 100 000 ans. À l'opposé, se trouvent les théoriciens des « origines séparées », ou « multirégionalistes », pour qui les races qui vivent encore aujourd'hui, mettons en Asie, en Australie et en Europe, se sont séparées il y a très longtemps, descendant séparément de populations locales de l'espèce plus ancienne, *Homo erectus*. Ces deux noms sont trompeurs : le terme d'« origine africaine » est mal choisi car tout le monde s'accorde à dire que nos ancêtres viennent d'Afrique si l'on remonte suffisamment loin. Celui d'« origines séparées » n'est pas non plus idéal car, là encore, si l'on remonte suffisamment loin, la séparation doit disparaître dans n'importe quelle théorie. Le désaccord porte sur la date à laquelle nous sommes sortis d'Afrique. Il vaudrait mieux appeler ces deux théories « origine africaine récente » (OAR) et « origine africaine lointaine » (OAL). Ces appellations ont l'avantage supplémentaire de souligner le continuum entre les deux.

Si les non-Africains d'aujourd'hui descendent tous d'une émigration unique de ce continent, on devrait s'attendre à observer dans les répartitions modernes des gènes un « goulet d'étranglement » récent, centré sur l'Afrique et touchant une petite population. Les points de coalescence seraient concentrés vers l'époque de l'exode. Si nous descendons séparément d'*H. erectus* dans différentes régions, les gènes devraient au contraire montrer des lignées génétiques qui se sont anciennement séparées dans chaque région. À l'époque où se serait produit un exode selon les partisans de l'OAR, nous devrions plutôt observer une raréfaction des points de coalescence. Qui a raison ?

En nous attendant à trouver une réponse unique à cette question, nous sommes tombés dans le même piège que le documentaire de télévision *Motherland*. Des gènes différents disent une histoire différente. Il est parfaitement possible que certains de nos gènes soient venus d'Afrique récemment, alors que d'autres nous auraient été transmis de populations d'*H. erectus* séparées. Ou, pour dire les choses autrement, nous pouvons à la fois descendre d'un exode africain récent, et en même temps descendre d'*H. erectus* régionaux car à tout moment donné dans le passé, nous avons une énorme quantité d'ancêtres généalogiques. Certains ont pu quitter l'Afrique récemment, et d'autres résider, mettons, à Java pendant des milliers d'années. Et nous pouvons avoir hérité de gènes africains des uns, et de gènes javanais des autres. Un seul fragment d'ADN, extrait par exemple d'une mitochondrie ou d'un chromosome Y, donne une vision du passé aussi réductrice qu'une phrase unique extraite d'un livre d'histoire. Pourtant, la position d'OAR recueille souvent les suffrages du fait de l'importance que l'on accorde à l'Ève mitochondriale. Que se passe-t-il si l'on interroge les autres membres du parlement des gènes ?

C'est précisément ce qu'a fait le biologiste évolutionniste Alan Templeton, et il en a tiré sa théorie au titre séduisant, *Out of Africa Again and Again* [Origine africaine réitérée]. Templeton a utilisé une théorie de la coalescence du même genre que celle qui nous a servi dans notre discussion sur l'hémophilie, mais en l'appliquant à un grand nombre de gènes séparés au lieu d'un seul. Il a ainsi pu reconstituer l'histoire et la géographie des gènes dans le monde entier sur plusieurs centaines de milliers d'années. Pour l'instant, je préfère sa théorie parce qu'il semble exploiter toutes les informations existantes selon un mode qui favorise particulièrement les déductions, et parce qu'à chaque étape de son étude il s'est ingénié à ne pas surinterpréter les résultats.

Voici comment Templeton a procédé. Il s'est plongé dans la littérature de la génétique et en a prélevé la quintessence en se référant à des critères très stricts : il ne voulait prendre en compte que de grandes études de génétique humaine sur des échantillons pris dans différentes parties du monde, notamment en Europe, en Asie et en Afrique. Les gènes examinés appartenaient à des haplotypes ayant eu un long parcours. Un haplotype, comme nous l'avons vu, est un morceau du génome qui, ou bien résiste à la décomposition qu'effectue la recombinaison sexuelle (comme le chromosome Y et l'ADN mitochondrial), ou bien (comme pour certaines parties plus petites du génome) peut se présenter intact à travers un nombre de générations suffisamment grand pour couvrir l'espace de temps qui nous intéresse. Un haplotype est un morceau du génome qui a une longue vie et qui est reconnaissable. Vous ne vous tromperez pas beaucoup si vous le voyez comme un gros « gène ».

Templeton s'est concentré sur 13 haplotypes. Pour chacun d'eux, il a calculé leur arbre génétique et a daté les différents points de coalescence à l'aide de l'horloge moléculaire qui est essentiellement réglée sur des fossiles. En partant de ces dates et de la répartition géographique des échantillons, il a pu reconstituer par déduction l'histoire génétique de notre espèce pendant les deux derniers millions d'années, résumant ses conclusions dans un diagramme qui aide à bien comprendre les choses.

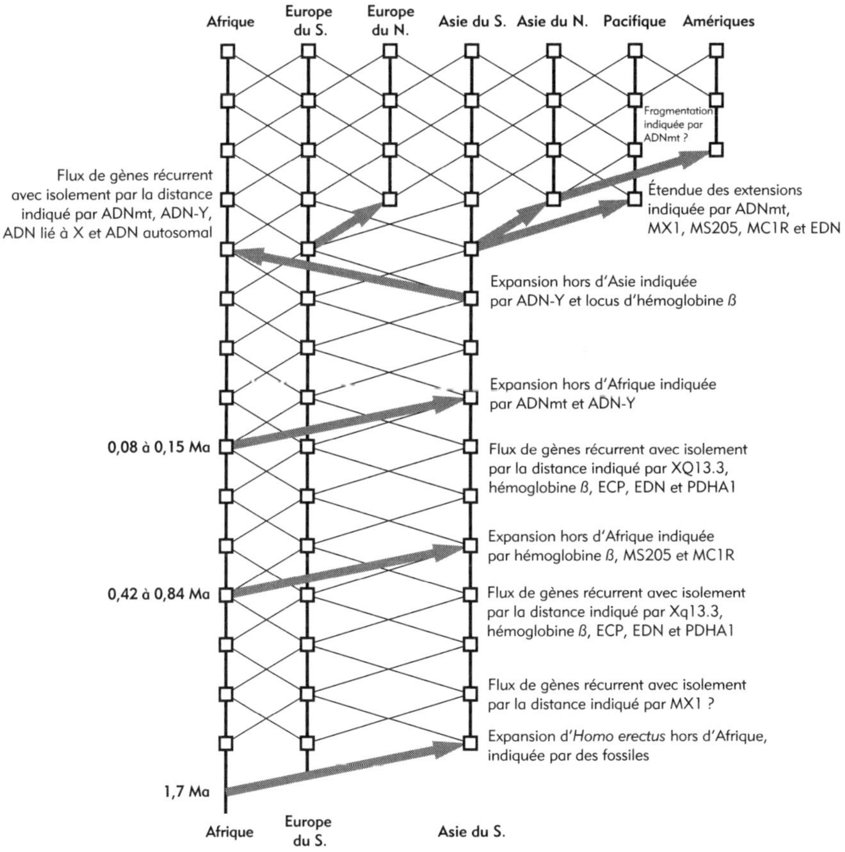

Multiples migrations depuis l'Afrique. Résumé par Templeton des principales migrations humaines, d'après l'étude de 13 haplotypes. Les lignes verticales représentent la descendance génétique ; les diagonales indiquent les flux de gènes. Les principales migrations humaines indiquées par les données génétiques sont représentées par les flèches en gras. D'après Templeton [284] (les crochets renvoient aux sources dans la bibliographie).

La principale conclusion de Templeton est qu'il n'y a pas eu deux grandes migrations depuis l'Afrique, mais trois. En plus de l'exode de l'OAL (d'*Homo erectus*) à environ – 1,7 million d'années – reconnu par tous et attesté essentiellement par des fossiles – et de la migration récente que propose la théorie de l'OAR, il s'est produit une autre Longue Marche d'Afrique en Asie entre – 840 000 et – 420 000 ans. Cette émigration intermédiaire – peut-on l'appeler l'OAI ? – est corroborée par des « signaux » qu'envoient aujourd'hui les 13 haplotypes. La preuve de l'émigration de l'OAR repose sur la mitochondrie et sur le chromosome Y. D'autres « signaux » génétiques trahissent une migration massive en retour de l'Asie vers l'Afrique, il y a environ 50 000 ans. Un peu plus tard, l'ADN mitochondrial et différents gènes plus petits révèlent d'autres migrations : du sud au nord de l'Europe, du sud de l'Asie au nord de l'Asie, et à travers le Pacifique, et du nord de l'Asie vers l'Australie. Enfin, comme l'attestent l'ADN mitochondrial et des données archéologiques, l'Amérique du Nord a été colonisée il y a environ 14 000 ans depuis le nord-est de l'Asie par ce qui était alors la passerelle terrestre de Béring*. La colonisation de l'Amérique du Sud a rapidement suivi, par l'isthme de Panamá. Soit dit en passant, l'idée que soit Christophe Colomb, soit Leif Ericsson a « découvert » l'Amérique est carrément raciste. Tout aussi déplacé, à mon avis, est le « respect » relativiste que l'on accorde à l'histoire des Amérindiens telle qu'ils la relatent dans leurs traditions orales, affirmant en toute ignorance que leurs ancêtres n'ont jamais vécu en dehors de l'Amérique.

Entre les trois grandes migrations d'Afrique de Templeton, d'autres signaux génétiques révèlent des flux et des reflux continus de gènes entre l'Afrique, le sud de l'Europe et le sud de l'Asie. Ses résultats laissent penser que les mouvements d'immigration, grands et petits, ont été généralement suivis de croisements avec les populations indigènes, plutôt que de l'extermination d'un camp ou de l'autre, ce qui aurait pu se produire tout aussi bien. Il est évident que ce phénomène a de grandes conséquences sur notre ascendance évolutive.

Avec l'étude de Templeton, nous nous sommes concentrés ici sur l'espèce humaine et ses gènes, mais il est évident que toutes les espèces ont leur arbre généalogique. Toutes héritent d'un matériel génétique.

* Les données archéologiques récentes ne s'accordent pas totalement à ce schéma. (*N.d.T.*)

Toutes celles qui ont deux sexes ont un Adam et une Ève. Les gènes et les arbres génétiques sont une caractéristique omniprésente de la vie sur la Terre, et la technique que nous appliquons à l'histoire récente de l'espèce humaine peut aussi s'appliquer à toutes les autres formes de vie. Ainsi, l'ADN du guépard révèle un goulet d'étranglement de la population, qui remonte à 12 000 ans et qui est important pour ceux qui se préoccupent de la conservation des félins. De même, l'ADN du maïs porte la signature caractéristique de sa domestication au Mexique il y a 9 000 ans. Autre exemple, le schéma de coalescence des souches du VIH peut servir aux épidémiologistes et aux médecins pour comprendre ce virus et empêcher sa propagation. Disons aussi que les gènes et les arbres génétiques révèlent l'histoire de la flore et de la faune d'Europe : les vastes migrations provoquées par les périodes glaciaires dont l'extension a poussé les espèces tempérées dans des refuges du sud de l'Europe, et dont le déclin a abandonné des espèces arctiques sur des chaînes de montagnes isolées. Tous ces événements, et bien d'autres encore, peuvent se suivre à la trace dans la répartition de l'ADN autour du globe, et celle-ci constitue un livre de références historiques que nous commençons tout juste à apprendre à lire.

Nous avons vu comment des gènes différents ont des histoires différentes à raconter, et comment celles-ci, mises ensemble, peuvent nous révéler quelque chose de notre propre histoire, aussi bien moderne qu'ancienne. Mais jusqu'où dans le passé ? Ce qui est stupéfiant, c'est que nos plus anciens gènes ACPR peuvent même remonter à une période antérieure à celle où nous sommes devenus des êtres humains. C'est particulièrement vrai quand la sélection naturelle favorise dans une population la variété pour elle-même. Voici comment cela se passe.

Supposez qu'il y ait deux types de sang, A et B, qui procurent une immunité contre des maladies différentes. Chaque type de sang est vulnérable devant la maladie dont l'autre est protégé. Les maladies prospèrent quand le type de sang qu'elles attaquent est très répandu, car cela peut déclencher une épidémie. Ainsi, si les sujets B sont nombreux dans une population, la maladie qui les frappe deviendra une épidémie. Par conséquent, les sujets B mourront jusqu'au moment où ils cesseront d'être nombreux, et les sujets A deviendront alors plus nombreux, et inversement. Chaque fois que nous avons deux types, dont le plus rare est favorisé précisément parce qu'il est rare, cela permet le *polymorphisme* : le maintien positif de la variété pour la variété. Le système du groupe sanguin ABO est un polymorphisme célèbre qui s'est probablement maintenu pour cette raison.

Certains polymorphismes peuvent être très stables – si stables qu'ils s'étendent d'une espèce ancestrale à une espèce qui en descend. Ce qui est étonnant, c'est que notre polymorphisme ABO est présent chez les chimpanzés. Il est possible que les chimpanzés et nous ayons « inventé » ce polymorphisme chacun de notre côté et pour la même raison. Mais il est plus vraisemblable que nous l'ayons hérité les uns et les autres de notre ancêtre commun, et que nous l'ayons maintenu en activité pendant les 6 millions d'années de notre descendance séparée, car les maladies qui en relevaient n'ont cessé de proliférer pendant ce temps. C'est ce qu'on appelle le polymorphisme transespèces, et il peut s'appliquer à des cousins beaucoup plus lointains que les chimpanzés et nous.

S'ensuit cette conclusion renversante : en ce qui concerne des gènes particuliers, vous êtes plus étroitement apparenté à certains chimpanzés qu'à certains humains. Et je suis plus proche de certains chimpanzés que de vous (ou de « vos » chimpanzés). Les êtres humains en tant qu'espèce, aussi bien que les êtres humains en tant qu'individus, sont des réceptacles temporaires contenant un mélange de gènes issus de différentes sources. Les individus sont des points de rencontre temporaires sur le quadrillage des routes qu'empruntent les gènes tout au long de l'histoire. C'est une façon d'exprimer le message central de mon premier livre, *Le Gène égoïste*, en se fondant sur la notion d'arbre. Comme je le disais alors : « Une fois notre mission accomplie, nous sommes mis de côté. Les gènes, eux, appartiennent au temps géologique : il sont éternels. » Au banquet de clôture d'un congrès en Amérique, j'ai livré le même message en vers :

Un gène égoïste itinérant
Disait : « Des corps, j'en ai vu tant et plus.
Tu te crois fort,
Mais moi, je vivrai éternellement.
Toi, tu n'es qu'une machine à survivre. »

Et en réponse immédiate du corps au gène, j'ai parodié ce chant de Kipling que j'ai cité plus haut :

Qu'est-ce qu'un corps, pour que tu commences par le prendre
Que tu le fasses grandir, et puis l'abandonnes
Pour partir avec ce vieil horloger aveugle ?

Nous avons estimé que la date du Rendez-vous 0 remontait probablement à des dizaines de milliers d'années, tout au plus à des centaines de milliers d'années, mais nous n'avons pas beaucoup avancé dans notre pèlerinage aux sources. Le rendez-vous suivant, le Rendez-vous 1 où nous allons retrouver les pèlerins chimpanzés, est à des millions d'années, et la majorité de nos autres rendez-vous seront à des centaines de millions d'années au-delà. Si nous voulons avoir une chance d'aller jusqu'au bout, il va falloir accélérer et commencer à plonger dans les « profondeurs du temps ». Il faut dépasser le reste de la trentaine de périodes glaciaires qui ponctuent les 3 derniers millions d'années, ainsi que ces événements radicaux que sont l'assèchement et le remplissage de la Méditerranée qui sont survenus entre – 4,5 et – 6 millions d'années. Pour atténuer l'effet de ce départ accéléré, je prendrai exceptionnellement la liberté de m'arrêter en route à quelques bornes intermédiaires pour permettre à des fossiles morts de nous livrer leurs messages. Ces pèlerins « fantômes » fossilisés que nous allons rencontrer nous aideront à satisfaire notre désir naturel d'en savoir plus sur nos ancêtres directs.

LES *HOMO SAPIENS* ARCHAÏQUES

Notre première étape en remontant vers le Rendez-vous 1 se situe dans les profondeurs de l'avant-dernière période glaciaire, vers – 160 000 ans. J'ai choisi cette étape intermédiaire pour jeter un coup d'œil sur les fossiles découverts à Herto dans la dépression de l'Afar en Éthiopie*. Les humains d'Herto sont énigmatiques car, d'après Tim White et ses collaborateurs qui les ont mis au jour, ils appartiennent à une « population proche de l'anatomie moderne, sans être tout à fait moderne pour autant ». Pour le distingué paléontologue Christopher Stringer, « le matériel d'Herto [constitue] les vestiges dûment reconnus comme les plus anciens de l'*Homo sapiens* moderne dans son acception actuelle », ce record ayant été auparavant détenu par des fossiles plus récents datant d'environ – 100 000 ans et provenant du Moyen-Orient. Sans perdre son temps à ergoter sur les distinctions entre « moderne » et « presque moderne », il est clair que les individus d'Herto se situent à la limite entre les humains modernes et leurs prédécesseurs que l'on désigne par l'appellation fourre-tout d'*Homo sapiens* archaïque. Certains experts utilisent ce nom jusque vers – 900 000 ans, où il se fond dans la catégorie d'une espèce plus ancienne, *Homo erectus*. Comme nous le verrons, d'autres préfèrent donner différents noms latins aux formes archaïques intermédiaires. J'éviterai d'entrer dans ces débats en utilisant, à la manière de mon collègue Jonathan Kingdon, les termes de « moderne », « archaïque » et « *erectus* », ainsi que d'autres que je citerai le moment venu. Il ne faut pas s'attendre à tracer une ligne bien nette entre les archaïques précoces et les *erectus* à partir desquels ils ont évolué, ni entre les archaïques et les modernes précoces qui ont évolué à partir d'eux. À ce propos, ne vous y trompez pas : les *erectus* étaient encore plus archaïques (avec un *a* minuscule) que les archaïques (avec un A majuscule), et la station verticale ne leur était pas réservée puisqu'elle existait chez ces trois types d'*Homo* !

Les formes archaïques ont persisté parallèlement aux formes modernes au moins jusque vers – 100 000 ans (et plus longtemps encore si l'on inclut les néandertaliens, dont nous parlerons bientôt plus en détail). On trouve des fossiles archaïques tout autour du

* Le même « Afar » qui a donné son nom à Lucy, l'*Australopithecus afarensis* qui est beaucoup plus ancien.

monde, avec des datations diverses qui se situent dans les dernières centaines de milliers d'années : notamment l'« homme de Heidelberg » en Allemagne, l'« homme de Rhodésie » en Zambie (qu'on appelait jadis la Rhodésie du Nord), et l'« homme de Dali » en Chine. Les archaïques avaient comme nous de gros cerveaux, de 1 200 à 1 300 centimètres cubes en moyenne. C'est un peu moins que notre moyenne de 1 400 centimètres cubes, mais ces chiffres se chevauchent largement. Ils avaient le corps moins robuste que nous, le crâne plus épais, les arcades sourcilières plus saillantes et le menton plus effacé. Ils ressemblaient plus aux *erectus* que nous, et avec le recul du temps c'est à juste titre qu'on les considère comme intermédiaires. Pour certains taxinomistes, il s'agit d'une sous-espèce d'*Homo sapiens*, qu'ils appellent *Homo sapiens heidelbergensis* (auquel cas nous serions des *Homo sapiens sapiens*). Pour d'autres, ce ne sont absolument pas des *Homo sapiens*, et ils les appellent *Homo heidelbergensis*. D'autres encore divisent les archaïques en plusieurs espèces, par exemple *Homo heidelbergensis*, *Homo rhodesiensis*, *Homo antecessor*. À bien y réfléchir, s'il n'y avait pas de désaccord sur ces divisions, il faudrait s'en inquiéter. Si l'on regarde la vie sous l'angle de l'évolution, on doit s'attendre à voir toute une gamme continue d'intermédiaires.

Les *Homo sapiens sapiens* modernes ne sont pas les seuls descendants des archaïques. Une autre espèce d'humains plus avancés, qu'on appelle les néandertaliens, a été contemporaine de la nôtre pendant une grande partie de notre histoire. À certains égards, ils ressemblaient plus que nous aux archaïques, et il semble qu'ils sont issus d'une racine archaïque il y a entre 100 000 et 200 000 ans – en l'occurrence pas en Afrique mais en Europe et au Moyen-Orient. Les fossiles de ces régions indiquent une transition progressive des archaïques aux néandertaliens, les premiers fossiles nettement néandertaliens datant de juste avant le début de la dernière période glaciaire, vers – 130 000 ans. Ils ont ensuite subsisté en Europe pendant la plus grande partie de cette période, pour disparaître vers – 28 000 ans. Autrement dit, les néandertaliens étaient contemporains des Européens modernes émigrés d'Afrique. Certains pensent que les Modernes ont été responsables de leur extinction, soit qu'ils les aient tués, soient qu'ils aient été en compétition avec eux. L'anatomie des néandertaliens* était suffisamment

* Le coin des pédants : *Thal*, ou *Tal* en allemand moderne, signifie vallée. C'est dans la vallée du Neander qu'a été découvert le premier fossile de ce type. Quand a eu lieu la réforme de l'orthographe de l'allemand à la fin du XIXe siècle, le mot *Thal* s'est changé en *Tal*, mais le nom latin *Homo neanderthalis* est resté tel quel, piégé par les lois de la terminologie zoologique.

différente de la nôtre pour que certains préfèrent leur donner un nom d'espèce à part, *Homo neanderthalis*. Ils conservaient certains traits des archaïques, notamment les arcades sourcilières proéminentes qui avaient disparu chez les modernes (ce qui explique que certaines autorités les classent comme simplement un autre type d'archaïques). Parmi les adaptations au froid que l'on peut observer, citons leur aspect trapu, leurs membres courts et leur nez énorme, et ils étaient sûrement chaudement vêtus, vraisemblablement de fourrures d'animaux. Ils avaient le cerveau aussi volumineux que le nôtre, voire plus volumineux. On fait grand cas de légers détails indiquant la pratique de rites funéraires. Personne ne sait s'ils parlaient, et les opinions divergent sur cette question importante. Les données archéologiques laissent penser que les néandertaliens et les modernes se seraient échangé mutuellement certaines techniques, mais ces échanges ont très bien pu se faire par imitation plutôt que par le truchement du langage.

D'après les règles de notre pèlerinage, seuls les animaux modernes prenant la route aujourd'hui sont habilités à prendre la parole. Nous ferons cependant une exception pour le dodo et l'oiseau-éléphant (*Æpyornis*) car ils ont vécu à des époques récentes. De plus, les fossiles d'*Homo erectus* et d'*Homo habilis* leur confèrent la qualification de « pèlerins fantômes » car on peut dire en toute bonne logique que ce sont nos ancêtres directs. Est-ce que les néandertaliens sont qualifiés eux aussi pour entrer dans cette rubrique ? Est-ce que nous descendons d'eux ? Eh bien, il se trouve que cette question fait précisément l'objet de ce que les néandertaliens veulent nous dire. Considérez donc ce message de l'homme de Neandertal comme un plaidoyer pour être admis à prendre la parole.

Il était une fois… l'homme de Neandertal

Rédigé avec la collaboration de Yan Wong

Est-ce que nous descendons des néandertaliens ? Si oui, il faudrait qu'ils se soient croisés avec les *Homo sapiens sapiens*. Mais est-ce le cas ? Les uns et les autres ont vécu simultanément pendant longtemps en Europe, et il y a sûrement eu des contacts entre eux. Mais se sont-ils limités à de simples contacts ? Est-ce que les Européens modernes ont en héritage des gènes néandertaliens ? Cette question fait l'objet d'une controverse brûlante et qui a été récemment réactivée par une extraction notoire d'ADN dans des os de néandertaliens tardifs. Jusqu'à présent, nous n'avions extrait que l'ADN mitochondrial transmis par voie matrilinéaire, mais cela suffit pour risquer un verdict. Les mitochondries néandertaliennes sont totalement distinctes de celles de tous les humains survivants, ce qui laisse penser que les néandertaliens ne sont pas plus proches des Européens que d'aucun autre peuple moderne. Autrement dit, l'ancêtre matrilinéaire commune des néandertaliens et de tous les humains survivants est de beaucoup antérieure à l'Ève mitochondriale : elle remonte à 500 000 ans, au lieu de 140 000 ans. Cette donnée génétique laisse penser que les croisements réussis entre les néandertaliens et les modernes ont été rares, si bien qu'on dit souvent qu'ils se sont éteints sans laisser de descendants. Mais n'oublions pas cet argument de 80 % qui nous a tant étonnés dans le croisement de la population tasmanienne : un immigrant unique qui réussirait à s'infiltrer dans la population reproductrice de la Tasmanie aurait 80 % de chances de figurer dans l'ensemble des ancêtres universels, l'ensemble de ceux qui pourraient se dire les ancêtres de tous les Tasmaniens survivants dans un avenir lointain. Selon la même logique, si un seul néandertalien de sexe masculin s'était reproduit, mettons, dans une population de *sapiens*, cela lui aurait donné une chance raisonnable d'être un ancêtre commun de tous les Européens vivant aujourd'hui. Cela peut être vrai même si les Européens n'ont pas le moindre gène néandertalien. C'est renversant.

Ainsi, même si, éventuellement, quelques-uns de nos gènes viennent des néandertaliens, il est possible que certaines personnes aient de nombreux ancêtres néandertaliens. C'est la distinction que nous avons rencontrée dans le message d'Ève entre les arbres des gènes et ceux des individus. L'évolution est gouvernée par le flux des gènes, et la leçon du message de l'homme de Neandertal, si nous lui accordons le droit à la parole, c'est que nous ne pouvons pas et ne devons pas voir l'évolution en termes de pedigrees d'individus. Bien sûr, les individus sont importants sur bien d'autres points, mais si l'on parle de pedigrees, ce sont les généalogies des gènes qui comptent. L'expression « descendance évolutive » renvoie aux ancêtres génétiques et pas généalogiques.

Les modifications des fossiles elles aussi reflètent les pedigrees génétiques, et pas, en général, les pedigrees généalogiques. Les fossiles indiquent que l'anatomie moderne s'est transmise au reste du monde par des migrations d'Afrique récentes. Or les travaux de Templeton (décrits dans le message d'Ève) suggèrent que nous « descendons » aussi en partie d'archaïques, voire d'*Homo erectus*, non africains. Si, au lieu de parler d'individus, on parle de gènes, cette description est à la fois plus simple et plus puissante. Les gènes qui déterminent notre anatomie moderne ont été transportés d'Afrique par les migrants de l'OAR qui ont laissé des fossiles derrière eux. En même temps, la démonstration de Templeton suggère que d'autres gènes que nous possédons aujourd'hui circulaient à travers le monde suivant des routes différentes, mais sans laisser beaucoup d'indices anatomiques pour le prouver. La majorité de nos gènes ont probablement emprunté la voie de l'OAR, tandis que quelques-uns nous sont venus par d'autres itinéraires. Comment mieux décrire ce phénomène ?

Alors, les néandertaliens ont-ils réussi à faire valoir leur droit à la parole ? Pour parler de la généalogie peut-être, sinon des gènes.

LES *HOMO ERGASTER*

En nous enfonçant plus profondément dans le temps dans la quête de nos ancêtres, nous nous arrêtons à nouveau à un million d'années. Les seuls êtres de cette époque qui peuvent prétendre à ce titre sont du type que l'on appelle habituellement *Homo erectus* [« homme debout »], mais comme certains désignent les *Homo* originaires d'Afrique sous le nom d'*Homo ergaster* [« homme travailleur »], je me rangerai à leur côté. Je les appellerai donc *ergaster* plutôt qu'*erectus*, d'une part parce que je pense que la majorité de nos gènes remontent à la forme africaine, et d'autre part, comme je l'ai déjà fait remarquer, parce qu'ils ne marchaient pas mieux debout que leurs prédécesseurs (*Homo habilis*) ou que leurs successeurs (nous). Quel que soit le nom que l'on préfère lui donner, le type *ergaster* a persisté depuis – 1,8 million d'années jusque vers – 250 000 ans. Les *ergaster* sont largement reconnus comme les prédécesseurs immédiats et contemporains partiels des archaïques, lesquels sont à leur tour les prédécesseurs des Modernes que nous sommes.

Les *ergaster* étaient à l'évidence différents des *Homo sapiens* modernes et, à la différence des *sapiens* archaïques, ils étaient différents de nous sur certains points qui ne se recoupent pas. Les fossiles indiquent qu'ils vivaient au Moyen-Orient et en Extrême-Orient, notamment à Java, et qu'ils constituent une ancienne migration d'Afrique. Peut-être avez-vous entendu parler d'eux sous leurs anciennes dénominations d'« homme de Java » et d'« homme de Pékin ». En latin, avant d'être admis dans le groupe *Homo*, ils portaient les noms génériques de *Pithecanthropus* et *Sinanthropus*. Ils marchaient sur deux jambes comme nous, mais avaient des cerveaux plus petits (de 900 cc chez les spécimens les plus anciens à 1 100 cc chez les plus tardifs), logés dans des boîtes crâniennes plus ramassées, moins bombées, plus développées à l'arrière que les nôtres, et ils avaient le menton fuyant. Leurs arcades sourcilières saillantes formaient un bourrelet au-dessus des yeux qui étaient logés sur une face large, avec le crâne pincé derrière les yeux.

Comme les poils ne se fossilisent pas, il n'y a pas de place naturelle dans notre histoire pour discuter du fait évident qu'à un certain point de notre évolution nous avons perdu notre pelage, qui s'est cantonné au sommet de la tête où il est particulièrement fourni. Il est fort vraisemblable que les *ergaster* étaient plus velus que nous, mais nous ne pouvons pas exclure la possibilité qu'ils avaient déjà perdu leur pelage il y a un million d'années. Il est fort possible qu'ils aient eu le corps aussi lisse que nous. De même, personne ne doit reprocher à une reconstitution imaginative de les représenter aussi velus que les chimpanzés, ou dotés de poils hirsutes plus ou moins longs et fournis. Chez les humains modernes, chez les hommes du moins, on observe de grandes variations dans la pilosité : c'est un de ces traits qui peuvent sans cesse s'accentuer ou se réduire au cours de l'évolution. Même dans la peau la plus dégarnie en apparence, les poils résiduels ainsi que la structure cellulaire qui les maintient sont toujours présents, prêts à évoluer en un rien de temps en une pelisse complète de poils bien fournis, ou à redisparaître, au gré de la sélection naturelle. Regardez les mammouths et les rhinocéros laineux qui ont rapidement évolué en réaction aux périodes glaciaires récentes en Eurasie. Nous reviendrons sur la perte évolutive du pelage chez l'homme, paradoxalement, dans le message du Paon.

Des indices subtils de foyers utilisés à plusieurs reprises laissent penser qu'au moins certains groupes d'*ergaster* ont découvert l'utilisation du feu – ce qui, avec le recul du temps, est un événement capital dans notre histoire. Cette preuve est cependant moins concluante que nous ne pourrions l'espérer. Les noircissures de la suie et du charbon ne survivent guère longtemps, mais les feux laissent d'autres traces plus durables. Des chercheurs contemporains ont systématiquement élaboré des feux de différents types, et au bout d'un certain temps examiné leur trace. Il en ressort que les feux de camp construits volontairement ne magnétisent pas le sol de la même façon que les feux de brousse et les souches d'arbres calcinées – je ne sais pas pourquoi. Mais ces signes prouvent que les *ergaster*, aussi bien en Afrique qu'en Asie, avaient des feux de camp il y a environ 1,5 million d'années. Cela ne veut pas dire nécessairement qu'ils savaient allumer un feu. Ils ont pu commencer par capturer et entretenir un feu qui s'était allumé naturellement, l'alimentant et le gardant en vie comme on le ferait pour un tamagochi. Peut-être est-ce que, avant de commencer à faire cuire les aliments, ils s'en servaient pour tenir à distance les animaux dangereux en leur faisant peur, et pour avoir de la lumière, de la chaleur et un centre d'intérêt convivial.

De plus, les *ergaster* façonnaient et utilisaient des outils de pierre, et aussi vraisemblablement de bois et d'os. Personne ne sait s'ils parlaient, et la preuve est difficile à apporter. Vous allez peut-être penser que « difficile à apporter » est un euphémisme, mais nous en sommes arrivés maintenant dans notre voyage dans le passé à un point où les fossiles commencent à parler. De même que les feux de camp laissent des traces dans le sol, de même les besoins du langage exigent des petites modifications du squelette : peut-être pas une chose aussi spectaculaire que la petite boîte creuse d'os dans la gorge qui sert au hurleur des forêts d'Amérique du Sud à amplifier sa voix de stentor, mais quand même des signes qui en disent long et que l'on aimerait bien déceler dans quelques fossiles. Malheureusement, ceux que l'on a exhumés ne sont pas suffisamment parlants pour donner une réponse concluante, si bien que la controverse se poursuit.

Il se trouve dans le cerveau humain moderne deux parties qui semblent associées au langage parlé. Quand, dans notre histoire, ces deux parties – l'aire de Broca et l'aire de Wernicke – se sont-elles développées ? Notre meilleur moyen de connaître les cerveaux fossiles sont les moulages endocrâniens, qui seront décrits dans le message de l'*ergaster*. Malheureusement, les lignes séparant les différentes régions du cerveau ne se fossilisent pas très nettement ; certains spécialistes pensent cependant pouvoir dire que les aires du langage parlé dans le cerveau s'étaient déjà agrandies avant il y a deux millions d'années, ce qui conforte ceux qui veulent croire que les *ergaster* détenaient le pouvoir de la parole.

Ils sont cependant ébranlés dans leur conviction quand ils regardent plus bas dans le squelette. L'*Homo ergaster* le plus complet que l'on connaisse est le petit garçon de Turkana, mort près du lac éponyme vers – 1,5 million d'années. Ses côtes et la petite taille des trous de ses vertèbres (dans lesquels passent les nerfs) laissent penser qu'il ne possédait pas le contrôle délicat de la respiration associé, semble-t-il, à la parole. D'autres scientifiques, en étudiant la base du crâne, ont conclu que même les néandertaliens, beaucoup plus proches de nous, ne parlaient pas il y a 60 000 ans. La preuve est dans la forme de leur gorge qui n'aurait pas permis de produire toute la palette des voyelles que nous émettons. Inversement, comme l'a fait remarquer le linguiste et psychologue évolutionniste Steven Pinker, « en lenguege evcc cn petel nembre de veyelles pe reste tres expressef ». Si l'hébreu écrit peut être intelligible sans voyelles, je ne vois pas pourquoi le langage du néandertalien ou même celui de l'*ergaster* ne le seraient pas eux aussi.

Philip Tobias, l'anthropologue chevronné d'Afrique du Sud, soupçonne même le langage de dater d'avant *Homo ergaster*, et il est bien possible qu'il ait raison. Comme nous l'avons vu, quelques-uns adhèrent à la position opposée extrême et situent l'origine du langage à la date du Grand Bond en avant, il y a à peine quelques dizaines de milliers d'années.

C'est peut être un de ces désaccords que l'on ne pourra jamais résoudre. Toutes les considérations sur l'origine du langage commencent en citant la Société de linguistique de Paris qui, en 1966, a proscrit toute discussion sur cette question car elle était vouée à être insoluble et futile. En ce qui concerne l'ingéniosité des scientifiques, je suis optimiste. De même que la réalité de la dérive des continents ne fait plus maintenant le moindre doute, étant corroborée par de multiples données convergentes, et de même que des empreintes génétiques d'ADN peuvent établir l'origine exacte d'une tache de sang avec une certitude dont les médecins légistes ne pouvaient naguère que rêver, je m'attends sans trop m'avancer à ce que les scientifiques découvrent un jour une nouvelle méthode ingénieuse pour trouver quand nos ancêtres ont commencé à parler.

Pourtant, même moi, je n'ai pas le moindre espoir que nous sachions un jour ce qu'ils se disaient, ou dans quel langage ils le disaient. Cela a-t-il commencé avec des mots tout seuls, et pas de grammaire, un peu comme dans le babillage de l'enfant ? Ou bien est-ce que la grammaire est venue d'abord et d'un seul coup (ce qui n'est pas impossible, ni même stupide) ? Peut-être la capacité de la grammaire était-elle déjà présente dans les profondeurs du cerveau, servant à autre chose, comme la planification mentale ? Se pourrait-il même que la grammaire, du moins telle qu'elle intervient dans la communication, ait été inventée tout à coup par un génie ? J'en doute, mais dans ce domaine, je n'ai aucune certitude qui me permette d'écarter la moindre hypothèse.

Certains résultats prometteurs en génétique semblent constituer une petite avancée pour trouver la date de l'apparition du langage. Une famille, que l'on désigne sous le nom de code KE, souffre d'une curieuse déficience héréditaire. Sur une trentaine de membres sur trois générations, la moitié environ sont normaux, mais quinze ont un curieux désordre du langage qui semble affecter à la fois l'élocution et la compréhension. Ce syndrome, la dyspraxie verbale, se manifeste au départ dans l'enfance par une incapacité à articuler clairement. D'autres spécialistes pensent que ce désordre vient de la « cécité aux caractéristiques », c'est-à-dire d'une inaptitude à saisir certains traits grammaticaux comme les genres, les temps et les nombres. Ce qui est clair, c'est que cette anomalie est génétique. Les individus en sont soit affectés, soit indemnes, et elle est associée à une mutation d'un gène important, *FOXP2*, que nous possédons vous et moi sous une forme non mutée. Comme pour la majorité de nos gènes, il existe chez la souris et dans d'autres espèces une version de *FOXP2* qui agit probablement de différentes manières dans le cerveau et ailleurs*. Les données de la famille KE laissent penser que, chez les humains, *FOXP2* agit sur le développement d'une certaine partie du cerveau qui intervient dans le langage.

Nous voulons donc naturellement comparer *FOXP2* avec le même gène chez des animaux qui ne parlent pas. On peut comparer des gènes en regardant soit les séquences d'ADN elles-mêmes, soit les séquences d'acides aminés dans les protéines qu'ils codent. Cela fait parfois une différence, et, en l'occurrence, c'est le cas. *FOXP2* code une chaîne de protéines de 715 acides aminés de long. Entre la souris et le chimpanzé, les versions de ce gène ne diffèrent que d'un acide aminé. Par rapport à ces deux animaux, la version humaine a deux acides aminés supplémentaires. Vous voyez ce que cela peut vouloir dire ? Bien que les humains et les chimpanzés aient en commun la plus grande partie de leur évolution et de leurs gènes, le gène *FOXP2* humain semble avoir évolué rapidement dans le court laps de temps depuis notre séparation d'avec eux. Et l'un des points les plus importants sur lesquels nous différons des chimpanzés, c'est que nous parlons, et pas eux. Un gène qui a changé quelque part dans la lignée qui va jusqu'à nous, mais après la séparation d'avec les chimpanzés, c'est exactement le type de gène qu'il faudrait rechercher si l'on veut comprendre l'évolution du langage. Et c'est précisément ce même gène qui a muté dans la malheureuse famille KE**. Peut-être étaient-ce des modifications dans *FOXP2* qui ont fait que les humains ont la capacité de parler, et pas les chimpanzés. Est-ce que ce gène *FOXP2* était muté chez les *ergaster* ?

Ne serait-ce pas merveilleux de pouvoir utiliser cette hypothèse génétique pour dater l'origine du langage chez nos ancêtres ? Faute

* Beaucoup de gènes ont plus d'un effet ; on appelle ce phénomène le pléiotropisme.

** Et aussi, de manière différente, chez un individu qui, sans avoir aucun lien avec cette famille, a le même type de désordre du langage.

de certitude, nous pouvons recourir dans le même esprit à une technique qui nous mettrait sur la voie. La méthode évidente consisterait à opérer une triangulation à rebours à partir de variantes chez des humains modernes pour tenter de calculer l'ancienneté du gène *FOXP2*. Mais à part de rares malchanceux comme les membres de la famille KE, aucun des acides aminés de *FOXP2* ne comporte de variation chez les humains. Nous n'avons donc pas suffisamment de variations pour effectuer une triangulation. Heureusement, il y a cependant d'autres parties du gène qui ne se traduisent jamais en protéines et qui sont donc libres de muter « à l'insu » de la sélection naturelle : ce sont les lettres de code « silencieuses » dans les parties du gène qui ne se transcrivent jamais et que l'on appelle les « introns » (par opposition aux « exons » qui sont « exprimés » et donc « vus » par la sélection naturelle). Contrairement aux lettres qui s'expriment, les lettres silencieuses varient beaucoup d'un être humain à l'autre, et entre les humains et les chimpanzés. Nous pouvons un peu comprendre l'évolution de ce gène si nous regardons l'agencement des variations dans les zones silencieuses. Même si les lettres silencieuses ne font pas elles-mêmes l'objet d'une sélection naturelle, elles peuvent être emportées dans la sélection des exons voisins. Mieux encore, l'analyse mathématique des agencements des variations dans les introns silencieux donne une bonne indication du *moment* où se sont produits les ratissages de la sélection naturelle. Et pour *FOXP2*, la réponse est que la modification de la version humaine de ce gène effectuée par la sélection naturelle semble coïncider en gros avec le changement qui est intervenu entre l'*Homo sapiens* archaïque et l'*Homo sapiens* moderne, autrement dit, il y a moins de 200 000 ans. Ce phénomène peut-il s'être produit au moment de la naissance du langage ? La marge d'erreur pour ce genre de calcul est large, mais cette donnée génétique ingénieuse s'inscrit en faux contre la théorie qu'*Homo ergaster* parlait. Plus important pour moi, cette nouvelle méthode inattendue stimule ma vision optimiste qu'un jour la science trouvera un moyen de confondre les pessimistes de la Société de linguistique de Paris.

Dans notre pèlerinage, *Homo ergaster* est le premier ancêtre fossile que nous avons rencontré appartenant indiscutablement à une espèce différente de la nôtre. Nous sommes maintenant sur le point d'attaquer une portion de route dans laquelle ce sont les fossiles qui nous renseignent le mieux, et leurs données continueront à s'accumuler – sans toutefois avoir le pas sur les données moléculaires – jusqu'à ce que nous atteignions des temps extrêmement anciens où les fossiles pertinents commenceront à s'épuiser. C'est le bon moment pour regarder les fossiles plus en détail et pour voir comment ils se forment. Nous laissons la parole à l'*Homo ergaster*.

Il était une fois… l'*Homo ergaster*

Richard Leakey décrit de façon émouvante comment, le 22 août 1984, son collègue Kimoya Kimeu a découvert le petit garçon de Turkana (*Homo ergaster*), qui est à 1,5 million d'années avant notre ère le squelette d'hominidé pratiquement complet le plus ancien qu'on ait jamais trouvé. Tout aussi émouvante est la description par Donald Johanson de l'australopithéciné connu sous le nom de Lucy, qui est plus ancien et moins complet, ce qui n'a rien d'étonnant. La découverte de Little Foot, qu'il reste encore à décrire entièrement, est tout aussi remarquable (voir p. 121). Quels que soient les concours de circonstances extraordinaires dont ont bénéficié Lucy, Little Foot et le petit garçon de Turkana en leur assurant une forme particulière d'immortalité, n'aimerions-nous pas, nous aussi, en bénéficier le temps venu ? Quels obstacles devrons-nous surmonter pour concrétiser cette ambition ? Comment un fossile en vient-il à se former ? C'est ce que nous explique l'*ergaster*. Mais, pour commencer, une petite digression dans la géologie s'impose.

Les roches sont faites de cristaux, souvent trop petits pour être vus à l'œil nu. Un cristal est une molécule géante unique dont les atomes sont agencés en un treillis bien ordonné avec une disposition spatiale régulière qui se répète des milliards de fois jusqu'à ce qu'enfin le bord du cristal soit atteint. Les cristaux se développent quand les atomes sortent de l'état liquide et s'accumulent sur le bord en extension d'un cristal existant. Le liquide est en général de l'eau. D'autres fois, ce n'est pas un solvant mais le minéral fondu lui-même. La forme du cristal et les angles auxquels ses surfaces planes se rencontrent reproduisent directement et à grande échelle le treillis des atomes. La forme de ce treillis est parfois projetée en très grand comme dans un diamant ou une améthyste dont les facettes révèlent à l'œil nu la géométrie à trois dimensions des atomes qui se sont assemblés. En général, cependant, les unités cristallines qui constituent les roches sont trop petites pour être visibles à l'œil nu, et c'est une des raisons pour lesquelles la plupart des roches ne sont pas transparentes. Parmi les cristaux de roche les plus importants et les plus communs se trouvent le quartz (dioxyde de silicium), les feldspaths (essentiellement encore du dioxyde de silicium, mais certains atomes de silicium sont remplacés par des atomes d'aluminium), et la calcite (carbonate de calcium). Le granite est un mélange dense de quartz, de feldspath et de mica, qui s'est cristallisé à partir de magma fondu. Le calcaire et le grès sont pour l'essentiel respectivement de la calcite et du quartz finement moulus puis compactés à partir de sédiments de sable ou de boue.

Les roches *ignées* débutent en tant que lave refroidie (laquelle à son tour est de la roche fondue). Souvent, comme dans le cas du granite, elles sont cristallines. Elles peuvent parfois avoir visiblement la forme d'un liquide solidifié semblable à du verre et, avec beaucoup de chance, la lave fondue peut parfois être coulée dans un moule naturel, comme une empreinte de pas de dinosaure ou un crâne vide. Mais pour les historiens de la vie, la principale utilité de la roche ignée réside dans la datation. Comme nous le dira le séquoia, les meilleures méthodes de datation ne servent que pour les roches ignées. Les fossiles eux-mêmes ne peuvent être datés avec précision, mais on peut chercher des roches ignées dans leur voisinage. On suppose alors que le fossile est de la même époque, ou bien l'on cherche deux échantillons ignés que l'on peut dater et entre lesquels il se situe, ce qui permet de lui donner une date qui s'inscrit entre deux limites. Cette datation en sandwich est à la merci du léger risque qu'un cadavre ait été transporté par un flux d'eau, ou par des hyènes ou leurs équivalents chez les dinosaures, vers un site d'une autre époque. Dans le meilleur des cas, c'est en général évident ; sinon, il faut s'en remettre à la cohérence avec un tableau statistique général.

Les roches *sédimentaires* comme le grès ou le calcaire se forment à partir de minuscules fragments concassés par le vent ou l'eau à partir de roches déjà existantes ou d'autres matériaux durs comme des coquilles. Ils sont transportés en suspension sous forme de sable, de limon ou de poussière, et déposés ailleurs où ils se fixent en se compactant avec le temps en nouvelles couches de roches. La plupart des fossiles gisent dans des lits sédimentaires.

C'est dans la nature de la roche sédimentaire que ses matériaux soient continuellement recyclés. Les vieilles montagnes comme les

Highlands d'Écosse ont été lentement érodées par le vent et par l'eau, fournissant des matériaux qui se déposent ensuite sous forme de sédiments et qui peuvent ensuite se soulever ailleurs en formant des montagnes jeunes comme les Alpes, et le cycle recommence. Dans un monde où se produit un tel recyclage, nous devons freiner notre désir de voir un continuum de fossiles combler tous les vides de l'évolution. Ce n'est pas par malchance que des fossiles manquent souvent à l'appel, mais c'est une conséquence intrinsèque de la façon dont se forment les roches sédimentaires. Il serait même fort inquiétant que notre collection de fossiles ne comporte pas de lacunes. Les vieilles roches, avec leurs fossiles, sont activement détruites par le processus même qui travaille à en produire de nouvelles.

Les fossiles se forment souvent quand de l'eau chargée de minéraux pénètre dans les tissus d'une créature enfouie dans la terre. Dans la vie, l'os est poreux et spongieux pour de bonnes raisons d'ingénierie et d'économie. Quand l'eau s'infiltre dans les interstices d'un os mort, les minéraux se déposent lentement au fil du temps. Je dis lentement un peu par habitude, mais ça ne se passe pas toujours lentement : pensez à la rapidité avec laquelle une bouilloire s'entartre ; j'ai trouvé aussi un jour sur une plage d'Australie un goulot de bouteille pris dans de la pierre ! Mais en général le processus est lent. Quelle que soit la vitesse, la pierre d'un fossile finit par prendre la forme de l'os d'origine, et cette forme nous est révélée des millions d'années plus tard même si tous les atomes de l'os original ont disparu – ce qui ne se produit pas toujours. La forêt pétrifiée dans le Painted Desert de l'Arizona est faite d'arbres dont les tissus ont été lentement remplacés par de la silice et autres minéraux qui ont filtré de l'eau du sol. Morts depuis 200 millions d'années, les arbres sont maintenant entièrement de pierre, mais on peut continuer à voir nettement un grand nombre de détails microscopiques de leurs cellules sous une forme pétrifiée.

J'ai déjà dit que parfois l'organisme original ou une partie de cet organisme, forme un moule naturel dont il se détache ensuite, ou dans lequel il se dissout. Je me rappelle avec émotion deux belles journées dans le Texas en 1987, passées à patauger dans la Paluxy River, examinant de près les empreintes de pieds de dinosaures qui étaient conservées dans son lit de calcaire bien lisse, et même en y glissant mes pieds. Selon une légende locale bizarre, certaines de ces empreintes sont des empreintes humaines géantes, contemporaines d'empreintes indiscutables de dinosaures, si bien que la ville voisine de Glen Rose est devenue le centre d'un artisanat local florissant qui imite grossièrement des empreintes humaines géantes dans des blocs de ciment (pour les vendre à des créationnistes crédules qui savent bien qu'« il y avait des géants sur la Terre en ce temps-là » (Genèse, 6, 4). L'histoire des vraies empreintes a été soigneusement étudiée, et elle est fascinante. Celles qui sont à l'évidence de dinosaures ont trois orteils. Celles qui ressemblent très légèrement à un pied humain n'ont pas d'orteils, et elles ont été laissées par des dinosaures qui marchaient sur leurs talons au lieu de courir sur leurs orteils. De plus, la boue visqueuse a dû avoir tendance à remonter sur les côtés de l'empreinte, cachant ainsi leurs orteils latéraux.

Plus poignants pour nous sont, à Laetoli, en Tanzanie, les empreintes de pieds sympathiques de trois vrais hominidés, probablement des *Australopithecus afarensis*, qui ont marché ensemble il y a 3,6 millions d'années dans ce qui était alors de la cendre volcanique fraîche. On ne peut s'empêcher de se demander ce que ces trois individus étaient les uns pour les autres, s'ils se donnaient la main, et même s'ils parlaient, et quelle mission oubliée les portait ensemble à cette aube du Pliocène.

Souvent, comme je l'ai dit en parlant de la lave, le moule peut se remplir d'un matériau différent qui durcit ensuite pour former un moulage de l'animal ou de l'organisme d'origine. J'écris en ce moment même sur une table de jardin dont le plateau carré mesure quinze centimètres d'épaisseur et deux mètres de côté : il s'agit d'une plaque de calcaire sédimentaire de Purbeck datant du Jurassique, et qui a peut-être 150 millions d'années*. Au revers de la table se trouve, parmi une grand quantité de coquilles de mollusques fossiles, une prétendue (par le sculpteur distingué et excentrique qui me l'a procurée) empreinte de dinosaure, mais c'est une empreinte en relief, qui se détache en saillie sur la surface. L'empreinte originale (si elle l'est effectivement, car elle me paraît particulièrement indéfinissable) a dû servir de moule dans lequel le sédiment s'est ensuite déposé. Ce moule a dû disparaître ensuite. Une grande partie de ce que nous savons sur les cerveaux anciens est arrivé jusqu'à nous sous la forme de moulages de ce genre, des « endomoulages » du crâne (autrement dit, de l'intérieur du crâne), sur

* Un journaliste m'a interviewé pendant une heure entière devant ce mégalithe de deux tonnes, puis il l'a décrit dans son article comme une « table blanche en fer forgé ». C'est mon exemple préféré de la faillibilité du témoignage oculaire.

lesquels sont souvent imprimés avec une précision étonnante tous les détails de la surface même du cerveau.

Moins souvent que pour les coquilles, les os ou les dents, il arrive parfois que les parties molles du corps des animaux se fossilisent. Les sites les plus célèbres sont le Schiste de Burgess dans les Rocheuses canadiennes, et Chengjiang dans le sud de la Chine, qui est un peu plus ancien et que nous reverrons dans le message de l'onychophore. Sur ces deux sites, des fossiles de vers et d'autres créatures à corps mou, sans os et sans dents (en même temps que des créatures classiques à corps dur) sont de merveilleux témoins du Cambrien, il y a un demi-milliard d'années. Nous avons une chance incroyable d'avoir Chengjiang et le schiste de Burgess. À vrai dire, j'ai déjà fait remarquer que nous avons beaucoup de chance d'avoir tout simplement des fossiles, d'où qu'ils soient. On a estimé que 90 % de toutes les espèces n'arriveront jamais à notre connaissance sous forme de fossiles. Si ce chiffre vaut pour des espèces entières, imaginez un instant combien peu d'individus peuvent espérer voir se réaliser leur ambition, que j'ai mentionnée au début, de finir sous forme de fossiles. Une estimation fixe les chances à une sur un million chez les vertébrés. Cela me paraît beaucoup, et le véritable chiffre doit être bien inférieur pour les animaux dont le corps ne comporte pas de parties dures.

LES *HOMO HABILIS*

En remontant un million d'années de plus avant l'époque d'*Homo ergaster*, c'est-à-dire il y a 2 millions d'années, le continent où se trouvent nos racines génétiques ne fait plus aucun doute. Tout le monde, y compris les « multirégionalistes », en convient : c'est l'Afrique. Les os fossilisés les plus sûrs de cette époque sont normalement classés comme appartenant à *Homo habilis*. Certaines autorités identifient un deuxième type, très similaire, de la même époque, sous le nom d'*Homo rudolfensis*. D'autres l'assimilent à *Kenyapithecus*, que l'équipe de Leakey a décrit en 2001. D'autres encore évitent prudemment de donner à ces fossiles un nom d'espèce, et les appellent simplement « *Homo* précoce ». Comme d'habitude, je ne prendrai pas position sur les noms. Ce qui compte, ce sont les véritables créatures en chair et en os, et je les rangerai toutes sous l'étiquette d'*habilis*. Les fossiles des *habilis* étant plus anciens, ils sont évidemment moins abondants que ceux des *ergaster*. Le crâne le mieux conservé porte la référence KNM-ER 1470, et on le connaît partout sous le nom de quatorze cent soixante-dix. Il vivait il y a environ 1,9 million d'années.

Les *habilis* étaient à peu près aussi différents des *ergaster* que ces derniers le sont de nous, et comme il faut s'y attendre, il y a eu des intermédiaires qui sont difficiles à classer. Leurs crânes sont moins robustes que ceux des *ergaster* et ils n'ont pas leurs arcades sourcilières saillantes. À cet égard, les *habilis* nous ressemblaient davantage. Cela ne devrait pas nous surprendre. La robustesse et les arcades sourcilières sont des particularités, éventuellement comme le pelage, que les hominidés semblent susceptibles d'acquérir et de reperdre à tout moment dans l'évolution.

Les *habilis* marquent le moment de notre histoire où le cerveau, qui est la particularité la plus spectaculaire de l'homme, commence à s'accroître. Ou, plus précisément, commence à s'accroître au-delà de la taille normale des cerveaux déjà volumineux des autres grands singes. À vrai dire, cette distinction est la raison pour laquelle on place les *habilis* dans le genre *Homo*. Pour beaucoup de paléontologues, le cerveau volumineux est le trait qui distingue notre genre. Les *habilis*, dont le cerveau a repoussé la barrière des 750 cc, ont franchi le Rubicon et sont des humains.

Comme les lecteurs vont peut-être bientôt se lasser de se l'entendre dire, je ne suis pas un passionné des Rubicon, des barrières et des fossés. En particulier, il n'y a aucune raison de s'attendre à ce qu'un *habilis* précoce soit séparé de son prédécesseur par un fossé plus grand que celui qui le sépare de son successeur. On pourrait être tenté de le croire car son prédécesseur n'a pas le même nom générique (*Australopithecus*), alors que son successeur (*Homo ergaster*) est « simplement » un autre *Homo*. Il est vrai que, quand nous regardons les espèces vivantes, nous nous attendons à ce que les membres de genres différents se ressemblent moins que ceux d'espèces différentes appartenant au même genre. Mais s'agissant de fossiles, cette règle ne peut s'appliquer si nous avons une lignée continue dans l'évolution. À la frontière entre n'importe quelle espèce de fossile et son prédécesseur immédiat, il se trouve nécessairement certains individus sur lesquels il est absurde de discuter puisque le raisonnement par l'absurde conduit dans ce cas à dire que les parents d'une espèce ont donné naissance à un enfant de l'autre. Il est encore plus absurde de laisser entendre qu'un bébé du genre *Homo* est né de parents d'un genre complètement différent, *Australopithecus*. Ce sont là des régions évolutives dans lesquelles nos conventions d'appellation zoologique n'avaient pas prévu d'intervenir*.

En laissant les noms de côté, nous avons une plus grande liberté pour nous demander de façon plus constructive *pourquoi* le cerveau s'est subitement mis à grossir. Comment pourrions-nous mesurer l'accroissement du cerveau de l'hominidé et construire un graphique de la taille moyenne du cerveau par rapport au temps géologique ? Pour les unités de mesure du temps, il n'y a pas de problème, ce sont les millions d'années. Pour la taille du cerveau, c'est plus difficile. Les cerveaux fossiles et les moulages endocrâniens nous permettent de l'estimer en centimètres cubes, qu'il est assez facile de convertir en grammes. Mais la taille absolue du cerveau n'est pas nécessairement la mesure dont nous aurions besoin. L'éléphant a un cerveau plus gros que l'être humain, et ce n'est pas seulement par vanité que nous nous croyons plus intelligents que les éléphants. Le cerveau de *Tyrannosaurus* n'était guère plus gros que le nôtre, or on considère que tous les dinosaures étaient des petites cervelles à l'esprit lent. Si nous sommes plus malins, c'est

* Le Rubicon des 750 cc pour *Homo* a été fixé à l'origine par Sir Arthur Keith. Comme nous le dit Richard Leakey dans *L'Origine de l'humanité*, quand Louis Leakey a décrit pour la première fois *Homo habilis*, le volume cérébral de son spécimen était de 650 cc et il a en fait déplacé le Rubicon pour l'intégrer. Des spécimens d'*Homo habilis* trouvés plus tard ont rétrospectivement donné raison à Keith, avec des chiffres plus proches de 800 cc. Voilà qui conforte ma position anti-Rubicon.

que par rapport à eux, nous avons un cerveau plus gros *pour notre taille*. Mais, plus précisément, que veut dire « pour notre taille » ?

Il existe des méthodes mathématiques pour corriger les données en taille absolue et exprimer la taille du cerveau d'un animal en fonction de celle qu'il « devrait avoir » d'après la taille de son corps. C'est là un sujet qui mérite à lui seul un message, et *Homo habilis*, l'Artisan, va nous le livrer dans sa position inconfortable à cheval sur le « Rubicon » de la taille du cerveau.

Il était une fois… l'artisan

Nous voulons savoir si le cerveau d'une créature particulière comme *Homo habilis* est plus gros ou plus petit qu'il « devrait » l'être d'après la taille de son corps. Nous acceptons (un peu à contrecœur dans mon cas, mais passons) l'idée que les gros animaux doivent nécessairement avoir de gros cerveaux et les petits, de petits cerveaux. En faisant cette concession, nous voulons quand même savoir si certaines espèces sont « plus intelligentes » que d'autres. Alors, que faisons-nous de la taille du corps ? Il nous faut une base raisonnable pour calculer la taille attendue du cerveau d'un animal à partir de la taille de son corps, de façon à pouvoir dire si, pour un animal particulier, la taille réelle de son cerveau est plus grande ou plus petite que ce que l'on attend.

Dans notre pèlerinage vers le passé, il se trouve que nous avons rencontré ce problème lié au cerveau, mais on peut se poser le même genre de question à propos de n'importe quelle partie du corps. Est-ce que certains animaux ont le cœur, les reins ou les omoplates plus gros (ou plus petits) qu'ils ne « devraient » les avoir pour leur taille ? Si oui, cela laisserait penser que leur mode de vie impose des exigences particulières à leur cœur (à leurs reins ou à leurs omoplates). Comment connaît-on la taille que « devrait » avoir une partie quelconque du corps d'un animal d'après ce que l'on sait de la taille totale de son corps ? Remarquez que « devrait » ne veut pas dire « a besoin d'avoir pour des raisons fonctionnelles », mais « serait attendue d'après ce qui existe chez d'autres animaux comparables ». Étant donné qu'il s'agit du message de l'artisan, dont la principale caractéristique est le cerveau, nous continuerons à utiliser ce dernier pour les besoins de la discussion, mais les leçons que nous en tirerons seront plus générales.

Commençons par faire un graphique en nuage de points représentant la masse du cerveau par rapport à la masse du corps pour un grand nombre d'espèces. Chaque symbole sur le graphique qui suit (réalisé par mon collègue, le distingué anthropologue Robert Martin) représente une espèce de mammifère – il y en a ici 309, qui vont de la plus petite à la plus grande. Pour ceux que cela intéresse, *Homo sapiens* est le point indiqué par la flèche, et le point juste à côté est un dauphin. Le trait noir épais tracé au milieu des points est la ligne droite qui, selon un calcul statistique, donne le meilleur tracé de tous les points*.

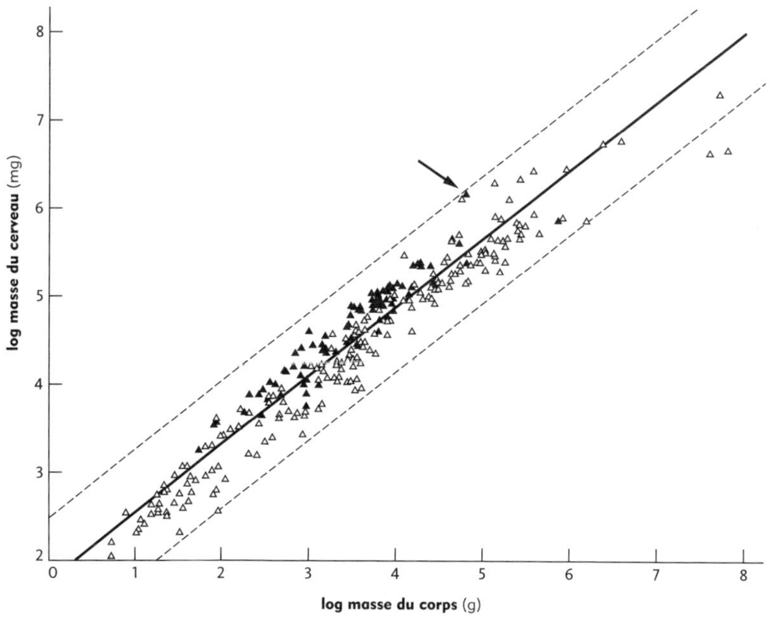

Représentation logarithmique de la masse du cerveau par rapport à la masse du corps pour différentes espèces de mammifères placentaires. Les triangles pleins représentent les primates. D'après Martin [185].

Une légère complication, qui s'expliquera dans un instant, c'est que les choses fonctionnent mieux si l'on donne une échelle logarithmique aux deux axes, et c'est ce qui a été fait dans ce graphique : nous représentons le logarithme de la masse du cerveau d'un animal par rapport

* C'est la ligne droite qui minimise la somme des carrés des distances entre les points et elle.

au logarithme de sa masse corporelle. Logarithmique veut dire que les distances égales sur le bas du graphique (ou sur le côté) représentent des *multiplications* par un nombre fixe donné, mettons 10, et pas des additions d'un nombre, comme dans un graphique ordinaire. Si le nombre 10 est pratique, c'est que l'on peut alors représenter un logarithme comme un décompte du nombre de 0. Si l'on doit multiplier la masse d'une souris par un million pour obtenir celle d'un éléphant, cela signifie qu'il faut ajouter six 0 à la masse de la souris, il faut ajouter 6 au logarithme de l'un pour avoir le logarithme de l'autre. À mi-chemin entre les deux sur l'échelle logarithmique – à trois 0 – se trouve un animal qui pèse mille fois plus qu'une souris ou mille fois moins qu'un éléphant : un homme, par exemple. On utilise des nombres ronds comme 1 000 ou 1 million simplement pour faciliter l'explication. « Trois zéros et demi » veut dire quelque part entre 1 000 et 10 000. Remarquez que « à mi-chemin entre » est très différent quand on compte des 0 et quand on compte des grammes. C'est directement pris en compte en regardant les logarithmes des nombres. Les échelles logarithmiques font appel à un type d'intuition différent des échelles arithmétiques simples qui ont leur utilité dans d'autres cas.

Il y a au moins trois bonnes raisons pour utiliser une échelle logarithmique. Premièrement, cela permet d'avoir une musaraigne pygmée, un cheval et une baleine bleue sur le même graphique sans avoir besoin de 100 mètres de papier. Deuxièmement, cela facilite la lecture des facteurs multiplicatifs, ce qui est parfois ce que nous recherchons. Ce qui nous intéresse, ce n'est pas seulement de savoir que nous avons un cerveau plus gros que celui que nous devrions avoir pour la taille de notre corps, mais qu'il est, mettons, six fois plus gros qu'il « devrait » être. Ces jugements multiplicatifs peuvent se lire directement sur un graphique logarithmique : c'est ce que logarithmique signifie. La troisième raison pour préférer les échelles logarithmiques est un peu plus longue à expliquer. Une façon de le dire, c'est que cela fait tomber notre nuage de points le long d'une ligne droite plutôt que le long d'une courbe. Mais ce n'est pas tout. Je vais expliquer cela à ceux qui souffrent comme moi de dyscalculie.

Supposez que vous preniez un objet comme une sphère ou un cube, ou un cerveau à vrai dire, et que vous le gonfliez uniformément de façon qu'il garde la même forme, mais avec une taille dix fois plus grande. Dans le cas de la sphère, cela veut dire dix fois son diamètre. Dans le cas du cube, ou du cerveau, cela veut dire dix fois sa largeur (ainsi que sa hauteur et sa profondeur). Dans tous ces cas où l'échelle augmente, que se passera-t-il pour le volume ? Il ne sera pas dix fois, mais mille fois plus grand. Vous pouvez le prouver dans le cas du cube si vous imaginez que vous empilez des morceaux de sucre*. Il en va de même si vous faites grossir n'importe quelle forme de votre choix. Multipliez la longueur par 10 et, du moment que la forme ne change pas, vous multipliez automatiquement le volume par 1 000. Dans le cas particulier d'un grossissement par 10, cela revient à ajouter trois 0. Plus généralement, le volume est proportionnel à la longueur puissance 3, et le logarithme est multiplié par 3.

Nous pouvons effectuer le même type de calcul pour la surface, mais celle-ci augmente en proportion de la longueur puissance 2 au lieu de puissance 3. Ce n'est pas pour rien qu'élever à la puissance 2 se dit élever au carré, et élever à la puissance 3, élever au cube. Le volume d'un morceau de sucre détermine combien il contient de sucre et combien il coûte. Mais c'est sa surface qui détermine la vitesse à laquelle il se dissout (le calcul n'est pas facile car, à mesure qu'il se dissout, la surface restante diminue plus lentement que le volume de sucre restant). Si vous gonflez uniformément un objet en doublant sa longueur (largeur, etc.), vous multipliez la surface par $2 \times 2 = 4$. Si vous multipliez sa longueur par 10, vous multipliez la surface par $10 \times 10 = 100$, ou vous ajoutez deux 0 à ce nombre. Le logarithme de la surface augmente du double de celui de la longueur, alors que le logarithme du volume augmente du triple de celui de la longueur. Un morceau de sucre de 2 centimètres contiendra huit fois plus de morceaux d'un centimètre, mais il ne libérera ce sucre dans le thé que quatre fois plus vite (du moins au début) car c'est la surface du morceau de sucre qui est exposée au thé.

Maintenant, imaginez un nuage de points pour représenter des morceaux de sucre d'une large gamme de tailles, avec la masse du morceau, qui est proportionnelle au volume, sur l'axe des X (axe horizontal), et le taux initial de dissolution, en principe proportionnel à la surface, sur l'axe des Y (axe vertical). Sur un graphique non logarithmique, les points tomberont le long d'une ligne courbe qui sera très difficile à interpréter, sans être très utile. Mais si nous représentons le logarithme de la masse par rapport au logarithme

* En général de forme cubique en Grande-Bretagne. (*N.d.T.*)

du taux initial de dissolution, nous verrons quelque chose de beaucoup plus informatif. Chaque fois que le logarithme de la masse triplera, nous verrons doubler le logarithme de la surface. Sur un graphique log-log, les points ne tombent pas le long d'une courbe mais le long d'une ligne droite. Qui plus est, la pente de cette ligne droite dit quelque chose de très précis. C'est une pente de deux tiers : pour chaque avancée de deux points sur l'axe de la surface, la ligne avance de trois points sur celui du volume. Chaque fois que le logarithme de la surface double, celui du volume triple. Le rapport de deux tiers n'est pas la seule pente informative que l'on peut voir dans un graphique log-log. Ce type de représentation est informatif car la pente de la ligne nous fait percevoir ce qu'est la relation entre les volumes et les surfaces. Et les volumes et les surfaces, ainsi que les relations complexes entre les deux sont extrêmement importants pour comprendre les corps vivants et les éléments qui les composent.

Je ne suis pas particulièrement porté sur les mathématiques – c'est le moins qu'on puisse dire – mais même moi, je peux voir combien tout ça est fascinant. Et ça l'est plus encore car le même principe marche pour toutes les formes, et pas simplement pour des formes bien nettes comme les cubes et les sphères, mais aussi pour des formes complexes comme les animaux ou des parties de leur corps comme le rein et le cerveau. Tout ce qu'il faut, c'est que les modifications de la taille se produisent par simple augmentation ou diminution sans modification de la forme. Cela nous donne une sorte d'attente nulle avec laquelle comparer les véritables mesures. Si une espèce d'animal est 10 fois la longueur d'une autre, sa masse sera 1 000 fois plus grande, *mais seulement si leurs formes sont les mêmes*. En fait, il y a bien des chances que la forme ait évolué pour être systématiquement différente à mesure que l'on va des petits animaux vers les gros, et nous pouvons maintenant voir pourquoi.

Les gros animaux ont besoin d'avoir une forme différente de celle des petits, ne serait-ce qu'à cause des règles d'échelle entre la surface et le volume que nous venons de voir. Si vous changiez une musaraigne en un éléphant en vous contentant de la gonfler en lui conservant la même forme, elle ne survivrait pas. Certains des problèmes que rencontre un animal dépendent du volume (de la masse), d'autres de la surface, d'autres encore d'une certaine fonction complexe des deux ou d'une autre donnée complètement différente. De même que pour le taux de dissolution d'un morceau de sucre, le taux de perte de chaleur d'un animal, ou de perte d'eau par la peau, sera proportionnel à la surface qu'il présente au monde extérieur. Mais son taux de production de chaleur est probablement plus lié au nombre de cellules de son corps, lequel est fonction de son volume.

Une musaraigne à l'échelle de l'éléphant aurait des pattes grêles qui casseraient sous son poids, et ses muscles maigres seraient trop faibles pour fonctionner. La force d'un muscle n'est pas proportionnelle à son volume mais à la surface de sa section ; c'est parce que le mouvement musculaire est la somme des mouvements de millions de fibres moléculaires qui glissent parallèlement le long les unes des autres. Le nombre de fibres que vous pouvez mettre dans un muscle dépend de la surface de sa section (puissance au carré de la taille linéaire), mais la tâche que doit effectuer le muscle – soutenir un éléphant, par exemple – est proportionnelle à la masse de l'animal (puissance 3 de la taille linéaire). Ainsi, par rapport à la musaraigne, l'éléphant a proportionnellement besoin de plus de fibres musculaires pour desservir sa masse. En conséquence, la surface de la section de ses muscles a besoin d'être plus grande que ce que vous attendriez d'une simple augmentation de l'échelle. Pour différentes raisons particulières, la conclusion est la même pour tous les os. C'est la raison pour laquelle les gros animaux comme les éléphants ont des pattes massives en forme de tronc d'arbre.

Supposez qu'un animal de la taille d'un éléphant est 100 fois plus long qu'un animal de la taille d'une musaraigne. Avec une forme inchangée, la surface de sa peau extérieure serait 10 000 fois plus grande que celle de la musaraigne, et son volume et sa masse un million de fois plus grands. Si les cellules sensibles au toucher sont réparties également sur toute la peau, l'éléphant aura besoin d'en avoir 10 000 fois plus, et la partie du cerveau qui les dessert devra peut-être être augmentée en proportion. Le nombre total des cellules dans le corps de l'éléphant sera un million de fois plus grand que chez la musaraigne, et elles devront toutes être irriguées par des capillaires sanguins. Quelle conséquence cela a-t-il sur le nombre de kilomètres de vaisseaux sanguins que nous nous attendons à trouver chez un gros animal par rapport à un petit ? C'est un calcul compliqué, et nous y reviendrons plus tard dans un autre message. Pour le moment, il suffit de comprendre que quand nous faisons ce calcul, nous ne pouvons pas ignorer ces règles d'échelle concernant les volumes et les surfaces. Et la représentation logarithmique est une bonne méthode pour le comprendre intuitivement. La principale conclusion est que dans la mesure où les animaux grossissent ou rapetissent au cours de l'évolution, il faut s'attendre à ce qu'ils changent de forme dans des directions prévisibles.

Nous avons été amenés à cette explication en réfléchissant à la taille du cerveau. Nous ne pouvons pas nous contenter de comparer notre cerveau avec ceux d'*Homo habilis*, d'*Australopithecus* ou de toute autre espèce, sans prendre en compte la taille du corps. Il nous faut un indice de la taille du cerveau qui prenne en compte la taille du corps. Nous ne pouvons pas diviser la taille du cerveau par la taille du corps, ce qui serait moins grave que de simplement comparer des tailles absolues du cerveau. Une meilleure façon de faire est d'utiliser la représentation graphique logarithmique dont nous venons de parler, de représenter le logarithme de la masse du cerveau par rapport au logarithme de la masse du corps pour un grand nombre d'espèces de tailles différentes. Les points tomberont probablement autour d'une ligne droite comme c'est le cas sur le graphique de la page 109. Si la pente de la ligne est de 1/1 (la taille du cerveau est exactement proportionnelle à celle du corps), cela laissera entendre que chaque cellule du cerveau est capable de desservir un certain nombre fixe de cellules du corps. Une pente de 2/3 signifiera que le cerveau est comme les os et les muscles : un volume donné du corps (ou un nombre donné de cellules du corps) exige une certaine surface cérébrale. D'autres pentes nécessiteraient encore une autre interprétation. Et donc, quelle est la véritable pente de la ligne ?

Elle n'est ni de 1/1, ni de 2/3, mais de quelque chose entre les deux. Pour être précis, elle est de 3/4. Pourquoi 3/4 ? Eh bien, ce sera le sujet d'un message qui sera donné, comme vous l'aurez sûrement deviné, par le chou-fleur (c'est vrai, le cerveau *ressemble* un peu à un chou-fleur). Sans vouloir anticiper sur cette histoire, je dirai seulement que la pente de 3/4 n'est pas spécifique au cerveau, mais qu'elle pullule dans toutes sortes de créatures vivantes, entre autres dans des plantes comme le chou-fleur. Appliquée à la taille du cerveau, et avec l'explication intuitive qui doit attendre le chou-fleur, cette ligne que l'on observe, avec sa pente de 3/4 est le sens que nous allons attacher au mot « s'attendre » tel qu'il a été utilisé dans l'introduction de ce message.

Bien que les points se rassemblent autour de la ligne droite « attendue » de la pente de 3/4, ils ne tombent pas tous exactement sur la ligne. Une espèce « intelligente » est une espèce dont le point sur le graphique tombe au-dessus de la ligne. Elle a un cerveau d'une taille supérieure à celle qui est « attendue » pour la taille de son corps. Une espèce dont le cerveau est plus petit que ce qui est « attendu » tombe au-dessous de la ligne. La distance au-dessus ou au-dessous de la ligne est la mesure qui nous indique de combien il est supérieur ou inférieur à que ce qui est « attendu ». Un point qui tombe exactement sur la ligne représente une espèce dont le cerveau est exactement de la taille attendue pour la taille de son corps.

Attendu, en se fondant sur quel principe ? Sur le principe qu'il est caractéristique de l'ensemble des espèces dont les données ont contribué à calculer la ligne. Ainsi, si la ligne était calculée à partir d'une gamme représentative de vertébrés terrestres, depuis les geckos jusqu'aux éléphants, le fait que tous les mammifères tombent au-dessus de la ligne (et tous les reptiles au-dessous) signifie que les mammifères ont de plus gros cerveaux qu'on ne s'y « attendrait » pour un vertébré typique. Si nous calculons séparément une ligne à partir d'une gamme représentative de mammifères, elle sera parallèle à celle des vertébrés, toujours avec une pente de 3/4, mais avec une hauteur absolue plus grande. Une ligne calculée séparément à partir d'une gamme représentative de primates (petits singes et grands singes) sera plus haute, là encore, mais toujours parallèle, avec une pente de 3/4. Et *Homo sapiens* se trouve plus haut qu'aucun d'entre eux.

Le cerveau humain est « trop » gros, même selon les normes des primates, et le cerveau moyen des primates est trop gros selon les normes des mammifères en général. D'ailleurs, le cerveau moyen des mammifères est trop gros selon les normes des vertébrés. Autrement dit, le nuage de points sur le graphique des vertébrés est plus étendu que celui sur le graphique des mammifères, lequel à son tour est plus étendu que celui des primates qu'il inclut. Sur le graphique, le nuage de points correspondant aux xénarthres (un ordre de mammifères d'Amérique du Sud qui comprend les paresseux, les fourmiliers et les tatous) se trouve au-dessous de la moyenne des mammifères dans laquelle il est inclus.

Harry Jerison, qui est le père des études sur la taille des cerveaux fossiles, propose un indice, le quotient d'encéphalisation (QE) pour mesurer de combien le cerveau d'une espèce particulière est plus gros ou plus petit qu'il « devrait » être pour sa taille, étant donné qu'il fait partie d'un plus grand groupe, comme les vertébrés ou les mammifères. Remarquez que le QE nécessite de préciser sur quel plus grand groupe est fondée la comparaison. Le QE d'une espèce est la distance qui la sépare au-dessus ou au-dessous de la ligne moyenne correspondant à ce plus grand groupe. Jerison pensait que la pente de cette ligne était de 2/3, alors que les études modernes s'accordent pour dire qu'elle est de 3/4, si bien que, selon Robert Martin, ses estimations doivent être corrigées en conséquence. Cette rectification étant faite, il s'avère que le cerveau humain moderne est environ six fois plus gros qu'il devrait être pour un mammifère de taille équivalente (le QE serait plus élevé s'il était calculé par rapport à la norme de l'ensemble des vertébrés plutôt que par rapport à celle de l'ensemble des mammifères)*. Le cerveau du chimpanzé moderne est à peu près deux fois plus gros qu'il ne devrait pour un mammifère classique, de même que les cerveaux des australopithécinés. *Homo habilis* et *Homo erectus*, les espèces qui sont probablement intermédiaires dans l'évolution entre *Australopithecus* et nous ont aussi des cerveaux de taille intermédiaire. Les deux ont un QE de 4 environ, ce qui veut dire que leurs cerveaux étaient à peu près quatre fois plus gros qu'ils n'auraient dû l'être pour un mammifère de taille équivalente.

Le graphique suivant montre une estimation du QE, l'« indice cérébral », pour différents primates et hommes-singes fossiles en fonction de l'époque où ils vivaient. En étant très généreux, vous pouvez l'interpréter comme un graphique sommaire de la diminution de l'intelligence à mesure que l'on recule dans le temps de l'évolution. Tout en haut du graphique se trouve l'*Homo sapiens* moderne avec un QE de 6, ce qui veut dire que notre cerveau est six fois plus lourd que ce qu'il « devrait » peser pour un mammifère classique de notre taille. Dans le bas se trouvent les fossiles qui pourraient représenter le coancêtre 5, notre ancêtre commun avec les petits singes de l'Ancien Monde. Ils avaient un QE que l'on estime autour de 1, ce qui signifie que leur cerveau était « à peu près ce qu'il convient » pour un mammifère classique de leur taille aujourd'hui. En position intermédiaire sur ce graphique figurent différentes espèces d'*Australopithecus* et d'*Homo* qui étaient peut-être proches de notre lignée ancestrale. La ligne droite tracée est, là encore, le meilleur tracé des points représentés.

* Cela s'applique en grande partie au QI, qui n'est pas une mesure absolue de l'intelligence. Votre QI indique combien vous êtes plus (ou moins) intelligent que la moyenne pour une population particulière, la moyenne étant standardisée à 100. Si on le standardisait par rapport à la population de l'université d'Oxford, mon QI serait inférieur à ce qu'il serait s'il était standardisé par rapport à la population de l'Angleterre. D'où la plaisanterie sur le personnage politique qui déplorait que la moitié de la population ait un QI inférieur à 100.

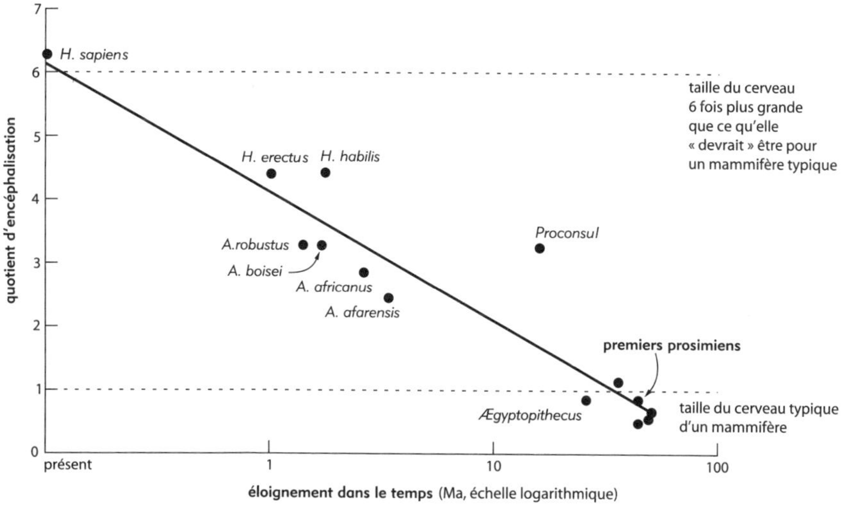

Représentation du QE, ou « indice cérébral », en fonction du temps pour des fossiles de différentes espèces. Le temps, en millions d'années, est représenté sur une échelle logarithmique. Les résultats ont été corrigés pour une pente de 3/4 pour la ligne de base de référence (voir le texte).

Je vous ai conseillé d'être très généreux dans votre appréciation, et laissez-moi maintenant l'être encore beaucoup plus. L'« indice cérébral », QE, se calcule à partir de deux quantités mesurées, la masse du cerveau et la masse du corps. Dans le cas de fossiles, ces deux quantités doivent être estimées à partir des fragments arrivés jusqu'à nous, et il y a une énorme marge d'erreur, en particulier dans l'estimation de la masse du corps. Le point sur le graphique qui correspond à *Homo habilis* le montre comme « plus intelligent » qu'*Homo erectus*. Je n'y crois pas. Il est indéniable que la taille absolue du cerveau d'*H. erectus* est plus grande. La supériorité du QE d'*H. habilis* vient de l'estimation beaucoup plus faible de la masse du corps. Or pour avoir une idée de la marge d'erreur, il suffit de penser à la grande diversité qui existe dans la masse corporelle des êtres humains modernes. Le QE en tant que mesure est extrêmement sensible à l'erreur quand on évalue la masse corporelle, laquelle, rappelez-vous, est élevée à une puissance dans la formule du QE. Ainsi, les points autour de la ligne reflètent des estimations erratiques de la masse corporelle. En revanche, la tendance au fil du temps telle qu'elle est représentée par la ligne est probablement vraie. Les méthodes qui ont été ici exposées en détail, en particulier les estimations du QE sur le graphique à la fin, confirment notre impression subjective qu'un des événements majeurs au cours des 3 derniers millions d'années de notre évolution a été la dilatation de notre cerveau de primate qui était déjà volumineux. La question suivante qui se pose à l'évidence, c'est *pourquoi*. Quelle est la pression de sélection darwinienne qui a provoqué cet accroissement du cerveau au cours des 3 derniers millions d'années ?

Comme ce phénomène s'est produit après que nous nous sommes mis debout sur nos pattes arrière, certains ont dit qu'il a été provoqué par la libération des mains, ce qui permettait de développer une plus grande précision dans le contrôle de la dextérité manuelle. Généralement parlant, je trouve que l'idée est plausible, mais pas plus que d'autres propositions. Or, au train où vont les tendances évolutives, l'accroissement du cerveau humain donne l'impression d'aller à l'explosion. Je pense que l'évolution inflationniste exige une explication inflationniste d'un type particulier. Dans le dernier chapitre des *Mystères de l'arc-en-ciel*, intitulé « L'esprit, un ballon », j'ai développé ce thème de l'inflation dans une théorie générale de ce que j'ai appelé la « coévolution des logiciels et des périphériques ». L'analogie avec l'ordinateur est que les innovations en matière de logiciels et de périphériques se déclenchent mutuellement dans une spirale en escalade. Les innovations en matière de logiciels demandent une escalade dans les périphériques, laquelle à son tour provoque une escalade dans les logiciels, si bien que l'inflation s'accélère. Dans le cerveau, ce que j'entendais par innovation en matière de logiciels, c'était le langage, le suivi à la trace, la projection et les *mèmes*. Dans mes ouvrages précédents, il est une théorie à laquelle je n'ai pas rendu justice : c'est la sélection sexuelle, et c'est uniquement pour cela que je lui accorderai une importance particulière dans celui-ci.

Est-ce que l'accroissement du cerveau, ou plutôt ce qu'il a produit, comme la peinture du corps, la poésie épique et les danses rituelles, a pu évoluer comme une sorte de queue de paon mentale ? Il y a longtemps que cette idée me travaille, mais personne ne l'a développée dans une véritable théorie avant que Geoffrey Miller, jeune psychologue évolutionniste américain travaillant en Angleterre, ne publie son livre *The Mating Mind*. C'est le paon qui nous parlera de cette idée après que les pèlerins oiseaux nous auront rejoints au Rendez-vous 16.

LES HOMMES-SINGES

La littérature de vulgarisation scientifique sur les fossiles humains est toute émoustillée quand elle parle de l'ambition de découvrir le « tout premier » ancêtre humain. C'est stupide. On peut poser une question spécifique comme : « Quel a été le tout premier ancêtre humain à marcher en règle générale sur deux jambes ? » Ou : « Quelle a été la première créature qui a été notre ancêtre sans être celui d'un chimpanzé ? » Ou encore : « Quel a été le tout premier ancêtre humain à avoir un cerveau de volume supérieur à 600 cc ? » Au moins, ces questions ont un sens en principe, même s'il est difficile d'y répondre en pratique, et si certaines ont le défaut de creuser des fossés dans un continuum sans rupture. Mais la question « Qui était le tout premier ancêtre humain ? » n'a aucun sens.

Plus insidieusement, la compétition pour trouver les ancêtres humains est telle que, dès lors qu'il existe une vague possibilité que ce soit vrai, on prétend que les fossiles qui viennent d'être découverts appartiennent à la « principale » lignée humaine. Or, à mesure que les fossiles exhumés s'accumulent, il apparaît de plus en plus clairement que, pendant la plus grande partie de l'histoire des hominidés, l'Afrique en a abrité en même temps plusieurs espèces. Cela signifie nécessairement que beaucoup d'espèces fossiles que l'on croit aujourd'hui être nos ancêtres se révéleront être nos cousins.

À différentes époques depuis qu'*Homo* est apparu pour la première fois en Afrique, il a partagé le continent avec des hominidés plus robustes et appartenant peut-être à plusieurs espèces différentes. Comme toujours, leurs affinités et le nombre exact des espèces font l'objet de violentes controverses. On a affecté à ces différentes créatures les noms d'*Australopithecus* (ou *Paranthropus*) *robustus*, *Australopithecus* (ou *Paranthropus* ou *Zinjanthropus*) *boisei*, et *Australopithecus* (ou *Paranthropus*) *æthiopicus*. Il semble qu'elles ont évolué à partir de grands singes plus « graciles », gracile étant l'opposé de robuste. Les grands singes graciles sont aussi placés dans le genre *Australopithecus*, et nous sommes nous aussi presque certainement sortis des rangs des australopithécinés graciles. À vrai dire, il est souvent difficile de distinguer les *Homo* graciles des australopithécinés graciles – ce qui a provoqué ma diatribe contre les conventions d'appellations qui les placent dans des genres séparés.

Les ancêtres immédiats d'*Homo* seraient classés comme des sortes d'australopithécinés graciles. Jetons un coup d'œil à quelques fossiles graciles. Mme Ples en est un pour lequel j'ai une affection particulière depuis que le musée du Transvaal de Pretoria m'a offert un beau moulage de son crâne au cinquantième anniversaire de sa découverte près de Sterkfontein, lors de ma conférence du Robert Broom Memorial en l'honneur de sa découverte. Elle vivait il y a environ 2,5 millions d'années. Son surnom vient du genre *Plesianthropus* auquel on l'a d'abord affectée avant que l'on décide de la classer dans les *Australopithecus*, et du fait que l'on croyait (peut-être à tort, comme on le soupçonne maintenant) qu'il s'agissait d'une femelle. C'est souvent que l'on donne aux fossiles d'hominidés des petits noms de ce genre. « M. Ples » est naturellement un fossile découvert plus récemment à Sterkfontein, de la même espèce que Mme Ples, à savoir *Australopithecus africanus*. Parmi les autres fossiles dotés d'un surnom se trouvent Dear Boy, un australopithéciné robuste également connu sous le nom de « Zinj » car on l'a d'abord nommé *Zinjanthropus boisei*, Little Foot (voir ci-après), et la célèbre Lucy, vers laquelle nous nous tournons maintenant.

Nous rencontrons Lucy quand le compteur de notre machine à remonter le temps indique 3,2 millions d'années. Étant elle aussi un australopithéciné gracile, on la cite souvent car l'espèce à laquelle elle appartient, *Australopithecus afarensis*, est bien placée pour prétendre au titre d'ancêtre humain. Ses découvreurs, Donald Johanson et ses collaborateurs*, ont aussi trouvé dans la même région des fossiles de 13 individus similaires, que l'on a regroupés sous le nom de « Première Famille ». Depuis, on a trouvé d'autres « Lucy » d'il y a 3 à 4 millions d'années dans d'autres parties d'Afrique. Les traces de pas de 3,6 millions d'années qu'a découvertes Mary Leakey à Laetoli (p. 104) sont attribuées à *A. afarensis*. Quel que soit son nom latin, de toute évidence quelqu'un marchait sur ses deux pieds à cette époque. Lucy n'est pas très différente de Mme Ples, et certains pensent qu'elle en est une version antérieure. De toute façon, toutes deux se ressemblent plus qu'aucune d'elles ne ressemble aux australopithécinés robustes. On dit que les Lucy précoces de l'Est africain ont un cerveau légèrement plus petit que ceux des Mme Ples plus tardives du sud de l'Afrique, mais cela ne

* En France, la découverte est attribuée à Yves Coppens et ses collaborateurs. *(N.d.E.)* Lire aussi p. 140-141.

veut pas dire grand-chose. Il n'y avait pas plus de différences entre leurs cerveaux qu'il y en a entre des cerveaux humains modernes.

Et – maintenant cela ne doit plus nous étonner – les *afarensis* les plus récents comme Lucy sont légèrement différents des toutes premières formes d'*afarensis* qui remontent à 3,9 millions d'années. Les différences s'accumulent avec le temps, et au moment où nous sortons de notre machine à remonter le temps à – 4 millions d'années, nous trouvons davantage de créatures qui pourraient bien être les ancêtres de Lucy et de ses homologues, mais qui sont suffisamment différentes, en ce sens qu'elles ressemblent davantage à des chimpanzés, pour mériter un nom d'espèce différent. Découverts par Meave Leakey et son équipe, ces *Australopithecus anamensis* sont constitués par plus de quatre-vingts fossiles issus de deux sites différents près du lac Turkana. On n'a découvert aucun crâne intact, mais il y a une mâchoire inférieure superbe qui pourrait très bien appartenir à un de nos ancêtres.

Cependant, la découverte la plus passionnante de cette époque, et qui mérite bien une halte temporaire, est un fossile qui n'a pas encore été décrit dans la littérature. Connu sous le nom affectueux de Little Foot, ce squelette originaire des grottes de Sterkfontein a d'abord été daté d'environ 3 millions d'années, mais cette date a été revue pour être fixée à un peu plus de 4 millions d'années*. La découverte de ce fossile est le résultat d'un travail de détective digne des romans de Conan Doyle. Des morceaux du pied gauche de Little Foot ont été trouvés dans des fouilles à Sterkfontein en 1978, mais ils ont été rangés et mis de côté sans que l'on y prête attention et sans qu'ils soient répertoriés, jusqu'en 1994 où le paléontologue Ronald Clarke, travaillant sous la direction de Philip Tobias, les a redécouverts par hasard dans un carton dans la cabane des ouvriers qui travaillaient dans la grotte de Sterkfontein. Trois ans plus tard, dans un débarras de l'université de Witwatersrand, Clarke est tombé sur un autre carton d'os provenant de Sterkfontein, et qui était étiqueté « cercopithécoïdes ». Comme notre paléontologue s'intéressait à ce type de petits singes, il a regardé dans le carton et, à sa plus grande joie, il y a repéré un os de pied d'hominidé parmi les os de petits singes. Plusieurs os du pied et de la jambe qui se trouvaient dans le carton semblaient correspondre à

---

* En 2006, une nouvelle datation a fait rajeunir Little Foot à 2,2 millions d'années. (*N.d.E.*)

ceux qui avaient été trouvés auparavant dans l'abri de Sterkfontein. L'un d'eux était une moitié de tibia droit, cassé transversalement. Notre paléontologue en a donné un moulage à deux assistants africains, Nkwane Molefe et Stephen Motsumi, en leur demandant de retourner à Sterkfontein pour y chercher l'autre moitié.

> La tâche que je leur avais donnée était comme de chercher une aiguille dans une meule de foin car la grotte est une caverne énorme et profonde avec des brèches sur les parois, le sol et le plafond. Au bout de deux jours de recherche avec des torches, ils l'ont trouvée le 3 juillet 1997.

L'exploit du puzzle de Molefe et Motsumi était d'autant plus étonnant que l'os qui correspondait à leur moulage était :

> ... à l'opposé de là où nous avions fouillé auparavant. La correspondance était parfaite bien que l'os ait été cassé à la suite d'un dynamitage par des ouvriers exploitant une mine de calcaire au moins 65 ans plus tôt. À gauche de l'extrémité exposée du tibia, on pouvait voir la section de la diaphyse fracturée du tibia gauche, qui coïncidait avec l'extrémité inférieure du tibia gauche avec les os du pied. À sa gauche, on pouvait voir la diaphyse fracturée du péroné gauche. D'après leur position avec les membres inférieurs dans une relation anatomique correcte, il semblait que le squelette tout entier devait être là, en position ventrale.

En fait, il n'était pas tout à fait là, mais après avoir réfléchi aux effondrements géologiques qui se sont produits dans cette zone, Clarke en a déduit où il devait être et, effectivement, le marteau de Motsumi l'a trouvé. Il est sûr que Clarke et son équipe ont eu de la chance, mais nous avons là un exemple parfait de cette maxime des scientifiques depuis Louis Pasteur : « La chance ne sourit qu'aux esprits bien préparés. »

Il reste encore à exhumer complètement Little Foot, à le décrire et à lui donner un nom officiel, mais les rapports préliminaires évoquent une trouvaille spectaculaire, capable de rivaliser avec Lucy dans la mesure où le squelette est complet, mais plus ancien. Bien qu'il ressemble davantage aux humains qu'aux chimpanzés, son gros orteil est plus divergent que le nôtre. Cela laisserait penser qu'il s'agrippait aux branches d'arbre avec ses pieds d'une manière qui nous est impossible. Bien qu'il ait presque certainement marché debout, il se peut qu'il ait aussi grimpé dans les arbres et que sa démarche ait été différente de la nôtre. Comme d'autres australopithécinés, il est possible qu'il ait passé une partie de son temps dans les arbres, peut-être en y bivouaquant la nuit comme les chimpanzés modernes.

Après notre pause à la borne des 4 millions d'années, jetons un coup d'œil au voyage qui nous attend. On possède quelques restes fragmentaires d'une créature qui ressemblait aux *Australopithecus* et qui était probablement bipède encore plus loin dans le temps, vers – 4,4 millions d'années. Tim White et ses collaborateurs l'ont découverte en Éthiopie, tout près de là où reposait Lucy. Ils l'ont appelée *Ardipithecus ramidus**, mais certains préfèrent le maintenir dans le genre *Australopithecus*. Jusqu'à présent, on n'a pas retrouvé de crâne d'*Ardipithecus*, mais, d'après ses dents, il ressemblerait plus aux chimpanzés qu'aucun des humains plus tardifs. Il avait l'émail dentaire plus épais que celui des chimpanzés, mais moins que le nôtre. On a trouvé quelques os crâniens isolés, et ceux-ci indiquent que le crâne reposait en haut de la colonne vertébrale, comme chez nous, plutôt qu'en avant, comme chez les chimpanzés. Cela évoque une station verticale, et les os du pied qui ont été trouvés corroborent l'idée qu'*Ardipithecus* était bipède.

La bipédie sépare les humains des autres mammifères de façon si spectaculaire qu'à mon avis elle mérite d'avoir son propre message. Et qui est le mieux placé pour le donner que Little Foot ?

Il était une fois… Little Foot

Il n'est pas particulièrement utile d'imaginer les raisons pour lesquelles il pourrait en règle générale être plus utile de marcher sur deux jambes plutôt que sur quatre. Si c'était le cas, les chimpanzés seraient aussi bipèdes, sans parler des autres mammifères. Aucune raison évidente ne permet de dire que la course bipède est plus rapide ou plus efficace que la course quadrupède, ou inversement. Les mammifères au galop peuvent être d'une rapidité étonnante, utilisant la flexibilité verticale de la colonne vertébrale qui leur donne, entre autres avantages, une foulée plus longue particulièrement efficace. Or l'autruche montre qu'avec une démarche bipède semblable à celle de l'homme, elle n'a rien à envier au cheval quadrupède. De fait, le coureur humain de haut niveau, même s'il est notoirement moins rapide que le cheval ou le chien

* Certains distinguent une deuxième espèce, *Ardipithecus kadabba*.

(ou en l'occurrence que l'autruche ou le kangourou), n'a pas à rougir de sa lenteur. Les petits singes et les grands singes quadrupèdes sont en général de piètres coureurs, peut-être parce que leur schéma corporel doit aussi répondre aux besoins des grimpeurs. Même les babouins, qui en général fourragent et courent sur le sol, se réfugient dans les arbres pour y dormir et s'y défendre contre les prédateurs, mais ils sont capables de courir vite quand c'est nécessaire.

Et donc, quand nous nous demandons pourquoi nos ancêtres se sont dressés sur leurs pattes arrière, et que nous imaginons l'alternative quadrupède à laquelle nous avons renoncé, il est injuste d'avoir en tête le guépard ou quelque autre animal de ce genre. Quand ils se sont mis debout pour la première fois, cette position ne présentait pas d'avantage définitif en terme d'efficacité ou de rapidité. Il faut donc chercher ailleurs quelle est la pression de la sélection naturelle qui nous a poussés à ce changement révolutionnaire de notre façon de marcher.

Comme certains autres quadrupèdes, les chimpanzés peuvent être entraînés à la bipédie, et de toute façon, ils y recourent souvent sur de courtes distances. Ce ne serait donc pas pour eux une difficulté insurmontable que d'opérer ce changement s'ils y trouvaient de gros avantages. Les orangs-outans font encore mieux. Les gibbons sauvages, dont le moyen de locomotion le plus rapide est la brachiation – qui consiste à se balancer de branche en branche en se tenant par les bras – traversent aussi les clairières en courant sur leurs pattes arrière. Certains petits singes se mettent debout pour regarder par-dessus les hautes herbes et pour passer les rivières à gué. Un lémurien, le sifaka de Verreaux, même s'il vit essentiellement dans les arbres où il se montre un acrobate spectaculaire, « danse » à terre sur ses pattes arrière pour aller d'un arbre à l'autre, les bras levés en l'air avec la grâce d'un danseur.

Pour mesurer notre consommation d'oxygène et d'autres indices métaboliques dans une situation d'effort, les médecins nous font parfois courir sur place avec un masque sur le nez et la bouche. En 1973, des biologistes américains, C. R. Taylor et V. I. Rowntree ont fait faire ce test à des chimpanzés et à des capucins dressés. En les faisant courir sur un tapis roulant soit sur quatre pattes, soit sur deux (avec une poignée à laquelle se tenir), les chercheurs ont pu comparer la consommation d'oxygène et l'efficacité des deux modes de locomotion. Ils s'attendaient à ce que la course à quatre pattes soit plus efficace : après tout, c'est pour ces deux espèces le mode de locomotion le plus naturel et celui auquel leur anatomie est la plus adaptée. Il est possible que la bipédie ait été facilitée par le fait qu'ils avaient quelque chose à quoi s'accrocher. Quoi qu'il en soit, le résultat n'a pas été celui attendu. Il n'y avait pas de différence significative dans la consommation d'oxygène entre les deux modes de locomotion. Taylor et Rowntree en ont conclu que :

> Le coût relatif en énergie de la course bipède par rapport à la course quadrupède ne doit pas entrer en ligne de compte quand on discute de l'évolution de la locomotion bipède chez l'homme.

Si excessive soit-elle, cette conclusion doit malgré tout nous inciter à aller chercher ailleurs les avantages que nous procurerait notre mode de locomotion inhabituel. Elle nous fait soupçonner que, quels que soient les avantages non locomoteurs de la bipédie ayant déclenché son évolution, ils n'ont probablement pas eu à l'emporter sur des inconvénients élevés de la locomotion.

À quoi pourrait ressembler un avantage non locomoteur ? Une idée stimulante réside dans la théorie de la sélection sexuelle qu'a proposée Maxine Sheets-Johnstone, de l'université d'Oregon. Elle pense que nous nous sommes dressés sur nos pattes arrière pour montrer notre pénis. Enfin, ceux d'entre nous qui en ont un. Et les femelles auraient fait pareil pour une autre raison : pour cacher leurs organes génitaux qui, chez les primates, sont plus en évidence à quatre pattes. L'idée est séduisante mais je reste sceptique. Je ne la cite qu'à titre d'exemple du *genre* de choses que j'entends par théorie non locomotrice. Comme pour beaucoup de ces théories, on se demande pourquoi elle s'appliquerait à notre lignée et pas à d'autres singes, grands ou petits.

Pour un autre ensemble de théories, l'avantage vraiment important de la bipédie réside à coup sûr dans la libération des mains. Nous nous serions dressés sur nos pattes arrière pas parce que c'est une bonne façon de se déplacer, mais pour ce que cela nous permettait de faire avec nos mains : porter de la nourriture, par exemple. Beaucoup de singes, grands et petits, se nourrissent de végétaux qui se trouvent partout mais sans être particulièrement riches ou concentrés, si bien que, pour se nourrir, il faut se déplacer plus ou moins continuellement, comme les vaches. D'autres types d'aliments, comme la viande ou les gros tubercules souterrains, sont plus difficiles à trouver, mais quand on en trouve, ils sont précieux, et ils valent la peine qu'on rapporte chez soi ce qui est en excédent. Quand un léopard tue une proie, la première chose qu'il fait naturellement, c'est de la tirer dans un arbre et de l'accrocher à une branche où elle sera relativement à l'abri des maraudeurs et où il pourra la retrouver pour s'en nourrir. Il tient la carcasse dans ses mâchoires puissantes car il a besoin de ses quatre pattes pour grimper dans l'arbre. Nos ancêtres ayant une mâchoire beaucoup plus petite et moins puissante que celle du léopard, ils auraient trouvé la bipédie avantageuse car elle leur libérait les mains pour transporter de la nourriture – dans l'intention peut-être de la donner à une partenaire ou à des enfants, d'échanger des faveurs avec d'autres compagnons, ou de la conserver dans un garde-manger en vue de besoins ultérieurs ?

Soit dit en passant, ces deux dernières possibilités sont peut-être plus liées qu'il n'y paraît. L'idée (j'attribue à Steven Pinker cette façon inspirée de l'exprimer) est qu'avant l'invention du congélateur, le meilleur garde-manger pour la viande était le ventre d'un compagnon ou d'une compagne. Comment ça ? La viande elle-même n'est plus disponible, bien sûr, mais les bonnes grâces qu'elle achète sont stockées en sécurité dans le cerveau d'un compagnon, lequel se souviendra de cette faveur et vous la revaudra quand la chance aura tourné*. Les chimpanzés sont bien connus pour s'échanger de la viande contre des faveurs. Dans les temps lointains, ce type de reconnaissance de dette s'est matérialisé sous forme de monnaie.

Une version particulière de la théorie de « la nourriture rapportée à la maison » est celle de l'anthropologue américain Owen Lovejoy. Il suggère que les femelles auraient souvent été gênées dans leur activité de cueillette par les nourrissons au sein, et donc empêchées de beaucoup s'éloigner pour chercher de la nourriture. La mauvaise nutrition et la réduction de la production de lait qui s'ensuivaient auraient retardé le sevrage. Or les femelles allaitantes ne sont pas fertiles. Le mâle qui nourrit une femelle allaitante accélère donc le sevrage de l'enfant et la rend plus vite réceptive. Il est possible alors que sa disponibilité aille de préférence au mâle dont les approvisionnements ont accéléré les choses. Ainsi, celui qui peut rapporter beaucoup de nourriture pourrait en tirer un avantage

---

* Il y a dans le darwinisme une théorie bien développée de l'altruisme réciproque, qui a commencé avec l'œuvre pionnière de Robert Trivers, et a continué avec les modèles de Robert Axelrod et d'autres. L'échange de faveurs avec remboursement ultérieur fonctionne vraiment. Pour ma part, je l'ai exposé dans *Le Gène égoïste*, en particulier dans la deuxième édition.

reproductif direct par rapport à un rival qui se contente de manger sur place ce qu'il trouve. D'où l'évolution de la bipédie pour libérer les mains afin de transporter des choses.

D'autres hypothèses sur l'évolution de la bipédie invoquent les avantages de la taille, où la station verticale permettrait de voir par-dessus les hautes herbes, ou de garder la tête au-dessus de l'eau en passant à gué les rivières. Cette dernière théorie est celle du « grand singe aquatique » imaginaire d'Alister Hardy, brillamment défendue par Elaine Morgan. Selon une autre théorie, qui a la faveur de John Reader dans sa biographie fascinante de l'Afrique, la station verticale réduirait l'exposition au soleil en la limitant au sommet du crâne, lequel est par conséquent garni d'une chevelure protectrice. De plus, quand le corps n'est pas tassé près du sol, il peut perdre plus vite de la chaleur.

Mon collègue, le distingué artiste et zoologue Jonathan Kingdon, a centré un livre entier, *Lowly Origin* [Humble Origine], autour de la question de l'évolution de la bipédie humaine. Après avoir passé en revue treize hypothèses plus ou moins différentes, dont celles que je viens de citer, il propose sa propre théorie, très sophistiquée et avec de multiples facettes. Au lieu de chercher un avantage direct de la locomotion verticale, il expose un ensemble de modifications anatomiques quantitatives qui sont apparues pour une raison ou pour une autre, mais qui ont ensuite facilité le passage à la bipédie (le terme technique pour désigner ce phénomène est la préadaptation). La préadaptation que propose Kingdon est ce qu'il appelle l'alimentation en position accroupie. On connaît bien cette façon de se nourrir pour avoir observé des babouins en territoire découvert, et Kingdon imagine le même genre de chose chez nos ancêtres singes dans la forêt, où ils devaient retourner les pierres ou les tas de feuilles pour y trouver des insectes, des vers, des escargots et autres menus aliments nutritifs. Pour y parvenir efficacement, ils auraient été obligés de se défaire de certaines de leurs adaptations à la vie arboricole. Leurs pieds, qui étaient auparavant semblables à des mains pour agripper les branches, seraient devenus plus plats, formant une plate-forme stable pour s'accroupir sur leur arrière-train. Vous avez certainement déjà une petite idée de là où cela va nous mener. Des pieds plus plats et moins semblables aux mains pour s'accroupir vont servir plus tard de préadaptation pour la locomotion verticale. Et, comme d'habitude, vous comprendrez que cette façon de parler apparemment futile – ils ont dû « défaire » les adaptations pour se balancer dans les arbres, etc. – est un raccourci qui se traduit facilement en termes darwiniens. Ces individus dont les gènes rendaient les pieds mieux adaptés pour manger accroupis ont survécu pour transmettre ces gènes parce que cette position pour se nourrir était efficace et contribuait à leur survie. Je continuerai à employer ce type de raccourci parce qu'il correspond à la façon de penser naturelle des êtres humains.

Avec un peu d'imagination, on peut dire que le grand singe brachiateur marche la tête en bas sous les branches – et court et bondit dans le cas d'un gibbon athlétique – en se servant de ses bras à titre de « jambes » et de sa ceinture scapulaire à titre de « bassin ». Nos ancêtres sont probablement passés par une phase de brachiation, si bien que le véritable bassin s'est lié de façon assez rigide au tronc par de longues lames d'os, lesquelles forment une partie substantielle d'un tronc rigide susceptible de se mouvoir comme un ensemble unique. Selon Kingdon, une grande partie de ces caractéristiques devaient changer pour faire d'un ancêtre adonné à la brachiation un être qui s'alimente efficacement en position accroupie. Mais pas toutes. Les bras auraient pu rester longs. De fait, des bras longs pour la brachiation auraient été une « préadaptation » vraiment avantageuse dans la mesure où ils auraient augmenté la portée du mangeur accroupi et réduit la fréquence à laquelle il devait passer à une nouvelle position accroupie. Or le haut du tronc massif, rigide et lourd des grands singes l'aurait désavantagé. Il fallait donc que le bassin se libère en devenant moins rigidement lié au tronc, et que son ossature rétrécisse jusqu'à des proportions plus humaines. Pour anticiper les arguments que l'on pourrait m'opposer (vous pourriez dire que l'anticipation est ce qui fonde l'argument de la préadaptation), il se trouve justement que cela fait un bassin qui convient mieux pour la bipédie. La taille s'est assouplie et l'épine dorsale s'est redressée pour permettre à l'animal qui mange accroupi de chercher tout autour avec ses bras, en pivotant sur la plate-forme que constituent ses pieds plats et ses hanches ramassées. Les épaules se sont allégées et le haut du corps est devenu moins pesant. Et le fait important est que ces modifications qualitatives subtiles, avec celles de l'équilibre et les compensations qui les accompagnaient, ont eu pour effet secondaire de « préparer » le corps pour la marche bipède.

Pas un seul instant Kingdon ne suggère une quelconque anticipation du futur. C'est seulement qu'un grand singe dont les ancêtres se balançaient dans les arbres mais qui est passé à l'alimentation accroupie sur le sol de la forêt, a eu dès lors un corps qui trouvait relativement *confortable* de marcher sur ses pieds arrière. Et il aurait commencé en mangeant accroupi, passant à une nouvelle position accroupie quand les ressources offertes par la première étaient épuisées. Sans se rendre compte de ce qui se passait, les mangeurs accroupis ont préparé leur corps d'une génération à l'autre pour qu'il se sente plus confortable debout sur deux jambes, et plus maladroit sur quatre. C'est à dessein que j'utilise le mot confortable, ce n'est pas une considération triviale. Nous sommes tous capables de marcher à quatre pattes comme un mammifère typique, mais c'est inconfortable : c'est un effort pénible parce que les proportions de notre corps ont changé. Selon Kingdon, ces changements de nos proportions, qui font que nous nous sentons à l'aise sur deux jambes, se sont produits pour servir une modification mineure dans nos habitudes alimentaires : pour passer à l'alimentation accroupie.

Il y a encore beaucoup d'autres choses dans la théorie subtile et complexe de Jonathan Kingdon, mais je poursuis en me contentant de recommander son livre, *Lowly Origin*. Ma propre théorie de la bipédie, qui n'est pas très classique, est très différente de cette dernière, mais pas incompatible avec elle. En fait, la plupart des théories sur la bipédie humaine sont compatibles entre elles, pouvant éventuellement se compléter au lieu de s'opposer. Comme dans le cas de l'accroissement du cerveau humain, l'idée que je voudrais suggérer, c'est que la bipédie aurait évolué sous l'effet de la sélection sexuelle, si bien que, là encore, je repousse cette question qui sera traitée par le paon.

Quelle que soit la théorie à laquelle nous adhérons concernant les origines de la bipédie humaine, celle-ci s'est révélée par la suite avoir été un événement d'une importance majeure. Il était possible naguère de croire, comme l'ont fait de distingués anthropologues jusque dans les années 1960, que l'événement évolutif décisif qui nous a séparés au départ des autres grands singes a été l'accroissement du cerveau. Se redresser sur ses pattes arrière était secondaire. Ce fait avait été déclenché par les avantages que présentait la libération des mains pour effectuer le travail qualifié que le cerveau plus gros était désormais capable de contrôler et d'exploiter. Or des fossiles découverts récemment indiquent de toute évidence que les choses se sont passées dans l'ordre inverse. C'est la bipédie qui est arrivée la première. Lucy, qui a vécu longtemps après le Rendez-vous 1, était bipède, à peu près ou tout à fait comme nous, et pourtant son cerveau était de la taille de celui du chimpanzé. On peut continuer à associer l'accroissement du cerveau à la libération des mains, mais les événements se sont succédé dans l'ordre inverse. Ce serait plutôt la libération des mains par la locomotion bipède qui aurait provoqué l'accroissement du cerveau, le périphérique des mains arrivant en premier, et le logiciel de commande qu'est le cerveau évoluant ensuite pour l'exploiter, plutôt que l'inverse.

Épilogue de Little Foot

Quelle que soit la raison de l'évolution de la bipédie, des fossiles découverts récemment semblent indiquer que les hominidés étaient déjà bipèdes à une date qui se rapproche de façon déroutante du Rendez-vous 1, de l'embranchement entre les chimpanzés et nous (déroutante car cela semble laisser peu de temps pour qu'évolue la bipédie). En l'an 2000, une équipe française dirigée par Brigitte Senut et Martin Pickford a annoncé la découverte d'un nouveau fossile dans les collines de Tugen, à l'est du lac Victoria au Kenya. Surnommé « l'homme du Millénaire », daté à 6 millions d'années et doté d'encore un autre nouveau nom générique, *Orrorin tugenensis* était lui aussi bipède, d'après ses inventeurs. Effectivement, ils affirmaient que la tête de son fémur, près de l'articulation de la hanche, ressemblait plus à celle des humains qu'à celle des *Australopithecus*. Cette donnée, à laquelle s'ajoutaient des fragments d'os crâniens, a fait penser à Senut et Pickford que les orrorinés sont les ancêtres des hominidés à venir, et que les êtres apparentés à Lucy ne le sont pas. Ces Français vont plus loin en suggérant qu'*Ardipithecus* serait l'ancêtre des chimpanzés modernes et pas de nous. Il est clair qu'il nous faudrait davantage de fossiles pour résoudre cette question. Ces affirmations des Français laissent d'autres scientifiques sceptiques, et certains doutent que les données suffisent pour démontrer si *Orrorin* était bipède ou non. Si c'était le cas, comme d'après les données moléculaires la séparation d'avec les chimpanzés date d'environ 6 millions d'années, cela pose de véritables questions sur la rapidité à laquelle la bipédie a dû apparaître.

Si un *Orrorin* bipède se rapproche de façon inquiétante du Rendez-vous 1, un crâne récemment découvert au Tchad au sud du

Sahara par une autre équipe française menée par Michel Brunet est encore plus déroutant au regard des idées communément admises. Les raisons en sont d'une part son ancienneté, et d'autre part la distance qui sépare le site de l'ouest de la vallée du Rift (comme nous le verrons, de nombreux experts pensaient jusque-là que l'évolution des premiers hominidés était confinée à l'est de cette dépression). Surnommé Toumaï (espoir de vie dans la langue locale, le goran), son nom officiel, *Sahelanthropus tchadensis*, vient de la région sahélienne du Tchad où il a été trouvé. C'est un crâne qui intrigue. D'aspect plutôt humain de face (sans le prognathisme du chimpanzé ou du gorille), il évoque par-derrière le chimpanzé, avec une boîte crânienne de la taille de celle du chimpanzé. Le bourrelet sus-orbitaire est très prononcé, plus épais même que celui du gorille, ce qui est la principale raison pour laquelle on pense qu'il s'agit d'un mâle. Les dents sont plutôt du type de celles des humains, avec en particulier un émail dont l'épaisseur est intermédiaire entre celle des dents du chimpanzé et celle des nôtres. Le *foramen magnum* (gros trou dans lequel passe la moelle épinière) est situé plus en avant que chez le chimpanzé ou le gorille, ce qui suggère à Brunet lui-même, sinon à quelques autres, que Toumaï était bipède. Dans l'idéal, ce fait devrait être confirmé par les os du bassin et des jambes, mais, malheureusement, on n'a pour l'instant trouvé qu'un crâne.

Comme cette zone ne comporte pas de restes volcaniques pour effectuer une datation radiométrique, l'équipe de Brunet a dû avoir recours à titre d'horloge indirecte à d'autres fossiles qui s'y trouvaient. En les comparant avec des faunes déjà connues venant d'autres parties d'Afrique et que l'on peut dater de façon absolue, on obtient pour Toumaï une date entre 6 et 7 millions d'années. Selon Brunet et ses collaborateurs, il est plus ancien qu'*Orrorin*, ce qui, comme on pouvait s'y attendre, a déclenché des ripostes indignées des inventeurs d'*Orrorin* : Brigitte Senut, du Muséum d'histoire naturelle de Paris, a déclaré que Toumaï est un « gorille femelle », et son collègue Martin Pickford a dit que ses canines sont caractéristiques « d'un gros singe non anthropomorphe femelle ». Ce sont, rappelez-vous, les deux personnes qui ont (peut-être à juste titre) exclu la possibilité qu'*Ardipithecus* soit un être humain, ce qui aurait aussi contribué à détrôner leur propre bébé, *Orrorin*. D'autres experts en revanche ont accueilli plus généreusement la découverte de Toumaï : « Stupéfiant ! » « Incroyable ! » « Cela va avoir l'effet d'une petite bombe nucléaire ! »

Si leurs inventeurs disent vrai en affirmant qu'*Orrorin* et Toumaï étaient bipèdes, cela pose des problèmes pour toute conception bien nette des origines humaines selon laquelle les changements que produit l'évolution s'étalent uniformément dans l'espace de temps dont ils disposent. S'il s'est écoulé 6 millions d'années entre le Rendez-vous 1 et l'*Homo sapiens* moderne, les changements devraient s'étaler régulièrement, penserait-on naïvement, sur ces 6 millions d'années. Or *Orrorin* et Toumaï vivaient tous les deux très près de la date donnée par la biologie moléculaire pour le coancêtre 1, où se sont séparées notre lignée et celle des chimpanzés. Et d'après certaines datations, ces fossiles sont même antérieurs au coancêtre 1.

À supposer que les dates moléculaires et celles des fossiles soient exactes, il semble qu'il y ait quatre directions (ou une certaine combinaison issue des quatre) dans lesquelles nous pourrions répondre à la question que posent *Orrorin* et Toumaï.

1. *Orrorin* et/ou Toumaï étaient quadrupèdes. L'idée n'est pas invraisemblable, mais les trois autres possibilités l'écartent d'emblée pour les besoins de la discussion. Si l'on admet l'option 1, la question ne se pose plus.

2. Un événement évolutif extrêmement rapide s'est produit aussitôt après le coancêtre 1, qui lui-même était quadrupède comme un chimpanzé. Toumaï et *Orrorin*, qui étaient plus humanoïdes, ont évolué vers la bipédie si vite après lui qu'il est difficile de dissocier les dates.

3. Les traits des humanoïdes, comme la bipédie, ont évolué plus d'une fois, voire de nombreuses fois. *Orrorin* et Toumaï pourraient être de ces cas précoces où des grands singes africains ont connu la bipédie, ainsi peut-être que d'autres traits humains. Dans cette hypothèse, ils pourraient effectivement être antérieurs au coancêtre 1, tout en étant bipèdes, et notre propre lignée viendrait d'une incursion ultérieure dans la bipédie.

4. Les chimpanzés et les gorilles descendent d'ancêtres plus semblables aux humains, et même bipèdes, et ils sont redevenus quadrupèdes plus récemment. Selon cette hypothèse, Toumaï, par exemple, pourrait bien être le coancêtre 1.

Les trois dernières hypothèses présentent des difficultés, et de nombreux spécialistes se sentent obligés de douter soit de la datation d'*Orrorin* et de Toumaï, soit de leur prétendue bipédie. Mais si nous les acceptons pour l'instant et que nous regardons les trois hypothèses qui présupposent la bipédie, il n'y a aucune bonne raison théorique pour en préférer ou en rejeter aucune. Nous apprendrons dans les messages du pinson de Darwin et des dipneustes que l'évolution peut être extrêmement rapide ou extrêmement lente ; la théorie 2 n'est donc pas impossible. La taupe marsupiale nous apprendra que l'évolution peut suivre la même voie, ou des voies étonnamment parallèles, à plusieurs reprises. Il n'y a donc rien d'impossible dans la théorie 3. Enfin, nous sommes si habitués à l'idée que nous nous sommes « élevés » à partir des grands singes que la théorie 4 a l'air de mettre la charrue devant les bœufs et, par-dessus le marché, elle donne l'impression d'insulter la dignité humaine (qui fait souvent bien rire, si vous m'en croyez). Et puis, il y a une prétendue loi, la loi de Dollo, qui stipule que l'évolution ne revient jamais en arrière ; il semblerait que la théorie 4 l'enfreint.

Le poisson cavernicole aveugle, qui nous parlera de la loi de Dollo, nous rassurera en nous disant que ce n'est pas le cas. Il n'y a rien de mal, en principe, dans la théorie 4. Les chimpanzés ont vraiment pu passer par un stade bipède et plus humanoïde avant de revenir à leur état de grands singes quadrupèdes. Il se trouve que cette idée même a été reprise par John Gribbin et Jeremy Cherfas dans leurs ouvrages respectifs, *The Monkey Puzzle* [L'énigme des petits singes] et *The First Chimpanzee* [Le premier chimpanzé]. Ces deux auteurs vont jusqu'à dire que les chimpanzés descendraient d'australopithécinés graciles (comme Lucy) et les gorilles d'australopithécinés robustes (comme Dear Boy). Si radicale que soit cette affirmation, leur argumentation est d'une solidité étonnante. Elle est centrée sur une interprétation de l'évolution humaine qui, malgré les débats qu'elle a suscités, est largement admise depuis longtemps, et qui veut que les êtres humains soient de jeunes grands singes devenus sexuellement matures. Ou bien, dit autrement, nous serions comme des chimpanzés qui ne sont jamais devenus adultes.

L'axolotl expliquera cette théorie, connue sous le nom de néoténie. Pour résumer, l'axolotl est une larve qui a trop grandi, devenant un têtard doté d'organes sexuels. Dans une expérience classique réalisée en Allemagne par Vilém Laufberger, des injections d'hormones ont activé la croissance d'un axolotl qui est ainsi devenu une salamandre pleinement adulte d'une espèce que personne n'avait jamais vue. Plus célèbre dans le monde anglophone,

Julian Huxley a reproduit plus tard cette expérience sans savoir qu'elle avait déjà été faite. Dans l'évolution de l'axolotl, le stade adulte avait disparu de la fin du cycle vital. Sous l'effet des hormones injectées expérimentalement, l'animal a fini par se développer, et une salamandre adulte a été recréée, qui n'avait vraisemblablement jamais été vue auparavant. Le dernier stade du cycle vital qui manquait avait été rétabli.

Cette leçon n'a pas échappé au frère cadet de Julian, le romancier Aldous Huxley, dont le roman, *Jouvence*, était un de mes préférés quand j'étais adolescent. C'est l'histoire d'un homme riche, Jo Stoyte, qui ressemble à William Randolph Hearst* et collectionne les objets d'art avec la même avidité blasée. Ayant gardé de son éducation religieuse austère une grande terreur de la mort, il a pris à son service un biologiste brillant mais cynique, le Dr Sigismund Obispo, en lui fournissant tout l'équipement nécessaire pour qu'il cherche un moyen de prolonger la vie en général, et la sienne en particulier. Jeremy Pordage, un étudiant (très) britannique, a été engagé pour recenser quelques manuscrits du XVIIIe siècle récemment acquis dans un lot d'objets divers pour la bibliothèque de M. Stoyte. Dans un vieux journal intime tenu par le cinquième comte de Gonister, Jeremy fait une découverte sensationnelle qu'il révèle au Dr Obispo. Le vieux comte avait bien avancé sur la piste de la vie éternelle (il faut manger des intestins de poisson cru), et rien ne prouve qu'il soit jamais mort. Accompagné d'un Stoyte de plus en plus fiévreux, Obispo part en Angleterre à la recherche des restes du cinquième comte… et le trouve, toujours vivant, âgé de deux cents ans. La clé, c'est qu'il a fini par mûrir, à partir du jeune grand singe que nous sommes tous, pour devenir un grand singe pleinement adulte : quadrupède, velu, repoussant, et urinant par terre en fredonnant le vestige grotesquement déformé d'une aria de Mozart. Jubilant en aparté, le docteur diabolique, qui connaît à l'évidence le travail de Julian Huxley, dit à Stoyte qu'il peut se mettre aux intestins de poisson crus dès le lendemain.

Gribbin et Cherfas suggèrent en effet que les chimpanzés et les gorilles modernes sont comme le comte de Gonister. Ce sont des humains (ou encore des australopithécinés, des orrorins ou des sahélanthropes) qui sont devenus adultes avant de redevenir des grands

* Richissime magnat de la presse américaine du XXe siècle, qui recevait en Californie dans un décor particulièrement fastueux et extravagant les personnages les plus en vue de son temps, notamment pendant la dépression de 1929. (*N.d.T.*)

singes quadrupèdes comme leurs ancêtres plus lointains (qui sont aussi les nôtres). Je n'ai jamais pensé que la théorie de Gribbin et Cherfas était manifestement stupide. Les découvertes récentes d'hominidés très anciens comme *Orrorin* et Toumaï, dont les dates remettent en question notre séparation d'avec les chimpanzés, pourraient presque leur donner raison en nous murmurant à l'oreille : « Nous vous l'avions bien dit ! »

Même si l'on admet qu'*Orrorin* et Toumaï étaient bipèdes, j'aurais du mal à choisir entre les théories 2, 3 et 4. Et n'oublions pas la théorie 1 : ils étaient quadrupèdes, et la question ne se pose plus. Pour beaucoup de gens, c'est le plus plausible. Mais, bien sûr, ces différentes théories spéculent sur le coancêtre 1, dont nous allons faire connaissance à notre prochaine étape. Les théories 1, 2 et 3 s'accordent pour dire qu'il ressemblait à un chimpanzé, quadrupède, mais se redressant à l'occasion sur ses pattes arrière. La théorie 4, au contraire, le voit plus humanoïde. Pour relater le Rendez-vous 1, j'ai été obligé de prendre parti, et c'est un peu à contrecœur que je me range au côté de la majorité en imaginant ce coancêtre 1 comme un chimpanzé. Et maintenant, allons à sa rencontre.

Rendez-vous 1

LES CHIMPANZÉS

Entre – 5 et – 7 millions d'années, les pèlerins humains que nous sommes font une formidable rencontre. C'est le Rendez-vous 1, notre première rencontre avec des pèlerins d'une autre espèce. De deux autres espèces, plus exactement. En effet, les chimpanzés communs et les chimpanzés pygmées ou bonobos ont déjà fait alliance quelque 4 millions d'années « avant » leur rendez-vous avec nous. L'ancêtre commun que nous partageons avec eux, le coancêtre 1 (que l'on peut admirer dans le cahier photo), est notre 250 000e aïeul, au jugé, bien sûr, tout comme toutes les estimations du même ordre que je ferai pour d'autres coancêtres.

Alors que nous approchons de ce premier rendez-vous, les pèlerins chimpanzés arrivent eux aussi, venant d'une autre direction, une direction sur laquelle nous ne savons malheureusement rien. L'Afrique nous a livré quelques milliers de fossiles, entiers ou fragmentaires, d'hominidés, mais il n'en est aucun dont on puisse affirmer qu'il est sur la lignée des chimpanzés issue du coancêtre 1. Peut-être est-ce parce que ce sont des animaux sylvestres et que les tapis de feuilles qui jonchent le sol des forêts ne favorisent pas les fossiles. Quelle qu'en soit la raison, cela veut dire que les pèlerins chimpanzés avancent sans aucun repère. On n'a jamais retrouvé chez eux d'homologue contemporain du petit garçon de Turkana, du matricule 1470, de Mme Ples, de Lucy, de Little Foot, ou de Dear Boy, ni d'aucun de « nos » autres fossiles.

Pourtant, dans notre scénario, les pèlerins chimpanzés nous retrouvent dans une clairière du Pliocène, et leurs yeux noirs – pareils aux nôtres, qui sait ? – se portent sur le coancêtre 1 : leur ancêtre et le nôtre.

En essayant d'imaginer cet ancêtre qui nous est commun, on ne peut s'empêcher de se demander s'il ressemble plus aux chimpanzés modernes ou aux humains modernes, et s'il est à mi-chemin entre les deux ou complètement différent.

Si séduisante que soit l'hypothèse sur laquelle s'est terminé le chapitre précédent – et que je ne veux en aucun cas écarter définitivement –, disons, pour être prudent, que le coancêtre 1 ressemblait plus à un chimpanzé, ne serait-ce que parce que les chimpanzés ressemblent plus que les hommes aux autres grands singes. Ce sont les humains qui sont les intrus chez

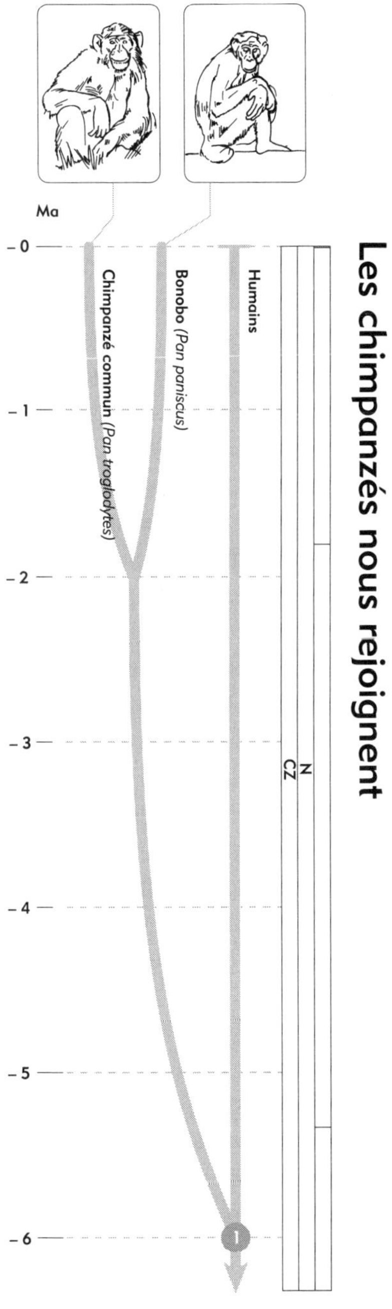

Rencontre avec les chimpanzés. Les lignes grisées décrivent l'arbre évolutif (ou la « phylogénie ») des chimpanzés et des humains, dont les branches se séparent au coancêtre 1 (indiqué par un chiffre dans un cercle). La branche verticale de droite représente l'ensemble des pèlerins du moment, en l'occurrence les humains uniquement. Celle de gauche montre les chimpanzés se séparant en deux espèces vers – 2 millions d'années. Un zoom sur une de ces lignes révélerait qu'elles ne sont pas continues mais que ce sont des réseaux touffus de croisements, comme l'a montré le diagramme du genre humain au Rendez-vous 0. Dorénavant, nous continuerons à utiliser cette représentation par une ligne continue.

Dessins, de gauche à droite : chimpanzé commun (*Pan troglodytes*) ; bonobo (*Pan paniscus*).

les grands singes, tant vivants que fossiles. Ce qui revient seulement à dire qu'il s'est produit davantage de modifications évolutives dans la lignée des descendants humains issus de l'ancêtre commun que dans celles menant aux chimpanzés. Il ne faut pas croire pour autant, comme le font beaucoup de non-initiés, que nos ancêtres étaient des chimpanzés. En fait l'expression « chaînon manquant » trahit elle-même ce malentendu, et c'est bien souvent que l'on entend des réflexions du genre : « Alors, si nous descendons du chimpanzé, comment se fait-il qu'il existe toujours des chimpanzés ? »

Et donc, quand nous retrouvons les pèlerins chimpanzés et bonobos à notre rendez-vous, il y a bien des chances que l'ancêtre commun que nous saluons dans cette clairière du Pliocène ait un pelage du genre de celui du chimpanzé, et un cerveau de la même taille que le sien. Laissant bien malgré moi de côté les spéculations du chapitre précédent, je dirai que, comme le chimpanzé, il marchait probablement sur ses mains (sur ses articulations métacarpiennes) aussi bien que sur ses pieds. Il est probable qu'il passait du temps dans les arbres, mais qu'il en passait aussi beaucoup à terre, peut-être pour manger accroupi comme dirait Jonathan Kingdon. Toutes les données dont on dispose laissent entendre qu'il vivait en Afrique, et en Afrique seulement. Il se servait probablement d'outils qu'il fabriquait selon les traditions locales, comme c'est toujours le cas chez les chimpanzés modernes. Enfin, il était vraisemblablement omnivore, chassant parfois, mais avec une préférence pour les fruits.

Il est vrai qu'on a déjà vu des bonobos tuer des céphalophes, mais la littérature spécialisée fait plus souvent état de pratiques de chasse chez les chimpanzés communs, citant notamment des traques de colobes menées par des groupes extrêmement coordonnés. Jane Goodall, qui a été la première à découvrir la chasse et la guerre entre groupes chez les chimpanzés, a aussi été la première à décrire leur habitude, maintenant bien connue, de pêcher les termites à l'aide d'outils de leur fabrication. Cette pratique n'a pas été observée chez les bonobos, mais c'est peut-être qu'ils ont été moins étudiés ; en effet, en captivité, ils se servent facilement d'outils. Chez les chimpanzés communs de différentes régions d'Afrique, l'utilisation d'outils s'inscrit dans des traditions locales. Alors que dans l'est de cette palette géographique les animaux de Jane Goodall pêchent les termites, d'autres groupes à l'ouest ont développé des traditions pour casser les noix à l'aide de marteaux et d'enclumes de pierre ou de bois. Il y faut une certaine dextérité : frapper suffisamment fort pour casser la coquille, mais pas au point de réduire la noix en bouillie.

Soit dit en passant, bien que l'on mentionne ce cassage de noix comme une nouvelle découverte passionnante, Darwin en parlait déjà au troisième chapitre de *La Descendance de l'homme* (1871) :

> On a souvent dit qu'aucun animal ne se sert d'outils ; or le chimpanzé à l'état naturel casse un fruit local, qui ressemble un peu à une noix, à l'aide d'une pierre.

Les données sur lesquelles s'appuie Darwin (un rapport par un missionnaire au Liberia publié dans le numéro de 1843 du *Boston Journal of Natural History*) sont brèves et peu détaillées. L'article dit seulement que « le *Troglodytes niger*, ou orang noir d'Afrique » est friand d'une noix d'une espèce non identifiée, qu'il « casse avec des pierres précisément à la manière des êtres humains ».

Ce qui est particulièrement intéressant dans le cassage des noix, la pêche aux termites et autres habitudes du même genre chez les chimpanzés, c'est que les groupes locaux ont des coutumes locales qu'ils se transmettent localement. Il s'agit d'une véritable culture. Les cultures locales s'étendent aux habitudes et aux techniques. Par exemple, un groupe local dans les monts Mahale de Tanzanie a un style particulier de toilettage social, le toilettage avec poignée de main. On a observé le même geste dans une autre population de la forêt de Kibala en Ouganda, mais jamais dans celle de Gombe que Goodall a étudiée en détail. Ce qui est intéressant, c'est que ce geste est aussi apparu spontanément et s'est répandu dans un groupe de chimpanzés en captivité.

Si, en liberté, les chimpanzés modernes de ces deux espèces se servaient d'outils comme nous, cela nous inciterait à penser qu'il en allait probablement de même du coancêtre 1. Je le crois, pour ma part, car même si l'on n'a pas observé ce phénomène chez des bonobos en liberté, quand ils sont en captivité, ils s'y mettent avec une certaine aisance. Le fait que les chimpanzés communs utilisent des outils différents selon les régions me fait penser que l'absence de cette tradition dans une région donnée ne doit pas être considérée comme une preuve par défaut. Après tout, personne n'a vu les chimpanzés de Jane Goodall à Gombe casser des noix. Sans doute le feraient-ils si on leur montrait la tradition de la technique qui prévaut en Afrique de l'Ouest. Et je soupçonne qu'il en va de même pour les bonobos. Peut-être tout simplement ne les a-t-on pas suffisamment étudiés en liberté. De toute façon, je pense que nous possédons des indications assez fortes pour dire que le coancêtre 1 fabriquait et utilisait des outils. Cette idée est renforcée par le fait que l'utilisation des outils existe aussi chez les orangs-outans en liberté, les différences entre les populations locales suggérant là aussi l'existence de traditions locales*.

Les représentants actuels de la lignée des chimpanzés sont tous deux des grands singes sylvestres, alors que nous sommes des grands singes de la savane**, plutôt comme les babouins sauf, bien sûr, que les babouins ne sont pas des grands singes, mais des petits singes. Les bonobos sont maintenant confinés aux forêts du sud de la grande courbe du fleuve Congo et au nord de son affluent, le Kasaï. Quant aux chimpanzés communs, ils habitent une zone plus vaste, au nord du fleuve, qui s'étend à l'ouest jusqu'à la côte et à l'est jusqu'à la dépression du Rift.

Comme nous le dira le cichlidé, d'après l'orthodoxie darwinienne actuelle, pour qu'une espèce ancestrale se divise en deux espèces filles, il existe en général au départ un accident géographique qui les sépare. Sans cette barrière, le mélange sexuel des deux pools de gènes maintient la cohésion de l'espèce. Il se peut que le grand fleuve du Congo ait fourni au flux des gènes la barrière qui a contribué à la divergence évolutive des deux espèces de chimpanzés, il y a entre 2 et 3 millions d'années. De la même façon, on a dit qu'à l'époque des bouleversements qui sont à l'origine de sa formation, la dépression du Rift a peut-être constitué pour le flux des gènes la barrière qui, plus loin dans le passé, a permis à notre lignée de se séparer de celle où sont apparus les chimpanzés. Cette théorie de la dépression du Rift a été proposée et soutenue par le distingué primatologue Adriaan Kortland. En s'y ralliant, le paléontologue français Yves Coppens l'a fait mieux connaître, et on en parle maintenant sous le nom d'*East Side Story* que ce dernier lui a donné. (À ce propos, je ne sais pas quoi penser du fait que, dans sa France natale, Yves Coppens est largement cité

* De toute façon, l'utilisation d'outils est très répandue chez les mammifères et les oiseaux, comme l'a montré Jane Goodall elle-même (entre autres).

** Une précision s'impose en particulier pour ce chapitre et pour le suivant : sans entrer dans les détails d'une nomenclature phylogénétique plus complexe, disons que le terme générique français « singe » renvoie à la fois aux grands singes (*apes* en anglais), dont l'homme fait partie, et aux petits singes (*monkeys* en anglais), qui sont essentiellement des cercopithécinés. (*N.d.T.*)

comme l'inventeur de Lucy, et même comme son « père », alors que, dans le monde anglophone, cette découverte importante est universellement attribuée à Donald Johanson.) La théorie de l'*East Side Story* a eu une période difficile quand elle a été confrontée à *Sahelanthropus* (« Toumaï »), qui est originaire du Tchad, à des dizaines de milliers de kilomètres du Rift. *Australopithecus bahrelghazali*, un australopithéciné peu connu qui a aussi été découvert au Tchad, ajoute au problème, alors qu'il est plus jeune.

Tout ce que je dis sur ce sujet sera vite obsolète quand on aura découvert de nouveaux fossiles. Je laisse donc la parole au bonobo.

Il était une fois… le bonobo

Le bonobo, *Pan paniscus*, ressemble beaucoup au chimpanzé commun, *Pan troglodytes*, et jusqu'en 1929 on pensait qu'ils étaient de la même espèce. Malgré son autre nom de « chimpanzé pygmée » qu'il conviendrait d'abandonner, le bonobo n'est pas visiblement plus petit que le chimpanzé commun. Les proportions de son corps sont légèrement différentes, de même que ses habitudes, et c'est le thème de son bref exposé. Le primatologue Frans de Waal résume clairement cette idée : « Le chimpanzé résout les problèmes sexuels par la force ; le bonobo, lui, résout les problèmes de force par la sexualité. » Les bonobos se servent des rapports sexuels comme d'une monnaie d'échange dans les interactions sociales, un peu comme nous utilisons l'argent. Ils emploient la copulation, ou des gestes de copulation, pour apaiser, pour affirmer leur domination, et pour cimenter les liens avec les autres membres du groupe quels qu'en soient l'âge et le sexe, même avec les nourrissons. La pédophilie n'est pas un interdit chez les bonobos : toutes les « -philies » sont bonnes à prendre. De Waal décrit comment, dans un groupe de bonobos en captivité qu'il observait, les mâles étaient en érection dès qu'un gardien approchait aux heures de repas. Il pense que c'est pour se préparer au partage de la nourriture par l'intermédiaire de relations sexuelles. Les femelles bonobos ne sont pas en reste dans la mesure où elles pratiquent ce qu'on appelle les frottements GG (génitaux-génitaux).

> Une femelle face à face avec une autre se cramponne avec ses bras et ses jambes à une partenaire qui, à quatre pattes, la soulève du sol. Les

> deux femelles se frottent alors leurs organes génitaux latéralement les uns contre les autres, en émettant des grimaces et des petits cris perçants qui traduisent probablement l'orgasme qu'elles ressentent.

L'image hippie de l'amour libre chez les bonobos a fait rêver les babas cool qui sont devenus adultes dans les années 1960, à moins qu'ils ne soient de l'école de pensée du « bestiaire médiéval », dans lequel les animaux n'existent que pour nous donner des leçons de morale. Le rêve, ce serait que nous soyons plus apparentés aux bonobos qu'aux chimpanzés communs. La Margaret Mead* qui sommeille en chacun de nous se sent plus proche de ce gentil modèle que du chimpanzé patriarcal, ce boucher des petits singes. Malheureusement, qu'on le veuille ou non, nous sommes exactement aussi proches des deux espèces. C'est simplement parce que *P. troglodytes* et *P. paniscus* ont en commun un ancêtre qui a vécu avant celui qu'ils ont en commun avec nous. De la même façon, les données moléculaires suggèrent que les chimpanzés et les bonobos sont plus proches parents des humains que des gorilles. Il en découle que nous sommes exactement aussi proches des gorilles que les chimpanzés et les bonobos. Et nous sommes cousins des orangs-outans au même degré que les chimpanzés, les bonobos et les gorilles.

Il ne s'ensuit pas que nous *ressemblons* autant aux chimpanzés et aux bonobos. Si les chimpanzés ont plus changé que les bonobos depuis l'ancêtre commun coancêtre 1, il se pourrait que nous ressemblions davantage aux bonobos qu'aux chimpanzés, et inversement – et nous trouverons probablement plusieurs points en commun avec nos deux cousins *Pan*, peut-être dans des proportions en gros équivalentes. Ils sont les uns et les autres tout aussi proches de nous car ils sont liés à nous par le même ancêtre commun. Telle est la leçon du bonobo, une leçon simple et très générale que nous ne cesserons de retrouver à d'autres carrefours de notre pèlerinage.

---

* Anthropologue américaine décédée en 1978, et dont les descriptions attendrissantes des comportements sexuels des Samoans se sont révélées totalement erronées. (*N.d.T.*)

Rendez-vous 2

LES GORILLES

D'après l'horloge moléculaire, le Rendez-vous 2, où les gorilles se joignent à nous, toujours en Afrique, n'est qu'à un million d'années du Rendez-vous 1 de notre pèlerinage. Il y a 7 millions d'années, l'Amérique du Nord et l'Amérique du Sud ne s'étaient pas encore rejointes, les Andes n'avaient pas subi leur principal soulèvement, et la chaîne de l'Himalaya venait seulement de le subir. Pourtant, les continents devaient beaucoup ressembler à ce qu'ils sont maintenant, et malgré des saisons moins marquées et une humidité un peu moins prononcée, le climat de l'Afrique devait être le même qu'aujourd'hui. Même le Sahara devait être une savane arborée en ce temps-là.

Malheureusement, il n'existe pas de fossiles pour combler le fossé entre les coancêtres 1 et 2, rien sur quoi se fonder pour savoir si le coancêtre 2, qui est peut-être notre 300 000e aïeul, ressemblait plus au gorille ou au chimpanzé, voire à l'être humain. Pour ma part, je pencherais pour le chimpanzé, mais c'est seulement parce que l'énorme gorille a l'air plus marginal, et qu'il ressemble moins aux grands singes en général. Mais gardons-nous de le voir plus exceptionnel qu'il n'est. Ce n'est pas le plus gros des grands singes qui aient jamais existé. Avec sa tête et ses épaules massives, le *Gigantopithecus* d'Asie, une sorte d'orang-outan géant, aurait dépassé de beaucoup le plus gros gorille. Il vivait en Chine et son espèce ne s'est éteinte que récemment, il y a environ 500 000 ans, après avoir été contemporaine d'*Homo erectus* et de l'*Homo sapiens* archaïque. Cette extinction est si récente que certains fantaisistes particulièrement imaginatifs sont allés jusqu'à dire que le yéti et l'abominable homme des neiges… mais je m'écarte de mon sujet. On suppose que *Gigantopithecus* marchait comme un gorille, probablement sur les articulations métacarpiennes et la plante des pieds à la manière des gorilles et des chimpanzés, mais pas comme les orangs-outans, qui sont habitués à la vie arboricole.

Il est raisonnable d'imaginer que le coancêtre 2 marchait lui aussi sur ses articulations métacarpiennes, mais que, comme les chimpanzés, il passait aussi du temps dans les arbres, en particulier la nuit. D'autre part, sous le soleil tropical, la sélection naturelle favorise la pigmentation foncée qui protège des rayons ultraviolets, et donc, s'il fallait se prononcer sur la couleur de cet ancêtre, nous dirions qu'il était vraisemblablement noir ou brun foncé. Comme tous les grands singes,

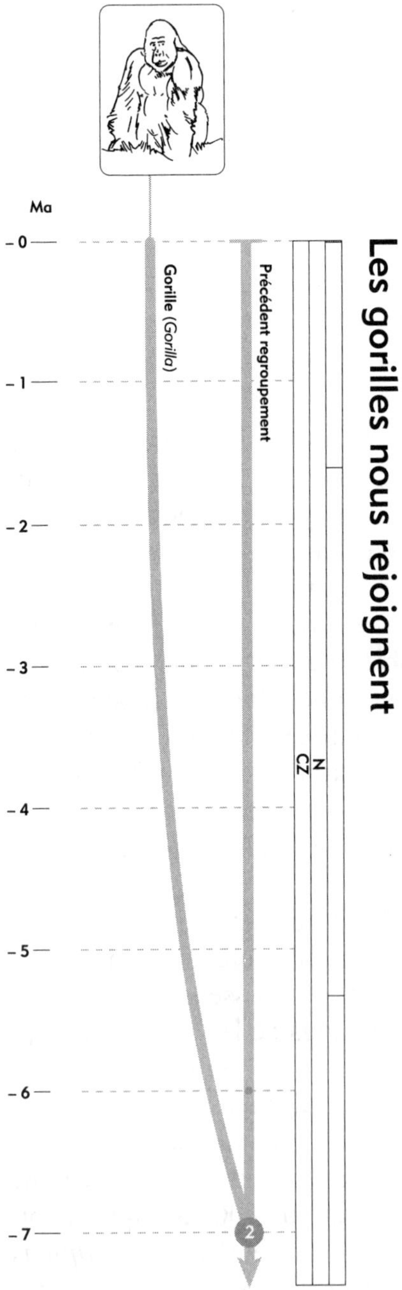

Rencontre avec les gorilles. Phylogénie montrant les gorilles divergeant des autres singes africains vers – 7 millions d'années, comme l'indique la génétique. La branche de droite représente maintenant les chimpanzés et les humains (le coancêtre 1 est indiqué sur la branche par un point à – 6 millions d'années). Celle de gauche représente le genre unique des gorilles dont on pense aujourd'hui qu'il comprend deux espèces.

Dessin : gorille de l'Ouest (*Gorilla gorilla*).

excepté les êtres humains, ont un pelage, il serait étonnant que les coancêtres 1 et 2 en aient été dépourvus. Étant donné que les chimpanzés, les bonobos et les gorilles habitent dans des forêts profondes, il est plausible de situer le Rendez-vous 2 dans une forêt, en Afrique, sans que l'on ait une raison valable de dire exactement où.

Les gorilles ne sont pas seulement des chimpanzés géants, ils sont différents sur d'autres points qu'il faut regarder de plus près quand on essaie de reconstituer le coancêtre 2. Ils sont entièrement végétariens. Les mâles ont des harems de femelles. Les chimpanzés sont plus volages, et les différences entre les systèmes de reproduction ont des conséquences intéressantes sur la taille de leurs testicules comme nous l'apprendra le phoque. J'ai idée que les systèmes de reproduction sont évolutivement fluctuants, c'est-à-dire qu'ils changent facilement. Je ne vois donc aucune raison évidente pour dire où se situait le coancêtre 2 sur ce point. À vrai dire, le fait qu'il existe dans des cultures humaines différentes un large spectre de systèmes de reproduction, depuis la fidélité dans la monogamie jusqu'aux harems parfois très importants, renforce ma réticence à spéculer sur ce genre de question à propos de cet ancêtre, et me convainc de ne pas épiloguer plus avant sur cette question.

Il y a longtemps que les grands singes, et en particulier les gorilles, sont à la fois une importante source d'inspiration et les grandes victimes de mythes humains. Le gorille nous expose le changement de notre attitude envers nos cousins les plus proches.

Il était une fois… le gorille

L'apparition du darwinisme au XIXe siècle a polarisé les attitudes envers les grands singes. Les opposants, qui auraient pu admettre la notion de l'évolution en soi, s'y sont fermés, saisis d'une horreur viscérale à l'idée que nous étions cousins de ces êtres qui, à leurs yeux, étaient des brutes viles et repoussantes, et ils se sont acharnés à accentuer les différences qui nous séparent d'eux. Jamais cela n'a été plus vrai qu'avec les gorilles. Les grands singes étaient des « animaux », nous, nous étions à part. Pis encore, alors que l'on pouvait trouver une certaine beauté à d'autres animaux comme le chat ou le cerf, ce que l'on voyait dans le gorille et dans les autres grands singes, précisément à cause de leur ressemblance avec nous, c'étaient des caricatures, des déformations grotesques.

Darwin n'a jamais raté une occasion de faire ressortir le contraire, parfois dans de petits apartés comme sa charmante observation dans *La Descendance de l'homme*, selon laquelle les petits singes « éprouvent du plaisir à fumer le tabac ». T. H. Huxley, le redoutable allié de Darwin, a eu une vive altercation avec Sir Richard Owen, le plus grand anatomiste de l'époque, qui affirmait (à tort comme l'a montré Huxley), que l'« *hippocampus minor* » était l'apanage du cerveau humain. Aujourd'hui, les scientifiques pensent non seulement que nous ressemblons aux grands singes, mais que nous sommes des leurs, en particulier de ceux d'Afrique. En revanche, nous marquons la différence entre les grands singes, les êtres humains y compris, et les petits singes. C'est un abus de langage [pour les anglophones] que de désigner un gorille ou un chimpanzé sous le terme de *monkey**.

Il n'en a pas toujours été ainsi. Autrefois, on englobait souvent les grands singes avec les petits, et certaines des premières descriptions confondaient les grands singes avec les babouins ou avec les macaques de Barbarie, que les anglophones continuent en fait à appeler *Barbary apes*. Plus étonnant, longtemps avant que les gens pensent en termes d'évolution, et que l'on distingue les grands singes les uns des autres ou des petits singes, on a souvent confondu les grands singes avec les humains. On pourrait être tenté de s'émerveiller de ce pressentiment de l'évolution si cette confusion n'avait pas plutôt été inspirée par le racisme. Les premiers explorateurs blancs en Afrique voyaient dans les chimpanzés et les gorilles des parents proches des humains *noirs* seulement, et pas d'eux-mêmes. Il est intéressant de savoir que dans les légendes traditionnelles de tribus du Sud-Est asiatique et d'Afrique, l'évolution va à rebours de la vision classique qui prévaut en général : leurs grands singes locaux passent pour des humains déchus. D'ailleurs, orang-outan signifie « homme des bois » en malais.

Le dessin d'un « orang outang » par le médecin néerlandais Bontius en 1658 ne représente, selon les termes de T. H. Huxley, « rien d'autre qu'une femme fort velue, assez belle, et avec des proportions et des pieds entièrement humains ». Velue, elle l'est effectivement sauf, phénomène étrange, à l'un des rares endroits où

* Voir seconde note p. 140 de ce fichier. (*N.d.T.*)

l'est la vraie femme : la région pubienne est manifestement nue. De même, très anthropomorphiques sont les images réalisées, un siècle plus tard, par Hoppius (1763), l'élève de Linné. Une de ses créatures a une queue, mais hormis ce détail, elle est entièrement humaine, bipède, avec une canne à la main. Enfin, selon Pline l'Ancien « les espèces qui ont une queue sont même connues pour jouer aux dames ».

On aurait pu penser que cette mythologie aurait préparé notre civilisation à l'idée de l'évolution quand elle est apparue au XIXe siècle, voire qu'elle en aurait accéléré la découverte. Apparemment, il n'en a rien été. Il en ressort plutôt le tableau d'une grande confusion entre les grands singes, les petits singes et les humains. Il est donc difficile de dater la découverte scientifique de chaque espèce de grand singe, et l'on a souvent du mal à savoir de laquelle il s'agit. La seule qui échappe à cette règle est celle des gorilles que la science a découverte le plus récemment.

En 1847, un missionnaire américain, le Dr Thomas Savage, a vu chez un autre missionnaire sur le fleuve du Gabon « un crâne que les indigènes décrivaient comme celui d'un animal ressemblant aux singes, remarquable pour sa taille, sa férocité et ses habitudes ». La réputation injuste de férocité, qui atteindra plus tard à l'écran une dimension fantastique dans le scénario de *King Kong*, éclate au grand jour dans un article sur le gorille publié dans l'*Illustrated London News* la même année que *L'Origine des espèces*. Cet article est truffé d'erreurs qui surpassent allègrement par leur nombre et leur énormité même celles qui caractérisent les récits de voyageurs de cette époque :

> … un examen de près relève presque de l'impossible, en particulier parce qu'à l'instant où il voit un homme, il l'attaque. La force du mâle adulte étant prodigieuse et ses dents lourdes et puissantes, on dit qu'il surveille, tapi dans les grosses branches des arbres de la forêt, l'approche de quiconque appartient à l'espèce humaine et, tandis que ce dernier passe sous l'arbre, il laisse tomber ses horribles pieds arrière dotés d'un pouce énorme, saisit sa victime par la gorge, la soulève du sol et finalement la laisse tomber à terre, morte. C'est par pure malveillance que cet animal agit de la sorte car il ne mange pas la chair de l'homme qui vient de mourir, mais trouve un plaisir diabolique dans l'acte même de tuer.

Savage a cru d'abord que le crâne que détenait le missionnaire appartenait « à une nouvelle espèce d'orang ». Plus tard, il a décidé que sa nouvelle espèce n'était autre que le « pongo » des récits antérieurs de voyageurs en Afrique. En lui donnant un nom officiel, Savage et son collègue anatomiste, le professeur Wyman, ont évité le nom de *Pongo* et ont relancé celui de *Gorilla*, qu'avait utilisé un ancien amiral carthaginois pour désigner une race d'individus sauvages et velus, qu'il disait avoir rencontrés sur une île au large des côtes d'Afrique. Le terme *Gorilla* a survécu en tant que nom savant, mais aussi en tant que nom d'usage sous la forme « gorille », pour désigner l'animal de Savage, tandis que *Pongo* est maintenant le nom latin de l'orang-outan d'Asie.

À en juger par son implantation, l'espèce de Savage devait être *Gorilla gorilla*. Savage et Wyman l'ont placé dans le même genre que les chimpanzés en l'appelant *Troglodytes gorilla*. Suivant les règles de la nomenclature zoologique, le nom de *Troglodytes* a dû être abandonné pour les chimpanzés et pour les gorilles car il avait déjà servi pour le minuscule roitelet. Il a cependant survécu en tant que nom d'espèce du chimpanzé commun, *Pan troglodytes*, tandis que le nom d'espèce du gorille de Savage a été promu pour devenir son nom générique, *Gorilla*. Le « gorille des montagnes » a été « découvert » – et abattu ! – par l'Allemand Robert von Beringe en 1902. Comme nous le verrons, on le considère maintenant comme une sous-espèce du gorille de l'Est, et l'espèce de l'Est tout entière porte – injustement peut-on penser – le nom de ce triste sire, *Gorilla beringei*.

Savage ne croyait pas que ses gorilles étaient effectivement la race de ces îliens décrits par le navigateur carthaginois. Mais les « pygmées » dont Homère et Hérodote parlaient à l'origine comme d'une race légendaire de très petits humains ont été ensuite cités par des explorateurs des XVIIe et XVIIIe siècles comme n'étant rien d'autre que les chimpanzés que l'on découvrait alors en Afrique. Tyson (1699) montre un dessin de « Pygmée » qui, comme le dit Huxley, n'est qu'un jeune chimpanzé, bien que, là encore, on l'ait décrit marchant debout et avec une canne à la main. Aujourd'hui, bien sûr, nous utilisons à nouveau le mot pygmée pour désigner des humains de petite taille.

Cela nous ramène au racisme qui, jusque relativement tard dans le XXe siècle, était endémique dans notre culture. Les anciens explorateurs prêtaient souvent aux indigènes des forêts une affinité plus grande avec les gorilles et les orangs-outans qu'avec eux-mêmes. Au XIXe siècle, après Darwin, les évolutionnistes ont souvent considéré les peuples africains comme des intermédiaires entre les grands singes et les Européens, sur le chemin qui monte vers la suprématie des Blancs. Non seulement cette idée est factuellement fausse, mais elle enfreint un principe fondamental de l'évolution. Deux cousins sont toujours liés exactement au même degré à tout groupe extérieur car ils sont liés à ce groupe par un ancêtre commun. Pour la raison qu'a exposée le bonobo, tous les êtres humains sont des cousins *exactement* aussi proches de tous les gorilles. Le racisme et le « spécisme », ainsi que notre éternel désaccord sur ceux que nous voulons englober dans notre réseau moral et éthique, reviennent de façon aiguë et souvent inconfortable au premier plan dans l'histoire de nos attitudes tant envers nos semblables humains qu'envers les singes – nos semblables, les singes*.

---

* Le *Projet grands singes* imaginé par le distingué philosophe moral Peter Singer va au cœur de cette question en disant qu'il faudrait, dans la mesure du possible, accorder aux grands singes le même statut moral qu'aux humains. Ma propre contribution à cet ouvrage est un essai que j'ai repris dans *A Devil's Chaplain*.

Rendez-vous 3

LES ORANGS-OUTANS

Les données moléculaires situent le Rendez-vous 3 où les orangs-outans rejoignent notre pèlerinage à – 14 millions d'années, en plein milieu du Miocène. Bien que le monde ait amorcé sa phase actuelle de rafraîchissement, le climat était plus chaud et le niveau des mers plus élevé qu'aujourd'hui. Ces conditions, associées à des différences mineures dans la position des continents, ont provoqué l'immersion temporaire de la portion de terre entre l'Asie et l'Afrique, ainsi que d'une grande partie du sud-est de l'Europe. Comme nous le verrons, cela confirme notre calcul de l'endroit où pourrait avoir vécu le coancêtre 3, qui était environ notre six cent soixante-six millième aïeul. Vivait-il en Afrique comme les coancêtres 1 et 2, ou en Asie ? Comme il était l'ancêtre commun d'un grand singe asiatique et de nous-mêmes, il faut s'attendre à le trouver sur l'un de ces deux continents, et les partisans de l'une ou l'autre hypothèse ne manquent pas. Ce qui plaide en faveur de l'Asie, ce sont les nombreux fossiles qui sont des témoins valables, datant de la bonne époque, entre le milieu et la fin du Miocène. L'Afrique, en revanche, semble avoir été avant le début du Miocène la terre d'origine des grands singes, où ils ont proliféré dans les premiers temps du Miocène, notamment sous la forme des proconsulidés (plusieurs espèces du genre *Proconsul* représentant les premiers grands singes) et d'autres, comme *Afropithecus* et *Kenyapithecus*. Nos plus proches parents vivants aujourd'hui, et tous nos fossiles postérieurs au Miocène sont africains.

Cependant, on ne connaît notre lien particulier avec les chimpanzés et les gorilles que depuis quelques dizaines d'années. Auparavant, la plupart des anthropologues pensaient que nous étions le groupe frère de tous les grands singes, et donc aussi proches de ceux d'Asie que de ceux d'Afrique. L'Asie était généralement considérée comme le berceau de nos ancêtres à la fin du Miocène, et certaines autorités ont même trouvé un « ancêtre » fossile particulier, *Ramapithecus*. On pense maintenant que cet animal est le même qu'un autre auquel on avait déjà donné le nom de *Sivapithecus*, nom qui doit prévaloir en vertu des lois de la nomenclature zoologique. Il faudrait donc cesser d'employer le nom de *Ramapithecus*, ce qui est bien dommage car on s'y est habitué. Quoi que l'on pense de *Ramapithecus*/*Sivapithecus* en tant qu'ancêtre humain, beaucoup de spécialistes conviennent qu'il est proche de la lignée qui a donné naissance à l'orang-outan, et qu'il pourrait même

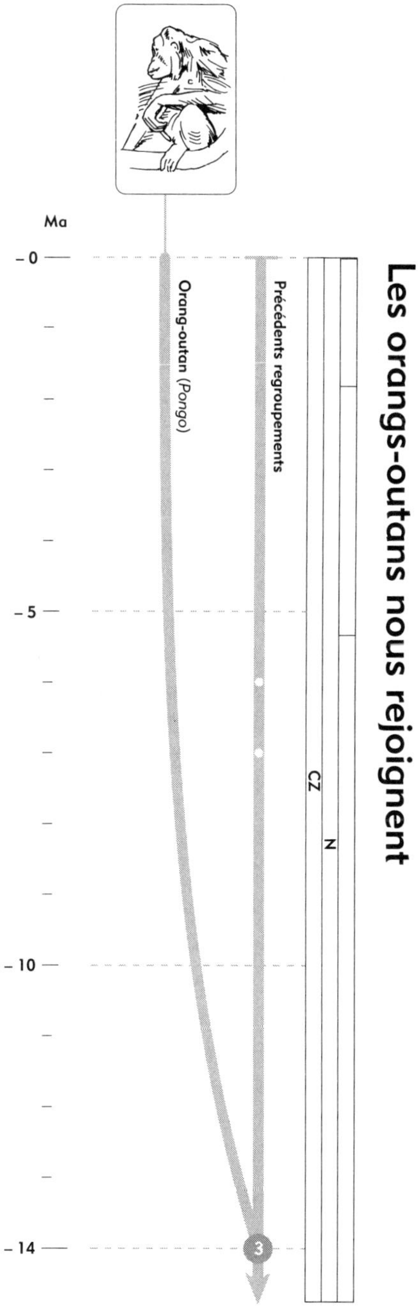

Les orangs-outans nous rejoignent. On admet en général l'idée que les deux espèces d'orangs-outans ont divergé des autres grands singes vers – 14 millions d'années. Comme pour tous nos rendez-vous phylogénétiques, la branche de droite représente les espèces qui ont déjà rejoint le pèlerinage, la position des coancêtres précédents étant indiquée par des points.

Dessin : orang-outan de Bornéo (*Pongo pygmaeus*).

en être l'ancêtre direct. *Gigantopithecus* pourrait être considéré comme une sorte de géant, une version de *Sivapithecus* qui vivait sur le sol. Plusieurs autres fossiles asiatiques datent à peu près de la même époque.

Ouranopithecus et *Dryopithecus* semblent presque rivaliser pour le titre de l'ancêtre humain le plus plausible du Miocène. Si seulement, est-on tenté de dire, ils étaient sur le bon continent ! Comme nous le verrons, ce « si seulement » pourrait bien être la réalité.

Si seulement les grands singes de la fin du Miocène se trouvaient en Afrique plutôt qu'en Asie, nous aurions une série continue de fossiles plausibles reliant sans interruption les grands singes modernes d'Afrique au début du Miocène et à la riche faune des grands singes proconsulidés d'Afrique. Quand les données moléculaires ont établi avec certitude nos affinités avec les chimpanzés et les gorilles d'Afrique, et pas avec les orangs-outans d'Asie, les chercheurs en quête des ancêtres humains se sont à contrecœur désintéressés de l'Asie. Ils ont supposé que, si plausibles que soient les grands singes d'Asie, notre lignée ancestrale avait dû se développer en Afrique tout au long du Miocène, et ils en ont conclu que, pour une raison ou une autre, nos ancêtres africains ne s'étaient pas fossilisés après le premier essor des proconsulidés au début du Miocène.

Voilà où en étaient les choses jusqu'en 1988, quand une idée originale et ingénieuse est apparue dans un article de Caro-Beth Stewart et Todd R. Disotell intitulé « Évolution des primates – en Afrique, et en dehors ». Cette histoire d'allées et venues entre l'Afrique et l'Asie sera exposée par l'orang-outan, et sa conclusion sera qu'après tout le coancêtre 3 vivait probablement en Asie.

Mais, pour l'instant, peu importe où il vivait. À quoi ressemblait-il ? C'est l'ancêtre commun des orangs-outans et de tous les grands singes actuels d'Afrique, si bien qu'il peut ressembler aux uns, aux autres, ou aux uns et aux autres. Quels fossiles pourraient nous mettre la puce à l'oreille ? Eh bien, à regarder l'arbre généalogique, les fossiles que l'on connaît sous les noms de *Lufengpithecus*, *Oreopithecus*, *Sivapithecus*, *Dryopithecus* et *Ouranopithecus* vivaient tous environ à la même bonne époque, sinon un peu plus tard. Notre meilleure reconstitution du coancêtre 3, telle que nous la supposons, combinerait des éléments de ces cinq genres fossiles asiatiques, mais ce qui nous aiderait, ce serait d'accepter l'idée que c'est en Asie qu'a vécu ce coancêtre. Écoutons l'orang-outan pour nous faire une idée.

Il était une fois… l'orang-outan

Peut-être avons-nous trop vite supposé que nos liens avec l'Afrique remontent très loin. Et si, à la place, notre lignée ancestrale s'était éloignée de l'Afrique vers – 20 millions d'années pour s'épanouir en Asie jusqu'à – 10 millions d'années, et regagner ensuite l'Afrique ?

Dans cette perspective, tous les grands singes survivants, entre autres ceux qui ont abouti en Afrique, descendent d'une lignée qui a migré d'Afrique en Asie. Les gibbons et les orangs-outans descendent de ces migrants qui sont restés en Asie. Plus tard, des descendants de ces migrants sont retournés en Afrique où avaient disparu les grands singes des débuts du Miocène. De retour dans leur vieux continent d'origine ancestrale, ces migrants ont alors été à l'origine des gorilles, des chimpanzés et des bonobos, et de nous.

Cette idée est compatible avec ce que l'on sait de la dérive des continents et des fluctuations du niveau des mers. Des passerelles terrestres ont permis de traverser l'Arabie aux bons moments. Les données positives qui pèsent en faveur de cette théorie sont liées à la notion de « parcimonie » : l'économie des suppositions. Une bonne théorie est une théorie qui demande peu de postulats pour expliquer beaucoup de choses. (Selon ce critère, comme je l'ai souvent remarqué à d'autres occasions, la théorie de la sélection naturelle de Darwin serait peut-être la meilleure qui ait jamais existé.) Ici, il s'agit de réduire au minimum le nombre de nos hypothèses sur les épisodes migratoires. La théorie selon laquelle nos ancêtres sont toujours restés en Afrique (sans migrations) semblait, à y regarder de plus près, plus économique en matière de suppositions que celle selon laquelle ils sont allés d'Afrique en Asie (première supposition), et retournés plus tard en Afrique (deuxième supposition).

Mais ce calcul de parcimonie était fondé sur une vision trop étroite. Concentré sur notre lignée, il négligeait tous les autres grands singes, en particulier les nombreuses espèces fossiles. Stewart et Disotell ont recompté les épisodes migratoires, mais en prenant en compte ceux qui seraient nécessaires pour expliquer la distribution de tous les grands singes, y compris les fossiles. Pour ce faire, il faut d'abord construire un arbre généalogique dans lequel on inscrit toutes les espèces sur lesquelles on possède suffisamment d'informations. L'étape suivante consiste à indiquer pour chacune si elle vivait en Afrique ou en Asie. Sur le diagramme qui suit, tiré de l'article de Stewart et Disotell, les fossiles asiatiques sont tracés en noir, et les africains en blanc. Les fossiles connus n'y figurent pas tous, mais les auteurs ont inclus tous ceux dont la position sur l'arbre généalogique pouvait être clairement indiquée. Ils ont aussi noté la présence des petits singes de l'Ancien Monde qui ont divergé des grands singes vers – 25 millions d'années (la différence la plus évidente entre les petits singes et les grands est, comme nous le verrons, que les petits singes ont gardé leur queue). Les épisodes migratoires sont indiqués par des flèches.

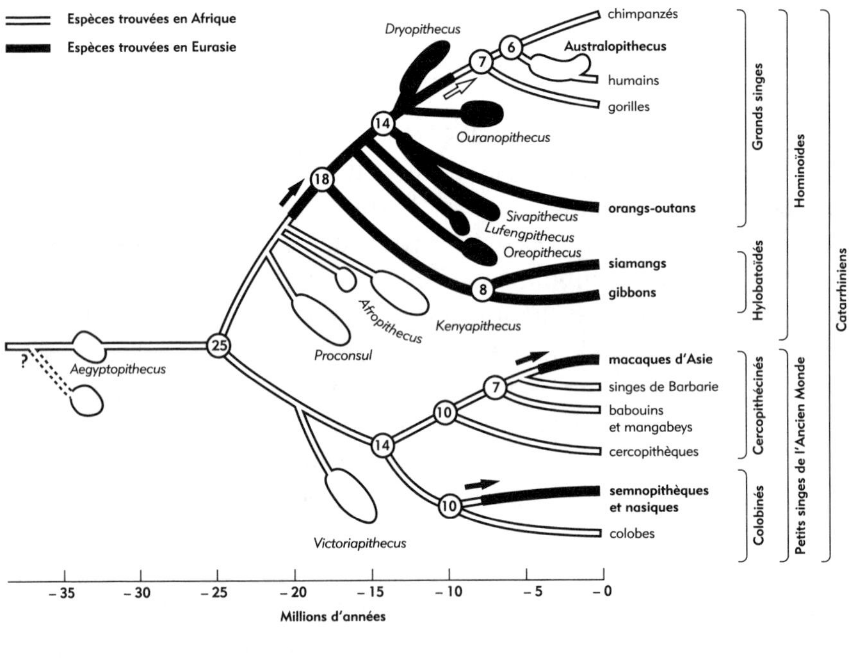

En Afrique et en dehors. Arbre généalogique des singes d'Afrique et d'Asie par Stewart et Disotell. Les renflements représentant les dates connues grâce à des fossiles alors que les lignes les reliant à l'arbre sont déduites d'une analyse de parcimonie. Les flèches indiquent les épisodes migratoires qui en sont déduits. Adapté de Stewart et Disotell [273].

Si l'on prend en compte les fossiles, la théorie d'un « crochet en Asie suivi d'un retour » est maintenant plus parcimonieuse que celle de « nos ancêtres sont toujours restés en Afrique ». En laissant de côté les petits singes, auxquels on impute dans les deux théories deux épisodes migratoires d'Afrique en Asie, cette théorie n'a besoin de postuler que deux migrations de grands singes, à savoir :

1) Une population de grands singes a migré d'Afrique en Asie vers – 20 millions d'années et a engendré tous les grands singes asiatiques, y compris les gibbons et les orangs-outans vivant actuellement.

2) Une population de grands singes a migré d'Asie pour revenir en Afrique, où elle a engendré les grands singes d'Afrique, nous y compris.

Inversement, la théorie « nos ancêtres sont toujours restés en Afrique » exige six épisodes migratoires pour expliquer la distribution des grands singes, tous d'Afrique vers l'Asie, pour les ancêtres des espèces suivantes :

1) les gibbons, vers – 18 millions d'années,
2) *Oreopithecus*, vers – 16 millions d'années,
3) *Lufengpithecus*, vers – 15 millions d'années,
4) *Sivapithecus* et les orangs-outans, vers – 14 millions d'années,
5) *Dryopithecus*, vers – 13 millions d'années,
6) *Ouranopithecus*, vers – 12 millions d'années.

Bien sûr, tous ces décomptes de migrations ne sont valides que si l'arbre généalogique de Stewart et Disotell est juste dans la mesure où il est établi sur des comparaisons anatomiques. Les auteurs pensent, par exemple, que parmi les grands singes fossiles, *Ouranopithecus* est le cousin le plus proche des grands singes modernes d'Afrique (sur le diagramme, sa branche est la dernière à se détacher de l'arbre généalogique des grands singes africains). D'après leurs évaluations anatomiques, les cousins les plus proches qui viennent ensuite sont tous asiatiques (*Dryopithecus*, *Sivapithecus*, etc.). S'ils se sont trompés dans leurs évaluations, si, par exemple, le fossile africain *Kenyapithecus* est en réalité le plus proche des grands singes africains modernes, il faut refaire tout le calcul des épisodes migratoires.

Cet arbre généalogique a lui-même été élaboré sur des critères de parcimonie. Mais il ne s'agit pas du même type de parcimonie. Au lieu d'essayer de minimiser le nombre des migrations géographiques à postuler, nous laissons de côté la géographie et nous essayons de minimiser celui des coïncidences anatomiques (évolution convergente) à postuler. Une fois notre arbre généalogique élaboré, nous y superposons les informations géographiques (codées en noir et blanc sur le diagramme) pour compter les épisodes migratoires. Et nous en concluons qu'il y a de très grandes chances pour que les grands singes « récents » d'Afrique, à savoir les gorilles, les chimpanzés et les humains, soient venus d'Asie.

Maintenant, voici un petit fait très intéressant. Un manuel sur l'évolution humaine qui fait autorité, et dont l'auteur est Richard G. Klein, de l'université de Stanford, donne une bonne description de ce que l'on connaît de l'anatomie des principaux fossiles. À un moment, Klein compare l'*Ouranopithecus* asiatique et le *Kenyapithecus* africain, en se demandant lequel ressemble le plus à notre proche cousin (ou ancêtre) *Australopithecus*. Klein conclut que ce dernier ressemble plus à *Ouranopithecus* qu'à *Kenyapithecus*. Il poursuit en disant que, si seulement *Ouranopithecus* avait vécu en Afrique, il aurait même pu être un ancêtre humain plausible. « Selon des critères géographico-morphologiques », cependant, *Kenyapithecus* est mieux placé. Vous voyez ce qui se passe ? Klein présuppose tacitement que les grands singes d'Afrique ont peu de chances de descendre d'un ancêtre asiatique, quand bien même les données anatomiques disent le contraire. La parcimonie géographique est inconsciemment autorisée à prévaloir sur la parcimonie anatomique. La parcimonie anatomique suggère qu'*Ouranopithecus* est un cousin plus proche de nous que *Kenyapithecus*. Mais sans que cela soit dit expressément, la parcimonie géographique prend le pas sur la parcimonie anatomique. Stewart et Disotell disent que quand on prend en compte la géographie de *tous* les fossiles, la parcimonie anatomique et la parcimonie géographique se rejoignent. Il se trouve que la géographie concorde avec le jugement de Klein sur l'anatomie, à savoir qu'*Ouranopithecus* est plus proche d'*Australopithecus* que *Kenyapithecus*.

Cette question n'est sans doute pas encore réglée. C'est une affaire compliquée que de jongler avec les deux types de parcimonie. L'article de Stewart et Disotell a déclenché dans les revues scientifiques une abondante correspondance de la part de partisans autant que d'opposants. Au point où en sont les données actuelles, je pense qu'à tout prendre il vaudrait mieux opter pour la théorie du « crochet en Asie puis retour en Afrique » pour expliquer l'évolution des grands singes. Deux épisodes migratoires sont plus parcimonieux que six. De plus il semble qu'il y ait des ressemblances qui en disent long entre les grands singes de la fin du Miocène en Asie et notre propre lignée de grands singes africains comme *Australopithecus* et les chimpanzés. Ce n'est qu'une préférence « à tout prendre », mais elle m'amène à situer le Rendez-vous 3 (et le 4) en Asie plutôt qu'en Afrique.

La conclusion de l'orang-outan est double. La parcimonie est toujours au premier plan de l'esprit du scientifique quand il choisit entre deux théories, mais il n'est pas toujours évident de savoir ce qu'il faut prendre en compte. De plus, un bon arbre généalogique est souvent un préalable essentiel pour raisonner plus avant dans la théorie de l'évolution, mais son élaboration est à elle seule un exercice difficile. Il reviendra aux gibbons d'en dire les tenants et les aboutissants en un chœur mélodieux quand ils auront rejoint notre pèlerinage au Rendez-vous 4.

Rendez-vous 4

LES GIBBONS

Le Rendez-vous 4, où les gibbons nous rejoignent, se situe à – 18 millions d'années, probablement en Asie, dans le monde plus chaud et plus sylvestre du début du Miocène. Selon le spécialiste que vous consultez, on peut compter jusqu'à douze espèces modernes de gibbons. Tous vivent dans le Sud-Est asiatique, y compris en Indonésie et à Java. Certains spécialistes les rangent tous dans le genre *Hylobates*. Le siamang étant naguère considéré à part, on parlait alors des « gibbons et siamangs ». Quand on a compris qu'ils se divisaient en quatre groupes, et pas deux, cette distinction est devenue obsolète, je leur donnerai donc à tous le nom de gibbons*.

Les gibbons sont des grands singes de petite taille, et peut-être les meilleurs acrobates arboricoles de tous les temps. À l'époque du Miocène, les grands singes comportaient de nombreuses espèces de petite taille. La taille peut facilement s'accroître ou se réduire au cours de l'évolution. De même que *Gigantopithecus* et *Gorilla* ont grandi et grossi indépendamment l'un de l'autre, beaucoup de grands singes ont rapetissé au cours du Miocène, qui a été leur âge d'or. Les pliopithécidés**, par exemple, étaient des grands singes de petite taille qui ont connu un grand essor en Europe au début du Miocène et qui, sans être leurs ancêtres, vivaient probablement de la même façon que les gibbons. Je suppose par exemple qu'ils pratiquaient la brachiation.

* Les siamangs étaient mis à part parce qu'ils sont plus gros et qu'ils possèdent un sac laryngien qui amplifie leurs appels.

** Gibbons à bras courts, dont l'espèce est éteinte. (*N.d.T.*)

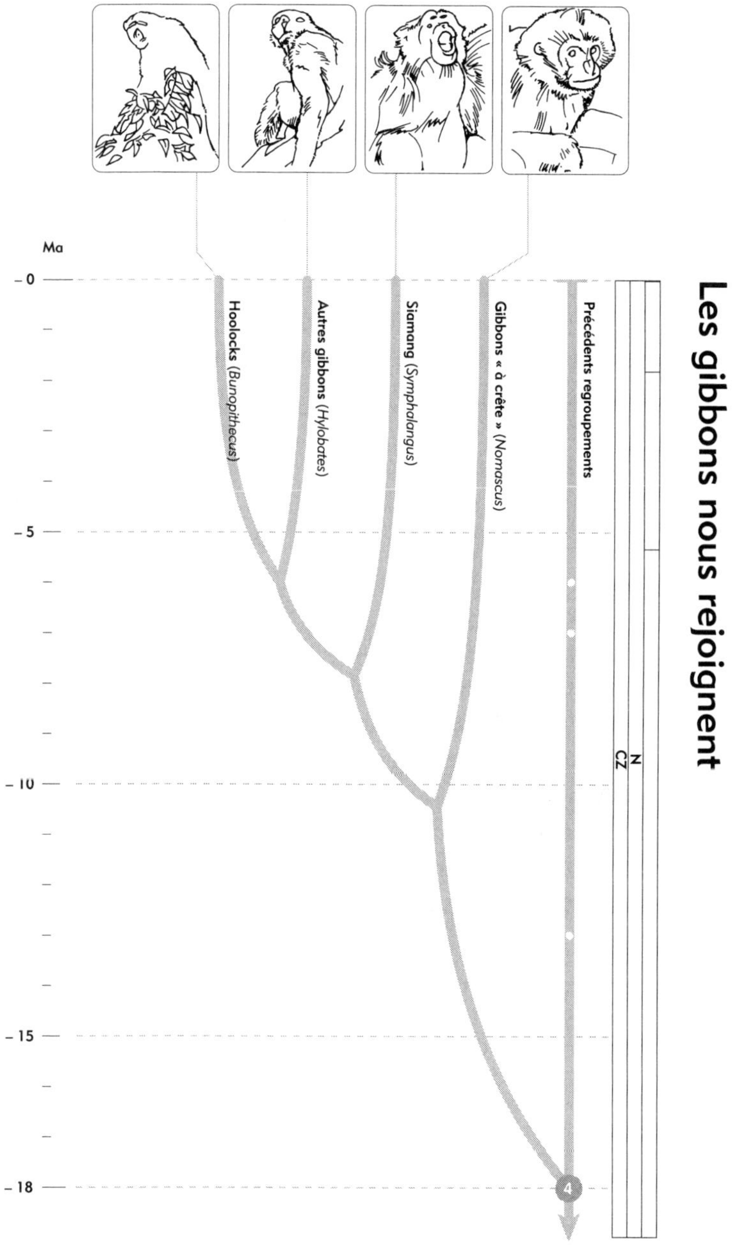

Les gibbons nous rejoignent. On considère en général que les 12 espèces de gibbons se répartissent en 4 groupes. L'ordre des embranchements entre ces 4 groupes fait l'objet de controverses, comme on peut le voir en détail dans le message du gibbon.

Dessins, de gauche à droite : hoolock (*Bunopithecus hoolock*) ; gibbon agile (*Hylobates agilis*) ; siamang (*Symphalangus syndactylus*) ; gibbon à joues claires (*Nomascus gabriellae*).

Le terme latin *brachia* signifie « bras ». La brachiation est un mode de locomotion fondé sur l'utilisation des bras au lieu des jambes, et les gibbons y excellent de façon spectaculaire. Leurs grandes mains préhensiles et leurs poignets vigoureux sont comme des bottes de sept lieues à l'envers, pleins de ressorts qui les catapultent de branche en branche et d'arbre en arbre. Leurs longs bras, qui sont parfaitement synchronisés avec la physique du pendule, sont capables de les propulser au-delà d'un vide de dix mètres dans la canopée. Mon imagination me pousse à trouver la brachiation à grande vitesse plus fascinante même que le vol, et je me plais à rêver à mes ancêtres se délectant de ce qui a sûrement été une des grandes expériences que la vie peut procurer. Malheureusement, la pensée dominante actuelle se refuse à croire que nos ancêtres soient jamais passés par un stade pleinement gibbon ; il est cependant raisonnable de supposer que le coancêtre 4, notre aïeul à la millionième génération environ, était un grand singe arboricole de petite taille, qui pratiquait la brachiation avec une certaine aisance.

Parmi les grands singes, les gibbons ne le cèdent qu'aux humains dans l'art difficile de la marche verticale. Ils sont bipèdes pour avancer sur une branche en ne s'aidant de leurs mains que pour se remettre d'aplomb, mais ils redeviennent brachiateurs pour se déplacer de branche en branche. Si le coancêtre 4 a pratiqué cet art et l'a transmis à ses descendants gibbons, se pourrait-il que certains vestiges de ce talent aient aussi subsisté dans le cerveau de ses descendants, en attendant de réapparaître en Afrique ? Ce n'est rien de plus qu'une spéculation plaisante, mais il est vrai que les grands singes en général ont tendance à recourir de temps en temps à la bipédie. Nous devons aussi nous en tenir à des spéculations pour savoir si le coancêtre 4 avait la même virtuosité vocale que ses descendants gibbons, et si cela peut être à l'origine de la capacité exceptionnelle de variation de la voix humaine, tant dans la parole que dans la musique. Ajoutons encore que les gibbons sont des monogames fidèles, ce qui n'est pas le cas des grands singes auxquels nous sommes apparentés de plus près. Ni, à vrai dire, de la majorité des cultures humaines, où la coutume et parfois la religion incitent à la polygynie (ou du moins l'autorisent). Nous ne savons pas si le coancêtre 4 ressemblait sur ce point à ses descendants gibbons, ou à ses descendants grands singes*.

---

* Il serait peut-être bon d'attirer l'attention de la « majorité morale » de droite sur les bonnes vieilles valeurs familiales démodées des gibbons, et sur le vœu pieux que nos ancêtres évolutifs les aient partagées jadis avec eux : par son opposition ignorante

Résumons ce que nous pouvons deviner du coancêtre 4, en supposant, avec la prudence d'usage, qu'il possédait un bon nombre des traits qu'ont en commun ses descendants, c'est-à-dire tous les grands singes, nous y compris. Il menait probablement une vie plus arboricole que le coancêtre 3, et il était sans doute plus petit. Si, comme je le soupçonne, il se pendait aux branches et s'y balançait en se tenant par les bras, ceux-ci n'étaient probablement pas aussi adaptés à la brachiation ni aussi longs que ceux des gibbons modernes. Sa face ressemblait probablement à la leur, avec un museau plus court. Enfin, il n'avait pas de queue, ou, plus précisément, ses vertèbres caudales étaient, comme chez tous les grands singes, soudées en une courte queue interne, le coccyx.

Je ne sais pas pourquoi nous, les grands singes, nous avons perdu notre queue. C'est une question que les biologistes abordent étonnamment peu souvent*. Devant ce genre d'énigme, les zoologues procèdent souvent par comparaison. Cela consiste à passer en revue les mammifères, à noter quand ils ont perdu leur queue (ou n'ont plus eu qu'une très courte), de façon indépendante, et à tenter d'expliquer ce phénomène. Je ne pense pas que personne ait étudié cette question de façon systématique, mais cela vaudrait la peine d'essayer. En dehors des grands singes, la perte de la queue s'observe chez la taupe, le hérisson, le tenrec sans queue (*Tenrec ecaudatus*), le cochon d'Inde, le hamster, l'ours, la chauve-souris, le koala, le paresseux, l'agouti, et d'autres. Plus intéressant peut-être pour notre propos, il existe des petits singes sans queue, ou avec une queue si courte qu'elle pourrait aussi bien ne pas exister, comme chez le chat de l'île de Man**.

Le singe de Barbarie, *Macaca sylvanus*, est un petit singe sans queue, c'est donc à tort qu'on l'appelle souvent [en anglais] *Barbary ape*. D'autre part, le « singe des Célèbes » [*Celebes ape* en anglais] (*Macaca nigra*) est un autre petit singe sans queue. D'après Jonathan Kingdon, il ressemble tout à fait dans son aspect et sa démarche à un chimpanzé miniature. Enfin, il existe à Madagascar quelques lému-

---

et bornée à l'enseignement de l'évolution, ce mouvement compromet le niveau de l'éducation dans certains États rétrogrades des États-Unis. Bien sûr, ce serait un sophisme naturaliste que d'en tirer une morale, mais ces individus sont passés maîtres dans l'art du sophisme.

* Dans *Lowly Origin*, Jonathan Kingdon a récemment fait exception à cette règle, mais même lui n'arrive à aucune conclusion satisfaisante.

** Le chat de l'île de Man possède un seul gène qui fait qu'il n'a pas de queue. Ce gène est létal quand il est homozygote (présent deux fois), si bien qu'il a peu de riens sans queue, comme l'indri, et il s'y est trouvé plusieurs espèces éteintes, dont les « koalas lémuriens » (*Megaladapis*) et les « lémurs-paresseux », dont certains étaient de la taille d'un gorille.

Tout organe qui ne sert pas est destiné, toutes choses égales par ailleurs, à s'amenuiser, ne serait-ce que pour des raisons d'économie. La queue sert chez les mammifères à une gamme d'usages étonnamment variés*.

Ici, cependant, nous devons nous intéresser plus particulièrement aux animaux arboricoles. La queue de l'écureuil capte l'air, si bien que « sauter » revient pratiquement à voler. Les animaux arboricoles ont souvent une longue queue qui leur sert de contrepoids, ou de gouvernail pour sauter. Le loris et le potto, que nous rencontrerons au Rendez-vous 8, rampent dans les arbres, traquant lentement leur proie, et leur queue est extrêmement courte, alors que le galago, qui est de la même famille, est un vigoureux sauteur doté d'une longue queue duveteuse. Arboricole, le paresseux n'a pas de queue, pas plus que le koala marsupial que l'on peut considérer comme son homologue australien, et tous deux avancent lentement dans les arbres comme le loris.

À Bornéo et à Sumatra, le macaque à longue queue vit dans les arbres, tandis que son proche parent, le macaque à queue de cochon, vit sur le sol et a une queue courte. Les petits singes qui sont actifs dans les arbres ont en général une longue queue. Ils courent à quatre pattes dans les branches, leur queue leur servant de balancier. Ils sautent de branche en branche, le corps en position horizontale, et la queue dressée à l'arrière comme un gouvernail qui les maintient en équilibre. Pourquoi, alors, les gibbons qui sont aussi actifs dans les arbres que les petits singes n'ont-ils pas de queue ? La réponse réside peut-être dans la différence de leurs modes de locomotion. Comme

---

chances de se répandre dans le cadre de l'évolution. Mais je me demande si les premiers grands singes de petite taille n'ont pas été des « petits singes de l'île de Man ». Si oui, la mutation se situerait probablement dans un gène Hox (voir le message de la mouche du vinaigre). Je suis a priori contre ces théories chimériques de l'évolution, mais peut-être serait-ce une exception ? Il serait intéressant d'étudier le squelette de mutants sans queue des mammifères « de l'île de Man » normalement pourvus de queue, pour voir si l'absence de queue se traduit de la même façon que chez les grands singes.

* Pour le mouton, c'est une réserve de graisse ; pour le castor, c'est une pagaie. La queue du singe-araignée est dotée d'une zone épineuse préhensile ; elle lui sert de « cinquième membre » dans la canopée des forêts sud-américaines. Celle, massive, du kangourou est pleine de ressorts qui l'aident à bondir. Pour les animaux à sabots, c'est un chasse-mouche. Pour les loups et pour bien d'autres mammifères, c'est un moyen d'expression, mais qui serait seulement un produit « opportuniste » indirect de la sélection naturelle.

nous l'avons vu, tous les grands singes sont à l'occasion bipèdes, et, quand ils ne pratiquent pas la brachiation, les gibbons courent sur les branches sur leurs pattes arrière, s'aidant de leurs longs bras pour garder l'équilibre. Il est facile de voir que, pour un bipède, une queue est encombrante. D'après mon collègue Desmond Morris, les singes-araignées marchent parfois debout et sont à l'évidence très gênés par leur longue queue. De plus, quand un gibbon s'élance sur une branche éloignée, il le fait à partir d'une position de suspension verticale, alors que les petits singes procèdent à l'horizontale. Loin d'être un gouvernail stabilisateur flottant au vent à l'arrière, une queue serait un véritable frein pour un brachiateur vertical comme le gibbon ou, vraisemblablement, comme le coancêtre 4.

C'est le mieux que je puisse faire. Je pense que les zoologues devraient s'atteler à résoudre cette énigme : pourquoi nous, les grands singes, avons-nous perdu notre queue ? Rétrospectivement, l'hypothèse inverse donne lieu à d'amusantes spéculations. Comment aurions-nous concilié la possession d'une queue avec nos habitudes vestimentaires, et notamment le port du pantalon ? Ce dilemme renforce l'acuité de la question classique du tailleur : « Est-ce que monsieur porte à droite ou à gauche ? »

Il était une fois… le gibbon

Rédigé avec la collaboration de Yan Wong

Au Rendez-vous 4, nous saluons pour la première fois un groupe de pèlerins composé de plus de deux espèces déjà réunies. Dès qu'il y en a plus de deux, on peut se heurter à certains problèmes si l'on veut déduire les relations qu'elles ont entre elles, et ces problèmes s'aggraveront à mesure que notre pèlerinage avancera. Comment les résoudre ? C'est ce que va nous dire le gibbon*.

Nous avons vu qu'il existe 12 espèces de gibbons, qui se répartissent en quatre grands groupes. Ce sont les *Bunopithecus* (groupe formé par une seule espèce que l'on désigne communément sous le nom de hoolock), les *Hylobates* (six espèces, dont la plus connue est le gibbon à mains blanches, *Hylobates lar*), les *Symphalangus* (siamang) et les *Nomascus* (quatre espèces de gibbons « à crête »).

---

* Le sujet de ce message en fait inévitablement la partie plus ardue de cet ouvrage. Le lecteur doit ou bien s'apprêter à cogiter sur les douze pages qui suivent,

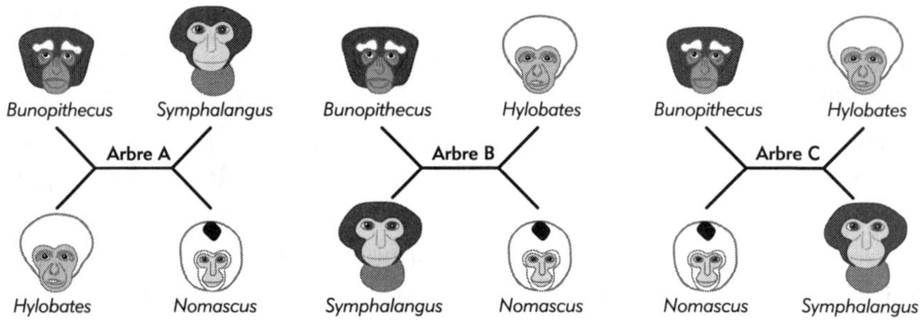

Nous allons découvrir ici comment construire une relation évolutive, ou phylogénie, qui établit un lien entre les quatre groupes.

Les arbres généalogiques peuvent être « avec racine » ou « sans racine ». Quand on dessine un arbre avec racine, on sait où se trouve l'ancêtre. C'est le cas de la majorité des arbres que nous présentons dans cet ouvrage. Les arbres « sans racine », au contraire, n'ont aucune notion d'orientation. On les appelle souvent diagrammes en étoile, et ils ne comportent pas de flèches de temps. Ils ne commencent pas sur un côté d'une page pour se terminer sur l'autre. Les trois exemples ci-dessus donnent toutes les possibilités pour établir des relations entre quatre entités.

À chaque nœud d'un arbre, il n'y a pas de différence entre la droite et la gauche. Et jusqu'à présent (mais cela va bientôt changer), la longueur des branches ne donne aucune information. Un diagramme d'arbre dont la longueur des branches n'a pas de signification est ce qu'on appelle un cladogramme (en l'occurrence un cladogramme sans racine). L'ordre des nœuds est la seule information que donne un cladogramme, le reste est purement décoratif. Essayez, par exemple, de faire pivoter l'une ou l'autre des fourches de côté autour de la ligne horizontale du milieu. Cela ne changera rien au schéma des relations. Ces trois cladogrammes sans racine représentent les seules façons possibles de relier quatre espèces, tant qu'on se limite à des connexions par des branches qui ne se divisent jamais qu'en deux (dichotomies). Comme pour les arbres avec racine, on ne tient pas compte par convention des divisions en trois branches (trichotomies) ou plus (polytomies) en considérant temporairement qu'on ne les connaît pas – qu'elles sont « non résolues ».

---

ou bien sauter dès maintenant au rendez-vous 5, et revenir à cette section quand il voudra davantage faire travailler ses neurones.

Tout cladogramme sans racine devient enraciné dès que l'on définit le point le plus ancien (la « racine ») de l'arbre. Certains chercheurs – ceux sur lesquels nous nous sommes fondés pour l'arbre qui figure au début de ce message – ont proposé pour les gibbons le cladogramme avec racine de gauche dans la figure ci-dessus. D'autres, cependant, ont proposé celui de droite.

Dans le premier arbre, les gibbons *Nomascus* sont des parents lointains de tous les autres. Dans le deuxième, c'est le hoolock, *Bunopithecus*, qui détient ce titre. Bien que différents, les deux dérivent du même arbre sans racine (arbre A, page ci-contre). Ces cladogrammes ne diffèrent que dans leur racine. Le premier se trouve en accrochant la racine de l'arbre A à la branche menant à *Nomascus*, et le deuxième en la plaçant sur la branche menant à *Bunopithecus*.

Comment « enracine »-t-on un arbre ? La méthode habituelle consiste à étendre l'arbre pour qu'il comprenne au moins un – et au mieux plusieurs – « groupe extérieur » : un membre d'un groupe dont il est déjà universellement admis qu'il n'est apparenté que de loin à tous les autres. Dans l'arbre des gibbons, par exemple, les orangs-outans – ou même les éléphants ou les kangourous – pourraient servir de groupe extérieur. Si incertaines que soient les relations *parmi* les gibbons, on sait que l'ancêtre commun de *tout* gibbon avec un grand singe ou un éléphant est plus ancien que l'ancêtre commun de n'importe quel gibbon avec n'importe quel autre gibbon : il est incontestable qu'il faut placer la racine d'un arbre qui inclut les gibbons et les grands singes quelque part entre les deux.

Il est facile de vérifier que les 3 arbres sans racine que j'ai dessinés sont les seuls arbres dichotomiques possibles pour 4 groupes. Pour 5 groupes, il y a 15 arbres possibles, mais n'essayez pas de dénombrer les possibilités pour, mettons, 20 groupes : ce nombre s'élève à des centaines de millions de millions de millions*. Comme le nombre des arbres augmente énormément avec le nombre de groupes à classer, même l'ordinateur le plus rapide peut en avoir pour un temps infini. En principe, cependant, la tâche est simple. Parmi tous les arbres possibles, il convient de choisir celui qui explique le mieux les ressemblances et les différences entre nos groupes.

Comment juge-t-on « qui explique le mieux » ? Quand on regarde un ensemble d'animaux, il apparaît des ressemblances et

* Le véritable nombre est $(3 \times 2 - 5) \times (4 \times 2 - 5) \times (5 \times 2 - 5) \times \ldots \times (n \times 2 - 5)$ où n est le nombre de groupes.

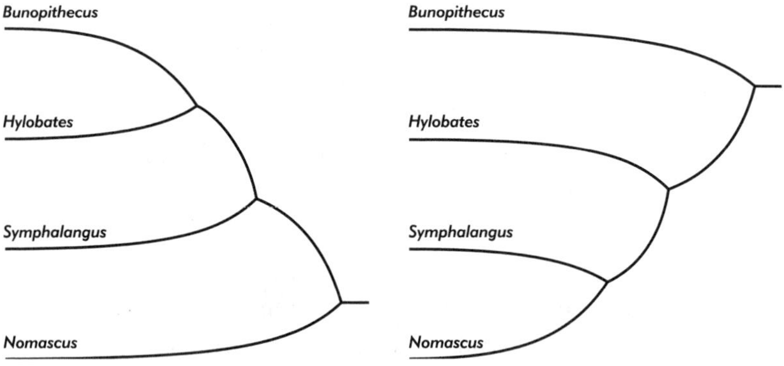

des différences d'une richesse infinie. Mais elles sont plus difficiles à compter que vous ne pourriez le penser. Il arrive souvent qu'un « caractère » soit inextricablement intriqué dans un autre. Si vous les comptez séparément, vous avez en réalité compté deux fois le même. À titre d'exemple extrême, supposez qu'il y a quatre espèces de mille-pattes, A, B, C et D. A et B se ressemblent en tous points, sauf que A a les pattes rouges, et B les a bleues. C et D sont pareilles et très différentes de A et B, sauf que C a les pattes rouges alors que D les a bleues. Si l'on compte la couleur des pattes comme un « caractère » unique on groupe à juste titre AB séparément de CD. Mais si l'on compte bêtement chacune des cent pattes séparément, leurs couleurs multiplieront par 100 le nombre de caractères en faveur de l'autre groupement qui oppose AC à BD. Tout le monde conviendra que l'on n'aurait pas dû compter cent fois le même caractère. Ce n'est « en réalité » qu'un seul caractère car il a suffi d'une seule « décision » embryologique pour déterminer instantanément la couleur des cent pattes.

Il en va de même pour la symétrie droite-gauche. L'embryologie fonctionne de telle façon que, à part quelques exceptions, chaque côté d'un animal est une image en miroir de l'autre. En élaborant un cladogramme, aucun zoologue ne compterait deux fois chaque caractère ainsi dupliqué, mais la non-indépendance n'est pas toujours aussi évidente. Le pigeon a besoin d'un bréchet profond pour attacher les muscles qui lui servent à voler. Un oiseau comme le kiwi, qui ne vole pas, n'en a pas besoin. Est-ce que l'on compte le bréchet profond et les ailes qui battent comme deux caractères séparés par lesquels les pigeons diffèrent des kiwis ? Ou bien est-ce qu'on les compte comme un seul, au motif que l'état de l'un détermine l'autre, ou du moins réduit sa liberté de varier ? Dans le cas des mille-pattes et de l'effet miroir, la réponse sensée est tout à fait évidente, mais ce n'est pas le cas pour le bréchet. La question reste ouverte et l'on trouve des personnes sensées dans les deux camps.

C'était tout ce que j'avais à dire sur les ressemblances et les différences visibles. Cependant, les caractères visibles n'évoluent que s'ils sont des manifestations de séquences d'ADN, et on est maintenant en mesure de comparer directement ces séquences. Étant constitués de longues chaînes, les textes d'ADN donnent beaucoup plus d'éléments à compter et à comparer. Les problèmes du type de celui du bréchet et des ailes risquent d'être submergés par le flot des données. Mieux encore, beaucoup de différences dans l'ADN sont invisibles pour la sélection naturelle, et sont donc des marqueurs plus « purs » de l'ascendance. À titre d'exemple extrême, certains codes de l'ADN sont synonymes : ils spécifient exactement le même acide aminé. Une mutation qui change un mot de l'ADN en un de ses synonymes est invisible pour la sélection naturelle, mais pour le généticien, elle n'est pas moins visible qu'une autre. Il en va de même pour les « pseudo-gènes » (en général, des duplicata accidentels de véritables gènes) et pour beaucoup d'autres séquences d'« ADN rebut » qui se trouvent dans le chromosome et qui ne sont jamais lues et jamais utilisées. Le fait d'échapper à la sélection naturelle permet à l'ADN de subir des mutations selon des modes qui laissent aux taxinomistes des traces extrêmement informatives. Rien de tout cela n'altère le fait que certaines mutations ont assurément des effets réels et importants. Même si ces effets ne sont que des parties émergées d'icebergs, ce sont ces parties qui sont visibles pour la sélection naturelle et qui expliquent toutes les beautés et toutes les complexités que la vie offre à nos yeux au quotidien.

De plus, l'ADN n'échappe pas, peu s'en faut, au problème du décompte multiple – c'est celui des pattes du mille-pattes transposé au niveau moléculaire. Il arrive parfois qu'une séquence soit dupliquée à de nombreuses reprises dans le génome entier. Environ la moitié de l'ADN est constituée de copies multiples de séquences dépourvues de sens, des « éléments transposables », qui sont éventuellement des parasites qui exploitent le mécanisme de réplication de l'ADN pour se répandre dans le génome. Un seul de ces éléments parasites, *Alu*, est présent dans plus d'un million de copies chez la plupart des individus, et le hurleur nous en reparlera. Même quand il s'agit d'ADN doté de sens et utile, il arrive parfois que des gènes soient présents dans des dizaines de copies identiques (ou presque). En pratique, cependant, le décompte multiple a tendance à ne pas poser de problème car les séquences dupliquées sont en général faciles à repérer.

Ce à quoi il faut faire plus attention, ce sont les grandes régions d'ADN qui font parfois apparaître des ressemblances énigmatiques entre des créatures qui n'ont pas l'air d'être apparentées quand on les compare. Personne ne doute que les oiseaux sont plus proches parents des tortues, des lézards, des serpents et des crocodiles que des mammifères (voir le Rendez-vous 16). Pourtant, les séquences d'ADN d'oiseaux et de mammifères comportent des ressemblances plus grandes que ne le laisserait supposer leur apparentement lointain. Les unes et les autres ont un excès d'associations G-C dans leur ADN non codant. L'association G-C est chimiquement plus forte que l'association A-T, peut-être parce que les espèce à sang chaud (oiseaux et mammifères) ont besoin d'un ADN plus serré. Quelle que soit la raison, il faut se méfier que ce biais G-C ne nous fasse pas croire qu'il existe une relation étroite entre tous les animaux à sang chaud. L'ADN semble être la poule aux œufs d'or pour les systématiciens de la biologie, mais il faut être conscient de ces dangers : il y a encore beaucoup de choses qui nous échappent dans les génomes.

Ainsi mis en garde, comment pouvons-nous utiliser les informations qui sont présentes dans l'ADN ? Ce qui est fascinant, c'est que les spécialistes de littérature emploient les mêmes techniques que les biologistes évolutionnistes pour retracer l'ancienneté des textes. Et – c'est presque trop beau pour être vrai – il se trouve que l'un des meilleurs exemples est fourni par les travaux du Canterbury Tales Project. Les membres de ce groupe international de spécialistes de la littérature ont utilisé les outils de la biologie évolutionniste pour retracer l'histoire de quatre-vingt-cinq versions manuscrites différentes des *Contes de Cantorbéry*. Ces manuscrits anciens, copiés à la main avant l'invention de l'imprimerie, sont notre meilleur espoir de reconstituer l'original de Chaucer qui a été perdu. Comme avec l'ADN, le texte de Chaucer a survécu en passant par des recopiages répétés, avec des modifications accidentelles qui se sont perpétuées dans les copies. En relevant soigneusement les différences qui se sont accumulées, les chercheurs peuvent reconstituer l'historique du processus de copie, son arbre évolutif – car c'est bien un processus évolutif qui consiste en une accumulation progressive d'erreurs sur des générations successives. L'étude de l'évolution de l'ADN et celle de l'évolution des textes littéraires présentent une telle similitude dans les techniques employées et les difficultés rencontrées que chacune peut servir à illustrer l'autre.

Nous allons donc nous détourner temporairement des gibbons pour nous intéresser à Chaucer, et en particulier à quatre des quatre-vingt-cinq versions manuscrites des *Contes de Cantorbéry*, que l'on désigne sous les noms de « British Library », « Christ Church », « Egerton » et « Hengwrt »[*]. Voici les deux premiers vers du prologue général :

BRITISH LIBRARY :
Whan that Aprylle / wyth hys showres soote
The drowhte of Marche / hath pcede to the rote

CHRIST CHURCH :
Whan that Auerell w^t *his shoures soote*
The droght of Marche hath pced to the roote

EGERTON :
Whan that Aprille with his showres soote
The drowte of marche hath pced to the roote

HENGWRT :
Whan that Aueryll wt his shoures soote
The droghte of March / hath pced to the roote

La première chose à faire pour l'ADN comme pour les textes littéraires est de repérer les similitudes et les différences. Pour ce faire, nous devons les « aligner » – ce qui n'est pas toujours facile car les textes peuvent être fragmentaires, ou dans un ordre différent, et de longueur inégale. L'ordinateur est très utile quand les choses se compliquent, mais nous n'en avons pas vraiment besoin ici.

Deux endroits, le deuxième et le cinquième, comportent trois variantes, et pas deux, ce qui fait seize « différences » au total. Après avoir ainsi compilé une liste de différences, nous pouvons maintenant

* Le manuscrit « British Library » appartenait à Henry Dene, archevêque de Cantorbéry en 1501, et, avec celui d'Egerton et d'autres, il est maintenant conservé à Londres à la British Library. Le manuscrit « Christ Church » se trouve maintenant tout près de là où j'écris en ce moment même, dans la bibliothèque de Christ Church, à Oxford. La toute première recension du manuscrit « Hengwrt » indique qu'il appartenait à Fulke Dutton en 1537. Endommagé par les rats qui ont grignoté la peau de mouton sur laquelle il est rédigé, il se trouve maintenant à la National Library of Wales.

trouver quel arbre les explique le mieux. Il existe de nombreuses façons de procéder, et l'on peut toutes les employer, qu'il s'agisse d'animaux ou de textes littéraires. La plus simple consiste à grouper les textes d'après la similitude d'ensemble, procédé qui repose en général sur une certaine variante de la méthode suivante. On commence par repérer les deux textes qui se ressemblent le plus, et on les traite comme un texte moyen unique que l'on place en regard des autres tout en cherchant celui qui lui ressemble le plus. Et ainsi de suite, en formant des groupes successifs que l'on insère jusqu'à ce que l'on ait construit un arbre de relations. Ces techniques – dont la plus connue est ce que l'on appelle le *Neighbor-Joining* – se calculent rapidement, mais elles ne font pas intervenir la logique du processus de l'évolution. Elles consistent purement et simplement à mesurer les similitudes. C'est pourquoi l'école de taxinomie « cladiste », qui est profondément évolutionniste dans sa logique (même ceux qui en font partie n'en sont pas tous conscients), préfère d'autres méthodes, parmi lesquelles la première qui a été conçue est la méthode de parcimonie.

Le terme « parcimonie », comme nous l'a expliqué l'orang-outan, signifie ici économie d'explication. Dans l'évolution, que ce soit d'animaux ou de manuscrits, l'explication la plus parcimonieuse est celle qui présuppose le moins de modifications évolutives. Si deux textes ont un certain caractère en commun, l'explication parcimonieuse dit qu'ils l'ont hérité conjointement d'un ancêtre commun, et pas qu'il a évolué indépendamment dans chacun d'eux. C'est très loin d'être toujours la règle, mais cette explication a au moins plus de chances d'être vraie que d'être fausse. La méthode de parcimonie – du moins en principe – consiste à passer en revue tous les arbres possibles et à choisir celui qui comporte le moins de modifications.

Quand on choisit des arbres pour leur parcimonie, certains types de différences ne sont d'aucune utilité : celles qui ne sont présentes que dans un seul manuscrit ou dans une seule espèce ne sont *pas informatives*. La méthode du *Neighbor-Joining* les exploite, mais celle de parcimonie les ignore complètement. La parcimonie se fonde sur les modifications *informatives*, celles qui sont communes à deux manuscrits au moins. L'arbre que l'on préfère est celui qui recourt à une ascendance commune pour expliquer le maximum de différences informatives. Nos deux vers de Chaucer comportent cinq différences informatives à expliquer. Quatre d'entre elles répartissent les manuscrits selon le schéma :

(British Library plus Egerton) *versus* (Christ Church plus Hengwrt).

La cinquième, la virgule donne une répartition différente, à savoir :

(British Library plus Hengwrt) *versus* (Christ Church plus Egerton).

Ces répartitions sont contradictoires. Il est impossible de dessiner un arbre dans lequel chaque modification ne se produise qu'une seule fois. Le mieux que l'on puisse faire est la représentation suivante (notez que c'est un arbre sans racine) qui réduit le conflit puisqu'elle exige seulement que la virgule apparaisse ou disparaisse deux fois.

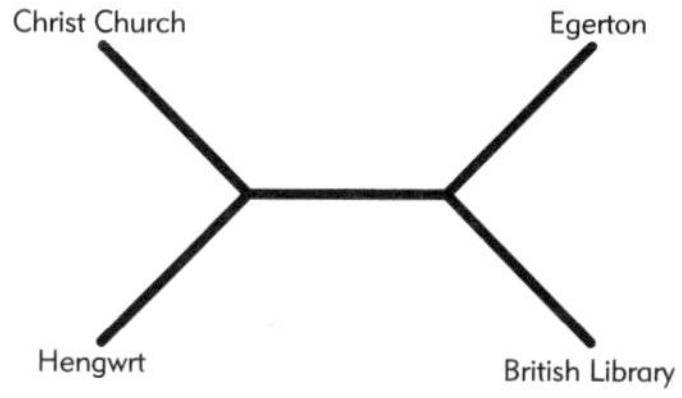

À vrai dire, dans ce cas, je ne suis pas très sûr de notre choix. Les convergences ou les réversions sont courantes dans les textes, en particulier quand le sens du vers ne change pas. Un scribe du Moyen Âge peut très bien n'avoir eu guère de scrupules à changer une orthographe, et encore moins à insérer ou à supprimer un signe de ponctuation tel qu'une virgule. De meilleurs indicateurs des relations seraient des modifications comme le changement de l'ordre des mots. Leur équivalent en génétique sont les « changements rares du génome » : les grandes insertions, délétions ou duplications de l'ADN. On peut les prendre en compte de façon explicite en donnant plus ou moins de poids aux différents types de changements. Ceux qui sont notoirement courants ou peu fiables sont affectés d'un poids moindre quand on compte les changements supplémentaires. Ceux qui sont notoirement rares, ou des indicateurs fiables de parenté, sont affectés d'un poids plus important. Le fait d'accorder plus de poids à un changement signifie que l'on ne veut pas le compter deux fois. L'arbre le plus parcimonieux est donc celui dont le poids total est le moins élevé.

On utilise beaucoup la méthode de parcimonie pour trouver les arbres évolutifs. Mais si les convergences et les réversions sont courantes – comme dans beaucoup de séquences de l'ADN et comme dans nos textes de Chaucer – la parcimonie peut induire en erreur. C'est le piège redoutable que l'on appelle l'« attraction des branches longues ». Voici en quoi il consiste.

Les cladogrammes, avec ou sans racine, ne représentent que l'ordre des nœuds. Les phylogrammes, ou arbres phylogénétiques (du grec *phylon* : race, tribu, classe), sont pareils, mais ils donnent en plus des informations au moyen de la longueur des branches. Typiquement, la longueur des branches représente la distance évolutive : les branches longues indiquent la présence de nombreux changements, et les courtes, un nombre réduit de changements. La première ligne des *Contes de Cantorbéry* donne le phylogramme suivant :

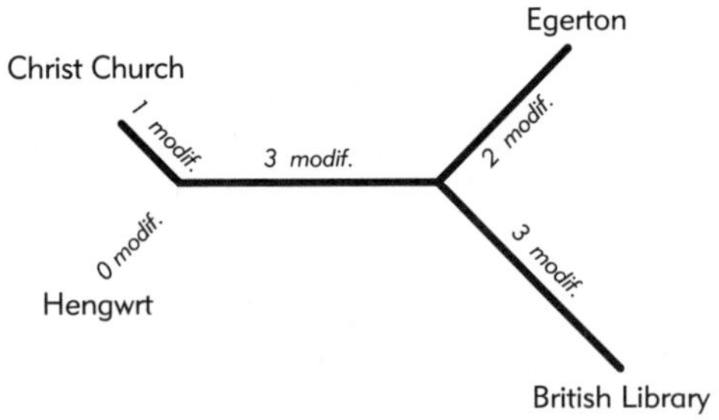

Dans ce phylogramme, il y a peu de différence dans les longueurs des branches, mais imaginez ce qui arriverait si deux de ces manuscrits comportaient beaucoup plus de changements que les deux autres. Le tracé des branches y aboutissant serait très long, et certains changements ne seraient pas uniques. Il se trouverait seulement qu'ils seraient identiques à d'autres ailleurs sur l'arbre, mais (et c'est là le problème) *en particulier* à ceux qui se trouvent sur l'autre branche longue. C'est parce que c'est de toute façon sur les branches longues que se trouvent la majorité des changements. Avec suffisamment de changements évolutifs, ceux qui lient faussement les deux branches longues couvriront le vrai signal. En se fondant sur le simple dénombrement des changements, la parcimonie groupe ensemble à tort les terminaux des branches particulièrement longues. Cette méthode fait que les branches longues « s'attirent » mutuellement de façon erronée.

Le problème de l'attraction des branches longues est un énorme casse-tête pour les taxinomistes de biologie. Il surgit chaque fois que les convergences et les réversions sont courantes, et on ne peut malheureusement pas y échapper en étudiant des fragments de texte plus volumineux. Au contraire, plus on en étudie, plus on trouve de fausses similitudes, et plus on est persuadé de la mauvaise réponse. On dit que les arbres sont dans la dangereuse « zone de Felsenstein », dont le nom provient du distingué biologiste américain Joe Felsenstein. Malheureusement, les données de l'ADN sont particulièrement vulnérables à l'attraction des branches longues. C'est essentiellement parce que le code de l'ADN ne contient que quatre lettres. Si la majorité des différences sont des changements d'une seule lettre, une mutation indépendante a énormément de chances d'affecter accidentellement la même lettre. Cela crée un champ de mines plein d'attraction des longues branches. Il est clair qu'il faut autre chose que la parcimonie dans ce cas. Cette alternative se présente sous la forme d'une technique que l'on appelle l'analyse de vraisemblance, que l'on préfère de plus en plus en taxinomie de biologie.

L'analyse de vraisemblance demande encore plus de calculs que la parcimonie car, maintenant, la longueur des branches entre en ligne de compte. On a donc à faire face à un bien plus grand nombre d'arbres, car il faut regarder non seulement toutes les possibilités de disposition des nœuds, mais aussi toutes celles des longueurs des branches – c'est un travail herculéen. Cela signifie que, malgré de subtils raccourcis, les ordinateurs actuels ne peuvent effectuer l'analyse de vraisemblance qu'en l'appliquant à un petit nombre d'espèces.

La « vraisemblance » n'est pas un terme vague. Elle a au contraire un sens très précis. Pour un arbre de forme particulière (sans oublier d'inclure les longueurs des branches), sur tous les chemins évolutifs possibles qui pourraient produire un arbre phylogénétique de la même forme, seul un nombre infime d'entre eux produiraient précisément les textes que l'on possède aujourd'hui. La « vraisemblance » d'un arbre donné est la probabilité infinitésimale d'aboutir aux textes existant effectivement, plutôt qu'à n'importe lequel des autres textes qu'aurait pu donner cet arbre. Si faible que soit la valeur de vraisemblance d'un arbre, on peut toujours comparer une valeur infime à une autre pour décider.

Dans l'analyse de vraisemblance, il existe différentes méthodes alternatives pour obtenir l'arbre le « meilleur ». La plus simple consiste à chercher celui qui, seul, a la plus grande vraisemblance : l'arbre le plus vraisemblable. C'est à juste titre qu'elle s'appelle la méthode de « vraisemblance maximale », mais ce n'est pas parce qu'un arbre à lui seul est le plus vraisemblable que les autres arbres possibles ne le sont pas presque autant. On a suggéré plus récemment qu'au lieu de croire à l'existence d'un seul arbre le plus vraisemblable, il faudrait regarder tous les arbres possibles, mais en accordant proportionnellement plus de foi aux plus vraisemblables. Cette approche, alternative à la vraisemblance maximale, est connue sous le nom de phylogénétique bayésienne. Si un grand nombre d'arbres conviennent pour un nœud particulier, on calcule que ce nœud a une forte probabilité d'être juste. Bien sûr, comme dans la vraisemblance maximale, on ne peut pas regarder tous les arbres possibles, mais il existe des raccourcis informatiques qui fonctionnent très bien.

La *confiance* que l'on a dans l'arbre que l'on finit par choisir dépend de notre certitude que ses différentes branches sont correctes, certitude qui s'exprime en général par une mesure que l'on place au regard de chaque nœud. Avec la méthode bayésienne, les probabilités sont calculées automatiquement, mais pour les autres méthodes, comme la parcimonie ou la vraisemblance maximale, il faut d'autres mesures. Celle qui est le plus souvent utilisée est la méthode du *bootstrap*, qui rééchantillonne différentes parties des données de façon répétitive pour voir combien de différences cela fait avec l'arbre final – en d'autres termes, quel est le degré de résistance de l'arbre à l'erreur. Plus la valeur du bootstrap est élevée, plus fiable est le nœud, mais même les spécialistes ont du mal à interpréter exactement ce que dit un bootstrap particulier. Le *Jacknife* et l'« indice d'érosion » sont des méthodes similaires. Toutes sont des mesures indiquant le degré de la confiance que l'on doit accorder à chaque nœud de l'arbre.

Avant de quitter la littérature pour revenir à la biologie, voici un diagramme qui résume les relations évolutives entre les 250 premières lignes de 24 manuscrits de Chaucer. C'est un phylogramme dans lequel aussi bien la disposition des nœuds que la longueur des lignes sont significatives. Vous pouvez immédiatement y lire quels manuscrits sont des variants mineurs les uns des autres, et lesquels sont aberrants. Cet arbre n'a pas de racine – il ne se prononce pas sur celui de ces 24 manuscrits qui est le plus proche de l'« original ».

Il est temps de revenir à nos gibbons. Au cours des ans, beaucoup de gens ont essayé de reconstituer les relations entre les gibbons. La

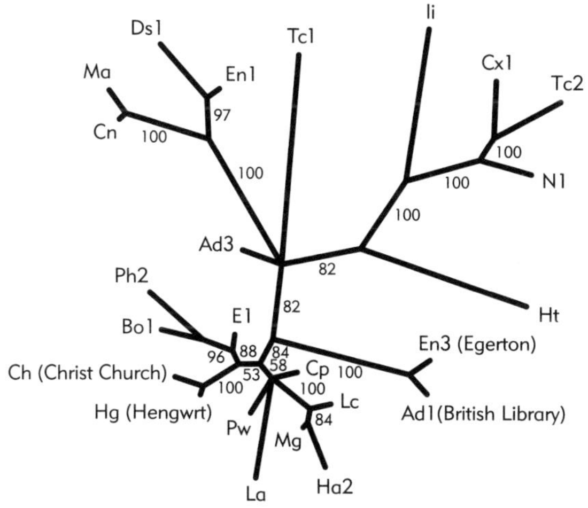

« **Par moi rien ne fust ajouté ny retranché » (préface de Caxton).** Arbre phylogénétique non raciné des 250 premières lignes de 24 versions manuscrites différentes des *Contes de Cantorbéry*. Ce qui est reproduit ici est un sous-ensemble des manuscrits étudiés par le *Canterbury Tales Project*, avec les abréviations qui les désignent. Cet arbre a été élaboré selon la méthode de parcimonie, et les valeurs de *bootstrap* sont indiquées sur les branches. Les noms des quatre versions sur lesquelles porte la discussion sont inscrits en entier.

parcimonie a proposé quatre groupes. Sur la page suivante figure un cladogramme avec racine fondé sur les caractéristiques physiques.

Ce cladogramme montre de façon convaincante que les espèces *Hylobates* sont groupées ensemble, de même que les *Nomascus*. Ces deux groupements ont des valeurs de bootstrap (les nombres sur les lignes) raisonnablement élevées. Mais à plusieurs endroits, l'ordre des nœuds n'est pas résolu. Même s'il semble que les *Hylobates* et le *Bunopithecus* forment un groupe, la valeur du bootstrap, 63, n'est pas convaincante pour ceux qui ont l'habitude de lire ces codes. Les caractères morphologiques ne suffisent pas pour résoudre le problème de cet arbre.

C'est la raison pour laquelle Christian Roos et Thomas Geissmann, d'Allemagne, se sont tournés vers la génétique moléculaire, et plus précisément vers une section de l'ADN mitochondrial que l'on appelle la « région de contrôle ». En prenant l'ADN de six gibbons, ils ont déchiffré les séquences, et en les alignant lettre pour lettre, ils ont effectué sur elles des analyses de *Neighbor-Joining*, de parcimonie et de probabilité maximale. Cette dernière, qui est la meilleure

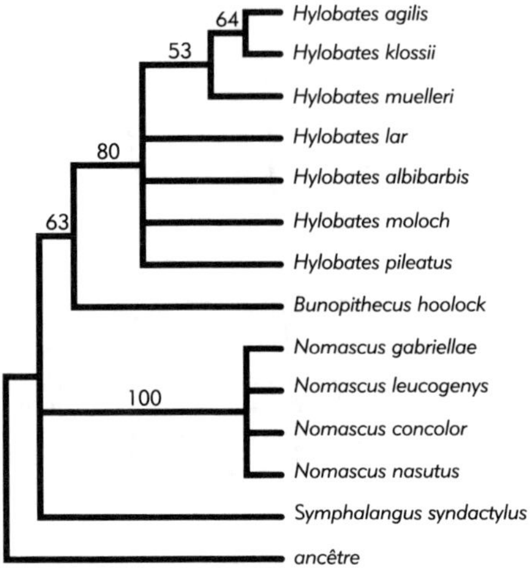

Cladogramme avec racine des gibbons, d'après la morphologie.
Adapté de Geissmann [100].

des trois pour traiter l'attraction des branches longues, a donné le résultat le plus convaincant. Le verdict final sur les gibbons figure dans le cladogramme suivant, et vous pouvez voir qu'il résout le problème de la relation entre les quatre groupes. Les valeurs de bootstrap ont suffi pour me convaincre que c'était l'arbre à utiliser pour la phylogénie qui figure au début de ce chapitre.

Les gibbons se sont « spéciés » – ont divergé dans leurs espèces séparées – relativement récemment. Mais quand on regarde des espèces apparentées de plus en plus loin, séparées par des branches de plus en plus longues, même les techniques sophistiquées de la vraisemblance maximale et de l'analyse bayésienne commencent à nous laisser démunis. Il peut apparaître un point où une quantité inacceptable de similitudes sont des coïncidences. On dit alors que les différences d'ADN sont saturées. Aucune technique sophistiquée ne peut retrouver le signal de l'ascendance car tous les vestiges des relations ont été recouverts par les ravages du temps. Ce problème est particulièrement aigu avec les différences dans l'ADN neutre. La sélection naturelle maintient jalousement les gènes sur le droit chemin. Dans des cas extrêmes, des gènes fonctionnels importants peuvent rester littéralement identiques sur des centaines de millions d'années. Mais pour un pseudo-gène qui ne fait jamais rien, ces délais suffisent à créer une saturation inextri-

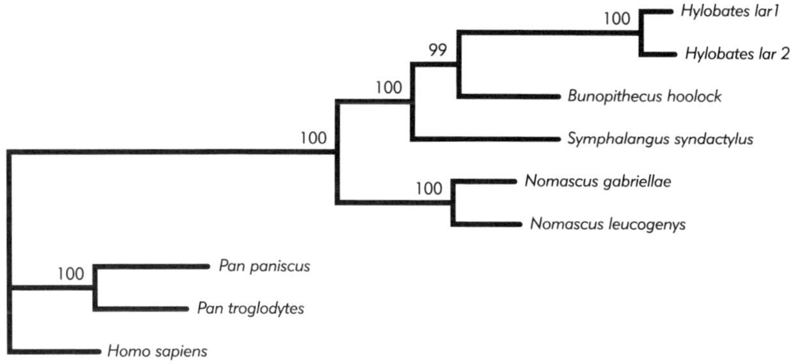

Cladogramme des gibbons, d'après l'analyse de l'ADN selon la vraisemblance maximale.
Adapté de Roos et Geissmann [246].

cable. Dans ces cas, il faut des données d'un autre ordre. L'idée la plus prometteuse est d'utiliser les changements rares du génome dont j'ai parlé plus tôt – ceux qui impliquent une réorganisation de l'ADN, et pas les changements de lettre uniques. Ceux-ci étant rares, et à vrai dire en général uniques, la ressemblance par coïncidence est beaucoup moins problématique. Et une fois qu'on les a trouvés, ils peuvent révéler des relations remarquables, comme nous le verrons quand, à notre groupe de pèlerins toujours plus nombreux, se joindra l'hippopotame qui nous renversera par l'énormité de son message.

Et maintenant une idée après coup sur les arbres évolutifs, exploitant les leçons d'Ève et de l'homme de Neandertal. On pourrait l'appeler l'essor et le déclin de l'arbre des espèces. On présuppose normalement qu'on peut dessiner un arbre évolutif unique pour un ensemble d'espèces. Or Ève nous a dit que des parties différentes de l'ADN (et donc d'un organisme) peuvent avoir des arbres différents. Je pense que cela pose un problème intrinsèque pour l'idée même d'arbres d'espèces. Les espèces sont des composites d'ADN issu de nombreuses sources différentes. Comme nous l'avons vu dans le message d'Ève, et à nouveau dans celui de l'homme de Neandertal, chaque gène, et en fait chaque lettre d'ADN, suit son propre chemin au cours de l'histoire. Chaque fragment d'ADN et chaque aspect d'un organisme peut avoir un arbre évolutif différent.

On en voit un exemple tous les jours, mais sa banalité nous empêche de bien voir le message qu'il nous livre. Le taxinomiste martien auquel on ne montrerait que les organes génitaux d'un homme, d'une femme et d'un gibbon mâle dirait sans hésiter que les deux mâles sont plus étroitement apparentés qu'aucun des deux ne l'est avec la femme. Effectivement, le gène déterminant le caractère mâle (le *SRY*) ne s'est jamais trouvé dans un corps femelle, du moins depuis longtemps avant que les gibbons et nous ayons divergé. Les morphologistes invoquent traditionnellement un cas particulier pour les caractéristiques sexuelles afin d'éviter les classifications « absurdes », mais des problèmes identiques se présentent ailleurs. Nous l'avons déjà vu avec les groupes sanguins ABO, dans le message d'Ève. Mon gène du groupe B m'apparente plus étroitement à un chimpanzé du groupe B qu'à un humain du groupe A. Et ce ne sont pas seulement les gènes sexuels ou des groupes sanguins, mais *tous* les gènes et *toutes* les caractéristiques qui sont sensibles à cet effet dans certaines situations. La majorité des caractéristiques à la fois moléculaires et morphologiques montrent que les chimpanzés sont nos plus proches parents. Mais une minorité non négligeable d'entre elles indiquent que ce sont plutôt les gorilles, ou encore que les chimpanzés sont extrêmement proches des gorilles, et que les uns et les autres sont aussi proches des humains.

Cela ne devrait pas nous étonner. Des gènes différents se transmettent par des routes différentes. La population ancestrale de ces trois espèces a nécessairement été diverse – chaque gène ayant de nombreuses lignées différentes. Il est tout à fait possible qu'un gène descende de la même lignée chez les humains et chez les gorilles, mais d'une lignée plus lointaine chez les chimpanzés. Tout ce qu'il faut c'est que les lignées génétiques qui ont divergé il y a très longtemps se poursuivent jusqu'à la séparation entre les chimpanzés et les humains, de façon que les humains puissent descendre de l'une, et les chimpanzés de l'autre*.

Il faut donc admettre qu'un arbre unique ne dit pas tout. On peut élaborer des arbres d'espèces, mais il faut les considérer comme un résumé simplifié d'une multitude d'arbres de gènes. Je peux imaginer que l'on interprète un arbre d'espèces de deux façons diffé-

* Plus il s'est passé de temps entre les séparations entre des espèces (ou plus la taille de la population est petite), plus les lignées ancestrales se perdent sous l'effet de la dérive génétique. Ainsi, les taxinomistes pointilleux qui espèrent que les arbres des espèces coïncident avec ceux des gènes trouveront plus facile de travailler sur des animaux dont les divergences sont bien espacées dans le temps, ce qui n'est pas

rentes. La première est l'interprétation généalogique conventionnelle. Une espèce est la plus proche parente d'une autre si, sur toutes les espèces prises en compte, elle partage avec elle l'ancêtre généalogique commun le plus récent. La deuxième est, à mon avis, la voie du futur. On peut considérer qu'un arbre d'espèces décrit les relations dans une majorité démocratique du génome. Il représente le résultat d'un « vote à la majorité » parmi les arbres de gènes.

Cette idée démocratique – le vote des gènes – est celle que je préfère. Dans cet ouvrage, toutes les relations entre les espèces doivent être interprétées de cette façon. Tous les arbres phylogénétiques que je présente doivent être regardés dans cet esprit de démocratie des gènes, depuis les relations entre les grands singes jusqu'à celles entre les animaux, les plantes, les champignons et les bactéries.

---

le cas des grands singes africains. Mais il y a toujours des gènes, comme le *SRY*, pour lesquels les lignées séparées sont systématiquement conservées pendant très longtemps par la sélection naturelle.

Rendez-vous 5

LES PETITS SINGES DE L'ANCIEN MONDE

À l'approche de ce rendez-vous où nous nous préparons à saluer le coancêtre 5 – à peu de chose près notre aïeul à la un million cinq cent millième génération –, nous franchissons une frontière capitale (mais assez arbitraire). Pour la première fois dans notre voyage, nous quittons la période géologique dans laquelle nous sommes actuellement, le Néogène, pour entrer dans une plus ancienne, le Paléogène. La prochaine fois que nous passerons un seuil de ce genre, ce sera pour faire irruption dans le monde des dinosaures du Crétacé. Le Rendez-vous 5 se situe vers – 25 millions d'années, dans le Paléogène, ou plus précisément, dans sa subdivision, l'Oligocène. C'est dans notre voyage à rebours le dernier arrêt où le climat et la végétation du monde sont encore semblables à ce qu'ils sont aujourd'hui. En remontant bien plus loin, nous ne trouverons plus aucune trace des grandes prairies qui caractérisent si bien notre Néogène, ni des troupeaux errants qui ont accompagné leur extension. Il y a 25 millions d'années, l'Afrique était complètement isolée du reste du monde, séparée de la terre la plus proche, l'Espagne, par une mer aussi large que celle qui la sépare aujourd'hui de Madagascar. C'est sur cette île gigantesque de l'Afrique que notre pèlerinage va être dynamisé par un nouvel arrivage de recrues pleines d'entrain et de ressources, les petits singes de l'Ancien Monde*, les premiers pèlerins à arborer une queue.

---

* Famille des cercopithécidés. (*N.d.T.*)

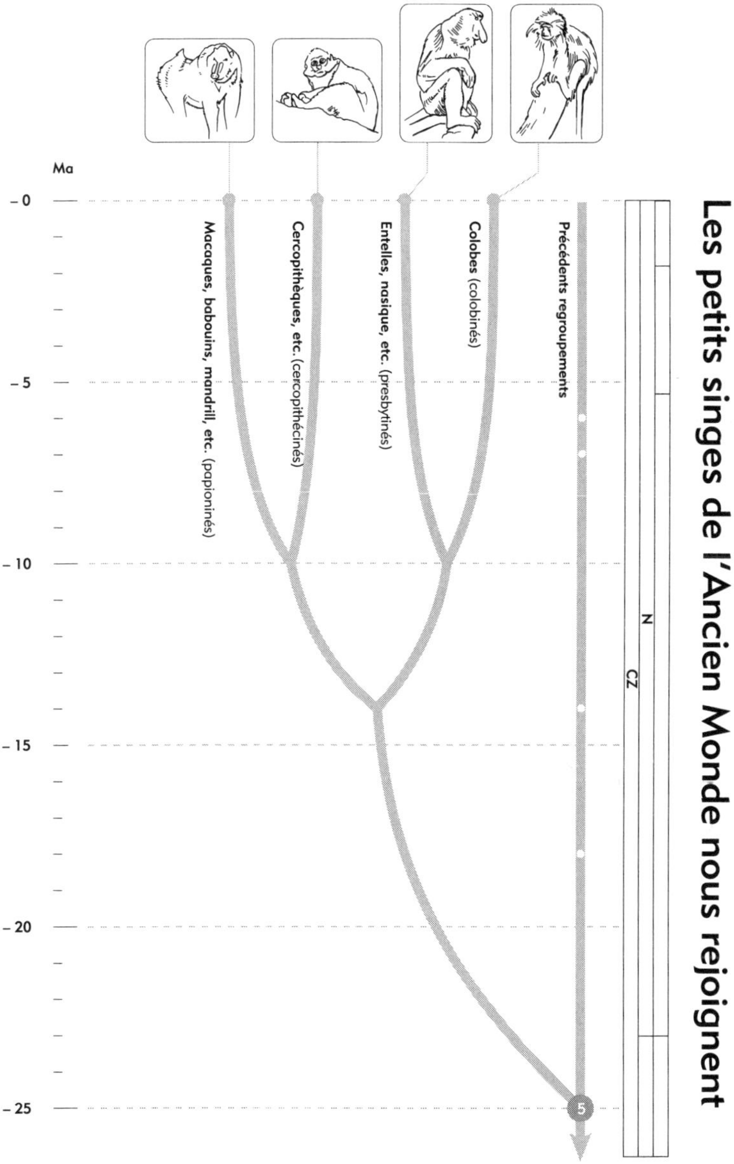

Les petits singes de l'Ancien Monde nous rejoignent. Cette phylogénie de la centaine d'espèces de petits singes de l'Ancien Monde fait l'unanimité. Les cercles que l'on voit maintenant à l'extrémité des branches indiquent le nombre d'espèces connues dans chaque groupe dans les proportions suivantes : pas de cercle, de 1 à 9 espèces ; petit cercle, de 10 à 99 espèces ; cercle plus grand, de 100 à 999 espèces, etc. Chacun des quatre groupes représentés comporte entre 10 et 99 espèces.

Dessins, de gauche à droite : mandrill (*Mandrillus sphinx*) ; hocheur blanc-nez du Congo (*Cercopithecus ascanius*) ; nasique (*Nasalis larvatus*) ; guéreza d'Angola (*Colobus angolensis*).

Aujourd'hui, les petits singes du Nouveau Monde comptent un peu moins de cent espèces, dont certaines ont émigré de leur continent d'origine en Asie (voir le message de l'orang-outan). Ils se répartissent en deux groupes principaux : dans l'un les colobes d'Afrique côtoient les presbytinés* et les nasiques d'Asie, et dans l'autre, les macaques essentiellement d'Asie se joignent aux babouins, cercopithèques et autres d'Afrique.

Le dernier ancêtre commun de tous les petits singes de l'Ancien Monde vivait quelque 11 millions d'années après le coancêtre 5, probablement vers – 14 millions d'années. Le genre fossile qui nous renseigne le mieux sur cette période est *Victoriapithecus*, que l'on connaît maintenant grâce à plus de mille fragments, notamment un splendide crâne qui provient de l'île de Makobo sur le lac Victoria. Tous les petits singes de l'Ancien Monde se sont donné la main vers – 14 millions d'années pour saluer leur propre ancêtre commun, peut-être *Victoriapithecus* lui-même, ou un être qui s'en approchait. Puis ils ont cheminé ensemble pour rejoindre le pèlerinage des grands singes et retrouver notre coancêtre 5 à – 25 millions d'années.

Et comment était le coancêtre 5 ? Peut-être un peu comme le genre fossile *Ægyptopithecus*, qui vivait en fait environ 7 millions d'années auparavant. Suivant notre mode d'évaluation traditionnel, le coancêtre 5 aurait plutôt eu tendance à avoir les caractéristiques que partagent ses descendants, les catarrhiniens, qui sont constitués par définition par les grands singes, et les petits singes de l'Ancien Monde. Par exemple (et c'est de ce trait que les catarrhiniens tirent leur nom), le coancêtre 5 avait probablement des narines étroites, ouvertes vers le bas, alors que les petits singes du Nouveau Monde, les platyrrhiniens, les ont larges et tournées latéralement. Comme chez tous les singes de l'Ancien Monde, grands et petits, à la différence de ceux du Nouveau Monde, les femelles avaient des menstruations complètes. Cet ancêtre avait probablement un conduit auditif formé par l'os du tympan, alors que chez les platyrrhiniens l'oreille n'a pas de conduit osseux.

Avait-il une queue ? Oui, presque certainement. Étant donné que la différence la plus évidente entre les grands singes et les petits singes est la présence ou l'absence de queue, nous sommes tentés de sauter à la conclusion que le seuil des – 25 millions d'années

* Entelles. (*N.d.T.*)

correspond au moment de la perte de la queue. En fait, le coancêtre 5 avait vraisemblablement une queue comme pratiquement tous les autres mammifères, alors que le coancêtre 4 en était dépourvu comme tous ses descendants, les grands singes modernes. Mais nous ne savons pas où cette queue s'est perdue en chemin entre le coancêtre 5 et le coancêtre 4. On peut, par exemple dire que le genre fossile africain *Proconsul* est un grand singe plutôt qu'un petit singe car il se trouve sur la branche des grands singes de la fourche au Rendez-vous 5. Mais cela ne nous dit pas pour autant s'il avait une queue. En fait, les données actuelles laissent penser en définitive que, pour reprendre le titre d'un article récent qui fait autorité, « *Proconsul* n'avait pas de queue ». En aucun cas cependant, cela ne découle du fait qu'à ce rendez-vous il se trouve du côté des grands singes.

Comment, donc, faudrait-il appeler les intermédiaires entre le coancêtre 5 et *Proconsul* avant qu'ils aient perdu leur queue ? Pour le cladiste strict, ce seraient des grands singes parce qu'ils sont sur la branche de la fourche où se trouvent les grands singes. Un taxinomiste d'une autre tendance dirait que ce sont des petits singes parce qu'ils avaient une queue. Je dis, et je le répète, qu'il est stupide de se compliquer la vie pour des noms.

Les petits singes de l'Ancien Monde, les cercopithécidés, forment un véritable clade, un groupe qui comprend tous les descendants d'un ancêtre commun unique. Mais les « petits singes » globalement n'en forment pas un, car ils incluent ceux du Nouveau Monde, les platyrrhiniens. Ceux de l'Ancien Monde sont des cousins plus proches des grands singes, avec lesquels ils se regroupent dans les catarrhiniens, que des petits singes du Nouveau Monde. Tous les grands singes et les petits singes constituent ensemble un clade naturel, les anthropoïdés. Les « petits singes » constituent un groupement artificiel (techniquement, « paraphylétique »), car il comprend tous les platyrrhiniens, et quelques catarrhiniens dans ceux qui ne sont pas des grands singes. Il vaudrait mieux appeler les petits singes de l'Ancien Monde des grands singes à queue. « Catarrhinien », comme je l'ai déjà dit, veut dire « nez en bas », les narines ouvertes vers le bas ; à cet égard, nous sommes des catarrhiniens idéals. Le Dr Pangloss de Voltaire faisait remarquer que la forme du nez étant conçue pour les lunettes, nous en venons à porter des lunettes. Il aurait pu ajouter que l'orientation de nos narines catarrhiniennes est idéale pour empêcher la pluie d'y pénétrer. « Platyrrhinien » signifie « nez plat ou large ». Ce n'est pas le seul trait qui différencie ces deux grands groupes de primates, mais c'est le seul qui leur donne leurs noms. Hâtons-nous vers le Rendez-vous 6 pour y rencontrer les platyrrhiniens.

Rendez-vous 6

LES PETITS SINGES DU NOUVEAU MONDE

Le Rendez-vous 6, où les petits singes platyrrhiniens nous retrouvent avec notre aïeul à la trois millionième génération, le coancêtre 6, qui est le premier anthropoïde, est situé vers – 40 millions d'années. En ce temps-là, le monde était couvert de forêts tropicales luxuriantes, et même l'Antarctique était au moins partiellement vert. Bien que les petits singes platyrrhiniens vivent maintenant en Amérique centrale ou en Amérique du Sud, il est presque certain que ce n'est pas là qu'a eu lieu notre rendez-vous. À mon avis, c'est quelque part en Afrique. Un groupe de primates africains au nez plat, qui n'ont pas laissé de descendants américains, a réussi d'une façon ou d'une autre à traverser la mer jusqu'en Amérique sous la forme d'une petite population fondatrice. On ne sait pas quand, mais c'était entre – 25 millions d'années (où les premiers fossiles de petits singes apparaissent en Amérique du Sud) et – 40 millions d'années (le Rendez-vous 6). L'Amérique du Sud et l'Afrique étaient plus proches l'une de l'autre que maintenant, et les niveaux des mers étaient bas, laissant peut-être apparaître dans le fossé qui longe l'ouest de l'Afrique un chapelet d'îles fort pratique pour sauter de l'une à l'autre. Il est possible que les petits singes aient ainsi effectué des traversées sur des radeaux de fortune, éventuellement sur des débris de mangrove qui pouvaient permettre de survivre, telles des îles flottantes, pendant un petit moment. Les courants allaient dans la bonne direction pour ce type de navigation sans contrôle. Un autre grand groupe d'animaux, les rongeurs hystricognathes, est probablement arrivé

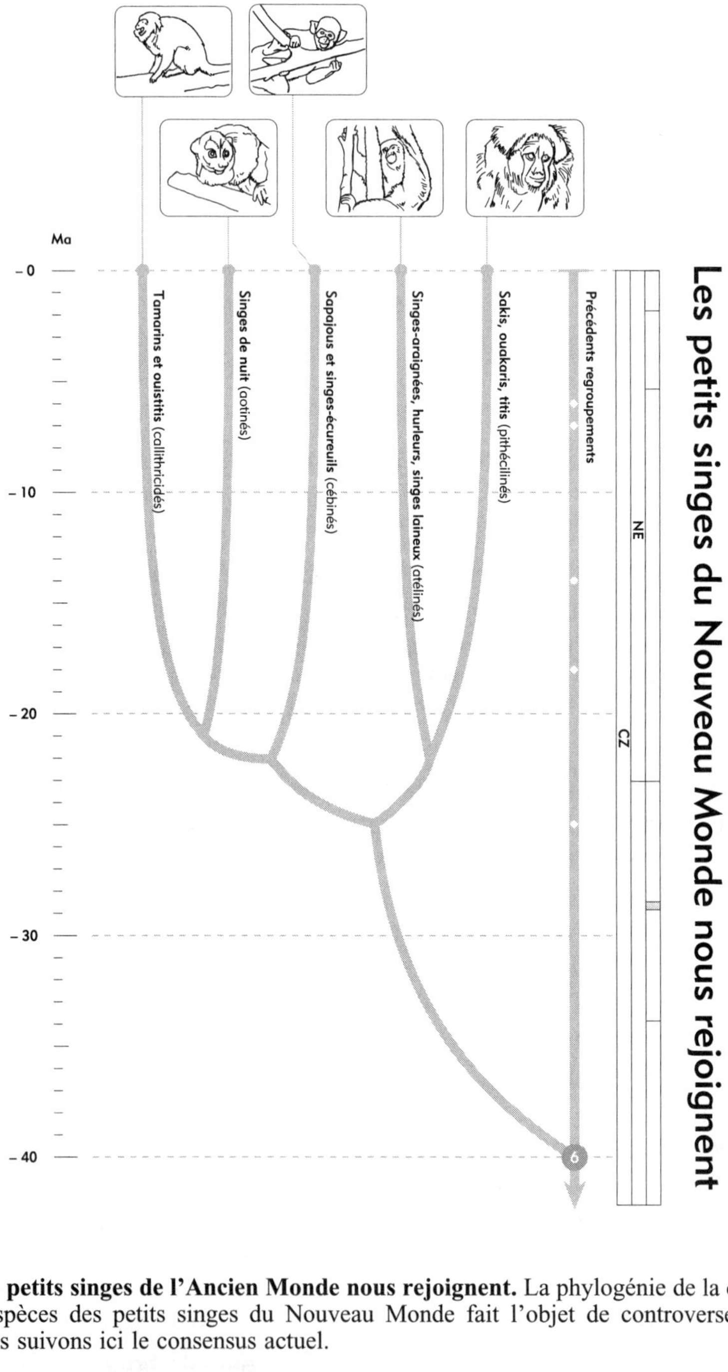

Les petits singes de l'Ancien Monde nous rejoignent. La phylogénie de la centaine d'espèces des petits singes du Nouveau Monde fait l'objet de controverses, mais nous suivons ici le consensus actuel.

Dessins, de gauche à droite : petit singe-lion (*Leontopithecus rosalia*) ; singe de nuit (*Aotus trivirgatus*) ; singe-écureuil (*Saimiri sciureus*) ; hurleur noir (*Alouatta caraya*) ; saki-moine (*Pithecia monachus*).

en Amérique du Sud vers la même époque. Là encore, il venait probablement d'Afrique et, de fait, il tire son nom du porc-épic africain, *Hystrix*. Il est probable que les petits singes ont traversé la mer en passant par le même chapelet d'îles que ces rongeurs, à la faveur des mêmes courants favorables, sinon des mêmes radeaux.

Est-ce que tous les primates du Nouveau Monde descendent d'un immigrant unique, ou est-ce que le couloir par les îles a été emprunté* plus d'une fois par les primates ? Qu'est-ce qui constituerait une preuve positive de double immigration ? En ce qui concerne les rongeurs, il se trouve toujours des hystricognathes en Afrique, entre autres les porcs-épics, les rats-taupes, les rats des rochers et les rats des roseaux. S'il s'avérait que certains rongeurs d'Amérique du Sud sont proches parents de certains rongeurs d'Afrique (des porcs-épics, par exemple), alors que d'autres sont plus proches d'autres d'Afrique (les rats-taupes par exemple), ce serait bien la preuve que les rongeurs ont gagné l'Amérique du Sud à plusieurs reprises. Mais comme ce n'est pas sûr, cela s'accorde avec l'idée que les rongeurs n'ont essaimé vers l'Amérique du Sud qu'une seule fois, mais on n'en a pas vraiment la preuve. Les primates d'Amérique du Sud, eux aussi, sont des cousins beaucoup plus proches les uns des autres que d'aucun primate africain. Là encore, cette idée est compatible avec l'hypothèse d'une migration unique, mais ce n'est pas prouvé.

C'est le bon moment pour répéter que l'improbabilité d'une migration est très loin d'être une raison pour douter qu'elle se soit produite. Cela paraît étonnant. En général, dans la vie de tous les jours, l'improbabilité massive est une bonne raison de penser qu'une chose n'arrivera pas. Le problème concernant une migration d'un continent à l'autre de petits singes, de rongeurs ou de quoi que ce soit d'autre, c'est qu'il suffit d'une fois, et que ces créatures aient disposé du temps nécessaire pour le faire, pour qu'elle ait d'énormes conséquences : cela dépasse largement ce que l'on peut saisir intuitivement. Il y a peut-être une chance sur dix mille pour que des débris de mangrove flottant portent une femelle singe pleine et touchent terre en moins d'un an. Cet événement semble impossible au regard de l'expérience humaine, mais sur

* Le terme « emprunté » est bien sûr maladroit s'il implique plus que l'inadvertance. Comme nous le dira le dodo, aucun animal n'essaie jamais de coloniser un territoire tout nouveau. Mais quand ce phénomène se produit par hasard, il peut avoir d'énormes conséquences.

10 millions d'années, il est pratiquement inévitable. Après quoi, plus de difficulté. Cette femelle chanceuse a donné naissance à une famille, qui a fini par devenir une dynastie, laquelle a fini par se ramifier pour donner toutes les espèces de petits singes du Nouveau Monde. Il a suffi d'une fois : des débuts modestes ont eu ensuite de grandes conséquences.

De toute façon, les essaimages accidentels sont loin d'être aussi rares que vous pourriez le penser. On voit souvent des petits animaux sur des épaves. Et les animaux ne sont pas toujours petits. L'iguane vert mesure typiquement un mètre de long, et il peut atteindre jusqu'à deux mètres. Ellen I. Censky et ses collaborateurs en parlent dans une lettre à *Nature* :

> Le 4 octobre 1995, au moins 15 individus appartenant à l'espèce de l'iguane vert, *Iguana iguana*, sont apparus sur les plages ouest de l'île d'Anguilla dans les Caraïbes. On n'avait encore jamais vu cette espèce sur cette île. Ces animaux sont arrivés sur un matelas de troncs d'arbres et d'arbres déracinés, dont certains mesuraient plus de dix mètres de long et avaient gardé de grosses mottes de racines. D'après les pêcheurs locaux, ce matelas était énorme et il a fallu deux jours pour le tirer sur le rivage. Ils ont déclaré avoir vu des iguanes aussi bien sur la plage que sur des troncs d'arbres dans la baie.

Ces iguanes étaient probablement en train de nicher dans les arbres sur une autre île quand ces derniers ont été déracinés et emportés sur la mer par un ouragan, ou bien « Luis » qui avait ravagé l'est des Caraïbes les 4 et 5 septembre, ou bien « Marilyn », quinze jours plus tard. Aucun des deux ne s'était abattu sur Anguilla. Censky et ses collaborateurs ont par la suite capturé ou repéré des iguanes verts sur Anguilla et sur un îlot à cinq cents mètres de là. Leur population, qui avait continué à survivre sur l'île en 1998, comprenait au moins une femelle capable de se reproduire*.

Je ne peux m'empêcher de remarquer combien ce genre de logique « il suffit d'une fois » vous glace le sang quand vous l'appliquez à des contingences plus proches de chez vous. Le principe de la dissuasion nucléaire, et la seule justification un tant soit peu valable pour posséder des armes nucléaires, c'est que personne n'osera se risquer à frapper le premier par crainte de représailles

* Les iguanes, et les lézards qui leur sont apparentés, s'y entendent à coloniser les îles tout autour du monde. On en trouve même à Fidji et à Tonga, qui sont bien plus éloignées que les îles de la Jamaïque.

massives. Mais quelles chances a-t-on d'être protégé au regard du risque qu'un missile soit lancé par erreur : qu'un dictateur devienne fou, qu'un système informatique déraille, ou qu'une escalade de menaces échappe à tout contrôle ? Le dirigeant actuel de la plus grande puissance nucléaire du monde (nous sommes en 2003 quand j'écris ces lignes) pense que le monde est « nucléaire ». Sans avoir jamais donné aucune raison de croire que sa sagesse ou son intelligence dépassent son niveau d'instruction, il a démontré sa prédilection pour les frappes « préventives ». Quelles sont les chances qu'une terrible erreur déclenche une apocalypse ? 1 % par année ? Je serais plus pessimiste. On a frôlé la catastrophe en 1963, et c'était avec un président intelligent. Et, de toute façon, n'y a-t-il pas aussi des risques au Cachemire ? en Israël ? en Corée ? Même si les chances par an se réduisent à 1 %, un siècle est une durée très courte à l'échelle de la catastrophe dont nous parlons. Il suffit d'une fois.

Revenons à un sujet plus gai, les petits singes du Nouveau Monde. Outre qu'ils sont quadrupèdes comme beaucoup de petits singes de l'Ancien Monde quand ils avancent sur les branches, certains se pendent aux branches comme des gibbons, et même pratiquent la brachiation. Tous ont une queue saillante, et, chez les singes-araignées, les singes laineux et les hurleurs, elle est préhensile, et ils la brandissent comme un bras supplémentaire. Ils peuvent se pendre allègrement par la queue seulement, ou en y ajoutant les bras et les jambes dans n'importe quelle combinaison. La queue ne se termine pas par une main, mais on le croirait presque quand on regarde un singe-araignée*.

Les petits singes du Nouveau Monde comprennent aussi quelques magnifiques acrobates sauteurs, ainsi que les seuls anthropoïdes nocturnes, les singes de nuit. Comme les hiboux et les chats, les singes de nuit ont de gros yeux – de tous les singes, grands et petits, ce sont eux qui ont les plus gros. Le ouistiti mignon est de la taille d'un loir, c'est le plus petit des anthropoïdes. Le hurleur le plus gros, en revanche, est seulement à peu près de la taille d'un gros gibbon. Le hurleur ressemble aussi au

* Cette queue préhensile existe également dans plusieurs autres groupes d'Amérique du Sud, entre autres chez les kinkajous (carnivores), les porcs-épics (rongeurs), les fourmiliers arboricoles (xénarthres), les opossums (marsupiaux) et même chez la salamandre *Bolitoglossa*. Est-ce une particularité de l'Amérique du Sud ? Non car elle est aussi présente chez les pangolins, chez certains rats arboricoles, scinques et caméléons qui ne sont définitivement pas d'Amérique du Sud !

gibbon en ce qu'il excelle à se pendre et à se balancer par les bras, et en ce qu'il est très bruyant, mais là où le gibbon ressemble à une sirène de police de New York à plein tube, une troupe de hurleurs avec leur cavité vocale osseuse qui résonne me fait penser à un escadron fantôme d'avions à réaction rugissant sinistrement dans la canopée. Il se trouve que les hurleurs ont quelque chose à nous dire, à nous, les singes de l'Ancien Monde, sur la façon dont nous voyons les couleurs, car ils sont arrivés indépendamment au même résultat.

Il était une fois… le hurleur

Rédigé avec la collaboration de Yan Wong

Les nouveaux gènes ne s'ajoutent pas au génome comme par magie. Ils apparaissent au titre de duplicata de gènes plus anciens. Puis, au fil de l'évolution, ils suivent leur propre voie par les processus de la mutation, de la sélection et de la dérive. En général, cela ne se passe pas sous nos yeux, mais, tels des détectives arrivant sur les lieux du crime, nous pouvons reconstituer ce qui a dû se passer à partir des indices qui restent. Les gènes impliqués dans la vision en couleurs en sont un exemple frappant. Pour des raisons qui vont apparaître, le hurleur est particulièrement bien placé pour en parler.

Pendant les longs siècles de leur formation, les mammifères étaient des créatures de la nuit. Le jour appartenait aux dinosaures qui, si l'on se fonde sur les créatures modernes qui leur sont apparentées, avaient probablement une superbe vision en couleurs. Il en allait de même, peut-on imaginer, pour les lointains ancêtres des mammifères, les reptiles mammaliens, qui occupaient les lieux avant l'avènement des dinosaures. Mais pendant le long exil nocturne des mammifères, leurs yeux avaient besoin de capter le moindre photon de passage, quelle qu'en soit la couleur. Il n'est pas étonnant que, pour des raisons de l'ordre de celles que nous exposera le poisson cavernicole aveugle, leur capacité à discriminer les couleurs ait dégénéré. Jusqu'à ce jour, la plupart des mammifères, et même ceux qui ont recommencé à vivre à la lumière du jour, ont une vision de la couleur relativement mauvaise, avec un système à deux couleurs seulement (« dichromatique »). Ce terme renvoie au nombre de différentes classes de cellules photosensibles, les

« cônes », de la rétine. Nous, les grands singes catarrhiniens et les petits singes de l'Ancien Monde, nous en avons trois : rouge, vert et bleu, si bien que nous avons une vision trichromatique, mais tout laisse penser que nous avons *récupéré* une troisième classe de cônes après que nos ancêtres nocturnes l'ont perdue. La plupart des autres vertébrés, comme les poissons et les reptiles, mais *pas* les mammifères, ont une vision à trois cônes (« trichromatique ») ou à quatre cônes (« quadrichromatique »), et les oiseaux et les tortues peuvent avoir des systèmes encore plus complexes. Nous parlerons dans un moment de la situation très particulière des petits singes du Nouveau Monde, et de celle encore plus particulière du hurleur.

Ce qui est intéressant, c'est qu'il est prouvé que les marsupiaux australiens diffèrent des autres mammifères en ce qu'ils ont une bonne vision trichromatique. D'après Catherine Arrese et ses collaborateurs, qui ont découvert ce phénomène chez les souris à miel et les souris marsupiales (on l'a aussi découvert chez les wallabies), les marsupiaux australiens (contrairement aux marsupiaux américains) auraient gardé un pigment visuel reptilien ancestral que les autres mammifères ont perdu. Cependant, de tous les vertébrés, ce sont probablement les mammifères en général qui ont la moins bonne vision colorée. La plupart d'entre eux ne voient les couleurs, si toutefois ils les voient, que comme un homme aveugle aux couleurs. Les exceptions notoires se trouvent chez les primates, et ce n'est pas par hasard si, plus que chez aucun autre groupe de mammifères, les couleurs vives ont un rôle important dans la parade amoureuse.

Contrairement aux marsupiaux australiens qui ne l'ont peut-être jamais perdue, nous pouvons dire en regardant nos parents mammifères que nous, les primates, nous n'avons pas conservé la vision trichromatique de nos ancêtres reptiliens, mais que nous l'avons redécouverte – pas une fois, mais deux fois, séparément : la première chez les petits singes de l'Ancien Monde et chez les grands singes, et la deuxième chez les hurleurs du Nouveau Monde, mais pas chez les petits singes du Nouveau Monde en général. La vision colorée des hurleurs est comme celle des grands singes, mais suffisamment différente pour trahir son origine indépendante.

Pourquoi une bonne vision colorée serait-elle si importante que la trichromie ait évolué chez les petits singes de l'Ancien et du Nouveau Monde ? L'idée qui recueille le plus de suffrages, c'est qu'elle est liée à la consommation de fruits. Dans une forêt à dominante verte, les fruits se détachent par leurs couleurs. Cela, à son tour, n'est pas un hasard. Les fruits ont probablement acquis par l'évolution des couleurs vives pour attirer les frugivores, comme les petits singes, qui jouent le rôle vital de disséminer et de fertiliser leurs graines. La vision trichromatique intervient aussi pour distinguer les feuilles plus jeunes et plus goûteuses (souvent vert pâle, et parfois même rouges), sur un arrière-plan d'un vert plus foncé – ce qui vraisemblablement n'est pas à l'avantage des plantes.

La couleur nous émerveille. Les noms des couleurs font partie des premiers adjectifs qu'apprennent les petits enfants, et ce sont ceux qu'ils accolent le plus volontiers aux noms qui s'y prêtent. Il est difficile de se rappeler que les teintes que l'on perçoit sont des étiquettes renvoyant à des radiations électromagnétiques de longueurs d'onde qui ne diffèrent que légèrement. La lumière rouge a une longueur d'onde d'environ un sept cent milliardième de mètre, le violet d'environ un quatre cent vingt milliardième de mètre, mais toute la gamme des ondes électromagnétiques visibles qui se trouve entre ces limites est une fenêtre ridiculement étroite. Ce n'est qu'une minuscule fraction du spectre total dont les longueurs d'onde vont des kilomètres (certaines ondes de radio) jusqu'à des fractions de nanomètre (rayons gamma).

Tous les yeux sur notre planète sont réglés de façon à exploiter les longueurs d'onde électromagnétique dans lesquelles notre étoile locale brille le plus, et qui traversent la fenêtre de notre atmosphère. Pour l'œil qui s'est fait aux techniques biochimiques appropriées à cette gamme de longueurs d'onde mal limitée, les lois de la physique imposent des limites plus précises à la portion du spectre électromagnétique que ces techniques permettent de voir. Aucun animal ne peut voir loin dans l'infrarouge. Ceux qui s'en approchent le plus sont les crotales à fossettes faciales qui, sans se concentrer à proprement parler sur une image comportant des infrarouges, leur permettent d'avoir une certaine sensibilité directionnelle vers la chaleur dégagée par leur proie. Et aucun animal ne voit loin dans l'ultraviolet, bien que certaines abeilles par exemple puissent y voir un peu plus loin que nous, alors qu'elles ne voient pas notre rouge, qui se trouve pour elles dans l'infrarouge. Pour tous les animaux, la « lumière » est une bande étroite de longueurs d'onde électromagnétique qui se trouve quelque part entre l'ultraviolet et l'infrarouge. Les abeilles, les humains et les serpents ne diffèrent que légèrement sur le seuil d'entrée à chaque extrémité de la « lumière ».

Chacun des différents types de cellules photosensibles de la rétine a une vision encore plus limitée. Certains cônes sont légèrement plus sensibles à l'extrémité rouge du spectre, d'autres à l'extrémité bleue. C'est la comparaison entre les cônes qui permet la vision colorée, dont la qualité dépend en grande partie du nombre de classes de cônes susceptibles d'être comparées. Les animaux à vision dichromatique ne possèdent que deux populations de cônes qui se côtoient. Ceux à vision trichromatique en ont trois, et ceux à vision tétrachromatique, quatre. Chaque cône a une courbe de sensibilité dont le pic est situé quelque part dans le spectre et qui s'estompe progressivement de part et d'autre, mais pas de façon particulièrement symétrique. On peut dire qu'au-delà des limites de sa courbe de sensibilité, la cellule est aveugle.

Supposons que le pic de sensibilité d'un cône se trouve dans la zone verte du spectre. Est-ce que cela signifie que, quand cette cellule envoie des impulsions au cerveau, elle regarde un objet vert, comme de l'herbe ou un tapis de billard ? Absolument pas. C'est seulement que cette cellule aurait besoin de plus de lumière rouge, mettons, pour envoyer la même impulsion qu'une quantité donnée de lumière verte. Cette cellule se comporterait de la même façon devant de la lumière rouge vif ou de la lumière verte plus faible*. Le système nerveux ne peut dire la couleur d'un objet qu'en comparant les taux d'impulsion simultanés de deux cellules (au moins) qui préfèrent des couleurs différentes, chacune servant de « témoin » à l'autre. Vous pouvez même avoir une meilleure idée de la couleur d'un objet en comparant les taux d'impulsion de trois cellules ayant toutes trois des courbes de sensibilité différentes.

Les écrans de télévision et d'ordinateur en couleurs, certainement parce qu'ils sont conçus pour notre vision trichromatique, fonctionnent aussi sur un système à trois couleurs. Sur un écran normal d'ordinateur, chaque « pixel » est constitué de trois points placés très près les uns des autres de façon que l'œil ne les prenne pas en compte séparément. Chacun brille toujours avec la même couleur – si vous regardez

---

* Cela présente une possibilité énigmatique. Imaginez qu'un neurobiologiste insère une sonde minuscule dans un cône vert par exemple, et le stimule électriquement. La cellule verte va maintenant signaler « lumière » alors que toutes les autres resteront silencieuses. Est-ce que le cerveau « verra » une teinte « superverte » telle qu'aucune véritable lumière ne pourrait en produire ? La lumière verte, si pure soit-elle, stimulera toujours les trois classes de cônes dans des proportions différentes.

l'écran avec un agrandissement suffisant, vous voyez toujours les mêmes trois couleurs : en général le rouge, le vert et le bleu, mais d'autres combinaisons peuvent aussi se présenter. Les tons chair, toutes les nuances subtiles que vous voulez, peuvent s'obtenir en manipulant les intensités de brillance de ces trois couleurs primaires*.

En comparant les taux d'impulsion de trois types de cônes seulement, notre cerveau peut percevoir une immense palette de teintes. Cependant, comme nous l'avons déjà dit, la plupart des mammifères placentaires n'ont pas une vision trichromatique mais dichromatique, avec seulement deux populations de cônes dans la rétine. Une classe de cônes a son pic dans le violet (ou dans certains cas dans l'ultraviolet), et l'autre quelque part entre le vert et le rouge. Chez nous, qui voyons trois couleurs, le pic des cônes de longueur d'onde courte se situe entre le violet et le bleu, et on les appelle normalement les cônes bleus. On peut appeler nos deux autres classes de cônes les cônes verts et les cônes rouges. Trompeusement, même les cônes « rouges » ont leur pic à une longueur d'onde qui est en fait jaunâtre. Mais leur courbe de sensibilité s'étend dans l'ensemble jusqu'à l'extrémité rouge du spectre. Malgré leur pic dans le jaune, ils déchargent quand même fortement en réponse à la lumière rouge. Cela veut dire que, si vous soustrayez le taux d'impulsion d'un cône « vert » de celui d'un cône « rouge », vous aurez un résultat particulièrement élevé en regardant de la lumière rouge. À partir de maintenant, je ne parlerai plus de sensibilités de pic (violet, vert et jaune) mais des trois classes de cônes, bleu, vert et rouge. S'ajoutant aux cônes, il y a aussi les bâtonnets : des cellules sensibles à la lumière, de forme différente de celle des cônes, qui sont particulièrement utiles la nuit, et qui ne servent absolument pas dans la vision colorée. Je n'en dirai pas plus.

On connaît assez bien les mécanismes chimiques et génétiques de la vision en couleurs. Les principaux acteurs moléculaires impliqués sont les opsines, des molécules de protéine qui servent de pigments visuels dans les cônes (et dans les bâtonnets). Chaque molécule d'opsine fonctionne en s'attachant et en s'enchâssant dans une seule molécule de rétinal, un dérivé chimique de la vitamine A**. La molécule de rétinal a été préalablement dotée d'une boucle

* Les tortues à vision tétrachromatique, par exemple, pourraient être déçues par les images irréalistes (pour elles) que projettent nos écrans de télévision ou d'ordinateur.

** Les carottes sont riches en β-carotène qui peut produire de la vitamine A. D'où la rumeur – mais les rumeurs peuvent être vraies – que les carottes améliorent la vision.

avant de se loger dans l'opsine. Quand la boucle est frappée par un seul photon de lumière de la couleur qui convient, elle se raidit. Cela signale à la cellule de lancer une impulsion nerveuse qui dit au cerveau « mon type de lumière est *ici* ». La molécule d'opsine est alors rechargée d'une nouvelle molécule de rétinal pourvue d'une boucle à partir d'un stock qui se trouve dans la cellule.

Mais le point important, c'est que les molécules d'opsine ne sont pas toutes les mêmes. Les opsines, comme toutes les protéines, sont produites sous l'influence des gènes. Les différences au niveau de l'ADN produisent des opsines qui sont sensibles à la lumière de longueurs d'onde différentes, et c'est l'origine génétique des systèmes de deux couleurs ou de trois couleurs dont nous avons parlé. Bien sûr, comme tous les gènes sont présents dans toutes les cellules, la différence entre un cône rouge et un cône vert ne dépend pas des gènes qu'ils possèdent, mais de ceux qu'ils activent. Et il existe une sorte de règle qui dit qu'un cône quel qu'il soit n'active *qu'une seule* classe de gènes.

Les gènes qui fabriquent nos opsines vertes et rouges se ressemblent beaucoup, et ils résident sur le chromosome X (le chromosome sexuel dont les femelles ont deux copies et les mâles une seule). Celui qui fabrique l'opsine bleue est un peu différent et ne se trouve pas sur un chromosome sexuel mais sur un des chromosomes ordinaires non sexuels qu'on appelle les chromosomes autosomes (chez l'être humain, c'est le chromosome 7). Nos cellules vertes et rouges sont à l'évidence dérivées d'une duplication génétique récente, et elles ont dû diverger de l'opsine bleue, il y a bien plus longtemps, à l'issue d'un autre épisode de duplication. La vision dichromatique ou trichromatique d'un individu dépend du nombre de gènes d'opsine distincts qu'il détient dans son génome. S'il a, mettons, des opsines sensibles au bleu et au vert, mais pas au rouge, il sera dichromate.

Tel est le contexte dans lequel la vision colorée fonctionne en général. Mais avant d'en venir au cas particulier du hurleur lui-même et de la façon dont il est devenu trichromate, nous avons besoin de connaître l'étrange système dichromatique des autres petits singes du Nouveau Monde (il est aussi présent chez certains lémuriens, soit dit en passant, et pas chez tous les petits singes du Nouveau Monde – par exemple, les singes de nuit ont une vision monochromatique). Pour notre propos, les hurleurs et d'autres espèces exceptionnelles seront exclues des « petits singes du Nouveau Monde ». Nous parlerons des hurleurs plus tard.

Tout d'abord, laissez de côté le gène bleu en tant que trait invariable sur un chromosome autosome, présent dans tout individu, mâle ou femelle. Le gène rouge et le gène vert sur le chromosome X constituent un cas plus complexe et retiendront toute notre attention. Chaque chromosome X n'a qu'un locus où peut se trouver un allèle rouge ou un allèle vert*. Comme la femelle a deux chromosomes X, elle a deux occasions d'avoir un gène rouge ou un gène vert. Le mâle, en revanche, qui n'a qu'un chromosome X, a *ou bien* un gène rouge, *ou bien* un gène vert, mais *pas* les deux. Le petit singe du Nouveau Monde mâle est donc nécessairement dichromate. Il n'a que deux types de cônes : bleu et *soit* rouge, *soit* vert. Selon nos normes, tous les mâles sont daltoniens, mais selon deux modes différents : dans une population, certains n'ont pas d'opsines vertes, d'autres n'en ont pas de rouges, mais tous en ont des bleues.

Les femelles ont potentiellement plus de chance. Ayant deux chromosomes X, elles pourraient avoir suffisamment de chance pour avoir un gène rouge sur l'un et un vert sur l'autre (en plus du bleu, cela va sans dire) ; elles seraient trichromates**. Mais celles qui n'ont pas de chance pourraient en avoir deux rouges, ou deux verts, et seraient donc dichromates. Selon nos normes ces femelles sont daltoniennes, et de deux façons, exactement comme les mâles.

Une population de petits singes du Nouveau Monde, comme les tamarins ou les singes-écureuils, est donc un mélange étrangement complexe. Tous les mâles et certaines femelles sont dichromates, daltoniens selon nos normes, mais de deux manières alternatives. Certaines femelles, mais aucun mâle, sont trichromates, avec une véritable vision colorée vraisemblablement pareille à la nôtre. Des données expérimentales dans lesquelles des tamarins cherchaient de la nourriture dans des caisses camouflées ont montré que les trichromates avaient de meilleurs résultats que les dichromates. Il est possible que les groupes de petits singes du Nouveau Monde en

---

* En fait, le rouge et le vert ne sont que deux possibilités dans toute une gamme sur ce locus, mais les choses sont déjà assez compliquées comme ça. Pour notre propos, nous nous en tiendrons au « rouge » et au « vert ».

** Comme pour garantir que, dans chaque cône, seul le gène de l'opsine rouge ou celui de l'opsine verte, mais pas les deux, est actif, il se trouve que c'est facile pour les femelles. Elles possèdent déjà un mécanisme pour désactiver la totalité d'un chromosome dans n'importe quelle cellule. Une moitié aléatoire des cellules désactive un des deux chromosomes, et l'autre moitié l'autre chromosome. C'est important car tous les gènes qui se trouvent sur un chromosome sont organisés pour fonctionner si un seul est actif – nécessairement car les mâles n'ont qu'un chromosome X.

quête de nourriture comptent sur leurs femelles trichromates pour trouver ce qui échapperait à la plupart d'entre eux. En revanche, il y a une possibilité que les dichromates, soit seuls, soit avec des dichromates d'un autre type, soient étrangement avantagés. Selon certaines anecdotes sur la Seconde Guerre mondiale, des équipages de bombardiers ont recruté un homme aveugle aux couleurs parce qu'il était capable de repérer certains types de camouflages mieux que ses camarades trichromates plus chanceux. Des données expérimentales confirment que les dichromates humains peuvent effectivement déceler certaines formes de camouflage qui leurrent les trichromates. Est-il possible qu'une troupe de singes constituée de trichromates et de deux types de dichromates puisse, ensemble, trouver une plus grande variété de fruits qu'une troupe de purs trichromates ? Si tirée par les cheveux qu'elle puisse paraître, l'idée n'est pas stupide.

Les gènes de l'opsine rouge et de l'opsine verte chez les singes du Nouveau Monde sont un exemple de « polymorphisme ». Le polymorphisme est l'existence simultanée dans une population de deux versions alternatives, ou plus, d'un gène, dont aucune n'est assez rare pour être seulement un mutant récent. C'est un principe bien établi de la génétique évolutive que les polymorphismes visibles comme celui-ci ne se produisent pas sans de bonnes raisons. À moins d'un événement très spécial, les singes qui ont le gène rouge seront soit mieux lotis, soit plus mal lotis que ceux qui ont le gène vert. Nous ne savons pas quelle occurrence est la bonne, mais il est extrêmement improbable que les uns et les autres soient exactement autant avantagés. Et ceux qui seraient désavantagés seraient appelés à disparaître.

Un polymorphisme stable dans une population indique donc qu'il se passe quelque chose de particulier. Mais quoi ? On a proposé deux idées principales pour expliquer les polymorphismes en général, et toutes deux pourraient s'appliquer à ce cas : la sélection fondée sur la fréquence et l'avantage hétérozygote. La sélection fondée sur la fréquence se produit quand le type le plus rare est avantagé, du seul fait qu'il est le plus rare. Ainsi, à mesure que le type qu'on avait cru « inférieur » commence à disparaître, il cesse d'être inférieur et rebondit. Comment est-ce possible ? Eh bien, supposons que des singes « rouges » soient particulièrement doués pour voir les fruits rouges tandis que les singes « verts » repèrent mieux les fruits verts. Dans une population dominée par les singes rouges, la plupart des fruits rouges auront déjà été pris, alors qu'un seul singe « vert », capable de voir les fruits verts, pourrait être avantagé – et vice versa. Même si ce cas n'est pas particulièrement plausible, c'est un exemple du *genre* de situation particulière qui peut maintenir les deux types dans une population sans que l'une d'elles disparaisse. Il n'est pas difficile de voir que quelque chose dans la ligne de notre théorie de l'« équipe de bombardier » pourrait être le genre de situation particulière qui maintient un polymorphisme.

En ce qui concerne l'avantage hétérozygote, l'exemple classique – qui est presque un cliché – est celui de l'anémie à hématies falciformes chez l'être humain. Le gène qui donne la maladie est mauvais en ce que les individus qui en possèdent deux copies (homozygotes) ont des corpuscules sanguins endommagés qui ressemblent à des faucilles, et souffrent d'une anémie débilitante. Mais il est bon en ce que les individus qui n'en ont qu'une copie (hétérozygotes) sont protégés contre le paludisme. Dans les régions où le paludisme est un problème, le bon l'emporte sur le mauvais, et le gène qui donne la maladie a tendance à se répandre dans la population malgré ses effets nocifs sur les individus suffisamment malchanceux pour être homozygotes*. Selon le professeur John Mollon et ses collaborateurs, dont les travaux sont surtout à l'origine de la découverte du système polymorphe de la vision colorée chez les petits singes du Nouveau Monde, l'avantage hétérozygote dont jouissent les femelles trichromates suffit à favoriser la coexistence des gènes rouges et verts dans la population. Mais le hurleur fait mieux, et cela nous amène à l'auteur même de ce message.

Les hurleurs ont réussi à profiter des avantages des deux côtés du polymorphisme en les combinant dans un seul chromosome. Ils ont réalisé cela au moyen d'une translocation heureuse. La translocation est une mutation d'un genre particulier. Un fragment de chromosome se colle d'une façon ou d'une autre sur un autre chromosome par erreur, ou à un autre endroit sur le même chromosome. C'est ce qui semble être arrivé à un ancêtre mutant chanceux des hurleurs, qui en conséquence s'est retrouvé avec à la fois un gène rouge et un gène vert côte à côte sur un même chromo-

* Cela affecte tristement les Américains d'origine africaine, qui, bien que ne vivant plus dans un pays où sévit le paludisme, héritent des gènes de leurs ancêtres qui vivaient dans un de ces pays. Un autre exemple est celui de la mucoviscidose dont le gène, en situation hétérozygote, semble protéger du choléra.

some X. Ce singe aurait été en bonne voie évolutive pour devenir un vrai trichromate, même si c'était un mâle. Le chromosome X mutant s'est répandu dans la population jusqu'à ce que, maintenant, tous les hurleurs le possèdent.

Il a été facile pour les hurleurs de réaliser ce tour évolutif car les trois gènes d'opsine étaient déjà présents dans la population des petits singes du Nouveau Monde. C'est seulement que, en dehors de quelques femelles chanceuses, le singe ordinaire n'en avait que deux. Quand nous, les grands singes et les petits singes de l'Ancien Monde, nous avons fait pareil de notre côté, nous ne l'avons pas fait de la même façon. Les dichromates de qui nous descendions n'étaient dichromates que d'une seule façon : il n'y avait pas de polymorphisme d'où partir. Les données laissent penser que le doublage du gène de l'opsine sur le chromosome X de nos ascendants était une véritable duplication. Le mutant d'origine s'est retrouvé avec deux copies tandem d'un gène identique, mettons deux gènes verts côte à côte sur le chromosome, et il n'a donc pas été un dichromate quasiment sur-le-champ comme le hurleur ancestral mutant. C'était un dichromate avec un gène bleu et deux gènes verts. Les petits singes de l'Ancien Monde sont devenus trichromates petit à petit, dans l'évolution qui a suivi, à mesure que la sélection naturelle a favorisé une divergence des sensibilités à la couleur des deux gènes d'opsine X vers le vert et le rouge respectivement.

Lors d'une translocation, il n'y a pas que le gène auquel on s'intéresse qu'on voit se déplacer. Ses compagnons de voyage – ses voisins sur le chromosome d'origine qui l'accompagnent sur le nouveau chromosome – peuvent parfois nous dire quelque chose. Et c'est le cas, en l'occurrence. Le gène *Alu* est bien connu pour être un « élément transposable » : un petit fragment d'ADN semblable à un virus qui se réplique dans le génome, comme une sorte de parasite, en corrompant le mécanisme de réplication de l'ADN de la cellule. Est-ce qu'*Alu* a été responsable du déplacement de l'opsine ? On en trouve la preuve tangible quand on y regarde de plus près. Il y a des gènes *Alu* aux deux extrémités de la région dupliquée. La duplication a probablement été un effet secondaire involontaire de la reproduction parasite. Chez un certain petit singe oublié depuis longtemps de l'époque de l'Éocène, un parasite du génome proche du gène de l'opsine a essayé de se reproduire, il a accidentellement répliqué un fragment d'ADN beaucoup plus grand que ce qu'il voulait, et il nous a mis sur le chemin de la vision en trois couleurs. Soit dit en passant, ne cédez pas à la tentation – par trop courante – de penser que, parce qu'un parasite du génome a l'air, avec le recul du temps, de nous avoir fait une faveur, les génomes abritent des parasites en espérant en tirer plus tard des faveurs. Ce n'est pas ainsi que procède la sélection naturelle.

Déclenchées ou pas par *Alu*, des erreurs de ce genre se produisent encore parfois. Quand deux chromosomes X s'alignent avant l'enjambement, il est possible qu'ils ne s'alignent pas correctement. Au lieu d'aligner le gène rouge d'un chromosome sur le gène rouge de l'autre chromosome, la similitude des gènes peut perturber le processus d'alignement de sorte qu'un gène rouge se trouve aligné sur un vert. Si l'enjambement se produit alors, il est « inégal » : un chromosome X peut se retrouver avec, mettons, un gène vert supplémentaire, alors que l'autre n'aura aucun gène vert. Même s'il n'y a pas enjambement, un processus qu'on appelle la « conversion de gènes » peut intervenir, dans lequel une courte séquence d'un chromosome est convertie dans la séquence correspondante de l'autre. Avec des chromosomes mal alignés, une partie du gène rouge peut être remplacée par la partie équivalente du gène vert, ou l'inverse. L'enjambement inégal tout comme la conversion des gènes mal alignés peuvent entraîner le daltonisme.

Les hommes souffrent plus souvent de daltonisme que les femmes (ce n'est pas une grande souffrance mais c'est quand même une gêne et les personnes qui en sont atteintes sont privées des plaisirs esthétiques que connaissent ceux d'entre nous qui sont indemnes) : en effet, s'ils héritent d'un chromosome X défectueux, ils n'en ont pas d'autre qui leur serve de sauvegarde. Personne ne sait s'ils voient le sang comme nous autres voyons l'herbe, ou s'ils voient les deux d'une façon totalement différente. De fait, cela peut varier d'une personne à l'autre. Tout ce que l'on sait, c'est que pour la cécité dichromatique des couleurs, ce qui est vert comme l'herbe est vraiment de la même couleur que ce qui est rouge comme le sang. Chez les êtres humains, le daltonisme affecte 2 % des hommes. Cependant, soit dit en passant, ne vous laissez pas tromper par le fait que d'autres types de cécité des couleurs rouges et vertes sont plus courantes (affectant environ 8 % des hommes). On appelle ces individus des trichromates anormaux : ils sont génétiquement trichromates, mais une de leurs trois classes d'opsines ne fonctionne pas*.

* Dans *Mendel's Demon* (*The Cooperative Gene*, dans l'édition américaine) Mark Ridley fait remarquer que le chiffre de 8 % (ou plus) s'applique aux Européens et autres qui ont une bonne médecine depuis longtemps. Les chasseurs-cueilleurs et

L'enjambement inégal n'aggrave pas toujours les choses. Certains chromosomes X se retrouvent avec plus que deux gènes d'opsine. Les gènes supplémentaires semblent presque toujours être verts plutôt que rouges. Le record est le nombre ahurissant de douze gènes verts supplémentaires, disposés en tandem. Mais rien ne prouve que les individus qui sont dotés de gènes verts en surnombre y voient mieux. Toutefois, le taux élevé de mutations sur cette partie du chromosome X signifie que les gènes « verts » ne sont pas tous exactement pareils dans la population. Ainsi, il est théoriquement possible qu'une femme, avec ses deux chromosomes X, ait une vision non pas trichromatique, mais tétrachromatique (voire pentachromatique si ses gènes rouges diffèrent aussi). Je ne sache pas que quelqu'un ait étudié ce phénomène.

Peut-être une idée déconcertante vous est-elle venue à l'esprit. J'ai parlé comme si l'acquisition, par mutation, d'une nouvelle opsine renforçait la vision colorée. Mais, bien sûr, les différences de sensibilité à la couleur des cônes sont totalement inutiles si le cerveau n'a pas un certain moyen de savoir quel type de cône lui envoie des messages. Si c'était par le câblage génétique – cette cellule-ci du cerveau est reliée à un cône rouge, cette cellule nerveuse là est reliée à un cône vert – le système fonctionnerait, mais il ne pourrait s'accommoder des mutations dans la rétine. Comment est-ce possible ? Comment pourrait-on s'attendre à ce que les cellules du cerveau « sachent » qu'une nouvelle opsine, sensible à une autre couleur, est soudain devenue disponible et qu'un ensemble particulier de cônes, dans l'énorme population de ceux de la rétine, a activé le gène qui fabrique une nouvelle opsine ?

Il semble que la seule réponse plausible est que le cerveau apprend. Il est vraisemblable qu'il compare les niveaux de l'impulsion qui vient de la population des cellules des cônes dans la rétine et « remarque » qu'une sous-population de cellules donne une forte décharge quand des tomates et des framboises s'offrent à la vue, une devant un ciel bleu, et une autre en regardant de l'herbe. C'est une spéculation gratuite, mais je suppose que quelque chose de ce genre permet au système nerveux de s'accommoder rapidement

---

autres sociétés « traditionnelles » plus proches du seuil d'intervention de la sélection naturelle ont des chiffres moins élevés. Selon Ridley, un relâchement de la sélection naturelle a favorisé l'augmentation de la cécité aux couleurs. La question tout entière de la cécité aux couleurs est traitée, d'une façon originale bien caractéristique, par Oliver Sacks dans *L'Île en noir et blanc*.

d'une modification génétique dans la rétine. Pour mon collaborateur Colin Blakemore, avec lequel j'ai discuté de cette question, ce problème fait partie d'une famille de problèmes similaires qui se posent chaque fois que le système nerveux central doit s'ajuster à une modification dans la périphérie*.

La leçon finale du hurleur est l'importance de la duplication des gènes. Les gènes de l'opsine rouge et de l'opsine verte dérivent à l'évidence d'un gène ancestral unique qui s'est photocopié sur une autre partie du chromosome X. Plus loin, en remontant dans le temps, nous pouvons être sûrs que c'est une duplication similaire qui a séparé le gène autosome bleu** en ce qui allait devenir le gène rouge ou le gène vert du chromosome X. Il est classique que des gènes de chromosomes complètement différents appartiennent à la même « famille de gènes ». Les familles de gènes sont apparues à partir d'anciennes duplications de l'ADN suivies d'une divergence des fonctions. Différentes études ont trouvé qu'un gène typiquement humain avait une probabilité moyenne de duplication d'environ 0,1 % à 1 % par million d'années. La duplication de l'ADN peut se faire progressivement ou surgir tout d'un coup, par exemple quand un parasite nouvellement virulent de l'ADN comme *Alu* se répand dans tout le génome, ou quand un génome est dupliqué en bloc. (La duplication complète du génome est courante chez les plantes, et l'on suppose qu'elle s'est produite au moins à deux reprises chez nos ascendants, au cours de l'apparition des vertébrés.) Indépendamment du moment ou de la façon dont elle se produit, la duplication est une des principales sources de nouveaux gènes. Au cours du temps de l'évolution, ce ne sont pas seulement les gènes qui changent dans les génomes. Les génomes eux-mêmes changent.

---

* J'imagine que les oiseaux et les reptiles doivent se servir un peu de cet apprentissage : la gamme de leurs sensibilités aux couleurs s'étend grâce à de minuscules gouttelettes d'huile de couleur qui émaillent la surface de leurs rétines.

** Ou ultraviolet, ou de quelle couleur que ce soit à ce moment-là. Il y a fort à penser que, de toute façon, les sensibilités exactes aux couleurs de toutes ces classes d'opsines ont changé au cours de l'évolution.

Rendez-vous 7

LES TARSIERS

Nous, les pèlerins anthropoïdes, sommes arrivés au Rendez-vous 7 à la date de – 58 millions d'années, dans les forêts denses et variées du Paléocène. Nous y retrouvons un petit groupe évolutif de cousins, les tarsiers. Nous avons besoin d'un nom pour désigner le clade qui rassemble les anthropoïdes et les tarsiers : ce sont les haplorrhiniens. Les haplorrhiniens sont constitués par le coancêtre 7, qui est peut-être notre aïeul à la six millionième génération, et tous ses descendants : les tarsiers et tous les singes.

Quand on observe un tarsier, la première chose que l'on remarque ce sont ses yeux, et quand on regarde son crâne, on ne voit qu'une paire d'yeux sur pattes, formule lapidaire qui le définit assez bien. Chaque œil est aussi gros que son cerveau tout entier, avec une pupille qui se dilate énormément. De face, son crâne semble porter une paire d'immenses, sinon gigantesques, lunettes à la mode. Du fait de leur taille énorme, les yeux tournent difficilement dans leurs orbites, mais, comme certaines chouettes, les tarsiers sont à la hauteur de ce défi : ils font pivoter leur tête tout entière, sur un cou extrêmement flexible, sur presque 360 degrés. La raison d'être de ces énormes yeux est la même que chez les chouettes et les singes de nuit : les tarsiers sont nocturnes. Exploitant la lumière de la lune, des étoiles et du crépuscule, ils ont besoin de capter le moindre photon. D'autres mammifères nocturnes ont un *tapetum lucidum* – une couche réfléchissante derrière la rétine –, qui renvoie les photons vers leur source, ce qui donne aux pigments rétiniens une deuxième chance de les intercepter.

C'est ce *tapetum* qui permet la nuit de repérer facilement les chats et d'autres animaux*. Si vous dirigez autour de vous une lampe électrique la nuit, elle attirera l'attention de tous les animaux alentour et, par curiosité, ils regarderont droit dans votre lumière. Son rayon se réfléchira depuis le *tapetum*. On peut parfois repérer des dizaines de paires d'yeux dans un seul balayage de lampe. Si les rayons de lumière électrique avaient été un trait de l'environnement dans lequel les animaux avaient évolué, ils n'auraient sans doute pas reçu de l'évolution le *tapetum lucidum*, c'est un tel moyen de se trahir !

Les tarsiers, c'est étonnant, n'ont pas de *tapetum lucidum*. On a suggéré que leurs ancêtres, avec d'autres primates, sont passés par une phase diurne où ils l'ont perdu. Cette idée est fondée sur le fait que les tarsiers ont le même curieux système de vision colorée que la plupart des petits singes du Nouveau Monde. Plusieurs groupes de mammifères qui étaient nocturnes du temps des dinosaures sont devenus diurnes après la mort de

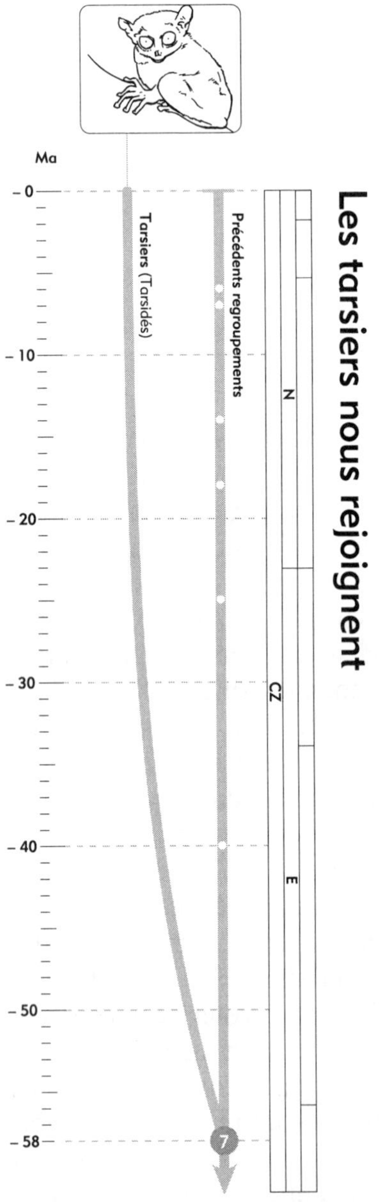

Les tarsiers nous rejoignent. D'après de récentes études morphologiques et moléculaires, le groupe des cinq espèces de tarsiers est frère des grands singes et des petits singes, et pas allié aux lémuriens comme on le croyait jusque-là.

Dessin : tarsier des Philippines (*Tarsius syrichta*).

* La plupart des oiseaux nocturnes ont, eux aussi, des yeux réfléchissants, mais pas les ægothèles huppés d'Australasie (ægothélidés), ni la mouette à queue d'hirondelle des Galápagos *Creagus furcatus*, qui est la seule mouette nocturne au monde.

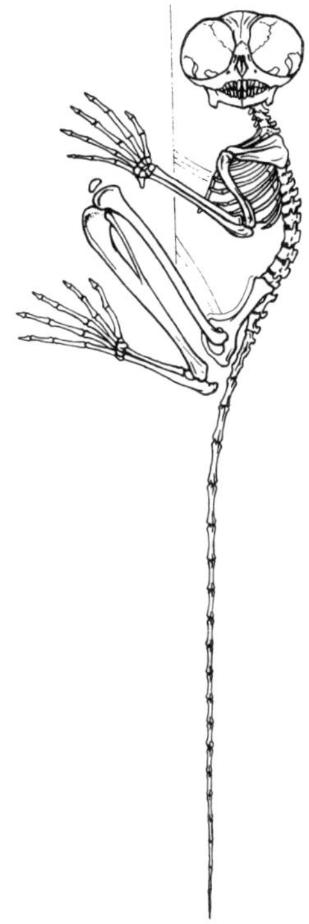

ces derniers, quand cela ne présentait plus de danger. On pense que les tarsiers ont ensuite regagné la nuit, mais que, pour une raison ou une autre, la voie évolutive pour récupérer le *tapetum* leur a été barrée. Ils sont donc arrivés au même résultat, capter le maximum de photons, avec des yeux qui sont devenus vraiment énormes*. Les autres descendants du coancêtre 7, les « petits singes » et les grands singes, n'ont pas non plus de *tapetum lucidum*, ce qui n'a rien d'étonnant puisqu'ils sont tous diurnes à part les singes de nuit d'Amérique du Sud. De plus, ces derniers, comme les tarsiers, ont compensé cette absence en acquérant des yeux très gros – mais pas aussi gros, par rapport à leur tête, que ceux des tarsiers. On peut facilement deviner que le coancêtre 7 n'avait pas non plus de *tapetum lucidum* et qu'il était probablement diurne. Que pouvons-nous en dire de plus ?

Outre le caractère diurne, le coancêtre 7 avait probablement l'allure d'un tarsier. Cette idée est fondée sur l'existence de quelques fossiles, les omomyidés, qui datent à peu près de la même période. Il aurait pu être comme un omomyidé, les omomyidés ressemblant beaucoup aux tarsiers. Sans être aussi gros que ceux des tarsiers modernes, leurs yeux étaient suffisamment gros pour laisser penser qu'ils étaient nocturnes. Peut-être le coancêtre 7 était-il une version diurne d'un omomyidé, arboricole. De ses deux lignées de descendants, l'une est restée à la lumière du jour et a prospéré pour donner les petits singes anthropoïdes et les grands singes. L'autre a regagné l'obscurité et a donné les tarsiers modernes.

En dehors des yeux, que dire d'autre sur les tarsiers ? Ce sont d'excellents sauteurs, avec de longues jambes comme les grenouilles

* D'après cette théorie, si les tarsiers avaient réussi à récupérer le *tapetum lucidum*, ils n'auraient pas eu besoin d'aussi gros yeux, ce qui aurait été une bonne chose. Les yeux les plus gros en valeur absolue dans tout le règne animal sont ceux du calmar géant, d'un diamètre de près de trente-trois centimètres. Ces calmars doivent, eux aussi, s'accommoder d'une lumière très faible, cette fois pas parce qu'ils sont nocturnes mais parce qu'il ne pénètre qu'extrêmement peu de lumière dans les grandes profondeurs des océans où ils vivent.

ou les sauterelles. Un tarsier peut sauter jusqu'à plus de trois mètres en longueur et un mètre cinquante en hauteur. Leur surnom de « grenouilles à fourrure » n'est probablement pas dû au hasard car ils ressemblent aussi à ces batraciens en ce qu'ils ont le tibia et le péroné soudés pour ne faire qu'un seul os plus puissant. Tous les anthropoïdes ont des ongles à la place des griffes, et il en va de même pour les tarsiers, hormis la présence curieuse de « griffes de nettoyage » sur les deuxième et troisième orteils. Nous ne pouvons deviner avec certitude le site du Rendez-vous 7, mais nous pouvons seulement remarquer que l'Amérique du Nord abonde en fossiles d'omomyidés précoces de la bonne période, et qu'elle était en ce temps là solidement liée à l'Eurasie par ce qui est maintenant le Groenland. Peut-être le coancêtre 7 était-il nord-américain.

Rendez-vous 8

LA GENT DES LÉMURIENS ET DES GALAGOS

Ayant pris les petits tarsiers sauteurs avec nous dans notre pèlerinage, nous nous dirigeons vers le Rendez-vous 8 où doivent nous rejoindre le reste des primates qu'on appelle traditionnellement les prosimiens : ce sont les lémuriens, les pottos, les galagos et les loris. Nous avons besoin d'un nom pour désigner ces prosimiens qui ne sont pas des tarsiers. Le terme de strepsirrhiniens est devenu usuel, signifiant « narines divisées » (mot à mot, nez peigne), mais il est un peu déroutant. Il dit seulement que la narine a la forme de celle du chien. Les autres primates, nous entre autres, sont des haplorrhiniens (nez simple : nos narines sont chacune un simple trou).

Nous, les pèlerins haplorrhiniens, nous accueillons au Rendez-vous 8 nos cousins strepsirrhiniens, dont la grande majorité sont des lémuriens. On a proposé plusieurs dates pour ce point de rencontre. J'ai retenu celle de – 63 millions d'années car elle est communément admise et elle se situe juste « avant » notre passage dans le Crétacé. Gardez cependant à l'esprit que, pour quelques chercheurs, ce rendez-vous se situe encore plus loin dans le passé, au cours du Crétacé. Il y a 63 millions d'années, le climat et la végétation de la Terre s'étaient remis de leur profond bouleversement à la fin du Crétacé – avec les dinosaures (voir le chapitre « La grande catastrophe du Crétacé »). Le monde était très humide et couvert de forêts, les continents du Nord essentiellement étant couverts d'un mélange relativement limité de conifères décidus, et de nombreuses variétés de plantes à fleurs.

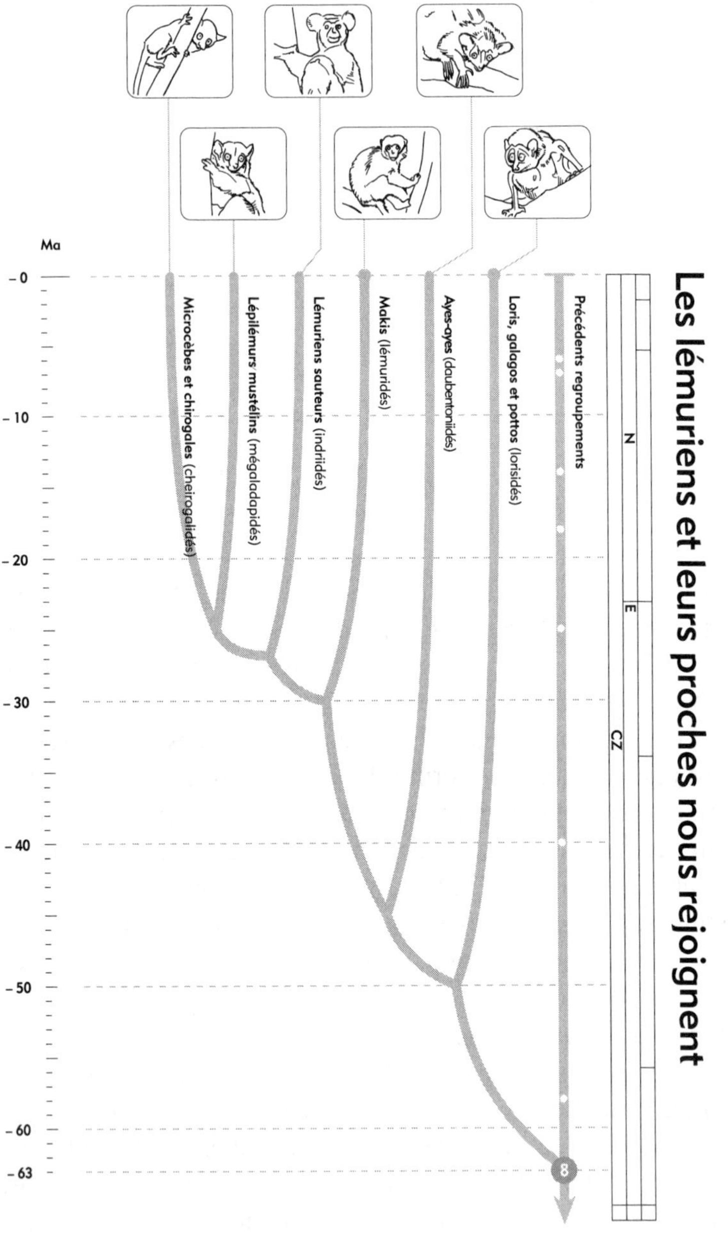

Les lémuriens et leurs proches nous rejoignent. Les primates vivants peuvent se diviser entre les lémuriens et leurs proches, et les autres. Le moment de cette divergence est en litige – certains la situent jusqu'à 20 millions d'années plus tôt, ce qui augmente l'âge des coancêtres 9, 10 et 11. Les cinq familles de lémuriens de Madagascar (30 espèces environ) et celle des loris (18 espèces) sont connues sous le nom de « strepsirrhiniens ». Dans cette phylogénie des strepsirrhiniens, l'ordre des embranchements au sein des lémuriens reste controversé.

C'est peut-être dans les branches d'un arbre que nous rencontrons le coancêtre 8, à la recherche de fruits, voire d'insectes. Cet ancêtre commun le plus récent de tous les primates survivants est notre aïeul à la sept millionième génération à peu près. Les fossiles qui pourraient nous aider à reconstituer son aspect comprennent le grand groupe des plésiadapiformes. Ils vivaient à peu près à la bonne époque, et possèdent un grand nombre des qualités que vous vous attendriez à trouver chez l'ancêtre le plus récent de tous les primates. Mais pas toutes, ce qui rend contestable leur prétendue position proche de l'ancêtre des primates.

Parmi les strepsirrhiniens, la plupart sont des lémuriens, vivant exclusivement à Madagascar, et l'aye-aye va nous en parler. Les autres se divisent en deux groupes principaux, les galagos, qui sautent, et les loris et les pottos, qui rampent. Quand j'étais petit, à l'âge de trois ans, habitant le Nyassaland (aujourd'hui le Malawi), j'avais pour animal de compagnie un galago, Percy, qui nous avait été apporté par un Africain de la région, et qui était probablement un jeune orphelin. Il était minuscule, assez petit pour se percher sur le bord d'un verre de whisky dans lequel il plongeait la main et buvait avec un plaisir évident. Dans la journée, il dormait agrippé à la partie inférieure d'une poutre de la salle de bains. Son « matin » venu (le soir), si mes parents n'avaient pas réussi à l'attraper à temps (ce qui arrivait souvent car il était extrêmement agile et sautait prodigieusement bien), il se précipitait en haut de ma moustiquaire et, de là, urinait sur moi. En sautant, par exemple sur une personne, il ne commençait pas par uriner dans ses mains suivant l'habitude des galagos. D'après la théorie qui veut que ce « lavage par l'urine » soit destiné à laisser la trace de son odeur, ce serait logique puisqu'il n'était pas adulte. D'après la théorie alternative que l'urine améliore la prise des mains, on s'explique moins bien pourquoi il ne faisait pas ce geste.

Je ne saurai jamais à laquelle des dix-sept espèces de galagos appartenait Percy, mais c'était très certainement un sauteur, et pas un rampeur. Ceux qui rampent sont les pottos d'Afrique et les loris d'Asie. Ils avancent beaucoup plus lentement, en particulier le « loris lent » d'Extrême-Orient, un chasseur furtif qui avance lentement sur une branche jusqu'à ce que, à portée de sa proie, il saute dans un mouvement de détente extrêmement rapide.

Les galagos et les pottos nous rappellent que la forêt tropicale est, comme la mer, un univers à trois dimensions. Vues de haut, les vagues vertes à la surface de la canopée tourbillonnent en direction de l'horizon. Si vous plongez dans l'univers vert au-dessous, vous traversez plusieurs couches distinctes, là encore comme dans la mer. Pour les animaux de la forêt, comme pour les poissons de la mer, il est aussi facile de se déplacer en hauteur qu'en profondeur et qu'horizontalement. Mais également comme dans la mer, en pratique, chaque espèce se spécialise pour vivre à un niveau particulier. La nuit, dans les forêts d'Afrique de l'Ouest, la surface de la canopée est le domaine des galagos pygmées qui chassent les insectes, et des pottos frugivores. Au-dessous du niveau de la canopée, les troncs des arbres sont séparés par des espaces vides, et c'est le domaine du galago mignon dont les ongles pointus lui permettent de grimper aux troncs des arbres après avoir franchi d'un bond l'espace qui l'en sépare. Plus bas encore, à l'étage au-dessous, le potto doré et son proche parent l'angwantibo chassent les chenilles. À l'aube, les galagos et pottos nocturnes cèdent la place aux petits singes chasseurs diurnes qui se partagent la forêt selon le même découpage. Les forêts d'Amérique du Sud sont quadrillées selon le même schéma dans lequel on trouve jusqu'à sept espèces d'opossums (marsupiaux), chacune au niveau qui lui est propre.

Les lémuriens descendent des primates précoces qui se sont trouvés bloqués à Madagascar à l'époque où les petits singes évoluaient en Afrique. Madagascar est une île suffisamment grande pour servir de laboratoire aux expériences naturelles sur l'évolution. Le thème de Madagascar sera abordé par un de ces lémuriens, qui n'est absolument pas le plus typique d'entre eux, l'aye-aye *Daubentania*. Je ne me rappelle pas grand-chose du beau discours sur les lémuriens qu'a livré Harold Pusey – ce pilier cultivé et avisé de la salle de conférences – aux zoologistes de ma génération à Oxford, mais je me souviens bien du refrain lancinant dont il ponctuait pratiquement chaque phrase sur les lémuriens : « sauf *Daubentania* ». « SAUF *Daubentania* ! » Malgré les apparences, l'aye-aye *Daubentania* est un lémurien parfaitement respectable, et les lémuriens sont les habitants les plus célèbres de la grande île de Madagascar. Il nous parle de Madagascar, cette vitrine classique des expériences naturelles de biogéographie ; sans se limiter aux lémuriens, il traite de l'ensemble de la faune et de la flore qui sont propres à cette île.

Il était une fois… l'aye-aye

Un personnage politique britannique a décrit un jour un rival (qui est devenu plus tard chef de son parti) comme ayant « quelque chose de nocturne ». L'aye-aye donne la même impression, et de fait, il est totalement nocturne, et c'est le plus gros des primates nocturnes. Il a de grands yeux déconcertants dans une face spectrale. Les doigts sont d'une longueur absurde : ce sont les doigts d'une sorcière des *Contes* de Grimm. Mais « absurde » seulement à l'aune des humains, car on peut être sûr que cette longueur a sa raison d'être : avec des doigts plus courts, les ayes-ayes seraient pénalisés par la sélection naturelle, même sans que l'on sache pourquoi. La sélection naturelle est une théorie suffisamment forte pour se prêter à ce genre de prédictions, maintenant que la science n'a plus besoin de nous convaincre de sa véracité.

Un doigt, le médius, est unique en son genre. Immensément long et très mince, même à l'aune des ayes-ayes, il sert spécifiquement à faire des trous dans le bois mort pour en tirer des larves. Ces animaux détectent leurs proies dans le bois en le martelant avec le même doigt long, et en écoutant les changements de ton qui trahissent la présence d'un insecte à l'intérieur*. Mais leur médius ne leur sert pas qu'à cela. À l'université de Duke, qui détient certainement la plus importante collection de lémuriens en dehors de Madagascar, j'ai vu un aye-aye insérer, fort délicatement et avec une grande précision, son médius dans sa narine – à la recherche de quoi, je l'ignore. Le regretté Douglas Adams a écrit un merveilleux chapitre sur l'aye-aye dans *Last Chance to See*, son journal de voyage sur ses expéditions avec le zoologiste Mark Carwardine, son coauteur.

> L'aye-aye est un lémurien nocturne. C'est une créature d'aspect très étrange qui a l'air d'avoir été assemblée avec des pièces provenant d'autres animaux. Il ressemble un peu à un gros chat avec des oreilles de chauve-souris, des dents de castor, une queue comme une grosse

---

* La même habitude, avec le même doigt long (sauf que c'est l'annulaire au lieu du médius), a évolué de manière convergente dans un groupe de marsupiaux de Nouvelle-Guinée, les phalangers à pelage rayé et les trioks (*Dactylopsila*). Ces marsupiaux semblent être des champions en matière de convergence, soit dit en passant. Ils ont les mêmes rayures que les mouffettes, et comme elles, ils émettent une odeur fétide pour se défendre.

> plume d'autruche, un doigt comme une longue brindille morte, et d'énormes yeux qui semblent regarder fixement au-delà de vous dans un monde totalement différent juste derrière votre épaule gauche. [...] Comme pratiquement tout ce qui vit à Madagascar, il n'existe nulle part ailleurs sur la Terre.

Quelle saveur merveilleuse dans l'écriture, et combien son auteur nous manque ! L'ouvrage d'Adams et Carwardine avait pour objectif d'attirer l'attention sur la situation critique des espèces en voie d'extinction. La trentaine d'espèces survivantes de lémuriens sont les vestiges d'une faune beaucoup plus importante qui a survécu jusqu'à l'invasion de Madagascar par des humains destructeurs il y a environ 2 000 ans.

Madagascar est un fragment du Gondwana (voir l'illustration 7, p. VI du cahier photo), qui s'est séparé d'abord de ce qui est l'Afrique actuelle vers – 165 millions d'années, puis de ce qui est devenu l'Inde vers – 90 millions d'années. Cet ordre des événements peut paraître étonnant mais, comme nous le verrons, une fois que l'Inde s'est détachée de Madagascar, elle a progressé particulièrement vite selon les normes de la tectonique des plaques.

À l'exception des chauves-souris (qui sont probablement arrivées en volant) et de ce que l'homme a introduit, les habitants terrestres de Madagascar descendent soit des anciennes faune et flore du Gondwana, soit de rares immigrants qui ont eu la chance improbable d'accoster ici sur un radeau venu d'ailleurs. Cette île est un jardin botanique et zoologique naturel qui abrite environ 5 % de toutes les espèces végétales et animales terrestres du monde, et 80 % d'entre elles ne se trouvent nulle part ailleurs. Pourtant, en dépit de cette richesse étonnante d'espèces, elle est aussi remarquable pour l'absence totale de nombreux groupes majeurs. Contrairement à l'Afrique ou à l'Asie, Madagascar ne possède pas d'antilopes de souche, pas de chevaux, ou de zèbres, pas de girafes, pas d'éléphants, pas de lapins, pas de musaraignes-éléphants, aucun membre de la famille des chats ou des chiens : absolument aucun élément de la faune africaine que l'on s'attendrait à y trouver*. On y trouve des potamochères qui semblent être arrivés très récemment, peut-être introduits par des humains. (Nous reviendrons à l'aye-aye et autres lémuriens à la fin de ce propos.)

---

* Des fossiles laissent cependant penser que plusieurs espèces d'hippopotames y ont survécu jusqu'à récemment.

Madagascar possède trois membres de la famille des mangoustes, qui sont clairement apparentés et qui ont dû arriver sous la forme d'une espèce fondatrice unique venue d'Afrique et qui s'est ensuite ramifiée. Le plus célèbre d'entre eux est le foussa, ou cryptocropte féroce, une sorte de mangouste géante de la taille d'un beagle, mais avec une très longue queue. Ses parents plus petits sont l'euplère de Goudot, et la civette fossane, ou fanaloka dont le nom latin est *Fossa fossa*, ce qui prête à confusion*.

Il existe un groupe de rongeurs spécifiquement malgache, constitué de neuf genres en tout, unis dans une sous-famille, les nésomyinés. Ils comprennent une forme à l'allure de rat géant qui creuse des terriers, un rat qui grimpe aux arbres, un « rat des marais » à la queue touffue, et une forme à l'allure de gerboise qui sautille. On a longtemps débattu pour savoir si ces rongeurs propres à Madagascar proviennent d'un seul épisode migratoire ou de plusieurs. S'il y avait un fondateur unique, cela voudrait dire que, depuis son arrivée à Madagascar, ses descendants ont évolué pour occuper toutes ces différentes niches de rongeurs : une histoire très malgache. Des données moléculaires récentes montrent que deux espèces sur le continent africain sont apparentées de plus près à certains rongeurs malgaches que certains rongeurs malgaches ne le sont entre eux. Cela semblerait indiquer une immigration multiple depuis l'Afrique. Cependant, quand on regarde ces données de plus près, on trouve de quoi étayer une hypothèse étonnante. Il semble que les rongeurs malgaches descendent d'un fondateur unique venu, non pas d'Afrique, mais de l'Inde. Si c'est vrai, les affinités avec deux rongeurs africains indiqueraient une dérive en radeau supplémentaire de Madagascar vers l'Afrique. Les ancêtres des espèces africaines sont venus de l'Inde en passant par Madagascar. C'est comme si l'océan Indien favorisait la dérive en radeau vers l'ouest. Et une fois de plus, il ne faut pas oublier que l'Inde devait être plus proche de Madagascar quand s'est produite cette immigration.

Sur les huit espèces de baobabs, six (dont une vous est présentée dans le cahier photo, ill. 3) sont propres à Madagascar, et l'île compte cent trente espèces de palmiers, auprès desquels le nombre de celles que renferme l'Afrique paraît minuscule. Si l'on en croit certains spécialistes, les caméléons viennent de Madagascar. Il est

* Le nom latin du foussa (*Cryptocropta ferox*) est complètement différent.

certain que les deux tiers des espèces de caméléons du monde en sont originaires. Citons enfin une famille d'animaux à l'allure de musaraignes spécifiquement malgache, ce sont les tenrecs. Jadis classés dans les insectivores, ils se trouvent maintenant parmi les afrothériens que nous rencontrerons au Rendez-vous 13. Probablement arrivés à Madagascar depuis l'Afrique en tant que deux populations fondatrices différentes, avant tous les autres mammifères, ils se sont maintenant diversifiés en vingt-sept espèces, dont certaines ressemblent à des hérissons, d'autres à des musaraignes, et une qui vit en grande partie sous l'eau comme une musaraigne d'eau. Les ressemblances sont convergentes – ces espèces ont évolué indépendamment, selon le mode typiquement malgache. Madagascar étant isolée, il n'y avait pas de « vrais » hérissons ni de « vraies » musaraignes d'eau. Ainsi, les tenrecs qui avaient la bonne fortune d'être sur place, ont évolué pour être les équivalents locaux des hérissons et des musaraignes d'eau.

Il n'y a absolument aucun singe, grand ou petit, à Madagascar, ce qui laisse de la place aux lémuriens. Heureusement, peu après – 63 millions d'années, une population fondatrice de primates strepsirrhiniens précoces y est arrivée par hasard. Comme d'habitude, on n'a aucune idée de la façon dont les choses se sont passées. La divergence évolutive (le Rendez-vous 8, à – 63 millions d'années) s'est produite après la séparation géographique de Madagascar de l'Afrique (– 165 millions d'années) et de l'Inde (– 88 millions d'années), si bien que l'on ne peut pas dire que les ancêtres des lémuriens étaient des résidents du Gondwana depuis toujours. À plusieurs endroits dans ce livre, j'ai utilisé l'expression de « dérive en radeau » comme une sorte de code raccourci pour « traversée de la mer par un coup de chance extraordinaire, par un certain moyen inconnu, d'une grande improbabilité statistique, dont il a suffi qu'elle se produise une fois, et dont on sait qu'elle a dû se produire au moins une fois parce que l'on voit ses conséquences ultérieures ». Je devrais ajouter que la « grande improbabilité statistique » est là pour la forme. Les preuves, comme nous l'avons vu au Rendez-vous 6, sont en fait que la « dérive en radeau » dans ce sens général est plus courante que l'intuition ne le laisserait penser. L'exemple classique est la rapide recolonisation des restes de Krakatoa après sa brutale destruction par une éruption volcanique*.

* Dans *La Diversité de la vie*, E. O. Wilson décrit très bien ce phénomène.

À Madagascar, les conséquences de cette heureuse dérive en radeau ont été spectaculaires et merveilleuses : des lémuriens grands et petits, allant pour la taille du chirogale mignon, plus petit qu'un hamster, à l'*Archæoindris* récemment éteint, plus lourd qu'un gros gorille à dos argenté et qui ressemblait à un ours ; les lémuriens familiers comme les makis catta avec leur longue queue rayée et touffue telle une chenille qui flotte en l'air tandis que la troupe court sur le sol ; ou l'indri, ou le sifaka danseur qui est peut-être le primate dont la bipédie est la plus accomplie après celle de l'homme.

Et, bien sûr, il y a l'aye-aye, auteur de ce message. Le monde deviendra un lieu plus triste quand il aura disparu, ce que je crains. Mais un monde sans Madagascar ne serait pas seulement plus triste, il serait plus pauvre. Si vous faisiez disparaître Madagascar, vous feriez disparaître environ un millième de la surface totale des terres seulement, mais un bon 4 % de toutes les espèces d'animaux et de plantes.

Pour le biologiste, Madagascar est une île bénie. Au cours de notre pèlerinage, c'est la première des cinq grandes îles – pour certaines, effectivement très grandes – dont l'isolement à des carrefours cruciaux dans l'histoire de la Terre a structuré radicalement la diversité des mammifères, et non seulement des mammifères, mais aussi des insectes, des oiseaux, des plantes et des poissons, et quand nous rejoindrons enfin des pèlerins plus éloignés, nous trouverons d'autres îles qui ont joué le même rôle, et qui ne sont pas toutes des îles de terre ferme. Le cichlidé nous convaincra que chacun des grands lacs africains est son propre Madagascar aquatique, et les poissons cichlidés ses lémuriens.

Les îles, ou les îles-continents qui ont modelé l'évolution des mammifères sont, dans l'ordre où nous les visiterons, Madagascar, la Laurasie (le grand continent du Nord qui était autrefois isolé de son homologue du Sud, le Gondwana), l'Amérique du Sud, l'Afrique et l'Australie. Le Gondwana lui-même pourrait s'ajouter à cette liste, car nous découvrirons au Rendez-vous 15 que lui aussi a engendré sa propre faune unique avant de se morceler en tous nos continents de l'hémisphère Sud. L'aye-aye nous a montré l'extravagance de la flore et de la faune de Madagascar. La Laurasie est l'ancien foyer et lieu de démonstration darwinienne de l'énorme afflux de pèlerins que nous rencontrerons au Rendez-vous 11, les laurasiathériens. Au Rendez-vous 12, nous rejoindra un étrange groupe de pèlerins, les xénarthres, qui ont fait leur apprentissage sur ce qui était alors l'île-continent de l'Amérique du Sud, et qui nous parleront de ceux qui l'ont partagée avec eux. Au Rendez-vous 13, nous trouverons les afrothériens, un autre groupe de mammifères d'une énorme variété, et dont la diversité s'est affinée sur l'île-continent de l'Afrique. Puis, au Rendez-vous 14, ce sera le tour de l'Australie et des marsupiaux. Madagascar est le microcosme qui donne le modèle d'ensemble – un modèle assez grand pour que l'on en garde le fil, et suffisamment concis pour servir d'exemple en se prêtant à un exposé clair.

LA GRANDE CATASTROPHE DU CRÉTACÉ

Le Rendez-vous 8, où nos pèlerins ont rencontré les lémuriens voici 63 millions d'années, était notre dernier rendez-vous dans notre voyage en remontant le temps, « avant » le passage de la barrière des 65 millions d'années, qu'on appelle la limite K/T, séparant l'âge des mammifères de celui, beaucoup plus long, des dinosaures qui l'a précédé*. Le K/T a été un grand tournant dans la destinée des mammifères. C'étaient jusque-là des petites créatures à l'allure de musaraignes, insectivores nocturnes, dont l'exubérance avait été contenue sous le poids de l'hégémonie reptilienne pendant plus de 100 millions d'années. Cette pression s'est soudain relâchée et, en un espace de temps géologique très court, les descendants de ces musaraignes se sont multipliés pour occuper les espaces écologiques abandonnés par les dinosaures.

Qu'est-ce qui a causé cette catastrophe ? Les avis divergent. À cette époque, une activité volcanique intense en Inde, dont les flots de lave ont recouvert plus d'un million de kilomètres carrés (les « Ghâts » du Deccan), a dû avoir un effet radical sur le climat. De nombreuses données permettent cependant d'établir un consensus selon lequel le coup de grâce a été plus soudain et plus radical. Il semble qu'un projectile venu de l'espace – grosse météorite ou grosse comète – s'est écrasé sur la Terre. On dit toujours que les détectives reconstituent les faits à partir de cendres de cigare et de traces de pas. En l'occurrence, la cendre est une couche d'iridium qui a recouvert toute la Terre au bon niveau dans les strates géologiques. Normalement, l'iridium est rare dans la croûte terrestre, mais courant dans les météorites. Dans le type d'impact en question, le bolide se serait pulvérisé en une poussière qui se serait disséminée dans toute l'atmosphère, avant de retomber en pluie sur la surface de la Terre. La trace de pas – de 250 kilomètres de large sur une profondeur de 75 kilomètres – est un cratère d'impact géant, Chicxulub, à la pointe du Yucatán au Mexique.

* K/T signifie Crétacé/Tertiaire, avec un K au lieu d'un C, le C ayant déjà été attribué par les géologues au Carbonifère. Crétacé vient du latin *creta*, la craie, qui se dit *Kreide* en allemand, d'où le K. Le mot « Tertiaire » faisait partie d'un système de nomenclature maintenant périmé, et il couvrait les cinq premières époques du Cénozoïque. La limite entre les deux s'appelle maintenant Crétacé-Paléogène (voir l'échelle du temps dans le cahier photo, ill. 1). Toutefois, l'abréviation K/T restant en usage, c'est celle que j'emploierai.

L'espace est plein d'objets qui se déplacent dans des directions aléatoires et à des vitesses extrêmement différentes les unes des autres. Et il y en a beaucoup plus qui se déplacent à grande vitesse qu'à petite par rapport à nous. Ainsi, la plupart des objets qui heurtent notre planète arrivent effectivement à grande vitesse. Heureusement, la plupart d'entre eux sont petits et brûlent dans notre atmosphère sous forme d'« étoiles filantes ». Certains sont assez gros pour garder une certaine masse jusqu'à la surface de la planète. Et, une fois sur des dizaines de millions d'années, un très gros entre en collision de façon catastrophique avec nous. Parce qu'ils sont très rapides, ces objets massifs libèrent une gigantesque quantité d'énergie lors de la collision. Une blessure par arme à feu brûle à cause de la vélocité de la balle. Une collision de météorite ou de comète peut se produire à une vitesse encore plus grande qu'une balle très rapide. Et alors que la balle ne pèse que quelques dizaines de grammes, la masse du projectile céleste qui a mis fin au Crétacé et a exterminé les dinosaures se mesurait en mégatonnes. Le bruit de tonnerre qui a retenti sur toute la planète suite à l'impact à un millier de kilomètres à l'heure, a probablement rendu sourdes toutes les créatures vivantes qui n'avaient pas été brûlées par l'explosion, asphyxiées par les vents, noyées par le tsunami de cent cinquante mètres qui a parcouru la mer bouillante à proprement parler, ou pulvérisées par un tremblement de terre mille fois plus violent que le plus intense qu'ait jamais produit la faille de San Andreas*. Et ce n'était là que le cataclysme immédiat. Il y a eu ensuite les contrecoups : les incendies de forêt tout autour du globe, la fumée, la poussière et les cendres, qui ont caché le soleil dans un hiver nucléaire de deux ans, lequel a tué la plupart des plantes et arrêté net les chaînes alimentaires du monde entier.

Il n'est pas étonnant que les dinosaures, à l'exception notoire des oiseaux, aient péri. Et pas seulement les dinosaures mais également environ la moitié de toutes les autres espèces, en particulier les espèces marines**. Ce qui est étonnant, c'est que la vie ait survécu à ce genre de cataclysme. À ce propos, celui qui a mis fin au Crétacé et aux dinosaures n'est pas le plus important – cet honneur

* En Californie. (*N.d.T.*)

** Il est tentant de considérer que cette catastrophe a été étrangement sélective. Les foraminifères de mer profonde (protozoaires à minuscule coquille qui se fossilisent en énormes quantités et, de ce fait, servent beaucoup d'espèce indicatrice aux géologues) ont été presque entièrement épargnés.

revient à l'extinction de masse qui marque la fin du Permien, il y a environ 250 millions d'années, et lors duquel quelque 95 % de toutes les espèces ont disparu. Des données récentes laissent penser qu'une comète ou une météorite encore plus grosse aurait été responsable de cette extinction sans précédent. Nous sommes bien conscients – et cette idée nous met mal à l'aise – qu'une catastrophe similaire pourrait nous frapper à tout moment. À la différence des dinosaures du Crétacé ou des reptiles pélycosauriens (mammaliens) du Permien, les astronomes nous préviendraient plusieurs années, ou au moins plusieurs mois, à l'avance.

Mais ce ne serait pas d'un grand avantage car, du moins avec les technologies actuelles, il n'y a rien que nous puissions faire pour l'éviter. Heureusement, les chances pour que ce phénomène se produise au cours de la vie d'une personne en particulier sont, selon les critères normaux, négligeables. Dans le même temps, les chances pour qu'il survienne dans la vie de *quelques* infortunés sont proches de la certitude. Les compagnies d'assurances ne sont tout simplement pas habituées à penser aussi loin dans le temps. Et les malheureux concernés ne seront probablement pas des humains car il est statistiquement vraisemblable que, de toute façon, nous aurons tous disparu auparavant.

On pourrait expliquer rationnellement que l'humanité devrait dès maintenant mettre sur pied des recherches concernant des moyens de défense afin de développer suffisamment la technologie au cas où, dans l'éventualité d'une alerte crédible, on aurait le temps d'intervenir. Les technologies actuelles ne pourraient que minimiser l'impact en stockant un ensemble équilibré et approprié de graines, d'animaux domestiques, de machines, entre autres d'ordinateurs et de banques de données pleines des connaissances culturelles accumulées, dans des abris souterrains avec des humains privilégiés (mais ça, c'est un problème politique). Il vaudrait mieux mettre au point des technologies dont on s'est contenté de rêver jusqu'à présent, pour éviter cette catastrophe en faisant dévier ou en détruisant l'intrus. Les politiciens qui inventent des menaces extérieures de puissances étrangères, et s'attirent un soutien financier ou électoral en semant la peur, pourraient trouver dans une collision potentielle avec un météore la réponse à leur dessein ignoble aussi bien qu'un « empire du Mal », qu'un « axe du Mal », ou que l'abstraction encore plus nébuleuse de la « Terreur ». Elle aurait l'avantage supplémentaire d'inciter à une coopération internationale plutôt qu'à des dissensions interplanétaires. La technologie elle-même est similaire à celle des systèmes d'armes extrêmement sophistiqués de la « guerre des étoiles », et de l'exploration de l'espace. La prise de conscience que l'humanité tout entière a des ennemis en commun pourrait avoir l'avantage incalculable de nous amener à nous rassembler plutôt qu'à nous diviser comme c'est le cas actuellement.

Puisque nous existons, il est évident que nos ancêtres ont survécu à l'extinction du Permien, et, plus tard, à celle du Crétacé. Ces deux catastrophes, ainsi que d'autres, ont dû être extrêmement désagréables pour eux, et ils ont survécu de justesse, éventuellement sourds et aveugles, mais tout juste capables de se reproduire, sinon nous ne serions pas là.

Peut-être est-ce qu'ils hibernaient à ce moment-là, et qu'ils ne se sont pas réveillés avant la fin de l'hiver nucléaire dont on pense qu'il suit ce genre de catastrophe. Et ensuite, avec le temps et l'évolution, ils en ont tiré les bénéfices. Pour les survivants du Crétacé, il n'y avait plus de dinosaures pour les dévorer, plus de dinosaures avec qui être en compétition. Vous pourriez penser qu'en revanche il n'y avait plus de dinosaures à manger. Mais peu de mammifères étaient assez gros et peu de dinosaures assez petits pour que ce soit une grande perte. Il est indubitable que les mammifères ont connu un essor massif après le K/T, mais la forme de cet essor et son ancrage dans nos points de rendez-vous sont discutables. Trois « modèles » ont été proposés, et il est temps maintenant de les étudier. Les trois ont beaucoup de points communs, aussi me contenterai-je de les présenter sous leur forme extrême par souci de simplicité. Pour être plus clair, à mon sens, je changerai leurs noms usuels pour leur donner ceux de « modèle du big bang », « modèle de l'explosion différée » et « modèle sans explosion ». Il y a, dans la controverse sur ce qu'on appelle l'explosion du Cambrien, des parallèles que nous exposera l'onychophore.

1. Selon le modèle du big bang, dans sa forme extrême, une espèce unique de mammifères a survécu à la catastrophe du K/T, un Noé du Paléocène en quelque sorte. Aussitôt après la catastrophe, les descendants de ce Noé ont commencé à proliférer et à diverger. D'après ce modèle, la plupart des rendez-vous se sont produits en bouquet, juste de ce côté-ci de la limite du K/T, c'est la façon rétrospective de voir la rapide ramification des descendants de Noé.

2. Dans le modèle de l'explosion différée il y a bien eu une énorme explosion de la diversité des mammifères après la limite K/T, mais les mammifères qui en sont issus ne descendaient pas d'un

seul Noé, si bien que la plupart des rendez-vous entre les pèlerins sont antérieurs à la limite K/T. Quand les dinosaures ont soudain quitté la scène, des quantités de petites lignées d'animaux à l'allure de musaraignes ont survécu pour occuper les lieux. Une « musaraigne » a évolué pour donner les carnivores, une deuxième pour donner les primates, et ainsi de suite. Ces différentes « musaraignes », bien que probablement très similaires, ont des ancêtres différents qui remontent loin dans le passé, pour finalement se rejoindre très loin dans l'âge des dinosaures. Ces ancêtres ont suivi en parallèle leur longue marche vers le futur en traversant l'âge des dinosaures jusqu'à la limite K/T. Tous ont alors subi une explosion de diversité, plus ou moins simultanée, quand les dinosaures ont disparu. En conséquence, les coancêtres des mammifères modernes sont largement antérieurs à la limite K/T, même s'ils n'ont commencé à diverger dans leur aspect et leur mode de vie qu'après la mort des dinosaures.

3. Dans le modèle sans explosion, la limite K/T ne marque pas une nette rupture dans l'évolution de la diversité des mammifères. Les mammifères sont simplement passés par des successions d'embranchements, et ce processus s'est déroulé pratiquement de la même façon avant la limite K/T et après. Comme dans le modèle de l'explosion différée, les coancêtres des mammifères sont antérieurs à la limite K/T, mais ici, ils avaient déjà divergé considérablement à la disparition des dinosaures.

De ces trois modèles, les données, en particulier les données moléculaires, mais de plus en plus les données fossiles, semblent aller davantage dans le sens du modèle de l'explosion différée. La plupart des divergences dans l'arbre des mammifères remontent plus loin, au fin fond du temps des dinosaures. Mais la majorité des mammifères qui coexistaient avec les dinosaures se ressemblaient beaucoup, et cette ressemblance a perduré jusqu'à ce que la disparition de ces derniers les libère et que leur diversité explose dans l'âge des mammifères.

Quelques membres de ces principales lignées n'ont guère changé depuis ces premiers temps, si bien qu'ils se ressemblent beaucoup, même si leurs ancêtres communs remontent extrêmement loin. Les musaraignes eurasiennes et les musaraignes tenrecs, par exemple, se ressemblent beaucoup, probablement pas parce qu'elles ont convergé à partir de points de départ différents, mais parce qu'elles n'ont pas beaucoup changé depuis les temps primitifs. On pense que leur ancêtre commun, le coancêtre 13, vivait voilà 105 millions d'années, aussi longtemps avant la limite K/T que le temps qui nous sépare d'elle.

Rendez-vous 9

LES GALÉOPITHÈQUES ET LES TOUPAYES

Le Rendez-vous 9 a lieu à – 70 millions d'années, encore au temps des dinosaures et avant que ne commence vraiment l'essor de la diversité des mammifères. De fait, l'essor des fleurs elles-mêmes n'en était qu'à ses débuts. Malgré leur diversité, les plantes à fleurs s'étaient jusque-là cantonnées à des habitats perturbés comme ceux qui avaient été saccagés par les énormes dinosaures ou ravagés par le feu, mais elles avaient alors évolué petit à petit pour s'étendre à toute une gamme d'arbres et de buissons en sous-bois des forêts pluviales. Le coancêtre 9, notre aïeul à la dix millionième génération environ, est l'ancêtre que nous avons en commun avec deux groupes de mammifères à l'allure d'écureuils, du moins en ce qui concerne l'un d'eux, car dans l'autre ils ressemblent plutôt à des écureuils volants. Il s'agit des dix-huit espèces de toupayes et des deux espèces de galéopithèques, ou « lémuriens volants », toutes originaires du Sud-Est asiatique.

Les toupayes se ressemblent tous beaucoup, et ils font partie de la famille des tupaïdés. La plupart d'entre eux vivent comme les écureuils, dans les arbres, et certaines espèces leur ressemblent jusque dans leur longue queue aérodynamique et touffue, mais cette ressemblance est superficielle. Les écureuils sont des rongeurs, ce qui n'est pas le cas des toupayes, mais quant à dire ce qu'ils sont, eh bien, ce sera le sujet de notre prochain message. Sont-ce des musaraignes comme le suggérerait leur nom [anglais] de « musaraigne arboricole » ? Ou bien des primates, comme l'ont longtemps pensé certains spécialistes ? Ou encore complètement autre chose ?

La solution pragmatique a été de les mettre tout seuls, à part, dans un ordre de mammifères qui leur est propre, mais que l'on ne sait pas bien où placer, l'ordre des scandentiens (du latin *scandere*, grimper).

Mais quand il s'agit de situer les coancêtres dans le temps, on ne peut éluder le problème aussi facilement. Dans le message du galéopithèque, je justifie la solution que j'ai adoptée (à moins qu'il s'agisse d'excuses), à savoir de réunir les galéopithèques et les toupayes « avant » qu'ils rejoignent notre pèlerinage. On connaît depuis longtemps les galéopithèques sous le nom de « lémuriens volants », appellation qui suscite aussitôt ce rectificatif évident : ce ne sont pas des lémuriens et ils ne volent pas. Des données récentes laissent penser qu'ils sont plus proches des lému-

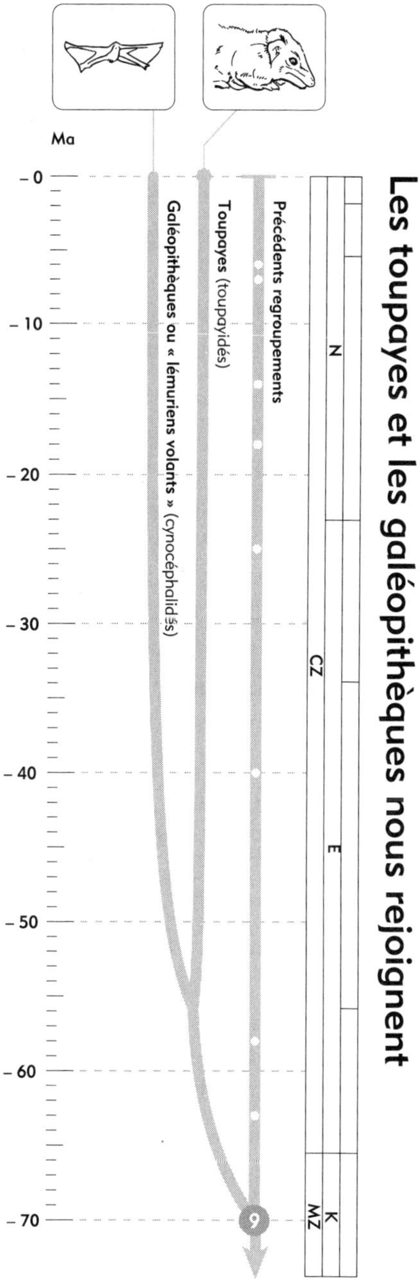

Les toupayes et les galéopithèques nous rejoignent. C'est l'une des phylogénies les plus incertaines de cet ouvrage (voir le message du galéopithèque). Ce schéma, qui rassemble les seize espèces de toupayes et les deux espèces de galéopithèques en un groupe frère des primates, est celui que défendent certains taxinomistes moléculaires. Les dates de ce rendez-vous et du suivant ne sont pas formellement établies.

Dessins, de gauche à droite : galéopithèque malais (*Cynocephalus variegatus*) ; toupaye de Belanger (*Tupaia belangeri*).

riens que ne le croyaient même ceux qui les ont si mal nommés. Et même s'ils ne pratiquent pas le vol battu, comme les chauves-souris et les oiseaux, ce sont d'excellents planeurs. Les deux espèces, *Cynocephalus volans*, le galéopithèque des Philippines, et *C. variegatus*, le galéopithèque malais, ont un ordre pour eux tout seuls, les dermoptères (« ailes de peau »). À l'instar des écureuils volants d'Amérique et d'Eurasie, de ceux d'Afrique à queue écailleuse (anomalures) qui leur sont apparentés de plus loin, et des planeurs marsupiaux d'Australie et de Nouvelle-Guinée, les galéopithèques ont une seule grande membrane de peau, le patagium, qui fonctionne un peu comme un parachute contrôlé. Mais à la différence de celui des autres planeurs, ce patagium recouvre la queue et les membres et s'étend jusqu'aux doigts et aux orteils. Avec une « envergure » de soixante-dix centimètres, il permet aux galéopithèques (plus gros que tous les autres planeurs) de planer sur plus de soixante-dix mètres, de nuit, dans la forêt, sans perdre beaucoup d'altitude.

Le fait que le patagium s'étend jusqu'au bout de la queue, des doigts et des orteils laisse penser que leur mode de vie fait davantage appel au vol plané que celui des autres mammifères planeurs. Il est vrai qu'ils sont assez maladroits sur le sol, mais ils se rattrapent largement dans l'air où leur énorme parachute leur permet de parcourir de vastes zones forestières à grande vitesse. Il leur faut donc une bonne vision stéréoscopique pour se diriger sans erreur la nuit vers l'arbre voulu, éviter les collisions fatales, et terminer leur course par un atterrissage de précision. Effectivement, ils ont de grands yeux stéréoscopiques particulièrement efficaces pour la vision nocturne.

Les galéopithèques et les toupayes ont des systèmes de reproduction peu ordinaires, mais différents. Les galéopithèques ressemblent aux marsupiaux en ce que leurs petits naissent tôt au cours du développement embryonnaire. Ne possédant pas de poche marsupiale, la mère se sert du patagium, dont la région caudale se replie vers l'intérieur pour former une poche de fortune dans laquelle prend place le petit (qui est en général unique). La mère se pend souvent à une branche, la tête en bas comme un paresseux, ce qui fait au petit l'effet d'être dans un hamac.

Pour un petit galéopithèque, ce doit être bien plaisant de regarder autour de soi du bord d'un hamac de fourrure douillette. Le petit toupaye, au contraire, reçoit moins de soins maternels qu'aucun autre petit mammifère. La mère, du moins dans plusieurs espèces, a deux nids, l'un dans lequel elle vit, et l'autre qui abrite les petits. Elle ne va les voir que pour les nourrir, en y passant le moins de temps possible, de cinq à dix minutes. Entre-temps, sans une mère pour les tenir au chaud comme les autres petits mammifères, les petits toupayes ont besoin de se réchauffer à partir de ce qu'ils mangent. À cet effet, le lait maternel est d'une richesse exceptionnelle.

Les affinités entre les toupayes et les galéopithèques et avec les autres mammifères sont controversées et incertaines. Il y a une leçon à en tirer, et c'est celle que va nous livrer le galéopithèque.

Il était une fois… le galéopithèque

Le galéopithèque pourrait parler de ses vols planés nocturnes à travers les forêts du Sud-Est asiatique, mais, dans l'intérêt de notre pèlerinage, c'est un sujet plus terre-à-terre qu'il doit aborder. Sa morale est une mise en garde, celle que notre histoire apparemment bien nette de coancêtres et de rendez-vous, avec l'ordre dans lequel les pèlerins nous rejoignent, risque fort d'être contestée et révisée avec les avancées de la recherche. La phylogénie du Rendez-vous 9 montre une conception des choses qui s'appuie sur des données récentes. Selon cette façon de voir, que j'adopte ici provisoirement, les pèlerins que nous, les primates, saluons à ce rendez-vous sont un groupe déjà formé, constitué par les galéopithèques et les toupayes. Il y a quelques années, les galéopithèques n'y auraient pas figuré. Selon la taxinomie orthodoxe, les toupayes seuls auraient rejoint les primates à ce rendez-vous, et les galéopithèques nous auraient retrouvés plus loin, voire beaucoup plus loin.

Rien ne garantit que le tableau actuel restera tel quel. De nouvelles données pourraient rétablir l'ancien schéma, ou en donner un totalement différent. Certains chercheurs pensent même que les galéopithèques sont plus proches des primates que les toupayes. En ce cas, le Rendez-vous 9 serait l'endroit où les primates que nous sommes retrouvent les galéopithèques. Il faudrait alors attendre les toupayes au Rendez-vous 10, et ajouter une unité aux numéros des coancêtres suivants. Mais ce n'est pas la façon de voir que j'ai adoptée. On peut considérer que le doute et l'incertitude conviennent mal pour conclure un message, mais c'est une leçon importante qu'il faut intégrer avant de poursuivre notre pèlerinage dans le passé, car elle s'appliquera à beaucoup d'autres rendez-vous.

J'aurais pu signaler mon incertitude en présentant des embranchements pluridirectionnels (des « polytomies » dont nous a parlé le gibbon) dans mes arbres phylogéniques. C'est la solution qu'ont adoptée certains auteurs, notamment Colin Tudge dans *The Variety of Life*, où il résume de façon magistrale la phylogénie de toute la vie sur la Terre. Mais la présence de polytomies sur certaines branches risque de faire croire à tort que les autres sont certaines. La révolution dans la systématique des mammifères impliquant les laurasiathériens et les afrothériens (Rendez-vous 11 à 13) est intervenue après la publication de l'ouvrage de Tudge en 2000, si bien que certaines zones de sa classification qu'il considérait comme une affaire réglée ont maintenant été remaniées. S'il devait procéder à une nouvelle édition, elle serait certainement modifiée radicalement. Il est très possible que ce livre subisse le même sort, sans que cela se limite aux galéopithèques et aux toupayes : la position des tarsiers (Rendez-vous 7) et le groupement des lamproies avec les myxines (Rendez-vous 22) ne sont pas certains ; il subsiste un léger doute sur les affinités entre les afrothériens (Rendez-vous 13) et les cœlacanthes (Rendez-vous 19) ; enfin, l'ordre de nos rendez-vous avec les cnidaires et les cténophores (Rendez-vous 28 et 29) pourrait être inversé.

D'autres rendez-vous, comme celui avec les orangs-outans, sont aussi certains qu'ils peuvent l'être, et il s'en trouve beaucoup plus dans cette heureuse catégorie. Il y a en outre quelques cas tangents. Aussi, plutôt que d'adopter ce qui s'approche d'un jugement subjectif sur les groupes qui ont droit à un arbre complètement résolu et sur ceux qui restent incertains, j'ai affiché haut et clair mes incertitudes en 2004, expliquant les doutes chaque fois que c'était possible (sauf pour un seul rendez-vous, le 37, où l'ordre est si incertain que même les spécialistes se refusent à avancer la moindre conjecture). Je crains qu'avec le temps certains de mes rendez-vous (mais relativement peu, j'espère) et leurs phylogénies se révèlent erronés à la lumière de nouvelles données*.

Les systèmes de taxinomie plus anciens qui n'avaient pas à tenir compte des critères de l'évolution pourraient prêter à controverse

* Avertissement aux créationnistes en mal de citations tronquées : créationnistes, veuillez vous abstenir de citer cette phrase en lui faisant dire que « les évolutionnistes sont incapables de se mettre d'accord sur quoi que ce soit », et donc que la théorie qui sous-tend l'ensemble est bonne à jeter.

dans la mesure où les questions de goût ou de jugement sont discutables. S'agissant d'exposer des spécimens de musée, un taxinomiste pourrait dire que, pour des raisons d'ordre pratique, il faudrait regrouper les toupayes avec les musaraignes, et les galéopithèques avec les écureuils volants. Dans ce genre de jugement, aucune réponse n'est absolument vraie. La taxinomie phylétique qui a été adoptée dans cet ouvrage est différente : il existe bien un arbre de la vie qui est le bon*, mais nous ne savons pas lequel. Le jugement humain a toujours sa place, mais il porte sur ce qui se révélera finalement la vérité indiscutable. C'est seulement parce que nous n'avons pas encore étudié suffisamment de détails, en particulier moléculaires, que nous n'avons toujours pas de certitude concernant cette vérité. À vrai dire, elle est là, en suspens, attendant qu'on la découvre. On ne peut pas en dire autant des jugements de goût ou de convenance des musées.

* Avec la légère réserve que cet arbre sera en fait un consensus à la majorité parmi les arbres de gènes, comme il est indiqué dans le paragraphe de conclusion du gibbon.

Rendez-vous 10

LES RONGEURS ET LA GENT DES LAPINS

Le Rendez-vous 10 se situe dans notre voyage à – 75 millions d'années. C'est là que nos pèlerins sont rejoints – ou plutôt submergés – par une invasion de rongeurs grouillant de tous côtés, la moustache frémissante et l'incisive toujours en action. Pour faire bonne mesure, nous accueillons aussi les lapins, avec les lièvres et les lièvres de Californie qui leur ressemblent beaucoup, ainsi que les pikas, leurs parents un peu plus lointains. Les lapins étaient naguère classés dans les rongeurs du fait de leurs incisives particulièrement proéminentes – à vrai dire, ils l'emportent sur eux avec une paire d'incisives en plus. On les a ensuite mis à part, et ils sont toujours dans un ordre à eux, celui des lagomorphes, à côté de celui des rongeurs. Les spécialistes modernes regroupent cependant les lagomorphes avec les rongeurs dans une cohorte, les gliridés. Selon l'expression d'usage en vigueur dans cet ouvrage, les pèlerins lagomorphes et les pèlerins rongeurs se sont réunis « avant » que le groupe ainsi constitué se joigne à nous. Le coancêtre 10 est notre aïeul à la 15 millionième génération environ. C'est le tout dernier ancêtre que nous avons en commun avec la souris, mais entre elle et lui, le nombre des ancêtres est beaucoup plus important du fait de la courte durée d'une génération de souris.

Les rongeurs comptent parmi les grandes réussites du règne des mammifères. Sur toutes les espèces de mammifères, plus de 40 % sont des rongeurs, et l'on dit que ces derniers comptent plus d'individus dans le monde que tous les autres mammifères réunis. Les rats et les souris ont été les bénéficiaires cachés de notre révolution

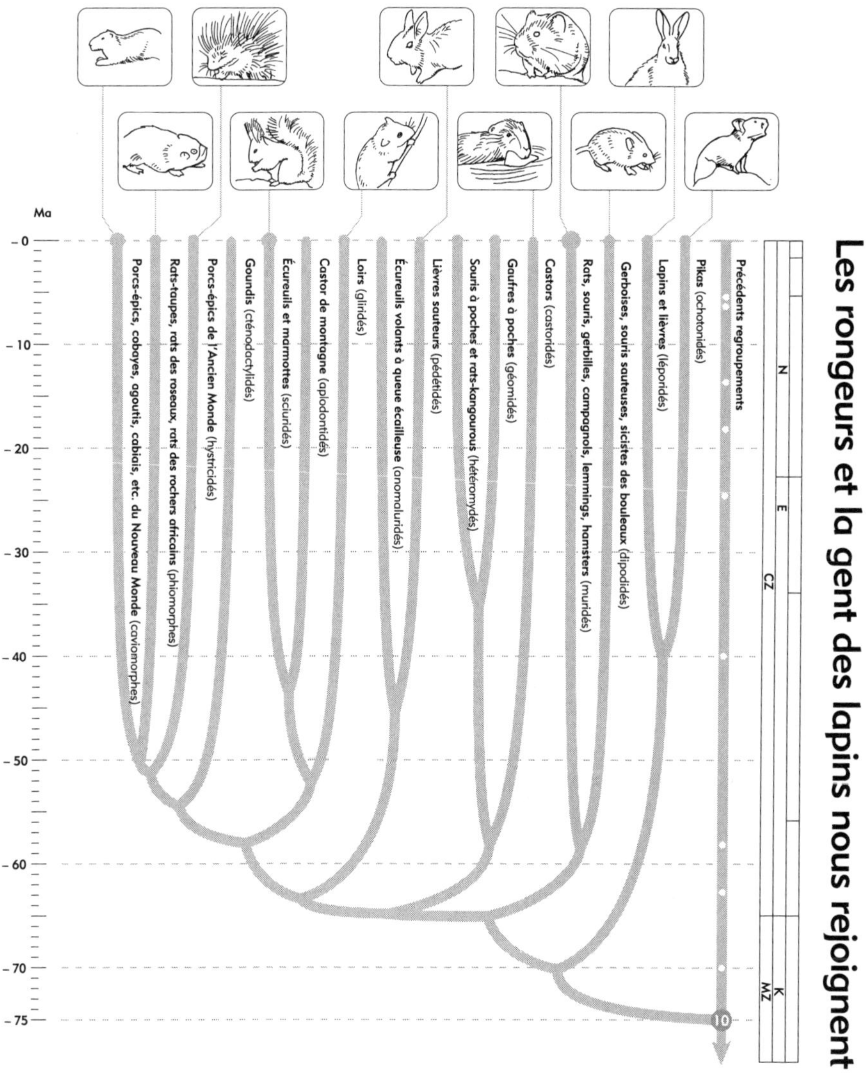

Les rongeurs et les lapins nous rejoignent. Les spécialistes acceptent en général que l'on rassemble dans le même groupe les quelque soixante-dix espèces apparentées aux lapins et les deux mille rongeurs environ (dont les deux tiers sont de la famille des souris). De récentes études de génétique font de ce groupe le groupe frère des primates, galéopithèques et toupayes. Certaines parties de l'ordre des embranchements chez les rongeurs ne sont pas complètement établies, mais une phylogénie similaire à celle-ci est corroborée par la plupart des données moléculaires.

Dessins, de gauche à droite : cabiai (*Hydrochoerus hydrochaeris*) ; rat-taupe du Cap (*Georychus capensis*) ; porc-épic d'Afrique du Sud (*Hystrix africæaustralis*) ; écureuil commun (*Sciurus vulgaris*) ; muscardin (*Muscardinus avellanarius*). Lièvre sauteur (*Pedetes capensis*) ; castor (*Castor fiber*) ; campagnol roussâtre (*Clethrionomys glareolus*) ; siciste des bouleaux (*Sicista betulina*) ; lièvre polaire (*Lepus arcticus*) ; lièvre siffleur des Rocheuses (*Ochotona princeps*).

de l'agriculture, et ils nous ont accompagnés dans nos voyages au-delà des mers et sur toutes les terres du monde. Ils ont dévasté nos greniers et délabré notre santé. Avec les puces qui les accompagnent, les rats ont été responsables de la Grande Peste (selon la tradition, mais on en revient maintenant, la Peste noire était peut-être aussi une peste bubonique), ils ont répandu le typhus, et on leur a imputé plus de décès humains dans le deuxième millénaire qu'à l'ensemble des guerres et des révolutions. Même quand les quatre cavaliers seront terrassés par l'Apocalypse, ce seront des rats qui dévoreront leurs restes, des rats qui pulluleront tels des lemmings sur les ruines de la civilisation. Ajoutons en passant que les lemmings sont des rongeurs, eux aussi, des campagnols nordiques dont, pour des raisons qui ne sont pas très claires, les populations augmentent jusqu'à devenir des fléaux dans ce qu'on appelle les « années de lemmings », pour se livrer à des migrations de masse effrénées – mais pas gratuitement suicidaires comme on le prétend à tort.

Les rongeurs sont des machines à grignoter. Ils possèdent une paire d'incisives proéminentes, dont la croissance est continue pour compenser une usure incessante, et des masséters, ces muscles qui interviennent dans le grignotage, particulièrement développés. Ils ne possèdent pas de canines, et la longue barre, ou *diastema*, qui sépare leurs incisives des dents du fond renforce l'efficacité du grignotage. Ils sont capables de se frayer un chemin en rongeant pratiquement n'importe quoi. Les castors abattent de gros arbres en rongeant leur tronc. Les rats-taupes vivent entièrement sous terre en creusant des tunnels, pas avec leurs pattes antérieures comme les taupes, mais avec leurs incisives*. Différentes espèces de rongeurs ont pénétré les déserts du monde (goundis, gerbilles), les hautes montagnes (marmottes, chinchillas), les canopées des forêts (écureuils, entre autres écureuils volants), les rivières (campagnols terrestres, castors, cabiais), le sol des forêts pluviales (agoutis), les savanes (mara, ou lièvre de Patagonie, lièvre sauteur) et la toundra de l'Arctique (lemmings).

* Dans toutes les espèces sauf une, ils se frayent un chemin en rongeant la terre. Les rats-taupes les plus troglodytes, les rats glabres des sables, travaillent en équipe pour produire des terriers à la chaîne, les derniers rejetant derrière eux la terre grignotée par les travailleurs de tête. J'emploie le mot « travailleur » à dessein car les rats glabres des sables ont cette particularité supplémentaire d'être parmi les mammifères ceux qui se rapprochent le plus des insectes sociaux. Ils ressemblent même un peu à des termites géants – d'une laideur stupéfiante selon nos critères, mais comme ils sont aveugles, cela ne doit pas beaucoup les déranger.

La plupart des rongeurs sont de la taille d'une souris, mais certains sont plus grands (marmottes, castors, agoutis et lièvres de Patagonie), pouvant même atteindre la taille d'un mouton, comme les cabiais des voies d'eau d'Amérique du Sud. Ces derniers sont recherchés pour leur viande, pas seulement à cause de leur taille mais, bizarrement, parce que l'Église catholique en a traditionnellement fait des poissons honoraires pour le vendredi, sans doute du fait qu'ils vivent dans l'eau. Si grands soient-ils, les cabiais modernes sont des nains à côté de différents rongeurs géants d'Amérique du Sud qui n'ont disparu que très récemment. Le cabiai géant, *Protohydrochœrus*, était de la taille d'un âne. *Telicomys* était un rongeur encore plus gros, de la taille d'un petit rhinocéros, qui comme le cabiai géant a disparu au moment de l'ouverture de la voie panaméricaine, quand l'isthme de Panamá a mis fin à l'insularité de l'Amérique du Sud. Ces deux groupes de rongeurs géants n'étaient pas particulièrement proches parents, et il semble que leur gigantisme a évolué de façon indépendante.

Sans les rongeurs, le monde serait complètement différent. On a moins de chances de voir un monde sans rongeurs qu'un monde dominé par les rongeurs et sans êtres humains. Si une guerre nucléaire détruit l'humanité et la plus grande partie du reste de la vie, il y a fort à parier que ce qui survivra à court terme, et qui aura une descendance évolutive à long terme, ce sont les rats. J'entrevois comment sera le monde au lendemain de cette apocalypse. Avec tous les autres gros animaux, nous aurons disparu. L'ère des humains ayant pris fin, les rongeurs apparaîtront en suprêmes charognards. En grignotant, ils se frayeront un chemin vers New York, Londres et Tokyo, dévorant le contenu des garde-manger éventrés et des supermarchés fantômes ainsi que les cadavres humains qu'ils transformeront en nouvelles générations de rats et de souris, dont les populations rivales exploseront en dehors des villes et jusque dans les campagnes. Quand tous les restes de la surconsommation humaine auront été engloutis, les populations s'affronteront à nouveau et les rongeurs se retourneront les uns contre les autres, et contre les blattes qui se repaîtront avec eux. Dans le cadre d'une féroce compétition, le processus de l'évolution s'accélérera avec le rapide renouvellement des générations, la radioactivité renforçant peut-être les taux de mutation. Avec la disparition des bateaux et des avions des humains, les îles redeviendront des îles, avec des populations locales isolées à part d'occasionnels phénomènes de dérive en radeau : les conditions idéales pour une divergence évolutive. En l'espace de 5 millions d'années, une gamme complète de nouvelles espèces aura remplacé celles que nous connaissons. Des troupeaux de rats géants herbivores seront traqués par des rats prédateurs à dents de sabre*. Avec suffisamment de temps, une espèce de rats intelligents et cultivés finira-t-elle par apparaître ? Est-ce que des historiens et scientifiques rongeurs vont en fin de compte organiser des fouilles archéologiques méthodiques (par grignotage) à travers les strates de nos villes compactées depuis longtemps, pour reconstituer les conditions particulières et temporairement tragiques qui ont fourni une chance exceptionnelle à la gent des rats ?

Il était une fois… la souris

Parmi tous les milliers de rongeurs, la souris domestique, *Mus musculus*, a un message particulier à nous livrer car elle est devenue la deuxième espèce de mammifères la plus étudiée après la nôtre. Beaucoup plus que le cobaye légendaire, elle est une ressource fondamentale dans les laboratoires de médecine, de physiologie et de génétique à travers le monde. En dehors de nous, elle fait partie du très petit nombre de mammifères dont le génome a été complètement séquencé jusqu'ici.

Concernant ces génomes récemment séquencés, deux choses inattendues ont surpris. La première, c'est que les génomes des mammifères semblent assez réduits : de l'ordre de trente mille gènes, voire moins. La deuxième, c'est à quel point ils se ressemblent. La dignité humaine semblait exiger que notre génome soit bien plus grand que celui d'une souris minuscule. Et de toute façon, ne fallait-il pas absolument qu'il comporte plus de trente mille gènes ?

Cette dernière attente a amené certains, dont des individus censés bien s'y connaître, à en déduire que l'« environnement » doit jouer un rôle plus important qu'on ne le pensait car les gènes sont trop peu nombreux pour influer sur les spécificités du corps. Ce raisonnement est vraiment d'une naïveté à couper le souffle. D'après quel critère établit-on le nombre des gènes nécessaires

---

* Dougal Dixon a prédit ce phénomène depuis longtemps, et l'a dépeint avec autant de talent que d'imagination dans son ouvrage *Après l'homme : les animaux du futur*.

pour donner les spécificités d'un corps ? Une réflexion de ce type se fonde sur un présupposé inconscient et faux : le génome ressemble à un plan, dans lequel chaque gène spécifie sa propre petite partie du corps. Comme nous le dira la mouche du vinaigre, il ne s'agit pas d'un plan, mais de quelque chose qui ressemble un peu plus à une recette, à un programme d'ordinateur, ou à un manuel d'instructions de montage.

Si vous concevez le génome comme un plan, vous pourriez vous attendre à ce qu'un gros animal complexe tel que vous possède plus de gènes qu'une petite souris, dotée de moins de cellules et d'un cerveau moins complexe. Mais comme je l'ai dit, ce n'est pas ainsi que fonctionnent les gènes. Même l'image du livre de recettes ou du manuel d'instruction peut être trompeuse si on ne la comprend pas bien. Dans son ouvrage *Nature via Nurture*, mon collègue Matt Ridley propose une autre analogie que je trouve merveilleusement claire. En dehors de certaines parties, l'essentiel du génome que l'on séquence n'est ni le manuel d'instructions, ni le grand programme d'ordinateur qui préside à la construction d'un être humain ou d'une souris. S'il en était ainsi, nous pourrions effectivement nous attendre à ce que notre programme soit plus grand que celui de la souris. La plus grande partie du génome ressemble plutôt au dictionnaire des mots qui servent à rédiger le manuel d'instructions – ou, comme nous allons le voir bientôt, à l'ensemble des sous-programmes qu'appelle le programme maître. Comme le dit Ridley, la liste des mots dans le *David Copperfield* de Dickens est pratiquement la même que dans *L'Attrape-Cœur* de Salinger. Ces deux ouvrages utilisent le vocabulaire d'un anglophone instruit. Ce qui est complètement différent, c'est l'ordre dans lequel ces mots sont agencés. Quand une personne se construit, ou qu'une souris se construit, les deux embryologies puisent dans le même dictionnaire des gènes : dans le vocabulaire normal des embryologies des mammifères. La différence entre une personne et une souris vient de la différence de l'ordre dans lequel s'agencent les gènes puisés dans ce vocabulaire commun, et des différences entre zones corporelles et entre les moments où cela se produit. Tout cela est sous le contrôle de gènes particuliers dont la tâche consiste à en activer d'autres en cascades complexes et subtilement programmées dans le temps. Mais ces gènes de contrôle ne constituent qu'une minorité de ceux que contient le génome.

Ne vous méprenez pas sur l'« ordre » en pensant qu'il s'agit de l'ordre dans lequel les gènes se suivent sur les chromosomes. À part des exceptions notoires, que nous citera la mouche du vinaigre, l'ordre des gènes sur un chromosome est aussi arbitraire que celui dans lequel des mots sont énumérés dans une liste – c'est en général l'ordre alphabétique, mais c'est parfois un ordre utilitaire, en particulier dans les glossaires à l'usage des voyageurs à l'étranger : les mots qui servent dans les aéroports, chez le médecin, pour faire des achats, et ainsi de suite. L'ordre dans lequel les gènes sont stockés sur les chromosomes n'a aucune importance, ce qui compte, c'est que le mécanisme cellulaire trouve le bon gène quand il en a besoin, et il le fait par des méthodes que l'on connaît de mieux en mieux. La mouche du vinaigre reviendra sur ces quelques cas fort intéressants où l'ordre des gènes tels qu'ils sont disposés sur le chromosome n'est pas arbitraire, un peu comme dans le glossaire à l'usage des voyageurs. Pour l'instant, ce qui est important, c'est que ce qui distingue une souris d'un homme n'est pas pour l'essentiel les gènes eux-mêmes, ni l'ordre dans lequel ils sont stockés dans le « glossaire » du chromosome, mais celui dans lequel ils s'activent : c'est l'équivalent du choix des mots qu'effectuent Dickens ou Salinger dans le vocabulaire anglais, et de la façon dont ces auteurs les organisent en phrases.

Sur un point, l'analogie des mots est trompeuse. Les mots sont plus courts que les gènes, si bien que certains auteurs ont comparé chaque gène à une phrase. Or les phrases ne sont pas une bonne analogie, mais pour une autre raison. On ne fait pas des livres différents en permutant un répertoire fixe de phrases. La plupart des phrases sont uniques. À l'instar des mots, mais pas des phrases, les gènes servent sans cesse dans des contextes différents. Il vaut mieux comparer les gènes à un sous-programme dans la boîte à outils d'un ordinateur.

Il se trouve que l'ordinateur auquel je suis habitué est le Macintosh, mais comme je n'ai pas fait de programmation depuis quelques années, je ne suis certainement plus au fait des détails. Peu importe, les principes sont les mêmes, et cela s'applique aussi aux autres ordinateurs. Le Mac a une boîte à outils de sous-programmes stockée dans la ROM ou dans des fichiers de système qui sont toujours chargés au démarrage. Il existe des milliers de ces sous-programmes, dont chacun effectue une tâche particulière, susceptible de servir souvent et de façon légèrement différente dans des programmes différents. Par exemple, le sous-programme intitulé « curseur caché » cache le curseur à l'écran jusqu'au prochain déplacement de la souris. Invisible pour vous, le « gène » curseur caché est appelé chaque fois que vous commencez à écrire et que le curseur de la souris disparaît. Les sous-programmes de la boîte à outils sont derrière les traits familiers qu'ont en commun tous les programmes du Mac (ou leurs équivalents sur les machines Windows) : menus déroulants, barres de défilement, fenêtres réductibles que vous pouvez faire glisser sur l'écran à l'aide de la souris, et bien d'autres.

La raison pour laquelle tous les Mac ont le même *look and feel* (cette similitude a précisément fait l'objet d'un litige célèbre), c'est justement que tous leurs programmes, qu'ils soient conçus par Apple, par Microsoft, ou par n'importe qui d'autre, font appel aux mêmes sous-programmes de boîte à outils. Si vous êtes un programmeur qui désirez déplacer une région entière de l'écran dans une direction, mettons en suivant un déplacement de la souris, vous perdriez votre temps si vous ne faisiez pas appel au sous-programme *ScrollRect*. Ou si vous voulez placer une marque de signalisation par un élément du menu déroulant, vous deviendriez fou s'il fallait pour ce faire que vous inscriviez votre propre code. Il suffit de cocher le signal « cocher » dans votre programme et le travail est fait à votre place. Si vous regardez le texte d'un programme Mac, quels qu'en soient l'auteur, le langage de programmation et l'objectif, ce que vous remarquez de plus important, c'est qu'il est fait en grande partie d'appels à des sous-programmes intégrés qui reviennent souvent. Le même répertoire de sous-programmes est à la disposition de tous les programmeurs. Des programmes différents enchaînent les appels de ces sous-programmes selon des combinaisons et des séquences différentes.

Le génome, qui est présent dans le noyau de chaque cellule, est la boîte à outils des sous-programmes de l'ADN qui sont disponibles pour effectuer les fonctions biochimiques standard. Le noyau d'une cellule est comme la ROM d'un Mac. Des cellules différentes, par exemple celles du foie, des os et des muscles, enchaînent les « appels » de ces sous-programmes dans des ordres différents et selon des combinaisons différentes quand elles remplissent des fonctions cellulaires particulières, entre autres la croissance, la division, ou la sécrétion d'hormones. Les cellules osseuses de la souris ressemblent plus aux cellules osseuses humaines qu'aux cellules hépatiques de la souris – elles effectuent des opérations très similaires et pour ce faire, elles ont besoin d'appeler le même répertoire de sous-programmes. Voilà, *grosso modo*, pourquoi tous les génomes des mammifères sont à peu près de la même taille – ils ont besoin de la même boîte à outils.

Pourtant, les cellules osseuses de la souris ne se comportent pas de la même façon que les cellules osseuses humaines ; et cela aussi se reflétera dans des appels différents à la boîte à outils du noyau. La boîte à outils elle-même n'est pas identique chez la souris et chez l'homme, mais elle pourrait aussi bien l'être sans compromettre en principe les différences essentielles entre les deux espèces. Pour construire des souris différentes des hommes, ce qui compte, ce sont les différences au niveau des appels des sous-programmes plus que les différences dans les sous-programmes.

Il était une fois… le castor

Le « phénotype » est ce qui est influencé par les gènes, c'est-à-dire pratiquement tout ce qui concerne le corps. Mais l'étymologie de ce mot lui donne une subtilité de poids. En grec, *phaino* signifie « montrer », « mettre au jour », « faire apparaître », « exhiber », « découvrir », « révéler », « manifester ». Le phénotype est la manifestation extérieure et visible du génotype caché. L'*Oxford English Dictionary* le définit comme « la somme totale des traits observables d'un individu, considérés comme la conséquence de l'interaction de son génotype avec son environnement », mais il fait précéder cette définition par une autre plus subtile : « Type d'organisme susceptible d'être distingué d'autres organismes par des traits observables. »

Pour Darwin, la sélection naturelle consistait en la survie et la reproduction de certains types d'organismes aux dépens de types d'organismes rivaux. Ici, « types » ne veut pas dire groupes, races, ou espèces. Dans le sous-titre de *L'Origine des espèces*, l'expression fort mal comprise « préservation des races favorisées » ne renvoie absolument pas à des races dans le sens habituel. Du temps de Darwin, on ne citait pas encore les gènes, que l'on connaissait mal, mais ce qu'il voulait dire par « races favorisées » se traduirait aujourd'hui par « détenteurs de gènes favorisés ».

La sélection naturelle ne déclenche l'évolution que dans la mesure où les types alternatifs doivent leurs différences à des gènes : si ces différences ne sont pas héritées, la différence de survie n'a pas d'effet sur les générations futures. Pour les darwiniens, les phénotypes sont les manifestations par lesquelles les gènes sont jugés par la sélection. Quand on dit que la queue du castor est aplatie pour lui servir de pagaie, on veut dire que les gènes dont l'expression phénotypique inclut un aplatissement de la queue ont survécu en vertu de ce phénotype. La survie des castors individuels qui possédaient le phénotype de la queue aplatie vient de ce qu'ils nageaient mieux ; les gènes responsables ont survécu en eux et se sont transmis à de nouvelles générations de castors à queue plate.

Dans le même temps, ont aussi survécu les gènes qui s'exprimaient dans d'énormes incisives acérées capables de ronger le bois de part en part. Les castors individuels se construisent à partir de permutations de gènes dans le pool génique des castors. Les gènes ont survécu à travers des générations de castors ancestraux parce qu'ils ont prouvé qu'ils collaboraient bien avec d'autres dans le pool génique des castors, de façon à produire des phénotypes qui réussissent dans le mode de vie des castors.

Et dans le même temps encore, des coopératives alternatives de gènes survivent dans d'autres pools géniques, faisant des corps qui survivent en menant d'autres modes de vie : la coopérative des tigres, celle des chameaux, celle des blattes, celle des carottes. Mon premier livre, *Le Gène égoïste*, aurait aussi bien pu s'intituler *Le Gène coopératif* sans qu'il ait fallu en changer un seul mot. De fait, cela m'aurait épargné certains malentendus (les critiques les plus véhémentes d'un livre viennent parfois d'auteurs qui se contentent de n'en lire que le titre). L'égoïsme et la coopération sont les deux faces de la médaille darwinienne. Chaque gène mène sa propre guerre égoïste en coopérant avec les autres gènes dans le pool génique sexuellement agité qu'est son environnement, afin de construire avec eux des corps.

Mais les gènes du Castor ont des phénotypes particuliers qui sont très différents de ceux des tigres, des chameaux ou des carottes. Les castors ont des phénotypes de lac provoqués par des phénotypes de barrage. Un lac est un *phénotype étendu*. Le phénotype étendu est un phénotype de type particulier, et c'est le thème du reste de ce message, qui résume sommairement mon livre qui porte ce titre (*The Extended Phenotype*). Il est intéressant non seulement en soi, mais parce qu'il nous aide à comprendre comment se développent les phénotypes conventionnels. Il s'avérera qu'il n'y a pas de grande différence de principe entre un phénotype étendu, comme un lac de castors, et un phénotype conventionnel comme une queue de castor aplatie.

Pourquoi a-t-on raison d'utiliser le même mot, phénotype, d'une part pour une queue faite de chair, d'os et de sang, et d'autre part, pour une pièce d'eau calme, contenue dans une vallée par un barrage ? La réponse est que les deux sont des manifestations des gènes du castor ; les deux ont évolué en s'améliorant progressivement pour préserver ces gènes ; les deux sont liées aux gènes dont elles sont l'expression par un même enchaînement de liens de causalité embryologiques. Je m'explique.

On ne connaît pas en détail les processus embryologiques par lesquels les gènes du castor façonnent sa queue, mais on en connaît les grandes lignes. Dans chaque cellule du castor, les gènes se comportent comme s'ils « savaient » dans quel type de cellule ils se trouvent. Les cellules de la peau ont les mêmes gènes que les cellules osseuses, mais, comme nous l'a expliqué la souris, ce ne sont pas les mêmes gènes qui sont activés dans les deux tissus. Dans chacun des différents types de cellules de la queue du castor, les gènes se comportent comme s'ils « savaient » où ils sont. Ils amènent leurs cellules respectives à interagir entre elles de telle sorte que la queue tout entière prenne sa forme caractéristique, glabre et aplatie. Il est extrêmement difficile de trouver comment ils « savent » dans quelle partie de la queue ils se trouvent, mais on sait en principe comment ces difficultés sont surmontées ; et les solutions, comme les difficultés elles-mêmes, ont toujours le même aspect général que quand nous étudions le développement du pied du tigre, de la bosse du chameau ou des feuilles de la carotte.

Elles ont aussi le même aspect général dans le développement des mécanismes nerveux et neurochimiques qui déclenchent le comportement. Chez les castors, le comportement de copulation est instinctif. Le cerveau du mâle orchestre toute une symphonie de mouvements, par l'intermédiaire de sécrétions hormonales dans le sang, et de nerfs qui commandent des muscles qui actionnent des os soigneusement articulés. Il en résulte une coordination précise avec la femelle, dont le corps se comporte avec la même harmonie dans une symphonie de mouvements qui lui est propre et qui est aussi soigneusement orchestrée pour faciliter l'union. Vous pouvez être sûr que cette subtile musique neuromusculaire a été affinée et perfectionnée par des générations de sélection naturelle, c'est-à-dire par la sélection des gènes. Dans le pool génique des castors, les gènes qui ont survécu sont ceux dont les effets phénotypiques sur les cerveaux, les nerfs, les muscles, les glandes, les os et les organes des sens de générations de castors ancestraux ont amélioré les chances que ces gènes qui se transmettaient ainsi parviennent jusqu'à aujourd'hui.

Les gènes « pour » le comportement survivent de la même façon que les gènes « pour » les os et la peau. Si vous me dites qu'il n'y a pas « vraiment » de gènes pour le comportement, mais seulement des gènes pour les nerfs et les muscles qui font le comportement, vous continuez à vous égarer dans vos rêves d'incroyant. Les structures anatomiques n'ont pas la primauté sur les structures comportementales quand il s'agit des effets « directs » des gènes. Les gènes ne sont « réellement » ou « directement » responsables que des protéines ou d'autres effets biochimiques immédiats. Tous les autres effets, qu'il s'agisse de phénotypes anatomiques ou comportementaux, sont indirects. Mais la distinction entre direct et indirect n'a pas de sens. Ce qui compte dans le sens darwinien, c'est que les différences entre les gènes s'expriment comme des différences de phénotypes. La sélection naturelle ne s'occupe que des différences. Et, à bien des égards, ce sont les différences qui intéressent les généticiens.

Rappelez-vous la définition « plus subtile » du phénotype dans l'*Oxford English Dictionary* : « Type d'organisme susceptible d'être distingué d'autres par des traits observables. » L'expression clé est *susceptible d'être distingué*. Un gène « pour » les yeux marron n'est pas un gène qui code directement la synthèse d'un pigment marron. Enfin, cela se pourrait, mais ce n'est pas le point important. Le point important concernant un gène « pour » des yeux marron est que sa possession fait une *différence* dans la couleur des yeux *quand on le compare* à une version alternative quelconque de ce gène – à un « allèle ». Les enchaînements de causes qui aboutissent à la différence entre un phénotype et un autre, disons entre les yeux marron et les yeux bleus, sont en général longs et tortueux. Le gène fabrique une protéine qui est différente de celle que fabrique le gène alternatif. Cette protéine a un effet enzymatique sur la composition chimique de la cellule, laquelle affecte X, qui affecte Y, lequel affecte Z, qui affecte... suivant un enchaînement de causes intermédiaires qui affecte... le phénotype qui nous intéresse. L'allèle fait la *différence* quand on compare son phénotype au phénotype correspondant, au bout de la longue chaîne de causes correspondante qui émane de l'allèle alternatif. Les différences entre les gènes provoquent des différences entre les phénotypes. Les modifications des gènes entraînent des modifications des phénotypes. Dans l'évolution darwinienne, les allèles sont sélectionnés, par rapport à d'autres allèles alternatifs, en vertu des différences de leurs effets sur les phénotypes.

Le message du castor, c'est que cette comparaison entre les phénotypes peut se faire n'importe où dans l'enchaînement des causes. Tous les chaînons intermédiaires dans cet enchaînement sont de vrais phénotypes, et n'importe lequel pourrait constituer l'effet phénotypique en vertu duquel un gène est sélectionné : il suffit qu'il soit « visible » pour la sélection naturelle, peu importe qu'il le soit pour nous. Il n'y a pas de chaînon « ultime » de la chaîne, pas de phénotype final, définitif. Toute conséquence d'une modification des allèles, où que ce soit dans le monde, si indirect et si long que soit l'enchaînement des causes, est bonne pour la sélection naturelle du moment qu'elle affecte la survie de l'allèle responsable par rapport à ses concurrents.

Voyons maintenant l'enchaînement causal embryologique qui amène à la construction de barrages chez les castors. Le comportement de construction de barrage est un programme complexe installé dans le cerveau comme un mécanisme d'horloge bien réglé. Ou bien, pour suivre l'histoire des horloges à l'âge de l'électronique, la construction de barrage est câblée dans le cerveau. J'ai vu un film remarquable sur des castors en captivité, emprisonnés dans une cage nue, entièrement vide, sans eau ni bois. Les castors faisaient, « dans le vide », tous les gestes stéréotypés que l'on observe normalement dans le comportement naturel de construction des castors quand ils disposent de bois et d'eau réels. Ils avaient l'air de placer du bois virtuel dans un mur de barrage virtuel, essayant pathétiquement de construire un mur fantôme avec des bâtons fantômes, le tout sur le sol sec et plat de leur prison. C'était pitoyable : on aurait dit qu'ils voulaient à tout prix faire travailler leur mécanisme frustré de construction de barrage.

Seuls les castors possèdent ce type de mécanisme d'horlogerie mental. D'autres espèces ont des mécanismes pour copuler, se gratter et se battre, comme en possèdent les castors. Mais seuls ces derniers en ont un pour construire des barrages, et il a dû évoluer très progressivement chez leurs ancêtres. Il a évolué parce que les lacs produits par les barrages sont utiles. On ne sait pas très bien en quoi ils le sont, mais ils ont dû l'être pour les castors qui les construisaient, et pas pour n'importe quel castor. L'idée la meilleure, c'est que le lac leur procure un endroit sûr où construire leur maison, hors de portée des prédateurs, et une voie sûre pour transporter de la nourriture. Quel que soit l'avantage qu'il offre, il doit être important, sinon les castors ne consacreraient pas autant de temps à ériger des barrages. Remarquez une fois de plus que la sélection naturelle n'est pas une théorie prédictive. Le darwinien peut prédire en toute confiance que, si l'édification de barrage était une pure perte de temps, les castors concurrents qui n'en construiraient pas survivraient mieux et transmettraient leurs tendances génétiques à ne pas en construire. Le fait que les castors s'acharnent autant à construire des barrages prouve bien que cette activité a profité à leurs ancêtres.

Comme n'importe quelle autre adaptation utile, le mécanisme mental pour construire les barrages a dû évoluer sous la pression de la sélection darwinienne des gènes. Il a dû se produire dans le câblage du cerveau des variations génétiques qui ont affecté la construction de barrages. Ces variantes génétiques qui ont abouti à l'amélioration des édifices avaient plus de chances de survivre dans les pools géniques. C'est la même histoire que pour toutes les adaptations darwiniennes. Mais quel est le phénotype ? À quel maillon de la chaîne des causes dirons-nous que la différence génétique exerce son effet ? La réponse, s'il faut le répéter, est : tous les maillons où s'observe une différence. Dans le schéma du câblage dans le cerveau ? Oui, presque certainement. Dans la composition chimique de la cellule qui, au cours du développement de l'embryon, conduit à ce câblage ? Bien sûr. Mais aussi dans le *comportement* – la symphonie des contractions musculaires qui est le comportement – cela aussi, c'est un phénotype parfaitement respectable. Les différences dans le comportement de construction sont sans aucun doute des manifestations de différences entre les gènes. Et, de même, les *conséquences* de ce comportement peuvent tout autant prétendre à être des phénotypes de gènes. Quelles conséquences ? Les barrages, bien sûr. Et les lacs, car ce sont les conséquences des barrages. Les différences entre les lacs sont influencées par les différences entre les comportements, lesquels à leur tour sont les conséquences de différences entre les gènes. On peut dire que les caractéristiques d'un barrage ou d'un lac sont de véritables effets phénotypiques des gènes, en utilisant exactement la logique que nous utilisons pour dire que les caractéristiques d'une queue sont des effets phénotypiques des gènes.

Par convention, les biologistes considèrent que les effets phénotypiques d'un gène sont confinés à l'intérieur de la peau de l'individu qui porte ce gène. Le castor montre que ce n'est pas nécessaire. Le phénotype d'un gène, dans le vrai sens du mot, peut s'étendre à l'extérieur de la peau d'un individu. Les nids d'oiseaux sont des phénotypes étendus. Leur taille et leur forme, ainsi que, le cas échéant, leurs cheminées et leurs tubes complexes, sont autant d'adaptations darwiniennes, dont l'évolution est donc due à la différence de survie de gènes alternatifs. Des gènes pour le comportement de construction ? Oui. Des gènes pour câbler le cerveau de façon qu'il soit en mesure de construire des nids de la bonne forme et de la bonne taille ? Oui. Des gènes pour des nids de la bonne forme et de la bonne taille ? Oui, et pour la même raison. Les nids sont faits d'herbe ou de brindilles et de boue, pas de cellules d'oiseaux. Mais cela n'a rien à voir avec la question de savoir si les différences entre les nids sont influencées par les différences entre les gènes. Si elles le sont, les nids sont à proprement parler des phénotypes de gènes. Et les différences entre les nids doivent sûrement être influencées par des différences entre les gènes, sinon de quelle autre manière auraient-ils pu être améliorés par la sélection naturelle ?

On comprend facilement que des artéfacts comme les nids et les barrages sont des exemples de phénotypes étendus. Il en est d'autres où la logique est un peu plus… étendue, disons. Par exemple, on peut dire que les gènes des parasites ont une expression phénotypique dans le corps de leurs hôtes. Cela peut être vrai même si, comme dans le cas des coucous, ils ne vivent pas à l'intérieur du corps de leurs hôtes. Et beaucoup d'exemples de communication animale – comme quand un canari mâle chante à l'adresse d'une femelle dont les ovaires s'enflent – peuvent se récrire dans le langage du phénotype étendu. Mais cela nous entraînerait trop loin du castor, qui conclura sur une dernière observation. Dans des conditions favorables, le lac d'un castor peut s'étendre sur plusieurs kilomètres, ce qui peut en faire le plus grand phénotype du monde de n'importe quel gène.

Rendez-vous 11

LES LAURASIATHÉRIENS

À – 85 millions d'années, dans l'atmosphère de serre du Crétacé supérieur, nous saluons le coancêtre 11, notre aïeul à la 25 millionième génération environ. Le groupe de pèlerins qui se joint alors à nous est beaucoup plus hétérogène que celui des rongeurs et des lapins qui est venu grossir nos rangs au Rendez-vous 10. Les taxinomistes rigoureux désignent leur lignée sous le nom de laurasiathériens, un terme peu usité cependant, car il recouvre en réalité un ensemble fort disparate. Les rongeurs sont tous bâtis avec la même dentition, et s'ils ont autant proliféré et avec une telle diversité, c'est qu'elle était particulièrement efficace. Le terme de « rongeurs » a donc un sens très fort en ce qu'il rassemble des animaux qui ont beaucoup de points communs. Celui de laurasiathériens, en revanche, est aussi maladroit que l'effet qu'il produit à l'oreille. Il rassemble des mammifères fort disparates, dont le seul point commun est que leurs pèlerins se sont regroupés « avant » de nous rejoindre. Ils sont tous originaires de l'ancien continent du nord, la Laurasie.

Et quel étrange amalgame que cette troupe des pèlerins de Laurasie : certains volent, d'autres nagent, beaucoup galopent, la moitié d'entre eux jettent furtivement un regard inquiet par-dessus leur épaule, redoutant de se faire dévorer par ceux de l'autre moitié. Ils appartiennent à sept ordres différents, les pholidotes (pangolins), les carnivores (chiens, chats, hyènes, ours, belettes, phoques, etc.), les périssodactyles (chevaux, tapirs et rhinocéros), les cétartiodactyles (antilopes, cervidés, bovidés, chameaux,

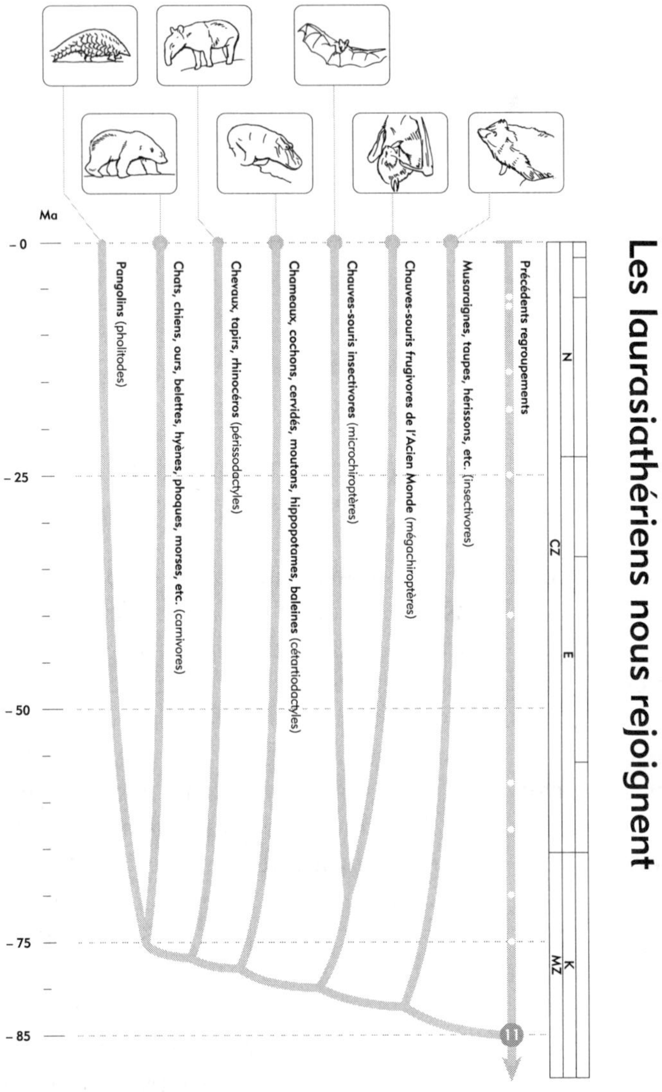

Les laurasiathériens nous rejoignent. Au début des années 2000, des travaux de génétique ont entraîné une révolution dans la taxinomie des mammifères. Dans cette nouvelle optique, les mammifères placentaires se répartissent en quatre groupes. L'un d'eux est celui que nous formons à présent (qui est essentiellement constitué par les primates et les rongeurs). Un autre grand groupe, qui s'avère toujours son parent le plus proche, est celui des laurasiathériens qui comprend quelque deux mille espèces. D'après les adeptes de cette nouvelle classification, la phylogénie qui est représentée ici est raisonnablement sûre.

Dessins, de gauche à droite : pangolin terrestre du Cap (*Manis temminckii*) ; ours polaire (*Ursus maritimus*) ; tapir terrestre (*Tapirus indicus*) ; hippopotame (*Hippopotamus amphibius*) , macroderme d'Australie (*Macroderma gigas*) ; roussette géante (*Pteropus giganteus*) ; hérisson d'Europe (*Erinaceus europaeus*).

cochons, hippopotames et... enfin nous nous intéresserons plus tard à ces participants inattendus), les microchiroptères et les mégachiroptères (respectivement les petites et les grandes chauves-souris), et les insectivores (taupes, hérissons et musaraignes, à l'exclusion des rats-éléphants et des tenrecs pour lesquels il nous faudra attendre le Rendez-vous 13).

Le terme de carnivores est agaçant car, après tout, il signifie seulement mangeur de viande, et le fait de manger de la viande a été inventé à proprement parler des centaines de fois indépendamment dans le règne animal. Les carnassiers ne sont pas tous des carnivores (les araignées sont carnassières, tout comme l'*Andrewsarchus* à sabots, qui était le plus gros mangeur de viande depuis la fin des dinosaures), et les carnivores ne sont pas tous carnassiers (à preuve, le gentil panda géant qui ne mange pratiquement rien d'autre que des bambous). Chez les mammifères, l'ordre des carnivores semble bien être un clade authentiquement monophylétique, c'est-à-dire un groupe d'animaux descendant tous d'un coancêtre unique qui aurait été classé comme un des leurs. Les chats (qui comprennent les lions, les guépards et les tigres à dents de sabre), les chiens (parmi lesquels les loups, les chacals et les lycaons), les belettes et leurs proches, les mangoustes et leurs proches, les ours (dont les pandas), les hyènes, les gloutons, les phoques, les lions de mer et les morses, tous font partie de l'ordre laurasiathérien des carnivores, et tous descendent d'un coancêtre qu'on aurait classé dans cet ordre.

Comme les carnassiers et leurs proies ont besoin de rivaliser entre eux, il n'est pas étonnant que l'exigence de rapidité les ait fait évoluer dans la même direction. Pour courir, il faut de grandes pattes, si bien que, indépendamment chez les uns et chez les autres et selon des modes différents, les pattes des grands laurasiathériens herbivores et carnassiers se sont allongées à partir d'os qui, chez nous, se cachent au plus profond de la main (le métacarpe) et du pied (le métatarse). Le « canon » du cheval est le troisième métacarpe (ou métatarse) qui a fusionné avec deux minuscules « esquilles » qui sont les vestiges des deuxième et quatrième métacarpes (ou métatarses). Chez les antilopes et autres ongulés paridigités, le canon résulte de la fusion des troisième et quatrième métacarpes (ou métatarses). Chez les carnassiers, aussi, les métacarpes et métatarses se sont allongés, mais les cinq os sont restés séparés au lieu de se souder ou de disparaître complètement, comme chez les chevaux, bovidés et autres dits ongulés.

En latin, *unguis* signifie ongle, et les ongulés sont des animaux qui marchent sur leurs ongles – leurs sabots. Or comme la marche sur les ongles a été inventée plusieurs fois, le terme ongulé est plus descriptif que véritablement taxinomique. Les chevaux, rhinocéros et tapirs sont des ongulés à nombre impair de doigts (imparidigités) : les chevaux marchent sur un seul doigt, le médian ; les rhinocéros et les tapirs marchent sur les trois doigts du milieu, de même que les chevaux primitifs et que certains chevaux mutants ataviques modernes. Les ongulés paridigités, quant à eux, marchent sur deux doigts, le troisième et le quatrième. Les ressemblances convergentes entre la famille des bovidés paridigités et celle des chevaux à un doigt sont modestes comparées à celles des uns et des autres, séparément, avec certains herbivores d'Amérique du Sud qui ont disparu. Un groupe, les litopternes, a « découvert » séparément et plus tôt l'habitude des chevaux de marcher sur le seul doigt médian. Le squelette de leurs pattes est presque identique à celui des chevaux. D'autres herbivores d'Amérique du Sud, parmi ce qu'on appelle les notongulés, ont découvert indépendamment l'habitude des bovidés et des antilopes de marcher sur les troisième et quatrième doigts. Ces ressemblances frappantes ont effectivement bien trompé un vieux zoologiste argentin du XIXe siècle, qui pensait que l'Amérique du Sud était le lieu d'origine d'où avaient évolué un grand nombre de nos grands groupes de mammifères. Il croyait en particulier que les litopternes étaient des parents primitifs du vrai cheval (peut-être avec un peu d'orgueil national que son pays ait pu être le berceau de ce noble animal).

Les pèlerins laurasiathériens qui se joignent maintenant à nous comprennent aussi bien des petits animaux que des gros ongulés et des gros carnivores. Les chauves-souris sont remarquables pour toutes sortes de raisons. Ce sont les seuls vertébrés survivants qui puissent rivaliser en tout point avec les oiseaux pour le vol, et elles se révèlent effectivement des acrobates fort impressionnants. Avec près de mille espèces, leur nombre dépasse de loin celui de tous les autres ordres de mammifères, à part les rongeurs. De plus, elles se sont dotées d'un sonar (l'équivalent du radar pour le son) plus perfectionné que tous ceux que possèdent les autres groupes d'animaux, et même que ceux qu'élaborent les concepteurs humains des sous-marins*.

* J'aurais aimé glisser ici le message de la Chauve-souris, mais comme il aurait été pratiquement identique au chapitre d'un autre de mes livres, j'y ai renoncé. Il a fallu de la même façon, que je renonce à donner la parole à l'araignée, au figuier et à une demi-douzaine d'autres.

L'autre grand groupe des petits laurasiathériens est celui qu'on appelle les insectivores. L'ordre des insectivores comprend les musaraignes, les taupes, les hérissons et autres petites créatures à museau qui se nourrissent d'insectes, ainsi que de petits invertébrés terrestres comme les vers, les limaces et les mille-pattes. Mais tout ce qui se nourrit d'insectes n'est pas forcément insectivore. Ainsi, le pangolin (ou fourmilier à queue écailleuse) les mange, mais n'est pas un insectivore. En revanche, la taupe est un insectivore qui mange effectivement des insectes. Comme je l'ai déjà dit, il est dommage que les premiers taxinomistes aient utilisé des noms comme « insectivores » et « carnivores », qui ne correspondent que vaguement à la description des régimes alimentaires privilégiés avec lesquels on les confond aussi facilement.

Apparentés aux carnivores, comme les chiens, les chats et les ours, se trouvent les phoques, les lions de mer et les morses. Nous allons bientôt entendre le phoque, qui parlera des systèmes d'accouplement, mais les phoques m'intéressent aussi pour une autre raison : ils ont quitté la terre pour gagner l'eau, et les modifications pertinentes que ce changement a provoquées sont pratiquement à mi-chemin de celles des dugongs et des baleines. Ce qui me fait penser à un autre grand groupe de laurasiathériens dont nous ne nous sommes pas occupés. En avant pour le message de l'hippopotame, et pour la surprise qu'il nous réserve.

Il était une fois… l'hippopotame

En cours de grec, à l'école, j'ai appris que *hippos* signifiait « cheval » et *potamos*, « rivière ». Les hippopotames étaient des chevaux de rivière. Plus tard, quand j'ai abandonné le grec pour la zoologie, je n'ai pas été trop déconcerté d'apprendre qu'en fin de compte les hippopotames n'étaient pas apparentés aux chevaux. En revanche, ils étaient solidement classés avec les porcs, au milieu des ongulés paridigités, ou artiodactyles. Or j'ai maintenant appris une chose qui est si scandaleuse que je répugne à l'admettre, mais il semble bien que je vais devoir m'y résigner. Les plus proches parents vivants des hippopotames sont les baleines. Les ongulés paridigités comprennent les baleines ! Les baleines, cela va sans dire, n'ont pas le moindre sabot, paridigité ou imparidigité. De fait, elles n'ont pas de doigts, si bien que cela prêterait moins à confusion d'adopter le nom scientifique d'artiodactyles (qui n'est en fait que le terme grec de paridigités, ce qui ne change pas grand-chose). Pour ne rien laisser dans l'ombre, j'ajouterai que l'équivalent pour l'ordre des chevaux est celui des périssodactyles (imparidigité en grec). Les baleines, comme le laissent entendre des données moléculaires de poids, sont des artiodactyles. Mais comme elles figuraient jusque-là dans l'ordre des cétacés, et que les artiodactyles étaient aussi un nom bien établi, on a forgé pour elles un nouveau nom composite : les cétartiodactyles.

Les baleines sont des merveilles du monde. Elles comptent les plus gros organismes qui se soient jamais déplacés. Elles nagent avec des mouvements verticaux de l'épine dorsale qui sont dérivés du galop des mammifères, par opposition aux mouvements ondulatoires latéraux du poisson qui nage ou du lézard qui court*. Les membres antérieurs de la baleine lui servent de gouvernail et de stabilisateurs. Elle n'a pas de membres postérieurs visibles, mais certaines ont des petits os résiduels du bassin et des pattes profondément enfouis dans le corps.

Que les baleines soient cousines plus proches des ongulés paridigités que d'aucun autre mammifère, cela peut s'accepter sans trop de difficulté. Qu'il faille admettre qu'un certain ancêtre lointain s'est ramifié d'un côté pour gagner la mer et donner naissance aux baleines, et de l'autre pour produire tous les ongulés paridigités, c'est peut-être un peu étrange, mais pas bouleversant. Ce qui dérange, c'est que, selon les données moléculaires, les baleines figurent bel et bien *parmi* les ongulés paridigités. Les hippopotames sont cousins plus proches des baleines que d'aucun autre animal quel qu'il soit, même des autres ongulés paridigités comme les cochons**. Dans leur voyage en remontant le temps, les pèlerins hippopotames se joignent aux pèlerins baleines « avant » de retrouver avec eux les ruminants, puis les autres ongulés paridigités, comme les porcs. Les baleines sont les participants inattendus auxquels j'ai discrètement fait allusion quand j'ai présenté

* Ou peut-être de l'ichtyosaure qui nageait et qui, par ailleurs, ressemblait plutôt au dauphin, sauf pour sa queue verticale légendaire, alors que celle du dauphin est horizontale pour galoper dans la mer.

** À ce propos, c'était même une erreur que de classer les hippopotames plus près des cochons que des artiodactyles. Les données moléculaires laissent penser que le groupe frère du clade hippopotame-baleine est celui des ruminants : vaches, moutons et antilopes. Les cochons sont complètement en dehors.

les cétartiodactyles au Rendez-vous 11. On parle de cette hypothèse comme de l'hypothèse *Whippo**.

Tout cela suppose de faire confiance aux données moléculaires**. Mais que disent les fossiles ? À mon grand étonnement, à première vue, cette théorie nouvelle est cohérente. La plupart des grands ordres de mammifères (mais pas leurs subdivisions) remontent loin au temps des dinosaures, comme nous l'avons vu à propos de la grande catastrophe du Crétacé. Les Rendez-vous 10 (avec les rongeurs et les lapins) et 11 (que nous venons d'atteindre) sont tous deux situés dans le Crétacé, à l'apogée du temps des dinosaures. Or en ce temps-là, les mammifères étaient tous de petites créatures de la taille des musaraignes, alors que leurs descendants respectifs étaient destinés à devenir des souris ou des hippopotames. La véritable grande diversification des mammifères a commencé brusquement après l'extinction des dinosaures voici 65,5 millions d'années. C'est alors qu'ils ont pu s'épanouir dans tous les secteurs économiques abandonnés par les dinosaures. L'accroissement de la taille du corps n'est qu'un phénomène parmi d'autres qui n'ont pu se produire qu'à la disparition des dinosaures. Le processus d'évolution divergente a été rapide, et dans l'espace de 5 millions d'années de « libération », une énorme palette de mammifères de toutes tailles et de toutes formes a pullulé partout. Datés entre 5 et 10 millions d'années plus tard, à la fin du Paléocène et au début de l'Éocène, on a retrouvé de nombreux fossiles d'ongulés paridigités.

Encore 5 millions d'années plus tard, entre le début et le milieu de l'Éocène, nous trouvons un groupe, les archéocètes, dont le nom signifie « anciennes baleines ». Les spécialistes admettent en général l'idée que c'est parmi ces animaux que l'on devrait découvrir les ancêtres des baleines modernes. Il semble qu'une forme précoce de ces archéocètes, *Pakicetus*, originaire du Pakistan, a passé au moins une partie de son temps sur la terre. Des formes plus tardives comprennent le malheureux *Basilosaurus* (malheureux, pas pour Basil mais parce que « saurus » veut dire lézard : quand on l'a découvert, on pensait qu'il s'agissait d'un reptile marin. Les règles de la

* Contraction de *whale* (baleine) et *hippo*(potame). (*N.d.T.*)

** Les données moléculaires qui étayent cette idée radicale sont ce que j'ai désigné dans le message du gibbon par l'expression « changement rare du génome ». Des gènes transposables fortement reconnaissables se trouvent dans des endroits particuliers du génome, et l'on pense qu'ils sont hérités de l'ancêtre baleine-hippopotame. Si forte que soit cette preuve, il est toutefois prudent de jeter aussi un coup d'œil sur les fossiles.

nomenclature s'appliquent envers et contre tout, même si nous en savons plus maintenant*). Avec un corps d'une longueur démesurée, il aurait pu prétendre être le gigantesque serpent de mer légendaire s'il n'avait disparu depuis longtemps. Vers l'époque où les baleines étaient représentées par les semblables de *Basilosaurus*, les ancêtres hippopotames contemporains faisaient peut-être partie d'un groupe appelé les anthracothères, qui, d'après certaines reconstitutions, ressemblent beaucoup aux hippopotames.

Revenant aux baleines, que peut-on dire des antécédents des archéocètes avant qu'ils aient regagné l'eau ? Si les données moléculaires disent vrai quand elles affirment que les plus proches parents des baleines sont les hippopotames, on pourrait être tenté de chercher leurs ancêtres dans les fossiles qui indiquent qu'ils proviennent d'herbivores. Mais, par ailleurs, aucune baleine et aucun dauphin moderne n'est herbivore. Soit dit en passant, les dugongs et les lamantins, avec lesquels elles n'ont aucun lien, montrent qu'il est parfaitement possible qu'un mammifère purement marin ait un régime alimentaire purement herbivore. Or les baleines mangent soit des crustacés planctoniques (pour les baleines à fanons), soit des poissons ou des calmars (pour les dauphins et la plupart des baleines à dents), soit de grosses proies comme des phoques (pour les orques épaulards). C'est la raison pour laquelle on a cherché les ancêtres des baleines chez les mammifères terrestres carnivores, à commencer par Darwin lui-même, dans cette réflexion dont on se moque parfois, sans que j'aie jamais compris pourquoi :

> Hearne a vu, dans l'Amérique du Nord, l'ours noir nager pendant des heures, la gueule toute grande ouverte, et attraper ainsi des insectes dans l'eau, à peu près comme le ferait une baleine. Même dans un cas aussi extrême, si le nombre des insectes était constant, et s'il n'existait pas encore de concurrents mieux adaptés dans la région, je ne vois pas de difficultés à l'idée qu'une race d'ours soit rendue, par la sélection naturelle, plus aquatique dans sa structure et ses habitudes, avec une bouche de plus en plus grande, jusqu'à ce qu'une créature aussi monstrueuse qu'une baleine soit produite. (*L'Origine des espèces*, p. 236.)

Soit dit en passant, l'idée de Darwin illustre un point général important sur l'évolution. L'ours qu'a vu Hearne était de toute évidence un

* Richard Owen, le célèbre anatomiste de l'époque victorienne, a essayé de faire changer ce nom pour *Zeuglodon*, et Haeckel l'a suivi dans sa phylogénie (reproduite dans le cahier photo p. IV, photo n° 4), mais nous sommes irrémédiablement condamnés à garder le nom de *Basilosaurus*.

individu audacieux, qui se nourrissait selon un mode inhabituel pour son espèce. J'imagine que les principales innovations dans l'évolution commencent souvent de cette façon, quand un individu un peu imaginatif invente un truc nouveau et utile, et apprend à le perfectionner. Si cette habitude est alors imitée par d'autres, y compris peut-être par ses propres enfants, elle déclenchera une nouvelle pression de sélection. La sélection naturelle favorisera les prédispositions génétiques à bien apprendre ce nouveau truc, ce qui aura de nombreuses conséquences. À mon avis, c'est ainsi qu'ont commencé des habitudes alimentaires « instinctives », comme celle du pivert, qui donne des coups de bec dans les troncs d'arbre, ou celle des grives et des loutres de mer qui fracassent les mollusques*.

Pendant longtemps, en étudiant les fossiles dont on disposait pour trouver un antécédent vraisemblable aux archéocètes, on a donné la préférence aux mésonychidés, un important groupe de mammifères terrestres qui a connu un grand essor durant le Paléocène, juste après l'extinction des dinosaures. Apparemment, les mésonychidés étaient largement carnivores, ou omnivores comme l'ours de Darwin, et ils correspondent bien à l'idée que tout un chacun se faisait d'un ancêtre baleine – avant l'avènement de la théorie hippo. Qui plus est, ils avaient des sabots. C'étaient des carnivores à sabots, peut-être un peu comme des loups, mais qui couraient sur des sabots** ! Se peut-il alors qu'ils aient été à l'origine à la fois des ongulés imparidigités et des baleines ? Malheureusement, cette idée ne colle pas avec la théorie hippo. Même si les mésonychidés semblent être les cousins des ongulés imparidigités actuels (et l'on a de bonnes raisons de le croire sans s'arrêter aux sabots), ils ne sont pas plus proches des hippopotames que de tous les autres animaux à sabots fendus. Nous ne cessons de revenir à cette révélation scandaleuse de la biologie moléculaire : non seulement les baleines sont cousines de tous les artiodactyles, mais elles ont aussi bien leur place dans leur groupe, où elles sont plus proches des hippopotames que ces derniers ne le sont des vaches et des cochons.

---

* Cette idée porte le nom d'« effet Baldwin », bien qu'elle ait été proposée indépendamment par Lloyd Morgan la même année, et auparavant par Douglas Spalding. Pour ma part, je m'aligne sur la façon dont Alister Hardy la développe dans *Le Fleuve de la vie.* Pour une raison ou pour une autre, c'est une de celles que préfèrent les mystiques et les obscurantistes.

** Le redoutable *Andrewsarchus* en était un.

En rassemblant tous ces éléments, nous pouvons ébaucher la chronologie descendante qui suit. Les données moléculaires situent la séparation entre les chameaux (et les lamas) et les autres artiodactyles à – 65 millions d'années, plus ou moins exactement à la mort des derniers dinosaures. À ce propos, n'allez pas imaginer que l'ancêtre commun ressemblait le moins du monde à un chameau. Tous les mammifères ressemblaient alors plus ou moins à des musaraignes. Mais il y a 65 millions d'années, les « musaraignes » qui allaient être à l'origine des chameaux se sont séparées de celles qui allaient produire tous les autres artiodactyles. La séparation entre les cochons et tous les autres (essentiellement des ruminants) s'est produite à – 60 millions d'années. Celle entre les ruminants et les hippopotames, vers – 55 millions d'années. Puis la lignée des baleines s'est détachée de celle des hippopotames peu après, mettons vers – 54 millions d'années, ce qui a laissé aux baleines primitives, comme le *Pakicetus* semi-aquatique, le temps d'évoluer. Les baleines à dents et celles à fanons se sont séparées beaucoup plus tard, vers – 34 millions d'années, à peu près à l'époque des tout premiers fossiles de baleines à fanons que l'on a retrouvés.

J'ai peut-être un peu exagéré quand j'ai dit qu'un zoologiste traditionnel comme moi devrait être vraiment bouleversé que l'on ait découvert la relation entre les hippopotames et les baleines. Je vais cependant essayer de vous expliquer pourquoi j'ai été vraiment déconcerté quand j'ai lu pour la première fois un article sur ce sujet il y a quelques années. Ce n'était pas seulement que cette idée ne correspondait pas à ce que j'avais appris quand j'étais étudiant ; elle ne m'aurait pas perturbé le moins du monde, et au contraire, je l'aurais trouvée tout à fait fascinante. Ce qui m'ennuyait, et qui m'ennuie toujours dans une certaine mesure, c'est qu'elle semblait battre en brèche toutes les généralisations que l'on voudrait effectuer sur les groupements d'animaux. La vie du taxinomiste moléculaire est trop courte pour qu'il puisse se permettre de comparer toutes les espèces deux à deux. Ce que l'on fait, plutôt, c'est que l'on prend deux ou trois espèces de baleines, mettons, en supposant qu'elles sont représentatives des baleines en tant que groupe. Cela revient à supposer que les baleines constituent un clade, avec un ancêtre commun qui n'appartient pas aux autres animaux avec lesquels on les compare. En d'autres termes, on présuppose que la baleine que l'on prend pour les représenter toutes n'a pas d'importance. De même, comme on n'a pas le temps de tester toutes les espèces de rongeurs, mettons, ou d'artiodactyles, on pourrait prendre le sang* d'un rat, ou d'une vache. Peu importe quel artiodactyle on prend pour le comparer à la baleine qui représente les baleines car, là encore, on suppose que les artiodactyles sont un bon clade, si bien que cela revient au même que l'on prenne une vache, un cochon, un chameau ou un hippopotame. Or on nous dit maintenant que c'est important. Le sang de chameau et le sang d'hippopotame donneront bien une comparaison différente avec le sang de baleine parce que les hippopotames sont des cousins plus proches des baleines que des chameaux. Voyez où cela nous mène. Si l'on ne peut pas faire confiance aux artiodactyles pour qu'ils restent ensemble en tant que groupe, représenté par n'importe lequel de ses membres, comment peut-on être sûr qu'aucun groupe restera ensemble ? Peut-on même supposer que les hippopotames restent ensemble, si bien qu'il importe peu que l'on choisisse un hippopotame nain ou un hippopotame commun pour le comparer aux baleines ? Et si les baleines étaient plus proches des hippopotames nains que des hippopotames communs ? En fait, c'est une possibilité que l'on ne peut écarter définitivement car les fossiles laissent penser que les deux genres d'hippopotames se sont séparés récemment, à peu près aussi récemment que nous nous sommes séparés des chimpanzés, ce qui laisse vraiment trop peu de temps pour qu'évoluent toutes les différentes sortes de baleines et de dauphins.

Il est plus problématique de savoir si toutes les baleines font partie du même groupe. À y regarder de plus près, les baleines à dents et les baleines à fanons pourraient bien représenter deux phénomènes de retour de la terre à la mer entièrement séparés. De fait, cette possibilité a souvent été défendue. Les taxinomistes moléculaires qui ont démontré l'existence de la relation avec les hippopotames ont fort judicieusement prélevé l'ADN des deux types de baleines. Ils ont trouvé qu'elles sont en réalité cousines beaucoup plus proches l'une de l'autre que de l'hippopotame. Mais, là encore, comment sait-on que les « baleines à dents » forment un groupe ? et les « baleines à fanons » ? Peut-être ces dernières sont-elles toutes apparentées à l'hippopotame, sauf le petit rorqual qui l'est au hamster. Non, je ne le crois pas, et je pense vraiment que

* À vrai dire, le sang n'est pas le meilleur milieu pour prélever de l'ADN chez les mammifères car, chose rare chez les vertébrés, leurs globules rouges ne contiennent pas de noyau.

les baleines à fanons sont un clade uni, avec un ancêtre commun qu'elles ne partagent avec aucun animal qui n'est pas une baleine à fanons. Mais pouvez-vous voir à quel point la découverte des affinités baleine-hippopotame a ébranlé nos certitudes ?

Nous pourrions échapper au doute si nous pouvions imaginer une bonne raison pour laquelle les baleines pourraient être particulières sur ce point. Si ce sont de vulgaires artiodactyles, ce sont des artiodactyles qui ont tout à coup décollé – évolutivement parlant – en laissant derrière eux tous les autres. Leurs plus proches parents, les hippopotames, sont restés relativement statiques, comme de respectables artiodactyles normaux. Il s'est donc produit dans l'histoire des baleines un événement particulier qui les a fait passer à la vitesse supérieure dans l'évolution. Elles ont évolué tellement plus vite que les autres artiodactyles que leur origine dans ce groupe s'est obscurcie jusqu'à ce que les taxinomistes moléculaires s'en mêlent et la découvrent. Mais quel est cet événement particulier qu'ont vécu les baleines ?

Quand vous l'écrivez comme ça, la réponse saute aux yeux. Quitter la terre pour devenir entièrement aquatique, c'était un peu comme aller dans l'espace. Quand on va dans l'espace, on n'a pas de poids (soit dit en passant, pas parce que l'on est loin de la gravité de la Terre, comme beaucoup le croient, mais parce que l'on est en chute libre comme un parachutiste avant de tirer sa manette). La baleine flotte. Contrairement au phoque et à la tortue, qui continuent à regagner la terre pour s'y reproduire, elle ne cesse jamais de flotter. Elle n'a jamais de problèmes de gravité à résoudre. L'hippopotame, lui, passe du temps dans l'eau, mais il a toujours besoin de pattes grosses comme des troncs d'arbre, dotées de muscles puissants. La baleine, quant à elle, n'a nullement besoin de pattes et, effectivement, elle n'en a pas. Imaginez-vous qu'elle est ce que l'hippopotame rêverait d'être, si seulement il pouvait échapper à la tyrannie de la gravité. Et, bien sûr, il y a tant d'autres choses étranges qui vont avec le fait de vivre tout le temps dans la mer qu'on ne s'étonne plus que les baleines aient évolué aussi vite, en laissant loin derrière elles les hippopotames, errant sur la terre, et perdus au milieu des artiodactyles. Cela laisse penser que je vous ai inquiétés sans raison quelques paragraphes plus tôt.

Un phénomène très voisin s'est produit dans l'autre sens 300 millions d'années plus tôt, au moment où nos ancêtres poissons ont quitté l'eau pour gagner la terre. Si les baleines sont le couronnement des hippopotames qui ont réussi, nous sommes celui des dipneustes.

L'émergence de baleines sans pattes quittant le sein du groupe des artiodactyles en laissant tous les autres « en arrière » ne devrait pas nous étonner plus que celle de quadrupèdes terrestres quittant un groupe de poissons particulier en laissant ces derniers « en arrière ». En tout cas, c'est ainsi que je conçois la relation hippopotame-baleine, et que je retrouve le flegme du zoologiste que j'avais perdu.

Épilogue de l'hippopotame

Au diable le flegme du zoologiste. Quand j'en étais aux dernières étapes de la préparation de ce livre, mon attention a été attirée sur ce qui suit. En 1866, le grand zoologiste allemand Ernst Haeckel a dessiné un arbre généalogique schématique de l'évolution des mammifères (voir le cahier photo p. IV, photo n° 4). J'avais souvent vu cet arbre entier dans des livres d'histoire de la zoologie, mais je n'y avais jamais remarqué la position des baleines et des hippopotames. Les baleines sont des « cétacés », comme aujourd'hui, et la prescience d'Haeckel l'a amené à les placer près des artiodactyles. Mais ce qui est renversant, c'est l'endroit où il a situé les hippopotames. Leur donnant le nom peu flatteur d'« Obesa », il les a classés non pas chez les artiodactyles mais comme une minuscule ramification sur la branche menant aux cétacés*, en faisant de leur groupe le groupe frère des baleines : dans son optique, ils étaient plus proches parents des baleines que des cochons, et tous étaient plus proches parents entre eux que des vaches.

> … il n'y a rien de nouveau sous le soleil.
> Qu'il y ait quelque chose dont on dise : « Tiens, voilà du nouveau ! »,
> cela fut dans les siècles qui nous ont précédés.
>
> ECCLÉSIASTE I, 9-10

Il était une fois… le phoque

Dans l'ensemble, les populations d'animaux sauvages comportent à peu près autant de mâles que de femelles. Il y a une bonne raison darwinienne à cela, et cette raison a été bien vue par

* Haeckel a cependant commis une erreur en classant les siréniens (dugongs et lamantins) avec les baleines.

le grand statisticien et généticien de l'évolution R. A. Fisher. Imaginez une population où le nombre ne serait pas le même. Les individus du sexe le plus rare auraient, en moyenne, un avantage reproductif sur ceux du sexe le plus commun. Pas parce que, étant plus recherchés, il leur serait plus facile de trouver un ou une partenaire (bien que ce puisse être une raison de plus). La raison invoquée par Fisher est plus profonde, avec un aspect économique subtil. Supposez que cette population comporte deux fois plus de mâles que de femelles. Comme chaque enfant qui naît a exactement un père et une mère, la femelle moyenne doit, toutes choses étant égales par ailleurs, avoir deux fois plus d'enfants que le mâle moyen, et vice versa si la proportion des sexes est l'inverse. C'est simplement la question de répartir la postérité disponible entre les parents disponibles. Donc, toute tendance générale des parents à favoriser les fils plutôt que les filles, ou l'inverse, sera immédiatement contrée par la sélection naturelle pour la tendance opposée. La seule proportion des sexes qui soit évolutivement stable est de 50/50.

Mais ce n'est pas tout à fait aussi simple. Fisher a repéré une subtilité économique dans cette logique. Que se passerait-il s'il coûtait deux fois plus cher d'élever un fils plutôt qu'une fille, sans doute parce que les mâles sont deux fois plus gros ? Eh bien là, le raisonnement change. Le choix auquel seraient confrontés les parents ne serait plus : « Est-ce que je vais avoir un garçon, ou, pour le même prix, deux filles ? » La proportion équilibrée des sexes dans cette population serait maintenant de deux fois plus de femelles que de mâles. Les parents qui favoriseraient les fils sous prétexte que les mâles sont rares verraient leur avantage détruit précisément par le coût supplémentaire qu'il y aurait à faire un mâle. Fisher a deviné que la véritable proportion des sexes égalisée par la sélection naturelle n'est pas celle du nombre des mâles par rapport à celui des femelles. C'est le rapport des dépenses économiques pour élever un fils et pour élever une fille. Et que veut dire dépenses économiques ? La nourriture ? le temps ? le risque ? Oui, en pratique, tout cela a des chances d'être important, et, pour Fisher, l'agent chargé des dépenses était toujours les parents. Mais les économistes emploient pour le coût une expression plus générale : le coût d'opportunité. Le véritable coût pour un parent de faire un enfant se mesure en occasions perdues de faire d'autres enfants. Fisher a appelé ce coût d'opportunité la dépense parentale. Sous le nom d'« investissement parental », Robert L. Trivers, un brillant intellectuel qui a succédé à Fisher, a utilisé la même idée pour expliquer la sélection sexuelle. Il a aussi été le premier à bien comprendre le phénomène fascinant du conflit parent-progéniture, dans une théorie qui a été plus largement développée dans des directions surprenantes par David Haig, qui est tout aussi brillant.

Comme toujours, et au risque de lasser ceux de mes lecteurs qui donnent dans la sémantique, je dois une fois de plus souligner que le langage que j'utilise à dessein ne doit pas être pris au pied de la lettre. Les parents ne s'asseyent pas pour discuter s'ils vont avoir un fils ou une fille. La sélection naturelle favorise, ou défavorise, les tendances génétiques à investir de la nourriture ou d'autres ressources et aboutit à des dépenses parentales égales ou inégales pour les fils et les filles, sur la totalité de la population qui se reproduit. En pratique, cela revient souvent à égaliser le nombre des mâles et des femelles dans la population.

Mais que dire des cas où une minorité de mâles détient la majorité des femelles dans des harems ? Est-ce que cela contredit les attentes de Fisher ? Ou bien des cas où les mâles paradent devant les femelles dans un « lek » et ces dernières les regardent et choisissent leur préféré ? Comme la plupart des femelles ont le même favori, le résultat final est le même que pour le harem : la polygynie – accès disproportionné d'une minorité privilégiée de mâles à une majorité de femelles. Cette minorité de mâles finit par engendrer la plus grande partie de la génération suivante, les autres restant célibataires. Est-ce que la polygynie contredit les attentes de Fisher ? Non, et c'est étonnant. Fisher s'attend toujours à voir un investissement égal dans les fils et dans les filles, et il a raison. Les mâles peuvent avoir de moins bonnes perspectives de se reproduire, mais s'ils se reproduisent, ils se reproduisent beaucoup. Les femelles ont peu de chances de ne pas avoir d'enfants, mais elles en ont peu aussi d'en avoir vraiment beaucoup. Même dans des situations de polygynie extrême, cela s'équilibre et le principe de Fisher reste valable.

C'est chez les phoques que l'on trouve des exemples de polygynie parmi les plus extrêmes. Les phoques gagnent les plages pour se reproduire, souvent dans d'énormes zones de reproduction, en se livrant à une activité sexuelle aussi intense qu'agressive. Dans une étude célèbre sur les éléphants de mer par le zoologiste de Californie Burney Le Bœuf, 4 % des mâles ont effectué 88 % de toutes les copulations observées. Il ne faut pas s'étonner que les autres mâles soient mécontents et que les combats d'éléphants de mer comptent parmi les plus féroces dans le règne animal.

Les éléphants de mer doivent leur nom à leur trompe (qui est courte selon les normes des éléphants, et qui ne sert qu'à des fins sociales), mais ils pourraient le devoir aussi à leur taille. Les éléphants de mer australs peuvent peser jusqu'à 3,7 tonnes, plus que certains éléphants femelles. Mais seuls les mâles atteignent ce poids, et c'est l'un des principaux points de ce propos. Les femelles pèsent typiquement moins du quart du poids des mâles, qui les laminent avec leurs petits quand ils chargent pour se livrer des combats*.

Pourquoi une telle disproportion du poids entre les mâles et les femelles ? Parce que leur corpulence leur sert à acquérir un harem. La plupart des jeunes phoques des deux sexes naissent d'une mère relativement petite, dont la taille a été optimisée pour mettre au monde et élever des petits, et pas pour gagner des combats.

L'optimisation séparée des traits mâles et femelles vient de la sélection des gènes. On s'étonne souvent d'apprendre que les gènes concernés sont présents dans les deux sexes. La sélection naturelle a favorisé ce qu'on appelle les gènes limités au sexe. Ces gènes sont présents dans les deux sexes mais ils ne sont activés que dans l'un des deux. Par exemple, ceux qui disent au petit qui grandit : « Si tu es un mâle, deviens très gros et bats-toi », sont favorisés en même temps que ceux qui disent « Si tu es une femelle, reste petite et ne te bats pas ». Ces deux classes de gènes se transmettent aux fils et aux filles, mais chacune s'exprime dans un sexe et pas dans l'autre.

Si l'on regarde les mammifères en général, on observe une généralisation. Le dimorphisme sexuel – différence marquée entre les mâles et les femelles – tend à être très accentué dans les espèces polygynes, en particulier dans celles qui ont une société de type harem. Comme nous l'avons vu, il y a de bonnes raisons théoriques pour qu'il en soit ainsi, et nous avons aussi vu que les phoques et les lions de mer sont les espèces dans lesquelles ce mode de société est le plus développé.

Le graphique ci-dessus vient d'une étude effectuée par l'éminent zoologiste Richard D. Alexander et ses collaborateurs de l'université

* Ne vous étonnez pas que les phoques mâles écrasent les petits de leur propre espèce. Un petit écrasé n'a pas plus de chances d'être celui du mâle qui a chargé que de n'importe quel rival. De ce fait, la sélection darwinienne n'intervient pas contre ce laminage.

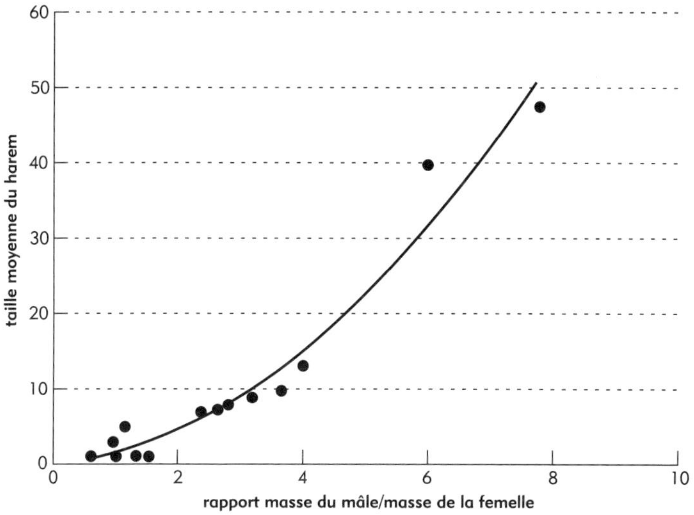

Relation entre le dimorphisme sexuel et la taille du harem.
Chaque point représente une espèce de phoque ou de lion de mer.
Adapté d'Alexander *et al.* [5].

du Michigan. Chaque point représente une espèce de phoque ou de lion de mer, et vous pouvez observer une forte relation entre le dimorphisme sexuel et la taille du harem. Dans les cas extrêmes, par exemple l'éléphant de mer austral et l'otarie du Nord à fourrure [un lion de mer] qui sont représentés par les deux points en haut du graphique, les mâles pèsent jusqu'à plus de six fois le poids des femelles. Et, effectivement, dans ces espèces, les mâles qui réussissent – une minorité, en étant généreux – possèdent d'énormes harems. On ne peut cependant pas tirer des conclusions générales à partir de deux espèces extrêmes, mais une analyse statistique des données connues sur les phoques et les lions de mer confirme la véracité de la tendance que nous croyons observer (les chances pour que ce soit un effet du hasard sont d'une pour 5 000). Sans avoir la même force, des données venant d'ongulés ainsi que de singes grands et petits appuient cette idée.

Pour répéter la logique évolutive de ce phénomène, disons que les mâles ont beaucoup à gagner, et autant à perdre, à se battre entre eux. La plupart des individus naissent, dans les deux sexes, issus d'une longue lignée d'ancêtres mâles qui ont réussi en gagnant des harems, et d'une longue lignée d'ancêtres femelles appartenant à ces harems. Ainsi, la plupart des individus, mâles ou femelles, qu'ils soient appelés à gagner ou à perdre, héritent d'un équipement génétique pour aider les corps des mâles à gagner des harems, et les corps de femelles pour se joindre à eux. La taille a une grande importance, et les mâles qui réussissent peuvent effectivement être particulièrement gros. Les femelles, au contraire, n'ont pas grand-chose à gagner à se battre entre elles, et leur taille ne dépasse pas ce qui leur est nécessaire pour survivre et être de bonnes mères. Les individus des deux sexes héritent des gènes qui font que les femelles évitent de se battre et se concentrent sur l'élevage de leurs petits, et tous héritent des gènes qui font que les mâles se battent entre eux, quitte à y passer du temps qu'ils pourraient consacrer à participer à l'élevage des petits. Si seulement les mâles pouvaient se mettre d'accord pour régler leurs disputes en jouant à pile ou face, il est vraisemblable que leur taille diminuerait avec le temps, pour être semblable à celle des femelles, voire plus petite, ce qui leur ferait réaliser beaucoup d'économies et leur permettrait de consacrer leur temps à leurs petits. Leur masse excédentaire, dont l'élaboration et l'entretien, dans les cas extrêmes, coûtent très cher en aliments pour la constituer et l'entretenir, est le prix qu'ils paient pour être compétitifs avec les autres mâles.

Bien sûr, toutes les espèces ne sont pas comme les phoques. Beaucoup sont monogames, et les deux sexes se ressemblent alors beaucoup plus. Hormis quelques espèces qui sont des exceptions, comme les chevaux, les espèces dans lesquelles les deux sexes sont de la même taille ont tendance à ne pas avoir de harems. Celles dans lesquelles les mâles sont notoirement plus gros que les femelles tendent à avoir des harems, ou à pratiquer une certaine forme de polygynie. Les espèces sont en général soit polygynes, soit monogames, sans doute selon leur situation économique. La polyandrie (où les femelles s'accouplent à plus d'un mâle) est rare. Chez nos proches parents, les gorilles ont un système de reproduction polygyne, fondé sur le harem, et les gibbons sont des monogames fidèles. On aurait pu le deviner respectivement par la présence ou l'absence de dimorphisme sexuel. Le gros gorille mâle pèse typiquement le double de la femelle, alors que les gibbons mâle et femelle sont à peu près de la même taille. Les chimpanzés, eux, s'accouplent davantage au hasard.

Est-ce que le message du phoque peut nous renseigner sur notre propre système de reproduction avant que la civilisation et la coutume n'en aient effacé les traces ? Notre dimorphisme sexuel est modéré, mais indéniable. Beaucoup de femmes sont plus grandes que beaucoup d'hommes, mais les hommes les plus grands sont plus grands que les femmes les plus grandes. Beaucoup de femmes peuvent courir plus vite, soulever des poids plus lourds, lancer le javelot plus loin et jouer mieux au tennis que beaucoup d'hommes. Mais à la différence des courses de chevaux, le dimorphisme sexuel sous-jacent des êtres humains rend inévitable la discrimination sexuelle dans la compétition de haut niveau dans pratiquement tous les sports. Dans la majorité des sports physiques, sur les cent hommes les meilleurs du monde, chacun battrait chacune des cent femmes les meilleures du monde.

Même ainsi, selon les critères des phoques et de beaucoup d'autres animaux, nous ne sommes que légèrement dimorphiques. Moins que les gorilles, mais plus que les gibbons. Notre léger dimorphisme signifie peut-être que nos ancêtres femelles vivaient parfois dans la monogamie, et parfois dans des petits harems. Les sociétés modernes varient tellement que vous pouvez trouver des exemples pour appuyer pratiquement toutes les formes de société. L'*Ethnographic Atlas* de G. P. Murdock, publié en 1967, est une compilation audacieuse, énumérant les particularités de 849 sociétés humaines à travers le monde. On devrait s'attendre à pouvoir y dénombrer les sociétés dans lesquelles les harems sont autorisés, et celles où la monogamie est la règle. Le problème, s'agissant de compter les sociétés, c'est qu'il est rarement évident de savoir où les départager, ou ce qu'il faut compter comme indépendant. Il est donc difficile d'effectuer de bonnes statistiques. Sur ces 849 sociétés, 137 (environ 16 %) sont monogames, 4 (moins de 1 %) sont polyandres, et un énorme 83 % (708) sont polygynes (les hommes peuvent avoir plus d'une femme). Les 708 sociétés polygynes sont divisées à peu près équitablement entre celles où la polygynie est autorisée par les lois de la société, mais rare en pratique, et celles où elle est la norme. Précisons sans détour que la « norme » est pour les femmes l'appartenance à un harem, et pour les hommes l'aspiration à en posséder un. Par définition, comme il y a autant de femmes que d'hommes, la majorité des hommes sont perdants. Les harems de certains empereurs chinois et sultans ottomans ont battu les records les plus extravagants des éléphants de mer et des otaries à fourrure. Pourtant, notre dimorphisme physique est modeste comparé à celui des phoques, et aussi probablement –

mais c'est discutable – à celui des australopithécinés. Cela signifierait-il que les chefs australopithécinés possédaient des harems encore plus importants que les empereurs chinois ?

Non, il ne faut pas appliquer cette théorie de façon naïve. La corrélation entre le dimorphisme sexuel et l'ampleur du harem n'est qu'une corrélation lâche. Et la taille physique n'est qu'un indicateur de la force compétitive. Pour les éléphants de mer, elle est probablement importante car ils gagnent leurs harems en se battant physiquement avec d'autres mâles, en les mordant ou en les écrasant par leur poids. La taille n'est probablement pas négligeable chez les hominidés, mais elle peut céder le pas à toutes sortes d'autres formes de pouvoir permettant à certains mâles de contrôler un nombre disproportionné de femelles. Dans beaucoup de sociétés, l'influence politique joue ce rôle. Le statut d'ami du chef – ou mieux, celui de chef – donne du pouvoir à un individu, il lui permet d'intimider des rivaux d'une façon qui équivaut à l'intimidation physique qu'exerce un gros phoque mâle sur un plus petit. Ou bien, il peut exister des inégalités massives dans la richesse économique. On ne se bat pas pour des femmes, on les achète. Ou bien on paie des soldats pour se battre à sa place. Le sultan ou l'empereur a beau être un gringalet, il peut toujours se procurer un harem plus grand qu'un phoque mâle. L'idée à laquelle je veux arriver, c'est que même si les australopithécinés étaient beaucoup plus dimorphiques que nous quant à la taille, notre évolution depuis eux a très bien pu se faire sans abandonner la polygynie. Elle peut s'être limitée à une modification des armes intervenant dans la compétition des mâles en remplaçant la taille pure et la force brute par la puissance économique et l'intimidation politique. Ou encore, bien sûr, peut-être sommes-nous passés à une égalité sexuelle plus authentique.

Pour ceux d'entre nous que rebute l'inégalité sexuelle, ils peuvent se consoler en espérant que l'on pourra se débarrasser facilement de la polygynie culturelle, qu'il faut distinguer de la polygynie par la force. À première vue, c'est ce qui semble être arrivé aux sociétés qui, comme les sociétés chrétiennes (non mormones) sont devenues officiellement monogames. Je dis « à première vue » et « officiellement », car certaines données indiquent par ailleurs que les sociétés apparemment monogames ne sont pas tout à fait ce qu'elles paraissent. Laura Betzig est une historienne à tendance darwinienne qui a mis au jour des données fascinantes montrant que des sociétés notoirement monogames, comme celles de la Rome de l'Antiquité et de l'Europe médiévale, étaient en réalité polygynes sous la surface. Le noble riche, ou le seigneur d'un manoir, n'avait peut-être qu'une seule épouse légale, mais il possédait *de facto* un harem d'esclaves féminines ou bien des domestiques ainsi que les épouses et les filles de leurs métayers. Betzig cite d'autres données montrant qu'il en allait de même des prêtres, et même des célibataires par définition.

Pour certains scientifiques, ces faits historiques et anthropologiques suggèrent qu'avec notre dimorphisme sexuel modéré, nous avons évolué sous un régime de reproduction polygyne. Le dimorphisme sexuel n'est cependant pas le seul indice que peut nous livrer la biologie. Un autre signal intéressant du passé est la taille des testicules.

Nos parents les plus proches, les chimpanzés et les bonobos, ont des testicules extrêmement gros, sans être polygynes comme les gorilles, ni monogames comme les gibbons. Normalement, les chimpanzés femelles en âge de se reproduire copulent avec plus d'un mâle. Ce mode d'accouplement avec plusieurs partenaires ne relève pas de la polyandrie, qui se définit par un lien stable entre une femelle et plusieurs mâles, pas plus qu'il n'évoque un schéma simple de dimorphisme sexuel. Mais il a suggéré au biologiste britannique Roger Short une explication des gros testicules : les gènes de chimpanzés se sont transmis de génération en génération par des spermatozoïdes qui ont dû se battre pour rivaliser avec des spermes concurrents issus de plusieurs mâles dans la même femelle. Dans un tel monde, ce qui compte, c'est le pur nombre des spermatozoïdes, ce qui exige de gros testicules. Les gorilles mâles, en revanche, ont de petits testicules mais de puissantes épaules et une énorme poitrine qui fait caisse de résonance. La compétition de leurs gènes s'effectue quand les mâles se battent et se menacent en se martelant la poitrine pour y gagner des femelles, et ces prémices annoncent la compétition qui va suivre entre les spermes à l'intérieur des femelles. Les chimpanzés mènent leur compétition par spermes interposés dans le vagin. Voilà pourquoi les gorilles ont un dimorphisme sexuel prononcé et de petits testicules, alors que les chimpanzés en ont de gros et un faible dimorphisme sexuel.

Avec d'autres collaborateurs parmi lesquels Roger Short, mon collègue Paul Harvey a testé cette idée en utilisant des données comparatives de petits singes et de grands singes. Ces chercheurs

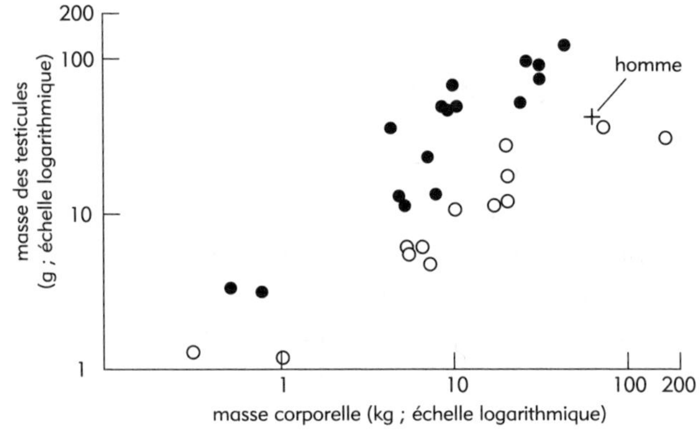

Relation entre la masse des testicules et la masse du corps.
Chaque point représente une espèce de primate.
Adapté de Harvey & Pagel [132].

ont pris vingt genres de primates dont ils ont pesé les testicules. Enfin, à dire vrai, ils sont allés en bibliothèque et ont rassemblé des informations publiées sur la masse des testicules. Il est évident que les gros animaux ont tendance à avoir des testicules plus gros que les petits, si bien qu'ils ont dû corriger leurs données en conséquence. Leur méthode était celle expliquée pour mesurer le cerveau dans le message de l'artisan. Sur un graphique (ci-dessus) illustrant la masse des testicules par rapport à la masse corporelle, ils ont représenté chaque genre de singe par un point, et pour les mêmes raisons que celles que nous a exposées l'artisan, ils ont pris les logarithmes des deux. Les points sont tombés autour d'une ligne droite, depuis les ouistitis en bas jusqu'aux gorilles en haut. Comme pour les cerveaux, la question intéressante était de savoir quelles espèces ont des testicules relativement gros pour leur taille, et lesquelles en ont de plus petits. Sur tous les points dispersés autour de la ligne, lesquels tombent au-dessus, et lesquels au-dessous ?

Les résultats sont éloquents. Les points noirs représentent tous des animaux qui sont comme les chimpanzés en ce que les femelles copulent avec plus d'un mâle, et chez lesquels existe donc une chance que se produise une compétition au niveau du sperme. Le chimpanzé lui-même est le point noir tout en haut. Les points blancs correspondent tous à des animaux dont le système de reproduction implique peu de compétition au niveau du sperme, soit parce qu'ils se reproduisent dans des harems comme les gorilles (le point blanc à l'extrême droite), soit parce que ce sont des monogames fidèles comme les gibbons.

La séparation entre les points blancs et les points noirs est satisfaisante*. Il semble que nous ayons de quoi étayer l'hypothèse de la compétition du sperme. Et maintenant, naturellement, nous voulons savoir où nous nous trouvons sur ce graphique. Quelle est la taille de nos testicules ? Notre position sur le graphique (la petite croix) est près de l'orang-outan. Il semble que nous nous groupons avec les points blancs plutôt qu'avec les points noirs. Nous ne sommes pas comme les chimpanzés, et nous n'avons probablement pas eu à affronter beaucoup de compétition du sperme dans notre passé évolutif. Mais ce graphique ne dit pas si le système de reproduction de notre passé évolutif était comme celui du gorille (le harem) ou comme celui du gibbon (monogamie fidèle). Cela nous renvoie aux données du dimorphisme sexuel et de l'anthropologie, qui évoquent les unes comme les autres une polygynie modérée : une légère tendance dans la direction des harems.

S'il est effectivement prouvé que nos ancêtres récents dans l'évolution étaient faiblement polygynes, j'espère qu'il est inutile de dire que cet argument ne devrait pas servir à justifier une position morale ou politique, dans un sens ou dans un autre. « Ce qui est ne doit pas dicter ce qui doit être » : cette recommandation a été si souvent répétée qu'elle risque de devenir fastidieuse, mais elle n'en est pas moins vraie pour autant. Hâtons-nous maintenant vers le rendez-vous suivant.

* Dans les graphiques de ce genre, il est important de n'inclure que des données qui sont indépendantes les unes des autres, sinon les résultats peuvent s'en trouver gonflés artificiellement. Harvey et ses collaborateurs ont cherché à éviter ce danger en comptant des genres plutôt que des espèces. C'est un pas dans la bonne direction, mais la solution idéale est celle qu'a prônée Mark Ridley dans *The Explanation of Organic Diversity* et à laquelle Harvey a souscrit sans réserve : regarder l'arbre généalogique lui-même et ne compter ni les espèces, ni les genres, mais les évolutions des caractéristiques intéressantes qui se sont produites indépendamment les unes des autres.

Rendez-vous 12

LES XÉNARTHRES

Le Rendez-vous 12 remonte à environ 95 millions d'années, époque où vivait le coancêtre 12, notre aïeul à la 35 millionième génération. C'est là que nous retrouvons les pèlerins xénarthres de l'Amérique du Sud qui, à cette époque, s'était séparée depuis peu de l'Afrique pour devenir une très grande île – ce qui favorise particulièrement l'évolution d'une faune unique. Les xénarthres sont un groupe de mammifères assez étrange, constitué par les tatous, les paresseux et les fourmiliers, ainsi que les espèces qui leur étaient apparentées et qui ont disparu. Leur nom, qui signifie « articulations exogènes », évoque la manière particulière dont leurs vertèbres s'articulent entre elles : ces fouisseurs possèdent entre les vertèbres lombaires des articulations supplémentaires propres à renforcer leur colonne vertébrale. Parmi les fourmiliers, seuls ceux d'Amérique du Sud sont des xénarthres. D'autres mammifères se nourrissent aussi de fourmis, ce sont, par exemple, les pangolins et les oryctéropes, qu'on désigne respectivement sous les noms de fourmiliers à écailles et de cochons de terre. Soit dit en passant, on pourrait aussi bien appeler tous les fourmiliers des « termitiers » car ils se délectent de ces insectes.

Les xénarthres ont un message à nous livrer sur l'Amérique du Sud, et c'est au Tatou qu'il revient de le dire. Ce sera l'occasion de nous pencher sur la diversité des xénarthres.

Il était une fois… le tatou

Zoologiquement parlant, l'Amérique du Sud est une sorte de Madagascar géante. Comme elle, elle s'est séparée de l'Afrique, mais à l'ouest au lieu de l'est, à peu près en même temps, voire un peu plus tard. Comme cette île, elle a été coupée du reste du monde pendant la plus grande partie de la période de l'évolution des mammifères. Son long isolement, qui a pris fin voici environ 3 millions d'années seulement, en a fait un lieu d'expérience naturelle gigantesque, aboutissant à une faune de mammifères unique et fascinante. Comme en Australie, mais à la différence de Madagascar, sa faune regorgeait de marsupiaux qui y occupaient la plupart des niches des carnivores. À la différence de l'Australie, elle abritait de nombreux mammifères pla-

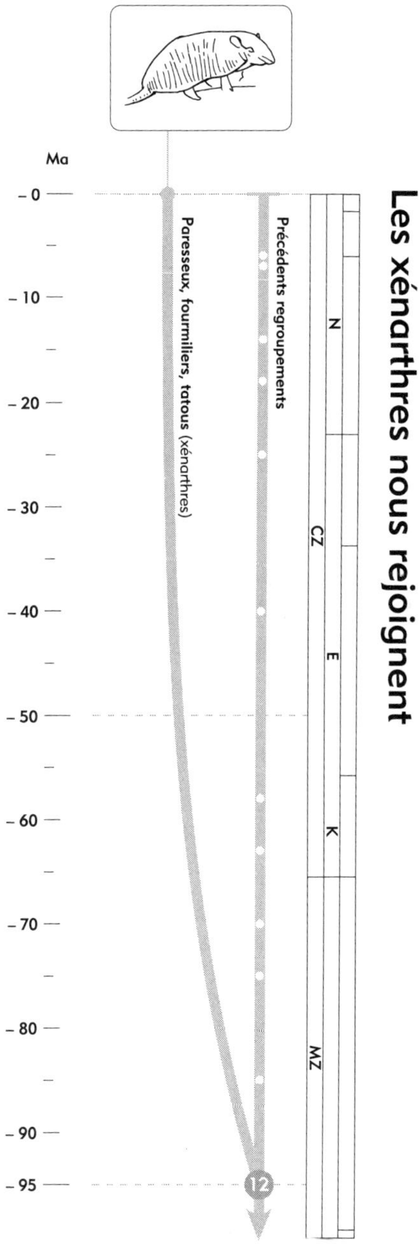

Les xénarthres nous rejoignent. Sur les quatre principaux groupes de mammifères placentaires qu'ont identifiés les taxinomistes moléculaires, les deux ramifications les plus précoces sont les afrothériens (Rendez-vous 13) et les xénarthres d'Amérique du Sud (environ trente espèces de paresseux, fourmiliers et tatous). Il est possible que des données nouvelles inversent l'ordre des Rendez-vous 12 et 13, mais notre schéma représente le consensus actuel.

Dessin : tatou à six bandes (*Euphractus sexcintus*).

centaires (non marsupiaux), notamment les tatous et autres xénarthres, ainsi que différents « ongulés » uniques en Amérique du Sud, tous éteints aujourd'hui, et qui ont évolué de façon entièrement indépendante des périssodactyles et des artiodactyles du reste du monde.

Nous avons déjà vu que les petits singes et les rongeurs ont pénétré en Amérique du Sud longtemps après la rupture d'avec l'Afrique, probablement par flottage et à plusieurs reprises. À leur arrivée, ils ont trouvé sur ce continent une population déjà dense de mammifères uniques. Ces « anciens », pour reprendre un terme du grand zoologiste américain G. G. Simpson dans *Splendid Isolation*, appartiennent à trois principaux groupes : les xénarthres, quelques marsupiaux que nous rencontrerons plus tard, et enfin tous les autres que nous désignerons sous le terme d'ongulés. Comme nous l'avons vu au Rendez-vous 11, « ongulé » n'est pas un terme taxonomiquement précis. Ces anciens sud-américains qui étaient herbivores comme les chevaux, les rhinocéros et les chameaux, ont cependant évolué indépendamment.

Si l'isolement de Madagascar et de l'Australie a perduré, celui de l'Amérique du Sud s'est terminé de façon naturelle avant que les pérégrinations humaines n'aient plus ou moins mis fin à tout isolement zoologique. Le relèvement de l'isthme de Panamá, voici seulement 3 millions d'années, a ouvert une grande voie panaméricaine, la *Great American Interchange*. Séparées jusque-là, les faunes des deux Amériques ont pu dès lors se rendre à loisir sur le continent l'une de l'autre en passant par l'étroit corridor que constituait l'isthme. Elles s'en sont enrichies, mais certaines espèces se sont aussi éteintes des deux côtés, vraisemblablement victimes d'un phénomène de compétition.

La voie panaméricaine explique la présence aujourd'hui en Amérique du Sud de tapirs (ongulés périssodactyles) et de pécaris (ongulés artiodactyles), provenant d'Amérique du Nord où les premiers ont maintenant disparu et les derniers se sont fortement réduits. Il en va de même pour la présence aujourd'hui de jaguars en Amérique du Sud alors qu'elle n'abritait auparavant ni chats ni aucune espèce de l'ordre des carnivores, comptant seulement des marsupiaux carnivores, dont certains ressemblaient à faire peur aux tigres à dents de sabre (vrais chats) qui vivaient dans le même temps en Amérique du Nord. Depuis l'ouverture de cette voie d'accès, les tatous ont pénétré en Amérique du Nord, et parmi eux, les glyptodons – des tatous géants avec leur drôle de casquette de tweed et une queue terminée par une terrible massue hérissée de pointes qu'ils brandissaient contre les dents de sabre marsupiaux et placentaires.

Hélas, les glyptodons ont disparu assez récemment, ce qui est étonnant, de même que les paresseux terrestres géants, cousins terrestres et bûcherons des paresseux arboricoles d'aujourd'hui. On décrit souvent les paresseux terrestres en disant qu'ils se dressent sur leurs pattes arrière pour manger les feuilles des arbres, et peut-être abattaient-ils aussi ces derniers à la manière des éléphants aujourd'hui. Les plus gros étaient en fait de la même taille que ces derniers, mesurant six mètres de long et pesant de trois à quatre tonnes. Les paresseux terrestres, hormis les plus gros, sont remontés jusqu'en Alaska.

En direction inverse, les lamas, alpagas, guanacos et vigognes, tous membres de la famille des chameaux, sont maintenant confinés en Amérique du Sud, alors que cette famille a évolué à l'origine en Amérique du Nord. Passant vraisemblablement par l'Alaska, ils se sont répandus en Asie, puis en Arabie et en Afrique très récemment, où se sont développés les chameaux de Bactriane (à deux bosses) de la steppe mongole, ainsi que les dromadaires des déserts chauds. La famille des chevaux, elle aussi, a essentiellement évolué en Amérique du Nord avant d'y disparaître, ce qui rend poignante la stupeur des Amérindiens devant les chevaux qui ont été réintroduits d'Eurasie par les conquistadors de triste mémoire.

Il ne semble pas que les fourmiliers soient parvenus en Amérique du Nord, mais il en survit trois genres en Amérique du Sud, et ce sont des mammifères fort peu classiques. Ils n'ont pas de dents et leur crâne, en particulier dans le cas du *Myrmecophaga*, ce gros tamanoir terrestre, s'est réduit à n'être guère plus qu'un long tube incurvé, une sorte de paille pour aspirer les fourmis et les termites qu'ils délogent de leurs nids à l'aide de leur longue langue visqueuse. Encore un détail surprenant : la plupart des mammifères, et nous notamment, sécrètent dans l'estomac de l'acide chlorhydrique qui les aide à digérer, ce qui n'est pas le cas des fourmiliers d'Amérique du Sud : ils utilisent l'acide formique des fourmis qu'ils absorbent. Ce phénomène est caractéristique de l'opportunisme de la sélection naturelle.

Parmi les autres « anciens » d'Amérique du Sud, les marsupiaux n'ont survécu que sous la forme des opossums (qui sont aujourd'hui aussi communs en Amérique du Nord), des opossums-musaraignes, qui sont très différents (confinés dans les Andes), et du « colocolo », unique en son genre, qui ressemble à la souris, et qui, étrangement, semble avoir réémigré d'Amérique du Sud en Australie. Nous les rencontrerons quand nous arriverons au Rendez-vous 14.

Les anciens « ongulés » sud-américains ont tous disparu, c'est d'autant plus regrettable qu'il s'agissait de créatures étonnantes. Le terme de Simpson, « anciens », veut seulement dire que leurs ancêtres ont résidé très longtemps en Amérique du Sud, probablement depuis que le continent s'est détaché de l'Afrique. Ils ont évolué et se sont diversifiés durant la même longue période où les mammifères qui nous sont plus familiers ont évolué et se sont diversifiés dans l'Ancien Monde. Beaucoup d'entre eux se sont multipliés jusqu'au raccordement des deux continents américains, et pour certains, au-delà. Les litopternes se sont très tôt divisés en des formes similaires à celles des chevaux et des chameaux, avec (d'après la disposition de leur ossature nasale) probablement une trompe comme les éléphants. Les membres d'un autre groupe, les pyrothériens, avaient probablement une trompe eux aussi, ils leur ressemblaient peut-être aussi beaucoup sur d'autres points, notamment la taille. La faune mammifère d'Amérique du Sud s'est plutôt orientée vers des formes semblables à celle des rhinocéros massifs dont certains os fossilisés ont été découverts en premier par Darwin. Les notongulés comprenaient les énormes toxodons à l'allure de rhinocéros, et des formes plus petites, voisines des lapins et des rongeurs.

Le thème du tatou est celui de l'Amérique du Sud à l'âge des mammifères. C'est l'histoire d'une dérive gigantesque, comme celles de Madagascar, de l'Australie et de l'Inde qui se sont détachées sous l'effet de la dislocation du Gondwana. Nous avons déjà découvert Madagascar dans le message de l'aye-aye. L'Australie, elle, sera abordée par la taupe marsupiale. L'Inde aurait subi une quatrième dérive si elle n'était remontée si vite vers le nord en se rattachant très tôt à l'Asie, de sorte que sa faune s'est intégrée à celle de ce continent dans la seconde moitié de l'âge des mammifères. L'Afrique, elle aussi, était une île gigantesque au moment de l'essor de cette classe, mais sans être aussi isolée que l'Amérique du Sud et pendant aussi longtemps. Elle l'a été suffisamment longtemps cependant pour qu'un grand groupe très différent de mammifères y évolue en se différenciant indépendamment des autres, ce qui a produit des cousins plus proches entre eux que des autres, bien qu'à les voir on ne le devinerait jamais. Ce sont les afrothériens, que nous allons rencontrer au Rendez-vous 13.

Rendez-vous 13

LES AFROTHÉRIENS

Les afrothériens sont les derniers mammifères placentaires à nous rejoindre dans notre pèlerinage. Comme leur nom l'indique, ils sont originaires d'Afrique, et ils comprennent les éléphants, les musaraignes-éléphants, les dugongs et les lamantins, les damans, les oryctéropes ou cochons de terre, et probablement les tenrecs de Madagascar et les taupes dorées du sud de l'Afrique. Les prochains pèlerins que nous rencontrerons seront nos cousins marsupiaux qui sont beaucoup plus lointains. Ainsi, les afrothériens sont tous au même titre nos cousins non marsupiaux les plus éloignés. Le coancêtre 13, qui vivait voici 105 millions d'années, était à peu de chose près notre aïeul à la 45 millionième génération. Là encore, il ressemblait beaucoup aux coancêtres 11 et 12, ayant comme eux l'allure d'une musaraigne.

Je n'avais jamais vu de musaraigne-éléphant avant de revoir le beau pays du Malawi qui, sous le nom de Nyassaland, avait été le pays de mon enfance. Avec ma femme, j'ai passé un certain temps dans la réserve de Mvuu, juste au sud du lac de la dépression du Rift qui a donné au pays son nom, et sur les plages sableuses duquel j'ai construit mes premiers châteaux de sable il y a bien longtemps. Dans cette réserve, nous avons bénéficié du savoir encyclopédique de notre guide sur les animaux, de son œil de lynx pour les repérer et de sa façon de parler suggestive pour piquer notre curiosité à leur sujet. Les musaraignes-éléphants suscitaient toujours chez lui la même plaisanterie, dont la saveur se renforçait à chaque redite : « Un des cinq petits* ».

---

* *The small five* : par opposition aux *big five* (les cinq gros : éléphant, lion, buffle, hippopotame et rhinocéros) que les guides des réserves d'Afrique du Sud promettent de montrer aux visiteurs. (*N.d.T.*)

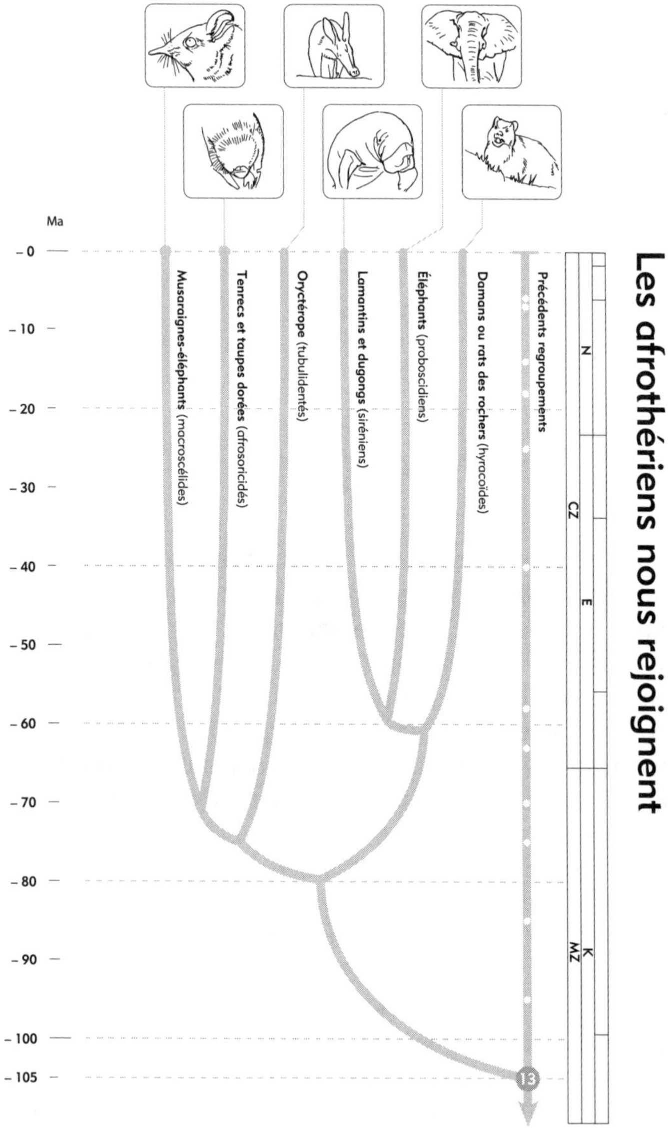

Les afrothériens nous rejoignent. Selon la nouvelle phylogénie des mammifères placentaires, la séparation des 70 espèces environ d'afrothériens d'avec tous les autres placentaires est la première qui s'est effectuée dans le groupe. Parmi les afrothériens, des désaccords persistent sur l'ordre des embranchements des éléphants, des siréniens et des damans, sur la position de l'oryctérope, et sur les tenrecs et les taupes dorées.

Dessins, de gauche à droite : rat à trompe de Cap (*Elephantulus edwardii*) ; taupe dorée de Grant (*Eremitalpa granti*) ; oryctérope, ou cochon de terre (*Orycteropus afer*) ; lamantin d'Amérique du Nord (*Trichechus manatus*) ; éléphant d'Afrique (*Loxodonta africana*) ; daman du Cap (*Procavia capensis*).

Les musaraignes-éléphants, qu'on appelle aussi rats-éléphants ou rats à trompe, et dont le nom vient de leur long nez à l'allure de trompe, sont plus grosses que les musaraignes d'Europe, et elles courent plus en hauteur, sur des pattes plus longues, faisant un peu penser à des antilopes miniatures. Les plus petites des quinze espèces sautent. Elles étaient plus nombreuses et plus diverses autrefois, et, outre les espèces insectivores qui ont survécu, elles comprenaient certaines espèces végétariennes. Elles ont l'habitude prudente de passer du temps et de mobiliser leur attention à s'assurer des issues de secours pour échapper plus tard aux prédateurs*.

En dépit de leur adorable petite trompe, il n'est jamais venu à l'idée de personne que les musaraignes-éléphants puissent être particulièrement proches des éléphants. On a toujours supposé que c'étaient seulement des versions africaines des musaraignes eurasiennes. Des données moléculaires récentes nous surprennent cependant en nous révélant qu'elles sont plus proches parentes des éléphants que des musaraignes, si bien que certains préfèrent maintenant leur donner leur autre nom, celui de *sengi*, pour marquer leur distance d'avec ces dernières. Soit dit en passant, la « trompe » des musaraignes-éléphants est presque certainement fortuite dans leur relation avec les éléphants. Après les cinq petits, voyons les gros et passons maintenant aux éléphants eux-mêmes.

Aujourd'hui, les éléphants se réduisent à deux genres, *Elephas*, l'éléphant d'Asie, et *Loxodonta*, l'éléphant d'Afrique, mais des éléphants de différentes sortes, entre autres les mastodontes et les mammouths, arpentaient autrefois tous les continents, excepté l'Australie**. L'Amérique a abrité des mammouths et des mastodontes jusqu'aux alentours de – 12 000 ans, quand ils ont été exterminés, probablement par le peuple des clovis. L'extinction des mammouths est si récente en Sibérie qu'on en trouve parfois, congelés, dans le permafrost, et que, si l'on en croit le poète, on en a même fait de la soupe :

* Elles donnent l'impression d'être douées de prescience, ce qui est vrai en un sens. Mais il ne faudrait pas y voir une intention délibérée (même si, comme toujours, il ne faut pas écarter définitivement cette idée). Les animaux se comportent souvent comme s'ils savaient ce qui sera bon pour eux par la suite, mais il faut veiller à ne pas oublier ce « comme si ». La sélection naturelle a cette capacité séduisante de simuler l'intention délibérée.

** On avance même l'idée bien séduisante qu'ils auraient aussi gagné l'Australie. On a parlé de fragments de fossiles d'éléphants, mais peut-être s'agissait-il d'animaux qui avaient dérivé depuis l'Afrique.

LE MAMMOUTH CONGELÉ

Cette Créature, si rare soit-elle, se trouve encore
À l'est du nord de la Sibérie.
Ce peuple primitif sait bien
Que sa carcasse fait une soupe délicieuse,
Même si sa cuisson présente au moins un inconvénient
(de nature sérieuse, je le crois volontiers) :
Si la peau venait à être percée avant d'être bouillie,
Votre réalisation en serait entièrement et irrémédiablement perdue.
Ainsi (du fait de la taille de la bête),
Ce mets délicat est pratiquement inconnu.

HILAIRE BELLOC

Comme pour tous les afrothériens, l'Afrique est le berceau des éléphants, des mastodontes et des mammouths, le terreau dans lequel a pris racine leur évolution, et le théâtre de la plus grande partie de leur diversification. Ce continent est aussi devenu la résidence de nombreux autres mammifères, comme les antilopes et les zèbres, avec leurs prédateurs carnivores, mais ces laurasiathériens ont gagné l'Afrique plus tard, depuis le grand continent du nord qu'est la Laurasie. Les afrothériens sont les « vieux de la vieille » de l'Afrique.

L'ordre des éléphants est celui des proboscidiens, qui doivent leur nom au *proboscis* ou trompe, qui est un nez hypertrophié. Parmi ses nombreuses utilisations, la trompe sert à boire, ce qui a peut-être été sa fonction première. Pour un très gros animal, comme l'éléphant ou la girafe, la prise de liquides est problématique. Comme leur nourriture pousse essentiellement dans les arbres, cela expliquerait en partie la taille de ces deux animaux. L'eau, en revanche, est toujours au niveau qui lui est propre, ce qui est particulièrement inconfortable. Certes, il est possible de s'agenouiller pour s'abaisser à son niveau, ce que font les chameaux, mais il n'est pas facile de se remettre debout, et ça l'est encore moins pour l'éléphant et la girafe. Ces deux espèces résolvent ce problème en aspirant l'eau par un long siphon. La girafe a la tête plantée au bout du siphon, le cou. L'éléphant, lui, l'a à la base du siphon, ce qui lui permet d'être plus gros et plus intelligent. Leur siphon, bien sûr, c'est la trompe, et elle leur rend aussi beaucoup d'autres services. J'ai déjà eu l'occasion de citer Oria Douglas-Hamilton à propos de la trompe de l'éléphant. Avec son mari, Iain, elle a consacré une grande partie de sa vie à l'étude et à la protection des éléphants sauvages. Voici un passage vibrant de colère, inspiré par la vision épouvantable d'un charnier d'éléphants massacrés en masse au Zimbabwe.

> J'ai regardé une des trompes qui avaient été jetées ainsi, et je me suis demandé combien de millions d'années il avait dû falloir à l'évolution pour réaliser un tel miracle. Dotée de cinquante mille muscles, et contrôlée par un cerveau à la hauteur d'une telle complexité, elle peut arracher et pousser des objets en mettant en œuvre des forces de plusieurs tonnes. Pourtant, dans le même temps, elle est capable d'effectuer les opérations les plus délicates comme de cueillir une petite cosse de pois pour la porter à sa bouche. Cet organe polyvalent est un siphon qui peut contenir quatre litres d'eau pour la boire ou s'en asperger le corps, et c'est aussi éventuellement un doigt que l'on peut brandir, une trompette ou un haut-parleur. La trompe a aussi des fonctions sociales : caresses, avances sexuelles, réconfort, salutations, et étreintes dans lesquelles elle s'enlace avec une autre trompe… Et pourtant, elle gisait là, amputée comme tant d'autres trompes d'éléphants que j'avais vues partout en Afrique.

Les proboscidiens jouissent aussi de défenses, qui sont des incisives hypertrophiées. Les éléphants modernes n'ont des défenses qu'à la mâchoire supérieure, mais certains proboscidiens qui ont disparu en avaient aussi à la mâchoire inférieure, ou seulement à la mâchoire inférieure. Ainsi, chez les *Deinotherium* elles étaient grosses et incurvées vers le bas à la mâchoire inférieure, et absentes à la mâchoire supérieure ; chez les *Amebelodon*, qui appartenaient au grand groupe des premiers proboscidiens d'Amérique du Nord, les gomphothériens, elles étaient à la mâchoire supérieure semblables à celles des éléphants, et à la mâchoire inférieure plates en forme de pelle. Peut-être servaient-elles effectivement de pelles pour déterrer des tubercules. Soit dit en passant, cette hypothèse n'est pas incompatible avec celle sur l'évolution de la trompe comme siphon pour éviter à l'animal de devoir se mettre à genoux pour boire. La mâchoire inférieure, qui se terminait par ces deux pelles plates, était si longue que, debout, le gomphothérien pouvait très bien s'en servir pour creuser dans le sol.

Dans *The Water Babies*, Charles Kingsley a écrit que l'éléphant est « cousin germain du petit conil [*coney*] velu de l'Écriture »… Dans le dictionnaire anglais, le premier sens de *coney* est « lapin », et deux des quatre occurrences de ce mot dans la Bible se trouvent dans des explications précisant pourquoi il n'est pas kasher : « [...] car il rumine, mais n'a pas de sabots ; pour vous, il est impur. » (Lévitique, 11, 5, et un passage très similaire dans le Deutéronome, 14, 7.) Mais il n'est pas possible que Kingsley ait voulu dire « lapin », car il poursuit en disant que l'éléphant est cousin du lapin au 13e ou 14e degré. Les deux autres références de la Bible renvoient à un animal vivant dans les rochers : dans le psaume 104 (« Les hautes montagnes sont pour les bouquetins, les rochers sont le refuge des damans »), et dans les Proverbes, 30, 26 (« Les damans, peuple sans puissance, qui savent placer leur maison dans le roc »). Là, on s'accorde en général pour dire que le *coney* désigne le daman ou rat des rochers, et Kingsley, ce clergyman merveilleusement darwinien, avait raison.

Enfin, il avait raison au moins jusqu'à ce que s'en mêlent les taxinomistes modernes, ces empêcheurs de tourner en rond. Les manuels disaient naguère que les cousins vivants les plus proches des éléphants étaient les damans, ce qui est dans la ligne de Kingsley. Or une analyse récente montre qu'il faut aussi inclure les dugongs et les lamantins, peut-être même comme les parents vivants les plus proches des éléphants, avec les damans comme groupe frère. Les dugongs et les lamantins sont des mammifères purement marins qui ne viennent jamais sur les rivages, même pour se reproduire, et il semble que nous nous sommes fourvoyés de la même manière que sur les hippopotames et les baleines. Les mammifères purement marins sont libérés des contraintes de la gravité terrestre et peuvent évoluer rapidement dans leur propre direction particulière. Les damans et les éléphants, qui se sont maintenus sur la terre ferme, sont restés en se ressemblant davantage, exactement comme les hippopotames et les cochons. Avec du recul, le nez des dugongs et des lamantins, qui ressemble un peu à une trompe, ainsi que leurs petits yeux dans une face ridée, leur donnent un peu une allure d'éléphant, mais c'est probablement un effet du hasard.

Les dugongs et les lamantins appartiennent à l'ordre des siréniens. Ce nom vient de leur prétendue ressemblance avec les sirènes de la mythologie, même si, il faut bien le dire, cet argument n'est pas bien convaincant. Certes, l'indolence de leur façon de nager peut faire penser à celui des sirènes ; de plus les femelles allaitent leurs petits avec deux mamelles situées sous leurs nageoires, mais on ne peut s'empêcher de penser que les marins qui, les premiers, ont repéré cette ressemblance avaient dû rester très longtemps en mer. Avec les baleines, les siréniens sont les seuls mammifères qui ne viennent jamais à terre. Chez les lamantins, une espèce, le lamantin d'Amazonie, vit dans l'eau douce ; les deux autres hantent aussi la mer. Les dugongs, quant à eux, sont exclusivement marins, et les quatre espèces risquent de s'éteindre, ce qui a donné l'idée à mon épouse d'imprimer sur un T-shirt : *Dugoing, Dugong, Dugone*. Une histoire qui fend le cœur concerne la cinquième espèce, l'énorme rhytine de Steller, qui vivait dans le détroit de Béring et pesait plus de cinq tonnes. Elle a été chassée jusqu'à extinction à peine 27 ans après sa malheureuse découverte par l'équipage d'un bateau en 1740, ce qui montre combien les siréniens peuvent être vulnérables.

Comme chez les baleines et les dauphins, les membres antérieurs des siréniens sont devenus des nageoires, et ils ne possèdent pas de membres postérieurs. On connaît aussi [en anglais] les siréniens sous le nom de vaches de mer, mais ils ne sont pas apparentés aux vaches, et ils ne ruminent pas. Leur régime végétarien exige un tube digestif d'une longueur immense et un budget énergétique fort modeste. Le rythme soutenu des acrobaties aquatiques auxquelles se livre le dauphin carnivore contraste de façon spectaculaire avec la dérive paresseuse du dugong végétarien : au missile guidé s'oppose le ballon dirigeable.

Il existe aussi de petits afrothériens. Les taupes dorées et les tenrecs semblent être apparentés, et la plupart des spécialistes contemporains les placent dans les afrothériens. Les taupes dorées vivent dans le sud de l'Afrique où elles jouent le même rôle que les taupes en Eurasie, et elles s'en acquittent à merveille, nageant dans le sable comme si c'était de l'eau. Les tenrecs, eux, vivent essentiellement à Madagascar. Il se trouve en Afrique de l'Ouest quelques « musaraignes-otaries » semi-aquatiques qui sont en réalité des tenrecs. Comme nous l'a dit l'aye-aye, les tenrecs malgaches comprennent des formes à l'allure de musaraigne, des formes à l'allure de hérisson, et une espèce aquatique qui est probablement retournée à l'eau indépendamment de ceux d'Afrique.

Rendez-vous 14

LES MARSUPIAUX

Nous voici rendus à – 140 millions d'années, à la base du Crétacé, où le coancêtre 14, notre aïeul à la 80 millionième génération environ, vivait à l'ombre des dinosaures. Comme le dira l'oiseau-éléphant, l'Amérique du Sud, l'Antarctique, l'Australie, l'Afrique et l'Inde, qui faisaient jusque-là partie du grand super-continent du sud, le Gondwana, commençaient tout juste à se dissocier (une carte à peu près de cette période figure dans le cahier photo, ill. 7). À la suite de cet événement, des modifications du climat avaient plongé le monde dans une période froide de courte durée (géologiquement parlant), où la neige et la glace blanchissaient les pôles pendant les mois d'hiver. Seules quelques plantes à fleurs poussaient dans les forêts tempérées de conifères et dans les plaines de fougères qui couvraient le nord et le sud du globe, et il se trouvait par conséquent peu d'insectes pollinisateurs parmi ceux que nous connaissons aujourd'hui. C'est dans ce monde que la masse tout entière des pèlerins des mammifères placentaires – chevaux et chats, paresseux et baleines, chauves-souris et tatous, chameaux et hyènes, rhinocéros et dugongs, souris et hommes –, tous représentés maintenant par un petit insectivore, salue l'autre grand groupe de mammifères, les marsupiaux.

Marsupium veut dire « poche » en latin. Les anatomistes emploient ce mot comme terme technique pour désigner une poche, quelle qu'elle soit, comme le scrotum humain. Cependant, les poches les plus célèbres dans le règne animal sont celles dans lesquelles les kangourous et autres marsupiaux gardent leurs petits. Les marsupiaux

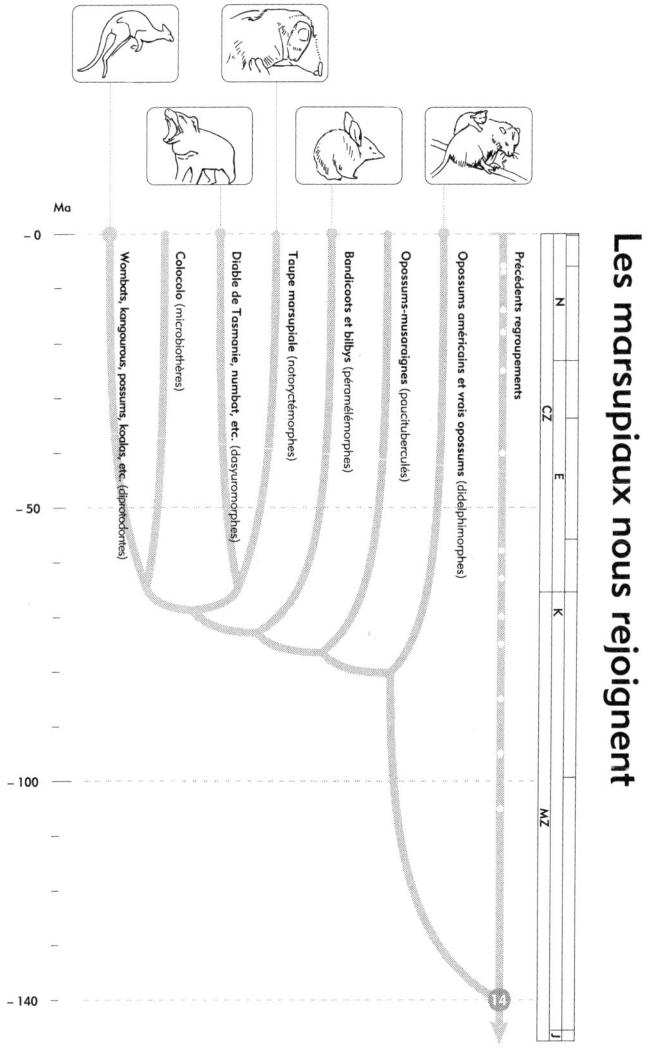

Les marsupiaux nous rejoignent. On distingue trois lignées principales de mammifères vivants, fondées sur leur méthode de reproduction. Ce sont les mammifères ovipares (monotrèmes), les mammifères à poche (marsupiaux) et les mammifères placentaires (dont nous faisons partie). La morphologie et la plupart des études fondées sur l'ADN s'accordent pour regrouper les marsupiaux et les placentaires, ce qui fait du Rendez-vous 14 le point de divergence des 270 espèces environ de marsupiaux d'avec les 4 500 espèces environ de mammifères placentaires. On admet en général l'idée que les marsupiaux se répartissent dans les sept ordres qui figurent ici. Leurs interrelations ne sont pas solidement établies : particulièrement problématique est la position du colocolo sud-américain.

Dessins, de gauche à droite : kangourou roux (*Macropus rufus*) ; diable de Tasmanie (*Sarcophilus harrisii*) ; grande taupe marsupiale (*Notoryctes typhlops*) ; grand bandicoot-lapin (*Macrotis lagotis*) ; sarigue ou opossum de Virginie (*Didelphis virginiana*).

viennent au monde sous forme de minuscules embryons équipés seulement pour ramper – ramper afin de sauver leur existence minuscule dans la forêt de la fourrure maternelle, jusque dans la poche où ils collent leur bouche à une tétine.

On appelle l'autre grand groupe de mammifères les placentaires car ils nourrissent leurs embryons avec différentes versions de placenta : un gros organe à travers lequel des kilomètres de vaisseaux sanguins capillaires appartenant au petit sont en contact avec des kilomètres de vaisseaux sanguins capillaires de la mère. Cet excellent système d'échange (car il sert autant à débarrasser le fœtus de ses déchets qu'à le nourrir) permet au petit de naître très tard. Il profite de la protection du corps de sa mère jusqu'au moment où, dans le cas des herbivores à sabots par exemple, il est capable de suivre le groupe en se tenant sur ses pattes, et même de courir pour échapper aux prédateurs. Chez les marsupiaux, il en va autrement. La poche est comme un utérus extérieur, et la grosse tétine à laquelle le petit s'attache tel un appendice semi-permanent fonctionne un peu comme un cordon ombilical. Plus tard, le petit se détache seul et il ne tète que de temps en temps, comme un nourrisson placentaire. Il sort de la poche comme dans une seconde naissance, et il l'utilise de moins en moins souvent comme refuge temporaire. La poche du kangourou s'ouvre vers l'avant, mais de nombreuses poches de marsupiaux s'ouvrent vers l'arrière.

Comme nous l'avons vu, les marsupiaux sont un des deux grands groupes entre lesquels se répartissent les mammifères qui ont survécu. On les associe normalement avec l'Australie dont on estime à juste titre, en ce qui concerne la faune, qu'elle englobe la Nouvelle-Guinée. Il est regrettable que nous ne disposions pas d'un nom officiel pour réunir ces deux masses terrestres. Ceux de « Méganésie » et de « Sahul » ne sont pas suffisamment évocateurs ou faciles à retenir. « Australasie » ne convient pas car il comprend la Nouvelle-Zélande qui, zoologiquement parlant, a peu de choses en commun avec l'Australie et la Nouvelle-Guinée. J'ai donc forgé pour mon usage personnel le terme d'« Australinée* ». Un animal

---

* La faune d'Australinée s'étend d'un peu au-delà de la Nouvelle-Guinée vers l'Asie. La ligne de Wallace, qui doit son nom à un grand codécouvreur de la sélection naturelle, sépare la faune essentiellement australienne de celle d'Asie. Si étonnant que cela puisse paraître, cette ligne passe entre deux petites îles de l'archipel indonésien, Lombok et Bali, qui ne sont séparées que par un mince détroit mais profond. Plus au nord, la ligne de Wallace sépare les îles plus grandes de Sulawesi et de Bornéo.

australinéen est donc originaire du continent australien, de Tasmanie ou de Nouvelle-Guinée, mais pas de Nouvelle-Zélande. Du point de vue zoologique, mais pas humain, la Nouvelle-Guinée est comme une aile tropicale de l'Australie, et les faunes de mammifères des deux pays sont dominées par les marsupiaux. De plus, comme nous l'a dit le tatou, les marsupiaux ont longtemps été associés dans des temps plus anciens avec l'Amérique du Sud, et on y en trouve encore, essentiellement sous la forme de quelques dizaines d'espèces d'opossums.

Bien que les marsupiaux américains d'aujourd'hui soient pratiquement tous des opossums, il n'en a pas toujours été ainsi. Si l'on prend en compte les fossiles, la plus grande partie de la palette des marsupiaux se trouve en Amérique du Sud. On a trouvé des fossiles plus anciens en Amérique du Nord, mais le plus ancien de tous les fossiles marsupiaux vient de Chine. Ils se sont éteints en Laurasie, mais ils ont survécu dans deux des principaux restes du Gondwana, à savoir en Amérique du Sud et en Australinée. Et c'est l'Australinée qui en comporte la plus grande diversité. On s'accorde généralement pour dire qu'ils ont gagné l'Australinée depuis l'Amérique du Sud par l'Antarctique. Ces marsupiaux fossiles trouvés en Antarctique ne sont pas en eux-mêmes des ancêtres plausibles des formes australinéennes, c'est probablement dû au fait, que de toute façon, on a trouvé fort peu de fossiles en Antarctique.

Pendant la plus grande partie de son histoire après sa séparation d'avec le Gondwana, l'Australinée n'a pas abrité de mammifères placentaires. Il n'est donc pas invraisemblable que tous les marsupiaux australiens descendent d'un seul animal fondateur à l'allure d'opossum, originaire d'Amérique du Sud, et qui s'est introduit sur ce continent par l'Antarctique. Nous ne savons pas exactement quand, mais probablement peu après – 55 millions d'années, vers l'époque où l'Australie (plus précisément la Tasmanie) s'est détachée de l'Antarctique en s'en éloignant suffisamment pour que des mammifères effectuant des sauts de puce d'île en île ne puissent pas s'y rendre. Ou éventuellement beaucoup plus tôt, si les conditions de vie en Antarctique n'étaient pas favorables pour les mammifères. Les opossums d'Amérique ne sont pas plus proches parents des « opossums » d'Australie* que de n'importe quels

* Souris à miel et pétaure, ou phalanger à pelage rayé. (*N.d.T.*)

autres marsupiaux australiens. D'autres marsupiaux fossiles américains semblent leur être apparentés de plus loin. En d'autres termes, la majorité des principales branches de l'arbre des marsupiaux sont américaines, ce qui est une des raisons pour lesquelles on pense que les marsupiaux sont originaires d'Amérique et ont migré en Australinée, plutôt que l'inverse. Mais la branche d'Australinée s'est énormément diversifiée une fois que sa terre d'origine a été isolée. Cet isolement s'est terminé vers – 15 millions d'années, quand l'Australinée (et plus précisément la Nouvelle-Guinée) s'est suffisamment rapprochée de l'Asie pour permettre l'arrivée de chauves-souris et (vraisemblablement en sautant d'île en île) de rongeurs. Puis, beaucoup plus récemment, sont arrivés les dingos (dans des canoës de marchands, on suppose), et toute une série d'autres animaux, comme les lapins, les chameaux et les chevaux, introduits par des immigrants d'Europe*.

Avec les monotrèmes, qui seront les prochains à se joindre à nous, les marsupiaux australiens en pleine évolution ont été emportés sur le grand radeau qu'est devenue l'Australie dans son isolement au milieu du Pacifique sud. Là, pendant les 40 millions d'années qui ont suivi, ils ont eu, avec les monotrèmes, l'Australie pour eux tout seuls. S'il s'y trouvait d'autres mammifères dans les premiers temps**, ils ont vite disparu. La place laissée par les dinosaures était à prendre, en Australie comme dans le reste du monde. De notre point de vue, ce qui est passionnant concernant l'Australie, c'est qu'elle a été isolée pendant très longtemps et avec une population très réduite de mammifères marsupiaux fondateurs, peut-être même une seule espèce. Et qu'en est-il sorti ? Un résultat faramineux. Sur environ 270 espèces de marsupiaux qui ont survécu dans le monde, les trois quarts à peu près sont australinéennes (les autres sont toutes américaines : essentiellement des opossums, plus quelques autres espèces comme l'énigmatique colocolo, *Dromiciops*). Les 200 espèces australinéennes (un peu plus ou un peu moins selon que vous avez tendance à les regrouper ou à les séparer***) se sont ramifiées pour remplir la totalité du spectre des spécificités occu-

---

* Le plus ridicule, c'est que faisaient partie du lot des renards destinés à être du gibier pour la chasse, alors qu'on prétend maintenant justifier cette chasse au titre du contrôle des nuisibles !

** On a retrouvé deux dents qui semblent avoir appartenu à des condylarthres (un groupe de mammifères placentaires qui ont disparu), mais rien à moins de 55 millions d'années.

*** Ces termes qui s'expliquent plus ou moins eux-mêmes sont devenus des termes techniques pour les taxinomistes qui regroupent en général les animaux (ou pées auparavant par les dinosaures. Maintenant, indépendamment, ce sont d'autres mammifères qui les occupent dans le reste du monde. La taupe marsupiale s'intéresse à certaines de ces spécificités, une par une.

Il était une fois… la taupe marsupiale

Il est possible de vivre sous terre, et ce mode de vie, les taupes (de la famille des talpidés) nous l'ont fait connaître en Eurasie et en Amérique du Nord. Les taupes sont des machines à creuser très spécialisées, avec leurs mains transformées en pelles et leurs yeux, inutiles sous terre, pratiquement complètement dégénérés. En Afrique, la niche des taupes est occupée par les taupes dorées (de la famille des chrysochloridés). Elles sont en apparence très semblables aux eurasiennes, si bien qu'on les a longtemps placées dans le même ordre, celui des insectivores. En Australie, comme on peut s'y attendre, cette niche est occupée par un marsupial, *Notoryctes*, la taupe marsupiale*.

Les taupes marsupiales ressemblent aux vraies taupes eurasiennes (talpidés) et aux taupes dorées africaines, elles se nourrissent de vers et de larves d'insectes comme les vraies taupes et comme les taupes dorées, et elles fouissent comme les vraies taupes et, plus encore, comme les taupes dorées. Les vraies taupes laissent un tunnel vide derrière elles quand elles fouissent à la recherche de leurs proies. Les taupes dorées, du moins celles qui vivent dans le désert, « nagent » dans le sable, qui s'effondre derrière elles, et les taupes marsupiales font pareil. L'évolution a façonné les « pelles » des vraies taupes à partir des cinq doigts de la main. Les taupes marsupiales et les taupes dorées se servent de deux griffes (trois chez certaines taupes dorées). La queue, qui est courte chez les vraies taupes et chez les taupes marsupiales, est complètement invisible chez les taupes dorées. Les trois sont aveugles et n'ont pas d'oreilles visibles. Comme l'indique leur nom, les taupes marsupiales ont une poche dans laquelle se logent les petits qui naissent prématurés (selon les critères placentaires).

---

les plantes) dans quelques grands groupes, ou qui les décomposent en général en une grande quantité de petits groupes. Les décomposeurs multiplient les noms, élevant, dans les cas extrêmes comme les fossiles, pratiquement chaque spécimen découvert à un statut d'espèce.

* Il apparaît aussi que *Necrolestes*, un marsupial sud-américain de l'époque du Miocène, était aussi une taupe. Son nom, de façon peu appropriée, se traduit par « pilleur de tombes ».

Les ressemblances de ces trois « taupes » sont convergentes : elles ont évolué indépendamment pour le fouissage, avec des points de départ différents, étant issues d'ancêtres non fouisseurs. Et cette convergence est triple. Bien que les taupes africaines et les taupes eurasiennes soient apparentées de plus près entre elles qu'aucune de ces deux espèces ne l'est des taupes marsupiales, leur ancêtre commun n'était sûrement pas un fouisseur spécialisé. Les trois se ressemblent parce qu'elles fouissent toutes les trois*.

L'Australinée abrite non seulement les taupes marsupiales, mais aussi toute une liste spectaculaire de marsupiaux, dont chacun joue plus ou moins le même rôle qu'un mammifère placentaire sur un autre continent. Parmi eux figurent des « souris » marsupiales (appelées de façon plus appropriée « musaraignes » marsupiales parce qu'elles mangent des insectes), des « chats » marsupiaux, des « chiens » marsupiaux, des « écureuils volants » marsupiaux, et toute une galerie d'homologues d'animaux familiers dans le reste du monde. Dans certains cas, la ressemblance est vraiment frappante. Des écureuils volants des forêts américaines, tels que *Glaucomys volans*, ressemblent fortement dans leur aspect et dans leur comportement à ces habitants des forêts d'eucalyptus australiennes que sont le pétaure *Petaurus breviceps* ou l'acrobate *Petaurus gracilis***. Les écureuils volants américains sont de vrais écureuils, apparentés à nos écureuils des arbres qui nous sont familiers. Phénomène étonnant, en Afrique, le rôle d'écureuil volant est assumé par les prétendus écureuils à queue d'écaille ou anomaluridés qui, bien qu'également des rongeurs, ne sont pas de vrais écureuils. Les marsupiaux d'Australie, eux aussi, ont produit trois lignées de planeurs, chez lesquels cette habitude a évolué indépendamment. Revenant aux planeurs placentaires, nous avons déjà rencontré, au Rendez-vous 9, les mystérieux « lémuriens volants » ou galéopithèques, qui diffèrent des écureuils volants et des planeurs marsupiaux en ce que leur queue est intégrée dans la membrane alaire, comme leurs quatre pattes.

* Nous sommes tellement habitués à l'idée que les mammifères ont occupé la place des dinosaures qu'il est étonnant de penser qu'à ce jour on n'a pas retrouvé de « taupes » dinosaures. On a décrit des tunnels fossilisés et des organes spéciaux pour creuser, chez les « reptiles mammaliens » qui ont précédé les dinosaures, mais le doute persiste concernant les dinosaures eux-mêmes.

** On appelle aussi ces derniers des « phalangers volants » bien qu'en réalité ils ne fassent pas partie de la famille des phalangéridés (couscous et phalangers-renards).

Le thylacine, ou loup de Tasmanie, est un ces exemples les plus célèbres de l'évolution convergente. On appelle souvent les thylacines des tigres de Tasmanie à cause de leur dos rayé, mais ce nom n'est pas justifié. Ils ressemblent beaucoup plus à des loups ou à des chiens. Autrefois communs dans toute l'Australie et la Nouvelle-Guinée, ils ont survécu jusque très récemment en Tasmanie où leur abattage a donné lieu à une prime jusqu'en 1909 ; le dernier spécimen authentifié et repéré en liberté a été abattu en 1930, et le dernier captif est mort au zoo de Hobart en 1936. La plupart des musées possèdent un spécimen empaillé. Il est facile de ne pas les confondre avec les vrais chiens grâce aux rayures de leur dos, mais leur squelette est plus difficile à distinguer. Pour leur examen final, les étudiants en zoologie de ma génération à Oxford devaient identifier cent spécimens. Très vite, le bruit s'est répandu que si jamais on nous présentait un crâne de « chien », il était prudent de l'identifier comme *Thylacinus* car une chose aussi évidente qu'un crâne de chien devait être un piège. Puis, une année, les examinateurs ont joué finement, reconnaissons-le, et ont tendu un double piège en donnant un vrai crâne de chien. Au cas où cela vous intéresserait, ce qui permet le mieux de faire la différence, ce sont les deux trous proéminents dans l'os du palais, qui sont caractéristiques des marsupiaux en général. Les dingos, bien sûr, ne sont pas des marsupiaux, mais de vrais chiens, qui ont probablement été introduits par des aborigènes. Il est possible qu'une compétition de la part des dingos soit en partie ce qui a provoqué l'extinction des thylacines sur le continent australien. Les dingos ne sont jamais parvenus en Tasmanie, ce qui explique peut-être que les thylacines y ont survécu jusqu'à ce que des colons européens les aient fait disparaître. Les fossiles montrent cependant que l'Australie abritait d'autres espèces de thylacines qui ont aussi disparu trop tôt pour que cette disparition puisse être imputée aux humains ou aux dingos.

L'« expérience naturelle » des « mammifères alternatifs » australinéens est souvent démontrée à travers une série d'images sur chacune desquelles figure un marsupial australinéen en face de son homologue placentaire qui nous est plus familier. Mais les homologues écologiques ne se ressemblent pas tous. Il ne semble pas qu'il y ait d'équivalent placentaire de la souris à miel. Il est plus facile de voir pourquoi il n'y a pas d'équivalent marsupial chez les baleines : outre qu'il est difficile d'avoir une poche sous l'eau, les « baleines » ne se prêteraient pas à l'isolement qui a permis aux marsupiaux australiens d'évoluer séparément. Le même raisonnement explique l'absence de chauves-souris marsupiales. Et même si l'on pourrait décrire les kangourous comme les équivalents australinéens des antilopes, leur aspect est fort différent car une grande partie de leur corps est construite en fonction de leur démarche inhabituelle qui consiste à sauter sur leurs pattes postérieures avec une queue massive jouant le rôle de balancier. Pourtant, la palette des 68 espèces de kangourous et wallabies australinéens correspond à celle des 72 antilopes et gazelles en ce qui concerne le régime alimentaire et le mode de vie. La superposition n'est cependant pas parfaite : certains kangourous mangent des insectes à l'occasion, et les fossiles témoignent d'un gros kangourou carnivore qui devait être effrayant. Il existe bien en dehors de l'Australie des mammifères placentaires qui bondissent de la même façon que les kangourous, mais ce sont surtout des petits rongeurs, comme les gerboises qui sautent. Le lièvre sauteur d'Afrique est aussi un rongeur, pas un vrai lièvre, et c'est le seul mammifère placentaire qu'on pourrait effectivement confondre avec un kangourou (ou plutôt avec un petit wallaby). Quand il enseignait la zoologie à l'université de Nairobi, mon collègue le Dr Stephen Cobb s'amusait ainsi de la passion avec laquelle ses étudiants le contredisaient quand il leur disait que les kangourous étaient confinés à l'Australie et la Nouvelle-Guinée. Les leçons de la taupe marsupiale sur l'importance de la convergence dans l'évolution – une véritable convergence dans la direction projective, et pas la coalescence rétrospective de la métaphore centrale de cet ouvrage – seront abordées dans le dernier chapitre, « Le retour de l'hôte ».

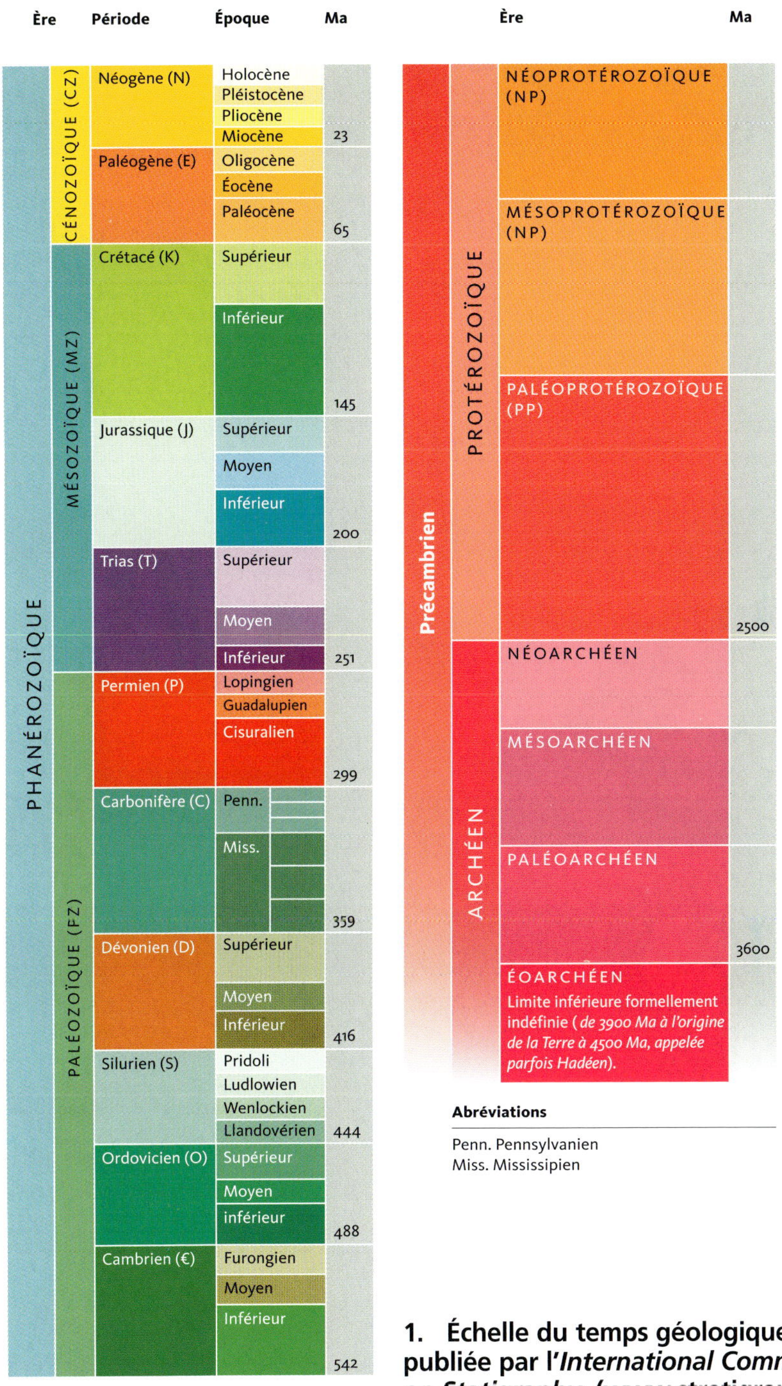

1. Échelle du temps géologique, publiée par l'*International Commission on Statigraphy*, (www.stratigraphy.org), version simplifiée

Le temps est divisé en milliards d'années, ères, périodes et époques. Il est mesuré en « millions d'années auparavant » (Ma), l'intensité du gris étant fonction de l'âge. Noter que le Pléistocène et l'Holocène sont souvent désignés sous le nom de Quaternaire, bien que ce terme, avec celui de Tertiaire, fasse partie d'un système de datation aujourd'hui obsolète. La limite inférieure de l'échelle du temps est formellement indéfinie, mais on suppose qu'elle remonte à environ 4,6 milliards d'années, à la formation de la Terre et du reste du système solaire.

3. Avenue de baobabs à Morondava (Madagascar)
Cette espèce de baobab, *Adansonia grandidiera*, est une des six propres à l'île de Madagascar.

2. Notre coancêtre 1
Cette reconstitution montre un mâle et une femelle dans une forêt africaine. Notre coancêtre 1 devait marcher en s'appuyant sur ses articulations et, à l'occasion, comme un bipède. Il vivait probablement en petit groupe, se nourrissait surtout de fruits et devait faire usage d'outils simples, comme le chimpanzé d'aujourd'hui.

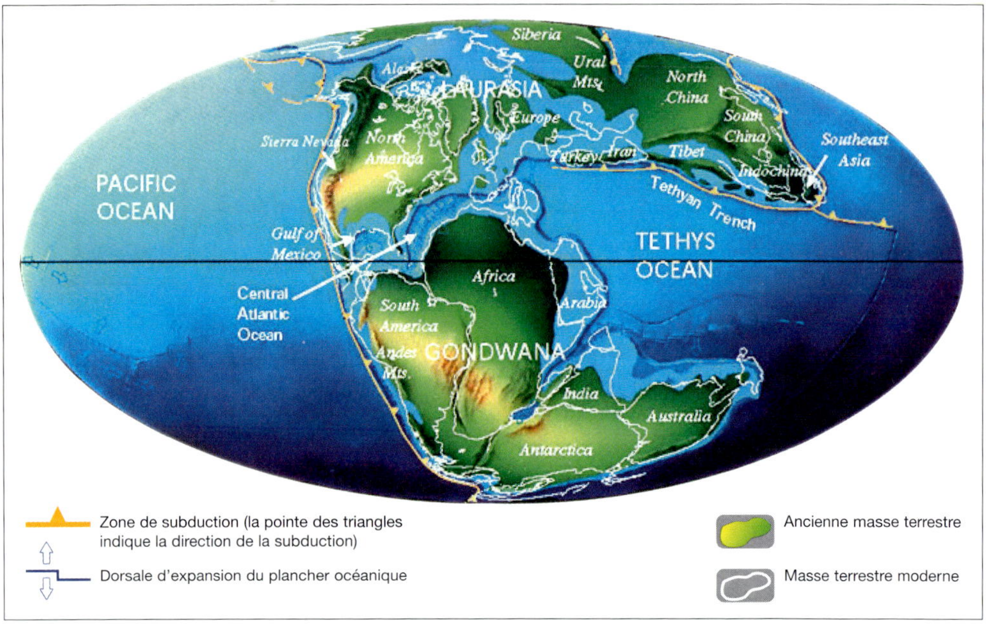

7. La Terre au Jurassique supérieur, il y a environ cent cinquante millions d'années [257]
Deux blocs principaux, la Laurasie (au nord) et le Gondwana (au sud) se sont formés à partir du supercontinent des époques antérieures : la Pangée. L'océan Atlantique apparaît et le Gondwana est sur le point de se morceler. Le climat est alors très chaud.

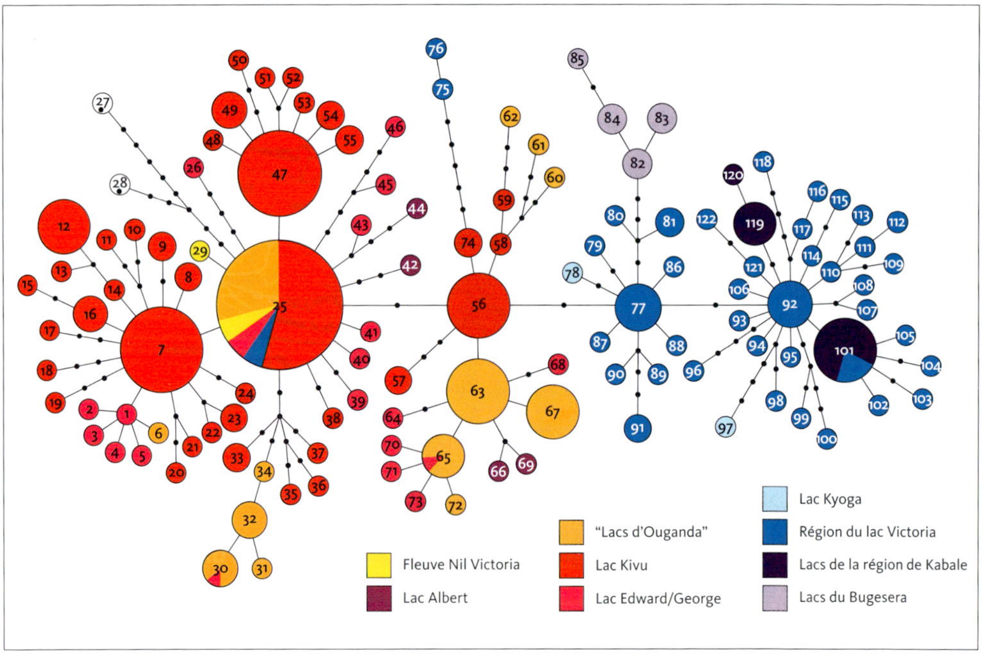

8. Réseau d'haplotypes sans racines
Dans Verheyren et *al.* [295].

9. Notre coancêtre 16
Cette reconstitution montre une sorte de lézard rampant au cœur d'un paysage du Carbonifère. Au premier plan, les œufs amniotiques de l'animal.

10. Couleur de peau et apparence I
Un Martien qui jugerait des ressemblances en fonction de la seule couleur de peau répartirait certainement ces quatre personnalités en deux groupes, avec trois personnes dans l'un (Colin Powell, George Bush, Donald Rumsfeld), et une dans l'autre (Condoleeza Rice).

11. Couleur de peau et apparence II
Photo de Colin Powell et Daniel Arap Moi. Le Martien qui jugerait des ressemblances en fonction de la seule couleur de peau ne verrait ici qu'un seul homme authentiquement noir.

Rendez-vous 15

LES MONOTRÈMES

Nous voici maintenant au Rendez-vous 15, à environ – 180 millions d'années, dans le monde du Jurassique inférieur où alternent mousson et sécheresse. Le continent du Gondwana, au sud, était toujours rattaché à celui, plus grand, de la Laurasie, au nord ; c'est la première fois dans notre voyage en remontant le temps que nous trouvons toutes les principales masses continentales réunies dans une « pangée » ininterrompue. Plus tard, l'éclatement de cette pangée allait avoir de fortes conséquences sur les descendants du coancêtre 15, notre aïeul à la 120 millionième génération environ. Ce rendez-vous est une rencontre fort inégale. En effet, les pèlerins qui se joignent à tous les autres mammifères ne représentent que trois genres : *Ornithorhynchus anatinus*, l'ornithorynque* qui vit dans l'est de l'Australie et en Tasmanie, *Tachiglossus aculeatus*, l'échnidé d'Australie que l'on peut rencontrer dans toute l'Australie, et *Zaglossus*, l'échnidé à bec courbe qui est cantonné aux hautes terres de Nouvelle-Guinée**. On désigne globalement ces trois genres sous le nom de monotrèmes.

Plusieurs chapitres ont abordé le thème des îles continents qui ont été le berceau de grands groupes d'animaux : l'Afrique pour les afrothériens, la Laurasie pour les laurasiathériens, l'Amérique du Sud pour les xénarthres, Madagascar pour les lémuriens, l'Australie pour la plu-

* Le nom anglais de l'ornithorynque, *duck-bill platypus*, souligne son trait saillant, un bec de canard. (*N.d.T.*)

** On a distingué trois espèces de *Zaglossus*. L'une d'elles, j'ai plaisir à le dire, répond au nom de *Z. attenboroughi*.

part des marsupiaux survivants. Or il devient de plus en plus évident que la séparation des animaux entre les continents remonte à bien plus longtemps. D'après une théorie valablement fondée, les mammifères se divisaient, bien avant la disparition des dinosaures, en deux grands groupes, les australosphénidiens et les boréosphénidiens. « Australo », je le répète, signifie « du sud », et pas australien, et « boréo » du nord, comme dans l'aurore boréale qui s'observe dans l'hémisphère Nord. Le Gondwana au nord et la Laurasie au sud ont donc vu évoluer ces mammifères primitifs, respectivement les australosphénidiens et les boréosphénidiens, ces derniers laissant la place bien plus tard

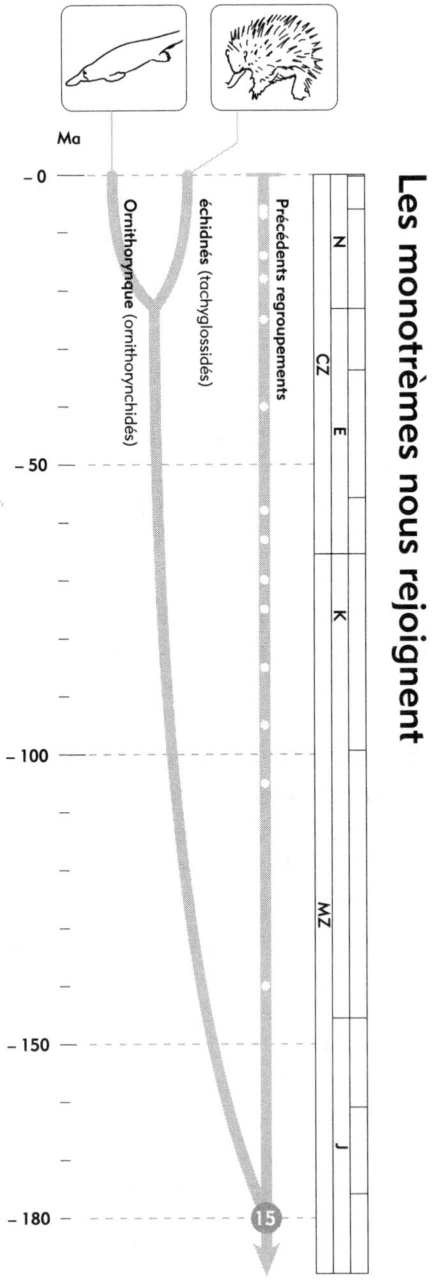

Les monotrèmes nous rejoignent. Les mammifères vivants, qui comptent en tout moins de 5 000 espèces, ont des poils et allaitent leurs petits. On pense que ceux que nous avons rencontrés jusqu'à présent – les mammifères placentaires et les mammifères marsupiaux – ont en commun d'être apparus dans l'hémisphère Nord au cours du Jurassique. Les cinq espèces qui constituent les monotrèmes sont les seules survivantes d'une ligne autrefois diverse de mammifères de l'hémisphère Sud qui ont gardé l'habitude de pondre des œufs.

Dessins, de gauche à droite : ornithorynque (*Ornythorynchus anatinus*) ; échidné d'Australie (*Tachyglossus aculeatus*).

aux laurasiathériens que nous connaissons aujourd'hui. Les monotrèmes sont les seuls représentants survivants des australosphénidiens. Tous les autres mammifères, les thériens, entre autres les marsupiaux que nous associons maintenant à l'Australie, descendent des boréosphénidiens. Les thériens que l'on a associés plus tard au sud et à l'éclatement du Gondwana – notamment les afrothériens d'Afrique et les marsupiaux d'Amérique du Sud et d'Australie – étaient des boréosphénidiens qui ont migré au sud dans le Gondwana longtemps après être apparus dans le Nord.

Occupons-nous maintenant des monotrèmes eux-mêmes. Les échidnés vivent sur la terre sèche et se nourrissent de fourmis et de termites. L'ornithorynque, lui, vit essentiellement dans l'eau où il s'alimente de petits invertébrés, dans la boue. Son « bec » ressemble vraiment à celui du canard, alors que celui des échidnés est plus tubulaire. Ce qui est un peu étonnant, soit dit en passant, c'est que, d'après les données moléculaires, le coancêtre de ces monotrèmes est plus récent que l'ornithorynque fossile *Obdurodon*, qui ressemblait beaucoup à l'ornithorynque moderne par son mode de vie et ses caractéristiques physiques, sinon qu'il possédait des dents dans son bec de canard. Cela voudrait dire que les échidnés sont des ornithorynques modifiés qui ont quitté l'eau au cours des 20 derniers millions d'années : ils ont perdu la palmure de leurs pieds, leur bec de canard s'est resserré en un tuyau aspirateur comme celui des fourmiliers, et ils ont acquis des piquants protecteurs.

Le nom des monotrèmes vient d'un point sur lequel ces animaux ressemblent aux reptiles et aux oiseaux. En grec, monotrème veut dire orifice unique. Comme chez les reptiles et les oiseaux, l'anus ainsi que les voies urinaires et génitales débouchent sur un seul orifice qui leur est commun, le cloaque. Ce qui évoque encore plus les reptiles, c'est que ce qui sort de ce cloaque, ce sont des œufs et pas des petits. Et pas des œufs microscopiques comme chez tous les autres mammifères, mais des œufs de deux centimètres avec une paroi blanche et résistante qui contient des nutriments pour nourrir le petit jusqu'à ce qu'il soit prêt à sortir de l'œuf, ce qu'il fait en son temps comme un reptile ou un oiseau, en s'aidant d'une dent qui pointe au bout de son « bec ».

Les monotrèmes possèdent quelques autres traits reptiliens caractéristiques, notamment la présence d'un os près de l'épaule, l'interclavicule, qui existe chez les reptiles, et pas chez les mammifères thériens. En revanche, leur squelette possède aussi un certain nombre de traits standard des mammifères, avec une mâchoire inférieure faite d'un os unique, le dentaire, alors que celle des reptiles en compte trois de plus autour de l'articulation avec le crâne. Au cours de l'évolution des mammifères, ces trois os ont migré de la mâchoire inférieure vers l'oreille moyenne où, rebaptisés marteau, enclume et étrier, ils transmettent les sons du tympan à l'oreille interne d'une manière subtile avec ajustement d'impédance comme on dit en physique (*impedance matching*). Sur ce point, les monotrèmes sont bien du côté des mammifères, mais leur oreille interne est plutôt reptilienne ou aviaire dans la mesure où la cochlée, ce tube dans l'oreille interne qui décèle les sons de différentes hauteurs, est plus droite qu'en spirale comme chez tous les autres mammifères, ce qui est à l'origine de son nom.

Les monotrèmes sont aussi du côté des mammifères en ce qu'ils sécrètent du lait pour leurs petits, ce qui est la principale caractéristique des mammifères. Mais là encore, ils gâchent un peu leur effet en ce qu'ils n'ont pas de mamelles bien nettes : le lait suinte par des pores largement disséminés sur la peau du ventre maternel, et les petits le lapent en s'accrochant aux poils du ventre. Nos ancêtres faisaient probablement pareil. Enfin, les membres des monotrèmes s'écartent sur les côtés un peu plus que ceux d'un mammifère typique, ce qui se traduit dans l'étrange démarche chaloupée des échidnés qui ne ressemble pas à celle des lézards, mais pas non plus complètement à celle des mammifères. Voilà qui renforce encore l'impression que les monotrèmes sont une sorte d'intermédiaire entre les reptiles et les mammifères.

À quoi ressemblait le coancêtre 15 ? Rien, bien sûr, ne permet de penser que c'était soit un échidné, soit un ornithorynque. C'était, après tout, notre ancêtre aussi bien que le leur, et nous avons tous eu amplement le temps d'évoluer depuis. Les fossiles de cette époque du Jurassique appartiennent à différents types de petits animaux à l'allure de musaraignes ou de rongeurs comme *Morganucodon*, et au grand groupe des multituberculés.

Il était une fois… l'ornithorynque

Naguère, le nom latin de l'ornithorynque était *Ornithorynchus paradoxus*. Cet animal a paru si bizarre quand on l'a découvert qu'après avoir reçu un spécimen, un musée a cru à un canular, comme si des plaisantins avaient cousu ensemble des morceaux de mammifères et d'oiseaux. D'autres se sont demandé si Dieu était dans ses mauvais jours quand il l'a créé ; trouvant des pièces détachées abandonnées sur le sol de son atelier, il aurait décidé de les rassembler au lieu de les jeter. Plus insidieusement (car ils ne plaisantent pas), certains zoologistes écartent les monotrèmes sous prétexte qu'ils sont « primitifs », comme si le fait d'être primitif était un mode de vie à temps plein. C'est à l'ornithorynque qu'il revient de traiter cette question.

Depuis le coancêtre 15, les ornithorynques ont disposé d'exactement autant de temps que les autres mammifères pour évoluer. Il n'y a aucune raison pour qu'un de ces deux groupes soit plus primitif que l'autre (primitif, rappelez-vous, signifie précisément « ressemblant à l'ancêtre »). Les monotrèmes pourraient être plus primitifs que nous sur certains points, comme le fait de pondre des œufs. Mais ce n'est pas parce qu'une caractéristique est primitive qu'une autre l'est nécessairement. Il n'existe pas de substance appelée « essence de l'Antiquité » qui s'infiltrerait dans le sang et imprégnerait les os. Un os primitif est un os qui a peu changé pendant longtemps. Aucune règle ne dit, ni de près ni de loin, que l'os voisin est nécessairement primitif lui aussi – du moins jusqu'à preuve du contraire. Le meilleur exemple en est cet animal appelé [en anglais] « bec de canard », dont le bec a beaucoup évolué, alors que ce n'est pas le cas pour d'autres parties de son corps.

Le bec de l'ornithorynque a l'air comique, sa ressemblance avec celui du canard est d'autant plus incongrue qu'il est relativement grand, et aussi parce qu'un bec de canard est risible en soi, peut-être à cause de Donald. Mais l'humour nous rend injustes envers ce merveilleux appareil. Si vous tenez à l'idée de greffe incongrue, oubliez les canards et prenez une comparaison plus parlante : le nez supplémentaire greffé sur l'avion de reconnaissance Nimrod. L'équivalent américain est l'AWACS*, plus connu mais moins pertinent pour ma comparaison en ce que l'AWACS est « greffé » en haut du fuselage et pas à l'avant comme un bec.

Le fait est que le bec de l'ornithorynque n'est pas seulement une paire de mâchoires qui sert à barboter et à se nourrir, comme chez le canard. Il a aussi cette fonction, même s'il est caoutchouteux et pas en corne comme celui du canard. Mais, beaucoup plus intéressant, c'est un appareil de reconnaissance, un organe AWACS. L'ornithorynque chasse les crustacés, les larves d'insectes et autres petites bêtes qui se trouvent dans la vase au fond des cours d'eau. Les yeux n'étant guère

* *Airborne Warning and Control System*. Avion américain conçu pour déceler la présence ennemie. (*N.d.T.*)

utiles dans la vase, il les garde bien fermés quand il chasse. Et non content de fermer les yeux, il ferme aussi les narines et les oreilles. Il ne voit pas ses proies, ne les entend pas, ne les sent pas, mais il fait preuve d'une grande efficacité pour les trouver, puisqu'il attrape l'équivalent de la moitié de son poids en une journée.

Si vous étiez un chercheur sceptique étudiant un individu qui dit posséder un « sixième sens », que feriez-vous ? Vous lui banderiez les yeux et lui boucheriez les oreilles et les narines, et vous lui feriez effectuer une certaine tâche de perception sensorielle. Cette expérience, les ornithorynques peuvent la faire de bonne grâce pour vous. Ils suspendent l'activité de trois modes de perception importants pour nous (et peut-être aussi pour eux sur la terre ferme), comme pour concentrer toute leur attention sur un autre sens. Et ce qui nous met sur la piste, c'est une caractéristique supplémentaire de leur comportement de chasse. Tout en nageant, ils balancent leur bec d'un côté et de l'autre, dans des mouvements saccadés. On dirait une parabole de radar en action…

Une des premières descriptions scientifiques de l'ornithorynque, la publication de Sir Everard Home dans les *Philosophical Transactions of the Royal Society* de 1802, témoignait d'une certaine perspicacité. L'auteur notait que la branche du nerf trijumeau qui innerve la face est

> d'une largeur inhabituelle. Ce fait devrait nous amener à penser que la sensibilité des différentes parties du bec est fort développée, et donc qu'elle répond à la finalité de la main, et est en mesure de bien discriminer ce qu'elle perçoit.

Mais Sir Everard Home ne savait pas tout, loin de là. C'est la référence à la main qui nous met sur la voie. Le grand neurologue canadien Wilder Penfield a publié une image très célèbre du cerveau humain, accompagnée d'un diagramme indiquant les proportions allouées aux différentes parties du corps.

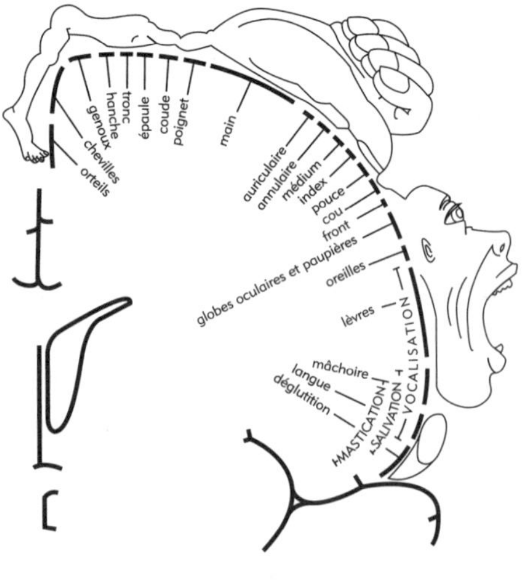

Carte du cerveau de Penfield. Adaptée de Penfield & Rasmussen [222].

Voici la carte d'une partie du cerveau qui contrôle les muscles dans différentes parties d'un côté du corps. Sur une carte similaire (non reproduite ici), Penfield a fait figurer les parties du cerveau qui régissent le toucher dans différentes parties du corps. Ce qui frappe sur ces deux cartes, c'est l'énorme prééminence accordée à la main. La face, elle aussi, est primordiale, en particulier les parties contrôlant les mouvements de la mâchoire pour mastiquer et pour parler. Mais c'est la main que vous remarquez surtout quand vous voyez un « *Homunculus* » de Penfield (voir aussi cahier photo, ill. 5).

Où tout cela nous mène-t-il ? Pour le message de l'ornithorynque, je suis redevable de leur collaboration au neurobiologiste australien, le distingué Jack Pettigrew, et à son équipe, notamment à Paul Manger ; ils ont notamment élaboré un « *Platypunculus* », qui est l'équivalent chez l'ornithorynque de l'*Homunculus* de Penfield. Disons d'emblée qu'il est beaucoup plus exact que l'*homonculus* de Penfield, qui était fondé sur des données très limitées. Ce *platypunculus* est un travail très approfondi. On peut voir trois petits ornithorynques sur la partie supérieure du cerveau : ce sont les projections séparées dans des parties différentes du cerveau, d'informations sensorielles venant de la surface du corps. Ce qui est important pour l'animal, c'est qu'il existe une projection spatiale ordonnée établissant une correspondance entre chaque partie du corps et son homologue dans le cerveau.

Les mains et les pieds sont à peu près proportionnés au corps, ce qui n'est pas le cas chez l'*Homunculus* de Penfield avec ses énormes mains. Ce qui est disproportionné ici, c'est le bec. Alors que la main pèse lourd dans le cerveau humain, c'est le bec qui pèse lourd dans celui de l'ornithorynque. Il semble que Sir Everard Home a deviné juste, mais comme nous allons le voir, le bec est encore plus fort que la main sur un point : il peut se diriger vers des objets et en avoir une « perception tactile » sans les toucher ; il est capable de percevoir à distance par le toucher, et ce, par l'intermédiaire de l'électricité.

Quand un animal quelconque, comme une crevette d'eau douce, la proie typique de l'ornithorynque, fait fonctionner ses muscles, cela produit inévitablement de faibles champs électriques. Si l'on est équipé de capteurs suffisamment sensibles, on peut les détecter, en particulier dans l'eau ; et si l'on a de quoi traiter les données qu'envoie un large spectre de ces capteurs, on peut calculer la source de ces champs électriques. Bien sûr, les ornithorynques n'effectuent pas les mêmes types de calculs que les mathématiciens ou les ordinateurs, mais à un certain niveau de leur cerveau s'effectue l'équivalent d'un calcul qui leur permet d'attraper leurs proies.

Les ornithorynques possèdent environ 40 000 capteurs électriques répartis en bandes longitudinales sur les deux surfaces du bec. Comme le montre le *Platypunculus*, le traitement des données issues de ces capteurs occupe une grande portion du cerveau. Mais l'affaire se corse. À ces 40 000 capteurs électriques s'ajoutent environ 60 000 capteurs mécaniques disséminés sur la surface du bec. Pettigrew et ses collaborateurs ont trouvé dans le cerveau des cellules nerveuses dont certaines reçoivent les influx des capteurs mécaniques, et d'autres réagissent aux deux types de capteurs (jusqu'à présent, ils n'en ont pas trouvé qui répondent aux seuls capteurs électriques). Les deux types de cellules figurent en bonne place sur la carte spatiale du bec, et elles sont disposées en couches superposées selon un mode qui rappelle le cerveau visuel humain, où la superposition intervient dans la vision binoculaire. De même que notre cerveau avec ses superpositions combine les informations venant des deux yeux pour construire un percept en trois dimensions, l'équipe de Pettigrew suggère que l'ornithorynque pourrait, d'une manière ou d'une autre et avec la même efficacité, combiner les informations venant des détecteurs électriques et mécaniques. Comment serait-ce possible ?

Les auteurs proposent l'analogie avec le tonnerre et l'éclair. L'éclair et le coup de tonnerre se produisent en même temps. Or, si nous voyons l'éclair sur-le-champ, le tonnerre, lui, prend plus de temps pour arriver jusqu'à nous, car il se déplace à la vitesse relativement lente du son (et de plus, l'écho transforme le bang en un roulement).

En mesurant le temps écoulé entre l'éclair que l'on a vu et le tonnerre que l'on a entendu, on peut calculer à quelle distance se trouve l'orage. Peut-être les décharges électriques émises par les muscles de la proie seraient-elles pour l'ornithorynque l'équivalent de l'éclair, alors que ses mouvements provoqueraient des turbulences créant l'effet du tonnerre. Le cerveau de l'ornithorynque est-il organisé pour calculer le délai entre les deux, et donc la distance à laquelle se trouve la proie ? Cela paraît vraisemblable.

Pour ce qui est d'identifier la direction de l'insecte convoité, cela doit se faire en comparant les signaux provenant de différents capteurs sur toute la carte, sans doute grâce aux mouvements de balayage alternatifs qu'effectue le bec, de la même façon que le radar de fabrication humaine se sert de la rotation de la parabole. Avec cet énorme dispositif de capteurs projetant les informations vers des cellules cérébrales disposées en cartes, l'ornithorynque se fait très vraisemblablement un image très détaillée et en trois dimensions de toutes les perturbations électriques autour de lui.

Quand vous pensez à l'ornithorynque, oubliez le canard, pensez au Nimrod, à l'AWACS, ou à une énorme main qui avance à l'aveuglette, téléguidée par les picotements qu'elle ressent ; pensez à l'éclair et au grondement du tonnerre dans les eaux boueuses d'Australie.

L'ornithorynque n'est pas le seul animal à utiliser ce mode de perception. Différents poissons y recourent, notamment les spatules comme *Polyodon spathula*. Les spatules et leurs cousins les esturgeons, qui sont techniquement des poissons « osseux », possèdent un squelette cartilagineux qui a évolué secondairement comme chez les requins. À la différence de ces derniers, cependant, la spatule vit en eau douce, dans des rivières boueuses où, là encore, les yeux ne sont pas d'une grande utilité. La forme de la « spatule » ressemble beaucoup à la mâchoire supérieure du bec de l'ornithorynque, bien que ce ne soit pas une mâchoire mais un prolongement du crâne. Elle peut être extrêmement longue, atteignant parfois le tiers de la longueur du corps. Ce poisson me fait encore plus penser au Nimrod que l'ornithorynque.

La spatule joue à l'évidence un rôle important dans la vie du poisson-spatule, et on a effectivement clairement démontré que ce rôle est le même que celui du bec de l'ornithorynque : déceler les champs électriques qui proviennent des proies animales. Comme chez l'ornithorynque, les capteurs électriques sont logés dans des pores disposés en lignes dans le sens de la longueur. Les deux systèmes ont cependant évolué indépendamment. Les pores électriques de l'ornithorynque sont des glandes de mucus modifiées. Ceux de la spatule ressemblent tellement aux ampoules de Lorenzini, les pores qui servent à la perception électrique des requins, qu'on leur a donné le même nom. Mais alors que chez l'ornithorynque les pores sensoriels sont disposés en une douzaine environ de bandes étroites le long du bec, chez le poisson-spatule, ils forment deux larges bandes de chaque côté de la médiane de la spatule. Comme l'ornithorynque – en fait même plus que lui – il possède un nombre considérable de pores sensoriels. Ces deux animaux sont beaucoup plus sensibles à l'électricité qu'aucun de leurs capteurs pris individuellement. Ils doivent effectuer une sorte d'addition complexe de tous les signaux envoyés par les différents capteurs.

Il a été démontré que la perception électrique a plus d'importance pour les spatules jeunes que pour les adultes. On a trouvé vivants, et apparemment en bonne santé, des adultes qui avaient perdu accidentellement leur spatule, mais jamais des jeunes dans la même situation. C'est peut-être parce que les jeunes, comme les ornithorynques adultes, visent et attrapent des proies distinctes. Les adultes, eux, se nourrissent davantage comme des baleines planctivores, se frayant un chemin dans la boue qu'ils filtrent en attrapant de grandes quantités de proies. Ce régime leur profite bien et, sans devenir aussi gros que des baleines, ils atteignent cependant la taille et le poids d'un homme et sont plus gros que la plupart des animaux d'eau douce. Il y a tout lieu de penser que si, adulte, vous filtrez le plancton, vous avez moins besoin d'un système pour localiser les proies avec précision que si, étant jeune, vous vous jetez sur des proies bien précises.

Les ornithorynques et les spatules ont donc exploité indépendamment le même truc ingénieux. Existe-t-il un autre animal à l'avoir découvert ? Alors qu'il travaillait à sa thèse de doctorat en Chine, mon assistant de recherche, Sam Turvey, est tombé sur un trilobite extrêmement rare, *Reedocalymene*. Trilobite standard par ailleurs (et qui ressemble à *Calymene*, l'insecte qui figure sur les armes de la ville de Dudley), *Reedocalymene* possède un trait remarquable et unique : un énorme éperon plat comme celui de la spatule, qui pointe à l'avant du corps. Cet éperon ne pouvait pas servir à pêcher au fil de l'eau puisque, à l'évidence et contrairement à bien d'autres, ce trilobite n'était pas constitué pour nager plus haut qu'au fond de la mer. L'idée d'un rôle défensif ne peut pas non plus être retenue pour différentes raisons. Comme le bec de la spatule, de l'esturgeon ou de l'ornithorynque, l'éperon du trilobite est parsemé de ce qui ressemble à des capteurs sensoriels, qui servaient sans doute à déceler des proies. Turvey ne connaît pas d'arthropodes modernes qui soient dotés de la perception sensorielle de l'électricité (ce qui est intéressant en soi, étant donné la capacité de changement des arthropodes), mais il est prêt à parier que *Reedocalymene* est un autre « poisson-spatule » ou un autre « ornithorynque ». Il espère pouvoir bientôt commencer à travailler sur cette question.

Même sans « antennes » comme celles évoquées ci-dessus, d'autres poissons ont une perception de l'électricité encore plus sophistiquée. En plus de recevoir les signaux électriques donnés involontairement par les proies, ils créent leurs propres champs électriques. Ils naviguent et détectent leurs proies en lisant les distorsions de ces champs. Il s'agit de différentes raies cartilagineuses, et de deux groupes de poissons osseux, la famille des gymnotidés d'Amérique du Sud et celle des mormyridés d'Afrique, chez lesquels cette faculté s'est développée séparément, jusqu'au grand art.

Comment ces poissons produisent-ils leur propre électricité ? De la même façon que les crevettes et les larves d'insectes et autres proies de l'ornithorynque en produisent involontairement : avec leurs muscles. Mais alors que, chez la crevette, les muscles produisent naturellement un peu d'électricité parce que c'est dans l'ordre des choses, chez le poisson électrique, les muscles sont reliés en série exactement comme des batteries électriques montées en série. Le poisson électrique, gymnotidé ou mormyridé, possède une batterie de blocs musculaires disposés en série le long de la queue, et dont chacun produit un faible voltage qui, additionné aux autres, donne un voltage élevé. Chez l'anguille électrique (qui n'est pas une véritable anguille mais un autre gymnotidé d'eau douce d'Amérique du Sud), cette organisation est portée à l'extrême, consistant en une queue très longue qui peut contenir une batterie de cellules électriques beaucoup plus importante qu'un poisson de longueur normale. Elle plonge ses proies dans l'inconscience avec des chocs électriques qui peuvent dépasser 600 volts et être fatals pour les humains. D'autres poissons d'eau douce, comme le poisson-chat électrique *Malapterus* et la raie électrique de mer *Torpedo* produisent un voltage suffisamment élevé pour tuer leurs proies, ou du moins les assommer.

Ces poissons à haut voltage semblent avoir poussé, jusqu'à un extrême étourdissant au sens propre, une capacité qui était à l'origine une sorte de radar dont se servaient les poissons pour se frayer leur chemin et détecter leurs proies. Des poissons faiblement électriques comme le *Gymnotus* d'Amérique du Sud et le *Gymnarchus* d'Afrique qui ne lui est pas apparenté possèdent un organe électrique comme celui de l'anguille électrique, mais beaucoup plus court – leur batterie est faite d'une série de plaques musculaires modifiées moins nombreuses – et le poisson faiblement électrique produit typiquement moins d'un volt. Il se dresse comme un bâton rigide dans l'eau, pour une très bonne raison comme nous allons le voir, et le courant électrique se propage suivant des lignes courbes qui auraient réjoui Michael Faraday. Tout le long des côtés du corps se trouvent des pores contenant des capteurs électriques qui sont de minuscules voltmètres, capables de déceler les différents modes selon lesquels les obstacles ou les proies perturbent le champ électrique. En comparant les lectures des différents voltmètres et en les corrélant avec les fluctuations du champ lui-même (sinusoïdales dans certaines espèces, à impulsions dans d'autres), les poissons peuvent calculer la position des obstacles ou des proies. Ils utilisent aussi leurs organes et leurs capteurs électriques pour communiquer entre eux.

Un poisson électrique d'Amérique du Sud comme *Gymnotus* est remarquablement similaire à *Gymnarchus*, son homologue africain, mais il y a une différence révélatrice. L'un et l'autre ont une seule longue nageoire le long de la ligne médiane, et tous deux en font le même usage. Ils ne peuvent faire onduler leur corps pour nager comme les poissons en général car cela perturberait leur perception électrique. Étant obligés de maintenir leur corps rigide, ils nagent au moyen de la nageoire longitudinale qui ondule exactement comme le ferait un poisson normal. Cela signifie qu'ils nagent lentement, mais on peut penser que c'est un inconvénient mineur au regard de l'avantage de recevoir de bons signaux bien clairs. Ce qui est merveilleux, c'est que, chez *Gymnarchus*, la nageoire longitudinale est sur le dos, alors que chez *Gymnotus* et les autres poissons électriques d'Amérique du Sud, y compris l'« anguille » électrique, elle se trouve sur le ventre. Ce sont des cas de ce genre qui sont à l'origine de l'expression « l'exception qui confirme la règle ».

Si l'on revient à l'ornithorynque, le clou de l'histoire réside en fait dans le dard du mâle. On observe de véritables dards venimeux dans différents phylums d'invertébrés et, parmi les vertébrés, chez des poissons et des reptiles, mais jamais chez les oiseaux ou chez les mammifères à l'exception de l'ornithorynque (sauf si vous comptez la salive toxique des solénodontes et de certaines musaraignes à la morsure légèrement venimeuse). Chez les mammifères, l'ornithorynque mâle se trouve dans une classe à lui seul, et il pourrait aussi être dans une classe à lui seul chez les animaux venimeux. Le fait que seul le mâle a un dard suggère, de façon plutôt étonnante, qu'il n'est pas destiné à des prédateurs (comme chez les abeilles), ni à des proies (comme chez les serpents), mais à des rivaux. Sans être dangereux, ce venin est fort douloureux et il ne réagit pas à la morphine. On dirait qu'il agit directement sur les capteurs mêmes de la douleur. Si les scientifiques pouvaient expliquer ce phénomène, cela pourrait orienter les recherches pour soulager la douleur induite par le cancer.

Au début de ce message, j'ai lancé une boutade aux zoologistes qui traitent l'ornithorynque de « primitif » comme si cet adjectif pouvait expliquer qu'il est comme il est. Au mieux, c'est une description. « Primitif » veut dire « qui ressemble à l'ancêtre » et, à maints égards, cela décrit bien cet animal, le bec et le dard étant des exceptions intéressantes. Mais la conclusion la plus importante, c'est que même quand l'animal est authentiquement primitif en tous points, c'est pour une bonne raison : comme ses traits ancestraux sont utiles pour son mode de vie, il n'y a pas de raison qu'ils changent. Comme aimait à dire le professeur Arthur Cain de l'université de Liverpool, un animal est comme il est parce que ça lui est nécessaire.

Ce qu'a dit la taupe à nez étoilé à l'ornithorynque à bec de canard

La taupe à nez étoilé, qui avait rejoint le pèlerinage avec les autres laurasiathériens au Rendez-vous 11, écouta très attentivement l'ornithorynque qu'elle reconnaissait de mieux en mieux avec ce qu'il lui restait de ses yeux, réduits à des têtes d'épingle. « Oui », glapit-elle sur un ton trop aigu pour que certains pèlerins plus gros puissent l'entendre, et elle applaudit de ses battoirs avec enthousiasme. « C'est exactement comme pour moi… enfin, en quelque sorte. »

Non, ça ne va pas marcher, je voulais imiter Chaucer en ayant au moins une section consacrée à ce qu'un pèlerin disait à un autre, mais je vais me limiter au titre et au premier paragraphe, pour revenir maintenant à ma façon de dire les choses avec mes mots à moi. Bruce Fogle (*101 Questions Your Dog Would Ask Its Vet* [101 questions que poserait votre chien à son vétérinaire]) ou Olivia Judson (*Manuel universel d'éducation sexuelle à l'usage de toutes les espèces*) feraient ça très bien, moi pas.

La taupe à nez étoilé, *Condylura cristata*, est une taupe d'Amérique du Nord qui, en plus de creuser des tunnels et de chasser les vers de terre comme les autres taupes, sait bien nager quand elle chasse ses proies sous l'eau, et pénètre souvent profondément dans les berges des cours d'eau. Elle est aussi plus à l'aise à la surface que les autres taupes, car elle y garde une préférence pour les endroits humides et détrempés. Comme les autres taupes, ses grosses mains sont en forme de pelle.

Ce qui la met à part, c'est le nez remarquable auquel elle doit son nom. Entourant deux narines ouvertes sur l'avant, se trouve un anneau extraordinaire de tentacules charnus, comme un bébé anémone de mer à vingt-deux bras. Ces tentacules ne lui servent pas à saisir les choses, pas plus qu'à sentir, comme on pourrait le penser. Et contrairement à ce que nous avons vu au début de cette section, ils ne sont pas non plus un radar électrique comme celui de l'ornithorynque. Leur véritable nature a été découverte à l'issue d'un beau travail par Kenneth Catiana et Jon Kaas de l'université Vanderbilt, Tennessee. L'étoile est un organe tactile, comme une main humaine supersensible, mais dont la fonction de préhension est remplacée par une plus grande sensibilité. Cet organe n'est cependant pas simplement un organe tactile ordinaire. Chez la taupe à nez étoilé, les limites du toucher sont étendues bien au-delà de ce que l'on peut rêver. La peau de son nez est plus sensible que n'importe quelle autre zone de la peau chez les mammifères, y compris dans la main humaine.

Disposés en arc de cercle autour de chaque narine, se trouvent onze tentacules numérotés dans l'ordre de 1 à 11. Le tentacule 11, qui se trouve près de la ligne médiane et juste au-dessous du niveau de la narine, est particulier comme nous allons le voir dans un instant. Bien qu'ils ne servent pas à la préhension, ces tentacules bougent seuls ou en groupes particuliers. La surface de chacun est tapissée d'une série régulière de petites bosses rondes, les organes d'Eimer, dont chacune est une unité de sensibilité raccordée à des fibres nerveuses dont le nombre varie de sept (pour le tentacule 11) à quatre (pour la plupart des autres).

La densité des organes d'Eimer est la même pour tous les tentacules. Étant plus petit, le tentacule 11 en comporte moins, mais ils sont plus innervés. Catania et Kaas ont pu cartographier ces tentacules dans le cerveau. Ils ont trouvé dans le cortex cérébral deux projections (au moins) de l'étoile nasale, indépendantes. Dans chacune de ces deux zones, les parties du cerveau correspondant à chaque tentacule sont disposées dans l'ordre. Et le tentacule 11, là encore, est spécial : il est plus sensible que les autres. Dès qu'un objet a été décelé par un tentacule, l'animal déplace l'étoile de façon que le tentacule 11 puisse l'examiner soigneusement. Ce n'est qu'alors que la décision est prise de le manger ou pas. Catania et Kaas parlent du tentacule 11 comme de la « fovéa* » de l'étoile. Plus généralement, ils disent :

> Bien que le nez de la taupe à nez étoilé agisse comme une surface sensorielle tactile, il existe des similitudes anatomiques et comportementales entre le système sensoriel de la taupe et le système visuel des autres mammifères.

Si l'étoile n'est pas un capteur électrique, d'où vient l'empathie avec l'ornithorynque que j'ai exprimée au début de cette section ? Catania et Kaas ont construit un modèle schématique de la quantité relative de tissu cérébral qui est dédiée aux différentes parties de la surface du corps. C'est un « *Molunculus*** », par analogie avec l'*Homunculus* de Penfield et le *Platypunculus* de Pettigrew. Regardez*** !

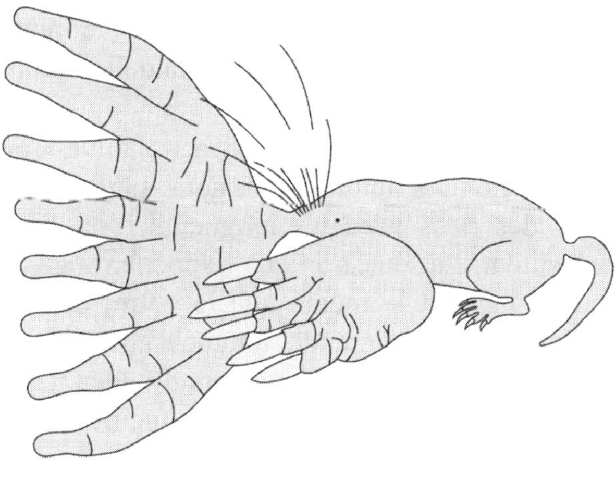

On peut voir où se trouvent ses priorités.
Molunculus, projection cérébrale de la taupe à nez étoilé.
Dans Catania & Kaas [41].

---

* La fovéa est la petite zone au milieu de la rétine humaine où sont concentrés les cônes de façon à optimiser l'acuité et la vision des couleurs. Elle intervient dans la lecture, dans la reconnaissance des visages et dans tout ce qui nécessite une fine discrimination visuelle.

** De l'anglais *mole* (taupe). (*N.d.T.*)

*** Notez que certaines parties du *Molunculus* sont cachées derrière celles que nous voyons.

On peut voir où sont les priorités de la taupe à nez étoilé. On peut toucher du doigt son univers, et c'est bien l'expression qui convient. Elle vit dans un univers tactile dominé par les tentacules du nez, et accessoirement par les grosses mains en forme de pelle et les moustaches.

Quel effet est-ce que cela fait d'être une taupe à nez étoilé ? Je suis tenté de proposer pour le nez étoilé l'équivalent d'une idée que j'ai déjà proposée pour les chauves-souris. Les chauves-souris vivent dans un monde de sons, mais ce qu'elles font avec leurs oreilles est pratiquement identique à ce que font avec leurs yeux, disons, les oiseaux insectivores comme les hirondelles. Dans les deux cas, le cerveau a besoin de se construire un modèle mental d'un monde à trois dimensions où naviguer à grande vitesse, et plein d'obstacles à éviter et de petites cibles mouvantes à attraper. Qu'il soit construit et validé à l'aide de rayons lumineux ou d'échos sonores, ce modèle du monde doit être le même. Mon idée était que la chauve-souris « voit » probablement le monde en utilisant les échos de la même façon qu'une hirondelle ou une personne voit le monde en utilisant la lumière.

Je suis même allé jusqu'à dire que les chauves-souris entendraient en couleurs. Les teintes que nous percevons n'ont pas nécessairement des liens avec les longueurs d'onde particulières qu'elles représentent. La sensation que j'appelle rouge (et personne ne sait si mon rouge est le même que le vôtre) est une étiquette arbitraire désignant la lumière de longueur d'onde élevée ; elle aurait aussi bien pu désigner des longueurs d'onde faibles (le bleu), et la sensation que j'appelle bleu, des longueurs d'onde élevées. Ces sensations de la teinte sont présentes dans le cerveau pour être associées à ce qui convient le mieux dans le monde extérieur. Dans le cerveau des chauves-souris, ce serait du gâchis si ces *qualia* si utiles étaient consacrés à la lumière. Il y a fort à penser qu'ils servent plutôt à définir des qualités particulières de l'écho, éventuellement des textures de surface sur des obstacles ou des proies.

Ce que je pense, pour ma part, c'est que la taupe à nez étoilé « voit » avec son nez. Et j'imagine qu'elle utilise ces mêmes *qualia* que nous appelons couleurs comme des étiquettes pour désigner des sensations tactiles. De la même façon, je parierais que l'ornithorynque « voit » avec son bec, et se sert des *qualia* que nous appelons couleurs pour désigner les sensations électriques. Cela expliquerait-il qu'il ferme les yeux quand il chasse électriquement avec son bec ? Ne serait-ce pas parce que les yeux et le bec se disputent dans le cerveau les étiquettes internes de *qualia*, et que l'utilisation simultanée des deux modes de perception serait une source de confusion ?

LES REPTILES MAMMALIENS

Les monotrèmes nous ayant rejoints, le groupe des pèlerins mammifères au complet reprend maintenant sa remontée dans le temps pour parcourir d'un bloc 130 millions d'années – l'espace de temps le plus long que nous ayons couvert entre deux étapes – jusqu'au Rendez-vous 16 où nous allons retrouver un autre groupe, les sauropsidés, encore plus grand que celui que nous formons, et qui rassemble les reptiles et les oiseaux. Ce qui signifie pratiquement tous les vertébrés qui pondent à terre de gros œufs à coquille imperméable. Je dois dire « pratiquement » parce que les monotrèmes, qui nous ont déjà rejoints, pondent aussi ce genre d'œufs. Même les tortues marines, qui vivent par ailleurs entièrement dans la mer, se hissent sur les plages pour y pondre, et l'on peut penser que les plésiosaures faisaient pareil. Pour les ichtyosaures, en revanche, leur morphologie était si spécialement adaptée pour la nage que, comme les dauphins qui leur ressembleraient plus tard, ils devaient être totalement incapables de monter sur le rivage. Ils ont découvert par eux-mêmes le moyen de donner naissance à des petits vivants : nous le savons par des fossiles d'animaux femelles en train de mettre bas*.

J'ai dit que nos pèlerins ont parcouru 130 millions d'années d'affilée, ce qui n'est vrai, bien sûr, que dans le cadre des conventions de ce livre : nous ne considérons comme étapes que les rendez-vous avec les pèlerins vivants. Notre lignée ancestrale est passée entre-temps par des embranchements évolutifs fertiles, comme en témoigne l'abondance de nos collections de fossiles de « reptiles mammaliens », mais aucune de ces branches ne donne lieu à un rendez-vous car il s'avère qu'aucune n'a survécu. Elles n'ont donc pas de représentants modernes qui pourraient jouer le rôle de pèlerins.

Quand nous avons rencontré le même problème avec les hominidés, nous avons décidé de donner à certains fossiles le statut honoraire de « pèlerins fantômes ». Dans cette quête de nos ancêtres où nous voudrions bien savoir à quoi ressemblait notre aïeul à la 100 millionième génération, nous ne pouvons pas passer directement au coancêtre 16 en ignorant les reptiles mammaliens. Comme nous le verrons, cet aïeul ressemblait à un lézard. Entre lui et le coancêtre 15 à l'allure de musaraigne, le fossé est tel qu'il nécessite une étape intermédiaire. Nous allons donc étudier les reptiles mammaliens en tant que pèlerins

* Certains lézards qui existent actuellement ont aussi découvert la viviparité.

fantômes, comme si c'étaient des pèlerins vivants qui nous emboîtaient le pas, sans toutefois prendre la parole. Mais, d'abord, quelques informations générales sur l'époque dont il s'agit car elle est très longue.

Ces années intermédiaires sans aucun rendez-vous couvrent la moitié du Jurassique, la totalité du Trias et du Permien, et les 10 derniers millions d'années du Carbonifère. Tandis que notre troupe de pèlerins quitte le Jurassique pour s'enfoncer dans le monde plus chaud et plus sec du Trias – une des périodes les plus chaudes de l'histoire de notre planète, où toutes les masses continentales étaient accolées pour former la Pangée –, nous dépassons l'extinction de masse de la fin du Trias, qui a fait disparaître les trois quarts de toutes les espèces. Mais ce n'est rien, comparé à celle qui a suivi, à la limite entre le Trias et le Permien, et où, dans la proportion renversante de 90 %, les espèces ont péri sans laisser de descendants ; au nombre des victimes figuraient tous les trilobites et plusieurs autres grands groupes d'animaux. Pour être juste, les trilobites étaient déjà sur le déclin depuis longtemps, mais l'extinction en masse de la fin du Permien a été la plus dévastatrice de tous les temps. On a en Australie la preuve que cette extinction, comme celle du Crétacé, a été causée par une énorme collision avec un bolide. Même les insectes ont pris un rude coup, le seul de toute leur histoire. Dans la mer, les communautés résidant sur le fond des océans ont frisé l'extermination. Sur terre, le Noé des reptiles mammaliens a été le *Lystrosaurus*. Aussitôt après cette catastrophe, ce *Lystrosaurus*, râblé, et à la courte queue, a proliféré dans le monde entier, occupant rapidement les niches vacantes.

Ne cédons pas trop à notre tendance naturelle à considérer ce phénomène comme une hécatombe apocalyptique. L'extinction étant la destinée finale de pratiquement toutes les espèces, il est possible que 99 % de toutes les espèces qui aient jamais existé aient disparu. Cependant, si le taux d'extinction par million d'années n'est pas fixe, ce n'est qu'occasionnellement qu'il dépasse la valeur de 75 % où l'on fixe arbitrairement le seuil de l'extinction de masse. Les extinctions de masse correspondent à des pics d'extinction qui s'élèvent au-dessus des valeurs normales pour l'époque.

Le graphique qui suit montre les taux d'extinction par million d'années*. À chacun des pics correspond un événement malheu-

* Les chiffres absolus sont inférieurs à 75 % car ils renvoient aux genres, et pas aux espèces. Les chiffres absolus concernant les espèces sont plus élevés que ceux concernant les genres car comme chaque genre contient un grand nombre d'espèces, un genre disparaît plus difficilement qu'une espèce.

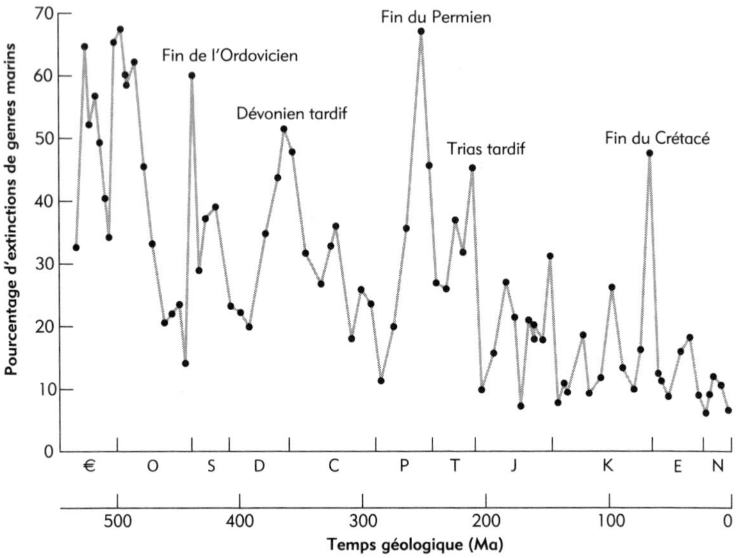

Pourcentage d'extinction des genres marins au cours du Phanérozoïque.
D'après Sepkoski [240].

reux ; peut-être une catastrophe unique, comme la collision avec une roche massive tombée du ciel qui a tué les dinosaures il y a 65 millions d'années lors de l'extinction entre le Crétacé et le Paléogène. Ou bien, dans d'autres cas parmi les cinq pics, peut-être s'agissait-il d'une calamité prolongée. Ce que Richard Leakey et Roger Lewin ont appelé la sixième extinction est celle perpétrée actuellement par *Homo sapiens* – ou *Homo insipiens*, comme préférait dire mon vieux professeur d'allemand William Cartwright*.

Avant d'en venir aux reptiles mammaliens, nous nous heurtons à un point de terminologie un peu ennuyeux. Des termes comme *reptile* et *mammifère* peuvent désigner des « clades » ou des « grades », l'un et l'autre n'étant pas exclusifs. Un clade est un ensemble d'animaux constitué par un ancêtre et tous ses descendants. Les « oiseaux » constituent un bon clade. Le groupe « reptile » tel qu'on le comprend en général n'en est pas un car il exclut

* M. Cartwright était un homme remarquable, aux sourcils en broussaille, et qui parlait lentement et sans mâcher ses mots. Ayant découvert l'activisme écologique bien avant l'heure, il truffait ses cours de propos sur l'écologie, au détriment de l'allemand, mais au bénéfice de notre éducation d'êtres humains.

les oiseaux, aussi les biologistes parlent-ils des reptiles comme d'un groupe « paraphylétique ». Certains reptiles (comme les crocodiles) sont des cousins plus proches de certains non reptiles (les oiseaux) que d'autres reptiles (les tortues). Dans la mesure où tous les reptiles ont quelque chose en commun, ils appartiennent à un grade, pas à un clade. Un grade est un ensemble d'animaux qui sont arrivés à un même stade dans le cadre d'une tendance évolutive progressive reconnaissable.

Le terme *herp* est un autre nom de grade informel, et les zoologistes américains l'adorent. L'herpétologie est l'étude des reptiles (à l'exclusion des oiseaux) et des amphibiens. Herp est un mot de nature bizarre : c'est l'abréviation d'un mot complet qui n'existe pas. Un herp est simplement le type d'animal qu'étudie l'herpétologiste, ce qui est une piètre façon de définir un animal. Le seul autre nom qui s'en approche le plus est le terme biblique « chose qui rampe ».

Poissons est un autre nom de grade. Les poissons comprennent les requins, différents groupes de fossiles éteints, les téléostéens (poissons osseux comme la truite et le brochet) et les cœlacanthes. La truite est cependant plus proche parente de l'être humain que du requin (et le cœlacanthe est encore plus proche de l'être humain que la truite). Les poissons ne sont donc pas un clade puisqu'ils ne comprennent pas l'être humain (ni tous les mammifères, oiseaux, reptiles et amphibiens) ; c'est un nom de grade pour les animaux qui ressemblent d'une façon ou d'une autre à des poissons. Il est plus ou moins impossible de donner de la précision à la terminologie des grades. Les ichtyosaures et les dauphins ont un peu des airs de poissons, et ils auraient très probablement un goût de poisson si l'on avait l'occasion d'en manger, mais on ne considère pas qu'ils appartiennent au « grade » des poissons car ils sont *retournés* à l'état de poissons en passant par des ancêtres qui n'en étaient pas.

La terminologie des grades peut très bien vous convenir si vous êtes fermement convaincu que l'évolution avance progressivement dans une direction unique, suivant des lignes parallèles à partir d'un point commun. Si, par exemple, vous pensez qu'un ensemble complet de lignées ont toutes évolué de façon parallèle, indépendamment les unes des autres, depuis l'état d'amphibiens, en passant par celui de reptiles pour devenir mammifères, vous pourriez parler de passer par le grade des reptiles pour atteindre celui des mammifères. Il est possible qu'il se soit produit quelque chose comme cette marche parallèle. C'est dans cette idée que j'ai été formé par Harold Pusey, mon très respecté professeur de paléontologie des vertébrés. Je suis prêt à prendre le temps qu'il faut pour en parler, mais il ne faut pas considérer qu'elle va de soi en général, ni qu'elle a la caution de la terminologie.

Si l'on se place dans la position opposée et que l'on adopte la stricte terminologie cladistique, on ne peut sauver le mot reptile que si l'on considère qu'il inclut les oiseaux. C'est l'orientation qu'a adoptée le projet *Tree of Life* [Arbre de la vie] qui fait autorité et qui a été créé par les frères Maddison*. Il est sûrement très intéressant de les suivre, et l'on peut apprécier la démarche très différente qui consiste à remplacer « reptile mammalien » par « mammifère reptilien ». Mais le mot reptile est si fortement lié à son sens traditionnel que si on le changeait maintenant, j'ai bien peur que cela ne crée des confusions. De même, le strict purisme cladistique peut parfois aboutir à des résultats ridicules. Ainsi, cette démonstration par l'absurde. Le coancêtre 16 a certainement eu un descendant immédiat du côté des mammifères et un descendant immédiat du côté des lézards/crocodiles/dinosaures/oiseaux, ou sauropsidés. Ces deux-là étaient certainement presque identiques. En fait, il y a nécessairement eu un moment où ils ont pu produire ensemble des hybrides. Pourtant, le cladiste strict insistera pour dire que l'un est un mammifère et l'autre un sauropsidé. Heureusement, nous n'arrivons pas souvent en pratique à une conclusion aussi absurde, mais il est bon de citer ces cas hypothétiques quand les puristes de la cladistique commencent à se prendre trop au sérieux.

On est tellement habitué à l'idée que les mammifères ont succédé aux dinosaures que l'on pourrait s'étonner de ce que les reptiles mammaliens ont proliféré avant que les dinosaures n'aient amorcé leur essor. La gamme des niches qu'ils ont occupées est la même que celles que les dinosaures allaient occuper plus tard, et que les mammifères eux-mêmes occuperaient encore plus tard. À vrai dire, ils ont occupé ces niches non pas une fois mais à plusieurs reprises successives, et toujours entre deux extinctions de masse. En l'absence de rendez-vous avec des pèlerins vivants pour

---

* Cette excellente ressource est continuellement mise à jour sur l'Internet à http://tolweb.org.tree. Ce site a un argument merveilleux pour faire pardonner ses faiblesses : « Cet arbre est en cours de réalisation. Soyez patient : il a fallu à l'arbre véritable plus de 3 milliards d'années pour pousser. »

jalonner notre périple, je prendrai en considération trois jalons fantômes pour combler le fossé entre le coancêtre 15 à l'allure de musaraigne (qui nous relie aux monotrèmes) et le coancêtre 16 à l'allure de lézard (qui nous relie aux oiseaux et aux dinosaures).

Votre aïeul à la 150 millionième génération était peut-être un peu comme un *Thrinaxodon* (que vous trouverez présente en p. V du cahier photo) qui vivait au milieu du Trias et dont on a trouvé des fossiles en Afrique et dans l'Antarctique, alors réunis dans le Gondwana. Il ne faut pas trop espérer que c'était *Thrinaxodon* lui-même ou un autre fossile particulier que l'on a trouvé. Comme pour tout fossile, il faut considérer que *Thrinaxodon* était cousin de notre ancêtre, et pas notre ancêtre lui-même. Il faisait partie d'un groupe de reptiles mammaliens qu'on appelle les cynodontes. Les cynodontes étaient si mammaliens qu'il est tentant d'en faire des mammifères. Mais qu'importe le nom qu'on leur donne. Ce sont des intermédiaires presque parfaits. Étant donné la réalité de l'évolution, il ne serait pas normal qu'il n'y ait pas eu des intermédiaires comme les cynodontes.

Les cynodontes étaient un de ces groupes qui ont essaimé à partir d'un groupe antérieur de reptiles mammaliens, les thérapsidés. Votre 160 millionième aïeul était probablement un thérapsidé qui vivait au cours du Permien, mais il est difficile de choisir un fossile plutôt qu'un autre pour le représenter. Les thérapsidés s'étaient imposés dans les zones terrestres avant l'arrivée des dinosaures dans le Trias, et même en plein Trias, ils ont donné du fil à retordre à ces deniers. Ils comptaient dans leurs rangs d'énormes animaux : des herbivores de trois mètres de long, et de gros carnivores probablement féroces à qui les premiers servaient de proies. Notre ancêtre thérapsidé était cependant une créature probablement plus petite et plus insignifiante. Cela semble être une règle que les gros animaux ou les animaux à la morphologie spécialisée, comme les gorgonopsiens aux crocs redoutables, ou les dicynodontes herbivores dotés de défenses (voir le cahier photo, ill. 6), n'ont pas d'avenir évolutif à long terme, et qu'ils appartiennent aux 99 % d'espèces vouées à l'extinction. L'« espèce Noé », le 1 % dont nous descendons tous, nous, les animaux d'après, a tendance à être plus petite et plus effacée – que nous-mêmes soyons aujourd'hui gros et imposants, ou pas.

Les premiers thérapsidés étaient un peu moins mammaliens que leurs successeurs, les cynodontes, mais plus que leurs prédécesseurs, les pélycosaures, qui ont constitué la première radiation des reptiles mammaliens. Avant les thérapsidés, votre 165 millionième aïeul était presque certainement un pélycosaure, mais, là encore, ce serait de la folie que d'essayer de faire sortir du rang un fossile particulier pour le charger de cet honneur. Les pélycosaures ont constitué la première vague de reptiles mammaliens. Ils ont proliféré à l'ère carbonifère, au moment où se sont constitués les grands gisements de charbon. Le pélycosaure le plus connu est *Dimetrodon*, celui qui a une grande voile sur le dos. Personne ne sait comment il utilisait sa voile. Peut-être était-ce un panneau solaire pour l'aider à se réchauffer jusqu'à une température lui permettant d'utiliser ses muscles, ou un « radiateur » pour se rafraîchir à l'ombre quand il a commencé à faire trop chaud, ou les deux. Ou encore, c'était peut-être une publicité sexuelle, un équivalent osseux de l'éventail du paon. Les pélycosaures se sont éteints essentiellement au cours du Permien, et seuls ont survécu parmi eux les Noé qui sont à l'origine de la deuxième vague de reptiles mammaliens, les thérapsidés. Ces derniers ont ensuite passé le début du Trias « à réinventer un grand nombre des formes corporelles de la fin du Permien qui avaient été perdues* ».

Les pélycosaures étaient considérablement moins mammaliens que les thérapsidés, lesquels à leur tour l'étaient moins que les cynodontes. Par exemple, ils rampaient sur le ventre comme les lézards, avec les pattes tournées à l'extérieur. Leur démarche s'accompagnait probablement d'un léger frétillement, comme celui des poissons. Les thérapsidés, puis les cynodontes et enfin les mammifères ont progressivement soulevé leur ventre du sol, leurs jambes se sont redressées et leur démarche a de moins en moins ressemblé à celle d'un poisson sur la terre. D'autres tendances à la mammalisation – que l'on ne considère progressives qu'avec le recul du temps des mammifères que nous sommes – comprennent les éléments suivants : la mâchoire inférieure s'est trouvée réduite à un os unique, le dentaire, ses autres os étant récupérés par l'oreille (comme nous l'avons vu au Rendez-vous 15). Même si les fossiles ne sont pas d'une grande aide pour situer ces changements dans le temps, nos ancêtres ont acquis à un certain moment des poils et un thermostat, du lait et une fonction parentale plus déve-

* Cette expression bien trouvée vient de *Mass Extinctions and Their Aftermath* [Les extinctions de masse et leurs conséquences] par A. Hallam et P. B. Wignall.

loppée, enfin des dents complexes, spécialisées pour des rôles différenciés.

J'ai présenté l'évolution de nos points d'ancrage, les reptiles mammaliens – pèlerins fantômes – sous la forme de trois vagues successives : les pélycosaures, les thérapsidés et les cynodontes. Les mammifères eux-mêmes constituent la quatrième vague, mais leur invasion évolutive dans la palette de nos écosystèmes classiques a dû attendre 150 millions d'années. Il fallait d'abord que les dinosaures fassent leur temps, ce qui a duré deux fois plus longtemps que les trois vagues de reptiles mammaliens réunies.

Dans notre voyage à rebours, le plus ancien de nos trois groupes de « pèlerins fantômes » nous a conduits à un pélycosaure Noé à l'allure de lézard ; il s'agit là de notre aïeul à la 165 millionième génération, qui vivait pendant le Trias, il y a environ 300 millions d'années. Nous voilà pratiquement rendus au Rendez-vous 16.

Rendez-vous 16

LES SAUROPSIDÉS

Le coancêtre 16, notre aïeul à la 170 millionième génération environ, vivait il y a quelque 310 millions d'années dans la deuxième moitié du Carbonifère, en un temps où de grands marécages et des lycopodes géants occupaient les territoires sous les tropiques (en produisant l'essentiel de notre charbon), et une immense calotte glaciaire recouvrait le pôle Sud. C'est à cette étape que nous rejoint une énorme foule de nouveaux pèlerins : les sauropsidés. De tous ceux qui ont grossi nos rangs depuis le début de notre pèlerinage, les sauropsidés sont, de loin, le plus grand contingent de nouveaux venus. Pendant le plus clair des années qui ont suivi l'époque du coancêtre 16, ils ont dominé la planète sous la forme des dinosaures, et même aujourd'hui où ces derniers ont disparu, leurs espèces sont encore plus de trois fois plus nombreuses que celles des mammifères. Au rendez-vous 16, les mammifères, avec leurs 4 600 pèlerins environ, accueillent 9 600 pèlerins de chez les oiseaux et 7 700 de chez les autres reptiles : crocodiles, serpents, lézards, hattérias et tortues. Ils forment le principal groupe de pèlerins vertébrés terrestres. Si je considère que ce sont eux qui se joignent à nous plutôt que nous à eux, c'est seulement parce que nous avons choisi arbitrairement de voir notre voyage à travers des yeux humains.

Pour les sauropsidés, les derniers à rejoindre leur pèlerinage « avant » le rendez-vous avec nous étaient les tortues (terrestres, marines et d'eau douce). Le contingent des sauropsidés est dont constitué des tortues et des autres. Les « autres » rassemblent deux grands groupes : les reptiles à allure de lézards qui comprennent les

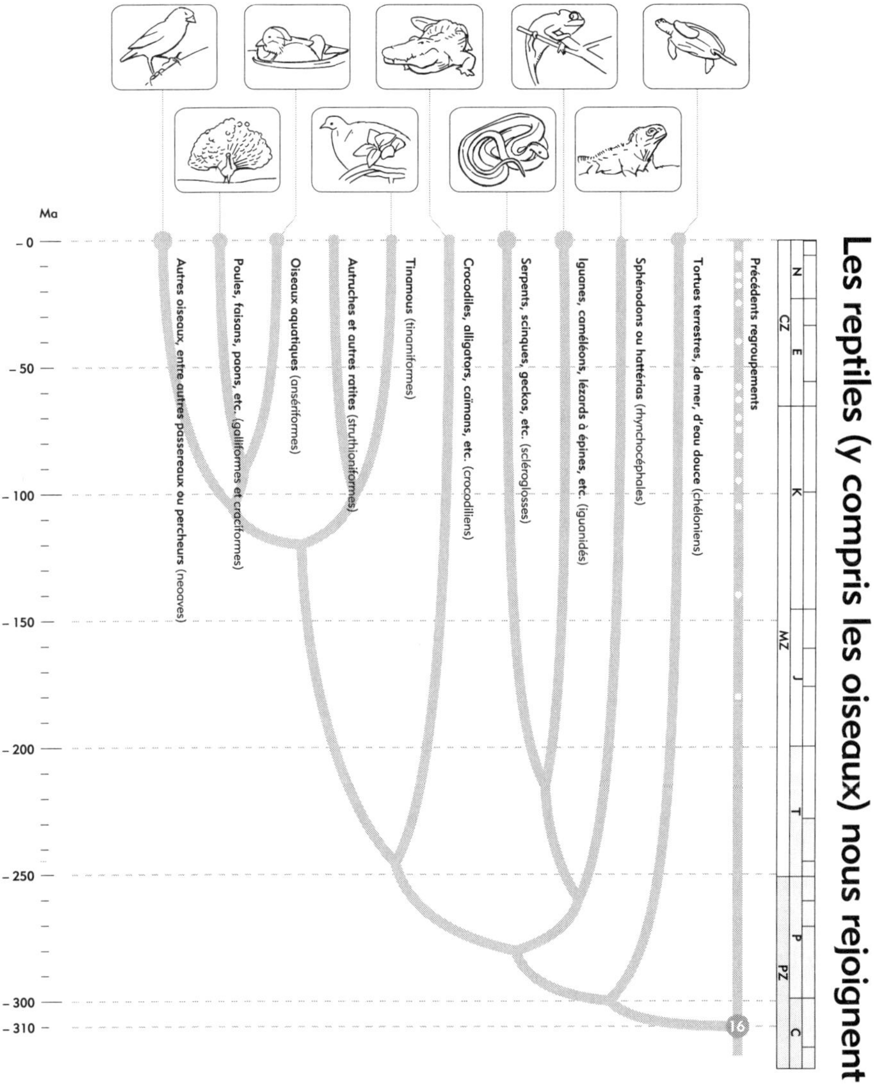

Les reptiles (y compris les oiseaux) nous rejoignent. Une avancée significative dans l'évolution des vertébrés terrestres a été l'*amnios*, membrane de l'œuf, imperméable à l'eau mais pas à la respiration. Deux lignées de ces amniotes qui ont divergé très tôt survivent aujourd'hui : les synapsidés (représentés par les mammifères), et les sauropsidés (17 000 espèces vivantes de « reptiles » et d'oiseaux) qui nous rejoignent ici. Cette phylogénie est raisonnablement certaine.

Dessins, de gauche à droite : pinson à bec moyen (*Geospiza fortis*) ; paon commun (*Pavo cristatus*) ; canard mandarin (*Aix galericulata)* ; tinamou solitaire (*Tinamus solitarius*) ; crocodile du Nil (*Crocodylus niloticus*) ; serpent-jarretière (*Thamnophis sirtalis parietalis*) ; hattéria (*Sphenodon punctatus*) ; tortue franche (*Chelonia mydas*).

serpents, caméléons, iguanes, dragons de Komodo et hattérias, et les reptiles à allure de dinosaures, ou archosaures, qui comprennent les ptérodactyles, crocodiles et oiseaux. Les grands groupes de reptiles aquatiques comme les ichtyosaures et les plésiosaures ne sont pas des dinosaures, et ils paraissent, éventuellement, plus proches des reptiles à allure de lézards. Les ptérodactyles ont moins de raisons de se faire appeler des dinosaures que les oiseaux, qui sont une ramification d'un ordre particulier de dinosaures, les saurischiens. Les dinosaures saurischiens, comme *Tyrannosaurus* et les sauropodes gigantesques, sont plus proches des oiseaux que de l'autre grand groupe de dinosaures, les ornithischiens si mal nommés que sont par exemple *Iguanodon*, *Triceratops* et l'hadrosaure à bec de canard. Ornithischien signifie à hanches d'oiseau, mais cette ressemblance est superficielle et peut induire en erreur.

Le lien entre les oiseaux et les dinosaures saurischiens est confirmé par de récentes découvertes spectaculaires de dinosaures à plumes en Chine. Les tyrannosaures sont des cousins plus proches des oiseaux que des autres saurischiens tels que les gros sauropodes herbivores *Diplodocus* et *Brachiosaurus.*

Voici donc que s'avancent les pèlerins sauropsidés, tortues, lézards et serpents, crocodiles et oiseaux, accompagnés de l'énorme foule des pèlerins fantômes : les ptérosaures dans l'air, les ichtyosaures, plésiosaures et mosasaures dans l'eau, et surtout, les dinosaures sur la terre. Ce livre étant centré sur les pèlerins d'aujourd'hui, il ne convient pas de discourir sur les dinosaures qui ont si longtemps dominé la planète et qui continueraient à la dominer n'eût été ce bolide cruel – non, pas cruel mais indifférent – qui les a terrassés. Il semble cependant que c'est encore ajouter à cette cruauté que de les traiter maintenant avec une telle indifférence*. Ils survivent, bien sûr, d'une certaine façon – à la façon superbe et particulière des oiseaux – et nous allons leur rendre hommage en écoutant parler successivement quatre oiseaux. Mais d'abord, redisons à leur mémoire la célèbre *Ode à un dinosaure*, de Shelley :

J'ai rencontré dans une contrée ancienne un voyageur
Qui disait : « Deux immenses pattes de pierre, sans tronc,
Se dressent dans le désert... Près d'elles, sur le sable,
Mi-enfoui, gît un visage brisé, dont la lèvre

* D'autres livres leur ont rendu leur fierté, citons par exemple *Dinosaurs !* de David Norman et *Le Ptérodactyle rose et autres dinosaures*, de Robert Bakker, sans oublier le *How to Keep Dinosaurs* de Robert Mash, si délicieux et si affectueux.

Froncée et ridée, et le sarcasme d'une froide injonction,
Disent que son sculpteur a bien lu ces passions
Qui survivent encore, foulées sur ces objets inertes,
À la main qui les a raillées et au cœur qui les a nourries :
Et sur le socle apparaissent ces mots :
"Mon nom est Ozymandias, roi des rois :
Contemple mes œuvres, toi le puissant, et désespère !"
Rien ne subsiste alentour. Autour des ruines
De cette épave colossale, nus et sans limites,
S'étendent au loin les sables déserts et nivelés. »

Prologue du pinson de Darwin

L'imagination humaine est impressionnée par l'antiquité, et l'immensité du temps géologique est si lointaine, si insaisissable pour les poètes et les archéologues, qu'elle peut saisir d'effroi. Or le temps géologique n'est pas immense seulement quand on le compare à nos échelles classiques de l'existence et de l'histoire humaines. Il l'est aussi à l'échelle de l'évolution elle-même. Cela peut surprendre ceux qui, depuis les critiques de Darwin en son temps, se sont souvent plaints de ce que la sélection manquait de temps pour effectuer les changements qu'elle devrait opérer si l'on en croit la théorie. Or nous nous rendons compte maintenant que le problème est, éventuellement, le contraire : elle a eu trop de temps ! Si l'on mesure les taux évolutifs sur une courte durée, et qu'on les extrapole, par exemple, à un million d'années, la quantité potentielle des changements évolutifs s'avère beaucoup plus importante que leur quantité réelle. C'est comme si l'évolution avait piétiné sur place pendant une grande partie de cette période. Ou, sinon, qu'elle était allée faire un tour par-ci, un tour par-là, en serpentant et se perdant dans des méandres parmi lesquelles se seraient noyées, à court terme, toutes les tendances qui auraient pu, éventuellement, agir à long terme.

Les données de différents types tout comme les calculs théoriques, tout va dans le sens de cette conclusion. Si l'on exerce artificiellement sur la sélection darwinienne une pression maximale pour qu'elle agisse, elle peut produire des changements évolutifs à un rythme beaucoup plus rapide que ce que nous voyons jamais dans la nature. Nous avons la chance d'en avoir un exemple dans le fait que nos aïeux, qu'ils aient pleinement compris ou non ce qu'ils faisaient, ont, pendant des siècles, pratiqué l'élevage sélectif d'animaux et de plantes domestiques (dont nous a parlé l'agriculteur). Dans tous les cas, ces changements évolutifs spectaculaires se sont produits en moins de quelques siècles ou, tout au plus, de quelques millénaires : beaucoup plus vite même que les changements évolutifs les plus rapides que l'on peut mesurer dans les fossiles. Pas étonnant que Darwin ait donné dans ses livres une telle importance à la domestication.

On peut observer le même scénario dans des conditions expérimentales plus contrôlées. La façon la plus directe de tester une hypothèse sur la nature consiste à effectuer une *expérience* dans laquelle on imite volontairement et artificiellement ce qui, dans cette hypothèse, est l'élément déterminant de la nature. Si vous avez une hypothèse qui dit, mettons, que les plantes poussent mieux dans les sols qui contiennent des nitrates, vous ne vous contentez pas d'analyser les sols pour voir s'ils en contiennent ; vous en *ajoutez* expérimentalement à certains sols et pas à d'autres. Il en va de même pour la sélection darwinienne. L'hypothèse sur la nature est que la survie non aléatoire sur des générations provoque un changement systématique de la forme moyenne. Le test expérimental consiste à organiser seulement cette survie non aléatoire pour essayer d'orienter l'évolution dans une direction voulue. C'est ce qu'on appelle la sélection artificielle. Les expériences les meilleures sélectionnent en même temps deux lignées dans des directions opposées à partir du même point de départ : mettons une lignée qui fait des animaux plus gros et l'autre qui les fait plus petits. Il est évident que si vous voulez avoir des résultats décents avant de mourir de vieillesse, il vaut mieux choisir une créature dont le cycle de vie est plus rapide que le vôtre.

Chez les mouches du vinaigre et chez les souris, les générations se comptent en semaines et en mois, et pas en dizaines d'années comme chez nous. Dans une expérience, on a réparti des mouches du vinaigre *Drosophila* en deux « lignées ». L'une était élevée sur plusieurs générations pour avoir une tendance marquée à s'approcher de la lumière, et à chaque génération, seuls étaient autorisés à se reproduire les individus qui la recherchaient le plus. L'autre lignée était élevée systématiquement dans la direction opposée, pour fuir la lumière, pendant le même nombre de générations. Il a suffi de 20 générations pour que se produise une modification évolutive spectaculaire, et cela dans les deux directions. Est-ce que cette divergence se poursuivrait pour toujours au même rythme ? Non, ne serait-ce que parce que les variations génétiques disponibles finiraient par s'épuiser et qu'il faudrait attendre de nouvelles mutations. Mais d'ici là, beaucoup de changements peuvent se produire.

La durée de la génération du maïs est plus longue que celle de la drosophile. Or en 1896, le laboratoire d'agriculture de l'État de l'Illinois a commencé à cultiver du maïs pour développer sa teneur en huile. On a sélectionné une « lignée élevée » pour une teneur plus élevée, et, en même temps, une « lignée basse » pour une teneur allégée. Heureusement, cette expérience a pu se prolonger bien au-delà de la carrière de recherche de tout scientifique normal, et l'on peut observer, sur environ 90 générations, une augmentation à peu près linéaire de la teneur en huile dans la lignée élevée. Dans la lignée basse, cette teneur a diminué moins vite, mais c'est vraisemblablement parce qu'elle a atteint la limite-plancher du graphique : on ne peut avoir moins d'huile que zéro.

Cette expérience, comme celle de la drosophile, et comme beaucoup d'autres du même type, nous permet de comprendre que la sélection a la capacité potentielle de déclencher très rapidement des changements évolutifs. Traduisez 90 générations de maïs – ou 20 générations de drosophiles, ou même 20 générations d'éléphants – en temps réel, et vous aurez toujours quelque chose de négligeable à l'échelle géologique. Un million d'années, qui est un laps de temps trop court pour se voir dans les fossiles, c'est 20 000 fois plus de temps qu'il n'en faut pour tripler la teneur des grains de maïs en huile. Cela ne veut pas dire, bien sûr, qu'un million d'années de sélection pourraient multiplier la teneur en huile par 60 000. Tout à fait indépendamment de l'épuisement des variations génétiques, il y a une limite à la quantité d'huile que peut contenir un grain de maïs. Ces expériences servent cependant à nous mettre en garde : en regardant des tendances apparentes qui s'étalent sur des millions d'années de fossiles, il faut éviter d'y voir des réponses à des pressions continues de la sélection.

Les pressions de sélection darwinienne interviennent, c'est certain. Et elles sont extrêmement importantes, comme nous le verrons dans tout ce livre, mais elles ne s'exercent pas de façon continue et uniforme sur les échelles de temps du type de celles qui s'appliquent en général aux fossiles, en particulier dans les sections les plus anciennes que l'on possède. La leçon du maïs et de la drosophile, c'est que la sélection darwinienne pourrait très bien faire des méandres ici et là, aller de l'avant et reculer dix mille fois, le tout dans l'espace de temps le plus court qui puisse se mesurer en géologie. Je parie que c'est ainsi que les choses se passent.

Il existe pourtant des tendances importantes sur des durées plus longues, et il faut aussi en avoir conscience. Pour reprendre une analogie que j'ai déjà utilisée, pensez à un bouchon ballotté en mer au large de la côte atlantique américaine. Le Gulf Stream fait dériver globalement vers l'est la position moyenne du bouchon, lequel finira par être rejeté sur le rivage en Europe. Or si vous mesurez sa direction à un moment quelconque, secoué par les vagues, les courants et les tourbillons, il donnera l'impression de partir vers l'ouest aussi souvent que vers l'est. Vous ne remarquerez un biais vers l'est que si vous échantillonnez sa position sur des durées beaucoup plus longues. Pourtant, le biais vers l'est est réel, il est bien là, et lui aussi mérite une explication.

Les vagues et les courants de l'évolution naturelle sont en général trop lents pour que nous puissions les voir dans notre courte vie, ou du moins dans la courte durée d'un contrat de recherche classique. Il se trouve quelques exceptions notoires. L'école de L. B. Ford, cet érudit excentrique et tatillon auprès duquel ma génération de zoologistes d'Oxford a appris la génétique, a consacré des dizaines d'années de recherche à suivre la fortune, année après année, de gènes particuliers dans des populations de papillons, phalènes et escargots en liberté. Dans certains cas, ses résultats donnent l'impression de bien s'expliquer par le darwinisme. Dans d'autres, le clapotis des vagues noie le signal du Gulf Stream local qui les entraînait peut-être dans son courant, et les résultats sont énigmatiques. Ce que je veux dire par là, c'est que tout darwinien mortel doit s'attendre à être confronté à ce genre d'énigme – même si ce darwinien a une carrière de recherche aussi longue que celle de Ford. Un des principaux messages que Ford lui-même a tiré du travail de toute son existence était que les pressions de sélection que l'on doit effectivement trouver dans la nature, même si elles ne tirent pas toujours dans la même direction, sont infiniment plus puissantes que ne l'auraient rêvé les fondateurs les plus optimistes du renouveau néo-darwinien. Ce qui fait une fois de plus ressortir la question : pourquoi l'évolution ne va-t-elle pas beaucoup plus vite ?

Il était une fois… le pinson de Darwin

Les Galápagos sont un archipel volcanique qui ne remonte pas à plus de 5 millions d'années. Au cours de cette brève existence, l'évolution y a favorisé l'émergence d'une diversité particulièrement riche et spectaculaire – la plus célèbre concernant les 14 espèces de pinsons dont on croit partout, mais peut-être à tort, qu'elles ont été la principale source d'inspiration de Darwin*. Les pinsons de Darwin comptent parmi les animaux sauvages qui ont été les plus étudiés. Peter et Rosemary Grant ont consacré leur vie à suivre année après année le destin de ces petits oiseaux îliens. Et entre l'époque de Charles Darwin et celle de Peter Grant (dont le visage ressemble de façon amusante à celui de Darwin), le grand ornithologue David Lack (qui, lui, était rasé de près) leur a aussi rendu une visite perspicace et fructueuse**.

Avec leurs collaborateurs et leurs étudiants, les Grant retournent aux Galápagos tous les ans depuis plus de vingt-cinq ans, prenant les pinsons au piège, les marquant individuellement, mesurant leur bec et leurs ailes, et plus récemment, prélevant des échantillons de sang pour en analyser l'ADN afin d'établir les paternités et autres liens de parenté. Il n'y a probablement jamais eu une étude plus complète des individus et des gènes d'aucune population d'animaux en liberté. Les Grant savent dans les plus petits détails ce qui arrive aux bouchons ballottés que sont les populations de pinsons, poussées par-ci, rejetées par-là, dans la mer de l'évolution par les pressions de sélection qui changent tous les ans.

En 1977, une grande sécheresse a profondément affecté les ressources alimentaires. La petite île de Daphne Major a vu le nombre total des pinsons, toutes espèces confondues, s'effondrer, passant de 1 300 en janvier à moins de 300 en décembre, tandis que la population de l'espèce dominante, *Geospiza fortis*, le pinson à bec moyen, s'est réduite de 1 200 individus à 180, et celle du pinson des cactus, *G. scandens*, de 280 à 110. Les chiffres concernant les autres espèces ont confirmé que 1977 était une *annus horribilis* pour les pinsons. Mais l'équipe des Grant ne s'est pas contentée de compter combien d'espèces étaient mortes et combien étaient vivantes. En bons darwiniens, ces chercheurs ont analysé les chiffres de la mortalité sélective dans chaque espèce. Est-ce que les individus dotés de certaines caractéristiques avaient plus de chances que d'autres de survivre à cette

---

* Stephen Gould discute cette question dans son essai « Darwin en mer, et enfin à bon port », qui figure dans *Le Sourire du flamant rose*.

** Voir son ouvrage de 1947, *Darwin's Finches*. En 1994, les travaux des Grant ont été à la base d'un autre excellent ouvrage, *The Beak of the Finch*, par Jonathan Weiner. L'excellente monographie classique de Peter Grant, publiée en 1986, *Ecology and Evolution of Darwin's Finches*, a été rééditée en 1999.

catastrophe ? Est-ce que la sécheresse a changé sélectivement la composition relative d'une population ?

Oui, effectivement. Dans la population des *G. fortis*, les survivants étaient en moyenne 5 % plus gros que ceux qui sont morts, avec un bec dont la longueur était passée en moyenne de 10,68 mm avant la sécheresse à 11,07 mm après, et la profondeur de 9,42 à 9,96 mm. Ces différences peuvent paraître infimes, mais si l'on s'en tient à la prudence qui est de mise en statistique, elles étaient trop constantes pour être dues au hasard. Mais pourquoi une année de sécheresse favoriserait-elle ces modifications ? L'équipe avait déjà mis en évidence que les gros oiseaux dotés de gros becs sont plus efficaces que ceux de taille moyenne pour s'attaquer aux grosses graines, dures et pleines d'épines, telles que celles de *Tribulus* qui étaient pratiquement les seules que l'on pouvait trouver au plus fort de la sécheresse. Une autre espèce, le pinson à gros bec *G. Magnirostris*, est un professionnel quand il s'agit de manipuler les graines de *Tribulus*. Cependant, la survie darwinienne des plus aptes concerne intégralement la survie relative des individus dans une espèce, et pas celle d'une espèce comparée à une autre. Et dans la population des pinsons à bec moyen, ce sont les plus gros individus dotés des plus gros becs qui ont le mieux survécu. Le *G. fortis* moyen individuel est devenu un petit peu plus comme *G. magnirostris*. L'équipe des Grant avait observé un petit épisode de sélection naturelle en action, et cela dans l'espace d'une seule année.

Après la fin de la sécheresse, ils ont observé un autre épisode qui a poussé les populations de pinsons dans la même direction évolutive, mais pour une autre raison. Comme c'est le cas dans beaucoup d'espèces d'oiseaux, les mâles *G. fortis* sont plus gros que les femelles, et ils ont un bec plus gros, ce qui, peut-on penser, les a équipés pour mieux survivre à la sécheresse. Avant la sécheresse, on comptait environ 600 mâles et 600 femelles. Sur les 180 individus qui ont survécu, 150 étaient des mâles. Quand les pluies se sont remises à tomber, en janvier 1978, elles ont créé des conditions idéales pour la reproduction. Or il se trouvait maintenant cinq mâles pour une femelle. On peut donc comprendre l'existence d'une compétition féroce entre les mâles pour s'adjuger cette ressource rare que constituaient les femelles. Et ceux des mâles qui ont gagné ces compétitions sexuelles, les nouveaux gagnants parmi les mâles survivants déjà plus gros que la normale, tendaient là encore à être les plus gros avec les becs les plus gros. Une fois de plus, la sélection naturelle a poussé à ce qu'évoluent dans la population un corps et un bec plus gros, mais pas pour la même raison. Quant à la question de savoir pourquoi les femelles préfèrent les gros mâles, le phoque nous a préparés à trouver une explication au fait que les *Geospiza* mâles – le sexe le plus compétitif – sont de toute façon plus gros que les femelles.

S'il est si avantageux d'avoir une grande taille, pourquoi les oiseaux n'étaient-ils pas tous simplement plus gros au départ ? Parce que dans les autres années, les années sans sécheresse, la sélection naturelle favorise les individus plus petits dotés de becs plus petits. C'est effectivement ce qu'ont observé les Grant dans les années qui ont suivi celle de 1982-1983, où un cyclone a provoqué des inondations. Après ces inondations, l'équilibre des graines a changé. Les grosses graines dures de plantes comme *Tribulus* sont devenues plus rares que celles plus petites et plus tendres de plantes comme *Cacabus*. Dès lors, les pinsons plus petits à becs plus petits ont été à la fête. Non pas que les gros oiseaux n'aient pas pu manger des petites graines tendres, mais il leur en fallait de plus grandes quantités pour répondre aux besoins de leur corps plus gros. Les plus petits étaient donc légèrement avantagés, et dans la population des pinsons à bec moyen, la situation s'était retournée. La tendance évolutive des années de sécheresse s'était inversée.

Les différences de taille du bec entre les oiseaux en situation de réussite et ceux en échec l'année de la sécheresse paraissent vraiment infimes, n'est-ce pas ? Jonathan Weiner cite à ce sujet une anecdote fort parlante, qui vient de Peter Grant.

> Un jour, au moment où je commençai une conférence, un biologiste dans l'assistance m'a interrompu : « Quelle est l'ampleur de la différence que vous prétendez voir, m'a-t-il demandé, entre le bec d'un pinson qui survit et celui d'un pinson qui meurt ? »
>
> « Un demi-millimètre en moyenne », lui ai-je répondu.
>
> « Je ne peux pas le croire ! dit-il. Je ne peux pas croire qu'un demi-millimètre ait une telle importance. »
>
> « Eh bien, c'est la réalité, ai-je dit. Regardez bien mes données, et vous reviendrez ensuite m'interroger. » Et il ne m'a pas posé de questions.

Peter Grant a calculé qu'il suffirait de 23 épisodes de sécheresse du type de celui de 1977 à Daphne Major pour transformer *Geospiza fortis* en *G. magnirostris*. Ce ne serait évidemment pas un

G. magnirostris, mais c'est une façon vivante de se représenter l'évolution des espèces et la rapidité à laquelle elle peut se produire. Quand Darwin a vu « ses » pinsons pour la première fois, et qu'il a été incapable de leur donner le nom qui convenait, il ne savait pas combien ils finiraient par se révéler de puissants alliés*.

Il était une fois… le paon

Morphologiquement parlant, la « queue » du paon n'est pas une vraie queue (la vraie queue d'un oiseau est son minuscule croupion), mais un « éventail » constitué de longues plumes dorsales. Le message du paon est parfait pour cet ouvrage car, dans le droit fil du style chaucérien, c'est un message que livre un pèlerin à l'adresse des autres pour les aider à se comprendre eux-mêmes. En particulier, quand j'ai abordé deux des principaux tournants de l'évolution humaine, j'attendais avec impatience le moment où le paon rejoindrait notre pèlerinage et nous ferait profiter de son message (qui, je le précise en passant, est bien celui du paon, et pas de la paonne). Le sujet en est, bien sûr, la sélection sexuelle. Ces deux tournants dans l'histoire des hominidés sont notre passage de la quadrupédie à la bipédie, et ensuite, l'accroissement de notre cerveau. Ajoutons un troisième trait humain, peut-être moins important, mais bien caractéristique : la perte de notre pelage. Pourquoi sommes-nous devenus le singe nu ?

À la fin du Miocène, les espèces de singes étaient fort nombreuses. Pourquoi l'une d'elles s'est-elle soudain mise à évoluer à toute allure dans une direction très différente de celle des autres – et à dire vrai, de tous les autres mammifères ? Qu'est-ce qui a saisi cette espèce plutôt qu'une autre pour la lancer à toute vitesse dans

* Hawaii est un archipel volcanique encore plus lointain, et à peu près aussi récent que les Galápagos. L'oiseau de Hawaii de Robinson Crusoé était un sucrier bleu dont les descendants ont rapidement évolué pour « devenir un Galápagos » – voire un pic pour l'un d'eux. De même, environ 400 espèces originales d'insectes immigrés ont engendré la totalité des 10 000 espèces endémiques d'Hawaii, parmi lesquelles une chenille carnivore unique, et un criquet semi-marin. En dehors d'une chauve-souris et d'un phoque, il n'existe pas de mammifères d'origine hawaiienne. Hélas, pour citer le beau livre d'E. O. Wilson, *La Diversité de la vie* : « La plupart des sucriers bleus ont disparu maintenant. Ils se sont retirés et ont disparu sous la pression de la chasse excessive, de la déforestation, des rats, des fourmis carnivores, et de la malaria ainsi que de l'hydropisie que portaient des animaux exotiques introduits pour "enrichir" le paysage hawaiien. »

des directions évolutives nouvelles et étranges : d'abord pour qu'elle devienne bipède, puis pour que son cerveau se développe, enfin pour qu'à un certain moment elle perde presque tout son pelage ?

Les épisodes évolutifs rapides et apparemment arbitraires dans des directions excentriques évoquent pour moi une chose : la sélection sexuelle. C'est là qu'il faut commencer à écouter le paon. Pourquoi le paon possède-t-il une traîne à côté de laquelle le reste de son corps paraît minuscule, une traîne qui frissonne et chatoie au soleil, avec des motifs tachetés d'ocelles resplendissants de pourpre royale et de vert ? Parce que des générations de paonnes ont choisi les paons qui arboraient l'équivalent ancestral de ces publicités extravagantes. Pourquoi, chez les paradisiers, le mâle *twelve wired* a-t-il les yeux rouges et une collerette noire à frange vert irisé, alors que celui du paradisier de Raggi attire l'œil avec un dos écarlate, un cou jaune et une tête bleue ? Ce n'est pas parce que quelque chose dans le régime ou dans l'habitat de ces deux espèces les prédispose à avoir des motifs de couleurs différentes. Non, ces différences et celles qui distinguent si ostensiblement toutes les autres espèces d'oiseaux de paradis sont arbitraires, fantaisistes, et sans importance pour qui que ce soit, sinon pour leurs femelles. Cette façon de faire est assez classique dans la sélection sexuelle. Elle produit une évolution fantaisiste et excentrique qui se déploie dans des directions apparemment arbitraires, se nourrissant d'elle-même pour produire des envolées sauvages de fantaisies évolutives.

Par ailleurs, la sélection sexuelle tend aussi à accentuer les différences entre les sexes, le dimorphisme sexuel (voir ce qu'en a dit le phoque). Toute théorie qui attribue l'accroissement cérébral, la bipédie ou la nudité à la sélection sexuelle est nécessairement confrontée à une difficulté majeure : rien ne prouve qu'un sexe soit plus intelligent ou plus bipède que l'autre. Il est vrai qu'un sexe a tendance à être plus nu que l'autre, et Darwin a utilisé cette idée dans sa propre théorie de la sélection sexuelle concernant la disparition du pelage humain. Il supposait que, dans la préhistoire, c'étaient les mâles qui choisissaient les femelles, plutôt que le contraire comme c'est l'habitude dans le règne animal, et qu'ils préféraient les femmes dépourvues de poils. Quand un sexe évolue avant l'autre (dans ce cas, le sexe femelle vers l'absence de poils), on peut penser que l'autre est entraîné dans son sillage. C'est une explication de ce type que nous avons plus ou moins à proposer pour cette question éculée, celle des seins des mâles. Il n'est pas invraisemblable de la ressortir pour l'évolution de la nudité partielle de l'homme, entraînée dans le sillage de celle plus complète de la femme. La théorie de l'« entraînement dans le sillage » marche moins bien pour la bipédie et l'accroissement du cerveau. On a vraiment du mal à imaginer un couple dans lequel un bipède avancerait aux côtés d'un quadrupède, et l'on se refuse à cette idée. Quoi qu'il en soit, la théorie de l'« entraînement dans le sillage » a un rôle à jouer.

Il est des situations dans lesquelles la sélection sexuelle peut favoriser le monomorphisme. J'ai développé l'idée, avec Geoffrey Miller, dans *The Mating Mind* [L'esprit qui s'accouple], que chez l'être humain, à la différence de chez les paons, le choix du ou de la partenaire se fait dans les deux sens. Une version de cette idée présuppose que le choix du partenaire (en l'occurrence par la paonne) est arbitraire et fantaisiste par rapport, mettons, à celui des aliments ou de l'habitat. Mais on pourrait raisonnablement se demander pourquoi il faudrait qu'il en soit ainsi. D'après au moins une théorie influente de la sélection sexuelle, celle du grand généticien et statisticien R. A. Fisher, il y a une excellente raison. J'ai exposé cette théorie en détail dans un autre ouvrage (*L'Horloger aveugle*, chapitre 8), aussi ne me répéterai-je pas. Le point essentiel, c'est que l'aspect des mâles et les goûts des femelles évoluent ensemble dans une sorte de réaction en chaîne explosive. Les innovations dans le consensus des goûts des femelles dans une espèce et les changements correspondants dans l'aspect des mâles s'amplifient dans un processus fou qui les pousse à avancer ensemble de plus en plus loin dans la même direction. Il n'y a pas de bonne raison pour que cette direction procède d'un choix : c'est tout simplement celle dans laquelle a commencé la tendance évolutive. Il s'est trouvé que les ancêtres des paonnes ont fait un pas vers la préférence d'un plus grand éventail. Il n'en fallait pas plus pour que le moteur explosif de la sélection sexuelle entre en action : en très peu de temps à l'échelle de l'évolution, il a poussé aux paons des éventails plus grands et plus chatoyants, mais jamais trop grands et trop chatoyants aux yeux des femelles.

Toutes les espèces de paradisiers, et beaucoup d'autres oiseaux, de poissons et de grenouilles, d'insectes et de lézards sont partis dans leur propre direction évolutive, toutes avec des couleurs vives ou des formes étranges, mais jamais les mêmes. Ce qui importe pour notre sujet, c'est que la sélection sexuelle, d'après une théorie mathématique bien fondée, est capable de lancer l'évolution dans des directions arbitraires et de la pousser jusqu'à l'excessif et l'inutile. Les chapitres sur l'évolution humaine ont donné à penser que c'est précisément ce tableau qu'évoque l'accroissement soudain du cerveau de l'être humain. Ainsi que la disparition soudaine du pelage et même le démarrage soudain de la bipédie.

La Descendance de l'homme de Darwin est en grande partie consacré à la sélection sexuelle. La longue revue qu'il effectue de la sélection sexuelle chez les animaux non humains annonce sa position en faveur de la sélection sexuelle en tant que force prédominante dans l'évolution récente de notre espèce. Il traite de la nudité humaine en commençant par rejeter – avec une désinvolture qui met mal à l'aise ses adeptes modernes – la possibilité que nous ayons perdu notre pelage pour des raisons utilitaires. Sa foi dans la sélection sexuelle est renforcée par l'observation que, dans toutes les races, qu'elles soient généreusement dotées de poils ou non, les femmes ont tendance à en être moins pourvues que les hommes. Darwin croyait que les hommes ancestraux jugeaient peu séduisantes les femmes à la pilosité abondante. Des générations d'hommes ont choisi pour partenaires les femmes les plus nues*. La nudité de l'homme a été entraînée dans le sillage évolutif de la nudité de la femme, mais sans jamais la rattraper, ce qui explique pourquoi les hommes restent davantage poilus que les femmes. Pour Darwin, les préférences qui ont poussé la sélection sexuelle étaient considérées comme allant de soi, comme données. Il se trouve que les hommes préfèrent les femmes au corps lisse, un point c'est tout. Alfred Russel Wallace, qui a découvert la sélection naturelle avec Darwin, détestait le caractère arbitraire de la sélection sexuelle de Darwin. Il voulait que les femelles soient guidées dans leur choix des mâles pas par leur propre fantaisie mais par les mérites de ces derniers. Il voulait que les plumes vives des paons et des paradisiers soient la marque de leur *fitness* sous-jacente.

Darwin pensait que les paonnes choisissaient les paons simplement parce que, à leurs yeux, ils étaient beaux. Le raisonnement mathématique que Fisher a proposé plus tard a assis cette théorie darwinienne sur une base mathématique plus solide. Pour les

* Bien sûr, comme mon collègue Desmond Morris, j'utilise le mot « nu » dans le sens de « sans pelage » et pas de « sans vêtements ».

wallaciens*, les paonnes choisissent les paons pas pour leur beauté mais parce que leurs plumes vives témoignent de leur bonne santé et de leur fitness.

En langage post-wallacien, la femelle wallacienne décrypte, en réalité, les gènes du mâle d'après leurs manifestations extérieures qui lui permettent de juger de leur qualité. Et au terme d'un raisonnement néo-wallacien complexe, on arrive à cette conséquence surprenante que les mâles sont censés se mettre en quatre pour que les femelles puissent décrypter plus facilement leur qualité, si médiocre soit-elle. Cette théorie – ou plutôt cet enchaînement de théories – que nous devons à A. Zahavi, W. D. Hamilton et A. Grafen, nous entraînerait trop loin, si intéressante soit-elle. Ma meilleure tentative de l'expliquer se trouve dans les notes de la deuxième édition du *Gène égoïste*.

Cela nous ramène à la première des trois questions sur l'évolution humaine. Pourquoi avons-nous perdu notre pelage ? Max Pagel et Walter Bodmer ont proposé cette idée déroutante que la disparition du pelage a évolué pour réduire les ectoparasites, comme les poux, et, en restant dans le thème de ce message, sous l'effet de la sélection sexuelle, pour afficher l'absence de parasites. Pagel et Bodmer se sont rangés à l'idée de Darwin de sélection sexuelle, mais dans la version néo-wallacienne de W. D. Hamilton.

Darwin n'a pas essayé d'expliquer la préférence des femelles, mais il s'est contenté d'en établir le postulat pour expliquer l'aspect des mâles. Les wallaciens, eux, cherchent à expliquer les préférences sexuelles par l'évolution. L'explication que préfère Hamilton concerne entièrement l'annonce de l'état de santé. Quand les individus choisissent leurs partenaires, ils recherchent la bonne santé, l'absence de parasites ou des signes que le ou la partenaire a des chances d'échapper aux parasites ou de les combattre. Et les individus qui cherchent à être choisis annoncent leur état de santé, qu'il soit bon ou mauvais. Les parcelles de peau nue chez les dindons et les petits singes sont des écrans bien visibles où s'affiche l'état de santé de leurs possesseurs. On peut effectivement voir la couleur du sang à travers la peau.

Les êtres humains n'ont pas la peau nue seulement sur le derrière comme les singes. Ils l'ont partout, sauf sur le sommet de la

* Terme forgé par Helena Cronin dans son remarquable ouvrage *The Ant and the Peacock* [La fourmi et le paon].

tête, sous les bras et dans la région du pubis. Quand nous avons des ectoparasites comme des poux, ils sont souvent confinés à ces régions. Le morpion, *Phtirus pubis*, se trouve essentiellement dans la zone pubienne, mais il infeste aussi les aisselles, la barbe, et même les sourcils. Le pou de la tête, *Pediculus humanus capitus*, n'infeste que les cheveux. Le pou du corps, *P. h. humanus*, est une sous-espèce dont on pense, c'est intéressant, qu'il a évolué seulement après que nous avons commencé à porter des vêtements. En Allemagne, des chercheurs ont étudié l'ADN de poux et de morpions pour voir quand ils avaient divergé, avec l'idée de dater l'invention des vêtements. Ils l'ont située à – 72 000 ans, plus ou moins 42 000 ans.

Les poux ont besoin de poils, et la première idée de Pagel et Bodmer, c'est que la perte de notre pelage avait l'avantage de réduire leur territoire. Deux questions se posent. Si la perte du pelage est une si bonne idée, pourquoi d'autres mammifères qui sont aussi victimes d'ectoparasites ont-ils gardé le leur ? Ceux qui, comme les éléphants et les rhinocéros, pouvaient se permettre de le perdre parce qu'ils sont assez gros pour rester au chaud sans lui, l'ont effectivement perdu. D'après Pagel et Bodmer, c'est l'invention du feu et des vêtements qui nous aurait permis de nous passer de notre pelage. Ce qui amène aussitôt la deuxième question. Pourquoi avons-nous gardé des poils sur la tête, sous les bras et dans la région pubienne ? Cela devait présenter des avantages primordiaux. Il est tout à fait plausible que les cheveux sur le sommet du crâne protège des coups de soleil, lesquels pouvaient être très dangereux en Afrique, où nous avons évolué. Quant aux poils des aisselles et de la région pubienne, ils aident probablement à diffuser les puissantes phéromones (signaux olfactifs dans l'air) qui intervenaient certainement dans la vie sexuelle de nos ancêtres, et qui continuent à intervenir dans la nôtre au-delà de ce que beaucoup d'entre nous conçoivent.

Ainsi, la partie la plus simple de la théorie de Pagel et Bodmer est que les ectoparasites, comme les poux, sont dangereux (les poux transportent le typhus et autres maladies graves), et qu'ils préfèrent les poils à la peau nue. Un bon moyen de mener la vie dure à ces parasites désagréables et dangereux, c'est de se débarrasser de ses poils. Si l'on n'en a pas, il est aussi beaucoup plus facile de repérer et de supprimer des ectoparasites comme les tiques. Les primates passent une grande partie de leur temps à s'en débarrasser et à en débarrasser leurs proches. À vrai dire, c'est même devenu une activité sociale majeure et, accessoirement, une façon de créer des liens.

Mais je trouve que l'angle le plus intéressant de la théorie de Pagel et Bodmer est celui qu'ils traitent de façon assez succincte dans leur article : la sélection sexuelle, et c'est ce qui justifie qu'elle soit citée par le paon. La nudité n'est pas seulement un désavantage pour les poux et les tiques. C'est un avantage pour ceux qui essaient de découvrir si un éventuel partenaire sexuel a des parasites. D'après la théorie d'Hamilton, Zahavi et Grafen, la sélection sexuelle va aider les individus à savoir si les partenaires sexuels qu'ils ont en vue ont des parasites. L'absence de poils est un bel exemple. En refermant l'article de Pagel et Bodmer, j'ai pensé à la phrase célèbre de T. H. Huxley : « Comme j'ai été bête de ne pas y avoir pensé. »

Mais la nudité est un détail. Penchons-nous maintenant, comme je vous l'ai promis, sur la bipédie et l'intelligence. Est-ce que le paon peut nous aider à comprendre ces deux grands événements de l'évolution humaine, le fait de nous dresser sur nos pattes arrière et l'accroissement de notre cerveau ? La bipédie étant survenue en premier, je commencerai par cette question. Dans le message de Little Foot, j'ai cité plusieurs théories de la bipédie, notamment celle de Jonathan Kingdon que je trouve fort convaincante ; c'est celle de l'alimentation en position accroupie. J'ai dit à ce propos que je réservais ce que j'avais à dire pour le confier au paon.

La sélection sexuelle, avec sa capacité à pousser l'évolution dans des directions arbitraires non utilitaires est le premier ingrédient de ma théorie de l'évolution de la bipédie. Le deuxième est la tendance à imiter. Il existe même en anglais [et en français] un verbe, singer, qui veut dire copier, mais je ne suis pas sûr qu'il convienne tout à fait. De tous les singes, les humains sont les champions en matière de copie, mais les chimpanzés s'y adonnent aussi, et il n'y a aucune raison de penser que les australopithécinés ne la pratiquaient pas. Le troisième ingrédient est l'habitude très répandue chez les grands singes en général de se dresser temporairement sur leurs pattes arrière, en particulier quand ils expriment leur ardeur sexuelle ou leur agressivité. Les gorilles se mettent debout pour se marteler la poitrine de leurs poings. Les chimpanzés mâles se frappent aussi la poitrine, et ils ont une pratique remarquable qu'on appelle la danse de la pluie et qui consiste à sauter sur leurs pattes arrière. Il existe un chimpanzé en captivité, Oliver, qui a l'habitude de marcher sur ses pattes arrière et préfère ce mode de locomotion. Je l'ai vu en film : il marche en se tenant étonnamment droit, sans vaciller ni tituber le moins du monde, avec une démarche presque militaire. Sa façon de marcher ressemble si peu à celle d'un chimpanzé qu'elle a fait l'objet de spéculations bizarres. Jusqu'à ce que des tests d'ADN aient montré que c'était bien un chimpanzé de l'espèce *Pan troglodytes*, les gens pensaient que c'était peut-être un hybride chimpanzé-humain ou chimpanzé-bonobo, voire un australopithéciné qui aurait survécu. Malheureusement, il est difficile de reconstituer la biographie d'Oliver, et il semble que personne ne sait si on lui a appris à marcher pour un numéro de cirque ou un spectacle de foire, ou s'il s'agit d'une idiosyncrasie étrange : ce pourrait même être un mutant génétique. En dehors d'Oliver, sur leurs pattes arrière, les orangs-outans se débrouillent un peu mieux que les chimpanzés, et les gibbons en liberté traversent bien les clairières sur deux pieds dans un style qui n'est pas très différent de leur façon de courir sur les branches dans les arbres – quand ce n'est pas sous elles en pratiquant la brachiation.

Si l'on rassemble tous ces ingrédients, voici comment je vois l'origine de la bipédie humaine. Nos ancêtres, comme les autres grands singes, se déplaçaient à quatre pattes quand ils n'étaient pas dans les arbres, mais ils se dressaient de temps en temps sur leurs pattes arrière, peut-être pour effectuer une sorte de danse de la pluie, ou pour cueillir des fruits dans des branches basses, ou encore pour passer d'une position à une autre quand ils mangeaient accroupis, pour passer les rivières à gué, pour exhiber leur pénis, ou pour n'importe quelle combinaison de raisons, comme chez les singes modernes, grands et petits. Puis – et c'est là le point crucial que j'ajouterais – parmi toutes les espèces de ces grands singes, il s'est produit une chose inhabituelle dans l'une d'elles, celle dont nous descendons. Il est apparu une mode pour marcher sur deux pieds, et elle est apparue aussi soudaine et capricieuse que les modes en général. C'était une tocade. On peut en trouver un phénomène analogue dans la légende (probablement fausse, hélas) selon laquelle le zézaiement espagnol serait venu de la mode d'imiter un courtisan très en vue, ou bien, dans une autre version de cette légende, un roi de la dynastie des Habsbourg ou une infante qui avait un défaut d'élocution.

Les choses seront beaucoup plus faciles à expliquer si, en m'exprimant de façon sexiste, je dis que les femelles choisissent les mâles – mais gardez en tête que ce pourrait être l'inverse. J'imagine qu'un singe dominant ou doté d'un certain prestige, un genre d'Oliver du Pliocène, est devenu sexuellement séduisant et s'est acquis un statut social par sa virtuosité inhabituelle à garder une posture bipède, peut-être dans l'équivalent à l'époque de la danse de la pluie. D'autres ont imité sa dégaine qui est devenue *cool*, chic, le *must* dans une région limitée, de la même façon que des bandes locales de chimpanzés ont pour casser des noix ou pour attraper des termites des habitudes qui se sont répandues par l'imitation de la mode. Quand j'étais adolescent, une chanson populaire encore plus bête qu'elles ne le sont en général avait pour refrain :

> *Tout l'monde ne cesse de parler*
> *D'une nouvelle façon de marcher !*

Et même si ce vers particulier a probablement été choisi parce qu'il convenait pour une rime peu exigeante, il est indéniable que les façons de marcher sont en quelque sorte contagieuses et qu'on les imite parce qu'on les admire. Le collège d'Oundle, dans le centre de l'Angleterre, où j'étais pensionnaire, avait un rituel selon lequel les plus anciens paradaient pour entrer dans la chapelle une fois que nous, les autres, étions installés à nos places. Ils copiaient les uns sur les autres leur façon de marcher, à la fois hautaine et lourdement chaloupée (le chercheur sur le comportement animal et collègue de Desmond Morris que je suis aujourd'hui y voit une attitude de dominance), et cette démarche était si caractéristique et si idiosyncratique que mon père, qui la voyait une fois par trimestre, le jour de la visite des parents, l'avait appelée « le roulis d'Oundle ». L'écrivain Tom Wolfe, qui décrit à merveille les travers de la société, a trouvé une expression pour désigner la dégaine dégingandée des dandys américains qui est à la mode dans un certain secteur de la société : le roulement des mécaniques des gigolos. Au moment où j'écris, la flagornerie indécente du Premier ministre britannique envers le président américain lui a valu le titre de *Bush's Poodle* [caniche de Bush]. Plusieurs commentateurs ont remarqué, en particulier quand il est avec lui, qu'il imite « l'attitude avantageuse du cow-boy » machiste de Bush, avec les bras écartés sur les côtés comme s'il était prêt à dégainer.

Si l'on revient à l'enchaînement des événements chez nos ancêtres tel que nous l'avons imaginé, les femelles qui se trouvaient dans la zone limitée de cette mode ont préféré s'accoupler avec des mâles qui avaient adopté la nouvelle façon de marcher. Elles les préféraient pour la même raison que l'on voulait suivre la mode : parce qu'elle était en vogue dans leur groupe social. À ce point, l'étape suivante de mon raisonnement est cruciale. Ceux qui étaient particulièrement doués pour cette nouvelle façon de marcher à la mode auraient eu le plus de chances de s'attirer des partenaire et de faire des enfants. Mais ce ne serait évolutivement significatif que s'il intervenait une composante génétique dans l'aptitude à effectuer « cette façon de marcher », ce qui est tout à fait plausible. Rappelez-vous que nous parlons d'un changement quantitatif pendant une certaine durée passée à exercer une activité existante. Il est rare qu'un changement quantitatif dans une variable existante n'ait pas une composante génétique.

L'étape suivante de ce raisonnement suit la théorie standard de la sélection sexuelle. Les sujets qui choisissent, et dont les goûts s'alignent sur ceux de la majorité, tendent à avoir des enfants qui héritent, conformément au choix de partenaire de leur mère, d'un certain talent à marcher suivant la mode bipède. Ils auront aussi des filles qui hériteront des goûts de leurs mères concernant les mâles. Cette double sélection – qui s'exerce sur les mâles pour qu'ils possèdent une certaine qualité, et sur les femelles pour qu'elles admirent précisément cette qualité – est, selon la théorie de Fisher, l'ingrédient de la sélection explosive et sauvage. Le point clé est que la direction précise de cette évolution sauvage est arbitraire et imprévisible. Elle aurait pu aller en sens inverse, et c'est peut-être ce qui s'est produit dans une autre population bien circonscrite. Une poussée d'évolution explosive, dans une direction arbitraire et imprévisible, c'est exactement le genre de chose qu'il nous faut si l'on veut expliquer pourquoi un groupe de grands singes (qui sont devenus nos ancêtres) a soudain évolué dans la direction de la bipédie, alors qu'un autre (les ancêtres des chimpanzés) n'est pas allé dans cette voie. Une qualité supplémentaire de cette théorie, c'est que l'épisode évolutif aurait été exceptionnellement rapide, juste ce qu'il nous faut pour expliquer ce phénomène qui, sinon, resterait une énigme : la proximité dans le temps du coancêtre 1 et de Toumaï et *Orrorin* dont on pense qu'ils étaient bipèdes.

Occupons-nous maintenant de l'autre grande avancée dans l'évolution humaine, l'accroissement du cerveau. Dans le message de l'artisan, nous avons examiné plusieurs théories, laissant là encore la question de la sélection sexuelle en suspens, en attendant de céder la parole au paon. Dans *The Mating Mind*, Geoffrey Miller dit qu'une proportion très élevée des gènes humains, qui pourrait aller jusqu'à 50 %, s'expriment dans le cerveau. Pourtant, là encore, par souci de clarté, il vaut mieux présenter les choses sous un seul point de vue, où les femelles choisissent les mâles, mais qui pourrait être l'inverse, ou les deux à la fois. La femelle qui cherche un moyen efficace et complet de lire la qualité des gènes d'un mâle ferait bien de se concentrer sur son cerveau. Comme elle ne peut pas regarder le cerveau à proprement parler, elle regarde ses œuvres. Et suivant la théorie qui veut que les mâles facilitent les choses en affichant leur qualité, les mâles ne vont pas cacher leur lumière mentale sous le boisseau, mais la mettre en évidence. Ils vont danser, chanter, flagorner, plaisanter, composer de la musique ou de la poésie, en jouer ou en dire, peindre sur les murs des grottes ou sur les plafonds de la chapelle Sixtine. Oui, oui, je sais, peut-être, effectivement, que cela n'intéressait pas Michel-Ange d'impressionner les femmes, mais il est tout à fait plausible que son cerveau ait été « conçu » par la sélection naturelle pour les impressionner, de la même façon que – quelles qu'aient été ses préférences personnelles – son pénis l'a été pour les imprégner. Dans cette optique, l'esprit humain est une queue de paon mentale. Et le cerveau s'est accru sous l'effet de la même sorte de sélection naturelle que celle qui a provoqué l'accroissement de la queue du paon. Miller lui-même préfère la version de la sélection sexuelle de Wallace à celle de Fisher, mais la conséquence est fondamentalement la même. Le cerveau grossit, et cela rapidement et de façon explosive.

Dans son ouvrage audacieux, *La Théorie des mèmes : pourquoi nous nous imitons les uns les autres*, la psychologue Susan Blackmore propose pour le cerveau humain une théorie de la sélection sexuelle encore plus radicale. Elle a recours à ce que l'on appelle les *mèmes*, des unités d'héritage culturel. Les mèmes ne sont pas des gènes et ils n'ont rien à voir avec l'ADN, sinon par analogie. Alors que les gènes se transmettent par des œufs fertilisés (ou par des virus), les mèmes se transmettent par imitation. Si je vous apprends à faire une cocotte en papier, un mème passe de mon cerveau dans le vôtre. Vous pouvez alors enseigner cette technique à deux autres personnes, dont chacune l'enseignera à deux autres, et ainsi de suite. Le mème se répand de façon exponentielle, comme un virus. À supposer que nous avons tous bien fait notre travail, des « générations » ultérieures du même mème ne présenteront pas de différences détectables avec les générations antérieures. Toutes produiront le même « phénotype » de cocotte en papier*. Certaines cocottes seront peut-être plus parfaites que d'autres, dans la mesure, mettons, où certains individus sont plus soigneux que d'autres pour plier le papier. Mais la qualité ne va pas se détériorer petit à petit et progressivement au cours des « générations ». Le mème se transmet, entier et intact comme un gène, même si les détails de son expression phénotypique comportent des variations. Cet exemple particulier de mème a une bonne analogie avec le gène, en particulier le gène dans un virus. Une façon de parler ou un savoir-faire en menuiserie seraient peut-être des candidats plus douteux au titre de mème car j'imagine que dans une lignée d'imitation, les différences s'accentueront probablement à mesure que grandit l'écart entre les générations ultérieures et la génération d'origine.

Comme le philosophe Daniel Dennett, Blackmore pense que les mèmes ont joué un rôle décisif dans le processus qui a fait de nous des êtres humains. Selon les termes de Dennett :

> Pour tous les mèmes, le port qu'il faut atteindre est l'esprit humain, mais un esprit humain est lui-même un artefact créé quand les mèmes restructurent un cerveau humain afin d'en faire un meilleur habitat pour les mèmes. Les avenues d'entrée et de départ sont modifiées pour répondre aux conditions locales ; elles sont renforcées par différents dispositifs artificiels qui développent la fidélité et la prolixité de la réplication : les esprits qui sont nés chinois diffèrent de façon radicale des esprits français de souche, et les esprits cultivés diffèrent des esprits incultes**.

L'idée de Dennett serait que la principale différence entre les cerveaux anatomiquement modernes avant et après le Grand Bond en avant culturel est que ces derniers regorgent de mèmes. Blackmore va plus loin. Elle invoque les mèmes pour expliquer l'évolution

* Comme nous l'avons vu dans le récit du castor, le phénotype renvoie normalement à l'aspect extérieur par lequel se manifeste un gène, comme la couleur des yeux. Il est évident que je l'utilise ici dans un sens analogue : le phénotype visible d'un mème, enfoui par ailleurs dans le cerveau, par opposition au phénotype d'un gène enfoui dans un chromosome. C'est aussi une bonne analogie pour l'« autonormalisation » dont j'ai parlé dans le prologue général à propos des « vestiges renouvelés ». Voir aussi l'avant-propos que j'ai rédigé pour l'ouvrage de Blackmore.

** Dennett fait un usage constructif de la théorie des mèmes à différents endroits, y compris dans *La Conscience expliquée* (d'où est tirée cette citation) et dans *Les Idées dangereuses de Darwin*.

du gros cerveau humain. Ce ne peut pas être uniquement des mèmes, bien sûr, car c'est d'une modification anatomique majeure que nous parlons ici. Les mèmes peuvent se manifester dans le phénotype du pénis circoncis (qui parfois se transmet, selon un mode quasi génétique de père à fils), voire dans la forme du corps (pensez à une mode transmise pour maigrir ou pour s'étirer le cou avec des anneaux). Mais la taille du cerveau qui double, c'est une autre affaire. Il faut nécessairement que cela passe par des modifications du pool génique. Alors, selon Blackmore, quel rôle jouent les mèmes dans l'expansion évolutive du cerveau humain ? C'est là, une fois de plus, qu'intervient la sélection sexuelle.

Les individus sont tout à fait capables de copier leurs mèmes sur des modèles qu'ils admirent. C'est un fait sur lequel les publicistes parient de l'argent : ils paient les joueurs de football, les vedettes de cinéma et les grands mannequins pour qu'ils recommandent des produits – alors que ces personnes n'ont aucune compétence pour les juger. Les individus séduisants, admirés, talentueux ou portés aux nues pour toute autre raison sont de puissants pourvoyeurs de mèmes. Ils ont aussi tendance à être sexuellement attirants et donc, du moins dans le type de société polygame qui était probablement celui de nos ancêtres, de puissants pourvoyeurs de gènes. À chaque génération, les mêmes individus attirants donnent plus que leur juste part de gènes et de mèmes à la génération suivante. Maintenant, Blackmore suppose qu'une partie de ce qui rend les individus attirants est leur esprit créateur de mèmes : l'esprit créatif, artistique, loquace et éloquent. Et les gènes participent à la fabrication du type des cerveaux qui s'y entendent pour produire des mèmes attirants. Ainsi, la sélection quasi darwinienne des mèmes dans le pool des mèmes va main dans la main avec la sélection sexuelle authentiquement darwinienne dans le pool des gènes. C'est encore une autre recette pour l'évolution sauvage.

Dans cette optique, quel est le rôle exact des mèmes dans l'accroissement évolutif du cerveau humain ? Je pense que la meilleure façon d'aborder cette question est la suivante. Il existe dans le cerveau des variations génétiques qui continueraient à passer inaperçues s'il n'y avait des mèmes pour les montrer au grand jour. Par exemple, on a de bonnes preuves qu'il existe une composante génétique dans les variations du talent musical. Le talent musical des membres de la famille Bach devait probablement beaucoup à leurs gènes. Dans un monde plein de mèmes musicaux, les différences génétiques dans l'aptitude musicale crèvent les yeux, et elles sont potentiellement à la disposition de la sélection sexuelle. Avant que n'entrent les mèmes musicaux dans les cerveaux humains, on peut imaginer que les différences génétiques dans l'aptitude musicale auraient toujours été présentes, sans se manifester pour autant, du moins de la même façon. Mais elles n'auraient pas été à la disposition de la sélection sexuelle ou naturelle. La sélection des mèmes ne peut pas changer la taille du cerveau elle-même, mais elle peut amener au grand jour des variations génétiques qui, sinon, seraient restées inaperçues*.

Dans le message du paon, la belle théorie de la sélection sexuelle de Darwin a servi à aborder un certain nombre de questions sur l'évolution humaine. Pourquoi sommes-nous nus ? Pourquoi marchons-nous sur deux pattes ? Enfin, pourquoi avons-nous un gros cerveau ? Je ne veux pas m'engager en disant que la sélection sexuelle est la réponse universelle à toutes les grandes questions sur l'évolution humaine. Dans le cas particulier de la bipédie, je suis au moins autant convaincu par la théorie de l'« alimentation en position accroupie » de Jonathan Kingdon. Mais j'applaudis à la vogue actuelle de prendre à nouveau au sérieux la sélection sexuelle, après l'avoir longtemps négligée depuis que Darwin en a lancé l'idée. Et elle apporte une réponse toute prête à la question supplémentaire qui rôde si souvent derrière les grandes questions : pourquoi, si la bipédie (ou l'intelligence ou la nudité) était une si bonne idée pour nous, ne la retrouvons-nous pas chez les autres grands singes ? La sélection sexuelle est parfaite en ce cas car elle laisse prévoir les épisodes évolutifs soudains dans des directions arbitraires. En revanche, l'absence de dimorphisme sexuel dans l'intelligence et dans la bipédie exige une plaidoirie particulière. Laissons là cette question pour l'instant, elle nécessite plus ample réflexion.

Il était une fois… le dodo

Pour des raisons évidentes, il est très difficile pour les animaux terrestres d'atteindre les îles lointaines dans les océans, comme l'archipel des Galápagos ou l'île Maurice. Si, lors d'une de ces dérives aléatoires sur un fragment de mangrove dont on parle si souvent, ils viennent à

* On pourrait considérer cela comme une version de l'effet Baldwin, que nous a fait découvrir l'hippopotame.

aborder sur une île comme l'île Maurice, ils pourraient y trouver une vie facile. C'est précisément parce que, comme il est difficile d'y parvenir, la compétition et la prédation n'y sont en général pas aussi intenses que sur le continent qu'ils viennent de quitter. Comme nous l'avons vu, c'est probablement ainsi que les petits singes et les rongeurs sont arrivés en Amérique du Sud.

Si je dis qu'il est « difficile » de coloniser une île, je dois vite dissiper un malentendu. Un individu en train de se noyer peut essayer désespérément d'atteindre la terre, mais aucune espèce n'essaie jamais de coloniser une île. Une espèce n'a pas la capacité d'essayer de faire quoi que ce soit. Il peut se trouver, par hasard, que les individus d'une espèce soient dans une situation qui les amène à coloniser une île jusque-là inhabitée par leurs pairs. On peut s'attendre à ce que ces individus profitent de ce vide, ce qui peut amener à dire rétrospectivement que leur espèce a colonisé cette île. Au bout d'un certain temps dans l'évolution, les descendants de cette espèce peuvent ensuite changer leur mode de vie de façon à s'adapter aux conditions de vie de l'île auxquelles ils n'étaient pas habitués.

Et maintenant, voici le thème du dodo. Il est difficile pour les animaux terrestres d'atteindre une île, mais ça l'est beaucoup moins s'ils ont des ailes. Comme les ancêtres des pinsons des Galápagos… ou ceux du dodo, quels qu'ils aient été. Les animaux qui volent sont dans une situation particulière. Ils n'ont pas besoin du fameux radeau de mangrove. Leurs ailes les portent, peut-être tout à fait par hasard, au gré du vent, jusqu'à une île lointaine. Arrivés sur des ailes, ils découvrent ensuite qu'ils n'en ont plus besoin. En particulier parce que, souvent, les îles n'abritent pas de prédateurs. Voilà pourquoi, comme le notait Darwin à propos des Galápagos, bien des animaux des îles sont remarquablement dociles. Et c'est ce qui en fait pour les marins de la viande facile à attraper. L'exemple le plus célèbre en est le dodo, *Raphus cucullatus*, que Linné, le père de la taxinomie, appelait cruellement *Didus ineptus*.

Le nom dodo vient du portugais, où il veut dire « stupide ». Ce nom est injuste. Quand des marins portugais sont arrivés sur l'île Maurice en 1507, les dodos qui y étaient très nombreux étaient complètement dociles, et l'on peut dire sans trop extrapoler qu'ils étaient « confiants » quand ils sont allés vers ces hommes. Pourquoi se méfier, si leurs ancêtres n'avaient pas rencontré un seul prédateur pendant des milliers d'années ? Maudite confiance ! Les malheureux ont été massacrés à coups de gourdin par des marins portugais d'abord, puis hollandais – malgré leur réputation d'être « immangeables ». Il faut croire que c'était un « sport ». Cette extinction a pris moins de deux siècles. Comme souvent, elle a été la conséquence de massacres auxquels se sont ajoutés des effets plus indirects. Les êtres humains ont fait venir des chiens, des cochons, des rats et des réfugiés religieux. Les trois premiers ont mangé leurs œufs, et les derniers ont planté de la canne à sucre et détruit les habitats.

La conservation des espèces est une idée très moderne. Je doute que la notion d'extinction, avec tout ce que cela signifie, soit entrée dans la tête de qui que ce soit au XVIIe siècle. J'ai du mal à raconter ce qui est arrivé au dodo d'Oxford, le dernier dodo empaillé en Angleterre. Son propriétaire et taxidermiste, John Tradescant, a été incité à léguer sa grande collection de curiosités et de trésors à l'infâme (disent certains) Elias Ashmole, ce qui explique pourquoi l'*Ashmolean Museum* d'Oxford ne s'appelle pas le *Tradescantian* comme il le mériterait (disent certains). Les conservateurs d'Ashmole (disent certains, probablement à tort) ont décidé plus tard de faire brûler comme des détritus tout le dodo de Tradescant, en ne gardant que le bec et un pied. Ces deux pièces se trouvent maintenant à mon lieu de travail, au Musée universitaire d'histoire naturelle d'Oxford, où ils ont mémorablement inspiré Lewis Carroll. Et aussi Hilaire Belloc :

Le dodo se promenait
Profitant du soleil et du grand air.
Le soleil continue à réchauffer sa terre natale –
Mais le dodo n'y est pas !

La voix qui naguère gloussait et glapissait
Est maintenant muette à jamais –
Mais on peut voir ses os et son bec,
Tout cela au musée.

On dit que le dodo blanc *Raphus solitarus* a connu la même destinée sur l'île voisine de la Réunion*. Et Rodriguez, la troisième île de l'archipel des Mascareignes, a abrité, et perdu pour la même raison, un parent un peu plus éloigné, le solitaire de Rodriguez, *Pezophaps solitaria*.

* Pourtant, mon assistant Sam Turvey, qui connaît un nombre incroyable de choses, m'apprend que le dodo blanc n'a presque certainement jamais existé : « Les dodos blancs figurent sur quelques tableaux du XVIIe siècle, et des voyageurs contemporains ont cité de gros oiseaux blancs sur l'île de la Réunion, mais ces récits sont vagues et parfois confus, et l'on ne connaît aucun squelette de raphidé qui en provienne. Bien que cette espèce ait reçu le nom scientifique de *Raphus solitarius*, et

Les ancêtres des dodos avaient des ailes, et leurs aïeux étaient des pigeons qui étaient arrivés sur les Mascareignes à la force des muscles de leurs ailes, avec l'aide, peut-être, d'un vent favorable. Une fois là, ils n'avaient plus eu besoin de voler – n'ayant rien à fuir –, si bien qu'ils ont perdu leurs ailes. Comme les Galápagos et Hawaii, ces îles sont d'origine volcanique récente, aucune ne datant de plus de sept millions d'années. Les données moléculaires indiquent que le dodo et le solitaire seraient probablement arrivés sur les Mascareignes en provenant de l'est, et pas d'Afrique ou de Madagascar comme on aurait pu le penser. Il est possible que le solitaire ait accompli l'essentiel de sa divergence évolutive avant de finir par arriver sur Rodriguez, gardant suffisamment de puissance alaire pour y arriver depuis l'île Maurice.

À quoi bon se donner le mal de perdre ses ailes ? Il leur a fallu beaucoup de temps pour évoluer, pourquoi ne pas les conserver au cas où, un jour, elles pourraient redevenir utiles ? Hélas (pour le dodo), ce n'est pas la façon de penser de l'évolution. Elle ne pense pas le moins du monde, et sûrement pas pour prévoir le futur. Si c'était le cas, les dodos auraient gardé leurs ailes, et les marins portugais et hollandais n'auraient pas eu des cibles faciles à vandaliser.

Le regretté Douglas Adams a été ému par la triste affaire du dodo. Dans un film qu'il avait préparé pour la télévision britannique et qui date de 1970, la salle de classe du vieux professeur Chronotis à Cambridge lui sert de machine à remonter le temps, mais il ne s'en sert que pour une chose, son vice secret : il rend visite de façon répétitive et obsessionnelle à l'île Maurice du XVIIe siècle pour y pleurer sur le dodo. Cet épisode n'a jamais été diffusé en raison d'une grève à la BBC, et Douglas Adams a recyclé plus tard le motif obsessionnel du dodo dans son roman, *Dirk Gently, détective holistique*. Traitez-moi de sentimental si vous le voulez, mais je dois marquer là un temps de silence – pour Douglas, ainsi que pour le professeur Chronotis et l'être qu'il pleurait.

L'évolution, ou son moteur, la sélection naturelle, n'a pas le don de prévoyance. À chaque génération, dans chaque espèce, les individus

---

que le naturaliste japonais excentrique Masauji Hachisuka ait défendu l'idée de la présence de deux espèces de dodos à la Réunion (qu'il a appelées *Victoriornis imperialis* et *Ornithaptera solitaria*), il est plus vraisemblable que les témoignages anciens renvoient à un ibis de la Réunion qui a disparu (*Threskiornis solitarus*), dont on connaît le squelette, et qui était apparemment similaire à l'ibis blanc sacré qui est toujours vivant, ou à des spécimens immatures du dodo gris-marron de Maurice. Ou encore, peut-être ces dodos sont-ils le fruit d'une licence poétique. »

les mieux équipés pour survivre et se reproduire fournissent largement leur compte de gènes à la génération suivante. La conséquence, si aveugle soit-elle, c'est ce qui se rapproche le plus de la prévoyance que permet la nature. Des ailes pourraient avoir leur utilité dans un million d'années, quand des marins arriveraient armés de gourdins ; mais dans l'immédiat, elles n'aident pas un oiseau à donner une progéniture et des gènes à la génération suivante. Au contraire, les ailes, et en particulier les muscles massifs du bréchet qui sont nécessaires pour les actionner, sont un luxe coûteux. Il suffit de les réduire pour que les ressources économisées puissent être dévolues à une chose plus utile dans l'immédiat, comme un œuf : l'œuf est immédiatement utile pour survivre et pour reproduire précisément les gènes qui ont programmé cette réduction.

Voilà le genre de chose que la sélection naturelle fait tout le temps. Elle passe son temps à bricoler : réduire un peu par-ci, agrandir un peu par-là, ajuster sans cesse, habillant et déshabillant, optimisant le succès reproductif immédiat. La survie dans les siècles à venir n'entre pas en ligne de compte pour la bonne raison qu'il ne s'agit nullement d'un calcul. Tout se fait automatiquement à mesure que certains gènes survivent dans le pool génique et d'autres pas.

La triste fin du dodo d'Oxford (celui d'Alice et de Belloc) est atténuée par une suite plus heureuse. Un groupe de scientifiques d'Oxford, du laboratoire de mon collègue Alan Cooper, a obtenu l'autorisation de prélever un minuscule échantillon de l'intérieur d'un des os du pied. Ils ont aussi obtenu un fémur de solitaire qui avait été trouvé dans une grotte sur Rodriguez. Ces os ont fourni suffisamment d'ADN mitochondrial pour permettre des comparaisons détaillées de séquences, lettre par lettre, entre les deux oiseaux éteints et une large gamme d'oiseaux vivants. Comme on s'en doutait depuis longtemps, les résultats confirment que les dodos étaient des pigeons modifiés. Ce n'est pas non plus une surprise d'apprendre que, dans la famille des pigeons, le plus proche parent du dodo est le solitaire, et vice versa. Ce qui est plus inattendu, c'est que ces deux géants dépourvus d'ailes et dont les espèces ont disparu sont nichés profondément dans l'arbre de famille des pigeons. En d'autres termes, les dodos sont apparentés de plus près à certains pigeons qui volent que ces derniers ne le sont à d'autres, même si, à les voir, on s'attendrait à ce que tous les pigeons soient plus proches parents les uns des autres, les dodos étant plus lointains. Parmi les pigeons, les dodos sont les plus proches du nicobar *Caolenus* *nicobarica*, un superbe pigeon du Sud-Est asiatique, et à son tour le groupe que constituent ces deux espèces a pour plus proches parents le goura, un oiseau splendide de Nouvelle-Guinée, et le diduncule strigirostre, un pigeon rare de Samoa avec son bec denté, qui ressemble beaucoup au dodo et dont le nom veut même dire « petit dodo »*.

D'après les scientifiques d'Oxford, le style de vie nomade du pigeon de Nicobar fait qu'il est parfaitement constitué pour envahir les îles lointaines, et l'on connaît bien les fossiles de type Nicobar dans les îles du Pacifique jusqu'à l'île de Pitcairn à l'est ! Ces pigeons à crête et à bec denté, disent-ils, sont de gros oiseaux qui vivent sur le sol et qui ne volent que rarement. C'est comme si tout ce sous-groupe de pigeons avait l'habitude de coloniser les îles, puis de perdre sa capacité de voler, tout en grossissant et en ressemblant davantage aux dodos. Le dodo lui-même et le solitaire ont poussé cette tendance jusqu'à l'extrême.

Un phénomène du même genre que celui du dodo s'est reproduit sur des îles tout autour du monde. Dans un grand nombre de familles d'oiseaux différentes, dont la plupart sont dominées numériquement par des espèces qui volent, des formes qui ne volent pas ont évolué sur des îles. Sur l'île Maurice elle-même se trouvait un gros râle inapte au vol, *Aphanapteryx bonasia*, dont l'espèce est également éteinte aujourd'hui, et qu'on a peut-être parfois confondu avec le dodo. Sur Rodriguez se trouve une espèce qui lui est apparentée, *A. leguati*. Il semble que l'histoire du dodo devenu incapable de voler après avoir migré d'île en île s'applique aussi aux râles. En plus des formes de l'océan Indien, il se trouve un râle inapte au vol dans le groupe d'îles de Tristan da Cunha dans l'Atlantique Sud, et la plupart des îles du Pacifique possèdent – ou possédaient – leurs propres espèces de râles inaptes au vol. Avant que l'homme ne dévaste la faune aviaire d'Hawaii, cet archipel abritait plus de douze espèces de râles inaptes au vol. Plus d'un quart de toutes les espèces vivantes de râles sont inaptes au vol, et tous les râles inaptes au vol vivent sur des îles (si l'on inclut les grandes îles comme la Nouvelle-Guinée et la Nouvelle-Zélande). On compte peut-être jusqu'à deux cents espèces qui se sont éteintes sur des îles tropicales du Pacifique après leur contact avec l'homme.

Sur Maurice également, se trouvait un gros perroquet, *Lophopsittacus mauritianus*, qui a lui aussi disparu aujourd'hui. Ce perroquet à

---

* On a récemment trouvé à Fidji un pigeon géant fossilisé qui ne volait pas, *Natunaornis*, proche du dodo par sa taille.

crête volait mal et il occupait peut-être une niche semblable à celle du kakapo, ou perroquet-hibou de Nouvelle-Zélande, qui survit encore de justesse*. La Nouvelle-Zélande abrite, ou abritait, un grand nombre d'oiseaux inaptes au vol appartenant à un grand nombre de familles différentes. L'un des plus surprenants, qui avait été surnommé adzebill [bec d'herminette], était un gros oiseau trapu, apparenté de loin aux grues et aux râles. Il y en avait différentes espèces sur les îles du nord et du sud de la Nouvelle-Zélande, mais aucune de ces deux îles n'avait de mammifères sinon (pour la raison évidente, sous-jacente dans le message du dodo) des chauves-souris, et il est facile d'imaginer que les adzebills ont organisé leur existence un peu comme les mammifères, en occupant un espace vacant.

Dans tous ces cas, l'histoire évolutive est presque certainement une version de l'histoire du dodo. Les oiseaux volants ancestraux sont transportés par leurs ailes jusqu'à une île lointaine où l'absence de mammifères permet de vivre sur le sol. Leurs ailes n'étant plus utiles comme elles l'étaient sur le continent, ils cessent de voler et leurs ailes ainsi que leurs muscles alaires si coûteux dégénèrent. Il existe une exception notoire, à savoir un groupe des oiseaux les plus anciens et les plus célèbres de tous les oiseaux coureurs : les ratites, qui constituent l'ordre des autruches. L'histoire évolutive des ratites est très différente de celle de tous les autres coureurs, et ils ont une histoire qui leur est propre, et que va nous confier l'oiseau-éléphant.

Il était une fois… l'oiseau-éléphant

De tous les contes des *Mille et Une Nuits*, l'image qui a le plus impressionné mon imagination d'enfant est celle du rokh rencontré par Sindbad le Marin qui a d'abord pris cet oiseau monstrueux pour un nuage couvrant le soleil :

> J'avais autrefois entendu dire par des pèlerins et des voyageurs que dans une certaine île vivait un énorme oiseau appelé « rokh », qui nourrissait ses petits avec des éléphants.

La légende du rokh (rucke ou rukh) réapparaît dans plusieurs contes des *Mille et Une Nuits* : deux où intervient Sindbad, et deux sur Abd

* Et qui a aussi été célébré de façon mémorable par Douglas Adams dans *Last Chance to See*.

al-Rahman. Marco Polo en parle en le situant à Madagascar, et des envoyés du roi de Madagascar avaient, dit-on, offert au Khan de Cathay une plume de rokh. De son côté, Michael Dayton (1563-1631) évoquait cet oiseau monstrueux pour l'opposer au roitelet bien connu pour sa taille minuscule :

Tous les êtres à plumes qu'aient jamais connus les hommes,
De l'énorme Rucke au petit roitelet...

Quelle est l'origine de la légende du rokh ? Et si c'est de la pure fiction, d'où vient ce lien récurrent avec Madagascar ?

D'après les fossiles de Madagascar, un oiseau gigantesque, l'oiseau-éléphant *Æpyornis maximus*, a vécu dans cette île peut-être jusqu'au XVIIe siècle*, mais plus probablement jusqu'aux environs de l'an 1000. Ce qui a peut-être contribué à son extinction, c'est que les humains lui volaient ses œufs, des œufs qui pouvaient atteindre jusqu'à un mètre de circonférence**, et dont la teneur alimentaire équivalait, dit-on, à celle de deux cents œufs de poule. Il mesurait trois mètres de haut et pesait près d'une demi-tonne – autant que cinq autruches. À la différence du rokh de la légende (qui grâce à son envergure de seize mètres pouvait transporter dans les airs Sindbad aussi bien que des éléphants), l'oiseau-éléphant de la réalité était incapable de voler, et ses ailes étaient (relativement) petites, comme celles de l'autruche. Mais bien que cousin de celle-ci, ce serait une erreur que de l'imaginer comme une autruche en plus grand : c'était un oiseau plus robuste, plus charpenté, une sorte de char d'assaut à plumes avec une grosse tête et un gros cou qui contrastaient avec le périscope élancé de l'autruche. Étant donné la rapidité à laquelle les légendes se créent et s'amplifient, *Æpyornis* aurait très bien pu être l'ancêtre du rokh.

L'oiseau-éléphant était probablement végétarien, à la différence du rokh mégalophage de la légende, et contrairement à des groupes d'oiseaux géants carnivores plus anciens, comme la famille des phorusrhachoïdes du Nouveau Monde. Ces derniers pouvaient atteindre la taille de l'*Æpyornis*, avec un bec crochu redoutable qui, comme pour justifier leur surnom de « tyrannosaures à plumes », semble pouvoir avaler tout rond un quidam de taille moyenne. À première vue, ces grues monstrueuses correspondraient mieux que l'*Æpyornis* au rôle du rokh

* En fait, il y avait plusieurs espèces apparentées, dans deux genres, *Æpyornis* et *Mullerornis*. Cependant, comme son nom l'indique, *A. maximus* mérite pleinement son surnom d'oiseau-éléphant.

** Et pas de diamètre, ce qui n'est pas tout à fait aussi étonnant qu'il y paraît.

terrifiant, mais elles avaient disparu depuis trop longtemps pour avoir inspiré cette légende et, de toute façon, Sindbad (ou ses homologues arabes dans la vraie vie) n'a jamais mis le pied dans les Amériques.

L'oiseau-éléphant de Madagascar dépassait tous les oiseaux connus, existant ou ayant existé, en poids mais pas en longueur. Certaines espèces de moas pouvaient atteindre jusqu'à 3,5 mètres de haut, mais seulement avec le cou dressé, comme dans un montage réalisé par Sir Richard Owen. De leur vivant, semble-t-il, ils portaient naturellement leur tête légèrement dressée sur le dos. Mais le moa ne peut avoir inspiré la légende du rokh car la Nouvelle-Zélande, elle aussi, était largement hors d'atteinte de Sindbad. Il s'y trouvait une dizaine d'espèces de moas, dont la taille allait de celle du dindon au double de celle de l'autruche*. Parmi les oiseaux inaptes au vol, les moas sont les plus marqués en ce qu'ils ne possèdent pas la moindre trace d'ailes, pas même des vestiges d'os alaires enfouis au plus profond du squelette. Ils ont prospéré dans les deux îles du nord et du sud de la Nouvelle-Zélande jusqu'à l'invasion récente des Maoris, vers l'année 1250 de notre ère. Ils étaient des proies faciles, sans doute pour la même raison que les dodos. Hormis l'aigle de Haast qui a disparu et qui est le plus gros aigle ayant jamais existé, ils n'avaient connu aucun prédateur pendant des dizaines de millions d'années, et les Maoris les ont tous exterminés, mangeant les morceaux de choix et jetant le reste. Ce qui fait mentir, et ce n'est pas la première fois, le mythe utopique du bon sauvage vivant en harmonie avec son environnement pour lequel il a le plus grand respect. À l'arrivée des Européens, quelques siècles à peine après les Maoris, le dernier moa avait disparu. Les légendes et les histoires fantastiques où l'on affirme en avoir vu persistent encore, mais tout cela relève d'un vain espoir. Selon les termes d'une mélopée qu'il faut chanter sur un ton plaintif avec l'accent néo-zélandais :

Pas de moa, pas de moa
*Dans la vieille Ao-tea-roa***.
On peut pas en avoir.
Ils les ont mangés ;
Y sont partis et y a plus d'moas !

* Les kiwis sont plus petits que les dindons, mais on ne les considère plus comme des moas nains. Comme nous le verrons, ils sont proches cousins des émeus et des casoars, et sont venus d'Australie plus tard.

** Nom maori de la Nouvelle-Zélande.

Les oiseaux-éléphants et les moas (mais pas les phorusrhachoïdes carnivores ni différents autres géants inaptes au vol qui ont disparu) étaient des ratites, une ancienne famille d'oiseaux qui comprend maintenant les nandous d'Amérique du Sud, les émeus d'Australie, les casoars de Nouvelle-Guinée et d'Australie, les kiwis de Nouvelle-Zélande, et les autruches, qui sont maintenant confinées en Afrique et en Arabie, mais que l'on trouvait couramment en Asie et même en Europe.

Fervent admirateur de la puissance de la sélection naturelle, j'aurais aimé pouvoir dire que, chez les ratites, l'incapacité à voler a évolué séparément dans différentes parties du monde, conformément au message du dodo. Autrement dit, j'aurais aimé que les ratites aient été un assemblage artificiel de différentes espèces, amenées par des pressions parallèles à se ressembler superficiellement en des lieux différents. Hélas, ce n'est pas le cas. La véritable histoire des ratites, que j'attribue ici à l'oiseau-éléphant, est très différente. Et je dois dire qu'à sa manière elle s'avère en fin de compte encore plus fascinante. Le message de l'oiseau-éléphant, avec son épilogue, porte sur le Gondwana et sur la dérive des continents ou, comme on l'appelle maintenant, sur la tectonique des plaques.

Les ratites constituent un groupe vraiment naturel. Les autruches, les émeus, les casoars, les nandous, les kiwis, les moas et les oiseaux-éléphants sont vraiment plus proches parents entre eux qu'avec aucun autre oiseau. Et leur ancêtre commun était lui aussi inapte au vol. Il est probable qu'il a perdu ses ailes à l'origine, selon les bonnes raisons exposées par le dodo, après avoir gagné à tire d'aile une certaine île oubliée depuis longtemps, au large du Gondwana. Mais c'était avant que les ratites ne se divisent en des formes bien séparées dont on trouve maintenant les descendants sur les différents continents et îles du sud. De plus, la séparation des ratites d'avec les autres oiseaux remonte extrêmement loin. Il y a d'un côté les ratites et les tinamous (un groupe d'oiseaux d'Amérique du Sud qui volent), et de l'autre l'ensemble de tous les autres oiseaux survivants. Et donc, si vous êtes un oiseau, *ou bien* vous êtes un ratite ou un tinamou, *ou bien* vous faites partie des autres, et la séparation entre ces deux catégories est la plus ancienne chez les oiseaux survivants*.

* Je suis obligé de dire « les oiseaux survivants » car plusieurs groupes d'oiseaux qui ont disparu (comprenant des formes inaptes au vol aussi bien que des formes qui volent) se situent hors du cousinage de tous les oiseaux modernes.

Les ratites, donc, sont un groupe naturel, avec un ancêtre commun qui était également dépourvu d'ailes. Cela n'exclut pas que tous les ratites aient eu un ancêtre plus ancien qui volait. Et, bien sûr, c'était le cas, sinon pourquoi auraient-ils pour la plupart d'entre eux des vestiges d'ailes* ? Mais le dernier ancêtre commun de tous les ratites survivants avait déjà des ailes réduites à des moignons longtemps avant que ses descendants se ramifient pour donner les différents groupes de ratites que nous voyons aujourd'hui. Nous ne pouvons donc pas invoquer l'argument du dodo, selon lequel des ancêtres ont traversé la mer à tire d'ailes pour gagner des terres lointaines, puis ont chacun de son côté perdu leurs ailes. Les ratites ont atteint leurs terres natales respectives actuelles sans voler. Comment ont-ils fait ?

Ils sont allés à pied. D'un bout à l'autre**. Comment est-ce possible ? C'est tout le thème de l'oiseau-éléphant. Pas de mer, rien à traverser. Les continents séparés que nous connaissons aujourd'hui n'en faisaient qu'un, et les grands oiseaux inaptes au vol marchaient à pied sec. Quand j'étais petit, en Afrique, mon père nous régalait, ma petite sœur et moi, d'histoires pour nous endormir. Couchés sous nos moustiquaires et fascinés par sa montre lumineuse, nous l'écoutions parler d'un « broncosaure » qui vivait *trrrrrrrès* loin dans un endroit qui s'appelait le Gontrucmuche. J'ai oublié tout cela jusqu'au moment où, beaucoup plus tard, j'ai entendu parler du grand continent du Sud, le Gondwana.

Il y a 150 millions d'années, le Gondwanaland***, ou Gondwana, était constitué de tout ce que nous connaissons aujourd'hui comme l'Amérique du Sud, l'Afrique, l'Arabie, l'Antarctique, l'Australasie, Madagascar et l'Inde. La pointe sud de l'Afrique touchait l'Antarctique et penchait « à droite ». Il y avait donc un « vide » triangulaire entre la côte orientale de l'Afrique et la côte nord de l'Antarctique, mais ce n'était pas vraiment un vide car cet espace était occupé par l'Inde. En ce temps-là, l'Inde était séparée du reste de l'Asie (la Laurasie) par un océan, la Téthys, dont le centre

---

* On en a même la preuve par des fossiles de *Lithornis*, un parent volant des ratites, qui vivait en Amérique du Nord au cours du Paléocène et de l'Éocène.

** À l'exception, probablement, des kiwis, comme nous le verrons.

*** On reproche au nom de Gondwanaland d'être une tautologie car *vana* en sanskrit signifie *land* (en fait, forêt), aussi je ne l'emploierai pas. Mais ce terme a l'intérêt de distinguer le continent géant de la région du Pradesh Madhya central où vivent les Gonds, que l'on appelle toujours le Gondwana, et qui a donné son nom à l'ensemble géologique du Gondwana.

correspond en gros aujourd'hui à l'océan Indien actuel et dont l'extrémité occidentale est devenue la Méditerranée actuelle. Madagascar qui était blottie entre l'Inde et l'Afrique était rattachée à ces deux continents. L'Australie avec la Nouvelle-Guinée et l'embryon de la Nouvelle-Zélande était aussi rattachée à l'Antarctique, plus loin de l'autre côté de la côte de l'Inde (cahier photo, ill. 7).

Mais le Gondwana était sur le point d'éclater. Vous voyez où cela nous mène. Quand les ratites ont commencé à parcourir le Gondwana, ils pouvaient aller n'importe où « à pied » puis y résider. On en a même trouvé des fossiles dans la région de l'Antarctique qui, comme en témoignent des fossiles de plantes, bénéficiait en ce temps-là d'un climat chaud et était couverte d'une forêt subtropicale. Les ratites ancestraux se déplaçaient librement sur tout le continent du Gondwana sans se douter que leur territoire d'origine était destiné à éclater en morceaux que sépareraient des milliers de kilomètres d'océan. Quand s'est produit cet éclatement, les ratites ont suivi. Ils ont complètement dérivé. Mais leurs radeaux n'étaient pas les fameux fragments de mangrove, c'était la terre ferme qui se trouvait sous leurs pattes. Et ils ont eu largement le temps d'évoluer chacun dans sa propre direction, sur sa masse de terre qui se retirait séparément.

Cet éclatement s'est produit de façon très brutale et explosive, suivant les normes du temps géologique. Il y a environ 150 millions d'années, l'Inde (toujours flanquée de Madagascar) a commencé à se séparer de l'Afrique. Tandis que s'élargissait le fossé entre l'Afrique et l'Inde avec Madagascar, à environ – 140 millions d'années, les eaux ont commencé à s'installer entre l'autre côté de l'Inde et l'Antarctique, et entre l'Antarctique et l'Australie. Un peu plus tard, l'Amérique du Sud a commencé à s'écarter de l'ouest de l'Afrique, et à – 120 millions d'années, un canal coudé, d'une longueur immense et très étroit séparait les deux. Le dernier point de passage de l'un à l'autre se trouvait à l'endroit où l'ouest de l'Afrique ne tenait qu'à un fil à ce qui est maintenant le Brésil. Ensuite, un canal tout aussi long et étroit s'est frayé un passage entre l'Antarctique et la nouvelle côte sud de l'Australie. Vers – 80 millions d'années, Madagascar s'est séparée de l'Inde et est restée à peu près à sa position actuelle, tandis que l'Inde a amorcé une migration vers le nord à une vitesse spectaculaire, pour finir par s'écraser dans la côte sud de l'Asie et soulever la chaîne de l'Himalaya. Dans le même temps, les autres morceaux du Gondwana avaient continué à dériver, chacun portant sa cargaison de passagers ratites : les nandous ancestraux sur le nouveau continent sud-américain, les oiseaux-éléphants ancestraux en Inde et à Madagascar, les émeus ancestraux en Australie, les autruches ancestrales en… mais laissons cela pour plus tard.

On sait par des fossiles de plantes que l'Antarctique du Crétacé était une région subtropicale, couverte d'une végétation luxuriante : un territoire idéal pour les animaux*. Le peu de fossiles qui ont été effectivement découverts ne permet pas de conclure que les animaux aussi y étaient peu nombreux. Une végétation d'une telle richesse a nécessairement fait vivre une faune aussi riche. Comme je l'ai déjà dit, parmi les quelques fossiles d'animaux que l'on a trouvés, il se trouve de gros ratites, dont certains de la taille des moas, et il est vraisemblable qu'ils aient été fort nombreux dans l'Antarctique du Crétacé. Pour les ratites, à défaut d'être une plaque tournante, l'Antarctique était une voie de passage clémente et favorable entre l'Afrique et l'Amérique du Sud d'un côté du monde, et de l'autre l'Australie et la Nouvelle-Zélande, ainsi qu'entre l'Inde et Madagascar.

Concernant l'ancêtre ratite vagabond, ce qui est important à savoir, c'est jusqu'à quand il a pu encore traverser le fossé à pied sec entre la plus grande partie du continent où il se trouvait et le reste du Gondwana. Par exemple, il y a 100 millions d'années, l'Afrique était largement séparée de l'Antarctique au sud et de l'Inde et Madagascar à l'est. À cet égard, elle était déjà une île. Elle était aussi largement séparée de l'Amérique du Sud, sur presque toute la longueur de sa côte ouest. Mais il y restait toujours ce pont entre la marge sud de la masse de l'Afrique de l'Ouest et une partie de ce qui est maintenant le Brésil. C'est la dernière fois que les ancêtres du nandou ont été en contact avec le reste de ce qui avait été autrefois le Gondwana. Nous avons d'autres dates de dernier contact entre les divers éléments de la diaspora continentale du Gondwana.

Y a-t-il une coïncidence entre les moments où les différents continents et îles se sont séparés géographiquement, et ceux où,

---

* Même si, aussi étonnant que cela puisse paraître, les parties les plus septentrionales étaient dans l'obscurité une bonne partie de l'année. On pense que cela a créé toutes sortes de comportements adaptatifs qui n'ont pas d'équivalents modernes car les latitudes extrêmes d'aujourd'hui connaissent un froid dissuasif.

d'après les données génétiques moléculaires, les lignées de ratites correspondantes se sont séparées dans l'évolution ? Ou bien, si c'est trop demander, est-ce que les deux chronologies sont au moins compatibles ? Oui, elles le sont. Et (sauf pour le kiwi et, sur un point intéressant que je vais aborder, l'autruche) elles sont incompatibles avec l'autre hypothèse voulant que les ratites se sont répartis sur les masses terrestres actuelles après qu'elles se sont séparées.

Alan Cooper et ses collaborateurs d'Oxford, que nous avons rencontrés dans le message du dodo, ont comparé les génétiques moléculaires de tous les ratites. La procédure est facile s'agissant de ceux qui vivent encore. Il suffit de prélever dans les zoos du sang de spécimens d'autruches, d'émeus, et autres. De fait, de nombreuses séquences ont déjà été publiées dans la littérature technique. Mais l'équipe de Cooper a réussi ce tour de force supplémentaire de séquencer l'ADN mitochondrial de deux genres de moas et d'un oiseau-éléphant pour lesquels ils n'avaient que de vieux os empruntés à des musées. Ce qui est remarquable, c'est qu'ils ont réussi à reconstituer le génome mitochondrial tout entier des deux genres de moas, dont la mort remontait à au moins 700 ans. Le matériel provenant de l'oiseau-éléphant était moins bien conservé, mais ils ont malgré tout pu en séquencer un peu d'ADN. Il a ensuite été possible de comparer ces anciennes séquences d'ADN entre elles et avec celles de ratites vivants. La technique de l'horloge moléculaire leur a permis de dater approximativement les divergences évolutives qui ont eu lieu chez ces ratites.

Ce serait une bonne chose si l'on pouvait affirmer que les séparations moléculaires chez les ratites coïncident précisément avec les séparations géographiques entre leurs lieux d'implantation. Malheureusement, la datation n'est pas assez précise. Rappelez-vous aussi que même les animaux qui ne volent pas peuvent continuer à sauter d'île en île pendant un certain temps après que les continents se sont séparés, si bien que le moment exact auquel les différentes parties du Gondwana se sont détachées ne signifie pas grand-chose. Après tout, les oiseaux qui sont inaptes au vol ne le sont pas plus que les mammifères tels que les petits singes et les rongeurs qui ont réussi, d'une façon ou d'une autre, à faire la traversée d'Afrique en Amérique du Sud, ou que les iguanes que la tempête a emportés à Anguilla. Pour compliquer les choses, le

Gondwana s'est fragmenté dans la majorité de ses parties pratiquement en même temps (pour utiliser une fois de plus ce terme dans le sens géologique de « à quelques millions d'années près »). Mais ce que les séquences moléculaires nous permettent de dire en toute confiance, c'est que les séparations ancestrales chez les ratites sont très anciennes – suffisamment pour être tout à fait compatibles avec l'idée que leurs ancêtres étaient déjà sur leurs territoires d'implantation de l'hémisphère Sud quand ils se sont séparés.

Voici la meilleure conjecture que l'on puisse faire sur ce qui s'est passé. Représentez-vous l'Antarctique comme l'unité d'où se sont détachés les autres continents. Bien sûr, les continents se sont détachés aussi les uns des autres, mais il est utile d'avoir un point de référence, et la position centrale de l'Antarctique est commode pour se représenter les choses. Qui plus est, comme nous l'avons vu, pendant la période qui nous importe ici, à savoir le Crétacé qui couvre en gros les 40 millions d'années de part et d'autre de la borne des 100 millions d'années, l'Antarctique n'était nullement l'étendue désertique glacée qu'il est maintenant. Est-ce parce qu'il se trouvait à une latitude plus clémente ? Non, il était seulement un peu plus au nord qu'aujourd'hui. Il y faisait chaud parce qu'il se trouvait qu'alors la forme des côtes dirigeait les courants chauds des tropiques vers des latitudes lointaines au sud, selon une version plus marquée de la façon dont le Gulf Stream protège les palmiers à l'ouest de l'Écosse aujourd'hui. Une des conséquences de l'éclatement du Gondwana est que le courant chaud a cessé d'aller vers le sud. L'Antarctique a retrouvé le climat glacial qui correspond à sa latitude, et il l'a conservé depuis.

Ainsi, il se trouvait une grande population de ratites en Antarctique juste au bon moment. Le reste de l'histoire est simple. L'Amérique du Sud était déjà bien peuplée avec les ancêtres des nandous. La Nouvelle-Zélande s'est séparée de l'Antarctique il y a environ 70 millions d'années en emportant comme passagers les moas ancestraux. Les données moléculaires suggèrent que les moas avaient déjà divergé d'avec les autres ratites il y a environ 80 millions d'années. L'Australie a perdu contact avec l'Antarctique vers – 56 millions d'années. Cela s'accorde avec les données moléculaires qui nous indiquent que les moas se sont séparés des autres ratites plus tôt (82 millions d'années) que les ratites australiens, l'émeu et le casoar, qui ont divergé l'un de l'autre il y a environ 30 millions d'années. Les kiwis sont probablement l'exception à la règle que les ratites se sont propagés partout à pied. Ils ne sont pas proches parents des moas. Apparentés aux ratites australiens, ils ont vraisemblablement sauté, d'île en île, d'Australie en Nouvelle-Zélande en passant par la Nouvelle-Calédonie. Quant à l'Oiseau-éléphant, il est resté à Madagascar après que l'Inde s'en est détachée vers – 75 millions d'années, et il y est resté jusqu'à l'arrivée de l'homme.

J'ai dit que je reviendrais à l'autruche. À partir d'environ – 90 millions d'années, il n'a plus été possible de passer par la terre de l'Afrique à aucune autre partie de l'ancien Gondwana. C'est donc le dernier moment où, aurait-on pu penser, l'autruche, étant un oiseau africain, aurait pu diverger des autres ratites. En fait, cependant, les données moléculaires suggèrent que la lignée des autruches a divergé plus tard, vers – 75 millions d'années. Comment est-ce possible ?

Comme le raisonnement est un peu complexe, je vais exposer à nouveau le problème. D'après les données géographiques, l'Afrique était déjà séparée du reste de l'ancien Gondwana vers – 90 millions d'années, mais d'après les données moléculaires, l'autruche s'est séparée des autres oiseaux du Gondwana vers – 75 millions d'années. Où étaient les ancêtres de l'autruche pendant cet intervalle de 15 millions d'années ? Vraisemblablement pas en Afrique, pour la raison que nous venons de voir, mais probablement n'importe où dans le reste du Gondwana car tous les autres éléments qui le composaient, l'Amérique du Sud, l'Australie, la Nouvelle-Zélande et l'Indo-Madagascar, restaient reliés les uns aux autres, ne serait-ce que par l'Antarctique, et par des ponts terrestres qui subsistaient.

Comment les autruches modernes ont-elles donc réussi à aboutir en Afrique ? Alan Cooper propose une théorie ingénieuse. L'Inde avec Madagascar est restée reliée à l'Antarctique par un large pont terrestre, le plateau des Kerguelen (qui est maintenant submergé), jusqu'à – 75 millions d'années, quand ce qui est maintenant le Sri Lanka s'est détaché. Jusqu'à ce moment, les ancêtres de l'autruche et de l'oiseau-éléphant étaient toujours en contact avec l'Antarctique, et donc avec le reste du Gondwana moins l'Afrique qui s'était détachée plus tôt. Cooper pense que les ancêtres de l'autruche et de l'oiseau-éléphant se trouvaient en Inde-Madagascar au moment de cette séparation. Selon cette hypothèse, on peut considérer que la date de – 75 millions d'années est le dernier moment où les lignées de ces deux espèces ont pu se détacher des autres ratites, ce qui s'accorde bien avec les données moléculaires. Puis, quelque 5 millions d'années plus tard, l'Inde s'est détachée de Madagascar, emportant dans son voyage ce qui allait devenir des autruches, et laissant derrière elle ce qui allait devenir les oiseaux-éléphants.

Jusque-là, tout va bien. Mais il nous reste notre énigme de départ. Si les ancêtres de l'autruche étaient installés dans l'Inde qui était alors une île, comment sont-ils finalement parvenus en Afrique ? Nous arrivons maintenant à la dernière partie de la théorie de Cooper. L'Inde, rappelez-vous, est partie en flèche pour arriver à sa position actuelle où elle fait partie de l'Asie. Cooper pense qu'elle a emporté avec elle les ancêtres de l'autruche qui ont profité de cette collision pour envahir l'Asie. Dès lors, leur lignée s'est étalée vers le nord en décrivant une grande boucle. Il y a toujours des autruches en Arabie, et il s'en trouve des fossiles en Asie, notamment en Inde, et même en Europe. En ce temps-là, comme aujourd'hui, l'Afrique était reliée à l'Asie par l'Arabie, et cette voie a permis à ces animaux d'arriver finalement, il y a peut-être 20 millions d'années, en Afrique où ils se trouvent maintenant. D'après Cooper, leurs ancêtres n'étaient sûrement pas les seuls à gagner l'Asie par l'Inde, et la faune indienne originaire du Gondwana a joué un rôle capital dans la recolonisation de l'Asie après la catastrophe qui a exterminé les dinosaures.

La légende du rokh, ce grand oiseau fabuleux si fort qu'il était capable de transporter des éléphants, émerveille les enfants. Mais la véritable histoire qui explique comment les continents eux-mêmes se transportent sur des milliers de kilomètres n'est-elle pas encore plus merveilleuse et plus intéressante pour l'imagination des adultes ? Voyons cela en détail dans l'épilogue.

Épilogue de l'oiseau-éléphant

La théorie de la tectonique des plaques, comme on l'appelle maintenant, s'inscrit au nombre des réussites de la science moderne. Quand mon père était à Oxford dans les années 1930, ce qu'on appelait alors la théorie de la dérive des continents était largement tournée en dérision, mais pas par tous. Elle était associée au nom du météorologue allemand Alfred Wegener (1880-1930), mais d'autres avaient avancé une idée analogue avant lui. Plusieurs personnes avaient remarqué à quel point la côte orientale de l'Amérique du Sud s'encastrait bien dans la côte occidentale de l'Afrique, mais on n'y prêtait en général guère d'attention, en n'y voyant qu'une pure coïncidence. Il y avait dans la répartition des animaux et des plantes des coïncidences encore plus frappantes qui ne pouvaient s'expliquer qu'en postulant la présence de ponts terrestres entre ces deux continents. Mais les scientifiques pensaient avant tout que la carte s'était modifiée sous l'effet des fluctuations verticales du niveau des mers, plutôt que ce soient les continents eux-mêmes qui aient dérivé latéralement. Le nom de Gondwana a été forgé à l'origine pour désigner un continent constitué par l'Amérique du Sud et l'Afrique dans leur position actuelle, mais où l'Atlantique Sud était à sec. L'idée de Wegener que les continents eux-mêmes avaient dérivé était beaucoup plus révolutionnaire – et sujette à controverse.

Même quand j'étais étudiant dans les années 1960, et plus dans les années 1930, ce n'était pas une affaire classée. Charles Elton, l'écologiste vétéran d'Oxford, nous a donné une conférence sur ce sujet. À la fin de son exposé, il nous a fait voter (c'est triste à dire car ce n'est pas par la démocratie que l'on établit une vérité), et je pense que les avis étaient assez également partagés. Tout cela a changé peu après mon doctorat. Il s'avère que Wegener avait été beaucoup plus près de la vérité que la plupart de ses contemporains qui s'étaient moqués de lui. Sa principale erreur a été de croire que les masses continentales actuelles flottaient dans un manteau semi-liquide et s'y déplaçaient comme des radeaux sur la mer. D'après la théorie moderne de la tectonique des plaques, toute la surface de la terre – le fond des mers aussi bien que les continents visibles – est un ensemble de *plaques*. Les continents sont des parties de plaque épaisses et moins denses qui font des saillies dans l'atmosphère en formant dans le manteau des montagnes et des creux. Les limites des plaques sont le plus souvent sous la mer. De fait, on comprendra mieux cette théorie si l'on fait totalement abstraction de la mer. Imaginons qu'elle n'existe pas. Nous la ferons revenir plus tard pour inonder les terres basses.

Les plaques ne se déplacent pas sur la mer, qu'elle soit composée d'eau ou de roche en fusion. Toute la surface de la Terre est plutôt cuirassée, couverte de plaques qui glissent sur la surface et plongent parfois sous une autre plaque dans le processus qu'est la subduction. Quand une plaque bouge, elle ne laisse pas derrière elle un vide comme l'imaginait Wegener. Ce « vide » ne cesse au contraire de se remplir de nouveaux matériaux qui remontent des couches profondes du manteau de la Terre, et qui contribuent à la substance de la plaque dans le processus qu'on appelle l'expansion du fond océanique. À certains égards, l'image de la plaque semble trop rigide : celle du tapis roulant ou du bureau à cylindre me paraît plus appropriée. Je la décrirai en utilisant l'exemple le plus net, le plus clair : la dorsale médio-atlantique.

La dorsale médio-atlantique est un canyon sous-marin de 16 000 kilomètres qui serpente en un énorme S au milieu de l'Atlantique du nord au sud. Cette dorsale est une zone d'expansion volcanique. La roche en fusion remonte des profondeurs du manteau et se déverse latéralement à l'est et à l'ouest, comme deux cylindres de bureau. Celle qui coule à l'est repousse l'Afrique du milieu de l'Atlantique, et celle qui coule à l'ouest repousse l'Amérique du Sud dans la direction opposée. Voilà pourquoi ces deux continents s'écartent l'un de l'autre à la vitesse d'environ un centimètre par an, même si la vitesse de ce déplacement varie beaucoup d'une plaque à l'autre. C'est la même force qui à l'origine les a séparés quand le Gondwana s'est divisé. Il y a des zones d'expansion volcanique similaires sur le fond de l'océan Pacifique, de l'océan Indien et à différents autres endroits (mais on les appelle parfois rides plutôt que dorsales). L'expansion de ces dorsales océaniques est le moteur du déplacement des plaques.

Le terme de « pousser » est cependant grossièrement trompeur. Il donne l'idée que l'expansion du fond marin pousse la plaque par-derrière. Mais comment un objet aussi massif qu'une plaque continentale pourrait-il se déplacer en étant poussé par-derrière ? Ce n'est pas ce qui se passe. C'est plutôt que la croûte et la partie supérieure du manteau sont poussées par les courants circulant dans la roche en fusion au-dessous. Une roche n'est pas tant poussée par-derrière qu'elle n'est tirée par le courant dans le liquide sur lequel elle flotte, et qui tire le dessous de toute l'étendue de la plaque.

La mise en évidence de la tectonique des plaques est aussi élégante que convaincante, et cette théorie est maintenant prouvée au-delà du doute raisonnable. Si l'on mesure l'âge des roches des deux côtés d'une dorsale telle que la médio-atlantique, il apparaît un phénomène absolument remarquable. Les roches qui sont les plus proches de la dorsale sont les plus jeunes, et elles sont de plus en plus anciennes à mesure que l'on s'en éloigne. Il s'ensuit que si l'on trace les lignes « isochrones » (les courbes de niveau de l'âge), elles sont parallèles à la dorsale elle-même, serpentant avec elle en descendant le long de l'Atlantique Nord puis de l'Atlantique Sud. Et c'est vrai pour les deux côtés de la dorsale : les lignes isochrones d'un côté se répètent presque parfaitement de l'autre côté, comme dans un miroir.

Imaginez que nous partions pour traverser le fond de l'Atlantique dans un tracteur submersible orienté à l'est au dixième parallèle, depuis le port de Maceio au Brésil vers le cap de Barra do Cuanza en Angola, en longeant l'île de l'Ascension. En cour de route, nous prélevons des échantillons des roches sur lesquelles passent nos chenilles (des pneus ne pourraient pas résister à la pression). Pour des raisons qui découlent de la théorie de l'expansion volcanique du fond océanique, nous ne nous intéresserons qu'au basalte igné (lave solidifiée) qui se trouve à la base de toutes les roches sédimentaires qui se sont éventuellement déposées au-dessus. Ce sont ces roches ignées qui, d'après cette théorie, constituent le cylindre ou le tapis roulant, à mesure que l'Amérique du Sud se déplace vers l'ouest et l'Afrique vers l'est. Nous allons forer dans ces sédiments – qui peuvent être très épais à certains endroits puisqu'ils se sont déposés sur des millions d'années – et prélever des échantillons dans les roches volcaniques dures qui gisent au-dessous.

Pendant les 50 premiers kilomètres de notre trajet vers l'est, nous sommes sur la plate-forme continentale. En l'occurrence, elle ne compte absolument pas comme le fond de la mer ; nous n'avons pas quitté le continent de l'Amérique du Sud, c'est seulement qu'il se trouve de l'eau sur une faible hauteur au-dessus de nos têtes. De toute façon, s'agissant d'expliquer la tectonique des plaques, nous ignorons l'eau. Mais, maintenant, nous descendons rapidement au fond de la mer proprement dit, nous prélevons notre premier échantillon du véritable fond marin et procédons à une analyse radiométrique pour dater le basalte qui se trouve sous les sédiments. Là, sur le bord ouest de l'Atlantique, il se trouve être de l'âge du Crétacé inférieur, 140 millions d'années. En poursuivant notre trajet vers l'est, nous prélevons à intervalles réguliers des échantillons des roches volcaniques à la base des sédiments, et nous constatons un fait remarquable : elles sont de plus en plus jeunes. À 500 kilomètres de notre point de départ, nous sommes en plein Crétacé supérieur, à moins de 100 millions d'années. À environ 750 kilomètres, même sans voir de limite bien nette car nous ne regardons que la roche volcanique, nous passons la frontière des 65 millions d'années entre le Crétacé et le Paléogène, l'instant géologique où, sur Terre, ont soudain disparu les dinosaures. L'âge continue à baisser. À mesure que nous avançons vers l'est, les roches volcaniques sous la mer continuent à être toujours plus jeunes. À 1 600 kilomètres de notre point de départ, nous sommes dans le Pliocène, et nous voyons de jeunes roches, contemporaines des mammouths laineux en Europe et de Lucy en Afrique.

Quand nous atteignons la dorsale médio-atlantique elle-même, à environ 1 620 kilomètres de l'Amérique du Sud et légèrement plus loin (à cette latitude) de l'Afrique, nous remarquons que les roches de notre échantillon sont maintenant très jeunes, elles sont de notre temps. Elles viennent seulement de surgir des profondeurs du fond de la mer. De fait, avec beaucoup de chance, nous pourrions voir une éruption à cet endroit particulier de la dorsale médio-atlantique que nous sommes en train de traverser. Mais il faudrait que nous ayons de la chance car, en dépit de l'image d'un tapis roulant à cylindre en mouvement perpétuel, le mouvement n'est pas continu à proprement parler. Comment pourrait-il l'être étant donné que le cylindre avance en moyenne d'un centimètre par an ? Quand il se produit une éruption, les roches se déplacent de plus d'un centimètre. Mais de ce fait, les éruptions se produisent moins souvent qu'une fois par an à n'importe quel endroit le long de la crête.

Après avoir traversé la dorsale médio-atlantique, nous poursuivons notre route vers l'est en direction de l'Afrique, prélevant encore des échantillons des roches volcaniques sous les sédiments. Et ce que nous remarquons maintenant, c'est que les âges des roches sont l'image en miroir de ce que nous avons mesuré auparavant. Les roches sont de plus en plus anciennes à mesure que nous nous éloignons de la dorsale centrale, et ce phénomène se poursuit tout du long jusqu'à l'Afrique et la marge est de l'Atlantique. Notre dernier échantillon, au raz de la plate-forme continentale de l'Afrique, montre des roches de l'âge du Crétacé inférieur, exactement comme leurs images en miroir du côté ouest, au raz de l'Amérique du Sud. De fait, la séquence tout entière se réfléchit de part et d'autre de la dorsale médio-atlantique, et l'effet de miroir est même encore plus précis que ce que nous dirait la seule la datation radiométrique. Ce qui suit est extrêmement élégant.

Dans le message du séquoia, nous verrons cette ingénieuse technique de datation qu'est la dendrochronologie. Les cernes des arbres proviennent du fait que les arbres ont une saison de croissance annuelle, et comme les années ne sont pas toutes aussi favorables, il se développe un schéma de signature où alternent les cernes épais et les cernes minces. Ces empreintes révélatrices sont pour la science un cadeau naturel qu'il faut saisir précieusement quand elles se présentent dans la nature. C'est un fait particulièrement heureux qu'une chose comme les cernes des arbres, même sur une grande échelle de temps, s'imprime dans la lave volcanique quand elle se refroidit et se solidifie. Voici comment cela fonctionne. Quand la lave est encore liquide, des molécules qu'elle contient se comportent comme de minuscules aiguilles de boussole et s'alignent sur le magnétisme de la Terre. Quand la lave se solidifie sous forme de roche, ces aiguilles de boussole se pétrifient dans leur position du moment. La roche ignée agit donc comme un faible aimant dont la polarité est un indicateur figé du champ magnétique de la Terre au moment de la solidification. Cette polarité, qui est facile à mesurer, nous donne la direction du pôle Nord magnétique au moment où la roche s'est solidifiée.

Et c'est là notre grande chance : la polarité du champ magnétique de la Terre s'inverse à intervalles irréguliers mais très fréquents selon les normes de la géologie, sur une échelle de dizaines, de centaines ou de millions d'années. Vous pouvez immédiatement voir la conséquence passionnante de ce phénomène. Tandis que les deux tapis roulants s'avancent vers l'est et vers l'ouest depuis la dorsale médio-atlantique, la mesure de leur polarité magnétique donne des stries qui reflètent les inversions du champ de la Terre, qui ont été figées au moment où la roche s'est solidifiée. La disposition de ces stries du côté ouest reflète précisément celle des stries du côté est, car les deux ensembles de roches partageaient le même champ magnétique quand, à l'état liquide, elles se sont déversées en même temps depuis la dorsale médiane de l'océan. Il est possible de faire correspondre exactement la strie du côté est de la dorsale à son homologue du côté ouest, et toutes deux peuvent être datées (elles ont la même date, bien sûr, car elles étaient liquides en même temps quand elles sont sorties ensemble de la dorsale).

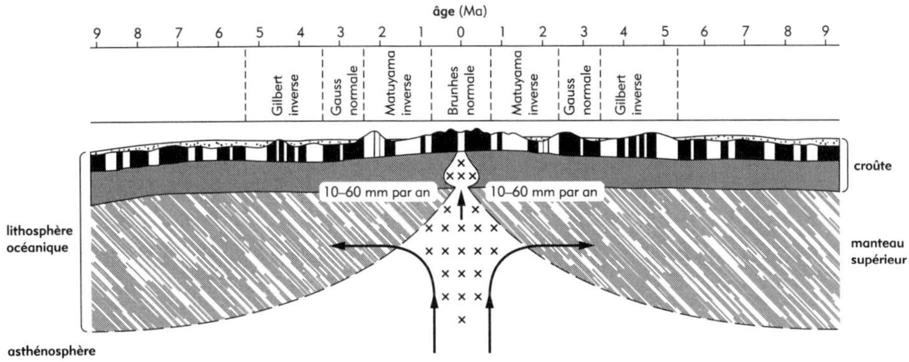

Stries magnétiques de part et d'autre d'une crête océanique. Les stries foncées représentent la polarité normale, et les blanches la polarité inverse. Les géologues les regroupent en zones magnétiques à dominante de polarité normale ou inverse. La symétrie des stries a été identifiée pour la première fois pour prouver la validité de la théorie de Fred Vine et Drummond Matthew sur l'expansion du fond océanique dans un article classique publié dans *Nature* [296]. La croûte et la couche supérieure rigide du manteau, qui forment la lithosphère, s'écartent sous la poussée de courants de convection dans le magma qui se trouve dans la couche semi-rigide du manteau au-dessous (l'asthénosphère). Le schéma distinctif des stries permet d'identifier l'âge des roches sur le fond océanique jusqu'à environ – 150 millions d'années. Le fond océanique plus ancien a été détruit par subduction.

On trouvera la même disposition des stries des deux côtés des zones d'expansion sur tous les fonds océaniques, même si les distances entre les stries qui sont symétriques varient car les tapis roulants n'avancent pas tous à la même vitesse. On ne peut trouver de preuve plus convaincante.

Il y a cependant des complications. Le schéma des stries parallèles ne serpente pas sur le fond de la mer selon une ligne simple et ininterrompue. Il est soumis à de nombreuses fractures, des « failles ». Pour notre petit voyage en tracteur à chenilles, j'ai choisi volontairement le dixième parallèle au sud de l'équateur car il se trouve qu'il échappe à la complication des lignes de faille. À une autre latitude, notre séquence de changements progressif de l'âge aurait été interrompue par des hoquets occasionnels quand nous aurions traversé une ligne de faille. Mais en ce qui concerne la carte géologique de tout le fond de l'Atlantique, le tableau d'ensemble des isochrones parallèles est très net.

La mise en évidence de la théorie de la tectonique des plaques pour expliquer l'expansion du fond océanique est donc très solide, et la datation des différents événements tectoniques tels que la dissociation des continents particuliers est exacte selon les normes de la géologie. La révolution de la tectonique des plaques a été à la fois l'une des plus rapides et des plus décisives de toute l'histoire de la science.

Rendez-vous 17

LES AMPHIBIENS

À – 340 millions d'années, au début du Carbonifère et à une trentaine de millions d'années seulement de la grande étape du Rendez-vous 16, nous, les amniotes (c'est-à-dire les mammifères, les reptiles et les oiseaux), nous retrouvons nos cousins amphibiens au Rendez-vous 17. En ce temps-là, la Pangée ne s'était pas encore formée, et les masses terrestres du Nord et du Sud entouraient un océan qui deviendrait la Thétys. Une calotte polaire glaciaire s'ébauchait au sud, des forêts tropicales de lycopodes entouraient l'équateur, et le climat ressemblait probablement à celui d'aujourd'hui, même si la flore et la faune étaient, bien sûr, très différentes.

Le coancêtre 17, qui est notre aïeul à plus ou moins la 175 millionième génération, est l'ancêtre de tous les tétrapodes survivants. Tétrapode signifie à quatre pieds. Nous qui ne marchons pas sur quatre pieds, nous sommes des tétrapodes dévoyés. Dévoyés depuis peu en ce qui nous concerne, mais pour les oiseaux, c'est depuis beaucoup plus longtemps, et pourtant on nous définit tous comme des tétrapodes. Qui plus est, le coancêtre 17 est l'ancêtre lointain de l'énorme foule des vertébrés terrestres. Au demeurant, si j'ai fustigé en début d'ouvrage la vanité du regard rétrospectif, l'émergence des poissons sur la terre n'en reste pas moins un tournant majeur dans notre histoire évolutive.

Trois principaux groupes de pèlerins amphibiens modernes ont fusionné bien « avant » de se joindre à nous, les amniotes. Ce sont les grenouilles (et les crapauds, la distinction n'est pas zoologiquement utile), les salamandres (et les tritons, ces espèces qui retournent à l'eau pour se reproduire), et les cécilies (des fouisseurs ou nageurs visqueux, sans pattes, qui ressemblent superficiellement aux vers de terre ou aux serpents). Au stade adulte, les grenouilles n'ont pas de queue, mais à l'état de larves, elles en possèdent une qui est bien vigoureuse quand elles nagent. Les salamandres, elles, en ont une longue au stade adulte comme au stade larvaire, et leur corps a des proportions qui, à en juger par les fossiles, évoquent fortement celles des amphibiens ancestraux. Quant aux cécilies, elles n'ont pas de membres, pas même de traces internes des ceintures pectorale et pelvienne qui soutenaient les membres de leurs ancêtres. La grande longueur de leur corps vient de la multiplication de leurs vertèbres dans la région du tronc (jusqu'à 250, alors que l'on en compte 12 chez la grenouille) et de leurs côtes, ce

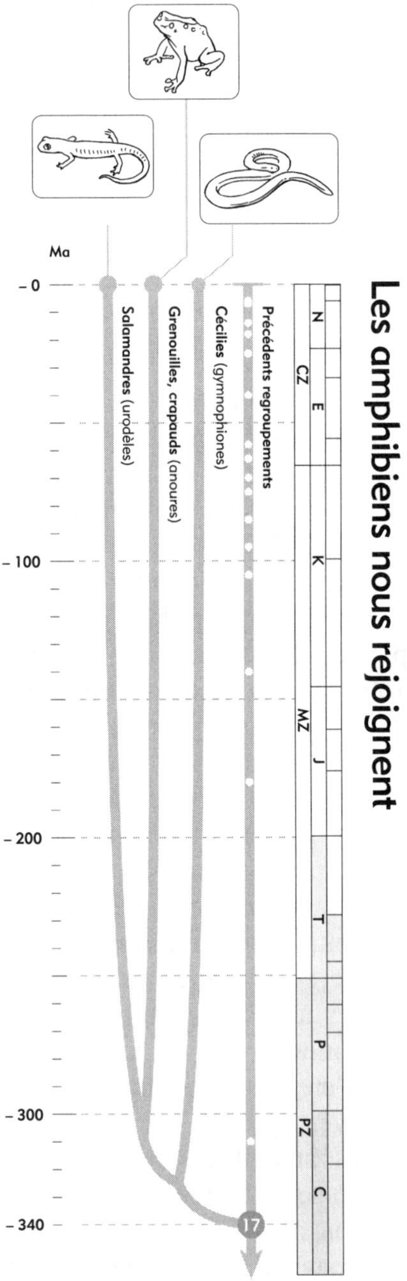

Les amphibiens nous rejoignent. En désaccord avec plusieurs études de fossiles, les études génétiques rassemblent toujours les 5 000 espèces environ d'amphibiens en un groupe unique, frère des amniotes. Ce schéma s'aligne sur la taxinomie moléculaire, mais l'ordre des embranchements entre les trois groupes d'amphibiens ne fait pas l'unanimité.

Dessins, de gauche à droite : salamandre de Monterey (*Ensatina eschscholtzii eschscholtzii*) ; dendrobate bleu (*Dendrobates azureus*) ; cécilie (*Ichtyophis* sp.)

qui leur procure un soutien et une protection efficaces. La queue, curieusement, est très courte, voire absente : si elles avaient des pattes, les pattes postérieures seraient situées précisément à la pointe extrême du corps, comme chez certains amphibiens éteints.

Bien que terrestres au stade adulte, la plupart des amphibiens se reproduisent dans l'eau, alors que les amniotes (hormis ceux qui ont évolué secondairement, comme les baleines, les dugongs et les ichtyosaures), se reproduisent sur terre. Les amniotes ont une reproduction soit vivipare, les petits naissant vivants, soit ovipare, avec des œufs relativement gros, dotés d'une coquille dure et imperméable. Dans les deux cas, l'embryon flotte dans son « bain » personnel. Chez les amphibiens, les embryons risquent beaucoup plus de flotter dans une vraie mare ou dans un milieu équivalent. Les pèlerins amphibiens qui nous rejoignent au Rendez-vous 17 peuvent passer une partie de leur vie sur terre, mais ils sont rarement loin de l'eau, et ils y retournent en général, du moins à un certain stade de leur vie. Ceux qui se reproduisent sur terre vont dans une certaine mesure jusqu'à se fabriquer un environnement aqueux.

Les arbres constituent des abris relativement sûrs, et les grenouilles ont découvert des moyens de s'y reproduire sans perdre le lien vital avec l'eau. Certaines profitent des petites mares d'eau de pluie qui se forment dans les rosettes des broméliacées. De leur côté, les mâles des grenouilles grises arboricoles d'Afrique, *Chiromantis xerampelina*, se rassemblent pour produire une épaisse mousse blanche en battant avec leurs pattes arrière un liquide sécrété par les femelles. Cette mousse durcit à l'extérieur en formant une croûte qui protège l'intérieur humide qui sert de nid pour les œufs du groupe. Les têtards se développent dans ce nid de mousse humide dans un arbre. Quand ils sont prêts, à la saison des pluies suivante, ils s'échappent en frétillant de la queue et tombent au pied de l'arbre dans des flaques d'eau où ils se développent en devenant des grenouilles. D'autres espèces utilisent cette technique du nid de mousse, mais sans coopérer pour le fabriquer : le mâle prépare seul un nid pour une seule femelle.

Certaines espèces de grenouilles ont opéré d'intéressantes avancées vers la véritable viviparité. La femelle de la grenouille marsupiale d'Amérique du Sud (différentes espèces du genre *Gastrotheca*) fait glisser ses œufs fertilisés sur son dos où ils sont recouverts d'une couche de peau. Ensuite, les têtards se développent et l'on peut nettement les voir se tortiller sous la peau du dos de leur mère jusqu'au moment où ils finissent par sortir au grand jour. Là encore, plusieurs autres espèces ont des pratiques analogues, à la suite probablement d'une évolution indépendante.

Une autre espèce de grenouilles d'Amérique du Sud, *Rhinoderma darwinii*, qui porte dans son nom celui de son illustre découvreur, pratique une version très inhabituelle de la viviparité. Le mâle a l'air de manger les œufs qu'il a fertilisés, mais ces œufs ne passent pas dans son tube digestif. Comme beaucoup de grenouilles mâles, il est doté d'un sac vocal bien commode qui lui sert à amplifier sa voix, et c'est dans cette chambre humide qu'il loge ses œufs. Ceux-ci s'y développent jusqu'à ce qu'il les recrache sous forme de petites grenouilles. Ces dernières ne sont donc pas passées par la phase des têtards qui nagent librement.

La grande différence entre les amphibiens et les amniotes, c'est que, chez les amniotes, la peau et la coquille d'œuf sont imperméables. En règle générale, la peau des amphibiens laisse l'eau s'évaporer à travers elle au même rythme apparemment que sur une pièce d'eau permanente dans la même région. Pour l'eau qui se trouve sous la peau, c'est comme s'il n'y avait pas de peau. C'est très différent de ce qui se passe chez les reptiles, les oiseaux et les mammifères, où l'un des principaux rôles de la peau est de servir de barrière à l'eau. Il existe cependant des exceptions chez les amphibiens, essentiellement pour différentes espèces de grenouilles du désert australien. Celles-ci exploitent le fait que même les déserts peuvent connaître des périodes d'inondation, qui sont cependant courtes et bien espacées. Pendant ces périodes rares et intermittentes de fortes pluies, chaque grenouille se fabrique un cocon plein d'eau dans lequel elle s'enfouit dans un état de torpeur pour deux ans voire, disent certains, jusqu'à sept ans. Certaines espèces peuvent même supporter des températures nettement inférieures à zéro, en fabriquant du glycérol à titre d'antigel.

Comme aucun amphibien ne vit dans l'eau de mer, il n'est pas étonnant qu'à la différence des lézards, on en trouve rarement sur les îles lointaines*. Darwin en a parlé dans plusieurs ouvrages, ajoutant que les

* D'après Sam Turvey, les deux espèces de grenouilles qui se trouvent dans les îles les plus lointaines, les grenouilles fidjiennes *Platymantis vitiensis* et *P. vitianus* (proches parentes, et probablement descendantes d'un ancêtre colonisateur unique), se développent entièrement dans l'œuf au lieu de passer par le stade de têtard qui nage librement. Elles semblent mieux tolérer le sel que la plupart de leurs congénères, au point que l'on trouve parfois *P. vitianus* sur les plages. Si ces caractéristiques inhabituelles étaient présentes chez leur ancêtre colonisateur, ce qui semble être le cas, elles auraient préadapté ces grenouilles pour passer d'une île à une autre.

grenouilles qui y ont été introduites artificiellement y sont bien implantées. Il supposait que les œufs de lézard sont protégés de l'eau de mer par leur coquille dure alors que l'eau de mer tue rapidement le frai des grenouilles. On observe cependant la présence de ces batraciens sur tous les continents, à part l'Antarctique, et il est vraisemblable que leur implantation soit antérieure à la séparation de ces continents. C'est un groupe très florissant.

Les grenouilles me font penser aux oiseaux sur un point : leur plan corporel s'est modifié de façon quelque peu bizarre par rapport au plan ancestral. Cela n'a rien de particulièrement remarquable si ce n'est que ce plan corporel bizarre est pour les uns et les autres à l'origine de toute une gamme de variations entièrement nouvelles. Chez les grenouilles, les espèces ne sont pas aussi nombreuses que chez les oiseaux, mais en totalisant plus de quatre mille espèces tout autour du monde, leur effectif est déjà assez impressionnant. De même que le plan corporel des oiseaux est à l'évidence conçu pour le vol, même chez ceux qui, comme les autruches, ne volent pas, la meilleure façon de comprendre le plan corporel d'une grenouille adulte, c'est de la voir comme une machine à sauter extrêmement spécialisée. Certaines espèces peuvent franchir des distances spectaculaires, jusqu'à cinquante fois la longueur du corps dans le cas de la « grenouille fusée » d'Australie qui porte bien son nom (*Litoria nasuta*). On dit que la plus grosse grenouille du monde, la « grenouille goliath » (*Conraua goliatha*) de l'ouest de l'Afrique qui est de la taille d'un petit chien, saute trois mètres. Il existe enfin des sauteuses égarées, de même que les autruches sont des oiseaux de vol égarés. Certaines espèces arboricoles, comme la grenouille volante, *Rhacophorus nigropalmatus*, prolongent leur saut en tendant leurs longs doigts et leurs longs orteils, dont les palmures agissent comme un parachute. De fait, elles planent un peu comme les écureuils volants.

Dans l'eau, les grenouilles et les tritons nagent comme des poissons et, même quand ils sont sur la terre ferme, leurs pattes sont trop petites et trop faibles pour marcher ou pour courir dans le sens habituel de ces mots. Les salamandres, quant à elles, se déplacent avec un mouvement ondulatoire à la manière des poissons, les pattes n'ayant qu'un rôle accessoire. La plupart des salamandres d'aujourd'hui sont assez petites. Les plus grandes atteignent la taille respectable d'un mètre cinquante, mais c'est encore beaucoup moins que les amphibiens géants du passé qui dominaient la Terre avant l'avènement des reptiles.

Mais à quoi ressemblait le coancêtre 17, cet ancêtre qui nous est commun avec les amphibiens et les reptiles ? Certainement plus à un amphibien qu'à un amniote, et plus à une salamandre qu'à une grenouille – mais probablement pas beaucoup à l'une ou à l'autre. Les meilleurs fossiles se trouvent au Groenland qui, pendant le Dévonien, était situé à l'équateur. Ces fossiles peut-être intermédiaires ont été beaucoup étudiés*, notamment l'*Acanthostega*, qui semble avoir été entièrement aquatique (ce qui indique que les « pattes » ont évolué à l'origine pour les mouvements dans l'eau, et pas sur terre), et l'*Ichthyostega*.

Le coancêtre 17 était peut-être un peu comme l'*Ichthyostega* ou l'*Acanthostega*, même si tous deux étaient plus gros que ce que l'on imagine pour nos ancêtres lointains. D'autres sujets d'étonnement attendent les zoologistes préconditionnés par les animaux modernes qu'ils côtoient. On a tendance à penser que la possession de cinq doigts est profondément imprimée dans les mains et dans les pieds des tétrapodes – le membre « pentadactyle » est un poncif en zoologie. Pourtant, des données récentes montrent que l'*Ichthyostega* avait sept orteils, l'*Acanthostega*, huit, et le *Tulerpeton*, un troisième genre de tétrapodes du Dévonien, six. Il est tentant de dire que le nombre de doigts n'a pas d'importance, qu'il est fonctionnellement neutre, mais je ne suis pas de cet avis ; dans ces premiers temps, chacune des différentes espèces a effectivement été avantagée par le nombre de doigts qu'elle possédait, un nombre qui était vraiment plus efficace qu'aucun autre ne l'aurait été pour nager ou pour marcher. Plus tard, le schéma du membre des tétrapodes s'est figé à cinq doigts probablement parce qu'un certain processus embryologique interne s'est trouvé reposer sur ce nombre. Chez l'adulte cependant, ce nombre est souvent inférieur à celui en vigueur au stade embryonnaire – dans les cas extrêmes comme chez les chevaux modernes, il se réduit à un seulement, le doigt du milieu.

Le groupe de poissons d'où ont divergé les amphibiens rassemble ceux que l'on désigne sous le nom de poissons à nageoires lobées. Les seuls survivants sont les dipneustes et les cœlacanthes**, que nous rencontrerons respectivement aux Rendez-vous 18 et 19. Au cours du

---

* Notamment, ces derniers temps, par le Dr Jennifer Clack de l'université de Cambridge et ses collaborateurs. Voir son livre *Gaining Ground : The Origin and Evolution of Tetrapods.*

** Le terme de « poisson à nageoires lobées » ne renvoie pas à la même réalité pour tous. Pour certains auteurs, les dipneustes sont exclus de ce groupe, et les cœlacanthes

Dévonien, les poissons à nageoires lobées étaient beaucoup plus nombreux dans les faunes tant marines que d'eau douce. Les tétrapodes ont probablement évolué à partir d'un groupe d'entre eux qui a disparu, celui des ostéolépiformes, et auquel appartiennent l'*Eusthenopteron* et le *Panderichthys*. Tous deux datent du Dévonien tardif, en gros le moment où les premiers tétrapodes ont commencé à gagner la terre ferme.

Pourquoi, chez les poissons, ces changements qui leur ont permis de sortir de l'eau pour gagner la terre ? Les poumons, par exemple, et des nageoires servant de point d'appui pour marcher plutôt que des pales pour nager, ou les deux. Ce n'est pas qu'ils cherchaient à ouvrir le grand chapitre suivant de l'évolution ! Pendant des années, la réponse qui a recueilli le plus grand suffrage a été celle de l'éminent paléontologue américain Alfred Sherwood Romer, inspiré par le géologue Joseph Barrell. L'idée était que, pour autant que ces poissons aient cherché à faire quoi que ce soit, c'était à retourner dans l'eau. Dans les périodes de sécheresse, les poissons peuvent facilement se perdre dans des mares asséchées. Les individus qui sont capables de marcher et de respirer de l'air ont l'énorme avantage de pouvoir s'échapper d'une malheureuse mare asséchée pour aller en chercher une autre plus profonde aillcurs.

Cette théorie admirable est passée de mode mais, à mon avis, pour des raisons qui ne sont pas toujours valables. Malheureusement, Romer citait une notion qui prévalait à l'époque – que le Dévonien était une époque de sécheresse – et qui a été remise en question ces derniers temps. Mais je ne pense pas que cette notion soit indispensable pour son raisonnement. Même en l'absence de sécheresses particulières, le manque de profondeur de certaines mares est toujours problématique pour certains types particuliers de poissons. Si celles d'un mètre de profondeur devaient être menacées en cas de grande sécheresse, celles de trente centimètres le seraient fortement lors d'une légère sécheresse. Pour l'hypothèse de Romer, il suffit qu'il existe des mares qui s'assèchent, et donc des poissons qui pourraient avoir la vie sauve en migrant. Même si le monde avait été complètement détrempé à la fin du Dévonien, on pourrait dirc que cela n'aurait fait qu'augmenter le nombre des

---

en sont les seuls survivants. Me ralliant à la terminologie du Pr Robert Carroll dans *Vertebrate Palaeontology and Evolution*, j'inclus les dipneustes dans les poissons à nageoires lobées.

mares susceptibles de s'assécher, ce qui aurait donné davantage d'occasions pour sauver la vie des poissons marcheurs, et la théorie de Romer. Il est cependant de mon devoir de dire que cette théorie est maintenant désuète. Un autre argument en sa défaveur est que les poissons modernes qui s'aventurent sur la terre le font dans les zones humides, détrempées – c'est-à-dire quand les conditions de vie sur la terre sont « favorables » pour les animaux aquatiques, et pas mauvaises comme dans l'hypothèse de Romer.

Et assurément, il existe beaucoup d'autres bonnes raisons pour qu'un poisson sorte de l'eau, temporairement ou définitivement, pour gagner la terre. Les ruisseaux et les mares peuvent devenir inutilisables pour des raisons autres que l'assèchement. Ils peuvent être envahis d'herbes, auquel cas, là encore, le poisson capable de migrer sur la terre pour gagner des eaux plus profondes serait avantagé. Si, comme certains l'ont suggéré contre Romer, on parle des marécages du Dévonien plutôt que de ses sécheresses, les marécages fournissent à un poisson de nombreuses occasions d'être avantagé s'il dispose d'un autre moyen pour marcher, se faufiler, se retourner, ou se déplacer dans la végétation des marécages à la recherche d'eaux profondes ou, tout simplement, de nourriture. On garde ainsi l'essentiel de l'idée de Romer, que quand nos ancêtres ont quitté l'eau, ce n'était pas au départ pour coloniser la terre mais pour retourner dans l'eau.

Le groupe de poissons à nageoires lobées dont nous, les tétrapodes, dérivons, sont aujourd'hui réduits à quatre malheureux genres, mais ils ont dominé les mers autrefois presque comme les téléostéens aujourd'hui. Nous ne rencontrerons pas ces derniers avant le Rendez-vous 20, mais ils nous aideront dans notre discussion car certains d'entre eux respirent de l'air, du moins de temps en temps, et quelques-uns sortent même de l'eau pour marcher sur la terre ferme. Un peu plus tard dans notre pèlerinage, nous entendrons parler de l'un d'entre eux, le périophtalme, qui évoquera une conquête de la terre indépendante et plus récente.

Il était une fois… la salamandre

Dans l'histoire de l'évolution, la nomenclature est un terrain miné. Ce n'est pas un secret que la paléontologie est un domaine qui se prête aisément à la controverse, voire à des inimitiés personnelles. Au moins cinq ouvrages intitulés *Bones of Contention* [pommes de discorde] sont sous presse. Et si vous regardez sur quoi s'affrontent deux paléontologues, c'est le plus souvent sur un nom. Ce fossile, est-ce un *Homo erectus*, ou s'agit-il d'un *Homo sapiens* archaïque ? Et celui-là, est-ce un *Homo habilis* précoce ou un *Australopithecus* tardif ? À l'évidence, les gens se passionnent pour ces questions, qui pourtant se réduisent souvent à des querelles byzantines. De fait, elles ressemblent à des question de théologie, ce qui, je suppose, explique un peu pourquoi les affrontements sont aussi passionnés. L'obsession des noms spécifiques est un exemple de ce que j'appelle la tyrannie de l'esprit de discontinuité. Le message de la salamandre est une pierre dans le jardin de cet esprit de discontinuité.

Aux États-Unis, la Vallée centrale s'étire tout le long de la Californie, bornée à l'ouest par la Chaîne côtière et à l'est par la Sierra Nevada. Ces longues chaînes de montagnes se rejoignent au nord et au sud de la vallée, qui se trouve ainsi bordée par de hautes terres. Dans toutes ces hautes terres vit un genre de salamandres, les *Ensatina*. La Vallée centrale elle-même, d'une centaine de kilomètres de large, ne leur est pas favorable, aussi n'y en trouve-t-on pas. Mais elles peuvent se déplacer tout autour sans toutefois la traverser normalement, la population étant répartie de façon plus ou moins continue suivant une sorte d'ellipse. En pratique, les pattes courtes de la salamandre ne la portent pas loin de son lieu de naissance pendant sa courte existence. Mais pour les gènes, qui subsistent plus longtemps, c'est une autre histoire. Les salamandres peuvent individuellement se croiser avec des voisines dont les parents ont pu se croiser avec des parents plus loin dans ce cercle, et ainsi de suite. Il existe donc potentiellement un flux de gènes tout le long du cercle. Potentiellement. Ce qui se passe en pratique a été élégamment reconstitué par les travaux de mes vieux collègues de l'université de Californie à Berkeley, travaux qui ont débuté avec Robert Stebbins et se sont poursuivis avec David Wake.

Dans une zone d'étude, le camp Wolahi, située dans les montagnes au sud de la vallée, se trouvent deux espèces d'*Ensatina* nettement distinctes qui ne se croisent pas. L'une est nettement marquée de taches jaunes et noires. L'autre est de couleur marron clair uniforme et sans taches. Le camp Wolahi est une zone de chevauchement, mais des échantillons plus larges montrent que l'espèce tachetée est caractéristique de l'est de la Vallée centrale qui, en

Californie du Sud, s'appelle la vallée de San Joaquin. L'espèce marron clair, en revanche, se trouve typiquement sur le versant ouest de la vallée de San Joaquin.

L'incapacité à se croiser est le critère par lequel on décide que deux populations méritent des noms d'espèce distincts. Il devrait donc être facile d'utiliser le nom d'*Ensatina eschscholtzii* pour l'espèce simple de l'ouest, et celui d'*Ensatina klauberi* pour celle tachetée de l'est – facile si l'on ne tient pas compte d'un détail capital qui est le thème de ce propos.

Si vous remontez jusqu'aux montagnes qui bordent l'extrémité nord de la Vallée centrale, qui s'appelle à cet endroit la vallée de Sacramento, vous n'y trouverez qu'une seule espèce d'*Ensatina*. Elle se présente comme l'intermédiaire entre l'espèce tachetée et l'espèce simple, essentiellement marron avec des taches assez indistinctes. Ce n'est pas un hybride des deux, ce qui serait une mauvaise interprétation des choses. Pour trouver la bonne interprétation, effectuez deux expéditions vers le sud en échantillonnant les populations de salamandres quand elles bifurquent à l'ouest et à l'est de part et d'autre de la Vallée centrale. Sur le versant est, elles deviennent de plus en plus tachetées jusqu'à ce qu'elles atteignent l'extrême de la *klauberi* tout au sud. Sur le côté ouest, elles se rapprochent petit à petit de l'*eschscholtzii* simple que nous avons rencontrée dans la zone de chevauchement de camp Wolahi.

Voilà pourquoi il est difficile de considérer en toute confiance qu'*Ensatina eschscholtzii* et *Ensatina klauberi* sont des espèces séparées. Elles constituent une « espèce circulaire ». Vous ne les identifierez comme des espèces séparées que si vous prélevez des échantillons uniquement dans le Sud. Mais si vous allez vers le nord, elles se fondront petit à petit l'une dans l'autre. Normalement, les zoologistes s'accordent avec Stebbins pour les mettre toutes dans la même espèce, *Ensatina eschscholtzii*, tout en leur donnant toute une gamme de noms de sous-espèces. En partant de l'extrême sud avec *Ensatina eschscholtzii eschscholtzii*, la forme simple marron, on remonte l'ouest de la vallée en passant par *Ensatina eschscholtzii xanthoptica* et *Ensatina eschscholtzii oregonensis* qui, comme son nom l'indique, se trouve aussi plus loin au nord dans les États de l'Oregon et de Washington. À la pointe nord de la Vallée centrale, on rencontre *Ensatina eschscholtzii picta*, la forme semi-tachetée dont j'ai parlé plus haut. En poursuivant notre cercle en redescendant sur le versant est de la vallée, nous passons par *Ensatina eschscholtzii platensis*, qui est un peu plus tachetée que *platis*, puis par *Ensatina eschscholtzii croceater*, jusqu'à ce que nous arrivions à *Ensatina eschscholtzii klauberi* (qui est très précisément la salamandre tachetée que nous avions appelée *Ensatina klauberi* quand nous pensions qu'il s'agissait d'une espèce séparée).

D'après Stebbins, les ancêtres d'*Ensatina* sont arrivés à la pointe nord de la Vallée centrale et ils ont évolué graduellement en descendant de part et d'autre de la vallée, en divergeant à mesure qu'ils avançaient. Une autre possibilité, c'est qu'ils soient partis du sud, sous la forme, mettons, d'*Ensatina eschscholtzii eschscholtzii*, pour évoluer ensuite en remontant sur le versant ouest de la vallée, en tournant en haut pour redescendre sur l'autre flanc et finir sous la forme d'*Ensatina eschscholtzii klauberi*, à l'autre bout du cercle. Quel que soit le processus, la réalité, aujourd'hui, c'est qu'il y a hybridation tout le long du cercle, sauf là où les deux bouts se rejoignent, tout au sud de la Californie.

Pour compliquer les choses, il semble que pour le flux des gènes, la Vallée centrale n'est pas une barrière impénétrable. On pense que les salamandres ont parfois réussi à traverser comme en témoigne, par exemple, la présence sur le versant est de populations de *xanthoptica*, une des sous-espèces de l'ouest, qui s'hybrident avec la sous-espèce de l'est, *platensis*. Pour corser les choses, il se trouve près de l'extrémité sud du cercle une petite rupture qui n'abrite, semble-t-il, pas la moindre salamandre. Il est possible qu'il y en ait eu mais qu'elles aient disparu. Ou bien peut-être sont-elles toujours là mais qu'on ne les a pas trouvées : on m'a dit que les montagnes de cette région sont très accidentées et difficiles à fouiller. Ce cercle est compliqué, se présentant sous la forme d'un flux circulaire continu de gènes, mais c'est le schéma qui prédomine dans ce genre, comme dans le cas mieux connu des goélands argentés et des goélands bruns autour du cercle Arctique.

En Grande-Bretagne, ces deux goélands sont des espèces nettement distinctes. N'importe qui peut faire la différence, surtout en regardant la couleur du dos des ailes. Les goélands argentés ont le dos des ailes gris-argenté, alors qu'il est gris foncé, presque noir chez les goélands bruns. De plus, les oiseaux eux-mêmes peuvent faire la différence car ils ne s'hybrident pas, bien qu'ils se rencontrent souvent et même se côtoient quand ils se reproduisent les uns à côté des autres dans des colonies mixtes. Les zoologistes jugent donc parfaitement justifié de leur donner des noms différents, *Larus argentatus* et *Larus fuscus*.

Mais voilà maintenant le détail intéressant et le point de ressemblance avec les salamandres. Si vous suivez la population de goélands argentés vers l'ouest jusqu'en Amérique du Nord, puis tout autour du monde en passant par la Sibérie pour revenir en Europe, vous remarquez une chose curieuse. À mesure que vous faites le tour du pôle, les « goélands argentés » ressemblent progressivement de moins en moins à des goélands argentés, et de plus en plus à des goélands bruns, jusqu'à ce qu'il s'avère que nos goélands bruns d'Europe de l'Ouest se trouvent en fait à l'autre bout d'un continuum circulaire qui a commencé avec les goélands argentés. À chaque stade le long du cercle, les oiseaux sont suffisamment semblables à leurs voisins immédiats dans le cercle pour se croiser avec eux. C'est-à-dire jusqu'à ce que les extrémités se rejoignent et que le cercle se morde la queue. En Europe, les goélands argentés et les goélands bruns ne se croisent jamais, même s'ils sont liés par une série continue de collègues qui se croisent d'un bout à l'autre de l'autre côté du monde.

Les espèces circulaires comme celles des salamandres et celles des goélands nous montrent seulement dans la dimension spatiale une chose qui doit toujours se produire dans la dimension du temps. Supposons que nous, les êtres humains, et les chimpanzés, nous soyons une espèce circulaire. Cela aurait pu arriver : un cercle qui monterait sur un versant de la dépression du Rift pour redescendre l'autre versant, avec deux espèces complètement séparées coexistant à l'extrémité sud du cercle, alors que l'on observerait un continuum ininterrompu de croisements en montant sur un versant et en redescendant de l'autre. Si c'était vrai, en quoi cela influencerait-il nos attitudes envers les autres espèces ? Et les discontinuités apparentes en général ?

Beaucoup de nos principes en matière de droit et d'éthique dépendent de la séparation entre *Homo sapiens* et toutes les autres espèces. Parmi les individus qui voient dans l'avortement un péché, y compris la minorité de ceux qui vont jusqu'à assassiner des médecins et faire sauter des cliniques d'avortement, beaucoup sont des mangeurs de viande insouciants, et c'est le cadet de leurs soucis que des chimpanzés soient emprisonnés dans des zoos et sacrifiés dans des laboratoires. Changeraient-ils d'avis si l'on pouvait mettre en évidence l'existence d'un continuum vivant d'intermédiaires entre les chimpanzés et nous, liés dans une chaîne ininterrompue de sujets qui se croisent entre eux comme les salamandres de

Californie ? Oui, certainement. Pourtant, c'est un pur accident s'il se trouve que tous les intermédiaires sont morts, si bien que nous imaginons facilement un énorme fossé entre nos deux espèces – ou, en l'occurrence, entre deux espèces quelles qu'elles soient.

J'ai déjà raconté le cas du juriste perplexe qui m'a interpellé après une conférence publique. Il a apporté tout le poids de sa sagacité légale pour exposer cette jolie idée. Si une espèce A a évolué en l'espèce B, a-t-il exposé méthodiquement, il doit arriver un moment où un enfant appartient à la nouvelle espèce B alors que ses parents continuent à appartenir à l'espèce A. Les membres d'espèces différentes ne peuvent, par définition, se croiser entre eux, et pourtant, un enfant ne serait sûrement pas si différent de ses parents au point d'être incapable de se croiser avec des personnes qui leur sont apparentés. Est-ce que ça, a-t-il poursuivi en brandissant son doigt dans ce geste théâtral propre aux avocats, du moins dans les tribunaux, est-ce que ça ne remet pas en cause toute l'idée de l'évolution ?

C'est comme de dire : « Quand vous faites chauffer une bouilloire d'eau froide, il n'y a pas de moment particulier où l'eau cesse d'être froide pour devenir bouillante, si bien qu'il est impossible de se faire une tasse de thé. » Comme j'essaie toujours de réorienter une question dans une direction constructive, j'ai parlé à mon avocat des goélands argentés, et je pense que ça l'a intéressé. Il avait insisté pour placer fermement les individus dans cette espèce-ci ou dans celle-là, en excluant l'idée qu'un individu puisse se trouver à mi-chemin entre deux espèces ou à un dixième du chemin entre l'espèce A et l'espèce B. Ce sont précisément ces limites imposées qui obèrent les débats sans fin sur le moment précis où, au cours du développement de l'embryon, celui-ci devient humain (et où, par conséquent, il faudrait que l'avortement soit considéré comme équivalant à un meurtre). Il ne sert à rien de dire à ces personnes que, selon les caractéristiques humaines qui vous intéressent, un fœtus peut être « à moitié humain » ou « humain à un centième ». Pour l'esprit qualitatif, absolu, « humain » est comme « de diamant ». C'est tout ou rien. Les esprits absolutistes peuvent être dangereux. Ils causent une véritable misère, une misère humaine. C'est ce que j'appelle la tyrannie de l'esprit discontinu, et cela m'amène à la conclusion de la salamandre.

Dans certains cas, les noms et les catégories discontinues sont précisément ce dont on a besoin. De fait, les avocats en ont tout le temps besoin. Les enfants n'ont pas le droit de conduire, les adultes, eux, ont ce droit. La loi a besoin d'imposer un seuil, le dix-huitième anniversaire par exemple. Ce qui est révélateur, c'est que les compagnies d'assurances ont une vision très différente de la limite d'âge qui convient.

Certaines discontinuités sont réelles, quelles que soient les normes. Vous êtes une personne et j'en suis une autre, et nos noms sont des étiquettes discontinues qui indiquent bien que nous sommes des personnes séparées. Le monoxyde de carbone est distinct du dioxyde de carbone. Il n'y a pas de chevauchement. Une molécule est faite d'un atome de carbone et d'un atome d'oxygène, ou d'un atome de carbone et de deux d'oxygène. Aucune n'est faite d'un atome de carbone et d'un atome et demi d'oxygène. L'un de ces deux gaz est un poison mortel et l'autre est nécessaire aux plantes pour fabriquer les substances organiques dont nous dépendons tous. L'or est vraiment distinct de l'argent. Les cristaux de diamant sont réellement différents des cristaux de graphite. Les deux sont faits de carbone, mais les atomes de carbone s'organisent naturellement de deux façons distinctes. Il n'y a pas d'intermédiaires.

Mais les discontinuités sont souvent loin d'être aussi nettes. J'ai lu dans mon quotidien l'article suivant à l'occasion d'une récente épidémie de grippe. Au fait, s'agissait-il bien d'une épidémie ? Cette question était au centre de l'article.

> Selon une porte-parole du ministère de la Santé, les statistiques officielles indiquent que 144 personnes sur 100 000 ont la grippe. Comme la proportion habituelle pour une épidémie est de 400 pour 100 000, le gouvernement ne considère pas qu'il s'agit d'une épidémie. La porte-parole a cependant ajouté : « Le Pr Donaldson est heureux de s'en tenir à sa version qu'il s'agit d'une épidémie. À son avis, il y a beaucoup plus que 144 malades sur 100 000. C'est très déroutant et tout dépend de la définition que l'on choisit. Après avoir regardé sa courbe, le Pr Donaldson a dit que c'était une épidémie grave. »

Ce que l'on sait, c'est qu'un certain nombre bien précis d'individus ont la grippe. Est-ce que cela, en soi, ne nous dit pas ce que l'on veut savoir ? Pourtant, pour la porte-parole, la question importante est de savoir si cela compte comme une « épidémie ». Est-ce que la proportion de patients a franchi le Rubicon des 400 pour 100 000 ? Telle est la grande décision que devait prendre le Pr Donaldson pendant qu'il se penchait sur sa courbe. Vous pourriez penser qu'il aurait mieux fait d'essayer d'agir, que les chiffres comptent ou non comme une épidémie.

Il se trouve que, dans le cas des épidémies, il existe pour une fois un Rubicon naturel : une masse critique d'infections au-delà de laquelle le virus, ou la bactérie, soudain « décolle » et sa propagation augmente de façon spectaculaire. C'est pour cette raison que les officiels de santé publique mettent un tel effort à vacciner en deçà d'une proportion seuil de la population contre la coqueluche, par exemple. L'objectif n'est pas tant de protéger les individus vaccinés que de ne pas laisser les pathogènes atteindre leur propre masse critique pour « décoller ». Dans le cas de notre épidémie de grippe, ce dont devrait vraiment se préoccuper la porte-parole du ministère de la Santé, c'est de savoir si le virus de la grippe a déjà passé son Rubicon pour décoller, et a démarré brutalement à toute vitesse son expansion dans la population. Cela devrait se décider d'une autre façon qu'en se référant à un nombre magique comme 400 pour 100 000. Le souci du nombre magique est une marque de l'esprit de discontinuité, ou esprit qualitatif. Ce qui est bizarre, c'est que, dans ce cas, l'esprit de discontinuité ferme les yeux sur une discontinuité authentique, le point de décollage d'une épidémie. En général, il ne faut pas fermer les yeux sur une discontinuité authentique.

Beaucoup de pays occidentaux souffrent aujourd'hui de ce que l'on décrit comme une épidémie d'obésité. J'ai l'impression d'en voir des preuves tout autour de moi, mais je ne suis pas impressionné par la façon que l'on a de les transformer en chiffres. On décrit un certain pourcentage de la population comme « cliniquement obèse ». Une fois de plus, l'esprit de discontinuité insiste pour séparer les gens entre les obèses d'un côté d'une ligne de partage, et les non-obèses de l'autre. Ce n'est pas ainsi que cela se passe dans la vraie vie. L'obésité a une distribution continue. On peut mesurer le degré d'obésité de chaque individu, et calculer des groupes statistiques à partir de ces mesures. Les décomptes des personnes qui se trouvent au-dessus d'un certain seuil d'obésité prédéfini ne disent pas grand-chose, ne serait-ce que parce que cela requiert que ce seuil soit précisé, voire redéfini.

Le même esprit de discontinuité rôde aussi derrière tous les chiffres officiels qui détaillent le nombre de personnes qui vivent « au-dessous du seuil de pauvreté ». Vous pouvez exprimer de façon significative la pauvreté d'une famille en indiquant ses revenus, de préférence exprimés en termes réels de ce qu'elle peut s'acheter. Ou bien, vous pouvez dire « X est pauvre comme Job », ou « il est riche comme Crésus », et tout le monde saura ce que vous voulez dire. Mais les chiffres ou les pourcentages faussement précis concernant les personnes qu'on dit être au-dessus ou au-dessous d'une certaine ligne de pauvreté définie arbitrairement sont pernicieux. Et cela parce que la précision impliquée dans le pourcentage est aussitôt déniée par le caractère artificiel et dénué de sens de la « ligne ». Les lignes sont imposées par l'esprit de discontinuité. Encore plus politiquement sensible, l'étiquette « noir » opposée à celle de « blanc » dans le contexte de la société moderne, en particulier la société américaine. C'est le thème central que va traiter la sauterelle, et je le laisse en attente pour l'instant, sauf pour dire qu'à mon avis la race est encore un des nombreux cas où l'on n'a pas besoin de catégories discontinues et où l'on devrait s'en passer, à moins que des arguments extrêmement forts jouent en sa faveur.

Voici un autre exemple. En Grande-Bretagne, les diplômes universitaires sont classés en trois classes distinctes, première, deuxième et troisième. Dans les autres pays, les universités font quelque chose d'équivalent, éventuellement sous d'autres appellations, A, B, C, et ainsi de suite. Maintenant, voici ce que je pense. Les étudiants ne se répartissent pas nettement entre bons, moyens et mauvais. Il n'y a pas de classes nettes et distinctes dans l'aptitude ou l'assiduité. Les examinateurs se donnent beaucoup de mal pour évaluer les étudiants sur une échelle numérique subtilement continue, en donnant des points qui devront s'additionner à d'autres du même genre, ou être manipulés selon des procédés mathématiques continus. Le résultat obtenu sur une telle échelle numérique donne beaucoup plus d'information qu'une classification dans une des trois catégories. Toutefois, seules sont publiées les catégories discontinues.

Dans un très grand échantillon d'étudiants, la distribution des aptitudes et des résultats devrait normalement être une courbe en cloche dans laquelle un petit nombre font très bien, un petit nombre font très mal, et beaucoup se situent entre les deux. Dans la réalité, la cloche ne serait peut-être pas symétrique, mais elle serait certainement continue et régulière, et elle devrait être de plus en plus régulière à mesure que le nombre des étudiants augmente.

Quelques examinateurs (en particulier, et j'espère qu'on me pardonnera de l'ajouter, dans les matières non scientifiques) semblent vraiment croire qu'il existe une entité bien nette qu'on appelle l'esprit de première classe, ou l'esprit « alpha », et qu'un étudiant ou bien le possède définitivement, ou bien ne le possède pas. La tâche de l'examinateur est alors de faire un tri entre les premiers et les deuxièmes, et entre les deuxièmes et les troisièmes, exactement de la même façon qu'on pourrait trier des moutons et des chèvres. La possibilité qu'il existe dans la réalité un continuum régulier, qui glisse de l'état pur de mouton à l'état pur de chèvre en passant par tous les intermédiaires est difficile à saisir pour certains types d'esprit.

Si, contre toutes mes attentes, il s'avérait que plus vous avez d'étudiants, plus la distribution des notes d'examen s'approche d'une distribution discontinue avec trois pics, ce serait un résultat fascinant. L'attribution de diplômes de première, deuxième, et troisième classes pourrait alors effectivement se justifier.

Mais il est sûr que l'existence de ce schéma n'a pas été démontrée, et il serait très étonnant qu'elle le soit, compte tenu de tout ce que l'on sait sur les variations humaines. Les choses étant ce qu'elles sont, c'est clairement injuste : il y a beaucoup plus de différence entre la tête et la queue d'une même classe, qu'entre la queue d'une classe et la tête de la classe suivante. Il serait beaucoup plus juste de publier les véritables notes obtenues, ou les rangs fondés sur ces notes. Mais l'esprit discontinu ou qualitatif tient absolument à faire entrer les gens dans une catégorie bien nette ou dans une autre.

Revenant à notre sujet de l'évolution, qu'en est-il des moutons et des chèvres ? Sont-ce des discontinuités bien tranchées entre des espèces, ou est-ce qu'ils se fondent les uns dans les autres comme les résultats de première classe et de deuxième classe aux examens ? Si l'on ne regarde que les animaux survivants, la réponse est normalement oui, il y a des discontinuité bien tranchées. Les exceptions comme les goélands et les salamandres de Californie sont rares, mais révélatrices car elles traduisent dans l'espace la continuité que l'on ne trouve normalement que dans le temps. Il existe sûrement entre les êtres humains et les chimpanzés un lien par une chaîne continue d'intermédiaires et un ancêtre commun, mais les intermédiaires sont éteints, et ce qu'il reste, c'est une distribution discontinue. Il en va de même des humains et des petits singes, et des humains et des kangourous, sauf que les intermédiaires éteints vivaient il y a beaucoup plus longtemps. Comme les intermédiaires sont pratiquement toujours éteints, nous pouvons en général nous en tirer en supposant l'existence d'une discontinuité bien tranchée entre toutes les espèces. Or dans ce livre, nous nous occupons de l'histoire de l'évolution, des morts aussi bien que des vivants. Quand nous parlons de tous les animaux qui ont jamais vécu, et pas seulement de ceux qui vivent actuellement, l'évolution nous dit que des lignes de continuité progressive lient littéralement toutes les espèces les unes avec les autres. Quand nous parlons de l'histoire, les espèces modernes même apparemment discontinues, comme les moutons et les chiens, sont liées par leur ancêtre commun selon des lignes de continuité régulières et sans ruptures.

Ernst Mayr, le distingué vétéran de l'évolution au XXe siècle, a accusé l'illusion de la discontinuité – qu'on appelle en philosophie l'essentialisme – d'être la principale raison pour laquelle on a compris si tard l'évolution dans l'histoire de l'humanité. Platon, dont on peut considérer que sa philosophie a inspiré l'essentialisme, croyait que les véritables choses sont des versions imparfaites d'un archétype idéal. Flottant quelque part dans l'espace idéal se trouve un lapin intrinsèque et parfait qui a avec un lapin réel la même relation que celle entre le cercle parfait du mathématicien et un cercle tracé dans la poussière. Aujourd'hui encore, beaucoup de gens sont profondément convaincus de l'idée que les moutons sont des moutons, et les chèvres des chèvres, et qu'aucune espèce ne peut jamais en produire une autre car, pour ce faire, il faudrait qu'elles changent d'« essence ».

Or l'essence, ça n'existe pas.

Aucun évolutionniste ne croit que les espèces modernes se transforment en d'autres espèces modernes. Les chats ne se changent pas en chiens, ou vice versa. Bien plutôt, les chats et les chiens ont évolué à partir d'un ancêtre commun qui vivait il y a des dizaines de millions d'années. Si seulement tous les intermédiaires étaient toujours vivants, ce serait une entreprise vouée à l'échec que d'essayer de séparer les chats des chiens, comme pour les salamandres et les goélands. Loin que ce soit une question d'essences idéales, il n'est possible de les séparer que parce que la chance (pour l'essentialiste) veut que les intermédiaires soient morts. Platon pourrait trouver paradoxal d'apprendre que c'est en fait une imperfection – la mauvaise fortune sporadique de la disparition – qui rend possible la séparation entre une espèce et une autre. Cela, bien sûr, s'applique à la séparation entre les êtres humains et nos parents les plus proches – ainsi que nos parents plus lointains.

Dans un monde d'information parfaite et complète, d'information des fossiles aussi bien que d'information récente, les noms bien nets d'animaux deviendraient impossibles. À la place, nous aurions des échelles mobiles, exactement comme les mots chaud, bouillant, frais et froid peuvent être remplacés de façon plus avantageuse par une échelle mobile comme celles de Celsius ou de Fahrenheit.

L'idée de l'évolution est maintenant universellement acceptée comme une réalité par les gens qui réfléchissent, si bien que l'on aurait pu penser que les intuitions essentialistes en biologie auraient fini par être déboutées. Hélas, ce n'est pas le cas. L'essentialisme refuse de s'incliner. Tout le monde s'accorde pour dire qu'*Homo sapiens* est une espèce différente (et la grande majorité diraient un genre différent) de *Pan troglodytes*, le chimpanzé. Mais tout le monde s'accorde aussi pour dire que si vous remontez l'arbre généalogique humain jusqu'à l'ancêtre commun, et que vous redescendez jusqu'aux chimpanzés, les intermédiaires tout le long du chemin formeront un continuum graduel dans lequel chaque génération aurait été en mesure de s'accoupler avec son parent ou son enfant du sexe opposé.

En vertu du critère du croisement, chaque individu est membre de la même espèce que ses parents. Cette conclusion n'a rien d'étonnant, pour ne pas dire qu'elle est d'une platitude évidente, jusqu'au moment où vous vous rendez compte qu'elle soulève un paradoxe intolérable pour l'esprit essentialiste. La majorité de nos ancêtres dans tout le passé évolutif ont appartenu à des espèces différentes de la nôtre selon n'importe quel critère, et nous n'aurions certainement pas pu nous croiser avec eux. Pendant le Dévonien, nos ancêtres directs étaient des poissons. Pourtant, même si nous ne pourrions pas nous croiser avec eux, nous sommes liés à eux par une chaîne ininterrompue de générations ancestrales, dont chacune aurait pu se croiser avec ses prédécesseurs et ses successeurs immédiats dans la chaîne.

À la lumière de cette réflexion, voyez combien sont vides la plupart de ces discussions passionnées sur les noms de fossiles particuliers d'hominidés. Comme on sait bien en général qu'*Homo ergaster* est l'espèce qui a précédé *Homo sapiens* et qui l'a engendré, je vais jouer sur ce thème dans ce qui suit. Dire qu'*Homo ergaster* est une espèce séparée d'*Homo sapiens*, cela pourrait avoir un sens précis en principe, même si c'est impossible à tester en pratique. Cela veut dire que si nous pouvions remonter le temps dans notre machine et rencontrer nos ancêtres *Homo ergaster*, nous ne pourrions pas nous croiser avec eux*. Mais supposez qu'au lieu de viser directement le temps d'*Homo ergaster* ou de n'importe quelle autre espèce éteinte de notre lignée ancestrale, nous arrêtions notre machine à remonter le temps tous les mille ans en faisant monter un passager (ou une passagère, en alternant les sexes à chaque fois) jeune et apte à se reproduire. Nous lui faisons traverser les mille ans qui précèdent l'arrêt suivant, et là, nous le déposons. Dans la mesure où il a pu s'adapter aux coutumes sociales et linguistiques locales, ce qui n'est pas une mince affaire, rien ne s'opposerait biologiquement parlant à ce qu'il se croise avec une personne du sexe opposé de mille ans auparavant. Maintenant, nous prenons un nouveau passager, une passagère cette fois, et nous la transportons cette fois encore mille ans en arrière. Là encore, elle serait, elle aussi, biologiquement capable d'avoir un enfant avec un homme de mille ans avant elle. Cet enchaînement se poursuivrait jusqu'au temps où nos ancêtres nageaient dans la mer. Il pourrait remonter sans interruption jusqu'aux poissons, et il serait toujours vrai que chaque passager transporté mille ans en arrière pourrait se croiser avec ses prédécesseurs. Pourtant, à un certain point, qui pourrait se trouver à un million d'années en arrière, ou éventuellement plus proche ou plus lointain, il viendrait un moment où nous, modernes, ne pourrions pas nous croiser avec un ancêtre, même si notre tout dernier passager a pu le faire. À ce point, nous pourrions dire que nous sommes remontés à une espèce différente.

Cette barrière ne se présenterait pas tout d'un coup. Jamais il n'y aurait une génération dans laquelle cela aurait un sens de dire d'un individu qu'il est un *Homo sapiens* alors que ses parents sont des *Homo ergaster*. Vous pouvez juger cela paradoxal si vous voulez, mais il n'y a aucune raison de penser qu'aucun enfant ait jamais appartenu à une espèce différente de celle de ses parents, même si la chaîne des parents et enfants remonte des humains aux poissons et au-delà. En fait, ce n'est un paradoxe pour personne sauf pour un essentialiste pur et dur. Ce n'est pas plus un paradoxe que quand on dit qu'il n'y a jamais un moment où un enfant en pleine croissance cesse d'être petit pour devenir grand. Ou qu'une

* Je ne dis pas que c'est un fait. Je ne le sais pas, mais j'ai tendance à le croire. Cela découle de notre accord plausible de donner à *Homo ergaster* un nom d'espèce différent.

bouilloire cesse d'être froide et devient brûlante. L'esprit légaliste peut trouver nécessaire d'imposer une barrière entre l'enfance et la majorité – au douzième coup de minuit le jour du dix-huitième anniversaire, ou autre –, mais tout le monde peut voir que c'est une fiction (même si elle est parfois nécessaire). Si seulement les gens étaient plus nombreux à voir que cela s'applique au moment, mettons, où un embryon en développement devient « humain » !

Les créationnistes adorent les « trous » dans les collections de fossiles, sans savoir que les biologistes ont de bonnes raisons pour les adorer, eux aussi. Sans trous dans les collections de fossiles, tout notre système de nomenclature des espèces s'effondrerait. Les fossiles ne pourraient pas recevoir de noms, il faudrait leur donner des numéros, ou des positions sur un graphique. Ou bien, au lieu de s'écharper pour décider par exemple si un fossile est « vraiment » un *Homo ergaster* précoce ou un *Homo habilis* tardif, on pourrait l'appeler *habigaster*. Il y a beaucoup à dire sur ce sujet. Toutefois, peut-être parce que notre cerveau a évolué dans un monde où la plupart des choses tombent dans des catégories bien nettes, et en particulier où la plupart des intermédiaires entre les espèces vivantes sont morts, nous sentons souvent qu'il est plus confortable d'utiliser des noms séparés pour désigner les choses quand nous en parlons. Je n'échappe pas à la règle, et vous non plus, aussi je refuse de m'échiner à éviter les noms discontinus pour désigner les espèces que je cite dans ce livre. La salamandre explique cependant pourquoi, loin d'être profondément inscrit dans notre monde naturel, ce catalogage n'est qu'une obligation imposée par l'homme. Utilisons donc les noms comme s'ils reflétaient vraiment une réalité discontinue, mais, dans notre for intérieur, surtout souvenons-nous que, du moins dans le monde de l'évolution, ce n'est guère plus qu'une fiction pratique, qu'une concession à nos propres limites.

Il était une fois… le microhylidé

Microhyla (que l'on confond souvent avec *Gastrophryne*) est un genre de petites grenouilles, les grenouilles à museau pointu*. Il en existe plusieurs espèces, dont deux en Amérique du Nord : le

* *Narrow-mouthed frogs* en anglais. Nous garderons ici le nom générique de microhylidé. (*N.d.T.*)

microhylidé de l'Est, *Microhyla carolinensis*, et celui des Grandes Plaines, *Microhyla olivacea*. Ils sont si proches parents qu'il leur arrive de s'hybrider dans la nature. Le territoire du microhylidé de l'Est va de la côte Est, des Carolines au nord à la Floride au sud, jusqu'à l'ouest, à la moitié du Texas et de l'Oklahoma. Celui du microhylidé des Grandes Plaines s'étend de Baja, en Californie, à l'est du Texas et de l'Oklahoma, en remontant jusqu'au nord du Missouri.

Comme son domaine est l'image miroir de celui de l'espèce de l'Est, on peut l'appeler le microhylidé de l'Ouest. L'important, c'est que leurs territoires se rencontrent au centre, dans une zone de chevauchement qui remonte de l'est du Texas jusque dans l'Oklahoma. Comme je l'ai dit, on trouve de temps en temps des hybrides dans cette zone de chevauchement, mais la plupart du temps, ces grenouilles font la différence, tout comme les herpétologistes. C'est ce qui justifie qu'on leur donne deux noms d'espèce différents.

Comme chaque fois qu'il existe deux espèces, il a dû se trouver un moment où elles ne faisaient qu'une. Quelque chose les a séparées : pour utiliser le terme technique, l'espèce ancestrale unique s'est « spéciée » pour en donner deux. C'est un modèle de ce qui se passe à chaque embranchement de l'évolution. Chaque spéciation commence par une sorte de séparation initiale entre deux populations de la même espèce. Il ne s'agit pas toujours d'une séparation géographique, mais, comme nous l'expliquera le cichlidé, une séparation initiale d'un certain type permet à la distribution statistique des gènes des deux populations de se différencier. Ce phénomène provoque en général une divergence évolutive portant sur un élément visible : la couleur, la forme ou le comportement. Dans le cas de ces deux populations de grenouilles américaines, l'espèce de l'Ouest s'est adaptée à la vie dans des climats plus secs que celui de l'Est, mais la différence la plus évidente réside dans leurs appels amoureux. Les deux sont des bourdonnements aigus, mais chaque bourdonnement de l'espèce de l'Ouest dure à peu près deux fois plus longtemps (deux secondes) que dans l'espèce de l'Est, avec une hauteur de son nettement plus élevée : 4 000 cycles par seconde contre 3 000. C'est-à-dire que la hauteur de son prédominante du microhylidé de l'Ouest correspond environ au *do* le plus haut, la note la plus haute du clavier du piano, tandis que celle du microhylidé de l'Est se situe autour du *fa* dièse au-dessous.

Ces sons ne sont cependant pas musicaux. Les deux contiennent un mélange de fréquences, couvrant un large spectre autour de celle qui prédomine. Les deux sont des bourdonnements, mais celui de l'Est est le plus grave. L'appel de l'Ouest, tout en étant plus long, commence sur un petit cri aigu dont la hauteur de son monte avant de céder la place au bourdonnement. La grenouille de l'Est, elle, commence directement son bourdonnement plus court.

Pourquoi entrer dans tous ces détails sur les appels ? Parce que ce que j'ai décrit n'est vrai que dans la zone de chevauchement où la comparaison entre les deux est la plus claire, et c'est le cœur de ce message. W. F. Blair a enregistré des grenouilles dans un grand nombre d'endroits différents à travers les États-Unis, et les résultats sont fascinants. Dans les régions où les deux espèces ne se rencontrent jamais – la Floride pour l'espèce de l'Est et l'Arizona pour celle de l'Ouest –, leurs chants se ressemblent beaucoup plus dans leur hauteur de son : la hauteur de son qui prédomine dans les deux se situe autour de 3 500 cycles par seconde, le *la* du haut sur le piano. Aux abords de la zone de chevauchement, mais pas tout à fait dedans, les appels des deux espèces se différencient davantage, mais moins qu'à l'intérieur de la zone de chevauchement.

La conclusion est fascinante. Dans les zones où ces deux espèces coexistent, une chose intervient qui provoque cet écart entre leurs appels. L'interprétation de Blair, qui ne fait pas l'unanimité, c'est que les hybrides sont pénalisés. Tout ce qui permet aux candidats potentiels au croisement de faire la distinction entre les espèces et d'éviter la mauvaise est favorisé par la sélection naturelle. Toutes les différences si minimes soient-elles sont plus marquées seulement dans la région où elles ont de l'importance. Le grand généticien évolutionniste Theodosius Dobzhansky a appelé ce phénomène le « renforcement » de l'isolement reproductif. Si la théorie du renforcement de Dobzhansky n'est pas universellement admise, le message du microhylidé, en tout cas, semble l'accréditer.

Il est une autre bonne raison pour laquelle les espèces apparentées de près pourraient être écartées l'une de l'autre quand leurs territoires se chevauchent. Elles sont très probablement en compétition pour les mêmes ressources. Le pinson de Darwin nous a montré comment les différentes espèces de pinsons se sont partagé les graines locales. Quand il n'y a pas de chevauchement, les deux espèces disposent d'une plus large gamme d'aliments : des grosses graines et des petites graines. Quand il y a chevauchement, la compétition suscitée par la présence de l'autre espèce oblige chacune à se différencier davantage de l'autre. L'évolution peut donc donner aux espèces à gros bec un bec encore plus gros, et à celles à petit bec un bec encore plus petit. Comme d'habitude, à propos, ne vous laissez pas tromper par l'idée métaphorique d'être « obligé d'évoluer ». Ce qui se passe en réalité, c'est que dans chaque espèce, quand l'autre est présente, les individus qui se trouvent être plus différents de l'espèce concurrente prospèrent.

Le phénomène dans lequel les différences interspécifiques sont plus marquées quand les territoires de deux espèces se chevauchent que quand ils ne se chevauchent pas est ce qu'on appelle le *character displacement* ou l'inversion des gradients de fréquence allélique [*reverse cline*]. Il est facile d'étendre ce qui se passe dans les espèces biologiques aux cas dans lesquels, quand les entités de deux classes se rencontrent, les traits qui les différencient sont plus marqués que quand elles sont seules. Il est tentant d'effectuer des parallèles avec les humains, mais je résisterai. Comme on l'a dit souvent, je laisse cela à titre d'exercice à l'usage du lecteur.

Il était une fois... l'axolotl

On se représente les jeunes animaux comme des versions miniatures des adultes qu'ils sont appelés à devenir, mais c'est loin d'être la règle. Il est vraisemblable que, dans la majorité des espèces animales, la vie se déroule de façon très différente, les jeunes menant leur existence à eux, comme des spécialistes adoptent un mode de vie complètement différent de celui de leurs parents. Ainsi, une bonne partie du plancton est constitué de larves qui nagent, et dont la morphologie à l'état adulte – si elles survivent, ce qui est statistiquement improbable – sera très différente. Chez beaucoup d'insectes, le stade larvaire est celui qui assume l'essentiel de l'alimentation, en construisant un corps qui se métamorphosera finalement en un adulte dont les seuls rôles seront de se disperser et de se reproduire. Dans des cas extrêmes comme celui des éphémères, les adultes ne s'alimentent pas du tout et – parce que la nature est toujours chiche – ils n'ont pas de tube digestif ou autres organes digestifs coûteux.

La chenille, elle, est un véritable tube digestif qui, une fois qu'elle a atteint une bonne taille en se nourrissant de plantes, recycle à proprement parler son corps pour se transformer en un papillon adulte qui vole, aspire du nectar à titre de carburant, et se reproduit. Les abeilles adultes, elles aussi, font fonctionner au nectar les muscles qui leur servent à voler, tout en recueillant du pollen (un type d'aliment très différent) pour les larves à l'allure de vers. Beaucoup de larves d'insectes vivent dans l'eau avant d'éclore en adultes qui volent dans les airs et dispersent leurs gènes sur d'autres plans d'eau. Nombreuses sont les espèces d'invertébrés marins qui, au stade adulte, vivent au fond de la mer, parfois attachés de façon permanente à un endroit, tandis qu'au stade larvaire qui est très différent, ils dispersent leurs gènes en nageant dans le plancton. Parmi ces invertébrés se trouvent les mollusques, les échinodermes (oursins, étoiles de mer, concombres de mer, ophiures), les tuniciers, les vers de nombreux types, les crabes et les homards, ainsi que les anatifes. Les parasites passent typiquement par une série de stades larvaires, dont chacun a un mode de vie et un régime alimentaire caractéristiques. Il arrive souvent que ces différents stades de vie soient aussi parasitaires, mais sur des hôtes différents. Certains vers parasites ont jusqu'à cinq stades juvéniles complètement distincts, chacun avec un mode de vie différent des autres.

Tout cela signifie qu'un individu unique doit porter en lui l'ensemble complet des instructions génétiques pour chacun des stades larvaires, avec leurs différents modes de subsistance. Les gènes de la chenille « savent » comment faire un papillon, et ceux du papillon comment faire une chenille. Il n'est pas douteux qu'une certaine quantité de ces gènes sont, à certains égards, les mêmes pour fabriquer ces deux corps radicalement différents. D'autres gènes sont présents, inactifs, chez la chenille et ils s'activent dans le papillon. D'autres encore sont actifs dans la chenille, et inactifs et oubliés quand elle devient papillon. Mais l'ensemble entier des gènes est là, dans les deux corps, et il se transmet à la génération suivante. La conclusion est qu'il ne faudrait pas trop s'étonner si des animaux aussi différents l'un de l'autre que la chenille et le papillon évoluent directement de l'un à l'autre. Laissez-moi vous expliquer ce que je veux dire.

Les contes de fées sont remplis de grenouilles qui se changent en princes, ou de citrouilles qui se transforment en carrosses tirés par des chevaux blancs métamorphosés à partir de souris blanches. Ces fantaisies sont profondément contraires à l'évolution. Il est impossible qu'elles se soient produites, pas pour des raisons de biologie, mais de mathématiques. Ces changements auraient une improbabilité intrinsèque du même ordre que, disons, une main parfaite au bridge, ce qui veut dire que pour des raisons pratiques on peut les écarter. Mais le fait qu'une chenille se change en papillon ne pose pas de problème : cela arrive tout le temps, les règles ayant été élaborées avec le temps par la sélection naturelle. Et même si l'on n'a jamais vu de papillon se changer en chenille, cela ne devrait pas nous étonner autant que, disons, une grenouille qui se change en prince. Les grenouilles ne contiennent pas de gènes pour faire des princes ; en revanche, elles en contiennent pour faire des têtards.

Mon ancien collègue d'Oxford, John Gurdon, a démontré cela de façon spectaculaire en 1962 quand il a transformé une grenouille adulte (enfin, une cellule de grenouille adulte !) en têtard (on a suggéré que ce tout premier clonage expérimental d'un vertébré méritait un prix Nobel). De la même façon, les papillons contiennent des gènes pour se changer en chenilles. Je ne sais pas quels obstacles embryologiques il faudrait surmonter pour amener un papillon à se métamorphoser en chenille. Ce serait très difficile, sans aucun doute, mais cette possibilité n'est pas aussi complètement absurde que la transformation de la grenouille en prince. Si un biologiste déclarait avoir amené un papillon à se transformer en chenille, j'étudierais son rapport avec intérêt. Mais s'il disait avoir obtenu d'une citrouille qu'elle se change en carrosse, ou d'une grenouille qu'elle devienne un prince, je saurais qu'il s'agit d'une supercherie sans même regarder sa démonstration. La différence entre les deux cas est importante.

Les têtards sont des larves de grenouilles ou de salamandres. Les têtards aquatiques changent radicalement, dans ce processus qu'est la « métamorphose », pour se transformer en une grenouille ou une salamandre terrestre adulte. Peut-être n'y a-t-il pas autant de différence entre un têtard et une grenouille qu'entre une chenille et un papillon, mais cela n'a pas grande importance. Le têtard typique vit comme un petit poisson qui nage avec sa queue, respire sous l'eau avec des branchies et se nourrit de végétaux. La grenouille typique, elle, vit sur terre, saute plutôt qu'elle ne nage, respire de l'air plutôt que de l'eau, et chasse pour attraper des proies animales vivantes. Pourtant, si différents que les deux puissent paraître, on pourrait facilement imaginer un ancêtre adulte à l'allure de grenouille évoluant en un descendant adulte à l'allure de têtard car toutes les grenouilles contiennent les gènes pour faire un têtard. La grenouille « sait » génétiquement comment être un têtard, et le têtard comment être une grenouille. Il en va de même pour les salamandres, qui ressembleraient davantage à leurs larves que les grenouilles aux leurs. Les salamandres ne perdent pas leur queue de têtard, même si celle-ci a tendance à perdre sa forme de quille verticale au profit d'une forme cylindrique. Leurs larves sont souvent carnivores comme les adultes, et, comme eux, elles ont des pattes. La différence la plus évidente est qu'elles ont des branchies externes plumeuses, mais on dénote aussi beaucoup d'autres différences moins évidentes. En fait, il serait facile de changer une espèce de salamandres en une espèce dont le stade adulte serait un têtard – il suffirait que les organes reproducteurs aient une maturité précoce et que la métamorphose soit supprimée. Pourtant, si seuls les stades adultes se fossilisaient, cela passerait pour une transformation évolutive majeure et apparemment « improbable ».

Cela nous amène à l'axolotl, dont voici le message. L'axolotl est une créature étrange, native d'un lac de montagne au Mexique. C'est dans l'essence de son histoire de trouver difficile à dire exactement ce qu'est l'axolotl. Est-ce une salamandre ? Eh bien, en quelque sorte. Il a pour nom *Ambystoma mexicanum*, et il est proche parent de la salamandre-tigre, *Ambystoma tigrinum*, qu'on trouve dans la même région et plus largement en Amérique du Nord. La salamandre-tigre, appelée ainsi pour des raisons évidentes, est une salamandre ordinaire à la queue cylindrique et à la peau sèche qui se déplace sur la terre. L'axolotl, lui, ne ressemble en rien à la salamandre adulte. On dirait plutôt une larve de salamandre, et c'en est bien une, sauf sur un point : il ne devient jamais une vraie salamandre et ne quitte jamais l'eau, mais il s'accouple et se reproduit tout en ayant encore l'aspect et le comportement d'un jeune immature. J'ai failli dire qu'il s'accouple et se reproduit quand il *est* encore un jeune immature, mais cela pourrait être en contradiction avec la définition du jeune immature.

Définitions mises à part, le doute ne semble guère de mise concernant ce qui s'est produit dans l'évolution de l'axolotl. Un ancêtre récent était simplement une salamandre terrestre ordinaire, qui ressemblait vraisemblablement beaucoup à la salamandre-tigre. Cet ancêtre a eu une larve qui nageait, possédant des branchies externes et une queue qui plongeait comme une quille. À la fin de sa vie de larve, elle était censée se métamorphoser en une salamandre de terre ferme. Mais il s'est produit une altération évolutive remarquable. Probablement sous l'effet d'hormones, le calendrier de l'embryon s'est trouvé modifié de telle sorte que les organes et le comportement sexuels sont arrivés à maturité de plus en plus tôt (il est possible aussi qu'il se soit agi d'un changement brutal). Cette régression évolutive s'est poursuivie jusqu'à ce que la maturité sexuelle arrive à un stade qui était nettement le stade larvaire sur d'autres points. Et le stade adulte a été supprimé de la fin du cycle de vie. Ou bien, peut-être préférez-vous voir dans ce changement non pas une accélération de la maturité sexuelle par rapport au reste du corps (la « progénèse »), mais un ralentissement de tout le reste par rapport à la maturité sexuelle (la « néoténie »)*.

Qu'il s'agisse de néoténie ou de progénèse, ce phénomène a pour conséquence ce que l'on appelle la pédomorphose. Il n'est pas difficile de voir que c'est plausible. Le ralentissement ou l'accélération de certains processus de développement par rapport à d'autres se produisent tout le temps dans l'évolution. C'est ce que l'on appelle l'hétérochronie et on peut penser, à la réflexion, qu'elle sous-tend un grand nombre des modifications anatomiques évolutives, sinon toutes. Quand le développement évolutif varie de façon hétérochrone par rapport au reste du développement, ce qui peut évoluer, c'est une nouvelle espèce qui n'a pas le stade adulte qu'elle avait auparavant. Il semble que c'est ce qui s'est passé pour l'axolotl.

L'axolotl n'est un extrême que chez les salamandres. Beaucoup d'espèces semblent, du moins dans une certaine mesure, être pédomorphes, et l'on observe chez d'autres des formes hétérochrones intéressantes. Les différentes espèces de salamandres qu'on appelle en langue vulgaire les « tritons » ont une histoire de vie particulièrement révélatrice. Le triton commence par vivre comme une larve dotée de branchies dans l'eau. Puis il sort de l'eau et vit pendant deux ou trois ans comme une sorte de salamandre sur la terre ferme, ayant perdu ses branchies et la quille de sa queue. Mais contrairement aux autres salamandres, il ne se reproduit pas sur la terre. Il retourne dans l'eau, où il retrouve certaines de ses caractéristiques de larves, mais pas toutes. À la différence de l'axolotl, il n'a pas de branchies, et le besoin qu'il a de remonter à la surface

* Dans son ouvrage classique, *Ontogeny and Phylogeny*, Stephen Jay Gould explique fort utilement les nuances de ces deux termes.

pour respirer est une contrainte qui entre en ligne de compte dans la compétition amoureuse dans l'eau. S'il ne récupère pas ses branchies, il retrouve en revanche la quille de sa queue de larve, et sur d'autres points, il ressemble à une larve. Toutefois, contrairement à la larve typique, ses organes de reproduction se développent sous l'eau où ont lieu les approches amoureuses et les accouplements. La phase sur la terre ferme ne se répète jamais, et en ce sens, il vaudrait mieux ne pas la qualifier d'« adulte ».

On peut se demander pourquoi les tritons se donnent le mal de se modifier en adoptant une forme qui convient pour la terre ferme puisqu'ils vont retourner dans l'eau pour se reproduire. Pourquoi ne font-ils pas comme les axolotls : débuter dans l'eau, et y rester ? Probablement y a-t-il un avantage à se reproduire dans les mares temporaires qui se forment à la saison des pluies et sont destinées à s'assécher, si bien qu'il faut se débrouiller sur la terre ferme pour les atteindre. Parvenus à la mare, comment ces animaux réinventent-ils leur équipement aquatique ? L'hétérochronie vient à leur secours, mais une hétérochronie d'un genre particulier, qui implique de faire marche arrière après que les « adultes secs » ont rempli leur mission de se disperser vers une nouvelle mare temporaire.

Les tritons sont utiles pour faire ressortir la flexibilité de l'hétérochronie. Ils nous rappellent ce que j'ai dit sur la façon dont les gènes présents dans une partie du cycle de vie « savent » fabriquer les autres parties. Les gènes présents dans les salamandres de terre ferme savent fabriquer une forme aquatique car elle correspond à leur ancienne identité ; et c'est précisément ce que démontrent les tritons.

Les axolotls sont plus simples sur un point : la phase sur la terre ferme a été supprimée dans la fin du cycle de vie ancestral, mais chacun possède toujours les gènes pour faire une salamandre de terre ferme. On sait depuis longtemps, grâce aux travaux de Laufberger et de Julian Huxley dont j'ai parlé dans l'épilogue de Little Foot, que l'on peut activer ces gènes en laboratoire en donnant à l'animal la dose d'hormones qui convient. Les axolotls traités avec de la thyroxine perdent leurs branchies et deviennent des salamandres terrestres exactement comme leurs ancêtres jadis. Peut-être l'évolution naturelle pourrait-elle réaliser le même tour de force s'il présentait un avantage. Une façon de faire serait que les gènes augmentent la production naturelle de thyroxine (ou la sensibilité à la thyroxine existante). Il est possible que les axolotls aient subi des évolutions pédomorphes et pédomorphes inverses répétitives au cours de leur histoire. Peut-être – sans que ce phénomène soit aussi spectaculaire que chez l'axolotl – les animaux en évolution en général se déplacent-ils sans cesse dans un sens ou dans l'autre sur un axe pédomorphose-pédomorphose inverse.

La pédomorphose fait partie de ces phénomènes que vous vous mettez à voir partout, une fois que vous avez compris leur fonctionnement. Par exemple, qu'évoque pour vous l'autruche ? Pendant la Seconde Guerre mondiale, mon père était officier dans le corps d'artillerie royale africaine. Comme beaucoup d'Africains en ce temps-là, son ordonnance, Ali, n'avait jamais vu la majorité des animaux qui fait la réputation de leur pays, et la première fois qu'il a vu une autruche filer dans la savane, il a poussé un cri d'étonnement : « Une énorme poule, UNE ÉNORME POULE ! » Il n'était pas loin d'avoir raison, mais il aurait été plus juste de dire « énorme poussin ! ». Les ailes de l'autruche sont de stupides petits moignons, exactement comme les ailes du poussin qui sort de sa coquille. À la place des belles grosses plumes de l'oiseau qui vole, les plumes de l'autruche sont des versions grossières du duvet soyeux du poussin. La pédomorphose nous éclaire sur l'évolution des oiseaux coureurs, comme l'autruche et le dodo. Oui, l'économie de la sélection naturelle a favorisé les plumes duveteuses et les moignons d'ailes chez l'oiseau qui n'avait pas besoin de voler (voir les messages de l'oiseau-éléphant et du dodo). Mais la voie évolutive qu'a prise la sélection naturelle pour réaliser ce résultat avantageux était la pédomorphose. L'autruche est un poussin qui a trop grandi.

Les pékinois sont des chiots qui ont trop grandi*. Les pékinois adultes ont le front arrondi et la démarche des chiots, et même leur séduction. Caustique, Konrad Lorenz a suggéré que les pékinois et autres races de chiens à face de bébé, comme les king charles, font appel à l'instinct maternel des mères frustrées. Que les éleveurs aient su ou non ce qu'ils essayaient d'obtenir, ils ne savaient sûrement pas qu'ils employaient une version artificielle de la pédomorphose.

Walter Garstang, un zoologiste anglais bien connu au siècle dernier, a été le premier à souligner l'importance de la pédomorphose dans l'évolution. Son idée a ensuite été reprise par son gendre Alister Hardy, qui était mon professeur quand j'étais étudiant. Sir Alister se régalait à réciter les vers comiques qui étaient le moyen

* Le langage prétentieux qui nous a donné « Beijing », « Mumbai » et « cosmonaute », nous a jusqu'à présent épargné le « beijinois ».

préféré de Garstang pour communiquer ses idées. Ils étaient assez amusants à l'époque, mais pas tout à fait assez à mon avis pour justifier le glossaire zoologique élaboré dont il faudrait les accompagner si je voulais les reproduire ici*. L'idée de Garstang concernant la pédomorphose est cependant toujours aussi intéressante – ce qui ne veut pas dire nécessairement qu'elle soit vraie. On peut se représenter la pédomorphose comme une ruse de l'évolution, la ruse de Garstang. Elle peut, en théorie, ouvrir une direction toute nouvelle dans l'évolution : elle peut même, d'après Garstang et Alistair, permettre une échappée spectaculaire et soudaine (à l'aune de la géologie) de l'impasse évolutive. Cela paraît particulièrement prometteur si le cycle de vie comporte une phase larvaire distincte, comme un têtard. Une larve qui est déjà adaptée à un mode de vie différent du mode de vie adulte est prête pour faire bifurquer l'évolution dans une direction toute nouvelle par le simple truc qui consiste à accélérer la maturité sexuelle par rapport à tout le reste.

Parmi les cousins des vertébrés se trouvent les tuniciers. Cela paraît étonnant car les tuniciers adultes sont des êtres qui, arrimés à des rochers ou à des algues, se nourrissent à travers un filtre. Comment ces sacs d'eau mous peuvent-ils être cousins de poissons qui nagent vigoureusement ? Eh bien, malgré leur allure de sac, leurs larves ressemblent à des têtards. On les appelle même des « larves têtards ». Vous pouvez imaginer comment Garstang a exploité ce fait, et nous reviendrons sur ce point, en jetant malheureusement le doute sur la théorie de Garstang, au Rendez-vous 24 quand nous rencontrerons les tuniciers.

Gardant en tête que le pékinois adulte est un chiot qui a trop grandi, pensez à la tête des petits singes. À quoi vous fait-elle penser ? Est-ce que vous conviendriez que le petit chimpanzé ou le petit orang-outan est plus humanoïde que le chimpanzé ou l'orang-outan adultes ? Je reconnais que l'idée est controversée, mais certains biologistes considèrent l'être humain comme un jeune grand singe. Un grand singe qui n'a jamais grandi. Un axolotl grand singe. Comme nous avons déjà vu cette idée dans l'épilogue de Little Foot, je n'y reviendrai pas.

---

* Un extrait introduit le message de l'Amphioxus.

Rendez-vous 18

LES POISSONS PULMONÉS

Au Rendez-vous 18, situé il y a quelque 417 millions d'années, vient nous retrouver dans les mers chaudes et peu profondes du Dévonien une minuscule file de pèlerins qui ont parcouru un chemin solitaire depuis aujourd'hui. Ce sont les poissons pulmonés ; ils se joignent à nous pour voir l'ancêtre que nous avons en commun avec eux, et cette rencontre doit leur paraître moins étrange qu'à nous car ils ont l'impression de tenir beaucoup de ce coancêtre 18. Notre aïeul à la 185 millionième génération environ, était un sarcoptérygien, un poisson à nageoires lobées, qui ressemblait certainement beaucoup plus à un poisson pulmoné qu'à un tétrapode.

Il n'existe que six espèces de poissons pulmonés aujourd'hui : *Neoceratodus forsteri* en Australie, *Lepidosiren paradoxa* en Amérique du Sud, et quatre espèces de *Protopterus* en Afrique. L'espèce australienne ressemble de façon tout à fait frappante à un ancien sarcoptérygien, avec des nageoires lobées charnues comme chez le cœlacanthe. Chez les espèces africaines et sud-américaine, qui sont proches parentes les unes des autres, les nageoires sont réduites à de longs filaments, si bien que ces espèces ressemblent moins aux poissons à nageoires lobées dont elles descendent. Tous les poissons pulmonés ont des poumons pour respirer. Celui d'Australie n'en a qu'un, les autres en ont deux. Ils permettent aux espèces africaines et sud-américaine de résister à la saison sèche. Ces poissons s'enfouissent dans la boue où ils restent dormants, respirant par un petit trou dans la boue. Ceux de l'espèce australienne,

en revanche, vivent dans des étendues d'eau permanentes envahies d'herbes. L'air qu'ils absorbent dans leur poumon leur permet de compléter l'eau faiblement oxygénée de leurs branchies.
Quand on a découvert pour la première fois en 1870 les poissons pulmonés modernes qui vivaient dans le Queensland, on les a regroupés avec des poissons fossiles de plus de 200 millions d'années en leur donnant le même nom, Ceratodus. Cela indique combien ils ont peu changé pendant tout ce temps. Mais ne nous laissons pas emporter. Une étude classique publiée en 1949 par le paléontologue britannique T. S. Westoll a montré que, même s'ils ont effectivement stagné pendant les quelque 200 derniers millions

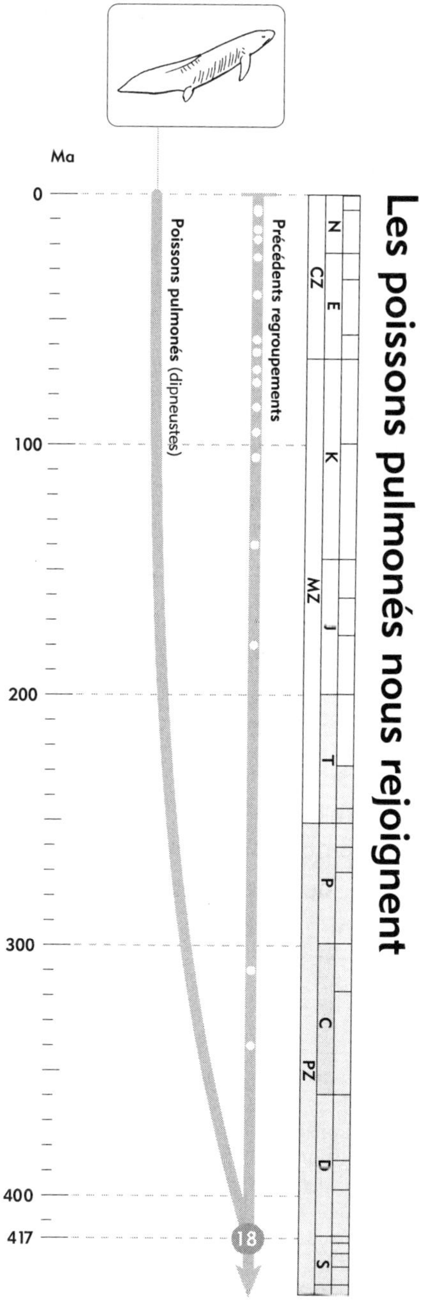

Les poissons pulmonés nous rejoignent. On pourrait dire que les êtres humains et autres « tétrapodes » sont des poissons pulmonés dont les bras, les ailes, les jambes ou les pattes sont des nageoires lobées modifiées. Les deux autres lignées vivantes de poissons à nageoires lobées sont les cœlacanthes et les poissons pulmonés. On pense que la division de ces trois lignées à la fin du silurien s'est produite en très peu de temps, d'où la difficulté de trouver l'ordre de ces embranchements, même en faisant appel à la génétique. Toutefois, les études génétiques et celles des fossiles commencent à s'accorder pour dire que les trois espèces de poissons pulmonés sont les plus proches parents des tétrapodes, comme on peut le voir ici.

Dessin : dipneuste australien (*Neoceratodus forsteri*).

d'années, ils ont évolué beaucoup plus rapidement auparavant. Au cours du Carbonifère, à partir d'il y a environ 350 millions d'années, c'était une véritable course, qui s'est ralentie jusqu'à presque s'arrêter aux alentours de – 250 millions d'années, vers la fin du Permien.

Le dipneuste aborde le thème des « fossiles vivants ».

Il était une fois… le dipneuste

Rédigé en collaboration avec Yan Wong

Un fossile vivant est un animal qui, tout en étant vivant comme vous et moi, ressemble à ses ancêtres lointains. La lignée qui mène à ce fossile vivant a subi peu de changements évolutifs. C'est par hasard, et sans intérêt, que les quatre fossiles vivants les plus célèbres ont des noms qui commencent par un L : Lungfish [poisson pulmoné en anglais], *Limulus*, *Latimeria* (le cœlacanthe) et *Lingula**. Bien que les anatomies, et vraisemblablement les modes de vie, de ces fossiles vivants aient assez peu changé, les textes de leur ADN n'ont pas cessé d'évoluer. Il existe un décalage assez incroyable entre ces deux évolutions alors que nous, les cousins des poissons pulmonés, nous avons énormément changé au cours des centaines de millions d'années qui se sont écoulées depuis que nous avons divergé d'eux.

Les poissons à nageoires rayonnées (poissons qui nous sont familiers, comme la truite ou la perche) ont donné naissance dans le même temps à une palette stupéfiante de formes différentes. Il en va de même, plus près de nous, des tétrapodes – les poissons à nageoires lobées que nous sommes et qui nous targuons d'avoir quitté l'eau pour la terre. L'évolution du corps des poissons à nageoires lobées a été extrêmement lente. Pourtant, dans le même

* *Limulus*, le prétendu « crabe en fer à cheval » (qui n'est pas le moins du monde un crabe, mais qui est ce qu'il est, et qui ressemble superficiellement à un gros trilobite), appartient au même genre que le *Limulus walchi* du Jurassique, qui remonte à 200 millions d'années. *Lingula* se trouve dans le phylum des brachiopodes, qu'on appelle parfois des coquilles de lampe. La lampe à laquelle il ressemblerait est celle d'Aladin, avec la mèche qui s'échappe d'une sorte de bec de théière, mais ce à quoi *Lingula* ressemble de façon spectaculaire, c'est à son propre ancêtre d'il y a 400 millions d'années. Son affectation au même genre a été controversée, mais les formes fossiles ont malgré tout une similitude frappante avec leurs représentants modernes.

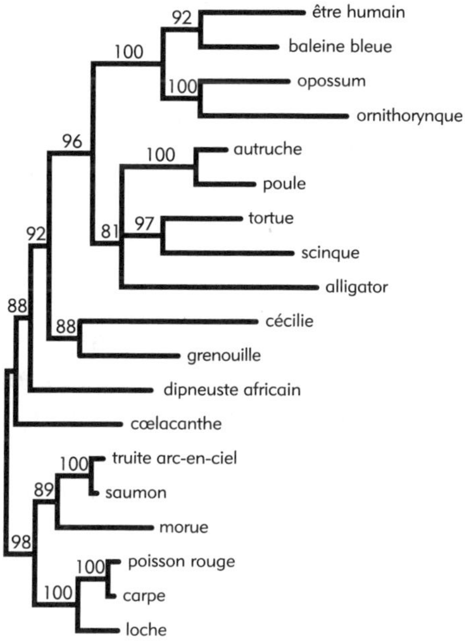

Arbre évolutif de différentes espèces d'après l'analyse de l'ADN selon la vraisemblance maximale (voir le message du gibbon). Adapté d'un arbre parmi ceux élaborés par Zardoya et Meyer [324].

temps – et c'est le point vers lequel tend ce message – il ne semble pas que leurs molécules génétiques aient progressé avec la mêmelenteur. Sinon, les séquences d'ADN des poissons pulmonés et des cœlacanthes seraient beaucoup plus proches les unes des autres (et vraisemblablement des ancêtres lointains) que de la nôtre et de celles des poissons à nageoires rayonnées. Pourtant, ce n'est pas le cas.

Par les fossiles, nous connaissons approximativement les moments où se sont séparés les poissons pulmonés, les cœlacanthes, nous-mêmes et les poissons à nageoires rayonnées. La première séparation, à environ – 440 millions d'années, s'est produite entre les poissons à nageoires rayonnées et nous, les autres. La séparation suivante a été celle des cœlacanthes, vers – 425 millions d'années. Il restait donc les poissons pulmonés et nous. Aux alentours de 5 à 10 millions d'années plus tard, les poissons pulmonés se sont détachés, nous laissant, nous les autres que l'on appelle maintenant les tétrapodes, évoluer dans notre propre direction. S'agissant du temps de l'évolution, ces trois séparations ont été pratiquement simultanées, du moins par rapport à la longue durée sur laquelle ces quatre lignées ont évolué depuis.

En travaillant à une autre question, Rafael Zardoya, d'Espagne, et Axel Meyer, d'Allemagne, ont dessiné l'arbre évolutif ci-dessus, qui représente l'ADN de différentes espèces. La longueur de chaque branche reflète le nombre de changements évolutifs qu'a subis l'ADN mitochondrial.

Si l'ADN évoluait à un rythme constant quelle que soit l'espèce, il faudrait s'attendre à ce que l'extrémité de toutes les branches s'aligne à droite. Or, à l'évidence, ce n'est pas le cas. Mais ce ne sont pas non plus les organismes qui ont subi le moins de changements évolutifs qui ont les branches les plus courtes. Il semble que l'ADN a évolué à peu près au même rythme chez les poissons pulmonés et les cœlacanthes que chez les poissons à nageoires rayonnées. Chez les vertébrés qui ont colonisé la terre, l'ADN a évolué à un rythme plus rapide, sans que, à l'évidence, ce soit lié à des modifications morphologiques. Le gagnant et le second de cette course électorale moléculaire sont l'ornithorynque et l'alligator, et aucun des deux n'a évolué sur le plan morphologique aussi vite, mettons, que la baleine bleue ou (*vanitas vanitatum* !) que nous.

Ce schéma illustre un fait important. Le rythme de l'évolution de l'ADN n'est pas toujours constant, sans être pour autant lié à des modifications morphologiques. Cet arbre n'est qu'un exemple. Lindell Bromham de l'université de Sussex et ses collaborateurs ont comparé des arbres évolutifs fondés sur les modifications morphologiques, avec des arbres équivalents fondés sur les modifications de l'ADN. Et leurs résultats confirment le message du dipneuste. Le rythme d'ensemble des modifications génétiques est indépendant de l'évolution morphologique*. Cela ne veut pas dire qu'il soit constant – ça aurait été trop beau pour être vrai. Dans certaines lignées, comme celles des rongeurs et celle des nématodes, il semble que le rythme d'ensemble de l'évolution moléculaire soit assez rapide par rapport à des espèces proches parentes. Chez d'autres, comme les cnidaires, il est beaucoup plus lent que chez leurs proches parents. Le message du dipneuste permet d'espérer une chose à laquelle, il y a quelques années, aucun zoologiste n'aurait osé penser. En faisant bien attention aux gènes que l'on choisit et en utilisant les méthodes qui conviennent pour tenir compte de la variabilité des taux d'évolution des lignées, on devrait pouvoir chiffrer, en millions d'années, le moment où deux espèces, quelles qu'elles soient, se sont séparées. Ce brillant espoir s'appelle l'« horloge moléculaire », et cette technique est à l'origine de la majorité des dates de nos rendez-vous telles qu'elles

* Une étude antérieure avait obtenu un résultat différent. Mais Bromham et ses collaborateurs ont montré de façon convaincante que cette étude antérieure n'avait pas tenu compte du biais induit par la redondance des données – c'est le problème du décompte multiple que nous avons rencontré dans le message du Phoque.

figurent dans cet ouvrage. Le principe de l'horloge moléculaire et les controverses qui continuent à le diaboliser seront expliqués dans l'« Épilogue du Péripate ». Mais en attendant, en route pour le Rendez-vous 19 et les mystérieux cœlacanthes.

Rendez-vous 19

LES CŒLACANTHES

Le coancêtre 19, qui est notre aïeul à la 190 millionième génération environ, vivait il y a quelque 425 millions d'années, juste au moment où les plantes colonisaient la terre et les récifs coralliens s'étendaient dans la mer. À ce rendez-vous se joint à nous un des groupes de pèlerins les plus réduits et les plus clairsemés de notre récit. Pour autant que l'on sache, il n'existe qu'un genre de cœlacanthes vivant aujourd'hui, et sa découverte a été à l'époque une énorme surprise (voir ill.13 dans le cahier photo). Cet épisode est bien décrit par Keith Thomson dans *Living Fossil: the Story of the Coelacanth* [Un fossile vivant : l'histoire du cœlacanthe].

Les cœlacanthes étaient bien connus dans les archives fossiles, mais on croyait qu'ils s'étaient éteints avant les dinosaures. Puis, est tombée cette nouvelle renversante, un cœlacanthe vivant avait été découvert dans la prise d'un chalutier sud-africain en 1938. Par chance, le capitaine Harry Goosen, patron du *Nerita*, était ami de Marjorie Courtenay-Latimer, la jeune conservatrice enthousiaste du musée d'East London. Goosen avait l'habitude de mettre de côté pour elle ses prises intéressantes, si bien que, le 22 décembre 1938, il l'appela au téléphone pour lui dire qu'il avait quelque chose. Elle descendit sur le quai, et un vieil Écossais de l'équipage lui montra une collection disparate de poissons au rebut qui, à première vue, ne paraissaient pas intéressants. Elle était sur le point de partir, quand…

> J'ai vu une nageoire bleue et, après que je l'ai écarté des autres, est apparu le plus beau poisson que j'aie jamais vu. Il faisait 5 pieds* de long et était d'un bleu-mauve pâle avec des marques argentées irisées.

* Environ 1,65 mètre. (*N.d.T.*)

Elle fit un croquis qu'elle envoya au plus grand ichtyologue d'Afrique du Sud, le Dr J. L. B. Smith, qui en fut abasourdi. « Je n'aurais pas été plus étonné si j'avais vu un dinosaure marcher dans la rue. » Malheureusement, pour des raisons impossibles à comprendre, Smith prit son temps pour se rendre sur place. D'après Keith Thomson, Smith attendait pour la croire d'avoir reçu un ouvrage de référence particulier, du Dr Barnard, un collègue du Cap. En hésitant, Smith confia son secret à Barnard qui se montra aussitôt sceptique. Il semble qu'il fallut des semaines avant que Smith puisse se résoudre à se rendre à East London pour voir effectivement ce poisson. Entre-temps, la pauvre Mlle Courtenay-Latimer faisait l'impossible pour empêcher le spécimen de se décomposer. Comme il était trop gros pour entrer dans un bocal de formol, elle l'enveloppa dans des linges imbibés de formol, mais comme ce procédé ne pouvait enrayer la décomposition, elle

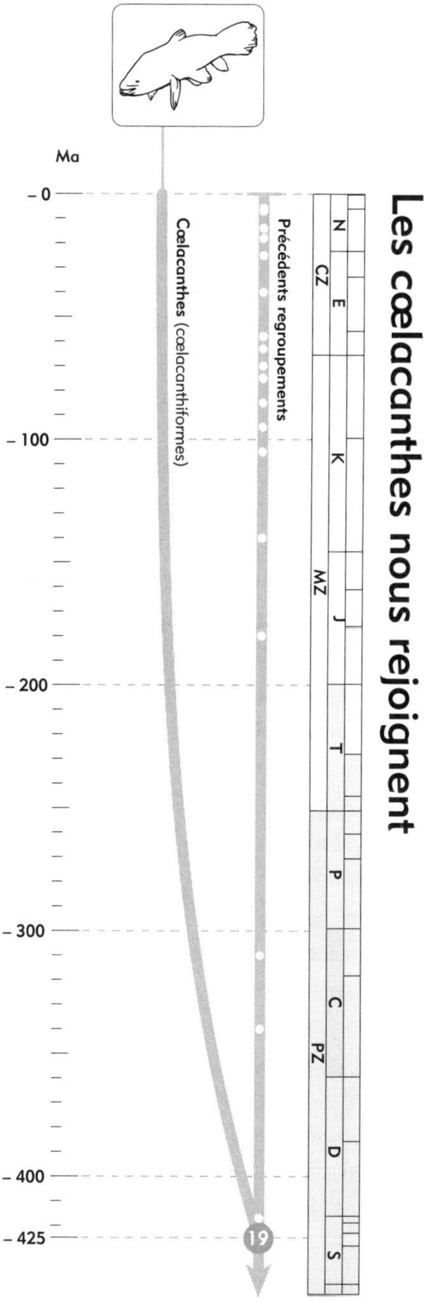

Les cœlacanthes nous rejoignent. D'après un consensus de plus en plus large, parmi les trois lignées existantes de poissons à nageoires lobées, celle des cœlacanthes (dont il existe deux espèces connues) est celle qui a divergé la première.

Dessin : cœlacanthe des Comores (*Latimeria chalumnae*).

finit par le faire naturaliser. C'est sous cette forme que Smith le vit finalement :

> Un cœlacanthe, oui, bon sang ! Bien que j'y aie été préparé quand je suis arrivé, la première vision que j'en ai eue m'a comme foudroyé en me laissant tout tremblant et tout frissonnant, le corps saisi de fourmillements. J'étais comme pétrifié... Sans faire attention à rien d'autre, je me suis approché presque avec crainte, et je l'ai touché et caressé tandis que ma femme regardait en silence... Ce n'est qu'ensuite que la parole m'est revenue ; j'ai oublié les mots exacts que j'ai prononcés, mais c'était pour leur dire que c'était vrai, que c'était bien vrai, que c'était indiscutablement un cœlacanthe. Même moi, je ne pouvais plus en douter.

En hommage à Marjorie, Smith lui donna le nom de *Latimeria*. Depuis, on en a trouvé beaucoup d'autres dans les eaux profondes qui entourent les Comores, près de Madagascar, ainsi qu'une deuxième espèce de l'autre côté de l'océan Indien, au large de l'archipel des Mascareignes. Ce genre a maintenant été étudié en détail, mais sans échapper à l'acrimonie et aux accusations de supercherie qui semblent – malheureusement, mais cela se comprend – accompagner les découvertes rares et vraiment importantes.

Rendez-vous 20

LES POISSONS À NAGEOIRES RAYONNÉES

Le Rendez-vous 20 est une étape importante à – 440 millions d'années, au tout début du Silurien ; au sud subsiste alors une calotte glaciaire, marque de l'Ordovicien qui a été très froid. Le coancêtre 20, qui, d'après mes calculs, doit être notre aïeul à la 195 millionième génération, est celui qui nous unit aux actinoptérygiens, ou poissons à nageoires rayonnées, qui appartiennent pour la plupart au grand groupe florissant que l'on connaît sous le nom de téléostéens. Les téléostéens sont la grande réussite des vertébrés modernes – ils comptent quelque 23 000 espèces. Jouant un rôle primordial à plusieurs niveaux de la chaîne alimentaire marine, que ce soit dans l'eau salée ou dans l'eau douce, ils ont réussi à envahir les sources chaudes à un extrême, et les eaux glacées des mers arctiques ainsi que les lacs de haute montagne à l'autre, et ils prospèrent dans les ruisseaux acides, les marais malodorants et les lacs salins.

Le terme « rayonnées » renvoie au fait que leurs nageoires possèdent un squelette semblable à celui de l'éventail des dames à l'époque victorienne. Les nageoires rayonnées n'ont pas le lobe charnu qui se trouve à la base de chaque nageoire et qui a donné leur nom aux poissons à nageoires lobées, comme les cœlacanthes et le coancêtre 18. À la différence de nos bras et de nos jambes qui ont relativement peu d'os, et des muscles qui peuvent les faire bouger les uns par rapport aux autres dans le membre, les nageoires des actinoptérygiens sont actionnées essentiellement par des muscles situés dans la masse principale du corps. À cet égard, nous ressemblons plus aux poissons à nageoires lobées – du moins

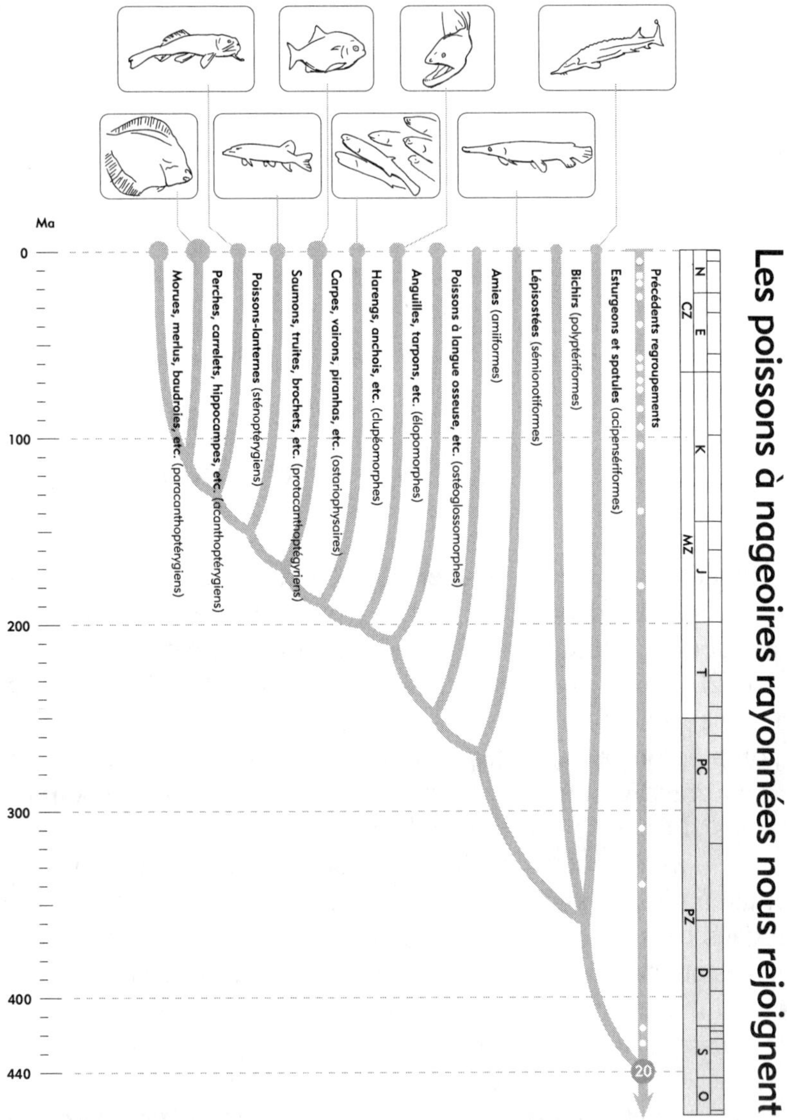

Les poissons à nageoires rayonnées nous rejoignent. Les poissons à nageoires rayonnées sont les parents les plus proches de nous, les poissons à nageoires lobées, et ils contiennent en gros le même nombre d'espèces décrites – environ 25 000. Leur phylogénie n'est pas encore bien résolue, mais il est clair que les esturgeons et les spatules, les bichirs, les brochets-lances et les amies ont tous divergé assez tôt. La phylogénie qui est présentée ici est particulièrement incertaine. Pour cette raison, quelques-uns des groupes les plus obscurs n'y figurent pas.

Dessins, de gauche à droite : carrelet (*Pleuronectes platessa*) ; poisson-lanterne (*Astronesthes niger*); brochet (*Esox lucius*) ; piranha à ventre rouge (*Serrasalmus nattereri*) ; anchois du Pacifique (*Engraulis mordax*) ; murène (*Gymnothorax prasinus*) ; brochet-lance de Floride (*Lepisosteus platyrhincus*) ; esturgeon de Sibérie (*Acipenser baeri*).

nous le devrions – car nous sommes des poissons à nageoires lobées adaptés à la vie terrestre. Les poissons à nageoires lobées possèdent des muscles dans les nageoires charnues elles-mêmes, tout comme nous avons des biceps et des triceps dans la partie supérieure du bras, et des muscles de Popeye dans l'avant-bras.

Les poissons à nageoires rayonnées sont essentiellement des téléostéens, auxquels s'ajoutent quelques « divers », parmi lesquels les esturgeons et les spatules dont nous a parlé l'ornithorynque. Il est tout à fait normal que cet énorme groupe qui a si bien réussi ait droit à plusieurs prises de parole ; je vais donc leur confier l'essentiel de ce que j'avais à dire à leur sujet. Les pèlerins téléostéens s'avancent en une foule animée, brillante et bigarrée, et c'est l'étendue de cette variété qui a inspiré le dragon marin feuillu.

Il était une fois… le dragon marin feuillu

Quand ma fille était petite, elle adorait demander aux adultes de lui dessiner un poisson. Elle se précipitait sur moi quand j'essayais de me concentrer pour écrire, et me fourrait un crayon dans la main en s'exclamant : « Dessine-moi un poisson, Papa, dessine-moi un poisson ! » Le poisson de bande dessinée que je traçais aussitôt pour avoir la paix – et le seul type de poisson qu'elle voulait que je représente – était toujours le même : un poisson « réglementaire », hareng ou perche, à la ligne fuselée, vu de côté, pointu à l'avant, avec une nageoire triangulaire en haut et en bas, une queue triangulaire à l'arrière, enfin ponctué d'un œil dans la parenthèse formée par la courbe des ouïes. Je ne pense pas que j'allais jusqu'aux nageoires pectorales ou pelviennes, ce qui était de la plus grande négligence puisqu'ils en ont tous. Le poisson standard a en fait une forme extrêmement commune, une forme qui, à l'évidence, fonctionne bien dans toute la gamme des tailles, depuis le vairon jusqu'au tarpon.

Qu'aurait dit Juliet si j'avais possédé le talent de lui dessiner un dragon marin feuillu, l'hippocampe *Phycodurus equus* que vous pouvez admirer dans le cahier photo (ill. 14) ? « NON, Papa, PAS des algues. Dessine-moi un poisson. J'ai dit UN POISSON ! » Le message de l'hippocampe, ce dragon feuillu, est que les formes des animaux sont aussi malléables que la pâte à modeler. Les poissons peuvent changer dans le temps de l'évolution pour prendre n'importe quelle forme qui, indépendamment du fait que ce sont des poissons, convient le mieux à leur mode de vie. Ceux qui ressemblent au poisson standard de Juliet n'ont cet aspect que parce que cet aspect leur convient. Cette forme est parfaite pour se déplacer en eau libre. Mais si pour survivre il faut pouvoir rester immobile et vertical dans des lits de varech qui ondulent légèrement, la forme de poisson standard peut subir toutes sortes de torsions et d'étirements produisant des ramifications fantastiques avec des feuilles qui ressemblent tellement aux algues brunes qu'un botaniste pourrait être tenté d'en faire une espèce (éventuellement du genre *Fucus*).

Le poisson-rasoir *Æoliscus strigatus*, qui vit sur des récifs de l'ouest du Pacifique, a lui aussi un déguisement beaucoup trop recherché pour que Juliet s'en fût contentée si je l'avais dessiné en tant que « poisson ». Son corps déjà extrêmement allongé se prolonge par un long museau, et cet effet est renforcé par une rayure sombre qui passe en plein sur l'œil pour aller jusqu'à la queue, qui n'a rien d'une queue. Ce poisson ressemble à une longue crevette, ou un peu à un rasoir de coiffeur, d'où son nom. Il est couvert d'une carapace transparente qui, à en croire mon collègue George Barlow qui en a observé des spécimens en liberté, ressemble au toucher à celle de la crevette. Comme de nombreux téléostéens, les poissons-rasoirs se déplacent en groupes coordonnés, avec une synchronie toute militaire. Mais à la différence de tout autre téléostéen que vous pourriez avoir en tête, ils avancent, le corps tourné vers le bas. Non qu'ils se déplacent verticalement, ils se déplacent horizontalement, mais avec le corps vertical. Cette nage synchronisée fait l'effet d'un coin d'herbe, ou, ce qui est plus frappant, elle évoque les grandes épines des oursins de mer géants dans lesquelles ils se réfugient souvent. La locomotion avec la tête en bas correspond à une décision délibérée. En cas d'alerte, ces poissons sont parfaitement capables de revenir au mode horizontal plus conventionnel, et de filer à une vitesse étonnante.

Ou bien, qu'aurait dit Juliet si je lui avais dessiné un bec de bécasse (*Nemichthyis*) ou un grandgousier (*Eupharynx pelecanoides*), deux poissons abyssaux filamenteux, dont l'un porte un nom d'oiseau ? Le premier fait l'effet d'un gag : ridiculement long et fin, il a une sorte de long bec d'oiseau dont les deux parties se retroussent en s'écartant comme la courbe d'un porte-voix. Cette disposition paraît si antifonctionnelle que je ne peux m'empêcher de me demander combien on en a vu vivants. Ne s'agirait-il pas plutôt d'un spécimen qui s'est desséché dans un musée et dont les mâchoires se seraient déformées en porte-voix ?

Le grandgousier, lui, fait penser à un cauchemar. Avec des mâchoires d'une grosseur ridicule pour son corps, du moins c'est l'impression qu'elles donnent, il est capable d'avaler tout rond des proies entières plus grosses que lui – talent remarquable qu'il partage avec plusieurs autres poissons des grands fonds. Il n'est pas inhabituel, bien sûr, que des prédateurs *tuent* des proies plus grosses qu'eux, avant de les manger après les avoir découpées. On voit cela chez les lions ; chez les araignées aussi*. Mais *avaler* tout rond un animal plus gros que soi, cela dépasse l'entendement. Et pourtant, certains y parviennent, comme le grandgousier et d'autres poissons abyssaux tels que le « gobeur » qui lui est apparenté de près, ainsi que le « gobeur noir » (*Chiasmodon niger*) qui ne lui est pas apparenté et n'est pas un poisson filamenteux. C'est qu'ils possèdent à la fois des mâchoires immenses par rapport à la taille de leur corps et un estomac mou et extensible qui ne pèse que quand il est plein, et ressemble alors plutôt à une tumeur extérieure. Après la longue période de digestion, cet estomac se resserre à nouveau. Pourquoi faudrait-il que ce tour de force d'avaler ainsi tout rond soit l'apanage des serpents** et des poissons abyssaux, je ne vois pas bien. De plus, le grandgousier et le gobeur attirent leurs proies au voisinage de leur bouche avec un leurre lumineux au bout de la queue.

Le plan corporel des téléostéens semble être infiniment malléable dans le temps de l'évolution, supportant l'étirement ou la compression pour aboutir à n'importe quelle forme, si éloignée soit-elle de la forme « classique » des poissons. Le nom latin du poisson-lune commun, *Mola mola*, signifie meule, et on voit bien pourquoi. De profil, on dirait un énorme disque, qui peut atteindre quatre mètres de diamètre et peser jusqu'à deux tonnes. L'aspect circulaire de sa silhouette n'est rompu que par deux nageoires gigantesques en haut et en bas, dont chacune mesure jusqu'à deux mètres de long.

L'hippopotame invoquait, pour expliquer sa différence spectaculaire avec ses cousins les baleines, la libération de la gravité dont les baleines ont dû bénéficier dès qu'elles ont rompu tous leurs liens avec la terre. Il ne fait pas de doute que la grande variété des formes que l'on peut observer chez les téléostéens s'explique de la

* Les araignées mangent leurs grosses proies pas tant sous la forme de morceaux que sous une forme liquide. Après leur avoir injecté un suc digestif, elles les aspirent comme avec une paille.

** Les serpents procèdent en se désarticulant le crâne. Le repas doit être pour eux une épreuve comparable à un accouchement pour une femme.

même façon. Mais en exploitant cette limitation, les téléostéens ont un autre avantage sur, mettons, les requins. Ils résolvent la question de la flottabilité d'une façon particulière, et c'est au brochet qu'il revient de nous l'expliquer.

Il était une fois… le brochet

Dans la triste province de l'Ulster où « les montagnes de Mourne descendent majestueusement vers la mer », je connais un lac merveilleux. Un groupe d'enfants s'y baignaient un jour, tout nus, quand quelqu'un a crié qu'il avait vu un gros brochet. Aussitôt, tous les garçons – et pas les filles – sont sortis sur la terre ferme. Le brochet commun, *Esox lucius*, est un redoutable prédateur pour les petits poissons. Il a un superbe camouflage, pas pour se protéger des prédateurs mais pour mieux se glisser jusqu'à sa proie. Prédateur furtif, et pas particulièrement rapide sur une grande distance, il flotte presque immobile entre deux eaux, s'avançant imperceptiblement jusqu'à être à bonne portée. Cette approche fatale s'effectue par de légers mouvements de la nageoire dorsale qui est implantée très en arrière.

Toute cette technique de chasse du brochet repose sur l'aptitude de celui-ci à se maintenir entre deux eaux au niveau voulu, tel un dirigeable qui dérive, sans aucun effort, dans un équilibre hydrostatique parfait. L'activité locomotrice se concentre entièrement sur cette approche clandestine dans laquelle il avance en glissant. Si, comme beaucoup de requins, le brochet avait besoin de nager pour rester sur place, sa technique d'embuscade ne marcherait pas. Le maintien et l'ajustement sans effort de l'équilibre hydrostatique est un talent particulièrement développé chez les téléostéens, et c'est peut-être la seule clé importante de leur réussite. Quel en est le secret ? C'est une vessie natatoire, un poumon modifié, rempli de gaz, qui règle leur flottabilité de façon dynamique et sensible. Cette vessie natatoire n'est pas l'apanage des brochets et de leurs proies, tous les téléostéens en ont une, à part quelques poissons abyssaux qui l'ont perdue secondairement.

On explique souvent que la vessie natatoire fonctionne comme un ludion, mais je ne crois pas que ce soit tout à fait ça. Le ludion est une cloche de plongée miniature contenant une bulle d'air, et qui est en équilibre hydrostatique dans une bouteille de verre. Quand la pression augmente (en général quand on pousse le bouchon plus profondément dans le goulot de la bouteille), la bulle se comprime et l'ensemble du ludion déplace moins d'eau. Et donc, en vertu du principe d'Archimède, le ludion s'enfonce. Si, au contraire, on tire un peu sur le bouchon de façon que la pression dans la bouteille diminue, la bulle du ludion grossit, ce qui déplace davantage d'eau et fait légèrement remonter le ludion. Ainsi, avec le pouce sur le bouchon, vous pouvez exercer un fin contrôle sur le niveau auquel le ludion trouve son équilibre.

L'important pour le ludion, c'est que le nombre de molécules d'air reste constant, alors que le volume et la pression changent (en proportion inverse, suivant la loi de Boyle). Si les poissons fonctionnaient comme les ludions, ils utiliseraient leur force musculaire pour contracter ou détendre la vessie natatoire, et modifier ainsi la pression et le volume tout en gardant le même nombre de molécules. Cela devrait marcher, en théorie, mais ce n'est pas ce qui se passe. Au lieu de garder le même nombre de molécules et de jouer sur la pression, ils ajustent le nombre de molécules. Pour descendre, ils absorbent quelques molécules de gaz de la vessie natatoire pour les faire passer dans le sang, ce qui réduit le volume. Pour remonter, ils font l'inverse, libérant des molécules de gaz dans la vessie natatoire.

Chez certains téléostéens, la vessie natatoire sert aussi à l'audition. Le corps du poisson étant en grande partie composé d'eau, les ondes sonores se propagent à travers lui comme elles le faisaient dans l'eau avant de l'atteindre. Mais en frappant la paroi de la vessie natatoire, elles tombent soudain sur un milieu différent, du gaz. La vessie natatoire agit donc comme une sorte de tympan. Dans certaines espèces, elle se trouve tout contre l'oreille interne. Dans d'autres, elle est reliée à celle-ci par une série de petits os, les osselets de Weber, qui jouent le même rôle que le marteau, l'enclume et l'étrier de l'être humain, tout en étant complètement différents.

Il semble que la vessie natatoire a évolué – a été « cooptée » – à partir d'un poumon primitif, et certains téléostéens survivants, comme les amies, les lépisostées et les bichirs, continuent à s'en servir pour respirer. Peut-être trouvons-nous cela un peu étonnant, nous pour qui la respiration aérienne semble être une avancée majeure qui s'est produite au moment où nous avons quitté l'eau pour la terre. On aurait pu supposer que le poumon était une vessie natatoire modifiée. Il semble au contraire que le poumon primitif servant à la respiration a bifurqué pour évoluer dans deux directions.

Dans l'une, il a gagné la terre en conservant son ancienne fonction respiratoire, et nous continuons à l'utiliser. Dans l'autre, a émergé la nouvelle fonction, une fonction passionnante : le vieux poumon est devenu un poumon modifié, ce qui a donné lieu à une véritable innovation : la vessie natatoire.

Il était une fois… le périophtalme

Dans un pèlerinage sur le thème de l'évolution, il est juste que figurent des messages qui, bien que dits par des pèlerins survivants, relatent des événements évolutifs du passé qui se répètent aujourd'hui. Le groupe des téléostéens comporte une telle diversité de morphologies et de comportements qu'il faut s'attendre à ce que certains rejouent des épisodes du parcours des poissons pulmonés et quittent l'eau pour la terre ferme. Le périophtalme est justement un de ces poissons qui sont sortis de l'eau, et comme il est bien vivant, il peut nous conter cela.

Plusieurs espèces de téléostéens vivent dans des eaux marécageuses, pauvres en oxygène. Leurs branchies ne pouvant en extraire suffisamment d'oxygène, il leur faut de l'air. Les poissons d'aquarium classiques originaires des marécages du Sud-Est asiatique, comme le combattant du Siam *Betta splendens*, remontent souvent à la surface pour y gober de l'air, tout en continuant à utiliser leurs branchies pour capter de l'oxygène. Comme les branchies sont mouillées, je suppose que vous allez dire que ce gobage d'air revient à oxygéner localement l'eau qui s'y trouve, de la même façon que vous pouvez faire des bulles d'air dans votre aquarium. Mais cela va plus loin car la cavité branchiale renferme un espace d'air auxiliaire, abondamment irrigué de vaisseaux sanguins. Ce n'est pas un vrai poumon. Le véritable homologue du poumon chez les téléostéens est la vessie natatoire qui leur sert, comme l'a montré le brochet, à réguler leur capacité de flotter.

Ces poissons qui respirent de l'air par leur cavité branchiale ont redécouvert la respiration aérienne par une voie totalement différente. Parmi eux, celui qui fait peut-être la meilleure démonstration de la cavité branchiale à respiration aérienne est la perche grimpeuse, *Anabas*. Vivant lui aussi dans des eaux mal oxygénées, ce poisson a l'habitude de marcher à terre quand son habitat s'est asséché, ce qui lui permet de survivre hors de l'eau plusieurs jours de suite. L'*Anabas* est vraiment un exemple vivant et respirant de ce que disait Romer dans sa théorie (un peu désuète maintenant) sur la façon dont les poissons ont émergé sur la terre.

Parmi les téléostéens marcheurs, un autre groupe est celui des périophtalmes, comme *Periophtalmus* par exemple, dont voici le message. Certains périophtalmes passent en fait plus de temps hors de l'eau que dans l'eau. Ils se nourrissent d'insectes et d'araignées que l'on ne trouve pas normalement dans l'eau. Il est possible que nos ancêtres du Dévonien aient bénéficié de ces avantages quand ils ont commencé à sortir de l'eau car les insectes et les araignées les avaient devancés sur la terre. Le périophtalme se hisse en battant des nageoires dans les flaques de boue, et il peut aussi ramper en s'aidant de ses nageoires pectorales (ses bras), dont les muscles sont si développés qu'ils peuvent porter son poids. À vrai dire, la parade nuptiale se déroule en partie à terre, le mâle faisant éventuellement des pompes, comme certains lézards mâles, pour exhiber devant les femelles son menton et sa gorge dorés. Le squelette des nageoires a évolué de façon convergente pour ressembler à celui d'un tétrapode comme la salamandre.

Le périophtalme peut sauter plus de 50 centimètres en arquant son corps latéralement puis en se redressant brutalement – d'où certains de ses nombreux noms vernaculaires, dont « sauteur de vase », « poisson-grenouille », et « poisson-kangourou ». Un autre nom vulgaire, « poisson grimpeur », vient de son habitude d'escalader la mangrove à la recherche de proies. Il s'agrippe aux arbres avec ses nageoires pectorales, s'aidant d'une sorte de ventouse formée par ses nageoires pelviennes rassemblées sous le corps.

Comme les poissons des marais que j'ai déjà cités, le périophtalme respire en faisant entrer de l'air dans ses cavités branchiales humides. S'il risque de se dessécher, il se roule dans une flaque. Ses yeux étant particulièrement sensibles à la sècheresse, il les frotte de temps en temps avec une nageoire humide. Saillants et rapprochés près du sommet de la tête, ils peuvent, comme chez la grenouille et le crocodile, lui servir de périscope pour voir au-dessus de la surface quand il est immergé. À terre, il les rentre souvent dans leurs orbites pour les humidifier. Enfin, avant de quitter l'eau pour une sortie à terre, il remplit d'eau ses cavités branchiales.

Dans un ouvrage bien connu sur la conquête de la terre, l'auteur cite un artiste du XVIIIe siècle qui, vivant en Indonésie, a gardé plusieurs jours chez lui un « poisson-grenouille » vivant :

Il me suivait partout avec une grande familiarité, exactement comme un petit chien.

Dans ce livre figure un dessin sur lequel un « poisson-grenouille » marche comme un petit chien, mais ce qu'il représente en fait, c'est nettement une baudroie : un poisson de grands fonds avec, au bout d'un filament dressé au-dessus de sa tête, un leurre qui lui sert à attraper des petits poissons. Je soupçonne le dessinateur d'avoir été victime d'un malentendu, un malentendu très instructif car il montre ce qui peut arriver si l'on se fonde sur les noms vulgaires des animaux plutôt que sur leurs noms latins qui, si imparfaits soient-ils, sont créés pour être uniques. Il est vrai que certaines personnes appellent la baudroie « poisson-grenouille », mais il est fort peu probable que le poisson qui suivait partout l'artiste comme un petit chien ait pu être une baudroie abyssale. En revanche, il est très possible qu'il se soit agi d'un périophtalme. Les périophtalmes vivent effectivement en Indonésie où, parmi les noms vulgaires qu'on leur donne, figure celui de poisson-grenouille. Pour ma part en tout cas, tel que je le vois, le périophtalme ressemble beaucoup plus à une grenouille qu'une baudroie a jamais pu ressembler à ce batracien ; de plus, il saute comme une grenouille. Je suppose donc que le « poisson-grenouille » familier de l'artiste, qui le suivait partout comme un petit chien, était un périophtalme.

J'aime à penser que nous descendons d'une certaine créature qui, si différente qu'elle ait été du périophtalme sur beaucoup d'autres points, était aussi aventureuse et aussi pleine d'initiatives qu'un petit chien ; peut-être était-ce ce que le Dévonien avait à offrir de plus proche du chien ? Une de mes amies de longue date m'a expliqué pourquoi elle aimait les chiens : « Ce sont des bêtes si braves ! » Je pense que le premier poisson à s'aventurer sur la terre ferme était sûrement l'archétype d'un brave dont on aimerait pouvoir dire que c'est un de nos ancêtres.

Il était une fois… le cichlidé

Le lac Victoria est le troisième plus grand lac du monde, mais c'est aussi un des plus récents. Les données géologiques lui donnent à peine environ 100 000 ans. Il abrite une énorme quantité de cichlidés endémiques. Endémique veut dire qu'on ne les trouve nulle part ailleurs, et que c'est probablement là qu'ils ont évolué. Selon que votre spécialiste en ichtyologie est un rassembleur ou un disperseur, le nombre des espèces de cichlidés dans le lac Victoria varie entre 200 et 500, et une estimation récente qui fait autorité le fixe à 450. De ces espèces endémiques, la grande majorité appartiennent à une tribu, celle des haplochrominés. C'est comme s'ils avaient tous évolué, sous la forme d'un « ensemble d'espèces » unique, au cours de la dernière centaine de milliers d'années.

Comme nous l'a expliqué le microhylidé, la division évolutive d'une espèce en deux s'appelle la spéciation. Ce qui nous étonne dans le caractère récent du lac Victoria, c'est le nombre étonnamment élevé des spéciations qui ont dû s'y produire. Sachant par ailleurs que le lac s'est complètement asséché il y a environ 15 000 ans, certains en ont même conclu que les 450 espèces endémiques ont dû évoluer à partir d'un ancêtre unique en un temps record, ce qui est étonnant. Comme nous le verrons, c'est probablement une vision trop généreuse. Quoi qu'il en soit, un petit calcul peut nous aider à mettre en perspective ces courts espaces de temps. À quel rythme devrait s'effectuer la spéciation pour qu'elle produise 450 espèces en 100 000 ans ? Le schéma de spéciation le plus prolifique en théorie serait des doublements successifs : dans ce schéma idéal, une espèce ancestrale donnerait naissance à deux espèces-filles, dont chacune se diviserait en deux, et chacune de ces dernières en deux, et ainsi de suite. D'après ce schéma (« exponentiel ») de spéciation à productivité maximale, une espèce ancestrale pourrait facilement donner 450 espèces en 100 000 ans, avec un intervalle apparemment assez généreux de 10 000 ans entre les spéciations dans une lignée. En remontant dans le temps en partant d'un pèlerin cichlidé moderne, il n'y aurait que dix rendez-vous en 100 000 ans.

Il est bien sûr hautement improbable que la spéciation dans la vraie vie suive effectivement ce schéma idéal des doublements successifs. Dans le schéma opposé, l'espèce fondatrice aurait successivement une espèce-fille après l'autre, sans donc qu'aucune d'elles ne se spécie. D'après ce schéma de spéciation la moins « efficace », pour produire 450 espèces en 100 000 ans, il faudrait que l'intervalle entre les spéciations soit de deux siècles. Même ce délai ne paraît pas ridiculement court. La vérité se trouve sûrement entre ces deux extrêmes, disons un intervalle moyen d'un millénaire ou plus entre deux spéciations dans n'importe quelle lignée. Présenté ainsi, le taux de spéciation ne paraît pas si spectaculaire, après tout, en particulier à la lumière de ce que nous a fait découvrir le pinson de Darwin. Toutefois, c'est là un tour de force exceptionnel, particulièrement rapide et prolifique à l'aune de ce que les évolutionnistes en sont venus à attendre, et c'est ce qui a fait la notoriété des cichlidés du lac Victoria chez les biologistes*.

Les lacs Tanganyika et Malawi sont seulement un peu plus petits que le lac Victoria – plus petits par la surface, cela s'entend. Mais alors que le lac Victoria est un grand bassin peu profond, ceux de Tanganyika et de Malawi sont des lacs de la dépression du Rift : longs, étroits et très profonds, ils sont plus anciens que le lac Victoria. Le lac Malawi, que j'ai déjà évoqué avec nostalgie comme le lieu de mes premières vacances « au bord de la mer », remonte à 1 ou 2 millions d'années, et celui de Tanganyika, avec ses 12 à 14 millions d'années, est le plus ancien. Malgré ces différences, les trois lacs ont en commun cette caractéristique notoire qui a inspiré ce message. Tous trois regorgent de centaines de cichlidés endémiques, propres à chaque lac. Ceux du Victoria constituent un ensemble d'espèces totalement différentes de celles du Tanganyika, et celles du Malawi un ensemble encore totalement différent de celles des deux autres. Pourtant, chacun de ces trois ensembles de centaines d'espèces a produit par évolution convergente dans chaque lac une palette de types extrêmement similaires.

On dirait qu'une espèce haplochromine fondatrice unique (ou un très petit nombre) a pénétré dans chacun de ces lacs à ses débuts, peut-être par un cours d'eau. À partir de ces débuts bien modestes, des subdivisions évolutives successives – des « épisodes de spéciation » – ont produit des centaines d'espèces de cichlidés dans une palette de types similaire dans les trois grands lacs. Cette diversification rapide en un grand nombre de types différents est ce que l'on appelle la « radiation adaptative ». Les pinsons de Darwin en

* Le lac Victoria a été victime d'une catastrophe d'origine humaine. En 1954, en voulant améliorer les pêcheries du lac, l'administration coloniale britannique y a introduit la perche du Nil (*Lates niloticus*). Cette décision a été critiquée par les biologistes qui entrevoyaient que ces poissons allaient perturber les écosystèmes uniques du lac. Les événements leur ont donné raison, avec un résultat catastrophique. Les cichlidés n'avaient jamais évolué pour se défendre contre un aussi gros prédateur que la perche du Nil. Il est probable que 50 espèces ont disparu pour de bon, et que 130 autres sont gravement menacées. Il a suffi d'un demi-siècle pour qu'une ignorance parfaitement évitable ruine les économies locales autour du lac et fasse disparaître une ressource scientifique inestimable.

sont un autre exemple célèbre, mais les cichlidés africains sont vraiment particuliers car le phénomène s'est produit en triple exemplaire*.

Les variations à l'intérieur de chaque lac sont en grande partie liées au régime alimentaire. Chacun a ses consommateurs spécialisés dans le plancton, ceux spécialisés dans les algues des rochers, ses prédateurs se nourrissant d'autres poissons, ses détritivores, ses charognards, ses voleurs d'aliments, ses pilleurs d'œufs. Il existe même des homologues du poisson nettoyeur, que l'on connaît mieux par les poissons des récifs coraliens tropicaux (le polypier nous en parlera). Les cichlidés ont un système complexe de doubles mâchoires. En plus des mâchoires extérieures « ordinaires » visibles, ils en ont un deuxième jeu, les « mâchoires pharyngiennes », enfoui au fond de la gorge. Il est vraisemblable que cette nouveauté les a préparés à différencier leur régime alimentaire, et donc à se diversifier souvent dans les grands lacs africains.

Bien que plus anciens, les lacs Tanganyika et Malawi ne renferment pas davantage d'espèces de poissons que le lac Victoria. C'est comme si chaque lac maintenait en quelque sorte un équilibre en limitant le nombre des espèces, lequel n'augmente donc pas avec le temps. De fait, il peut même diminuer. Le lac Tanganyika, le plus ancien des trois, est celui qui compte le moins d'espèces. Le lac Malawi, d'âge intermédiaire, est celui qui en comporte le plus. Il paraît vraisemblable que tous les trois ont suivi le schéma du lac Victoria dans lequel, après des débuts fort modestes, s'est produite une spéciation extrêmement rapide qui a donné naissance à plusieurs centaines de nouvelles espèces endémiques dans les quelques premières centaines de milliers d'années.

Le microhylidé a présenté la théorie qui prévaut sur le comment de la spéciation, celle de l'isolement géographique. Mais elle n'est pas la seule, et il se peut que plusieurs soient vraies dans d'autres cas. La « spéciation sympatrique », qui est la séparation des populations en espèces distinctes dans la même région géographique, peut se produire dans certaines conditions, en particulier chez les insectes où elle peut même être la norme. Certaines données mettent au jour une spéciation sympatrique des cichlidés dans des petits lacs de cratères africains. Mais le modèle de la spéciation par

* Ce sujet est entièrement traité en détail dans l'ouvrage récent de Dolph Schluter, *The Ecology of Adaptive Radiation*.

isolement géographique reste celui qui prévaut, et il prévaudra jusqu'à la fin de ce message.

D'après la théorie de l'isolement géographique, la spéciation commence avec la division géographique accidentelle d'une espèce ancestrale unique en des populations séparées. Désormais incapables de se croiser, ces deux populations dérivent chacune de son côté, ou sont poussées par la sélection naturelle dans des directions évolutives différentes. Puis, si elles se rencontrent plus tard après cette divergence, ou bien elles n'ont pas envie de se croiser, ou bien elles en sont incapables. Elles reconnaissent souvent leur propre espèce à un trait particulier, et elles évitent consciencieusement les espèces similaires qui ne le possèdent pas*.

Il se trouve qu'une expérience particulièrement claire a été réalisée sur les cichlidés par Ole Seehausen, qui est maintenant à l'université de Hull, et son collaborateur Jacques van Alphen de l'université de Leiden. Ils ont pris deux espèces apparentées, *Pundamilia pundamilia* et *P. nyererei* (dont le nom vient d'un grand leader africain, Julius Nyerere, de Tanzanie). Les deux espèces se ressemblent beaucoup, sinon que *P. Nyerere* est rougeâtre, tandis que *P. Pundamilia* tire sur le bleu. Dans des conditions normales, les femelles dans les tests de choix préfèrent s'accoupler avec des mâles de leur espèce. Or c'est là que Seehausen et van Alphen ont procédé à leur test décisif. Ils ont donné aux femelles le même choix, mais dans une lumière monochrome artificielle. L'effet de cette lumière est spectaculaire sur les objets que l'on perçoit : j'en ai un souvenir bien précis de mes années de scolarité à Salisbury où les rues de la ville étaient éclairées au sodium. Nos casquettes rouge vif et les autobus rouge vif, tout avait l'air d'être marronnasse. C'est ce qui est arrivé aux *Pundamilia* mâles bleus et rouges dans l'expérience de Seehausen et van Alphen. Qu'ils aient été rouges ou bleus à la lumière blanche, tous sont devenus marronnasses. Et en résultat ? Les femelles ne faisaient plus la distinction

* La sélection naturelle pénalise l'accouplement avec la mauvaise espèce, en particulier quand celle-ci est suffisamment proche pour être tentante, et pour que la progéniture hybride survive, consomme des ressources parentales coûteuses, et en fin de compte s'avère stérile, comme le mulet. Pour de nombreux zoologistes, les stratégies d'approche amoureuse visent essentiellement à faire échouer les croisements. C'est peut-être aller un peu loin, et il y a d'autres pressions de sélection importantes qui s'exercent sur l'approche amoureuse. Néanmoins, il est probablement valable de voir dans certaines de ces approches et certaines couleurs vives et autres affichages peu discrets, des « mécanismes d'isolement reproductif » qui ont évolué contre l'hybridation sous des pressions de la sélection.

entre eux et se sont accouplées indifféremment. Les jeunes issus de ces accouplements étaient parfaitement fertiles, ce qui indique que le choix des femelles est la seule chose qui empêche ces espèces de s'hybrider*. Si les deux espèces étaient un peu plus différentes, leur progéniture serait probablement stérile, comme les mulets. Plus tard encore dans le processus de divergence, des populations isolées arrivent au point où elles seraient incapables de se croiser, quand bien même elles le voudraient.

Quelle que soit l'origine de la séparation, l'impossibilité de se croiser définit l'appartenance de deux populations à des espèces différentes. Chacune des deux est désormais libre d'évoluer séparément et ne peut être contaminée par les gènes de l'autre même si la barrière géographique qui avait bloqué cette contamination au départ a disparu. Sans l'intervention initiale de barrières géographiques (ou d'un quelconque équivalent), les espèces ne pourraient jamais se spécialiser dans des régimes alimentaires, des habitats ou des comportements particuliers. Remarquez que l'« intervention » ne signifie pas nécessairement que c'est la géographie elle-même qui a provoqué la modification active – comme quand une vallée est inondée ou qu'un volcan entre en éruption. Le même effet se produit si des barrières géographiques ont toujours existé, suffisamment larges pour bloquer le flux des gènes, mais pas au point de ne jamais être franchies par des populations fondatrices occasionnelles. Dans le message du dodo, nous avons vu cette idée que des individus sporadiques ont eu la chance d'effectuer la traversée jusqu'à une île lointaine où ils se sont ensuite reproduits, isolés de la population de leurs parents.

Des îles comme l'île Maurice ou les Galápagos sont des lieux classiques qui fournissent des séparations géographiques, mais l'île n'est pas nécessairement une terre entourée d'eau ; quand on parle de spéciation, ce mot renvoie à tout type de zone de reproduction isolée pour l'animal. Ce n'est pas pour rien que le superbe ouvrage de Jonathan Kingdon sur l'écologie africaine s'intitule *Island Africa*. Pour un poisson, un lac est une île. Comment, alors, des centaines de nouvelles espèces de poissons pourraient-elles diverger d'un seul ancêtre si elles vivaient toutes dans le même lac ?

Une réponse, du point de vue du poisson, c'est qu'il se trouve nombre de petites « îles » dans un grand lac. Les trois grands lacs de l'Est africain ont des récifs isolés. « Récif » ici ne signifie pas,

* Un exemple analogue figure dans le message de la sauterelle.

bien sûr, récif corallien, mais « ligne de crêtes ou étroite chaîne de roches, de galets ou de sable, à la surface de l'eau ou à proximité » (*Oxford English Dictionary*). Ces récifs lacustres sont couverts d'algues dont se nourrissent de nombreux types de cichlidés. Pour ces derniers, un récif pourrait bien constituer une « île », séparée par des eaux profondes de la voisine qui se trouve à une distance telle que cette distance constitue une barrière pour le flux des gènes. Même s'ils sont capables d'aller de l'une à l'autre, ils n'en ont pas envie. Cette idée est corroborée par des données génétiques provenant d'une étude menée sur le lac Malawi, qui a échantillonné une espèce de cichlidés, *Labeotropheus fuellborni*. Les individus aux deux extrémités d'un grand récif avaient la même distribution de gènes : il existait donc un flux génétique intense d'un bout à l'autre de ce récif. Mais quand les chercheurs ont échantillonné la même espèce sur d'autres récifs séparés par des eaux profondes, ils ont trouvé des différences significatives dans la coloration visible et dans les gènes. Il suffisait d'un fossé de deux kilomètres pour créer une séparation génétique mesurable, et plus le fossé était large, plus large était le fossé génétique. D'autres preuves viennent d'une « expérience naturelle » sur le lac Tanganyika. Au début des années 1970, une violente tempête a créé un nouveau récif à quatorze kilomètres du récif le plus proche. Ce lieu nouvellement créé aurait dû constituer un habitat de choix pour les cichlidés vivant dans les récifs, mais quand il a été inspecté quelques années plus tard, on n'y en a trouvé aucun. De toute évidence, pour les poissons, ces grands lacs comportent bien des « îles ».

Pour qu'il y ait spéciation, il faut que des populations soient assez isolées pour que les flux géniques entre elles soient rares, mais pas au point qu'il n'y arrive absolument pas d'individus fondateurs. Pour qu'il y ait spéciation, la recette est « des flux géniques, mais pas trop ». C'est un titre de section du livre de George Barlow, *The Cichlid Fishes*, qui m'a le plus inspiré pour ce message. L'auteur y décrit encore une autre étude sur le lac Malawi, portant sur quatre espèces de cichlidés, vivant sur quatre récifs voisins, séparés les uns des autres en gros d'un à deux kilomètres. Une analyse fine de la distribution des gènes a mis en évidence la présence effective d'un filet de flux génique entre les récifs, mais très mince – la recette idéale pour une spéciation.

Voici une autre façon dont la spéciation aurait pu se produire, et cette idée paraît particulièrement plausible pour le lac Victoria.

D'après la datation de la vase par le carbone 14, le lac Victoria se serait asséché il y a environ 15 000 ans. *Homo sapiens*, qui n'a pas précédé de beaucoup les premiers cultivateurs de Mésopotamie, a pu aller à pied sec tout droit de Kisumu au Kenya à Bukoba en Tanzanie – un voyage de trois cents kilomètres qui se fait aujourd'hui à bord du *Victoria*, un bateau de bonne taille mieux connu sous le nom de *Queen of Africa*. Cet assèchement était extrêmement récent, mais qui sait combien de fois la cuvette du lac Victoria a été asséchée et inondée, inondée et asséchée dans les centaines de milliers d'années qui ont précédé ? Sur l'échelle de milliers d'années, le niveau du lac peut monter et retomber comme un yoyo.

Maintenant, gardez cette idée en tête avec la théorie de la spéciation par isolement géographique. Quand la cuvette du lac Victoria s'assèche de temps en temps, que peut-il rester ? Ce pourrait être un désert si l'assèchement était complet. Un assèchement partiel, en revanche, laisserait une multitude de petits lacs et de mares éparpillés, représentant les dépressions les plus profondes de la cuvette. Tout poisson piégé dans ces petits lacs aurait une occasion parfaite pour évoluer loin de ses congénères dans les autres petits lacs et pour devenir une espèce séparée. Puis, quand la cuvette serait inondée à nouveau et que le grand lac se serait reconstitué, l'espèce distincte depuis peu rejoindrait à la nage la faune plus nombreuse du lac Victoria. Quand le yoyo redescendrait la fois suivante, ce serait un autre ensemble d'espèces qui se trouverait séparé accidentellement dans chacun des petits refuges. Là encore, quelle merveilleuse recette pour la spéciation !

Les données de l'ADN mitochondrial corroborent cette théorie des niveaux fluctuants pour le lac Tanganyika qui est plus ancien. Bien qu'il s'agisse d'un lac de dépression profond, et pas d'une cuvette peu profonde comme le lac Victoria, il est prouvé que son niveau était autrefois beaucoup moins élevé, et qu'il était alors divisé en trois lacs de taille moyenne. Les données génétiques laissent penser qu'il s'est produit une ségrégation précoce de cichlidés en trois groupements, vraisemblablement un dans chacun des anciens lacs, qui a été suivie de spéciations après la formation du grand lac actuel.

Dans le cas du lac Victoria, Erik Verheyen, Walter Salzburger, Jos Snoeks et Axel Meyer ont effectué une étude génétique très complète de la mitochondrie des cichlidés haplochromines non seulement dans le lac principal, mais aussi dans les cours d'eau avoisinants ainsi que dans les lacs satellites Kivu, Edward, George, Albert, et autres. Ils ont montré que le Victoria et ses voisins plus petits ont en commun un « groupement d'espèces » monophylétique qui a commencé à diverger il y a environ 100 000 ans. Cette étude très sophistiquée a utilisé les méthodes de parcimonie et de vraisemblance maximale et l'analyse bayésienne, que nous avons rencontrées dans le message du gibbon. Verheyen et ses collaborateurs ont examiné dans tous les lacs et les cours d'eau avoisinants la distribution de cent vingt-deux « haplotypes » de l'ADN mitochondrial de ces poissons. Comme nous l'a expliqué Ève, l'haplotype est une séquence d'ADN suffisamment longue pour qu'on la reconnaisse de façon répétitive chez un grand nombre d'individus, qui peuvent très bien appartenir à de nombreuses espèces différentes. Par souci de simplicité, j'emploierai le mot « gène » comme synonyme approximatif de « haplotype » (ce que les généticiens puristes se garderaient bien de faire). Les chercheurs ont ignoré temporairement la question des espèces. En effet, ils se sont imaginé que les gènes nageaient çà et là dans les lacs et les rivières et ils ont compté la fréquence de ces déplacements.

Il est facile de se méprendre sur le beau diagramme 8 que vous trouverez en p. VI du cahier photo, dans lequel Verheyen et ses collaborateurs ont résumé leur étude. On pourrait être tenté de croire que les cercles représentent les espèces agglutinées autour de leur espèce mère, comme dans un arbre généalogique. Ou bien qu'ils représentent des petits lacs groupés autour de lacs plus grands, comme sur la carte des destinations d'un réseau aérien (amphibie !). Aucune de ces deux interprétations ne s'approche, même de loin, de ce que ce diagramme représente. Les cercles ne sont ni des espèces, ni des centres géographiques. Chacun est un haplotype, un « gène », une séquence particulière d'ADN qu'un poisson possède éventuellement.

Chaque gène est donc représenté par un cercle. La surface du cercle indique le nombre total des individus, *toutes espèces confondues*, dans tous les lacs et rivières étudiés, qui possèdent ce gène particulier. Les petits cercles indiquent un gène qui n'a été trouvé que dans un individu. À en juger par la surface de son cercle (le plus grand), le gène 25 a été trouvé chez trente-quatre individus. Le nombre de cercles (ou de points) sur la ligne qui joint deux cercles représente le nombre minimal de mutations qu'il faut pour passer de l'un à l'autre. Vous reconnaîtrez d'après le message du gibbon que c'est là une forme d'analyse de parcimonie*. Les petits points noirs représentent les gènes intermédiaires qui n'ont pas été trouvés dans de véritables poissons, mais dont on peut déduire l'existence probable au cours de l'évolution. C'est un arbre sans racine : il ne se prononce pas sur la direction de l'évolution.

La géographie n'intervient dans ce diagramme que dans l'encodage des couleurs. Chaque cercle est un camembert indiquant combien de fois le gène concerné a été trouvé dans chacun des lacs ou cours d'eau étudiés (voir dans le diagramme la légende des nuances en bas à droite). Parmi ces nombreux gènes, ceux numérotés 12, 47, 7 et 56 n'ont été trouvés que dans le lac Kivu (tous les cercles rouges) ; les gènes 77 et 92 ne l'ont été que dans le lac Victoria (tous les bleus) ; enfin, le gène 25, le plus abondant de tous, a surtout été trouvé dans le lac Kivu, mais aussi en nombres significatifs dans les « lacs ougandais » (ensemble de petits lacs proches les uns des autres à l'ouest du lac Victoria), ainsi que dans le fleuve Nil Victoria, dans le lac Victoria lui-même et dans le lac Edward/George (ces deux petits lacs voisins sont réunis pour le décompte). Une fois de plus, gardez en tête que ce diagramme ne contient absolument aucune information sur les espèces. La tranche de camembert bleue du cercle du gène 25 indique que deux individus du lac Victoria contenaient ce gène. Nous ne savons absolument pas s'ils étaient tous deux de la même espèce, ou de la même espèce que des individus du lac Kivu qui possédaient ce gène. Mais ce n'est pas le sujet de ce diagramme. Il est fait pour plaire aux fanatiques du gène égoïste.

Les résultats étaient puissamment révélateurs. Il en sort que le petit lac Kivu est la source de tout le groupement d'espèces. Les signaux génétiques montrent qu'à deux reprises le lac Victoria a été « ensemencé » de cichlidés haplochromines qui en venaient. La grande sécheresse d'il y a 15 000 ans, loin d'avoir fait disparaître le groupement d'espèces, l'a probablement augmenté exactement de la façon dont nous l'imaginions, le bassin du Victoria devenant une « Finlande » de petits lacs. Quant à l'origine de la population plus ancienne de cichlidés dans le lac Kivu lui-même (il compte maintenant 26 espèces, dont 15 haplochromines endémiques), d'après l'oracle de la génétique, elle est venue de Tanzanie par des cours d'eau.

* Mais légèrement plus facile que l'analyse de parcimonie de gènes apparentés de loin car les intermédiaires sont toujours présents.

Cette étude ne fait que commencer. D'abord, l'imagination vacille, puis elle s'exalte en contemplant ce que l'on obtiendra quand on appliquera ces méthodes de façon routinière non seulement aux cichlidés dans les lacs africains, mais aussi à toutes sortes d'animaux, dans n'importe quel « archipel » d'habitats.

Il était une fois… le poisson cavernicole aveugle

Toutes sortes d'animaux se sont frayé un chemin jusque dans des cavernes obscures où les conditions d'existence sont à l'évidence différentes de celles à l'extérieur. À maintes reprises et dans de nombreux groupes d'animaux différents, notamment chez les vers plats, les insectes, les crabes, les salamandres et les poissons, ceux qui vivent dans des cavernes ont acquis par l'évolution et indépendamment, de nombreuses modifications similaires. On peut considérer que certaines sont constructives – reproduction plus tardive, œufs moins nombreux mais plus gros, plus grande longévité… Pour compenser, semble-t-il, l'inutilité de leurs yeux, chez les animaux cavernicoles le goût et l'odorat se sont davantage développés par l'acquisition de longues antennes et, chez les poissons, par le perfectionnement du système de la ligne latérale (organe des sens lié à la pression, qui au-delà de l'empathie qu'elle suscite chez nous, joue un rôle prépondérant pour les poissons). D'autres modifications sont considérées comme régressives : les cavernicoles ont tendance à perdre leurs yeux et le pigment de la peau, devenant aveugles et blancs.

Les tétras cavernicoles du Mexique, *Astyanax mexicanus* (ou *A. fasciatus*) sont particulièrement remarquables. En effet, des populations différentes de la même espèce de poissons ont indépendamment les unes des autres été amenées par des courants jusque dans des cavernes où elles ont très rapidement évolué en acquérant le même tableau de modifications cavernicoles régressives, tableau que l'on peut comparer directement à des membres de la même espèce qui continuent à vivre à l'extérieur. Ces « poissons cavernicoles mexicains » ne se trouvent que dans des cavernes mexicaines – essentiellement des cavernes calcaires dans une seule vallée. Alors que l'on croyait, cela se comprend, qu'ils appartenaient à une espèce distincte, on les a maintenant classés comme une race de la même espèce, *Astyanax mexicanus*, qui est courante dans les eaux de surface depuis le Mexique jusqu'au Texas. La race aveugle a été trouvée dans vingt-neuf cavernes séparées et, je le répète, on dirait vraiment que certaines de ces populations cavernicoles ont évolué indépendamment les unes des autres vers des yeux régressifs et une coloration blanche : les tétras vivant à la surface ont à maintes occasions élu domicile dans des cavernes, et ils ont à chaque fois perdu indépendamment leurs yeux et leur couleur.

Ce qui est étonnant, c'est qu'il semble que certaines populations sont dans leur caverne depuis plus longtemps que d'autres, et cela s'exprime par un gradient d'intensité de ces traits spécifiquement cavernicoles, selon le stade où elles en sont. Les poissons les plus marqués se trouvent dans la caverne de Pachon, dont on pense qu'elle abrite la population cavernicole la plus ancienne. À l'extrémité la « plus récente » du spectre se trouve la caverne de Micos dont la population n'a relativement pas changé par rapport à la forme normale de l'espèce, qui vit à la surface. Il est impossible qu'aucune de ces populations occupe sa caverne depuis longtemps car il s'agit d'une espèce sud-américaine qui n'a pas pu gagner le Mexique avant la formation de l'isthme de Panama – de la grande voie panaméricaine – il y a 3 millions d'années. À mon avis, les populations cavernicoles des tétras sont beaucoup plus récentes.

Il est facile de comprendre pourquoi les êtres qui vivent dans l'obscurité pourraient ne jamais avoir eu d'yeux au départ ; il est moins facile de comprendre pourquoi, leurs ancêtres récents ayant certainement eu des yeux normaux et qui fonctionnaient, les poissons cavernicoles devraient « se donner la peine » de s'en débarrasser. S'il y avait la moindre chance qu'un poisson cavernicole puisse un jour être happé dans son trou par une vague et emporté à la lumière du jour, n'aurait-il pas un certain avantage à garder ses yeux « au cas où » ? L'évolution, ça ne marche pas comme ça ; enfin, on peut reformuler cette idée en termes plus châtiés. La construction des yeux – en fait, toute construction – a un coût. Les poissons qui détournent individuellement des ressources pour les investir ailleurs pourraient être avantagés par rapport à des rivaux qui ont conservé l'intégrité de leurs yeux*. Si, chez un cavernicole, la probabilité d'avoir besoin d'yeux est trop faible pour compenser leur coût de fabrication, les yeux disparaîtront. Dans la sélection

* Les yeux peuvent être un luxe encore plus coûteux s'ils s'infectent ou s'irritent, ce qui explique probablement qu'ils sont réduits au minimum chez les taupes fouisseuses.

naturelle, les moindres avantages sont importants. D'autres biologistes ne prennent pas en compte les considérations économiques. Pour eux, il suffit qu'il se trouve dans le développement de l'œil une accumulation de changements aléatoires que la sélection naturelle ne pénalise pas car elles ne font pas de différence. Cependant, pour des raisons purement statistiques, comme il existe beaucoup plus de manières d'être aveugle que d'être voyant, les modifications aléatoires tendent à aller vers la cécité.

Et cela nous amène au point principal du poisson cavernicole aveugle. Il s'agit de la loi de Dollo, qui dit que l'évolution ne revient pas en arrière. Est-ce que l'inversion d'une tendance évolutive telle qu'elle apparaît chez le poisson cavernicole infirme la loi de Dollo, en réduisant les yeux qui s'étaient auparavant développés avec tant de mal dans le cadre de l'évolution ? Y a-t-il, de toute façon, une raison théorique générale qui fasse dire que l'évolution est irréversible ? La réponse à ces deux questions est non. Mais il faut bien comprendre la loi de Dollo, et le but ici est de l'expliquer.

Sauf à très court terme, l'évolution ne peut revenir en arrière de façon précise et exacte, mais ce qui est important, c'est « précise et exacte ». Il est très improbable que l'évolution suive une voie particulière, spécifiée à l'avance, car les voies possibles sont trop nombreuses. Une inversion exacte de l'évolution n'est qu'un cas spécial de voie évolutive particulière, spécifiée à l'avance. Étant donné le grand nombre de possibilités qui se présentent à l'évolution, il est fortement improbable qu'elle suive une voie particulière, y compris exactement l'inverse de celle qui vient d'être parcourue en marche avant. Mais il n'existe pas de loi contre l'inversion de l'évolution en tant que telle.

Les dauphins descendent de mammifères terrestres. Ils sont retournés à la mer et ils ressemblent, sur de nombreux points superficiels, à de gros poissons qui nagent vite. Mais il ne s'agit pas d'un retour en arrière de l'évolution. Ils ressemblent à des poissons à certains égards, mais la majorité de leurs caractéristiques internes indiquent que ce sont nettement des mammifères. Si l'évolution était vraiment revenue sur ses pas, ce seraient simplement des poissons. Peut-être certains « poissons » sont-ils en fait des dauphins – leur retour à l'état de poisson étant si parfait et si complet que nous ne l'avons pas remarqué ? Vous voulez parier ? C'est dans ce sens que vous pouvez parier gros sur la loi de Dollo. En particulier si vous regardez le changement évolutif au niveau moléculaire.

Cette interprétation de la loi de Dollo, on pourrait l'appeler l'interprétation thermodynamique, en référence à la deuxième loi de la thermodynamique, selon laquelle l'entropie (ou le désordre, le chamboulement) augmente dans un système clos. On compare souvent cette loi à une bibliothèque (peut-être est-ce plus qu'une analogie). Sans un bibliothécaire qui remet d'une main décidée les livres à leur bonne place, une bibliothèque a tendance à aller vers le désordre. Les livres se mélangent, les gens les laissent sur une table, ou les placent sur le mauvais rayon. À mesure que le temps passe, l'équivalent de l'entropie dans la bibliothèque augmente inévitablement. Voilà pourquoi toutes les bibliothèques ont besoin de bibliothécaires qui ne cessent de travailler à remettre les livres en ordre.

Le grand malentendu sur cette deuxième loi, c'est de supposer qu'il existe une pression pour atteindre un objectif particulier qui est un état de désordre. Ce n'est absolument pas cela. C'est seulement qu'il y a beaucoup plus de façons d'être en désordre que d'être en ordre. Si les livres sont mélangés au hasard par des emprunteurs négligents, la bibliothèque s'éloignera automatiquement de l'état (ou de la petite minorité d'états) que n'importe qui reconnaîtrait comme ordonné. Il n'existe aucune pression pour un état de grande entropie. Bien plutôt, la bibliothèque fait des méandres dans une direction aléatoire en s'écartant de l'état initial de grand ordre, et où qu'elle aille dans l'espace de toutes les bibliothèques possibles, la grande majorité des voies possibles ira vers une augmentation du désordre. De même, sur toutes les voies évolutives qu'une lignée peut suivre, une seule sur toute une multitude de voies possibles sera l'inverse exacte du chemin par lequel elle est venue à exister. La loi de Dollo se révèle n'être pas plus profonde que la « loi » selon laquelle, si vous jouez cinquante fois à pile ou face, vous n'obtiendrez pas que des piles ou que des faces, ni même une stricte alternance, *ni aucune autre séquence préspécifiée particulière*. En vertu de la même loi de la « thermodynamique », toute voie évolutive particulière orientée « en avant » (quoi que cela puisse vouloir dire !) ne sera pas suivie deux fois de façon précise.

Dans ce sens de la thermodynamique, la loi de Dollo est vraie, sans avoir rien de remarquable. Elle ne mérite absolument pas le titre de loi, pas plus qu'il n'y a une « loi » disant que l'on ne peut jouer cent fois à pile ou face et tomber sur face à chaque fois. On pourrait imaginer une interprétation de la loi de Dollo selon la « vraie loi », édictant que l'évolution ne peut pas revenir à un état qui ressemble vaguement à un état ancestral, de la même façon qu'un dauphin ressemble vaguement à un poisson. Cette interprétation serait vraiment remarquable et intéressante, mais elle est fausse (demandez au premier dauphin venu). Et je ne peux imaginer aucun raisonnement théorique sensé qui permette de conclure qu'elle est vraie.

Il était une fois… le flet

Chaucer a une qualité attachante, le perfectionnisme naïf de son prologue général dans lequel il présente ses personnages. Non content que figure parmi les pèlerins un « Doctour of Physik », il fallait que ce soit le meilleur docteur du pays :

Dans tout ce monde point n'avait son pareil,
Pour parler de physique ou de chirurgie.

Ce « très parfait gentil chevalier » n'avait, semble-t-il, pas son pareil dans la chrétienté pour le courage, la loyauté et le caractère égal. Quant à l'écuyer son fils, c'était « un séduisant et vigoureux damoiseau […] merveilleux sauveteur et de grande force ». Pour couronner le tout, il était « aussi frais que le mois de mai ». Même le hallebardier du chevalier savait tout ce que l'on pouvait connaître dans l'art de travailler le bois.

Le perfectionnisme est un vice des évolutionnistes. Nous sommes si habitués aux merveilles de l'adaptation darwinienne qu'il est tentant de croire qu'il ne pourrait rien se trouver de meilleur. En fait, c'est une tentation que je pourrais presque recommander. On peut monter une argumentation étonnamment puissante en faveur de la perfection de l'évolution, mais il faut procéder avec circonspection et être très attentif aux détails*. Je ne donnerai ici qu'un exemple de contrainte historique, ce qu'on appelle l'« effet moteur à réaction » : imaginez comme un moteur à réaction serait imparfait si, au lieu d'un plan de montage sur une planche à dessin propre, il fallait partir d'un moteur à hélice que

* J'ai indiqué ces pièges dans un chapitre de *The Extended Phenotype*, intitulé « Contraintes sur la perfection ».

l'on changerait en procédant par étapes successives, boulon par boulon et rivet par rivet.

La raie est un poisson plat qui aurait pu être dessiné sur une planche à dessin pour qu'il soit plat et se pose sur le ventre, avec deux grandes « ailes » symétriques de chaque côté. Il n'en va pas de même des poissons plats téléostéens. Ils se posent sur un côté, soit le gauche (comme le carrelet), soit le droit (comme le turbot ou le flet). Quel que soit le côté, le crâne tout entier est déformé pour que l'œil du dessous glisse sur le dessus où il peut voir. Picasso aurait adoré ces poissons. Mais selon les normes de toute planche à dessin, leur imperfection est fort révélatrice. Ils ont précisément le type d'imperfection que l'on peut s'attendre à trouver chez un être qui a évolué et pas chez celui qui a été dessiné.

Rendez-vous 21

LA GENT DES REQUINS

« Émergeant de l'innocence meurtrière de la mer… » Le contexte du poème de Yeats était tout autre mais, bien malgré moi, ce vers me fait toujours penser au requin. Meurtrier, oui, mais innocent de toute cruauté délibérée, ne faisant qu'assurer son existence, à l'instar peut-être de la machine à tuer la plus puissante du monde. Je connais des gens pour qui le grand requin blanc est leur pire cauchemar. Si vous en êtes, vous n'aimeriez peut-être pas savoir que le requin du Miocène, *Carcharocles megalodon*, était trois fois plus gros que le grand requin blanc, avec des mâchoires et des dents dans les mêmes proportions.

Pour moi qui ai grandi en strict contemporain de la bombe atomique, le cauchemar qui ne cesse de me hanter, ce n'est pas un requin mais un énorme avion à ailes delta, noir, futuriste, hérissé de ses lance-missiles *high-tech*, dont l'ombre envahit le ciel et sème l'effroi dans mon cœur. En fait, cette forme, c'est pratiquement celle de la raie manta*. Cette forme sombre qui survole en grondant les arbres de mes rêves avec ses deux tourelles de tir et leur menace énigmatique est une sorte de cousine technologique de la *Manta birostris*. J'ai toujours eu du mal à admettre que ces monstres de sept mètres sont des êtres inoffensifs qui se nourrissent en filtrant le plancton à travers leurs branchies. Ils sont aussi d'une grande beauté.

---

* Que les Français désignent aussi sous le nom de raie vampire, ce qui en dit long sur la crainte qu'elle inspire, avec le diable de mer, l'aigle de mer et la raie chauve-souris. Ajoutons dans le même registre sinistre que le mot « requin » viendrait de *requiem* ! (*N.d.T.*)

Mais alors, et les poissons-scies, que diable ! Et les requins-marteaux ? Les requins-marteaux attaquent les gens à l'occasion, mais ce n'est pas une raison pour qu'ils envahissent vos rêves. Est-ce cette tête bizarre en T, et les yeux démesurés que vous n'imagineriez que dans la science-fiction, comme si ces bêtes étaient l'œuvre d'un artiste imaginatif sous l'emprise de la drogue ? Et le renard des mers, *Alopias*, n'est-ce pas aussi une œuvre d'art, un candidat de plus pour les rêves, dont le lobe supérieur de la queue atteint pratiquement la longueur du reste de son corps ? Il utilise la pale prodigieuse de sa queue dans un premier temps pour ramener à lui ses proies, puis pour les tuer. On en connaît un qui, harcelé par des pêcheurs dans un bateau, a décapité l'un d'eux d'un seul mouvement de cette superbe queue.

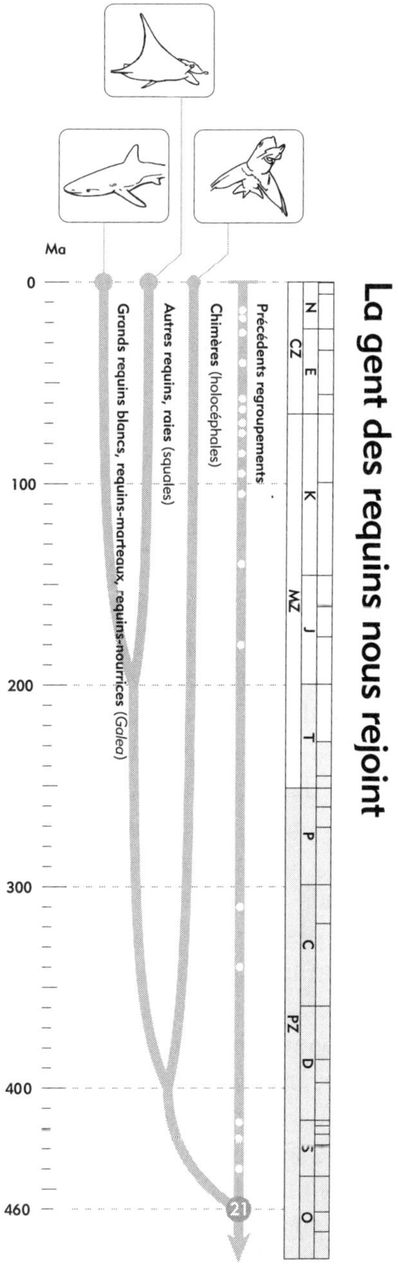

La gent des requins nous rejoint. Les poissons cartilagineux, qui nous rejoignent ici, comprennent les requins et les raies. Les fossiles ne laissent aucun doute sur la séparation précoce des vertébrés entre les poissons osseux et ces poissons cartilagineux. Des données récentes solides appuient fortement ce schéma de relations entre les 850 espèces environ de poissons cartilagineux.

Dessins (de gauche à droite) : requin vrai (*Carcharhinus amblyrhynchos*) ; raie-vampire (*Manta birostris*) ; *Callorhynchus milii.*

Les requins, les raies, et autres poissons cartilagineux ou chondrichtyens nous rejoignent au Rendez-vous 21, à – 460 millions d'années, dans les mers qui baignent les terres glacées et nues de l'Ordovicien moyen. La différence la plus marquée entre ces nouveaux pèlerins et tous les autres jusque-là, c'est que les requins n'ont pas d'os. Leur squelette est fait de cartilage. Chez nous aussi, le cartilage a des usages précis, il sert par exemple à enrober nos articulations, et tout notre squelette se présente au départ sous la forme d'un cartilage souple dans l'embryon. La plus grande partie de ce cartilage s'ossifie par la suite quand des cristaux de minéraux, essentiellement du phosphate de calcium, s'y incorporent. Les requins ne subissent jamais cette transformation, sauf pour les dents. Toutefois, leur squelette est suffisamment rigide pour qu'ils vous coupent la jambe d'une seule morsure.

Les requins ne possèdent pas cette vessie natatoire qui contribue au succès des poissons osseux, et nombre d'entre eux doivent nager sans cesse pour garder dans l'eau le niveau qui leur convient. Interviennent aussi dans leur flottaison la persistance des déchets uriques dans le sang et la possession d'un gros foie riche en huile. Soit dit en passant, dans certains poissons osseux, le gaz est aussi remplacé par de l'huile dans la vessie natatoire.

Si vous étiez assez téméraire pour caresser un requin, vous découvririez qu'il a la peau comme du papier de verre, du moins, si vous le caressez « à rebrousse-grain ». Cette peau est couverte de denticules, des écailles pointues à l'allure de dents. Non seulement elles ont l'allure de dents, mais certaines sont à l'origine de l'évolution des dents formidables du requin.

Les requins et les raies vivent presque tous dans la mer, même si quelques genres s'aventurent dans les estuaires et les rivières. Les attaques de requins d'eau douce étaient courantes autrefois aux Fidji, mais c'était au temps où les humains étaient cannibales. Ils jetaient le surplus dans les rivières en ne gardant que les morceaux de choix, et il semblerait que les requins aient été attirés en amont des rivières par l'odeur des restes de ces agapes. À leur arrivée, les Européens ont mis fin au cannibalisme, mais en même temps ils ont involontairement apporté de nouvelles maladies contre lesquelles les Fidjiens n'avaient pas acquis d'immunité. Les cadavres de ces malades étaient jetés dans les rivières de la même façon, ce qui a continué d'attirer les requins. De nos jours, on ne jette plus les morts dans les rivières, si bien que les attaques de requins ont diminué. À la différence des poissons osseux, les requins n'ont jamais montré d'attirance pour gagner la terre.

Les poissons cartilagineux se divisent en deux groupes principaux : les chimères à l'allure bizarre, dont l'effectif est trop réduit pour constituer une partie importante de cette faune, et les requins et les raies qui, eux, sont très nombreux. Les raies sont des requins aplatis. Les roussettes sont des petits requins, mais pas si petits ; aucun requin n'a la taille des petits poissons blancs, le squale pygmée *Squaliolus laticaudus* atteignant les 20 centimètres. Le plan corporel des requins semble se prêter à une grande taille, et le plus grand de tous, le requin baleine *Rhincodon typus* peut atteindre les 12 mètres de long, avec un poids de 12 tonnes. Tout comme le deuxième par la taille, le requin pèlerin *Cetorhinus maximus*, et comme les plus grosses baleines, le requin-baleine se nourrit de plancton. Le *Carcharocles megalodon*, dont on a déjà dit qu'il alimentait les cauchemars, n'était guère – c'est un euphémisme – un poisson à filtrer ses aliments. Ce monstre du Miocène avait des dents dont chacune était de la taille de votre visage. C'était un prédateur vorace, comme la majorité des requins aujourd'hui, et ces espèces ont toujours culminé dans les chaînes alimentaires marines depuis des centaines de millions d'années avec relativement peu de changements.

Si les raies mantas figurent dans les cauchemars comme des bombardiers, le rôle plus modeste d'avion de combat à décollage vertical pourrait être tenu par les chimères, qu'on appelle aussi les requins-fantômes. Ces étranges poissons des profondeurs abyssales occupent la classe des holocéphales (tête entière), les autres poissons cartilagineux, requins et raies, appartenant à celle des élasmobranches. On peut les reconnaître à leur inhabituel opercule qui enchâsse complètement les branchies en les séparant les unes des autres tout en constituant pour toutes une ouverture unique. À la différence des requins et des raies, les chimères n'ont pas de denticules dermiques, elles ont la peau « nue », ce qui leur donne peut-être cet aspect fantômatique. Leur ressemblance avec un avion de cauchemar vient de ce qu'elles n'ont pas la queue saillante et qu'elles nagent en « volant » à l'aide de leurs larges nageoires pectorales. Elles ne comptent actuellement qu'environ trente-cinq espèces.

Si florissants que soient les requins – certes, ils le sont, et de fort longue date – les téléostéens comptent trente fois plus d'espèces.

Les requins ont connu deux radiations* majeures. La première a énormément proliféré dans les mers du Paléozoïque, en particulier au cours du Carbonifère, leur domination prenant fin au début du Mésozoïque (au temps des dinosaures sur la terre). Après une accalmie d'une centaine de millions d'années, ils ont connu une autre résurgence majeure au Crétacé, et celle-ci s'est poursuivie jusqu'à nos jours.

Un test d'association de mots proposant « requin » susciterait très probablement la réponse « mâchoire » ; il est donc pertinent que le coancêtre 21, qui est environ notre 200 millionième aïeul, soit l'ancêtre de tous les vertébrés dotés de vraies mâchoires, les gnathostomes. *Gnathos* en grec signifie « mâchoire inférieure », et c'est cette mâchoire inférieure qui est spécifiquement en commun entre les requins et nous. Un des triomphes de l'anatomie comparée classique a été de démontrer que les mâchoires ont évolué à partir d'éléments modifiés du squelette des branchies. Les prochains pèlerins à nous rejoindre au Rendez-vous 22 sont les vertébrés sans mâchoire, les agnathes, qui sont bien pourvus de branchies mais ne possèdent pas de mâchoire inférieure. Autrefois nombreux, diversifiés et dotés d'une lourde carapace, ils se réduisent aujourd'hui à ces poissons en forme d'anguille que sont les lamproies et les myxines.

---

* Radiation : évolution en formes divergentes d'une lignée d'animaux ou de plantes. (*N.d.E.*)

Rendez-vous 22

LES LAMPROIES ET LES MYXINES

Le Rendez-vous 22, où nous retrouvons les lamproies et les myxines, a lieu quelque part dans les mers chaudes du début du Cambrien, il y a environ 530 millions d'années, et je dirais sans trop me prononcer que le coancêtre 22 devait être notre 240 millionième aïeul. Les lamproies et les myxines survivent en témoins clés de l'aube des vertébrés. Bien qu'il soit commode de les traiter ensemble, en tant que poissons sans mâchoire et sans membres, je dois reconnaître que, pour nombre de morphologistes, les lamproies sont des cousins plus proches de nous que des myxines. D'après cette école, nous devrions saluer les pèlerins lamproies au Rendez-vous 22, et les myxines au 23. En revanche, les biologistes moléculaires insistent pour dire que les unes et les autres nous rejoignent à un seul et même rendez-vous, et c'est l'opinion à laquelle je me range ici pour l'instant. De toute façon, il est juste de dire que ni les lamproies ni les myxines ne représentent bien l'ensemble des agnathes, dont beaucoup ont disparu.

Les lamproies et les myxines ressemblent superficiellement à des anguilles, avec un corps mou – mais quand les agnathes dominaient les mers à l'« âge des poissons » du Dévonien, beaucoup d'entre eux, les ostracodermes, avaient une carapace osseuse dure, et à la différence des lamproies et des myxines, certains étaient dotés de paires de nageoires. Ils démentent toute suggestion que l'os serait un trait « avancé » des vertébrés, qui aurait « pris le dessus » sur le cartilage. Les esturgeons et certains autres poissons « osseux » ressemblent aux requins et aux lamproies en ce que leur squelette est presque entièrement cartilagineux, bien qu'ils descendent d'ancêtres beaucoup plus osseux – en fait, de poissons dotés d'une carapace – et il n'est pas impossible que les requins et les lamproies en descendent aussi.

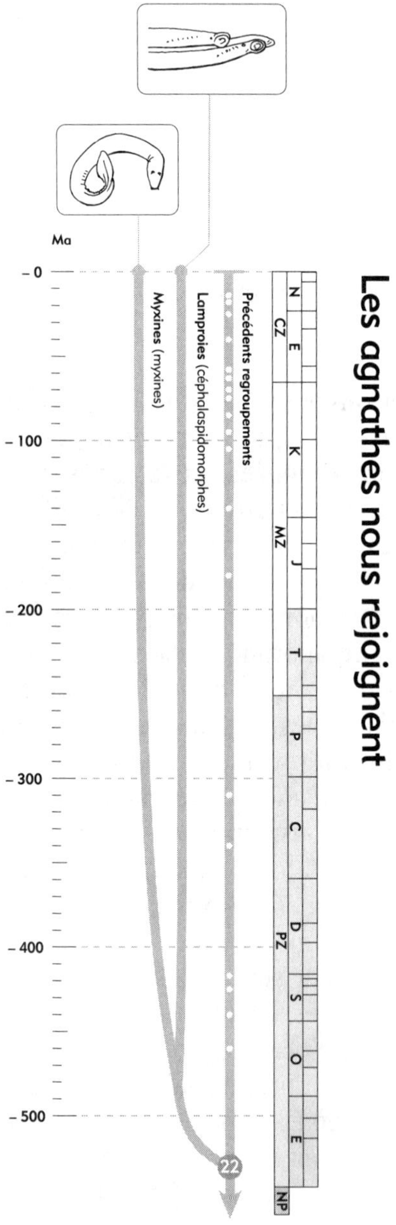

Encore plus lourdement cuirassés étaient les placodermes, un groupe entièrement éteint de poissons dotés de mâchoires et de membres, dont les affinités sont incertaines et qui vivaient aussi au Dévonien, contemporains de certains des ostracodermes sans mâchoire et vraisemblablement descendants d'agnathes plus précoces. Certains étaient si fortement cuirassés que même leurs membres avaient un exosquelette tubulaire articulé, un peu comme une patte de crabe. Si vous en rencontriez un dans la pénombre, on vous pardonnerait volontiers de croire dans un élan d'imagination que vous avez buté sur un homard ou un crabe d'un genre bizarre. Jeune étudiant, c'était mon rêve de découvrir un placo-

Les agnathes nous rejoignent. De nombreuses controverses persistent sur les relations évolutives à la base de la lignée des vertébrés, en particulier concernant les agnathes actuels : les 41 espèces de lamproies et les 43 espèces de myxines. D'après les fossiles, la toute première divergence est intervenue entre les myxines et les autres vertébrés, suivie par celle de la lignée des lamproies. En revanche, les données moléculaires laissent fortement penser que les lamproies et les myxines se regroupent, comme l'indique ce schéma.

Dessins, de gauche à droite : myxine de Nouvelle-Zélande (*Epatretus cirrhatus*) ; lamproie marine (*Petromyzon marinus*).

derme vivant – comme d'autres rêvent de marquer le but du siècle pour l'Angleterre.

Pourquoi des corps si lourdement caparaçonnés se sont-ils développés chez les placodermes dotés de mâchoires aussi bien que chez les ostracodermes sans mâchoires ? Qu'est-ce qui, dans ces mers du Paléozoïque exigeait une protection aussi formidable ? La réponse que l'on suppose se trouve dans des prédateurs tout aussi formidables, et les candidats évidents, en dehors des autres placodermes, sont les euryptérides ou scorpions de mer, dont certains faisaient plus de deux mètres de long ; ce sont les plus gros arthropodes qui aient jamais vécu. Que certains de ces euryptérides aient été venimeux ou non comme les scorpions actuels (des données récentes suggèrent qu'ils ne l'étaient pas), ce devaient quand même être de redoutables prédateurs, capables de pousser l'évolution à munir les poissons du Dévonien, avec ou sans mâchoires, d'une cuirasse coûteuse.

La lamproie n'a pas de carapace, et elle est facile à engloutir, comme le roi Henry Ier d'Angleterre a eu tout lieu de le regretter (les manuels d'histoire des petits Britanniques ne manquent jamais de leur rappeler qu'il est mort d'une indigestion de lamproies). C'est en général un parasite d'un autre poisson. Au lieu de mâchoires, elle a autour de la bouche une ventouse circulaire, un peu comme celle de la pieuvre, mais avec des anneaux concentriques de dents minuscules. Elle fixe sa ventouse à l'extérieur d'un autre poisson, les petites dents percent la peau et elle suce le sang de sa victime, comme une sangsue. La lamproie est une calamité pour les zones de pêche, dans les grands lacs d'Amérique du Nord par exemple.

Personne ne sait comment était le coancêtre 22, mais d'après la façon dont il vivait probablement pendant le Cambrien, longtemps avant l'« âge des poissons » et les redoutables scorpions marins du Dévonien, il n'avait probablement pas de cuirasse comme les ostracodermes de l'âge d'or des agnathes. Toutefois, les ostracodermes semblent être des cousins plus proches de nous, les vertébrés à mâchoires, que les lamproies. Autrement dit, « avant » que nos pèlerins ne rejoignent les lamproies au Rendez-vous 22, nous avons déjà accueilli les ostracodermes parmi nous. Notre coancêtre avec les ostracodermes, auquel nous ne donnons pas de numéro car ces derniers ont tous disparu, n'avait probablement pas de mâchoire.

Les myxines modernes ressemblent aux lamproies par leur forme allongée qui évoque celle de l'anguille, par l'absence de mâchoire inférieure et de membres, par leurs rangées d'opercules de branchies de chaque côté, et par la notocorde qu'elles ont conservée à l'âge adulte (chez la plupart des vertébrés, cette « baleine » qui raidit le dos n'est présente que dans l'embryon). Mais les myxines ne sont pas des parasites. Elles fouillent de leur orifice buccal le fond de la mer à la recherche de petits invertébrés, ou bien elles se glissent dans des cadavres de poissons ou de baleines pour les manger de l'intérieur. Extrêmement fines, elles ont le talent surprenant de se lover pour s'assurer une prise quand elles pénètrent dans les carcasses.

On croyait naguère que les vertébrés étaient apparus longtemps après le Cambrien. Peut-être était-ce un effet de notre snobisme à vouloir établir le règne animal sur une échelle de progrès. Quoi qu'il en soit, il semblait juste et pertinent qu'il y ait eu un temps où la vie animale se limitait aux invertébrés, pour servir de toile de fond à l'arrivée finale des puissants vertébrés. Les zoologistes de ma génération se sont entendu dire que le tout premier vertébré connu était un agnathe du nom de *Jamoytius* (qui vient, un peu librement, de J. A. Moy-Thomas), qui vivait au milieu du Silurien, 100 millions d'années après le Cambrien où sont apparus la plupart des phylums des invertébrés. De toute évidence, les vertébrés ont dû avoir des ancêtres qui vivaient dans le Cambrien, mais ils étaient censés être des avant-coureurs des vrais vertébrés, les protocordés, *Pikaia* ayant été promu au titre de plus ancien protocordé fossile*. Ce fut donc une merveilleuse surprise quand on a commencé à mettre au jour des vertébrés fossiles apparemment authentiques dans les strates cambriennes de Chine, du Cambrien inférieur en l'occurrence. Cette découverte a privé *Pikaia* d'une partie de son aura : de vrais vertébrés, des poissons agnathes, ont vécu avant *Pikaia*. Les vertébrés remontent donc aux profondeurs du Cambrien.

Étant donné qu'ils remontent à la nuit des temps, il n'est pas étonnant que ces fossiles qui portent les noms de *Myllokunmingia* et *Hailouichthys* (bien qu'appartenant peut-être à la même espèce) ne soient pas vraiment en parfait état, et il reste encore beaucoup d'inconnues sur ces poissons primitifs. Ils avaient, semble-t-il, la

* Ce fossile du Cambrien, qui avait été classé à l'origine comme ver annelé, a été ensuite reconnu comme protocordé. C'est dans ce rôle qu'il a figuré dans *La vie est belle* de S. J. Gould.

plus grande partie des traits que l'on s'attendrait à trouver chez un parent des lamproies et des myxines, avec des branchies, des blocs musculaires segmentés et une notocorde. Il ne s'en faut peut-être pas de beaucoup que *Myllokunmingia*, que nous retrouverons dans le message du péripate, soit un modèle plausible pour le coancêtre 22.

Le Rendez-vous 22 est une étape majeure. Désormais, et pour la première fois, tous les vertébrés sont réunis en un seul groupe de pèlerins. C'est un grand événement car les animaux étaient traditionnellement divisés en deux grands groupes, les vertébrés et les invertébrés. À titre de division de convenance, cette distinction a toujours été utile en pratique. D'un stricte point de vue cladistique, cependant, la distinction vertébrés-invertébrés est étrange, presque aussi peu naturelle que l'ancienne classification des Juifs qui divisaient l'humanité entre eux-mêmes et les « gentils » (littéralement, tous les autres). Si importants que nous, les vertébrés, nous nous estimions, nous ne constituons même pas un phylum entier. Nous sommes un sous-phylum du phylum des cordés, et le phylum des cordés devrait être considéré comme au même niveau que celui des mollusques (escargots, berniques, calmars, etc.) ou celui des échinodermes (étoiles de mer, oursins, etc.). Le phylum des cordés comprend d'autres créatures à l'allure de vertébrés qui cependant n'ont pas d'épine dorsale, comme les lancelets que nous allons rencontrer au prochain rendez-vous.

Sans tenir compte du cladisme pur et dur, il y a vraiment quelque chose de spécial concernant les vertébrés. Le Pr Peter Holland m'a exposé cet argument de poids qu'il existe une différence colossale dans la complexité du génome entre (tous) les vertébrés et (tous) les invertébrés. « C'est, au niveau génétique, peut-être le plus grand changement qui se soit produit dans notre ascendance métazoaire*. » Holland pense qu'il faudrait réactiver la division traditionnelle entre les vertébrés et les invertébrés, et je vois ce qu'il veut dire.

Les cordés tirent leur nom de la notocorde, cette baguette cartilagineuse dont nous avons déjà parlé, et qui sous-tend le dos de l'animal dans l'embryon, sinon dans l'adulte. Parmi les autres caractéristiques des cordés (dont les vertébrés) qui ne se voient chez nous que dans l'embryon, citons les ouvertures branchiales

* Métazoaire signifie animal pluricellulaire, et nous rencontrerons ce terme plus loin dans notre pèlerinage.

près de l'extrémité antérieure sur les deux côtés, et une queue qui s'étend au-delà de l'anus. Tous les cordés ont une corde nerveuse dorsale, contrairement à beaucoup d'invertébrés chez lesquels elle est ventrale.

Les embryons des vertébrés ont tous une notocorde, mais elle est remplacée chez l'adulte, dans une plus ou moins grande mesure, par la colonne vertébrale segmentée et articulée. Chez la plupart des vertébrés, la notocorde elle-même ne survit chez l'adulte que sous forme de fragments, tels que les disques entre les vertèbres, dont la tendance à glisser nous crée tant d'ennuis. Les lamproies et les myxines sont inhabituelles parmi les vertébrés en ce qu'elles conservent la notocorde plus ou moins intacte à l'âge adulte. À cet égard, ce sont, je suppose, des vertébrés marginaux, mais tout le monde les appelle quand même ainsi.

Il était une fois… la lamproie

C'est à la fin de ce message que sera révélée la raison pour laquelle il revient à la lamproie de le dire. Il reprend un thème que nous avons déjà vu : pour aborder l'ascendance et le pedigree, le point de vue du gène ne correspond pas du tout à notre façon d'aborder les arbres généalogiques familiaux selon un mode plus traditionnel.

L'hémoglobine, c'est bien connu, est la molécule d'importance vitale qui transporte l'oxygène vers nos tissus et qui donne à notre sang sa couleur spectaculaire. L'hémoglobine humaine adulte est en réalité un composé de quatre chaînes de protéines, les globines, qui sont nouées les unes autour des autres. Leurs séquences d'ADN montrent que ces quatre chaînes sont étroitement liées entre elles, sans être identiques pour autant. Deux d'entre elles sont les globines alpha (chacune une chaîne de 141 acides aminés) et deux sont les globines bêta (chacune une chaîne de 146 acides aminés). Les gènes codant pour les globines alpha se trouvent sur notre chromosome 11, et ceux codant pour les globines bêta sur le 16. Sur chacun de ces chromosomes, se trouve un groupe de gènes de globine sur un rang, entrecoupés d'ADN rebut qui n'est jamais transcrit. Le groupe alpha, sur le chromosome 11, contient sept gènes de globine. Quatre d'entre eux sont des pseudo-gènes – des versions invalides d'alpha comportant des défauts dans leur séquence et qui ne se traduisent jamais en protéines. Deux sont de vraies globines alpha, qui servent chez l'adulte. Le dernier, le zêta, ne sert que dans l'embryon. Le groupe bêta, sur le chromosome 16, a six gènes, dont certains sont invalides, et un sert seulement dans l'embryon. L'hémoglobine de l'adulte, comme nous l'avons vu, contient deux chaînes alpha et deux chaînes bêta, enveloppées les unes dans les autres pour former un paquet qui fonctionne superbement.

Peu importe toute cette complexité. Voici le point fascinant. L'examen minutieux lettre par lettre montre que les gènes de globine de différents types sont littéralement cousins les uns des autres – membres d'une famille. Mais ces cousins lointains coexistent toujours en vous et moi. Ils siègent côte à côte avec leurs cousins à l'intérieur de chaque cellule de chaque phacochère et de chaque wombat, de chaque chouette et de chaque lézard.

À l'échelle d'organismes entiers, bien sûr, tous les vertébrés sont également cousins entre eux. L'arbre évolutif des vertébrés est l'arbre généalogique familial que nous connaissons bien, et dont les points d'embranchement représentent des événements de spéciation – la division d'espèces en espèces filles. En remontant dans le temps, ce sont les points de rendez-vous qui ponctuent ce pèlerinage. Mais il est un autre arbre généalogique qui occupe la même période de temps, et dont les branches représentent des événements non pas de spéciation, mais de duplication des gènes dans les génomes. Et le schéma des embranchements de l'arbre des globines a un aspect très différent de celui de l'arbre généalogique familial si nous le dressons selon le mode traditionnel, orthodoxe, avec les espèces se divisant pour former des espèces filles. Il n'y a pas qu'un seul arbre évolutif dans lequel les espèces se divisent pour faire naître des espèces filles. Chaque gène a son propre arbre, sa propre chronique de divisions, son propre catalogue de cousins proches et de cousins lointains.

La douzaine environ de globines différentes qui sont en vous et moi sont arrivées jusqu'à nous par la lignée entière de nos ancêtres vertébrés. Il y a à peu près un demi-million d'années, dans un agnathe qui avait peut-être l'allure d'une lamproie, un gène de globine ancestral s'est accidentellement divisé en deux, les deux copies restant dans des endroits différents du génome de ce poisson. Il y a eu alors deux copies de ce gène dans des parties différentes du génome de tous les animaux descendants. L'une était destinée à produire le groupe alpha, sur ce qui deviendrait le chromosome 11 de notre génome, et l'autre le groupe bêta qui est maintenant sur notre chromosome 16. Il est vain d'essayer de deviner sur quel chromosome chacune d'elles se trouvait chez les ancêtres intermédiaires. Les emplacements des séquences reconnaissables d'ADN, et à vrai dire le nombre de chromosomes dans lequel le génome se divise, sont rebrassés et modifiés avec une désinvolture étonnante. Les systèmes de dénombrement des chromosomes ne se généralisent donc pas d'un groupe d'animaux à l'autre.

Avec le temps, il s'est produit d'autres duplications, et sans doute quelques délétions. Il y a environ 400 millions d'années, le gène alpha ancestral s'est dupliqué à nouveau, mais cette fois, deux copies sont restées voisines l'une de l'autre dans un groupe sur le même chromosome. L'une d'elles allait devenir le zêta de nos embryons, et l'autre est devenue les gènes d'alpha-globine des humains adultes (des branchements ultérieurs ont fait apparaître des pseudo-gènes non fonctionnels dont j'ai parlé). Le même phénomène s'est produit sur la branche bêta de la famille, mais avec des duplications à d'autres moments de l'histoire géologique.

Et voici maintenant un point fascinant. Étant donné que la séparation entre le groupe alpha et le groupe bêta est survenue il y a un demi-milliard d'années, cette division n'apparaît pas uniquement dans les génomes humains, et ces génomes ne sont pas les seuls à posséder à la fois des gènes alpha et des gènes bêta à des endroits différents. On devrait voir la même séparation dans l'individu si l'on regarde les génomes de n'importe quels mammifères, oiseaux, reptiles, amphibiens ou poissons osseux – car notre ancêtre commun avec eux tous vivait il y a moins de 500 millions d'années. Partout où cela a été étudié, cette attente s'est vérifiée. Notre plus grand espoir de trouver un vertébré qui ne partage pas avec nous l'ancienne séparation alpha-bêta serait un agnathe comme une lamproie ou une myxine car ce sont nos cousins les plus lointains chez les vertébrés survivants. Ce sont les seuls vertébrés survivants dont l'ancêtre commun avec les autres est suffisamment ancien pour avoir pu être antérieur à la séparation alpha-bêta. Il est certain que ces agnathes sont les seuls vertébrés connus où la division alpha-bêta est absente. Autrement dit, le Rendez-vous 22 est si ancien qu'il est antérieur à la séparation entre les globines alpha et bêta.

On pourrait dire quelque chose d'analogue pour chacun de nos gènes car, en remontant suffisamment loin, ils doivent tous leur origine à la division d'un ancien gène. Et pour chaque gène, on pourrait écrire quelque chose d'analogue à ce livre tout entier. Nous avons décidé arbitrairement de faire ici un pèlerinage humain, et nous avons défini nos étapes comme des points de rencontre avec les autres lignées, c'est-à-dire, en regardant en avant, comme des instances de spéciation où nos ancêtres humains se sont séparés des autres. J'ai déjà dit que nous aurions aussi bien pu commencer notre pèlerinage avec un dugong moderne, ou un merle moderne ; nous n'aurions alors pas compté le même ensemble d'ancêtres sur notre route vers Cantorbéry. Mais je vais maintenant beaucoup plus loin : nous aurions aussi pu effectuer un pèlerinage dans le passé pour n'importe quel *gène*.

Nous aurions pu aussi bien choisir de suivre le pèlerinage de l'hémoglobine alpha, celui du cytochrome-c, ou de n'importe quel autre gène. Le Rendez-vous 1 aurait été l'étape à laquelle le gène que nous avons choisi s'est dupliqué le plus récemment pour faire une copie de lui-même ailleurs dans le génome. Le Rendez-vous 2 aurait été la duplication précédente, et ainsi de suite. Chacun des rendez-vous se serait situé dans un animal particulier ou dans une plante particulière, exactement de la même façon que la lamproie a montré qu'un agnathe du Cambrien est le site probable de la division entre les hémoglobines alpha et bêta. L'évolution vue sous l'angle des gènes ne cesse de s'imposer à notre attention.

Rendez-vous 23

LES AMPHIOXUS

Et voici maintenant un petit pèlerin bien propre qui s'avance tout seul en se tortillant pour rejoindre le pèlerinage. C'est l'amphioxus, ou lancelet. Portant naguère le nom latin d'*Amphioxus*, les règles de la nomenclature lui ont imposé celui de *Branchiostoma*. On l'avait cependant tellement connu sous celui d'*Amphioxus* que ce nom a survécu. L'amphioxus est un protocordé qui, sans être un vertébré, est clairement apparenté aux vertébrés parmi lesquels il figure dans le phylum des cordés. Il existe quelques autres genres, mais comme ils ressemblent tous beaucoup à *Branchiostoma*, je ne ferai pas de distinction entre eux et je les appellerai tous simplement des amphioxus.

Je dis que l'amphioxus est bien propre parce qu'il présente élégamment les traits qui en font un cordé. On dirait un vrai schéma de manuel, mais qui vit et qui nage (enfin, essentiellement enfoui dans le sable). Ici, c'est la notocorde qui sous-tend le corps d'un bout à l'autre, mais pas de trace de colonne vertébrale. Là, c'est la corde nerveuse sur le côté dorsal de la notocorde, mais il n'y a pas de cerveau, sauf si vous comptez la petite dilatation à l'extrémité antérieure du tube neural (où se trouve aussi une tache oculaire), et pas de boîte cérébrale squelettale. Ici, ce sont les fentes branchiales latérales, qui servent à alimenter les filtres, et là les blocs musculaires segmentés sur toute la longueur du corps, mais il n'y a pas de traces de membres. Enfin, voilà la queue, qui s'étend derrière l'anus, à la différence du ver typique dont le corps se termine par l'anus. L'amphioxus se distingue aussi du ver, tout en étant pareil à nombre de poissons, en ce qu'il a la forme d'une lame verticale, sans être cylindrique. Il nage comme un poisson, avec des ondulations latérales du corps, à l'aide de ses blocs musculaires semblables à ceux des poissons. Les fentes branchiales font partie de son tube digestif, n'étant absolument pas destinées au départ à la respiration. L'eau est aspirée par la bouche et ressort par les fentes branchiales qui jouent le rôle de filtres pour retenir les particules alimentaires. C'est probablement de cette façon que le coancêtre 23 utilisait ses fentes branchiales, ce qui voudrait dire que l'utilisation des branchies pour la respiration est venue plus tard, comme une bonne idée après coup. Si c'est vrai, c'est une heureuse régression que, quand la mâchoire inférieure a fini par évoluer, elle se soit modifiée d'après une partie de l'appareil digestif.

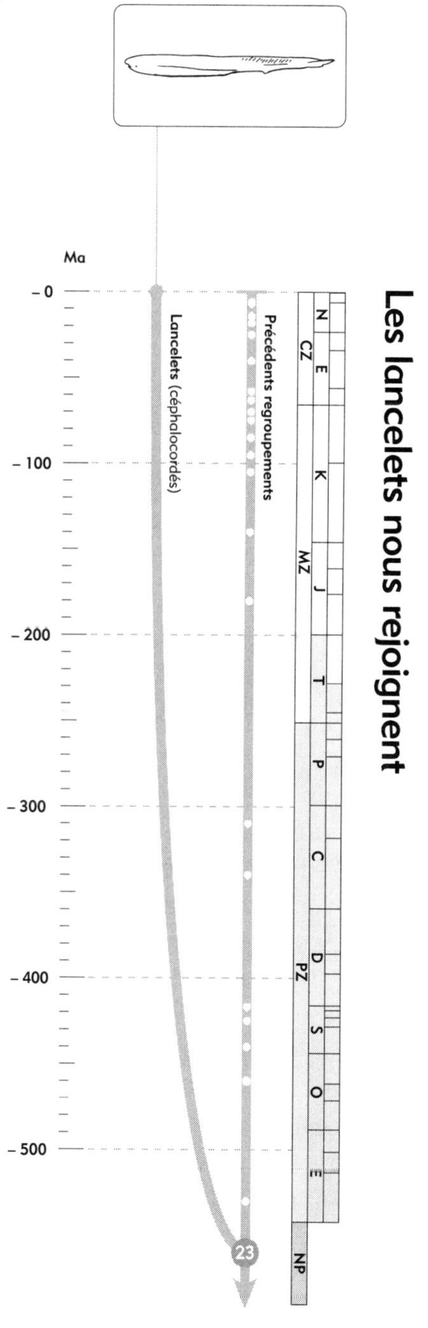

Les lancelets nous rejoignent. Les plus proches parents vivants des vertébrés sont les 25 espèces connues d'animaux à l'allure de poissons que l'on désigne sous le nom de lancelets. Ce point est peu contesté. En revanche, les *dates* des points de rendez-vous à partir de maintenant en remontant dans le passé le sont souvent (voir l'épilogue de l'Onychophore).

Dessin : *Branchiostoma sp.* (auparavant, *Amphioxus*).

Nous approchons maintenant du point où la datation devient si difficile et suscite tant de controverses que le courage m'abandonne. S'il fallait vraiment que je donne une date pour le Rendez-vous 23, je dirais aux alentours de – 560 millions d'années, le millésime de notre aïeul à la 270 millionième génération. Mais je peux très bien me tromper, et c'est la raison pour laquelle je renoncerai dorénavant à essayer de décrire l'état du monde à l'époque du coancêtre dont il sera question. Quant à l'aspect du coancêtre 23, je ne pense pas que nous le connaîtrons jamais de façon certaine, mais il n'est pas invraisemblable qu'il ait ressemblé à un lancelet. Si c'est le cas, cela revient à dire que le lancelet est primitif. Mais cela exige immédiatement une mise en garde, et c'est à lui qu'il revient de l'exprimer.

Il était une fois… le lancelet

Qu'un tout petit rayon de soleil fasse grossir ses gonades,
Et adieu le titre d'ancêtre que se donnait le lancelet !

WALTER GARSTANG (1868-1949)

Nous avons déjà rencontré Walter Garstang, ce zoologiste distingué qui exprimait ses théories à sa manière, en vers. Si j'ai cité ces vers, ce n'est pas pour en développer le thème qui est assez intéressant pour avoir inspiré l'axolotl, mais n'est pas pertinent ici*. Ce qui m'intéresse, c'est seulement le deuxième vers, et en particulier la prétention au titre d'ancêtre. Le lancelet, *Branchiostoma* ou amphioxus, possède suffisamment de traits en commun avec les vrais vertébrés pour avoir longtemps été considéré comme un parent survivant d'un certain ancêtre lointain des vertébrés. Ou même – et c'est précisément ce que je critique – comme cet ancêtre lui-même. Je suis injuste envers Garstang, qui savait parfaitement bien que le lancelet, en tant qu'animal survivant, ne pouvait être un ancêtre à proprement parler. Toutefois, des propos de ce genre peuvent parfois prêter à confusion. Les étudiants en zoologie se trompent quand ils s'imaginent qu'en regardant un animal moderne qu'ils appellent « primitif » ils voient un ancêtre lointain. Cette

* Dans le poème de Garstang, l'expression « *ses* gonades » ne désigne pas celles du lancelet mais la larve « ammocète » de la lamproie.

erreur se traduit dans des expressions comme « animal inférieur » ou « au bas de l'échelle de l'évolution », qui sont non seulement marquées de snobisme, mais aussi incohérentes au regard de l'évolution. Le conseil que se donnait Darwin à lui-même nous serait bien utile à tous : « N'emploie jamais les mots "supérieur" et "inférieur". »

Les lancelets sont des créatures vivantes, nos contemporains très précisément, des animaux modernes qui ont eu exactement autant de temps que nous pour évoluer. Tout aussi regrettable est l'expression « une branche latérale de la lignée principale de l'évolution ». Tous les animaux vivants sont des branches latérales. Aucune lignée de l'évolution n'est plus « principale » qu'une autre, sauf pour l'œil prétentieux qui regarde les choses d'un point de vue rétrospectif.

Il ne faudrait donc jamais ériger les animaux modernes comme le lancelet au titre d'ancêtres, ni les regarder avec condescendance en les taxant d'« inférieurs », ou, en l'occurrence, les gratifier du qualificatif de « supérieurs ». Un peu plus étonnant – et nous en arrivons là au deuxième grand point du propos du lancelet – il est en général plus prudent d'en dire autant des fossiles. Il est théoriquement concevable qu'un fossile particulier soit vraiment l'ancêtre direct d'un certain animal moderne. Mais c'est statistiquement improbable car l'arbre de l'évolution n'est pas un arbre de Noël ni un peuplier bien droit, mais un fourré ou un buisson extrêmement ramifié. Le fossile que vous regardez n'est probablement pas votre ancêtre, mais il peut vous aider à comprendre le *type* de stade intermédiaire par lequel sont passés vos véritables ancêtres, du moins en ce qui concerne un élément particulier du corps, comme l'oreille ou le bassin. Le fossile a donc un peu le même statut que l'animal moderne. Les deux peuvent nous servir à éclairer nos conjectures sur un certain stade ancestral. Dans les situations normales, il convient de ne traiter aucun des deux comme s'il était vraiment ancestral. La meilleure attitude que l'on puisse avoir en général devant les fossiles aussi bien que les créatures vivantes, c'est de les considérer comme des cousins, et pas comme des ancêtres.

Quand ils abordent ce sujet, les membres de l'école cladistique des taxinomistes peuvent prendre un ton vraiment inspiré, déniant haut et fort aux fossiles toute spécificité avec un empressement de puritain ou d'inquisiteur espagnol. Certains passent même les bornes.

Ils prennent l'affirmation raisonnable : « Il est peu vraisemblable qu'un fossile particulier soit l'ancêtre d'aucune espèce survivante », et l'interprètent comme : « Il n'y a jamais eu aucun ancêtre ! » Évidemment, nous ne perdrons pas notre temps ici à de pareilles absurdités. À tout moment de l'histoire il a nécessairement existé au moins un ancêtre humain (contemporain d'au moins un ancêtre éléphant, ancêtre martinet, ancêtre pieuvre, etc., ou identique à lui), même si le premier fossile venu n'est presque certainement pas lui.

Il en résulte que, dans notre voyage en remontant le temps, les coancêtres que nous avons rencontrés n'étaient pas, en général, des fossiles particuliers. Le mieux que nous puissions normalement espérer, c'est de rassembler une liste d'attributs que possédait probablement l'ancêtre que nous étudions. Nous ne détenons aucun fossile de l'ancêtre commun que nous partageons avec les chimpanzés, même s'il remontait à moins de 10 millions d'années. Mais nous avons été en mesure de deviner, sans trop nous tromper, que c'était très vraisemblablement, selon les termes célèbres de Darwin, un quadrupède velu car nous sommes le seul grand singe qui marche sur ses pattes arrière et a la peau nue. Les fossiles peuvent nous aider dans nos déductions mais de la même manière indirecte que les animaux vivants nous aident.

La conclusion du propos du lancelet, c'est qu'il est mille fois plus difficile de trouver un ancêtre qu'un cousin. Si vous voulez savoir à quoi ressemblait votre ancêtre il y a 100 millions d'années, ou 500 millions d'années, il est inutile d'aller chercher la bonne profondeur dans les roches en espérant y trouver un fossile étiqueté « ancêtre », comme s'il sortait d'une pêche miraculeuse du Mésozoïque ou du Paléozoïque. Le mieux que l'on puisse normalement espérer, c'est d'avoir une série de fossiles dont les différentes facettes contribuent à indiquer à quoi ressemblaient probablement les ancêtres. Peut-être ce fossile-ci nous renseignera-t-il sur les dents de nos ancêtres, tandis que celui-là, plus récent de quelques millions d'années, nous donnera quelques indices sur leurs bras. Il est presque certain qu'aucun fossile particulier n'est notre ancêtre mais, avec un peu de chance, certains de ses éléments peuvent ressembler aux éléments correspondants de l'ancêtre exactement de la même façon qu'aujourd'hui l'omoplate du léopard s'approche raisonnablement de celle du puma.

Rendez-vous 24

LES TUNICIERS

De prime abord, les tuniciers ne semblent pas avoir leur place dans notre pèlerinage centré sur l'être humain (cahier photo, ill. 15). Les contingents précédents n'étaient pas trop manifestement différents de ceux déjà en marche. Même le lancelet peut plausiblement passer pour un poisson dépouillé : s'il n'en possède pas, bien sûr, certains caractères majeurs, on peut facilement se représenter une voie sur laquelle un être comme le lancelet pourrait évoluer en un poisson. Le tunicier, c'est tout autre chose. Il ne nage pas comme un poisson. Il ne nage comme rien. Il ne nage pas. On ne sait vraiment pas bien ce qui lui vaut le titre illustre de cordé. Typiquement, c'est un sac rempli d'eau de mer, avec un tube digestif et des organes de reproduction, le tout ancré à une roche. Ce sac est coiffé de deux siphons – l'un pour aspirer l'eau de mer, l'autre pour la rejeter. Nuit et jour, l'eau entre par un siphon et ressort par l'autre. En chemin, elle passe par le panier pharyngien, un filet qui filtre et retient les particules alimentaires. Certains tuniciers sont groupé en colonies, mais tous font fondamentalement la même chose. Aucun tunicier ne rappelle si peu que ce soit un poisson, ni aucun vertébré, ni même le lancelet.

Aucun tunicier adulte, s'entend. Si peu semblable aux cordés que puisse être le tunicier adulte, sa larve ressemble à… un têtard. Ou à une larve de lamproie, l'ammocète des vers de Garstang au rendez-vous précédent. Comme beaucoup de larves d'animaux sédentaires qui vivent au fond de la mer et se nourrissent à travers des filtres, la larve têtard du tunicier nage dans le plancton. Elle se propulse comme un poisson à l'aide de sa queue post-anale qui ondule d'un côté à l'autre. Elle a une notocorde et un tube neural dorsal. Elle, au moins, a l'aspect d'un cordé rudimentaire, ce qui n'est pas le cas de l'adulte. Quand elle est prête à se métamorphoser en un adulte, elle se fixe par la tête à un rocher (ou à tout ce qui sera son point d'attache d'adulte), elle perd sa queue, sa notocorde, et la plus grande partie de son système nerveux, et elle se pose pour le reste de sa vie.

On l'appelle même « larve têtard », expression qui avait un sens pour Darwin. Celui-ci a donné des tuniciers cette présentation peu engageante, sous leur nom scientifique d'ascidiacés :

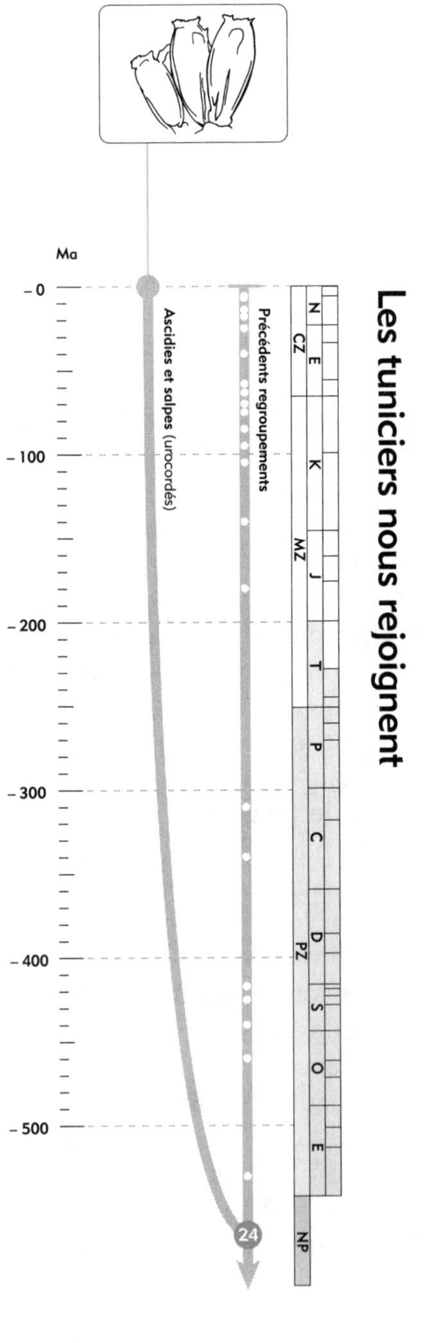

Les tuniciers nous rejoignent. Les animaux dotés d'une « notocorde » cartilagineuse raide sont classés ensemble dans les cordés (chez l'être humain, des vestiges de cette tige subsistent sous la forme des disques intervertébraux). Il est admis depuis longtemps que, parmi les cordés, les tuniciers et apparentés (environ 2 000 espèces) sont les espèces les plus éloignées de toutes les autres. Cette notion a aussi été solidement confirmée par de récentes données moléculaires.

Dessin : ascidie bleue (*Rhopalaea crassa*).

> Ayant à peine l'aspect d'animaux, ils consistent en un simple sac dur et coriace, avec deux petits orifices saillants. Ils appartiennent aux Molluscoidea d'Huxley – une sous-division du grand règne des Mollusca, mais certains naturalistes les ont récemment placés parmi les vermes, ou vers. Les larves ressemblent un peu à des têtards par leur forme, et elles ont la capacité de nager librement.

Je dois dire qu'aujourd'hui ni les Molluscoidea ni les vermes ne sont plus des catégories reconnues, et que les tuniciers ne figurent plus au côté des mollusques ou des vers. Darwin poursuit en mentionnant sa satisfaction d'avoir découvert une telle larve dans les îles Malouines en 1833 :

> M. Kovalevsky a récemment fait observer que les larves d'ascidiacés sont apparentées aux vertébrés par leur style de développement, par la position relative du système nerveux, et en ce qu'elles possèdent une structure très proche de la *chorda dorsalis* des animaux vertébrés... Cela nous autoriserait donc à penser qu'à un moment extrêmement lointain, il a existé un groupe d'animaux qui ressemblaient à bien des égards aux larves de nos ascidiacés actuels, et qui a divergé en deux grandes branches – l'une régressant dans le développement pour produire la classe actuelle des ascidiacés, l'autre s'élevant à la couronne et au sommet du règne animal pour donner naissance aux vertébrés.

Mais là, les opinions d'experts sont partagées. Il existe deux théories sur ce qui s'est produit : celle qu'a exprimée Darwin, et une autre, plus tard, que l'axolotl a déjà attribuée à Walter Garstang. Vous vous rappelez le message de l'axolotl, celui de la néoténie. Parfois, au stade de la jeunesse dans un cycle de vie, peuvent se développer des organes sexuels qui permettent à l'animal de se reproduire : il devient mûr sexuellement tout en restant immature sur d'autres points. Nous avons déjà appliqué le message de l'axolotl aux pékinois, aux autruches et à nous-mêmes : aux yeux de certains scientifiques, nous sommes de jeunes grands singes dont le développement reproductif s'est accéléré et dont la phase adulte du cycle de vie a été supprimée.

Garstang a appliqué la même théorie aux tuniciers lors de cet embranchement qui remonte bien plus loin dans notre histoire. La phase adulte de notre ancêtre lointain, pensait-il, était un tunicier sédentaire chez lequel a évolué la larve têtard comme une adaptation pour se disperser, de la même façon que la graine de pissenlit a un petit parachute pour transporter la génération suivante loin du site de la plante mère. Nous, les vertébrés, dit Garstang, nous descendons de larves de tuniciers, des larves qui ne sont jamais devenues adultes, ou, plutôt, dont les organes de reproduction se sont développés, sans qu'elles soient jamais devenues des tuniciers adultes.

Un nouvel Aldous Huxley pourrait pousser la fiction de la longévité humaine jusqu'au point où un certain super-Mathusalem finirait par se tenir sur sa tête en se métamorphosant en un tunicier géant attaché de façon permanente au canapé devant la télévision. L'intrigue gagnerait un trait satirique supplémentaire avec la croyance légendaire que la larve de tunicier « mange son propre cerveau » quand elle abandonne son activité pélagique pour le sédentarisme adulte. Quelqu'un a dû naguère exprimer de façon colorée le fait plus banal que, comme la chenille dans sa chrysalide, la larve de tunicier qui se métamorphose décompose ses tissus larvaires et les recycle dans le corps adulte. Ce faisant, le ganglion de la tête qui intervenait quand elle se déplaçait dans le plancton se décompose. Banale ou non, une métaphore littéraire aussi évocatrice ne risquait pas de passer inaperçue – un mème aussi fécond ne pouvait pas ne pas se répandre. J'ai plus d'une fois vu évoquer le tunicier larvaire qui, le temps venu, s'installe dans une vie sédentaire et « mange son cerveau à l'instar d'un maître assistant promu professeur ».

Il existe dans le sous-phylum des tuniciers un groupe d'animaux modernes qu'on appelle les appendiculaires : ce sont des adultes sur le plan reproductif, mais qui ressemblent à des larves de tuniciers. Garstang s'est largement appuyé sur eux en y voyant une reprise plus récente de son ancien script sur l'évolution. D'après lui, les ancêtres des appendiculaires étaient des tuniciers sédentaires vivant au fond de la mer, avec une phase larvaire de plancton. Ils ont acquis la capacité de se reproduire au stade larvaire et ont perdu à la fin de leur cycle de vie l'ancien stade adulte. Tout cela a pu se produire assez récemment, nous donnant un aperçu fascinant de ce qui est peut-être arrivé à nos ancêtres il y a un demi-million d'années.

La théorie de Garstang est certainement séduisante, et elle a connu un grand succès pendant de nombreuses années, en particulier à Oxford grâce à la force de persuasion de son gendre, Alister Hardy. Malheureusement, de récentes données d'ADN ont fait pencher le poids de la balance du côté de la première théorie, celle de Darwin. Si les appendiculaires sont une reprise récente d'un ancien scénario de Garstang, ils devraient être plus proches parents de certains tuniciers modernes que d'autres. Hélas, il n'en est rien. La plus ancienne division dans le phylum entier est celle entre les larvacés d'une part, et tout le reste du phylum d'autre part. Cela ne prouve pas de façon concluante que Garstang se soit trompé, mais comme me l'a fait remarquer Peter Holland, qui occupe actuellement la chaire d'Alister Hardy, cela le rend moins crédible et d'une façon que ni Garstang ni Hardy n'auraient pu prévoir.

Le chiffre que j'ai retenu pour la date du coancêtre 24 est de – 565 millions d'années, ce qui en ferait notre 275 millionième aïeul environ, mais ces chiffres deviennent de plus en plus approximatifs. Peut-être cet ancêtre se présentait-il un peu comme une larve de tunicier. Mais, contrairement à ce que pensait Garstang, il semble probable maintenant que le tunicier adulte a évolué plus tard, comme le disait Darwin. Celui-ci supposait sans le dire que l'adulte de cette espèce lointaine ressemblait à un têtard. Une branche de ses descendants a gardé la forme d'un têtard et a évolué en un poisson. L'autre branche a eu une promotion, elle s'est fixée au fond de la mer et est devenue sédentaire, se nourrissant à travers des filtres et ne conservant son ancienne forme adulte qu'au stade larvaire.

Rendez-vous 25

LES AMBULACRAIRES

Notre pèlerinage est maintenant constitué d'une horde grouillante qui représente la masse de tous les vertébrés avec leurs cousins cordés primitifs, les amphioxus et les tuniciers. C'est une vraie surprise que de voir les pèlerins qui nous rejoignent maintenant, nos parents les plus proches chez les invertébrés ; il s'agit de ces créatures étranges – je vais bientôt les qualifier de « martiennes » – que sont les étoiles de mer, les oursins, les ophiures, et les concombres de mer. Avec un groupe largement éteint, les crinoïdes ou lys de mer, ils constituent le phylum des échinodermes, ces êtres hérissés de piquants. « Avant » de nous rejoindre, les échinodermes se sont associés à quelques groupes divers de vers qui, faute de données moléculaires, avaient été placés ailleurs dans le règne animal. Les balanoglosses et apparentés (entéropneustes et ptérobranches) avaient auparavant été classés avec les tuniciers dans les protocordés. Les données moléculaires les associent maintenant, pas bien loin, avec les échinodermes dans un super-phylum, celui des ambulacraires.

Également placé maintenant dans les ambulacraires, se trouve un curieux petit ver, *Xenoturbella*. Personne ne savait où mettre ce petit *Xenoturbella* – il semble qu'il lui manque beaucoup de ce que doit posséder tout ver qui se respecte, notamment un véritable système excréteur et un appareil digestif complet. Les zoologistes l'ont donc déplacé de phylum en phylum, et ils avaient pratiquement renoncé à lui trouver une place jusqu'à ce que, en 1977, quelqu'un annonce qu'en dépit de toutes les apparences c'était un

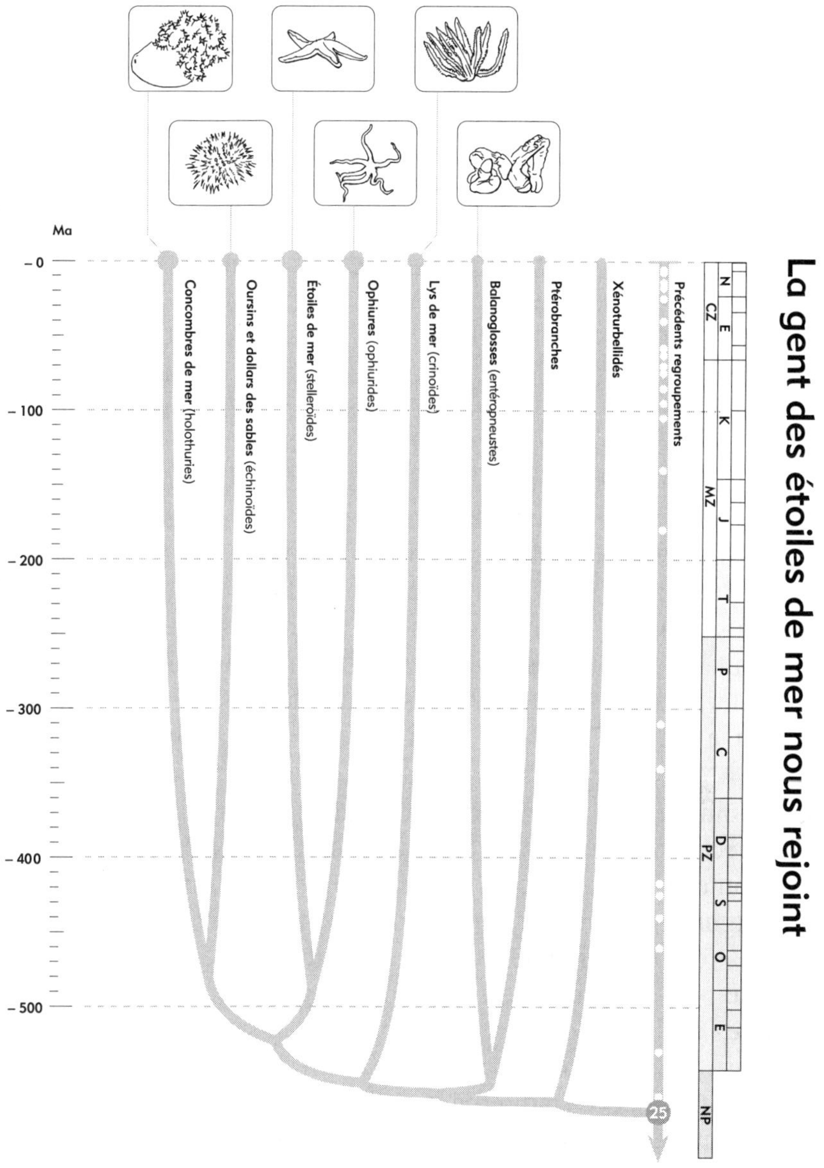

La gent des étoiles de mer nous rejoint. Nous, les cordés, nous appartenons à la grande branche des animaux que sont les deutérostomiens. De récentes études moléculaires suggèrent que toutes les autres 8 100 espèces environ de deutérostomiens se regroupent. Ce nouveau groupe qui a été nommé les ambulacraires est très largement admis, même si le doute persiste sur la position des deux espèces amorphes de xénoturbellidés.

Dessins, de gauche à droite : *Pseudo-colochirus violaceus* ; oursin comestible (*Echinus esculentus*) ; étoile de mer commune (*Asterias rubens*) ; ophiure (*Ophiothrix sp.*) ; *Cenometra bella* ; balanoglosse (*Enteropneusta*).

mollusque bivalve extrêmement dégénéré, apparenté aux coques. Cette indication venait de données moléculaires. L'ADN du *Xenoturbella* ressemblait de près à celui de la coque, et, comme pour mettre fin à toute discussion, on a trouvé des spécimens de *Xenoturbella* contenant des œufs du type de ceux des mollusques. Mais attention ! Comme dans le cauchemar classique du détective moderne passionné par les cadavres – où l'ADN du suspect est contaminé par celui de la victime –, il est avéré maintenant que si ces *Xenoturbella* contenaient de l'ADN et des œufs de mollusques, c'est qu'ils mangent des mollusques ! Le résidu authentique de *Xenoturbella* après que l'on a éliminé l'ADN de mollusque révèle une affinité encore plus étonnante : *Xenoturbella* fait partie des ambulacraires, et c'est peut-être le dernier à les avoir rejoints avant que nous les accueillions au Rendez-vous 25. D'autres données moléculaires situent ce rendez-vous quelque part dans le Précambrien tardif, il y a peut-être environ 570 millions d'années. J'imagine que le coancêtre 25 était à peu près notre 280 millionième aïeul. Nous n'avons aucune idée de ce à quoi il ressemblait, mais il ressemblait sûrement plus à un ver qu'à une étoile de mer. Tout indique que la symétrie radiaire des échinodermes a évolué secondairement à partir d'ancêtres à symétrie droite-gauche, de bilatériens.

Les échinodermes constituent un grand phylum, avec quelque 6 000 espèces vivantes et une collection de fossiles fort respectable qui remonte jusqu'au début du Cambrien. Parmi ces fossiles anciens figurent certaines créatures à l'asymétrie bizarre. L'adjectif « bizarre » est effectivement celui qui vient à l'esprit quand on regarde de près les échinodermes. Un collègue décrivait un jour les mollusques céphalopodes (pieuvres, calmars et seiches) comme des « Martiens ». C'était bien vu, mais à mon avis, cette appellation conviendrait mieux à l'étoile de mer. Dans ce sens, un « Martien » est une créature dont le caractère étrange nous aide précisément à mieux nous voir nous-mêmes en nous montrant ce que nous ne sommes pas.

Les animaux de la Terre ont en général une symétrie bilatérale, avec un avant et un arrière, un côté gauche et un côté droit. Les étoiles de mer, elles, ont une symétrie radiale, avec la bouche juste au milieu de la surface du dessous et l'anus juste au milieu de celle du dessus. Il en va de même pour la plupart des échinodermes, à part les oursins cœurs ou spatangues, et les oursins plats ou dollars des sables, qui ont retrouvé une légère symétrie bilatérale avec un avant et un arrière pour s'enfouir dans le sable. Si les étoiles de mer « martiennes » ont des côtés, elles en ont cinq (ou plus, pour certaines), et pas deux comme la plupart des autres Terriens que nous sommes. D'autre part, la plupart des animaux de la Terre ont du sang. Les étoiles de mer, elles, ont de l'eau de mer dans des canaux. Les animaux de la Terre se déplacent essentiellement au moyen de muscles qui actionnent des os ou autres éléments de squelette. Les étoiles de mer, elles, se déplacent au moyen d'un système hydraulique unique qui pompe de l'eau de mer. Elles ont pour organes de propulsion des centaines de petits « podia », ou pieds ambulacraires, disposés sur leur surface inférieure en rangées le long des cinq axes de symétrie. Chaque pied ressemble à un mince tentacule terminé par une petite ventouse ronde. À lui seul, ce pied est trop petit pour déplacer l'animal, mais quand tous ces pieds tirent ensemble, ils y parviennent lentement mais sûrement. Le pied s'étend sous l'effet d'une pression hydraulique exercée par une petite ampoule à son extrémité proximale. Chaque pied individuel a un cycle d'activité un peu comme une patte minuscule. Après avoir tiré, il relâche sa ventouse, se rétablit et se balance en avant pour prendre une nouvelle prise avec sa ventouse, et tire à nouveau.

Les oursins se déplacent par la même méthode. Les concombres de mer, qui ont la forme de saucisses grumeleuses, peuvent se déplacer aussi de cette manière, mais les fouisseurs déplacent tout leur corps comme les vers de terre, avec des mouvements en alternance : ils compriment leur corps pour l'étirer en le faisant avancer, puis ils ramènent l'arrière. Les ophiures, qui ont (en général) cinq bras souples et élancés irradiant d'un disque central à peu près circulaire, se déplacent en ramant avec leurs bras tout entiers, au lieu de se tirer au moyen de pieds ambulacraires. Les étoiles de mer elles aussi ont des muscles qui balancent leurs bras entiers autour d'elles. Elles s'en servent, par exemple, pour engloutir leurs proies et ouvrir les coquilles des moules.

L'idée d'« avancer » est arbitraire pour ces « Martiens » qui comprenent les ophiures et la plupart des oursins ainsi que les étoiles de mer. Contrairement à la plupart des formes de vie de la Terre, qui ont un avant bien défini avec une tête, l'étoile de mer peut « se mouvoir » à l'aide de n'importe lequel de ses cinq bras. Les centaines de podia se débrouillent d'une façon ou d'une autre pour « s'entendre » afin de suivre à tout moment le bras directeur, mais ce rôle peut changer d'un bras à l'autre. La coordination est réalisée par un système nerveux, mais dont le plan ne ressemble à aucun de ceux auxquels nous sommes habitués sur cette planète. La plupart des systèmes nerveux sont fondés sur un long câble qui court de l'avant à l'arrière, soit le long du côté dorsal (comme notre moelle épinière), soit le long du côté ventral, auquel cas il est double, avec une échelle de connexions entre les côtés gauche et droit (comme dans les vers et tous les arthropodes). Dans la créature terrienne typique, le principal câble longitudinal a des nerfs latéraux, souvent apariés en segments qui se répètent en série de l'avant à l'arrière. De plus, elle a en général des ganglions, des renflements locaux, et quand l'un d'eux est suffisamment gros, il est anobli avec le titre de cerveau. Chez l'étoile de mer, le système nerveux est tout à fait différent. Comme nous pouvons maintenant nous y attendre, il a une disposition en rayons. Un anneau complet entoure la bouche, et de cet anneau irradient cinq (ou le nombre de bras présents) câbles, un dans chaque bras. Et naturellement, les podia de chaque bras sont contrôlés par le câble nerveux qui s'y trouve.

Outre les podia, certaines espèces ont aussi des centaines de *pedicellariae* (singulier, *pedicellaria*, en français, pédicellaire), disséminées sur la surface inférieure des cinq bras. Ces *pedicellariae* sont munies de minuscules pinces qui leur servent à saisir des aliments ou à se défendre contre des petits parasites.

Malgré leur allure de « Martiens » extraterrestres, les étoiles de mer et apparentés n'en sont pas moins nos cousins relativement proches. Moins de 4 % de toutes les espèces animales nous sont apparentées de plus près que les étoiles de mer. La plus grande partie, et de loin, du règne animal doit encore rejoindre notre pèlerinage. Et ces pèlerins arrivent essentiellement tous ensemble au Rendez-vous 26, en un gigantesque grouillement. Les protostomiens sont sur le point de submerger même la multitude de ceux qui sont déjà en marche.

Rendez-vous 26

LES PROTOSTOMIENS

Dans les profondeurs du temps géologique, et de plus en plus privés du soutien tangible des fossiles, nous nous fondons maintenant entièrement sur la technique dont j'ai parlé dans le Prologue général sous le nom de l'évaluation de la distance moléculaire. L'avantage, c'est que cette technique devient encore plus sophistiquée. Elle confirme une idée à laquelle les spécialistes d'anatomie comparée, ou plus précisément d'embryologie comparée, croyaient depuis longtemps, à savoir que la plus grande partie du règne animal est profondément divisée entre deux sous-règnes, les deutérostomiens et les protostomiens.

C'est là qu'intervient l'embryologie. Typiquement, les animaux passent au début de leur existence par un événement décisif, la gastrulation. L'embryologiste distingué et scientifique iconoclaste Lewis Wolpert a dit :

> Le moment le plus important de votre vie, ce n'est pas la naissance, le mariage ou la mort, mais la gastrulation.

La gastrulation est un processus qui intervient chez tous les animaux au début de leur existence. Typiquement, avant la gastrulation, l'embryon de l'animal est une boule creuse de cellules, la *blastula*, dont la paroi a une cellule d'épaisseur. Lors de la gastrulation, cette boule se découpe pour former une coupe à deux couches, dont l'ouverture se ferme par un petit trou, le blastopore. Presque tous les embryons d'animaux passent par ce stade, ce qui

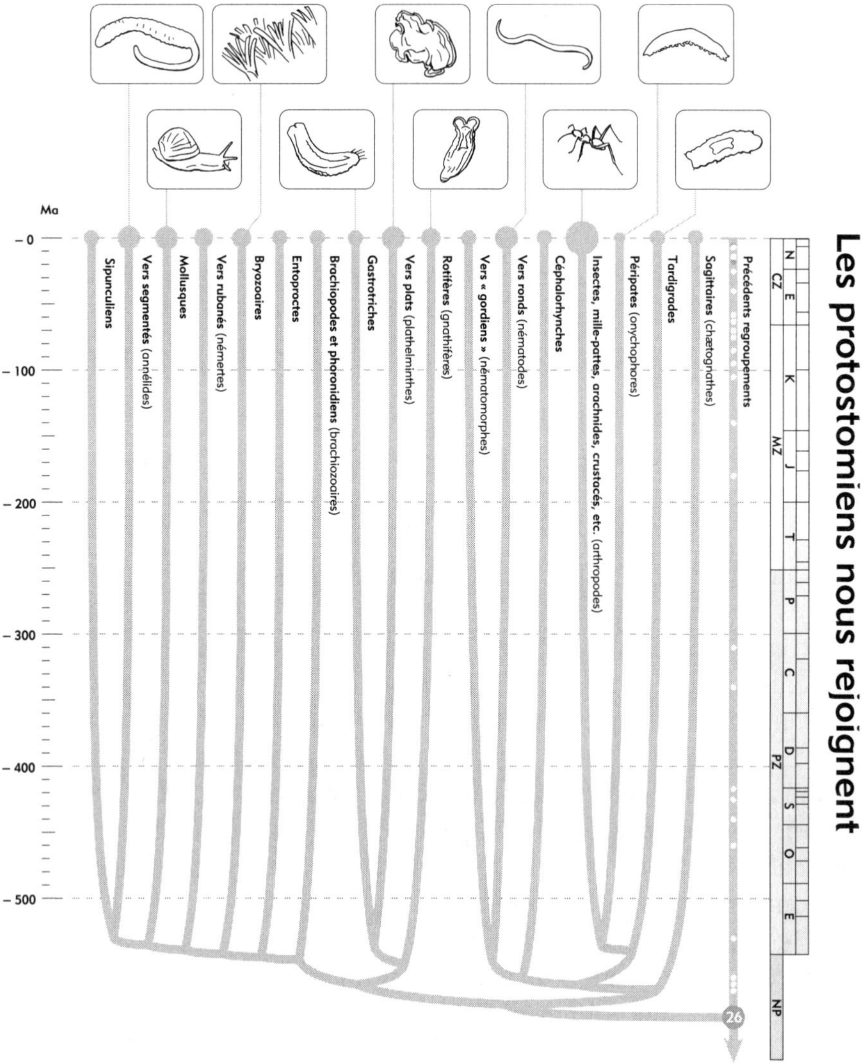

Les protostomiens nous rejoignent. À ce rendez-vous, aux quelque 60 000 espèces connues de deutérostomiens se joignent les protostomiens dont le nombre des espèces décrites dépasse largement le million. Cette phylogénie des protostomiens est une refonte radicale qui tient compte des dernières données de la génétique. Les deux principaux groupements sont généralement acceptés mais l'ordre des embranchements y est extrêmement incertain. L'ordre des sept lignées de gauche (les lophotrochozoaires) est particulièrement incertain.

Dessins, de gauche à droite : arénicole (*Arenicola* sp.) ; escargot petit gris (*Helix aspersa*) ; bryozoaire inconnu ; gastrotriche (*Chætonotus simrothi*) ; ver plat (*Pseudoceros dimidiatus*) ; rotifère bdelloïde de l'Antarctique (*Philodina gregaria*) ; nématode inconnu ; fourmi coupe-feuilles (*Atta sp.*) ; péripate (*Peripatopsis moseleyi*) ; tardigrade inconnu.

signifie vraisemblablement que c'est une caractéristique fort ancienne. Vous pourriez vous attendre à ce qu'une ouverture si fondamentale devienne un des deux orifices profonds du corps, et vous auriez raison. Mais c'est là qu'intervient la grande division dans le règne animal entre les deutérostomiens (tous les pèlerins qui sont arrivés avant ce rendez-vous 26, nous y compris), et les protostomiens (l'immense foule qui nous rejoint maintenant).

Dans l'embryon des deutérostomiens, la destinée finale du blastopore est de devenir l'anus (ou du moins, celui-ci se développe à côté du blastopore). La bouche apparaît plus tard comme une perforation séparée à l'autre bout du tube digestif. Chez les protostomiens, il en va autrement : chez certains, le blastopore devient la bouche, et l'anus apparaît plus tard ; chez d'autre, le blastopore est une fente qui se ferme ensuite au milieu, avec la bouche à un bout et l'anus à l'autre bout. Protostome veut dire « bouche en premier », et deutérostome, « bouche en second ».

Cette classification traditionnelle du règne animal par l'embryologie a été maintenue par les données moléculaires modernes. Il y a effectivement deux grands types d'animaux, les deutérostomiens (nous, ici) et les protostomiens (eux, là-bas). Cependant, certains phylums qui faisaient naguère partie des deutérostomiens ont maintenant été déplacés par les révisionnistes moléculaires, auprès desquels je me rangerai, pour rejoindre les protostomiens. Ce sont les trois phylums qu'on appelle les lophophorates – phoronidiens, brachiopodes et bryozoaires – qui sont groupés maintenant avec les mollusques et les annélides dans la division des « lophotrochozoaires » des protostomiens. Surtout, je vous en prie, n'essayez pas de retenir les « lophophorates », il faut seulement que je les cite ici, sinon les zoologistes d'un certain âge pourraient s'étonner de ne pas les trouver parmi les deutérostomiens. Il y a aussi certains animaux qui n'appartiennent ni aux protostomiens, ni aux deutérostomiens, mais nous y viendrons plus tard.

Le Rendez-vous 26 est le plus grand de tous, et plus qu'un rendez-vous, c'est un rassemblement gigantesque de pèlerins. Quand a-t-il eu lieu ? Les dates qui remontent aussi loin sont difficiles à évaluer. Celle de – 590 millions d'années que j'avance timidement comporte une marge d'erreur plus ou moins grande. Il en va de même quand je dis que le coancêtre 26 est notre aïeul à la 300 millionième génération. Les protostomiens constituent le gros des animaux du pèlerinage. Notre propre espèce étant de la chapelle des deutérostomiens, je leur ai accordé une attention particulière dans cet ouvrage, et je décris les protostomiens en disant qu'ils se joignent au pèlerinage tous ensemble, à un seul grand rendez-vous. Non seulement eux-mêmes verraient les choses de façon inverse, mais ce serait aussi le cas pour l'observateur impartial.

Les protostomiens comptent un nombre de phylums d'animaux bien plus important que les deutérostomiens, ils possèdent notamment les plus grands phylums de tous. Ils comprennent les mollusques, qui comptent deux fois plus d'espèces que les vertébrés. Il s'y ajoute les trois grands phylums de vers : les vers plats, les vers ronds et les vers annelés, avec plus de trente fois plus d'espèces que les mammifères. Et par-dessus tout, dans les pèlerins protostomiens figurent les arthropodes : insectes, crustacés, araignées, scorpions, mille-pattes, et plusieurs autres petits groupes. À eux seuls, les insectes constituent au moins les trois quarts de toutes les espèces animales, voire plus. Comme l'a dit Robert May, le président actuel de la *Royal Society*, à première vue, toutes les espèces sont des insectes.

Avant l'avènement de la taxinomie moléculaire, on groupait et divisait les animaux d'après leur anatomie et leur embryologie. Parmi tous les niveaux de classification – espèce, genre, ordre, classe, etc. – le phylum avait un statut spécial, quasi mystique. Dans un phylum, les animaux étaient nettement apparentés les uns aux autres. Ceux appartenant à d'autres phylums étaient trop distincts pour que l'on prenne au sérieux aucun lien entre eux. Les phylums étaient séparés par un fossé pratiquement infranchissable. La comparaison moléculaire suggère maintenant qu'ils sont beaucoup plus liés entre eux qu'on ne l'avait jamais pensé. En un sens, cela a toujours été évident – personne ne croyait que les phylums des animaux étaient apparus séparément au sortir du limon primordial. Il fallait qu'ils soient liés entre eux selon un schéma hiérarchique du même type que leurs éléments constitutifs. Seulement, les liens étaient difficiles à voir, perdus dans les profondeurs du temps.

Il y avait des exceptions. Le groupement protostomiens-deutérostomiens au-dessus du niveau du phylum était admis puisqu'il était fondé sur l'embryologie. Et dans les protostomiens, il était largement admis que les annélides (vers de terre à segments, sangsues et polychètes) étaient apparentés aux arthropodes, les uns et les autres ayant un plan corporel segmenté. Il semble maintenant que ce lien particulier soit faux, comme nous le verrons : on associe aujourd'hui les annélides aux mollusques. De fait, il était toujours un peu préoccupant que les annélides marins aient un type de larve si semblable aux larves de nombreux mollusques de mer qu'on leur a donné le même nom, les larves « trochophores ». Si le groupement annélides-mollusques est vrai, cela veut dire que le plan corporel segmenté a été inventé deux fois (par les annélides et par les arthropodes), et pas que la larve trochophore a été inventée deux fois (par les annélides et par les mollusques). Le rapprochement des annélides avec les mollusques et leur séparation d'avec les arthropodes est une des grandes surprises qu'a réservées la génétique moléculaire aux zoologistes formés à la taxinomie fondée sur la morphologie.

Les données moléculaires divisent les phylums des protostomiens en deux ou peut-être trois principaux groupes, des superphylums comme on pourrait les appeler. Certaines autorités ne se sont pas encore ralliées à cette classification, mais je continuerai à l'utiliser tout en admettant qu'elle puisse toujours être erronée. Ces deux superphylums sont les ecdysozoaires et les lophotrochozoaires. Le troisième, qui est moins largement admis, mais que j'accepterai plutôt que de le joindre aux lophotrochozoaires comme certains préfèrent le faire, est celui des platyzoaires.

Le nom des ecdysozoaires vient de l'ecdyse, cette habitude caractéristique qu'ils ont de muer (d'un mot grec qui signifie à peu près se mettre nu). Autant dire que les insectes, crustacés, araignées, mille-pattes, trilobites et autres arthropodes sont des ecdysozoaires, ce qui revient à dire que la section ecdysozoaire du pèlerinage des protostomiens est effectivement fort importante, bien au-delà des trois quarts du règne animal.

Les arthropodes dominent aussi bien sur terre (en particulier par les insectes et les araignées) que sur mer (par les crustacés et, naguère, les trilobites). À l'exception des euryptérides, ces scorpions* marins du Paléozoïque qui, on le suppose, terrorisaient les

* Il y avait aussi au cours du Paléozoïque de gigantesques scorpions terrestres d'un mètre de long à ce que l'on croit. J'ai du mal à accepter ce détail en toute sérénité (un de mes tout premiers souvenirs, avant de m'évanouir, est celui d'une piqûre de scorpion africain moderne). Le plus gros trilobite connu, *Isotelus rex*, atteignait les 72 centimètres de long. Les libellules qui avaient jusqu'à 70 centimètres d'envergure étaient florissantes au cours du Carbonifère. Le plus gros arthropode actuel, le crabe-araignée japonais *Macrocheira kaempferi* a un corps de 30 centimètres, et l'écart entre ses pattes fort longues et armées de pinces peut atteindre 4 mètres.

poissons du Paléozoïque, le corps des arthropodes n'a pas atteint la taille énorme de quelques vertébrés gigantesques. On impute souvent cela aux limites imposées par leur méthode de se cuirasser dans un exosquelette, leurs membres étant enfermés dans des tubes durs et articulés. Ils ne peuvent donc grandir que par ecdyse : en se débarassant à intervalles réguliers de leur ancienne coque, qui sera remplacée par une nouvelle, plus grande qui va durcir peu à peu. Comment les euryptérides ont-ils fait pour échapper à cette prétendue limite de la taille, je ne vois pas bien.

Le débat se poursuit sur la position respective des sous-contingents des arthropodes. Certains zoologistes gardent l'idée que les insectes figurent aux côtés des myriapodes (mille-pattes et apparentés), séparément des crustacés, tandis que le courant dominant les range maintenant avec ces derniers, en éjectant les myriapodes et les araignées qui deviennent des groupes extérieurs. Tout le monde convient que les araignées et les scorpions, avec les terribles euryptérides, appartiennent ensemble au groupe dit des chélicérates. La limule *Limulus*, ce fossile vivant connu malheureusement sous le nom de « crabe des Moluques », est aussi placée dans les chélicérates, malgré sa ressemblance superficielle avec les trilobites éteints, qui sont dans un groupe à part.

Alliés aux arthropodes dans les ecdysozoaires, et parfois appelés panarthropodes, se trouvent deux petits contingents de pèlerins, les onychophores et les tardigrades. Les onychophores, ou péripates, tels que *Peripatus*, sont maintenant classés dans le phylum des lobopodes qui contient un important contingent de fossiles, comme nous le dira le péripate. *Peripatus* lui-même ressemble un peu à une chenille à l'aspect plutôt attachant, bien que, sur ce point, il soit dépassé par les tardigrades. Chaque fois que je vois un tardigrade, j'ai envie de le garder pour m'en faire un petit compagnon. On appelle souvent les tardigrades des ours d'eau, et ils ont l'air câlin d'un ourson. Un bébé ourson, en fait : on peut tout juste le voir à l'œil nu, bougeant ses huit petits moignons avec une fragilité infantile tout à fait désarmante.

L'autre phylum majeur dans le superphylum des ecdysozoaires est celui des vers nématodes. Eux aussi sont extrêmement nombreux, comme en témoignait naguère la mémorable description du zoologiste américain Ralph Buchsbaum :

> Si toute la matière que contient l'univers, hormis les nématodes, venait à disparaître, notre monde serait toujours légèrement reconnais-

sable... nous devrions trouver ses montagnes, ses collines, ses vallons, ses rivières, ses lacs et ses océans sous une couche de nématodes... Les arbres continueraient à se dresser en rangs fantomatiques indiquant nos rues et nos avenues. On pourrait toujours déceler l'emplacement des différentes plantes et des différents animaux, et, en s'y connaissant suffisamment, dans bien des cas on pourrait déterminer leurs espèces en examinant leurs parasites nématodes d'antan.

La première fois que j'ai lu le livre de Buchsbaum, cette image m'a enchanté, mais je dois avouer qu'à le relire maintenant, je suis moins convaincu. Disons seulement que les nématodes sont extrêmement nombreux et omniprésents.

Les plus petits phylums des ecdysozoaires comprennent différents autres types de vers, notamment les priapuliens, dont il est étonnant à première vue qu'ils soient classés maintenant si loin des annélides.

Les pèlerins lophotrochozoaires peuvent bien être dépassés en nombre par les ecdysozoaires, mais ils sont malgré tout plus nombreux que nos propres pèlerins deutérostomiens. Les deux grands phylums de lophotrochozoaires sont les mollusques et les annélides. On ne peut plus confondre les annélides avec les nématodes car, comme nous l'avons vu, les annélides sont segmentés comme les arthropodes. C'est-à-dire que leur corps est organisé comme une série de segments qui se suivent l'un derrière l'autre, comme les wagons d'un train. De nombreuses parties du corps, comme les centres nerveux et les vaisseaux sanguins qui entourent la voie digestive, se répètent dans tous les segments d'un bout à l'autre du corps. Il en va de même des arthropodes, et cela se voit surtout chez les mille-pattes car leurs segments sont pratiquement tous pareils. Le homard ou, plus encore, le crabe, comportent de nombreux segments différents, mais on peut quand même voir nettement la segmentation de l'avant à l'arrière. Chez leurs ancêtres, les segments étaient sûrement plus uniformes comme chez le cloporte ou le mille-pattes*. Les annélides sont à cet égard comme les mille-pattes et les cloportes, même s'ils sont apparentés de plus près aux mollusques non segmentés. Les annélides les plus courants sont les vers de terre (qui pour une fois portent bien leur nom) communs, ou lombrics.

* Il existe de superbes mille-pattes, les gloméris, qui ont exactement l'allure et le comportement des cloportes. C'est un de mes exemples préférés d'évolution convergente.

J'ai eu la chance de voir en Australie des vers de terre géants (*Megascolides australis*) dont on dit qu'ils peuvent atteindre quatre mètres de long.

Les lophotrochozoaires comprennent d'autres phylums vermiformes, comme les némertes, à ne pas confondre avec les nématodes. Cette ressemblance des noms est regrettable et inutile, et il s'y ajoute une autre confusion entre deux autres phylums de vers, les nématomorphes et les némertodermatides. Néma, ou *nematos* en grec, signifie « fil », alors que Nêmertês était le nom d'une nymphe marine. C'est là une coïncidence malheureuse. Lors d'une sortie en mer sur la côte écossaise avec notre enseignant de zoologie, I. F. Thomas, nous avons trouvé un ver à la forme de lacet, *Lineus longissimus*, une espèce de némerte susceptible, dit la légende, d'atteindre 50 mètres de long. Notre spécimen en faisait au moins 10, je ne me souviens pas du chiffre exact, mais comme malheureusement M. Thomas a perdu la photo qu'il avait prise de cette scène mémorable, il ne pourra figurer qu'au chapitre des némertes dans les histoires fantastiques de pêcheurs.

Il existe divers autres phylums plus ou moins vermiformes, mais le phylum le plus grand et le plus important des lophotrochozoaires est celui des mollusques : les escargots, huîtres, ammonites, pieuvres et apparentés. Dans notre pèlerinage, le contingent des mollusques marche dans l'ensemble à l'allure des escargots, mais les calmars figurent parmi les nageurs les plus rapides de la mer où ils emploient une forme de propulsion à réaction. Avec leurs cousines, les pieuvres, ce sont de tout le règne animal ceux qui ont la meilleure capacité de changer de couleur, battant même les caméléons, notamment pour la rapidité de ce changement. Les ammonites étaient apparentées aux calmars qui vivaient dans des coquilles spiralées leur servant d'organe de flottaison, comme chez le *Nautilus* qui survit encore. Elles pullulaient autrefois dans les mers, mais elles ont fini par disparaître en même temps que les dinosaures. J'espère qu'elles changeaient de couleur, elles aussi.

Un autre grand groupe de mollusques est celui des bivalves : les huîtres, moules, palourdes, et coquilles Saint-Jacques, dotées de deux coquilles, ou valves. Les bivalves ont un muscle unique extrêmement puissant, l'adducteur, dont la fonction est de fermer les valves et de les verrouiller contre les prédateurs. Ne mettez surtout pas le pied dans une palourde géante (*Tridacna*), vous ne le récupéreriez jamais. Parmi les bivalves se trouve le taret qui utilise ses valves comme des outils tranchants pour creuser des trous dans le bois flotté, les bateaux en bois et les piliers des jetées et des quais. Vous avez probablement vu leurs trous bien découpés. Les pholades font un peu la même chose dans les roches.

Ressemblant superficiellement aux mollusques bivalves sans leur être apparentés de près, les brachiopodes font aussi partie du grand contingent des lophotrochozoaires dans le pèlerinage des protostomiens. Nous avons déjà rencontré l'un d'eux, *Lingula*, dans le message du dipneuste qui nous en parlait comme d'un célèbre « fossile vivant ». Il ne reste plus aujourd'hui qu'environ trois cent cinquante espèces de brachiopodes, alors qu'au Paléozoïque ils rivalisaient avec les mollusques bivalves*. La ressemblance entre les uns et les autres est superficielle : les deux valves des mollusques bivalves sont latérales, alors que celles des brachiopodes sont verticales. Le statut des pèlerins brachiopodes, et de deux groupes de « lophophorates » alliés, les phoronidiens et les bryozoaires, est encore controversé. Comme je l'ai déjà dit, je me conforme ici à l'école de pensée contemporaine dominante en ce que je les place dans les lophotrochozoaires (ils ont contribué à la composition de son nom). Certains zoologistes les maintiennent à leur ancienne place, complètement en dehors des protostomiens et dans les deutérostomiens, mais j'ai idée que la bataille est perdue d'avance.

La troisième branche majeure du superphylum des protostomiens, les platyzoaires, serait jointe aux lophotrochozoaires par certaines autorités. « Platy » signifie « plat » et le nom de platyzoaire vient d'un des phylums qui y figurent, les vers plats, ou plathelminthes. « Helminth » signifie « ver intestinal » et, alors que certains vers plats sont parasites (ténia et douve du foie), il y a aussi un grand groupe de vers plats qui vivent libres, les turbellariés, qui sont souvent extrêmement beaux. Récemment, certains des animaux qui étaient traditionnellement classés comme vers plats, comme les acœlomates, ont été complètement sortis des protostomiens par les taxinomistes moléculaires. Nous allons les rencontrer maintenant.

D'autres phylums sont provisoirement placés dans les platyzoaires, mais c'est temporairement faute de savoir où mieux les ranger, et, pour la plupart, ils ne sont pas plats. Appartenant aux

* Stephen Gould les a comparés dans un bel essai intitulé « Ships That Pass in The Night » [Des vaisseaux qui disparaissent dans la nuit].

prétendus « phylums mineurs », ils sont fascinants par eux-mêmes, et chacun mérite un chapitre entier dans un manuel de zoologie des invertébrés. Malheureusement, cependant, nous avons un pèlerinage à accomplir et il faut se hâter. De ces phylums mineurs, je citerai seulement les rotifères car ils ont un message à nous livrer.

Les rotifères sont si petits qu'ils étaient à l'origine groupés avec les « animalcules » protozoaires unicellulaires. Ce sont en fait des multicellulaires dotés d'une grande complexité à l'échelle miniature. Un groupe d'entre eux, les rotifères bdelloïdes, est remarquable dans la mesure où l'on n'y a jamais vu de mâles. C'est ce qui constitue le thème de leur message que nous verrons bientôt.

Ainsi, cet énorme flot de pèlerins protostomiens, cet amalgame d'affluents proches ou lointains qui constitue vraiment le courant dominant des pèlerins animaux, converge vers son rendez-vous avec les deutérostomiens, le contingent junior (en comparaison) dont nous avons suivi la marche jusqu'à présent pour la bonne raison qu'il s'agit du nôtre. L'ancêtre commun à ces deux groupes de participants, le coancêtre 26 pour nous, les humains, est très difficile à reconstituer d'aussi loin dans le temps.

Il y a de fortes chances que ce coancêtre 26 ait été une sorte de ver. C'est-à-dire seulement une créature longiligne, dotée d'une symétrie bilatérale, avec un côté gauche et un côté droit, une face dorsale et une face ventrale, et une tête à un bout et une queue à l'autre bout. De fait, certains scientifiques ont donné le nom de bilatériens à tous les animaux qui descendent du coancêtre 26, et je l'emploierai moi aussi. Pourquoi ce schéma vermiforme est-il si commun ? Les plus primitifs dans les trois sous-groupes protostomiens et dans les deutérostomiens ont tous cette forme que l'on devrait généralement qualifier de vermiforme. Il convient donc que nous écoutions ce que cela signifie que d'être un ver.

Je voulais faire passer ce message par la bouche grise et boueuse de l'arénicole*. Malheureusement, elle passe la majeure partie de son temps dans un terrier en U, ce qui ne convient précisément pas, comme nous allons le voir. Il nous faut un ver plus typique, qui rampe ou nage activement vers l'avant, pour lequel l'avant et l'arrière, la gauche et la droite, ainsi que le haut et le bas ont une

---

* Une arénicole, à la bouche grise et boueuse,
Chantait que quelque part au nord, à l'ouest ou au sud
Vivait une race douce, gaie et jubilante...
W. B. Yeats (1865-1939)

signification bien claire. C'est donc la proche cousine de l'arénicole, la néréide *Nereis*, qui va jouer ce rôle. Un article de magazine de pêcheurs de 1884 disait : « L'appât utilisé est cette sorte de mille-pattes humide qu'on appelle la néréide. » Ce n'est pas un mille-pattes, bien sûr, mais un polychète. Elle vit dans la mer où elle rampe normalement au fond, mais elle est capable de nager en cas de nécessité.

Il était une fois… la néréide

Tout animal qui se déplace, en ce sens qu'il va sur le sol de A à B au lieu de rester simplement sur place en bougeant les bras ou en pompant de l'eau à travers son corps, a probablement besoin d'un avant spécialisé, un avant auquel on pourrait bien donner un nom, appelons-le la tête. La tête rencontre la nouveauté en premier chef. Il est logique de prendre la nourriture à l'extrémité qui est la première à la rencontrer, et aussi que les organes des sens y soient concentrés – les yeux peut-être, les organes tactiles d'un certain type, les organes du goût et de l'odorat. Ensuite, il vaudrait mieux que la principale concentration de tissu nerveux – le cerveau – se trouve près des organes des sens et près de l'action qui se déroule à l'avant où se trouve l'appareil qui attrape la nourriture. Ainsi, nous pouvons définir l'extrémité qui contient la tête comme l'extrémité directrice, celle où se trouvent la bouche, les principaux organes des sens et éventuellement le cerveau. Une autre bonne idée, c'est d'évacuer les déchets quelque part près de l'extrémité arrière, loin de la bouche, pour éviter de réabsorber ce qui vient d'être rejeté. Soit dit en passant, bien que tout cela soit logique si nous réfléchissons en termes de ver, je dois vous rappeler que ce raisonnement évidemment ne s'applique pas aux animaux dotés d'une symétrie radiale comme les étoiles de mer. Je suis vraiment dérouté quand je me demande pourquoi les étoiles de mer et apparentés ne suivent pas cette logique, et c'est une des raisons pour lesquelles je les qualifie de « Martiens ».

Pour en revenir à notre ver primitif, après avoir traité de l'asymétrie avant-arrière, qu'en est-il de l'asymétrie haut-bas ? Pourquoi y a-t-il une face dorsale et une face ventrale ? Le raisonnement est le même, et celui-là s'applique autant aux étoiles de mer qu'aux vers. La gravité étant ce qu'elle est, il y a inévitablement beaucoup de différences entre le dessus et le dessous. Le dessous, c'est là que se trouve le fond de la mer, c'est là que se produit la friction, le dessus c'est de là que vient la lumière du soleil, et tout ce qui tombe sur vous. Il y a peu de chances que les dangers vous menacent autant de dessus que de dessous, et de toute façon ces dangers ont toutes les chances d'être qualitativement différents. Ainsi, notre ver primitif devrait avoir une face du dessus, ou « dorsale », spécialisée, et une face du dessous, ou « ventrale », spécialisée, au lieu qu'il lui soit indifférent de savoir laquelle regarde le fond de la mer, et laquelle regarde le ciel.

Si l'on met ensemble notre asymétrie avant-arrière et notre asymétrie dorso-ventrale, on a automatiquement défini un côté gauche et un côté droit. Mais à la différence des deux autres axes, on ne trouve aucune raison générale pour distinguer le côté gauche du côté droit, pas de raison pour laquelle ils devraient être autre chose sinon des images-miroir l'un de l'autre. Le danger ne risque pas plus de venir de la gauche que de la droite, ou inversement. La nourriture n'a pas plus de chances de se trouver à gauche qu'à droite, mais elle en a peut-être plus de se trouver au-dessus ou au-dessous. Quelle que soit la meilleure façon de se présenter pour un côté gauche, il n'existe pas de raison générale pour que l'on s'attende à trouver une différence avec la droite. Les membres ou les muscles qui ne seraient pas disposés en miroir gauche-droite auraient le regrettable effet d'amener l'animal à tourner en rond, au lieu d'aller droit au but.

C'est peut-être révélateur, la meilleure exception qui puisse me venir à l'esprit se trouve dans la fiction. D'après une légende écossaise (probablement inventée pour amuser les touristes qui y croient en grand nombre), le *haggis** est un animal sauvage qui vit dans les Highlands. Il a les pattes courtes d'un côté, et longues de l'autre, ce qui correspond à son habitude de courir seulement dans un sens en travers des pentes raides de la montagne. Le plus bel exemple dans la vraie vie qui puisse me venir en tête est le calmar *Histioteuthis miranda* des eaux australiennes, dont l'œil gauche est beaucoup plus gros que le droit. Il nage à un angle de 45°, l'œil gauche, le plus gros, regarde en télescope vers le haut à la recherche de nourriture, pendant que le droit, plus petit, regarde en

* Le *haggis* est le plat national écossais, la panse de brebis farcie. L'animal légendaire qui est cité ici a son équivalent dans le dahu qui hante les montagnes françaises, mais qui ne se mange pas. (*N.d.T.*)

bas en surveillant les prédateurs. Le pluvier à bec dévié, de Nouvelle-Zélande, a le bec qui s'incurve nettement à droite. Il s'en sert pour retourner les galets et ainsi découvrir ses proies. Une latéralité frappante s'observe aussi chez les crabes violonistes qui ont une pince énormément développée pour se battre ou, plus exactement, pour montrer leur aptitude à se battre. Mais l'histoire d'asymétrie la plus fascinante peut-être dans le règne animal m'a été racontée par Sam Turvey. On observe souvent sur les fossiles de trilobites des marques de morsures indiquant qu'ils ont échappé de peu à des prédateurs. Ce qui est fascinant, c'est qu'environ 70 % de ces marques sont sur le côté droit. Ou bien les trilobites avaient une perception asymétrique des prédateurs, comme le calmar *Histioteuthis*, ou bien leurs prédateurs avaient une latéralité dans leur stratégie d'attaque.

Mais tous ces cas sont des exceptions que l'on cite à titre de curiosités et pour faire ressortir le contraste avec le monde symétrique de notre ver primitif et de ses descendants. Notre archétype rampant a un côté gauche et un côté droit qui sont des images en miroir. Les organes ont tendance à aller par deux et quand il y a des exceptions, comme chez notre fameux calmar, on les remarque et elles suscitent des commentaires.

Et les yeux ? Est-ce que le premier bilatérien aurait eu des yeux ? Il ne suffit pas de dire que tous les descendants modernes du coancêtre 26 en ont. Cela ne suffit pas étant donné la grande diversité qui existe dans les variétés d'yeux : au point que l'on a estimé que « l'œil » avait évolué indépendamment plus de 40 fois à différents endroits du règne animal*. Comment concilier ce fait avec l'affirmation que le coancêtre avait des yeux ?

Pour guider l'intuition, disons d'abord que ce qu'on dit avoir évolué 40 fois de façon indépendante, ce n'est pas la sensibilité à la lumière en soi, mais l'optique de la formation d'images. L'optique de l'œil appareil photo des vertébrés et celle de l'œil composé des crustacés (qui fonctionnent sur des principes radicalement différents) ont évolué indépendamment l'une de l'autre. Mais ces deux yeux descendent d'un organe chez l'ancêtre commun (le coancêtre 26) qui était probablement un œil d'un certain type.

* J'ai discuté longuement cette question dans *Climbing Mount Improbable*, dans un chapitre intitulé « The Fortyfold Path to Enlightment » [Les quarante voies d'accès aux Lumières], et j'y reviens à la fin de cet ouvrage.

Les données qui le prouvent relèvent de la génétique, et elles sont convaincantes. La mouche du vinaigre, ou drosophile (*Drosophila melanogaster*), possède un gène qui s'appelle *eyeless* [sans yeux]. Les généticiens ont la mauvaise habitude de nommer les gènes par ce qui se détériore quand ils mutent. Normalement, le gène *eyeless* fait mentir son nom en fabriquant des yeux. Quand il mute et n'a pas son effet normal sur le développement, la mouche n'a pas d'yeux, d'où ce nom. C'est une convention qui prête ridiculement à confusion. Pour éviter cela, je ne parlerai pas du gène *eyeless*, mais j'emploierai l'abréviation *ey* qui se comprend facilement. Normalement, le gène *ey* fabrique des yeux, et nous le savons parce que quand il se détériore, les mouches n'ont pas d'yeux. C'est là que l'histoire commence à être intéressante. Les mammifères ont un gène, *Pax6*, qui lui ressemble beaucoup et que l'on appelle aussi *small eye* [petit œil] chez la souris et *aniridia* (pas d'iris) chez l'être humain (là encore le nom vient de l'effet négatif de sa forme mutante).

La séquence d'ADN du gène humain *aniridia* ressemble plus au gène *ey* de la drosophile qu'aux autres gènes humains. Ils ont dû être transmis par leur ancêtre commun qui était, bien sûr, le coancêtre 26. Là encore, je l'appellerai *ey*. Walter Gehring et ses collaborateurs en Suisse ont fait une expérience tout à fait fascinante. Ils ont introduit l'équivalent chez la souris du gène *ey* dans des embryons de drosophile, avec des résultats stupéfiants. Quand ce gène était introduit dans la partie de l'embryon de drosophile qui devait faire une patte, il faisait que la drosophile devenue adulte développerait un œil « ectopique » supplémentaire sur sa patte. C'était un œil de mouche, soit dit en passant, pas un œil de souris. Je ne pense pas qu'on ait pu mettre en évidence que la mouche pouvait voir avec cet œil, mais il avait indéniablement les propriétés d'un œil composé tout à fait respectable. Les instructions données par le gène *ey* semblent être : « Fais pousser un œil ici, du genre de ceux que tu ferais pousser normalement. » Le fait que non seulement ce gène est similaire chez la souris et chez la mouche, mais qu'il induit le développement d'yeux chez les deux, prouve fortement qu'il était présent dans le coancêtre 26 ; c'est aussi une preuve modérément forte que le coancêtre 26 était capable de voir, ne serait-ce que la présence ou l'absence de lumière. Peut-être quand davantage de gènes auront été étudiés, pourra-t-on extrapoler le même raisonnement des yeux à d'autres parties du corps.

En fait, dans un sens, cela a déjà été fait – c'est ce que nous dira la mouche du vinaigre.

Situé à l'avant du corps pour les raisons que nous avons indiquées, le cerveau a besoin d'être en contact nerveux avec le reste du corps. Chez l'animal vermiforme, il est logique que ce contact se fasse par l'intermédiaire d'un câble principal, d'un axe nerveux principal, qui passe tout le long du corps, probablement avec des branches latérales à intervalles plus ou moins espacés pour exercer un contrôle local et recevoir des informations locales. Chez l'animal à symétrie bilatérale comme la néréide ou le poisson, cet axe nerveux doit être en position soit dorsale, soit ventrale par rapport à la voie digestive, et là, nous touchons une des principales différences entre nous, les deutérostomiens, et les protostomiens qui nous ont rejoints en force. Chez nous, la corde spinale nerveuse passe le long du dos. Chez les protostomiens typiques comme la néréide ou le mille-pattes, elle passe sur la face ventrale du tube digestif.

Si le coancêtre 26 était effectivement une sorte de ver, il suivrait vraisemblablement soit le schéma nerveux dorsal, soit le schéma nerveux ventral. Je ne peux les appeler le schéma deutérostomien et le schéma protostomien car les deux divisions ne coïncident pas tout à fait. Les balanoglosses (ces deutérostomiens plutôt obscurs qui sont arrivés avec les échinodermes au Rendez-vous 25) sont difficiles à interpréter mais du moins d'après certains, leur corde nerveuse est ventrale comme celle des protostomiens, même si, pour d'autres raisons ils sont classés comme deutérostomiens. Permettez-moi donc plutôt de diviser le règne animal entre les dorsocordés et les ventricordés. Les dorsocordés sont tous les deutérostomiens ; les ventricordés sont essentiellement les protostomiens, plus quelques deutérostomiens primitifs, dont peut-être les balanoglosses. Les échinodermes, avec leur remarquable retour à la symétrie radiale, n'ont pas du tout leur place dans cette classification. Il est probable, comme je l'ai dit, que les deutérostomiens sont restés des ventricordés pendant quelque temps après l'époque du coancêtre 26.

La différence entre les dorsocordés et les ventricordés s'étend à d'autres traits qu'à la seule position du nerf principal le long du corps. Les dorsocordés ont le cœur en position ventrale, alors que les ventricordés l'ont en position dorsale, où il pompe le sang dans la principale artère dorsale. Ces détails ainsi que d'autres ont suggéré en

1820 au grand zoologiste Geoffroy Saint-Hilaire que le vertébré pouvait être considéré comme un arthropode ou un ver de terre « retourné ». Après Darwin et l'acceptation de l'idée de l'évolution, les zoologistes ont de temps en temps suggéré qu'en fait le plan corporel des vertébrés avait évolué en passant par un ancêtre vermiforme qui s'est littéralement retourné sens dessus dessous.

C'est la théorie que je veux soutenir ici, tout compte fait, et en restant prudent. L'alternative, selon laquelle l'anatomie interne d'un ancêtre à l'allure de ver se serait progressivement modifiée sans que lui-même change de sens, me semble moins plausible car cela aurait nécessité davantage de perturbations internes. Je crois qu'a d'abord – et soudain, selon les normes de l'évolution – eu lieu un changement du comportement, qui a été suivi de nombreux changements évolutifs consécutifs. Comme souvent, il se trouve des équivalents modernes pour illustrer aujourd'hui cette idée pour nous. L'artémie en est un exemple, c'est ce que nous allons voir.

Il était une fois… l'artémie

L'artémie, *Artemia*, et les autres prétendues « crevettes » des eaux saumâtres qui lui sont étroitement apparentées sont des petits crustacés qui nagent sur le dos. En conséquence, l'axe nerveux qui définit la face ventrale au sens anatomique du terme est placé sur la face tournée vers le ciel. Le poisson-chat retourné, *Synodontis nigriventris*, est un deutérostomien qui a adopté une position symétrique : c'est un poisson qui nage sur le dos. En conséquence, son tronc nerveux principal, dont la position définit la face dorsale anatomique, est sur la face qui regarde le fond de l'eau. Je ne sais pas pourquoi l'artémie nage sur le dos, mais pour le poisson-chat, c'est parce qu'il broute à la surface de l'eau ou au revers des feuilles qui surnagent. On peut présumer que certains poissons ont découvert individuellement que c'était un bon moyen de se nourrir et ont appris à se retourner. Ce que je crois*, c'est qu'au fur et à mesure

* D'après l'idée théorique connue sous le nom d'effet Baldwin. À première vue, cela ressemble à l'évolution lamarckienne et à la transmission des caractères acquis, mais il n'en est rien. L'apprentissage ne s'imprime pas lui-même dans les gènes. C'est plutôt que la sélection naturelle favorise les propensions génétiques à apprendre certaines choses. Après des générations de cette sélection, les descendants qui en sont issus apprennent si vite que ce comportement est devenu « instinctif ».

de la succession des générations, la sélection naturelle a favorisé les individus qui apprenaient à réussir le mieux cette technique, leurs gènes ont « rattrapé » cet apprentissage, et maintenant, ils ne nagent jamais autrement.

Le retournement de l'artémie est la répétition récente d'un phénomène qui s'est produit, à mon avis, il y a plus d'un demi-milliard d'années. Un animal ancien et disparu depuis longtemps, une certaine sorte de ver doté d'une corde nerveuse ventrale et d'un cœur dorsal comme tout protostomien, s'est retourné et a nagé, ou plutôt rampé, à l'envers comme l'artémie. Un zoologiste qui aurait assisté à cet événement aurait préféré mourir plutôt que de réétiqueter « dorsal » l'axe nerveux principal pour la seule raison qu'elle se trouverait désormais sur la face du corps tournée vers le ciel. « Évidemment » lui auraient dit toutes ses notions de zoologie, c'était toujours un axe nerveux ventral, correspondant à tous les autres organes et à tous les autres traits que l'on s'attend à voir sur la face ventrale d'un protostomien. Tout aussi « évidemment » pour ce zoologiste du Précambrien, le cœur de notre ver retourné serait, dans le sens le plus profond, un cœur « dorsal », même s'il battait maintenant sous la partie de la peau la plus proche du fond de la mer.

Mais si on lui en laisse le temps – suffisamment de millions d'années pour nager ou ramper « retourné » –, la sélection naturelle en viendra à changer la forme de tous les organes et de toutes les structures du corps pour qu'ils soient adaptés à la position retournée. En fin de compte, à la différence de notre artémie moderne, qui ne s'est retournée que récemment, les traces des homologies dorsales-ventrales originales s'effaceraient. Des générations ultérieures de paléo-zoologistes, qui auraient rencontré les descendants de ces dissidents précoces au bout de quelques dizaines de millions d'années de position retournée, commenceraient à redéfinir leurs notions de dorsal et ventral. C'est qu'il se serait produit beaucoup de changements dans les détails anatomiques dans le temps à l'échelle de l'évolution.

D'autres animaux qui nagent sur le dos sont les loutres de mer (en particulier quand elles se livrent à leur habitude remarquable de se casser des crustacés sur le ventre avec des pierres) et les notonectes (tout le temps). Les notonectes sont des insectes qui vivent accrochés à la surface inférieure des plans d'eau. Les gyrins font de même, mais en position normale, c'est-à-dire le ventre vers le bas.

Imaginez que les descendants de nos notonectes ou de nos artémies d'un côté, et ceux de nos poissons-chats retournés de l'autre aient gardé leur habitude de nager retournés pendant les 100 millions d'années à venir. N'est-il pas tout à fait vraisemblable qu'ils puissent fonder chacun un sous-règne tout nouveau où chaque plan corporel serait si radicalement modifié par l'habitude de la position retournée que les zoologistes qui ne connaîtraient pas leur histoire définiraient les descendants de l'artémie comme ayant un axe nerveux « dorsal » par rapport au tube digestif, et ceux des poissons-chats comme ayant un axe nerveux « ventral » ?

Comme nous l'a dit la néréide, le monde présente des différences anatomiques importantes entre le haut et le bas. Celles-ci commenceraient par s'imprimer sous l'effet de la sélection naturelle, respectivement sur la face dirigée vers le ciel et sur celle dirigée sur le sol. Ce qui avait été autrefois la face zoologiquement ventrale commencerait à ressembler de plus en plus à une face zoologiquement dorsale, et inversement. Je pense que c'est exactement ce qui est arrivé quelque part dans la lignée qui a conduit aux vertébrés, c'est ainsi que nous avons maintenant un axe nerveux dorsal et un cœur ventral. L'embryologie moléculaire moderne appuie cette idée sur des données issues des modes d'expression des gènes qui définissent l'axe dorso-ventral – des gènes un peu comme les gènes Hox dont va nous parler la mouche du vinaigre –, mais les détails sont ici hors de propos.

Si indéniablement récente que soit sa posture retournée, le poisson-chat retourné a déjà effectué un petit pas révélateur dans cette direction évolutive*. Avec son nom latin de *Synodontis nigriventris* – *nigriventris* signifiant « ventre sombre » –, il se prête à une digression fascinante pour terminer le propos de l'artémie. Une des principales différences entre le haut et le bas dans le monde provient de la direction prédominante de la lumière. Sans nécessairement être à la verticale, les rayons du soleil viennent en général du haut, et pas du bas. Si vous levez le poing, vous trouverez, même si le ciel est couvert, que sa surface supérieure est mieux éclairée que sa surface inférieure. Ce fait vous donne une clé décisive sur la façon dont nous, et les autres animaux, nous

* Il en va de même pour le mollusque nudibranche (la limace de mer) *Glaucus atlanticus*. Cette belle créature flotte retournée, broutant les galères portugaises, ou physalies, accrochées au fond des bateaux, et ses teintes contrastées sont inversées, exactement comme chez le poisson-chat.

pouvons reconnaître les solides à trois dimensions. Un objet courbe de couleur uniforme, comme un ver ou un poisson, a l'air plus clair en haut et plus sombre en bas. Je ne parle pas de l'ombre projetée par le corps – il s'agit d'un effet plus subtil. Un gradient de teintes, qui va de la plus claire en haut à la plus sombre en bas, trahit graduellement la courbe du corps.

Le même effet se produit en sens inverse. Une de mes toutes premières expériences d'étudiant de troisième cycle démontrait que les poussins tout juste éclos semblaient voir la même illusion, à peine sortis de l'œuf. Ils becquetaient des photos de graines simulées et les préféraient nettement si elles étaient éclairées comme par le haut. Si l'on inversait le sens de la photo, ils s'en désintéressaient. Cela semble montrer que les poussins « savent » que la lumière vient naturellement du haut. Mais étant à peine sortis de l'œuf, comment peuvent-ils le savoir ? Est-ce qu'ils l'ont appris dans leurs trois premiers jours de vie ? C'est tout à fait possible. Toutefois, une expérience m'a montré que ce n'est pas le cas. J'ai élevé des poussins et je les ai testés dans une cage dans laquelle la seule lumière qu'ils aient jamais vue venait du bas. L'expérience du picorage des graines dans ce monde éclairé à l'envers leur apprendrait, éventuellement, à préférer les photos de graines en relief, présentées à l'envers. Pas du tout. Ils se sont comportés exactement comme des poussins normaux dans le monde réel où la lumière vient d'en haut. Apparemment, du fait de leur programmation génétique, tous les poussins préfèrent becqueter les solides éclairés par le haut. L'illusion de relief* semble être programmée génétiquement – on disait naguère « innée » – chez les poussins, et pas apprise comme elle l'est – j'imagine – probablement en nous.

Apprise ou non, il ne fait pas de doute que l'illusion de relief créée par la teinte de la surface est puissante. Elle a fait naître une forme subtile de camouflage, la contre-projection des ombres sur la livrée du poisson. Regardez n'importe quel poisson sorti de l'eau : vous verrez que la couleur du ventre est beaucoup plus claire que celle du dos. Le dos peut être marron ou gris foncé, alors que le ventre est gris clair, tirant sur le blanc dans certains cas. Et à quoi tout cela rime-t-il ? Il semble que ce soit à n'en pas douter une forme de déguisement qui consiste à contrer le dégradé des tons

* Et donc, si je ne m'abuse, la « connaissance » de la direction prédominante de la lumière dans le monde réel.

qui normalement trahit les solides incurvés, comme les poissons. Dans le meilleur de tous les mondes possibles, vu avec une lumière normale venant du haut, un poisson dont le dégradé des teintes est inversé aura l'air parfaitement plat. Le dégradé attendu qui va du clair en haut au sombre en bas sera exactement contrebalancé par le dégradé de la teinte du poisson qui va du clair en bas au foncé en haut.

Les taxinomistes donnent souvent aux espèces leurs noms à partir de spécimens de musées*. Cela explique vraisemblablement le *nigriventris* plutôt qu'*invertus* ou je ne sais quel autre mot latin signifiant « à l'envers ». Si vous regardez de près un poisson-chat retourné, vous verrez que son dégradé de teintes est *inversé*. Le ventre, qui est tourné vers le ciel, est plus sombre que le dos, qui est tourné vers le fond de l'eau. Cette inversion du dégradé de teintes est une de ces exceptions merveilleusement élégantes qui confirment la règle. Le premier poisson-chat à nager sur le dos aurait été terriblement voyant pour un prédateur éventuel. La couleur de sa peau aurait conspiré avec la teinte naturelle projetée par l'éclairage de haut pour lui donner un relief surnaturel. Il n'est donc pas étonnant que ce changement d'habitude a été suivi, à l'échelle de temps de l'évolution, d'une inversion du dégradé habituel de la couleur de la livrée.

Les poissons ne sont pas les seuls animaux à employer le truc du dégradé inversé pour se déguiser. Avant de quitter les Pays-Bas pour Oxford, mon vieux maître Niko Tinbergen avait un étudiant, Leon de Ruiter, à qui il a proposé d'étudier l'inversion du dégradé des teintes chez les chenilles. Les chenilles de nombreuses espèces jouent à leurs prédateurs (des oiseaux, en l'occurrence) exactement le même tour que les poissons. Ces chenilles ont de très jolies inversions de teintes, ce qui leur donne l'air d'être plates quand on les regarde sous une lumière normale. De Ruiter a retourné les brindilles sur lesquelles se trouvaient ces insectes. Ceux-ci sont aussitôt apparus beaucoup plus visibles car ils avaient soudain pris un relief considérable. Et les oiseaux les ont attrapés en plus grand nombre.

Si un de Ruiter forçait un poisson-chat à se retourner et à nager comme n'importe quel poisson normal avec la face dorsale sur le

---

* Je dois cependant admettre que les pratiques du poisson-chat retourné sont bien connues depuis longtemps. Il figure dans sa position habituelle sur des peintures murales et des bas-reliefs de l'Égypte ancienne.

dessus, il aurait aussitôt un relief beaucoup plus visible*. L'inversion des teintes chez les poissons-chats retournés est un exemple unique du changement qui a découlé, dans le temps de l'évolution, de leur changement d'habitude. Imaginez seulement comment leur corps entier pourrait complètement changer en cent millions d'années de plus. Il n'y a rien de sacro-saint dans le « dorsal » et le « ventral ». Ils peuvent s'inverser, et je pense qu'ils se sont inversés chez les premiers ancêtres des dorsocordés d'aujourd'hui. Je parie que, chez le coancêtre 26, l'axe nerveux principal était sur la face ventrale du corps comme chez tous les protostomiens. Nous sommes des vers modifiés qui nageons sur le dos, descendant de l'équivalent primitif d'une artémie qui, pour des raisons oubliées depuis longtemps, s'est retournée.

La leçon plus générale de l'artémie est la suivante. Les modifications importantes issues de l'évolution peuvent avoir commencé par des changements d'habitudes comportementales, voire par des changements d'habitudes non génétiques et appris, qui n'ont été suivis que plus tard par une évolution génétique. J'imagine qu'on pourrait dire le même genre de chose concernant le premier ancêtre oiseau à voler, le premier poisson à sortir sur la terre ferme, et la première ancêtre baleine à retourner à l'eau (comme l'imaginait Darwin avec son ours qui attrapait les mouches). Un changement d'habitude par un individu aventureux est le point de départ d'une longue évolution faite d'ajustements et de nettoyages. C'est la leçon la plus importante du message de l'artémie.

Il était une fois… la fourmi coupe-feuilles

De la même manière que les êtres humains à l'époque de la révolution de l'agriculture, les fourmis ont indépendamment inventé la ville. La population d'un seul nid de fourmis coupe-feuilles, *Atta*, peut dépasser celle du grand Londres. Ce nid, c'est

* Vous allez peut-être vous demander comment un chercheur pourrait forcer un poisson-chat à se retourner en dépit de sa préférence naturelle, et je ne peux pas répondre à cela. Mais pour ajouter encore une toute petite digression, je sais comment faire nager une artémie comme n'importe quel crustacé normal, avec la face zoologiquement dorsale vers le ciel. Il suffit de projeter sur elle une lumière artificielle venant du bas, et elle se retournera aussitôt. Il est évident que la lumière sert d'indice aux artémies pour situer le haut. Je ne sais pas s'il en va de même pour les poissons-chats. Ils peuvent tout aussi bien se servir de la gravité.

une grande chambre souterraine complexe, qui peut atteindre 6 mètres de profondeur et 20 mètres de diamètre, et qui est surmontée à la surface du sol d'un dôme un peu plus petit. Cette énorme ville de fourmis, divisée en centaines, voire en milliers, de chambres séparées et reliées par des réseaux de tunnels, vit au bout du compte des feuilles que les ouvrières ont découpées pour les transporter, ce qui se traduit par de longs ruisseaux verts et bruissants, comme le montre bien la photo 16 du cahier photo. Mais les feuilles ne sont pas consommées directement, ni par les fourmis elles-mêmes (bien qu'elles en sucent un peu de sève), ni par les larves. Au lieu de cela, les ouvrières les étalent laborieusement en un paillis qui fera un compost pour leurs jardins souterrains de champignons. Ce sont les petits boutons ronds, ou « gongylidia », de ces champignons que les fourmis mangent et, surtout, qu'elles donnent aux larves. Le fait qu'elles les récoltent interrompt normalement la formation des corps sporifères (l'équivalent des champignons à chapeau que nous mangeons). De ce fait, les spécialistes des champignons ne disposent pas des éléments qui leur permettent habituellement d'identifier les espèces, et les champignons ont besoin des fourmis pour se propager. Apparemment, ils ont évolué pour ne prospérer que dans l'environnement domestiqué d'un nid de fourmis, ce qui en fait un véritable exemple de domestication par une espèce autre que la nôtre. Quand une jeune reine s'envole pour fonder une nouvelle colonie, elle emporte avec elle un précieux bagage : une petite culture de ces champignons qui lui servira de semence pour la première récolte de son nouveau nid[*].

L'énergie nécessaire pour faire tourner la colonie de fourmis champignonnières est en fin de compte captée du soleil par les feuilles qui servent à faire le compost, qui peut couvrir plus d'un hectare dans le cas d'une grande colonie d'*Atta*. Phénomène fascinant, les termites, qui composent l'autre groupe extrêmement

* Cela me rappelle une histoire sur la pénicilline, qui est peut-être la moisissure la plus importante de toutes. Au plus fort de la Seconde Guerre mondiale, Florey, Chain et leurs collaborateurs d'Oxford étaient en train de mettre au point la pénicilline ; après avoir (typiquement) échoué à intéresser les compagnies britanniques pour la produire industriellement, ils sont partis en Amérique où (typiquement là aussi) ils ont connu le succès. Telle une reine de fourmis, ils ont emporté une culture de la précieuse moisissure. Un peu auparavant, comme on s'attendait à une invasion des Allemands en Grande-Bretagne, Florey et son jeune collaborateur Heatley ont volontairement imprégné leurs vêtements de cette moisissure : c'était la meilleure façon de préserver secrètement leur culture.

florissant d'insectes bâtisseurs de villes, ont eux aussi découvert indépendamment la culture de champignons. Comme pour le champignon des fourmis, celui des termites appartient à une espèce qui ne se trouve que dans les nids de termites, et il semble qu'il a été « domestiqué ». Chaque fois qu'un champignon de termites (*Termitomyces*) a le loisir de produire un corps qui donne des fruits, il germe sur le côté du monticule*.

Dans plusieurs groupes de fourmis a évolué indépendamment l'habitude d'avoir des animaux domestiques « laitiers » sous la forme de pucerons. À la différence d'autres insectes symbiotiques qui vivent dans les nids de fourmis sans bénéficier à ces dernières, les pucerons vont paître à l'extérieur, à l'air libre, suçant la sève des plantes selon leur habitude. Comme le bétail mammifère, ils ont une importante capacité de production alimentaire, ne prenant dans chaque bouchée qu'une très petite quantité de nutriments. Le résidu qui sort à l'arrière du puceron est de l'eau sucrée – le miellat –, seulement un peu moins nutritive que la sève de plante qui entre à l'avant. Tout miellat qui n'est pas consommé par les fourmis pleut des arbres infestés de pucerons, et il n'est pas insensé de croire que c'est là l'origine de la « manne » de la Bible, dans le livre de l'Exode. Il ne faudrait pas s'étonner que les fourmis le recueillent pour la même raison que celle qui a conduit le peuple de Moïse à le faire. Mais certaines sont allées plus loin et ont rassemblé les pucerons en leur donnant leur protection en échange de l'autorisation de les « traire » : elles leur chatouillent l'arrière pour leur faire sécréter le miellat qu'elles consomment directement à sa sortie de l'anus.

Quelques espèces de pucerons, au moins, ont évolué sous l'effet de leur existence domestique. Ils ont perdu plusieurs de leurs réactions de défense habituelles, et on avance même l'idée stupéfiante que, chez certains, l'arrière se serait modifié pour ressembler à la face de la fourmi. Les fourmis ont l'habitude de se passer des aliments liquides de l'une à l'autre, de bouche à bouche ; on pense donc que les pucerons individuels chez lesquels l'arrière a évolué pour imiter la face ont facilité leur traite par les fourmis, acquérant ainsi une protection contre les prédateurs.

---

* Il paraît qu'il est délicieux et qu'il se vend comme un mets de choix sur les marchés de Bangkok. Une espèce d'Afrique de l'Ouest, *Termitomyces titanicus*, figure dans le *Guinness Book of Records* comme le plus gros champignon du monde, avec un chapeau dont le diamètre peut atteindre un mètre.

Le message de la fourmi coupe-feuilles traite du rendement différé, ce qui est le principe de base de l'agriculture. Les chasseurs-cueilleurs consomment les produits de leur cueillette et de leur chasse. Les cultivateurs, eux, ne mangent pas leur blé de semence, ils l'enfouissent dans la terre, puis ils en attendent les bénéfices pendant des mois. Ils ne consomment pas le compost dont ils fertilisent le sol ni ne boivent l'eau dont ils l'irriguent. Là encore, ils agissent pour un rendement différé. Et c'est la fourmi coupe-feuilles qui a commencé. Prenez-en de la graine !

Il était une fois… la sauterelle

La sauterelle aborde le sujet sensible et épineux de la race.

Il existe deux espèces de sauterelles d'Europe, *Chorthippus brunneus* et *C. biguttulus*, qui se ressemblent tellement que même les spécialistes d'entomologie ne peuvent les distinguer l'une de l'autre ; pourtant, ces espèces ne se croisent jamais, même s'il leur arrive de se rencontrer. Elles correspondent donc à la définition de « bonnes espèces ». Or des expériences ont montré qu'il suffit de faire entendre à une femelle le chant de séduction d'un mâle de sa propre espèce dans une cage à proximité pour qu'elle s'accouple sans difficulté avec un mâle de la mauvaise espèce, « pensant », est-on tenté de dire, que c'est lui qui chante. Dans ce cas, cela donne des hybrides en bonne santé et fertiles. Ce phénomène ne se produit pas en temps normal dans la nature, car une femelle ne se trouve pas, sans pouvoir l'atteindre, à la fois près d'un mâle qui chante et près d'un autre, de la mauvaise espèce, qui lui fait des avances.

On a effectué des expériences comparables sur des grillons, en utilisant la température à titre de variable expérimentale. Les grillons qui n'appartiennent pas à la même espèce stridulent à des fréquences différentes, qui dépendent aussi de la température. Si vous connaissez vos grillons, ils peuvent vous tenir lieu de thermomètre relativement exact. Heureusement, non seulement la fréquence de la stridulation du mâle, mais la perception que la femelle en a dépendent toutes deux de la température : les deux varient ensemble, ce qui normalement empêche les croisements. Dans un cadre expérimental, la femelle à qui l'on donne le choix entre des mâles qui chantent à deux températures différentes choisit celui qui chante à sa propre température, traitant celui qui chante à une autre température comme s'il appartenait à la mauvaise espèce. Si vous élevez la température autour de la femelle, sa préférence va à un chant « plus chaud », même si elle en vient à préférer un mâle peu enthousiaste de la mauvaise espèce. Là encore, cela n'arrive pas en temps normal dans la nature. Si une femelle peut entendre un mâle, il ne peut être loin, et il a donc toutes les chances d'être à peu près à la même température qu'elle.

Le chant de la sauterelle dépend de la température un peu de la même manière. En utilisant des sauterelles du même genre, *Chorthippus*, que celles que nous avions étudiées (mais pas des mêmes espèces), des chercheurs allemands ont effectué des expériences techniquement ingénieuses. Ils se sont débrouillés pour leur attacher de minuscules thermomètres (thermocouples) et de minuscules chauffages électriques. Ces dispositifs étaient si miniaturisés que les chercheurs pouvaient élever la température de la tête d'une sauterelle sans élever celle de son thorax, ou inversement. Ils ont ensuite testé les préférences des femelles concernant les chants produits par des mâles stridulant à différentes températures*. Ils ont trouvé que ce qui compte pour la préférence des femelles en matière de chant, c'est la température de la tête. Or c'est la température du thorax qui détermine la fréquence de la stridulation. Heureusement, dans la nature, où il n'y a pas bien sûr pas d'expérimentateurs avec des petits chauffages électriques, la tête et le thorax sont normalement à la même température, et il en va de même pour le mâle et la femelle. Cela permet au système de fonctionner, et l'hybridation n'a pas lieu.

Il est très courant de trouver deux espèces apparentées qui ne se croisent jamais dans des situations naturelles, mais qui peuvent le faire après intervention humaine. Le cas de *Chorthippus brunneus* et *C. biguttulus* n'en est qu'un exemple. Le cichlidé nous a présenté un cas similaire chez les poissons, où une lumière monochrome avait

* La stridulation est la manière dont les sauterelles et les grillons produisent leur son. Les sauterelles frottent leurs pattes contre leurs ailes. Les grillons frottent leurs deux ailes l'une contre l'autre. Leurs sons se ressemblent mais celui des sauterelles est plus bourdonnant que celui, plus musical, des grillons. On a dit à propos d'un grillon arboricole nocturne que si l'on pouvait entendre le clair de lune, c'est ce son qu'il produirait. Les cigales sont complètement différentes. Comme si elles fermaient le couvercle d'un bocal, elles bloquent une partie de leur paroi thoracique en répétant si rapidement ce mouvement qu'il fait l'effet d'un bourdonnement continu, en général très bruyant, et agencé parfois selon des modes fort complexes qui sont caractéristiques de l'espèce.

aboli la discrimination entre une espèce rougeâtre et une espèce bleuâtre. Et cela se produit dans les zoos. En règle générale, les biologistes classent les animaux qui s'accouplent dans des situations artificielles mais s'y refusent dans la nature comme des espèces séparées ; c'était le cas pour nos sauterelles. Mais contrairement, mettons, aux lions et aux tigres, qui peuvent s'hybrider dans les zoos pour faire des « ligres » et des « tigrons » (stériles), ces sauterelles paraissent identiques. Apparemment, la seule différence réside dans leurs chants. Et c'est cela, et cela seulement, qui les empêche de se croiser et nous amène donc à en faire des espèces séparées. Chez les êtres humains, c'est l'inverse. Il faut déployer un zèle politique quasi surhumain pour ignorer les différences évidentes entre nos propres populations ou races locales. Pourtant, nous nous croisons allègrement entre les races et nous sommes définis sans conteste et sans équivoque comme appartenant à la même espèce. La sauterelle aborde ici la question des races et des espèces, des difficultés auxquelles on se heurte pour définir ces deux notions, et de tout ce que cela implique pour les races humaines.

Le mot « race » n'est pas clairement défini. Pour l'« espèce », comme nous l'avons vu, c'est différent. Il existe vraiment un consensus sur le critère permettant de dire si deux animaux appartiennent à la même espèce : est-ce qu'ils peuvent se croiser ? Il est évident que non s'ils sont du même sexe, s'ils sont trop jeunes ou trop vieux, ou si l'un d'eux s'avère stérile. Mais ce sont là des pédanteries, faciles à contourner. Pour les fossiles aussi, qui de toute évidence ne peuvent se croiser, on applique le critère du croisement virtuel : si ces deux animaux n'étaient pas des fossiles, mais étaient des êtres vivants, fertiles et de sexes opposés, pense-t-on qu'ils auraient *des chances* de pouvoir se croiser ?

Le critère du croisement confère à l'espèce un statut unique dans la hiérarchie des niveaux taxinomiques. Au-dessus du niveau de l'espèce, le genre n'est qu'un groupe d'espèces qui se ressemblent beaucoup. Il n'existe aucun critère objectif pour dire en quoi elles doivent se ressembler, et il en va de même pour tous les niveaux plus élevés : la famille, l'ordre, la classe, le phylum, et leurs différentes subdivisions « sous » ou « super ». Au-dessous du niveau de l'espèce, les termes de « race » et de « sous-espèce » s'emploient de façon plus ou moins interchangeable, et, là encore, il n'existe aucun critère objectif qui nous permettrait de dire s'il faut considérer que deux personnes sont de la même race ou pas, ni combien il y a de races. Et, bien sûr, s'ajoute encore cette complication qui n'existe pas au-dessus du niveau des espèces, que les races se croisent, si bien qu'il existe beaucoup d'individus de race métis.

On peut penser que quand les espèces sont en voie de devenir suffisamment séparées pour ne plus pouvoir se croiser, elles passent en général par le stade intermédiaire de races séparées. On pourrait considérer que les races séparées sont des espèces en cours de formation, sans que cette formation se poursuive nécessairement jusqu'au bout – jusqu'à la spéciation. Le critère du croisement est très efficace, et son verdict sur les humains et leurs prétendues races est sans ambiguïté : toutes les races humaines vivantes se croisent les unes avec les autres ; nous appartenons tous à la même espèce, et aucun biologiste digne de ce nom ne dirait le contraire. Mais laissez-moi attirer votre attention sur un fait intéressant, voire légèrement troublant. Tandis que nous nous croisons sans problème les uns avec les autres, produisant un spectre continu de métissages, nous sommes étrangement réticents à renoncer à notre langage raciste propre à nous diviser. Ne devrait-on pas s'attendre à ce que, avec les intermédiaires constamment sous les yeux, ce besoin de classer les individus à une extrémité ou à l'autre disparaisse sous l'effet de son absurdité manifeste ? Malheureusement, il perdure, ce qui, même en soi, est peut-être révélateur.

Les individus dont tous les Américains s'accordent à dire qu'ils sont « noirs » ont peut-être moins d'un huitième de leur ascendance d'origine africaine. Ils ont souvent la peau claire, d'une teinte qui s'inscrit bien dans la palette normale des individus dont on s'accorde universellement pour dire qu'ils sont « blancs ». Sur la photo 10 à la p. VIII du cahier photo, qui représente quatre personnages politiques américains, tous les journaux qualifient deux d'entre eux de « noirs » et les deux autres de « blancs ». Est-ce qu'un Martien, ignorant nos conventions, mais capable de discerner les nuances de la peau, n'y verrait pas plutôt deux groupes, l'un d'une personne, et l'autre de trois ? Si, sûrement. Or dans notre culture, presque tout le monde « voit » immédiatement M. Powell comme étant noir, même sur cette photo particulière où il semble avoir le teint éventuellement plus clair que Bush ou Rumsfeld.

C'est un exercice intéressant que de prendre une photo, comme celle-là, de Colin Powell à côté d'hommes « blancs » représentatifs (il faut qu'ils soient à côté les uns des autres pour que l'éclairage soit le même). Sur chaque visage, découpez un petit rectangle uniforme, mettons du front, et placez ces rectangles les uns à côté des autres. Vous trouverez très peu de différence entre Powell et les hommes « blancs » avec lesquels il se trouve. Il peut être plus clair ou plus foncé selon les cas particuliers. Or maintenant, faites un zoom arrière et revenez à la photo originale. Powell aura tout de suite l'air d'être « noir ». Qu'est-ce qui nous permet de le dire ?

Pour enfoncer le clou, faites le même exercice du « morceau de front » avec une photo où Powell se trouve à côté d'un homme vraiment noir comme Daniel Arap Moi, le président du Kenya depuis peu (photo 11 du cahier photo). Cette fois, les morceaux de front paraîtront manifestement différents. Mais quand on fait un zoom arrière et que l'on regarde les visages tout entiers, on « voit » à nouveau M. Powell comme « noir ». L'article qui accompagnait cette photo de Powell rendant visite à Moi en 2001 impliquait qu'en Afrique les mêmes conventions sont en vigueur.

> En tant que premier Secrétaire d'État afro-américain, Powell a été accueilli en Afrique un peu comme un messie. Et peut-être parce qu'il est noir, les violentes critiques de Powell ont eu un profond écho…

Pourquoi les gens avalent-ils si facilement la contradiction évidente – et les exemples similaires ne manquent pas – entre l'affirmation verbale « il est noir », et la photo qui l'accompagne ? Qu'est-ce qui se passe ? Différentes choses. Tout d'abord, on s'empresse curieusement d'accepter une classification raciale, même en parlant d'individus dont l'ascendance mixte en montre l'absurdité, et même quand (comme ici) elle est hors de propos pour ce qui est vraiment important.

Deuxièmement, on a tendance à ne pas décrire les gens comme étant de race mélangée. On fait plutôt pencher la balance en faveur d'une race ou de l'autre. Certains citoyens américains sont de pure ascendance africaine, et d'autres, de pure ascendance européenne (en dehors du fait que, à long terme, nous sommes tous d'ascendance africaine). Peut-être est-il commode à certains égards de les appeler respectivement Noirs et Blancs, et je ne vois pas d'objection de principe à ces noms. Mais beaucoup de gens – plus que la plupart d'entre nous ne s'en rendent compte – ont des ancêtres noirs et blancs. S'il faut employer une terminologie de couleurs, beaucoup d'entre nous se situent probablement quelque part entre les deux. Pourtant, la société tient à nous définir par l'un ou l'autre de ces deux adjectifs. On demande régulièrement aux Américains de remplir des formulaires dans lesquels il faut cocher une des cinq cases : caucasien (quoi que cela puisse vouloir dire, mais sûrement pas originaire du Caucase), afro-américain, hispanique (quoi que cela puisse vouloir dire, mais certainement pas, comme le mot semble le suggérer, espagnol), amérindien, ou autre. Il n'y a pas de case intitulée moitié-moitié. Or l'idée même de cocher des cases est incompatible avec la vérité, qui est que beaucoup de gens, voire presque tous, sont des mixtures compliquées des catégories proposées et d'autres. Je suis enclin, pour ma part à refuser rageusement de cocher aucune case, ou d'ajouter ma case personnelle que j'appelle « humain ». Surtout quand la rubrique emploie l'euphémisme hypocrite d'« ethnie ».

Troisièmement, dans le cas particulier des « Afro-Américains », il y a dans les termes quelque chose qui équivaut culturellement à la dominance génétique. Quand Mendel a croisé des pois fripés avec des pois lisses, tous les produits de la première génération étaient lisses, lisse étant « dominant », et fripé « récessif ». Les produits de la première génération avaient tous un allèle lisse et un allèle fripé, et pourtant ils étaient impossibles à distinguer de pois ne possédant pas de gènes fripés. Quand un Anglais épouse une Africaine, les enfants sont de couleur intermédiaire, tout comme sont intermédiaires la plupart de leurs autres traits. Exactement comme chez les pois. Or on sait tous comment la société occidentale les appellera : on dira tout le temps qu'ils sont « noirs ». Le caractère noir n'est pas un vrai dominant génétique comme le caractère lisse chez les pois, mais la *perception* sociale du caractère noir agit comme un dominant. C'est un dominant culturel, ou *mémétique*. L'anthropologue perspicace Lionel Tiger a attribué ce phénomène à une « métaphore de la contamination » raciste dans la culture blanche. Et sans aucun doute, il existe aussi chez les descendants d'esclaves une forte volonté bien compréhensible de s'identifier à leurs racines africaines. J'ai déjà parlé de cela dans le message d'Ève – à propos du documentaire de télévision dans lequel des immigrants jamaïcains en Grande-Bretagne retrouvaient dans une scène touchante leur prétendue « famille » en Afrique de l'Ouest.

Quatrièmement, il existe un puissant accord « entre observateurs » dans nos catégories raciales. Un homme comme Colin

Powell, de race mixte et aux caractères physiques intermédiaires, n'est pas décrit comme blanc par certains observateurs, et comme noir par d'autres. Une petite minorité le décrit comme métis. Tous les autres sans exception le présentent comme noir – et il en va de même pour quiconque montre la *moindre trace* d'hérédité noire, même avec une proportion écrasante d'ancêtres européens. Personne ne dit que Colin Powell est blanc, sauf certains qui essaient de marquer un point en politique en employant un mot qui choque parce qu'il va à l'encontre des attentes du public.

Il existe une technique utile, la « corrélation entre observateurs ». Cette mesure sert souvent dans les sciences pour établir qu'il existe bien une base de jugement fiable, même si personne ne peut l'identifier avec précision. La logique, en l'occurrence, est la suivante. Peut-être ne sait-on pas comment les gens décident si quelqu'un est « noir » ou « blanc » (et j'espère avoir réussi à vous démontrer que ce n'est pas parce qu'il est noir ou blanc !), mais il doit bien exister un critère fiable d'une sorte ou d'une autre car deux juges pris au hasard diront la même chose.

Le fait que la corrélation entre observateurs reste élevée, même sur une énorme palette de races, atteste de façon impressionnante qu'il existe quelque chose de profondément ancré dans la psychologie humaine. Si ce phénomène tient d'une culture à l'autre, il rappellera la découverte de la perception de la nuance par les anthropologues. La physique dit que l'arc-en-ciel, qui va du rouge à l'orange, au jaune, au vert, au bleu et au violet n'est qu'un continuum de longueurs d'onde. C'est la biologie ou la psychologie, ou les deux, et pas la physique, qui identifie quelles longueurs d'onde particulières sont les seuils dans le spectre physique pour traiter spécialement et nommer les couleurs. Le bleu a un nom, le vert a un nom, mais pas le bleu-vert. Ce que des expériences d'anthropologues ont mis au jour d'intéressant (contrairement, soit dit en passant, à certaines théories influentes en anthropologie), c'est qu'il existe un solide consensus sur ces noms à travers différentes cultures. Il semble que nous avons sur le jugement de race le même genre de consensus, un consensus qui peut même s'avérer plus fort et plus tranché que pour l'arc-en-ciel.

Comme je le disais, les zoologistes définissent une espèce comme un groupe dont les membres se croisent entre eux dans les situations naturelles – dans la nature. Cela ne compte pas s'ils ne se croisent que dans des zoos, s'il faut recourir à l'insémination artificielle, ou si l'on trompe les sauterelles femelles avec des mâles chantant dans des cages, même si les produits sont fertiles. On pourrait discuter pour savoir si cette définition de l'espèce est la seule bonne, mais c'est celle qu'utilisent les biologistes en général.

Or si on voulait l'appliquer aux humains, on rencontrerait une difficulté particulière : comment faire la distinction entre les conditions naturelles et les conditions artificielles pour le croisement ? Il n'est pas facile de répondre à cette question. Aujourd'hui, tous les humains survivants sont solidement placés dans la même espèce et, effectivement, ils se croisent sans problème. Mais le critère, rappelez-vous, est de savoir si c'est dans des conditions naturelles. Qu'est-ce que c'est que des conditions naturelles pour des humains ? Existent-elles seulement encore aujourd'hui ? Si, dans les temps ancestraux, comme parfois aujourd'hui, deux tribus voisines avaient des religions, des langues, des coutumes alimentaires et des traditions culturelles différentes, et qu'elles étaient toujours en guerre l'une contre l'autre, si les membres de chaque tribu étaient élevés avec la conviction que tous ceux de l'autre étaient des « animaux » humains inférieurs (ce qui arrive même aujourd'hui) ; si leurs religions leur enseignaient que les partenaires sexuels potentiels originaires de l'autre tribu étaient tabous ou impurs, il pourrait bien ne pas y avoir de croisements entre eux. Pourtant, ils pourraient être absolument semblables sur les plans anatomique et génétique, et il suffirait d'un changement de coutume religieuse ou autre pour faire tomber les barrières empêchant le croisement. Comment quelqu'un pourrait-il alors essayer d'appliquer le critère du croisement aux humains ? Si *Chorthippus brunneus* et *C. biguttulus* sont séparées comme deux espèces distinctes de sauterelles car elles préfèrent ne pas se croiser même si elles en sont physiquement capables, est-ce que les humains, du moins dans les temps anciens de l'exclusivité tribale, auraient pu être séparés autrefois un peu de la même façon ? *Chorthippus brunneus* et *C. biguttulus*, rappelez-vous, sont identiques sur tous les points que l'on peut déceler sauf dans leurs chants, et quand on les décide (facilement) à s'hybrider, leur progéniture est tout à fait fertile.

Au-delà de ce que peut penser celui qui observe les apparences superficielles, pour le généticien, l'espèce humaine est particulièrement uniforme. À partir des variations génétiques présentes dans la population humaine, on peut mesurer la proportion associée aux groupements régionaux que l'on appelle les races. Il s'avère qu'elle constitue un faible pourcentage du total : de 6 à 15 % selon la façon dont vous la mesurez – beaucoup moins que dans beaucoup d'espèces où l'on a distingué des races. Les généticiens concluent donc que la race n'est pas un aspect très important de la personne. Il y a d'autres façons de le dire. Si tous les humains étaient éliminés à l'exception d'une seule race locale, la grande majorité des variations génétiques présentes dans l'espèce humaine seraient conservées. Cette idée n'est pas intuitivement évidente, et elle peut surprendre beaucoup de gens. Si les affirmations sur les races étaient aussi porteuses d'information qu'on le croyait en général à l'époque victorienne, par exemple, il faudrait sûrement préserver une grande palette des différentes races pour garder la plus grande partie des variations que contient l'espèce humaine. Or ce n'est pas le cas.

Cela aurait certainement étonné les biologistes victoriens qui, à part quelques-uns, voyaient l'humanité à travers des lunettes teintées de races. Leur attitude a persisté au XXe siècle. Hitler était peu ordinaire en ce qu'il a acquis le pouvoir de traduire les idées racistes en une politique gouvernementale. Beaucoup d'autres, et pas seulement en Allemagne, ont eu les mêmes idées, sans détenir le pouvoir. J'ai déjà cité comment H. G. Wells voyait sa Nouvelle République (*Anticipations*, 1901), et je le redis car c'est un rappel salutaire de la façon dont un intellectuel britannique de premier rang, considéré de son temps comme progressiste et gauchisant, a pu dire de telles horreurs il y a à peine un siècle, en passant pratiquement inaperçu.

> Et comment la Nouvelle République va-t-elle traiter les races inférieures ? Comment traitera-t-elle le Noir ? le Jaune ?... le Juif ?... ces nuées de noirs, de marron, de blanc sale et de jaunes qui ne répondent pas aux nouveaux besoins d'efficacité ? Eh bien, le monde est un monde, et pas une institution charitable, et à mon avis, il faudra qu'ils s'en aillent... Et le système d'éthique des hommes de la Nouvelle République, le système d'éthique qui dominera l'état du monde, sera modelé fondamentalement pour favoriser la procréation de ce qui est bien, efficace et beau dans l'humanité – les corps beaux et forts, les esprits clairs et puissants... et la méthode que la nature a suivie jusqu'à présent pour façonner le monde, et qui a empêché la faiblesse de propager la faiblesse... c'est la mort... Les hommes de la Nouvelle République... auront un idéal tel qu'il vaudra la peine de tuer.

Je suppose qu'il faudrait se consoler en voyant que nos attitudes ont changé au cours de ce dernier siècle. Peut-être, dans un sens négatif, peut-on en savoir gré à Hitler dans une certaine mesure, car personne ne veut être pris à répéter quoi que ce soit de ce qu'il a dit. Je me demande cependant quelles horreurs nos successeurs du XXIIe siècle nous reprocheront. Peut-être sera-ce la façon dont nous traitons les autres espèces ?

Mais c'était un aparté. Nous parlions de la quantité inhabituellement élevée d'uniformité génétique dans l'espèce humaine en dépit des apparences. Si vous prenez du sang, et que vous comparez les molécules de protéine, ou si vous séquencez des gènes, vous trouverez qu'il y a moins de différence entre deux humains vivant n'importe où dans le monde qu'entre deux chimpanzés d'Afrique. On peut expliquer cette uniformité humaine en devinant que nos ancêtres, et pas ceux des chimpanzés, sont passés par un goulet d'étranglement génétique il n'y a pas très longtemps. La population était réduite à un petit nombre, elle a frisé l'extinction, mais elle s'en est tirée de justesse*. Comme les enfants de Noé dans le mythe, nous descendons tous de cette petite population, et c'est pourquoi nous sommes aussi génétiquement uniformes. Des preuves d'une uniformité génétique encore plus grande laissent penser que les guépards sont passés plus récemment par un goulet d'étranglement encore plus étroit, vers la fin de la dernière période glaciaire.

Certains verront peut-être une inadéquation entre les preuves issues de la génétique biochimique et leur expérience de tous les jours. Contrairement aux guépards, nous n'avons pas « l'air » uniformes**. Il semble qu'il y ait des différences spectaculaires entre les Norvégiens, les Japonais et les Zoulous. Avec la meilleure volonté du monde, il est intuitivement difficile de croire la vérité pure et simple : qu'ils sont « vraiment » plus pareils entre eux que trois chimpanzés qui, à nos yeux, se ressemblent beaucoup plus. C'est, bien sûr, un sujet politiquement sensible, un point que j'ai entendu railler de façon amusante par un chercheur en médecine d'Afrique de l'Ouest lors d'une réunion d'une vingtaine de chercheurs. Au début de la conférence, le président nous a demandé de faire un tour de table pour nous présenter. Il se trouvait que l'Africain, qui était le seul Noir – et il était vraiment noir, contrairement à beaucoup d'« Afro-Américains » –, portait une cravate rouge. Il termina de se présenter en disant en riant : « Vous pourrez facilement vous souvenir de moi, je suis le seul à avoir une cravate

---

* On a la preuve qu'il y a eu, voilà quelque 70 000 ans, un terrible goulet d'étranglement qui a réduit la population à 15 000 individus, dû à un « hiver volcanique » de six années, suivi d'une période glaciaire de mille ans.

** Soit dit en passant, les léopards non plus. En revanche, les « panthères » noires, dont on pensait naguère qu'il s'agissait d'une espèce séparée, ne diffèrent des léopards tachetés que sur un seul locus génétique.

rouge. » Il se moquait avec beaucoup d'humour de la façon dont les gens s'échinent à faire semblant de ne pas remarquer les différences raciales. Je crois qu'il y avait un sketch de *Monty Python* dans la même veine. Pourtant, je ne peux pas ignorer les données génétiques qui montrent qu'en dépit de toutes les apparences, notre espèce a une uniformité vraiment inhabituelle. Comment se résout cette contradiction apparente entre ce que l'on voit et la réalité telle qu'elle est mesurée ?

Il est indéniable que si vous mesurez le total des variations dans l'espèce humaine, et que vous les répartissez ensuite en un composant interracial et un composant intraracial, le composant interracial constitue une très faible proportion du total. La plupart des variations entre les humains peuvent se trouver aussi bien dans les races que d'une race à l'autre. Seul un petit mélange de variations supplémentaires distinguent les races les unes des autres. Tout cela, c'est très bien. Ce qui ne l'est pas, c'est d'en déduire que la race est un concept dénué de sens. Cette idée a été clairement affirmée par le distingué généticien de Cambridge A. W. F. Edwards dans un article récent intitulé « Human genetic diversity : Lewontin fallacy » [La diversité génétique humaine : l'erreur de Lewontin]. R. C. Lewontin est un généticien tout aussi distingué de Cambridge (Massachusetts), connu pour la force de ses convictions politiques et sa faiblesse pour les mêler à la science à la moindre occasion. La notion qu'a Lewontin de la race est devenue une orthodoxie quasi universelle dans les cercles scientifiques. Dans un article célèbre de 1972, il écrivait :

> Il est clair que notre perception de différences relativement importantes entre les races humaines et les sous-groupes humains, comparées aux variations au sein de ces groupes, est en fait une perception biaisée, et que, si l'on se fonde sur des différences génétiques choisies au hasard, les races humaines et les populations sont remarquablement similaires entre elles, la plus grande partie, de loin, des variations humaines s'expliquant par des différences entre les individus.

C'est, bien sûr, exactement le point que j'ai accepté ci-dessus, ce qui n'a rien d'étonnant puisque ce que j'ai écrit était largement fondé sur Lewontin. Mais voyez comment Lewontin poursuivait :

> La classification raciale humaine n'a aucune valeur sociale, et elle détruit positivement les relations sociales et humaines. Comme on voit maintenant que cette classification raciale n'a virtuellement aucune signification génétique ou taxinomique, on ne peut rien proposer qui justifie de la poursuivre.

On peut tous accepter sans difficulté l'idée que la classification raciale humaine n'a pas de valeur sociale et qu'elle détruit positivement les relations sociales et humaines. C'est une raison pour laquelle je m'élève contre le fait de cocher des cases dans les formulaires et contre la discrimination positive à l'embauche. Mais cela ne veut pas dire que la race « n'a virtuellement aucune signification génétique ou taxinomique ». C'est ce point que conteste Edwards, et son raisonnement est le suivant. Si faible que puisse être la proportion raciale dans le total des variations, si ces caractères raciaux sont fortement corrélés avec d'autres, ils sont par définition informatifs, et ont donc une signification taxinomique.

Informatif a un sens bien précis. L'assertion informative est celle qui vous dit une chose que vous ne saviez pas auparavant. Le contenu informatif d'une déclaration se mesure comme une réduction de l'incertitude de départ. Cette réduction, à son tour, se mesure comme une modification des probabilités. Cela permet de donner une précision mathématique au contenu informatif d'un message, mais nous n'avons pas besoin de nous en occuper ici*. Si je vous dis que Dominique est de sexe masculin, vous savez tout de suite un tas de choses sur lui. Votre incertitude de départ sur la forme de ses organes sexuels est réduite (mais pas dissipée). Vous savez maintenant des choses que vous ne connaissiez pas auparavant sur ses chromosomes, ses hormones et autres aspects de sa biochimie, et il y a une réduction quantitative de votre incertitude de départ sur la profondeur de sa voix et la répartition de sa pilosité faciale ainsi que de sa graisse et de sa musculature corporelles. Contrairement aux préjugés de l'époque victorienne, votre incertitude de départ sur son intelligence générale ou son aptitude à apprendre ne change pas quand vous apprenez à quel sexe il appartient. Votre incertitude de départ sur son aptitude à soulever des poids ou à exceller dans la majorité des sports diminue quantitativement, mais quantitativement seulement. Nombre de femmes peuvent battre nombre d'hommes dans n'importe quel sport, mais normalement, les meilleurs hommes peuvent battre les meilleures femmes. Votre aptitude à parier sur la vitesse de Dominique à la course ou sur la puissance de son service au tennis s'est légèrement accrue quand je vous ai indiqué son sexe, sans toutefois arriver au niveau de la certitude.

* Il se trouve que Lewontin lui-même a été parmi les premiers biologistes à se servir de la théorie de l'information, ce qu'il a effectivement fait dans son article sur la race, mais avec un autre objectif : c'était une méthode statistique commode pour mesurer la diversité.

Revenons maintenant à la question de la race. Et si je vous dis que Suzy est chinoise, de combien votre incertitude de départ est-elle réduite ? Vous êtes maintenant bien certain qu'elle a les cheveux raides et noirs (à l'origine en tout cas), que ses yeux ont un pli épicanthique, plus une ou deux autres choses. Si je vous dis que Colin est « noir », cela ne veut pas dire, comme nous l'avons vu, qu'il est noir. Pourtant ce n'est nettement pas non informatif. La corrélation élevée entre observateurs suggère qu'il existe toute une constellation de caractères presque universellement reconnue, comme le fait que l'assertion « Colin est noir » réduit bien l'incertitude initiale sur cette personne. Cela vaut aussi en sens inverse dans une certaine mesure. Si je vous dis que Carl est un champion olympique à la course, votre incertitude initiale sur sa « race » diminue pour une question de données statistiques. De fait, vous pouvez parier avec une certaine confiance qu'il est « noir »*.

Nous avons ouvert cette discussion en nous demandant si le concept de race était, ou avait jamais été, une façon très informative de classer les individus. Comment peut-on appliquer le critère de corrélation entre observateurs pour juger de cette question ? Eh bien, supposez que nous prenions des photos standard de portraits de 120 personnes choisies au hasard et originaires du Japon, d'Ouganda, d'Islande, de Sri Lanka, de Papouasie-Nouvelle-Guinée et d'Égypte. Si l'on présentait à ces 120 personnes la totalité des 120 photos, j'imagine que chacune d'entre elles réussirait à 100 % à les répartir en six catégories différentes. Qui plus est, si nous leur disions le nom des six pays impliqués, ces 120 personnes, si elles étaient raisonnablement instruites, attribueraient les 120 photos aux bons pays. Je n'ai pas fait cette expérience mais je suis sûr que vous serez d'accord avec moi sur le résultat que je prévois. Il peut paraître non scientifique de ma part de ne pas se donner le mal d'effectuer cette expérience, mais ma certitude que vous, étant des êtres humains, serez de mon avis sans que l'on fasse l'expérience, c'est précisément ce que j'essaie de démontrer.

Si l'on procédait à cette expérience, je ne pense pas que Lewontin escompterait un autre résultat que celui que j'ai prédit. Pourtant, quand il dit que la classification raciale n'a virtuellement aucune

* Quand Sir Roger Bannister a dit à peu près la même chose il y a quelques années, il s'est attiré de terribles ennuis, sans aucune raison valable que je puisse discerner hormis la sensibilité épidermique des gens qui prévaut sur le chapitre des races.

signification taxinomique ou génétique, on devrait prédire le contraire. S'il n'y a pas de signification génétique ou taxinomique, la seule autre façon d'avoir une corrélation entre observateurs élevée serait que le biais culturel soit le même tout autour du monde, ce que Lewontin ne devait pas vouloir prédire non plus, à mon avis. Pour résumer, je donne raison à Edwards, et tort à Lewontin – ce n'est pas la première fois qu'il se trompe. Ses calculs sont justes, bien sûr, c'est un brillant généticien mathématique. Dans l'espèce humaine, la proportion de la variation totale qui relève de l'aspect racial est effectivement faible. Mais comme la variation interraciale, si faible que soit le pourcentage de la variation totale, est corrélée, elle est informative selon des modes que l'on pourrait sûrement démontrer en mesurant la concordance entre observateurs des jugements.

Il faut ici que je répète que je ne supporte pas que l'on me demande de remplir des formulaires dans lesquels je dois cocher une case indiquant ma « race » ou mon « ethnie », et que je dise combien je souscris à l'affirmation de Lewontin que la classification raciale peut détruire activement les relations sociales et humaines – en particulier quand certains se servent de la classification raciale pour traiter les gens de façon différente, que ce soit par une discrimination négative ou positive. Le fait d'attacher une étiquette de race à un individu n'est pas informatif dans le sens que cela vous dit sur cux plus d'unc chosc. Ccla pcut réduire votre incertitude sur la couleur des cheveux, la couleur de la peau, les cheveux raides ou non, la forme des yeux, la forme du nez et la taille, mais il n'y a pas de raison de supposer que cela vous renseigne le moins du monde sur son degré de qualification pour un emploi. Et même au cas improbable où cela réduirait votre incertitude statistique sur leur possession des qualités requises pour un emploi particulier, il serait toujours pernicieux de fonder une discrimination sur des étiquettes raciales pour embaucher quelqu'un. Choisissez en fonction des aptitudes, et si, cela étant fait, vous vous retrouvez avec une équipe de coureurs complètement noire, qu'il en soit ainsi. Vous n'avez pas exercé de discrimination raciale pour arriver à cette conclusion.

Chaque fois qu'un grand chef d'orchestre faisait passer des auditions à des musiciens, il les faisait toujours jouer derrière un écran. Les candidats avaient la consigne de ne pas parler, et même de retirer leurs chaussures pour éviter que le son des talons hauts ne trahisse leur sexe. Même s'il se trouvait statistiquement que les femmes étaient meilleures harpistes, disons, que les hommes, cela ne veut pas dire qu'il faille exercer une discrimination active contre les hommes quand on a à choisir un ou une harpiste. Il existe aujourd'hui un accord quasi universel pour dire que les lois de l'apartheid en Afrique du Sud étaient une mauvaise chose. La discrimination positive en faveur des étudiants issus des « minorités » peut en toute justice, à mon avis, être attaquée pour les mêmes raisons que l'apartheid. Les deux traitent les individus comme représentatifs de groupes plutôt que comme des individus dotés de droits propres. On justifie parfois la discrimination positive en disant que c'est une manière de corriger des siècles d'injustice. Mais en quoi cela peut-il être juste d'indemniser aujourd'hui un individu unique pour les torts qu'ont subis des personnes mortes depuis longtemps et qui appartenaient au même groupe que lui ?

Il est intéressant de voir que ce genre de confusion entre le singulier et le pluriel apparaît dans une forme de mots qui trahissent les sectaires : « le juif... », au lieu de « les Juifs... ».

> *Votre* Tartempion est un excellent lutteur, mais il ne sait pas distinguer sa gauche de sa droite. En revanche, *votre* Duchmol...

Les gens sont des individus, ils sont individuellement différents, beaucoup plus différents des autres membres de leur groupe que leurs groupes ne le sont les uns des autres. En cela, Lewontin a raison sans l'ombre d'un doute.

L'accord entre observateurs suggère que la classification raciale n'est pas totalement non informative, mais *sur quoi* renseigne-t-elle ? sur guère plus que les caractères dont se servent les observateurs quand ils sont du même avis : des choses comme la forme des yeux, et les cheveux raides ou non – rien de plus, sauf si l'on nous donne d'autres raisons de le croire. Pour certaines raisons, il semble que ce sont les caractères superficiels, extérieurs, banals, qui sont corrélés avec la race – peut-être en particulier les caractères faciaux. Mais pourquoi les races humaines ne sont-elles si différentes que dans ces caractères ostensibles mais superficiels ? ou est-ce seulement que nous, en tant qu'observateurs, nous sommes prédisposés à les remarquer ? Pourquoi, en comparaison, les autres espèces paraissent-elles uniformes, alors que chez les humains apparaissent des différences qui, si on les voyait ailleurs dans le règne animal, nous donneraient l'impression d'avoir affaire à un grand nombre d'espèces séparées ?

L'explication la plus politiquement acceptable, c'est que les membres d'une espèce quelle qu'elle soit sont plus sensibles aux différences au sein de leur propre groupe. Dans cette optique, c'est seulement que nous *remarquons* plus facilement les différences entre les humains que celles qui existent dans d'autres espèces. Les chimpanzés que nous trouvons presque identiques paraissent exactement aussi différents aux yeux de leurs congénères qu'un Kikouyou paraît différent d'un Hollandais à nos yeux. En espérant confirmer ce type de théorie au niveau intérieur de la race, l'éminent psychologue H. L. Teuber, spécialiste des mécanismes cérébraux de la reconnaissance des visages, a demandé à un étudiant chinois d'étudier la question : « Pourquoi les Occidentaux croient-ils que les Chinois se ressemblent plus que les Occidentaux ? » Après trois ans de recherche intensive, le jeune Chinois a donné sa réponse : « Les Chinois se ressemblent effectivement plus que les Occidentaux. » Teuber a raconté cette anecdote en l'accompagnant de gros froncements de sourcils, ce qui indiquait à coup sûr qu'il s'agissait d'une plaisanterie, si bien que je ne sais pas où est le vrai. Mais je n'ai pas de mal à la croire, et je ne pense sûrement pas qu'elle devrait préoccuper qui que ce soit.

La diaspora (relativement) récente qui nous a fait quitter l'Afrique pour le monde entier nous a amenés à une variété extraordinairement grande d'habitats, de climats et de modes de vie. Il est plausible que ces différences de situations aient exercé de fortes pressions de sélection, en particulier sur les parties visibles extérieurement, comme la peau qui reçoit les coups du soleil et du froid. Il est difficile de trouver aucune autre espèce qui prospère aussi bien des tropiques à l'Arctique, du niveau de la mer aux hauteurs des Andes, des déserts desséchés aux jungles détrempées, et dans toutes les zones intermédiaires. Des situations aussi différentes devraient exercer des pressions de sélection naturelle différentes, et il serait vraiment étonnant qu'il n'en découle pas des divergences dans les populations locales. Les chasseurs dans les forêts profondes d'Afrique, d'Amérique du Sud et du Sud-Est asiatique sont tous indépendamment devenus petits, sûrement parce que c'est un handicap que d'être grand dans une végétation dense. Les peuples de haute latitude qui, a-t-on supposé, ont besoin de tout le soleil qu'ils peuvent capter pour recevoir de la vitamine D, ont tendance à avoir la peau plus claire que ceux qui sont confrontés au problème inverse – les rayons carcinogènes du soleil tropical. Il est plausible que cette sélection régionale affecte particulièrement les caractéristiques superficielles comme la couleur de la peau, tout en laissant intacte et uniforme la plus grande partie du génome.

En théorie, cela pourrait expliquer complètement notre variété superficielle et visible, recouvrant une profonde similitude. Mais cela ne me paraît pas suffisant. Au strict minimum, je pense que peut intervenir une autre idée que je propose à tout hasard. Elle émane de notre discussion sur les barrières culturelles aux croisements. Nous sommes en fait une espèce très uniforme si l'on compte la totalité des gènes, ou si l'on prend un échantillon de gènes vraiment au hasard ; mais peut-être des raisons particulières expliquant l'existence d'une quantité disproportionnée de variations précisément dans les gènes font-elles que l'on *remarque* plus facilement les variations, et que l'on distingue plus facilement ses semblables des autres. Cela comprendrait les gènes qui sont responsables des « étiquettes » visibles de l'extérieur, comme la couleur de la peau. Pourtant, là encore, je veux suggérer que ce renforcement de la capacité à discerner a évolué sous l'effet de la sélection sexuelle, en particulier chez les humains parce que notre espèce est particulièrement liée à la culture. Nos choix de partenaires sont fortement influencés par la tradition culturelle, et nos cultures, et parfois nos religions, nous incitent à effectuer des discriminations contre ceux de l'extérieur, en particulier quand il s'agit de choisir des partenaires. De ce fait, les différences superficielles qui ont aidé nos ancêtres à préférer les individus du groupe à ceux de l'extérieur se sont renforcées avec une intensité sans commune mesure avec les véritables différences génétiques qui existent entre nous. Le grand penseur qu'est Jared Diamond a défendu une idée similaire dans *Le Troisième Chimpanzé*, et Darwin lui-même a invoqué plus généralement la sélection sexuelle pour expliquer les différences entre les races.

Je veux étudier deux versions de cette théorie : l'une forte, et l'autre faible. La vérité pourrait se trouver dans une quelconque combinaison des deux. D'après la théorie forte, la couleur de la peau et autres badges génétiques ostensibles ont évolué de façon active comme des outils de discrimination dans le choix des partenaires. La théorie faible, que l'on peut concevoir comme menant à la version forte, donne aux différences culturelles, comme la langue et la religion, le même rôle que la séparation géographique dans les stades qui amorcent la spéciation. Une fois que les différences culturelles ont effectué cette séparation initiale, entraînant la disparition du flux de gènes pour les maintenir ensemble, les groupes évolueraient génétiquement de façon séparée, comme s'ils étaient séparés géographiquement.

Rappelez-vous, comme nous l'avons vu dans l'intervention du cichlidé, qu'une population ancestrale ne peut se diviser en deux populations génétiquement distinctes qu'avec, au départ, le coup de pouce d'une séparation initiale accidentelle, dont on suppose en général qu'elle est géographique. Une barrière, comme une chaîne de montagnes, réduit le flux des gènes entre deux vallées peuplées, si bien que les pools géniques de ces deux vallées ont toute liberté de dériver séparément. Normalement, la séparation sera facilitée par des pressions de sélection différentes : une vallée peut être plus humide que sa voisine de l'autre côté de la montagne, par exemple. Mais la séparation accidentelle initiale, dont j'ai jusqu'à présent supposé qu'elle est géographique, est nécessaire.

Personne ne suggère que la séparation géographique soit en rien délibérée. Ce n'est pas du tout ce que veut dire « nécessaire ». Nécessaire signifie seulement que, faute d'une séparation géographique (ou équivalente) au départ, les différentes parties d'une population seraient génétiquement liées par un mélange sexuel. Il ne pourrait y avoir spéciation sans barrière initiale. Une fois que les deux espèces putatives, des races au départ, ont commencé à se séparer génétiquement parlant, elles peuvent se séparer encore plus – même si la barrière géographique disparaît par la suite.

Ce point est litigieux. Pour certains, la séparation initiale doit être géographique, alors que d'autres, en particulier les entomologistes, mettent l'accent sur ce qu'on appelle la spéciation sympatrique. Beaucoup d'insectes herbivores ne se nourrissent que d'une espèce de plantes. Ils rencontrent leurs partenaires et pondent sur ces plantes qu'ils préfèrent. Leurs larves apparemment y « laissent leur empreinte ». Elles se développent en se nourrissant de cette plante, si bien que, une fois adultes, elles choisissent la même espèce pour y pondre*. Si donc une femelle adulte pond par erreur sur une plante de la mauvaise espèce, sa fille laissera son empreinte sur cette mauvaise plante et, le temps venu, elle pondra

* L'empreinte (*imprinting*) est le processus dont on attribue souvent la découverte à Konrad Lorenz, et par lequel les jeunes animaux, comme les oisons par exemple, prennent une sorte de photographie mentale d'un objet qu'ils voient au cours d'une période critique tôt dans la vie, et qu'ils suivent quand ils sont jeunes. C'est en général un parent, mais ce pourrait aussi bien être les bottes de Lorenz. Plus tard dans la vie, cette « photographie mentale » influence le choix du ou de la partenaire ; c'est en général un membre de leur propre espèce, mais ce pourrait être avec les bottes de Lorenz qu'ils essayent de s'accoupler. L'histoire de l'oison n'est pas aussi simple que cela, mais l'analogie avec les insectes devrait être claire.

sur des plantes de la même mauvaise espèce. Ses larves y laisseront leur empreinte, devenues adultes elles tourneront autour de cette plante, s'accoupleront avec d'autres qui tournent également autour, et en fin de compte c'est là qu'elles pondront.

Dans le cas de ces insectes, vous pouvez voir qu'il suffit d'une génération pour que le flux des gènes du type parental s'interrompe brusquement. Une nouvelle espèce est théoriquement libre de venir à exister sans avoir besoin d'être isolée géographiquement. Autrement dit, la différence entre les deux types de plantes alimentaires équivaut pour ces insectes à une chaîne de montagnes ou à un fleuve pour d'autres animaux. On a dit que cette spéciation sympatrique est plus courante chez les insectes que la « véritable » spéciation géographique, auquel cas, la majorité des espèces étant des insectes, la majorité des spéciations pourraient même être sympatriques. Quoi qu'il en soit, je pense que pour bloquer le flux des gènes la culture humaine a une façon de faire particulière, un peu analogue au scénario des insectes que je viens de décrire.

S'agissant d'insectes, les préférences en matière de plantes se transmettent de parents à progéniture par le double effet des larves qui se fixent sur les plantes dont elles se nourrissent, et des adultes qui s'accouplent et pondent sur les mêmes plantes. En effet, les lignées établissent que des « traditions » se transmettent longitudinalement de génération en génération. Les traditions humaines sont similaires, voire plus élaborées. J'en veux pour exemple les langues, les religions et les manières ou conventions sociales. En général, les enfants adoptent le langage et la religion de leurs parents même si, exactement comme chez les insectes et les plantes, les « erreurs » sont suffisamment nombreuses pour donner du piquant à l'existence. Là encore, comme pour les insectes qui s'accouplent à proximité de leurs plantes alimentaires préférées, les gens ont tendance à s'accoupler avec d'autres qui parlent la même langue et qui prient les mêmes dieux. Ainsi, des langues et des religions différentes peuvent jouer le rôle de plantes alimentaires, ou de chaînes de montagnes dans la spéciation géographique traditionnelle. Les différences de langues, de religions et de coutumes sociales peuvent constituer des barrières pour le flux des gènes. À partir de là, selon la forme faible de notre théorie, les différences génétiques aléatoires s'accumulent simplement de part et d'autre d'une barrière de langue ou de religion, tout comme elles pourraient le faire de part et d'autre d'une chaîne de montagnes. En conséquence, d'après la version forte de la théorie, les différences génétiques qui se développent se renforcent quand les gens se servent de différences ostensibles dans l'apparence comme de marques supplémentaires de discrimination quand il s'agit de choisir un ou une partenaire, se rajoutant aux barrières culturelles qui ont provoqué la séparation initiale*.

Je ne suggère certainement pas qu'il faille considérer que les humains constituent plus d'une espèce. Bien au contraire. Ce que je veux dire, c'est que la culture humaine – le fait que nous nous écartons si fortement de l'accouplement aléatoire dans des directions déterminées par le langage, la religion et autres sources culturelles de discrimination – a produit dans le passé des choses fort étranges dans notre génétique. Même si, en prenant en compte la totalité des gènes, nous sommes une espèce très uniforme, il existe une étonnante variabilité dans nos traits superficiels qui sont banals mais particulièrement visibles : tout ce qu'il faut pour alimenter les discriminations. Et celles-ci peuvent s'appliquer non seulement au choix des partenaires, mais aussi à celui des ennemis et des victimes des préjugés xénophobes et religieux.

Il était une fois… la mouche du vinaigre

En 1894, le généticien pionnier William Bateson a publié un ouvrage intitulé *Materials for the Study of Variation, Treated with Especial Regard to Discontinuity in the Origin of Species* [Matériel pour l'étude des variations, considérées sous l'angle particulier de la discontinuité dans l'origine des espèces]. Il y dressait une liste fascinante et presque macabre d'anomalies génétiques, et examinait comment elles pourraient éclairer l'évolution. On y voyait des chevaux à sabots fendus, des antilopes avec une seule corne au milieu de la tête, des êtres humains avec une main supplémentaire et un coléoptère avec cinq pattes d'un seul côté. Dans son livre, Bateson a créé le mot *homéose* pour désigner un type remarquable de variation génétique. *Homoio* veut dire « même » en grec, et une mutation homéotique (comme on dirait maintenant, mais le mot

---

* Un problème potentiel qu'il faudrait éclaircir si cette idée devait être poursuivie, c'est que la théorie de la génétique mathématique suggère, pour la séparation géographique et par implication pour cette hypothèse de la culture également, que la séparation doit être très complète pour que la différenciation génétique se maintienne.

« mutation » n'existait pas encore quand Bateson a rédigé son ouvrage) est une mutation qui fait qu'une partie du corps apparaît à un autre endroit de ce corps.

Parmi les exemples personnels de Bateson figurait une mouche de sciure dont une patte avait poussé à la place d'une antenne. Dès que vous entendez parler d'une anomalie de ce genre, vous supposez peut-être, avec Bateson, qu'elle doit comporter un indice important pour trouver comment les animaux se développent normalement. Bateson et vous auriez raison, et c'est le thème de ce propos. Cette homéose particulière – une patte à la place d'une antenne – a été découverte plus tard chez la mouche du vinaigre ou drosophile, *Drosophila*, et on lui a donné le nom d'Antennapedia. La drosophile (« qui aime la rosée ») est depuis longtemps l'animal favori des généticiens. Il ne faut jamais confondre l'embryologie avec la génétique, mais comme la drosophile a joué ces derniers temps un rôle de premier plan en embryologie tout comme en génétique, c'est à elle qu'il revient de parler de l'embryologie.

Le développement de l'embryon est contrôlé par les gènes, ce qui pourrait théoriquement se faire de deux façons très différentes. La souris les a présentées comme un plan de montage ou une recette. Le maçon construit une maison en agençant des briques selon des positions spécifiées par un plan. Le cuisinier fait un gâteau non pas en plaçant des biscuits et de la confiture dans des positions spécifiées mais en incorporant des ingrédients selon des procédures spécifiées : il tamise, mélange, bat et fait cuire*. Les manuels de biologie se trompent quand ils décrivent l'ADN comme un plan de montage. Rien de ce que subissent les embryons ne s'approche un tant soit peu de la mise en œuvre d'un plan. L'ADN n'est pas une description, dans aucun langage, de ce à quoi devrait ressembler le corps une fois fini. Peut-être sur une autre planète les êtres vivants se développent-ils selon une embryologie qui suit un plan, mais j'ai du mal à imaginer comment cela fonctionnerait. Sur notre planète, en revanche, les embryons suivent des recettes. Ou bien, pour adopter une autre analogie qui n'a rien à voir avec le plan, et qui à certains égards convient mieux que la recette, disons que les embryons se construisent en suivant pas à pas des instructions pour plier un papier comme on pratique l'origami.

---

* Cette analogie que je préfère a été utilisée pour la première fois par mon ami Sir Patrick Bateson, qui se trouve être un parent de Sir William.

L'analogie de l'origami convient mieux au début du développement de l'embryon qu'à la fin. L'organisation principale du corps se fait au départ par une série de plis et d'invaginations de couches de cellules. Une fois les grandes lignes du plan du corps bien en place, les stades suivants de son développement se résument surtout à la croissance, comme si l'embryon se gonflait dans tous ses éléments comme un ballon. Il s'agit cependant d'un ballon d'un genre très particulier car les différentes parties du corps se gonflent à des rythmes différents soigneusement contrôlés. C'est ce phénomène important qu'on appelle l'allométrie. La mouche du vinaigre aborde essentiellement la phase de développement initiale, celle de l'origami, et pas celle qui suit, celle de l'accroissement.

Les cellules ne sont pas disposées comme des briques selon un plan, mais c'est leur comportement qui détermine le développement de l'embryon. Les cellules attirent ou repoussent d'autres cellules. Elles changent de forme de différentes façons. Elles sécrètent des substances chimiques qui peuvent se diffuser à l'extérieur et influencer d'autres cellules, parfois à une certaine distance. Elles meurent parfois de façon sélective, découpant des formes par soustraction, à la façon d'un sculpteur au travail. À l'instar des termites qui coopèrent pour dresser un monticule, les cellules « savent » quoi faire en fonction de leurs voisines avec lesquelles elles sont en contact, et en réaction aux gradients de concentration des substances chimiques. Comme toutes les cellules de l'embryon contiennent les mêmes gènes, ce ne peut pas être leurs gènes qui différencient leur comportement. Ce qui distingue une cellule, ce sont les gènes qui sont activés, et qui s'expriment en général par leurs produits – les protéines – qu'elle renferme.

Au tout début de l'embryon, la cellule a besoin de « savoir » où elle se trouve dans les deux principales dimensions, antéro-postérieure et dorso-ventrale. Que veut dire « savoir » ? Cela veut dire au départ que le comportement de la cellule est déterminé par sa position dans les gradients chimiques sur chacun des deux axes. Comme ces gradients commencent nécessairement dans l'œuf lui-même, ils sont sous le contrôle des gènes de la mère, et pas des gènes nucléaires de l'œuf. Par exemple, il y a dans le génotype de la mère drosophile un gène dit *bicoïde* qui s'exprime dans les cellules « nourrices » qui fabriquent ses œufs. La protéine élaborée par le gène bicoïde est envoyée dans l'œuf où elle se concentre à une extrémité tout en s'atténuant à l'autre. Le gradient de concentration (et autres gradients) définit l'axe antéro-postérieur. Des mécanismes similaires à angle droit définissent l'axe dorso-ventral.

Ces concentrations persistent dans la substance des cellules produites à mesure que l'œuf continue à se diviser. Les quelques premières divisions se produisent sans addition de nouveau matériel, et elles sont incomplètes : il se forme une grande quantité de noyaux séparés, mais qui ne sont pas complètement séparés par des divisions cellulaires. Cette « cellule » à plusieurs noyaux s'appelle un *syncitium*. Plus tard, il se forme des séparations, et l'embryon devient cellulaire à proprement parler. Dans tout cela, comme je l'ai dit, le gradient chimique initial persiste. Il s'ensuit que les noyaux cellulaires résidant dans des parties différentes de l'embryon baigneront dans des concentrations différentes de substances clés, correspondant aux gradients d'origine à deux dimensions, ce qui activera différents gènes dans différentes cellules (nous parlons maintenant, bien sûr, des gènes propres de l'embryon, et plus de ceux de la mère). C'est ainsi que commence la différenciation des cellules, et l'extrapolation de ce principe entraîne la poursuite de la différenciation à des stades ultérieurs du développement. Les gradients d'origine établis par les gènes maternels cèdent la place à de nouveaux gradients plus complexes établis par les propres gènes de l'embryon. Des embranchements importants dans les lignées des cellules embryonnaires produisent de façon récursive d'autres différenciations.

Chez les arthropodes, il se produit une division du corps à une plus grande échelle, pas en cellules, mais en segments. Ces segments sont disposés en ligne, de l'avant de tête au bout de l'abdomen. Les insectes possèdent six segments de tête, les antennes étant sur le segment 2, suivies sur les autres segments par les mandibules, puis les autres parties de la bouche. Les segments de la tête adulte sont comprimés dans un petit espace si bien que leur alignement antéro-postérieur n'est pas très clair, mais on peut le voir chez l'embryon. Les trois segments thoraciques (T1, T2 et T3) sont plus nettement en ligne, chacun portant une paire de pattes. T2 et T3 portent normalement des ailes, mais chez la drosophile et d'autres mouches, seul T2 a des ailes*. La

* Certains autres insectes, comme la blatte et les coléoptères, ne volent qu'avec les ailes de T3, celles de T2 s'étant transformées en gaines coriaces pour protéger les ailes, les élytres. Comme nous l'avons vu, chez les grillons et les sauterelles, les élytres eux-mêmes se sont encore modifiés en organes producteurs de sons.

deuxième paire d'ailes s'est changée en « haltères », de petits organes en forme de crosse sur T3, qui vibrent et servent de gyroscopes miniatures pour guider la mouche. Certains fossiles primitifs avaient trois paires d'ailes, une sur chacun des trois segments thoraciques. Derrière les segments thoraciques se trouvent les segments abdominaux, plus nombreux (onze chez certains insectes, huit chez la drosophile, selon que vous comptez ou non les organes génitaux à l'arrière). Les cellules « savent » (re-pardon pour cet emploi) dans quel segment elles se trouvent, et elles se comportent en conséquence. Chaque cellule est informée du segment dans lequel elle se trouve par l'intermédiaire de gènes spéciaux de contrôle, les gènes Hox, qui s'activent à l'intérieur de la cellule. Le thème qu'aborde la mouche du vinaigre est essentiellement celui des gènes Hox.

Ce serait plus clair et plus facile à expliquer si je pouvais maintenant vous dire qu'il y a un gène Hox par segment, toutes les cellules d'un segment donné n'ayant d'activé que le gène Hox affecté du numéro de ce segment. Ce serait encore plus net si les gènes Hox étaient disposés sur la longueur d'un chromosome dans le même ordre que les segments sur lesquels ils agissent. Bon, les choses ne sont pas aussi bien ordonnées, mais on n'en est pas loin. Les gènes Hox se suivent effectivement dans le bon ordre sur un seul chromosome, ce qui est merveilleux – et c'est cadeau, étant donné ce que l'on sait sur le mode de fonctionnement des gènes. Mais il n'y a pas assez de gènes Hox pour tous les segments, il n'y en a que huit. Et il y a encore une complication de plus dont il faut que je me débarrasse. Les segments de l'adulte ne correspondent pas exactement à ce qu'on appelle les *para*segments de la larve. Ne me demandez pas pourquoi (c'était peut-être le jour de congé du concepteur), mais chaque segment adulte est constitué de la moitié arrière d'un parasegment larvaire et de la moitié avant du suivant. Sauf quand je préciserai qu'il en va autrement, j'emploierai le mot « segment » pour désigner le (para)segment larvaire. Quant à la question de savoir comment huit gènes Hox d'affilée s'occupent d'environ 17 segments d'affilée, cela se fait en partie une fois de plus grâce au truc du gradient chimique. Chaque gène Hox s'exprime essentiellement dans un segment, mais il s'exprime aussi dans des segments plus en aval, avec une concentration qui décroît progressivement. La cellule sait dans quel segment elle se trouve en comparant les productions chimiques d'au moins deux gènes

Hox en amont. C'est en réalité un peu plus compliqué, mais il n'est pas nécessaire d'entrer ici dans tous ces détails.

Les huit gènes Hox sont rangés dans deux complexes de gènes, qui sont séparés physiquement sur le même chromosome. Ce sont le complexe Antennapedia et le complexe Bithorax. Ces noms sont doublement mal choisis. Un de ces deux complexes de gènes tient son nom d'un seul membre de ce complexe, qui n'est pas plus important que les autres. Et pis encore, les gènes eux-mêmes tiennent en général leur nom de ce qui se produit quand ils tournent mal, plutôt que de leur fonction normale. Il vaudrait mieux les appeler par exemple le complexe Hox antérieur et le complexe Hox postérieur. Mais nous sommes coincés avec ces noms qui existent déjà.

Le complexe Bithorax est fait des trois derniers gènes Hox, appelés pour des raisons historiques dans lesquelles je n'entrerai pas, *Ultrabithorax*, *Abdominal-A* et *Abdominal-B*. Ils affectent l'extrémité postérieure de l'animal de la façon suivante : *Ultrabithorax* lui-même s'exprime du segment 8 à l'extrémité postérieure ; *Abdominal-A* s'exprime du segment 10 jusqu'au bout, et *Abdominal-B* du segment 13 jusqu'au bout. Le gradient de concentration des produits de ces gènes décroît progressivement vers l'extrémité postérieure de l'animal, depuis leurs différents points de départ. Ainsi, en comparant les concentrations des produits de ces trois gènes Hox, une cellule située dans la partie postérieure d'une larve peut dire dans quel segment elle se trouve, et agir en conséquence. C'est le même scénario pour l'extrémité antérieure de la larve, où les cinq gènes Hox du complexe Antennapedia sont à la tâche.

Le gène Hox a donc pour mission dans la vie de savoir où il se trouve dans le corps, et ainsi d'informer les autres gènes qui se trouvent dans la même cellule. Et maintenant, nous sommes prêts pour comprendre les mutations homéotiques. Quand les choses vont mal avec un gène Hox, les cellules d'un segment sont informées de travers sur le segment dans lequel elles se trouvent, si bien qu'elles fabriquent le segment dans lequel elles « croient » être. Ainsi, par exemple, on voit une patte pousser dans le segment où devrait normalement pousser une antenne. C'est parfaitement logique. Les cellules de n'importe quel segment sont parfaitement capables d'assembler l'anatomie de n'importe quel autre segment. Pourquoi pas ? Les instructions pour fabriquer n'importe quel segment sont tapies dans les cellules de tous les segments, quels qu'ils soient. Ce sont les gènes Hox qui, dans des conditions normales, font sortir les « bonnes » instructions pour fabriquer l'anatomie qui est appropriée à chaque segment. Comme William Bateson le soupçonnait à juste titre, l'anomalie homéotique ouvre une fenêtre révélatrice sur la façon dont le système fonctionne normalement.

Rappelez-vous que, contrairement aux autres insectes, les mouches n'ont normalement qu'une paire d'ailes, plus une paire d'haltères gyroscopiques. La mutation homéotique d'*Ultrabithorax* trompe les cellules du troisième segment thoracique en leur faisant « croire » qu'elles sont dans le deuxième. Elles collaborent donc pour fabriquer une paire d'ailes supplémentaire au lieu d'une paire d'haltères (voir la photo 17, p. XII du cahier photo). Il existe un ver de farine mutant (*Tribolium*) chez lequel des antennes poussent dans les 15 segments, vraisemblablement parce que les cellules « se croient » dans le segment 2.

Cela nous conduit à la partie la plus merveilleuse de ce message. Une fois qu'on a découvert les gènes Hox chez la drosophile, on s'est mis à les voir partout : non seulement chez d'autres insectes comme les coléoptères, mais aussi chez presque tous les autres animaux qui ont été étudiés, y compris nous. Et – c'est presque trop beau pour être vrai – il s'avère très souvent qu'ils ont le même rôle, allant même jusqu'à informer les cellules du segment dans lequel elles se trouvent et (mieux encore) être disposées dans le même ordre sur les chromosomes. Voyons maintenant ce qu'il en est des mammifères ; on a étudié ce phénomène à fond chez la souris de laboratoire, l'équivalent de la drosophile chez les mammifères.

À l'instar des insectes, les mammifères ont un plan corporel segmenté, ou du moins un plan modulaire qui se répète et qui affecte la colonne vertébrale et les structures qui y sont associées. On peut se représenter chaque vertèbre comme correspondant à un segment, mais les os ne sont pas seuls à se répéter du cou à la queue. Les vaisseaux sanguins, les nerfs, les blocs musculaires, les disques cartilagineux et les côtes, quand ils sont présents, ont tous ce plan modulaire répétitif. Comme chez la drosophile, même s'ils suivent le même plan général, ces modules sont différents dans le détail. Et de même que l'on observe chez les insectes une division avec une tête, un thorax et un abdomen, les vertèbres sont groupées en vertèbres cervicales (du cou), thoraciques (du haut du dos avec les côtes), lombaires (du bas du dos sans côtes) et caudales (de la queue). Comme chez la drosophile, les cellules, que ce soient des cellules d'os, de muscle, de cartilage ou autre, ont besoin de savoir dans quel segment elles se trouvent. Et comme chez la drosophile, elles le savent grâce à des gènes Hox – des gènes Hox qui correspondent de façon reconnaissable à des gènes Hox particuliers de drosophile – bien que, ce qui n'est pas étonnant étant donné l'immensité du temps qui s'est écoulé depuis le coancêtre 26, ils soient loin d'être identiques. Là encore, comme chez la drosophile, les gènes Hox sont disposés dans le bon ordre sur le chromosome. La modularité des vertébrés est très différente de celle des insectes, et il n'y a pas de raison de penser que leur ancêtre commun au Rendez-vous 26 ait été un animal à segments. Toutefois, la mise en évidence des gènes Hox suggère, à tout le moins, la présence d'une certaine similitude profonde entre les plans corporels des insectes et des vertébrés, laquelle était aussi présente chez le coancêtre 26. Et, à vrai dire, dans d'autres plans corporels, y compris ceux qui ne sont pas segmentés.

Chez la souris, il n'y a pas qu'une rangée de gènes Hox sur le chromosome, il y en a quatre séparées. La série *a* est sur le chromosome 6, la *b* sur le 11, la *c* sur le 15 et la *d* sur le 2. Leurs ressemblances indiquent qu'elles sont apparues au cours de l'évolution par duplication : *a4* correspond à *b4*, correspond à *c4*, correspond à *d4*. Il y a aussi eu des délétions, car certains créneaux manquent dans chacune des quatre rangées : *a7* et *b7* se correspondent, mais ni la série *c*, ni la série *d* n'ont de représentant dans le « créneau » 7. Quand deux, trois ou quatre versions d'un gène Hox affectent un segment, leurs effets se combinent. Et comme chez la drosophile, l'effet de tous les gènes Hox de la souris est plus marqué dans le premier segment (le plus antérieur) de leur domaine d'influence, avec un gradient d'expression qui diminue en aval dans les segments les plus postérieurs.

Mieux encore. À part des exceptions mineures, chaque gène de l'ensemble des huit gènes Hox de la drosophile ressemble plus au numéro correspondant dans la série de la souris qu'aux sept autres de la drosophile. Et tous se suivent dans le même ordre sur leurs chromosomes respectifs. Chacun des huit gènes de la drosophile a au moins un représentant dans la série des 13 de la souris. La coïncidence en détail gène pour gène entre la drosophile et la souris ne peut qu'indiquer un héritage du coancêtre 26, le grand géniteur de tous les protostomiens et de tous les deutérostomiens. Ce qui veut dire que l'immense majorité des animaux descendent d'un ancêtre qui avait des gènes Hox disposés dans le même ordre linéaire que celui que nous observons chez la drosophile moderne et chez les vertébrés modernes. Rendez-vous compte ! Le coancêtre 26 avait des gènes Hox, et dans le même ordre que les nôtres.

Comme je l'ai déjà dit, il ne s'ensuit pas que le corps du coancêtre 26 était divisé en segments discrets. De fait, il ne l'était probablement pas. Mais il y avait sûrement une sorte de gradient antéro-postérieur de la tête à la queue qui était *médié* par les séries homologues de gènes Hox dans le bon ordre sur un chromosome. Les coancêtres étant morts et hors d'atteinte des biologistes moléculaires, il devient maintenant fort intéressant de chercher des gènes Hox dans leurs descendants modernes. Le coancêtre 23 est l'ancêtre que nous avons en commun avec le lancelet. Étant donné que la drosophile qui est apparentée de plus loin possède les mêmes séries antéro-postérieures que les mammifères, il serait vraiment inquiétant qu'elles n'existent pas aussi chez le lancelet. Avec son groupe de recherche, mon collègue Peter Holland a étudié cette question et leurs résultats sont gratifiants. Effectivement, le plan corporel modulaire du lancelet est médié par des gènes Hox (14) et, effectivement, ceux-ci sont dans le bon ordre sur le chromosome. Contrairement à ce qui existe chez la souris, mais comme chez la drosophile, il n'y a qu'une série, et pas quatre séries parallèles. Il est possible que le groupe tout entier se soit dupliqué quatre fois quelque part sur la lignée entre le coancêtre 23 et les mammifères modernes, et que ces duplications aient été suivies de quelques disparitions sporadiques de gènes particuliers.

Qu'en est-il d'autres animaux choisis pour des raisons stratégiques pour ce qu'ils peuvent nous dire sur d'autres coancêtres particuliers ? On a maintenant trouvé des gènes Hox dans tous les animaux dans lesquels on les a cherchés, sauf dans les cténophores et les éponges (voir les Rendez-vous 29 et 31 respectivement), y compris chez les oursins, limules, crevettes, mollusques, vers annelés, balanoglosses, tuniciers, nématodes et vers plats. Tout cela, nous aurions pu le deviner, sachant que tous ces animaux descendent du coancêtre 26, et que l'on a déjà de bonnes raisons de penser que le coancêtre 26 avait des gènes Hox, comme ses descendantes, la drosophile et la souris.

Les cnidaires, comme l'hydre (ils doivent nous rejoindre au Rendez-vous 28), ont une symétrie radiale – un axe ni antéro-postérieur, ni dorso-ventral, mais oral-aboral (bouche-opposé de la bouche). Comme on ne voit pas bien ce qui, éventuellement, correspond à leur long axe, quelle action peut-on attendre de la part de leurs gènes ? Ce serait dans l'ordre des choses qu'ils leur servent à définir leur axe oral-aboral, mais jusqu'à présent, il n'est pas clair qu'il en soit ainsi. La plupart des cnidaires n'ont que deux gènes Hox, de toute façon, par rapport aux 8 de la drosophile et aux 14 du lancelet. Il est sympathique de voir que l'un des deux ressemble au complexe antérieur de la drosophile, et l'autre à son complexe postérieur.

Le coancêtre 28, celui que nous partageons avec eux, avait vraisemblablement les mêmes. Ensuite, l'un des deux s'est dupliqué plusieurs fois au cours de l'évolution pour produire le complexe Antennapedia tandis que l'autre se dupliquait dans la même lignée animale pour produire le complexe Bithorax. C'est exactement de cette façon que les gènes augmentent dans le génome (voir le propos de la lamproie). Mais il faut poursuivre les recherches pour essayer de trouver le rôle de ces deux gènes dans l'organisation du corps des cnidaires. Les échinodermes ont une symétrie radiaire, comme les cnidaires, mais secondairement. Le coancêtre 25, que nous, les vertébrés, avons en commun avec eux, avait une symétrie bilatérale, comme les vers. Or les échinodermes ont un nombre variable de gènes Hox – 10 chez les oursins. Que font ces gènes ? Est-ce qu'un vestige de l'axe antéro-postérieur ancestral est caché dans le corps de l'étoile de mer ? Ou bien, est-ce qu'ils agissent successivement dans la longueur de chaque bras ? Ce serait logique car on sait qu'ils s'expriment dans les bras et les jambes des mammifères. Je ne veux pas dire que les rangées de gènes Hox de 1 à 13 s'expriment dans l'ordre, de l'épaule au bout des doigts. C'est plus compliqué – mais ça se pourrait, car le membre des vertébrés n'est pas organisé en modules qui se suivent sur toute sa longueur. Au lieu de cela, il y a un os (l'humérus dans le bras, le fémur dans la jambe), puis deux autres (le radius et le cubitus dans le bras, le tibia et le péroné dans la jambe), puis plein de petits os qui aboutissent dans les doigts et les orteils. Cette disposition en éventail, héritée de l'éventail plus évident des nageoires de nos ancêtres poissons, ne se prête pas facilement au caractère linéaire des gènes Hox. Malgré tout, les gènes Hox interviennent dans le développement des membres des vertébrés.

Par analogie, il ne serait pas étonnant que les gènes Hox s'expriment également dans les bras des étoiles de mer et des ophiures (et l'on peut même concevoir les oursins comme des étoiles de mer qui ont enroulé leurs bras dans une arche à cinq pieds, qui se rencontrent aux extrémités et se sont soudés les uns avec les autres sur les côtés). De plus, contrairement à nos bras et nos jambes, les bras des étoiles de mer ont vraiment une modularité sérielle dans la longueur. Les pieds tubulaires, avec toute leur plomberie hydraulique associée, sont des unités qui se répètent en deux rangs parallèles le long de chaque bras : exactement ce qu'il faut pour que les gènes Hox s'expriment ! Et même à regarder les bras des ophiures, et à voir comment ils se comportent, on dirait cinq vers.

T. H. Huxley parlait de « la grande tragédie de la science – le meurtre d'une belle hypothèse par une affreuse réalité ». La réalité concernant les gènes Hox des échinodermes n'est peut-être pas affreuse, mais elle se démarque du joli schéma que je viens de proposer. Il se passe quelque chose d'autre, qui a sa propre beauté plutôt étonnante. Les larves des échinodermes sont des nageurs minuscules à symétrie bilatérale, et qui vivent dans le plancton. L'adulte qui vit au fond de l'eau avec une symétrie radiale dans cinq directions ne se développe pas sous la forme d'une larve qui se transforme. C'est au départ un minuscule adulte miniature *dans* le corps de la larve, qui grandit jusqu'à ce que le reste du corps larvaire finisse par être abandonné. Les gènes Hox s'expriment dans le bon ordre linéaire, mais pas dans chaque bras. L'ordre d'expression est *grosso modo* circulaire *autour* de l'adulte bébé. Si l'on se représente l'axe des gènes Hox comme un « ver », il n'y a pas cinq « vers », un pour chaque bras, mais un seul, enroulé à l'intérieur de la larve. L'avant du « ver » fait apparaître le bras n° 1, et l'extrémité postérieure le bras n° 5. On pourrait donc s'attendre à ce qu'apparaissent chez les étoiles de mer un excédent de bras à la suite de mutations homéotiques. Et effectivement, on connaît bien les étoiles de mer mutantes à six bras, Bateson en parlait dans son livre. Il existe aussi quelques espèces d'étoiles de mer qui en ont beaucoup plus, et l'on pense qu'elles ont évolué à partir d'ancêtres mutants homéotiques.

On n'a pas trouvé de gènes Hox dans les plantes, dans les champignons, et dans les organismes monocellulaires que l'on appelait naguère les protozoaires. Mais là, nous nous heurtons à une complication de terminologie qu'il faut aborder avant d'aller plus loin. Le terme « Hox » est une contraction de « homeobox », mais les gènes Hox ne sont pas synonymes des gènes homeobox, dont ils sont un sous-ensemble. Les plantes et les champignons ont bien des gènes homeobox, mais pas de gènes Hox*.

« Homeo- » vient du terme « homéosie », forgé par Bateson, et « box » renvoie à un ensemble de 180 lettres de code que tous les gènes dits gènes homeobox possèdent quelque part sur leur longueur. L'homeobox lui-même est cette séquence diagnostique de 180 lettres de code, et le « gène homeobox » est un gène qui contient la séquence homeobox quelque part sur sa longueur. Le terme Hox ne s'emploie pas pour tous les gènes homeobox, mais seulement pour les dispositions linéaires de gènes qui déterminent une position sur la longueur du corps d'un animal et qui se sont révélées homologues dans pratiquement tous les animaux.

La famille Hox des gènes homéobox a été découverte la première, mais on connaît maintenant un grand nombre de familles qui lui sont apparentées. Par exemple, il y a une famille de gènes, les ParaHox, qui a été clairement définie chez le lancelet, mais qui, là encore, se trouve chez tous les animaux sauf (jusqu'à présent) les cténophores et les éponges. Il semble que les gènes ParaHox sont « cousins » des gènes Hox, dans le sens qu'ils correspondent aux gènes Hox et qu'ils sont disposés dans le même ordre. Ils sont certainement apparus par duplication à partir du même ensemble ancestral de gènes que les gènes Hox. D'autres gènes homéobox sont apparentés de plus loin aux Hox et aux ParaHox, mais ils forment des familles qui leur sont propres. La famille *Pax* se trouve dans tous les animaux. Un membre particulièrement connu de cette famille est *Pax6*, qui correspond au gène *ey* chez la drosophile. J'ai déjà dit que *Pax6* est celui qui dit aux cellules de fabriquer les yeux. Le même gène fabrique les yeux chez des animaux aussi différents que la drosophile et la souris, même si les yeux produits sont radicalement différents chez ces deux animaux. De la même façon que les gènes Hox, *Pax6* ne dit pas aux cellules *comment* fabriquer un œil, il leur indique seulement *où* le mettre.

Un exemple relativement parallèle est la famille de gènes *tinman*. Une fois de plus, les gènes tinman sont présents dans la drosophile et dans la souris. Dans la drosophile, ils sont chargés de dire aux cellules de fabriquer un cœur, et ils s'expriment normale-

---

* Ils doivent avoir des systèmes de gènes de contrôle et des gradients chimiques, de façon à pousser dans la forme qui convient. Les gènes « MADS box » déterminent le développement embryologique des fleurs, et ils peuvent produire des mutations homéotiques dans les fleurs de la même façon que les gènes Hox dans les animaux.

ment au bon endroit précisément pour faire un cœur de drosophile. Comme on peut s'y attendre maintenant, ils interviennent aussi pour dire aux cellules de la souris de faire un cœur à l'endroit qui convient pour un cœur de souris.

L'ensemble complet des gènes homeobox est extrêmement important, et il est divisé en familles et en sous-familles, exactement comme chez les animaux. C'est comme pour l'hémoglobine, dont nous a parlé la lamproie. Nous y avons vu que la globine alpha humaine est réellement cousine plus proche, mettons, de la globine alpha du lézard que de la globine bêta humaine – laquelle à son tour est cousine plus proche de la globine bêta du lézard. De la même façon, le tinman humain est cousin plus proche du tinman de la drosophile que du *Pax6* humain. Il est possible de construire un arbre de famille très complet des gènes homéobox en parallèle avec l'arbre de famille des animaux qui les possèdent. Ces deux arbres sont tout aussi valides. Les deux sont d'authentiques arbres généalogiques formés par des divisions successives survenues à des moments particuliers de l'histoire géologique. Dans le cas des arbres de famille des animaux, ces divisions sont les spéciations. Dans le cas des arbres de famille des gènes homeobox (ou des gènes de globine), les événements de division sont les duplications de gènes dans les génomes.

L'arbre des gènes homéobox des animaux se divise en deux grandes classes, la classe des AntP et celle des PRD. Je ne vais pas expliciter ici ces abréviations car elles sont toutes deux sources de confusions perverses. La classe des PRD comprend les gènes *Pax* et différentes autres sous-classes. Celle des AntP comprend les Hox et les ParaHox, et là encore, différentes autres sous-classes. En plus de ces deux grandes classes de gènes homeobox d'animaux, il existe différents gènes homeobox apparentés de plus loin que l'on appelle « divergents » (ce qui est trompeur). On les trouve non seulement chez les animaux, mais aussi dans les plantes, les champignons et les « protozoaires ».

Seuls les animaux ont de véritables gènes Hox, et ceux-ci ont toujours le même rôle – donner des informations précises sur la position dans le corps, que le corps soit ou non nettement divisé en segments. Bien que les gènes Hox n'aient pas encore été découverts chez les éponges ou les cténophores, cela ne veut pas dire qu'ils ne le seront pas. Il ne serait pas étonnant que l'on trouve que tous les animaux en ont. Cela encouragerait mes collègues Jonathan

Slack, Peter Holland et Christopher Graham, et tous les autres d'Oxford, qui ont proposé une nouvelle définition du mot « animal ». Jusqu'à présent, on a défini les animaux en les opposant aux plantes, ce qui est une définition négative assez peu satisfaisante. Slack, Holland et Graham ont suggéré un critère positif spécifique qui a pour effet de réunir tous les animaux et d'exclure tous les non-animaux, comme les plantes et les protozoaires. L'histoire des gènes Hox montre que les animaux ne sont pas un fourre-tout de phylums extrêmement variés et sans liens entre eux, dont chacun a son propre plan corporel fondamental acquis et maintenu dans un isolement solitaire. Si vous ne tenez pas compte de la morphologie et que vous ne regardez que les gènes, il en ressort que tous les animaux sont des variations mineures sur un thème très particulier. Quel plaisir que d'être zoologiste à une pareille époque !

Il était une fois… le rotifère

La rumeur attribue au brillant physicien théorique Richard Feynman cette déclaration : « Si vous croyez avoir compris la théorie quantique, c'est que vous ne l'avez pas comprise. » J'ai envie de transposer cette formule dans le domaine de l'évolution : « Si vous croyez avoir compris la sexualité, c'est que vous ne l'avez pas comprise. » Les trois darwiniens modernes auprès desquels nous avons le plus à apprendre, à mon avis – John Maynard Smith, W. D. Hamilton et George C. Williams – ont tous les trois consacré une grande partie de leur longue carrière à se débattre avec la sexualité. C'est sur un défi que s'ouvrait en 1975 l'ouvrage de Williams, *Sex and Evolution* : « Ce livre émane de la conviction que la prévalence de la reproduction sexuée dans les plantes et les animaux supérieurs est incompatible avec la théorie actuelle de l'évolution […] la biologie évolutive traverse actuellement une sorte de crise […]. » Maynard Smith et Hamilton se sont exprimés dans le même sens. C'est pour résoudre cette crise que ces trois héros darwiniens, avec d'autres de la génération montante, se sont attelés à la tâche. Je n'essaierai pas de relater leurs efforts, et il est sûr que je n'ai pas de solution alternative à proposer. J'exposerai plutôt par la bouche du rotifère une conséquence de la reproduction sexuée qui a été trop peu étudiée pour que l'on puisse bien comprendre l'évolution.

Les bdelloïdes sont une grande classe du phylum des rotifères. L'existence des rotifères bdelloïdes est un scandale évolutif. L'expression n'est pas de moi, on y reconnaît sans hésiter la signature de John Maynard Smith. Beaucoup de rotifères ont une reproduction asexuée. À cet égard, ils ressemblent aux pucerons, aux insectes bâtonnets, à différents coléoptères et à quelques lézards, et ils ne sont pas particulièrement scandaleux. Mais ce que Maynard Smith a eu du mal à accepter, c'est que les bdelloïdes *dans leur ensemble* ont une reproduction exclusivement asexuée – tous, sans exception, tous descendant à l'évidence d'une ancêtre commune bdelloïde qui a dû vivre il y a suffisamment longtemps pour donner naissance à 18 genres et 360 espèces. Les fossiles dans l'ambre laissent penser que cette matriarche peu intéressée par les mâles vivait il y a au moins 40 millions d'années, et très probablement plus. Les bdelloïdes sont un groupe d'animaux extrêmement prospère, étonnamment fourni et qui prédomine dans les faunes d'eau douce tout autour du monde. Pas un seul mâle n'a jamais été découvert*.

Qu'y a-t-il là de si scandaleux ? Eh bien, imaginons que nous prenons un arbre généalogique du règne animal tout entier. Le bout des rameaux, à la périphérie de l'arbre, représente les espèces. Les plus grosses branches sont les classes ou les phylums. Il y a des millions d'espèces, ce qui veut dire que l'arbre de l'évolution est beaucoup plus ramifié qu'aucun arbre que vous verrez jamais dans la nature. Il y a seulement quelques dizaines de phylums, et moins du double de classes. Le phylum des rotifères est une branche de l'arbre, et il se divise en quatre sous-embranchements, l'un d'entre eux étant la classe des bdelloïdés. Cette classe à son tour se subdivise plusieurs fois pour donner finalement 360 rameaux dont chacun représente une espèce. Le même schéma s'applique à tous les autres phylums, chacun avec ses propres classes, et ainsi de suite. Les rameaux extérieurs de l'arbre représentent le présent ; ce

* Pour être honnête, sur près de 300 ans de recherche scientifique, il existe un témoignage unique, celui du zoologiste C. Wesenberg-Lund (1866-1955) qui dit avoir vu un rotifère mâle. « Avec beaucoup d'hésitation, je me hasarde à faire observer qu'à deux reprises j'ai vu parmi des milliers de philodinidés (*Rotifer vulgaris*) une petite créature, sans aucun doute un rotifère mâle [...] mais les deux fois, je n'ai pas réussi à l'isoler. Il bouge beaucoup, de surcroît au milieu de nombreuses femelles, et avec une rapidité extrême » (on peut le comprendre sans hésiter). Même avant la démonstration puissante de Mark Welch et Meselson que vous trouverez exposée un peu plus bas, les zoologistes étaient peu enclins à juger que cette observation de Wesenberg-Lund, unique dans la littérature, suffisait à prouver l'existence de bdelloïdes mâles.

qui se trouve légèrement à l'intérieur par rapport à eux, est situé dans un passé relativement proche ; et ainsi de suite jusqu'au tronc principal qui remonte, mettons, à un milliard d'années.

Cela étant posé, nous mettons maintenant un peu de peinture à notre arbre gris hivernal, en colorant le bout de certains rameaux pour indiquer des traits particuliers. Nous pourrions peindre en rouge tous les rameaux qui représentent les animaux qui volent – le vol battu étant opposé au vol plané passif, qui est beaucoup plus commun. Si l'on recule maintenant pour regarder l'arbre tout entier, on remarquera de grandes zones de rouge séparées par des zones encore plus grandes de gris qui représentent de grands groupes entiers d'animaux qui ne volent pas. La grande majorité des rameaux des insectes, des oiseaux et des chauves-souris sont rouges, avec pour voisins d'autres rameaux rouges. Aucun des autres ne sont rouges. À quelques exceptions près, comme les puces et les autruches, la classe tout entière est constituée d'animaux qui volent. De grandes surfaces couvertes d'un rouge uniforme se détachent sur un fond gris uniforme.

Pensez à ce que cela signifie pour l'évolution. Les trois zones rouges ont dû débuter il y a longtemps avec trois animaux ancestraux – un insecte primitif, un oiseau primitif et une chauve-souris primitive – qui ont découvert la technique du vol. Une fois inventé, celui-ci s'est à l'évidence révélé une excellente idée car il a persisté et s'est répandu dans toutes les branches de descendants, dans la mesure où ces trois espèces ont fini par donner naissance aux trois grandes collections d'espèces qui en sont descendues, presque toutes ayant conservé l'aptitude de leur ancêtre à voler : ce sont les trois classes des insectes, des oiseaux et des chiroptères.

Maintenant, faisons pareil, pas pour le vol mais pour la reproduction asexuée, c'est-à-dire sans mâles*. Dans notre arbre du vivant, nous peignons en bleu les rameaux de toutes les espèces qui ont une reproduction asexuée. Le tableau qui apparaît maintenant est complètement différent. Là où le vol se traduisait par de grandes plages rouges, la reproduction asexuée apparaît sous la forme de minuscules taches sporadiques de bleu. Une espèce de coléoptères à reproduction asexuée est représentée par un rameau bleu entièrement entouré de gris. Peut-être un groupe de trois espèces d'un genre est-il bleu, mais les genres qui

* Mais jamais sans femelles. À la différence des œufs, les spermatozoïdes sont trop petits pour se débrouiller seuls. La reproduction asexuée chez les animaux signifie que l'on se passe de mâles.

l'entourent sont gris. Vous voyez ce que cela signifie ? La reproduction asexuée apparaît de temps en temps, mais elle s'éteint vite avant d'avoir eu le temps de se transformer en une grosse branche dotée de nombreux rameaux bleus. Contrairement au vol, l'habitude de la reproduction asexuée ne persiste pas suffisamment longtemps pour donner naissance à toute une famille, à tout un ordre ou à toute une classe d'êtres asexués.

Avec une exception scandaleuse ! À la différence de tous les autres petits points bleus, les rotifères bdelloïdes forment une grosse tache de bleu ininterrompu. Ce que cela semble vouloir dire pour l'évolution, c'est qu'un bdelloïde ancestral a découvert la reproduction asexuée, exactement comme le coléoptère bizarre dont nous avons parlé. Seulement voilà, les coléoptères asexués et les centaines d'autres espèces asexuées éparpillées tout autour de l'arbre ont disparu longtemps avant d'avoir pu évoluer en un groupement plus important comme une famille ou un ordre, et encore moins une classe. En revanche, les bdelloïdes semblent avoir conservé leur caractère asexué et ont prospéré ainsi suffisamment longtemps à l'aune de l'évolution pour donner naissance à toute une classe asexuée qui compte maintenant 360 espèces. Pour les rotifères bdelloïdes, mais sans doute pour aucune autre sorte d'animaux, la reproduction asexuée est comme le vol. Il semble que pour les bdelloïdes cette innovation s'est avérée bonne et fructueuse, alors que partout ailleurs dans l'arbre elle mène tout droit à l'extinction.

Quand on parle de 360 espèces, cela pose un problème. En biologie, l'espèce est définie comme un groupe d'individus qui se croisent entre eux et pas avec d'autres. Étant asexués, les bdelloïdes ne se croisent avec aucun individu ; chacun est une femelle isolée, dont chacune des descendantes mène tranquillement son chemin, isolée génétiquement de toutes les autres. Ainsi, quand on dit qu'il existe 360 espèces, on peut seulement dire qu'il y a 360 types que nous, les humains, considérons suffisamment différents les uns des autres pour que l'on s'attende, s'ils se reproduisaient sexuellement, à les voir éviter de prendre pour partenaires sexuels ceux qui appartiennent aux autres types.

Tout le monde n'a pas admis l'idée que les bdelloïdes sont vraiment asexués. Il y a dans la logique tout un monde entre l'affirmation négative que personne n'a jamais vu de mâles, et la conclusion positive qu'il n'en existe pas. Comme le dit Olivia Judson dans sa comédie zoologique aussi savante que séduisante, *Manuel universel d'éducation sexuelle à l'usage de toutes les espèces*, c'est comme ça que les naturalistes se sont fait prendre naguère. Les espèces apparemment asexuées s'avèrent souvent avoir des mâles cachés. Les mâles d'une certaine baudroie sont des nains minuscules qui voyagent en parasites sur les corps des femelles. S'ils avaient été encore plus petits, nous aurions pu ne pas les voir du tout, ce qui a failli se passer pour certains insectes à écailles où les mâles sont, pour reprendre l'expression de mon collègue Lawrence Hurst, « des toutes petites choses qui se collent aux pattes des femelles ». Hurst poursuivait en citant la remarque astucieuse de son mentor Bill Hamilton :

> Est-ce que vous voyez souvent des humains avoir des rapports sexuels ? Si vous étiez un Martien regardant autour de lui, vous seriez bien persuadé que nous sommes asexués.

Ce serait donc une bonne chose d'avoir des preuves positives que les rotifères bdelloïdes sont vraiment asexués de longue date. Les généticiens sont de plus en plus ingénieux dans l'art de lire les schémas de la distribution des gènes dans le règne animal et d'en tirer des déductions sur leur histoire évolutive. Avec Ève, nous avons vu la méthode qu'emploie Alan Templeton pour reconstituer les premières migrations humaines en relevant des « signaux » dans les gènes de personnes vivantes. Cette logique n'est pas déductive. On ne déduit pas des gènes modernes que le cours de l'histoire a été sûrement comme ci ou comme ça, mais on dit que si le cours de l'histoire a été comme ci ou comme ça, il faut s'attendre à observer aujourd'hui un schéma de distribution des gènes qui soit comme ci ou comme ça. C'est ainsi qu'a procédé Templeton pour les migrations humaines, et c'est une démarche similaire qu'ont suivie David Mark Welch et Matthew Meselson de Harvard pour les rotifères bdelloïdes. Ces derniers ont utilisé des signaux génétiques pour en tirer des déductions, pas sur la migration, mais sur la reproduction asexuée. Là encore, la forme de leur logique n'est pas déductive, et leur raisonnement est le suivant : si les bdelloïdes ont été purement asexués pendant de nombreux millions d'années, on devrait s'attendre à observer un certain schéma dans les gènes des bdelloïdes vivants.

Quel schéma ? Mark Welch et Meselson ont suivi un raisonnement ingénieux. D'abord, il faut comprendre que les rotifères bdelloïdes, bien qu'asexués, sont diploïdes. C'est-à-dire qu'ils sont comme tous les animaux à reproduction sexuée en ce qu'ils possèdent deux copies de chaque chromosome. La différence, c'est que nous autres, nous nous reproduisons en fabriquant des œufs ou des spermatozoïdes qui n'ont qu'une copie de chaque chromosome, alors que les œufs des bdelloïdes en ont deux. Ainsi, la cellule de l'œuf de bdelloïde est comme n'importe laquelle de ses autres cellules, et la fille est une vraie jumelle de sa mère, avec éventuellement une mutation de temps en temps. Ce sont ces mutations qui, sur des millions d'années, ont petit à petit créé des lignées divergentes, vraisemblablement sous l'effet de la sélection naturelle, pour produire les 360 espèces que nous voyons aujourd'hui.

Une femelle ancestrale, que j'appellerai *gynarche*, a muté de telle façon qu'elle n'a pas besoin de mâles et de méiose, ses œufs étant produits par mitose*. À partir de là, dans toute la population de femelles clonées, le fait que les chromosomes étaient appariés à l'origine est devenu sans importance. Au lieu de 5 paires de chromosomes**, il y avait maintenant 10 chromosomes – chacun lié à son partenaire d'antan seulement par une sorte de mémoire évanescente. Auparavant, les partenaires chromosomes se rencontraient et échangeaient des gènes chaque fois qu'un rotifère faisait des œufs ou des spermatozoïdes. Mais maintenant et depuis ces millions d'années après que la gynarche a évincé les mâles et fondé la gynodynastie des bdelloïdes, chaque chromosome a dérivé en s'éloignant de son ancien partenaire génétique à mesure que les gènes de l'un et de l'autre mutaient indépendamment de part et d'autre. Et cela, bien que, dans le même temps, ils aient des cellules en commun dans des corps en commun. Au bon vieux temps des mâles et de la sexualité, il n'en allait pas ainsi. À chaque génération, chaque chromosome s'appariait avec son homologue opposé et échangeait des gènes avant de faire des œufs ou des spermatozoïdes. Cela tenait les paires de chromosomes dans une sorte d'étreinte intermittente, les empêchant de s'éloigner les uns des autres dans leur contenu génétique.

Nous avons, vous et moi, 23 paires de chromosomes : deux chromosomes 1, deux chromosomes 5, deux chromosomes 17, et ainsi de suite. À l'exception des chromosomes sexuels X et Y, il n'y a pas de différence constante entre les membres d'une paire.

* La méiose est la forme particulière de division cellulaire dans laquelle le nombre des chromosomes se divise par deux pour faire des cellules sexuelles. La mitose est la forme ordinaire de la division cellulaire qui sert à fabriquer les cellules corporelles, et dans laquelle tous les chromosomes d'une cellule se dupliquent.

** Ou le nombre en vigueur dans l'espèce étudiée ; il est de 23 chez nous.

Comme ils échangent des gènes à chaque génération, les deux chromosomes 17 ne sont que des chromosomes 17, et il n'y a pas lieu de les appeler, mettons, chromosome 17 droit et chromosome 17 gauche. Mais à partir du moment où la gynarche rotifère a gelé son génome, tout a changé. Son chromosome 5 gauche s'est transmis intact à toutes ses filles, de même que son chromosome 5 droit, et jamais les deux ne se sont rencontrés pendant plus de 40 millions d'années. Ses petites-filles à la centième génération avaient toujours un chromosome 5 gauche et un chromosome 5 droit. En dépit de quelques mutations, on devrait alors pouvoir identifier tous les chromosomes de gauche par leur ressemblance les uns avec les autres, héritée du chromosome 5 gauche de la gynarche.

Il existe maintenant 360 espèces de bdelloïdes, qui toutes descendent de cette gynarche dont elles sont toutes séparées par la même durée. Dans toutes les espèces, tous les individus ont toujours une copie droite et une copie gauche de chaque chromosome, dont ils ont hérité avec les nombreuses mutations qui se sont produites au fil du temps, mais sans qu'il y ait d'échanges de gènes entre la droite et la gauche. Dans chaque paire de chaque individu, il y a maintenant beaucoup plus de différence entre la droite et la gauche que l'on ne s'y attendrait s'il y avait eu la moindre activité sexuelle à un moment ou à un autre dans leur lignée ancestrale depuis le temps de la gynarche. Peut-être même viendra-t-il bientôt un moment où l'on ne pourra plus voir qu'ils étaient appariés à l'origine.

Mais imaginons maintenant que nous comparons deux espèces modernes de rotifères bdelloïdes, mettons *Philodina roseola* et *Macrotrachela quadricornifera*. Toutes deux appartiennent au même sous-groupe de bdelloïdes, les philodinidés, avec certainement une ancêtre commune beaucoup plus récente que la gynarche. En l'absence d'activité sexuelle, les chromosomes « droit » et « gauche » présents dans tous les individus des deux espèces ont disposé exactement du même temps pour diverger – le temps qui s'est écoulé depuis la gynarche. Dans tous les individus, le gauche sera très différent du droit. Mais si vous comparez, mettons, le chromosome 5 gauche de *Philodina roseola* au chromosome 5 gauche de *Macrotrachela quadricornifera*, vous devriez les trouver très similaires car ils n'ont pas eu beaucoup de temps pour subir des mutations indépendantes. Et le droit comparé au droit montrera aussi très peu de différences. Nous arrivons à cette prédiction remarquable que l'on devrait observer plus de différence en comparant des chromosomes autrefois appariés *dans* des individus, que des chromosomes dans des espèces différentes – le « gauche » avec le « gauche » et le « droit » avec le « droit »*. Avec l'activité sexuelle, la prédiction serait précisément l'inverse car il n'existe pas d'identité de « gauche » et de « droite » entre les espèces, et qu'il se produit au sein des espèces de nombreux échanges de gènes entre les chromosomes appariés.

Mark Welch et Meselson ont utilisé ces prédictions opposées pour tester la théorie selon laquelle les bdelloïdes sont depuis très longtemps asexués et sans mâles, et leurs travaux ont été couronnés d'un succès remarquable. Utilisant des rotifères non bdelloïdes à titre de témoins, ils ont étudié des bdelloïdes modernes pour voir s'il existait vraiment beaucoup plus de différence entre les chromosomes appariés (ou qui l'avaient été autrefois) qu'il n'aurait « dû » y en avoir, gène par gène, si la recombinaison sexuelle les avaient maintenus ensemble. Et la réponse est oui. Les chromosomes des bdelloïdes diffèrent beaucoup plus de leurs pairs qu'ils ne « devraient », et dans une proportion compatible avec la théorie selon laquelle ils ont cessé toute activité sexuelle pas seulement il y a 40 millions d'années, date du morceau d'ambre le plus ancien où l'on a trouvé des bdelloïdes, mais il y a environ 80 millions d'années. Mark Welch et Meselson se sont scrupuleusement ingéniés à discuter toutes les autres interprétations possibles de leurs résultats, mais elles sont tirées par les cheveux, et je pense qu'ils ont raison de conclure que les rotifères bdelloïdes sont effectivement asexués avec succès, et cela depuis fort longtemps et de façon continue et universelle. C'est un vrai scandale évolutif. Depuis peut-être 80 millions d'années, ils ont prospéré en faisant une chose qui ne peut réussir à aucun autre groupe d'animaux, sinon pendant un temps très bref avant de disparaître.

Pourquoi faudrait-il normalement s'attendre à ce que la reproduction asexuée aboutisse à l'extinction ? Eh bien, c'est une grande question car elle revient à se demander ce qui est bon dans la sexualité en elle-même – question à laquelle de meilleurs scientifiques que moi ont consacré des montagnes de livres sans pouvoir y répondre. Je me contenterai de dire que les rotifères bdelloïdes sont un paradoxe

* Plus il s'est écoulé de temps après la gynarche, plus grande doit être la différence.

dans un paradoxe. Dans un sens, ils sont comme le soldat dont la mère s'écrie pendant le défilé : « Voilà mon fils, c'est le seul qui marche en mesure ! » Maynard Smith a dit d'eux qu'ils sont un scandale évolutif, mais c'est surtout lui qui a fait remarquer que, à y regarder de plus près, c'est la sexualité elle-même le scandale évolutif. À tout le moins, une vision naïve de la théorie darwinienne prédirait que la sexualité devrait être fortement défavorisée par la sélection naturelle, étant doublement battue par la reproduction asexuée. En ce sens, loin d'être un scandale, les bdelloïdes semblent être le seul soldat qui marche en mesure. Voici pourquoi.

Le problème est celui que Maynard Smith a appelé le double coût de la sexualité. Dans sa forme moderne, le darwinisme dit que les individus s'efforcent de transmettre le maximum de leurs gènes. Alors, n'est-ce pas tout simplement stupide d'en jeter la moitié à chaque œuf ou à chaque spermatozoïde que vous fabriquez, de façon à mélanger l'autre moitié avec les gènes de quelqu'un d'autre ? Est-ce qu'une femelle mutante qui se comporterait comme un rotifère bdelloïde en passant 100 % de ses gènes à toute sa progéniture, au lieu de 50 %, ne ferait pas deux fois mieux ?

Maynard Smith ajoutait que ce raisonnement ne tient plus si le partenaire mâle travaille dur, ou s'il fournit des biens économiques, de sorte que le couple peut élever deux fois plus de petits qu'une solitaire asexuée. Dans ce cas, le coût deux fois plus élevé de la sexualité est annulé par le doublement du nombre des petits. Dans une espèce comme celle du manchot empereur, où le mâle et la femelle contribuent à peu près à part égale à l'entretien et aux autres coûts qu'implique le fait d'élever des petits, le coût de la sexualité n'est plus multiplié par deux, en tout cas il diminue. Dans les espèces où les contributions économiques et la charge de travail sont inégales, c'est presque toujours le père qui s'esquive, consacrant plutôt son énergie à se colleter aux autres mâles. Cela fait grimper le coût de la sexualité, jusqu'à atteindre largement la pénalité du double que nous avions citée au départ. Voilà pourquoi l'autre expression de Maynard Smith, le double coût des mâles, est préférable. Dans cet éclairage – que l'on peut largement imputer à Maynard Smith – ce ne sont pas les rotifères bdelloïdes qui sont le scandale évolutif, mais tout le reste. Et plus précisément, la sexualité mâle. Sauf qu'elle existe, et même de façon presque universelle dans le règne animal. Alors ? Comme l'a écrit Maynard Smith : « On reste avec le sentiment qu'il nous échappe une donnée fondamentale de la situation. »

Le doublement du coût est à l'origine de multiples théories de la part de Maynard Smith, Williams, Hamilton et nombre de jeunes collègues. L'existence omniprésente de mâles qui n'assument pas leurs devoirs de père signifie sûrement qu'il y a vraiment des avantages darwiniens importants dans la recombinaison sexuelle elle-même. Il n'est pas trop difficile d'imaginer ce que ces avantages pourraient être en termes qualitatifs, et on en a imaginé quantité d'autres, certains évidents, d'autres ésotériques. Le problème est de concevoir un avantage qualitatif suffisamment important pour contrebalancer le doublement massif du coût.

Pour rendre justice à toutes ces théories, il faudrait tout un livre – il y en a déjà eu plusieurs, y compris l'ouvrage majeur que j'ai déjà cité de Williams et Maynard Smith, ainsi que le tour de force remarquablement écrit de Graham Bell, *The Masterpiece of Nature* [Le chef-d'œuvre de la nature]. Pourtant, il n'en est sorti aucune conclusion définitive. Un bon livre destiné à un public de non-spécialistes est celui de Matt Ridley, *The Red Queen*. Malgré sa préférence a priori pour une des théories proposées, celle de W. D. Hamilton, qui voit l'utilité de la sexualité dans l'incessante course aux armements contre les parasites, Ridley ne néglige pas d'expliquer le problème lui-même ainsi que les autres réponses qui ont été proposées. Pour moi, je recommanderai rapidement son ouvrage ainsi que les autres avant d'aller droit à l'objectif de notre rotifère : attirer l'attention sur une *conséquence* sous-estimée de l'invention de la sexualité par l'évolution. La sexualité a fait exister le pool génique, elle a donné de l'importance à l'espèce et changé tout le jeu de l'évolution elle-même.

Pensez à ce que l'évolution doit représenter pour un rotifère bdelloïde. Imaginez combien l'histoire évolutive de ces 360 espèces a dû être différente du schéma normal de l'évolution. Nous voyons la sexualité comme un facteur de diversité et, dans un sens, c'est vrai : cette idée est à la base de la majorité des théories sur la façon dont la sexualité amortit son double coût. Mais, paradoxalement, elle a aussi un effet apparemment inverse. Elle agit normalement comme une sorte de barrière à la divergence évolutive. De fait, un cas particulier de cet aspect a été à la base de l'étude de Mark Welch et Meselson. Dans une population de souris, disons, toute tendance à s'écarter dans une nouvelle direction évolutive audacieuse est tenue en respect par l'effet d'enlisement du mélange sexuel. Les gènes du candidat à la divergence audacieuse s'enlisent dans la conformité sous le poids de l'inertie des autres gènes du pool génique. Voilà pourquoi l'isolement géographique est si important pour la spéciation. Il faut une chaîne de montagnes ou une mer difficile à traverser pour permettre à la lignée qui vient de se détacher d'évoluer dans sa propre direction sans être ramenée à la norme inerte.

Imaginez combien l'évolution doit être différente pour les rotifères bdelloïdes. Loin de s'enliser dans la normalité sous l'effet du pool génique, ils n'ont même pas de pool génique. L'idée même de pool génique n'a pas de sens s'il n'y a pas de sexualité*. Le « pool génique** » est une bonne métaphore car les gènes d'une population sexuée ne cessent de se mélanger et de se diffuser, comme dans un liquide. Si l'on ajoute la dimension du temps, le bassin devient un fleuve qui coule dans le temps géologique***. C'est l'effet unificateur de la sexualité qui produit le fleuve avec la limite de ses berges, lequel emporte les espèces dans une sorte de direction évolutive. Sans sexualité, il n'y aurait pas de flux dirigé de façon cohérente, mais une diffusion informe vers l'extérieur : on penserait moins à un fleuve qu'à une odeur qui se répand dans toutes les directions à partir d'un certain point.

On peut concevoir que la sélection naturelle intervient chez les bdelloïdes, mais elle doit être d'un type très différent de celui qui s'exerce habituellement dans le reste du monde animal. Quand il y a mélange sexuel des gènes, l'entité qui est mise en forme par la sélection naturelle est le pool génique. Les bons gènes ont statistiquement tendance à aider à survivre les corps des individus dans lesquels ils se trouvent. Les mauvais gènes, eux, ont tendance à les faire mourir. Chez les animaux à reproduction sexuée, ce sont la mort et la reproduction des animaux individuels qui constituent les événements sélectifs immédiats, mais la conséquence à long terme est un changement du profil statistique des gènes du pool génique. C'est donc au pool génique que s'intéresse le sculpteur darwinien.

De plus les gènes sont favorisés en fonction de leur capacité à coopérer avec d'autres gènes pour construire des corps. Voilà pour-

* Les gens se trompent parfois en parlant de pool génique au lieu de génome. Le génome est l'ensemble des gènes d'un individu. Le pool génique est l'ensemble de tous les gènes de tous les génomes d'une population à reproduction sexuée.

** Nous reprenons ici l'expression en vigueur en français, mais précisons que « pool » désigne aussi en anglais un bassin, une mare, ce qu'il peut être utile de savoir pour la suite. (*N.d.T.*)

*** J'ai développé cette image dans *Qu'est-ce que l'évolution ? Le fleuve de la vie*.

quoi le corps est un moteur de survie si harmonieux. La meilleure façon de voir cela, étant donné la sexualité, c'est que les gènes sont continuellement mis à l'essai dans des contextes génétiques différents. À chaque génération, un gène est rebrassé dans une nouvelle équipe de compagnons, les autres gènes avec lesquels il cohabite dans un corps en permanence. Ceux qui sont habituellement de bons compagnons, qui s'entendent bien et coopèrent bien avec les autres, ont tendance à être dans des équipes gagnantes – c'est-à-dire des corps d'individus qui les transmettent à leur progéniture. Ceux qui ne coopèrent pas bien ont tendance à faire de leurs équipes des équipes perdantes – c'est-à-dire des corps qui ne réussissent pas et qui meurent avant de se reproduire.

L'ensemble le plus proche des gènes avec lesquels le gène doit coopérer est constitué par ceux avec lesquels il a un corps en commun – son corps. Mais à long terme, l'ensemble de ceux avec lesquels il doit coopérer sont tous les gènes du pool génique, car ce sont ceux qu'il ne cesse de rencontrer quand il passe d'un corps dans un autre de génération en génération. Voilà pourquoi je dis que l'entité que sculpte et modèle le ciseau de la sélection naturelle, c'est le pool génique d'une espèce. À court terme, la sélection naturelle s'exprime par la survie et la reproduction d'individus entiers différents – que le pool génique sort de son sein à titre d'échantillons. Là encore, rien de tout cela ne peut s'appliquer aux rotifères bdelloïdes. On ne peut pas parler de la sculpture du pool génique, car il n'y a pas de pool génique à sculpter. Le rotifère bdelloïde ne possède qu'un gros gène.

Ce sur quoi je viens d'attirer l'attention, c'est une conséquence de la sexualité, et pas une théorie qui cherche à montrer les avantages de la sexualité, ou qui explique pourquoi elle est apparue au départ. Mais si je devais jamais essayer de concevoir une théorie sur les avantages de la sexualité, si je devais jamais tenter de m'attaquer sérieusement à la « donnée fondamentale de la situation que l'on sous-estime », c'est de là que je partirais. Et j'écouterais et réécouterais le message du rotifère. Ces hôtes minuscules et obscurs des mares et des mousses détrempées détiennent peut-être la clé du paradoxe fantastique de l'évolution. Que peut-on reprocher à la reproduction asexuée si les rotifères bdelloïdes la pratiquent depuis si longtemps ? Ou bien, si elle leur réussit, pourquoi nous autres n'y avons-nous pas recours, ce qui nous épargnerait le coût massif et double de la sexualité ?

Il était une fois… l'anatife*

Quand j'étais pensionnaire, il était parfois nécessaire de s'excuser auprès du préfet d'internat pour notre retard au dîner. « Excusez-moi, monsieur, d'être en retard : répétition d'orchestre », ou autre raison. Quand nous n'avions vraiment pas de bonnes excuses et que nous avions quelque chose à cacher, nous avions pris l'habitude de marmonner : « Monsieur, désolé d'être en retard : bernache. » Il hochait toujours gentiment de la tête, et je ne sais pas s'il s'est jamais demandé ce que pouvait être cette mystérieuse activité extrascolaire. Peut-être étions-nous inspirés par l'exemple de Darwin qui a consacré des années de sa vie aux anatifes en ne pensant qu'à eux, au point que ses enfants, déroutés après avoir fait le tour de la maison de leurs amis, leur demandaient spontanément et en toute innocence : « Alors, où est-ce que ton père met ses bernaches ? » Je ne suis pas sûr que nous connaissions alors l'histoire de Darwin, et je soupçonne que nous avions inventé cette excuse parce que les anatifes dépassent tout ce que l'on peut imaginer. Ils trompent les apparences, et ce phénomène s'applique aussi à d'autres animaux. Et c'est le thème que développe l'anatife**.

Contrairement à toutes les apparences, les cirripèdes auxquels appartiennent les anatifes sont des crustacés. Ainsi, les balanes qui s'incrustent dans les rochers comme des berniques miniatures – qui empêchent vos chaussures de glisser si vous en portez, sans quoi elles vous écorchent les pieds – ont une morphologie interne complètement différente de celle des berniques. À l'intérieur de leurs plaques calcaires, ce sont des crevettes déformées qui se tiennent sur le dos et agitent leurs pattes dans l'air. Leurs pieds ont des peignes garnis de soies qui filtrent les particules alimentaires contenues dans l'eau.

---

* On parle souvent de ce crustacé cirripède sous les noms usuels de bernache (comme l'oie) ou bernacle (voisin mais différent de la bernicle, ou patelle), ce qui peut prêter à une confusion dont Dawkins va bientôt expliquer l'origine. (*N.d.T.*)

** Le grand scientifique J. B. S. Haldane a publié une histoire de la bernache complètement différente. C'est une parabole dans laquelle des anatifes philosophes contemplent leur monde. Ils en concluent que la réalité est tout ce qu'ils peuvent atteindre avec leurs bras filtrants. Ils ont vaguement conscience d'avoir des « visions », mais sans être sûrs de leur réalité physique car ceux qui sont fixés à des endroits différents du rocher ne sont pas d'accord sur la distance à laquelle elles se trouvent, ni sur leur forme. Cette allégorie astucieuse sur les limites de la pensée humaine et sur le développement de la superstition religieuse est celle de Haldane, et pas la mienne. Je m'en tiendrai donc à la citer avant de poursuivre. Elle figure dans l'essai éponyme de *Possible Worlds*.

Les anatifes font pareil, mais au lieu de s'abriter sous une coquille conique comme les balanes, ils se tiennent au bout d'un épais pédoncule. Leur nom de bernache vient d'un autre malentendu sur leur véritable nature. Leurs « plumes » filtrantes mouillées leur donnent l'apparence d'un oisillon dans son œuf. Du temps où les gens croyaient à la génération spontanée, il s'est développé une croyance populaire selon laquelle les anatifes éclosaient en donnant des oies, en l'occurrence *Branta leucopsis*, l'oie bernache.

Les plus trompeurs de tous – et détenant probablement le record des animaux qui ne ressemblent en rien à ce que les zoologistes savent d'eux – sont les cirripèdes parasites, comme la sacculine qui n'est pas du tout ce dont elle a l'air. Jamais ces spécialistes ne comprendraient que c'est un cirripède, sauf à examiner sa larve. L'adulte est un sac mou qui se pend au-dessous du crabe dans lequel elle plonge de longues racines semblables à celles de plantes, pour se nourrir des tissus de son hôte. Ce parasite ne ressemble ni à un cirripède, ni à aucun crustacé d'aucune sorte. Il a complètement perdu toute trace de la carapace et de la segmentation du corps qui sont présentes chez pratiquement tous les autres arthropodes. Ce pourrait tout aussi bien être une plante ou un champignon parasite. Pourtant, d'après ses liens évolutifs, c'est un crustacé, et pas simplement un crustacé, mais spécifiquement un cirripède. Effectivement, les cirripèdes ne sont pas ce qu'ils semblent être.

Ce qui est fascinant, c'est que l'on commence à comprendre le développement embryonnaire du corps de la sacculine, qui ressemble si peu à celui d'un crustacé, par les gènes Hox dont parlait la mouche du vinaigre. Le gène *Abdominal-A*, qui normalement supervise le développement de l'abdomen typique des crustacés, ne s'exprime pas chez la sacculine. C'est comme s'il suffisait de supprimer les gènes Hox pour changer un animal à pattes, qui nage et qui gigote, en un champignon bizarre et informe.

Ajoutons que le système racinien de la sacculine est fort sélectif quand il envahit les tissus du crabe. Il va directement aux organes reproducteurs, ce qui a pour effet de castrer l'animal. Est-ce seulement un accident collatéral ? Probablement pas. La castration ne fait pas que stériliser. Tel un bœuf gras, au lieu de concentrer ses efforts pour devenir une machine reproductrice mince et bien classique, le crabe castré détourne ses ressources pour grossir, ce qui fait plus de nourriture pour le parasite[*].

---

* Je suis entré dans les détails sur ces cas de parasites qui manipulent subtilement la physiologie intime de leurs hôtes dans le chapitre sur les parasites de *The Extended Phenotype.*

À titre de transition vers le dernier message de ce gros chapitre, voici une petite fable qui se passe dans le futur. Un demi-milliard d'années après que la vie des vertébrés et des arthropodes a péri corps et biens dans la plus grande de toutes les collisions de comètes, la vie intelligente a fini par évoluer à nouveau chez des descendants lointains des pieuvres. Les paléontologues octopoïdes tombent sur une riche mine de fossiles du XXIe siècle après Jésus-Christ. Sans être une coupe transversale honnête de notre vie contemporaine, cet argile schisteux généreux frappe néanmoins les paléontologues par sa variété et sa diversité. Pesant soigneusement les fossiles de ses huit bras pour prononcer un jugement équilibré, et attentif aux moindres détails, un docte octopode va jusqu'à suggérer que la vie, dans les temps qui ont précédé la grande catastrophe, était outrageusement dépensière dans sa diversité comme elle ne le serait jamais plus, se livrant à des expériences jubilatoires pour créer de nouveaux plans corporels étranges et merveilleux. Vous pouvez comprendre cette remarque si, en pensant à vos contemporains animaux, vous imaginez qu'un petit échantillonnage d'entre eux se sont fossilisés. Pensez à la tâche herculéenne à laquelle s'attellera notre paléontologue du futur et comprenez ses difficultés pour tenter de discerner leurs affinités à partir des marques imparfaites et sporadiques qui resteront dans ces fossiles.

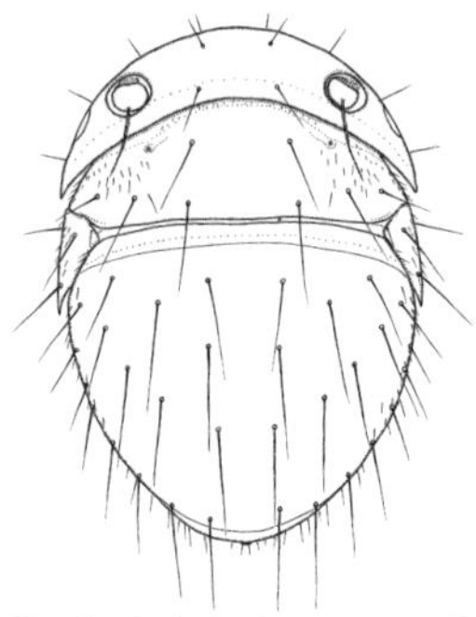

Curiosité de la nature ?
Nouveau *Bauplan ?*
Thaumatoxena andreinii.

Dessin de Henry Disney.

Pour ne prendre qu'un exemple, comment diable pourriez-vous classer l'animal qui figure ci-contre ? Évidemment comme une « curiosité de la nature », qui mériterait que l'on crée en son honneur un nouveau phylum, avec un nom nouveau ? Comme un tout nouveau Bauplan*, inconnu en zoologie ? Eh bien, non. Pour quitter la fantaisie futuriste et revenir au présent, cette curiosité est en fait une mouche, *Thaumatoxena andrienii* ; mieux encore, une mouche de la famille parfaitement respectable des phoridés.

* Dans *Qu'est-ce que l'évolution*, Dawkins explique l'utilisation de ce mot : « Ce qui a induit les zoologistes en erreur, c'est qu'ils ont été élevés dans la croyance religieuse que chacune des divisions du règne animal porte en elle quelque chose

Ce qui est arrivé à *Thaumatoxena andreinii*, cette curiosité, c'est qu'elle a emménagé dans un nid de termites. Les exigences de la vie recluse dans ce lieu sont si différentes que – probablement en peu de temps – elle a perdu toute ressemblance avec une mouche. L'avant en forme de boomerang est tout ce qui reste de la tête. Puis vient le thorax, et vous pouvez voir les vestiges des ailes enfouis entre le thorax et l'abdomen (la partie qui porte des poils à l'arrière). Si la conclusion reprend en écho celle de l'anatife, la parabole du paléontologue du futur, exalté à l'idée des étranges merveilles caracolant avec délice dans le morphospace, n'a pas été filée sans arrière-pensée. Elle était destinée à préparer le terrain pour le message suivant.

Il était une fois… le péripate

S'il est un événement dont la zoologie moderne veut bien admettre qu'il est proche d'un véritable mythe fondateur, c'est l'explosion cambrienne. Le Cambrien est la première période du Phanérozoïque, les 545 derniers millions d'années au cours desquels la vie animale et végétale telle que nous la connaissons s'est soudain manifestée dans les fossiles. Auparavant, les fossiles étaient soit des traces minuscules, soit des mystères énigmatiques. À partir du Cambrien, est apparue toute une ménagerie bruyante de vie multicellulaire, qui pourrait prétendre présager la nôtre. C'est la soudaineté avec laquelle les fossiles multicellulaires apparaissent au début du Cambrien qui appelle la métaphore de l'explosion.

Les créationnistes adorent l'explosion cambrienne car il semble à leur imagination soigneusement appauvrie qu'elle fait apparaître comme par magie une sorte d'orphelinat paléontologique habité par des phylums sans parents : des animaux sans antécédents, comme s'ils s'étaient soudain incarnés du jour au lendemain à partir de rien, complets, avec des trous dans les chaussettes*. À l'opposé, les zoologistes, échauffés par le romantisme, adorent l'explosion cambrienne pour son aura d'époque idyllique de l'Arcadie, un âge zoologique d'innocence où la vie dansait sur un rythme évolutif frénétique et complètement

---

d'unique, que l'on désigne souvent par le nom allemand de *Bauplan*. […] Dans son sens technique, *Bauplan* est souvent traduit par "Projet fondamental". » Traduction Thieên Nga Lé, p. 23-24. (*N.d.T.*)

* Expression de Bertrand Russell, bien sûr.

différent : une bacchanale édénique d'improvisations jaillissantes avant la chute dans le profond utilitarisme qui a prévalu depuis. Dans *Les Mystères de l'arc-en-ciel*, j'ai cité les mots d'un biologiste distingué qui a peut-être changé d'avis depuis :

> Très vite après l'invention des formes multicellulaires, a jailli partout une grande explosion de nouveauté évolutive. On a presque la sensation d'une vie multicellulaire essayant avec jubilation toutes les ramifications qui s'offraient à elle dans une sorte de danse exploratrice sauvage et insouciante.

S'il est un animal qui, plus qu'un autre, concrétise cette vision fiévreuse du Cambrien, c'est *Hallucigenia*. Concrétise ? Hallucinations mises à part, vous pourriez soupçonner qu'une créature aussi improbable n'a jamais tenu sur ses pattes de toute sa vie. Et vous auriez raison. Il semble qu'*Hallucigenia* – et Simon Conway Morris a choisi son nom en connaissance de cause – a d'abord été reconstitué à l'envers. Voilà pourquoi il se dresse sur d'improbables échasses en forme de cure-dents. Or selon l'interprétation inverse, plus récente, la rangée unique de « tentacules » le long de son dos était constituée de pattes. Une seule rangée de pattes ? l'animal était-il funambule ? Non, de nouveaux fossiles découverts en Chine laissent penser qu'il en avait une deuxième, et les reconstitutions modernes donnent l'impression que cet animal serait tout simplement à sa place dans le monde réel (voir ci-dessous). *Hallucigenia* n'est plus classé parmi les « curiosités » aux affinités incertaines et probablement disparues depuis longtemps. Il figure maintenant, avec beaucoup d'autres fossiles du Cambrien, provisoirement dans le phylum des lobopodes dont les représentants modernes sont le péripate, *Peripatus*, et les autres onychophores ou « vers de velours » que nous avons rencontrés à ce Rendez-vous 26.

Au temps où l'on croyait que les vers annélides étaient proches parents des arthropodes, on considérait les onychophores comme des « intermédiaires » – comblant le fossé entre les vers annélides et les arthropodes, bien que cette notion ne soit pas très utile si vous songez bien à la façon dont fonctionne l'évolution. Les annélides figurent maintenant dans les lophotrochozoaires, alors que les onychophores ont rejoint les arthropodes dans les ecdysozoaires. Avec ses anciennes affinités, le péripate est bien placé parmi les pèlerins modernes pour parler de l'explosion cambrienne.

Les onychophores modernes sont largement répartis dans les tropiques, en particulier dans l'hémisphère Sud. *Peripatus*, *Peripa-*

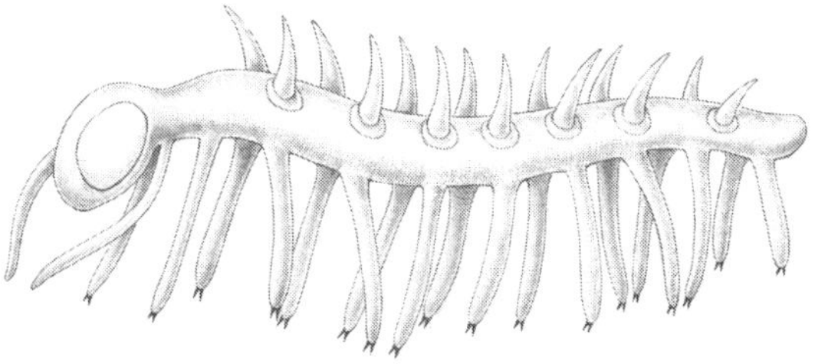

Hallucigenia
Reconstitution moderne.

topsis et tous les onychophores modernes vivent sur la terre, dans des litières de feuilles et dans des lieux humides, où ils chassent les escargots, les vers, les insectes et autres petites proies. Au cours du Cambrien, bien sûr, *Hallucigenia* et les ancêtres lointains de *Peripatus* et *Peripatopsis* vivaient – comme tous les autres – dans la mer.

Le lien entre *Hallucigenia* et les onychophores modernes est toujours en litige, mais n'oublions pas qu'il intervient nécessairement beaucoup d'imagination entre un fossile flou et écrasé dans une roche, et la reconstitution qui en sort sur le papier, souvent dans des couleurs trop marquées. On a même dit qu'*Hallucigenia* ne serait peut-être pas du tout un animal entier, mais une partie d'animal inconnu. Dans des œuvres d'artistes naguère, reconstituant des scènes du Cambrien, on peut voir nager une créature à l'allure de méduse, ressemblant vaguement à des rondelles d'ananas en boîte, qui s'est révélée être une partie de l'appareil buccal du mystérieux prédateur *Anomalocaris*. D'autres fossiles du Cambrien, *Aysheaia* par exemple, semblent bien être des versions marines du péripate, ce qui renforce le droit de ce dernier à parler ici du Cambrien.

La plupart des fossiles, de quelque époque que ce soit, sont les restes de parties dures d'animaux : os de vertébrés, carapaces d'arthropodes ou coquilles de mollusques ou de brachiopodes. Mais il existe trois gisements de fossiles du Cambrien – un au Canada, un au Groenland et un en Chine – où des conditions exceptionnelles et une chance qui tient du miracle pour nous ont permis aussi à des parties molles de se conserver. Ce sont le schiste de Burgess en Colombie-Britannique, le Sirius Passet au nord du Groenland et le site de Chengjiang dans le sud de la Chine*. Le site du schiste de Burgess a été découvert en 1909 et il a été rendu célèbre 80 ans plus tard par Stephen Gould dans *La vie est belle*.

* Un quatrième site, Orsten (« la pierre qui pue »), en Suède, préserve les corps mous d'une autre manière.

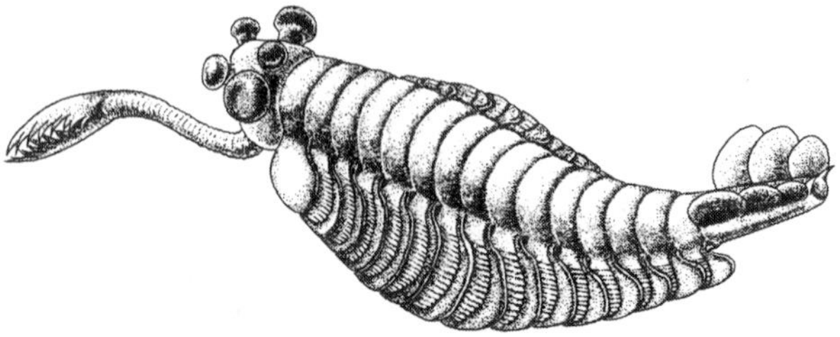

Cinq yeux célèbres. *Opabinia regalis*,
trouvé dans le schiste de Burgess, au Canada. Dessin de Marianne Collins.

Celui de Sirius Passet, au nord du Groenland, a été découvert en 1984 et il a été jusqu'à présent moins étudié que les deux autres. La même année, les fossiles de Chengjiang ont été découverts par Hou Xian-guang. Le Dr Hou est un de ceux qui ont collaboré à une monographie joliment illustrée, *The Cambrian Fossils of Chengjiang, China*, publiée en 2004.

La date des fossiles de Chengjiang est maintenant établie à – 525 millions d'années. Ce site est donc *grosso modo* contemporain de celui de Sirius Passet et plus ancien que le schiste de Burgess de 10 à 15 millions d'années, mais ces trois sites fantastiques ont une faune similaire. Il s'y trouve nombre de lobopodes, dont beaucoup ont plus ou moins l'air de versions marines du péripate. Il y a des algues, des éponges, des vers de différents types, des brachiopodes qui ressemblent beaucoup aux brachiopodes modernes, et des animaux énigmatiques de parenté incertaine. Ils comptent aussi beaucoup d'arthropodes, entre autres des crustacés, des trilobites et beaucoup d'autres qui leur ressemblent vaguement, mais qui appartenaient peut-être à des groupes séparés. Le gros (plus d'un mètre dans certains cas) *Anomalocaris*, un prédateur selon toutes les apparences, et ses semblables se trouvent aussi bien à Chengjiang que dans le schiste de Burgess. Personne ne sait en toute certitude ce qu'ils étaient – probablement des parents lointains des arthropodes – mais ils devaient être particulièrement spectaculaires. Les « étranges merveilles » du schiste de Burgess n'ont pas toutes été retrouvées à Chengjiang, notamment *Opabinia*, avec ses fameux cinq yeux (ci-dessus).

Dans la faune de Sirius Passet au Groenland se trouve une belle créature, *Halkiera*. On croyait jusqu'à présent qu'il s'agissait d'un mollusque primitif, mais d'après Simon Conway Morris, qui a décrit un grand nombre de créatures étranges du Cambrien, il aurait des affinités avec les trois grands phylums des mollusques, des brachiopodes et des annélides. Cette idée me réjouit car elle contribue à émousser la vénération quasi mystique que les zoologistes portent à ces grands phylums. Si nous prenons notre évolution au sérieux, il doit se trouver nécessairement un moment où, à mesure que nous remontons dans le temps et que nous approchons de nos points de rendez-vous avec eux, ils se ressembleront de plus en plus, et seront de plus en plus apparentés. Que cela concerne ou non *Halkiera*, il serait préoccupant qu'il n'y ait pas un animal ancien réunissant les annélides, les brachiopodes et les mollusques.

Comme nous l'avons vu au Rendez-vous 22, certains fossiles de Chengjiang semblent être de véritables vertébrés, antérieurs au *Pikaia* à l'allure d'amphioxus du schiste de Burgess et à d'autres cordés du Cambrien. Or la zoologie traditionnelle était formelle : les vertébrés étaient apparus plus tard. Pourtant, *Myllokunmingia*, dont on a découvert maintenant plus de 500 spécimens à Chengjiang, ressemble beaucoup à un bon agnathe, de ceux qu'on ne croyait apparus qu'au milieu de l'Ordovicien, soit 50 millions d'années plus tard. En premier lieu, on a décrit deux genres – *Myllokunmingia*, qui aurait été relativement proche des lamproies, et *Haikouichthys* (dont le nom ne dérive malheureusement pas de sa forme poétique en japonais), qui aurait eu des affinités avec les myxines. Certains taxinomistes révisionnistes les placent maintenant tous les deux dans une seule espèce, *Myllokunmingia fengjiaoa*. Cette révision très controversée du statut de *Haikouichthys* en dit long sur la difficulté de discerner les détails de très vieux fossiles.

Le fait de repousser les vertébrés au milieu du Cambrien ne peut que renforcer l'idée d'une explosion soudaine qui est à la base de ce mythe. Il apparaît bien que la plupart des grands phylums d'animaux d'aujourd'hui se présentent d'abord sous forme de fossiles dans un court laps de temps dans le Cambrien. Cela ne veut pas dire que ces phylums n'avaient pas de représentants avant le Cambrien. Mais dans la grande majorité, ils ne se sont pas fossilisés. Comment interpréter cela ? On peut distinguer différentes combinaisons de trois grandes hypothèses sur l'explosion des mammifères après l'extinction des dinosaures.

1. PAS DE VÉRITABLE EXPLOSION. Dans cette optique, la seule explosion a été celle de la capacité à se fossiliser, et pas celle de l'évolution réelle. Les phylums remontent en fait loin avant le Cambrien, avec des coancêtres éparpillés sur les centaines de millions d'années qui précèdent le Précambrien. À cette hypothèse adhèrent certains biologistes moléculaires qui ont eu recours à des techniques d'horloge moléculaire pour dater les coancêtres particulièrement importants. Par exemple, dans un article célèbre de 1996, G. A. Wray, J. S. Levinton et L. H. Shapiro ont estimé que le coancêtre des vertébrés et échinodermes vivait il y a environ 1 milliard d'années, et que celui des vertébrés et des mollusques était encore antérieur à – 200 millions d'années, autrement dit plus de deux fois plus ancien que la prétendue explosion cambrienne. Les estimations de l'horloge moléculaire ont en général toujours eu tendance à repousser ces embranchements loin dans le Précambrien, bien plus loin que cela ne plaît à la majorité des paléontologues.

Dans cette optique, pour des raisons inconnues, la formation des fossiles n'a pas été facile avant le Cambrien. Peut-être les animaux ne possédaient-ils pas de parties dures, facilement fossilisables, comme les coquilles, les carapaces et les os. Après tout, les gisements du schiste de Burgess et de Chengjiang sont extrêmement inhabituels dans toutes les couches géologiques en ce qu'ils ont conservé des parties molles sous forme de fossiles. Peut-être les animaux précambriens, bien qu'ayant longtemps existé dans une large gamme de plans corporels complexes, étaient-ils simplement trop petits pour se fossiliser. Pesant en faveur de cette idée, quelques phylums de petits animaux n'ont pas laissé le moindre fossile après le Cambrien, jusqu'à ce qu'ils apparaissent aujourd'hui comme des « orphelins » vivants. De quel droit, alors, devrait-on s'attendre à trouver des fossiles avant le Cambrien ? De toute façon, certains fossiles précambriens qui ont été trouvés, comme la faune d'Ediacara* (voir p. 534) et des sillons fossiles d'empreintes et de terriers, indiquent la présence de véritable métazoaires précambriens.

2. UNE EXPLOSION MODÉRÉE. Selon toute vraisemblance, les coancêtres réunissant les différents phylums ont vécu proches les uns des autres dans le temps, mais en s'étalant quand même sur plusieurs dizaines de millions d'années avant l'explosion de fossiles que l'on a observée. Étant donné l'énorme distance qui nous

* En Australie. (*N.d.T.*)

sépare de cette époque, Chengjiang avec ses 525 millions d'années nous semble à première vue très proche d'un coancêtre putatif qui se situerait à, disons, – 590 millions d'années. Or 65 bons millions d'années les séparent, ce qui est autant qu'entre la disparition des dinosaures et aujourd'hui – c'est tout l'espace de temps durant lequel les mammifères modernes n'ont cessé de donner des radiations qui ont produit toute cette gamme d'espèces dont la diversité nous stupéfie aujourd'hui. Même 10 millions d'années, c'est beaucoup pour les évolutions extrêmement rapides que nous ont relatées le pinson de Darwin et le cichlidé. Il est trop facile avec le recul du temps de croire que, parce que nous identifions deux fossiles anciens comme appartenant à des phylums modernes différents, tous deux devaient être aussi différents l'un de l'autre que les représentants modernes de ces deux phylums. On oublie vite que ces représentants modernes ont disposé d'un demi-milliard d'années pour diverger. Rien ne permet de croire qu'un taxinomiste cambrien, heureusement privé du recul du temps de 500 millions d'années, aurait placé ces deux fossiles dans des phylums séparés. Il aurait pu se contenter de ne pas les affecter au même ordre, indépendamment du fait, que l'on ne pouvait pas connaître alors, que leurs descendants étaient destinés en fin de compte à diverger jusqu'à s'assurer le statut de phylum séparé.

3. UNE EXPLOSION DU JOUR AU LENDEMAIN. La troisième école de pensée, à mon avis, est complètement loufoque. Ou bien, pour employer un langage plus diplomate, irréaliste par son extravagance irréfléchie. Mais je dois lui consacrer du temps car elle a acquis ces derniers temps une popularité inexplicable, en vertu de la rhétorique que j'ai attribuée aux zoologistes échauffés par le romantisme.

D'après cette troisième école, les nouveaux phylums ont jailli du jour au lendemain en passant d'un bond par une macromutation. Voici certaines citations que j'ai déjà utilisées dans *Les Mystères de l'arc-en-ciel*, elles viennent de scientifiques réputés par ailleurs.

> C'était comme si la capacité à faire des bonds évolutifs qui produisent des innovations fonctionnelles majeures – la base de nouveaux phylums – avait disparu d'une façon ou d'une autre à la fin du Cambrien. C'était comme si le ressort principal de l'évolution avait perdu une partie de sa puissance… Et, donc, l'évolution dans les organismes cambriens avait la capacité d'effectuer de plus grands bonds, y com-

> pris au niveau du phylum, alors que, plus tard, elle serait plus limitée, ne faisant que des sauts modestes, jusqu'au niveau de la classe.

Voyez aussi ce passage du scientifique distingué dont nous avons entendu parler au début de cette section :

> Très tôt dans le processus d'embranchement, nous trouvons toute une variété de mutations par grands bonds qui diffèrent de la branche d'origine et entre elles de façon spectaculaire. Il y a suffisamment de différences morphologiques entre ces espèces pour qu'on considère qu'elles fondent des phylums distincts. Ces fondatrices se ramifient également, mais par des variantes à grands bonds légèrement plus rapprochés, produisant des branches issues de chaque fondatrice de phylum qui donnent des espèces filles très dissemblables, lesquelles fondent les classes. À mesure que se poursuit ce processus, apparaissent des variantes toujours plus adaptées et plus rapprochées, si bien que les fondatrices des ordres, des familles et des genres émergent les unes à la suite des autres.

Ces citations grotesques m'ont amené à répondre que c'est comme si un jardinier, en regardant un vieux chêne, disait en s'étonnant :

> N'est-ce pas étrange qu'aucune nouvelle grosse branche n'ait poussé sur cet arbre depuis de nombreuses années ? À l'heure actuelle, il se trouve que toute la nouvelle croissance s'effectue au niveau des brindilles.

Et voici une autre citation dont j'indiquerai l'auteur, cette fois, car elle a été publiée après *Les Mystères de l'arc-en-ciel*, si bien que je ne l'ai jamais utilisée. Dans *In the Blink of an Eye* [En un clin d'œil], Andrew Parker entend surtout défendre sa théorie intéressante et originale selon laquelle l'explosion cambrienne a été déclenchée par la découverte soudaine de l'œil par les animaux. Mais avant d'en venir à sa théorie elle-même, Parker commence par se laisser complètement prendre à la version « extravagante et irréfléchie » du mythe de l'explosion cambrienne. D'emblée, il présente le mythe lui-même dans la version la plus franchement « explosive » que j'aie jamais lue :

> Voici 554 millions d'années, il existait en fait trois phylums avec leurs différentes formes externes ; or voici 538 millions d'années, on en comptait 38, exactement autant qu'aujourd'hui.

Il poursuit dans le même sens pour bien faire comprendre qu'il ne parle pas d'une évolution graduelle extrêmement rapide, compressée dans une période de 6 millions d'années, ce qui serait une version extrême de notre deuxième hypothèse, et seulement tout juste acceptable. Il ne dit pas non plus, comme je l'aurais fait, que juste avant leur divergence initiale, deux (futurs) phylums ne devaient pas être très différents l'un de l'autre – ils seraient, à vrai dire, passés par des stades successifs en étant d'abord deux espèces, puis deux genres, et ainsi de suite jusqu'à ce que leur séparation leur vaille d'être reconnus au niveau des phylums. Pas du tout. Selon toute apparence, Parker considère ses 38 phylums de – 538 millions d'années comme de véritables phylums à part entière qui ont jailli à l'existence du jour au lendemain, par une macromutation en deux temps trois mouvements :

> 38 phylums d'animaux ont évolué sur la Terre. Ainsi, il s'est produit seulement 38 événements génétiques monumentaux, aboutissant à 38 organisations internes différentes.

Les événements génétiques monumentaux ne sont pas complètement hors de question. Il est certain que les gènes de contrôle des différentes familles Hox que nous avons rencontrés dans le message de la mouche du vinaigre peuvent muter de façon spectaculaire. Mais il y a monumental et monumental. Une mouche du vinaigre avec une paire de pattes à l'endroit où devraient se trouver les antennes n'est pas plus monumentale que ce qu'elle devient ; et encore, reste la grande incertitude de la survie. Cela procède d'une bonne raison générale que je vais expliquer rapidement.

Un animal mutant a une certaine probabilité d'être mieux loti à la suite de sa nouvelle mutation. « Mieux loti » veut dire mieux par rapport au type parental avant la mutation. Ce parent devait être au moins assez bon pour survivre et se reproduire, sinon ce ne serait pas un parent. Il est facile de voir que plus la mutation est petite, plus elle a de chances d'être une amélioration. L'expression « il est facile de voir » était de celles que préférait le grand statisticien et biologiste R. A. Fisher, et il l'utilisait parfois quand une chose n'était vraiment pas facile à voir pour le commun des mortels. Ici, cependant, je pense sincèrement qu'il est facile de croire son raisonnement quand il s'agit d'un simple caractère métrique – comme la longueur de la cuisse, qui varie dans une seule dimension : un certain nombre de millimètres, qui pourrait augmenter ou diminuer.

Imaginez un ensemble de mutations d'ampleur croissante. À un extrême, une mutation d'ampleur zéro est par définition exactement aussi bonne que la copie du parent du gène qui, comme nous l'avons vu, a dû être au moins assez bonne pour survivre à l'enfance et se reproduire. Maintenant, imaginez une mutation aléatoire de petite ampleur ; la patte, mettons, s'allonge ou se raccourcit d'un millimètre. À supposer que le gène parental n'est pas parfait, la mutation qui est différente de la version du parent dans une proportion infinitésimale a, par rapport à la situation du parent, 50 % de chances d'être meilleure, et 50 % de chances d'être moins bonne : elle sera meilleure si c'est un pas dans la bonne direction, et moins bonne si c'est un pas dans la direction opposée. En revanche, une très grande mutation sera probablement moins bonne, *même si c'est un pas dans la bonne direction*, parce qu'elle ira trop loin. Pour pousser les choses à l'extrême, imaginez un homme normal par ailleurs, et dont les cuisses font deux mètres de long.

Le raisonnement de Fisher était plus général. Quand on parle de bonds de macromutations dans un nouveau territoire de phylum, nous n'avons plus affaire à de simples caractéristiques métriques comme la longueur des pattes ; il nous faut une autre version de cette argumentation. Le point essentiel, comme je l'ai déjà dit, c'est qu'il existe beaucoup plus de façons d'être mort que vivant. Imaginez un paysage mathématique de tous les animaux possibles. Je dois dire mathématique car c'est un paysage à des centaines de dimensions, et qui intègre à la fois une gamme pratiquement infinie de monstruosités imaginables et le nombre (relativement) petit des animaux qui ont effectivement jamais vécu. Ce que Parker appelle un « événement génétique monumental » serait l'équivalent d'une macromutation d'un énorme effet, pas seulement à une dimension comme dans notre exemple de la cuisse, mais à des centaines de dimensions en même temps. C'est de changements à cette échelle que l'on parle quand on imagine, comme Parker semble le faire, un changement radical et immédiat d'un phylum à un autre.

Dans le paysage multidimensionnel de tous les animaux possibles, les créatures vivantes sont des îlots de viabilité séparés d'autres îlots par des océans gigantesques de difformité incroyable. En partant d'un îlot quelconque, vous pouvez évoluer en vous en écartant d'un pas à la fois : ajoutant ici un centimètre à la patte, limant là le bout d'une corne, assombrissant une plume. L'évolution est une trajectoire dans l'espace pluridimensionnel dans lequel chaque pas effectué sur le chemin doit faire un corps capable de survivre et de se reproduire aussi bien que le type parental atteint par le pas précédent de la trajectoire. Avec suffisamment de temps, une trajectoire assez longue mène d'un point de départ viable à une destination viable, si éloignée qu'on la considère comme un phylum différent, mettons le phylum des mollusques. Et depuis le même point de départ, une trajectoire pas à pas différente peut mener, par des intermédiaires continuellement viables, à une autre destination viable, que l'on considère comme encore un autre phylum, celui des annélides, mettons. C'est un phénomène de ce genre qui a dû se produire à chacune des bifurcations menant à chaque paire de phylums d'animaux à partir de leurs coancêtres respectifs.

Voici où cela nous amène. Un changement aléatoire suffisamment ample pour pouvoir lancer un nouveau phylum d'un seul coup serait si énorme, dans des centaines de dimensions à la fois, qu'il lui faudrait une chance grotesque pour qu'il atterrisse sur un autre îlot viable. Il est pratiquement inévitable qu'une mégamutation de cette ampleur échouerait au milieu de l'océan du non viable : il serait probablement complètement impossible d'y reconnaître un animal.

Les créationnistes comparent stupidement la sélection naturelle darwinienne à un ouragan qui balaye une décharge et qui, par chance, assemble un Boeing 747. Ils se trompent, bien sûr, car ils oublient complètement le caractère graduel et cumulatif de la sélection naturelle. Mais la métaphore de la décharge convient parfaitement pour l'invention hypothétique d'un nouveau phylum du jour au lendemain. Il faudrait qu'un pas évolutif de la même ampleur que, disons, le passage en une nuit du ver de terre à l'escargot, bénéficie de la même chance que l'ouragan dans la décharge.

Nous pouvons alors, en toute confiance, rejeter une de nos trois hypothèses, la loufoque. Restent les deux autres, ou un compromis entre les deux, et je me retrouve là, agnostique et désireux d'en savoir plus. Comme nous le verrons dans l'épilogue de ce propos, il semble que l'on admet de plus en plus que les premières estimations de l'horloge moléculaire allaient trop loin quand elles faisaient reculer les grands points d'embranchement de centaines de millions d'années, jusque dans le Précambrien. En revanche, ce n'est pas parce qu'il y a peu, voire pas, de fossiles de la plupart des phylums d'animaux avant le Cambrien qu'il faut supposer que ces phylums ont dû évoluer extrêmement rapidement. L'argument de la tempête dans la décharge nous dit que tous ces fossiles du Cambrien ont dû avoir des prédécesseurs qui ont continuellement évolué. Ces prédécesseurs étaient forcément là, mais on ne les a pas découverts. Quelles qu'en soient la raison et l'époque, ils ne se sont pas fossilisés, mais ils étaient sûrement là. Réflexion faite, il est plus difficile de croire que tout un tas d'animaux ont pu être invisibles pendant 100 millions d'années, que pendant seulement 10 millions d'années. Cela en amène certains à préférer la théorie de l'explosion cambrienne de courte durée. En revanche, plus la durée est courte, plus il est difficile de croire que toute cette diversification a pu se faire dans le temps imparti. Ce raisonnement est donc à double tranchant et ne permet pas de choisir de façon décisive entre les deux hypothèses qui nous restent.

La vie métazoaire n'est pas complètement absente des collections de fossiles antérieures à celles de Chengjiang et de Sirius Passet. Quelque 20 millions d'années plus tôt, exactement à la limite entre le Cambrien et le Précambrien, commencent à apparaître toute une variété de fossiles microscopiques qui ressemblent assez à de minuscules coquillages – on les désigne dans leur ensemble sous le nom de « petite faune à coquilles ». Cela a été la surprise chez la plupart des paléontologues quand on en a identifié certains comme des lobopodes à carapace – apparentés au péripate. Cela signifie que la divergence entre les différents groupes de protostomiens s'est *obligatoirement* produite dans le Précambrien, avant l'« explosion » visible.

Et l'on fait allusion à toute une diversité d'animaux plus anciens. Vingt millions d'années avant le début du Cambrien, dans la période d'Ediacara de la fin du Précambrien, il y a eu tout autour du monde une floraison d'un mystérieux groupe d'animaux, la faune d'Ediacara, dont le nom vient des collines d'Ediacara en Australie où on les a trouvés pour la première fois. Pour la plupart d'entre eux, il est difficile de savoir exactement ce qu'ils étaient, mais ils figuraient parmi les premiers gros animaux à se fossiliser. Certains sont probablement des éponges. D'autres sont un peu comme des méduses. D'autres encore ressemblent un peu à des anémones de mer ou à des plumes de mer (parentes des anémones de mer, à l'allure de plumes). Certains ont un peu l'aspect de vers ou de sangsues, et pourraient être de vraies bilatériens. D'autres enfin sont tout simplement mystérieux.

Qu'allons-nous faire de cette créature, *Dickinsonia* (cahier photo, ill. 18) ? Est-ce un corail ? un ver ? un champignon ? ou quelque chose de complètement différent de tout ce qui survit aujourd'hui ? Il y a même un fossile d'Australie à l'allure de têtard, que l'on n'a pas encore décrit formellement, mais que l'on soupçonne d'être un cordé (c'est, rappelez-vous, le phylum auquel appartiennent les vertébrés). Si cela se confirmait, ce serait tout à fait passionnant, mais il faut attendre pour voir. En dépit d'indices si tentants, le consensus entre les zoologistes est que la faune d'Ediacara, si énigmatique soit-elle, ne nous aide pas beaucoup dans un sens ou dans un autre pour retracer l'ascendance de la plupart des animaux modernes.

Il y a aussi des empreintes fossiles qui semblent être les traces ou les refuges d'animaux précambriens. Ces traces nous parlent de l'existence précoce d'animaux rampants suffisamment gros pour faire ces marques. Malheureusement, elles ne nous disent pas bien à quoi ils ressemblaient. Il y a aussi quelques fossiles essentiellement microscopiques encore plus anciens que l'on a trouvés à Doushantuo, en Chine, et qui semblent être des embryons, mais on ne sait pas bien quels animaux ils auraient pu devenir. Plus anciennes encore, de petites impressions en forme de disque, provenant du nord-ouest du Canada et que l'on a datées entre – 600 et – 610 millions d'années, mais ces animaux sont, en tout cas, encore plus énigmatiques que les formes d'Ediacara.

Ce livre est construit sur une série de 39 rendez-vous, et il a paru souhaitable d'essayer de deviner la date de chacun. Pour la majorité d'entre eux, on peut le faire avec une certaine confiance en combinant les fossiles que l'on peut dater et les données de l'horloge moléculaire calibrée sur les fossiles que l'on peut dater. Ce qui n'est pas étonnant, c'est que les fossiles commencent à nous lâcher quand nous arrivons aux rendez-vous plus anciens. Cela signifie que les méthodes moléculaires ne peuvent plus être calibrées avec certitude, et que nous entrons dans un vaste espace de temps qui échappe à toute datation. Pour boucher les trous, je me suis obligé à mettre vaguement des dates sur ces coancêtres de l'inconnu, en gros du coancêtre 23 au coancêtre 39. Les données les plus récentes semblent pencher, ne serait-ce que légèrement, en faveur d'une explosion de moyenne durée, ce qui est incompatible avec mon idée première qu'il n'y a pas eu de véritable explosion. Quand on en saura plus, comme je l'espère, je ne serais pas étonné le moins du monde que dans notre recherche des coancêtres des phylums des animaux modernes, on se trouve à nouveau poussés dans l'autre sens dans les profondeurs du Précambrien. Ou bien, on pourrait se trouver ramenés à une explosion d'une rapidité impressionnante, dans laquelle les coancêtres de la plupart des grands phylums des animaux se serrent dans une période de 20, voire 10, millions d'années autour du début du Cambrien. Dans ce cas, j'ai bien l'idée que, même si l'on place correctement deux animaux du Cambrien dans des phylums différents en se fondant sur leur ressemblance avec des animaux modernes, ils auront été beaucoup plus proches l'un de l'autre dans le Cambrien que leurs descendants modernes respectifs. Les zoologistes du Cambrien ne les auraient pas placés dans des phylums séparés, mais seulement, mettons, dans des sous-classes différentes.

Je ne serais pas étonné de voir que l'une ou l'autre des deux premières hypothèses ait gain de cause. Sans m'engager beaucoup, je mettrais ma main au feu que l'on ne trouvera jamais aucune donnée qui aille dans le sens de la troisième hypothèse. On a toutes les raisons de supposer que l'évolution dans le Cambrien suivait essentiellement le même type de processus que l'évolution aujourd'hui. Mais devant toute cette rhétorique surexcitée sur le ressort principal de l'évolution à bout de course après le Cambrien, tous ces hurlements d'euphorie incontrôlée, ces danses insouciantes d'invention extravagante, célébrant le jaillissement à l'existence de nouveaux phylums dans une aube bénie d'irresponsabilité zoologique – là en revanche, je suis prêt à me mouiller : tout ce bazar, c'est du pur galimatias.

Je m'empresse de dire que je n'ai rien contre la prose poétique sur le Cambrien. À condition que vous me donniez seulement la version de Richard Fortey à la page 120 de son beau livre, *Life : An Unauthorized Biography* :

> Je peux m'imaginer debout sur un rivage du Cambrien, le soir, de la même façon que, me trouvant sur le rivage du Spitzberg, je me suis interrogé pour la première fois sur la biographie du vivant. La mer qui me léchait les pieds devait être pareille et donner la même impression. À l'endroit où la mer rejoint la terre, se trouve une petite étendue de coussins de stromatolites arrondis et légèrement collants, survivants

des vastes bosquets du Précambrien. Derrière moi, le sifflement du vent traverse les plaines rouges où rien de visible ne vit, et je sens la piqûre aiguë du sable que le vent souffle à l'arrière de mes jambes. Mais dans le sable boueux à mes pieds, je peux voir des moulages de vers, des petits tortillons à l'allure familière. Je peux voir des traces grumeleuses laissées par la course précipitée d'animaux à l'allure de crustacés. [...] En dehors du sifflement de la brise et du sac et du ressac contre les brisants, c'est le silence complet, et rien ne pleure dans le vent...

Épilogue du péripate

Rédigé en collaboration avec Yan Wong

Dans la plus grande partie de ce livre, j'ai daté les rendez-vous sans trop me poser de questions, et c'est même un peu rapidement que j'ai évalué le nombre des générations qui nous séparaient de certains de nos coancêtres. La plupart de mes dates étaient fondées sur des fossiles qui, comme nous le dira le séquoia, peuvent être datés avec une précision proportionnelle à l'énorme échelle de temps en vigueur. Mais les fossiles ne nous ont jamais beaucoup aidés pour retrouver l'ascendance d'animaux à corps mou comme les vers plats. Les cœlacanthes ont été absents de nos archives pendant les 70 derniers millions d'années, ce qui explique l'étonnement grisant qu'a suscité la découverte d'un spécimen vivant en 1938. Même dans les meilleurs moments, les collections de fossiles peuvent être un témoignage fragile. Et maintenant que nous avons atteint le Cambrien, ces fossiles nous manquent cruellement. Quelle que soit la façon dont on interprète l'« explosion », tout le monde s'accorde à dire que presque tous les prédécesseurs de la grande faune du Cambrien ont, pour des raisons incertaines, échoué à se fossiliser. En cherchant des coancêtres antérieurs au Cambrien, nous ne trouvons pas davantage d'aide dans les roches. Heureusement, les fossiles ne sont pas notre seul recours. Dans les propos de l'oiseau-éléphant et du dipneuste, ainsi qu'à d'autres endroits, nous avons évoqué la technique ingénieuse dite de l'horloge moléculaire. Il est temps maintenant d'expliquer correctement ce que c'est.

Ne serait-ce pas merveilleux si des changements évolutifs mesurables ou dénombrables se produisaient à taux constant ? L'évolution pourrait alors nous tenir lieu d'horloge pour elle-même. Le raisonnement n'est pas nécessairement circulaire car on pourrait calibrer cette horloge évolutive sur des périodes de l'évolution où les archives fossiles sont bonnes, puis procéder par extrapolation pour les périodes où elles nous font défaut. Mais comment mesurer les taux d'évolution ? Et même si on pouvait les mesurer, pourquoi, au nom du Ciel, faudrait-il s'attendre à ce que le moindre aspect d'un changement évolutif se fasse à rythme constant, comme une horloge ?

Il n'y a pas le moindre espoir que la longueur des pattes, la taille du cerveau, ou le nombre de moustaches évolue à rythme constant. Ces caractères sont importants pour la survie, et le rythme de leur évolution s'avérera sûrement affreusement inconstant. Comme les horloges, ils sont condamnés par les principes mêmes de leur propre évolution. De toute façon, il est difficile d'imaginer un consensus sur une norme pour mesurer les rythmes de l'évolution visible. Est-ce que vous mesurez l'évolution de la longueur des pattes en millimètres par million d'années, en pourcentage de changement par million d'années, ou quoi ? J. B. S. Haldane a proposé de recourir à une unité de taux évolutif, le darwin, fondée sur le changement proportionnel par génération. Partout où elle a été utilisée sur de vrais fossiles, les résultats varient des millidarwins aux kilodarwins et aux mégadarwins, ce qui ne surprend personne.

Le changement moléculaire semble être une horloge beaucoup plus prometteuse. D'abord, parce que ce qu'il faut mesurer est évident. Comme l'ADN est un ensemble d'informations textuelles écrites dans un alphabet de quatre lettres, on dispose d'une méthode toute naturelle pour mesurer son taux d'évolution. Il suffit de compter les différences de lettres. Ou bien, si vous préférez, vous pouvez regarder les produits protéiques du code de l'ADN et compter les substitutions des acides aminés*. On a de bonnes raisons d'espérer que la majorité des changements évolutifs au niveau moléculaire sont neutres, et pas induits par la sélection naturelle. C'est une bonne chose pour cette horloge.

Contrairement à ma réputation plutôt grotesque d'« ultradarwiniste » (je protesterais plus vigoureusement contre cette diffamation si ce qualificatif ne me faisait honneur), je ne pense pas que la majorité des changements évolutifs au niveau moléculaire soient

* Quand Emile Zuckerkandl et le grand Linus Pauling ont proposé pour la première fois l'idée de l'horloge moléculaire, c'était la seule méthode disponible.

induits par la sélection naturelle. Au contraire, j'ai toujours consacré beaucoup de temps à ce qu'on appelle la théorie neutraliste qui est associée au nom du grand généticien japonais Motoo Kimura, ou à son extension, la théorie « presque neutraliste » de sa collaboratrice Tomoko Ohta. Les goûts des humains n'ont guère leur place dans le monde du réel, c'est sûr, mais il se trouve que je *tiens* absolument à ce que ces théories soient vraies. C'est parce qu'elles nous donnent de l'évolution une chronique indépendante et séparée, sans liens avec les caractères visibles des créatures qui nous entourent, et qu'elles permettent d'espérer qu'une horloge moléculaire d'un certain type pourra vraiment marcher.

Au cas seulement où il y aurait là un malentendu, je dois souligner que la théorie neutraliste ne dénigre aucunement l'importance de la sélection dans la nature. La sélection naturelle est toute-puissante en ce qui concerne les changements visibles qui affectent la survie et la reproduction. C'est la seule explication que l'on connaisse de la beauté fonctionnelle du vivant et de la complexité du « plan » dont il semble émaner. Mais, si certains changements n'ont pas d'effets visibles – passant juste au-dessous du radar de la sélection naturelle –, ils peuvent s'accumuler dans le pool génique en toute impunité et offrir exactement ce qu'il faut pour une horloge évolutive.

Comme toujours, Charles Darwin était très en avance sur son temps en ce qui concerne les changements neutres. Dans la première édition de *L'Origine des espèces*, vers le début du chapitre 4, il écrivait :

> J'ai donné le nom de *sélection naturelle* ou de *persistance des plus aptes* à cette conservation des différences et des variations individuelles favorables et à cette élimination des variations nuisibles. Les variations insignifiantes, c'est-à-dire qui ne sont ni utiles ni nuisibles à l'individu, ne sont certainement pas affectées par la sélection naturelle et demeurent à l'état d'éléments variables, tels que peut-être ceux que nous remarquons chez certaines espèces polymorphes.

Mais dans la sixième et dernière édition, la deuxième phrase s'est vu ajouter un passage marqué d'une résonance encore plus moderne :

> … peut-être ceux que nous remarquons chez certaines espèces polymorphes, ou finissent par se fixer…

« Fixer » est un terme technique de génétique, et Darwin n'a sûrement pas pu l'employer précisément dans ce sens moderne, mais il me fournit une merveilleuse transition avec le point suivant. On dit qu'une nouvelle mutation, dont la fréquence dans la population commence par définition près de zéro, devient « fixe » quand elle a atteint 100 % dans la population. Le taux d'évolution que nous cherchons à mesurer pour l'horloge moléculaire est le taux auquel une suite de mutations du même locus génétique se fixe dans une population. La manière évidente pour qu'il y ait fixation, c'est quand la sélection naturelle favorise cette nouvelle mutation par rapport aux allèles « sauvages » précédents, et la pousse ainsi à se fixer – elle devient la norme, « celle à battre ». Mais une nouvelle mutation peut aussi arriver à se fixer même si elle est exactement aussi bonne que celle qui l'a précédée – par vraie neutralité. Cela n'a rien à voir avec la sélection, c'est purement aléatoire. Vous pouvez simuler ce processus en jouant à pile ou face, et calculer le taux auquel il se produit. Une fois qu'une mutation neutre a dérivé jusqu'à atteindre 100 %, elle devient la norme, ce qu'on appelle le « sauvage » sur ce locus, jusqu'à ce qu'une autre mutation ait la chance de dériver jusqu'à se fixer.

S'il intervient un fort composant de neutralité, on pourrait potentiellement avoir une merveilleuse horloge moléculaire. Kimura lui-même ne s'est pas beaucoup intéressé à l'idée de l'horloge moléculaire, mais il croyait – à juste titre, semble-t-il maintenant – que la plupart des mutations dans l'ADN sont effectivement neutres – « ni favorables, ni délétères ». Et, dans une démonstration par l'algèbre d'une limpidité et d'une simplicité remarquables, mais que je ne reproduirai pas ici, il a calculé que, si c'est vrai, le rythme auquel les gènes vraiment neutres devraient « finir par se fixer » est exactement égal à celui auquel les variations se produisent au départ, au taux de mutation.

Vous voyez que ce raisonnement convient parfaitement pour quiconque veut dater les bifurcations (les rendez-vous) à l'aide d'une horloge moléculaire. Du moment que le taux de mutation sur un locus génétique neutre reste constant dans le temps, le taux de fixation sera lui aussi constant. Vous pouvez maintenant comparer le même gène dans deux animaux différents, mettons un pangolin et une étoile de mer, dont l'ancêtre commun le plus récent était le coancêtre 25. Comptez de combien de lettres le gène de l'étoile de mer diffère du gène du pangolin. À supposer que la moitié des différences se sont accumulées dans la lignée entre le coancêtre et l'étoile de mer, et l'autre dans la lignée entre le coancêtre et le pangolin, vous aurez le nombre de battements de l'horloge depuis le Rendez-vous 25.

Mais ce n'est pas aussi simple, et les complications sont intéressantes. En premier lieu, si vous écoutez les battements de l'horloge moléculaire, vous verrez qu'ils ne sont pas aussi réguliers que ceux de l'horloge à balancier ou de la montre à ressort. Ils se rapprocheraient plus du bruit d'un compteur Geiger près d'une source radioactive. Complètement aléatoires ! Chaque battement correspond à la fixation d'une mutation supplémentaire. Selon la théorie neutraliste, l'intervalle entre les battements successifs pourrait être long, ou court, au petit bonheur – en fonction de la « dérive génétique ». Dans un compteur Geiger, le moment du battement suivant est imprévisible. Mais – et c'est très important – l'intervalle *moyen* sur un grand nombre de battements est extrêmement prévisible. Ce que l'on espère, c'est que l'horloge moléculaire est aussi prévisible que le compteur Geiger, et c'est vrai en général.

Deuxièmement, le rythme des battements varie d'un gène à l'autre dans un génome. On l'a observé très tôt, quand les généticiens ne pouvaient regarder que les produits protéiques de l'ADN, et pas l'ADN lui-même. Le cytochrome-c évolue à son propre rythme caractéristique, plus rapide que celui des histones mais plus lent que celui des globines, lequel à son tour est plus lent quc celui des fibrinopeptides. De la même façon, quand un compteur Geiger est exposé à une source très légèrement radioactive, comme un morceau de granite, par rapport à une source fortement radioactive comme un morceau de radium, le moment du battement suivant est toujours imprévisible, mais le rythme moyen des battements est différent, de façon prévisible et spectaculaire, à mesure que l'on se déplace du granite vers le radium. Les histones sont comme le granite, avec un rythme de battement très lent ; les fibrinopeptides sont comme le radium, bourdonnant comme une abeille randomisée de façon démentielle. D'autres protéines comme le cytochrome-c (ou plutôt, les gènes qui les fabriquent) sont entre les deux. Il existe tout un spectre d'horloges géniques, dont chacune va à son propre rythme, répond à des besoins de datation différents, et sert à vérifier les autres.

Pourquoi le rythme de battement varie-t-il d'un gène à l'autre ? Qu'est-ce qui distingue les gènes « granite » des gènes « radium » ? Rappelez-vous que neutre ne veut pas dire inutile, cela veut aussi dire bon. Les gènes granite et les gènes radium sont utiles l'un et l'autre. C'est seulement que les gènes radium peuvent se modifier à de nombreux endroits sur leur longueur sans cesser d'être utiles. Étant donné la façon dont fonctionne un gène, certaines portions de sa longueur peuvent se modifier en toute impunité sans que son fonctionnement en soit altéré. D'autres portions du même gène sont extrêmement sensibles aux mutations, et lorsqu'elles en subissent une, le gène cesse de fonctionner. Peut-être tous les gènes ont-ils une portion granite, qui doit peu changer si le gène doit continuer à fonctionner, et une portion radium qui peut fonctionner en roue libre et sans contrôle tant que la portion granite n'est pas affectée. Peut-être le gène du cytochrome-c a-t-il un mélange de fragments de granite et de radium ; les gènes de fibrinopeptides ont une proportion plus élevée de fragments de radium, tandis que les gènes d'histone ont davantage de fragments de granite. Il y a quelques problèmes, ou du moins quelques complications, si l'on veut expliquer ainsi les différences de rythme de battement entre les gènes. Mais ce qui importe pour nous, c'est que les rythmes de battement varient d'un gène à l'autre, alors que celui de n'importe quel gène donné est très constant même dans des espèces très séparées.

Pas tout à fait constant, cependant, ce qui nous amène au problème suivant, qui est grave. Les rythmes de battement ne sont pas seulement vagues et désordonnés. Pour tout gène donné, ils peuvent être systématiquement plus importants dans certains types de créatures que dans d'autres, ce qui introduit un véritable biais. Les bactéries ont un système de réparation de l'ADN beaucoup moins efficace que notre « vérificateur » sophistiqué de l'ADN, si bien que le taux de mutation de leurs gènes est plus élevé et leurs horloges moléculaires battent plus vite. Les rongeurs, eux aussi, ont des enzymes réparatrices légèrement plus désordonnées, ce qui peut expliquer pourquoi l'évolution moléculaire est plus rapide chez les rongeurs que chez d'autres mammifères. Les changements majeurs dans l'évolution, comme le passage au « sang chaud », ont la capacité de changer le taux de mutation, ce qui peut semer la confusion dans nos estimations horlogères des dates d'embranchements. On est actuellement en train de mettre au point des méthodes sophistiquées qui prendraient éventuellement en compte les changements de taux de mutation dans des lignées différentes, mais elles sont encore au berceau.

Encore plus inquiétant, le temps de reproduction semblerait offrir une opportunité maximale pour la mutation. Ainsi, les espèces ayant un cycle de vie court comme les mouches du vinaigre auront sur un million d'années des mutations à un rythme plus rapide que, mettons, les éléphants avec leur long espace entre deux générations. Cela laisse penser que l'horloge moléculaire pourrait compter en générations plutôt qu'en temps réel. En fait, cependant, quand des biologistes moléculaires ont regardé les taux de changement dans des séquences en se servant de lignées riches en collections de fossiles pouvant servir au calibrage, ce n'est pas ce qu'ils ont trouvé. Il semblait bien qu'il y ait une horloge moléculaire qui mesure le temps en années et pas en générations. C'était bien, mais pourquoi ?

Une réponse qui a été proposée, c'est que même si la rotation reproductive chez l'éléphant est lente par rapport à ce qu'elle est chez la mouche du vinaigre, pendant toutes les années entre les épisodes de reproduction, les gènes des éléphants sont soumis au même bombardement de rayons cosmiques et autres événements provoquant les mutations que les gènes des mouches du vinaigre. On sait que les gènes des mouches du vinaigre sautent dans une nouvelle mouche une fois tous les quinze jours, mais en quoi cela devrait-il concerner les rayons cosmiques ? Eh bien, les gènes qui se trouvent dans un éléphant pendant dix ans sont frappés par le même nombre de rayons cosmiques que ceux qui sautent dans deux cent cinquante mouches du vinaigre les unes après les autres pendant la même période. Il y a peut-être quelque chose de valable dans cette théorie, mais l'explication n'est pas suffisante. Il est bien vrai que la plupart des mutations se produisent lors d'une nouvelle génération, si bien, semble-t-il, qu'il nous faut expliquer autrement la capacité apparente de l'horloge moléculaire à marquer le temps en années plutôt qu'en générations.

C'est là que la collègue de Kimura, Tomoko Ohta, est intervenue de façon astucieuse en proposant sa théorie *presque* neutraliste. Comme je l'ai dit, Kimura a calculé d'après sa théorie entièrement neutraliste que le taux de fixation des gènes neutres devait être égal à leur taux de mutation. Cette conclusion remarquablement simple reposait sur une « annulation » élégante dans son raisonnement algébrique. Et la quantité qui s'annulait était la taille de la population. La taille de la population entre dans l'équation, mais comme elle figure en fin de compte des deux côtés de la barre, elle disparaît fort opportunément dans un écran de fumée mathématique, si bien que le taux de fixation qui émerge est égal au taux de mutation. Mais *seulement* si les gènes concernés sont complètement neutres. Ohta a revu les équations de Kimura, mais en autorisant ses mutations à être presque neutres plutôt que complètement neutres. Et cela a tout changé. La taille de la population ne s'annulait plus.

C'est parce que – comme l'ont calculé depuis longtemps les généticiens mathématiques – dans une grande population, les gènes faiblement délétères ont plus de chances d'être éliminés par la sélection naturelle avant d'avoir une chance de dériver vers la fixation. Dans une petite population, un gène faiblement délétère à plus de chances de se fixer avant que la sélection naturelle ne le « remarque ». Pour pousser les choses à l'extrême, imaginez une population presque entièrement rayée de la carte par une catastrophe quelconque, avec seulement une demi-douzaine de rescapés. Il ne serait pas très étonnant que, par hasard, les six se trouvent avoir le gène faiblement délétère. En ce cas, il y a fixation : 100 % de la population. C'est un cas extrême, mais les mathématiques montrent que cet effet est plus général. Les petites populations favorisent la dérive vers la fixation des gènes qui seraient éliminés dans une grande population.

Ainsi, comme l'a fait remarquer Ohta, la taille de la population ne s'annule plus dans les calculs. Au contraire, elle reste précisément là où il faut pour faire du bien à la théorie de l'horloge moléculaire. Revenons maintenant à nos éléphants et à nos mouches du vinaigre. Les gros animaux dont le cycle de vie est long, comme les éléphants, ont aussi tendance à avoir des petites populations ; et les petits animaux dotés d'un cycle de vie court, comme les mouches du vinaigre, tendent à avoir de grandes populations. Ce n'est pas simplement un effet vague, c'est un effet très valide, et il tient pour des raisons qui ne sont pas difficiles à imaginer. Ainsi, même si les mouches du vinaigre ont des générations de courte durée qui tendraient à faire accélérer l'horloge, elles ont aussi une grande population qui la ralentit. Les éléphants ont peut-être une horloge lente quand il s'agit de mutations, mais leurs petites populations la font accélérer quand il s'agit de fixation.

Le Pr Ohta a la preuve que des mutations vraiment neutres, comme dans l'ADN rebut ou dans les substitutions* synonymes, semblent s'inscrire dans le temps des générations plutôt que dans le temps réel : chez les créatures dotées d'un temps de génération court, l'évolution de l'ADN est accélérée si vous la mesurez en temps réel. Inversement, les mutations qui changent effectivement quelque chose, et donc qui passent au travers de la sélection naturelle, s'inscrivent de façon plus ou moins constante dans le temps réel.

Quelle que soit la raison théorique, il semble bien que dans la pratique, avec des exceptions connues que l'on peut en général autoriser*, l'horloge moléculaire s'est révélée un outil qui fonctionne. Pour l'utiliser, il faut dessiner l'arbre évolutif qui relie l'ensemble des espèces qui nous intéressent et estimer la quantité de changements évolutifs dans chaque lignée. Cela ne se réduit pas simplement à compter les différences entre les gènes de deux espèces modernes et diviser le total par deux, il faut employer les techniques avancées de construction d'arbres que sont la vraisemblance maximale et de la phylogénétique bayésienne – nous les avons vues dans le propos du gibbon. En s'appuyant sur certaines dates de fossiles pour le calibrage, on peut ensuite inscrire dans l'arbre des dates de rendez-vous relativement fiables.

Soigneusement mise en œuvre de cette façon, l'horloge moléculaire a donné des résultats époustouflants. Les dates qu'elle donne pour l'ancêtre commun des humains et des chimpanzés sont concentrées autour de – 6 millions d'années plus ou moins environ 1 million d'années. La première fois que cette date a été annoncée, ce fut presque un scandale chez les paléoanthropologues qui l'avaient fixée aux alentours de – 20 millions d'années. Aujourd'hui, pratiquement tout le monde accepte cet avancement de la date par l'horloge moléculaire. Mais la meilleure réussite de cette méthode est peut-être dans la datation de la radiation des mammifères placentaires telle qu'elle est décrite dans le chapitre sur la Grande Catastrophe du Crétacé. En excluant les rongeurs en raison de leurs taux de mutation anormaux, nous trouvons que plusieurs estimations de l'horloge moléculaire concordent pour faire reculer le coancêtre de tous les mammifères loin dans le Crétacé. Une étude de l'horloge de l'ADN de mammifères placentaires modernes situe, par exemple, ce coancêtre bien au-delà de – 100 millions d'années, en pleine hégémonie des dinosaures.

---

* Le code d'ADN étant « dégénéré », n'importe quel acide aminé peut être spécifié par plus d'une mutation « synonyme ». Un changement par mutation qui produit un synonyme exact ne fait absolument aucune différence dans le résultat final.

* En choisissant soigneusement les gènes pour l'horloge, et en évitant les espèces comme les rongeurs aux taux de mutation exceptionnels.

Quand ces dates ont été annoncées pour la première fois, elles ne coïncidaient pas avec les données provenant des fossiles, qui semblaient indiquer une « explosion » des mammifères beaucoup plus tardive, précédée d'une pénurie de fossiles de mammifères. Or ces dates de l'horloge moléculaire ont maintenant été corroborées par la récente découverte de mammaliens fossiles remontant à – 125 millions d'années, si bien que l'on commence à admettre les premières dates qui ont été données. Les histoires de réussite sont légion, et elles ont contribué à établir les dates qui figurent dans tout cet ouvrage.

Alerte à l'autosatisfaction ! Écoutez ces hurlements de sirènes !

Les horloges moléculaires reposent fondamentalement sur le calibrage par les fossiles. Les dates des fossiles calculées par la radiométrie sont acceptées avec tout le respect que la biologie accorde à juste titre à la physique (voir le message du séquoia). Il suffit d'un fossile situé à un endroit stratégique et donnant de façon certaine un seuil plancher pour la date d'un embranchement évolutif important, pour que l'on puisse calibrer une quantité d'horloges moléculaires éparpillées dans tous les génomes de tout un spectre d'animaux éparpillés dans les phylums. Mais quand on revient dans le Précambrien où les fossiles s'épuisent, il faut pour calibrer les horloges de l'ancêtre se fonder sur des fossiles relativement jeunes, qui servent alors à estimer des dates bien plus anciennes. Et c'est là que les ennuis commencent.

Les fossiles suggèrent la date de – 310 millions d'années pour le Rendez-vous 16, point de jonction entre les mammifères et les sauropsidés (oiseaux, crocodiles, serpents, etc.). Cette date donne le calibrage qui permet de dater par l'horloge moléculaire de nombreux points de bifurcation bien plus anciens. Or toute estimation de date comporte une certaine marge d'erreur et, dans leurs articles scientifiques, les chercheurs essaient de placer des « barres d'erreur » sur chacune de leurs estimations. Une date est citée avec, mettons, plus ou moins 10 millions d'années. C'est très bien quand les dates que l'on cherche avec l'horloge moléculaire sont dans la même fourchette que celles des fossiles qui ont servi à la calibrer. Quand il y a un grand fossé entre les fourchettes, les barres d'erreur peuvent grandir de façon alarmante. Avec une grande barre d'erreur, si vous déformez une petite supposition, ou modifiez légèrement un petit chiffre que vous faites entrer dans le calcul, l'impact sur le résultat final pourrait être énorme. Ce ne serait pas plus ou moins 10 millions d'années, mais mettons plus ou moins un demi-milliard d'années. Les grandes barres d'erreur indiquent que la date estimée n'est pas à l'abri d'une erreur de mesure.

Dans le propos du péripate, nous avons vu différentes estimations d'horloge moléculaire qui situaient des points d'embranchement importants dans le Précambrien profond, par exemple à – 1 200 millions d'années pour la séparation entre les vertébrés et les mollusques. Or des études plus récentes, utilisant des techniques sophistiquées qui prennent en compte d'éventuelles variations des taux de mutation, réduisent ces estimations à des dates situées autour de – 600 millions d'années : c'est une diminution spectaculaire. Certes, elle était prévue dans les barres d'erreur de l'estimation de départ, mais c'est une piètre consolation.

Bien que fidèle partisan de l'idée d'horloge moléculaire en général, je pense que les dates qu'elle donne pour les points de bifurcation très précoces ont besoin d'être traitées avec prudence. En partant d'un fossile calibré à – 310 millions d'années, l'extrapolation à rebours à un rendez-vous plus de deux fois plus ancien présente de multiples difficultés. Par exemple, il est possible que le taux d'évolution moléculaire des vertébrés (qui entre dans notre calcul de calibrage) ne soit pas typique du reste du vivant. On pense que leur génome entier s'est doublé à deux reprises. La duplication soudaine de grands nombres de gènes peut affecter la pression de sélection sur des mutations presque neutres. Certains chercheurs (dont je ne suis pas, je l'ai déjà dit clairement) pensent que le Cambrien a marqué un grand changement dans tout le processus de l'évolution. Si c'est vrai, l'horloge moléculaire devra être radicalement recalibrée avant d'être lâchée dans le Précambrien.

En général, à mesure que l'on remonte dans le temps et que s'épuise le stock de fossiles, on entre dans un domaine conjecturel presque complet. Toutefois, je fonde beaucoup d'espoir dans les études à venir. Il est possible que les fossiles éblouissants de Chengjiang et autres sites similaires étendent énormément le spectre des points de calibrage jusque dans des régions du règne animal qui nous échappaient complètement jusque-là.

D'ici là, et en reconnaissant que nous avançons dans un désert de conjectures fort ancien, nous avons, Yan Wong et moi, adopté la stratégie approximative suivante pour essayer d'estimer les dates à partir de maintenant dans le pèlerinage. Pour le Rendez-vous 34, où se rencontrent les animaux et les champignons, nous avons retenu provisoirement la date de – 1 100 millions d'années, date qui figure couramment dans la littérature scientifique et qui est compatible avec la plus ancienne plante fossile, une algue rouge qui remonte à – 1 200 millions d'années. Nous espaçons ensuite les coancêtres du 27 au 34, en gros dans les proportions indiquées par les études fondées sur l'horloge moléculaire. Mais si nous nous sommes complètement trompés sur ce Rendez-vous 34, les dates qui suivent dans le pèlerinage pourraient être surestimées de dizaines, voire de centaines de millions d'années. Surtout gardez cela en tête quand nous entrons dans ces espaces sauvages qui échappent à la datation. Je suis si peu sûr des dates dans ces zones qu'à partir de maintenant je renonce à cette prétention déjà bien désuète d'estimer le nombre des générations qui nous séparent de nos aïeux. On arrivera bientôt à des milliards. L'ordre des rencontres aux rendez-vous successifs est plus certain, mais même lui pourrait aussi être erroné.

Rendez-vous 27

LES VERS PLATS ACŒLOMORPHES

En parlant des protostomiens, descendants du coancêtre 26, j'ai bien fait figurer parmi eux les vers plats, les plathelminthes. Or maintenant, les choses se compliquent un peu. Des données récentes laissent fortement penser que le groupe des plathelminthes relève de la fiction. Je ne dis pas que les vers plats eux-mêmes n'existent pas, bien sûr, mais ils constituent un ensemble hétérogène de vers qu'il ne faut pas réunir sous un seul nom. Ce sont pour la majorité de vrais protostomiens, que nous avons rencontrés au Rendez-vous 26, mais quelques-uns sont complètement à part et ne nous rejoignent que maintenant, à ce Rendez-vous 27. Nous datons cette rencontre à – 630 millions d'années, bien que, aussi loin dans le temps géologique, les dates soient de plus en plus incertaines.

Il y a un grand intervalle de temps entre – 630 et – 590 millions d'années, date que nous avons retenue pour le Rendez-vous 26. Peut-être peut-on expliquer ce grand fossé par l'épisode de la Terre « boule de neige » qui, d'après une théorie imaginative, a précédé le Cambrien. Cette idée est que, pour des raisons obscures mais peut-être en rapport avec la théorie mathématique du chaos, une théorie à la mode mais peut-être surfaite, la Terre entière s'est figée dans une période glaciaire entre environ – 620 et – 590 millions d'années, ce qui couvre assez bien ce grand fossé entre les Rendez-vous 26 et 27. La glaciation était importante, mais quant à savoir si elle touchait la planète entière ou pas, c'est un sujet épineux sur lequel je ne m'attarderai pas.

Ce que tous les vers plats ont en commun, hormis leur caractère plat éponyme, c'est qu'ils n'ont ni anus ni cœlome. Le cœlome d'un animal typique, comme vous, moi, ou un ver de terre, c'est la cavité du corps. Cela ne veut pas dire le tube digestif : le tube digestif est une cavité, mais il fait topologiquement partie du monde extérieur, le corps étant un *donut** topologique dont le trou du milieu correspond à la bouche, l'anus, et le tube digestif qui les relie. Le cœlome, au contraire, est la cavité du corps dans laquelle se trouvent les intestins, les poumons, le cœur, les reins et ainsi de suite. Les plathelminthes n'ont pas de cœlome. Au lieu d'une cavité du corps contenant

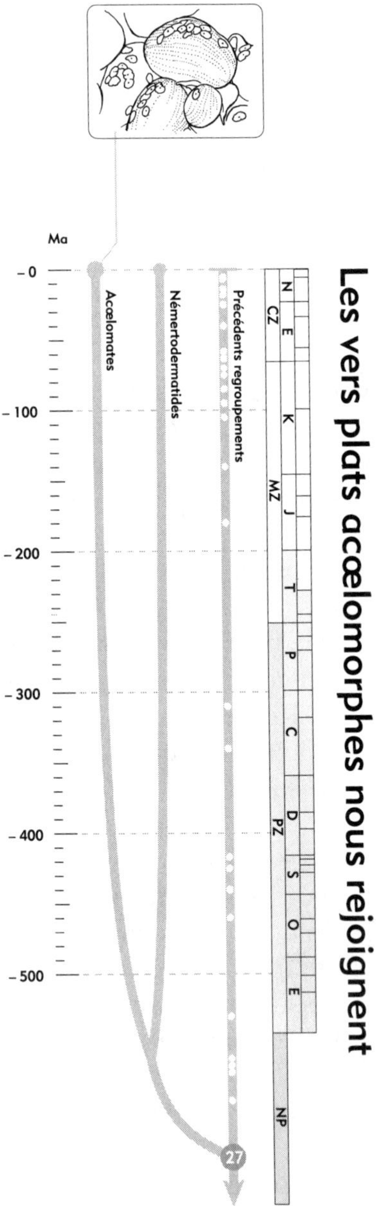

Les vers plats acœlomorphes nous rejoignent. La plupart des animaux à symétrie bilatérale sont des protostomiens ou des deutérostomiens. Pourtant, les données moléculaires récentes en détachent deux groupes de vers plats qui ne sont ni des protostomiens, ni des deutérostomiens, mais des lignées qui se sont détachées plus tôt. Ce sont la classe des acœlomates (environ 320 espèces décrites) et celle des némertodermatides (10 espèces décrites), que l'on désigne sous le nom de vers plats acœlomorphes. Cette idée a des chances d'être rapidement acceptée par les taxinomistes. Les données actuelles laissent penser que les acœlomates et les némertodermatides sont des groupes frères, comme on peut le voir ici.

Dessin : acœlomates inconnus sur un corail bulbeux.

* Beignet avec un trou au centre. *(N.d.T.)*

le tube digestif, ce dernier est enfermé avec les autres organes internes des vers plats dans un tissu solide, le parenchyme. Cette distinction peut paraître banale, mais le cœlome est défini dès l'embryon, et il est gravé profondément dans l'inconscient collectif des zoologistes.

Ne possédant pas d'anus, comment les vers plats évacuent-ils leurs déchets ? Par la bouche s'il n'y a pas d'autre issue. Le tube digestif peut être un simple sac ou, chez les plus gros vers plats, il se ramifie en un système compliqué de culs-de-sac, comme les bronches de nos poumons. Nos poumons, eux aussi, pourraient théoriquement avoir un « anus » – un trou séparé pour permettre à l'air de s'échapper avec ses déchets, le gaz carbonique. Les poissons font un peu comme cela, car leur flux d'eau respiratoire entre par un trou, la bouche, et sort par d'autres, les ouvertures des branchies. Chez nous, en revanche, les poumons fonctionnent en faisant alterner flux et reflux, et il en va de même du système digestif des vers plats. Les vers plats n'ont pas de poumons ou de branchies et ils respirent par la peau. Ils n'ont pas non plus de système de circulation sanguine, si bien que leur tube digestif ramifié sert probablement à transporter les nutriments à toutes les parties du corps. Chez quelques turbellariés, en particulier ceux qui ont un intestin ramifié exceptionnellement complexe, un anus (ou de nombreux anus) a réapparu après une longue absence.

Comme les vers plats n'ont pas de cœlome, et pour la plupart d'entre eux pas d'anus, on les a toujours considérés comme primitifs – les plus primitifs des animaux à symétrie bilatérale. On avait toujours supposé que l'ancêtre commun à tous les deutérostomiens et protostomiens étaient probablement une sorte de ver plat. Mais maintenant, comme je commençais à le dire, les données moléculaires suggèrent qu'il y a deux types de vers plats, sans liens l'un avec l'autre, et qu'un seul de ces deux types est authentiquement primitif. Ceux qui sont authentiquement primitifs sont les acœlomates et les némertodermatides. Le nom des acœlomates vient de leur absence de cœlome, absence qui est primitive chez eux et chez les némertodermatides, mais pas chez les plathelminthes proprement dits. On pense maintenant que les animaux du groupe principal des vers plats à proprement parler, douves du foie, ténias et turbellariés, ont perdu leur anus et leur cœlome secondairement. Ils sont passés par un stade où ils ressemblaient davantage à des lophotrochozoaires normaux, puis ils sont venus à ressembler à nouveau à leurs ancêtres plus anciens, sans anus et sans cœlome. Ils ont rejoint notre pèlerinage au Rendez-vous 26, avec tous les autres protostomiens. Je n'entrerai pas dans les détails qui le montrent, mais j'accepterai la conclusion que les acœlomates et les némertodermatides sont différents et se joignent à nous en un infime ruisselet ici, au Rendez-vous 27.

Il faudrait pour bien faire que je décrive ici ces vers minuscules qui nous rejoignent, mais je dois dire à mon corps défendant que, du moins par rapport à la majorité des merveilles que nous avons vues, il n'y a pas grand-chose à décrire. Ils vivent dans la mer et, non seulement ils n'ont pas de cœlome, mais ils n'ont pas non plus de véritable tube digestif – situation qui n'est viable que chez les très petits animaux, ce qui est le cas.

Certains d'entre eux complètent leur alimentation en accueillant des plantes, ce qui leur permet de bénéficier indirectement de leur photosynthèse. Ainsi, les membres du genre *Waminoa* vivent en symbiose avec des dinoflagellés (algues unicellulaires) et profitent de leur photosynthèse. Un autre acœlomates, *Convoluta*, a une relation similaire avec une algue verte monocellulaire, *Tetraselmis convolutæ*. On peut penser que les algues symbiotiques permettent à ces petits vers d'être un peu plus gros. De leur côté, les vers semblent faire en sorte de faciliter la vie des algues en se serrant à la surface de l'eau pour leur donner le maximum de lumière. Le Pr Peter Holland m'écrit que les *Convoluta roscoffensis* :

> [...] sont des animaux fascinants quand on les regarde dans leur habitat naturel. Ils se présentent comme de la « vase » verte sur certaines plages de Bretagne, cette vase étant en réalité des milliers d'acœles avec leurs algues endosymbiotiques. Et au moment où vous posez délicatement le bout du pied sur cette « vase », elle se cache ! (en disparaissant dans le sable). C'est très étrange à voir.

Les acœlomates étant encore parmi nous, il faut les traiter comme des animaux modernes, mais leur forme et leur simplicité laissent penser qu'ils n'ont guère dû changer depuis l'époque du coancêtre 27. On peut donc raisonnablement penser que leurs représentants modernes ne sont pas loin de ce qu'était l'ancêtre de tous les animaux à symétrie bilatérale.

Le groupe de pèlerins que nous formons maintenant comprend tous les phylums que l'on admet comme bilatériens, c'est-à-dire la plus grande partie du règne animal. Ce nom qui renvoie à leur symétrie bilatérale exclut par définition les deux principaux phylums à symétrie radiaire, groupés sous le nom de radiés, qui sont maintenant sur le point de rejoindre le pèlerinage : les cnidaires (anémone de mer, corail, méduse, etc.) et les cténophores (peignes de mer). Malheureusement pour ce nom simple, les étoiles de mer et leurs semblables, dont les zoologistes sont sûrs qu'ils descendent de bilatériens, ont aussi une symétrie radiaire, du moins dans la phase adulte. On pense que les échinodermes sont devenus radiaires secondairement quand ils se sont mis à vivre au fond de l'eau. Leurs larves ont une symétrie bilatérale et ils ne sont pas apparentés de près aux individus « vraiment » radiaires, comme les méduses. De plus, à la réflexion, les cnidaires (anémones de mer et leurs semblables) n'ont pas tous une symétrie (complètement) radiaire, et certains zoologistes pensent que leurs ancêtres, à eux aussi, avaient une symétrie bilatérale.

L'un dans l'autre, le nom de bilatériens est maladroit pour rassembler les descendants du coancêtre 27 et les séparer des pèlerins qui ne nous ont pas encore rejoints. Un autre critère est celui de « triploblastique » (à trois feuillets de cellules), opposé à « diploblastique » (à deux feuillets). À un stade crucial de leur embryologie, les cnidaires et les cténophores construisent leur corps à partir de deux couches principales de cellules, l'« ectoderme » et l'« endoderme », et les bilatériens à partir de trois (avec le « mésoderme » entre les deux). Mais même ce point est sujet à caution. Pour certains zoologistes, les radiés possèdent aussi des cellules mésodermiques. Je pense que le plus raisonnable est de ne pas se demander si les termes de bilatériens et radiés, ou de diploblastique et triploblastique, sont appropriés, mais de s'intéresser seulement à savoir quels sont les prochains pèlerins qui vont nous rejoindre.

Même ce point est sujet à caution. Personne ne doute que les cnidaires forment un ensemble uni de pèlerins qui se sont déjà regroupés « avant » de rejoindre qui que ce soit. Et personne ne doute qu'il en va de même des cténophores. La question est de savoir dans quel ordre ils se joignent les uns aux autres, et à nous. Les trois possibilités logiques ont eu leurs défenseurs. Pour compliquer encore les choses, il existe un minuscule phylum, les placozoaires, qui ne contient qu'un genre, *Trichoplax*, et personne ne sait bien où le placer. Je me rangerai à l'école de pensée selon laquelle les cnidaires sont les premiers à nous rejoindre au Rendez-vous 28, suivis des cténophores au Rendez-vous 29, puis de *Trichoplax* au Rendez-vous 30. Tout cela sera résolu de façon définitive quand on disposera de données moléculaires de plus récente mouture. Cela ne saurait attendre, mais malheureusement ce sera trop tard pour cet ouvrage. Sachez seulement qu'il pourrait s'avérer que les Rendez-vous 28 et 29, ainsi que les 30 et 31 tels que je les présente ne sont pas dans le bon ordre.

Rendez-vous 28

LES CNIDAIRES

Notre troupe de vers pèlerins avec leurs descendants a maintenant énormément grossi, et nous remontons tous au Rendez-vous 28 où nous retrouvent les cnidaires. Ils comptent parmi eux les hydres d'eau douce et des animaux marins qui nous sont plus familiers : anémones de mer, coraux et méduses ; tous sont très différents des vers. À la différence des bilatériens, ils ont une symétrie radiaire centrée autour de la bouche. Ils n'ont pas de tête évidente, pas d'avant ni d'arrière, pas de gauche ni de droite, seulement un haut et un bas.

Quelle est la date de ce rendez-vous ? Eh bien, qui sait ? Pour affecter aux rendez-vous des positions relativement proportionnelles sur les diagrammes qui les accompagnent, il faut bien fixer une date. Mais aussi loin dans le temps, il y a tant d'incertitude que la seule chose que nous puissions faire, c'est situer nos dates à 50, voire à 100 millions d'années près. En voyant moins large, nous donnerions une fausse impression de précision et certaines autorités nous contesteraient sur des centaines de millions d'années.

Comme ils figurent parmi nos cousins animaux les plus lointains (autrefois, on en a même confondu certains avec des plantes), les cnidaires sont souvent considérés comme très primitifs. Les deux choses n'ont bien sûr pas de rapport – ils ont disposé du même temps que nous pour évoluer depuis le coancêtre 28. Mais il est vrai qu'il leur manque un grand nombre des traits que l'on considère élaborés chez l'animal. Ils ne possèdent pas d'organes sensoriels à grande portée, leur système nerveux est un réseau diffus qui n'est pas « urbanisé » en cerveau, ganglions, ou tronc nerveux principal, et leur organe digestif se réduit à une cavité unique pourvue d'une seule ouverture, la bouche, qui sert aussi d'anus.

En revanche, peu d'animaux pourraient se vanter d'avoir redessiné la carte du monde. Les cnidaires, eux, créent des îles, et des îles sur lesquelles on peut vivre, des îles suffisamment grandes pour avoir besoin d'un aéroport et pouvoir en loger un. La Grande Barrière de corail s'étend sur plus de 2 000 kilomètres. Comme nous le dira le polypier, c'est Darwin lui-même qui a découvert comment se forment ces récifs coralliens.

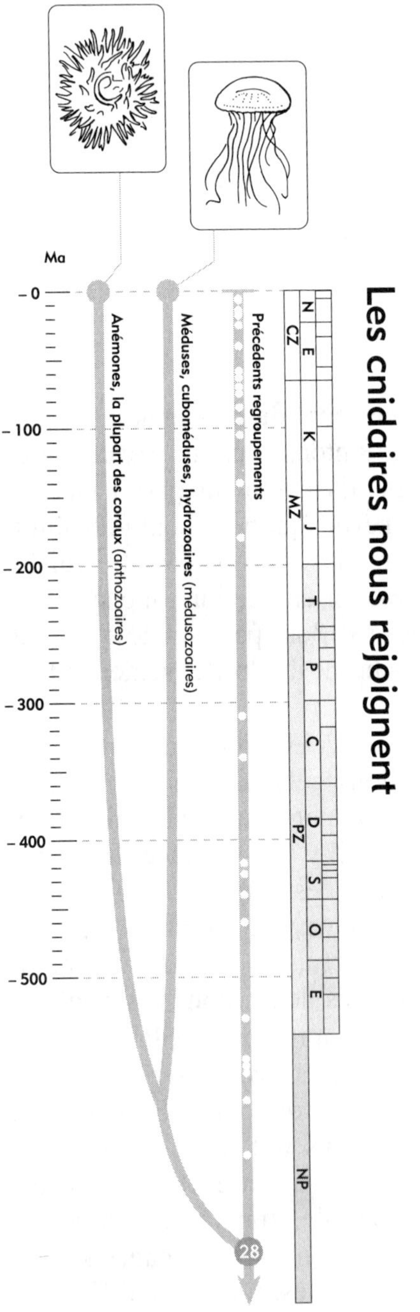

Les cnidaires nous rejoignent. La question de l'ordre des embranchements des cnidaires (méduses, coraux, anémones de mer et leurs semblables) et des cténophores n'est pas définitivement résolue. La majorité des auteurs considèrent soit les uns soit les autres (ou parfois les deux) comme les plus proches parents vivants des animaux à symétrie bilatérale. Certaines données moléculaires laissent penser que ce seraient les cnidaires. Malheureusement, la forme et l'embranchement des sous-groupes dans les quelque 9 000 espèces de cnidaires sont aussi controversés ; en revanche, l'idée de la division fondamentale entre les lignées avec ou sans stade de méduse évoluée dans le cycle de vie des méduses est largement acceptée.

Dessins, de gauche à droite : Anémone rose tachetée de blanc (*Urticina lofotensis*) ; leptoméduse (*Æquorea* sp.).

Les cnidaires comprennent aussi les animaux les plus dangereux du monde, l'exemple le plus extrême étant la cuboméduse ou guêpe de mer qui oblige les nageurs prudents d'Australie à porter des combinaisons de plongée. Outre sa puissance redoutable, l'arme des cnidaires est remarquable pour plusieurs raisons. À la différence des crochets du serpent, de l'aiguillon du scorpion ou du dard du frelon, le dard de la méduse émerge de l'intérieur d'une cellule tel un harpon miniature. Plus précisément, il s'agit de milliers de cellules, les cnidocytes (appelés parfois nématocystes, mais ce ne sont à proprement parler qu'une variété de cnidocytes), dont chacun a son propre harpon de la taille d'une cellule, le cnide. *Knide* en grec signifie « ortie », et ce terme est à l'origine du nom des cnidaires. Ils ne sont pas tous aussi dangereux que les cuboméduses, et même beaucoup ne font pas mal. Quand vous touchez les tentacules d'une anémone de mer, la sensation « collante » que vous avez sur vos doigts vient de l'emprise de centaines de minuscules harpons, chacun au bout de son propre petit filament qui l'attache à l'anémone.

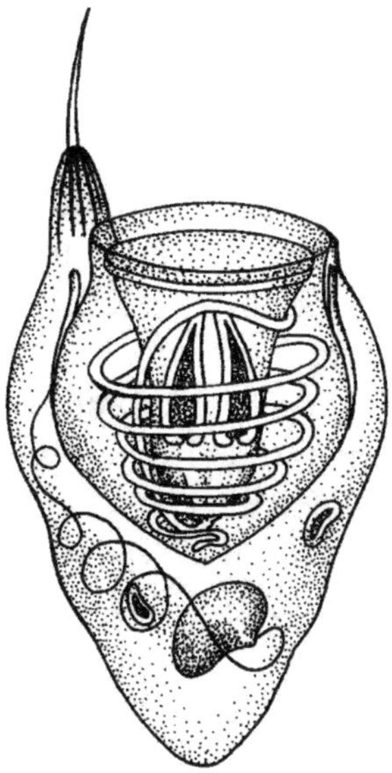

Probablement l'appareil le plus compliqué dans une cellule.
Le harpon des cnidaires, coupe transversale.

Le harpon du cnidaire est probablement l'appareil le plus compliqué que l'on puisse trouver dans une cellule, que ce soit dans le règne animal ou dans le règne végétal. Au repos, attendant d'être lancé, le harpon est un tube enroulé en spirale dans la cellule, et comprimé sous l'effet d'une pression (une pression osmotique, si les détails vous intéressent) qui attend d'être lâchée. Le détonateur est en fait un minuscule filament, le cnidocil qui est relié à la cellule. Quand il est excité, la cellule s'ouvre brusquement et la pression libère violemment tout le mécanisme en le déroulant vers l'extérieur et en le projetant dans le corps de la victime où il injecte son venin. Le mécanisme ne peut être rechargé pour servir une autre fois, mais comme c'est le cas pour la plupart des cellules, les cellules ne cessent de se renouveler.

Tous les cnidaires possèdent des cnidocytes, et seuls les cnidaires en possèdent. C'est le deuxième aspect remarquable les concernant : ils sont un des rares exemples d'un trait identitaire unique et sans la moindre ambiguïté d'un grand groupe d'animaux. Si vous voyez un animal sans cnidocyte, ce n'est pas un cnidaire, et si vous en voyez un avec cnidocyte, c'est un cnidaire. À vrai dire, il y a une exception, et c'est le cas idéal de l'exception qui confirme la règle. Les limaces de mer du groupe de mollusques que sont les nudibranches (elles se sont jointes à nous avec pratiquement tous les autres au Rendez-vous 26) ont souvent sur le dos des tentacules aux superbes couleurs, de ces couleurs qui font battre en retraite les prédateurs potentiels. Et à juste titre. Dans certaines espèces, elles contiennent des cnidocytes identiques à ceux des vrais cnidaires. Or seuls les cnidaires sont censés en posséder. Alors ? Comme je l'ai dit, c'est l'exception qui confirme la règle. Cette limace mange des méduses, dont les cnidocytes intacts et toujours en état de marche passent jusque dans ses propres tentacules. Ainsi récupérées, ces armes sont toujours en état de marche, prêtes à l'attaque pour défendre la limace de mer – d'où sa couleur vive qui sert d'avertissement.

Les cnidaires ont deux plans corporels possibles : le polype et la méduse. L'anémone de mer ou l'hydre sont des polypes typiques : sédentaires, la bouche en haut, l'extrémité opposée fixée au sol comme une plante. Elles se nourrissent en agitant leurs tentacules, en harponnant de petites proies, puis en ramenant le tentacule et sa proie jusqu'à la bouche. La méduse est typique en ce qu'elle se déplace librement dans la mer par des contractions musculaires de son ombrelle. Sa bouche est au centre, sur le dessous. Ainsi, vous pouvez vous représenter une méduse comme un polype qui s'est libéré du fond et s'est renversé pour se déplacer ; ou bien, voir un polype comme une méduse retournée sur le dos avec ses tentacules sur le haut. De nombreuses espèces de cnidaires ont à la fois des formes polypoïdes et médusoïdes qui alternent dans leur cycle de vie, un peu comme la chenille et le papillon.

Les polypes se reproduisent souvent en bourgeonnant de façon végétative, comme les plantes. Un nouveau bébé polype pousse sur le côté d'une hydre d'eau douce dont il finit par se détacher comme un individu séparé : c'est un clone de sa mère. De nombreux animaux marins apparentés à l'hydre font un peu la même chose, mais sans que le clone se détache pour aller vivre sa vie, il reste attaché et devient une branche, comme dans les plantes. Ces « colonies hydrozoaires » ne cessent de se ramifier, ce qui nous permet de comprendre pourquoi on les a longtemps pris pour des plantes. Il arrive parfois que poussent sur le même arbre polype plusieurs types de polypes spécialisés pour assumer des rôles différents : l'alimentation, la défense ou la reproduction. Vous pouvez vous les représenter comme une colonie de polypes, mais, sur un point, ils font tous partie du même individu, car cet arbre est un clone : tous les polypes ont les mêmes gènes. La nourriture attrapée par un polype peut servir aux autres puisque toutes leurs cavités gastriques sont continues. Les branches de l'arbre et son tronc principal sont des tubes creux que vous pouvez considérer comme un estomac commun à tous – ou peut-être comme une sorte de système circulatoire jouant le rôle qui est chez nous celui des vaisseaux sanguins. Certains polypes bourgeonnent en minuscules méduses qui s'éloignent telles des méduses miniatures pour se reproduire sexuellement et disperser au loin les gènes de l'arbre polype mère.

Un groupe de cnidaires que l'on appelle les siphonophores a poussé cette pratique de colonie jusqu'à l'extrême. On peut se les représenter comme des arbres de polypes qui, au lieu d'être fixés sur un rocher ou sur une algue, sont pendus soit à une ou plusieurs méduses qui se déplacent (et qui sont, bien sûr, des membres de ce clone), soit à un flotteur qui surnage à la surface. La galère portugaise ou physalie, *Physalia*, a un gros flotteur rempli de gaz et surmonté d'une voile verticale. Une colonie complexe de polypes et de tentacules pend au-dessous. Elle ne nage pas mais elle se déplace au gré du vent. *Velella*, qui est plus petite, est un radeau plat et ovale muni d'une voile verticale implantée en diagonale. Elle aussi va au gré du vent. On trouve souvent ces petits radeaux desséchés avec leur voile sur la plage où ils perdent en général leur couleur bleue et semblent faits de plastique blanchâtre. *Velella* ressemble à la vraie physalie en ce que toutes deux voguent au gré du vent. Cependant *Velella* et *Porpita*, qui lui est apparentée, ne sont pas des colonies de siphonophores, mais des polypes uniques fortement modifiés, qui pendent à un flotteur au lieu d'être plantés sur un rocher.

De nombreux siphonophores peuvent régler leur profondeur dans l'eau, un peu comme les poissons osseux avec leur vessie natatoire, en sécrétant ou en libérant du gaz dans le flotteur. Certains ont une combinaison de flotteurs et de méduses qui se déplacent, et tous ont des polypes et des tentacules qui pendent au-dessous. E. O. Wilson, le fondateur de la science de la sociobiologie, considère que les siphonophores sont au summum de l'évolution sociale (au même titre que les insectes sociaux, les mammifères sociaux, et nous-mêmes). C'est donc un superlatif de plus que l'on peut attacher aux cnidaires. Avec la réserve que, les membres d'une colonie étant des clones, et donc génétiquement identiques les uns aux autres, il n'est pas absolument certain que l'on puisse dire qu'il s'agit d'une colonie plutôt que d'un individu unique.

Pour les hydrozoaires, les méduses sont l'occasion de faire sauter de temps en temps leurs gènes d'un lieu de vie stable à un autre. On pourrait dire qu'elles prennent au sérieux la forme méduzoïde, c'est toute leur vie. Le corail, au contraire, pousse la vie sédentaire jusqu'à l'extrême, jusqu'à se construire une maison solide en dur, destinée à rester en place pendant des milliers d'années. Nous allons entendre leurs propos dans l'ordre.

Il était une fois… la méduse

Les méduses parcourent les océans tels des vieux loups de mer, en se laissant porter par les courants. Elles ne poursuivent pas leurs proies, comme le barracuda ou le calmar, mais se servent des longs tentacules armés qu'elles traînent derrière elles pour piéger les créatures planctoniques qui ont la malchance de s'y cogner. Elles nagent vraiment, au rythme nonchalant de leur ombrelle, mais sans aller dans une direction particulière, du moins dans le sens que nous donnons à ce mot. La notion que nous en avons est limitée à deux dimensions par nos entraves : nous rampons sur la surface du sol, et même quand nous décollons dans la troisième dimension, ce n'est que pour ramper un peu plus vite dans les deux autres. Dans la mer, en revanche, la troisième dimension est prépondérante. C'est celle dans laquelle le déplacement est le plus efficace. À l'important gradient de pression lié à la profondeur, s'ajoute celui de la lumière auquel un gradient d'équilibre des couleurs donne une plus grande complexité. Mais, de toute façon, la lumière disparaît quand la nuit tombe. Comme nous le verrons, la profondeur que préfère un animal planctonique change de manière spectaculaire au cours du cycle de 24 heures.

Pendant la Seconde Guerre mondiale, les opérateurs de sonar cherchant les sous-marins étaient déroutés par ce qui semblait être un faux fond de la mer qui remontait vers la surface tous les soirs pour redescendre le lendemain matin. Il s'est avéré que c'était la masse du plancton, des millions de minuscules crustacés et autres créatures, qui remontait la nuit vers la surface pour s'y nourrir, avant de replonger le matin suivant. Pourquoi ? La meilleure conjecture semble être que pendant les heures diurnes, le plancton est à la merci des prédateurs qui chassent à vue, tels les poissons et les calmars, si bien qu'il recherche la sécurité de l'obscurité des profondeurs pendant le jour. Pourquoi, alors, remonte-t-il à la surface la nuit – un long trajet qui doit consommer beaucoup d'énergie ? D'après un chercheur étudiant le plancton, c'est comme si un être humain marchait tous les jours 60 kilomètres dans un sens puis dans l'autre, juste pour aller chercher son petit-déjeuner.

Si le plancton remonte à la surface, c'est que les aliments viennent en fin de compte du soleil, à travers les plantes. Les couches de la surface de la mer sont des prairies vertes ininterrompues où des algues microscopiques monocellulaires jouent le rôle des herbes ondoyantes. C'est à la surface que les aliments finissent par se trouver, et c'est là que doivent se trouver ceux qui s'en repaissent à leur tour. Mais comme seule la nuit protège des prédateurs qui chassent à vue, il faudrait précisément que les animaux qui paissent suivis de leur cortège de petits prédateurs migrent pendant le jour. Et apparemment, c'est ce qu'ils font. La « prairie » elle-même ne migre pas et si elle avait une raison quelconque de le faire, il faudrait que ce soit à contre-courant des animaux, car toute sa raison d'être est de capter la lumière du soleil à la surface pendant le jour et d'éviter de se faire manger.

Quelle qu'en soit la raison, la majorité des animaux du plancton gagnent le fond de la mer pour la journée et remontent à la surface pour la nuit. Les méduses, ou beaucoup d'entre elles, suivent ces troupeaux, comme les lions et les hyènes suivent les gnous dans les plaines du Mara et du Serengeti. Mais, contrairement aux lions et aux hyènes, elles ne visent pas des proies particulières : leurs tentacules peuvent bien traîner aveuglément, elles gagnent à cette poursuite, et c'est une des raisons pour lesquelles les méduses se déplacent. Certaines espèces y gagnent encore davantage en avançant en zigzag, là encore sans viser de proies particulières, mais en élargissant la zone balayée par ces tentacules équipés de batteries de harpons meurtriers. D'autres se limitent à des déplacements verticaux.

On a décrit un autre type de migration pour expliquer la masse des méduses du lac aux Méduses sur l'île de Mercherchar, dans les îles Palau (une colonie américaine dans le Pacifique oriental). Ce lac, salé car il communique sous terre avec la mer, tire son nom de son énorme population de méduses. Il s'y trouve plusieurs espèces, mais celle qui prédomine est *Mastigias*, dont on estime l'effectif à 20 millions pour un lac de 2,5 kilomètres de long sur 1,5 kilomètre de large. Toutes les méduses passent la nuit aux abords de la pointe ouest du lac. Au lever du soleil, à l'est, elles se dirigent tout droit dans sa direction, et donc vers la rive est du lac. Elles s'arrêtent avant d'atteindre la rive pour une raison d'une simplicité intéressante. Les arbres qui bordent la berge projettent une ombre profonde qui coupe tellement la lumière du soleil que le pilote automatique des méduses en quête de soleil se met à les pousser vers l'ouest, maintenant plus lumineux. Mais à peine ont-elles quitté l'ombre des arbres, qu'elles repartent vers l'est.

Comme ce conflit interne les piège autour de la ligne de l'ombre (je n'ose penser que c'est plus qu'une coïncidence), elles restent à une distance respectueuse des dangereuses anémones de mer prédatrices qui bordent le rivage. Dans l'après-midi, elles suivent le soleil dans sa descente vers l'ouest, où toute l'armada se trouve à nouveau prise au piège de la ligne d'ombre des arbres. L'obscurité venant, elles se déplacent verticalement vers la surface puis vers le fond à l'extrémité ouest du lac jusqu'à ce que l'aube attire à nouveau leur pilotage automatique vers l'est. J'ignore ce qu'elles pourraient gagner à cette migration remarquable deux fois par jour. L'explication telle qu'elle a été publiée me satisfait trop peu pour que je la redise. Pour l'instant, la leçon de ce message doit être que le monde du vivant nous offre bien des énigmes que nous n'expliquons pas encore, et cela, en soi, est passionnant.

Il était une fois… le polypier

Tous les êtres vivants qui évoluent observent ce qui change autour d'eux, que ce soit le temps qu'il fait, la température, et les précipitations, ou – plus compliqué parce que vous en subissez les réactions à l'échelle de l'évolution – les autres lignées évolutives comme celles des prédateurs et des proies. Certaines créatures qui évoluent modifient par leur simple présence le monde dans lequel elles vivent et auquel elles doivent s'adapter. Ainsi, l'oxygène que nous respirons n'était pas là avant que des plantes vertes ne le produisent. Poison au départ, il a créé des conditions de vie radicalement différentes, que la majorité des lignées animales ont d'abord été obligées de tolérer, puis dont elles ont été forcées de dépendre. Sur une échelle de temps plus courte, les arbres d'une forêt adulte habitent un monde qu'eux-mêmes ont créé sur des centaines d'années, le temps qu'il faut pour transformer du sable nu en une forêt adulte. Celle-ci, bien sûr, est aussi un environnement riche et complexe auquel d'innombrables autres espèces de plantes et d'animaux ont dû progressivement s'adapter.

Le terme « corail » servant aussi bien pour désigner un organisme que la matière dure qu'il élabore, je me laisserai aller à une petite fantaisie en empruntant à Darwin le terme plus ancien de polypier* pour me référer à l'organisme qui prend ici la parole. Les coraux, en tant qu'organismes, ou polypiers, transforment leur monde sur des centaines de milliers d'années en érigeant sur des générations de squelettes de leurs aïeux d'énormes montagnes sous-marines qui sont de véritables remparts contre les vagues. Avant de mourir, les coraux s'associent avec d'innombrables congénères pour constituer le monde dans lequel vivront leurs descendants. Et pas seulement leurs descendants, mais les futures générations d'une énorme communauté intriquée d'animaux et de plantes. L'idée de communauté sera le message principal qui nous sera livré ici.

L'île Héron est une île de la Grande Barrière de corail que je suis allé voir à deux reprises. L'île est entourée par un récif (qui forme en général une énorme zone pâle autour de l'île sur les photos) dont l'île n'est que le sommet ; il est couvert d'un sable de corail écrasé (dont une grande partie est passée par des tubes digestifs de poissons) dans lequel pousse une végétation d'une variété limitée, qui fait vivre une faune d'animaux terrestres tout aussi limitée. À l'aune des objets entièrement fabriqués par des créatures vivantes, les récifs coralliens sont énormes, et les forages indiquent que certains ont plusieurs centaines de mètres de profondeur. L'île Héron n'est qu'une île parmi plus de mille îles ainsi que 3 000 récifs environ qui constituent la Grande Barrière de corail dont l'arc borde la côte du nord-est de l'Australie sur 2 000 kilomètres. On dit souvent, je ne sais pas dans quelle mesure c'est vrai, que la

* Le terme exact employé par Darwin est celui de *polypifer*. (*N.d.T.*)

Grande Barrière est la seule preuve de vie sur notre planète qui soit assez grosse pour être visible depuis l'espace. On dit aussi qu'elle abrite 30 % des créatures marines du monde, mais là encore, je ne suis pas bien sûr de ce que cela veut dire, de ce qui est compté. Peu importe, la Grande Barrière est quelque chose d'absolument remarquable, et elle a été entièrement construite par ces petits animaux à l'allure d'anémones de mer qu'on appelle les coraux ou les polypiers. Les polypiers vivants n'occupent que les couches superficielles d'un récif corallien. Au-dessous, et jusqu'à une centaine de mètres de profondeur sur certains atolls de l'océan, gisent les squelettes de leurs prédécesseurs, compressés en calcaire.

Aujourd'hui, seul le corail construit des récifs, mais, dans des ères géologiques plus anciennes, il n'avait pas ce monopole. À différents moments, des récifs ont aussi été construits par des algues, des éponges, des mollusques et des vers tubulaires. La grande réussite des organismes coralliens semble provenir de leur association avec des algues microscopiques qui vivent dans leurs cellules et opèrent dans les hauts-fonds éclairés par le soleil une photosynthèse qui bénéficie en fin de compte aux coraux. Ces algues, les zooxanthelles, ont toute une variété de pigments de couleur pour capter la lumière, ce qui explique la richesse photogénique des récifs coralliens. Il n'est pas étonnant que l'on ait autrefois pris les coraux pour des plantes : ils se procurent une grande partie de leur nourriture de la même façon que les plantes, et, comme elles, ils sont en compétition pour capter la lumière. On ne peut donc que s'attendre à ce qu'ils aient des formes similaires. De plus, leur lutte pour être en pleine lumière et pas dans l'ombre amène toute leur communauté à ressembler à une canopée. Et comme toute forêt, le récif corallien abrite aussi une grande communauté d'autres créatures.

Les récifs coralliens augmentent énormément l'« écospace » d'une région. Comme l'écrit mon collègue Richard Southwood dans *The Story of Life* :

> Là où il y aurait, ailleurs, une surface de rochers ou de sable surmontée d'une colonne d'eau, le récif offre une structure complexe à trois dimensions, avec une importante surface supplémentaire comprenant un grand nombre d'anfractuosités et de petites grottes.

Les forêts font un peu pareil en offrant à l'activité et à la colonisation biologiques une plus grande surface effective. Cette extension de l'écospace est un phénomène attendu dans les communautés écologiques complexes. Les récifs coralliens abritent une énorme variété d'animaux de toutes sortes qui se logent dans les moindres recoins de ce prodigieux écospace qui leur est offert.

On observe le même phénomène dans les organes du corps. Le cerveau humain augmente sa surface effective – et donc sa capacité fonctionnelle – en se plissant. Ce n'est peut-être pas un hasard si le « corail du cerveau » lui ressemble de façon aussi frappante.

Darwin lui-même a été le premier à comprendre la formation des récifs coralliens. Son premier ouvrage scientifique (après son récit de voyage sur le *Beagle*, *Voyage d'un naturaliste au bout du monde*) a été le traité intitulé *Les Récifs de corail, leur structure et leur distribution*, qu'il a publié alors qu'il n'avait que trente-trois ans. Voici, telle que nous la verrions aujourd'hui, la question que se posait Darwin, alors qu'il ne possédait pas la majorité des informations pertinentes pour la poser et pour y répondre. À la vérité, sa théorie des récifs coralliens témoigne d'une intuition scientifique stupéfiante, et c'est cette même intuition qui lui inspirera plus tard ses théories plus célèbres de la sélection naturelle et de la sélection sexuelle.

Les coraux ne peuvent vivre que dans des eaux peu profondes. Ils dépendent des algues qui sont présentes dans leurs cellules, et qui, bien sûr, ont besoin de lumière. La faible profondeur convient aussi au plancton qui complète l'alimentation des coraux. Les coraux vivent sur le littoral et l'on observe effectivement la présence de « récifs frangeants » peu profonds le long des côtes tropicales. Mais ce qui intrigue concernant les coraux, c'est que l'on peut aussi en trouver entourés d'eau très profonde. Les îles coralliennes en pleine mer sont les sommets de très hautes montagnes sous-marines, édifiées par des générations de coraux morts. Les barrières de corail sont une catégorie intermédiaire, elles suivent le littoral, mais plus loin que les récifs frangeants, et elles sont séparées de la côte par des eaux plus profondes. Même dans le cas d'îles coralliennes lointaines complètement isolées dans l'océan profond, les coraux sont toujours à une faible profondeur, près de la lumière où leurs algues et eux peuvent proliférer. Mais cette faible profondeur ne tient qu'aux générations de coraux plus anciens sur lesquels ils se trouvent.

Darwin, comme je l'ai dit, ne possédait pas toutes les informations qui sont nécessaires pour apprécier l'étendue du problème. C'est seulement parce que des forages dans les récifs ont révélé l'existence de corail compacté jusqu'à de grandes profondeurs que l'on sait maintenant que les atolls de corail sont les sommets de grandes montagnes sous-marines faites d'anciens coraux. D'après la théorie qui prévalait à l'époque de Darwin, les atolls étaient des incrustations superficielles de corail au sommet de volcans immergés qui se dressaient jusqu'au ras de la surface. Dans ce cas, la question ne se posait pas : les coraux ne poussaient que dans les hauts-fonds, et c'étaient les volcans qui leur donnaient le support dont ils avaient besoin pour rester en surface. Mais Darwin n'était pas de cet avis, même s'il n'avait aucun moyen de savoir que le corail mort avait une telle profondeur.

La deuxième intuition géniale de Darwin était sa théorie elle-même. Il suggérait que le fond de la mer ne cessait de se tasser au voisinage des atolls (alors qu'il s'élevait à d'autres endroits, comme il le savait bien pour avoir trouvé des fossiles marins en altitude dans les Andes)*. Darwin avança l'idée que, comme le fond de la mer se tassait, il entraînait avec lui la montagne de corail. Les coraux poussaient au sommet de la montagne au même rythme que celle-ci se tassait à la base, de façon que le sommet soit toujours proche de la surface de la mer, dans la zone de la lumière qui leur était favorable. La montagne elle-même n'était qu'une superposition de couches de coraux morts qui avaient autrefois prospéré au soleil. Les coraux les plus anciens, à la base de la montagne sous-marine, avaient probablement commencé sous la forme d'un récif frangeant d'un quelconque bout de terre dont on avait oublié l'existence, ou d'un volcan éteint depuis longtemps. La terre s'étant peu à peu enfoncée sous l'eau, les coraux sont devenus plus tard un récif barrière, de plus en plus éloigné de la côte à mesure que celle-ci reculait. Le tassement se poursuivant, la terre d'origine a complètement disparu, et le récif barrière est devenu la base d'une extension prolongée de la montagne sous-marine tant que s'est poursuivi le tassement. Les îles coralliennes lointaines dans l'océan ont débuté perchées au sommet de volcans dont la base s'est lentement tassée de la même façon. L'idée de Darwin tient toujours à la lumière des données actuelles, et la tectonique des plaques qui explique le tassement en renforce la validité.

---

* C'était, évidemment, bien avant la théorie de la tectonique des plaques. Darwin était inspiré par son mentor, le géologue Charles Lyell, pour qui des parties de l'écorce terrestre se soulevaient et s'effondraient les unes par rapport aux autres.

Le récif corallien est l'exemple classique d'une communauté qui a atteint la perfection, et ce sera le point d'orgue du message du polypier. Une communauté est un ensemble d'espèces qui ont évolué de façon à prospérer en présence les unes des autres. La forêt pluviale est une communauté. Le marais aussi. Tout comme le récif corallien. Parfois, le même type de communauté jaillit en même temps dans différentes parties du monde où le climat lui est favorable. Les communautés « méditerranéennes » ne sont pas apparues seulement autour de la Méditerranée elle-même, elles ont aussi surgi sur les côtes de Californie, du Chili, de l'Australie du Sud-Ouest, et de la région du Cap en Afrique du Sud. Les espèces particulières de plantes que l'on trouve dans ces cinq régions sont différentes, mais les communautés végétales elles-mêmes sont typiquement « méditerranéennes » de la même façon que, mettons, Tokyo et Los Angeles portent la marque indéniable des « grandes métropoles ». Et la végétation méditerranéenne s'accompagne d'une faune tout aussi caractéristique.

Il en va de même pour les communautés des récifs tropicaux. Elles varient dans les détails, mais elles sont pareilles pour l'essentiel, qu'il s'agisse du Pacifique Sud, de l'océan Indien, de la mer Rouge ou des Caraïbes. Il existe aussi des récifs de zone tempérée, qui sont un peu différents, mais dont une grande particularité commune est le phénomène remarquable des poissons nettoyeurs – une merveille qui illustre de façon concrète l'intimité subtile qui peut se créer dans une communauté écologique réussie.

De nombreuses espèces de petits poissons, ainsi que quelques crevettes, exercent un métier florissant : ils se nourrissent en débarrassant les gros poissons des parasites ou du mucus qui prolifèrent sur leurs faces extérieures, et, dans certains cas, en entrant même dans leur bouche où ils font office de cure-dents avant de ressortir par les ouïes. Ce fait est la preuve d'un étonnant niveau de « confiance* », mais là, ce qui m'intéresse surtout dans les poissons nettoyeurs, c'est l'exemple d'un « rôle » au sein d'une communauté. En règle générale, chaque nettoyeur tient en quelque sorte une « station d'entretien » où se rendent les poissons plus gros pour se faire nettoyer. L'avantage pour les deux parties réside vraisemblablement dans le gain de temps, un temps qui sinon pourrait être

* Les problèmes évolutifs relatifs à la « confiance » sont intéressants, mais comme j'ai déjà traité ce sujet dans *Le Gène égoïste*, je dois me retenir pour ne pas me répéter ici.

passé à chercher un nettoyeur d'un côté, et un client de l'autre. Le maintien d'un site favorise aussi des rencontres répétées entre nettoyeur et client, ce qui permet à la « confiance », cette disposition fondamentale, de se développer. On a comparé ces stations de nettoyage à des salons de coiffure. On a dit – mais ce point a été récemment contesté – que, si tous les nettoyeurs disparaissent d'un récif, la santé générale des poissons qui s'y trouvent se dégrade de façon alarmante.

Dans différentes parties du monde, les nettoyeurs locaux ont évolué indépendamment, et ils appartiennent à des groupes de poissons différents. Dans les récifs des Caraïbes, le métier de nettoyeur est essentiellement assumé par les membres de la famille des gobies, qui constituent en général des petits groupes de nettoyeurs. Dans le Pacifique, en revanche, le nettoyeur le plus connu est un labre, *Labroides*. *L. dimidiatus* tient la boutique pendant la journée, tandis que *L. bicolor*, m'a dit George Barlow, mon collègue du temps de Berkeley, s'affaire auprès de la guilde nocturne des poissons qui se réfugient dans les grottes pendant le jour (photo 19 dans le cahier photo). Cette division du travail entre les espèces est caractéristique d'une communauté écologique mature. Dans *The Cichlid Fishes*, le Pr Barlow cite des exemples d'espèces dulçaquicoles dans les grands lacs africains qui sont arrivées à la pratique du nettoyage par des voies convergentes.

Dans les récifs coralliens tropicaux, la coopération quasi fantastique qui s'est développée entre poissons nettoyeurs et « clients » symbolise la façon dont une communauté écologique peut parfois simuler l'harmonie intriquée d'un organisme unique. De fait, la ressemblance est séduisante, trop séduisante. En réalité, les carnivores dépendent des herbivores, qui dépendent des végétaux et, sans prédation, la taille des populations subirait une inflation galopante et incontrôlée, aboutissant pour tous à la catastrophe ; sans détritivores, comme certains coléoptères et certaines bactéries, le monde serait submergé sous les cadavres, et jamais le fumier ne serait recyclé dans les plantes. Sans certaines espèces qui sont de réelles « clés de voûte », et dont l'identité surprend parfois, c'est la communauté tout entière qui s'effondrerait. Il est donc tentant de considérer que chaque espèce est un organe dans le superorganisme qu'est la communauté.

Décrire les forêts du monde comme ses « poumons », cette métaphore ne fait pas de mal, et elle peut même être bénéfique si elle incite les gens à les préserver. En revanche, cette rhétorique d'harmonie holistique peut dégénérer en une sorte de mysticisme à l'eau de rose, style prince Charles. En fait, ceux que séduit l'idée d'un « équilibre de la nature » mystique sont souvent les mêmes jobards qui vont voir des charlatans pour « équilibrer leurs énergies ». Or, dans leurs domaines respectifs, les organes d'un corps et les espèces d'une communauté interagissent de façon profondément différente quand bien même ils donnent l'apparence d'un ensemble harmonieux.

Le parallèle doit être traité avec grande prudence, mais il n'est pas totalement dénué de fondement. Il existe une écologie dans l'organisme individuel, une communauté de gènes dans le pool génique d'une espèce. Les forces qui produisent une harmonie entre les parties du corps d'un organisme ne sont pas totalement différentes de celles qui produisent l'illusion d'harmonie dans les espèces d'un récif corallien. Il existe un équilibre dans une forêt pluviale, une structure dans une communauté corallienne, un entrelacement élégant des parties qui rappelle la coadaptation dans le corps de l'animal. Dans aucun de ces deux cas la sélection darwinienne ne favorise l'unité équilibrée en tant qu'unité, l'équilibre se réalise par la sélection à un niveau inférieur. La sélection ne favorise pas un ensemble harmonieux, mais ce sont les parties harmonieuses qui prospèrent en présence les unes des autres, donnant ainsi l'illusion d'un ensemble harmonieux.

Les carnivores prospèrent en présence d'herbivores et les herbivores en présence de végétaux. Mais l'inverse est-il valable ? Est-ce que les végétaux prospèrent en présence d'herbivores, et les herbivores en présence de carnivores ? Est-ce que les animaux et les végétaux ont besoin d'ennemis qui les mangent pour prospérer ? Pas directement, contrairement à ce que suggère la rhétorique de certains activistes écologiques. Aucune créature ne bénéficie normalement de se faire manger. Cependant, les herbes qui supportent mieux que des rivales d'être mangées, prospèrent effectivement en présence d'animaux qui s'en nourrissent – suivant le principe de « l'ennemi de mon ennemi ». Et c'est un peu pareil pour les victimes des parasites – et des prédateurs, mais là, l'histoire est plus compliquée. Il n'en reste pas moins qu'il est trompeur de dire qu'une communauté « a besoin » de ses parasites et de ses prédateurs comme l'ours polaire a besoin de son foie ou de ses dents. Mais le principe de « l'ennemi de l'ennemi » aboutit en quelque sorte au même résultat. Il peut être valable de voir une communauté d'espèces, en l'occurrence un récif corallien, comme une sorte d'entité équilibrée potentiellement menacée par la disparition des éléments qui la composent.

L'idée de communauté constituée d'unités de niveau inférieur qui prospèrent en présence les unes des autres est omniprésente dans la vie. Ce principe s'applique même à la cellule unique. La majorité des cellules des animaux abritent des communautés de bactéries qui sont si totalement intégrées à leur fonctionnement régulier que l'on vient seulement d'en comprendre les origines bactériennes. Les mitochondries, qui étaient naguère des bactéries vivant librement, sont aussi essentielles pour le fonctionnement de nos cellules que nos cellules le sont pour elles. Leurs gènes ont prospéré en présence des nôtres, comme les nôtres ont prospéré en présence des leurs. Les cellules des plantes sont incapables d'effectuer seules la photosynthèse. Cette magie chimique est réalisée par des hôtes qui étaient à l'origine des bactéries et que l'on a renommés chloroplastes. Les êtres qui se nourrissent de végétaux, comme les ruminants et les termites, sont à eux seuls largement incapables de digérer la cellulose. Mais ils s'y entendent à trouver et à mâcher des plantes (comme nous le dira le mixotriche). La niche qu'offre leur tube digestif rempli de plantes est exploitée par des micro-organismes symbiotiques qui ont la compétence biochimique nécessaire pour digérer efficacement le matériel végétal. Les créatures dont les talents se complètent prospèrent en présence les unes des autres.

Ce que je voudrais ajouter à cette idée qui nous est familière, c'est que l'on retrouve ce processus au niveau des gènes « propres » de toutes les espèces. Le génome entier de l'ours polaire ou du manchot, du caïman ou du guanaco, est une communauté écologique de gènes qui prospèrent en présence les uns des autres. Le site de cette prospérité est dans l'immédiat l'intérieur des cellules de l'individu, mais à long terme, c'est le pool génique de l'espèce. Du fait de la reproduction sexuée, le pool génique est l'habitat de tous les gènes à mesure qu'ils se recopient et se recombinent de génération en génération.

Rendez-vous 29

LES CTÉNOPHORES

Les cténophores qui se joignent à nous au Rendez-vous 29 sont parmi les plus beaux de tous les pèlerins animaux. Une ressemblance superficielle les a fait classer à tort comme méduses. Ils figuraient dans le même phylum, celui des cœlentérés, qui mettait en avant leur caractéristique commune, à savoir que la cavité principale du corps est en même temps la cavité digestive. Ils possèdent aussi un réseau nerveux simple, comme les cnidaires, et ont comme eux le corps construit à partir de seulement deux couches de tissu (cette idée est contestée). Tout compte fait, les données modernes laissent cependant penser que les cnidaires sont des cousins plus proches de nous que des cténophores : autant dire que les cnidaires rejoignent le pèlerinage « avant » les cténophores. Mais je n'en suis pas suffisamment certain pour dater cet événement.

En grec, cténophore signifie « porte-peigne ». Ces « peignes » sont des rangées saillantes de cils à l'allure de poils dont les battements propulsent ces créatures délicates, au lieu que ce soit la pulsion de muscles comme chez les méduses qui leur ressemblent superficiellement. Ce système de propulsion n'est pas rapide, mais on peut penser qu'il leur convient, pas pour traquer activement des proies mais parce qu'il améliore leur tableau de chasse comme chez la méduse. Leur ressemblance avec cette dernière et leur délicate consistance gélatineuse leur valent en anglais le nom de *comb jellies* [gelées à peignes]. Ils ne totalisent pas beaucoup d'espèces – une centaine environ –, mais le nombre total des individus n'est pas négligeable et, quels que soient les critères auxquels on se réfère, ils embellissent tous les océans du monde. Des ondulations synchronisées parcourent les rangées de cils, accompagnées de mystérieuses irisations.

Les cténophores sont des prédateurs mais, à l'instar des méduses, ils vivent des proies qui se jettent passivement dans leurs tentacules. Malgré leur ressemblance, ils ne possèdent pas de cnidocytes, mais des « cellules-lassos » qui leur sont propres et qui projettent une sorte de colle au lieu de harpons acérés et venimeux. Peut-être pourrions-nous voir le cténophore un peu comme une autre façon d'être une méduse. Certains d'entre eux, cependant, sont loin d'avoir la forme d'une ombrelle. La superbe *Cestum veneris* (visible dans le cahier photo, ill. 20) est un de ces rares animaux dont les noms en français et en latin veulent dire exactement la même chose, la ceinture de Vénus, ce qui n'a rien d'étonnant. Le corps est un long ruban irisé et d'une

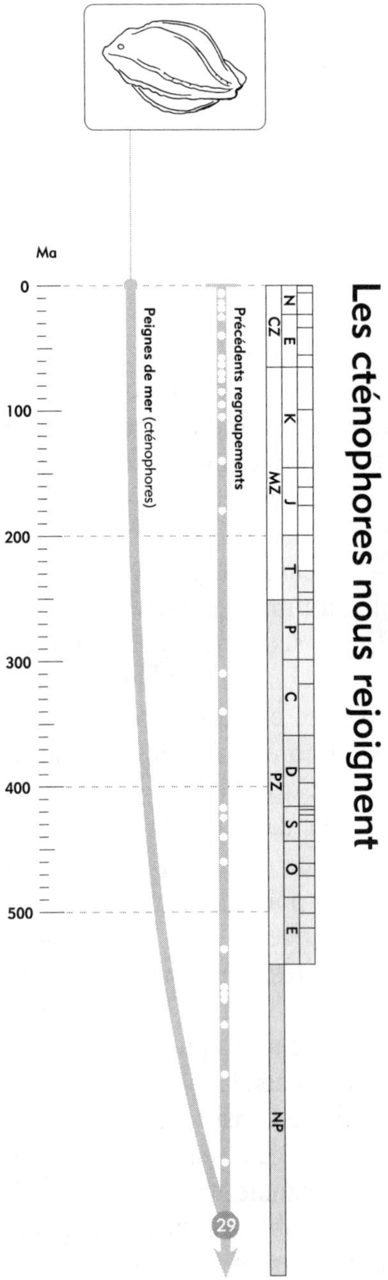

Les cténophores nous rejoignent. On désigne parfois les animaux à symétrie bilatérale, avec les cnidaires et les cténophores, sous le nom d'« eumétazoaires ». Conformément à certaines études moléculaires, les 80 espèces connues de cténophores sont ici placées comme les parentes les plus lointaines de tous, mais cette position n'est pas définitive.

Dessin : béroé (*Beroe* sp.).

beauté éthérée, trop beau pour une déesse. Remarquez que, bien que la ceinture de Vénus soit aussi longue et mince qu'un ver, ce « ver » n'a ni tête ni queue, mais chaque côté est l'image miroir de l'autre en partant du milieu où se trouve la bouche, la « boucle » de la ceinture. Il a pourtant une symétrie radiaire (ou plus exactement biradiaire).

Rendez-vous **30**

LES PLACOZOAIRES

Voici maintenant un petit animal énigmatique : *Trichoplax adhaerens*, la seule espèce connue de tout son phylum, les placozoaires – ce qui, bien sûr, ne signifie pas nécessairement qu'elle soit la seule. Je dois dire qu'en 1896 un deuxième placozoaire originaire de la baie de Naples a été décrit et nommé *Treptoplax reptans*. Mais comme on ne l'a jamais revu, les spécialistes pensent en général que ce spécimen particulier n'était autre que *Trichoplax*. Il est cependant possible que les données moléculaires mettent bientôt au jour d'autres espèces.

Trichoplax vit dans la mer et ne ressemble pas à grand-chose, n'étant symétrique dans aucune direction ; il est un peu comme une amibe, sauf qu'il est constitué de nombreuses cellules, au lieu d'une seule ; il est un peu comme un ver plat, sauf qu'il n'a pas d'avant ni d'arrière évidents, ni de côté droit ou gauche. Telle une minuscule brosse de forme irrégulière, d'à peu près trois millimètres en diagonale, il rampe à la surface de l'eau sur un petit tapis retourné de cils vibratiles. Il se nourrit d'êtres unicellulaires, essentiellement des algues, encore plus petites que lui, qu'il digère par sa surface inférieure sans les amener dans son corps.

Il n'y a pas grand-chose dans l'anatomie de *Trichoplax* qui le relie à aucun autre type d'animal. Il possède deux couches principales de cellules, comme un cnidaire ou un cténophore. En sandwich entre les deux feuillets principaux, quelques cellules contractiles fonctionnent plus ou moins comme des muscles. L'animal raccourcit ces filaments pour changer de forme. Strictement parlant,

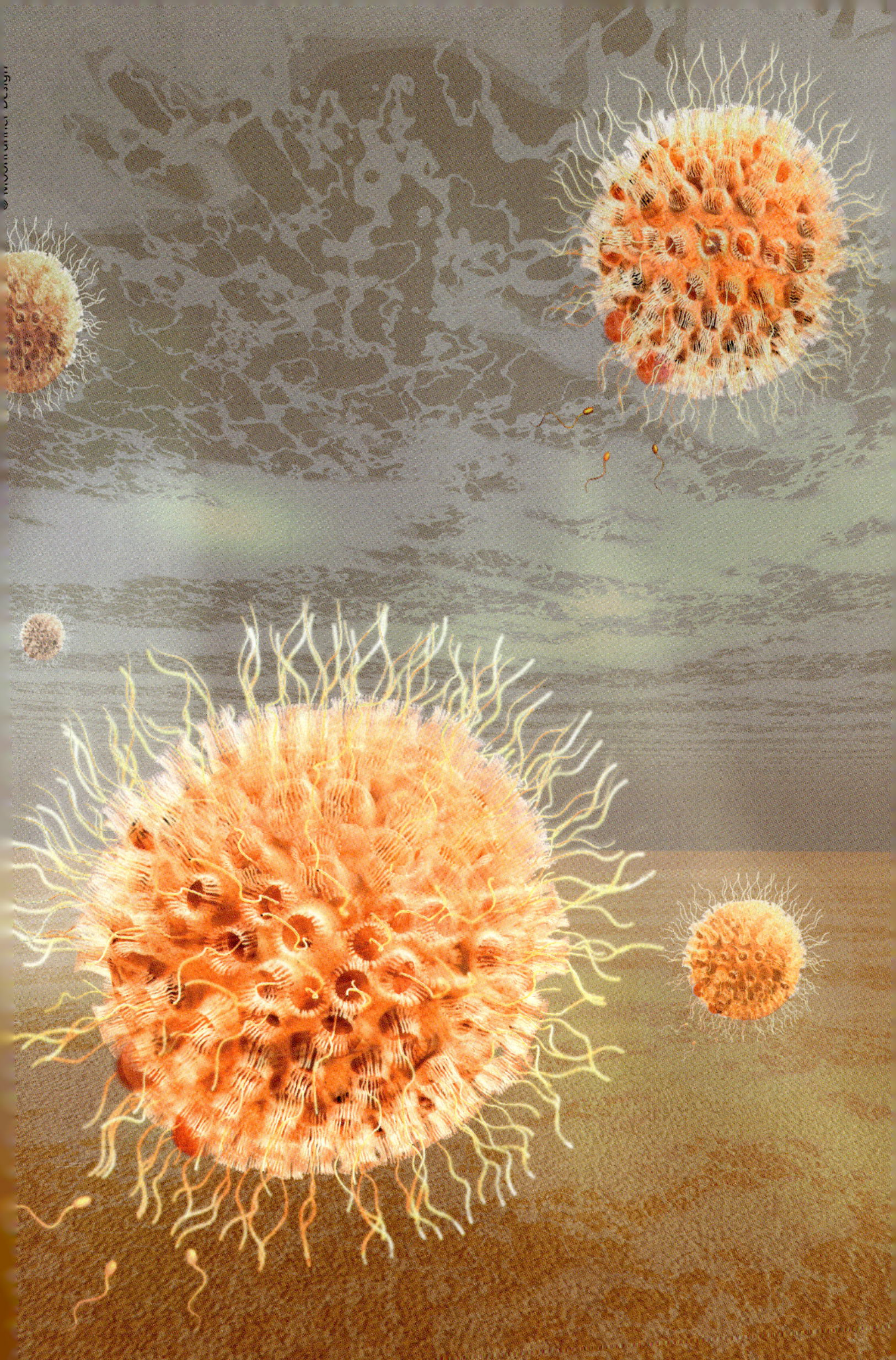

12. Notre coancêtre 31
On pense qu'il s'agissait d'une boule de choanocytes aux pointes dirigées vers l'extérieur (voir « Il était une fois l'éponge ») capables de capturer les bactéries en remuant leurs cilia semblables à des cheveux. Ces animaux multicellulaires se reproduisaient sexuellement. Cette reconstitution montre des œufs et du sperme flottant librement.

13. Cœlacanthe
Latimeria chalumnae
photographié au large
des îles Comores,
dans l'océan Indien.

14. Dragon marin feuillu
Phycodurus equus fait penser
à une algue, mais il s'agit bel
et bien d'un animal marin,
un hippocampe.

15. Ascidies bleues adultes
Rhopalae crassa est également appelée tunicier à cause de la « tunique » de consistance gélatineuse ou cartilagineuse qui lui enveloppe le corps.

16. Fourmis coupe-feuilles
Les ouvrières de l'espèce Atta transportent des fragments de feuille vers leur nid, formant ainsi de larges rivières vertes et bruissantes.
À noter : la minuscule ouvrière qui voyage sur la feuille.

17. Mouche du vinaigre mutante homéotique

Après modification génétique, l'animal développe des segments différents de ceux de la mouche normale et peut, par exemple, arborer des ailes supplémentaires à un endroit inhabituel.

18. ***Dickinsonia costa***

Animal de la faune d'Ediacara difficile à placer dans l'arbre du vivant.

19. Labres (*Labroides dimidiatus*) et rouget-barbet sellé (*Parupeneus rubescens*)
C'est en toute confiance que ces poissons nettoyeurs font la toilette d'un poisson plus gros.

20. Ceinture de Vénus (*Cestum veneris*)
Animal marin (ou décor pour le plaisir des yeux ?).

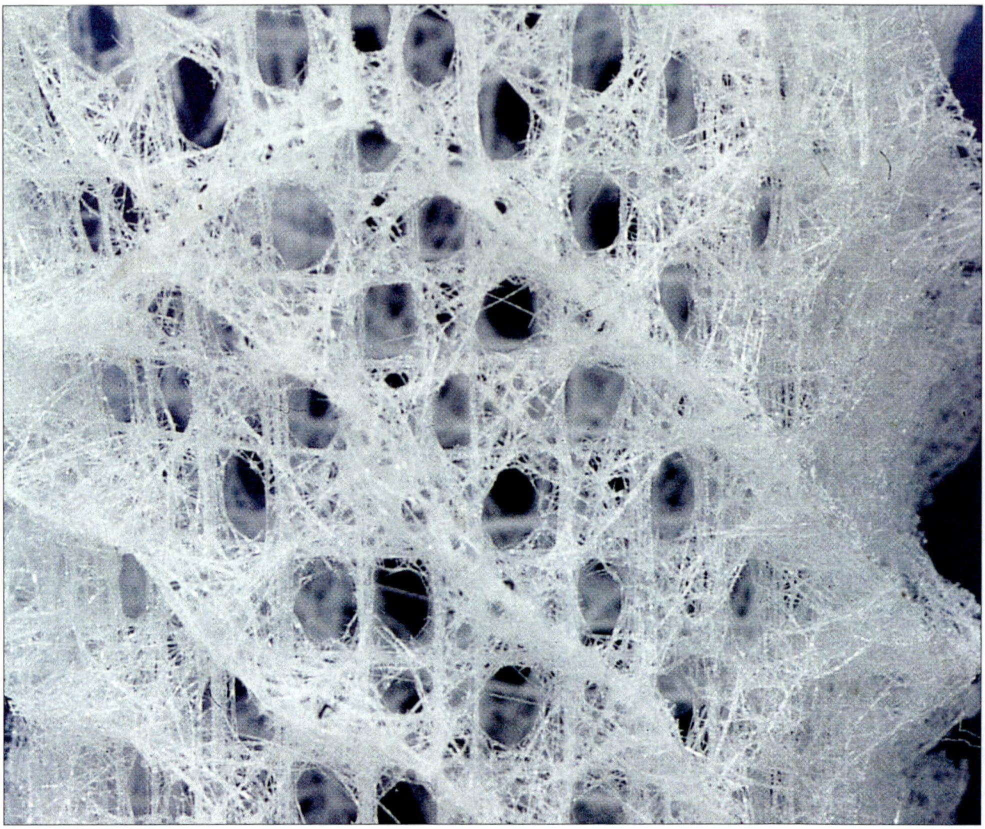

21. Éponge de verre (*Euplectella aspergillum*)
Détail du squelette de spicules de ce « panier de Vénus ».

22. Satyres puants (*Phallus impudicus*)
Ce basidiomycète
à l'odeur pestilentielle
n'est pas comestible.

23. Notre coancêtre 36
Reconstitution d'un eucaryote unicellulaire, dont la structure est maintenue par un cytosquelette (le réseau de filaments blancs). À noter le noyau en bas à droite, ainsi que différentes vésicules et plusieurs mitochondries de forme allongée.

24. Évolution des yeux

L'œil est un organe qui a connu une diversification extraordinaire, visible ici chez différents animaux (en partant du haut à gauche, dans le sens des aiguilles d'une montre) :
Nautilus pompilius (œil en trou d'épingle) ;
trilobite fossile (*Phacops*, œil composé, en lentilles de calcite) ;
mouche noire simulie (*Simulium damnosum*, œil composé) ;
poisson-perroquet (*Sparisoma viride*, œil de poisson) ;
grand duc de Virginie (*Bubo virginianus*, œil à cornée).

les deux feuillets de cellules ne devraient pas porter les qualificatifs de dorsal et ventral. Le feuillet supérieur est parfois dit protecteur, et le feuillet inférieur digestif. Selon certains auteurs, le feuillet digestif s'invagine pour former temporairement une cavité destinée à la digestion, mais comme les observateurs ne l'ont pas tous vu, c'est peut-être une erreur.

Trichoplax a eu une histoire quelque peu confuse dans la littérature de zoologie, si l'on en croit un article récent de T. Syed et B. Schierwater. Quand il a été décrit pour la première fois en 1883, on a cru qu'il était très primitif, et il a maintenant recouvré ce statut honorifique. Malheureusement, il ressemble superficiellement à la larve dite *planula* de certains cnidaires. En 1907, un zoologiste allemand du nom de Thilo Krumbach a cru en avoir vu un à l'endroit où il avait auparavant vu des *pla-*

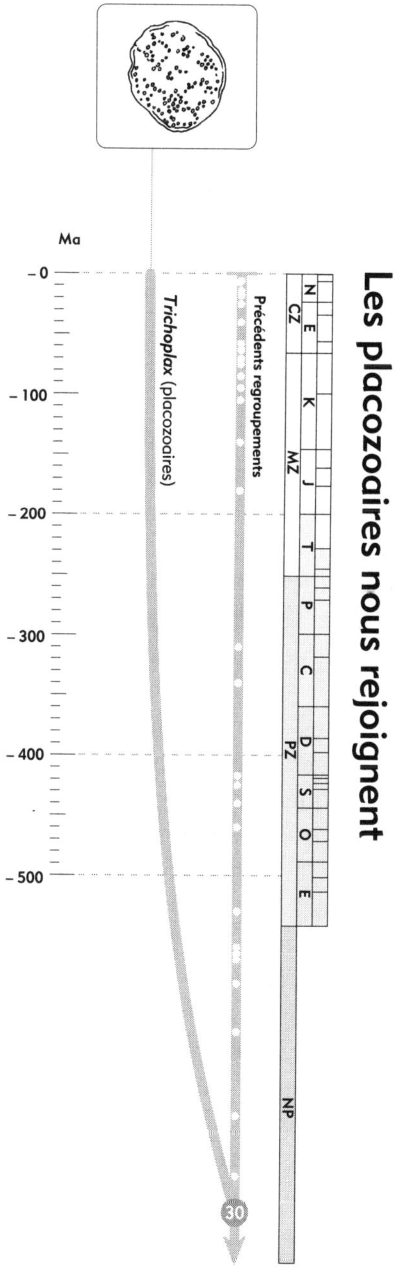

Les placozoaires nous rejoignent. Comme pour les Rendez-vous 28 et 29, l'ordre des Rendez-vous 30 et 31 est fort incertain. Le Rendez-vous 30 pourrait être la rencontre avec les placozoaires (représentés par leur espèce unique, *Trichoplax*), ou avec les éponges. Pour l'instant, cette disposition est totalement arbitraire. Il ne faudrait pas s'étonner s'il fallait permuter les Rendez-vous 30 et 31.

Dessin : *Trichoplax adhaerens.*

nula, si bien qu'il a pris ces petites créatures pour des *planula* modifiées. Cela n'aurait guère eu d'importance si en 1922 n'était intervenu le décès de W. Kükenthal, responsable de l'édition du *Handbuch der Zoologie* [Manuel de zoologie], un ouvrage en plusieurs volumes qui faisait autorité. Malheureusement pour *Trichoplax*, le suppléant de Kükenthal n'était autre que Thilo Krumbach. C'est ainsi que *Trichoplax* a donc été classé dans les cnidaires dans le Kükenthal et Krumbach, et cette initiative a été recopiée dans l'équivalent français, le *Traité de zoologie* édité par P. P. Grassé (qui, soit dit en passant, a conservé des sympathies antidarwiniennes longtemps après qu'il aurait dû être plus apte à en juger). L'idée a aussi été empruntée au *Handbuch* par Libbie Henrietta Hyman, auteur de l'incontournable ouvrage américain en plusieurs volumes, *Invertebrates*.

Écrasé sous l'autorité et le poids de ces ouvrages en plusieurs volumes, quelle chance restait-il au pauvre petit *Trichoplax*, étant donné en particulier que personne n'avait jeté les yeux sur l'animal lui-même depuis plus d'un demi-siècle ? Il a ainsi langui comme une prétendue larve de cnidaire jusqu'à ce que la révolution moléculaire permette enfin de découvrir ses véritables affinités. Quoi que ce soit d'autre, ce n'est définitivement pas un cnidaire. Les indications préliminaires issues d'études d'ARNr (dont nous parlera le Taq) laissent penser que *Trichoplax* est plus éloigné du reste du règne animal qu'aucun autre groupe, hormis les éponges, et même ces dernières pourraient s'avérer plus proches de nous. De tous les animaux multicellulaires, *Trichoplax* est celui qui a le plus petit génome et l'organisation corporelle la plus simple. Il ne possède que quatre types de cellules, comparés aux plus de deux cents types que nous abritons ; et seulement un gène Hox.

Les données de génétique moléculaire indiquent pour l'instant que ce petit pèlerin solitaire nous rejoint au Rendez-vous 30, à peut-être – 780 millions d'années, « avant » les éponges. Mais ce n'est vraiment qu'une conjecture. Il se pourrait que les Rendez-vous 30 et 31 (avec les éponges) soient inversés, auquel cas *Trichoplax* serait notre plus lointain cousin parmi les vrais animaux. On comprend bien qu'il y ait actuellement un fort lobby poussant à ce que *Trichoplax* figure dans cette compagnie d'élite des organismes dont le génome est entièrement séquencé. Je pense que cela va se faire, et si c'est le cas, nous saurons bientôt ce qu'est vraiment cette étrange petite créature.

Rendez-vous 31

LES ÉPONGES

Dans les pèlerins qui doivent encore nous rejoindre, les éponges sont les derniers à faire partie des métazoaires, les vrais animaux multicellulaires. Elles n'ont pas toujours été élevées à la dignité de métazoaires, étant considérées comme négligeables en tant que « parazoaires » – nom désignant une sorte de citoyen de deuxième classe du règne animal. De nos jours, on a gardé la même distinction de classe en plaçant les éponges dans les métazoaires, mais en forgeant le nom d'eumétazoaires pour tous les autres, *sauf* elles*.

Certains s'étonnent parfois d'apprendre que les éponges sont des animaux et pas des plantes. À l'instar des plantes, elles ne bougent pas. Enfin, elles ne déplacent pas tout leur corps. Ni les plantes ni les éponges n'ont de muscles. Elles ont bien des mouvements au niveau cellulaire, mais c'est vrai aussi des plantes. Les éponges vivent en faisant passer à travers leur corps un courant d'eau continu, d'où elles filtrent des particules alimentaires. En conséquence, elles sont pleines de trous, ce qui explique qu'elles retiennent si bien l'eau dans le bain.

Les éponges de toilette ne donnent cependant pas une bonne idée de la forme typique du corps qui est celle d'un pichet creux avec une grande ouverture en haut et de nombreux petits trous sur les côtés. Comme il est facile de le voir en mettant un peu de colorant dans l'eau autour du pichet d'une éponge vivante, l'eau est aspirée

* Et, pour certains auteurs, *Trichoplax*, le petit animal que nous avons rencontré au Rendez-vous 30.

par les petits trous sur les côtés et est rejetée dans la cavité principale, d'où elle ressort par l'entrée principale. L'eau est poussée par des cellules spéciales, les choanocytes, qui tapissent les chambres et les canaux de ses parois. Chaque choanocyte a un flagelle qui ondule (comme un cil, mais plus gros), entouré d'une profonde collerette. Nous retrouverons les choanocytes car ils jouent un rôle important dans notre histoire de l'évolution.

Les éponges n'ont pas de système nerveux, et leur structure interne est relativement simple. Bien qu'elles aient plusieurs sortes de cellules, ces cellules ne s'organisent pas en tissus et en organes comme les nôtres. Elles sont « totipotentes », ce

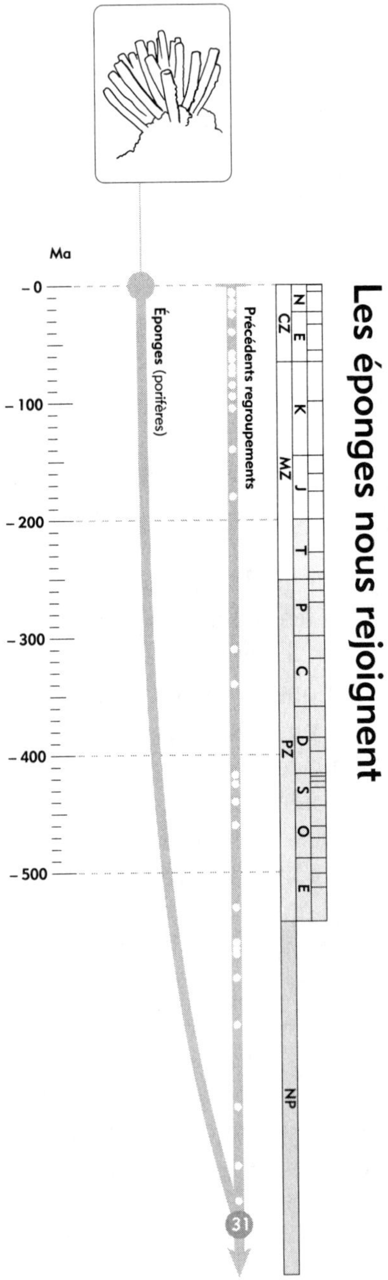

Les éponges nous rejoignent. Depuis Linné, les animaux (« métazoaires ») sont classés comme un des règnes de vie. On considère en général que les quelque 10 000 espèces d'éponges décrites sont une branche qui a divergé très tôt, ce que confirment les données moléculaires (mais *Trichoplax* a peut-être divergé encore plus tôt). Selon une minorité de taxinomistes moléculaires, il y a deux lignées d'éponges, dont l'une est apparentée de plus près que l'autre aux autres métazoaires – ce qui implique que les tout premiers métazoaires ressemblaient vraiment à des éponges et auraient été classés comme tels – mais cette idée est très controversée.

Dessin : éponge tubulaire jaune *(Aplysina fistularis).*

qui veut dire que chacune a la capacité de devenir n'importe quel type de cellule du répertoire de l'éponge. Il n'en va pas de même des nôtres : une cellule de foie ne peut faire apparaître une cellule de rein ou une cellule nerveuse. Les cellules de l'éponge, en revanche, sont si souples que toute cellule isolée peut donner naissance à une nouvelle éponge entière (et il y a plus à en dire, comme nous le dira l'éponge).

Il n'est donc pas étonnant que les éponges ne fassent aucune distinction entre « cellule germinale » et « cellule somatique ». Chez les eumétazoaires, les cellules de la lignée germinale sont celles qui peuvent faire apparaître des cellules reproductrices et dont les gènes sont en principe immortels. La lignée germinale est faite d'une petite minorité de cellules qui se trouvent dans les ovaires ou dans les testicules, isolées, et dont le seul impératif est de se reproduire. Le *soma* est ce qui dans le corps n'appartient pas à la lignée germinale – les cellules somatiques sont destinées à ne pas transmettre indéfiniment leurs gènes. Chez un eumétazoaire tel qu'un mammifère, un sous-ensemble de cellules est mis à part comme lignée germinale, très tôt au stade embryonnaire. Les autres cellules, les cellules somatiques, peuvent se diviser plusieurs fois pour faire du foie ou du rein, de l'os ou du muscle, mais elles perdent ensuite leur capacité de se diviser.

Les cellules cancéreuses sont la sinistre exception. Elles ont d'une façon ou d'une autre perdu l'aptitude de cesser de se diviser. Mais comme le font remarquer Randolph Nesse et George C. Williams dans *The Science of Darwinian Medicine*, ce n'est pas étonnant. Bien au contraire, ce qui est étonnant dans le cancer, c'est qu'il ne soit pas plus répandu. Chaque cellule du corps, après tout, descend d'une ligne ininterrompue de milliards de générations de cellules de lignée germinale qui n'ont pas cessé de se diviser. Qu'on lui demande tout à coup de devenir une cellule somatique comme une cellule du foie et d'apprendre l'art de *ne pas* se diviser, cela n'est jamais arrivé auparavant dans toute l'histoire des ancêtres de la cellule ! Ne vous y trompez pas, bien sûr les corps qui abritaient les ancêtres de la cellule avaient un foie. Mais, par définition, les cellules de lignée germinale ne descendent pas de cellules du foie.

Toutes les cellules d'éponge sont des cellules de lignée germinale – elles sont toutes potentiellement immortelles. Elles sont de différents types mais elles ne se déploient pas de la même façon que chez la plupart des animaux multicellulaires. Les corps d'embryons d'eumétazoaires se construisent en se fabriquant des couches de cellules qui se replient et s'invaginent tels des origami selon des modes compliqués. Les éponges, elles, n'ont pas ce type d'embryogenèse. Elles s'autoassemblent – chacune de leurs cellules totipotentes a une affinité pour s'accrocher à d'autres, comme si c'étaient des protozoaires autonomes à tendances sociales. Toutefois, les zoologistes modernes rangent les éponges dans les métazoaires, et je les suis dans cette décision. Elles constituent probablement le groupe vivant d'animaux multicellulaires le plus primitif, nous donnant des tout premiers métazoaires une meilleure idée qu'aucun autre animal moderne.

Comme pour les autres animaux, chaque espèce d'éponge a sa propre couleur et sa propre forme caractéristiques. Le pichet creux n'est qu'une forme parmi beaucoup d'autres. D'autres en sont des variantes, des systèmes de cavités creuses reliées entre elles. Les structures des éponges se durcissent de façon caractéristique grâce à des fibres de collagène (c'est ce qui rend spongieuses les éponges de toilette) et des spicules de minéraux, cristaux de silice ou de carbonate de calcium dont la forme est souvent ce qui permet le mieux d'identifier l'espèce. Parfois, le squelette de spicules peut être intriqué en une arborescence du plus bel effet, comme dans l'éponge de verre *Euplectella*.

Sur l'arbre phylogénétique de ce chapitre, la date du Rendez-vous 31 indique – 800 millions d'années, mais la plus grande prudence reste de mise pour ces dates très anciennes. L'évolution des éponges multicellulaires à partir d'un protozoaire monocellulaire compte parmi les événements historiques ; c'est l'origine des métazoaires, et nous allons l'étudier de près dans les deux sections suivantes.

Il était une fois… l'éponge

Dans le numéro de 1907 du *Journal of Experimental Zoology* figurait un article sur les éponges par H. V. Wilson, de l'université de Caroline du Nord. Il s'agissait d'une étude classique, et l'article qui décrit cette expérience rappelle un âge d'or où les articles scientifiques étaient rédigés dans un style discursif facile à comprendre, et comportaient suffisamment de détails pour que l'on puisse voir une véritable personne en train d'effectuer de vraies expériences dans un vrai laboratoire.

Wilson a pris une éponge vivante dont il a séparé les cellules en les faisant passer à travers un fin tamis, un morceau de mousseline. Les cellules dissociées ont été placées dans une soucoupe d'eau de mer où elles ont formé un nuage rouge, fait en grande partie de cellules uniques. Le nuage s'est stabilisé en un sédiment au fond de la soucoupe, où Wilson les a observées au microscope. Elles se sont comportées comme des amibes individuelles, rampant sur le fond de la soucoupe. Quand ces amiboïdes rampants en ont rencontré d'autres de leur genre, elles se sont unies pour former des agglomérats de cellules qui ont grossi. Comme l'ont montré Wilson et d'autres dans une série d'articles, ces agglomérats se développent pour finir par devenir de nouvelles éponges entières. Wilson a aussi essayé d'écraser des éponges de deux espèces différentes et de mélanger les deux suspensions. Les deux espèces étant de couleur différente, il pouvait facilement voir ce qui se passait. Les cellules ont choisi de s'agglomérer avec celles de la même espèce, et pas avec les autres. Curieusement, notre chercheur a considéré ce résultat comme un « échec », car il espérait – pour des raisons que je ne comprends pas, et qui viennent probablement de ce que les présupposés théoriques du zoologiste d'il y a pratiquement un siècle ne sont pas les mêmes qu'aujourd'hui – qu'elles formeraient une éponge composite de deux espèces différentes.

Le comportement « social » des éponges tel que le font ressortir ces expériences fait peut-être la lumière sur le développement embryonnaire normal des éponges individuelles. Est-ce qu'il nous donne aussi une sorte d'indice sur la façon dont les premiers animaux multicellulaires (métazoaires) *ont évolué* à partir d'ancêtres unicellulaires (protozoaires) ? Le corps métazoaire est souvent considéré comme une colonie de cellules. En restant dans l'esprit de ce livre où certains messages servent à présenter des reconstitutions modernes de grands événements de l'évolution, ne pourrait-on pas dire ici que l'éponge nous renseigne sur le passé lointain de l'évolution ? Le comportement des cellules qui rampent et qui s'agglomèrent dans les expériences de Wilson pourrait-il être une sorte de reconstitution de la façon dont est apparue la première éponge – comme une colonie de protozoaires ?

Il est pratiquement certain que les choses ne se sont pas passées ainsi dans les détails. Mais voici un indice. Les cellules les plus caractéristiques des éponges sont les choanocytes qui leur servent à produire des courants d'eau. Cette image montre une portion de la paroi d'une éponge avec, à droite, l'intérieur de la cavité. Les choanocytes sont les cellules qui bordent cette cavité. En grec, *choano-* signifie « cheminée », et vous pouvez voir les petites cheminées, ou collerettes, constituées d'un grand nombre de cils fins, les microvillosités. Chaque choanocyte a un flagelle en action qui aspire l'eau dans l'éponge tandis que la collerette capte les particules de nutriments présentes dans le courant. Regardez bien ces choanocytes car, au rendez-vous où nous arrivons maintenant, nous allons voir une chose qui leur ressemble beaucoup. Et à la lumière de cette rencontre, le message qui suivra complétera nos conjectures sur l'origine de la multicellularité.

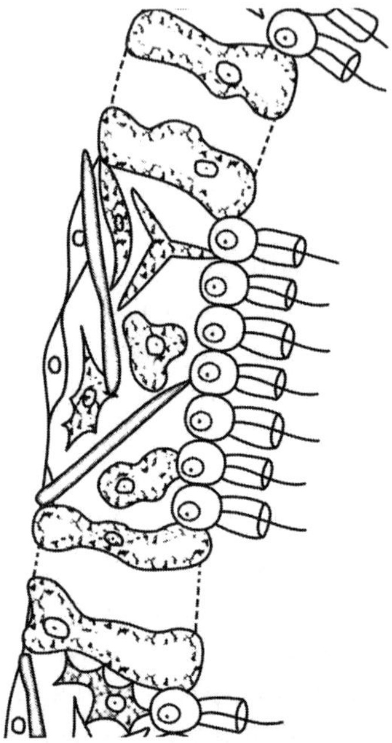

Des cellules qui ont le sens de la vie en société.
Portion de paroi d'éponge montrant les choanocytes, chacun avec sa collerette et son flagelle.

Rendez-vous 32

LES CHOANOFLAGELLÉS

Les choanoflagellés sont les premiers protozoaires à rejoindre notre pèlerinage, et cette rencontre a lieu au Rendez-vous 32. Avec beaucoup d'hésitations, et en risquant de grandes extrapolations à partir de données moléculaires, nous datons cette rencontre de – 900 millions d'années. Regardez le dessin ci-dessous. Est-ce que ces petites cellules à flagelle vous rappellent quelque chose ? Oui, elles ressemblent beaucoup aux choanocytes qui tapissent les canaux des éponges. On les a longtemps soupçonnées d'être soit un héritage d'un ancêtre éponge, soit les descendants évolutifs d'éponges qui ont dégénéré pour se réduire à une seule cellule, ou à très peu de cellules. Comme les données de génétique moléculaire vont dans le sens de la première hypothèse, je les considère comme des pèlerins qui nous arrivent ici séparément.

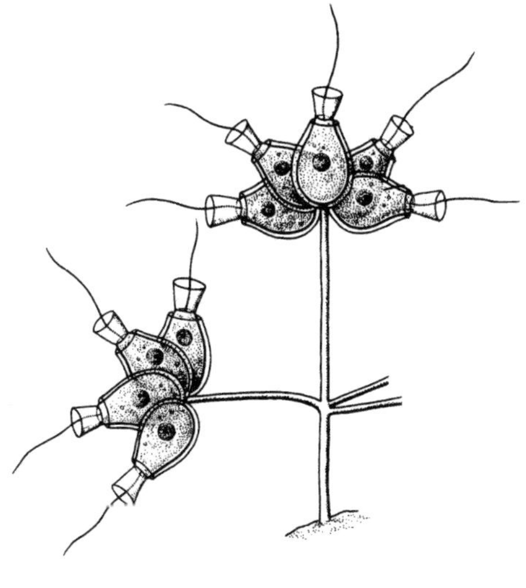

Était-ce ainsi ? Colonie de choanoflagellés.

Il existe environ cent quarante espèces de choanoflagellés. Certains nagent librement, propulsés par leur flagelle. D'autres sont attachés à un pied, éventuellement à plusieurs en formant une colonie, comme sur le dessin. Le flagelle fait entrer l'eau dans la collerette, où les particules nutritives telles que les bactéries sont piégées et englouties. À cet égard, ils sont différents des choanocytes des éponges, où le rôle du flagelle n'est pas de faire passer individuellement les aliments dans la collerette du choanocyte, mais de collaborer avec les autres pour pousser un courant d'eau dans les trous des parois de l'éponge et le faire ressortir par son ouverture principale. Anatomiquement parlant, cependant, chaque choanoflagellé individuel, en colonie ou seul, ressemble étrangement à un choanocyte d'éponge. Ce point va être mis en relief par le choanoflagellé qui reprend le thème amorcé par l'éponge : l'origine des éponges multicellulaires.

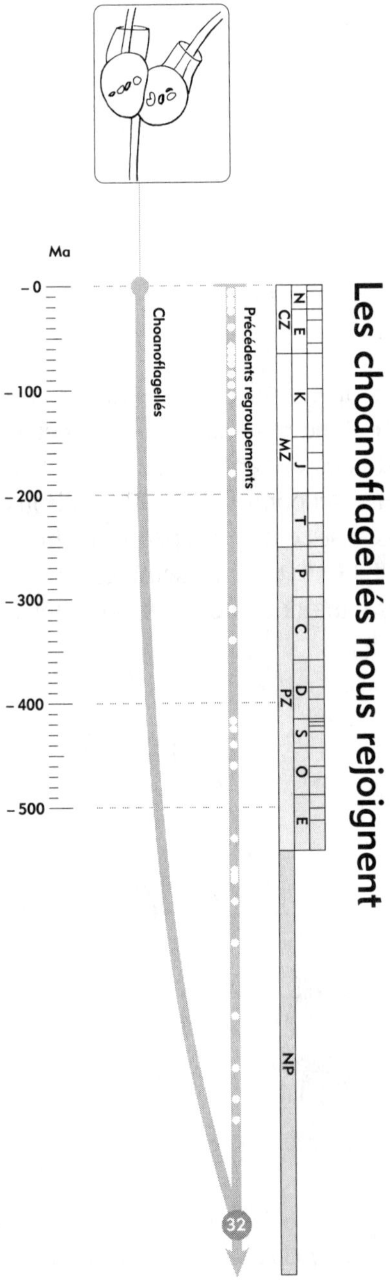

Les choanoflagellés nous rejoignent. On s'accorde pour considérer que les quelque 120 espèces connues de choanoflagellés sont proches parentes des animaux. Cette idée est solidement étayée par des données à la fois morphologiques et moléculaires.

Dessin : *Codosigna gracilis.*

Il était une fois… le choanoflagellé

Les zoologistes ont longtemps aimé spéculer sur la façon dont la multicellularité a évolué à partir d'ancêtres protozoaires. Le grand zoologiste allemand du XIXe siècle, Ernst Haeckel, a été un des premiers à proposer une théorie de l'origine des métazoaires, et une version de cette théorie est toujours en faveur aujourd'hui : l'idée que le premier métazoaire était une colonie de protozoaires flagellés.

C'est l'hippopotame qui nous a parlé d'Haeckel, et de l'intuition qui l'a amené à établir un lien entre les hippopotames et les baleines. Darwinien passionné, ce grand homme s'est rendu en pèlerinage à la maison de Darwin (et l'a trouvée sans intérêt). Brillant artiste, athée convaincu (et sarcastique, traitant Dieu d'« invertébré gazeux »), il avait un enthousiasme particulier pour la théorie maintenant désuète de la récapitulation : « L'ontogénie récapitule la phylogénie », ou : « L'embryon en développement monte dans l'arbre généalogique de sa propre famille. »

Vous pouvez voir combien l'idée de récapitulation est séduisante. Le cursus vital du jeune animal rejoue en condensé le parcours de ses ascendants (adultes). Nous commençons tous sous la forme d'une cellule unique : elle représente le protozoaire. L'étape suivante dans le développement, c'est une boule creuse de cellules, la blastula. D'après Haeckel, elle représenterait un stade ancestral qu'il a appelé *blastaea*. Ensuite, dans l'embryogenèse, la blastula s'invagine, comme une boule enfoncée sur un côté, en prenant la forme d'une coupe tapissée d'une double couche de cellules, la gastrula. Haeckel a imaginé un ancêtre à ce stade, et il l'a appelé *gastrœa*. Le cnidaire, comme l'hydre ou l'anémone de mer, a deux couches de cellules, comme la gastræa d'Haeckel. Dans sa vision récapitulationniste, les cnidaires arrêtent de monter dans l'arbre généalogique de leur famille quand ils atteignent ce stade de la gastrula, alors que nous, nous continuons bravement. Aux stades suivants de notre embryogenèse, nous ressemblons à un poisson avec des fentes branchiales et une queue. Plus tard, nous perdons notre queue. Et ainsi de suite. Chaque embryon arrête de grimper à son arbre généalogique quand il a atteint le bon stade évolutif.

Si séduisante soit-elle, la théorie de la récapitulation est passée de mode – ou plutôt, on la considère maintenant comme une petite parcelle de vérité occasionnelle. Toute cette question est examinée à fond dans l'ouvrage de Stephen Gould, *Ontogeny and Phylogeny*. Nous devons en rester là, mais il est important pour nous de voir d'où procédait Haeckel. En ce qui concerne l'origine des métazoaires, le stade intéressant de la théorie d'Haeckel est la blastæa : la boule creuse de cellules qui, selon lui, était le stade ancestral correspondant aujourd'hui à la blastula de l'embryon. Quelle créature moderne peut-on trouver qui ressemble à une blastula ? Où va-t-on trouver une créature adulte en forme de boule creuse de cellules ?

En dehors de sa couleur verte et de sa pratique de la photosynthèse, le groupe d'algues coloniales que sont les volvocales semblait presque trop beau pour être vrai. Le membre éponyme de ce groupe est le plus gros, *Volvox* lui-même, et Haeckel n'aurait pas pu rêver meilleur modèle de blastæa. C'est une sphère parfaite, creuse comme une blastula, avec une couche unique de cellules, dont chacune ressemble à un flagelle unicellulaire (qui se trouve être vert).

Mais la théorie d'Haeckel n'était pas la seule à occuper le terrain. Au milieu du XXe siècle, un zoologiste hongrois du nom de Jovan Hadzi a proposé l'idée que, loin d'être rond, le premier métazoaire était étiré comme un ver plat. D'après lui, le modèle contemporain du premier métazoaire était un ver acœlomorphe du type de ceux que nous avons rencontrés au Rendez-vous 27, et qui serait dérivé d'un protozoaire cilié (que nous rencontrerons au Rendez-vous 37) doté de nombreux noyaux, comme certains encore aujourd'hui. Il rampait au fond de l'eau avec ses cils, comme certains petits vers plats aujourd'hui. Des parois de cellules sont apparues entre les noyaux, faisant de ce protozoaire étiré et pourvu d'une seule cellule mais de nombreux noyaux (un « syncitium ») un ver rampant doté de nombreuses cellules, chacune avec son propre noyau : le premier métazoaire. D'après Hadzi, les métazoaires ronds tels que les cnidaires et les cténophores ont perdu secondairement leur forme de ver étiré, et ont acquis une symétrie radiaire, alors que la plus grande partie du règne animal a poursuivi son expansion en gardant la forme bilatérale du ver qu'il a déclinée dans toutes les variantes que nous voyons autour de nous.

L'ordre des rendez-vous d'Hadzi devrait donc être très différent de celui que nous avons adopté ici : les rencontres avec les cnidaires et avec les cténophores auraient dû être antérieures à celle avec les vers plats acœlomorphes. Malheureusement, les données moléculaires modernes s'inscrivent en faux contre l'ordre d'Hadzi, et la plupart des zoologistes actuels soutiennent une version de la théorie des « flagellés coloniaux » d'Haeckel, contre celle des « ciliés à syncitium » d'Hadzi. Mais nous avons perdu de vue les volvocales, si élégantes soient-elles, et le groupe qui nous intéresse ici, celui des choanoflagellés.

Un type de choanoflagellé colonial ressemble à une éponge au point qu'on lui a donné le nom de *Proterospongia*. Les choanoflagellés individuels (irons-nous jusqu'au nom de choanocytes ?) sont incorporés dans une matrice de gelée. La colonie n'est pas une boule, ce qui aurait navré Haeckel, même s'il appréciait la beauté de ces êtres comme le montrent ses superbes dessins. *Proterospongia* est une colonie de cellules d'un type pratiquement impossible à distinguer de celles qui dominent à l'intérieur d'une éponge. J'ajouterais qu'à mon avis les choanoflagellés sont les meilleurs représentants actuels de ce qu'étaient à l'origine les éponges, et en fin de compte, tout le groupe des métazoaires.

Naguère, les choanoflagellés auraient été regroupés en tant que « protozoaires » avec les derniers organismes qui attendent de rejoindre notre pèlerinage, mais ce nom ne convient plus pour désigner un phylum. Il existe bien des façons d'être un organisme unicellulaire, ou, comme d'autres préféreraient dire, acellulaire (dont le corps n'est pas divisé en cellules constituantes). Différents pèlerins issus de cet ex-groupe des protozoaires s'apprêtent maintenant à nous rejoindre en rangs dispersés, entrecoupés par les grands contingents de créatures multicellulaires que sont les champignons et les plantes. Pour ma part, je continuerai à employer entre nous le mot de protozoaire pour désigner un eucaryote unicellulaire.

Rendez-vous 33

LES DRIPS

Il existe un petit groupe de parasites unicellulaires, connu sous le nom soit de *Mezomycetozoea*, soit d'*Ichtyosporea* ; ce sont essentiellement des parasites de poissons et d'autres animaux d'eau douce. Le nom de *Mesomycetozoea* suggère une association à la fois de champignons et d'animaux, et il est vrai que leur rendez-vous avec nous, les animaux, est le dernier avant que, tous ensemble, nous rejoignions les champignons. Cette association est maintenant confirmée par des études de génétique moléculaire qui, dans ce qui était jusque-là un agrégat fort disparate de parasites unicellulaires, ont mis au jour un lien tant entre eux qu'avec les animaux et les champignons*. Mais peut-être parce que « *Mesomycetozoea* » et « *Ichthyosporea* » sont difficiles à retenir, et qu'il n'a pas été possible de s'entendre pour choisir entre les deux, on a pris l'habitude de désigner ce groupe par un surnom, les DRIPS, qui est l'acronyme des quatre seuls genres que connaissaient ses découvreurs. Les genres qui ont fourni le D, le I et le P sont *Dermocystidium*, *Ichthyophonus* et *Psorospermium*. Le R a fait l'objet d'une petite tricherie car ce n'est pas un nom latin. Il représentait l'« agent Rosette », un parasite du saumon, grand fléau commercial

* Prêtant à confusion (pour être gentil), le nom de *Mesomycetozoa*, opposé à *Mesomycetozoea* (vous voyez la différence ?), a été donné à un groupe plus grand. Cette démarche semble vraiment répondre à une volonté d'embrouiller les gens, comme dans le complexe hominoïdes, hominidés, homininés, etc. pour désigner nos parents et cousins, si bien que je préfère les boycotter tous.

qui porte maintenant le nom officiel de *Sphaerothecum destruens*. Je suppose donc que l'acronyme aurait dû être corrigé en DIPS, mais on a gardé DRIPS avec un S, peut-être pour le pluriel [anglais]. Et maintenant – miracle de la providence nomenclaturienne ? – on vient de découvrir un autre organisme, dont il se trouve que le nom commence par un R, et qui est, lui aussi un DRIP. Il s'agit de *Rhinosporidium seeberi*, un parasite du nez humain. On peut donc reforger le nom DRIPS, avec ses cinq lettres dans un parfait acronyme, et essayer d'ignorer la question gênante de savoir s'il est singulier ou pluriel.

Rhinosporidium seeberi a été découvert en 1890, et l'on sait depuis longtemps qu'il est à l'origine de la rhinosporidiose, une maladie désagréable du nez humain, et plus généralement des mammifères, mais ses affinités étaient un mystère. À plusieurs reprises il a fait la navette entre les protozoaires et les champignons, mais les études moléculaires montrent maintenant que

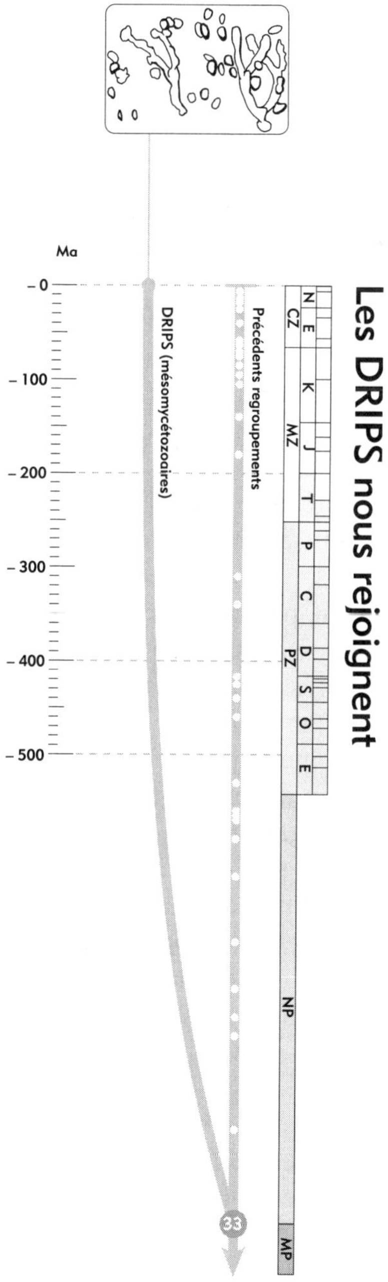

Les DRIPS nous rejoignent. Les plus proches parents unicellulaires des animaux sont les choanoflagellés et les DRIPS. On ne peut actuellement dire si ces deux groupes sont plus proches parents l'un de l'autre (ce qui fondrait les Rendez-vous 32 et 33 en un seul), ou si la trentaine d'espèces de DRIPS décrites sont les parentes les plus lointaines. L'étude moléculaire la plus complète à ce jour favorisant cette dernière hypothèse, c'est celle que nous adoptons.

Dessin : *Ichthyophonus hoferi.*

c'est le cinquième DRIPS. Apparemment, loin de faire couler le nez, il bouche la narine avec des excroissances semblables à des polypes. La rhinosporidiose est essentiellement une maladie tropicale, et les médecins soupçonnent depuis longtemps ses victimes de l'attraper en se baignant dans les rivières ou les lacs d'eau douce. Comme tous les autres DRIPS connus sont des parasites de poissons, écrevisses ou amphibiens d'eau douce, il paraît vraisemblable que les animaux d'eau douce sont aussi les premiers hôtes de *R. seeberi*. La découverte qu'il s'agit d'un DRIPS pourrait rendre d'autres services aux médecins. Par exemple, l'échec des traitements à base d'antifongiques s'expliquerait maintenant par le fait que ce n'est pas un champignon.

Dermocystidium se présente sous la forme de kystes dans les branchies des carpes, salmonidés, anguilles, grenouilles et tritons. *Ichthyophonus* cause des infections systémiques économiquement importantes dans plus de quatre-vingts espèces de poissons. *Psorospermium* qui, soit dit en passant, a été découvert par notre vieil ami Ernst Haeckel, infecte les écrevisses (des crustacés), et là encore, c'est un fléau économique pour les stocks d'écrevisses. Enfin, *Sphaerothecum*, comme nous l'avons vu, infecte les saumons.

On passerait vite sur les DRIPS, jugeant ces organismes peu intéressants, n'était leur rang d'aristocrates au regard de l'évolution – après tout, leur point d'embranchement est le plus lointain dans le règne animal, et leur rendez-vous avec nous est celui qui remonte le plus loin. On ne sait pas à quoi ressemblait le coancêtre 33, en dehors du fait que, pour nos yeux de multicellulaires blasés, les organismes unicellulaires se ressemblent tous beaucoup. Ce n'était pas un parasite comme un DRIPS – parasite de poissons, d'amphibiens, de crustacés ou d'humains, bien sûr, car ces hôtes ne devaient tous apparaître que terriblement loin dans le futur.

Les DRIPS sont toujours qualifiés d'« énigmatiques », et je ne tiens pas à me faire remarquer en rompant avec la tradition. Si un DRIPS devait nous livrer son message énigmatique, j'ai idée qu'après un si long chemin ce serait pour nous dire que la survie de certains de nos cousins unicellulaires quand tous les autres ont disparu, relève presque de l'arbitraire. Et ce n'est pas par hasard que les scientifiques ont choisi de façon très arbitraire certains organismes unicellulaires pour en étudier la génétique moléculaire. Si l'on s'est penché sur les DRIPS, c'est que certains d'entre eux, étant des parasites de poissons et autres animaux, ont de graves implications commerciales, et que d'autres, on le sait maintenant, nous bouchent le nez. Il pourrait se trouver sur l'arbre du vivant des organismes unicellulaires tout aussi importants, mais que personne ne s'est jamais soucié de regarder parce que ceux qu'ils parasitent, ce sont les varans par exemple, et pas les saumons ou les humains.

Personne, cependant, ne peut ignorer les champignons. Nous allons de ce pas les saluer.

Rendez-vous 34

LES CHAMPIGNONS

Au rendez-vous 34, nous, les animaux, nous sommes rejoints par le deuxième des trois grands règnes multicellulaires, les champignons. Le troisième est celui des plantes. On pourrait s'étonner à première vue que les champignons qui ressemblent tellement à des plantes soient apparentés de plus près aux animaux qu'aux plantes, mais la comparaison moléculaire laisse peu de doute. Et ce n'est peut-être pas trop étonnant. Les plantes importent dans la biosphère de l'énergie solaire. Les animaux et les champignons, chacun à leur manière, sont des parasites du monde des plantes.

La foule des pèlerins champignons qui nous arrive maintenant est particulièrement importante, avec 69 000 espèces décrites à ce jour, sur un total estimé à 1,5 million. C'est difficile à croire car les champignons à chapeau et les champignons à asque que nous voyons, ces structures bien visibles à l'allure de plantes, ne sont que la pointe sporifère de l'iceberg. La partie active de l'organisme qui a fabriqué le champignon se trouve essentiellement dans le sol, c'est un réseau de filaments qui s'étendent partout et que l'on appelle les « hyphes ». L'ensemble des hyphes appartenant à un individu est le mycélium, et ce mycélium peut s'étendre sur plusieurs kilomètres en couvrant une grande surface.

Un champignon seul est comme une fleur qui pousse dans un arbre. Mais l'« arbre », au lieu d'être une haute structure verticale, s'étale sous terre, comme les cordes d'une gigantesque raquette de tennis, dans les couches superficielles du sol. Les ronds de sorcière illustrent parfaitement ce point. Leur circonférence indique l'étendue

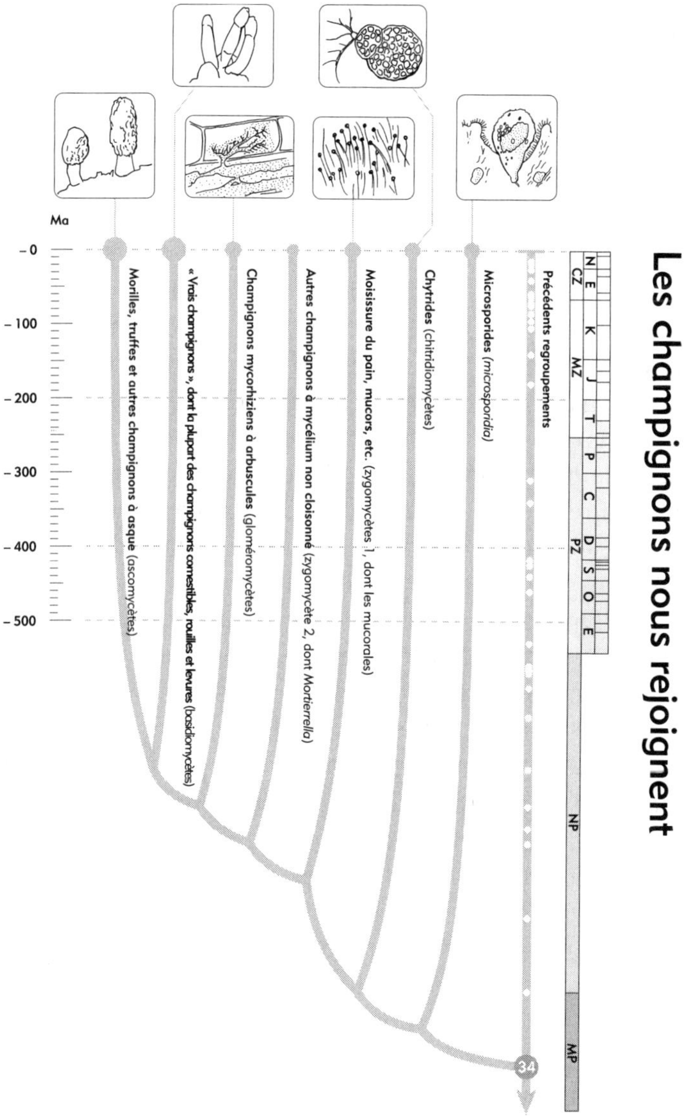

Les champignons nous rejoignent. D'après la taxinomie moléculaire, les champignons sont plus proches parents des animaux que des plantes. On considère en général que les deux plus grands groupes, les ascomycètes (environ 40 000 espèces décrites), et les basidiomycètes (22 000 environ) sont très proches et, parents selon certaines études, les champignons mycorhiziens à arbuscules sont leur groupe frère. Le groupement et l'ordre des embranchements des quelque 3 000 champignons restants sont encore incertains, le doute persistant en particulier sur le nombre de branches séparées qui étaient auparavant regroupées dans les « zygomycètes », et sur la position des microsporidiens.

Dessins, de gauche à droite : morille commune (*Morchella esculenta*) ; satyre puant (*Phallus impudicus*) ; champignon mycorhizien à arbuscule *(Glomus sp.)* de la racine de campanule (*Hyacinthoides nonscripta*) ; mucor (*Mucor* sp.) ; *Rhizoclostamium* sp. ; *Enterocytozoon bieneusi*.

de la croissance du mycélium à partir du centre, lequel peut être à l'origine une spore unique. La périphérie du mycélium – sa marge nourricière –, le cadre de la raquette, est l'endroit où les produits décomposés de la digestion sont les plus riches. Ils sont une source de nutriments pour l'herbe, qui, de ce fait, est plus luxuriante à la périphérie. Lorsqu'il existe des corps fructifères (champignons ou toutes espèces de moisissures apparentées parmi les dizaines qui existent), ils ont tendance à pousser eux aussi à la périphérie.

Les hyphes peuvent être divisées en cellules par des cloisons. Mais lorsque ce n'est pas le cas, les noyaux contenant l'ADN sont disséminés le long de l'hyphe en un syncitium, c'est-à-dire en un tissu comprenant de nombreux noyaux et qui n'est pas divisé en cellules (nous avons déjà rencontré le syncitium au début du développement de la drosophile, et dans la théorie d'Hadzi sur l'origine des métazoaires). Les champignons n'ont pas tous un mycélium filamenteux. Certains, comme les levures, sont redevenus des unicellulaires qui se divisent et se développent en une masse diffuse. Le rôle des hyphes (ou des cellules de levure) est de digérer tout ce qu'elles traversent : feuilles mortes ou autres substances en décomposition (pour les moisissures du sol), lait caillé (pour les moisissures de fromage), raisin (pour les levures de la fermentation du vin), ou orteils du fouleur de raisin (s'il a une mycose du pied).

La clé de la digestion efficace, c'est de présenter aux aliments une grande zone de surface absorbante. Chez l'être humain, cette opération s'effectue en mâchant les aliments en petits morceaux et en faisant passer ces fragments dans un long tube digestif enroulé dont la surface déjà grande est complétée par une forêt de minuscules projections ou villosités tapissant ses parois. À son tour, chaque villosité a une bordure en brosse de microvillosités semblables à des poils, si bien que la surface absorbante totale de l'intestin adulte humain mesure plusieurs millions de centimètres carrés. Un champignon comme le satyre puant *Phallus*, qui mérite bien son nom (et dont vous trouverez un exemple en hors-texte, photo 22), ou la psalliote des prés *Agaricus campestris*, étend son mycélium sur une surface analogue, sécrétant des enzymes digestives et digérant les matériaux du sol. Le champignon, lui, ne se déplace pas en dévorant des aliments et en les digérant à l'intérieur de son corps, comme le porc ou le rat. Bien plutôt, il étend ses « intestins » sous forme de mycéliums filamentaires qui traversent les aliments et les digèrent sur place. De temps en temps, les hyphes se rassemblent pour former une structure solide unique, dotée d'une forme reconnaissable : un champignon. Cette structure fabrique les spores que le vent emporte haut et loin, dispersant les gènes pour faire un nouveau mycélium et, en fin de compte, de nouveaux champignons.

Comme vous pouvez vous y attendre de la part d'une nouvelle vague de 100 000 pèlerins, ceux-ci se sont déjà réunis en grands sous-contingents « avant » de nous rencontrer maintenant, au Rendez-vous 34. Tous les noms des principaux sous-groupes de champignons se terminent en « -mycète » (« champignon », en grec), qui devient parfois « -mycose ». Nous avons déjà rencontré « mycète » dans *mésomycétozoaires*, le nom des DRIPS qui implique une sorte de statut intermédiaire entre les animaux et les champignons. Les deux sous-contingents les plus fournis et les plus importants de pèlerins champignons sont les champignons à asque, les ascomycètes, et les champignons à chapeau, les basidiomycètes.

Les ascomycètes comprennent certaines moisissures célèbres et importantes, comme *Penicillium*, à partir de laquelle le premier antibiotique a été découvert par hasard et largement ignoré par Fleming jusqu'à ce que Florey, Chain et leurs collègues le redécouvrent treize ans plus tard. Soit dit en passant, il est vraiment dommage que le nom d'antibiotique ait perduré. Ces agents attaquent les bactéries, et pas les virus, et il aurait suffi qu'on les appelle « antibactériens » au lieu d'« antibiotiques » pour que les patients cessent éventuellement de demander aux médecins de leur en prescrire pour les infections virales, ce qui est inutile, voire contreproductif. Un autre prix Nobel chez les ascomycètes est *Neurospora crassa*, la moisissure à partir de laquelle Beadle et Tatum ont développé l'« hypothèse un gène, une enzyme ». Et puis, il y a les levures sympathiques qui font le pain, le vin et la bière, et les antipathiques *Candida* qui nous donnent des maladies désagréables, comme la vaginite (le muguet). Les morilles comestibles et les truffes qui sont si appréciées sont des ascomycètes. On trouve traditionnellement les truffes en s'aidant de truies : celles-ci sont fortement attirées par une odeur qui semble être celle de l'alpha-androsténol, une phéromone sexuelle mâle sécrétée par les sangliers. On ne sait pas bien pourquoi les truffes se trahissent ainsi, mais – sans que l'on sache encore comment – cela pourrait expliquer la séduction gastronomique qu'elles exercent sur nous.

La majorité des champignons comestibles et notoirement non comestibles ou hallucinogènes sont des basidiomycètes : champignon de Paris, chanterelle, bolet, rosé des prés, coprin chevelu, mais aussi amanite tue-mouche, phalloïde, et vesse-de-loup. La partie fructifère qui produit les spores peut parfois atteindre des tailles impressionnantes. Les basidiomycètes ont aussi un important impact économique dans la mesure où ils sont à l'origine de maladies des plantes comme les rouilles et les charbons. Certains basidiomycètes et ascomycètes, de même que tous les membres d'un groupe spécialisé appelé les gloméromycètes, collaborent avec les plantes pour apporter à leurs radicelles un complément nutritif, les mycorhizes ; c'est une histoire absolument remarquable que je vais exposer rapidement.

Nous avons vu que les villosités de notre intestin et les filaments mycéliens des champignons sont très fins de manière à augmenter la surface offerte à la digestion et à l'absorption. De la même façon, les plantes ont des racines dotées de nombreuses radicelles très fines pour offrir une plus grande surface pour l'absorption de l'eau et des nutriments du sol. Mais ce qui est stupéfiant, c'est que la plus grande partie de ce qui semble être des radicelles ne fait pas partie de la plante elle-même. Ces filaments proviennent de moisissures symbiotiques dont le mycélium à la fois ressemble à de vraies radicelles et fonctionne comme elles. Ce sont les mycorhizes, et l'examen de près révèle que le principe des mycorhizes s'est appliqué de plusieurs manières qui ont évolué indépendamment. Une grande partie de la vie sur notre planète dépend entièrement de mycorhizes.

La coopération symbiotique peut réaliser un exploit encore plus impressionnant quand des basidiomycètes et des ascomycètes – qui ont aussi évolué indépendamment – s'associent avec des algues ou des cyanobactéries pour créer des lichens. Ces remarquables confédérations sont capables de réaliser ensemble beaucoup plus de choses que chacun des partenaires, et de produire des formes corporelles fort différentes de celles de l'un et de l'autre. On prend parfois les lichens pour des plantes, ce qui n'est pas loin de la vérité – car, comme nous le verrons au Grand Rendez-vous historique, les plantes elles aussi ont passé au départ un accord avec des micro-organismes à système photosynthétique pour leur production alimentaire. On peut, si l'on veut, se représenter les lichens comme des plantes en train de se créer à partir de deux organismes. On pourrait presque dire que le champignon « cultive » les producteurs de photosynthèse qu'il a captés. Cette métaphore est avantagée par le fait que dans certains lichens le partenariat est fortement de type coopératif, alors que, dans d'autres, il est à dominante d'exploitation*.

Ce qui me fascine particulièrement dans les lichens, c'est que, comme nous l'a dit le castor, leurs phénotypes n'ont rien à voir avec le champignon – ni avec l'algue, à vrai dire. Ils constituent un type très spécial de « phénotype étendu », issu de la collaboration de deux ensembles de produits de gènes. Dans la vision que j'ai de la vie, et que j'ai expliquée dans d'autres ouvrages, cette collaboration n'est pas, en principe, différente de celle qui existe entre les « propres » gènes d'un organisme. Nous sommes tous des colonies symbiotiques de gènes – des gènes qui coopèrent pour tisser des phénotypes autour d'eux.

* D'après la théorie de l'évolution, dans les lichens où la reproduction du champignon et celle de l'organisme producteur de photosynthèse vont de pair, les relations de coopération devraient être bonnes en général. En revanche, dans les lichens où le champignon se contente de capter dans l'environnement les organismes producteurs de photosynthèse qui s'y trouvent, les relations devraient, selon cette même théorie, être davantage du type de l'exploitation. Et il semble bien que ce soit le cas.

Rendez-vous 35

LES AMIBOZOAIRES

La petite créature qui vient nous rejoindre au Rendez-vous 35 avait autrefois l'honneur d'être, dans l'imagination tant populaire que scientifique, la plus primitive de toutes, guère plus qu'un « protoplasme » nu, *Amœba proteus*. S'il en était ainsi, ce Rendez-vous 35 serait la dernière rencontre de notre pèlerinage. Mais, à vrai dire, nous avons encore du chemin à faire, et comparée aux bactéries, *Amœba* a une structure élaborée très avancée. Elle est aussi d'une grosseur étonnante, visible à l'œil nu. L'amibe géante *Pelomyxa palustris* peut mesurer jusqu'à un demi-centimètre.

Les amibes sont bien connues pour n'avoir pas de forme fixe – d'où le nom de l'espèce *proteus*, emprunté au dieu grec qui pouvait changer de forme à sa guise. Les amibes se déplacent en faisant avancer leur intérieur semi-liquide soit comme une goutte unique plus ou moins cohésive, soit en allongeant des pseudopodes. Il leur arrive parfois de « marcher » sur ces « pattes » sorties temporairement. Elles se nourrissent en engloutissant leurs proies, après les avoir entourées de leurs pseudopodes et emprisonnées dans une bulle d'eau sphérique. Si l'on n'est pas trop jeune pour avoir des cauchemars, ce doit être une expérience cauchemardesque que de se voir ainsi englouti par une amibe. On peut se représenter la bulle sphérique, ou vacuole, comme une partie du monde extérieur, tapissée par une partie de la paroi « externe » de l'amibe. Une fois dans la vacuole, l'aliment est digéré.

Certaines amibes vivent dans le tube digestif des animaux. Par exemple, *Entamœba coli* est très fréquente dans le côlon humain. Il ne faut pas la confondre avec la bactérie (beaucoup plus petite) *Escherichia coli* dont elle se nourrit probablement. Elle ne présente pas de danger pour nous, contrairement à sa proche parente, *Entamœbea histolytica*, qui détruit les cellules tapissant le côlon, et provoque une dysenterie amibienne bien connue sous différents noms, le ventre de Delhi (*Delhi belly*) en anglais, la revanche de Montezuma (*Montezuma's revenge*) en américain, et en français la diarrhée du voyageur.
Trois groupes d'amibes très différents portent le nom de « moisissures visqueuses » parce qu'elles ont acquis indépendamment les mêmes pratiques (à ces trois groupes de moisissures visqueuses s'en ajoute un autre qui ne leur est pas apparenté, les acrasiales, qui nous rejoindront au Rendez-vous 37). Parmi les amibozoaires, les plus connus sont les dictyostélides. Ils ont fait l'objet d'un travail de toute

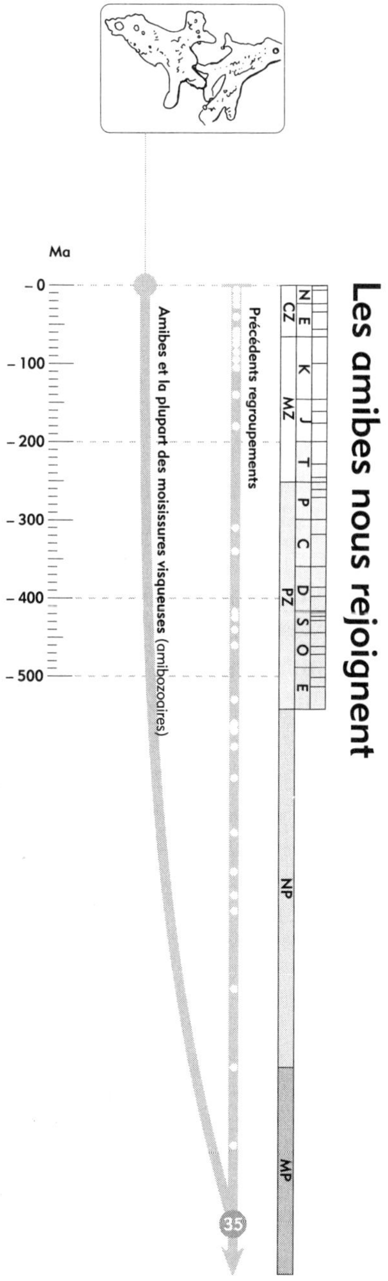

Les amibes nous rejoignent. Le mot « amibe » correspond plus à une description qu'à une classification stricte car de nombreux eucaryotes non apparentés ont une forme amiboïde. Les amibozoaires comprennent les amibes classiques, comme *Amœba proteus* qui est représentée ici, ainsi que la plupart des mycétozoaires – quelque 5 000 espèces connues en tout.

Dessin : *Amœba proteus*.

une vie de la part du distingué biologiste américain J. T. Bonner, et ce qui suit est en grande partie extrait de ses mémoires scientifiques, *Life Cycles*.

Les dictyostélides sont des amibes sociales. Elles estompent littéralement la distinction entre le groupe social d'individus et l'individu multicellulaire unique. Dans une partie de leur cycle de vie, les amibes séparées rampent dans le sol, se nourrissant de bactéries et se reproduisant, comme des amibes, mais en se divisant en deux, puis en se nourrissant un peu plus et en se divisant à nouveau. Puis, très brutalement, elles passent en « mode social ». Elles convergent vers des centres d'agrégation qui diffusent des substances chimiques qui les attirent. Plus les amibes sont nombreuses à rejoindre un centre, plus celui-ci les attire car il produit davantage de ces substances. C'est un peu la façon dont les planètes se forment à partir de débris qui s'agglomèrent. Plus les débris s'accumulent dans un centre d'attraction, plus forte est son attraction gravitationnelle. Si bien qu'au bout d'un certain temps seuls restent quelques centres d'attraction, lesquels deviennent des planètes. Finalement, les amibes de chaque grand centre d'attraction s'unissent en une masse multicellulaire unique, qui s'étire alors en une « limace » multicellulaire. D'environ un millimètre de long, elle se déplace même comme une limace, avec un avant et un arrière bien définis, et elle est capable de se diriger dans une direction cohérente – par exemple vers la lumière. Les amibes ont abandonné leur individualité pour créer un organisme entièrement nouveau.

Après avoir rampé un certain temps, la limace entame la phase finale de son cycle de vie : l'élaboration d'un « corps fructifère » à l'allure de champignon. Elle commence en se dressant sur sa « tête » (l'avant, tel que le définit la direction de sa reptation), qui devient le pédoncule, le « pied » du champignon miniature. L'intérieur du pédoncule devient un tube creux fait de carcasses de cellulose gonflées de cellules mortes. Alors, les cellules bordant le haut du tube se déversent à l'intérieur, selon la comparaison de Bonner, comme une fontaine qui coule à l'envers. Le résultat est que le sommet du pédoncule se dresse à la verticale, avec, en haut, ce qui était son extrémité postérieure. Chacune des amibes qui se trouvaient à l'origine à l'extrémité postérieure devient maintenant une spore enfermée dans un épais manteau protecteur. Comme les spores du champignon, elles se dispersent ensuite, chacune faisant sortir de son manteau une amibe vivante bactériophage, et le cycle vital recommence.

Bonner dresse une liste révélatrice de ces microbes sociaux : bactéries multicellulaires, ciliés multicellulaires, flagellés et amibes multicellulaires, sans oublier ses préférés, les moisissures visqueuses. Ces créatures pourraient représenter des reconstitutions (ou des anticipations) instructives de notre type de multicellularité métazoaire. Mais j'ai idée qu'elles sont toutes complètement différentes, ce qui les rend d'autant plus fascinantes.

Rendez-vous 36

LES PLANTES

C'est au Rendez-vous 36 que nous rencontrons les véritables seigneurs du monde du vivant, les plantes. La vie pourrait se passer des animaux et des champignons, mais si vous supprimiez les plantes, elle s'arrêterait vite. Indispensables, les plantes sont à la base – au fondement même – de pratiquement toutes les chaînes alimentaires. Ce sont les créatures les plus en vue de notre planète, les premiers êtres vivants que remarquerait tout Martien en visite. Les plantes sont de loin les plus grands organismes uniques qui aient jamais vécu, et elles constituent une proportion impressionnante de la biomasse du monde. Et ce n'est pas par hasard. Une proportion aussi élevée est nécessairement due à ce que presque* toute la biomasse vient en fin de compte du soleil par la photosynthèse qui s'effectue en majorité dans les plantes vertes et, à chaque chaînon de la chaîne alimentaire, la transaction n'est efficace qu'à environ 10 %. La surface des terres est verte à cause des plantes, et celle de la mer le serait aussi si les composants de son tapis flottant photosynthétique étaient des plantes macroscopiques plutôt que des micro-organismes trop petits pour réfléchir des quantités visibles de lumière verte. C'est comme si les plantes s'efforçaient de couvrir de vert chaque centimètre carré, sans en laisser un seul à nu. Et c'est bien ce qu'elles font, et pour une bonne raison.

Un nombre fini de photons atteint la surface de la planète depuis le Soleil, et le moindre photon est précieux. Le nombre total de ceux

* La raison de cette petite réserve apparaîtra quand nous arriverons à Cantorbéry.

qu'une planète peut capter de son étoile est limité par sa surface, avec la complication qu'à tout moment une seule de ses faces regarde son étoile. Pour une plante, tout centimètre carré de la surface de la Terre qui n'est pas vert est du gâchis, c'est une occasion perdue d'engranger des photons. Les feuilles sont des panneaux solaires, aussi plats que possible pour maximiser la quantité de photons captés par chacun. Si vous êtes une plante, vous avez avantage à placer vos feuilles dans une position telle qu'elles ne soient pas cachées par d'autres, en particulier par celles d'une autre plante. C'est ce qui explique que les arbres des forêts deviennent si grands. Les

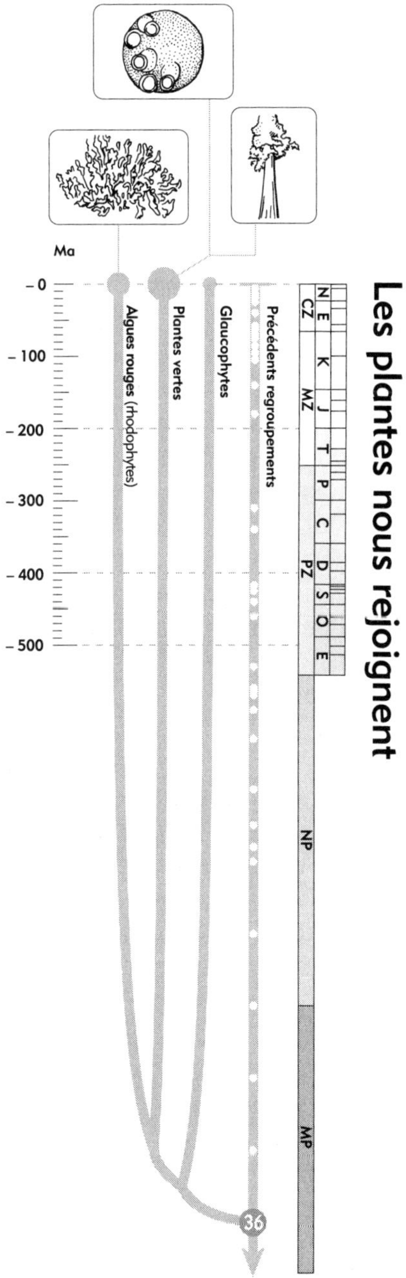

Les plantes nous rejoignent. Les plantes comprennent environ 13 espèces de glaucophytes (algues unicellulaires dotées de chloroplastes dont la morphologie est très semblable à celle des cyanobactéries qui vivent librement), environ 5 000 espèces d'algues rouges, et environ 30 000 espèces de « plantes vertes ». Les plantes vertes comprennent de nombreuses espèces d'algues vertes monocellulaires et coloniales, comme *Volvox*, ainsi que, plus courants, les mousses, fougères, conifères, plantes à fleurs et autres du même genre. L'ordre d'embranchement de ces trois groupes est raisonnablement bien établi, mais la proposition de placer les plantes dans la phylogénie des eucaryotes est en général controversée (voir Rendez-vous 37).

Dessins, de gauche à droite : algue comestible (*Rhodymenia palmata*) ; volvox (*Volvox aurelia*) ; séquoia géant (*Sequoiadendron giganteum*).

grands arbres qui ne sont pas dans une forêt ne sont pas à leur place, leur présence résulte sans doute d'une intervention humaine. C'est vraiment un gâchis complet que de grandir autant si vous êtes le seul arbre aux alentours. Il vaut mieux s'étendre latéralement comme les herbes car vous captez ainsi davantage de photons par unité d'effort pour pousser. Pour ce qui est des forêts, ce n'est pas par hasard qu'elles sont aussi sombres. Chaque photon qui parvient au sol est un échec pour les feuilles qui sont au-dessus.

À quelques exceptions près, comme la dionée ou attrape-mouches, les plantes ne se meuvent pas. À quelques exceptions près, comme les éponges, les animaux, eux, se déplacent. Pourquoi cette différence ? Ce doit être en rapport avec le fait que les plantes absorbent des photons alors que les animaux (au bout du compte) mangent des plantes. Nous avons besoin de ce « au bout du compte », bien sûr, car les plantes sont parfois mangées à deux ou trois reprises, par l'intermédiaire d'animaux qui mangent d'autres animaux. Mais quel intérêt y a-t-il, quand on absorbe des photons, à rester sans bouger avec des racines dans le sol ? Quel intérêt y a-t-il, quand on mange des plantes, au lieu d'être une plante, à se déplacer ? Eh bien, je suppose qu'étant donné que les plantes ne bougent pas, ce sont les animaux qui doivent se déplacer pour les manger. Mais pourquoi les plantes ne bougent-elles pas ? Peut-être est-ce lié au besoin d'être enracinées pour tirer des nutriments du sol. Peut-être n'y a-t-il aucun compromis possible entre la forme optimale pour se déplacer (il faut être ramassé et compact) et la forme optimale pour être exposé à une grande quantité de photons (il faut avoir une surface en hauteur, et donc être inconsistant et fragile), mais je ne suis pas sûr. Quelle que soit la raison, parmi les trois grands groupes du vivant qui ont évolué sur cette planète, deux d'entre eux, les champignons et les plantes, restent essentiellement immobiles comme des statues, alors que dans le troisième groupe, celui des animaux, les individus courent essentiellement de tous côtés pour s'approvisionner. Les plantes se servent même des animaux pour faire leurs courses, et les fleurs, avec leurs superbes couleurs, leurs jolies formes et leurs merveilleux parfums sont les instruments de cette manipulation*.

Les pèlerins que nous retrouvons ici au Rendez-vous 36 ne sont pas tous verts. La plus grande division** est celle qui sépare les

* J'aurais volontiers glissé un message sur ce sujet si je ne l'avais déjà fait dans deux chapitres de *Climbing Mount Improbable*, « Pollen Grains and Magic Bullets », et « A Garden Inclosed ».

** En dehors des 13 espèces assez insignifiantes de glaucophytes unicellulaires qui semblent être le groupe extérieur.

algues rouges d'une part des plantes vertes (dont les algues vertes) de l'autre. Les algues rouges abondent au bord de la mer. Il en va de même des différents types d'algues vertes, qui prolifèrent aussi dans l'eau douce. Les algues de mer les plus fréquentes sont cependant les algues brunes, et ce sont des parentes plus lointaines : elles ne nous rejoindront pas avant le Rendez-vous 37. Parmi les pèlerins que nous saluons à cette étape, les plus familiers et les plus impressionnants sont les plantes terrestres. Les plantes ont conquis la terre avant les animaux. C'est presque une évidence, car sans plantes à manger, quel intérêt les animaux auraient-ils eu à y être ? Les plantes ne sont probablement pas allées directement de la mer sur la terre mais, comme les animaux, elles sont d'abord passées par l'eau douce.

Comme d'habitude quand nous saluons une grande armée de pèlerins, nous les trouvons déjà en marche en sous-groupes compliqués qui se sont réunis « avant » leur rendez-vous avec nous. Pour les plantes vertes, je vous recommande fortement un programme informatique remarquablement bien fait : intitulé *Deep Green*, au moment où j'écris ces lignes, il est accessible sur Internet. Quand vous lancez le programme, vous voyez un arbre phylogénétique raciné. Certaines de ses branches se terminent par un nom, c'est celui d'une plante ou d'un groupe de plantes. D'autres n'ont pas de nom mais une flèche dirigée vers l'extérieur de l'écran. La beauté de ce programme, c'est que vous pouvez avec votre souris faire défiler l'arbre d'une façon merveilleusement

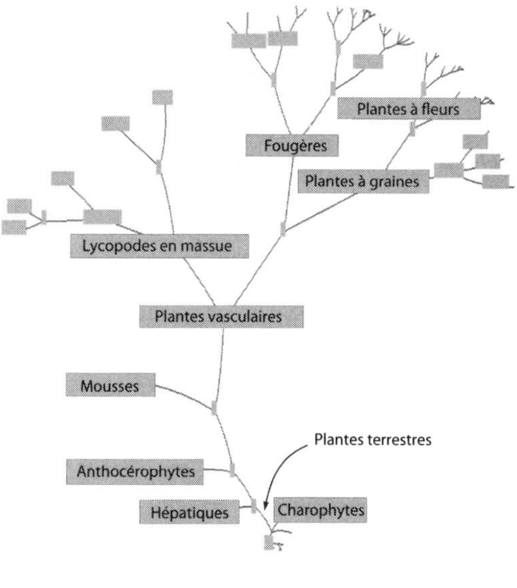

Si seulement Darwin et Hooker avaient eu un ordinateur ! Arbre de plantes vertes, dans le programme *Deep Green*, http://ucjeps.berkeley.edu/map2.html. Ce programme fonctionne sur Mac ou PC « virus-compatibles » (activez Java dans votre navigateur). La racine de l'arbre est au bas de l'image.

naturelle et intuitive pour en voir plus. À mesure que vous faites glisser la souris, vous voyez les rameaux pousser sous vos yeux, et quand vous tournez autour de l'arbre, vous voyez apparaître sur l'écran une multitude de nouveaux noms et quantité de nouvelles branches sans noms. Vous explorez alors l'arbre aussi loin que vous voulez : il semble se poursuivre indéfiniment, ce qui vous donne une idée de l'énorme diversité qui a évolué chez les plantes vertes. À mesure que vous grimpez dans les branches, en les saisissant d'une main à l'autre, comme un singe darwinien au paradis des arbres évolutifs, rappelez-vous que chaque bifurcation que vous rencontrez représente un vrai point de rendez-vous dans le sens précis de ce livre. Ce serait merveilleux s'il existait aussi une version de ce programme pour les animaux.

J'ai terminé le message précédent en disant combien il est merveilleux d'être un zoologiste à notre époque. J'aurais pu dire la même chose pour un botaniste. Quel plaisir ce serait que de faire la démonstration de *Deep Green* à Joseph Hooker, en compagnie de son cher ami Charles Darwin ! Rien que d'y penser, je suis au bord des larmes.

Il était une fois… le chou-fleur

Rédigé en collaboration avec Yan Wong

Les messages qui figurent dans ce livre sont destinés à dépasser les préoccupations personnelles de leur auteur. Comme les contes de Chaucer, ils sont censés être une réflexion sur la vie en général – la vie humaine chez Chaucer, et, ici, la vie tout court. De quoi va parler le chou-fleur devant l'énorme assemblée de pèlerins, à cette grande réunion qui suit le Rendez-vous 36 où les plantes rejoignent les animaux ? Il va exposer un principe important qui s'applique à toutes les plantes et à tous les animaux. C'est en quelque sorte la poursuite du thème de l'Artisan.

Le message de l'artisan portait sur la taille du cerveau : à grand renfort de détails, on y indiquait comment réaliser des nuages de points logarithmiques pour comparer des espèces différentes. Il semblait que par rapport aux animaux plus petits, les animaux plus gros avaient des cerveaux proportionnellement plus petits. Plus précisément, la pente d'un graphique logarithmique comparant la masse corporelle à la masse du cerveau était très exactement de 3/4. Ce

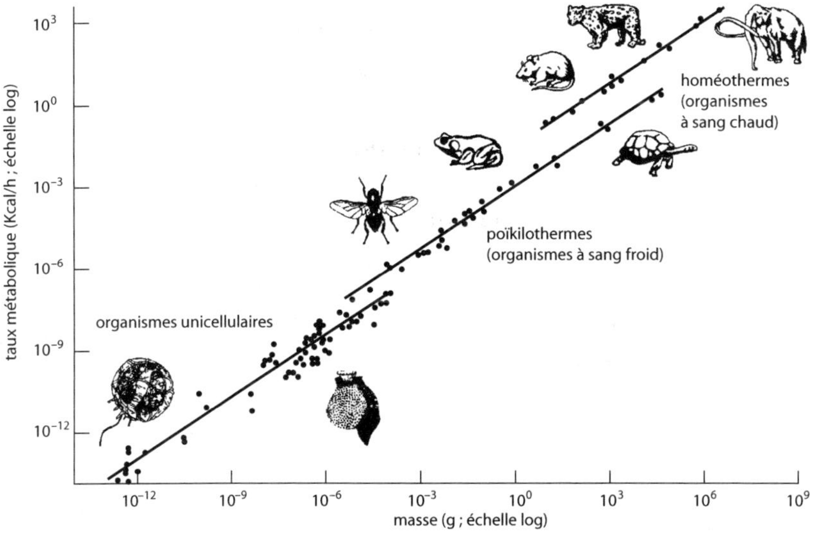

La relation reste valable jusqu'à la puissance 20.
Graphique de la loi de Kleiber, adapté de West, Brown & Enquist [304].

résultat, rappelez-vous, se situait exactement entre deux pentes que l'on peut comprendre intuitivement : la pente de 1/1 (masse du cerveau directement proportionnelle à la masse du corps), et celle de 2/3 (surface du cerveau proportionnelle à la masse du corps). Or la pente observée pour la masse logarithmique du cerveau par rapport à la masse logarithmique du corps se révélait non pas simplement un peu supérieure à 2/3 et un peu inférieure à 1/1, mais exactement de 3/4. Une telle précision des données devait pouvoir s'expliquer par une théorie de la même précision. Peut-on trouver une logique à cette pente de 3/4 ? Ce n'est pas facile.

Pour compliquer les choses, ou éventuellement nous mettre sur la voie, les biologistes ont remarqué depuis longtemps que ce rapport précis de 3/4 s'applique à beaucoup d'autres choses que la taille du cerveau. En particulier, la dépense énergétique – le taux métabolique – de différents organismes obéit à une règle des 3/4, laquelle a été élevée au statut de loi naturelle, la loi de Kleiber, même à défaut d'explication logique connue. Le graphique ci-dessus représente le log du taux métabolique par rapport au log de la masse corporelle (l'artisan explique en détail les graphiques logarithmiques).

Ce qui est vraiment stupéfiant dans la loi de Kleiber, c'est qu'elle s'applique toujours, de la plus petite bactérie à la plus grosse baleine. Même dans des rapports qui s'élèvent jusqu'à la puissance 20, c'est-à-dire où il faut multiplier 20 fois par 10 – ou ajouter 20 zéros – pour passer de la plus petite bactérie à la plus grosse baleine, la loi de Kleiber reste valable tout du long. Elle vaut aussi pour les plantes et les organismes unicellulaires. Le diagramme montre que trois lignes parallèles sont la représentation la plus vraisemblable. La première représente les micro-organismes, la deuxième les grosses créatures à sang froid (« grosses » signifie ici tout individu de plus d'un millionième de gramme !), et le troisième les grosses créatures à sang chaud (mammifères et oiseaux). Les trois lignes ont la même pente (3/4), mais pas la même hauteur : ce n'est pas étonnant car, à taille égale, les créatures à sang chaud ont un taux métabolique plus élevé que celles à sang froid.

Pendant des années, personne n'a pu trouver une raison vraiment convaincante pour expliquer la loi de Kleiber, jusqu'à la publication d'un travail effectué en coopération entre un physicien, Geoffrey West, et deux biologistes, James Brown et Brian Enquist. Leur démonstration de la loi des 3/4 précis est une magie mathématique qu'il est difficile de transcrire verbalement, mais elle est si ingénieuse et si importante qu'elle mérite cet effort.

La théorie de West, Enquist et Brown (WEB) part du fait que les tissus des gros organismes ont un problème de distribution, en lien avec les systèmes sanguins chez les animaux et les tubulures vasculaires dans les plantes : transporter le « matériel » depuis les tissus et jusqu'à eux. Cette question ne se pose pas avec la même acuité dans les petits organismes. Le très petit organisme a une surface tellement plus grande par rapport à son volume qu'il peut obtenir tout l'oxygène dont il a besoin par ses parois corporelles. Même si c'est un multicellulaire, aucune de ses cellules n'est très loin de la paroi corporelle externe. Dans le gros organisme, au contraire, le transport est problématique car la majorité de ses cellules sont loin des apports dont elles ont besoin. Pour circuler d'un endroit à un autre, le matériel doit donc emprunter des conduits. Chez les insectes, l'air circule littéralement jusqu'aux tissus dans un réseau ramifié de tuyaux, la trachée. Nous aussi, nous avons des tuyaux aériens richement ramifiés, mais ils sont confinés à des organes spéciaux, les poumons, qui ont un réseau sanguin tout aussi richement ramifié pour apporter l'oxygène des poumons au reste du corps. Les poissons font pareil avec leurs branchies : des organes à surface dense conçus pour décupler l'interface entre l'eau et le sang. Le placenta agit de la même façon pour le sang maternel et celui du fœtus. Les arbres, quant à eux, utilisent leurs branches richement ramifiées pour fournir à leurs feuilles l'eau qu'ils tirent du sol, et pour pomper en retour des sucres des feuilles vers le tronc.

Allez acheter un chou-fleur tout frais chez le commerçant du coin et coupez-le en deux pour voir à quoi ressemble un système classique de transport de matériel. Vous constaterez tous les efforts que fait le chou-fleur pour fournir un réseau d'approvisionnement à sa couverture de surface composée de « boutons de fleurs* ».

Maintenant, nous pourrions imaginer que ces réseaux de distribution – tubes d'air, tuyaux de sang ou de solution de sucre, ou autres – pourraient compenser parfaitement l'augmentation de la taille du corps. Si c'était le cas, la cellule typique du modeste chou-fleur serait exactement aussi bien desservie que celle du séquoia géant, et les deux cellules auraient le même taux métabolique. Comme le nombre de cellules d'un organisme est proportionnel à sa masse, le nuage de points du taux métabolique total par rapport à la masse corporelle, avec les deux axes sur une échelle logarithmique, se trouverait sur une ligne affectée d'une pente de 1. Pourtant, ce que l'on observe en réalité, c'est une pente de 3/4. Les petits organismes ont un taux métabolique plus élevé qu'ils ne « devraient » pour leur masse, en comparaison avec les gros organismes. Cela veut dire que le taux métabolique d'une cellule de chou-fleur est plus élevé que celui d'une cellule équivalente de séquoia, et que celui d'une souris est plus élevé que celui d'une baleine.

À première vue, cela paraît bizarre. Une cellule est une cellule, et vous pourriez imaginer un taux métabolique idéal qui serait le même pour le chou-fleur et pour le séquoia, pour la souris et pour la baleine. Peut-être. Mais ce qui semble se produire, c'est que la difficulté d'apporter de l'eau, du sang, de l'air, ou quelque autre « matériel » que ce soit, semble imposer une limite à la mise en pratique de cet idéal. Il y a nécessairement un compromis. La théorie WEB explique ce compromis et dit pourquoi en fin de

* Des boutons qui, en l'occurrence, ont été modifiés de façon grotesque par la sélection artificielle dans le cadre de la domestication, mais le principe est toujours valable.

compte il donne exactement une pente de 3/4, et cela dans des détails quantitatifs précis.

Cette théorie repose sur deux points clés. Le premier est que l'arborescence des tuyaux qui apportent le matériel à un volume donné de cellules occupe elle-même un certain volume, lequel est en compétition pour l'espace avec les cellules qu'elle dessert. Vers les extrémités du réseau de distribution, les tuyaux occupent de plein droit un espace important. Et si vous doublez le nombre de cellules qui ont besoin d'être desservies, le volume du réseau augmente de plus du double car pour raccorder ce réseau au système principal, il faut davantage de tuyaux, lesquels eux-mêmes occupent de l'espace. Si vous voulez doubler le nombre des cellules desservies en vous limitant à doubler l'espace occupé par les tuyaux, il vous faut un réseau de tuyauteries distribué plus chichement. Le deuxième point clé est que, que vous soyez une souris ou une baleine, le système de transport le plus efficace – celui qui gaspille le moins d'énergie en effectuant sa tournée – est celui qui prend un pourcentage fixe du volume de votre corps. C'est ainsi que les mathématiques expliquent ce phénomène, que l'on observe aussi empiriquement*. Par exemple, chez les mammifères, qu'il s'agisse de souris, d'êtres humains ou de baleines, le volume de sang (c'est-à-dire la taille du système de transport) occupe entre 6 et 7 % de leur corps.

En prenant ensemble ces deux points, cela veut dire que si nous voulons doubler le volume des cellules à desservir, tout en gardant le système de transport le plus efficace, il nous faut un réseau de transport distribué plus chichement. Et un réseau plus chiche signifie que chaque cellule recevra moins de matériel, ce qui veut dire que le taux métabolique doit baisser. Mais de combien, exactement ?

Les chercheurs WEB ont calculé la réponse à cette question. C'est fantastique car, selon leurs calculs, on doit obtenir une ligne droite avec une pente d'exactement 3/4 pour le graphique du log du taux métabolique comparé au log de la taille corporelle. Une étude plus récente s'est fondée sur leur théorie initiale, mais les aspects essentiels sont toujours là. La loi de Kleiber – que ce soit chez les plantes, les animaux, ou même au niveau du transport à

* Le véritable pourcentage peut être un peu différent selon que, mettons, vous êtes un animal à sang froid ou à sang chaud.

l'intérieur d'une seule cellule – a fini par trouver sa logique. Elle peut se démontrer par la physique et la géométrie des réseaux de distribution.

Il était une fois… le séquoia

On se demande souvent quel est l'endroit du monde qu'il faut avoir vu avant de mourir. Pour moi, c'est Muir Woods, juste au nord du pont du Golden Gate. Ou, si vous n'en sortez pas à temps avant la fermeture, je ne peux imaginer meilleur endroit pour y être enterré (sauf que je doute que ce soit autorisé, ni qu'il faille que ce le soit). C'est une cathédrale où le calme se fond dans les verts et les bruns, et dont la nef s'élance portée par les arbres les plus hauts du monde, *Sequoia sempervirens*, ces séquoias de la côte pacifique dont l'écorce capitonnée étouffe les échos qui empliraient une cathédrale édifiée par l'homme. L'espèce qui lui est apparentée, *Sequoiadendron giganteum*, que l'on trouve à l'intérieur des terres dans les contreforts de la Sierra Nevada, est typiquement moins haute mais plus massive. L'unique créature vivante la plus grosse du monde, le général Sherman, est un *giganteum* qui dépasse les 30 mètres de circonférence et les 80 mètres de hauteur, avec un poids estimé à 1 260 tonnes. On ne connaît pas son âge de façon certaine, mais on sait que cette espèce survit plus de 3 000 ans. On pourrait établir l'âge du général Sherman de façon certaine à une année près si on l'abattait en le sciant*, ce qui serait une entreprise formidable car, à elle seule, l'écorce a environ un mètre d'épaisseur. Espérons que cela ne se fera jamais, nonobstant la fameuse boutade de Ronald Reagan quand il était gouverneur de Californie : « Si vous en avez vu un, vous les avez tous vus. »

Comment peut-on connaître à un an près l'âge exact d'un gros arbre, même aussi vieux que le général Sherman ? On compte les cernes sur sa souche. Sous une forme plus sophistiquée, le dénombrement des cernes a fait naître la technique élégante de la dendrochronologie, qui permet aux archéologues travaillant à l'échelle de plusieurs siècles de dater avec précision n'importe quelle pièce de bois.

C'est au séquoia qu'il revient d'expliquer comment, tout au long de notre pèlerinage, nous avons été en mesure de dater des spécimens

* En fait, il n'est pas nécessaire de l'abattre. Il suffit d'effectuer une carotte.

historiques sur une échelle de temps absolue. Les cernes des arbres sont très précis, mais seulement pour les pièces les plus récentes. Les fossiles sont datés par d'autres méthodes, qui font intervenir surtout la décroissance radioactive, et nous y viendrons, ainsi que sur d'autres techniques, au cours de cette section.

Les cernes annuels des arbres proviennent du fait banal que la croissance d'un arbre est inégale d'une saison à l'autre. Cependant, suivant la même logique, que ce soit en été ou en hiver, les arbres poussent mieux pendant une bonne année que pendant une mauvaise. Les bonnes années sont légion, les mauvaises aussi, si bien qu'un cerne seul ne sert à rien pour identifier une année particulière. Une séquence d'années, en revanche, s'identifie comme une empreinte digitale. Cette empreinte dans laquelle les cernes minces et les cernes larges alternent selon une disposition caractéristique, on la retrouve dans des arbres différents à l'intérieur d'une grande zone. Les spécialistes de dendrochronologie compilent des catalogues de ces empreintes identitaires. Et donc, un morceau de bois, provenant par exemple d'un drakkar viking enfoui dans la boue, peut être daté en comparant l'empreinte de ses cernes à celles déjà répertoriées dans les catalogues.

On utilise le même principe dans les dictionnaires de mélodies. Supposons que vous avez dans la tête un air dont vous ne pouvez pas retrouver le nom. Comment s'y prendre pour le chercher ? Il existe différentes méthodes, dont la plus simple est le code Parson. Transposez votre air en une série d'*up* et *down* (la première note ne compte pas, évidemment, car elle ne peut être ni l'un ni l'autre). Voici, par exemple, l'empreinte d'un air favori, le *Londonderry Air*, ou *Air from County Derry*, que je viens de transcrire sur le site Internet de *Melodyhound* :

UUUDUUDDDDUUUUUDDDUD

Melodyhound a décrypté mon air sans se tromper (sous le titre de *Danny Boy*, le nom sous lequel les Américains le connaissent à cause de quelques termes du XXIe siècle figurant dans les paroles qu'on y a ajoutées). À première vue, il paraît étonnant que l'on puisse identifier un air par une séquence de symboles aussi courte, qui n'indique que le sens du déplacement sans préciser la valeur de l'écart, et qui ne donne aucune indication de la durée des notes. Mais le résultat est là. De la même façon, il suffit pour le bois d'une empreinte de cernes successifs relativement courte pour identifier une séquence particulière de cernes d'accroissement annuel.

Sur l'arbre qui vient d'être abattu, le cerne extérieur représente le présent. Le passé peut être identifié de façon précise en comptant les cernes en allant vers l'intérieur. Ainsi, on peut attribuer des dates absolues à des empreintes de cernes d'arbres récents dont on a enregistré la date d'abattage. En raccordant des séries qui se chevauchent en remontant dans le passé, il est en principe possible de mettre des dates absolues sur du bois très vieux – en principe même depuis la forêt pétrifiée d'Arizona, à condition qu'il existe une série continue d'intermédiaires pétrifiés – si seulement... ! Avec cette technique de reconstitution d'un puzzle, on peut constituer des bibliothèques d'empreintes que l'on consulte pour identifier un bois plus ancien que le plus vieil arbre que l'on ait jamais vu vivant. Le changement d'épaisseur des cernes peut aussi, soit dit en passant, servir non seulement à dater le bois, mais aussi à reconstituer, d'année en année, les conditions climatiques et écologiques d'époques bien antérieures au moment où l'on a commencé à conserver les données météorologiques.

La dendrochronologie est limitée au temps relativement récent sur lequel travaillent les archéologues. Mais la croissance des arbres n'est pas le seul procédé qui s'accélère ou qui ralentit dans un cycle annuel, ou dans un autre cycle régulier ou même irrégulier. N'importe quel procédé de ce genre peut en principe servir pour fixer une date, en utilisant le même truc ingénieux qui consiste à raccorder en série des empreintes qui se chevauchent. Et certaines de ces techniques fonctionnent sur un espace de temps plus long que la dendrochronologie elle-même. Les sédiments se déposent au fond de la mer à un rythme irrégulier, et en stries que l'on peut imaginer équivalentes aux cernes d'arbres. On peut compter ces stries et reconnaître des empreintes révélatrices dans des carottes que l'on extrait avec de profondes sondes cylindriques.

Un autre exemple, que nous avons rencontré dans l'épilogue de l'oiseau-éléphant, est la datation paléomagnétique. Comme nous l'avions vu, le champ magnétique de la Terre s'inverse de temps en temps, et ce qui avait été le nord magnétique devient tout à coup le sud magnétique pour quelques milliers d'années, puis s'inverse à nouveau. Ce phénomène s'est produit 282 fois au cours des 10 derniers millions d'années. Même si je dis « s'inverse » et « tout à coup », ce basculement n'est soudain que selon les normes géologiques. Si fascinante que soit l'idée d'une inversion des pôles qui dérouterait tous les avions et tous les bateaux, ce n'est pas ainsi que les choses se passent. Cette « inversion » prend en fait quelques milliers d'années, et le processus est beaucoup plus complexe que le mot ne le laisse entendre. De toute façon, le pôle Nord magnétique coïncide rarement exactement avec le véritable pôle Nord géographique (autour duquel tourne la Terre). Il se déplace dans la région polaire au fil des ans. Actuellement, il est situé près de l'île de Bathurst dans le nord du Canada, à environ 2 500 kilomètres du véritable pôle Nord. Au cours d'une « inversion », il y a une période intermédiaire de confusion magnétique dans laquelle la force et la direction du champ subissent des variations importantes et complexes, faisant parfois apparaître temporairement plus d'un nord magnétique et plus d'un sud magnétique. Cette confusion finit par se stabiliser et quand le calme revient, il peut se trouver que l'ancien nord magnétique se situe maintenant près du vrai pôle Sud, et vice versa. La stabilité, avec de légers déplacements, revient pour un million d'années peut-être jusqu'à la prochaine inversion.

À l'aune de la géologie, mille ans c'est très court. Le temps que dure l'« inversion » est négligeable par rapport au temps passé dans le voisinage du véritable pôle Nord ou du véritable pôle Sud. Comme nous l'avons vu plus tôt, la nature conserve un enregistrement de ces événements. Dans la roche volcanique en fusion, certains minéraux se comportent comme des petites aiguilles de boussole. Quand la roche en fusion se solidifie, ces aiguilles minérales constituent un enregistrement « figé » du champ magnétique de la Terre au moment de la solidification (par un processus assez différent, le paléomagnétisme peut s'observer aussi dans la roche sédimentaire). Après une « inversion », les aiguilles de boussole miniatures dans les roches indiquent la direction opposée par rapport au temps qui précède l'inversion. C'est exactement comme les cernes des arbres, sauf que l'écart entre les stries n'est pas d'une année mais de l'ordre d'un million d'années. Là encore, on peut comparer les empreintes de stries et reconstituer une chronologie d'inversions magnétiques en juxtaposant les schémas. On ne peut pas calculer des dates absolues en comptant les stries car, à la différence des cernes d'arbres, elles représentent des durées inégales. On peut toutefois relever à des endroits différents la même empreinte. Cela veut dire que si l'on dispose d'une autre méthode de datation absolue (voir plus bas) pour un endroit, comme le code Parsons pour une mélodie, on peut utiliser les empreintes de stries magnétiques pour reconnaître ailleurs le même espace de temps. Comme pour les cernes d'arbres et d'autres méthodes de datation, le tableau complet se construit à partir de fragments recueillis à des endroits différents.

Les cernes d'arbres sont utiles pour dater des vestiges récents à une année près. Pour des dates plus anciennes, avec inévitablement moins de précision dans le détail, on exploite la technique physique bien connue de la décroissance de la radioactivité. Pour l'expliquer, commençons par une digression.

Toute matière est faite d'*atomes*. Il existe plus de cent types d'atomes, correspondant au même nombre d'*éléments*. Ces éléments sont par exemple le fer, l'oxygène, le calcium, le chlore, le carbone, le sodium et l'hydrogène. La plus grande partie de la matière est faite non pas d'éléments purs, mais de *composés* : deux atomes ou plus d'éléments différents liés ensemble, comme dans le carbonate de calcium, le chlorure de sodium, le monoxyde de carbone. La liaison des atomes en composés se fait par l'intermédiaire d'*électrons* qui sont de minuscules particules en orbite (cette métaphore aide à faire comprendre leur véritable comportement, qui est beaucoup plus étrange) autour du *noyau* central de chaque atome. Un noyau est énorme comparé à un électron, mais minuscule comparé à l'orbite d'un électron. Votre main, qui est faite en grande partie d'espace vide, rencontre une résistance dure quand elle heurte un bloc de fer, qui est lui aussi fait en grande partie d'espace vide, car les forces associées aux atomes présents dans les deux solides interagissent de façon à les empêcher de pénétrer l'un dans l'autre. En conséquence, le fer et la pierre nous paraissent solides parce que notre cerveau nous rend bien service en construisant une illusion de solidité.

On a compris depuis longtemps qu'un composé peut être décomposé en ses éléments constitutifs et recombiné pour faire le même composé ou un composé différent avec une émission ou consommation d'énergie. Ces interactions dans les deux sens entre les atomes sont de la chimie. Mais jusqu'au XXe siècle, on croyait que l'atome lui-même était irréductible, que c'était la particule la plus petite possible d'un élément. Un atome d'or était un minuscule grain de poussière d'or, qualitativement différent d'un atome de cuivre, lequel était une particule minimale de cuivre. La vision moderne est plus élégante. Les atomes d'or, de cuivre, d'hydrogène, et ainsi de suite, ne sont que des arrangements différents des mêmes particules fondamentales, de la même façon que les gènes du cheval, de la laitue, de l'être humain et de la bactérie ne possèdent pas un « arôme » particulier de cheval, de laitue, d'être humain ou de bactérie, mais ne sont que des combinaisons différentes des mêmes quatre lettres de l'ADN. De même que l'on a compris depuis longtemps que les composés chimiques sont des arrangements assemblés à partir d'un répertoire fini d'une centaine d'atomes, de même chaque noyau d'atome se révèle être un arrangement de deux particules fondamentales, les *protons* et les *neutrons*. Un noyau d'or n'est pas « en or ». Comme tous les autres noyaux, il est fait de protons et de neutrons. Un noyau de fer est différent d'un noyau d'or, pas parce qu'il est fait d'un matériel d'un type qualitativement différent qu'on appelle du fer, mais simplement parce qu'il contient 26 protons (et 30 neutrons), au lieu des 79 protons (et 118 neutrons) de l'or. Au niveau d'un atome unique, il n'y a pas de « matériel » qui ait les propriétés de l'or ou du fer, mais seulement des combinaisons différentes de protons, de neutrons et d'électrons. Les physiciens vont plus loin en disant que même les protons, les neutrons et les électrons sont composés de particules encore plus fondamentales, les quarks, mais nous ne les suivrons pas dans ces profondeurs.

Les protons et les neutrons sont à peu près de la même taille, et beaucoup plus gros que les électrons. À la différence du neutron, qui est électriquement neutre, chaque proton a une unité de charge électrique (arbitrairement désignée comme positive), qui contrebalance précisément la charge négative d'un électron « en orbite » autour du noyau. Un proton peut se transformer en neutron s'il absorbe un électron dont la charge négative neutralise sa charge positive. Inversement, un neutron peut se transformer en proton en se débarrassant d'une unité de charge négative – d'un électron. Ces transformations sont des exemples de réactions nucléaires, par opposition aux réactions chimiques. Les réactions chimiques laissent le noyau intact, alors que les réactions nucléaires le modifient. Celles-ci impliquent en général des échanges d'énergie bien plus importants que les réactions chimiques, c'est pourquoi les armes nucléaires sont beaucoup plus dévastatrices, à poids égal, que les explosifs conventionnels (c'est-à-dire chimiques). La quête des alchimistes de changer un élément métallique en un autre n'a échoué que parce qu'ils ont essayé de le faire par des procédés chimiques plutôt que nucléaires.

Chaque élément contient dans son noyau atomique un nombre caractéristique de protons, et le même nombre d'électrons « en orbite » autour du noyau : un pour l'hydrogène, deux pour l'hélium, six pour le carbone, 11 pour le sodium, 26 pour le fer, 82 pour le plomb, 92 pour l'uranium. C'est ce nombre, dit nombre atomique, qui (en agissant par l'intermédiaire des électrons) détermine en grande partie le comportement chimique d'un élément. Les neutrons ont peu d'effet sur les propriétés chimiques d'un élément, mais ils affectent sa masse ainsi que ses réactions nucléaires.

Un noyau a typiquement autant de neutrons que de protons, sinon un peu plus. À la différence du nombre de protons, qui est fixe pour n'importe quel élément donné, le nombre des neutrons varie. Le carbone normal a six protons et six neutrons, ce qui lui donne un « nombre de masse » total de 12 (puisque la masse des électrons est négligeable et qu'un neutron pèse à peu près autant qu'un proton). On l'appelle donc carbone 12. Le carbone 13 a un neutron de plus, et le carbone 14 deux neutrons de plus, mais ils ont tous six protons. Ces « versions » différentes d'un élément sont cc qu'on appelle des « isotopes ». La raison pour laquelle ces trois isotopes ont le même nom, le carbone, c'est qu'ils ont le même nombre atomique, 6, et donc les mêmes propriétés chimiques. Si les réactions nucléaires avaient été découvertes avant les réactions chimiques, on aurait peut-être donné à ces isotopes des noms différents. L'hydrogène normal n'a pas de neutrons. L'hydrogène 2 (un proton et un neutron) est appelé deutérium. L'hydrogène 3 (un proton et deux neutrons) est le tritium. Tous se comportent chimiquement comme l'hydrogène. Par exemple, le deutérium se combine à l'oxygène pour faire une forme d'eau que l'on appelle l'eau lourde, qui est bien connue parce qu'elle sert à fabriquer les bombes à hydrogène.

Les isotopes ne diffèrent donc que dans le nombre de neutrons qu'ils contiennent, avec le nombre fixe de protons qui caractérise l'élément. Parmi les isotopes d'un élément, certains peuvent avoir un noyau instable, ce qui veut dire qu'il a parfois tendance à se changer, à un moment imprévisible, mais avec une probabilité prévisible, en un type de noyau différent. D'autres isotopes sont stables : leur probabilité de changer est de zéro. L'équivalent d'instable est radioactif. Le plomb a 4 isotopes stables et 25 isotopes instables connus. Tous les isotopes du métal très lourd qu'est l'uranium sont instables, ils sont tous radioactifs. La radioactivité est la clé de la datation absolue des roches et de leurs fossiles, d'où la nécessité de cette digression pour l'expliquer.

Que se passe-t-il en fait quand un élément instable, et donc radioactif, se change en un autre élément ? Ce phénomène peut se produire de différentes façons, mais les deux que l'on connaît le mieux sont la décroissance alpha et la décroissance bêta. Dans la décroissance alpha, le noyau parent perd une « particule alpha », qui est un fragment constitué de 2 protons et de 2 neutrons collés ensemble. Le nombre de masse diminue donc de 4 unités, mais le nombre atomique ne diminue que de 2 unités (correspondant aux 2 protons perdus). Ainsi, l'élément se transforme, chimiquement parlant, en l'élément qui se trouve avoir 2 protons de moins. L'uranium 238 (avec 92 protons et 146 neutrons) décroît en thorium 234 (avec 90 protons et 144 neutrons).

La décroissance bêta est différente. Un neutron du noyau parent devient un proton, et il le fait en éjectant une particule bêta, qui est une unité unique de charge négative ou un électron. Le nombre de masse du noyau reste le même parce que le nombre total de protons et neutrons reste le même et que les électrons sont trop petits pour que l'on s'en préoccupe. Mais le nombre atomique augmente d'une unité car il y a maintenant un proton de plus qu'auparavant. Le sodium 24 se transforme par décroissance bêta en magnésium 24. Le nombre de masse, 24, est resté le même. Le nombre atomique a augmenté en passant de 11, qui est caractéristique du sodium, à 12, qui est caractéristique du magnésium.

Un troisième type de transformation est le remplacement neutron-proton. Un neutron égaré frappe un noyau et en fait sortir un proton, dont il prend la place. Ainsi, comme dans la décroissance bêta, le nombre de masse ne change pas. Mais, cette fois, le nombre atomique a diminué de 1 du fait de la perte d'un proton. Rappelez-vous que le nombre atomique est simplement le nombre de protons dans le noyau. Une quatrième manière dont un élément peut se changer en un autre, et qui a le même effet sur le nombre atomique et le nombre de masse, c'est la capture d'électron. C'est un peu le contraire de la décroissance bêta. Alors que dans la décroissance bêta, un neutron se transforme en un proton et éjecte un électron, la capture d'électron transforme un proton en un neutron en neutralisant sa charge. Le nombre atomique diminue ainsi d'une unité alors que le nombre de masse reste le même. Le potassium 40 (nombre atomique 19) décroît ainsi en argon 40 (nombre atomique 18). Et il existe beaucoup d'autres manières par lesquelles les noyaux peuvent se transformer de façon radioactive en d'autres noyaux.

Un des grands principes de la mécanique quantique est qu'il est impossible de prédire exactement quand un noyau particulier d'élément instable va décroître. Mais on peut mesurer la probabilité statistique de cet événement. La valeur de cette probabilité s'avère éminemment caractéristique d'un isotope donné. L'unité de mesure que l'on préfère est la demi-vie. Pour mesurer la demi-vie d'un isotope radioactif, prenez un fragment de matériel et comptez combien de temps il faut pour que la moitié exactement de ce fragment se transforme en autre chose. La demi-vie du strontium 90 est de 28 ans. Si vous avez 100 grammes de strontium 90, au bout de 28 ans il ne vous en restera plus que 50 grammes. Le reste se sera transformé en yttrium 90 (lequel, en fait, se change en zirconium 90). Est-ce à dire qu'au bout de 28 ans de plus, il ne vous restera plus de strontium ? Sûrement pas. Il vous en restera 25 grammes, et encore 28 ans plus tard, cette quantité aura encore diminué de moitié, se montant à 12,5 grammes. Théoriquement, elle n'atteint jamais zéro mais s'en approche seulement de moitié en moitié à chaque fois. C'est pour cette raison que l'on doit parler de la demi-vie d'un isotope radioactif, et pas de sa « vie ».

La demi-vie du carbone 15 est de 2,4 secondes. Au bout de 2,4 secondes, il vous reste la moitié de votre échantillon d'origine. Au bout de 2,4 secondes de plus, il ne vous en restera que le quart, et après encore 2,4 secondes, le huitième, et ainsi de suite. La demi-vie de l'uranium 238 est d'environ 4,5 milliards d'années. C'est à peu près l'âge du système solaire. Ainsi, sur la totalité de l'uranium 238 qui était présent sur la Terre au début de sa formation, il en reste actuellement environ la moitié. C'est un fait merveilleux et très utile concernant la radioactivité que les demi-vies d'éléments différents couvrent un spectre aussi colossal, depuis des fractions de seconde jusqu'à des milliards d'années.

Nous approchons du point crucial de toute cette digression. Le fait que chaque isotope radioactif a une demi-vie particulière permet de dater les roches. Les roches volcaniques contiennent souvent des isotopes radioactifs comme le potassium 40. Le potassium 40 se transforme en argon 40 avec une demi-vie de 1,3 milliard d'années. C'est là, potentiellement, une horloge exacte. Mais il est inutile de mesurer seulement la quantité de potassium 40 dans une roche, car vous ne savez pas combien il y en avait au départ ! Ce qu'il faut que vous sachiez, c'est la proportion de potassium 40 et d'argon 40. Heureusement, quand le potassium 40 que contient un cristal de roche décroît, l'argon 40 (un gaz) reste pris dans le cristal. Si ce cristal contient autant de potassium 40 et d'argon 40, vous savez que la moitié du potassium 40 s'est transformée. Il y a donc 1,3 milliard d'années que ce cristal s'est formé. S'il y a deux fois plus d'argon 40 que de potassium 40, la formation du cristal remonte à 2,6 milliards d'années. Si enfin, il y a deux fois plus de potassium 40 que d'argon 40, le cristal n'a que 650 millions d'années.

Le moment de la cristallisation, qui, dans le cas des roches volcaniques est le moment où la lave en fusion se solidifie, est celui où l'horloge était à zéro. Après cela, l'isotope parent décroît régulièrement et l'isotope fils reste pris dans le cristal. Il vous suffit alors de mesurer le rapport entre les deux éléments, et de chercher dans un livre de physique de combien est la demi-vie de l'isotope parent ; il est facile de calculer l'âge du cristal. Comme je l'ai dit plus tôt, on trouve en général les fossiles dans les roches sédimentaires, alors que les cristaux que l'on peut dater se trouvent en général dans les roches volcaniques, si bien qu'il faut dater les fossiles de façon indirecte, en regardant les roches volcaniques qui prennent leurs strates en sandwich.

Ce qui complique les choses, c'est que souvent, le premier produit de la décroissance est lui-même un autre isotope instable. Il se trouve que l'argon 40, qui est le premier produit de la décroissance du potassium 40, est stable. Mais quand l'uranium 238 décroît, il passe par une cascade d'au moins 14 stades intermédiaires instables, dont neuf décroissances alpha, et sept décroissances bêta, avant de se stabiliser sous forme de l'isotope stable qu'est le plomb 206. De loin, la plus longue demi-vie de cette cascade (4,5 milliards d'années) appartient à la première transition, de l'uranium 238 au thorium 234. Une étape intermédiaire dans cette cascade, du bismuth 214 au thallium 210, a une demi-vie de 20 minutes seulement, et même cette durée n'est pas la plus courte (c'est-à-dire la plus probable). Les dernières transitions ont une durée négligeable comparée à la première, si bien que le rapport observé entre l'uranium 238 et le plomb 206 enfin stable peut être comparé à une demi-vie de 4,5 milliards d'années pour calculer l'âge d'une roche particulière.

Les méthodes uranium/plomb et potassium/argon, avec leurs demi-vies mesurées en milliards d'années, sont utiles pour dater les fossiles très anciens. Mais elles sont trop rudimentaires pour dater les roches plus jeunes. Pour celles-ci, on recourt à des isotopes à demi-vie plus courte. Heureusement, on dispose de toute une gamme d'horloges dotées d'une large sélection de demi-vies isotopiques. Vous choisissez la demi-vie qui donne la meilleure résolution pour les roches sur lesquelles vous travaillez. Mieux encore, les différentes horloges servent chacune à vérifier les autres.

L'horloge radioactive la plus rapide que l'on utilise couramment est celle du carbone 14, et cela nous ramène directement à l'auteur de ce propos, car le bois est un des principaux matériaux que les archéologues soumettent à la datation par le carbone 14. Le carbone 14 décroît en azote 14 avec une demi-vie de 5 730 ans. L'horloge du carbone 14 est inhabituelle en ce qu'elle sert à dater les véritables tissus morts eux-mêmes, et pas les roches volcaniques qui les enserrent. La datation par le carbone 14 est si importante pour le passé relativement récent – bien plus récent que la plupart des fossiles, et couvrant l'étendue de l'histoire que l'on appelle normalement l'archéologie – qu'elle mérite un traitement spécial.

La plus grande partie du carbone du monde consiste en carbone 12, qui est un isotope stable. Environ un million de millionième du carbone du monde consiste en carbone 14, qui est un isotope instable. Avec une demi-vie qui se mesure seulement en milliers d'années, tout le carbone 14 de la Terre aurait décru depuis longtemps en azote 14 s'il ne se renouvelait pas. Heureusement, quelques atomes d'azote 14, le gaz le plus abondant dans l'atmosphère, sont continuellement transformés par bombardement de rayons cosmiques en carbone 14. Le rythme de création de carbone 14 est à peu près constant. La plus grande partie du carbone de l'atmosphère, qu'il s'agisse de carbone 14 ou de carbone 12 qui est le plus fréquent, se combine chimiquement avec de l'oxygène pour former du dioxyde de carbone. Ce gaz est absorbé par les plantes et les atomes de carbone servent à élaborer leurs tissus. Pour les plantes, le carbone 14 et le carbone 12 ont le même aspect (les plantes ne « s'intéressent » qu'à la chimie, et pas aux propriétés nucléaires des atomes). Les deux variétés de dioxyde de carbone sont absorbées à peu près proportionnellement à leur disponibilité. Les plantes sont mangées par des animaux qui à leur tour sont mangés par encore d'autres animaux, si bien que dans la chaîne alimentaire, le carbone 14 se disperse dans une proportion connue par rapport au carbone 12, dans un espace de temps qui est court par rapport à la demi-vie du carbone 14. Les deux isotopes existent dans tous les tissus vivants à peu près dans la même proportion que dans l'atmosphère, celle de un pour un million de millions. Il est sûr qu'ils décroissent de temps en temps en atomes d'azote 14. Mais ce taux constant est compensé par leur échange continuel, via les chaînons de la chaîne alimentaire, avec le renouvellement incessant du dioxyde de carbone dans l'atmosphère.

Tout cela change au moment de la mort. Un prédateur qui meurt sort de la chaîne alimentaire. Une plante qui meurt n'absorbe plus de nouvelles quantités de dioxyde de carbone de l'atmosphère. L'herbivore qui meurt ne mange plus de plantes fraîches. Le carbone 14 présent dans un animal mort ou dans une plante morte continue à décroître en azote 14. Mais il n'est pas renouvelé par des apports frais de l'atmosphère. Ainsi, la proportion de carbone 14 par rapport au carbone 12 commence à baisser dans les tissus morts. Et il baisse avec une demi-vie de 5 730 ans. Le résultat est que l'on peut donner la date de la mort d'un animal ou d'une plante en mesurant la proportion de carbone 14 par rapport au carbone 12. C'est de cette façon que l'on a prouvé que le Saint Suaire de Turin ne peut pas être celui de Jésus – il date du Moyen Âge. La datation au carbone 14 est un outil merveilleux pour dater les vestiges d'un passé relativement récent. Il ne sert à rien pour des datations plus anciennes car presque tout le carbone 14 a décru en carbone 12, et le reliquat est trop réduit pour être mesuré avec précision.

Il existe d'autres méthodes de datation absolue, et l'on ne cesse d'en inventer de nouvelles. L'intérêt d'avoir autant de méthodes à sa disposition, c'est qu'ensemble elles couvrent une palette d'échelles de temps aussi gigantesque. Il est extrêmement difficile de contester des datations qui sont corroborées par des méthodes différentes.

Rendez-vous **37**

ZONE DE BRUME

Le Microbe est si petit
Qu'on ne peut le distinguer
Mais beaucoup d'optimistes espèrent
Le voir au microscope.
Sa langue articulée couchée sous
Cent curieuses rangées de dents ;
Ses sept queues touffues constellées
D'adorables taches roses et violettes
Dont chacune arbore un motif
De quarante stries séparées ;
Ses sourcils vert tendre ;
Rien de tout cela n'a jamais été vu
Mais les Scientifiques qui doivent savoir,
Nous assurent qu'ils sont sûrement ainsi...
Oh, puissions-nous ne jamais, jamais douter
De ce dont personne n'est certain.

HILAIRE BELLOC (1870-1953)
More Beasts for Worse Children (1897)

Hilaire Belloc était un versificateur brillant, mais plein de préjugés. S'il est dans ce texte un préjugé antiscientifique, évitons de nous en faire l'écho. Il y a dans la science beaucoup de choses dont nous ne sommes pas sûrs, mais là où elle marque un point sur d'autres visions du monde, c'est que nous connaissons notre incertitude, nous pouvons souvent évaluer son ampleur, et nous travaillons avec optimisme pour la réduire.

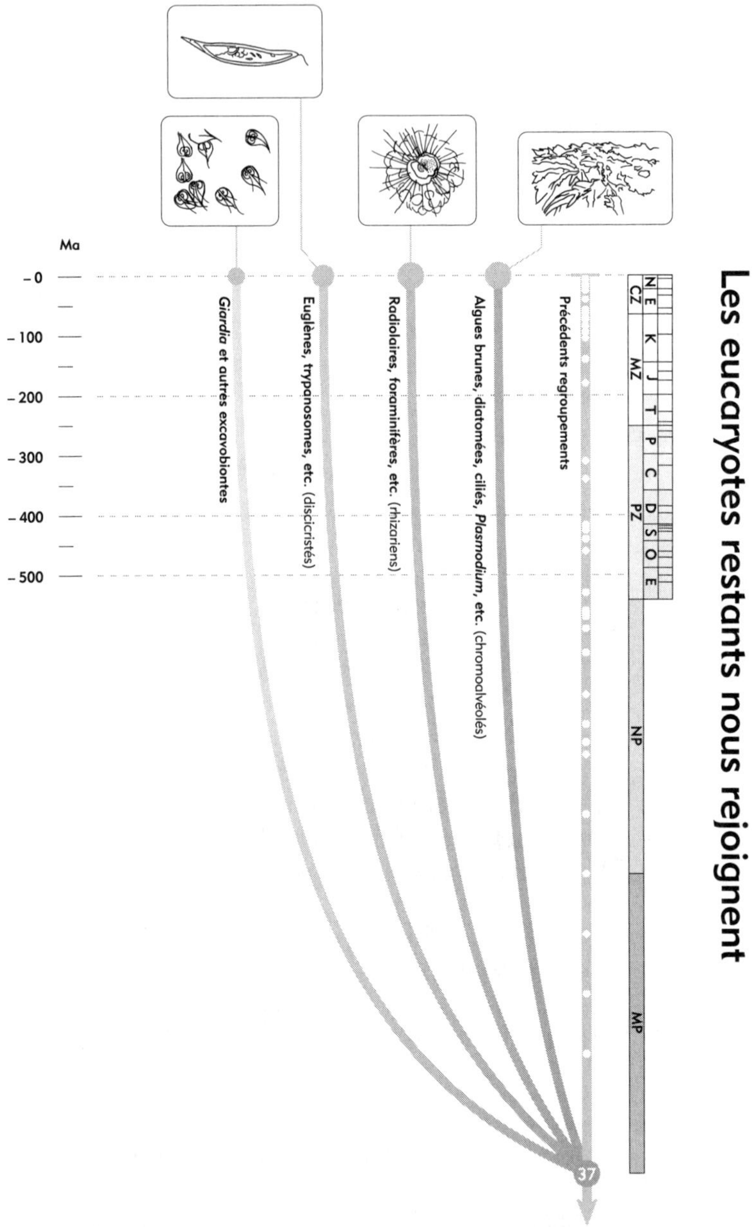

Les eucaryotes restants nous rejoignent. La phylogénie de haut niveau des quelque 50 000 espèces d'eucaryotes restants mais déjà décrits n'est pas résolue pour l'instant. Les lignes estompées indiquent la grande incertitude actuelle. La branche des chromoalvéolés est souvent subdivisée entre les chromistes (hétérochontes) et les alvéolobiontes.

Dessins, de gauche à droite : *Giardia lamblia* ; *Euglena acus* ; foraminifère (*Globigerina* sp.) ; varech (*Ecklonia radiata*).

Au Rendez-vous 37, nous entrons dans un monde de microbes, et aussi dans un domaine d'incertitude : incertitude pas tant sur les microbes eux-mêmes que sur l'ordre dans lequel nous devons les saluer. J'ai pensé un instant avancer une conjecture et m'y tenir, mais ce serait injuste pour les autres rendez-vous dont nous pouvons au moins être un peu plus certain. Si la publication de ce livre pouvait être retardée d'un an ou deux, il y aurait de bonnes chances que certaines questions soient résolues. Mais, pour l'instant, prenons les vers de Belloc comme une boutade à l'adresse des scientifiques. Nous savons quels êtres nous devons rencontrer aux prochains rendez-vous, qu'il s'agisse d'une, de deux ou de trois rencontres, mais nous ne savons pas dans quel ordre, ni dans combien de rendez-vous séparés.

Cette incertitude concerne tous les « eucaryotes » qui doivent encore rejoindre notre pèlerinage. Ce terme important sera expliqué dans le Grand Rendez-vous historique. Pour l'instant, sachez seulement qu'un des événement les plus monumentaux de l'histoire du vivant a été la formation de la cellule eucaryote. Les cellules eucaryotes sont ces grosses cellules complexes, dotées de noyaux à paroi et de mitochondries, et qui constituent le corps de tous les animaux, de toutes les plantes et, à vrai dire, de tous les pèlerins qui nous ont rejoints jusqu'à maintenant. C'est-à-dire tous les êtres vivants hormis les vraies bactéries et les archées, que l'on appelait autrefois des bactéries. Ces « procaryotes » constitueront les deux derniers rendez-vous, et il se trouve que nous avons davantage de certitude à leur sujet. J'affecterai arbitrairement à ces deux rencontres finales les numéros 38 et 39. Cela veut dire que les autres eucaryotes nous rejoignent tous ensemble maintenant à ce Rendez-vous 37, ce qui correspond à une des théories possibles aujourd'hui. Mais gardez à l'esprit, je vous en prie, qu'il s'agit seulement d'une conjecture : notre rendez-vous final avec les vraies bactéries pourrait porter n'importe quel numéro allant du 39 au 42.

Une partie du problème réside dans l'enracinement. Nous avons vu cela avec le gibbon. Un diagramme en étoile comme celui qui figure sur la page suivante est compatible avec beaucoup d'autres arbres évolutifs, ce qui veut dire qu'il existe beaucoup de manières différentes d'organiser nos rendez-vous.

Avant de passer à l'idée principale, remarquez avec l'humilité qui convient la toute petite ligne étiquetée « animaux ». Si vous ne pouvez pas la trouver, regardez la branche intitulée « opistochontes »

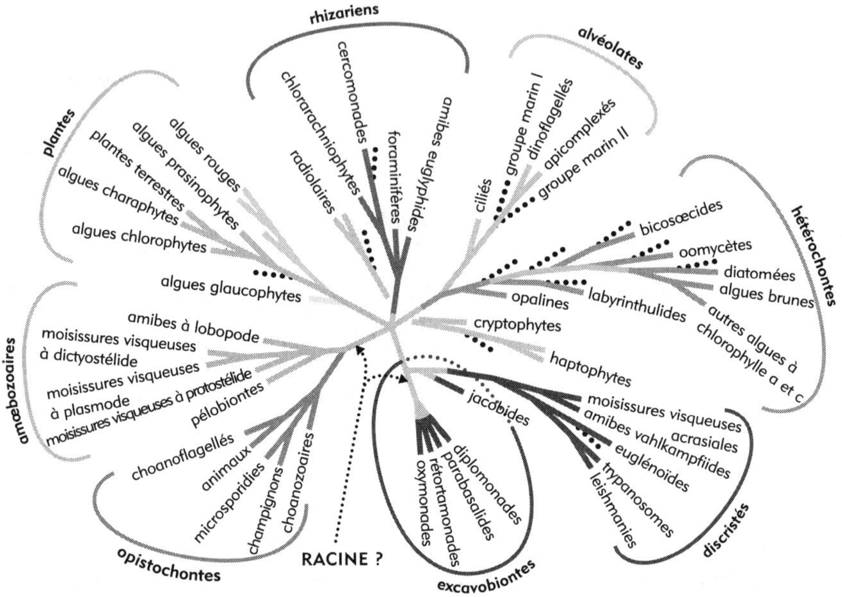

Remarquez en toute humilité où nous nous situons, vous et moi.
Phylogramme sans racine, ou diagramme en étoile, de tout le vivant, fondé sur le consensus d'études moléculaires et autres actuellement disponibles. Adapté de Baldauf [13].

en bas à gauche, vous nous y trouverez en tant que groupe frère des choanoflagellés. C'est là que nous nous situons, vous et moi, avec toute la population des pèlerins qui nous ont rejoints jusqu'au Rendez-vous 31 inclus.

Pour parler clairement, il n'y a pas beaucoup d'endroits où nous pourrions accrocher la racine. Le fait que les deux hypothèses les plus solidement fondées (indiquées par les deux flèches en pointillés) se trouvent à deux extrémités si loin l'une de l'autre a contribué à semer le doute dans mon esprit. Mais les choses se compliquent. La place de la racine n'est que le premier de nos problèmes. Le deuxième est que cinq des lignes se rencontrent en un point unique au centre. Cela ne veut pas dire que quelqu'un puisse croire que tous ces cinq groupes sont soudain apparus à partir d'un ancêtre unique au même moment, et sont tous cousins aussi proches les uns des autres. Tout ce que cela signifie, c'est que l'on nage dans une incertitude encore plus grande. Comme nous ne savons pas lesquels des cinq sont plus proches cousins les uns des autres, plutôt que prendre un parti qui pourrait être erroné, et de prêter le flanc à la risée d'un Hilaire Belloc moderne, nous les avons tous dessinés comme issus d'un seul point. Le point où ces cinq lignes se rencontrent devrait en fin de compte se ramener à une série de lignes qui bifurquent et dont chacune est potentiellement un endroit où insérer notre racine.

On va pouvoir comprendre maintenant pourquoi j'ai refusé de m'engager sur les détails des rendez-vous qui vont suivre. En fait, si vous regardez le diagramme, vous remarquerez que je me suis même engagé un peu vite quand j'ai dit que le Rendez-vous 36 est celui où les plantes nous rejoignent. La ligne des plantes est une des cinq qui partent du centre de l'étoile. Les décisions à ce sujet étant encore aussi arbitraires, j'ai décidé de traiter les plantes comme si elles avaient un rendez-vous séparé avec nous, mais seulement parce qu'elles forment un groupe si important et si énorme qu'elles semblaient mériter à elles seules un groupe de pèlerins séparés. Ce que j'ai fait, en effet, a été de supprimer une ligne à partir du milieu du diagramme en étoile. On pourrait prendre une décision tout aussi arbitraire pour résoudre la trichotomie restante, mais le courage me manque. Je la laisserai donc perdue dans la brume du Rendez-vous 37, le rendez-vous sans date.

Au lieu de m'engager quant à l'ordre dans lequel ils nous rejoignent, j'irai simplement voir les derniers groupes d'eucaryotes en les décrivant brièvement. Les rhizariens comprennent plusieurs groupes d'eucaryotes unicellulaires, certains verts et photosynthétiques, d'autres pas. Parmi eux figurent les foraminifères et les radiolaires, notoires pour leur beauté, qui n'ont jamais été mieux représentés que dans les dessins d'Ernst Haeckel, l'éminent zoologiste allemand qui semble multiplier les apparitions dans ce livre. Les alvéolates comprennent d'autres belles créatures, parmi lesquelles les ciliés et les dinoflagellés. Parmi les ciliés, apparemment, se trouve *Mixotricha paradoxa*, qui s'apprête à nous livrer son message. Le « apparemment » et le « *paradoxa* » en forment la substance, et je me garderai bien de la dévoiler ici.

Les hétérochontes forment un autre groupe hétérogène. Ils comprennent d'autres beaux êtres unicellulaires, comme les diatomées, qui figurent également parmi les illustrations mémorables d'Haeckel. Mais ce groupe a aussi découvert indépendamment la multicellularité sous la forme des algues brunes. Ce sont les plus grosses et les plus importantes de toutes les algues de mer, avec des varechs géants qui atteignent les cent mètres de long. Dans les algues brunes figurent les varechs du genre *Fucus*, dont les différentes espèces se séparent en strates sur les plages, chacune étant plus adaptée à une zone particulière du cycle de la marée. *Fucus* pourrait bien être le genre sur lequel s'est modelé le dragon marin feuillu (voir son message).

Les discicristés comprennent des flagellés photosynthétiques, comme l'euglène verte, et parasites, comme le trypanosome, qui donne la maladie du sommeil. Il y a aussi les moisissures visqueuses acrasiales, qui ne sont pas apparentées de près aux dictyostélides que nous avons rencontrés au Rendez-vous 35. Comme souvent dans ce long pèlerinage, nous nous émerveillons devant la capacité de la vie à réinventer des formes corporelles similaires pour des modes de vie similaires. Les « moisissures visqueuses » apparaissent dans deux, voire trois, groupes de pèlerins ; il en va de même pour les « flagellés » et les « amibes ». Peut-être devrait-on se représenter les « amibes » comme un mode de vie, à l'instar des « arbres ». Les « arbres », dans le sens de très grandes plantes raidies par du bois, apparaissent dans de nombreuses familles de plantes. Il semble que ce soit aussi vrai pour les « amibes » et les « flagellés ». C'est certainement vrai de la multicellularité, qui est apparue chez les animaux, les champignons, les plantes, les algues brunes et à différents autres endroits, comme chez les moisissures visqueuses.

Le dernier grand groupe de notre étoile impossible à résoudre est constitué par les excavobiontes. Ce sont des êtres unicellulaires que l'on aurait naguère appelés flagellés, et réunis à *Trypanosoma*, l'organisme de la maladie du sommeil. Séparés maintenant, les excavobiontes comprennent le méchant parasite de l'intestin, *Giardia lamblia*, le méchant parasite sexuellement transmissible du vagin, *Trichomonas*, et différentes créatures unicellulaires à la complexité fascinante que l'on ne trouve que dans la voie digestive des termites. Et qui méritent qu'on s'y attarde.

Il était une fois… le mixotriche

Mixotricha paradoxa signifie « combinaison de poils inattendue », et nous allons voir pourquoi dans un instant. Ce micro-organisme vit dans le tube digestif d'un termite australien, le « termite de

Darwin », *Mastotermes darwiniensis*. Détail amusant, mais peut-être pas pour les habitants humains, un des endroits où il est particulièrement florissant, c'est la ville de Darwin dans le nord de l'Australie.

Les termites pullulent de part et d'autre des tropiques. Dans les savanes et les forêts tropicales, leur population atteint la densité de 10 000 par mètre carré, et l'on estime qu'ils consomment un tiers de la production annuelle de résidus de bois, de feuilles et d'herbe. Leur biomasse par unité de surface est le double de celle des troupeaux migrateurs de gnous dans les réserves du Serengeti et du Masai Mara, mais elle couvre la totalité des tropiques.

Si vous voulez connaître l'origine de la réussite inquiétante des termites, elle est double. D'une part, ils ont la capacité de manger du bois, qui contient de la cellulose, de la lignine et autres matières, que l'appareil digestif des animaux ne peut normalement pas digérer. J'y reviendrai. D'autre part, ils sont extrêmement socialisés et tirent de gros avantages économiques de la division du travail entre des spécialistes. La termitière possède nombre des attributs d'un seul gros organisme vorace, avec sa propre anatomie, sa propre physiologie et ses propres organes conçus pour la boue, notamment une ventilation fort ingénieuse dotée d'un système de refroidissement. La termitière elle-même reste sur place, mais elle possède une myriade de bouches et six fois plus de pattes, lesquelles parcourent une surface de cueillette de la taille d'un terrain de football.

Les exploits légendaires des termites en matière de coopération ne sont possibles, dans un monde darwinien, que parce que la majorité des individus sont stériles mais proches parents d'une minorité de sujets qui, eux, sont très fertiles. Les ouvriers stériles jouent le rôle de parents pour leurs frères et sœurs plus jeunes, libérant ainsi la reine pour qu'elle devienne une usine spécialisée dans la fabrication d'œufs, tâche dans laquelle elle montre une efficacité monstrueuse. Les gènes pour le comportement d'ouvrier se transmettent par la minorité des frères et sœurs des ouvriers qui sont destinés à se reproduire (aidés par la majorité de leurs frères et sœurs qui sont destinés à être stériles). Vous comprendrez que le système ne fonctionne que parce que c'est en vertu d'une décision strictement non génétique qu'un jeune termite deviendra ouvrier ou reproducteur. Tous les jeunes ont un billet génétique pour participer à la loterie environnementale qui décidera s'ils deviendront reproducteurs ou ouvriers. S'il existait des gènes pour devenir inconditionnellement stériles, ils ne pourraient évidemment pas se transmettre. Au lieu de cela, ce sont des gènes activés *conditionnellement.* Ils se transmettent quand ils se trouvent dans des reines ou dans des rois car des copies exactes des mêmes gènes font que les ouvriers travaillent dans ce but et renoncent à se reproduire eux-mêmes.

On compare souvent une colonie d'insectes à un corps humain, et cette analogie n'est pas mauvaise. La majorité de nos cellules font taire leur individualité, se consacrant à aider à la reproduction de la minorité de celles qui en sont capables : les cellules de la « lignée germinale » présentes dans les testicules ou les ovaires, dont les gènes sont destinés à voyager par l'intermédiaire de spermatozoïdes ou d'œufs jusque dans un avenir lointain. Mais l'apparentement génétique n'est pas le seul facteur qui explique le renoncement de l'individu dans une division fructueuse du travail. Toute sorte d'assistance mutuelle, où chaque partie corrige une déficience de l'autre, peut être favorisée par la sélection naturelle des deux. Pour voir un exemple extrême, plongeons dans le tube digestif du termite, ce creuset chimique bouillonnant et, j'imagine, bruyant qui est l'univers du mixotriche.

Comme nous l'avons vu, les termites ont sur les abeilles, les guêpes et les fourmis un avantage supplémentaire : leurs prodigieux exploits digestifs. Il n'y a pratiquement rien qui leur résiste, des maisons aux boules de billard et aux précieux incunables. Le bois est potentiellement une riche ressource alimentaire, mais il est inaccessible à pratiquement tous les animaux car ils ne peuvent digérer la cellulose et la lignine qu'il contient. Les termites et certaines blattes sont l'exception. Les termites sont, en fait, apparentés aux blattes, et le termite de Darwin, comme d'autres termites dits « inférieurs », est une sorte de fossile vivant. On pourrait se le représenter comme à mi-chemin entre les blattes et les termites avancés.

Pour digérer la cellulose, il faut des enzymes appelées cellulases. La majorité des animaux ne peuvent en produire, mais certains ont cette capacité. Comme l'expliquera le taq, les bactéries et les archées sont biochimiquement plus polyvalentes que l'ensemble de tous les autres règnes du vivant. Les animaux et les plantes ne réalisent qu'une petite portion de l'ensemble des exploits qu'effectuent les bactéries. Pour digérer la cellulose, les mammifères herbivores recourent tous à des microbes présents dans leur voie digestive. Au fil de l'évolution, il s'est établi un partenariat dans lequel ils utilisent des substances chimiques, comme l'acide acétique qui, pour les microbes, sont des déchets. Les microbes eux-mêmes y trouvent un bon refuge plein de matières premières pour leur activité chimique, prétraitées et déjà découpées en petits fragments faciles à manipuler. Tous les mammifères herbivores ont des bactéries dans la voie digestive inférieure où arrivent les aliments déjà traités par les sucs digestifs. Les paresseux, les kangourous, les colobes, et en particulier les ruminants ont acquis indépendamment au cours de l'évolution cette astuce d'entretenir aussi des bactéries dans la partie supérieure de leur voie digestive, et celles-ci agissent avant la digestion proprement dite du mammifère.

À la différence des mammifères, les termites sont capables de fabriquer leurs propres cellulases, du moins en ce qui concerne les termites dits « avancés ». Mais chez un termite plus primitif (c'est-à-dire plus proche de la blatte), comme le termite de Darwin, jusqu'à un tiers de son poids net est constitué par sa riche faune microbienne digestive, qui comprend des protozoaires eucaryotes et des bactéries. Le termite repère et mâchonne le bois en petits fragments. Les microbes vivent de ces morceaux de bois, les digérant avec des enzymes qui n'existent pas dans la panoplie chimique des termites. Ou bien, on pourrait dire que les microbes sont devenus des outils dans la panoplie de ces derniers. Comme pour le bétail, ce sont des déchets des microbes que vivent les termites. Je suppose que l'on pourrait dire que le termite de Darwin et les autres termites primitifs élèvent des micro-organismes dans leur tube digestif*. Ce qui, finalement, nous ramène au mixotriche dont voici le message.

Mixotricha paradoxa n'est pas une bactérie. Comme beaucoup de microbes qui se trouvent dans la voie digestive du termite, c'est un gros protozoaire, d'un demi-millimètre de long au moins, et suffisamment gros pour contenir des centaines de milliers de bactéries

* Il y a deux processus principaux par lesquels l'énergie est extraite des substrats énergétiques des aliments : anaérobie (sans oxygène), et aérobie (avec oxygène). Les deux sont des séquences chimiques dans lesquelles les substrats énergétiques, au lieu d'être brûlés, sont pressés de manière à en extraire l'énergie sous une forme qui peut servir efficacement. La séquence anaérobie la plus courante fournit du pyruvate comme produit majeur, et c'est le point de départ de la cascade aérobie la plus courante. Les termites s'efforcent de priver leur voie digestive d'oxygène libre, obligeant ainsi leurs microbes à n'utiliser que le processus anaérobie, utilisant le substrat énergétique du bois pour produire du pyruvate que le termite peut alors utiliser pour produire de l'énergie aérobie.

comme nous allons le voir. Il ne vit nulle part ailleurs que dans la voie digestive du termite où il fait partie de la communauté des divers microbes qui se nourrissent des bouts de bois mâchés par les mandibules de son hôte. Les micro-organismes peuplent en grand nombre la voie digestive du termite de même que les termites eux-mêmes peuplent la termitière, et que les termitières peuplent la savane. Si la termitière est une ville de termites, chaque voie digestive de termite est une ville de micro-organismes. Nous avons là une communauté à deux niveaux. Mais – et voilà le point crucial de ce message – il y a un troisième niveau, et les détails en sont absolument remarquables. Le mixotriche lui-même est une ville. Tout cette histoire a été révélée par le travail de L. R. Cleveland et A. V. Grimstone, mais c'est la biologiste américaine Lynn Margulis qui a particulièrement attiré notre attention sur l'importance du mixotriche dans l'évolution.

Quand J. L. Sutherland a examiné un mixotriche pour la première fois au début des années 1930, elle a vu deux types de « poils » remuer sur sa surface. Celle-ci était presque entièrement tapissée de milliers de petits cils qui s'agitaient dans un sens puis dans l'autre. Il y avait aussi à l'avant quelques structures fines et très longues comme des fouets. Ces deux types de poils lui paraissaient familiers, les petits comme des « cils », et les grands comme des « flagelles ». Les cils sont chose courante dans les cellules des animaux, par exemple dans nos voies nasales, et ils couvrent la surface de ces protozoaires que l'on appelle, bien entendu, des ciliés. Un autre groupe de protozoaires que l'on connaît traditionnellement, les flagellés, ont des flagelles bien plus longs, semblables à des fouets. Le cil et le flagelle ont en commun une ultrastructure identique. Tous deux sont comme des câbles à plusieurs fils, et ces fils ont exactement le même aspect caractéristique : neuf paires concentriques autour d'une paire centrale.

On peut considérer les cils comme des flagelles plus petits et plus nombreux, et Lynn Margulis va jusqu'à abandonner les deux noms pour les remplacer par un nom unique, de sa création, *undulipodia*, réservant le terme de « flagelle » aux appendices très différents des bactéries. Toutefois, selon la taxinomie en vigueur du temps de Sutherland, les protozoaires étaient censés posséder ou bien des cils, ou bien des flagelles, mais pas les deux.

C'est ce qui explique le nom de *Mixotricha paradoxa*, « combinaison de poils inattendue », donné par Sutherland à cet organisme.

Mixotricha, à ce qu'il lui semblait, possédait *à la fois* des cils et des flagelles, ce qui était contraire au protocole de la protozoologie. Doté de quatre gros flagelles à l'avant, trois pointant devant et un derrière, conformément à ce qui caractérise un groupe particulier de flagellés que l'on connaissait déjà, les parabasaliens, il avait cependant aussi un épais manteau de cils vibratiles. Du moins, c'est ce qu'il paraissait.

Il s'est avéré que les « cils » de *Mixotricha* sont encore plus inattendus que Sutherland ne le croyait, et qu'ils n'enfreignent pas la tradition comme elle le craignait. Il est dommage qu'elle n'ait pas eu l'occasion de voir *Mixotricha* vivant, plutôt que sur une diapositive. Les mixotriches nagent beaucoup trop en douceur pour se propulser avec leurs propres undulipodia. Selon les termes de Cleveland et Grimstone, les flagellés normalement « nagent à différentes vitesses, tournant d'un côté à l'autre, changeant de direction, et s'arrêtant parfois pour se reposer ». Il en va de même pour les ciliés. *Mixotricha*, lui, avance en glissant, sans à-coups, en général en ligne droite, ne s'arrêtant jamais, sauf contre un obstacle. Cleveland et Grimstone en ont conclu que le glissement en douceur provient du battement des « cils » mais – conclusion bien plus passionnante – ils ont démontré au microscope électronique que ce qui passait pour des cils n'en sont pas. Ce sont des bactéries. Chacun des centaines de milliers de poils minuscules est un seul spirochète – une bactérie dont le corps tout entier est un long poil qui se tortille. Certaines maladies importantes, comme la syphilis, sont causées par des spirochètes. Normalement, ils nagent librement, mais les spirochètes de *Mixotricha* sont collés à la paroi de son corps, exactement comme si c'étaient des cils.

Ils ne bougent cependant pas comme des cils, mais comme des spirochètes. Les cils bougent en donnant un coup propulseur, puis un coup dans lequel ils se courbent pour offrir moins de résistance à l'eau. Les spirochètes, eux, ondulent d'une façon complètement différente et très caractéristique, et c'est exactement ce que font les « poils » de *Mixotricha*. Ce qui est stupéfiant, c'est qu'ils ont l'air coordonnés, faisant des vagues qui partent de l'avant du corps pour le parcourir de bout en bout. Cleveland et Grimstone ont mesuré la longueur d'onde (la distance entre les crêtes des vagues) qu'ils ont évaluée à un centième de millimètre. Cela laisse penser que les spirochètes sont d'une façon ou d'une autre « au contact » les uns des autres. Il est probable qu'ils le sont au sens propre : réagissant directement au mouvement des voisins, avec un décalage qui détermine la longueur d'onde. J'ignore si l'on sait pourquoi les vagues vont de l'avant vers l'arrière.

Ce que l'on sait en revanche, c'est que les spirochètes ne sont pas serrés au hasard sur la peau du mixotriche. Au contraire, ce micro-organisme a, selon un schéma qui se répète sur toute sa surface, un système complexe qui les tient et, qui plus est, qui les dresse vers l'arrière si bien que les mouvements ondulatoires le font avancer. Si ces spirochètes sont des parasites, on peut difficilement imaginer un exemple d'hôte plus « complaisant » pour ses parasites. Chaque spirochète a son propre petit emplacement, que Cleveland et Grimstone appellent un « support ». Chaque support est fait sur mesure pour tenir un spirochète, ou parfois plusieurs. Aucun cil ne pourrait prétendre à mieux. Et il devient alors assez difficile de tracer une limite entre le « propre » corps et le corps « étranger ». Et cela, disons-le tout de suite, c'est un des grands messages de cette section.

La ressemblance avec les cils va plus loin. Si, avec un microscope puissant, vous regardez le tissu lui-même d'un protozoaire cilié comme la paramécie, vous trouverez que chaque cil a à la racine ce qu'on appelle un corps basal. Maintenant, ce qui est étonnant, c'est que bien que les « cils » de *Mixotricha* ne soient absolument pas des cils, il s'avère qu'ils possèdent des corps basaux. Chaque support de spirochète a à la base un corps basal en forme de pilule ovale. Sauf que… enfin, ayant appris la façon de faire très particulière de *Mixotricha*, à votre avis, que peuvent être ces « corps basaux » en réalité ? Oui ! Ce sont aussi des bactéries. Des bactéries d'un type complètement différent – pas des spirochètes, mais des bactéries ovales.

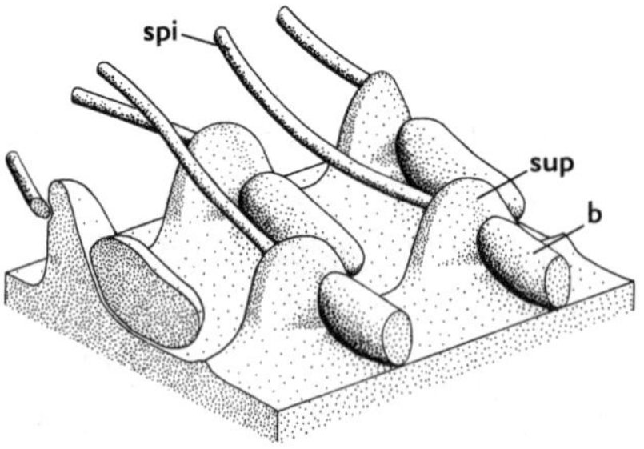

Disposition de bactéries ovales (b), supports (sup) et spirochètes (spi) sur la surface du mixotriche.
Dans Cleveland et Grimstone [49].

Sur de grandes parties de la paroi du corps, il y a une relation individuelle entre le support, le spirochète et la bactérie basale. Chaque support a un spirochète qui y est planté, et une bactérie ovale à sa base. En voyant cela, il est facile de comprendre pourquoi Sutherland a vu des « cils »… et quand elle a regardé, effectivement les « corps basaux » étaient bien là. Elle ne pouvait pas savoir que les « cils » aussi bien que les « corps basaux » étaient des bactéries embarquées. Quant aux quatre « flagelles », les seuls véritables undulipodia que possède le mixotriche, il semble qu'ils n'assurent pas du tout la propulsion du navire, mais qu'ils lui servent de gouvernails pour le diriger quand il est propulsé par les milliers de spirochètes « galériens ». Soit dit en passant, contrairement à ce que j'aurais bien aimé dire, cette expression suggestive n'est pas de moi. Elle vient de S. L. Tamm, qui a trouvé, après le travail de Cleveland et Grimstone sur *Mixotricha*, que les autres protozoaires du tube digestif des termites font pareil, mais au lieu d'être des spirochètes, leurs galériens sont d'ordinaires bactéries à flagelles.

Maintenant, concernant les autres bactéries du mixotriche, celles de forme ovale qui ressemblent à des corps basaux, que font-elles ? Est-ce qu'elles contribuent à l'économie de leur hôte ? Est-ce qu'elles gagnent quelque chose à cette relation ? Oui, probablement, mais cela n'a pas été démontré de façon certaine. Il est bien possible qu'elles fabriquent des cellulases qui digèrent le bois. Car, bien sûr, les mixotriches vivent des minuscules fragments de bois qui sont présents dans la voie digestive du termite et qui ont au départ été découpés par ses puissantes mandibules. Nous avons une dépendance à trois niveaux, qui nous rappelle les vers de Jonathan Swift :

Ainsi, observent les naturalistes, une puce
Est la proie de puces plus petites ;
Lesquelles en ont de plus petites encore qui les piquent ;
Et ainsi de suite à l'infini.
De même, tout poète, à sa façon,
Se fait piquer par celui qui vient derrière.

Soit dit en passant, la scansion de Swift dans les vers du milieu est (étonnamment) si maladroite que l'on peut comprendre qu'Augustus De Morgan soit revenu le piquer par-derrière, nous donnant ce poème sous la forme que beaucoup d'entre nous connaissent aujourd'hui :

Les grosses puces sont la proie de puces plus petites qui les piquent.
Et les petites sont la proie de plus petites, et ce, à l'infini.
Et les grosses puces, à leur tour, en piquent de plus grosses ;
Lesquelles encore en piquent de plus grosses, et ainsi de suite.

Et finalement, nous arrivons à la partie la plus étrange du message du mixotriche, son point culminant. Toute cette histoire de biochimie de voisinage, dans laquelle des créatures plus grandes utilisent à leur profit les talents biochimiques des plus petites qu'elles contiennent, donne une forte impression de déjà-vu évolutif. Le message du mixotriche à tous les autres pèlerins est le suivant : *Tout cela s'est déjà produit.* Nous sommes arrivés au Grand Rendez-vous historique.

LE GRAND RENDEZ-VOUS HISTORIQUE

Dans cet ouvrage, le terme de « rendez-vous » a un sens spécial que lui confère la métaphore centrale du pèlerinage en remontant le temps. Mais il est dans l'histoire du vivant un événement cataclysmique d'une telle ampleur qu'on peut à juste titre le qualifier comme le plus décisif ; il s'agit d'un véritable rendez-vous, d'un rendez-vous historique à proprement parler, c'est-à-dire dans le sens de l'histoire en marche vers le futur. C'est là l'origine de la cellule eucaryote (à noyau), cette machine miniature à haute technologie qui est le microfondement de toute vie complexe à grande échelle sur notre planète. Pour distinguer ce rendez-vous de tous les autres rendez-vous métaphoriques à rebours dans le temps, je l'appelle le Grand Rendez-vous historique. Le terme « historique » a ici un double sens : il veut dire à la fois « d'importance majeure », et « orienté vers le futur ».

J'ai dit que le Grand Rendez-vous historique est un événement en raison de ce qui apparaît maintenant comme son unique conséquence monumentale, l'évolution de la cellule eucaryote, avec son noyau pour contenir les chromosomes, sa superstructure compliquée de membranes, et ses organelles miniatures autoreproductrices, les mitochondries et (dans les plantes) les chloroplastes. Mais il s'agit en réalité de deux ou trois événements, peut-être très espacés dans le temps. Et chacune de ces rencontres historiques a consisté à se fondre avec des cellules bactériennes pour former une cellule plus grosse. La répétition récente de ce scénario présentée par le mixotriche nous a préparés à voir de quoi il retournait.

Il y a peut-être 2 milliards d'années, un ancien organisme unicellulaire, une sorte de proto-protozoaire s'est lié de façon étrange avec une bactérie, dans une relation similaire à celle entre *Mixotricha* et sa bactérie. Comme pour *Mixotricha*, le même phénomène s'est produit plus d'une fois, avec des bactéries différentes, à des intervalles de centaines de millions d'années peut-être. Toutes nos cellules sont comme des mixotriches individuels, pleines de bactéries que des générations de coopération avec la cellule hôte ont transformées au point que leur origine bactérienne n'est pratiquement plus visible. Comme pour le mixotriche, mais plus encore, les bactéries sont devenues si intimement liées à la vie de la cellule eucaryote que la découverte de leur simple présence relève d'un exploit scientifique majeur. J'aime beaucoup la comparaison avec le chat du Cheshire qu'a utilisée Sir David Smith, un de nos plus grands spécialistes de la symbiose, pour décrire comment vivent ensemble et coopèrent des éléments qui étaient autrefois distincts dans les cellules :

> Dans l'habitat de la cellule, un organisme envahisseur peut progressivement perdre de ses éléments en se fondant dans le milieu ambiant, son ancienne existence n'étant trahie que par quelque vestige. En fait, cela rappelle la rencontre d'Alice au pays des merveilles avec le chat du Cheshire. Alors qu'elle le regardait, « il a disparu très lentement ; ce fut d'abord sa queue, et finalement son sourire, qui resta là quelque temps après que tout le reste eut disparu ». Il y a dans la cellule un certain nombre d'éléments qui sont comme le sourire du chat du Cheshire. Pour ceux qui essaient de retrouver leur origine, ce sourire est un défi et une véritable énigme.

Quelles sont les astuces biochimiques que des bactéries libres autrefois ont apportées dans nos vies, les astuces qu'elles continuent à mettre en œuvre aujourd'hui, et sans lesquelles la vie cesserait instantanément ? Les deux plus importantes sont la photosynthèse, qui utilise l'énergie solaire pour synthétiser des composés organiques, et qui, accessoirement, oxygène l'air ; et le métabolisme oxydatif, qui utilise l'oxygène (provenant des plantes, en fin de compte) pour brûler lentement les composés organiques, et réutiliser l'énergie venue du soleil à l'origine*. Ces technologies chimiques ont été mises au point avant le Grand Rendez-vous historique par des bactéries (différentes) – et, en un sens, les bactéries sont toujours les seules intéressantes. Tout ce qui a changé, c'est qu'elles pratiquent maintenant leurs arts biochimiques dans les usines construites à cet effet que sont les cellules eucaryotes.

Les bactéries photosynthétiques étaient naguère appelées algues bleu-vert, un nom affreux puisque la majorité d'entre elles ne sont pas bleu-vert, et qu'aucune n'est une algue. Comme la majorité sont vertes, il vaut mieux les appeler bactéries vertes, mais certaines sont rougeâtres, jaunâtres, brunâtres, noirâtres ou, oui, dans certains cas vert-bleuâtre. On emploie aussi parfois l'adjectif « vert » pour photosynthétique, et dans ce sens aussi, le terme de bactérie verte convient tout à fait. Le terme scientifique qui les

---

* En dehors des éclairs et des chimistes industriels humains, les bactéries et les archées ont le monopole de la fixation de l'azote.

désigne est celui de cyanobactéries. Ce sont de vraies bactéries, et pas des archées, et elles semblent former un bon groupe monophylétique. En d'autres termes, toutes (et elles seules) descendent d'un ancêtre unique qui, lui-même, aurait été classé comme cyanobactérie.

La couleur verte des algues, ainsi que des choux, des sapins et des herbes, vient de corpuscules verts appelés chloroplastes qui se trouvent dans leur corps. Les chloroplastes sont des descendants lointains de bactéries vertes qui vivaient librement en leur temps. Ils possèdent toujours leur propre ADN, et ils se reproduisent toujours par division asexuée, engendrant une population substantielle dans chaque cellule hôte. En ce qui concerne le chloroplaste, il fait partie d'une population reproductrice de bactéries vertes. L'univers dans lequel il vit et se reproduit est l'intérieur d'une cellule de plante. De temps en temps, cet univers subit un bouleversement mineur où la cellule de la plante se divise en deux cellules filles. En gros, la moitié des chloroplastes se trouvent dans chaque cellule fille, où ils reprennent aussitôt leur existence normale en se reproduisant pour peupler de chloroplastes leur nouvel univers. Pendant ce temps, ils utilisent leur pigment vert pour capter des photons du soleil et utiliser l'énergie solaire à bon escient afin de synthétiser des composés organiques à partir du gaz carbonique et de l'eau que leur fournit la plante hôte. Les déchets d'oxygène sont en partie utilisés par la plante et en partie rejetés dans l'atmosphère par des orifices dans les feuilles, les stomates. Les composés organiques synthétisés par les chloroplastes sont finalement mis à la disposition de la cellule hôte de la plante.

Il est un point qui rappelle le message du mixotriche de façon intéressante : on a la preuve que certains chloroplastes sont entrés dans les cellules de plante de façon indirecte, en profitant du voyage à l'intérieur d'autres cellules eucaryotes, que l'on aurait sans doute appelées des algues. Ce qui le montre, c'est que certains chloroplastes ont une double membrane. Vraisemblablement, celle de l'intérieur est la paroi de la bactérie d'origine, et celle de l'extérieur, la paroi de l'algue. Comme pour *Mixotricha*, nous pouvons voir des répétitions récentes de ce scénario chaque fois que des algues vertes unicellulaires sont intégrées dans les cellules ou les tissus de champignons et d'animaux. C'est le cas par exemple des algues qui habitent dans les coraux. Ces chloroplastes dotés d'une seule membrane sont vraisemblablement entrés directement, et ne se sont pas accrochés aux basques des algues.

Tout l'oxygène libre de l'atmosphère vient de bactéries vertes qui vivent soit librement, soit sous la forme de chloroplastes. Et, comme je l'ai déjà dit, quand l'oxygène est apparu pour la première fois dans l'atmosphère, c'était un poison. En fait, selon certains, c'est toujours un poison, d'où les recommandations de médecins de prendre des « anti-oxydants ». Dans l'évolution, cela a été un coup de génie en chimie que de découvrir comment utiliser l'oxygène pour extraire de l'énergie de composés organiques (l'énergie des molécules chimiques provient à l'origine de l'énergie solaire). Cette découverte, que l'on peut considérer comme une sorte de photosynthèse inverse, a été entièrement l'œuvre de bactéries, mais de bactéries d'un autre type. Comme pour la photosynthèse elle-même, les bactéries ont conservé un monopole sur cette technologie si ce n'est que, là encore comme dans la photosynthèse, les cellules eucaryotes comme les nôtres hébergent ces bactéries aimant l'oxygène, qui portent maintenant le nom de mitochondries. Par la magie biochimique des mitochondries, nous avons acquis une telle dépendance à l'égard de l'oxygène que quiconque affirme que c'est un poison n'est pris au sérieux que s'il fait comprendre en même temps qu'il a conscience d'émettre un paradoxe. Le monoxyde de carbone, ce poison mortel qui s'échappe des voitures, nous tue en rivalisant avec l'oxygène pour s'attirer les faveurs de nos molécules d'hémoglobine transportant l'oxygène. Priver quelqu'un d'oxygène, c'est un moyen rapide de le tuer. Pourtant, nos cellules à elles seules ne sauraient que faire de l'oxygène ; seules sont compétentes les mitochondries, avec leurs cousines les bactéries.

Comme pour les chloroplastes, la comparaison moléculaire nous indique de quel groupe de bactéries sont issues les mitochondries. Elles proviennent de ce qu'on appelle les protéobactéries alpha, et elles sont ainsi apparentées aux *Rickketsia* qui provoquent le typhus et autres sales maladies. Les mitochondries elles-mêmes ont perdu une grande partie de leur génome d'origine, et elles se sont complètement adaptées à la vie dans les cellules eucaryotes. Mais, comme les chloroplastes, elles se reproduisent de façon autonome par division, constituant des populations dans chaque cellule eucaryote. Bien que les mitochondries aient perdu la plus grande partie de leurs gènes, elles ne les ont pas tous perdus, et c'est une aubaine pour les généticiens moléculaires, comme nous l'avons vu tout au long de ce livre.

Lynn Margulis, à qui nous devons en grande partie d'avoir lancé cette idée – maintenant acceptée absolument partout – que les mitochondries et les chloroplastes sont des bactéries symbiotes, a essayé de l'appliquer aux cils vibratiles. Inspirée par la possibilité de répétitions de scénarios, comme ce que nous a décrit le mixotriche, elle fait remonter les cils vibratiles aux bactéries à spirochètes. Malheureusement, si l'analogie avec le mixotriche était belle et convaincante, en cherchant à démontrer que les cils vibratiles (undulipodia) sont des bactéries symbiotes, elle n'a persuadé pratiquement aucun de ceux qu'avait convaincus sa démonstration sur les mitochondries et les chloroplastes.

Comme le Grand Rendez-vous historique est un vrai rendez-vous dans le sens de la marche en avant de l'histoire, notre pèlerinage, à partir de maintenant, devrait être un pèlerinage strictement fragmenté. Nous devrions suivre séparément les itinéraires à rebours des différents participants du groupe des eucaryotes jusqu'à ce qu'ils se réunissent finalement dans les profondeurs du passé, mais, à mon avis, le voyage serait inutilement compliqué. Les chloroplastes aussi bien que les mitochondries ont des affinités avec les eubactéries, mais ce n'est pas le cas pour l'autre groupe de procaryotes, les archées. Nos gènes nucléaires étant cependant légèrement plus proches des archées, c'est avec elles qu'aura lieu notre prochain rendez-vous en remontant dans le passé.

Rendez-vous **38**

LES ARCHÉES

Après l'incertitude qui plane sur le Rendez-vous 37, et à vrai dire sur le nombre de rencontres que cache cette feuille de vigne, c'est un soulagement que de se trouver à nouveau à un rendez-vous dont les participants font pratiquement l'unanimité aujourd'hui. À tous les pèlerins eucaryotes – ou du moins à leurs gènes nucléaires – se joignent maintenant les archées, que l'on appelait naguère les archébactéries. Si le doute persiste encore quant au numéro (38, 39, 40 ou 41) de ce rendez-vous – les recherches en cours pourraient nous donner la réponse –, il est unanimement admis, en revanche, que les procaryotes, ou les bactéries comme certains voudraient continuer à les appeler, sont de deux types très différents, les eubactéries et les archées. Et comme, selon la thèse qui prévaut, les archées sont des cousines plus proches de nous que des eubactéries, c'est dans cet ordre que j'ai placé ces deux rendez-vous. Il faut cependant se rappeler qu'étant donné le contexte étrange du Grand Rendez-vous historique, des fragments de nos cellules sont plus proches des eubactéries, même si nos noyaux sont plus proches des archées.

Mon collègue d'Oxford Tom Cavalier-Smith, dont la conception des débuts de l'évolution de la vie repose sur une bonne connaissance de la diversité microbienne, a forgé le terme de *neomura* qui réunit les archées et les eucaryotes, mais exclut les eubactéries. Il utilise aussi le terme de « bactéries » pour réunir les eubactéries et les archées, mais *pas* les eucaryotes. Selon lui, les bactéries sont un nom de grade, alors que les neomura forment un clade. Le clade auquel appartiennent les eubactéries est la vie tout simplement, puis qu'il comprend aussi les archées et les eucaryotes.

D'après Cavalier-Smith, les neomura sont apparus il y a à peine 850 millions d'années, beaucoup plus récemment que ce que j'avais osé imaginer. L'évolution aurait fait apparaître chez les archées les caractéristiques biochimiques particulières de leurs bactéries comme une adaptation à la thermophilie. Ce mot d'origine grecque désigne l'« amour de la chaleur », qui se ramène en pratique à la vie dans les sources d'eau chaude. Ces bactéries qui aiment la chaleur (thermophiles) se diviseraient alors

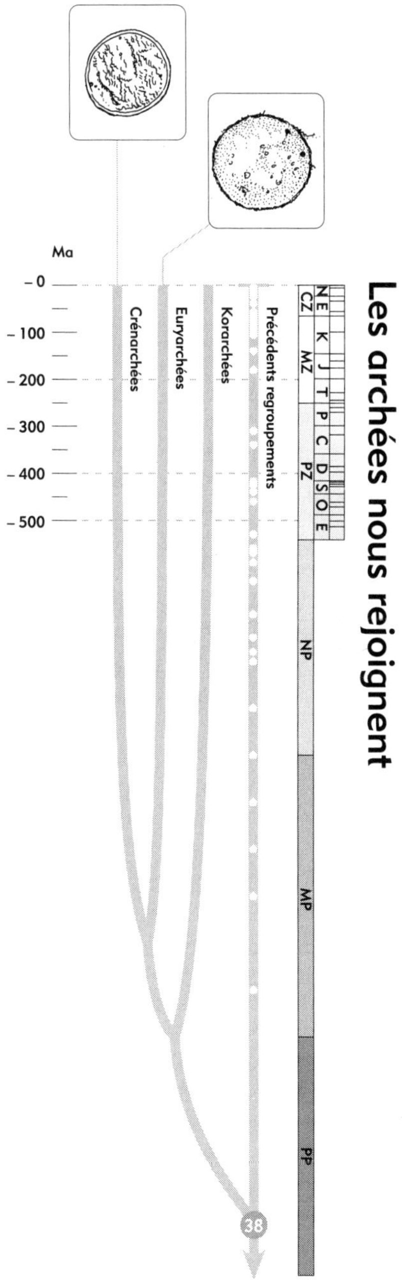

Les archées nous rejoignent. En se fondant sur l'ADN nucléaire ainsi que sur certains détails biochimiques et de morphologie cellulaire, la majorité des experts pensent que les archées sont le groupe frère des eucaryotes. Cependant, si l'on se fondait sur l'ADN mitochondrial, les parents les plus proches seraient les protéobactéries α, car c'est ce qu'étaient les mitochondries autrefois (voir le Grand Rendez-vous historique). On admet en général que les archées se répartissent en deux groupes : les crénarchées et les euryarchées. Des séquences d'ADN provenant de sources d'eau chaude suggèrent l'existence d'une autre branche qui a divergé très tôt, les korarchées, mais personne n'en a vu vraiment. Aucun nombre d'espèces n'est donné : le terme « espèce » n'a pas beaucoup de sens dans les organismes asexués.

Dessins, de gauche à droite : *Desulfurococcus mobilis* ; *Methanococcoides burtonii.*

en deux. Certaines seraient devenues hyperthermophiles (aimant la très grande chaleur) et seraient à l'origine des archées modernes. Les autres auraient quitté les sources d'eau chaude et, dans des environnements plus frais, seraient devenues les eucaryotes en absorbant d'autres procaryotes qu'elles auraient exploités, comme nous l'a expliqué le mixotriche. S'il dit vrai, nous savons dans quelles circonstances s'est déroulé le Rendez-vous 38 : dans une source d'eau chaude, ou peut-être dans une éruption volcanique au fond de la mer. Mais, bien sûr, sa théorie peut être fausse, et il faut dire qu'elle est loin de faire l'unanimité.

C'est le grand biologiste américain Carl Woese, de l'université d'Illinois, qui a découvert et défini les archées (appelées alors archébactéries) à la fin des années 1970. Dans les premiers temps, cette profonde séparation d'avec les autres bactéries a été contestée car elle se démarquait beaucoup des théories antérieures. Mais l'idée est maintenant largement admise, et elle a valu à ce biologiste un grand nombre de prix et de médailles, dont certains particulièrement prestigieux comme le prix Crafoord et la médaille Leeuwenhoek.

Les archées comprennent des espèces qui se développent bien dans des conditions extrêmes fort variées, que ce soit à de très hautes températures, ou dans l'eau très acide, alcaline ou salée. En tant que groupe, les archées donnent l'impression de repousser les limites de ce que la vie peut tolérer. Personne ne sait si le coancêtre 38 était un extrémophile de ce genre, mais c'est une possibilité fascinante.

Rendez-vous 39

LES EUBACTÉRIES

Au début de notre pèlerinage, la machine à remonter le temps tournait au ralenti et nous pensions en dizaines de milliers d'années. Nous avons changé de vitesse et fait accélérer notre imagination pour être en phase avec des millions, puis des centaines de millions d'années à mesure que nous approchions du Cambrien en prenant au passage les pèlerins animaux. Mais le Cambrien est récent, terriblement proche. Pendant la plus grande partie de sa présence sur notre planète, la vie s'est réduite à la seule vie procaryote. Nous, les animaux, nous ne sommes que de récents épiphénomènes. Pour parcourir le chemin qui nous sépare encore de l'arrivée à Cantorbéry, notre appareil doit passer la surmultipliée pour épargner à ce livre une longueur intolérable. Avec ce qui pourrait passer pour une hâte presque indécente, nos pèlerins, qui comprennent maintenant les eucaryotes et les archées, pressent le pas pour remonter à ce que je suppose être un unique dernier rendez-vous – le Rendez-vous 39 avec les eubactéries (*Eubacteria*). Mais il se pourrait bien qu'il s'agisse en fait de plusieurs rendez-vous, et aussi que nous soyons plus proches de certaines bactéries que d'autres. C'est en raison de cette incertitude que l'arbre qui figure sur la page suivante est dessiné sans racine.

Comme nous l'avons vu, et le message du taq abondera dans ce sens, les bactéries sont des chimistes extrêmement polyvalentes. Ce sont aussi les seules créatures non humaines que je connaisse qui ont mis au point ce symbole emblématique de la civilisation humaine qu'est la roue. C'est au *Rhizobium* qu'il revient de nous en parler.

Les eubactéries nous rejoignent

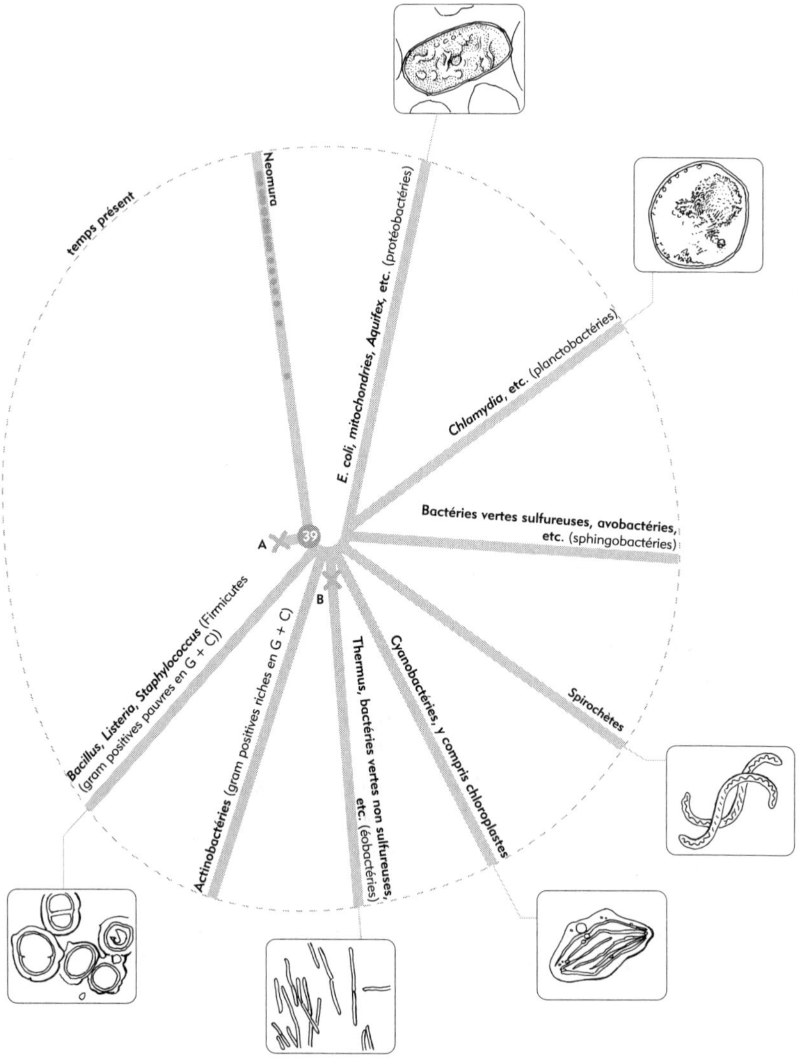

Les eubactéries nous rejoignent. Arbre sans racine (voir le message du gibbon), avec des croix pour indiquer deux positions possibles pour la véritable racine. L'extrémité de chaque branche représente le temps présent. Traditionnellement, les eubactéries ont toujours été considérées comme le groupe frère du reste du vivant, ce qui revient à insérer la racine au coancêtre 39 (A). Cependant, en l'absence de groupes extérieurs, aucune donnée ne corrobore cette idée. Une autre possibilité est que la racine se trouve dans les eubactéries (B, par exemple), ce qui indiquerait la présence d'autres rendez-vous. À l'intérieur des eubactéries, les relations phylogénétiques sont loin de faire l'unanimité. Si les groupes présentés ici sont généralement admis, les relations entre eux ne le sont pas, notamment pour les cyanobactéries.

Dessins, dans le sens des aiguilles d'une montre, à partir du haut :
Escherichia coli 0111 ; *Chlamydia* sp. ; *Leptospira interrogans* ; chloroplaste de plante inconnue ; *Thermus aquaticus* ; *Staphylococcus aureus*.

Il était une fois… le *Rhizobium*

La roue est l'exemple emblématique de l'invention humaine. Démontez n'importe quelle machine un tant soit peu complexe, et vous trouverez des roues. Les hélices de bateau et d'avion, les centrifugeuses, les tours, jusqu'aux tours de potier, toute notre technologie est fondée sur la roue et, sans roues, elle s'arrêterait net. Il est possible que la roue ait été inventée en Mésopotamie au cours du quatrième millénaire avant notre ère. Nous savons qu'elle était suffisamment nécessaire pour qu'on *ait besoin* de l'inventer car les civilisations du Nouveau Monde ne la possédaient toujours pas à l'époque de la conquête espagnole. L'exception souvent avancée – les jouets d'enfants – paraît suffisamment bizarre pour éveiller le doute. S'agirait-il d'un de ces mythes qui se répandent parce qu'ils frappent l'imagination, comme le fait que les Inuits possèdent cinquante mots pour désigner la neige ?

Chaque fois que les humains ont une bonne idée, les zoologistes ont pris l'habitude d'en trouver des précédents dans le règne animal. Les exemples ne manquent pas dans ce livre : l'écholocation (des chauves-souris), l'électrolocation (présentée par l'ornithorynque), le barrage (présenté par le castor), le réflecteur parabolique (de la patelle), le capteur de chaleur à infrarouges (de certains serpents), la seringue hypodermique (des guêpes, serpents et scorpions), le harpon (des cnidaires) et la propulsion à réaction (des calmars). Pourquoi pas la roue ?

Il est possible que la roue nous impressionne seulement parce qu'elle contraste avec nos jambes plutôt banales. Avant d'avoir des moteurs actionnés par des carburants (de l'énergie solaire fossilisée), nous étions largement distancés par les pattes des animaux. Il ne faut donc pas s'étonner que Richard III ait proposé son royaume en échange d'un quadrupède pour se sortir de la situation fâcheuse dans laquelle il se trouvait. Il est possible que la majorité des animaux n'auraient aucun avantage à posséder des roues car ils courent déjà assez vite sur leurs pattes. Après tout, jusqu'à très récemment, tous nos véhicules à roues avaient été tirés à la force de pattes ou de jambes. Nous avons mis au point la roue pas pour aller plus vite que le cheval, mais pour permettre au cheval de nous transporter à sa propre allure – ou presque. Pour le cheval, la roue est quelque chose qui ralentit.

Voici un autre point sur lequel nous risquons de surestimer la roue. Pour avoir une efficacité maximale, elle dépend d'une invention antérieure, la route (ou toute autre surface dure et lisse). Le moteur puissant d'une voiture lui permet de battre un cheval, un chien ou un guépard sur une route dure et plate. Mais faites la course en pleine nature ou à travers des champs labourés, éventuellement entrecoupés de haies et de fossés, et ce sera la déroute : le cheval sèmera derrière lui la voiture embourbée.

Alors, il faudrait peut-être poser la question autrement. Pourquoi les animaux n'ont-ils pas mis au point les routes ? Ce n'est pas techniquement très difficile. La route devrait être un jeu d'enfant, comparée au barrage du castor ou au domaine richement décoré de l'oiseau à berceau. Il existe même des guêpes fouisseuses qui tassent le sol, et ce à l'aide d'un outil de pierre. On imagine facilement que de plus gros animaux pourraient employer les mêmes savoir-faire pour niveler une route.

Mais cela pose un problème inattendu. Même s'il est techniquement faisable de construire une route, c'est une activité dangereusement *altruiste*. Si moi, en tant qu'individu, je construis une bonne route de A à B, vous pouvez en profiter exactement autant que moi. Où est le problème ? C'est que le darwinisme est un jeu égoïste. La construction d'une route qui pourrait aider les autres sera pénalisée par la sélection naturelle. Un rival bénéficie de ma route autant que moi, mais sans payer le coût de sa construction. Les profiteurs qui utilisent ma route sans se donner le mal de construire la leur seront libres de concentrer leur énergie à me battre sur le plan de la reproduction, alors que je trimerai à ma route. À moins que ne soient prises des mesures particulières, les tendances génétiques à l'exploitation paresseuse et égoïste prospèrent toujours aux dépens de la construction laborieuse de routes. Il en résulte qu'aucune route ne se construit. Grâce à notre capacité d'anticiper, nous pouvons voir que tout le monde y perdra.

Mais contrairement à nous, les humains, avec notre gros cerveau qui a évolué récemment, la sélection naturelle n'a pas la capacité d'anticiper.

Qu'y a-t-il de si particulier chez les humains pour que nous ayons réussi à surmonter nos instincts antisociaux et à construire des routes dont nous profitons tous ? Oh, il y a tant de choses ! Aucune autre espèce ne s'approche même de loin de l'État-providence, d'une organisation qui s'occupe des vieux, soigne les malades et prend en charge les orphelins, et donne aux œuvres de charité. À y regarder de près, toutes ces mesures sont autant de défis au darwinisme, mais il n'y a pas lieu d'en discuter ici. Nous avons des gouvernements, des polices, des impôts, des travaux publics auxquels nous souscrivons, que nous le voulions ou non. Celui qui a écrit « Monsieur, vous êtes très gentil, mais je préfère ne pas adhérer à votre plan d'impôt sur le revenu » a sûrement entendu le ministère des Finances lui siffler aux oreilles. Malheureusement, parmi les autres espèces, aucune n'a inventé les impôts. Elles ont cependant inventé les clôtures (virtuelles) : un individu peut s'assurer l'usage exclusif d'une ressource s'il la défend activement contre des rivaux.

Beaucoup d'espèces d'animaux ont un comportement territorial, non seulement chez les oiseaux et les mammifères, mais aussi chez les poissons et les insectes. Ils défendent une zone contre les rivaux de la même espèce, souvent pour se garder un espace de nourriture, ou un espace de lit de séduction pour des partenaires ou de nids pour leurs petits. Un animal possédant un grand territoire peut y trouver son avantage s'il se construit un réseau de bonnes routes bien plates dans le territoire d'où ont été exclus ses rivaux. Ce n'est pas impossible, mais ces routes d'animaux seraient trop limitées pour aller vite et loin. De quelle qualité qu'elles soient, elles se limiteraient à la petite zone qu'un individu peut défendre contre des rivaux génétiques. Ce point de départ n'est pas de bon augure pour l'évolution de la roue.

Mais venons-en maintenant à l'auteur de ce message, le *Rhizobium*. Il existe une exception révélatrice au principe que je viens d'exposer. Chez certaines créatures minuscules, a évolué la roue à proprement parler. Il se peut même qu'elle ait été le premier dispositif de locomotion qui ait jamais évolué, étant donné que pendant ses deux premiers milliards d'années, la vie n'a été constituée que de bactéries. Beaucoup de bactéries, dont le *Rhizobium* est l'exemple typique, nagent à l'aide d'hélices filiformes en spirale, dont chacune est entraînée par son arbre, un arbre en perpétuelle rotation. On croyait naguère que ces « flagelles » s'agitaient comme des queues, l'apparence de rotation en spirale venant d'un mouvement ondulatoire parcourant le flagelle, comme dans un serpent qui se tortille. La vérité est beaucoup plus impressionnante. Le flagelle bactérien* est attaché à un arbre qui tourne librement et

* Comme nous l'avons vu, le flagelle bactérien est structurellement complètement différent du flagelle eucaryote (ou protozoaire), ou « undulipodium » que nous a fait découvrir le mixotriche. À la différence du flagelle eucaryote qui présente 9 + 2 microtubules, le flagelle bactérien est un tube creux en protéine flagelline.

indéfiniment dans un trou qui traverse la paroi de la cellule. C'est un véritable essieu, un moyeu qui tourne librement. Il est actionné par un minuscule moteur moléculaire qui utilise les mêmes principes biophysiques que le muscle. Mais le muscle est un moteur alternatif qui, après s'être contracté, doit s'étirer à nouveau pour se préparer à donner une autre impulsion. Le moteur de la bactérie, lui, se contente de poursuivre dans la même direction, c'est une turbine moléculaire.

Quand on sait que la roue n'a évolué que dans des créatures minuscules, on peut imaginer la raison la plus vraisemblable pour laquelle elle n'est pas apparue dans les créatures plus grosses. C'est une raison pratique très banale, mais pas moins importante pour autant. Une grosse créature aurait besoin de grosses roues qui, à la différence de celles de fabrication humaine, doivent se développer sur place au lieu d'être façonnées séparément à partir de matériaux morts, puis montées. Pour un gros organisme vivant, le développement sur place exige du sang ou quelque chose d'équivalent, et probablement quelque chose d'équivalent à des nerfs. Le problème d'installer dans un organe qui tourne librement des vaisseaux sanguins (sans parler de nerfs) qui ne s'emmêlent pas est trop évident pour nécessiter une description détaillée. Il pourrait y avoir une solution, mais il ne faut pas s'étonner qu'on ne l'ait pas trouvée.

Des ingénieurs humains pourraient proposer d'aménager des conduits concentriques pour faire passer le sang par le milieu de l'axe jusque dans le milieu de la roue. Mais comment se seraient présentés les intermédiaires dans l'évolution ? Les améliorations apportées par l'évolution sont comme l'escalade d'une montagne. Si vous êtes au pied d'une falaise, vous ne pouvez pas en atteindre le haut d'un seul bond. Les changements soudains et précipités sont à la portée des ingénieurs, mais, dans la nature, le sommet de la montagne évolutive ne peut s'atteindre que par une rampe graduelle qui monte depuis le point de départ. La roue serait un de ces cas où la solution de l'ingénieur apparaît très clairement, sans toutefois être accessible à l'évolution car elle se trouve sur l'autre versant d'une vallée profonde : elle ne peut évoluer chez les gros animaux, mais elle est à la portée des bactéries du fait de leur petite taille.

Abordant le problème de façon originale et imaginative dans son épopée de fiction de l'enfance, *His Dark Materials*, Philip Pullman propose pour les gros animaux une solution tout à fait inattendue, par la biologie. Il invente une espèce d'animal bienveillant doté d'une trompe, le « mulefan », qui a évolué en symbiose avec une espèce d'arbre gigantesque qui porte des cosses de graines, dures et circulaires comme des roues. Les pieds du mulefan sont garnis d'un éperon poli en corne qui s'insère dans un trou au centre d'une cosse de graines qui fonctionne alors comme une roue. L'arbre gagne à cet arrangement car chaque fois qu'une roue est usée et bonne à jeter – ce qui doit finir par arriver –, notre animal disperse les graines qu'elle contient. Les arbres ont évolué pour rendre cette faveur en fabriquant des cosses parfaitement circulaires, avec un trou adapté à l'axe du mulefan exactement au centre, et dans lequel ils sécrètent une huile lubrifiante de haute qualité. Les quatre pattes de l'animal sont disposées en losange. La patte antérieure et la patte postérieure sont situées sur la médiane et ce sont elles qui s'encastrent dans les roues. Les deux autres, qui sont sur les côtés à la hauteur de la moitié du corps, n'ont pas de roue et servent à faire avancer l'animal comme les anciens vélocipèdes sans pédales. Pullman fait astucieusement remarquer que tout ce système n'est possible qu'en raison d'une particularité géologique du monde dans lequel vivent ces créatures. Il se trouve que le basalte se forme en longues lignes qui parcourent la savane tels de longs rubans, et qui servent de routes naturelles mais bien dures.

À défaut de la symbiose ingénieuse de Pullman dans le monde réel, nous pouvons provisoirement admettre que la roue est une de ces inventions qui, si bonne soit-elle au départ, ne peut évoluer chez les gros animaux, soit parce qu'il faut d'abord une route, soit parce que le problème des vaisseaux sanguins qui s'emmêlent ne trouvera jamais de solution, soit encore parce que les étapes intermédiaires d'une solution ultime ne serviraient jamais à rien. Les bactéries, elles, ont pu acquérir la roue au cours de l'évolution car le monde de l'infiniment petit est très différent et ne présente pas les mêmes problèmes techniques.

Il se trouve que, ces derniers temps, à l'initiative d'une espèce de créationnistes qui se sont intitulés « théoriciens du dessein intelligent* », le moteur du flagelle bactérien a été élevé au rang de

* Le terme *design* n'a pas d'équivalent parfait en français : dans ce contexte particulier, il renvoie au plan d'un projet tel qu'il est imaginé par un concepteur, ingénieur ou architecte, et c'est un mot clé dans l'argumentation des créationnistes contre la théorie de l'évolution. Dans ce sens, nous nous en tiendrons au terme français de dessein. Cette remarque vaut pour le dernier chapitre, le Retour de l'hôte, dans lequel l'auteur revient sur ce thème. (*N.d.T.*)

symbole d'une prétendue incapacité à évoluer. Étant donné son existence manifeste, la conclusion de leur argument est différente. Alors que je propose l'idée d'incapacité à évoluer pour expliquer pourquoi il ne pousse pas de roues aux gros animaux tels que les mammifères, les créationnistes se sont saisis de la roue du flagelle bactérien pour en faire l'exemple d'une chose qui ne peut exister, et qui pourtant existe – et donc qui a dû apparaître par un moyen surnaturel !

C'est l'ancien « argument du dessein », également appelé « argument de l'horloger de Paley » ou « argument de la complexité irréductible ». Pour ma part, je l'ai moins gentiment appelé l'« argument de l'incrédulité personnelle » car il se présente toujours sous la forme : « Personnellement, je ne peux pas imaginer une séquence naturelle d'événements qui aurait pu faire apparaître X. Donc X est nécessairement apparu de façon surnaturelle. » À quoi les scientifiques n'ont cessé de répondre que si vous utilisez cet argument, il en dit moins sur la nature elle-même que sur la pauvreté de votre imagination. Cet « argument de l'incrédulité personnelle » amènerait à invoquer le surnaturel chaque fois que l'on admire un bon prestidigitateur dont on ne s'explique pas les tours.

Quand une chose n'existe pas, il est parfaitement légitime de proposer l'argument de la complexité irréductible au titre d'une explication possible de son absence : c'est ce que j'ai fait pour expliquer l'absence de mammifères à roues. Cela n'a rien à voir avec une dérobade des scientifiques pour expliquer une chose *qui existe*, comme les bactéries à roue. Toutefois, pour être honnête, il est possible d'expliquer de façon valable une certaine version de l'argument du dessein, ou celui de la complexité irréductible. Des extraterrestres qui effectueraient, plus tard, des fouilles archéologiques sur notre planète, trouveraient sûrement des moyens de faire la distinction entre des machines de conception humaine telles que les avions et les micros, et des machines issues de l'évolution telles que les ailes des chauves-souris et les oreilles. C'est un exercice intéressant que d'imaginer comment ils feraient cette distinction. Peut-être auraient-ils du mal à se prononcer dans les cas où l'évolution naturelle et le dessein humain sont si imbriqués qu'on ne peut les distinguer l'un de l'autre. Si ces chercheurs extraterrestres pouvaient étudier des spécimens vivants, et pas seulement des vestiges archéologiques, comment interpréteraient-ils les lévriers et les chevaux de course, si fragiles, montés sur d'aussi grandes pattes, ou les bulldogs au nez épaté qui peuvent à peine respirer et ne peuvent naître sans césarienne, les pékinois adultes, ces bébés aux yeux larmoyants, les mamelles ambulantes que sont les vaches frisonnes, les lamelles de bacon sur pattes, que sont certaines races de porcs, ou les pulls de laine ambulants que sont les mérinos ? À la même échelle que le moteur du flagelle bactérien, les machines moléculaires – la nanotechnologie – élaborées pour avantager les humains pourraient poser à ces scientifiques des problèmes encore plus difficiles.

Francis Crick, excusez du peu, a avancé sans trop y croire dans *Life Itself* que les bactéries pourraient bien ne pas être apparues sur cette planète, mais avoir été semées depuis ailleurs. Elles auraient été envoyées dans l'ogive d'une fusée par des extraterrestres qui, désireux de propager leur forme de vie, auraient cependant reculé devant le problème technique bien plus grand de se transporter eux-mêmes, et auraient préféré compter sur l'évolution naturelle pour finir le travail une fois que l'infection bactérienne aurait pris racine. Crick et son collègue Leslie Orgel, qui a eu avec lui l'initiative de cette idée, supposaient que les bactéries avaient au départ évolué par des processus naturels sur la planète d'origine ; cependant, en restant dans la ligne de la science-fiction, ils auraient tout aussi bien pu ajouter un zeste d'artifice nanotechnologique, éventuellement une roue à embrayage moléculaire, comme le moteur du flagelle que l'on observe dans le *Rhizobium* et nombre d'autres bactéries.

Qu'il le regrette ou en soit soulagé, c'est difficile à dire, mais Crick lui-même ne trouve rien de vraiment valable pour appuyer sa théorie d'une panspermie dirigée. La zone floue entre la science et la science-fiction est cependant un terrain de gymnastique mentale fort utile pour s'attaquer à une question vraiment importante. Étant donné la puissance époustouflante de l'illusion de dessein suscitée par la sélection naturelle darwinienne, comment, en pratique, faire la distinction entre ce qu'elle produit et les artefacts conçus volontairement ? Un autre grand biologiste moléculaire, Jacques Monod, a commencé son ouvrage, *Le Hasard et la Nécessité*, dans les mêmes termes. Pourrait-il se trouver dans la nature des exemples de complexité irréductible authentiquement convaincants : une organisation complexe constituée de nombreux éléments dont la perte de l'un d'entre eux serait fatale à l'ensemble ? Si oui, cela pourrait-il suggérer la présence d'un dessein authentique émanant d'une intelligence supérieure, disons d'une civilisation plus ancienne et plus évoluée sur une autre planète ?

Il est possible que l'on finisse par découvrir un exemple de ce phénomène. Mais, hélas, ce ne peut être le moteur à flagelle bactérien. Comme beaucoup d'allégations antérieures de complexité irréductible, à commencer par celle de l'œil, le flagelle bactérien s'avère éminemment réductible. Kenneth Miller, de l'université Brown, traite toute cette question dans un exposé parfaitement clair qui est un tour de force. Comme il le montre, l'allégation que les composants du moteur à flagelle n'ont pas d'autres fonctions est purement et simplement fausse. Un exemple : de nombreuses bactéries parasites possèdent un mécanisme pour injecter des substances chimiques dans des cellules hôtes, le TTSS (*Type Three Secretory Apparatus*, appareil sécrétoire de type trois). Le TTSS utilise un sous-ensemble des mêmes protéines que celles qui servent dans le moteur à flagelle. Dans ce cas, leur rôle n'est pas de fournir un mouvement rotatif de moyeu circulaire, mais de ménager un trou circulaire dans la paroi d'une cellule hôte. Miller résume cela ainsi :

> En s'exprimant sans détour, on peut dire que le TTSS exécute son sale travail en se servant d'un petit nombre de protéines issues de la base du flagelle. Du point de vue de l'évolution, ce n'est pas étonnant. En fait, il faut s'attendre à ce que l'opportunisme des processus évolutifs mélange les protéines pour créer des fonctions nouvelles et originales. Or, selon la doctrine de la complexité irréductible, cela ne devrait pas être possible. Si le flagelle est effectivement d'une complexité irréductible, en en supprimant seulement un élément, sans parler de 10 ou 15, ce qui resterait deviendrait « par définition non fonctionnel ». Pourtant, le TTSS est tout à fait fonctionnel, même s'il lui manque la plus grande partie des éléments du flagelle. Le TTSS est peut-être une mauvaise nouvelle pour nous, mais pour la bactérie qui le possède, c'est une machine biochimique vraiment précieuse.
>
> L'existence du TTSS dans un large spectre de bactéries démontre qu'une petite portion du flagelle « irréductiblement complexe » peut en fait assumer une fonction biologique importante. Comme cette fonction est clairement favorisée par la sélection naturelle, quand on dit que le flagelle doit être complètement monté avant qu'aucun de ses composants ne puisse servir, c'est faux, de toute évidence. Ce que cela veut dire, c'est que l'argument en faveur du dessein intelligent du flagelle a échoué.

L'indignation de Miller à l'égard de la « théorie du dessein intelligent » est stimulée par un facteur intéressant : ses profondes convictions religieuses qu'il expose plus pleinement dans *Finding Darwin's God*. Le Dieu de Miller (sinon de Darwin) est le Dieu révélé dans – et peut-être synonyme de – la profonde légalité de la nature. La quête créationniste pour démontrer Dieu par la voie négative de l'argument de l'incrédulité personnelle s'avère, comme le montre Miller, supposer que Dieu *enfreint* capricieusement ses propres lois. Et cela, pour ceux – comme Miller – dont le tempérament religieux les porte à la réflexion, c'est un sacrilège minable et honteux.

N'ayant pas moi-même de convictions religieuses, je peux abonder favorablement dans le sens de Miller, en avançant un argument qui rejoint le sien. S'il n'est pas sacrilège, le style de l'argument du dessein intelligent par l'incrédulité personnelle est *paresseux*. Je l'ai présenté de façon satirique dans une conversation imaginaire entre Sir Andrew Huxley et Sir Alan Hodgkin, tous deux présidents à un certain moment de la *Royal Society*, et qui ont partagé le prix Nobel pour avoir expliqué la biophysique moléculaire de l'impulsion nerveuse.

> « À vrai dire, Huxley, c'est un problème terriblement difficile. Je ne vois pas comment fonctionne l'impulsion nerveuse. Et vous ?
> — Non, Hodgkin, je ne vois pas. Et ces équations différentielles sont affreusement difficiles à résoudre. Pourquoi ne renoncerions-nous pas tout simplement, en disant que l'impulsion nerveuse se propage par l'énergie nerveuse ?
> — Excellente idée, Huxley, écrivons maintenant la lettre à *Nature** : cela ne prendra qu'une ligne et nous pourrons alors nous tourner vers quelque chose de plus facile. »

Julian Huxley, le frère aîné d'Andrew, est allé dans le même sens quand, il y a longtemps, il a critiqué le vitalisme, dont Henri Bergson parlait souvent en termes d'*élan vital* ; selon lui, cela revenait à expliquer qu'une locomotive était propulsée par un *élan locomoteur***. Ma censure de la paresse et celle du sacrilège par Miller ne s'appliquent pas à l'hypothèse de la panspermie dirigée. Crick parlait d'un dessein surhumain, et pas surnaturel. La différence est vraiment importante. Dans la vision du monde de Crick, les concepteurs surhumains des bactéries, ou des moyens d'en ensemencer la terre, auraient eux-mêmes évolué à l'origine par un équivalent local quelconque de la sélection darwinienne sur leur

* Hebdomadaire scientifique qui est une véritable institution. (*N.d.T.*)

** Il est bien triste de voir qu'Henri Bergson – un vitaliste – représente ce qui s'approche le plus d'un scientifique dans la liste des 100 lauréats du prix Nobel de littérature. Son rival le plus proche est Bertrand Russell, mais il l'a remporté pour ses écrits humanitaires.

propre planète. Point capital, Crick était toujours à la recherche de ce que Daniel Dennett appelle une « grue » : jamais il n'invoquait, comme l'aurait fait Bergson, un « crochet céleste »*.

La principale objection à l'argument de la complexité irréductible revient à démontrer que la prétendue entité complexe irréductible, moteur à flagelle, cascade de coagulation du sang, cycle de Krebs, ou autre, est en fait réductible. L'incrédulité personnelle était tout simplement infondée. Et puis, rappelons que, même si l'on n'est pas encore en mesure d'imaginer une voie par où la complexité a pu évoluer pas à pas, la précipitation pour en déduire qu'elle est surnaturelle est soit sacrilège, soit paresseuse, à vous de choisir.

Mais il est une autre objection qu'il faut mentionner : « l'arche et l'échafaudage » de Graham Cairns-Smith. Cairns-Smith s'exprimait dans un autre contexte, mais son argument vaut aussi bien ici. Une arche est irréductible en ce sens que si vous en supprimez une partie, l'ensemble s'effondre. Pourtant, il est possible de la construire progressivement au moyen d'un échafaudage. Si l'on retire ensuite l'échafaudage, de sorte qu'il n'apparaît pas dans le tableau visible, nous n'avons pas le droit pour autant de tomber dans la mystification et l'obscurantisme en attribuant des pouvoirs surnaturels aux maçons.

Le moteur à flagelle est courant chez les bactéries. Le *Rhizobium* a été choisi pour en parler à cause d'une deuxième affirmation sur le caractère polyvalent des bactéries destinée à impressionner. Les cultivateurs sèment des plantes de la famille des pois, des légumineuses, en les intégrant dans la majorité des schémas de rotation des cultures pour une très bonne raison : elles peuvent utiliser directement l'azote brut de l'air (de loin le gaz le plus abondant dans notre atmosphère) au lieu d'avoir à tirer des composés nitrés du sol. Mais ce ne sont pas les plantes elles-mêmes qui fixent l'azote de l'atmosphère pour le transformer en composés utilisables. Ce sont des bactéries symbiotes – plus précisément des *Rhizobium* – logées à cet effet dans des nodules spéciaux qui leurs sont fournis, avec la plus discrète prévenance, sur les racines des plantes.

Cette sous-traitance de traitements chimiques ingénieux par des bactéries chimiquement beaucoup plus polyvalentes est un schéma extrêmement commun chez les animaux et chez les plantes. C'est le grand message que nous livre le taq.

---

* Ce thème sera, lui aussi, repris dans le dernier chapitre, « Le retour de l'hôte ». (*N.d.T.*)

Il était une fois… le taq

Rédigé avec la collaboration de Yan Wong

Parvenus à notre rendez-vous le plus lointain dans le temps, ayant rallié à notre pèlerinage tout le vivant tel que nous le connaissons, nous sommes en position de passer en revue sa diversité. Au niveau le plus profond, la diversité du vivant est chimique. Les métiers qu'exercent nos compagnons de pèlerinage couvrent tout un spectre de talents dans les arts de la chimie. Et, comme nous l'avons vu, c'est chez les bactéries, y compris les archées, que l'on observe la plus grande diversité des savoir-faire en chimie. En tant que groupe, les bactéries sont les maîtres chimistes de cette planète. Même la chimie de nos propres cellules est en grande partie empruntée à des travailleurs hôtes bactériens, et elle ne représente qu'une fraction de ce dont les bactéries sont capables. Chimiquement, nous ressemblons davantage à certaines bactéries que certaines bactéries à d'autres. Du moins dans l'optique d'un chimiste, si l'on faisait disparaître toute la vie en ne gardant que les bactéries, il resterait toujours la plus grande partie de la palette du vivant.

La bactérie particulière à laquelle j'ai choisi de donner la parole est *Thermus aquaticus*, surnommé familièrement Taq par les biologistes moléculaires. Différentes bactéries nous paraissent étrangères pour des raisons particulières différentes. Comme le suggère son nom, *Thermus aquaticus* aime l'eau chaude. L'eau très chaude. Comme nous l'avons vu au Rendez-vous 38, nombre des archées sont thermophiles, voire hyperthermophiles, mais les archées n'ont pas le monopole de ce mode de vie. Thermophile et hyperthermophile ne sont pas des catégories taxinomiques, mais plutôt des sortes de métiers, de guildes, comme le clerc, le meunier ou le médecin de Chaucer. Ces êtres vivent à des endroits où nul autre être ne peut vivre : les sources d'eau bouillante de Rotura et du parc de Yellowstone, ou les cheminées de volcan des dorsales médio-océaniques. *Thermus* est une eubactérie hyperthermophile, qui peut survivre sans grande difficulté dans une eau presque bouillante, tout en préférant cependant une température plus douce autour de 70 °C. Elle ne détient pas tout à fait le record mondial de la température – certaines archées des grands fonds marins prospèrent jusqu'à 115 °C, bien au-dessus du point normal d'ébullition de l'eau*.

* Là encore, au cas où vous vous étonneriez que l'on puisse trouver de l'eau au-delà de son point normal d'ébullition, rappelez-vous qu'à une pression plus élevée, l'eau bout à une température plus élevée.

Dans les milieux de biologie moléculaire, *Thermus* est bien connu pour être la source de l'enzyme de duplication de l'ADN, la taq polymérase. Bien sûr, tous les organismes ont des enzymes pour dupliquer l'ADN, mais *Thermus* a été obligé d'en faire évoluer une capable de supporter des températures avoisinant le point d'ébullition de l'eau. C'est utile pour les biologistes moléculaires car le meilleur moyen de préparer l'ADN pour le dupliquer, c'est de le faire bouillir, ce qui sépare ses deux brins constitutifs. En faisant bouillir puis refroidir à plusieurs reprises une solution contenant à la fois de l'ADN et de la Taq polymérase, on duplique – ou « amplifie » – même les quantités les plus infimes d'ADN d'origine. Cette méthode s'appelle la « réaction polymérase en chaîne », ou PCR, et elle est particulièrement astucieuse.

La réputation qu'a acquise *Thermus* d'être le magicien de ce laboratoire de biochimie justifie pleinement qu'on lui donne la parole. Mais il se trouve une autre raison pour laquelle il est bien placé pour présenter de façon instructive la notion de bactérie étrangère : il appartient au petit groupe de bactéries connues sous le nom d'hadobactéries. Dans son plan taxinomique que nous avons présenté au Rendez-vous 39, Tom Cavalier-Smith dit que les hadobactéries, avec leurs cousines les bactéries vertes non sulfureuses, pourraient être le groupe de bactéries qui a bifurqué le premier. S'il en est ainsi, leur groupe est le cousin le plus lointain du reste du vivant.

Dans cette optique, *Thermus* et ses apparentés sont isolés. Toutes les autres bactéries ont un ancêtre commun à elles et au reste du vivant, et que *Thermus* ne partage pas. Si cette idée se confirme, voici ce que cela veut dire. De même que toute bactérie peut regrouper « le reste du vivant » en une « branche cadette » de la famille du vivant, de même, dans les bactéries, *Thermus* peut regrouper « le reste des bactéries » en une branche des bactéries. Cette possibilité, ajoutée à son penchant pour se faire bouillir, explique pourquoi j'ai désigné *Thermus* pour parler de la diversité du vivant. Mais alors que la preuve du statut spécial de *Thermus* n'est pas particulièrement certaine, il n'y a aucun doute que la grande majorité de la diversité du vivant au niveau fondamental de la chimie est microbienne, et qu'une majorité substantielle de cette diversité est bactérienne. Parler de la diversité du vivant, dans la mesure où il s'agit essentiellement d'une diversité chimique, revient de plein droit à une bactérie, qui pourrait aussi bien être le Taq.

Traditionnellement, et cela se comprend, on présentait cette diversité du point de vue des gros animaux – de nous, en l'occurrence. La vie se divisait entre le règne animal et le règne végétal, et la différence paraissait bien claire. Les champignons comptaient comme des plantes parce que ceux qui nous sont les plus familiers sont enracinés sur place et ne s'échappent pas quand vous essayez de les étudier. On ne savait même rien des bactéries avant le XIXe siècle, et quand on les a vues pour la première fois dans de puissants microscopes, on n'a pas su où les placer dans la classification du vivant. Certains y voyaient des plantes miniatures, d'autres, des animaux miniatures. D'autres encore ont rangé dans les plantes celles qui captent la lumière (comme les « algues bleu-vert »), et les autres dans les animaux. On a procédé de la même façon pour les « protistes » – des eucaryotes unicellulaires qui ne sont pas des bactéries et qui sont beaucoup plus gros. Les protistes verts ont été appelés protophytes, et les autres protozoaires. L'amibe est un exemple familier de protozoaire ; on croyait naguère qu'elle était proche du premier ancêtre de tout le vivant. Quelle erreur ! Aux « yeux » d'une bactérie, une amibe est à peine distincte d'un humain.

Tout cela, c'était du temps où les organismes vivants étaient classés en fonction de leur anatomie visible, et à cet égard les bactéries présentent beaucoup moins de diversité que les plantes ou les animaux. Il était donc pardonnable qu'elles soient rabaissées au rang de plantes et animaux primitifs. Tout cela a complètement changé quand on a commencé à classer les êtres vivants à l'aide des informations beaucoup plus riches que livraient leurs molécules, et quand on a regardé de près la gamme des « métiers » chimiques qu'exerçaient les microbes. Voici approximativement comment les choses se présentent aujourd'hui.

Si les plantes et les animaux sont considérés comme deux règnes, selon les mêmes critères, il y a des dizaines de « règnes » microbiens, dont le caractère unique leur donne droit au même statut que les plantes et les animaux. Le diagramme suivant montre la pointe de l'iceberg. Non seulement ne figurent pas certaines branches profondément enracinées, mais je n'ai montré que celles qui vivent dans des endroits accessibles et que l'on peut cultiver en laboratoire. De fait, il suffit de chercher de l'ADN dans de nouveaux endroits, sans chercher à se demander de quels organismes il vient, pour trouver des règnes microbiens entièrement nouveaux*. Les animaux, les plantes et les champignons ne constituent que trois petites branches de l'arbre de la vie. Ce qui distingue des autres ces trois règnes bien connus, c'est que les organismes qui s'y trouvent sont de gros organismes faits de nombreuses cellules. Les autres règnes sont presque entièrement microbiens. Pourquoi ne pas les rassembler dans un règne microbien unique, à égalité avec les trois grands règnes multicellulaires ? Une raison, et qui est très valable, c'est qu'au niveau biochimique un grand nombre des règnes microbiens sont aussi différents les uns des autres et des trois grands que ces trois règnes familiers le sont les uns des autres.

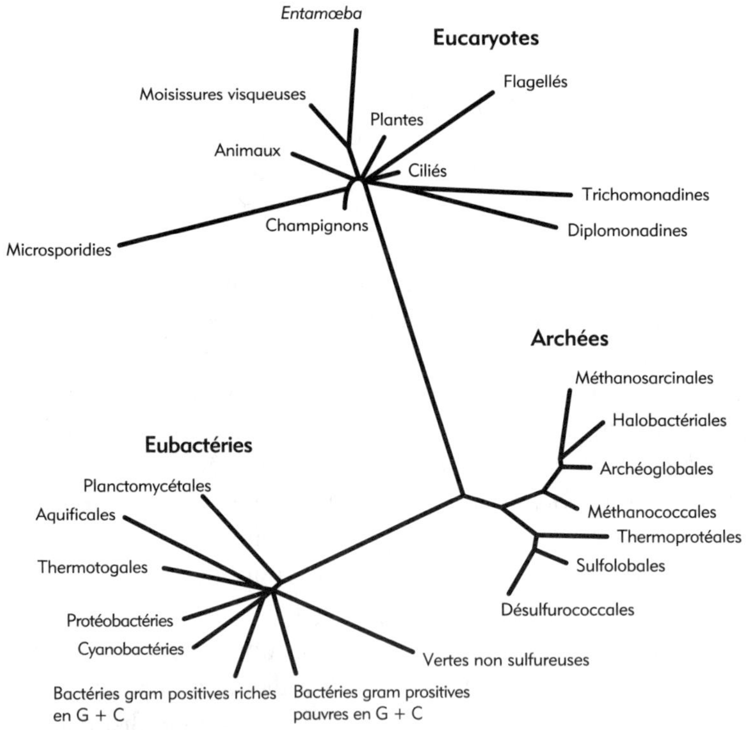

Les plus profondes divisions du vivant.
Arbre du vivant, montrant les trois principaux domaines, d'après de récents travaux en biologie moléculaire.
Adapté de Gribaldo & Philippe [113].

* Craig Venter, qui n'est jamais à court de ressources, affirme avec son équipe avoir trouvé au moins 1 800 nouvelles espèces de microbes au terme d'une analyse rapide d'ADN flottant dans la mer des Sargasses.

Cela ne présenterait pas d'intérêt de discuter en détail pour savoir s'il y a « vraiment », mettons, 20, 25 ou 100 règnes sur cette échelle de différences. Ce qui est clair dans ce diagramme, c'est que ces dizaines s'inscrivent dans trois principaux super-règnes – ou « domaines » selon la terminologie de Carl Woese que nous avons déjà cité comme l'initiateur de cette nouvelle façon de voir le vivant. Ces trois domaines sont premièrement le nôtre, les eucaryotes, en compagnie desquels nous avons cheminé dans la plus grande partie de notre voyage. Deuxièmement, le domaine des archées – les microbes que nous avons rencontrés au Rendez-vous 38 – qui, dans l'ancienne vision du vivant serait regroupé avec le troisième domaine, les vraies (eu-)bactéries. Ce sont les membres de ce troisième domaine des eubactéries qui nous ont rejoints pour la dernière portion de notre pèlerinage. C'est un privilège que de faire ces derniers pas avec les propagateurs d'ADN les plus efficaces et les plus omniprésents qui aient jamais existé.

Ce diagramme en étoile n'est pas fondé, bien sûr, sur des traits du type de ceux que nous pouvons voir et toucher. Si vous voulez comparer les organismes, vous devez choisir des traits qu'ils ont à peu près tous en commun. Vous ne pouvez pas comparer les pattes si la plupart des espèces n'en possèdent pas. Les pattes, les têtes, les feuilles, les vertèbres cervicales, les racines, les cœurs, les mitochondries – chacun de ces éléments se limite à un sous-ensemble d'êtres. Or l'ADN est universel, et il existe un petit nombre de gènes particuliers que tous les êtres vivants ont en commun, avec seulement des différences mineures que l'on peut compter. C'est ce qu'il faut utiliser pour des comparaisons à grande échelle. Le meilleur exemple est peut-être donné par les codes qui interviennent pour faire des ribosomes.

Les ribosomes sont des machines cellulaires qui lisent les messages d'ARN (eux-mêmes transcrits de gènes d'ADN) et qui produisent en série des protéines. Les ribosomes sont vitaux pour toutes les cellules et ils sont présents partout. Ils sont eux-mêmes faits en grande partie d'ARN – ces espèces d'ARN, appelées ARNr, sont complètement différentes des « bandes » de messages d'ARN que les ribosomes lisent et traduisent en protéines. L'ARNr est lui-même produit à l'origine par des gènes d'ADN. La séquence d'ARNr peut se lire directement, ou comme les gènes d'ADN qui le codent : ADNr. D'une façon ou d'une autre, je l'appellerai ADNr. L'ADNr est particulièrement utile pour comparer directement deux créatures, car toutes le possèdent. L'ADNr n'est pas seulement utilisé à cause de son ubiquité. Tout aussi important, il présente également des variations génétiques. Il est suffisamment semblable entre toutes les espèces vivantes pour qu'il y ait quelque chose à comparer, et pourtant pas trop au point de ne pas laisser apparaître de différences entre elles. En utilisant les méthodes présentées par le gibbon, nous pouvons à l'aide de l'ADNr reconstituer tout l'arbre du vivant et calculer les énormes distances évolutives dans, et même entre, les principaux domaines. Mais il faut faire attention, car l'ADNr est très vulnérable à l'« attraction des branches longues » et autres pièges du même genre. Mais en s'aidant d'autres gènes et en utilisant les changements rares du génome – l'insertion et la délétion de grandes portions d'ADN – on peut tracer une ébauche d'arbre. C'est ce que nous avons p. 660. Il est sûr que quelques branches de cette ébauche d'arbre sont incertaines, en particulier chez les eubactéries, et cela peut refléter leur tendance à s'échanger de l'ADN – problème que nous n'avons pas rencontré chez les eucaryotes. Toutefois, des chercheurs ont trouvé un groupe principal de gènes de bactéries qui s'échangent rarement, si bien qu'il est concevable que l'on puisse un jour s'accorder sur un ordre d'embranchement incontestable dans l'arbre du vivant. J'attends cela avec impatience.

La distance taxinomique, telle qu'on la mesure en comparant des génomes, est une façon d'étudier la diversité. Une autre façon est de voir la palette des modes de vie, la palette des « métiers » qu'exercent nos pèlerins. À première vue, des bactéries différentes pourraient paraître plus similaires sur ce chapitre que, disons, un lion et un buffle, ou une taupe et un koala. Pour de gros animaux tels que nous, le fait de creuser sous la terre pour les vers paraît un mode de vie très différent, comparé au fait de mâcher des feuilles dans un eucalyptus. Mais du point de vue de notre conteur bactérien, tous les koalas, taupes, lions et buffles font exactement pareil. Tous produisent leur énergie en décomposant des molécules complexes qui ont au départ été assemblées par l'énergie solaire captée par des plantes. Les koalas et les buffles mangent les plantes directement. Les lions et les taupes obtiennent leur énergie solaire indirectement, en mangeant d'autres animaux qui, au départ, mangent des plantes.

La toute première source d'énergie extérieure est le soleil. Le soleil, par des bactéries vertes symbiotes dans les cellules des plantes, est le seul producteur d'énergie pour tout le vivant que nous pouvons voir à l'œil nu. Son énergie est captée par des panneaux solaires verts (les feuilles) et utilisée pour faire remonter la synthèse des composés organiques comme le sucre et l'amidon dans les plantes. Dans une série de réactions chimiques vers le bas et vers le haut, et couplées à l'énergie, le reste du vivant fonctionne par l'énergie qui a été captée à l'origine par les plantes. L'énergie circule à travers l'économie de la vie, du soleil aux plantes, aux herbivores, aux carnivores et aux détrivores. À chaque étape, non seulement entre les créatures mais aussi en elles, chaque transaction dans l'économie de l'énergie implique un gaspillage. Inévitablement, une partie se dissipe sous forme de chaleur, et n'est jamais récupérée. Sans l'afflux massif d'énergie solaire, la vie, du moins c'est ce que disaient naguère les manuels, s'arrêterait.

C'est encore vrai en grande partie. Mais ces manuels comptaient sans les bactéries et les archées. Si vous êtes un chimiste suffisamment ingénieux, il est possible d'imaginer sur cette planète d'autres formes de circulation de l'énergie qui ne partent pas du soleil. Et si l'on peut imaginer un plan de chimie utile, il y a bien des chances que des bactéries l'aient mis en pratique les premières, peut-être même avant d'avoir découvert l'astuce de l'énergie solaire, et c'était il y a plus de 3 milliards d'années. Il faut qu'il y ait un type de source extérieure d'énergie, sans que ce soit nécessairement le soleil. Il existe de l'énergie chimique enfermée dans beaucoup de substances, une énergie qui peut être libérée par des réactions chimiques adéquates. Les sources qui méritent économiquement d'être exploitées par des créatures vivantes comprennent l'hydrogène, le sulfure d'hydrogène et certains composés ferreux. Nous reviendrons sur le mode de vie de l'exploitation minière quand nous serons à Cantorbéry.

Bien que les messages de nos intervenants ne soient pas, pour la majorité d'entre eux, dits à la première personne, faisons une exception pour le mot de la fin de tous ces messages en donnant la parole à *Thermus aquaticus*.

> Regardez la vie de notre point de vue, et vous, les eucaryotes, vous arrêterez vite de vous donner ces grands airs. Vous, les singes bipèdes, vous, les musaraignes arboricoles avec votre moignon de queue, vous, les poissons desséchés avec vos nageoires lobées, vous, les vers vertébrés, vous, les éponges fières de leur Hox, et vous les nouveaux venus dans le quartier, oui vous, les eucaryotes, vous toutes, les congrégations à peines distinctes d'une paroisse étriquée et monotone,

vous n'êtes guère plus qu'un joli glaçage sur la surface de la vie bactérienne. Laissez-moi vous le dire, ces mêmes cellules qui vous construisent sont en vérité des colonies de bactéries qui rejouent les mêmes vieilles astuces que nous, les bactéries, nous avons découvertes il y a un milliard d'années. Nous étions là avant votre arrivée, et nous serons toujours là quand vous aurez disparu.

ARRIVÉE À CANTORBÉRY

Comme il sied au lieu d'arrivée d'un pèlerinage de 4 milliards d'années, une patine de mystère enveloppe notre Cantorbéry. Ce mystère, c'est ce phénomène unique que l'on appelle l'origine de la vie, mais qui serait plutôt l'origine de l'hérédité. Contrairement à ce que nous disent notre intuition et les idées reçues, la vie en tant que telle n'est pas clairement définie. Au chapitre 37 d'Ézéchiel, le prophète relate comment il a dû se rendre dans la vallée des ossements desséchés. Il identifie la vie au souffle, et je ne peux résister à l'idée de citer ce passage (« les ossements se rapprochèrent les uns des autres » – quelle merveilleuse concision !).

> Je prononçai l'oracle comme j'en avais reçu l'ordre ; il y eut un bruit pendant que je prononçais l'oracle, et un mouvement se produisit : les ossements se rapprochèrent les uns des autres.
> Je regardai : voici qu'il y avait sur eux des nerfs, de la chair croissait, et il [le Seigneur Dieu] étendit de la peau par-dessus ; mais il n'y avait pas de souffle en eux.
> Il me dit : « Prononce un oracle sur le souffle, prononce un oracle, fils d'homme. Dis au souffle : Ainsi parle le Seigneur Dieu : Souffle, viens des quatre points cardinaux, souffle sur ces morts, et ils vivront. »
> Je prononçai l'oracle comme j'en avais reçu l'ordre, le souffle entra en eux et ils vécurent ; ils se tinrent debout : c'était une immense armée*.

Pour Ézéchiel, le souffle définit la différence entre le mort et le vivant. Darwin lui-même exprimait la même idée dans un de ses passages les plus éloquents, les mots de conclusion de *L'Origine des espèces* (la mise en relief est de moi) :

> Le résultat direct de cette guerre de la nature, qui se traduit par la famine et la mort, est donc le fait le plus admirable que nous puissions concevoir, à savoir : la production des animaux supérieurs. Il y a une véritable grandeur dans cette manière d'envisager la vie, avec ses puissances diverses *insufflées à l'origine* par le Créateur dans un petit nombre de formes, voire dans une seule. Et, tandis que notre planète, obéissant à la loi fixe de la gravitation, continue à tourner, une quantité infinie de formes belles et admirables, sorties d'un commencement si simple, n'ont pas cessé d'évoluer et évoluent encore !

Darwin a eu raison d'inverser l'ordre dans lequel Ézéchiel a présenté les événements. Le souffle de la vie est arrivé en premier et

* Traduction française de la Traduction œcuménique de la Bible (TOB). (*N.d.T.*)

a créé les conditions qui allaient permettre aux os et aux nerfs, à la chair et à la peau d'évoluer. Soit dit en passant, l'expression « par le Créateur » ne figurait pas dans la première édition de *L'Origine*. Il l'a ajoutée dans la deuxième édition, probablement pour s'attirer les bonnes grâces du lobby religieux. Dans une lettre à son ami Hooker, Darwin a avoué plus tard regretter ce geste :

> Depuis, j'ai longtemps regretté d'avoir cédé à l'opinion publique en utilisant le terme du Pentateuque de « création » par lequel je voulais en réalité dire « est apparu » par un certain processus entièrement inconnu. C'est une façon bien piètre de se représenter aujourd'hui l'origine de la vie ; on pourrait aussi bien croire qu'il s'agit de l'origine de la matière.

Darwin voyait probablement (et à juste titre, à mon avis) l'origine de la vie primitive comme un problème relativement (et j'insiste sur relativement) facile par rapport à celui qu'il avait résolu : comment la vie, une fois lancée, s'est développée avec une diversité et une complexité stupéfiantes en donnant l'illusion incontournable d'un bon dessein. Toutefois, un peu plus tard, dans une autre lettre à Hooker, Darwin a risqué une conjecture sur le « processus totalement inconnu » qui a tout lancé. Il y a été amené en se demandant pourquoi nous ne voyons pas la vie resurgir à tout moment.

> On dit souvent que maintenant sont réunies, comme elles n'ont jamais pu l'être, toutes les conditions pour qu'un organisme vivant apparaisse pour la première fois. Mais si (et quel grand Si !) nous pouvions concevoir que dans une petite mare chaude, en présence de toutes sortes de sels d'ammoniac et de phosphore, de lumière, de chaleur, d'électricité, etc., un composé protéique se fût formé chimiquement, prêt à subir des modifications encore plus complexes, aujourd'hui, cette matière serait instantanément absorbée, ce qui n'aurait pas été le cas avant qu'il se trouvât des êtres vivants.

La doctrine de la génération spontanée n'a été attaquée expérimentalement que récemment par Pasteur. On a longtemps cru que la viande avariée produisait spontanément des asticots, que les bernaches produisaient spontanément des oisons, et même que le linge sale qui traînait avec de la farine produisait des souris. Paradoxalement, la théorie de la génération spontanée avait le soutien de l'Église (qui suivait Aristote sur ce point comme sur bien d'autres).

Je dis « paradoxalement » car, du moins avec le recul du temps, la génération spontanée remettait en question la création divine aussi directement que le ferait l'évolution. L'idée que des mouches ou des souris puissent accéder spontanément à l'existence minimise le tour de force grandiose qu'aurait été leur création : on aurait pu penser que c'était une insulte au Créateur. Mais l'esprit non scientifique ne peut saisir toute la complexité et l'improbabilité intrinsèque de la mouche ou de la souris. Darwin a peut-être été le premier à comprendre l'énormité de cette erreur.

En 1872 encore, dans une lettre à Wallace, le codécouvreur de la sélection naturelle, Darwin a dû éprouver le besoin de redire son scepticisme à l'idée que « les rotifères et les tardigrades sont générés spontanément », comme le suggérait *The Beginnings of Life*, un ouvrage qu'il admirait par ailleurs. Son scepticisme était parfaitement justifié, comme d'habitude. Les rotifères et les tardigrades sont des formes de vie complexes, merveilleusement adaptées à leurs modes de vie respectifs. Pour qu'ils aient été générés spontanément, il fallait qu'ils soient devenus bien constitués et complexes « par un heureux accident, ce que je ne peux croire ». Les heureux accidents de cette ampleur étaient anathèmes pour Darwin, comme ils auraient dû l'être pour l'Église, mais pas pour la même raison. Toute la logique de la théorie de Darwin était, et est, que la complexité adaptative est l'aboutissement de petites avancées lentes et graduelles, dont chacune est suffisamment modeste pour s'expliquer par un accident aveugle. En limitant l'accident aux petites avancées qui étaient nécessaires pour offrir des variations à la sélection, la théorie darwinienne propose la seule façon réaliste d'*échapper* à la chance pure et simple pour expliquer la vie. Si les rotifères pouvaient exister d'un coup, comme cela, tout simplement, Darwin aurait consacré sa vie entière à un travail inutile.

Mais il fallait un point de départ à la sélection naturelle. Dans ce sens seulement, il a dû se produire une certaine sorte de génération spontanée, ne serait-ce qu'une fois. Ce qui est merveilleux dans la théorie de Darwin, c'est que la seule génération spontanée qu'il faut postuler n'avait pas besoin de synthétiser quoi que ce soit de compliqué, comme un asticot ou une souris. Elle n'avait qu'à faire… enfin, nous approchons maintenant du cœur du problème. Si ce n'est pas le souffle, quel est l'ingrédient vital qui a au départ provoqué la mise en route de la sélection naturelle pour, finalement et après une accumulation de péripéties de l'évolution, aboutir aux asticots, aux souris et aux êtres humains ?

Les détails gisent, peut-être inaccessibles à tout jamais, dans notre ancien Cantorbéry, mais on peut donner à cet ingrédient décisif un nom minimaliste précisant le *type* de chose dont il devait s'agir. Ce nom, c'est l'hérédité. Ce qu'il faudrait chercher, ce n'est pas l'origine de la vie, qui est vague et indéfinie, mais l'origine de l'hérédité – la véritable hérédité, ce qui a un sens précis. J'ai déjà recouru à l'analogie du feu pour mieux m'expliquer.

Dans l'imagerie qui sert à représenter la vie, le feu est en concurrence avec le souffle. Quand on meurt, le feu de la vie s'éteint. On peut penser qu'aux yeux de nos ancêtres qui ont été les premiers à le maîtriser, le feu était un être vivant, voire un dieu. Le regard perdu dans les flammes ou dans les braises, en particulier quand les feux de camp les réchauffaient et les protégeaient, peut-être s'imaginaient-ils communier avec une âme ardente en train de danser. Le feu reste en vie tant que vous l'alimentez. Le feu souffle de l'air ; vous pouvez l'étouffer en le privant d'oxygène, ou le noyer dans l'eau. Les feux de forêt dévorent tout sur leur passage et, en prédateurs impitoyables, telle une meute de loups, ils traquent devant eux les animaux sauvages dans une poursuite frénétique. Comme ils l'ont fait pour les loups, on peut imaginer que nos ancêtres ont à l'occasion enlevé un petit du feu pour s'en faire un animal de compagnie utile, en le dressant, en le nourrissant régulièrement et en le débarrassant de ses excréments de cendre. Avant de découvrir l'art de faire du feu, la société a dû apprécier particulièrement celui plus modeste de l'entretenir après sa capture. Peut-être une pousse vivante du feu domestique était-elle transportée dans un pot pour être troquée à un groupe voisin qui pleurait la mort de son feu.

On a dû remarquer que les feux en liberté donnaient naissance à des petits en crachant dans le vent des étincelles et des cendres vives, telles des graines de pissenlit, qui allaient atterrir au loin sur des herbes sèches et les ensemencer. Est-ce que les philosophes *ergaster* ont émis l'hypothèse que le feu ne peut se générer spontanément mais qu'il doit toujours naître d'un parent, qu'il s'agisse d'un feu en liberté dans les plaines, ou d'un feu domestique circonscrit par des pierres de foyer ? En ce cas, le frottement des premiers bâtons à feu n'aurait-il pas mis fin à une certaine vision du monde ?

Nos ancêtres auraient même pu imaginer une population de feux en liberté qui se reproduit, ou, chez des feux domestiques, un pedigree de descendants issus d'un ancêtre brillant acheté en son temps à un clan lointain et échangé à d'autres. Mais ce n'était pas une véritable hérédité. Tel est le message que nous livre le feu ici.

La véritable hérédité serait la transmission non pas du feu lui-même, mais de variations entre des feux. Certains feux sont plus jaunes que d'autres, et d'autres plus rouges. Certains rugissent, d'autres craquent, certains sifflent et d'autres fument, d'autres encore crachent. Certains ont dans leurs flammes des mèches bleues ou vertes. Si nos ancêtres avaient étudié leurs loups domestiqués, ils auraient remarqué une différence notoire entre les pedigrees de chiens et les pedigrees de feux. Chez les chiens prévaut la règle tel père, tel fils. Une partie au moins de ce qui distingue un chien d'un autre lui est transmis par ses parents. Bien sûr, une autre partie vient des à-côtés : la nourriture, les maladies et les accidents. Pour les feux, toutes les variations viennent de l'environnement, et aucune ne descend de l'étincelle génitrice. Elles viennent de la qualité et du degré d'humidité du combustible, de l'orientation et de la force du vent, des qualités de tirage du foyer, du sol, des traces de cuivre et de potassium qui ajoutent des touches de bleu-vert et de mauve à la flamme jaune du sodium. Contrairement à ce qui se passe pour les chiens, rien dans la qualité d'un feu adulte n'arrive par l'étincelle qui lui a donné naissance. Les feux bleus n'engendrent pas des feux bleus. Les feux qui craquent n'héritent pas leurs craquements du feu parent qui a craché son étincelle initiale. Les feux témoignent d'une reproduction sans hérédité.

L'origine de la vie a été celle de la véritable hérédité ; nous pourrions même dire l'origine du premier gène. Par premier gène, je me hâte d'insister, je ne veux pas dire la première molécule d'ADN. Personne ne sait si le premier gène était fait d'ADN, et je parie que non. Par premier gène, j'entends premier réplicateur. Un réplicateur est une entité, comme une molécule, qui fabrique des lignées de copies d'elle-même. Il y aura toujours des erreurs de copie, si bien que la population acquerra de la variété. La clé de la véritable hérédité, c'est que chaque réplicateur ressemble plus à celui d'où il a été copié qu'à aucun membre de la population pris au hasard. L'origine du premier de ces réplicateurs n'était pas un événement probable, mais il a suffi d'une fois. Tout ce qui en a ensuite découlé a été automatiquement indépendant, et a fait apparaître en fin de compte tout ce qui constitue la vie, sous l'effet de l'évolution darwinienne.

Un brin d'ADN ou, dans certaines conditions, la molécule d'ARN qui lui est apparentée, est un véritable réplicateur. Comme le virus d'ordinateur, et comme la lettre d'une chaîne de lettres. Mais tous ces réplicateurs ont besoin d'un équipement sophistiqué pour les assister. L'ADN a besoin d'une cellule richement équipée d'une machinerie biochimique préexistante très adaptée pour lire et copier le code de l'ADN. Le virus d'ordinateur a besoin d'un ordinateur possédant une sorte de lien informatif avec d'autres ordinateurs, tous conçus par des ingénieurs humains pour obéir à des instructions codées. La lettre de la chaîne a besoin d'une bonne quantité d'idiots dotés d'un cerveau évolué suffisamment instruit pour au minimum savoir lire. Ce qui est unique concernant le premier réplicateur, celui qui a lancé l'étincelle de la vie, c'est qu'il n'avait au départ, tout prêt, aucun élément déjà évolué, conçu ou instruit. Le premier réplicateur a fonctionné *ab nihilo*, sans précédent, et sans autre aide que les lois ordinaires de la chimie.

Un catalyseur favorise grandement une réaction chimique, et une catalyse sous une forme ou sous une autre a sûrement participé à l'origine de la réplication. Un catalyseur est un agent qui accélère une réaction chimique sans que celle-ci le consume. Toute la chimie biologique est faite de réactions catalytiques, les catalyseurs étant habituellement les grosses molécules de protéine que l'on appelle les enzymes. Une enzyme typique offre des cavités façonnées en trois dimensions pour recevoir les ingrédients d'une réaction chimique. Elle les aligne pour qu'ils interagissent, elle entre temporairement en liaison chimique avec eux, et elle les apparie avec une précision adéquate qu'ils n'auraient aucune chance de découvrir s'ils se diffusaient librement.

Par définition, les catalyseurs ne sont pas consommés dans la réaction chimique qu'ils déclenchent, mais ils peuvent être produits. Une réaction autocatalytique est une réaction qui fabrique son propre catalyseur. Comme vous pouvez l'imaginer, la réaction autocatalytique ne se met pas facilement en marche, mais une fois qu'elle a commencé, elle démarre toute seule – comme un feu de broussailles, car le feu a certaines propriétés d'une réaction autocatalytique. Le feu n'est pas un catalyseur au sens strict, mais il s'autoproduit. Chimiquement parlant, c'est un processus d'oxydation qui libère de la chaleur et a besoin de chaleur pour passer un seuil d'où il partira. Une fois qu'il a démarré, il continue et se répand comme une réaction en chaîne car il produit la chaleur dont il a besoin pour repartir tout seul. Une autre réaction en chaîne bien connue est l'explosion atomique qui, en l'occurrence, n'est pas une réaction chimique mais une réaction nucléaire. L'hérédité a commencé par le lancement réussi d'un processus d'autocatalyse ou autre autorégénération. Elle est aussitôt partie en flèche et s'est répandue comme un incendie, aboutissant en fin de compte à la sélection naturelle et à tout ce qui allait s'ensuivre.

Nous aussi, nous oxydons des substrats énergétiques carbonés pour produire de la chaleur, mais sans produire des flammes car cette oxydation est contrôlée, progressive, canalisant l'énergie dans des voies utiles au lieu de la dissiper sous forme de chaleur indisciplinée. Cette chimie contrôlée, le métabolisme, est une caractéristique de la vie aussi universelle que l'hérédité. Les théoriciens de l'origine de la vie ont besoin d'expliquer à la fois l'hérédité et le métabolisme, mais certains se sont trompés de priorité en cherchant une théorie de l'origine spontanée du métabolisme dans l'espoir que l'hérédité suivrait d'une façon ou d'une autre, comme d'autres mécanismes utiles. Or, comme nous allons le voir, il ne faut pas considérer l'hérédité comme un mécanisme utile ; elle doit être présente en premier car, avant elle, l'utilité en soi n'a aucun sens. Sans hérédité, et donc sans sélection naturelle, l'utilité n'aurait aucun objet. L'idée même d'utilité ne peut commencer avant que ne commence la sélection naturelle des informations transmissibles.

Les toutes premières théories de l'origine de la vie qui sont prises au sérieux aujourd'hui sont celles qu'A. I. Oparin en Russie et J. B. S. Haldane en Angleterre ont proposées dans les années 1920 sans se connaître. Tous deux mettaient l'accent sur le métabolisme plutôt que sur l'hérédité. Tous deux ont compris l'importance du fait qu'il fallait que l'atmosphère de la Terre avant la vie soit « réductrice » pour que la vie commence. Ce terme technique un peu obscur signifie que l'atmosphère ne contenait pas d'oxygène libre. Dans le voisinage de l'oxygène libre, les composés organiques (composés de carbone) risquent d'être brûlés ou autrement oxydés en dioxyde de carbone. Cela nous paraît étrange, à nous qui mourons en quelques minutes si nous sommes privés d'oxygène, mais la vie ne pourrait apparaître sur aucune planète dont l'atmosphère contient de l'oxygène libre. Comme je l'ai déjà dit, l'oxygène aurait été un poison mortel pour nos tout premiers ancêtres. Tout ce que nous savons sur les autres planètes nous dit qu'il est presque certain que l'atmosphère d'origine de la Terre était réductrice. L'oxygène libre est venu plus tard. C'était un déchet polluant de bactéries vertes, qui nageaient librement d'abord, et se sont incorporées plus tard à des cellules végétales. À un certain moment, chez nos ancêtres a évolué la capacité de le tolérer, et plus tard ils en sont venus à en dépendre.

Soit dit en passant, il est un peu trop simple de dire que l'oxygène est produit par les plantes et les algues vertes, et de s'arrêter là. Il est vrai que les plantes libèrent de l'oxygène. Mais quand une plante meurt, sa décomposition, par des réactions chimiques qui reviennent à brûler tous ses matériaux carbonés, utiliserait autant d'oxygène que la totalité de ce qu'elle a libéré tout au long de sa vie. Il n'y aurait donc pas de bénéfice net dans l'oxygène de l'atmosphère, sauf sur un point. Les plantes mortes ne se décomposent pas toutes. Certaines gisent sous forme de charbon (ou d'équivalents), auquel cas elles sont retirées de la circulation. Si toutes les énergies fossiles du monde étaient brûlées par les êtres humains, une grande partie de l'oxygène de l'atmosphère serait remplacé par du dioxyde de carbone, ce qui rétablirait l'ancien statu quo. Cela ne risque pas d'arriver à court terme, mais il ne faut pas oublier que si nous avons de l'oxygène pour respirer, ce n'est que parce que la plus grande partie du carbone du monde est prisonnière sous la terre. C'est à nos risques et périls que nous le brûlons.

Dans l'atmosphère primitif, il s'est toujours trouvé des atomes d'oxygène, mais ils n'étaient pas aussi libres que le gaz d'oxygène. Ils étaient pris dans des composés comme le dioxyde de carbone et l'eau. Aujourd'hui, le carbone est essentiellement emprisonné dans des corps vivants ou – en bien plus grandes proportions – dans des roches comme la craie, le calcaire et le charbon, qui proviennent des résidus de corps autrefois vivants. Du temps de Cantorbéry, ces mêmes atomes de carbone devaient se trouver essentiellement dans l'atmosphère sous forme de composés gazeux, comme le dioxyde de carbone et le méthane. Dans une atmosphère réductrice, l'azote, qui est aujourd'hui le principal gaz de l'atmosphère, devait être composé avec de l'hydrogène sous forme d'ammoniac.

Oparin et Haldane ont compris qu'une atmosphère réductrice aurait favorisé la synthèse spontanée de composés organiques simples. Voici les propres paroles d'Haldane, que je cite pour sa célèbre phrase de conclusion :

> Maintenant que la lumière ultraviolette agit sur un mélange d'eau, de dioxyde de carbone et d'ammoniac, il se produit toute une variété de substances organiques, y compris des sucres et apparemment certains des matériaux qui entrent dans la fabrication des protéines. C'est ce qu'ont démontré en laboratoire Baly de Liverpool et ses collègues. Dans le monde actuel, si l'on ne touche pas à ces substances, elles se décomposent, c'est-à-dire qu'elles sont détruites par des micro-organismes*. Mais avant l'origine de la vie, elles ont dû s'accumuler jusqu'à ce que les océans primitifs atteignent la consistance d'une soupe chaude diluée.

Ce texte date de 1929, plus de 20 ans avant l'expérience de Miller et Urey que l'on cite très souvent et dont on pourrait penser, d'après ce que dit Haldane, qu'elle répétait en quelque sorte celle de Baly. Pourtant, E. E. C. Baly ne s'intéressait pas particulièrement à l'origine de la vie. Il s'intéressait à la photosynthèse et ce qu'il a réalisé a été de synthétiser des sucres en bombardant de rayons ultraviolets de l'eau contenant du dioxyde de carbone dissous en présence d'un catalyseur, comme du fer ou du nickel. C'est Haldane, et pas Baly lui-même, qui, de façon particulièrement brillante**, a anticipé une chose qui ressemblait notoirement à l'expérience de Miller et Urey, et l'a lue rétrospectivement dans le travail de Baly.

Voici ce qu'a fait Miller sous la direction d'Urey. Il a pris deux ballons, l'un au-dessus de l'autre, reliés par deux tubes. Le ballon du dessous contenait de l'eau chauffée pour représenter l'océan primitif. Celui du dessus renfermait l'atmosphère primordial (méthane, ammoniac, vapeur d'eau et hydrogène). Par un des deux tubes, la vapeur s'élevait de la surface de l'« océan » chauffé dans le ballon du dessous, et passait dans l'« atmosphère » dans le ballon du dessus. L'autre tube la faisait redescendre de l'« atmosphère » à l'« océan ». En chemin, elle passait par une chambre d'ignition (« éclair ») et une chambre de refroidissement, où elle se condensait en une « pluie » qui réapprovisionnait l'« océan ».

Au bout d'une semaine seulement de ce simulacre de recyclage, l'océan était devenu brun jaunâtre et Miller en a analysé le contenu. Comme l'aurait prédit Haldane, il était devenu une soupe de composés

* C'est ce que disait Darwin dans sa lettre sur la « petite mare chaude ».
** Sir Peter Medawar, qui lui-même n'était pas une petite pointure, a décrit Haldane comme l'homme le plus intelligent qu'il ait jamais connu.

organiques, qui ne comprenait pas moins de sept acides aminés, ces éléments essentiels qui interviennent dans l'élaboration des protéines. Parmi les sept, il s'en trouvait trois – glycine, acide aspartique et alanine – de la liste des vingt que l'on trouve dans le vivant. Des expériences ultérieures dans la ligne de celle de Miller, mais où du dioxyde ou du monoxyde de carbone était substitué au méthane, sont arrivées au même résultat. Nous pouvons en tirer la conclusion robuste que des petites molécules biologiquement importantes, entre autres des acides aminés, des sucres et surtout les éléments constructeurs de l'ADN et l'ARN, se forment spontanément quand on simule en laboratoire différentes versions de la Terre primitive d'Oparin et Haldane.

Avant Oparin et Haldane, des penseurs spéculant sur l'origine de la vie avaient supposé que les premiers organismes avaient dû être des plantes d'une certaine sorte, éventuellement des bactéries vertes. Les gens étaient habitués à l'idée que la vie dépend de la photosynthèse, cette manufacture actionnée par l'énergie solaire qui produit des composés organiques tout en libérant de l'oxygène. Avec leur atmosphère réductrice, Oparin et Haldane situaient plus tard l'entrée en scène des plantes. La vie est apparue dans une mer de composés organiques qui existaient déjà. La soupe était toute prête, et pas besoin de photosynthèse – du moins jusqu'à épuisement de la soupe.

Pour Oparin, l'étape vitale était l'origine de la première cellule. Et il est sûr que comme les organismes, les cellules ont cette propriété importante de ne jamais apparaître spontanément, mais toujours à partir d'autres cellules. Il était pardonnable de ramener l'origine de la vie à l'origine de la première « cellule » (du premier métaboliseur), plutôt que du premier « gène » (le premier réplicateur), comme je la conçois. Parmi les théoriciens plus modernes qui ont la même tendance, le distingué physicien théoricien Freeman Dyson a conscience de ce biais et il le défend. La majorité des théoriciens plus récents, entre autres Leslie Orgel en Californie, Manfred Eigen et ses collègues en Allemagne, et Graham Cairns-Smith en Écosse – plutôt un dissident isolé, mais pas à négliger pour autant –, donnent la priorité à l'autoréplication, tant sur le plan chronologique qu'en termes d'importance ; et à juste titre, à mon avis.

À quoi ressemblerait l'hérédité sans une cellule ? N'est-ce pas là le problème de la poule et de l'œuf ? Si, certainement, si l'on conçoit l'hérédité comme exigeant de l'ADN, car l'ADN ne peut se répliquer sans le gros support d'un moule de molécules, entre autres de protéines qui ne peuvent se fabriquer que par des informations codées dans l'ADN. Mais ce n'est pas parce que l'ADN est la principale molécule autoréplicatrice que l'on connaisse qu'il s'ensuit que c'est la seule concevable, ni la seule qui ait jamais existé dans la nature. Graham Cairns-Smith a dit de façon convaincante que les réplicateurs originels étaient des cristaux de minéraux non organiques, l'ADN étant un usurpateur tardif qui s'est emparé du rôle vedette quand la vie eut évolué au point que ce *coup d'état génétique* est devenu possible. Je n'entrerai pas ici dans les détails de son argumentation, en partie parce que je l'ai déjà fait du mieux possible dans *L'Horloger aveugle*, mais aussi pour une raison plus importante. Cairns-Smith donne l'explication la plus claire de tout ce que j'ai lu pour montrer que la réplication est intervenue en premier, et que l'ADN a dû avoir un précurseur d'un certain type dont la nature est inconnue, sauf qu'il faisait preuve d'une véritable hérédité. Il est bien dommage que cette partie irréfutable de son argumentation soit liée dans l'esprit des gens à son idée plus discutable et plus spéculative que des cristaux de minéraux sont ce précurseur.

Je n'ai rien contre la théorie des cristaux de minéraux, ce qui explique que je l'ai déjà exposée, mais ce sur quoi je veux vraiment insister, c'est la primauté de la réplication, et la forte probabilité qu'il y a eu, après-coup, une mainmise de l'ADN qui a supplanté un certain précurseur. Je peux démontrer cela de façon plus probante en me tournant volontairement dans cet ouvrage vers une autre théorie *particulière* de ce qu'aurait pu être ce précurseur. Quels que soient ses plus grands mérites en tant que réplicateur originel, l'ARN est certainement mieux placé que l'ADN, et un certain nombre de théoriciens l'ont désigné comme précurseur dans ce qu'ils appellent le « monde de l'ARN ». Pour présenter la théorie du monde de l'ARN, je dois faire une digression sur les enzymes. Si le réplicateur est la vedette du spectacle de la vie, l'enzyme partage l'affiche, avec plus qu'un rôle de faire-valoir.

La vie dépend de façon cruciale de l'aptitude de virtuose des enzymes à catalyser les réactions chimiques de façon fort capricieuse. La première fois que j'ai entendu parler d'enzymes à l'école, la manière conventionnelle (et erronée à mon avis) d'enseigner les sciences imposait de partir d'exemples familiers : par exemple, nous crachions dans l'eau pour démontrer la capacité de l'enzyme salivaire amylase à digérer l'amidon et à produire du sucre. D'où l'impression que nous avons acquise qu'une enzyme est comme un acide corrosif. Les poudres de lessive biologiques, qui se servent d'enzymes pour digérer les taches des vêtements, donnent la même impression. Mais ce sont là des enzymes destructrices, qui agissent pour décomposer les grosses molécules en leurs plus petits éléments. Les enzymes constructrices, elles, interviennent dans la synthèse de plus grosses molécules à partir d'ingrédients plus petits, et elles se comportent, pour ce faire, comme des « apparieurs robotiques », comme je vais l'expliquer.

L'intérieur de la cellule contient une solution de milliers de molécules, d'atomes et d'ions de nombreux types différents. Des paires de ces molécules, atomes et ions pourraient se combiner selon des modes infiniment variés, mais, dans l'ensemble, elles s'en abstiennent. Ainsi, il y a un énorme répertoire de réactions chimiques potentielles qui attendent de se produire dans une cellule, pourtant la plupart d'entre elles n'ont pas lieu. Gardez cela en tête quand vous réfléchirez à ce qui suit. Il y a dans un laboratoire de chimie, disposés sur des étagères, des centaines de flacons, tous bien bouchés pour empêcher que leurs contenus ne se rencontrent, sauf si un chimiste le désire, auquel cas il ajoute un échantillon d'un flacon à un échantillon d'un autre. Vous pourriez dire que les étagères d'un laboratoire de chimie renferment un énorme répertoire de réactions chimiques potentielles. Et, là encore, la majorité d'entre elles ne se produisent pas.

Mais imaginez que vous preniez tous les flacons sur toutes les étagères et que vous les vidiez dans un seul récipient plein d'eau. C'est un acte grotesque de vandalisme scientifique, et pourtant ce récipient ressemble beaucoup à ce qu'est une cellule vivante, même si, je dois le dire, celle-ci renferme bon nombre de membranes qui compliquent le tableau. Les centaines d'ingrédients de milliers de réactions chimiques potentielles ne sont pas gardés dans des flacons séparés jusqu'au moment où l'on veut qu'ils interagissent. Ils sont au contraire continuellement mélangés dans le même espace commun. Pourtant, ils attendent, non réactifs dans une grande mesure, jusqu'au moment où ils reçoivent l'ordre de réagir, comme s'ils étaient séparés dans des flacons virtuels. Il n'y a pas de flacons virtuels, mais des enzymes agissant comme des entremetteuses robots, que l'on pourrait même appeler des techniciennes de laboratoire robots. Les enzymes agissent de façon discriminante, comme un « tuner radio » quand il établit le contact avec un transmetteur particulier en ignorant les centaines d'autres signaux qui bombardent en même temps ses antennes dans une Babel de fréquences d'ondes porteuses.

Supposons une réaction chimique importante dans laquelle l'ingrédient A se combine avec l'ingrédient B pour donner Z. Dans un laboratoire de chimie, on procède en prenant sur l'étagère le flacon étiqueté A, puis le flacon étiqueté B sur une autre étagère, on mélange leurs contenus dans un flacon propre, sans oublier de remplir d'autres conditions nécessaires (chaleur, agitation du flacon, etc.). On réalise la réaction spécifique que l'on veut en prenant simplement deux flacons sur l'étagère. Dans la cellule vivante, de grandes quantités de molécules A et de grandes quantités de molécules B figurent parmi l'énorme variété de celles qui flottent dans l'eau, où elles peuvent se rencontrer, mais où elles se combinent rarement même si elles se rencontrent. De toute façon, elles n'ont pas plus de chances de se rencontrer que des milliers d'autres combinaisons de se produire. Maintenant, nous présentons une enzyme, l'abzase, qui est spécifiquement faite pour catalyser la réaction A + B = Z. Il y a des millions de molécules d'abzase dans la cellule, dont chacune agit comme une technicienne de laboratoire robot. Chaque technicienne abzase prend une molécule A, pas sur l'étagère mais parmi celles qui flottent librement dans la cellule. Elle prend ensuite une molécule B au passage. Elle tient la A fermement de façon qu'elle soit tournée dans une position particulière. Et elle tient la B aussi fermement de façon qu'elle soit contiguë à la A, exactement dans la bonne position et la bonne orientation pour qu'elle se lie à elle et produise une Z. Cette enzyme peut faire d'autres choses aussi – comme quand un technicien humain manie un agitateur ou un bec Bunsen. Elle peut former une alliance chimique temporaire entre A et B, échangeant des atomes ou des ions qui seront en fin de compte redonnés, si bien que l'enzyme finit comme elle avait commencé, se qualifiant ainsi comme catalyseur. Le résultat de tout cela, c'est qu'une nouvelle molécule Z se forme dans l'« étau » de la molécule enzymatique. La technicienne de laboratoire libère alors la nouvelle Z dans l'eau et attend que passe une autre A ; elle la saisit alors et recommence le cycle.

Sans technicien de laboratoire robot, une A à la dérive pourrait de temps en temps se cogner à une B à la dérive dans les conditions voulues pour qu'elles se lient. Mais cette heureuse occasion serait rare, et pas plus courante que les rencontres fortuites que A et B pourraient faire avec beaucoup d'autres partenaires potentielles. A pourrait se cogner dans C et produire Y. Ou B rencontrer D et donner X. De petites quantités de X et de Y sont tout le temps produites du fait d'une heureuse dérive. Mais c'est la présence du technicien de laboratoire, l'enzyme abzase, qui fait toute la différence. En présence d'abzase, Z est produite en quantités industrielles (du point de vue de la cellule) : typiquement, une enzyme multiplie le taux spontané de réaction par un facteur qui varie entre un million et un trillion. Si une enzyme différente, l'acyase, était introduite, A se combinerait à C au lieu de B, là encore à toute allure, pour produire une grande quantité d'Y. C'est exactement de la même molécule A que nous parlons, elle n'est pas confinée dans un flacon, mais elle est libre de se combiner soit avec B, soit avec C, selon l'enzyme qui est présente pour s'en emparer.

Et donc, les taux de production de Z et d'Y dépendent toujours, entre autres choses, du nombre des techniciennes rivales, abzases et acyases, qui flottent dans la cellule. Et *cela* dépend de celui des deux gènes qui est activé dans le noyau de la cellule. Mais c'est un peu plus compliqué : même si une molécule d'abzase est présente, elle peut être désactivée. Cela peut arriver, entre autres, si une autre molécule vient s'installer dans la cavité « active » de l'enzyme. C'est comme si la technicienne de laboratoire avait ses mains robotiques temporairement menottées. Ces menottes me rappellent, soit dit en passant, que je dois énoncer la mise en garde rituelle, comme toujours avec les métaphores, que la « technicienne de laboratoire robot » risque de prêter à confusion. La molécule d'enzyme n'a pas de bras qu'elle tend pour saisir des ingrédients comme A, et encore moins pour être menottée. Elle possède sur sa propre surface une zone spéciale pour laquelle A a, disons, une affinité, soit parce qu'elle correspond physiquement à la forme d'une cavité, soit à cause d'une propriété chimique plus absconse. Et cette affinité peut être temporairement suspendue selon des modes qui ressemblent au geste calculé d'appuyer sur un bouton pour éteindre.

La plupart des molécules d'enzyme sont des machines spécialisées qui ne font qu'un produit : un sucre, mettons, ou une graisse ; une purine ou une pyrimidine (pièces de construction de l'ADN et de l'ARN), ou un acide aminé (vingt d'entre eux sont des pièces de construction de protéines naturelles). Mais certaines enzymes sont plus comme des machines-outils qui prennent une carte perforée qui leur dit ce qu'elles font. L'une d'elles est remarquable, c'est le ribosome, dont nous a parlé rapidement le taq, une machine-outil grosse et compliquée construite à la fois de protéine et d'ARN, et c'est cette machine qui fabrique les protéines elles-mêmes. Les acides aminés, qui sont les pièces de construction des protéines, ont déjà été faits par des enzymes spécialisées et ils flottent dans la cellule à la disposition du ribosome. La carte perforée est l'ARN, plus précisément, l'ARN messager (ARNm). La carte message, qui a elle-même copié son message sur l'ADN du génome, passe dans le ribosome et, à son passage devant la « tête de lecture », les acides aminés qui conviennent s'assemblent en une chaîne protéique dans l'ordre spécifié par la carte à l'aide du code génétique.

On sait comment fonctionne cette spécification, et c'est une merveille indicible. Il y a un ensemble de petits ARN de transfert (ARNt), chacun comprenant environ soixante-dix pièces de construction. Chacun des ARNt s'attache sélectivement à un, et à un seul, des vingt types d'acides aminés naturels. À l'autre bout de la molécule d'ARNt se trouve un « anti-codon », un triplet qui complète précisément la courte séquence d'ARNm (codon) spécifiant l'acide aminé particulier d'après le code génétique. À mesure que la carte d'ARNm avance devant la tête de lecture du ribosome, chaque codon de l'ARNm se lie à un ARNt doté du bon anticodon. Cela amène l'acide aminé qui était en suspens à l'autre bout de l'ARNt en position d'appariement, de façon qu'il s'attache à l'extrémité de croissance de la nouvelle protéine en train de se former. Une fois l'acide aminé attaché, l'ARNt se détache pour aller chercher une nouvelle molécule d'acide aminé de son type préféré, tandis que la carte d'ARNm continue à avancer d'un cran. Ainsi, le processus se poursuit et la chaîne protéique est expulsée petit à petit. Ce qui est stupéfiant, c'est qu'une seule carte physique d'ARNm peut utiliser plusieurs ribosomes à la fois. Chacun de ces ribosomes avance sa tête de lecture sur une portion différente de la longueur de la carte, et chacun expulse sa propre copie de la chaîne protéique nouvellement créée.

Quand chaque nouvelle chaîne protéique est terminée, une fois que l'ARNm alimentant son ribosome est complètement passé par la tête de lecture de ce ribosome, la protéine se détache. Elle s'enroule en une structure complexe à trois dimensions, dont la forme est déterminée, selon les lois de la chimie, par la séquence d'acides aminés dans la chaîne protéique. Cette séquence était elle-même déterminée par l'ordre des symboles de code sur la longueur de l'ARNm. Et cet ordre a, à son tour, été déterminé par la séquence complémentaire de symboles le long de l'ADN, laquelle constitue la principale base de données pour la cellule.

La séquence codée d'ADN contrôle donc ce qui se passe dans la cellule. Elle spécifie dans chaque protéine la séquence des acides aminés, laquelle détermine la forme à trois dimensions de la protéine, laquelle à son tour donne à cette protéine ses propriétés enzymatiques particulières. Ce qui est important, c'est que ce contrôle peut être indirect en ce que, comme nous l'avons vu dans le message de la Souris, les gènes déterminent quels autres gènes vont être activés, et quand. Dans la cellule, la plus grande partie des gènes ne sont pas activés. C'est pour cette raison que, sur toutes les réactions qui pourraient s'effectuer dans le « récipient plein d'ingrédients mélangés », une ou deux seulement se produisent effectivement à un moment donné : celles dont les « techniciennes de laboratoire » spécifiques sont activées dans la cellule.

Après cette digression sur la catalyse et les enzymes, tournons-nous maintenant de la catalyse ordinaire au cas particulier de l'autocatalyse, dont une certaine version a probablement joué un rôle décisif dans l'origine de la vie. Repensez à notre exemple hypothétique des molécules A et B qui se combinent pour produire Z sous l'influence de l'enzyme abzase. Et si Z elle-même était sa propre abzase ? Je veux dire, que se passe-t-il si la molécule Z se trouve avoir exactement la bonne forme et les bonnes propriétés chimiques pour prendre une A et une B, les réunir dans la bonne orientation et les combiner pour faire une nouvelle Z, exactement comme elle ? Dans notre exemple précédent, nous pouvions dire que la quantité d'abzase contenue dans la solution influencerait la quantité de Z produites. Mais maintenant, si Z est effectivement une molécule qui est la même que l'abzase, nous n'avons besoin que d'une molécule de Z pour lancer une réaction en chaîne. La première Z prend des A et des B et les combine pour faire davantage de Z. Ces nouvelles Z prennent alors d'autres A et d'autres B pour faire encore plus de Z. C'est l'autocatalyse. Dans les conditions qui conviennent, la population des molécules Z subira une croissance exponentielle, explosive. On peut entrevoir l'idée intéressante qu'un processus de ce genre interviendrait dans l'origine de la vie.

Mais tout cela est hypothétique. Julius Rebek et ses collègues de l'institut Scripps de Californie lui ont donné une réalité. Ils ont exploré en chimie réelle quelques exemples fascinants d'autocatalyse. Dans un de leurs exemples, Z était l'ester triacide adénosine aminé (ETAA), A était l'adénosine aminé et B l'ester pentafluorophényl, et la réaction a eu lieu non pas dans l'eau mais dans le chloroforme. Il va sans dire qu'il est inutile de retenir aucun de ces détails chimiques particuliers, et encore moins ces noms à rallonge. Ce qui est important, c'est que le produit de cette réaction chimique est son propre catalyseur. La première molécule d'ETAA a du mal à se former, mais une fois constituée, une réaction en chaîne se met en route à mesure qu'ETAA se synthétise en quantités de plus en plus grandes en étant son propre catalyseur. Et comme si cela ne suffisait pas, cette brillante série d'expériences s'est poursuivie jusqu'à faire la démonstration d'une véritable hérédité dans le sens que nous avons défini ici. Rebek et son équipe ont trouvé un système dans lequel existait plus d'une variante de la substance autocatalysée. Chaque variante catalysait la synthèse d'elle-même, en utilisant sa variante préférée d'un des ingrédients. Cela laissait penser qu'il pouvait y avoir une véritable compétition dans une population d'entités montrant une véritable hérédité, et une forme de sélection darwinienne instructive par son aspect rudimentaire.

La démarche chimique de Rebek est extrêmement artificielle. Toutefois, sa démonstration illustre merveilleusement bien le principe de l'autocatalyse, en vertu duquel le produit d'une réaction chimique sert à sa propre catalyse. C'est quelque chose comme l'autocatalyse dont nous avons besoin pour l'origine de la vie. Est-ce que l'ARN, ou quelque chose comme l'ARN dans les conditions des premiers temps de la Terre, aurait pu autocatalyser sa propre synthèse dans le style de Rebek, et dans l'eau plutôt que dans le chloroforme ?

C'est un énorme problème, comme l'a expliqué le prix Nobel de chimie, Manfred Eigen : tout processus d'autoréplication est sujet à dégradation par des erreurs de copies – des mutations. Imaginez une population d'entités qui se répliquent, avec une probabilité élevée d'erreur à chaque copiage. Si un message codé doit résister aux ravages de la mutation, il faut qu'à chaque génération au moins un membre de la population soit identique à son parent. Par exemple, s'il y a dix unités de code (dix « lettres ») dans une chaîne d'ARN, le taux moyen d'erreurs par lettre doit être inférieur à un dixième : on peut alors s'attendre à ce qu'au moins certains membres de la génération produite possèdent le jeu complet des dix bonnes lettres de code. Mais si le taux d'erreurs est plus élevé, il y aura une dégradation incessante au fil des générations, du simple fait des mutations, si forte que soit la pression de la sélection. C'est ce que l'on appelle une catastrophe d'erreurs. Les catastrophes d'erreurs dans les génomes avancés constituent le thème principal de l'ouvrage provocant de Mark Ridley, *Mendel's Demon**, mais ici, ce qui nous occupe, c'est la catastrophe d'erreurs qui a menacé l'origine même de la vie.

Les chaînes courtes d'ARN, et d'ADN à vrai dire, peuvent s'autorépliquer spontanément sans enzyme. Mais le taux d'erreurs par lettre est beaucoup plus élevé qu'en présence d'enzyme. Et cela signifie que longtemps avant qu'une longueur suffisante de gène puisse être construite pour faire la protéine destinée à une enzyme qui fonctionne, le gène à peine formé aurait été détruit par mutation. C'est le problème inextricable de l'origine de la vie. Un gène suffisamment gros pour spécifier une enzyme serait trop gros pour se répliquer de façon exacte sans l'aide d'une enzyme du type même de celle qu'il est en train d'essayer de spécifier. Ainsi, selon toutes les apparences, le système ne peut démarrer.

La solution de ce problème inextricable proposée par Eigen est la théorie de l'hypercycle. Elle recourt au vieux principe de diviser pour régner. L'information codée est subdivisée en sous-unités suffisamment petites pour être au-dessous du seuil de catastrophe d'erreurs. Chaque sous-unité est un miniréplicateur de plein droit, et il est suffisamment petit pour qu'au moins une copie survive à chaque génération. Toutes les sous-unités collaborent dans une certaine fonction plus grande, et suffisamment grande pour supporter une catastrophe d'erreurs si elle est catalysée par une seule substance chimique au lieu d'être subdivisée.

---

* Cet excellent ouvrage a subi le sort commun du changement de titre au milieu de l'Atlantique. Si vous voulez le trouver aux États-Unis, cherchez *The Cooperative Gene*. Pourquoi cette pratique chez les éditeurs ? C'est une grande source de confusion. Je m'empresse de dire que je n'ai rien contre le titre de *The Cooperative Gene*. Il est certain que les gènes coopèrent (voir *Le Gène égoïste*). *Mendel's Demon* aussi est un bon titre, même si *Genetic Meltdown* [La fonte des gènes] aurait peut-être mieux convenu au message du livre. Mark Ridley (aucun lien avec Matt Ridley, sauf avis contraire d'une analyse des chromosomes Y) me dit que bien que l'édition reliée de son *Nature via Nurture* soit déjà publiée sous ce titre aux États-Unis, l'édition en livre de poche – guettez-la – doit être renommée *The Agile Gene*.

Comme je l'ai déjà dit concernant cette théorie, le système entier risque d'être instable car certaines sous-unités se répliqueraient plus vite que d'autres. C'est là qu'intervient l'astuce. Chaque sous-unité prospère en présence des autres. Plus précisément, la production de chacune est catalysée par la présence d'une autre, si bien qu'elles forment un cycle de dépendance : un « hypercycle ». Celui-ci empêche automatiquement un élément quelconque de prendre les devants. Il ne peut le faire car il dépend de ses prédécesseurs dans l'hypercycle.

John Maynard Smith a fait remarquer combien un hypercycle ressemble à un écosystème. Le nombre des poissons dépend de la population de *Daphnia* (les puces d'eau) dont ils se nourrissent. À son tour, le nombre des poissons influence la population des oiseaux qui se nourrissent de poissons. Ces oiseaux fournissent du guano qui stimule la prolifération d'algues qui favorisent celle des *Daphnia*. Tout ce cycle de dépendance est un hypercycle. Et pour Eigen et son collègue Peter Schuster, une sorte d'hypercycle permettrait de résoudre l'énigme inextricable de l'origine de la vie.

Je vais en rester là sur la théorie de l'hypercycle, pour revenir à la suggestion, qui est parfaitement compatible avec elle, que dans les premiers temps où la vie venait à peine de commencer et où les protéines n'existaient pas encore, l'ARN aurait pu jouer le rôle d'autocatalyseur. C'est la théorie du monde de l'ARN. Pour voir dans quelle mesure elle est plausible, il faut chercher pourquoi les protéines sont bonnes en tant qu'enzymes, et pas seulement en tant que réplicateurs, et pourquoi l'ADN est bon réplicateur, mais mauvaise enzyme ; enfin pourquoi l'ARN pourrait jouer suffisamment bien les deux rôles pour sortir de notre problème inextricable.

La forme à trois dimensions a un rôle essentiel pour l'activité enzymatique. Les protéines sont de bonnes enzymes parce qu'elles peuvent prendre pratiquement n'importe quelle forme en trois dimensions, ce qui découle automatiquement de leur séquence d'acides aminés à une dimension. Ce sont les affinités chimiques des acides aminés avec d'autres acides aminés dans différentes parties de la chaîne qui déterminent le nœud particulier dans lequel se lie la chaîne protéique. Ainsi, la forme à trois dimensions d'une molécule de protéine est spécifiée par la séquence à une dimension d'acides aminés, laquelle elle-même est spécifiée dans un gène par la séquence à une dimension des lettres de code. En principe (la pratique est autre chose, et terriblement difficile), il devrait être possible de transcrire une séquence d'acides aminés qui s'enroulerait spontanément dans pratiquement n'importe quelle forme : pas seulement des formes qui font de bonnes enzymes, mais toute forme arbitraire que vous voulez spécifier*. C'est ce talent protéiforme qui qualifie les protéines pour jouer le rôle d'enzymes. Il y a une protéine qui est capable de sélectionner parmi les centaines de réactions chimiques potentielles celle qui peut agir dans une cellule pleine d'ingrédients de toutes sortes.

Les protéines font donc de merveilleuses enzymes, étant capables de se nouer ensemble dans n'importe quelle forme voulue. Mais ce sont de piètres réplicateurs. Contrairement à l'ADN et à l'ARN, dont les composants ont des règles d'appariement spécifiques (les « règles d'appariement de Watson et Crick » découvertes par ces deux jeunes gens fort inspirés), les acides aminés n'ont pas ce genre de règles. L'ADN, en revanche, est un splendide réplicateur, mais un piètre candidat au rôle d'enzyme dans la vie. C'est parce que, à la différence des protéines avec leur variété quasi infinie de formes à trois dimensions, l'ADN n'a qu'une forme, la fameuse double hélice. La double hélice se prête à merveille à la réplication car les deux côtés de l'escalier se séparent facilement, chacun se présentant alors comme un gabarit pour que les nouvelles lettres se joignent conformément aux règles de l'appariement de Watson et Crick. Elle ne sert pas à grand-chose d'autre.

L'ARN possède certaines vertus du réplicateur qu'est l'ADN, et certaines vertus du formateur polyvalent d'enzymes qu'est la protéine. Les quatre lettres de l'ARN ressemblent suffisamment aux quatre lettres de l'ADN pour que chacun des deux ensembles puisse servir de gabarit à l'autre. En revanche, l'ARN ne se met pas facilement en double hélice longue, ce qui veut dire qu'il est un peu moins bon réplicateur que l'ADN. C'est en partie parce que le système de double hélice permet la vérification. Quand la double hélice d'ADN se sépare et que chaque simple hélice sert directement de gabarit pour son complément, les erreurs peuvent aussitôt se repérer et se corriger. Chaque chaîne fille reste attachée à sa « mère », et la comparaison entre les deux permet de déceler instantanément les erreurs. La vérification fondée sur ce principe

* À vrai dire, de nombreuses séquences différentes d'acides aminés produisent toujours la même forme ; c'est une bonne raison de douter de l'« improbabilité » astronomique d'une chaîne de protéines particulière, calculée naïvement en élevant sa longueur à la puissance 20.

réduit le taux de mutations à un sur un milliard, et c'est ce qui rend possibles les grands génomes comme le nôtre. Les taux de mutations de l'ARN, qui ne possède pas ce système de vérification, sont des milliers de fois supérieurs à ceux de l'ADN. Cela signifie que seuls les organismes simples dotés de petits génomes, comme les virus, peuvent utiliser l'ARN comme principal réplicateur.

Mais l'absence de double hélice a ses avantages et ses inconvénients. Comme la chaîne d'ARN ne passe pas tout son temps appariée à sa chaîne complémentaire mais s'en sépare dès qu'elle est formée, elle est libre de se nouer comme une protéine. De même que la protéine se noue en utilisant les affinités chimiques de certains acides aminés pour d'autres dans des parties différentes de la même chaîne, l'ARN procède en utilisant les règles ordinaires d'appariement des bases de Watson et Crick, les mêmes que celles qui servent pour faire des copies d'ARN. Autrement dit, faute d'une chaîne partenaire à laquelle s'apparier en double hélice comme l'ADN, l'ARN est libre de « s'apparier » avec des fragments de lui-même. Il trouve des petits brins de lui-même avec lesquels il peut s'apparier, soit en double hélice miniature, soit dans une autre forme. Les règles d'appariement insistent sur le fait que ces brins doivent aller dans des directions opposées. La chaîne d'ARN a donc tendance à suivre une série de courbes en épingle à cheveux.

Le répertoire de formes à trois dimensions dans lesquelles une molécule d'ARN est capable de se mettre n'est peut-être pas aussi étendu que celui des grosses molécules de protéine, mais il l'est suffisamment pour inciter à penser que l'ARN pourrait fournir un arsenal d'enzymes polyvalent. Et il est certain qu'il a été découvert nombre d'enzymes d'ARN, les ribozymes. La conclusion est que l'ARN possède certaines vertus réplicatrices de l'ADN, et certaines vertus enzymatiques des protéines. Peut-être, avant l'avènement de l'ADN, archæréplicateur, et celui des protéines, archæcatalyseurs, y avait-il un monde dans lequel l'ARN seul possédait suffisamment des vertus des deux pour représenter ces deux spécialistes. Peut-être un feu d'ARN s'est-il allumé tout seul dans le monde d'origine, et s'est-il mis plus tard à fabriquer des protéines qui se sont retournées et ont aidé d'abord à synthétiser l'ARN, puis l'ADN, qui a pris le dessus en tant que réplicateur dominant. C'est ce qu'espère la théorie du monde de l'ARN. Elle reçoit indirectement l'appui d'une merveilleuse série d'expériences qui ont été lancées par Sol Spiegelman, de l'université Columbia, et que d'autres ont répétées sous différentes formes au fil des années. Les expériences de Spiegelman utilisent une enzyme protéique, ce qui peut passer pour de la triche, mais leurs résultats sont si spectaculaires en ce qu'ils font la lumière sur des chaînons si importants de la théorie que l'on ne peut s'empêcher de penser que cela valait la peine de toute façon.

Premièrement, le contexte. Il existe un virus que l'on appelle le Qß. C'est un virus ARN, c'est-à-dire qu'au lieu d'être fait d'ADN ses gènes sont entièrement faits d'ARN. Pour répliquer son ARN, il se sert d'une enzyme, la Qß réplicase. À l'état sauvage, le Qß est un bactériophage – un parasite de bactéries, spécifiquement de la bactérie intestinale *Escherichia coli*. La cellule de la bactérie « croit » que l'ARN du Qß est un élément de son propre ARN messager, et ses ribosomes le traitent exactement comme si c'était le cas, mais les protéines qu'elle fabrique sont bonnes pour le virus et pas pour la bactérie hôte. Il existe quatre de ces protéines : une protéine manteau pour protéger le virus ; une protéine colle pour le coller à la cellule de la bactérie ; un prétendu facteur de réplication, dont je reparlerai dans un instant ; enfin, une protéine bombe pour détruire la cellule de la bactérie quand le virus a fini de se répliquer, libérant ainsi des dizaines de milliers de virus, dont chacun va se déplacer dans son petit manteau protecteur, jusqu'au moment où il se cogne dans une autre cellule de bactérie et reprend le cycle. J'ai dit que je reviendrais sur le facteur de réplication. On pourrait penser que ce doit être l'enzyme Qß réplicase, mais en fait il est plus petit et plus simple. Tout ce que fait le petit gène viral lui-même, c'est de faire une protéine qui coud ensemble trois autres protéines que la bactérie fabrique de toute façon pour ses propres besoins (totalement différents). Quand celles-ci ont été cousues ensemble par la propre petite protéine du virus, le composé ainsi formé est la Qß réplicase.

Spiegelman a réussi à isoler de ce système juste deux composants, la Qß réplicase et le Qß ARN. Il les a mis ensemble dans de l'eau avec quelques matières premières à petites molécules – les pièces de construction pour fabriquer de l'ARN – et il a observé ce qui se passait. L'ARN a pris des petites molécules et a construit des copies de lui-même suivant les règles d'appariement de Watson et Crick. Il a réussi cet exploit sans aucun hôte bactérien, et sans le manteau de protéine ni aucune autre partie du virus.

C'était en soi un beau résultat. Remarquez que la synthèse de protéine qui, dans la nature, fait partie de l'action normale de cet ARN, a été complètement supprimée de la boucle. On a là un système de réplication de l'ARN complètement démonté, qui fait des copies de lui-même sans prendre la peine de fabriquer des protéines.

Ensuite, Spiegelman a fait quelque chose d'extraordinaire. Dans ce monde complètement artificiel de tubes à essai, il a mis en scène une forme d'évolution en action, sans l'intervention d'aucune cellule. Représentez-vous son installation comme une longue rangée de tubes à essai, chacun contenant de la Qß réplicase et des pièces de construction brutes, mais pas d'ARN. Il a mis dans le premier tube une petite quantité de Qß ARN, lequel s'est répliqué en faisant comme prévu un grand nombre de copies de lui-même. Prélevant ensuite un petit échantillon de ce liquide, il en a versé une goutte dans le deuxième tube. Cette semence d'ARN s'est alors mise à se répliquer dans le deuxième tube, et au bout d'un certain temps, Spiegelman a pris dans le deuxième tube une goutte pour ensemencer le troisième tube qui était vierge. Et ainsi de suite. Ce phénomène est semblable à l'étincelle de notre feu qui sème un nouveau feu dans l'herbe sèche, lequel nouveau feu en sème un autre, et ainsi de suite dans une chaîne d'ensemencements. Mais le résultat était complètement différent. Alors que les feux n'héritent aucune des qualités de la semence, les molécules d'ARN de Spiegelman en héritaient, produisant ainsi… l'évolution par sélection naturelle dans sa forme la plus élémentaire et la plus dépouillée.

À mesure que les générations se suivaient dans ses tubes, Spiegelman a échantillonné l'ARN et a contrôlé ses propriétés, entre autres sa puissance pour infecter les bactéries. Ce qu'il a trouvé était fascinant. En évoluant, l'ARN est devenu physiquement de plus en plus petit, et en même temps de moins en moins infectieux quand des échantillons étaient mis en présence de bactéries. Au bout de 74 générations*, la molécule typique d'ARN dans un tube avait évolué pour se réduire à une petite fraction de la taille de son « ancêtre dans la nature ». L'ARN de celui-ci était un collier d'environ 3 600 « perles » de long. Au bout de 74 générations

* Des générations de tube à essai, bien sûr : le nombre de générations d'ARN devrait être plus élevé car les molécules d'ARN se répliquent de nombreuses fois dans chaque génération de tube à essai.

de sélection naturelle, l'habitant moyen d'un tube à essai s'était réduit à 550 « perles », il était devenu incapable d'infecter des bactéries, mais excellent pour infecter les tubes à essai. Ce qui s'était passé était clair. Des mutations spontanées de l'ARN s'étaient produites tout du long, et les mutants survivants étaient bien adaptés pour survivre dans le monde des tubes à essai, contrairement au monde naturel où les bactéries attendent de se faire parasiter. La principale différence était probablement que l'ARN des tubes à essai pouvaient se dispenser du codage destiné à élaborer les quatre protéines nécessaires pour faire le manteau, la bombe et autres éléments nécessaires au virus pour survivre dans la nature en tant que parasite fonctionnel de bactéries. Ce qui restait, c'était le strict minimum pour se répliquer dans le monde douillet des tubes à essai pleins de Qß réplicase et de matières premières.

Ce survivant doté du strict minimum, de moins d'un dixième de la taille de son ancêtre dans la nature, est maintenant connu sous le nom de monstre de Spiegelman. Étant plus petit, le variant dégraissé se reproduit plus vite que ses concurrents, et donc, la sélection naturelle augmente régulièrement sa représentation dans la population (soit dit en passant, la population est exactement le mot qui convient même si l'on parle de molécules qui flottent librement, et pas de virus ou d'organismes d'aucune sorte).

Ce qui est stupéfiant à raconter, c'est que pratiquement le même monstre de Spiegelman évolue toujours quand on répète cette expérience. Qui plus est, Spiegelman et Leslie Orgel, une des plus grandes personnalités dans la recherche sur l'origine de la vie, ont procédé dans la même ligne à d'autres expériences dans lesquelles ils ont ajouté dans la solution une substance vicieuse, le bromure d'éthidium. Un monstre différent a alors évolué, un monstre résistant au bromure d'éthidium. Les courses d'obstacles chimiques différentes provoquent l'évolution de monstres spécialistes différents.

Dans ses expériences, Spiegelman a utilisé comme point de départ du Qß ARN de « type sauvage » naturel. Travaillant dans le laboratoire de Manfred Eigen, M. Sumper et R. Luce ont obtenu un résultat vraiment renversant. Dans certaines conditions, un tube à essai ne contenant *pas le moindre ARN*, mais seulement des matières premières pour faire de l'ARN et l'enzyme Qß réplicase, peut produire spontanément de l'ARN autoréplicateur qui, dans les conditions qui conviennent, va évoluer pour devenir similaire au monstre de Spiegelman. Soit dit en passant, autant pour les créationnistes et leur crainte (ou leur espoir, dirait-on plutôt) que les grosses molécules soient trop « improbables » pour avoir évolué ! Tel est le simple pouvoir de la sélection naturelle cumulée (elle est si loin d'être un processus purement accidentel), qu'il suffit de quelques jours seulement au monstre de Spiegelman pour se construire en partant de zéro.

Ces expériences ne sont toujours pas des tests directs de l'hypothèse du monde de l'ARN sur l'origine de la vie. En particulier, nous avons toujours la « tricherie » que constitue la présence de Qß réplicase de bout en bout. L'hypothèse du monde de l'ARN fonde son espoir sur les propres pouvoirs catalytiques de l'ARN. Si, comme on le sait, l'ARN peut catalyser d'autres réactions, ne pourrait-il pas catalyser sa propre synthèse ? L'expérience de Sumper et Luce se passait d'ARN mais pas de Qß réplicase. Ce qu'il nous faut, c'est une nouvelle expérience qui se passe aussi de Qß réplicase. Les travaux se poursuivent et j'en attends des résultats passionnants. Mais je veux maintenant me tourner vers une ligne de pensée qui est à la mode ces derniers temps, et qui est parfaitement compatible avec le monde de l'ARN et avec beaucoup d'autres théories actuelles sur l'origine de la vie. Ce qui est nouveau, c'est le site où auraient eu lieu au départ les événements cruciaux. Ce ne serait pas une « petite mare chaude », mais une « roche brûlante et profonde ». Cette théorie passionnante revient à ceci : pour terminer leur marche et localiser leur Cantorbéry, nos pèlerins vont maintenant devoir faire un profond forage dans le sol, dans la roche primordiale. Le principal inspirateur de cette théorie est un autre dissident, Thomas Gold, qui était au départ astronome, mais suffisamment polyvalent pour mériter le titre rare aujourd'hui de « scientifique généraliste », et suffisamment distingué pour avoir été élu aussi bien à la Royal Society de Londres qu'à l'Académie nationale américaine des sciences.

Gold pense que l'importance que nous donnons au soleil en tant que premier initiateur énergétique de la vie est peut-être imméritée. Peut-être avons-nous une fois de plus été fourvoyés par ce qui nous est familier, à savoir que, dans notre vision des choses, nous nous octroyons à nous-mêmes et à notre mode de vie une position centrale que nous ne méritons pas. Il fut un temps où les manuels affirmaient que toute la vie dépendait en fin de compte de la lumière du soleil. Puis, en 1977, est arrivée cette découverte stupéfiante que les cheminées de volcan sur les fonds des océans profonds favorisent la présence d'une étrange communauté de créatures qui vivent privées de la lumière du soleil. La chaleur issue de la lave rouge incandescente élève la température de l'eau à plus de 100 °C, ce qui est encore bien inférieur à son point d'ébullition à ces profondeurs. L'eau autour est très froide, et le gradient de température génère différents types de métabolismes bactériens. Ces bactéries thermophiles, entre autres les bactéries sulfureuses qui exploitent le sulfure d'hydrogène qui ruisselle des cheminées volcaniques, constituent la base de chaînes alimentaires élaborées, dont les chaînons les plus élevés comprennent des vers tubulaires rouge sang qui atteignent trois mètres de long, des patelles, des moules, des étoiles de mer, des bernaches, des crabes blancs, des bouquets, des poissons, et autres annélides capables de proliférer à 80 °C. Il y a, comme nous l'avons vu, des bactéries qui peuvent supporter sans difficulté ces températures infernales, mais on ne connaît pas d'autres animaux qui aient cette capacité, et l'on a de ce fait surnommé « vers de Pompéi » ces vers polychètes. Certaines de ces bactéries sulfureuses sont accueillies chez eux par des animaux, comme les moules, et par les longs vers tubulaires qui prennent des mesures biochimiques spéciales en utilisant de l'hémoglobine (d'où leur couleur rouge sang) pour donner du sulfure à leurs propres bactéries. Ces colonies de vie, fondées sur l'extraction par les bactéries de l'énergie issue des cheminées volcaniques brûlantes, ont surpris tout le monde, d'abord par leur existence même, puis par leur abondante richesse qui contrastait de façon surprenante avec les conditions quasi désertiques des fonds marins environnants.

Même après cette découverte sensationnelle, la majorité des biologistes continue à croire que le soleil est au centre de la vie. Les communautés des cheminées des grands fonds, si fascinantes soient-elles, sont considérées par la plupart d'entre nous comme une aberration rare et atypique. Ce n'est pas l'avis de Gold. D'après lui, les profondeurs brûlantes, sombres et où la pression est élevée, sont par excellence la place qui revient à la vie, et le lieu où elle est apparue. Ce n'est pas nécessairement dans la mer, c'est peut-être dans les roches, profondément sous la terre. Nous qui vivons à la surface, à la lumière, et à l'air frais, c'est nous qui sommes les aberrations anormales ! Gold fait remarquer que les « hopanoïdes », ces molécules organiques faites de parois cellulaires bactériennes, sont omniprésentes dans les roches, et il cite une estimation qui fait autorité, chiffrant à entre 10 et 100 billions de tonnes les hopanoïdes qui se trouvent dans les roches du monde. Ces chiffres dépassent largement les billions de tonnes de carbone organique dans la vie qui réside à la surface.

Gold fait remarquer que les roches sont pleines de fractures et de fissures qui, si petites soient-elles à nos yeux, fournissent plus d'un milliard de billions de centimètres cubes d'espace chaud et humide qui convient tout à fait à la vie à l'échelle bactérienne. L'énergie de la chaleur et les substances chimiques des roches elles-mêmes suffiraient à faire vivre d'énormes quantités de bactéries. Gold observe que nombre d'entre elles prospèrent à des températures supérieures à 110 °C, ce qui leur permettrait de vivre à des profondeurs situées entre 5 et 10 kilomètres, distance qui leur prendrait moins de mille ans à parcourir. Il est impossible de vérifier ses chiffres, mais il pense que la biomasse des bactéries dans les roches profondes et brûlantes pourrait dépasser celle de la vie à la surface, qui est fondée sur le soleil et qui nous est familière.

En se penchant sur la question de l'origine de la vie, Gold et d'autres ont fait remarquer que la thermophilie – le fait d'aimer les températures élevées – n'est pas une bizarrerie rare chez les bactéries et les archées. Elle est commune, si commune et si largement distribuée dans les arbres de famille des bactéries que ce pourrait bien être l'état primitif à partir duquel ont évolué nos formes de vie tempérées. Du fait à la fois des processus chimiques et de la température, les conditions à la surface de la Terre primitive – que certains scientifiques appellent l'âge d'Hadès – ressemblaient plus à celles dans les profondes roches brûlantes qu'à celle de la surface d'aujourd'hui. On peut effectivement démontrer de façon convaincante qu'en creusant profondément dans la roche, on creuse en remontant dans le temps, et l'on redécouvre quelque chose qui ressemble aux conditions du Cantorbéry torride de la vie.

Cette idée a récemment été menée plus loin par le physicien anglo-australien Paul Davies dont l'ouvrage, *The Fifth Miracle*, résume les nouvelles découvertes qui sont intervenues depuis l'article de Gold en 1992.

Divers échantillons de forage se sont révélés contenir des bactéries hyperthermophiles vivantes et qui se reproduisent, alors que les plus grandes précautions avaient été prises pour éviter une contamination de la surface. Certaines d'entre elles ont été cultivées avec succès… dans un autocuiseur modifié ! Comme Gold, Davies pense que la vie est apparue profondément sous terre, et que les bactéries qui continuent à y vivre sont peut-être des vestiges relativement inchangés de nos ancêtres lointains. Cette idée est particulièrement séduisante pour notre pèlerinage car il nous donne l'espoir de pouvoir rencontrer quelque chose comme les toutes premières bactéries, au lieu de celles qui nous sont plus familières, et qui sont modifiées pour s'accommoder des caractéristiques modernes de la lumière, du froid et de l'oxygène. Après avoir été tournée en ridicule dans les premiers temps, la théorie de l'origine de la vie dans les profondes roches brûlantes est en train de devenir résolument à la mode. Pour savoir si elle sera confirmée, il faut attendre que les recherches se poursuivent dans ce domaine, mais je dois admettre que j'espère fortement que ce sera le cas.

Il y a encore beaucoup d'autres théories que je n'ai pas abordées. Peut-être un jour arriverons-nous à une sorte de consensus définitif sur l'origine de la vie. Je doute qu'il soit étayé sur des preuves directes car à mon avis, elles ont toutes été effacées. Je pense plutôt qu'elles seront acceptées parce que quelqu'un présentera une théorie si élégante que, comme disait le grand physicien américain John Archibald Wheeler, dans un autre contexte :

> L'idée centrale de tout cela nous apparaîtra si simple, si belle et si convaincante que nous nous dirons entre nous : « Mais comment aurait-il pu en être autrement ! Comment avons-nous tous pu être aussi aveugles pendant aussi longtemps ! »

Si ce n'est pas ainsi que nous rendrons finalement compte que nous détenons la réponse à l'énigme de l'origine de la vie, je ne pense pas que nous la connaîtrons jamais.

CONCLUSION : LE RETOUR DE L'HÔTE

Dans les *Contes de Cantorbéry*, l'hôte sympathique de Chaucer avait dans un premier temps conduit les pèlerins jusqu'à Cantorbéry en leur donnant la parole tour à tour, puis il avait repris la route pour les ramener à Londres. Pour moi, si je regagne maintenant le présent, ce doit être seul. En effet, notre voyage en remontant le temps perd sa raison d'être si l'on suppose qu'en repartant vers le présent, l'évolution va suivre deux fois le même chemin. Or elle n'a jamais visé une destination particulière. Notre pèlerinage dans le passé a été fait d'une série de rencontres où nos effectifs se sont renforcés à mesure que nous nous sommes fondus dans des groupes de plus en plus importants : les grands singes, les primates, les mammifères, les vertébrés, les deutérostomiens, les animaux, et ainsi de suite, jusqu'au tout premier ancêtre de tout le vivant. Si nous faisions maintenant demi-tour pour repartir dans le sens de l'histoire, nous ne pourrions pas retrouver nos traces de pas. Il faudrait pour cela qu'en recommençant l'évolution suive le même chemin, un chemin sur lequel les rencontres qui ont eu lieu en marche arrière deviendraient des séparations. Le cours de la vie bifurquerait à tous les « bons » endroits. La photosynthèse et le métabolisme fondé sur l'oxygène seraient redécouverts, la cellule eucaryote se reconstituerait, les cellules se rassembleraient en corps néométazoaires. On assisterait à une nouvelle séparation entre les plantes d'un côté et les animaux avec les champignons de l'autre, et à une nouvelle division entre les protostomiens et les deutérostomiens ; la colonne vertébrale serait redécouverte, de même que les yeux, les oreilles, les membres, les systèmes nerveux… Finalement, émergerait un bipède doté d'un cerveau plus développé, et de mains adroites guidées par des yeux à vision frontale, pour arriver à cette apothéose d'une équipe de rêve pour battre les Australiens au cricket.

C'est parce que je refuse l'idée d'évolution orientée vers un but que j'ai choisi de procéder à rebours dans ce travail d'historien. Pourtant, dans les toutes premières lignes de mon introduction, figure une confession : j'ai prêté une oreille complaisante à un poème qui m'incitait à flirter prudemment avec l'idée que l'évolution contient des schémas récurrents, obéit à des lois et suit une direction. Et donc, même si l'hôte que je suis s'abstiendra en rentrant de revenir sur ses pas, je vais me demander sans m'en cacher si ce n'est pas un peu ce qu'il faudrait faire.

Le recommencement de l'évolution

Dans un article publié en 1985, le spécialiste américain de biologie théorique Stuart Kauffman posait clairement la question :

> Une façon de souligner notre ignorance actuelle, c'est de se demander, au cas où l'évolution devrait recommencer au Précambrien après la formation des premières cellules eucaryotes, à quoi pourraient ressembler les organismes un ou deux milliards d'années plus tard. Et si cette expérience devait se répéter des milliers de fois, parmi les propriétés des organismes, lesquelles apparaîtraient de façon récurrente, lesquelles apparaîtraient rarement, lesquelles se prêteraient facilement à l'évolution, et lesquelles difficilement. Le grand défaut de notre notion de l'évolution est qu'elle ne nous a pas amenés à nous poser ces questions, alors que les réponses pourraient en fait nous éclairer profondément sur le caractère attendu des organismes.

J'aime tout particulièrement cette dimension statistique que réclame Kauffman. Pour découvrir les lois générales de la vie, plutôt que des manifestations locales d'existences particulières, ce n'est pas une seule expérience de pensée qu'il envisage, mais tout un échantillon statistique. Sa question s'apparente à celle de la science-fiction qui cherche à savoir à quoi pourrait ressembler la vie sur d'autres planètes – sauf que sur d'autres planètes les données de départ prévalentes seraient différentes. Sur une grosse planète, la gravité imposerait un ensemble de pressions de sélection totalement nouveau. Les animaux de la taille des araignées ne pourraient pas avoir des membres filiformes (ils casseraient sous le poids), mais il leur faudrait pour les soutenir de grosses colonnes verticales, comme les troncs d'arbres qui supportent nos éléphants. Inversement, sur une planète plus petite, les animaux de la taille des éléphants mais de stature arachnéenne pourraient sautiller et bondir à la surface du sol comme des araignées sauteuses. Ces attentes concernant la stature s'appliqueront aussi bien à tout l'échantillon statistique des mondes où la gravité est importante, qu'à tout l'échantillon statistique de ceux où la gravité est faible.

Pour une planète, la gravité s'inscrit dans ses données fondamentales, et la vie ne peut l'influencer. Il en va de même pour la distance qui la sépare de son étoile centrale ; de même pour sa vitesse de rotation, qui détermine la durée du jour ; et pour l'inclinaison de son axe, qui, sur une planète comme la nôtre avec son orbite presque circulaire, est le déterminant majeur des saisons. Sur une planète comme Pluton, dont l'axe est loin d'être circulaire, la distance qui la sépare de l'étoile centrale et qui varie énormément déterminerait de façon beaucoup plus marquée l'alternance des saisons. De plus, la présence, la distance, la masse et l'orbite d'une lune ou de plusieurs exercent sur la vie une influence subtile mais puissante par l'intermédiaire des marées. Tous ces facteurs sont des données sur lesquelles la vie n'a pas d'effet, et donc qui doivent être traitées comme des constantes dans les répétitions successives de l'expérience de pensée de Kauffman.

Les générations de scientifiques qui nous ont précédés auraient également considéré le climat et la composition chimique de l'atmosphère comme des données premières. Or on sait maintenant que l'atmosphère, et en particulier sa teneur élevée en oxygène et faible en carbone, est conditionnée par la vie. Notre expérience de pensée doit donc prendre en compte la possibilité que, dans des répétitions successives de l'évolution, l'atmosphère varie sous l'influence de toutes les formes de vie qui évoluent, quelles qu'elles soient. La vie pourrait ainsi avoir un effet sur le climat et même sur les épisodes climatiques majeurs comme les périodes glaciaires et celles de sécheresse. D'après mon défunt collègue W. D. Hamilton, qui a suffisamment prouvé sa perspicacité pour qu'on le prenne au sérieux, les nuages et la pluie seraient eux-mêmes des adaptations que fabriquent les micro-organismes pour s'assurer leur propre dispersion.

Pour autant qu'on le sache, les mécanismes fondamentaux de la Terre ne sont pas affectés par les remous de la vie à sa surface. Mais les expériences de pensées qui font recommencer l'évolution devraient admettre la possibilité de différences dans les événements tectoniques, et donc prendre en compte l'historique des positions des continents. C'est une question intéressante que de se demander si les éruptions volcaniques et les tremblements de terre ainsi que les chutes de météorites sont censés être toujours les mêmes à chacune des réitérations successives de l'évolution selon Kauffman. Il est probablement sage de traiter la tectonique et les collisions célestes comme des variables importantes susceptibles de s'égaliser en fin de compte si l'on imagine un échantillon de répétitions statistiques suffisamment important.

Comment va-t-on s'y prendre pour répondre à la question de Kauffman ? Comment serait la vie si l'on faisait redéfiler la « bande magnétique » un nombre de fois statistiquement valable ? On peut d'emblée identifier toute une famille de questions kauffmaniennes, de difficulté régulièrement croissante. Kauffman a choisi de faire repartir la pendule au moment où la cellule eucaryote s'est assemblée à partir de ses composants bactériens. Mais on pourrait imaginer faire redémarrer le processus deux ou trois milliards d'années plus tôt, en même temps que l'origine de la vie elle-même. Ou bien, à l'autre extrême, on pourrait faire partir la pendule beaucoup plus tard, mettons au coancêtre 1, au moment où nous nous sommes séparés des chimpanzés, et se demander si, dans un nombre de répétitions statistiquement significatif étant donné que la vie en était au stade du coancêtre 1, auraient évolué chez les hominidés la bipédie, l'accroissement du cerveau, la parole, la civilisation et le baseball. Entre-temps, il se pose une question kauffmanienne pour l'origine des mammifères, une autre pour l'origine des vertébrés, et bien d'autres encore.

Sans donner dans la pure spéculation, est-ce que l'on peut trouver dans l'historique de la vie tel qu'elle s'est effectivement déroulée, quelque chose qui s'approche d'une expérience naturelle kauffmanienne et qui nous mettrait sur la voie ? Eh bien oui. Il nous a été donné de voir plusieurs expériences naturelles au cours de notre pèlerinage. À la suite d'accidents divers, l'isolement géographique prolongé de l'Australie, de la Nouvelle-Zélande, de Madagascar, de l'Amérique du Sud et même de l'Afrique, nous offre l'occasion inespérée d'observer des répétitions approximatives des épisodes majeurs de l'évolution.

Ces masses terrestres ont été isolées les unes des autres et du reste du monde pendant une bonne partie de la période qui a suivi la disparition des dinosaures, quand le groupe des mammifères a manifesté l'essentiel de sa créativité évolutive. Cet isolement n'était pas complet, mais il a suffi pour faire apparaître les lémuriens à Madagascar, et la radiation ancienne et diversifiée des afrothériens en Afrique. En ce qui concerne l'Amérique du Sud, nous avons vu apparaître séparément des mammifères à trois reprises, avec dans l'intervalle de longues périodes d'isolement.

L'Australinée offre des conditions absolument parfaites pour ce type d'expérience naturelle – un isolement pratiquement total pendant la plus grande partie de la période en question, et l'arrivée, dès le début, d'un nombre infime de marsupiaux, peut-être même en une seule fois. La Nouvelle-Zélande est une exception car – seule parmi ces expériences naturelles révélatrices – elle n'a abrité aucun mammifère dans ce laps de temps.

Quand je regarde ces expériences naturelles, je suis stupéfait de voir à quel point l'évolution agit de la même façon quand il lui est donné de s'exercer à deux reprises. Nous avons vu combien *Thylacinus* ressemble à un chien, *Notoryctes* à une taupe, *Petaurus* aux écureuils volants, *Thylacosmilus* aux tigres à dents de sabre (et à différents « faux dents de sabre » chez les carnivores placentaires). Les différences aussi sont instructives. Les kangourous sont des substituts d'antilopes, mais qui sautent. Quand le saut bipède atteint la perfection au terme d'une ligne de progression évolutive, sa rapidité peut être aussi impressionnante que celle du galop quadrupède. Mais les deux modes de locomotion sont radicalement différents, suivant des voies qui ont entraîné des modifications majeures de toute l'anatomie. On peut penser qu'à une certaine bifurcation ancestrale de ces voies, les deux lignées « expérimentales » auraient pu prendre celle consistant à perfectionner le saut bipède, ou que les deux auraient pu perfectionner le galop quadrupède. Il se trouve – peut-être pour des raisons presque accidentelles à l'origine – que les kangourous ont sauté dans une direction, et les antilopes galopé dans l'autre. Et maintenant, nous nous émerveillons des divergences en aval entre les résultats.

Les mammifères ont subi leurs radiations évolutives disparates en gros en même temps, sur des masses continentales différentes, où ils ont profité du vide laissé par les dinosaures. Or en leur temps, les dinosaures avaient subi les mêmes radiations évolutives, mais avec des omissions notoires – par exemple, je ne peux trouver de réponse quand je me demande pourquoi il semble qu'il n'y ait pas eu de « taupes » dinosaures. Et avant les dinosaures, se sont produits encore d'autres parallèles multiples, notamment chez les reptiles mammaliens, qui ont abouti à des diversifications similaires.

Quand je donne des conférences destinées au grand public, j'essaie toujours de terminer en répondant à des questions de l'auditoire. Celle qui revient le plus souvent, et de loin, est : « Quelle pourrait être la prochaine étape de l'évolution des humains ? » Mon interlocuteur donne toujours l'impression touchante de croire que sa question est nouvelle et originale, et chaque fois, mon cœur chavire. C'est en effet une question qu'élude tout évolutionniste prudent. Vous ne pouvez pas prédire en détail l'évolution d'aucune espèce, sauf à dire que, statistiquement, la grande majorité des espèces se sont éteintes. Mais même si l'on est incapable de prédire l'avenir d'aucune espèce, mettons dans 20 millions d'années, on peut dire quelle sera la palette générale des types écologiques. Il y aura des herbivores et des carnivores, des espèces qui broutent et d'autres qui mangent des feuilles, des espèces qui se nourrissent de viande, d'autres de poisson, et d'autres d'insectes. Ces prévisions diététiques présupposent elles-mêmes que, dans 20 millions d'années, il y aura toujours des aliments correspondant à ces définitions. La présence d'animaux qui se nourrissent de feuilles présuppose celle d'arbres ; l'existence d'insectivores implique la présence d'insectes, ou de toute façon de petits invertébrés dotés de pattes – des doudous, pour employer le terme technique bien utile qui nous vient d'Afrique. Dans chaque catégorie, herbivores, carnivores, et ainsi de suite, figurera toute une gamme de tailles. Il y aura des espèces qui courent, d'autres qui volent, d'autres qui nagent, d'autres qui grimpent et d'autres qui fouissent. Ces espèces ne seront pas exactement les mêmes que celles que l'on voit aujourd'hui, ou que celles qui ont évolué parallèlement en Australie ou en Amérique du Sud, ni les équivalents des dinosaures ou des reptiles mammaliens. Mais la palette des types sera la même, tout comme celle de leurs moyens d'existence.

Si dans les 20 millions d'années prochaines survient une catastrophe majeure suivie d'une extinction de masse comparable à celle des dinosaures, on peut s'attendre à ce que la palette des écosystèmes émerge de nouveaux points de départ ancestraux, et – nonobstant mes conjectures sur les rongeurs au Rendez-vous 10 – il pourrait être très difficile de deviner lesquels des animaux d'aujourd'hui constitueront ces points de départ. Si, au temps des dinosaures, on avait pu entrevoir la tragédie de leur extinction, il aurait été très difficile de prédire que leur place serait prise par les descendants des mammifères, qui étaient alors d'insignifiants petits insectivores nocturnes.

Bien sûr, tout cela concerne une évolution très récente, et pas une reprise aussi longue que celle qu'imaginait Kauffman. Mais ces reprises récentes peuvent sûrement nous enseigner certaines leçons sur la capacité inhérente de l'évolution à se reproduire. Si l'évolution des premiers temps s'est déroulée suivant des lignes similaires jusqu'à l'évolution plus tardive, ces leçons pourraient constituer des principes généraux. À mon avis, les principes que l'on apprend de l'évolution récente depuis l'extinction des dinosaures sont probablement valables en remontant au moins jusqu'au Cambrien, voire jusqu'à l'origine de la cellule eucaryote. J'ai idée que le parallélisme des radiations des mammifères en Australie, à Madagascar, en Amérique du Sud, en Afrique et en Asie pourrait nous donner une sorte de modèle pour répondre aux questions de Kauffman sur des points de départ bien plus anciens, comme celui qu'il a choisi, l'origine de la cellule eucaryote. En deçà de cet événement marquant, le doute prend le dessus. Dans *Mendel's Demon*, mon collègue Mark Ridley pense que l'origine de la complexité de la cellule eucaryote a été un événement d'une improbabilité massive, peut-être encore plus improbable que l'origine de la vie elle-même. Influencé par Ridley, je parie que la plupart des expériences de pensée qui font recommencer l'évolution à partir de l'origine de la vie n'arriveront pas jusqu'à l'eucaryocratie.

Pour étudier la convergence, il n'est pas nécessaire de se fonder sur la séparation géographique comme dans l'expérience naturelle de l'Australie. On peut imaginer que l'expérience qui fait recommencer l'évolution part non pas du même point dans des régions géographiques différentes, mais de points différents – éventuellement même dans la même région géographique : la convergence d'animaux si peu apparentés est telle que ce qu'ils nous disent n'a rien à voir avec une séparation géographique. On a estimé que « l'œil » a évolué indépendamment entre 40 et 60 fois dans le règne animal. C'est ce qui m'a inspiré mon chapitre intitulé « The Fortyfold Path to Enlightenment » [Les quarante voies d'accès aux Lumières] dans *Climbing Mount Improbable*, aussi je ne me répéterai pas ici, sauf pour dire que d'après le Pr Michael Land, de l'université de Sussex, notre grand spécialiste de la zoologie comparative des yeux, il existe neuf principes indépendants de mécanisme optique, dont chacun a évolué plus d'une fois. Il a eu l'amabilité de préparer pour ce livre le paysage qui est reproduit ci-dessous (et que complète la photo 24 dans le hors-texte), et dans lequel les différents pics représentent des évolutions indépendantes de l'œil.

Il semble que la vie, du moins telle qu'on la connaît sur cette planète, brûle d'une impatience qui frise l'indécence, à faire évoluer les yeux. On peut prédire sans hésiter que des reprises kauffmaniennes de l'évolution en nombre statistiquement significatif aboutiraient à des yeux. Et pas seulement à des yeux, mais à des yeux composés comme ceux de l'insecte, du bouquet ou du trilobite, et à des yeux de type appareil photo comme les nôtres ou ceux du calmar, avec la vision des couleurs et des mécanismes pour régler la mise au point et l'ouverture. Et, très probablement, à des yeux à réflecteur parabolique comme ceux de la patelle, ainsi qu'à des yeux en trous d'épingle comme ceux du nautile, ce mollusque moderne à l'allure d'ammonite dans sa coquille flottante en spirale,

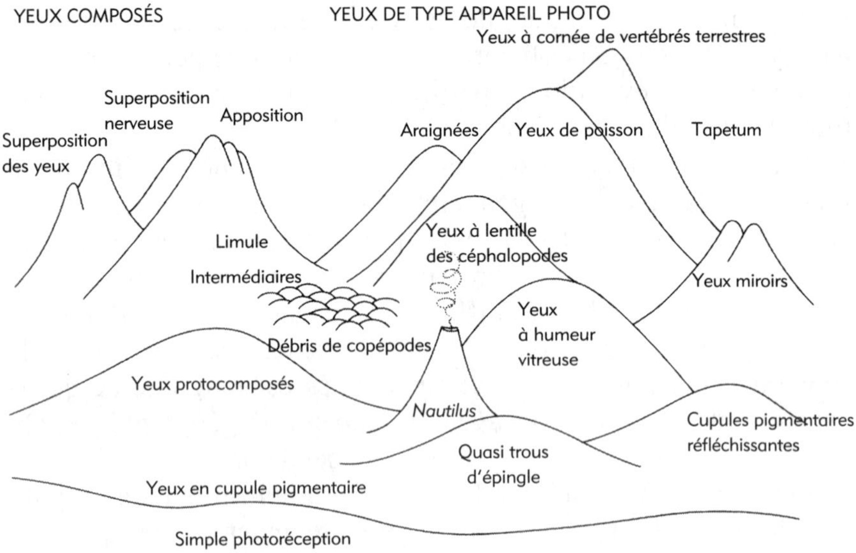

Les quarante voies d'accès aux Lumières.
Paysage de l'évolution de l'œil, par Michael Land.

que nous avons rencontré au Rendez-vous 26. Et si la vie existe sur d'autres planètes dans l'univers, il y a fort à parier qu'il s'y trouve aussi des yeux, fonctionnant avec toute la gamme des principes de l'optique que l'on connaît sur cette planète. C'est simplement qu'il existe tant de manières de fabriquer un œil que la vie telle qu'on la connaît peut très bien les avoir toutes découvertes.

On peut faire le même type de décompte pour d'autres adaptations. L'écholocation – cette astuce qui consiste à émettre des impulsions sonores et à naviguer en se fondant sur le calcul précis des échos – a évolué au moins quatre fois : chez les chauves-souris, chez les baleines à dents, chez les guacharos et chez les salanganes* cavernicoles. Pas autant de fois que les yeux, mais suffisamment pour que l'on n'exclue pas l'idée qu'elle puisse évoluer si les conditions s'y prêtent. Il est fort probable également que, dans ses reprises, l'évolution redécouvrirait les mêmes principes spécifiques, à savoir les mêmes astuces pour affronter les difficultés. Là encore, je ne vais pas répéter ce que j'ai exposé dans un ouvrage précédent**, mais je résumerai simplement ce que l'on pourrait prédire dans ces reprises. L'écholocation devrait apparaître de façon répétitive et être pratiquée avec des cris très aigus (qui donnent une meilleure résolution des détails que les tons graves). Ces cris, du moins dans certaines espèces, ont des chances d'être à modulation de fréquence, la hauteur de son descendant ou montant au cours de chaque cri (ce qui donne une plus grande exactitude car la variation de la hauteur de son permet de distinguer les premières parties de chaque écho de celles qui suivent). Le dispositif de computation qui sert à analyser les échos pourrait très bien effectuer ses calculs (subconscients) en se fondant sur les modifications de la fréquence des échos Doppler, car l'effet Doppler est sûrement universellement présent sur toute planète où existe le son, et les chauves-souris l'utilisent avec beaucoup de finesse.

Comment sait-on qu'un organe comme l'œil, ou une fonction comme l'écholocation, a évolué indépendamment ? En regardant l'arbre généalogique. Les espèces apparentées aux guacharos et aux salanganes cavernicoles ne pratiquent pas l'écholocation. D'autre part, les guacharos et les salanganes cavernicoles ont adopté séparément la vie cavernicole. Enfin, on sait qu'ils ont acquis cette

* Passereau d'Asie et d'Océanie dont les nids servent à préparer ce que l'on appelle de façon impropre la soupe aux nids d'hirondelle. (*N.d.T.*)

** En l'occurrence, *L'Horloger aveugle*.

technologie indépendamment des chauves-souris et des baleines car elle n'existe dans aucune autre espèce autour d'eux dans l'arbre généalogique. L'écholocation peut avoir évolué indépendamment plusieurs fois dans différents groupes de chauves-souris, et nous ne savons pas combien de fois elle est apparue ailleurs. Certaines musaraignes et certains phoques en possèdent une forme rudimentaire (et certains aveugles humains ont appris à la pratiquer). Et que sait-on des ptérodactyles ? Sachant que le vol de nuit présente des avantages, et qu'il n'y avait pas de chauves-souris de leur temps, il n'est pas exclu qu'ils l'aient pratiquée. Il en va de même pour les ichtyosaures. Leur forte ressemblance avec les dauphins permet de penser qu'ils avaient le même mode de vie, et comme les dauphins utilisent beaucoup l'écholocation, il est raisonnable de se demander si les ichtyosaures faisaient de même avant eux. En l'absence de preuves directes, il faut éviter de se prononcer ; au reste, un argument joue contre cette idée : les ichtyosaures avaient des yeux extraordinairement gros – c'est un de leurs traits les plus saillants – ce qui laisserait penser qu'ils recouraient davantage à la vision qu'à l'écholocation. Les dauphins ont les yeux relativement petits, et un de leurs traits les plus saillants, la bosse arrondie ou « melon » au-dessus de leur bec, joue le rôle d'une « lentille » acoustique, amenant le son dans un rayon étroit à orientation frontale devant l'animal à la manière d'un projecteur.

Comme tout zoologiste, je peux fouiller ma banque de données mentale sur le règne animal et y trouver une réponse approximative à des questions de la forme : Combien de fois est-ce que X a évolué indépendamment ? Ce serait un bon projet de recherche que d'effectuer ce dénombrement de façon plus systématique. Vraisemblablement, pour certains X, la réponse sera « de nombreuses fois », comme pour les yeux, ou « plusieurs fois » comme pour l'écholocation. Pour d'autres, ce sera « une seule fois », ou même « jamais », mais je dois dire qu'il est étonnamment difficile d'en trouver des exemples. J'ai idée que l'on trouverait certaines voies évolutives potentielles que la vie est « avide » d'emprunter. D'autres voies présentent plus de « résistance ». Dans *Climbing Mount Improbable*, j'ai proposé l'analogie d'un énorme musée de toute la vie, aussi bien réelle que concevable, avec des couloirs de toutes dimensions et représentant des modifications évolutives, là encore réelles et concevables. Certains de ces couloirs étaient grand ouverts, presque aguicheurs. D'autres étaient bloqués par des barrières difficiles, voire impossibles, à surmonter. L'évolution s'engouffre dans les couloirs faciles qu'elle parcourt à maintes reprises, et de temps en temps seulement, et de façon inattendue, elle saute une des barrières difficiles. Je reviendrai sur cette idée d'« empressement » et de « réticence » à évoluer quand je traiterai de l'« évolution de la capacité d'évoluer ».

Voyons maintenant rapidement quelques autres exemples où il vaudrait la peine de compter systématiquement combien de fois X a évolué. La piqûre venimeuse (injection hypodermique d'un poison au moyen d'un tube à la pointe effilée) a évolué au moins dix fois de façon indépendante ; chez les méduses et dans les espèces apparentées, chez les araignées, les scorpions, les scolopendres, les insectes*, les mollusques (à coquille conique), les serpents, dans le groupe des requins (pastenague), chez les poissons osseux (poisson-pierre), les mammifères (ornithorynque mâle), et les plantes (ortie). Il y a fort à parier qu'elle ferait apparaître le venin avec injection hypodermique si l'évolution devait recommencer.

La production de sons à des fins sociales a évolué indépendamment chez les oiseaux, les mammifères, les criquets et les sauterelles, les cigales, les poissons et les grenouilles. L'électrolocation, qui est l'utilisation de faibles champs électriques pour la navigation, a évolué plusieurs fois, comme nous l'avons appris de l'ornithorynque. Il en va de même pour l'utilisation de courants électriques à titre d'armes, qui en a probablement découlé. La physique de l'électricité est la même dans tous les mondes, et l'on pourrait parier sans trop hésiter sur l'évolution répétée de créatures exploitant l'électricité pour la navigation aussi bien que pour l'attaque.

Le véritable vol battu, par opposition au vol plané passif ou au parachutisme, semble avoir évolué quatre fois : chez les insectes, chez les ptérosaures, chez les chauves-souris et chez les oiseaux. Différents types de parachutisme et de vol plané ont évolué à maintes reprises, peut-être des centaines de fois, indépendamment, et il est bien possible que ces modes de déplacement aient été les précurseurs du véritable vol. Les exemples comprennent les lézards, les grenouilles, les serpents, les poissons « volants », les calmars, les galéopithèques, les marsupiaux et les rongeurs (deux

* Chez les abeilles, les guêpes et les fourmis, le dard est un oviducte modifié, et seules les femelles piquent.

fois). Dans les reprises kauffmaniennes de l'évolution, je parierais gros sur la réapparition du vol plané dans certaines espèces, et une somme raisonnable sur le véritable vol battu dans d'autres.

Il est possible que la propulsion à réaction ait évolué deux fois. Les mollusques céphalopodes la pratiquent, et à grande vitesse dans le cas des calmars. L'autre exemple qui me vient en tête est aussi celui d'un mollusque, mais dont la vitesse est modeste. La coquille Saint-Jacques vit essentiellement au fond de la mer, mais il lui arrive de nager. Elle ouvre et ferme ses deux coquilles en rythme, comme des castagnettes. Vous pourriez penser (je le penserais, pour ma part) que cette action la propulserait « à reculons », dans la direction opposée au claquement. En fait, elle va « de l'avant », comme si elle avançait dans l'eau en mordant son chemin. Comment est-ce possible ? La réponse est que les mouvements de claquement pompent l'eau dans une paire d'ouvertures situées *derrière* le gond. Ces deux gicleurs propulsent l'animal « en avant ». L'effet est si contre-intuitif qu'il est presque comique.

Qu'en est-il des phénomènes qui n'ont évolué qu'une fois, voire pas du tout ? Comme nous l'avons découvert dans le message du *Rhizobium*, la roue, avec un véritable roulement à billes qui tourne librement, semble n'avoir évolué qu'une fois, chez les bactéries, avant d'être finalement inventée dans la technologie humaine. Le langage, lui aussi, n'a apparemment évolué que chez nous, c'est-à-dire au moins quarante fois moins souvent que les yeux. Il est étonnamment difficile de trouver des « bonnes idées » qui n'ont évolué qu'une seule fois.

J'ai lancé ce défi à mon collègue d'Oxford, l'entomologiste et naturaliste George McGavin, qui m'a en retour sorti une jolie liste, toutefois bien courte comparée à celle de tout ce qui a évolué un grand nombre de fois. Au dire du Dr McGavin, les bombardiers, les coléoptères du genre *Brachinus* sont uniques en ce qu'ils mélangent des substances chimiques pour produire une détonation. Ces ingrédients sont fabriqués et maintenus dans des glandes (évidemment) séparées. En cas de danger, ils passent dans une chambre proche de l'arrière de l'insecte, où ils explosent en projetant par une canule un liquide caustique et bouillant sur l'ennemi. Ce cas est bien connu des créationnistes qui l'adorent. Selon eux, il est à l'évidence impossible qu'il évolue progressivement par petites étapes, car les stades intermédiaires exploseraient tous*.

---

* Je me suis délecté à démontrer l'erreur de cet argument au cours de mes conférences de Noël pour les enfants, diffusées à la télévision sur la chaîne de la BBC en

Le suivant dans la liste de McGawin est le poisson-archer, du genre Toxotes, qui est peut-être unique pour tirer un missile afin de faire chuter une proie à distance. Le poisson arrive à la surface de l'eau et crache sur un insecte perché à proximité un jet d'eau qui le fait tomber dans l'eau où il le gobe. L'autre candidat possible pour abattre un prédateur serait le fourmilion. Les fourmilions sont des larves d'insecte de l'ordre des névroptères. Comme beaucoup de larves, ils ne ressemblent en rien aux adultes. Avec leurs énormes mandibules, ils seraient parfaits pour figurer dans un film d'horreur. Le fourmilion rôde dans le sable, juste au-dessous de la surface, au pied d'un piège conique qu'il creuse lui-même. Il creuse en rejetant vigoureusement le sable du centre vers l'extérieur – ce qui provoque des éboulis miniatures sur les versants du piège, et les lois de la physique font le reste, formant un cône bien net. Les proies, en général des fourmis, tombent dans le piège et glissent le long des parois à pic du puits jusque dans ses mandibules. Le point de ressemblance possible avec le poisson-archer est que les proies ne tombent pas seulement de façon passive. Elles tombent parfois dans le piège sous la poussée de grains de sable. Ceux-ci ne sont cependant pas projetés avec la précision du crachat du poisson-archer, qui est guidé avec une précision dévastatrice par des yeux réglés en vision binoculaire.

L'araignée cracheuse du genre *Sytodes* est elle aussi un peu différente. N'ayant pas l'agilité de l'araignée-loup ou le piège de la toile de l'araignée orbitèle, elle crache une colle venimeuse à une certaine distance vers sa proie, la clouant au sol jusqu'à ce qu'elle arrive et la tue par ses morsures. Cette technique est différente de celle du poisson-archer qui consiste à faire tomber sa proie. Différents animaux, comme les cobras qui crachent du venin, crachent pour se défendre, et pas pour attraper des proies. L'araignée bolas *Mastophora* est différente elle aussi, et il s'agit probablement aussi d'un cas unique. On pourrait dire qu'elle lance des missiles sur ses

---

1991. Affublé d'un casque de la Seconde Guerre mondiale, et après avoir invité les spectateurs trop sensibles à sortir, j'ai mélangé de l'hydroquinone et du peroxyde d'hydrogène, les deux ingrédients qui interviennent dans l'explosion des bombardiers. Aucun résultat. Pas même un peu de chaleur. Cette explosion nécessite un catalyseur. J'ai augmenté petit à petit la concentration du catalyseur, lequel a fait progressivement monter la chaleur du souffle jusqu'à un paroxysme pleinement satisfaisant. Dans la nature, le coléoptère fournit le catalyseur, et à l'échelle de temps de l'évolution, il n'a certainement pas été difficile d'en augmenter la dose petit à petit et sans danger.

proies (des phalènes, attirés par l'imitation de l'odeur sexuelle de la femelle qu'elle synthétise). Mais le missile, une boule de soie, est attaché à un fil de soie qu'elle fait tournoyer comme un lasso (ou bola) et qu'elle ramène à elle*.

Le candidat suivant dans la liste des cas d'évolution unique dressée par McGavin est une merveille. C'est l'argyronète *Argyroneta aquatica*, une araignée aquatique à cloche de plongée. Elle vit et chasse entièrement sous l'eau mais, comme les dauphins, les dugongs, les tortues d'eau, les escargots d'eau douce et autres animaux terrestres qui sont retournés dans l'eau, elle a besoin de respirer de l'air. Cependant, à la différence de tous ces autres exilés, elle se construit sa cloche de plongée. Elle la tisse avec de la soie (la soie est la solution universelle à tous les problèmes des araignées) attachée à une plante sous l'eau. Elle monte à la surface pour prendre de l'air qu'elle transporte comme certains insectes d'eau, dans un repli protégé par des poils. Mais à la différence de ces insectes qui se contentent de transporter partout leur air comme une bouteille de plongée, l'argyronète le transporte jusqu'à sa cloche de plongée où elle le dépose pour refaire ses réserves. Elle reste à l'affût dans sa cloche où elle stocke et dévore les proies qu'elle a attrapées.

Mais le champion des exemples uniques dans la liste de George McGavin est la larve d'un taon africain, *Tabanus*. Comme on peut s'y attendre en Afrique, les mares d'eau dans lesquelles les larves vivent et se nourrissent, finissent par s'assécher. Chaque larve s'enfouit dans la boue où elle devient chrysalide. Le taon adulte sort de la boue sèche et s'envole pour se nourrir de sang, pour finalement boucler le cycle en pondant des œufs dans des mares d'eau au retour des pluies. La larve enterrée est à la merci d'un danger prévisible : quand la boue sèche complètement, elle se craquelle et les craquelures risquent de traverser et de déchirer le refuge de la larve. Celle-ci pourrait, théoriquement, se sauver si elle pouvait,

* On pourrait dire que le caméléon crache des missiles sur sa proie. Le missile est la lourde épaisseur du bout de sa langue, et le reste de sa langue, qui est beaucoup plus mince, est un peu comme la corde qui permet de récupérer un harpon. Le bout de la langue est techniquement parlant balistique, c'est-à-dire qu'il est lâché à volonté, à la différence du bout de votre langue. Cependant, sur ce point, le caméléon n'est pas unique. Certaines salamandres projettent également le bout de la langue de façon balistique sur leurs proies, et leur missile (à la différence de celui du caméléon) contient une partie du squelette. Il est lancé comme un pépin de melon que vous pincez entre vos doigts.

d'une façon ou d'une autre, faire en sorte que lorsqu'une craquelure approche elle soit détournée. Et c'est effectivement ce qu'elle réussit à faire d'une façon merveilleuse et probablement unique. Avant de s'enfermer dans son cocon, elle commence par se vriller un chemin en spirale dans la boue. Puis elle remonte à la surface en se pratiquant en face un chemin identique. Enfin, elle plonge dans la boue entre les deux spirales et c'est là qu'elle se tient pendant toute la mauvaise saison jusqu'au retour des pluies. Vous voyez ce que cela veut dire ? La larve est encastrée dans un cylindre de boue dont la limite circulaire a été affaiblie à l'avance par le creusement des spirales. Cela signifie que quand une craquelure serpente dans la boue qui sèche, si elle atteint le bord de la colonne cylindrique, au lieu de la traverser directement par le milieu, elle passe dans une dérivation circulaire autour du bord du cylindre, et la larve est épargnée. C'est exactement comme les perforations autour d'un timbre qui vous empêchent de le déchirer en deux. McGavin pense que cette astuce ingénieuse est unique, n'existant que chez les taons qui appartiennent à ce genre*.

Mais y a-t-il de bonnes idées qui n'ont jamais évolué par sélection naturelle ? Pour autant que je sache, aucun animal de cette planète n'a jamais acquis de l'évolution un organe pour transmettre ou recevoir des ondes radio de communication à longue distance. Autre exemple, l'utilisation du feu. L'expérience humaine montre à quel point il peut être utile. Il existe certaines plantes dont les graines ont besoin du feu pour germer, mais je ne pense pas que cela revienne à l'utiliser dans le même sens que, par exemple, quand les anguilles électriques utilisent l'électricité. L'utilisation du métal à titre de squelette est un autre exemple de bonne idée qui n'a jamais évolué, si ce n'est dans les produits fabriqués par les humains. C'est vraisemblablement difficile à réaliser sans feu.

Pratiqué en parallèle avec les comparaisons géographiques dont nous avons déjà parlé, ce genre d'exercice qui consiste à dénombrer les phénomènes qui évoluent souvent et ceux qui évoluent rarement pourrait nous permettre de prédire des phénomènes concernant la vie en dehors de cette planète, et de deviner les résultats que pourraient donner les expériences de pensée du style de celles de Kauffman si l'on faisait recommencer l'évolution. On pourrait sûrement s'attendre à voir apparaître les yeux, les oreilles, les ailes

* C'est W. A. Lambourn [165] qui a décrit le premier cette pratique.

et les organes électriques, mais peut-être pas les détonations des bombardiers ou les balles d'eau des poissons-archers.

Les biologistes, dont on pourrait dire qu'ils marchent dans les pas du regretté Stephen Jay Gould, considèrent que toute l'évolution, y compris l'évolution postcambrienne, est extrêmement contingente – fortuite, avec peu de chances de se répéter dans une reprise de l'évolution selon Kauffman. Par un phénomène d'évolution indépendante, Gould a imaginé l'expérience de pensée de Kauffman sous l'appellation de « la bande qu'on repasse ». On considère maintenant partout qu'il y a une chance infime pour qu'apparaisse quoi que ce soit qui ressemble très vaguement aux humains si l'évolution devait recommencer, et Gould a exprimé cette idée de façon convaincante dans *La vie est belle*. C'est cette orthodoxie qui m'a imposé l'autocensure prudente de mon chapitre d'ouverture ; qui m'a conduit, à vrai dire, à entreprendre mon pèlerinage en remontant dans le temps, et qui m'amène maintenant à abandonner mes compagnons pèlerins à Cantorbéry et à rentrer seul. Et pourtant… il y a longtemps que je me demande si la pression de cette orthodoxie de la contingence n'aurait pas été excessive. L'étude que j'ai faite du *Full House* de Gould (reprise dans *A Devil's Chaplain*) défendait la notion décriée de progrès dans l'évolution : pas le progrès vers l'être humain – à Darwin ne plaise ! – mais le progrès dans des directions qui sont au moins suffisamment prévisibles pour justifier ce mot. Comme je vais le démontrer dans un instant, la construction par accumulation d'adaptations complexes comme les yeux suggère fortement un certain type de progrès – en particulier quand on évoque en même temps certaines réalisations prodigieuses de l'évolution convergente.

L'évolution convergente a aussi inspiré le géologue de Cambridge Simon Conway-Morris, dont l'ouvrage provocant *Life's solution : Inevitable Humans in a Lonely Universe* [La solution de la vie : l'être humain dans un univers de solitude] défend la thèse exactement opposée à la « contingence » de Gould. Conway-Morris donne à son sous-titre un sens presque littéral. Il pense vraiment que si l'évolution devait recommencer, l'être humain réapparaîtrait, ou que du moins apparaîtrait un être extrêmement proche de l'homme. Et pour défendre une thèse aussi impopulaire, il présente une plaidoirie qui est un défi courageux. Les deux témoins qu'il ne cesse de citer dans ce procès sont la convergence et la contrainte.

La convergence, nous l'avons rencontrée à maintes reprises tout au long de cet ouvrage. Les problèmes similaires appellent des solutions similaires, et pas seulement deux ou trois fois, mais, très souvent, des dizaines de fois. Moi qui me croyais extrémiste dans mon enthousiasme pour l'évolution convergente, j'ai trouvé un *alter ego* dans Conway-Morris qui présente un catalogue renversant d'exemples dont beaucoup m'étaient inconnus. Mais alors que j'explique en général la convergence par des pressions de sélection similaires, Conway-Morris ajoute l'argument de son deuxième témoin, la contrainte. Les matériaux de la vie et les processus du développement embryonnaire ne permettent qu'une gamme limitée de solutions à un problème particulier. D'où que l'on choisisse de faire partir l'évolution, il n'y a qu'un nombre limité d'issues. Et donc, si deux reprises d'une expérience kauffmanienne rencontrent quoi que ce soit qui ressemble à des pressions de sélection similaires, les contraintes du développement renforceront la tendance à arriver à la même solution.

Vous pouvez voir comment un avocat doué peut se servir de ces deux témoins pour défendre la croyance osée qu'un recommencement de l'évolution aurait vraiment des chances de converger vers un bipède à gros cerveau possédant deux mains adroites, des yeux de type « appareil photo » à orientation frontale, et autres traits humains. Malheureusement, ce scénario ne s'est produit qu'une fois sur cette planète, mais je suppose qu'il faut bien qu'il y ait une première fois. Je dois dire que j'ai été impressionné quand Conway-Morris a démontré de la même façon que l'évolution des insectes était prévisible.

Parmi les traits qui définissent les insectes, on peut citer l'exosquelette articulé, les yeux composés, la locomotion caractéristique sur six pattes permettant à trois d'entre elles d'être toujours posées sur le sol, et donc de définir un triangle (deux pattes d'un côté, une patte de l'autre) assurant à l'animal sa stabilité ; il s'y ajoute des tuyaux respiratoires (les trachées) qui servent à amener l'oxygène dans l'intérieur de l'animal par des ouvertures spéciales (les spiracles) sur le côté du corps ; enfin, pour terminer la liste des particularités évolutives, l'évolution répétée (onze fois indépendamment !) de colonies eusociales complexes, comme chez les abeilles domestiques. Tout cela, est-ce vraiment bizarre ? Toutes ces innovations sont-elles bien uniques dans la grande loterie de la vie ? Pas du tout, elles sont toutes convergentes. Conway-Morris parcourt toute sa liste en montrant que chaque élément a évolué plus d'une fois à différents endroits du règne animal, et dans bien des cas plusieurs fois, notamment plusieurs fois indépendamment chez les insectes eux-mêmes. S'il est si facile pour la nature de faire évoluer séparément les composants de la qualité d'insecte, il n'est pas si invraisemblable que l'ensemble tout entier évolue deux fois. Je suis tenté par l'idée de Conway-Morris qu'il faut arrêter de se représenter l'évolution convergente comme une rareté pittoresque qui mérite une attention spéciale et sur laquelle il faut s'extasier chaque fois qu'on la rencontre. Peut-être vaudrait-il mieux la voir comme une norme, dont les exceptions susciteraient l'étonnement. Par exemple, le véritable langage syntaxique semble être unique, n'appartenant exclusivement qu'à une espèce, la nôtre. Peut-être, et j'y reviendrai, est-ce une fonction que ne posséderait pas le bipède doté d'un bon cerveau qui viendrait à réévoluer ?

Dans mon chapitre d'ouverture « La prétention de la vision rétrospective », j'ai prêté l'oreille à une mise en garde contre la recherche de motifs, de rimes ou de raisons dans l'évolution, mais j'ai dit que je serais prudent quand je flirterais avec eux. « Le retour de l'hôte » nous a donné l'occasion de balayer du regard le cours entier de l'évolution dans sa marche vers l'avenir, et de voir les motifs que nous pouvons distinguer. L'idée que toute l'évolution avait pour but de produire *Homo sapiens* est passée à la trappe, c'est certain, et rien de ce que nous avons vu quand nous avons remonté le temps ne la réhabilite. Même Conway-Morris dit seulement que quelque chose d'*à peu près* similaire à la *sorte* d'animal que nous sommes est une issue parmi plusieurs – dont les insectes, par exemple – que l'on pourrait s'attendre à voir réapparaître si l'évolution devait recommencer à de nombreuses reprises.

Progrès sans connotation de valeur et progrès avec connotation de valeur

Quels autres motifs, quelles autres rimes discerne-t-on si l'on se penche sur notre long pèlerinage ? Est-ce que l'évolution est un progrès ? Il y a au moins une définition raisonnable du progrès à l'aune de laquelle je dirai que c'en est un. Je m'explique. Pour commencer, le progrès peut se définir dans un sens faible, minimaliste, sans jugement de valeur, comme la poursuite prévisible dans l'avenir de tendances issues du passé. La croissance d'un enfant est un progrès en ce que toutes les tendances que nous avons observées sur une année dans le poids, la taille et autres mesures se poursuivront l'année suivante. Il n'y a pas de jugement de valeur dans cette définition du progrès au sens faible. Le développement d'un cancer est aussi un progrès exactement dans le même sens faible. Il en va de même pour sa réduction dans le cadre d'un traitement. Qu'est-ce qui, alors, ne serait pas un progrès dans ce sens faible ? La fluctuation aléatoire, sans but : la tumeur grossit un petit peu, diminue un peu, grossit légèrement, diminue beaucoup, et ainsi de suite. La tendance à progresser est celle qui ne comporte pas de reculs, ou dont les reculs sont neutralisés par le nombre et le poids des avancées dans la direction dominante. Dans une séquence de fossiles datés, le progrès sans connotation de valeur signifierait simplement que toute tendance anatomique que vous observez en allant du primitif à l'intermédiaire se poursuit au titre d'une tendance allant de l'intermédiaire au tardif.

Éclaircissons maintenant la distinction entre progrès sans connotation de valeur et progrès à connotation de valeur. Dans le sens faible que je viens de définir, le progrès n'a pas de connotation de valeur. Or la plupart du temps, les gens lui en donnent une. En décrivant la récession de la tumeur à la suite de la chimiothérapie, le médecin annonce avec satisfaction : « Nous faisons des progrès. » En général, les médecins qui regardent une radio de la tumeur qui a grossi avec de nombreuses métastases ne disent pas qu'elle fait des progrès, même s'ils pourraient facilement le dire. Cette affirmation serait affectée d'une valeur, mais d'une valeur négative. Dans les domaines politique ou social humains, « en progrès » désigne en général une tendance que le locuteur considère désirable. En se penchant sur l'histoire de l'humanité, on considère que les tendances suivantes vont dans le sens du progrès : l'abolition de l'esclavage, l'extension du droit de vote, la diminution des discriminations fondées sur le sexe ou sur la race, la régression de la maladie et de la pauvreté, le renforcement de l'hygiène publique, la diminution de la pollution atmosphérique, le développement de l'instruction. Une personne dotée de certaines vues politiques pourrait bien voir dans certaines de ces tendances des valeurs négatives et regretter avec nostalgie le temps où les femmes n'avaient pas le droit de vote ou l'accès aux salles à manger des clubs. Mais ces tendances sont toujours des progrès au-delà du sens faible, minimaliste et neutre que nous avons défini en premier. Ce sont des progrès dans un certain système de valeurs spécifique, même si nous ne le partageons pas vous et moi.

Il est étonnant de réaliser qu'il y a à peine cent ans que les frères Wright ont effectué le premier vol propulsé dans une machine plus lourde que l'air. Depuis 1903, l'histoire de l'aviation a indubitablement suivi une voie de progrès, et à une vitesse stupéfiante. À peine 42 ans plus tard, Hans Guido Mutke, de la Luftwaffe, a franchi le mur du son dans un Messerschmitt*, et au bout de 24 ans seulement, des hommes ont marché sur la Lune. Certes, ils ne marchent plus sur la Lune, et l'on vient de supprimer les lignes commerciales en vol supersonique, mais ce sont des reculs temporaires dictés par l'économie dans une tendance générale qui relève indubitablement du progrès. Les avions vont plus vite, et dans le même temps, ils font des progrès sur toutes sortes d'autres points. De nombreux aspects de ce progrès ne coïncident pas avec les valeurs de tout le monde – les infortunés, par exemple, qui habitent sous une trajectoire de vol. Et puis, une bonne partie des progrès de l'aviation répondent à des besoins militaires. Mais personne ne nierait l'existence d'un ensemble de valeurs que l'on peut exprimer de façon cohérente, et auxquelles tiennent au moins certaines personnes saines de corps et d'esprit, pour qui même les avions de combat, les bombardiers et les missiles guidés se sont progressivement améliorés depuis le temps des frères Wright. On pourrait dire la même chose de toutes les autres formes de transport, et à vrai dire des autres formes de technologies, notamment et surtout de l'ordinateur.

Je dois répéter qu'en qualifiant cela de progrès à connotation de valeur, je ne dis pas que ces valeurs ont nécessairement un signe positif, que ce soit pour vous ou pour moi. Comme je viens de le faire remarquer, une grande partie des progrès technologiques dont nous parlons sont réalisés pour servir des objectifs militaires auxquels ils contribuent. On pourrait raisonnablement dire que le monde était meilleur avant ces inventions. Dans ce sens, le « progrès » est doté d'une valeur affectée d'un signe négatif. Mais il est toujours doté de valeur au sens fort, qui dépasse de beaucoup ma définition première minimaliste de valeur neutre pour toute tendance du passé à se poursuivre dans l'avenir. Le développement

* L'affirmation de Mutke est discutée. De toute façon, ce n'était pas Chuck Yeager en 1947, comme on l'enseigne aux patriotes américains, mais un civil américain, George Welch, qui l'a franchi deux semaines avant lui.

des armes, de la pierre à la lance en passant par l'arc, le fusil à silex, le mousquet, le fusil, la mitraillette, l'obus, la bombe atomique, en passant par les bombes à hydrogène de mégatonnage toujours plus élevé, représente un progrès selon le système de valeurs de quelqu'un, même si ce n'est pas le vôtre ni le mien – sinon les recherches et la mise au point des techniques pour les produire n'auraient pas existé.

L'évolution témoigne de progrès pas seulement dans le sens faible de valeur neutre. Certains progrès sont dotés de valeur, du moins selon des systèmes de valeurs tout à fait plausibles. Parlant d'armements, c'est le moment de remarquer que les exemples les plus familiers viennent des courses aux armements entre prédateurs et proies.

Le premier emploi de l'expression « course aux armements » relevé dans l'*Oxford English Dictionary* vient du *Hansard* (actes des délibérations de la Chambre des communes) de l'année 1936 :

> Notre Chambre ne peut donner son agrément à une mesure qui, en fait, recherche la sécurité dans des armements nationaux uniquement, et intensifie cette ruineuse course aux armements entre les nations qui mène inévitablement à la guerre.

En 1937, dans le *Daily Express*, sous le titre « Une course aux armements inquiétante », on pouvait lire : « Ils étaient tous inquiets de cette course aux armements. » Il n'a pas fallu longtemps pour que ce thème se fraye un passage dans la littérature de la biologie évolutive. En effet, en 1940, en pleine guerre, Hugh Cott publiait un ouvrage classique, *Adaptive Coloration in Animals*, dans lequel figurait ce passage :

> Avant d'affirmer que l'aspect trompeur d'une sauterelle ou d'un papillon regorge de détails inutiles, il faut commencer par s'assurer des capacités de perception et de discrimination des ennemis naturels des insectes. Faute de quoi, c'est comme si l'on disait que le blindage d'un cuirassier est trop lourd ou que la portée de ses canons est trop grande*, sans se poser de questions sur la nature et l'efficacité de l'armement de l'ennemi. Le fait est que dans la lutte primitive de la jungle, comme dans les raffinements des guerres civilisées, nous assistons au progrès d'une grande course aux armements évolutive,

* Tom Lehrer, qui est probablement l'auteur de chansons comiques le plus spirituel de tous les temps, a glissé en tête d'une de ses partitions de musique l'indication « Un peu trop rapide ».

> dont les résultats se manifestent pour la défense dans des dispositifs comme la rapidité, la vigilance, le blindage, les pointes, les tranchées, les pratiques nocturnes, les sécrétions empoisonnées, les saveurs qui font vomir, et la coloration procryptique, aposématique et mimétique ; et pour l'attaque, dans les atouts opposés que sont la rapidité, la surprise, l'embûche, la capacité d'attirer, l'acuité visuelle, les griffes, les dents, les dards, les crochets à poison, et la coloration anticryptique et attirante. De même que la rapidité du fuyard s'est accrue avec l'accroissement de celle de son poursuivant, ou que le blindage défensif s'est développé parallèlement aux armes d'attaque, de même des dispositifs de dissimulation ont évolué en se perfectionnant en réponse à l'accroissement des capacités de perception.

Avec mon collègue d'Oxford John Krebs, nous avons traité à fond ce sujet de la course évolutive aux armements dans un article pour la Royal Society en 1979. Nous faisions remarquer que les améliorations que l'on peut observer dans une course aux armements chez les animaux portent sur les équipements de survie, et pas en général sur la survie elle-même, et cela pour une raison intéressante. Dans une course aux armements entre l'attaque et la défense, il peut se trouver des laps de temps dans lesquels un côté ou l'autre a temporairement le dessus. Mais, en général, les améliorations d'un côté annulent celles de l'autre. Les courses aux armements ont même un aspect un peu paradoxal : elles coûtent cher aux deux côtés, sans bénéficier vraiment à aucun, car les gains potentiels de l'un sont neutralisés par les gains de l'autre. Économiquement parlant, les deux camps auraient intérêt à conclure un accord qui mettrait fin à cette course. En poussant le ridicule à l'extrême, une espèce proie pourrait sacrifier une portion de son effectif en échange d'une sécurité qui permettrait aux autres de brouter tranquillement. Il est inutile que les prédateurs et les proies investissent des ressources précieuses dans des muscles pour courir vite, dans des systèmes sensoriels pour détecter l'ennemi, dans la surveillance et les chasses prolongées qui sont pour les deux parties une perte de temps et une source de stress. Toutes deux y gagneraient si un accord de ce genre pouvait s'établir.

Malheureusement, la théorie darwinienne ne connaît aucun moyen d'y parvenir. Au contraire, chaque camp investit d'énormes ressources dans la compétition pour surpasser l'autre, ce qui oblige les individus de part et d'autre à procéder chez eux à des compromis économiques. S'il n'y avait pas de prédateurs, les lapins pourraient consacrer toutes leurs ressources économiques et tout leur temps précieux à nourrir et à mettre au monde plus de lapins. Au lieu de cela, ils sont obligés de consacrer beaucoup de leur temps à guetter les prédateurs, et d'importantes ressources économiques à construire des dispositifs de fuite. Ces mesures, à leur tour, forcent les prédateurs à modifier l'équilibre de leurs investissements économiques en les détournant de l'objectif majeur de la reproduction, afin d'améliorer leurs armes pour attraper des proies. Ainsi, dans l'évolution des animaux tout comme dans les technologies humaines, les courses aux armements détournent à leur profit toujours plus de ressources économiques au détriment d'autres intérêts vitaux.

Avec Krebs, nous avons admis qu'il existe dans les courses aux armements des asymétries qui pourraient faire qu'un côté y consacre davantage de ressources économiques que l'autre. Nous avons appelé ce déséquilibre le principe « dîner/vie ». Cette expression vient de la fable d'Ésope dans laquelle le lapin court plus vite que le renard car il court pour avoir la vie sauve, tandis que ce dernier ne court que pour son repas. Il y a asymétrie dans le coût de l'échec. Dans la course aux armements entre les coucous et leurs hôtes, chaque coucou peut en toute certitude voir dans son ascendance une lignée ininterrompue d'ancêtres qui n'ont littéralement jamais échoué à berner une mère adoptive. En revanche, l'individu de l'espèce hôte peut, en regardant dans ses ancêtres, en trouver beaucoup qui n'ont jamais même vu un coucou, et beaucoup qui en ont rencontré un qui les a bernés. Nombre de gènes ayant échoué à détecter et à tuer un coucou se sont transmis à travers les générations de l'espèce hôte. Mais pour les gènes conduisant les coucous à l'échec dans l'art de berner leurs hôtes, le voyage d'une génération à l'autre est beaucoup plus risqué. Cette asymétrie du risque en engendre une autre : celle des ressources consacrées à la course aux armements par rapport à d'autres secteurs de l'économie de la vie. Pour répéter ce point important, le coût de l'échec est plus lourd pour les coucous que pour les hôtes. Cela entraîne des asymétries dans la façon dont les deux côtés trouvent un équilibre entre les exigences rivales en matière de temps et d'autres ressources économiques.

Les courses aux armements sont orientées de façon profonde et incontournable vers le progrès, à la différence de ce qui se passe, par exemple, pour l'accommodation évolutive à la météorologie.

Pour l'individu d'une génération, les prédateurs et les parasites empoisonnent l'existence au même titre que les intempéries. Mais à l'échelle de l'évolution, il y a une différence cruciale. À la différence de la météo, qui varie sans but, les prédateurs et les parasites (ainsi que les proies et les hôtes) évoluent dans une direction systématique, devenant systématiquement pires pour leurs victimes. Contrairement à ce que l'on observe si l'on suit l'évolution des périodes glaciaires et des périodes de sécheresse, dans la course aux armements, on peut extrapoler au futur les tendances du passé, et ces tendances ont une connotation de valeur semblable à celle des améliorations technologiques des avions et des armes. L'œil du prédateur devient plus perçant sans être nécessairement plus efficace, car la proie devient plus difficile à voir. La vitesse à la course augmente progressivement des deux côtés, même si, là encore, les bénéfices s'annulent en général du fait des améliorations parallèles de l'autre côté. Les toxines se font plus virulentes à mesure que se perfectionnent les astuces biochimiques pour les neutraliser.

Au fil de l'évolution, la course aux armements progresse. Tous les aspects de la vie dont un ingénieur humain admirerait la complexité et l'élégance deviennent plus complexes et plus élégants, donnant de plus en plus l'illusion d'un plan de conception, d'un dessein*. Dans *Climbing Mount Improbable*, j'ai fait la distinction entre planifié (*designed*) et apparemment planifié (*designoid*). Des réalisations spectaculaires d'ingénierie « désignoïde », comme l'œil de la buse, l'oreille de la chauve-souris, ou l'agencement des muscles et du squelette du guépard ou de la gazelle, sont autant de produits qui ont évolué jusqu'à l'excellence sous la pression de courses aux armements entre prédateurs et proies. Les courses aux armements entre parasites et hôtes aboutissent à des paroxysmes désignoïdes de coadaptation encore plus finement intriqués.

Voyons maintenant un point important. Dans la course aux armements, tout organe désignoïde complexe a nécessairement évolué en passant par de nombreuses étapes qui étaient autant de progrès. Cette évolution répond aux critères du progrès selon notre définition car chaque changement a tendance à garder la direction de ceux qui l'ont précédé. Comment sait-on qu'il y a de nombreuses étapes, plutôt qu'une ou deux seulement ? Par la théorie de

* Hume disait : « Toutes ces différentes machines, et même leurs plus petites pièces, sont ajustées les unes aux autres avec une précision qui pénètre d'admiration tous les hommes qui les ont jamais contemplées. »

la probabilité élémentaire. Les pièces d'une machine complexe comme l'oreille de la chauve-souris pourraient subir un million de réagencements aléatoires avant que l'on tombe sur un autre agencement qui entende aussi bien que l'original. C'est statistiquement improbable, et pas seulement dans le sens banal où, considéré avec le recul du temps, n'importe quel agencement particulier de pièces est aussi improbable que tous les autres. Très peu de permutations d'atomes donnent des outils de précision pour l'audition. La véritable oreille de chauve-souris en est une sur un million. Et elle fonctionne. Une chose aussi statistiquement improbable ne peut s'expliquer raisonnablement comme le résultat d'un seul coup de chance. Il faut qu'elle ait été générée par une certaine sorte de processus produisant une improbabilité, dont la capacité a augmenté par degrés sous l'effet de ce que le philosophe Daniel Dennett appelle une « grue » (par opposition à un « crochet qui viendrait du ciel » : cette analogie renvoie à l'appareil à soulever des gros poids et qui est fabriqué par l'homme, et pas à l'oiseau). Les seules grues que l'on connaisse dans les sciences (et je parie bien que ce sont les seules qui aient jamais existé, ou existeront jamais, dans l'univers) sont le plan de conception [dessein] et la sélection. Le plan de conception explique la complexité efficace du microphone, et la sélection naturelle, celle des oreilles de chauve-souris. En fin de compte, la sélection explique les microphones et aussi tout ce qui émane d'un plan car les concepteurs de microphones sont eux-mêmes des ingénieurs évolués produits par la sélection naturelle. En bout de course, le plan de conception ne peut rien expliquer car on revient inévitablement au problème de l'origine du concepteur.

Le plan de conception et la sélection naturelle sont tous deux des processus d'amélioration progressive, graduelle et par étapes. La sélection naturelle, à tout le moins, ne pourrait être rien d'autre. Pour ce qui est du plan, que ce soit ou non question de principe, c'est un fait observé. Les frères Wright n'ont pas été frappés par un coup de génie à la suite duquel ils se seraient précipités pour construire un Concorde ou un bombardier Furtif. Ils ont élaboré un zinc cahotant qui s'est tout juste soulevé du sol avant de capoter dans un champ voisin. De Kitty Hawk à Cap Canaveral, chaque étape du chemin s'est construite sur la précédente. L'amélioration est graduelle, elle se fait pas à pas, toujours dans la même direction, conformément à notre définition du progrès. On aurait bien du mal à imaginer un génie de l'époque victorienne dessinant le plan d'un missile crotale, complet, avec sa tête bordée de favoris à la Zeus. Cette notion défie tout le bon sens et toute l'histoire, mais elle n'est pas d'emblée contraire aux lois de la probabilité, ce que nous serions obligés de dire si l'on voulait que la chauve-souris moderne qui vole et se guide à l'écho ait évolué spontanément.

L'idée d'un unique saut de macromutation de la musaraigne ancestrale vivant sous terre à la chauve-souris qui vole et pratique l'écholocation est écartée avec la même certitude que celle qui permet d'écarter l'idée de chance quand un prestidigitateur réussit à deviner l'ordre complet des cartes dans un jeu qui a été battu. La chance n'est pas littéralement impossible dans les deux cas, mais aucun bon scientifique ne proposerait d'expliquer ce résultat par une chance aussi phénoménale. Le tour de force qui consiste à deviner les cartes doit nécessairement être un truc – nous avons tous vu des tours qui sont tout aussi époustouflants pour les non-initiés. La nature ne cherche pas à nous mystifier à la manière des prestidigitateurs, mais nous pouvons quand même écarter l'idée de chance, et le génie de Darwin a été de découvrir le truc de la nature. La chauve-souris qui se guide à l'écho est le résultat d'une série d'améliorations mineures dont chacune s'est surajoutée à celle qui l'a précédée, tout en faisant avancer la tendance évolutive dans la même direction. Tel est le progrès, par définition. Cet argument s'applique à tous les objets biologiques complexes qui donnent l'illusion d'un dessein et sont, de ce fait, statistiquement improbables dans une direction prédéfinie. Tous ont nécessairement évolué progressivement.

Sur son chemin de retour, l'hôte qui maintenant ne cache pas sa sensibilité aux grands thèmes de l'évolution, y inscrit le progrès. Mais ce genre de progrès n'est pas une tendance uniforme et inexorable de bout en bout depuis le début de l'évolution jusqu'au présent. Bien plutôt, pour reprendre la citation de Mark Twain sur l'histoire, que j'ai présentée au début de ce livre, il fait des rimes. Nous observons un progrès dans une course aux armements. Mais cette course aux armements particulière arrive à sa fin, soit qu'un des deux camps est poussé à l'extinction par l'autre, soit que les deux s'éteignent, éventuellement lors d'une catastrophe massive, du type de celle qui a fait disparaître les dinosaures. Alors, tout le processus recommence, pas en repartant de zéro, mais d'une étape de la course aux armements, antérieure à l'évidence. Le progrès dans l'évolution n'est pas une escalade unique, mais il suit une trajectoire qui comporte des rimes et qui ressemble davantage aux dents d'une scie. Une dent de scie s'est enfoncée profondément à la fin du Crétacé, pour remonter de façon spectaculaire quand le dernier des dinosaures a brutalement fait place aux mammifères et à leur évolution progressive. Mais le long règne des dinosaures avait connu beaucoup de dents de scie plus petites. Et depuis leur apparition immédiate après les dinosaures, les mammifères ont eux aussi subi des alternances de plus petites courses aux armements suivies d'extinctions, suivies de nouvelles courses aux armements. Les courses aux armements riment avec des phénomènes antérieurs similaires dans les accélérations périodiques d'une évolution progressive qui comporte de nombreuses étapes.

La capacité d'évoluer

C'est tout ce que je voulais dire sur les courses aux armements dans la mesure où elles stimulent le progrès. Quels sont les autres messages du passé que notre hôte ramène dans le présent ? Eh bien, je dois citer la prétendue distinction entre macroévolution et microévolution. Je dis « prétendue » car, à mon avis, la macroévolution (évolution sur la grande échelle des millions d'années) est simplement ce que donne la microévolution (sur l'échelle de la durée de vie des individus) quand elle peut à loisir se poursuivre sur des millions d'années. L'idée inverse est que la macroévolution est qualitativement différente de la microévolution. Aucune de ces deux idées n'est stupide en soi. Pas plus qu'elles ne sont nécessairement contradictoires. Comme souvent, tout dépend de ce que vous voulez dire.

Là encore, on peut utiliser le parallèle de la croissance de l'enfant. Imaginez une discussion sur une prétendue distinction entre la macrocroissance et la microcroissance. Pour étudier la macrocroissance, on pèse l'enfant chaque mois. À chaque anniversaire, il se tient debout contre le chambranle d'une porte et l'on note sa taille par un trait de crayon. Plus scientifiquement, on pourrait mesurer différentes parties du corps, comme le périmètre crânien, la largeur des épaules, la longueur des principaux os des membres, et les comparer à l'aide d'un graphique, éventuellement après avoir converti ces mesures en données logarithmique pour les raisons que nous a indiquées l'artisan. On note aussi les événements importants qui sont survenus dans le développement, comme l'apparition des poils pubiens, le début de la formation des seins et les premières règles chez les filles, et l'apparition de la pilosité faciale chez les garçons. Ces changements constituent la macrocroissance et on les mesure sur une échelle d'années ou de mois. Nos instruments ne sont pas assez sensibles pour saisir les changements corporels au jour le jour ou au cours des heures – la microcroissance – qui, additionnés sur plusieurs mois, constituent la macrocroissance. Ou bien, étrangement, ils pourraient être trop sensibles. Un pèse-personne très précis pourrait théoriquement enregistrer la croissance horaire, mais ce signal subtil est faussé quand le poids augmente à chaque repas et diminue à chaque élimination. Les épisodes de microcroissance, qui consistent tous en des divisions cellulaires, n'ont absolument aucun effet immédiat sur le poids, et celui qu'ils ont sur les mesures corporelles en général est impossible à déceler.

Ainsi, est-ce que la macrocroissance est la somme d'un grand nombre de petits épisodes de microcroissance ? Oui. Mais il est également vrai que la différence des échelles de temps impose des méthodes d'étude et des tournures d'esprit complètement différentes. Les microscopes qui sont appropriés pour regarder les cellules ne le sont pas pour étudier le développement de l'enfant au niveau du corps tout entier. De même, les pèse-personnes et les toises ne conviennent pas pour étudier la multiplication des cellules. En pratique, les deux échelles de temps exigent des méthodes d'étude et des tournures d'esprit radicalement différentes. On peut dire la même chose pour la macroévolution et la microévolution. Si ces termes servent à dire que pour les étudier au mieux, il ne faut pas s'y prendre de la même façon, je ne vois pas d'inconvénient à ce que l'on fasse une distinction technique entre les deux. Ce contre quoi je m'élève, c'est que l'on donne à cette distinction technique assez banale une dimension quasi mystique, voire plus. Il y a ceux qui croient que la théorie darwinienne de l'évolution par la sélection naturelle explique la microévolution, mais qu'elle est en principe impuissante à expliquer la macroévolution, laquelle nécessite par conséquent un ingrédient supplémentaire – dans les cas extrêmes, un ingrédient supplémentaire *divin* !

Malheureusement, ce rêve de crochet venu du ciel a reçu le renfort et le soutien de vrais scientifiques aux intentions parfaitement innocentes à cet égard. J'ai déjà discuté de la théorie de l'« équilibre ponctué », trop souvent et trop à fond pour me répéter ici*, si

* Mon idée est que c'est une question empirique intéressante, qui pourrait avoir une réponse différente dans des cas particuliers différents, et qui ne mérite pas d'être élevée au rang de principe majeur.

bien que je me contenterai d'ajouter que ses défenseurs vont en général jusqu'à proposer un « découplage » fondamental entre micro- et macro-évolution. C'est une conclusion gratuite. Il est inutile d'ajouter aucun ingrédient supplémentaire au niveau micro pour expliquer le niveau macro. C'est plutôt un niveau supplémentaire d'explication qui *apparaît* au niveau macro en *conséquence* d'événements au niveau micro, que l'on extrapole à des espaces de temps impossibles à imaginer.

Cette distinction technique entre la micro- et la macro-évolution est du même ordre que celle que nous rencontrons dans nombre d'autres situations. Les changements de la carte du monde dans le temps propre à l'évolution sont dus aux effets, cumulés sur des millions d'années, d'événements dans la tectonique des plaques qui se produisent sur une échelle de minutes, de jours et d'années. Mais, comme pour la croissance de l'enfant, il n'y a pratiquement pas de chevauchements entre les méthodes d'étude qui servent les deux échelles de temps. Le langage qui sert à décrire les changements du voltage ne sert à rien pour décrire le fonctionnement d'un gros programme informatique, comme Microsoft Excel. Nulle personne sensée ne nie que les programmes informatiques, si compliqués soient-ils, soient entièrement exécutés par des schémas de changements dans le temps et dans l'espace entre deux voltages. Mais nulle personne sensée n'y prête attention pendant qu'elle rédige, déparasite ou utilise un gros programme informatique.

Je n'ai jamais vu aucune bonne raison de douter de mon idée que la macroévolution est un tas de petits fragments de microévolution mis bout à bout dans la durée du temps géologique, et que l'on décèle dans les fossiles plutôt que par échantillonnage génétique. Toutefois, l'histoire de l'évolution pourrait comporter – et je le crois pour ma part – des événements majeurs après lesquels l'évolution change de nature. On pourrait dire que l'évolution elle-même change. Jusqu'ici, dans ce chapitre, le progrès voulait dire que les organismes individuels s'amélioraient sur la durée de l'évolution dans ce que font les individus, à savoir survivre et se reproduire. Mais on peut aussi admettre l'idée de changements dans le phénomène même de l'évolution. Est-ce que l'évolution elle-même pourrait s'améliorer pour faire une chose – c'est ce que fait l'évolution – au fil de l'histoire ? Est-ce que l'évolution tardive est une sorte d'amélioration par rapport à l'évolution des premiers temps ? Est-ce que les créatures évoluent pour améliorer non seulement leur capacité de survivre et de se reproduire, mais aussi la capacité de la lignée d'évoluer ? Y a-t-il une évolution de la capacité d'évoluer ?

J'ai créé l'expression « évolution de la capacité d'évoluer* » dans un article publié dans les Actes de la conférence inaugurale de 1987 sur la vie artificielle. La vie artificielle était alors une discipline nouvellement créée à partir d'autres disciplines, notamment la biologie, la physique et l'informatique, sous l'égide de Christopher Langton qui a assuré la responsabilité éditoriale de la publication de ces Actes. Depuis mon article, mais probablement pas à cause de lui, l'évolution de la capacité d'évoluer est devenue un sujet fort discuté parmi les étudiants en biologie et en vie artificielle. Longtemps avant que j'emploie cette expression, d'autres en avaient proposé l'idée. Par exemple, en 1973, l'ichtyologiste américain Karel F. Liem a employé l'expression « adaptation prospective » en parlant du dispositif révolutionnaire des mâchoires des cichlidés qui leur a permis, comme l'a décrit le cichlidé, d'évoluer de façon aussi soudaine et explosive en plusieurs centaines d'espèces dans tous les grands lacs africains. Je dois dire que l'idée de Liem va plus loin que celle de préadaptation. Une préadaptation est une chose qui évolue à l'origine pour servir un objectif bien précis et qui est récupérée pour un autre. L'adaptation prospective de Liem et mon évolution de la capacité d'évoluer contiennent non seulement l'idée de récupération pour une nouvelle fonction, mais aussi celle de déclenchement d'une nouvelle évolution divergente. Je suggère l'idée qu'il existe une tendance permanente et même progressive à améliorer sa capacité d'évoluer.

En 1987, l'idée d'évolution de la capacité d'évoluer était quelque peu une hérésie, en particulier pour moi qui passais pour un « ultra-darwiniste ». Je me trouvais dans cette situation bizarre de défendre une idée en même temps que je demandais de m'en excuser à des gens qui ne voyaient pas pourquoi. C'est maintenant un sujet dont on parle beaucoup, et d'autres l'ont développé bien au-delà de ce que j'avais jamais envisagé : ce sont par exemple les spécialistes de biologie cellulaire Marc Kirschner et John Gerhart, ainsi que la spécialiste d'entomologie évolutive Mary Jane West-Eberhard dans son ouvrage magistral, *Developmental Plasticity and Evolution*.

---

* *Evolution of Evolvability.* (*N.d.T.*)

Qu'est-ce qui fait qu'un organisme est bon pour évoluer, au-delà d'être bon pour survivre et se reproduire ? Un exemple, d'abord. Nous avons déjà rencontré l'idée que les archipels sont des ateliers de spéciation. Si les îles sont suffisamment proches les unes des autres pour se prêter à des immigrations occasionnelles, mais suffisamment éloignées pour laisser le temps à des divergences évolutives d'avoir lieu entre-temps, les conditions sont réunies pour que s'effectue la spéciation, qui est la première étape vers la radiation évolutive. Mais dans quelle mesure « proche » est-il suffisamment proche, et « éloigné » suffisamment éloigné ? Cela dépend de la capacité de locomotion de l'animal. Pour le cloporte, une distance de quelques mètres équivaut à beaucoup de kilomètres pour un oiseau ou une chauve-souris qui volent. La distance entre les îles Galápagos est juste ce qu'il faut pour permettre l'évolution divergente de petits oiseaux comme les pinsons de Darwin, mais pas nécessairement l'évolution divergente en général. À cet égard, il faudrait mesurer la distance des îles non pas en unités absolues mais en unités de capacité de déplacement, calibrées sur le type d'animal dont on parle – comme pour le marin irlandais à qui mes parents avaient demandé à quelle distance se trouvait l'île de Great Blasket, et qui avait répondu : « Environ trois miles par beau temps. »

Il s'ensuit que chez le pinson des Galápagos, la diminution ou l'*augmentation* de sa distance de vol par l'évolution pourraient *réduire* sa capacité d'évoluer. La réduction de cette distance diminue les chances de lancer une nouvelle race de descendants sur une autre île. Dans ce sens, c'est plus facile à comprendre. Il est en revanche moins évident de concevoir que l'effet est le même si la distance augmente. Les descendants sont semés sur des îles nouvelles si souvent qu'une évolution séparée n'a pas le temps de se produire avant l'arrivée de nouveaux immigrants. Pour pousser les choses jusqu'à l'extrême, aux yeux des oiseaux dont la capacité de vol est suffisamment grande pour que la distance entre les îles soit négligeable, les îles ne sont plus séparées. En ce qui concerne le flux des gènes, l'archipel entier compte comme un continent unique. Ainsi, là encore, la spéciation ne se produit pas. Si l'on choisit de mesurer la capacité d'évoluer par le taux de spéciation, la forte capacité d'évoluer est une conséquence indirecte de la capacité intermédiaire de déplacement, où ce qui compte comme intermédiaire, opposé à trop grande ou trop courte, est fonction de la distance entre les îles concernées. Dans ce genre de raisonnement, « île » ne signific pas nécessairement de la terre entourée d'eau.

Comme nous l'avons vu dans le message du cichlidé, les lacs sont des îles pour les animaux aquatiques, et les récifs peuvent être des îles dans des lacs. Les sommets de montagnes sont des îles pour les animaux terrestres qui ne supportent pas la faible altitude. Un arbre peut être une île pour l'animal qui ne peut aller loin. Pour le virus du sida, tout être humain est une île.

Si une augmentation ou une diminution de la capacité de déplacement fait augmenter la capacité d'évoluer, peut-on appeler cela une « amélioration » qui a évolué ? L'ultra-darwiniste qui est en moi commence à se hérisser à cette question. Ma bandelette à tester l'hérésie commence à virer au rouge. Cela vous a un air de prévision évolutive qui dérange. La capacité de vol des oiseaux augmente ou diminue sous l'effet de la sélection naturelle pour la survie individuelle, et les effets ultérieurs sur l'évolution ne sont pas pertinents. Toutefois, avec le recul du temps, on pourrait trouver que les espèces qui peuplent le monde ont tendance à descendre d'espèces ancestrales douées pour l'évolution. Vous pourriez donc dire que les lignées subissent une sorte de sélection de haut niveau pour la capacité d'évoluer – c'est un exemple de ce que le grand évolutionniste américain George C. Williams a appelé la sélection de clade. La sélection darwinienne conventionnelle conduit à ce que les organismes individuels soient des machines à survivre ajustées avec précision, mais se pourrait-il que la sélection de clade ait amené la vie elle-même à être de plus en plus un ensemble de machines ajustées avec précision qui évoluent ? Si oui, on pourrait s'attendre à ce que, dans les recommencements de l'évolution selon Kauffman, les mêmes améliorations progressives de la capacité d'évoluer soient redécouvertes.

La première fois que j'ai écrit sur l'évolution de la capacité d'évoluer, j'ai cité un certain nombre d'« événements décisifs » dans l'évolution, à la suite desquels la capacité d'évoluer a soudain progressé. L'exemple le plus prometteur d'événement décisif que je puisse trouver est la segmentation. La segmentation, rappelez-vous, est la modularisation du corps à l'instar d'un train, dans laquelle les parties et les systèmes se répètent en série d'un bout à l'autre du corps. Il semble qu'elle ait été inventée indépendamment, dans sa forme pleine, chez les arthropodes, les vertébrés et les vers annélides*. L'origine de la segmentation est un de ces évé-

* Même si l'universalité des gènes Hox prêchent en faveur d'une certaine sorte d'organisation sérielle de l'avant à l'arrière qui l'aurait précédée.

nements décisifs qui n'ont pas pu être graduels. Les poissons osseux possèdent typiquement 50 vertèbres environ, mais les anguilles en ont jusqu'à 200. Chez les cécilies (amphibiens à l'allure de vers), ce nombre varie entre 95 et 285. La différence est énorme avec les serpents, dont le record pour autant que je sache atteint 565 vertèbres pour une espèce qui a disparu.

Chaque vertèbre de serpent constitue un segment avec sa propre paire de côtes, ses propres blocs musculaires, ses propres nerfs bourgeonnant depuis la corde spinale. Comme il ne peut y avoir des nombres fractionnaires de segments, dans l'évolution de la variabilité des nombres de segments, il doit se trouver de nombreux cas où un serpent mutant n'a pas eu le même nombre entier de segments par rapport à ses parents, avec une différence d'au moins un segment, voire plus, d'un seul coup. De même, quand a commencé la segmentation, il a dû se produire une transition avec une mutation directe d'un parent non segmenté à un enfant doté de deux segments au moins. Il est difficile d'imaginer qu'un tel marginal survive, et encore moins qu'il trouve un partenaire et se reproduise, mais cela s'est produit de toute évidence car les animaux segmentés abondent autour de nous. La mutation impliquait très probablement des gènes Hox, comme ceux dont nous a parlé la mouche du vinaigre. Dans mon article de 1987 sur la capacité d'évoluer, j'imaginais que

> [...] la réussite individuelle, ou autre, du premier animal segmenté au cours de sa propre existence a relativement peu d'importance. À n'en pas douter, beaucoup d'autres nouveaux mutants ont mieux réussi en tant qu'individus. Ce qui est important concernant le premier animal segmenté, c'est que les lignées de ses descendants étaient faites de champions en matière d'évolution. Ils ont irradié, se sont spéciés, et ont fait apparaître des phylums entièrement nouveaux. Que la segmentation ait été ou non une adaptation avantageuse dans la vie individuelle du premier animal segmenté, c'était un changement dans l'embryologie qui portait en lui un potentiel évolutif.

La facilité avec laquelle des segments entiers peuvent s'ajouter dans le corps ou s'en soustraire contribue à renforcer la capacité d'évoluer. Il en va de même de la différenciation entre les segments. Chez des animaux comme les mille-pattes et les vers de terre, la plupart des segments sont identiques. Mais il existe une tendance récurrente, en particulier chez les arthropodes et les vertébrés, à ce que des segments particuliers se spécialisent pour des fonctions particulières, et donc se différencient des autres (comparez un homard avec un mille-pattes). La lignée qui réussit à faire évoluer un plan corporel segmenté est directement capable de faire évoluer toute une palette de nouveaux animaux en modifiant des modules segmentaires d'un bout à l'autre du corps.

La segmentation est un exemple de modularité, et la modularité en général figure en bonne place dans la façon dont les auteurs plus récents voient l'évolution de la capacité d'évoluer. Parmi les nombreux sens de « module » qui figurent dans l'*Oxford English Dictionary*, celui qui est pertinent est le suivant :

> Élément d'une série d'unités de production ou de composants qui sont standardisés pour faciliter l'assemblage ou le remplacement, et qui sont en général fabriqués à l'avance en tant que structures indépendantes.

L'adjectif modulaire caractérise un assemblage de modules, et la modularité est le nom abstrait correspondant, désignant la propriété de ce qui est modulaire. Parmi d'autres exemples de construction modulaire figurent de nombreuses plantes (les feuilles et les fleurs sont modulaires). Mais les meilleurs exemples de modularité sont peut-être à trouver au niveau cellulaire et biochimique. Les cellules elles-mêmes sont des modules par excellence, ainsi que, dans les cellules, les molécules de protéine, et l'ADN aussi, bien sûr.

Ainsi, l'invention de la multicellularité est un autre événement décisif qui a presque certainement renforcé la capacité d'évoluer. Elle a précédé la segmentation par des centaines de millions d'années, et la segmentation elle-même en est une sorte de répétition à grande échelle, un autre bond dans la modularité. Quels ont été les autres événements décisifs ? Le dédicataire de ce livre, John Maynard Smith, a collaboré avec son collègue hongrois Eörs Szathmáry à *The Major Transitions in Evolution* [Les transitions majeures de l'évolution]. La plupart de leurs « transitions » majeures auraient leur place sous mon titre d'« événements décisifs » – en étant des améliorations majeures de la capacité d'évoluer. Cela inclut de toute évidence l'origine de molécules qui se répliquent car, sans elles, il ne pourrait pas y avoir la moindre évolution. Si, comme l'ont suggéré Cairns-Smith et d'autres, l'ADN s'est approprié le rôle clé de réplicateur que détenait un prédécesseur moins compétent, en instaurant des stades intermédiaires, chacun de ces stades constituerait un bond en avant dans la capacité d'évoluer.

Si l'on admet la théorie du monde de l'ARN, il y aurait eu une transition majeure ou un événement déterminant, quand l'ARN servant à la fois de réplicateur et d'enzyme a cessé ses fonctions, cédant à l'ADN le rôle de réplicateur et aux protéines celui d'enzyme. Puis est intervenu le groupement d'entités réplicatrices (les « gènes ») dans des cellules cloisonnées qui ont empêché les produits des gènes de s'échapper et les ont maintenus à proximité des produits d'autres gènes avec lesquels ils pouvaient collaborer dans la chimie de la cellule. Une transition tout à fait majeure, et très probablement un événement décisif dans la capacité d'évoluer, a été la naissance de la cellule eucaryote par la fusion de plusieurs cellules procaryotes. Il en va de même pour l'origine de la reproduction sexuée qui a coïncidé avec l'origine de l'espèce elle-même, avec son propre pool génique, et tout ce que cela impliquait pour l'évolution à venir. Maynard Smith et Szathmáry poursuivent en énumérant l'origine de la multicellularité, celle des colonies, comme les fourmilières et les termitières, et celle des sociétés humaines avec le langage. Il y a une similarité qui rime entre au moins plusieurs de ces transitions majeures : elles impliquent souvent que des unités auparavant indépendantes se rassemblent dans un groupe plus grand à un niveau plus élevé, en même temps qu'elles perdent leur indépendance au niveau inférieur.

À leur liste, j'ai déjà ajouté la segmentation, et je voudrais souligner un autre événement, que j'appelle le goulet d'étranglement. Une fois encore, décrire ce phénomène en détail serait répéter ce que j'ai déjà dit dans d'autres livres (en particulier, dans « Rediscovering the Organism » [Redécouvrir l'organisme], le dernier chapitre de *The Extended Phenotype* [Le phénotype étendu]. Le goulet d'étranglement est un phénomène qui intervient dans la vie des organismes multicellulaires. Dans le goulet d'étranglement, le cycle de vie revient régulièrement à une cellule unique à partir de laquelle se développe à nouveau un corps multicellulaire. L'alternative à un cycle de vie avec goulet d'étranglement pourrait être une plante d'eau hypothétique qui pousse en désordre et se reproduit en coupant des fragments multicellulaires d'elle-même, lesquels partent à la dérive, puis se fragmentent à nouveau. Le goulet d'étranglement a trois conséquences importantes, et toutes peuvent certainement prétendre être des améliorations de la capacité d'évoluer.

Premièrement, les innovations évolutives peuvent être réinventées à partir de la base au lieu d'être des remodelages de structures existantes – ce qui reviendrait à forger des socs à partir d'épées. Une amélioration, disons du cœur, a plus de chances d'être un travail propre si des changements génétiques peuvent modifier tout le cours du développement à partir d'une seule cellule. Imaginez l'alternative : prenez le cœur existant et modifiez-le par une croissance différentielle du tissu à l'intérieur de sa matière qui bat de façon continue. Ce remodelage en cours de route altérerait le fonctionnement du cœur et compromettrait l'amélioration voulue.

Deuxièmement, en repartant toujours d'un même point de départ dans un cycle de vie récurrent, le goulet d'étranglement donne un « calendrier » qui permet de fixer le moment des événements embryologiques. Les gènes peuvent être activés ou désactivés à des points clés du cycle de croissance. Notre dispositif hypothétique qui débite des fragments au petit bonheur ne dispose pas de programme reconnaissable pour réguler ces activations et désactivations.

Troisièmement, sans goulet d'étranglement, des mutations différentes s'accumuleraient dans des parties différentes du dispositif débitant des fragments. La tendance à coopérer entre cellules serait réduite : en effet, des sous-populations de cellules seraient tentées de se comporter comme des cancers pour augmenter leurs chances de donner leurs gènes à ces fragments. Avec le goulet d'étranglement, comme chaque génération démarre sous la forme d'une cellule unique, le corps entier a une bonne chance d'être fait d'une population génétique uniforme de cellules qui coopèrent, descendant toutes de cette cellule unique. Sans goulet d'étranglement, les cellules du corps pourraient, du point de vue génétique, être tiraillées entre des « objectifs différents ».

Lié au goulet d'étranglement, se trouve un autre jalon important dans l'évolution, un événement majeur qui pourrait bien avoir contribué à la capacité d'évoluer, et que pourraient redécouvrir les reprises de l'évolution selon Kauffman. C'est la séparation de la lignée germinale et de la lignée somatique, qui a été clairement explicitée pour la première fois par le grand biologiste allemand August Weismann. Comme nous l'avons vu au Rendez-vous 31, ce qui se passe dans l'embryon en développement, c'est qu'une certaine portion des cellules (celles de la lignée germinale) sont mises de côté pour la reproduction, tandis que celles qui restent (les cellules somatiques) sont destinées à fabriquer le corps. Les gènes de la lignée germinale sont potentiellement immortels, avec la perspective d'avoir des descendants directs dans des millions d'années à venir. Les gènes somatiques, eux, sont destinés à subir un nombre fini, mais pas toujours prévisible, de divisions cellulaires pour fabriquer les tissus du corps, après quoi leur lignée se terminera et l'organisme mourra. Les plantes violent souvent cette séparation, la façon la plus évidente étant dans la reproduction végétative. Cela pourrait constituer une différence importante entre les modes d'évolution des plantes et des animaux. Avant l'invention évolutive de la lignée somatique séparée, toutes les cellules vivantes étaient potentiellement les ancêtres d'une lignée indéfinie de descendants, comme c'est encore le cas pour les cellules des éponges.

L'invention de la sexualité est un événement décisif majeur, que l'on confond souvent à la fois avec le goulet d'étranglement et avec la séparation de la lignée germinale, mais qui est logiquement différent des deux. Dans sa forme la plus générale, la sexualité est le mélange partiel de génomes. Nous en connaissons une version bien réglementée dans laquelle chaque individu reçoit 50 % de son génome de chacun de ses deux parents. Nous sommes habitués à l'idée qu'il y a deux sortes de parents, mâle et femelle, mais cela ne fait pas nécessairement partie de la reproduction sexuée. L'isogamie est un système dans lequel deux individus, que l'on ne distingue pas comme mâle et femelle, combinent la moitié de leurs gènes pour faire un nouvel individu. Il vaut mieux voir la division entre mâle et femelle comme un événement décisif ultérieur qui s'est produit après l'origine de la sexualité. La sexualité réglementée de ce type s'accompagne à chaque génération d'une « division par réduction » dans laquelle chaque individu donne 50 % de son génome à chaque rejeton. Sans cette réduction, les génomes doubleraient de taille à chaque génération.

Les bactéries pratiquent une forme aléatoire de contribution sexuée que l'on décrit parfois comme de la sexualité, mais qui est en réalité fort différente, tenant plus de la fonction couper-coller ou copier-coller en informatique. Des fragments d'un génome sont copiés ou coupés dans une bactérie et collés dans une autre, qui ne doit pas nécessairement appartenir à la même espèce (bien que le sens même d'espèce ne semble pas pouvoir s'appliquer aux bactéries). Comme les gènes sont des sous-programmes qui exécutent des opérations sur les cellules, un gène « collé » peut immédiatement se mettre au travail dans son nouvel environnement, en accomplissant la même tâche qu'auparavant*.

Qu'en est-il de la bactérie donneuse ? Il semble que cette question ne soit pas la bonne, mais plutôt qu'en est-il du gène donné ? Et la réponse est que les gènes qui réussissent à se faire donner, puis à aider la bactérie réceptrice à survivre et à les transmettre, augmentent ainsi le nombre de copies d'eux-mêmes dans le monde. On ne sait pas bien si notre sexualité eucaryote bien réglementée a évolué à partir d'une sexualité de couper-coller bactérienne, ou si elle a été un événement décisif entièrement nouveau. Les deux ont dû avoir une énorme influence sur l'évolution qui a suivi et se prêtent à une discussion sur le thème de l'évolution de la capacité d'évoluer. La sexualité réglementée, comme nous l'a expliqué le rotifère, a un effet spectaculaire sur l'évolution à venir car elle rend possible l'existence même d'espèces possédant leur propre pool génique.

À travers les millions, voire les milliards d'ancêtres individuels dont nous avons rencontré l'existence au cours de notre pèlerinage, il est un héros unique qui n'a cessé de revenir en mode mineur, comme un leitmotiv wagnérien : l'ADN. Le message d'Ève a montré que les gènes ont des ancêtres, tout autant que les individus, et le message de l'homme de Neandertal a intégré cette leçon dans sa réponse à la question de savoir si son espèce injustement calomniée a péri sans la consolation de laisser un héritage. Le gibbon a réjoui l'assistance avec le thème des « scrutins à la majorité » pour départager les gènes qui revendiquaient le droit d'affirmer leur vision différente de l'histoire ancestrale. La lamproie, quant à elle, a identifié l'analogie entre la duplication des gènes et la spéciation, chacune à son propre niveau – l'analogie est si étroite qu'il est possible de dresser séparément pour les gènes des arbres généalogiques qui sont parallèles aux arbres phylogénétiques conventionnels, sans pour autant coïncider avec eux. Le leit-

* C'est pourquoi les manipulations transgéniques fonctionnent dans les croisements en agriculture moderne, comme dans l'exemple bien connu qui consiste à importer des gènes « antigel » de poissons de l'Arctique dans les tomates. Cette technique fonctionne pour la même raison qu'un sous-programme informatique copié d'un programme dans un autre produit le même résultat. Le cas des OGM n'est pas aussi direct, mais cet exemple sert à justifier la peur du « caractère non naturel » de l'importation, mettons, de gènes de poissons dans des tomates, comme si une sorte de « saveur » de poisson faisait partie du voyage. Un sous-programme est un sous-programme, et le langage de programmation de l'ADN est le même chez les poissons et chez les tomates.

motiv dans le domaine de la taxinomie fait écho, tout en restant distinct, au thème majeur du « gène égoïste » dans l'explication de la sélection naturelle.

Les adieux de l'hôte

Si, en tant qu'hôte sur son chemin de retour, je repense à tout ce pèlerinage auquel je suis heureux d'avoir participé, je suis saisi par une réaction de stupéfaction. Stupéfaction non seulement devant la richesse extravagante des détails que nous avons vus, mais aussi devant le fait même qu'il puisse exister de tels détails sur une planète. L'univers aurait pu si facilement rester simple et sans vie – avec seulement des réactions physiques et chimiques, et tout juste la poussière dispersée par l'explosion cosmique qui a donné naissance au temps et à l'espace. Le fait qu'il n'en est pas resté là – que la vie a évolué en partant de pratiquement rien, quelque 10 milliards d'années après que l'univers a évolué en partant de rien à proprement parler – est une réalité si renversante que ce serait folie que j'essaie de trouver les mots pour lui rendre justice. Et même cela, ce ne serait pas tout. Non seulement l'évolution s'est produite, mais elle a fini par produire des êtres capables de comprendre ce processus, et même de comprendre celui par lequel ils le comprennent.

Ce pèlerinage a été un *trip*, pas seulement dans le sens littéral [anglais] de voyage, mais dans le sens de la contre-culture que j'ai découverte au temps de ma jeunesse en Californie dans les années 1960. Le plus puissant hallucinogène en vente dans les quartiers de San Francisco serait insipide en comparaison. Si c'est de la stupéfaction que vous voulez, le monde réel a tout ce qu'il vous faut. Sans avoir à errer hors des pages de ce livre, pensez à la ceinture de Vénus, aux migrations des méduses et aux minuscules harpons ; pensez au radar de l'ornithorynque et aux poissons électriques ; à la larve du taon qui a l'air de tout prévoir en anticipant les craquelures de la boue ; pensez au séquoia, pensez au paon, pensez à l'étoile de mer dont la force hydraulique parcourt ses canaux ; pensez aux cichlidés du lac Victoria qui évoluent à une vitesse stupéfiante – comparé à *Lingula*, *Limulus* ou *Latimeria*. Ce n'est pas par fierté pour mon livre mais par vénération pour la vie elle-même que je vous exhorte : ouvrez ce livre n'importe où, au hasard. Et méditez sur le fait que même s'il a été écrit d'un point de vue humain, un autre livre aurait pu être écrit en parallèle pour n'importe lequel des 10 millions de pèlerins qui ont pris le départ. Non seulement la vie sur cette planète est stupéfiante et pleinement gratifiante pour tous ceux dont les sens ne se sont pas émoussés sous l'effet de l'habitude, mais encore le fait précisément que nous avons acquis de l'évolution la puissance cérébrale de comprendre notre genèse évolutive redouble notre stupéfaction et nous comble.

Tout « pèlerinage » implique piété et vénération. Je n'ai pas eu l'occasion ici de dire mon agacement devant la piété traditionnelle et mon mépris pour la vénération quand elles ont pour objet le surnaturel. Mais je n'en fais pas un secret. Non que je désire limiter ou circonscrire la vénération, ou que je veuille diminuer ou rabaisser la véritable vénération qui nous porte à célébrer l'univers, dès lors que nous le comprenons comme il convient. Si je disais « bien au contraire », ce serait un euphémisme. Ce que je reproche aux croyances surnaturelles, c'est précisément qu'elles échouent misérablement à rendre justice à la grandeur sublime du monde véritable. Elles rétrécissent la réalité, et appauvrissent ce que le monde réel a à offrir.

Je soupçonne que beaucoup de ceux qui se disent religieux se trouveraient d'accord avec moi. Pour eux, je voudrais seulement citer une remarque que j'ai entendue à un congrès scientifique. Un distingué spécialiste, chevronné dans mon domaine et fort diplomate au demeurant, avait une vive discussion avec un collègue. L'altercation touchant à sa fin, il lui fit un clin d'œil et dit : « Vous savez, en réalité, nous sommes bien d'accord. C'est seulement que vous le dites mal ! »

J'ai l'impression de revenir d'un vrai pèlerinage.

Pour en savoir plus

Les nombres entre crochets renvoient aux sources citées dans la bibliographie.

Barlow, George (2002), *The Cichlid Fishes: Nature's Grand Experiment in Evolution*. Perseus Publishing, Cambridge, Mass.

Diamond, Jared (1997), *Guns, Germs and Steel: A Short History of Everybody for the Last 13,000 Years*. Chatto & Windus, Londres. (Trad. fr. : *De l'inégalité parmi les sociétés : essai sur l'homme et l'environnement dans l'histoire*. Gallimard, Paris, 2000.)

Fortey, Richard (1997), *Life: An Unauthorised Biography*. HarperCollins, Londres.

Fortey, Richard (2004), *The Earth: An Intimate History*. HarperCollins, Londres.

Leakey, Richard (1994), *The Origin of Humankind: Unearthing Our Family Tree*. Science Masters series, Basic Books, New York. (Trad. fr. : *L'Origine de l'humanité*. Le Grand Livre du mois, Paris, 1997.)

Maynard Smith, John & Szathmáry, Eörs (1999), *The Origins of Life: From the Birth of Life to the Origin of Language*. Oxford University Press, Oxford. (Trad. fr. : *Les Origines de la vie : de la naissance de la vie à l'origine du langage*. Dunod, Paris, 2002.) (Voir aussi [189] pour une approche plus détaillée.)

Quammen, David (1996), *The Song of the Dodo: Island Biogeography in an Age of Extinctions*. Hutchinson, Oxford.

Ridley, Mark (2000), *Mendel's Demon: Gene Justice and the Complexity of Life*. Weidenfeld & Nicolson, Londres.

Ridley, Matt (1999), *Genome: The Autobiography of a Species in 23 Chapters*. Fourth Estate, Londres. (Trad. fr. : *Génome : autobiographie de l'espèce humaine en 23 chapitres*. Robert Laffont, Paris, 2001.)

Southwood, Richard (2003), *The Story of Life*. Oxford University Press, Oxford.

Tudge, Colin (2000), *The Variety of Life: A Survey and a Celebration of all the Creatures that Have Ever Lived*. Oxford University Press, Oxford.

Weiner, Jonathan (1994), *The Beak of the Finch: A Story of Evolution in Our Time*. Jonathan Cape, Londres.

Wilson, E. O. (1992), *The Diversity of Life*. Harvard University Press, Cambridge, Mass. (Trad. fr. : *La Diversité de la vie*. Odile Jacob, Paris, 1993.)

Ouvrages plus généraux

Brusca, Richard C. & Brusca, Gary J. (2002), *Invertebrates*. 2e éd. Sinauer Associates Inc., Sunderland, Mass.

Carroll, Robert L. (1988), *Vertebrate Paleontology and Evolution*. W. H. Freeman, New York.

Macdonald, David (2001), *The New Encyclopedia of Mammals*. Oxford University Press, Oxford.

Ridley, Mark (2004), *Evolution*. 3e éd. Blackwell, Oxford. (Trad. fr. de la 1re éd. : *L'Évolution*. Belin, Pour la science, Paris, 1992.)

Ouvrages en français

Lecointre, Guillaume et Le Guyader, Hervé (2001), *Classification phylogénétique du vivant*. 2e éd. Belin, Paris.

Le Guyader, Hervé (sous la direction de) (1998), *L'Évolution*. Belin, Pour la Science, Paris.

Tillier, Simon (sous la direction de) (1999), *Dictionnaire du règne animal*. Larousse-Bordas HER, Paris.

Montalenti, Giuseppe et Marcuzzy, Giorgio (1971), *L'Encyclopédie de la nature*, 11 vol. Robert Laffont, Paris.

Whitfield Philip et Walker Richard (1999), *Le Grand Livre des animaux*. France-Loisirs, Paris.

Grzimek, Bernhard et Fontaine, Maurice (1971), *Le Monde du vivant,* 13 vol. Stauffacher, Zurich.

Grassé, Pierre-Paul et Tétry, Andrée (sous la direction de) (1963), *Encyclopédie de la Pléiade, Zoologie*, 4 vol. Gallimard, Paris.

Notes sur les phylogénies

Yan Wong

Les nombres entre crochets renvoient aux sources citées dans la bibliographie.

Arbres phylogénétiques

Les notes qui suivent indiquent les bases scientifiques des phylogénies présentées dans ce livre, en particulier en ce qui concerne les révisions taxinomiques récentes et les controverses actuelles qu'elles suscitent. Une bonne revue générale et relativement récente de phylogénétique figure dans *The Variety of Life* de Colin Tudge [289].

Rendez-vous 0. Les Amériques ne sont pas mentionnées car les données actuelles indiquent que les humains y sont arrivés récemment depuis l'Asie. Le coancêtre 0 doit logiquement être au moins aussi récent que n'importe quel gène ACPR (comme le chromosome Y « Adam »), et il suffit même d'un très petit nombre de croisements pour produire un ACPR très récent de tous les humains [45], d'où la date récente donnée ici.

Rendez-vous 1 et 2. Phylogénie (comme pour les autres arbres, voir le message du gibbon concernant le « vote à la majorité » chez les gènes) étayée par des données morphologiques [102] et moléculaires [20]. Les dates de divergence sont fondées sur l'horloge moléculaire [105, 203].

Rendez-vous 3. Phylogénie et dates de divergence fondées sur des données morphologiques, fossiles et moléculaires [102, 105, 273].

Rendez-vous 4. La phylogénie des gibbons est incertaine. Cet arbre est fondé sur des données d'ADNmt [246, fig. 2c], complétées par des dates d'horloge moléculaire pour le coancêtre et les nœuds *Symphalangus / Hylobates* [105].

Rendez-vous 5. Phylogénie généralement admise. Dates de divergence provenant de données moléculaires et fossiles.

Rendez-vous 6. Phylogénie et dates prises directement dans [105], ou déduites de ce document. La position des aotinés n'est pas très sûre et pourrait changer par la suite.

Rendez-vous 7. La situation et la date [105] de la famille des tarsiers concordent avec les données moléculaires [105] et morphologiques.

Rendez-vous 8. Dans les strepsirrhiniens, les relations entre les lémuriens sont controversées, mais l'aye-aye est souvent considéré comme à la base. L'ordre et la date des quatre autres familles proviennent de données moléculaires [322] réajustées pour situer la divergence de base des primates à – 63 Ma (millions d'années) [105, 207]. Cependant, d'autres calculs situent cette divergence à – 80 Ma [281], ce qui ferait reculer les Rendez-vous 9, 10 et 11 de 15 millions d'années.

Rendez-vous 9. La position des galéopithèques et des toupayes est fortement controversée (voir le message qui l'accompagne), et elle est fondée ici sur de récentes données moléculaires [207]. Les dates de base sont donc imposées par les nœuds voisins, à entre – 63 et – 75 Ma.

Rendez-vous 10. La position des gliridés est déterminée par des données moléculaires robustes [207]. La date du rendez-vous est imposée par la datation du Rendez-vous 11 par horloge moléculaire [207, 137], mais elle pourrait reculer de 10 millions d'années ou plus [271]. La position des lagomorphes est incontestée [137, 207]. La phylogénie des rongeurs est en discussion. En général, il y a un consensus pour les rongeurs hystricognathes (hystricidés, phiomorphes, caviomorphes). Sinon, les études moléculaires trouvent souvent 4 groupes : muridés + dipodidés, aplodontidés + sciuridés + gliridés, cténodactylidés + hystricognathes, hétéromydés + géomidés. L'ordre des embranchements et la datation approximative de ces groupes sont établis à partir de l'ADNmt et de l'ADNr [202], mais l'ordre n'est pas robuste [voir par ex. 137].

Rendez-vous 11 et 12. Phylogénie et datation provenant de récentes études moléculaires révolutionnaires [207, 271].

Rendez-vous 13. Phylogénie et datation provenant de données moléculaires [207, 271]. La morphologie [177] et certaines molécules [205] s'accordent sur une séparation entre les éléphants, les siréniens et les damans. Il reste cependant une incertitude sur la position de l'oryctérope [205, 271], et les données morphologiques risquent toujours de remettre en question la position des afrosorocidés [177].

Rendez-vous 14. Ce rendez-vous est corroboré par des données anciennes et récentes [208]. La divergence placentaires-marsupiaux à 140 Ma est en accord avec les dernières données fossiles et moléculaires [7, 144]. Les études moléculaires établissent que les didelphidés puis les paucituberculés sont groupes frères des autres marsupiaux [212, 272], ce qui est cohérent avec la morphologie [251]. La position du colocolo est particulièrement incertaine ; il est considéré ici comme frère des diprotodontes [251]. Les dates de divergence sont fondées sur des données d'horloge moléculaire, mais aussi imposées par la biogéographie du Gondwana [212].

Rendez-vous 15. Phylogénie et dates provenant de données moléculaires, morphologiques et fossiles récentes [208].

Rendez-vous 16. Les dates estimées pour le rendez-vous 16 tournent en moyenne autour de – 310 Ma [112] ; les dates des embranchements précoces sont issues de données fossiles [40]. La division entre les serpents et les lézards est généralement admise maintenant [228]. L'ordre de l'embranchement des oiseaux provient d'études génétiques [293], avec des dates données par hybridation d'ADN [265] : de nombreux ordres sont regroupés en tant que *Neoaves* du fait de leurs relations incertaines.

Rendez-vous 17. Bien que contestées par certains paléontologistes [40], les données morphologiques et moléculaires appuient fortement la monophylie lissamphibienne et suggèrent l'ordre des embranchements qui figure ici [325]. La date de base provient de données de paléontologie [4], et les autres, d'arbres d'ADNmt à vraisemblance maximale [325].

Rendez-vous 18 et 19. Phylogénie et date provenant d'études moléculaires [294] et morphologiques/paléontologiques [326].

Rendez-vous 20. La date est généralement admise [209]. La phylogénie des poissons à nageoires rayonnées est actuellement fluctuante [141, 199], mais la vision traditionnelle suivie ici est largement étayée. Les dates de divergence sont fondées sur des données fossiles [40, 209]. Certains groupes ont été volontairement omis par souci de simplicité, la phylogénie n'étant pas robuste.

Rendez-vous 21. Phylogénie fondée sur des données morphologiques [75, 263]. Dates de divergence fondées sur des données fossiles [209, 252].

Rendez-vous 22. Le groupement des agnathes est fondé sur des données génétiques [97, 279] ; il est contesté par la plupart des phylogénies fondées sur les fossiles (mais on observe dans ces groupes spécialisés des pertes secondaires de caractères qui compliquent l'utilisation de données morphologiques). Le moment de la divergence myxine-lamproie est suggéré par des arbres moléculaires de vraisemblance maximale [279].

Rendez-vous 23. D'après des données d'horloge moléculaire [315], la divergence du lancelet est proche des divergences de base des deutérostomiens, estimée à – 570 Ma d'après la datation de l'explosion cambrienne modérée (voir le message du péripate).

Rendez-vous 24. La date du rendez-vous est imposée par les nœuds voisins. Elle est peut-être plus proche des ambulacraires que des lancelets [315].

Rendez-vous 25. Le groupement des ambulacraires et les divergences de base sont fondés sur des données récentes de génétique [32, 97, 315] présupposant une explosion cambrienne modérée. Les études génétiques indiquent aussi une séparation précoce des xénoturbellidés [28], même si sa position exacte n'est pas robuste. La phylogénie et la datation des échinodermes sont fondées sur des données génétiques, morphologiques et fossiles [176, 297].

Rendez-vous 26. La date du rendez-vous (– 590 Ma environ) provient d'études à base d'horloge moléculaire [8, 10], qui concordent largement avec les données fossiles [291]. La phylogénie des protostomiens a été récemment revue [3] : on a suivi ici un large schéma unique [103] fondé sur la génétique et la morphologic. Trois branches sont constituées de plusieurs phylums regroupés : les céphalorhynques [103], les gnatifères [162] (avec les acanthocéphales et les mysostomidés) et les brachiozoaires (phonoridiens et brachiopodes). La phylogénie des ecdysozoaires est relativement robuste [103] :

les principales incertitudes portent sur le groupement onychophores/arthropodes et sur l'inclusion des chætognathes à la base, qui correspond ici à des données morphologiques et génétiques [224]. Beaucoup de dates concernant les ecdysozoaires sont imposées par des fossiles d'onychophore « à petite coquille » (voir le message du péripate). L'ordre des embranchements des lophotrochozoaires est beaucoup plus incertain : le groupe annélides-mollusques-sipunculiens est robuste [224], les némertes étant probablement son groupe frère [290] ; pour les autres embranchements, l'ordre n'est pas certain.

Rendez-vous 27. Phylogénie fondée sur des données moléculaires [247, 283]. Celles-ci étayent faiblement un paraphylum des acœlomates, mais les données morphologiques appuient fortement l'idée d'une monophylie acœlomorphe ; les dates de divergence sont donc arbitraires. La date du rendez-vous est fondée sur des estimations de distance génétique [247, 283], en supposant une division protostomiens-deutérostomiens à – 590 Ma et une division bilatériens-cnidaires à – 700 Ma.

Rendez-vous 28 et 29. L'ordre de l'embranchement des cnidaires et des cténophores est toujours incertain [35]. Certaines données moléculaires étayent faiblement l'ordre adopté ici [191]. Dans la phylogénie des cnidaires, maintenant généralement admise, les dates données par des études génétiques [50] ont été calibrées sur l'échelle de temps utilisée ici.

Rendez-vous 30. La position de *Trichoplax* n'est pas certaine [35], mais elle se situe éventuellement près de la base des métazoaires [Peter Holland, communication personnelle].

Rendez-vous 31. Les éponges sont en général considérées comme des métazoaires de base, bien que, de temps en temps, des données moléculaires laissent entendre qu'elles pourraient être paraphylétiques [191]. La date du rendez-vous, – 800 Ma, fondée sur des données d'horloge moléculaire [211], a été recalibrée sur la divergence protostomiens-deutérostomiens à – 590 Ma ; c'est en contradiction avec l'absence de spicules d'éponge fossilisés avant la fin du Précambrien, mais ces spicules peuvent être un caractère dérivé.

Rendez-vous 32 et 33. Dates des rendez-vous estimées en gros d'après des arbres moléculaires [166, 191], présupposant pour le rendez-vous 31 la date de – 800 Ma et pour le 34 celle de – 1 100 Ma. La position des *Mesomycetozoea* (*Ichthyosporea*) [231] est fondée sur des séquences d'ADNmt [166], plutôt que d'ARNr (moins longues) [191].

Rendez-vous 34. Pour ce rendez-vous, la date d'environ – 1 100 Ma est celle retenue en général [91, 244] (mais sans être peut-être particulièrement robuste). Les études moléculaires révisées placent maintenant les microsporidies dans les champignons [149], peut-être à la base [13]. D'après la morphologie et la génétique, les ascomycètes et les basidiomycètes sont les plus proches parents ; de plus, l'ADNr fait des gloméromycètes leur groupe frère [256], les « zygomycètes » constituant deux branches paraphylétiques (comme ici), ou plus, qui ont divergé plus tôt. Les dates de divergence proviennent d'horloges moléculaires [133] réajustées pour coïncider avec les dates de rendez-vous utilisées ici.

Rendez-vous 35. Le groupement de la majorité des amibes et moisissures visqueuses en tant que groupe frère des métazoaires + champignons est fortement étayé sur des données moléculaires [13, 43] mais la construction de la racine de l'arbre eucaryote qui ne fait pas l'unanimité pourrait rassembler les Rendez-vous 34, 35, 36 et 37 en un seul [43]. La date de divergence a été placée arbitrairement à mi-chemin entre deux nœuds voisins.

Rendez-vous 36. Il est maintenant prouvé que les données d'ADN ribosomal qui groupaient les plantes avec les animaux sont erronées [13, 113]. Comme l'explique le texte du Rendez-vous 37, la position des plantes dans la phylogénie des eucaryotes est incertaine, et le schéma adopté ici est quelque peu arbitraire. La date du rendez-vous est imposée par des fossiles de – 1 200 Ma [38, mais voir 42] : celle de – 1 300 Ma est largement en accord avec les études d'horloge moléculaire [par ex. 91]. Dans les plantes, la phylogénie et les dates relatives sont issues de données moléculaires [203], mais l'inclusion des algues rouges est parfois contestée [214].

Rendez-vous 37. L'ordre des embranchements et les dates de divergence de la majorité des groupes d'eucaryotes sont incertains [13], d'où la polytomie qui est représentée. Les études d'ARN ribosomal placent de façon erronée les différents groupes comme des lignées qui ont divergé précocement sous l'effet de l'attraction des branches longues. Les arbres corrigés ne peuvent que placer les branches des eucaryotes loin des archées [113], ce qui implique une divergence bien postérieure au Rendez-vous 38 ; les dates des Rendez-vous 37 à 39 ont été estimées à 500 Ma près.

Rendez-vous 38. Date incertaine ; l'horloge moléculaire suggère en gros – 2 milliards d'années [par ex. 91, mais voir 42]. Les dates de divergence et la phylogénie (consensuelle) ont été estimées par des études d'ARNr [par ex. 16].

Rendez-vous 39. Arbre fondamentalement difficile à enraciner car il n'existe pas de groupe extérieur, et les changements des taux de mutation dans les différentes lignées obscurcissent le « centre » de l'arbre. On place souvent la racine entre les archées et les eubactéries (A), mais il existe d'autres possibilités [42] (B) [113], si bien que nous avons présenté l'arbre sans racine. Comme les changements de racine affectent nécessairement la longueur des branches, celles-ci ne peuvent représenter le temps, et sont donc quelque peu arbitraires. La phylogénie des eubactéries est fondée sur des caractéristiques biochimiques robustes (comme les glycoprotéines de la paroi cellulaire), et sur les changements rares du génome [42, 117] ; les arbres d'ARNr peuvent être affectés par l'attraction des branches longues, mais ils indiquent que les divergences dans les bactéries sont profondes [113]. L'échange d'ADN bactérien pose des problèmes pour construire un arbre unique, sauf s'il existe un noyau de gènes non échangés [64].

Bibliographie

Les numéros entre crochets correspondent aux références citées dans les légendes, les notes et l'index.

[1] Adams, D. (1987), *Dirk Gently's Holistic Detective Agency*. William Heinemann, Londres. (Trad. fr. : *Dirk Gently, détective holostique*. 2003.)

[2] Adams, D. & Carwardine, M. (1991), *Last Chance to See*. Pan Books, Londres, 2e éd.

[3] Aguinaldo, A. M. A., Turbeville, J. M., Linford, L. S., *et al.* (1997), Evidence for a clade of nematodes, arthropods and other moulting animals. *Nature* 387: 489-493.

[4] Ahlberg, P. E. & Milner, A. R. (2000/1994), The origin and early diversification of tetrapods. Dans *Shaking the Tree: Readings from Nature in the History of Life* (Gee, H., éd.), University of Chicago Press, Chicago (publié à l'origine dans *Nature* 368: 507-514).

[5] Alexander, R. D., Hoogland, J. L., Howard, R. D., *et al.* (1979), Sexual dimorphisms and breeding systems in pinnipeds, ungulates, primates, and humans. Dans *Evolutionary Biology and Human Social Behavior: An Anthropological Perspective* (Chagnon, N. A. & Irons, W., éds.), p. 402-435, Duxbury Press, North Scituate, Mass.

[6] *Contes des mille et une nuits* (2002). Hachette, Livre de Poche, Paris.

[7] Archibald, J. D. (2003), Timing and biogeography of the eutherian radiation : Fossils and molecules compared. *Molecular Phylogenetics and Evolution* 28: 350-359.

[8] Aris-Brosou, S. & Yang, Z. (2003), Bayesian models of episodic evolution support a late Precambrian explosive diversification of the Metazoa. *Molecular Biology and Evolution* 20: 1947-1954.

[9] Arrese, C. A., Hart, N. S., Thomas, N., *et al.* (2002), Trichromacy in Australian marsupials. *Current Biology* 12: 657-660.

[10] Ayala, F. J., Rzhetsky, A., & Ayala, F. J. (1998), Origin of the metazoan phyla : Molecular clocks confirm paleontological estimates. *Proceedings of the National Academy of Sciences of the USA* 95: 606-611.

[11] Bada, J. L. & Lazcano, A. (2003), Prebiotic soup – revisiting the Miller experiment. *Science* 300: 745-746.

[12] Bakker, R. (1986), *The Dinosaur Heresies: A Revolutionary View of Dinosaurs*. Longman Scientific and Technical, Harlow. (Trad. fr. : *Le Ptérodactyle rose et autres dinosaures*. Armand Colin, Paris, 1990.)

[13] Baldauf, S. L. (2003), The deep roots of eukaryotes. *Science* 300: 1703-1706.

[14] Baldwin, J. M. (1896), A new factor in evolution. *American Naturalist* 30: 441-451.

[15] Barlow, G. W. (2002), *The Cichlid Fishes: Nature's Grand Experiment in Evolution*. Perseus Publishing, Cambridge, Mass.

[16] Barns, S. M., Delwiche, C. F., Palmer, J. D., & Pace, N. R. (1996), Perspectives on archaeal diversity, thermophily and monophyly from environmental rRNA sequences. *Proceedings of the National Academy of Sciences of the USA* 93: 9188-9193.

[17] Bateson, P. P. G. (1976), Specificity and the origins of behavior. Dans *Advances in the Study of Behavior* (Rosenblatt, J., Hinde, R. A., & Beer, C., éds.), vol. 6, p. 1-20, Academic Press, New York.

[18] Bateson, W. (1894), *Materials for the Study of Variation Treated with Especial Regard to Discontinuity in the Origin of Species*. Macmillan and Co, Londres.

[19] Bauer, M. & von Halversen, O. (1987), Separate localization of sound recognizing and sound producing neural mechanisms in a grasshopper. *Journal of Comparative Physiology A* 161: 95-101.

[20] Begun, D. R. (1999), Hominid family values: Morphological and molecular data on relations among the great apes and humans. Dans *The Mentalities of Gorillas and Orangutans* (Parker, S. T., Mitchell, R. W., & Miles, H. L., éds.), chap. 1, p. 3-42, Cambridge University Press, Cambridge.

[21] Bell, G. (1982), *The Masterpiece of Nature: The Evolution and Genetics of Sexuality*. Croom Helm, Londres.

[22] Belloc, H. (1999), *Complete Verse*. Random House Children's Books, Londres.

[23] Betzig, L. (1995), Medieval monogamy. *Journal of Family History* 20: 181-216.

[24] Blackmore, S. (1999), *The Meme Machine*. Oxford University Press, Oxford. (Trad. fr. : *La Théorie des mèmes : pourquoi nous nous imitons les uns les autres*. M. Milo, Paris, 2006.)

[25] Blair, W. F. (1955), Mating call and stage of speciation in the *Microhyla olivacea – M. carolinensis* complex. *Evolution* 9: 469-480.

[26] Bloch, J. I. & Boyer, D. M. (2002), Grasping primate origins. *Science* 298: 1606-1610.

[27] Bonner, J. T. (1993), *Life Cycles: Reflections of an Evolutionary Biologist*. Princeton University Press, Princeton, N.J. (Trad. fr. : *Forme et Croissance*. Le Seuil, CNRS éditions, Paris, 1994.)

[28] Bourlat, S. J., Nielsen, C., Lockyer, A. E., *et al.* (2003), *Xenoturbella* is a deuterostome that eats molluscs. *Nature* 424: 925-928.

[29] Brasier, M. D., Green, O. R., Jephcoat, A. P., *et al.* (2002), Questioning the evidence for earth's oldest fossils. *Nature* 416: 76-81.

[30] Briggs, D., Erwin, D., & Collier, F. (1994), *The Fossils of the Burgess Shale*. Smithsonian Institution Press, Washington, D.C.

[31] Briggs, D. E. G. & Fortey, R. A. (sous presse), Wonderful strife – systematics, stem groups and the phylogenetic signal of the Cambrian radiation. *Paleobiology*.

[32] Bromham, L. & Degnan, B. M. (1999), Hemichordates and deuterostome evolution: Robust molecular phylogenetic support for a hemichordate + echinoderm clade. *Evolution and Development* 1: 166-171.

[33] Bromham, L. & Penny, D. (2003), The modern molecular clock. *Nature Reviews Genetics* 4: 216-224.

[34] Bromham, L., Woolfit, M., Lee, M. S. Y., & Rambaut, A. (2002), Testing the relationship between morphological and molecular rates of change along phylogenies. *Evolution* 56: 1921-1930.

[35] Brooke, N. M. & Holland, P. W. H. (2003), The evolution of multicellularity and early animal genomes. *Current Opinion in Genetics & Development* 13: 599-603.

[36] Brunet, M., Guy, F., Pilbeam, D., *et al.* (2002), A new hominid from the Upper Miocene of Chad, central Africa. *Nature* 418: 145-151.

[37] Buchsbaum, R. (1987), *Animals Without Backbones*. University of Chicago Press, Chicago, 3e éd.

[38] Butterfield, N. J. (2001), Paleobiology of the late Mesoproterozoic (ca. 1 200 Ma) Hunting Formation, Somerset Island, arctic Canada. *Precambrian Research* 111: 235-256.

[39] Cairns-Smith, A. G. (1985), *Seven Clues to the Origin of Life*. Cambridge University Press, Cambridge. (Trad. fr. : *L'Énigme de la vie : une enquête scientifique*. Odile Jacob, Paris, 1990.)

[40] Carroll, R. L. (1988), *Vertebrate Paleontology and Evolution*. W. H. Freeman, New York.

[41] Catania, K. C. & Kaas, J. H. (1997), Somatosensory fovea in the star-nosed mole: Behavioral use of the star in relation to innervation patterns and cortical representation. *Journal of Comparative Neurology* 387: 215-233.

[42] Cavalier-Smith, T. (2002), The neomuran origin of archaebacteria, the negibacterial root of the universal tree and bacterial megaclassification. *International Journal of Systematic and Evolutionary Microbiology* 52: 7-76.

[43] Cavalier-Smith, T. & Chao, E. E. Y. (2003), Phylogeny of choanozoa, Apusozoa, and other Protozoa and early eukaryote megaevolution. *Journal of Molecular Evolution* 56: 540-563.

[44] Censky, E. J., Hodge, K., & Dudley, J. (1998), Overwater dispersal of lizards due to hurricanes. *Nature* 395: 556.

[45] Chang, J. T. (1999), Recent common ancestors of all present-day individuals. *Advances in Applied Probability* 31: 1002-1026.

[46] Chaucer, G. (2000), *Chaucer: The General Prologue on CD-ROM* (Solopova, E., éd.). Cambridge University Press, Cambridge.

[47] Clack, J. (2002), *Gaining Ground: The Origin and Evolution of Tetrapods*. Indiana University Press, Bloomington.

[48] Clarke, R. J. (1998), First ever discovery of a well-preserved skull and associated skeleton of *Australopithecus*. *South African Journal of Science* 94: 460-463.

[49] Cleveland, L. R. & Grimstone, A. V. (1964), The fine structure of the flagellate *Mixotricha paradoxa* and its associated micro-organisms. *Proceedings of the Royal Society of London: Series B* 159: 668-686.

[50] Collins, A. G. (2002), Phylogeny of medusozoa and the evolution of cnidarian life cycles. *Journal of Evolutionary Biology* 15: 418-432.

[51] Conway-Morris, S. (1998), *The Crucible of Creation: The Burgess Shale and the Rise of Animals*. Oxford University Press, Oxford.

[52] Conway-Morris, S. (2003), *Life's Solution: Inevitable Humans in a Lonely Universe*. Cambridge University Press, Cambridge.

[53] Cooper, A. & Fortey, R. (1998), Evolutionary explosions and the phylogenetic fuse. *Trends in Ecology and Evolution* 13: 151-156.

[54] Coppens, Y. (1994), East side story: The origin of humankind. *Scientific American* 271 (May): 88-95.

[55] Cott, H. B. (1940), *Adaptive Coloration in Animals*. Methuen, Londres.

[56] Crick, F. H. C. (1981), *Life Itself: Its Origin and Nature*. Macdonald, Londres.

[57] Crockford, S. (2002), *Dog Evolution: A Role for Thyroid Hormone Physiology in Domestication Changes*. Johns Hopkins University Press, Baltimore.

[58] Cronin, H. (1991), *The Ant and the Peacock: Altruism and Sexual Selection from Darwin to Today*. Cambridge University Press, Cambridge.

[59] Darwin, C. (1860/1859), *On The Origin of Species by Means of Natural Selection*. John Murray, Londres. (Trad. fr. : *L'Origine des espèces*. Jean de Bonnot, Paris, 1982.)

[60] Darwin, C. (1987/1842), *The Geology of the Voyage of HMS Beagle: The Structure and Distribution of Coral Reefs*. New York University Press, New York. (Trad. fr. : *Les Récifs de corail, leur structure et leur distribution*. Germer-Baillière, Paris, 1878.)

[61] Darwin, C. (2002/1839), *The Voyage of the Beagle*. Dover Publications, New York. (Trad. fr. : *Voyage d'un naturaliste autour du monde*. La Découverte, Paris, 2003.)

[62] Darwin, C. (2003/1871), *The Descent of Man*. Gibson Square Books, Londres. (Trad. fr. : *La Filiation de l'homme*. Sylepse international, Paris, 1999.)

[63] Darwin, F. (éd.) (1888), *The Life And Letters of Charles Darwin*. John Murray, Londres. (Trad. fr. : *La Vie et la correspondance de Charles Darwin*. C. Reinwald, Paris, 1888.)

[64] Daubin, V., Gouy, M., & Perrière, G. (2002), A phylogenomic approach to bacterial phylogeny: evidence for a core of genes sharing common history. *Genome Research* 12: 1080-1090.

[65] Davies, P. (1998), *The Fifth Miracle: The Search for the Origin of Life*. Allen Lane, The Penguin Press, Londres.

[66] Dawkins, R. (1982), *The Extended Phenotype*. W. H. Freeman, Oxford.

[67] Dawkins, R. (1986), *The Blind Watchmaker*. Longman, Londres. (Trad. fr. : *L'Horloger aveugle*. Robert Laffont, Paris, 1989.)

[68] Dawkins, R. (1989), The evolution of evolvability. Dans *Artificial Life* (Langton, C., éd.), p. 201-220, Addison-Wesley, New York.

[69] Dawkins, R. (1989), *The Selfish Gene*. Oxford University Press, Oxford, 2e éd. (Trad. fr. : *Le Gène égoïste*. Odile Jacob, Paris, 1996.)

[70] Dawkins, R. (1995), *River Out of Eden*. Weidenfeld & Nicolson, Londres. (Trad. fr. : *Qu'est-ce-que l'évolution ? Le fleuve de la vie*. Hachette littératures, Paris, 2005.)

[71] Dawkins, R. (1996), *Climbing Mount Improbable*. Viking, Londres.

[72] Dawkins, R. (1998), *Unweaving the Rainbow*. Penguin, Londres. (Trad. fr. : *Les Mystères de l'arc-en-ciel*. Bayard, Paris, 2000.)

[73] Dawkins, R. (2003), *A Devil's Chaplain*. Weidenfeld & Nicolson, Londres.

[74] Dawkins, R. & Krebs, J. R. (1979), Arms races between and within species. *Proceedings of the Royal Society of London: Series B* 205: 489-511.

[75] De Carvalho, M. R. (1996), Higher-level elasmobranch phylogeny, basal squaleans, and paraphyly. Dans *Interrelationships of Fishes* (Stiassny, M. L. J., Parenti, L. R., & Johnsson, G. D., éds.), p. 35-62, Academic Press, San Diego.

[76] De Morgan, A. (2003/1866), *A Budget of Paradoxes*. The Thoemmes Library, Poole, Dorset.

[77] De Waal, F. (1995), Bonobo sex and society. *Scientific American* 272; (March): 82-88.

[78] De Waal, F. (1997), *Bonobo: The Forgotten Ape*. University of California Press, Berkeley. (Trad. fr. : *Bonobos, le bonheur d'être singe*. Fayard, Paris, 1999.)

[79] Dennett, D. (1991), *Consciousness Explained*. Little, Brown, Boston. (Trad. fr. : *La Conscience expliquée*. Odile Jacob, Paris, 1993.)

[80] Dennett, D. (1995), *Darwin's Dangerous Idea: Evolution and the Meaning of Life*. Simon & Schuster, New York. (Trad. fr. : *Darwin est-il dangereux ?* Odile Jacob, Paris, 1999.)

[81] Deutsch, D. (1997), *The Fabric of Reality*. Allen Lane, The Penguin Press, Londres.

[82] Diamond, J. (1991), *The Rise and Fall of the Third Chimpanzee*. Radius, Londres. (Trad. fr. : *Le Troisième Chimpanzé. Essai sur l'évolution et l'avenir de l'animal humain*. Gallimard, Paris, 2000.)

[83] Dixon, D. (1981), *After Man: A Zoology of the Future*. Granada, Londres. (Trad. fr. : *Après l'homme, les animaux du futur*. Fernand Nathan, Paris, 1981.)

[84] Drayton, M. (1931-1941), *The Works of Michael Drayton*. Blackwell, Oxford.

[85] Dudley, J. W. & Lambert, R. J. (1992), Ninety generations of selection for oil and protein in maize. *Mavdica* 37: 96-119.

[86] Dulai, K. S., von Dornum, M., Mollon, J. D., & Hunt, D. M. (1999), The evolution of trichromatic color vision by opsin gene duplication in New World and Old World primates. *Genome Research* 9: 629-638.

[87] Durham, W. H. (1991), *Coevolution: Genes, Culture and Human diversity*. Stanford University Press, Stanford.

[88] Dyson, F. J. (1999), *Origins of Life*. Cambridge University Press, Cambridge, 2e éd.

[89] Edwards, A. W. F. (2003), Human genetic diversity: Lewontin's fallacy. *BioEssays* 25: 798-801.

[90] Eigen, M. (1992), *Steps Towards Life: A Perspective on Evolution*. Oxford University Press, Oxford.

[91] Feng, D. F., Cho, G., & Doolittle, R. F. (1997), Determining divergence times with a protein clock: Update and reevaluation. *Proceedings of the National Academy of Sciences of the USA* 94: 13028-13033.

[92] Ferrier, D. E. K. & Holland, P. W. H. (2001), Ancient origin of the Hox gene cluster. *Nature Reviews Genetics* 2: 33-38.

[93] Ferrier, D. E. K., Minguillón, C., Holland, P. W. H., & Garcia-Fernàndez, I. (2000), The amphioxus Hox cluster: Deuterostome posterior flexibility and Hox14. *Evolution and Development* 2: 284-293.

[94] Fisher, R. A. (1999/1930) *The Genetical Theory of Natural Selection: A Complete Variorum Edition*. Oxford University Press, Oxford.

[95] Fogle, B. (1993), *101 Questions Your Dog Would Ask Its Vet*. Michael Joseph, Londres.

[96] Fortey, R. (1997), *Life: An Unauthorised Biography: A Natural History of the First Four Thousand Million Years of Life on Earth*. HarperCollins, Londres.

[97] Furlong, R. F. & Holland, P. W. H. (2002), Bayesian phylogenetic analysis supports monophyly of Ambulacraria and of cyclostomes. *Zoological Science* 19: 593-599.

[98] Fumes, H., Banerjee, N. R., Muehlenbachs, K., *et al.* (2004), Early life recorded in Archean pillow larvas. *Science* 304: 578-581.

[99] Garstang, W. (1951), *Larval forms and other zoological verses by the late Waiter Garstang* (Hardy, A. C., éd.). Blackwell, Oxford.

[100] Geissmann, T. (2002), Taxonomy and evolution of gibbons. *Evolutionary Anthropology* 11, Supplement 1: 28-31.

[101] Georgy, S. T., Widdicombe, J. G., & Young, V. (2002), The pyrophysiology and sexuality of dragons. *Respiratory Physiology & Neurobiology* 133: 3-10.

[102] Gibbs, S., Collard, M., & Wood, B. (2002), Soft-tissue anatomy of the extant hominoids: a review and phylogenetic analysis. *Journal of Anatomy* 200: 3-49.

[103] Giribet, G. (2002), Current advances in the phylogenetic reconstruction of metazoan evolution. A new paradigm for the Cambrian explosion? *Molecular Phylogenetics and Evolution* 24: 345-357.

[104] Gold, T. (1992), The deep, hot biosphere. *Proceedings of the National Academy of Sciences of the USA* 89: 6045-6049.

[105] Goodman, M., Porter, C. A., Czelusniak, J., *et al.* (1998), Toward a phylogenetic classification of primates based on DNA evidence complemented by fossil evidence. *Molecular Phylogenetics and Evolution* 9: 583-598.

[106] Gould, S. J. (1977), *Ontogeny and Phylogeny*. The Belknap Press of Harvard University Press, Cambridge, Mass.

[107] Gould, S. J. (1985), *The Flamingo's Smile: Reflections in Natural History*. Norton, New York. (Trad. fr. : *Le Sourire du flamant rose : réflexion sur l'histoire naturelle*. Le Seuil, Paris, 1993.)

[108] Gould, S. J. (1989), *Wonderful Life: The Burgess Shale and the Nature of History*. Hutchinson Radius, Londres. (Trad. fr. : *La vie est belle : les surprises de l'évolution*. Le Seuil, Paris, 1991.)

[109] Gould, S. J. & Calloway, C. B. (1980), Clams and brachiopods: ships that pass in the night. *Paleobiology* 6: 383-396.

[110] Grafen, A. (1990), Sexual selection unhandicapped by the Fisher process. *Journal of Theoretical Biology* 144: 473-516.

[111] Grant, P. R. (1999/1986), *Ecology and Evolution of Darwin's Finches*. Princeton University Press, Princeton, N. J., édition révisée.

[112] Graur, D. & Martin, W. (2004), Reading the entrails of chickens: Molecular timescales of evolution and the illusion of precision. *Trends in Genetics* 20: 80-86.

[113] Gribaldo, S. & Philippe, H. (2002), Ancient phylogenetic relationships. *Theoretical Population Biology* 61: 391-408.

[114] Gribbin, J. & Cherfas, J. (1982), *The Monkey Puzzle*. The Bodley Head, Londres.

[115] Gribbin, J. & Cherfas, J. (2001), *The First Chimpanzee: In Search of Human Origins*. Penguin, Londres.

[116] Groves, C. P. (1986), Systematics of the great apes. Dans *Systematics, Evolution, and Anatomy* (Swindler, D. R. & Erwin, J., éds.), *Comparative Primate Biology*, vol. 1, p. 186-217, Alan R. Liss, New York.

[117] Gupta, R. S. & Griffiths, E. (2002), Critical issues in bacterial phylogeny. *Theoretical Population Biology* 61: 423-434.

[118] Hadzi, J. (1963), *The Evolution of the Metazoa*. Pergamon Press, Oxford.

[119] Haeckel, E. (1866), *Generelle Morphologie der Organismen*. Georg Reimer, Berlin.

[120] Haeckel, E. (1899-1904), *Kunstformen der Natur*.

[121] Haig, D. (1993), Genetic conflicts in human pregnancy. *The Quarterly Review of Biology* 68: 495-532.

[122] Haldane, J. B. S. (1952), Introducing Douglas Spalding. *British Journal for Animal Behaviour* 2: 1.

[123] Haldane, J. B. S. (1985), *On Being the Right Size and Other Essays* (Maynard Smith, J., éd.). Oxford University Press, Oxford.

[124] Halder, G., Callaerts, P., & Gehling, W. J. (1995), Induction of ectopic eyes by targeted expression of the eyeless gene in *Drosophila*. *Science* 267: 1788-1792.

[125] Hallam, A. & Wignall, P. B. (1997), *Mass Extinctions and their Aftermath*. Oxford University Press, Oxford.

[126] Hamilton, W. D. (2001), *Narrow Roads of Gene Land,* vol. 2. Oxford University Press, Oxford.

[127] Hamilton, W. D. (en prép.), *Narrow Roads of Gene Land*, vol. 3. Oxford University Press, Oxford.

[128] Hamrick, M. W. (2001), Primate origins: Evolutionary change in digital ray patterning and segmentation. *Journal of Human Evolution* 40: 339-351.

[129] Harcourt, A. H., Harvey, P. H., Larson, S. G., & Short, R. V. (1981), Testis weight, body weight and breeding system in primates. *Nature* 293: 55-57.

[130] Hardy, A. (1965), *The Living Stream*. Collins, Londres. (Trad. fr. : *Le Fleuve de vie*. Stock, Paris, 1969.)

[131] Hardy, A. C. (1954), The escape from specialization. Dans *Evolution as a Process* (Huxley, J., Hardy, A. C., & Ford, E. B., éds.), Allen and Unwin, Londres, 1re éd.

[132] Harvey, P. H. & Pagel, M. D. (1991), *The Comparative Method in Evolutionary Biology*. Oxford University Press, Oxford.

[133] Heckman, D. S., Geiser, D. M., Eidell, B. R., *et al.* (2001), Molecular evidence for the early colonization of land by fungi and plants. *Science* 293: 1129-1133.

[134] Heesy, C. P. & Ross, C. F. (2001), Evolution of activity patterns and chromatic vision in primates: Morphometrics, genetics and cladistics. *Journal of Human Evolution* 40: 111-149.

[135] Home, E. (1802), A description of the anatomy of the *Ornithorhynchus paradoxus*. *Philosophical Transactions of the Royal Society of London* 92: 67-84.

[136] Hou, X.-G., Aldridge, R. J., Bergstrom, J., *et al.* (2004), *The Cambrian Fossils of Chengjiang, China: The Flowering of Early Animal Life*. Blackwell well Science, Oxford.

[137] Huchon, D., Madsen, O., Sibbald, M. J. J. B., *et al.* (2002), Rodent phylogeny and a timescale for the evolution of Glires: Evidence from an extensive taxon sampling using three nuclear genes. *Molecular Biology and Evolution* 19: 1053-1065.

[138] Hume, D. (1957/1757), *The Natural History of Religion* (Root, H. E., éd.). Stanford University Press, Stanford.

[139] Huxley, A. (1939), *After Many a Summer*. Chatto and Windus, Londres. (Trad. fr. : *Jouvence*. Presses Pocket, Paris, 1980.)

[140] Huxley, T. H. (2001/1836), *Man's Place in Nature*. Random House USA, New York. (Trad. fr. : *De la place de l'homme dans la nature*. J. B. Baillière, Paris, 1868.)

[141] Inoue, I. G., Masaki, M., Tsukamoto, K., & Nishida, M. (2003), Basal actinopterygian relationships: A mitogenomic perspective on the phylogeny of the 'ancient fish'. *Molecular Phylogenetics and Evolution* 26: 110-120.

[142] Jeffery, W. R. & Martasian, D. P. (1998), Evolution of eye regression in the cavefish *Astyanax*: Apoptosis and the *Pax-6* gene. *American Zoology* 38: 685-696.

[143] Jerison, H. J. (1973), *Evolution of the Brain and Intelligence*. Academic Press, New York.

[144] Ji, Q., Luo, Z.-X., Yuan, C.-X., *et al.* (2002), The earliest known eutherian mammal. *Nature* 416: 816-822.

[145] Johanson, D. C. & Edey, M. A. (1981), *Lucy: The Beginnings of Humankind*. Grenada, Londres. (Trad. fr. : *Lucy, une jeune femme de 3 500 000 ans*. Robert Laffont, Paris, 1983.)

[146] Jones, S. (1993), *The Language of the Genes: Biology, History, and the Evolutionary Future*. HarperCollins, Londres.

[147] Judson, O. (2002), *Dr. Tatiana's Sex Advice to all Creation*. Metropolitan Books, New York. (Trad. fr. : *Manuel universel d'éducation sexuelle à l'usage de toutes les espèces*. Le Seuil, Paris, 2002.)

[148] Kauffman, S. A. (1985), Self-organization, selective adaptation, and its limits. Dans *Evolution at a Crossroads* (Depew, D. J. & Weber, B. H., éds.), p. 169-207, MIT Press, Cambridge, Mass.

[149] Keeling, P. J. & Fast, N. M. (2002), Microsporidia: Biology and evolution of highly reduced intracellular parasites. *Annual Review of Microbiology* 56: 93-116.

[150] Kemp, T. S. (1982), *Mammal-like reptiles and the origin of mammals*. Academic Press, Londres.

[151] Kemp, T. S. (1982), The reptiles that became mammals. *New Scientist* 93: 581-584.

[152] Kimura, M. (1994), *Population Genetics, Molecular Evolution and the Neutral Theory* (Takahata, N., éd.). University of Chicago Press, Chicago.

[153] Kingdon, J. (1990), *Island Africa*. Collins, Londres.

[154] Kingdon, J. (2003), *Lowly Origin: Where, When and Why our Ancestors First Stood Up*. Princeton University Press, Princeton/Oxford.

[155] Kingsley, C. (1995/1863), *The Water Babies*. Puffin, Londres. (Trad. fr. : *Les Bébés d'eau, conte symbolique*. Dorbon aîné, Paris, 1914.)

[156] Kipling, R. (1995/1906), *Puck of Pook's Hill*. Penguin, Londres.

[157] Kirschner, M. & Gerhart, J. (1998), Evolvability. *Proceedings of the National Academy of Sciences of the USA* 95: 8420-8427.

[158] Kittler, R., Kayser, M., & Stoneking, M. (2003), Molecular evolution of *Pediculus humanus* and the origin of clothing. *Current Biology* 13: 1414-1417.

[159] Klein, R. G. (1999), *The Human Career: Human Biological and Cultural Origins*. Chicago University Press, Chicago/Londres, 2e éd.

[160] Kortlandt, A. (1972), *New Perspectives on Ape and Human Evolution*. Stichting voor Psychobiologie, Amsterdam.

[161] Krings, M., Stone, A., Schmitz, R. W., *et al.* (1997), Neanderthal DNA sequences and the origin of modern humans. *Cell* 90: 19-30.

[162] Kristensen, R. M. (2002), An introduction to Loricifera, Cycliophora, and Micrognathozoa. *Integrative and Comparative Biology* 42: 641-651.

[163] Kruuk, H. (2003), *Niko's Nature*. Oxford University Press, Oxford.

[164] Lack, D. (1947), *Darwin's Finches*. Cambridge University Press, Cambridge.

[165] Lambourn, W. A. (1930), The remarkable adaptation by which a dipterous pupa (Tabanidae) is preserved from the dangers of fissures in drying mud. *Proceedings of the Royal Society of London: Series B* 106: 83-87.

[166] Lang, B. F., O'Kelly, C., Nerad, T., *et al.* (2002), The closest unicellular relatives of animals. *Current Biology* 12: 1773-1778.

[167] Laskey, R. A. & Gurdon, J. B. (1970), Genetic content of adult somatic cells tested by nuclear transplantation from cultured cells. *Nature* 228: 1332-1334.

[168] Leakey, M. (1987), The hominid footprints: Introduction. Dans *Laetoli: A Pliocene Site in Northern Tanzania* (Leakey, M. D. & Harris, J. M., éds.), p. 490-496, Clarendon Press, Oxford.

[169] Leakey, M., Feibel, C., McDougall, I., & Walker, A. (1995), New four-million-year-old hominid species from Kanapoi and Allia Bay, Kenya. *Nature* 376: 565-571.

[170] Leakey, R. (1994), *The Origin of Humankind*. Basic Books, New York. (Trad. fr. : *L'Origine de l'humanité*. Hachette littératures, Paris, 2000.)

[171] Leakey, R. & Lewin, R. (1992), *Origins Reconsidered: In Search of What Makes us Human*. Little, Brown, Londres.

[172] Leakey, R. & Lewin, R. (1996), *The Sixth Extinction: Biodiversity and its Survival*. Weidenfeld & Nicolson, Londres. (Trad. fr. : *La Sixième Extinction, évolution et catastrophes*. Flammarion, Paris, 1999.)

[173] Lewis-Williams, D. (2002), *The Mind in the Cave*. Thames and Hudson, Londres. (Trad. fr. : *L'Esprit dans la grotte : la conscience et les origines de l'art*. Rocher, Monaco, 2003.)

[174] Lewontin, R. C. (1972), The apportionment of human diversity. *Evolutionary Biology* 6: 381-398.

[175] Liem, K. F. (1973), Evolutionary strategies and morphological innovations: cichlid pharyngeal jaws. *Systematic Zoology* 22: 425-441.

[176] Littlewood, D. T. J., Smith, A. B., Clough, K. A., & Emson, R. H. (1997), The interrelationships of the echinoderm classes: Morphological and molecular evidence. *Biological Journal of the Linnean Society* 61: 409-438.

[177] Liu, F. G. R., Miyamoto, M. M., Freire, N. P., *et al.* (2001), Molecular and morphological supertrees for eutherian (placental) mammals. *Science* 291: 1786-1789.

[178] Lorenz, K. (2002), *Man Meets Dog*. Routledge Classics, Routledge, Londres.

[179] Lovejoy, C. O. (1981), The origin of Man. *Science* 211: 341-350.

[180] Luo, Z.-X., Cifelli, R. L., & Kielan-Jaworowska, Z. (2001), Dual origin of tribosphenic mammals. *Nature* 409: 53-57.

[181] Manger, P. R. & Pettigrew, J. D. (1995), Electroreception and feeding behaviour of the platypus (*Ornithorhychus anatinus*: Monotrema: Mammalia). *Philosophical Transactions of the Royal Society of London: Biological Sciences* 347: 359-381.

[182] Marcus, G. F. & Fisher, S. E. (2003), FOXP2 in focus: what can genes tell us about speech and language? *Trends in Cognitive Sciences* 7: 257-262.

[183] Margulis, L. (1981), *Symbiosis in Cell Evolution*. W. H. Freeman, San Francisco.

[184] Mark Welch, D. & Meselson, M. (2000), Evidence for the evolution of bdelloid rotifers without sexual reproduction or genetic exchange. *Science* 288: 1211-1219.

[185] Martin, R. D. (1981), Relative brain size and basal metabolic rate in terrestrial vertebrates. *Nature* 293: 57-60.

[186] Mash, R. (2003/1983), *How to Keep Dinosaurs*. Weidenfeld & Nicholson, Londres.

[187] Maynard Smith, J. (1978), *The Evolution of Sex*. Cambridge University Press, Cambridge.

[188] Maynard Smith, J. (1986), Evolution – contemplating life without sex. *Nature* 324: 300-301.

[189] Maynard Smith, J. & Szathmáry, E. (1995), *The Major Transitions in Evolution*. Oxford University Press, Oxford.

[190] Mayr, E. (1985/1982), *The Growth of Biological Thought*. Harvard University Press, Cambridge, Mass.

[191] Medina, M., Collins, A. G., Silberman, J. D., & Sogin, M. L. (2001), Evaluating hypotheses of basal animal phylogeny using complete sequences of large and small subunit rRNA. *Proceedings of the National Academy of Sciences of the USA* 98: 9707-9712.

[192] Menotti-Raymond, M. & O'Brien, S. J. (1993), Dating the genetic bottleneck of the African cheetah. *Proceedings of the National Academy of Sciences of the USA* 90: 3172-3176.

[193] Milius, S. (2000), Bdelloids: No sex for over 40 million years. *Science News* 157: 326.

[194] Miller, G. (2000), *The Mating Mind: How Sexual Choice Shaped the Evolution of Human Nature*. Heinemann, Londres.

[195] Miller, K. R. (1999), *Finding Darwin's God: A Scientist's Search for Common Ground Between God and Evolution*. Cliff Street Books (HarperCollins), New York.

[196] Miller, K. R. (2004), The flagellum unspun: the collapse of 'irreducible complexity'. Dans *Debating Design: From Darwin to DNA* (Ruse, M. & Dembski, W., éds.), Cambridge University Press, Cambridge.

[197] Mills, D. R., Peterson, R. L., & Spiegelman, S. (1967), An extracellular Darwinian experiment with a self-duplicating nucleic acid molecule. *Proceedings of the National Academy of Sciences of the USA* 58: 217-224.

[198] Milner, A. R. & Sequeira, S. E. K. (1994), The temnospondyl amphibians from the Visean of East Kirkton. *Transactions of the Royal Society of Edinburgh, Earth Sciences* 84: 331-361.

[199] Miya, M., Takeshima, H., Endo, H., *et al.* (2003), Major patterns of higher teleostean phylogenies: A new perspective based on 100 complete mitochondrial DNA sequences. *Molecular Phylogenetics and Evolution* 26: 121-138.

[200] Mollon, J. D., Bowmaker, J. K., & Jacobs, G. H. (1984), Variations of colour vision in a New World primate can be explained by polymorphism of retinal photopigments. *Proceedings of the Royal Society of London: Series B* 222: 373-399.

[201] Monod, J. (1970), *Le Hasard et la Nécessité : essai sur la philosophie naturelle de la biologie moderne*. Le Seuil, Paris.

[202] Montgelard, C., Bentz, S., Tirard, C., *et al.* (2002), Molecular systematics of Sciurognathi (Rodentia): The mitochondrial cytochrome b and 12S

rRNA genes support the Anomaluroidea (Pedetidae and Anomaluridae). *Molecular Phylogenetics and Evolution* 22: 220-233.

[203] Moreira, D., Le Guyader, H., & Philippe, H. (2000), The origin of red algae and the evolution of chloroplasts. *Nature* 405: 32-33.

[204] Morgan, E. (1997), *The Aquatic Ape Hypothesis*. Souvenir Press, Londres. (Trad. fr. : *Des origines aquatiques de l'homme : une thèse de l'évolution humaine*. Sand, Paris, 1988.)

[205] Murata, Y., Nikaido, M., Sasaki, T., *et al.* (2003), Afrotherian phylogeny as inferred from complete mitochondrial genomes. *Molecular Phylogenetics and Evolution* 28: 253-260.

[206] Murdock, G. P. (1967), *Ethnographic Atlas*. University of Pittsburgh Press, Pittsburgh.

[207] Murphy, W. J., Eizirik, E., O'Brien, S. J., *et al.* (2001), Resolution of the early placental mammal radiation using Bayesian phylogenetics. *Science* 294: 2348-2351.

[208] Musser, A. M. (2003), Review of the monotreme fossil record and comparison of palaeontological and molecular data. *Comparative Biochemistry and Physiology Part A* 136: 927-942.

[209] Nelson, J. S. (1994), *Fishes of the World*. John Wiley, New York, 3e éd.

[210] Nesse, R. M. & Williams, G. C. (1994), *The Science of Darwinian Medicine*. Orion, Londres.

[211] Nikoh, N., Iwabe, N., Kuma, K. I., *et al.* (1997), An estimate of divergence time of Parazoa and Eumetazoa and that of Cephalochordata and Vertebrata by aldolase and triose phosphate isomerase clocks. *Journal of Molecular Evolution* 45: 97-106.

[212] Nilsson, M. A., Gullberg, A., Spotorno, A. E., *et al.* (2003), Radiation of extant marsupials after the K/T boundary: Evidence from complete mitochondrial genomes. *Journal of Molecular Evolution* 57: S3-S12.

[213] Norman, D. (1991), *Dinosaur!* Boxtree, Londres.

[214] Nozaki, H., Matsuzaki, M., Takahara, M., *et al.* (2003), The phylogenetic position of red algae revealed by multiple nuclear genes from mitochondria-containing eukaryotes and an alternative hypothesis on the origin of plastids. *Journal of Molecular Evolution* 56: 485-497.

[215] Ohta, T. (1992), The nearly neutral theory of molecular evolution. *Annual Review of Ecology and Systematics* 23: 263-286.

[216] Oparin, A. I. (1938), *The Origin of Life*. Macmillan, New York. (Trad. fr. : *L'Origine de la vie sur la Terre*. Masson, Paris, 1965.)

[217] Orgel, L. E. (1998), The origin of life, a review of facts and speculations. *Trends in Biochemical Sciences* 23: 491-495.

[218] Pagel, M. & Bodmer, W. (2003), A naked ape would have fewer parasites. *Proceedings of the Royal Society of London: Biological Sciences (Suppl.)* 270: 5117-5119.

[219] Panchen, A. L. (2001), Étienne Geoffroy Saint-Hilaire: Father of « evo-devo »? *Evolution and Development* 3: 41-46.

[220] Parker, A. (2003), *In the Blink of an Eye: The Cause of the Most Dramatic Event in the History of Life*. Free Press, Londres.

[221] Partridge, T. C., Granger, D. E., Caffee, M. W., & Clarke, R. J. (2003), Lower Pliocene hominid remains from Sterkfontein. *Science* 300: 607-612.

[222] Penfield, W. & Rasmussen, T. (1950), *The Cerebral Cortex of Man: A Clinical Study of Localization of Function.* Macmillan, New York.

[223] Perdeck, A. C. (1957), The isolating value of specific song patterns in two sibling species of grasshoppers. *Behaviour* 12: 1-75.

[224] Peterson, K. J. & Eernisse, D. J. (2001), Animal phylogeny and the ancestry of bilaterians: Inferences from morphology and 18S rDNA gene sequences. *Evolution and Development* 3: 170-205.

[225] Pettigrew, J. D., Manger, P. R., & Fine, S. L. B. (1998), The sensory world of the platypus. *Philosophical Transactions of the Royal Society of London: Biological Sciences* 353: 1199-1210.

[226] Pinker, S. (1994), *The Language Instinct: The New Science of Language and Mind.* Allen Lane, The Penguin Press, Londres. (Trad. fr. : *L'Instinct du langage.* Odile Jacob, Paris, 1999.)

[227] Pinker, S. (1997), *How the Mind Works.* Norton, New York. (Trad. fr. : *Comment fonctionne l'esprit.* Odile Jacob, Paris, 2000.)

[228] Pough, F. H., Andrews, R. M., Cadle, I. E., & Crump, M. (2001), *Herpetology.* Prentice Hall, Upper Saddle River, N.J., 2e éd.

[229] Pullman, P. (2001), *His Dark Materials Trilogy.* Scholastic Press, Londres.

[230] Purvis, A. (1995), A composite estimate of primate phylogeny. *Philosophical Transactions of the Royal Society: Biological Sciences* 348: 405-421.

[231] Ragan, M. A., Goggin, C. L., Cawthorn, R. J., *et al.* (1996), A novel clade of protistan parasites near the animal-fungal divergence. *Proceedings of the National Academy of Sciences of the USA* 93: 11907-11912.

[232] Reader, J. (1988), *Man on Earth.* Collins, Londres.

[233] Reader, J. (1998), *Africa: A Biography of the Continent.* Penguin, Londres.

[234] Rebek, J. (1994), Synthetic self-replicating molecules. *Scientific American* 271 (July): 48-55.

[235] Rees, M. (1999), *Just Six Numbers.* Science Masters, Weidenfeld & Nicolson, Londres.

[236] Reno, P. L., Meindl, R. S., McCollum, M. A., & Lovejoy, C. O. (2003), Sexual dimorphism in *Australopithecus afarensis* was similar to that of modern humans. *Proceedings of the National Academy of Sciences of the USA* 100: 9404-9409.

[237] Richardson, M. K. & Keuck, G. (2002), Haeckel's ABC of evolution and development. *Biological Reviews* 77: 495-528.

[238] Richmond, B. G., Begun, D. R., & Strait, D. S. (2001), Origin of human bipedalism: The knuckle-walking hypothesis revisited. *Yearbook of Physical Anthropology* 44: 70-105.

[239] Ridley, Mark (1983), *The Explanation of Organic Diversity, The Comparative Method and Adaptations for Mating.* Clarendon Press/Oxford University Press, Oxford.

[240] Ridley, Mark (1986), Embryology and classical zoology in Great Britain. Dans *A History of Embryology: The Eighth Symposium of the British Society for Developmental Biology* (Horder, T. J., Witkowski, J., & Wylie, C. C., éds.), p. 35-67, Cambridge University Press, Cambridge.

[241] Ridley, Mark (2000), *Mendel's Demon: Gene Justice and the Complexity of Life*. Weidenfeld & Nicolson, Londres.

[242] Ridley, Matt (1993), *The Red Queen: Sex and the Evolution of Human Nature*. Viking, Londres.

[243] Ridley, Matt (2003), *Nature Via Nurture: Genes, Experience and What Makes Us Human*. Fourth Estate, Londres.

[244] Rodríguez-Trelles, F., Tarrío, R., & Ayala, F. J. (2002), A methodological bias toward overestimation of molecular evolutionary time scales. *Proceedings of the National Academy of Sciences of the USA* 99: 8112-8115.

[245] Rokas, A. & Holland, P. W. H. (2000), Rare genomic changes as a tool for phylogenetics. *Trends in Ecology and Evolution* 15: 454-459.

[246] Roos, C. & Geissmann, T. (2001), Molecular phylogeny of the major hylobatid divisions. *Molecular Phylogenetics and Evolution* 19: 486-494.

[247] Ruiz-Trillo, I., Paps, J., Loukota, M., *et al.* (2002), A phylogenetic analysis of myosin heavy chain type II sequences corroborates that Acoela and Nemertodermatida are basal bilaterians. *Proceedings of the National Academy of Sciences of the USA* 99: 11246-11251.

[248] Ruppert, E. E. & Barnes, R. D. (1994), *Invertebrate Zoology*. Saunders College Publishing, Fort Worth, 6e éd.

[249] Sacks, O. (1996), *The Island of the Colour-blind and Cycad Island*. Picador, Londres. (Trad. fr. : *L'Île en noir et blanc*. Le Seuil, Paris, 1997.)

[250] Saffhill, R., Schneider-Bernloer, H., Orgel, L. E., & Spiegelman, S. (1970), *In vitro* selection of bacteriophage Q ribonucleic acid variants resistant to ethidium bromide. *Journal of Molecular Biology* 51: 531-539.

[251] Sánchez-Villagra, M. R. (2001), The phylogenetic relationships of argyrolagid marsupials. *Zoological Journal of the Linnean Society* 131: 481-496.

[252] Sansom, I. J., Smith, M. M., & Smith, M. P. (2001), The Ordovician radiation of vertebrates. Dans *Major Events in Early Vertebrate Evolution* (Ahlberg, P. E., éd.), chap. 10, Taylor and Francis, Londres.

[253] Schluter, D. (2000), *The Ecology of Adaptive Radiation*. Oxford University Press, Oxford.

[254] Schmitz, J., Ohme, M., & Zischler, H. (2001), SINE insertions in cladistic analyses and the phylogenetic affiliations of *Tarsius bancanus* to other primates. *Genetics* 157: 777-784.

[255] Schopf, J. W. (1999), *Cradle of Life, The Discovery of Earth's Earliest Fossils*. Princeton University Press, Princeton, N. J.

[256] Schussler, D., Schwarzott, C., & Walker, A. (2001), A new phylum, the Glomeromycota: Phylogeny and evolution. *Mycological Research* 105: 1413-1421.

[257] Scotese, C. R. (2001), *Atlas of Earth History*, vol. 1, Palaeography. PALEOMAP project, Arlington, Texas.

[258] Seehausen, O. & van Alphen, J. J. M. (1998), The effect of male coloration on female mate choice in closely related Lake Victoria cichlids (*Haplochromis nyererei* complex). *Behavioral Ecology and Sociobiology* 42: 1-8.

[259] Senut, B., Pickford, M., Gommery, D., *et al.* (2001), First hominid from the Miocene (Lukeino Formation, Kenya). *Comptes rendus de l'Academie des sciences, Series IIA- Earth and Planetary Science* 332: 137-144.

[260] Sepkoski, J. J. (1996), Patterns of Phanerozoic extinction: A perspective from global databases. Dans *Global Events and Event Stratigraphy in the Phanerozoic* (Walliser, O. H., éd.), p. 35-51, Springer-Verlag, Berlin.

[261] Shapiro, B., Sibthorpe, D., Rambaut, A., *et al.* (2002), Flight of the dodo. *Science* 295: 1683.

[262] Sheets-Johnstone, M. (1990), *The Roots of Thinking*. Temple University Press, Philadelphie.

[263] Shirai, S. (1996), Phylogenetic interrelationships of neoselachians (Chondrichthyes: Euselachii). Dans *Interrelationships of Fishes* (Stiassny, M. L. J., Parenti, L. R., & Johnsson, G. D., éds.), p. 9-34, Academic Press, San Diego.

[264] Shu, D. G., Luo, H. L., Conway-Morris, S., *et al.* (1999), Lower Cambrian vertebrates from south China. *Nature* 402: 42-46.

[265] Sibley, C. G. & Monroe, B. L. (1990), *Distribution and Taxonomy of Birds of the World*. Yale University Press, New Haven.

[266] Simpson, G. G. (1980), *Splendid Isolation: The Curious History of South American Mammals*. Yale University Press, New Haven.

[267] Slack, J. M. W., Holland, P. W. H., & Graham, C. F. (1993), The zootype and the phylotypic stage. *Nature* 361: 490-492.

[268] Smith, D. C. (1979), From extracellular to intracellular: The establishment of a symbiosis. Dans *The Cell as a Habitat* (Richmond, M. H. & Smith, D. C., éds.), Royal Society of London, Londres.

[269] Smolin, L. (1997), *The Life of the Cosmos*. Weidenfeld & Nicolson, Londres.

[270] Southwood, T. R. E. (2003), *The Story of Life*. Oxford University Press, Oxford.

[271] Springer, M. S., Murphy, W. J., Eizirik, E., & O'Brien, S. J. (2003), Placental mammal diversification and the Cretaceous-Tertiary boundary. *Proceedings of the National Academy of Sciences of the USA* 100: 1056-1061.

[272] Springer, M. S., Westerman, M., Kavanagh, J. R., *et al.* (1998), The origin of the Australasian marsupial fauna and the phylogenetic affinities of the enigmatic monito del monte and marsupial mole. *Proceedings of the Royal Society of London, Series B* 265: 2381-2386.

[273] Stewart, C. B. & Disotell, T. R. (1998), Primate evolution, in and out of Africa. *Current Biology* 8: R582-R588.

[274] Stringer, C. (2003), Human evolution, out of Ethiopia. *Nature* 423: 692-695.

[275] Sumper, M. & Luce, R. (1975), Evidence for *de novo* production of self-replicating and environmentally adapted RNA structures by bacteriophage Qß replicase. *Proceedings of the National Academy of Sciences of the USA* 72: 162-166.

[276] Sutherland, J. L. (1933), Protozoa from Australian termites. *Quarterly Journal of Microscopic Science* 76: 145-173.

[277] Swift, J. (1733), *Poetry, A Rhapsody.*

[278] Syed, T. & Schierwater, B. (2002), *Trichoplax adhaerens*: discovered as a missing link, forgotten as a hydrozoan, rediscovered as a key to metazoan evolution. *Vie et Milieu* 52: 177-187.

[279] Takezaki, N., Figueroa, F., Zaleska-Rutczynska, Z., & Klein, J. (2003), Molecular phylogeny of early vertebrates: Monophyly of the agnathans as revealed by sequences of 35 genes. *Molecular Biology and Evolution* 20: 287-292.

[280] Tamm, S. L. (1982), Flagellated endosymbiotic bacteria propel a eukaryotic cell. *Journal of Cell Biology* 94: 697-709.

[281] Tavaré, S., Marshall, C. R., Will, O., *et al.* (2002), Using the fossil record to estimate the age of the last common ancestor of extant primates. *Nature* 416: 726-729.

[282] Taylor, C. R. & Rowntree, V. J. (1973), Running on two or four legs: which consumes more energy? *Science* 179: 186-187.

[283] Telford, M. J., Lockyer, A. E., Cartwright-Finch, C., & Littlewood, D. T. J. (2003), Combined large and small subunit ribosomal RNA phylogenies support a basal position of the acoelomorph flatworms. *Proceedings of the Royal Society of London: Biological Sciences* 270: 1077-1083.

[284] Templeton, A. R. (2002), Out of Africa again and again. *Nature* 416: 45-51.

[285] Thomson, K. S. (1991), *Living Fossil: The Story of the Coelacanth.* Hutchinson Radius, Londres.

[286] Trivers, R. L. (1972), Parental investment and sexual selection. Dans *Sexual Selection and the Descent of Man* (Campbell, B., éd.), p. 136-179, Aldine, Chicago.

[287] Trut, L. N. (1999), Early canid domestication: The farm-fox experiment. *American Scientist* 87: 160-169.

[288] Tudge, C. (1998), *Neanderthals, Bandits and Farmers: How Agriculture Really Began.* Weidenfeld & Nicolson, Londres. (Trad. fr. : *Néandertaliens, bandits et fermiers : les origines de l'agriculture.* Cassini, Paris, 2002.)

[289] Tudge, C. (2000), *The Variety of Life.* Oxford University Press, Oxford.

[290] Turbeville, J. M. (2002), Progress in nemertean biology: Development and phylogeny. *Integrative and Comparative Biology* 42: 692-703.

[291] Valentine, J. W. (2002), Prelude to the Cambrian explosion. *Annual Review of Earth and Planetary Sciences* 30: 285-306.

[292] Van Schaik, C. P., Ancrenaz, M., Borgen, G., *et al.* (2003), Orangutan cultures and the evolution of material culture. *Science* 299: 102-105.

[293] Van Tuinen, M., Sibley, C. G., & Hedges, S. B. (2000), The early history of modern birds inferred from DNA sequences of nuclear and mitochondrial genomes. *Molecular Biology and Evolution* 17: 451-457.

[294] Venkatesh, B., Erdmann, M. V., & Brenner, S. (2001), Molecular synapomorphies resolve evolutionary relationships of extant jawed verte-

brates. *Proceedings of the National Academy of Sciences of the USA* 98: 11382-11387.

[295] Verheyen, E., Salzburger, W., Snoeks, J., & Meyer, A. (2003), Origin of the superflock of cichlid fishes from Lake Victoria, East Africa. *Science* 300: 325-329.

[296] Vine, F. J. & Matthews, D. H. (1963), Magnetic anomalies over oceanic ridges. *Nature* 199: 947-949.

[297] Wada, H. & Satoh, N. (1994), Phylogenic relationships among extant classes of echinoderms, as inferred from sequences of 18S rDNA, coincide with relationships deduced from the fossil record. *Journal of Molecular Evolution* 38: 41-49.

[298] Wake, D. B. (1997), Incipient species formation in salamanders of the *Ensatina* complex. *Proceedings of the National Academy of Sciences of the USA* 94: 7761-7767.

[299] Walker, G. (2003), *Snowball Earth: The Story of the Great Global Catastrophe That Spawned Life As We Know It.* Bloomsbury, Londres.

[300] Ward, C. V., Walker, A., & Teaford, M. F. (1991), *Proconsul* did not have a tail. *Journal of Human Evolution* 21: 215-220.

[301] Weinberg, S. (1993), *Dreams of a Final Theory*. Hutchinson Radius, Londres. (Trad. fr. : *Le Rêve d'une théorie ultime*. Odile Jacob, Paris, 1997.)

[302] Weiner, J. (1994), *The Beak of the Finch*. Jonathan Cape, Londres.

[303] Wesenberg-Lund, C. (1930), Contributions to the biology of the Rotifera. Part II. The periodicity and sexual periods. *Det Kongelige Danske Videnskabers Selskabs Skrifter* 9, II: 1-230.

[304] West, G. B., Brown, J. H., & Enquist, B. J. (2000), The origin of universal scaling laws in biology. Dans *Scaling in Biology* (Brown, J. H. & West, G. B., éds.), Oxford University Press, Oxford.

[305] West-Eberhard, M. J. (2003), *Developmental Plasticity and Evolution*. Oxford University Press, New York.

[306] Westoll, T. S. (1949), On the evolution of the Dipnoi. Dans *Genetics, Paleontology and Evolution* (Jepsen, G. L., Mayr, E., & Simpson, G. G., éds.), p. 121-188, Princeton University Press, Princeton, N.J.

[307] Wheeler, J. A. (1990), Information, physics, quantum: The search for links. Dans *Complexity, Entropy, and the Physics of Information* (Zurek, W. H., éd.), p. 3-28, Addison-Wesley, New York.

[308] White, T. D., Asfaw, B., DeGusta, D., *et al.* (2003), Pleistocene *Homo sapiens* from Middle Awash, Ethiopia. *Nature* 423: 742-747.

[309] White, T. D., Suwa, G., & Asfaw, B. (1994), *Australopithecus ramidus*, a new species of early hominid from Aramis, Ethiopia. *Nature* 371: 306-312.

[310] Whiten, A., Goodall, J., McGrew, W. C., *et al.* (1999), Cultures in chimpanzees. *Nature* 399: 682-685.

[311] Williams, G. C. (1975), *Sex and Evolution*. Princeton University Press, Princeton, N.J.

[312] Williams, G. C. (1992), *Natural Selection: Domains, Levels and Challenges*. Oxford University Press, Oxford.

[313] Wilson, E. O. (1992), *The Diversity of Life*. Harvard University Press, Cambridge, Mass. (Trad. fr. : *La Diversité de la vie*. Odile Jacob, Paris, 1993.)

[314] Wilson, H. V. (1907), On some phenomena of coalescence and regeneration in sponges. *Journal of Experimental Zoology* 5: 245-258.

[315] Winchell, C. J., Sullivan, J., Cameron, C. B., *et al.* (2002), Evaluating hypotheses of deuterostome phylogeny and chordate evolution with new LSU and SSU ribosomal DNA data. *Molecular Biology and Evolution* 19: 762-776.

[316] Woese, C. R., Kandler, O., & Wheelis, M. L. (1990), Towards a natural system of organisms: Proposal for the domains Archaea, Bacteria, and Eucarya. *Proceedings of the National Academy of Sciences of the USA* 87: 4576-4579.

[317] Wolpert, L. (1991), *The Triumph of the Embryo*. Oxford University Press, Oxford. (Trad. fr. : *Le Triomphe de l'embryon*. Dunod, Paris, 1992.)

[318] Wolpert, L., Beddington, R., Brockes, J., *et al.* (1998), *Principles of Development*. Current Biology/Oxford University Press, Londres/Oxford. (Trad. fr. : *Biologie du développement : les grands principes*. Dunod, Paris, 2004.)

[319] Wray, G. A., Levinton, J. S., & Shapiro, L. H. (1996), Molecular evidence for deep Precambrian divergences among metazoan phyla. *Science* 274: 568-573.

[320] Xiao, S. H., Yuan, X. L., & Knoll, A. H. (2000), Eumetazoan fossils in terminal Proterozoic phosphorites? *Proceedings of the National Academy of Sciences of the USA* 97: 13684-13689.

[321] Yeats, W. B. (1984), *The Poems* (Finneran, R. J., éd.). Macmillan, Londres.

[322] Yoder, A. D. & Yang, Z. (2004), Divergence dates for Malagasy lemurs estimated from multiple gene loci: Geological and evolutionary context. *Molecular Ecology* 13: 757-773.

[323] Zahavi, A. & Zahavi, A. (1997), *The Handicap Principle*. Oxford University Press, Oxford.

[324] Zardoya, R. & Meyer, A. (2000), Mitochondrial evidence on the phylogenetic position of caecilians (Amphibia: Gymnophiona). *Genetics* 155: 765-775.

[325] Zardoya, R. & Meyer, A. (2001), On the origin of and phylogenetic relationships among living amphibians. *Proceedings of the National Academy of Sciences of the USA* 98: 7380-7383.

[326] Zhu, M. & Yu, X. (2002), A primitive fish close to the common ancestor of tetrapods and lungfish. *Nature* 418: 767-770.

[327] Zuckerkandl, E. & Pauling, L. (1965), Evolutionary divergence and convergence in proteins. Dans *Evolving genes and proteins* (Bryson, V. & Vogels, H. J., éds.), p. 97-166, Academic Press, New York.

Crédits des illustrations

Les nombres entre crochets renvoient aux sources citées dans la bibliographie.

60. Dessin de foule, reproduit avec l'aimable autorisation du Pr Robert Winson.

73. Arbre généalogique de la famille de la reine Victoria par Yan Wong.

85. Nouveau modèle de l'évolution humaine, dans A. R. Templeton [284], fig. 1. Reproduit avec l'aimable autorisation de Nature Publishing Group.

109. Graphique en nuage de points représentant le rapport log poids du cerveau/log poids du corps, dans R. D. Martin *et al.* [185], fig. 1. Reproduit avec l'aimable autorisation de Nature Publishing Group.

117. QE, ou indice « cérébral » par Yan Wong.

154. Hypothèse synthétique de l'évolution des primates catarrhiniens. D'après C. B. Stewart et T. R. Disotell [273], fig. 2. Copyright 1998, avec l'autorisation d'Elsevier.

164, 166. Arbres sans racine par Yan Wong ; cladogramme avec racine par Yan Wong.

171, 172, 175. Diagrammes de Chaucer par Yan Wong, fondés sur des données de [46].

176. Diagramme de données « confidentielles », dans T. Geissmann [100], fig. 1.6. Reproduit avec l'autorisation de Wiley-Liss, Inc. Branche de John Wiley & Sons, Inc.

177. Arbre de vraisemblance maximale sans racine. Reproduit de C. Ross & T. Geissmann [246], fig. 2c. Copyright 2001, avec l'autorisation d'Elsevier.

205. Squelette de tarsier par Stephen D. Nash, dans *Primate Adaptation and Evolution*, de John D. Fleagle, 2e édition, Academic Press, San Diego (1999), fig. 4.25.

259. Graphique d'après les données de R. D. Alexander *et al.* [5].

264. Masse des testicules/masse corporelle, dans P. H. Harvey & M. D. Pagel [132], fig. 1.3.

292. Diagramme du cerveau, de Penfield, dans [222].

301. Moloncululus, dans K. C. Catania & J. H. Kaas [41]. Reproduit avec l'autorisation de Wiley-Liss, Inc. Branche de John Wiley & Sons, Inc.

306. Diagramme des taux d'extinction, dans J. J. Sepkoski [260].

357. Diagramme de l'expansion du fond des océans, redessiné par Ken Wilson.

393. Position phylogénétique des cécilies, dans R. Zardoya & A. Meyer [324], fig. 4c.

522. *Thaumatoxena andrienii silvestri*, de R. H. L. Disney & D. H. Kistner, « Revision of the termitophilous Thaumatoxeninae (Diptera : Phoridae) », *Journal of Natural History* (1992) 26 : 953-991.

524. Reconstitution d'*Hallucigenia*, avec l'aimable autorisation du Dr Derek J. Siveter, Oxford University Museum of Natural History. Dans [136].

526. *Opabinia*, par Marianne Collins dans [108]. Utilisé avec l'autorisation du Random House Group Ltd.

557. Harpon de cnidaire. Avec l'aimable autorisation de BIODIDAC (biodidac.bio.uottawa.ca).

582. Diagramme d'une portion de paroi d'éponge, dans R. C. Brusca & G. J. Brusca, *Invertebrates*, 2e éd., Sinauer Associates Inc. (2003). Dessiné à partir de l'original par Tim Brown.

583. Espèce de choanoflagellé à tige ; dans J. N. Farmer, *The Protozoa*, C. V. Mosby Co., Saint Louis (1980). Université de Birmingham.

605. Diagramme de Deep Green ; reproduit avec l'aimable autorisation de Brent Mishler, Department of Integrative Biology, université de Californie, Berkeley.

607. Nuage de points de la loi de Kleiber, dans West, Brown & Enquist [304], fig. 2. Diagramme dans Hemmingsen, « Energy meta as related to body size », *Rep. Steno. Mem. Hosp.*, Copenhague : 1-100 (1960). Dessiné à partir de l'original par Tow White.

626. Phylogénie consensuelle des eucaryotes, © S. L. Baldauf. Mise à jour dans l'original de [13], fig. 1.

634. Diagramme de mixotriche dans L. R. Cleveland & A. V. Grimstone [49].

660. Vue moderne de l'arbre du vivant. Modifié de S. Gribaldo & H. Philippe [113], fig. 5. Copyright 2002, avec l'autorisation d'Elsevier.

700. Paysage des yeux, dessiné par L. Ward, d'après l'original de M. F. Land, dans R. Dawkins [71].

Crédits des cahiers photos

Ill. 1. Publié avec l'aimable autorisation de l'*International Commission on Stratigraphy*.

Ill. 2. Coancêtre 1, © Moonrunner Design.

Ill. 3. Baobabs, © Thomas Pakenham.

Ill. 4. Arbre d'Haekel [119].

Ill. 5. *Homunculus* sensoriel, © Natural History Museum, Londres.

Ill. 6. Diagramme des reptiles mammaliens, dans T. Kemp [151].

Ill. 7. Carte paléographique par Christopher R. Scotesc, © 2003 PALEO-MAP Project (www.scotese.com).

Ill. 8. Réseau d'haplotypes sans racine du supercheptel des haplochromines, dans Verheyen et *al.* Reproduit avec autorisation de [295], fig. 3c. Copyright 2003 AAS.

Ill. 9. Coancêtre 16, © Moonrunner Design.

Ill. 10. Photo de Condoleezza Rice, de Colin Powell, du président Bush et de Donald Rumsfeld, Associated Press.

Ill. 11. Photo de Colin Powell et du président Daniel Arap Moi, Associated Press.

Ill. 12. Coancêtre 31, © Moonrunner Design.

Ill. 13. Colocanthe, Peter Scoones/Science Photo Library.

Ill. 14. Dragon de mer feuillu, Paul Zahl/Science Photo Library.

Ill. 15. Ascidie © B. Jones & M. Shimlock/NHPA.

Ill. 16. Fourmis coupe-feuilles, © Michael & Patricia Fogden/Minder Pictures.

Ill. 17. *Drosophila melanogaster*, dans P. A. Lawrence, *The Making of a Fly*, Blackwell Science (1992), planche 5.1.

Ill. 18. Dickinsonia costa, tous droits réservés par J. H. Gehling, South Australian Museum.

Ill. 19. Labres (*Labroides L. dimidiatus*) s'affairant à nettoyer un *Pampeneus rubescens*, Georgette Downma/naturepl.com.

Ill. 20. Ceinture de Vénus, un type particulier de peigne de mer ; Sinclair Stammers/Science Photo Library.

Ill. 21. Éponge de verre, © The Natural History Museum, Londres.

Ill. 22. Satyres puants, Vaughan Fleming/Science Photo Library.

Ill. 23. Coancêtre 36, © Moonrunner Design.

Ill. 24. Dans le sens des aiguilles d'une montre : photo d'une vue latérale de *Nautilus pompilius*, montrant un œil « en trous d'épingle » ; © Natural History Museum, Londres. Scanner au microscope électronique d'un œil de trilobite fossile, VVG/Science Photo Library. Scanner au microscope électronique montrant l'œil composé d'une mouche noire simulie, © Natural History Museum, Londres. Œil de poisson-perroquet arrêtant la lumière, © B. Jones & M. Shimlock/NHPA. Œil de grand-duc de Virginie, Simon Fraser/Science Photo Library.

Index

B

C

D

E

F

G

H

I

J

K

L

N

O

P

Q

R

S

U

V

W

X

Y

Z

Remerciements

C'est Anthony Cheetham, fondateur des Éditions Orion Books, qui m'a décidé à écrire ce livre. Son changement d'affectation avant la publication de mon ouvrage explique le retard inadmissible que j'ai pris à le terminer. Michael Dover a pris ce contretemps avec humour et courage, et il m'a toujours stimulé par sa compréhension vive et intelligente de mon projet. Parmi ses nombreuses bonnes décisions, la meilleure a été d'engager en freelance Latha Menon au titre de responsable éditoriale. Comme pour *A Devil's Chaplain*, le soutien de Latha a dépassé toutes mes attentes. Sa perception de l'ensemble et des détails, son savoir encyclopédique, son amour de la science et son engagement désintéressé pour mettre ce livre en valeur m'ont aidé et ont enrichi sa réalisation au-delà de tout ce que je pourrais dire. Chez Houghton Mifflin, Eamon Dolan a rapidement établi entre la responsable de l'édition et l'auteur ce rapport cordial qui transforme un simple business en un vrai plaisir.

Mon assistant de recherche, Yan Wong, s'est profondément investi à chaque étape de l'organisation, des recherches et de la rédaction de ce livre. Ses ressources et sa familiarité avec la biologie moderne n'ont eu d'égal que sa main verte en informatique. Si j'ai joué ici avec gratitude le rôle d'apprenti, on peut dire qu'il a été mon apprenti avant que je ne sois le sien, car j'ai été son tuteur au *New College*. Il a ensuite fait son doctorat sous la direction d'Alan Grafen, qui avait été mon propre étudiant de doctorat, si bien qu'on pourrait dire que Yan a été, étudiant, un peu comme mon fils et petit-fils. Tant en apprenti qu'en maître, la qualité de sa contribution a été telle que, pour certains messages, j'ai insisté pour le citer en tant que coauteur.

Quand Yan est parti pour faire le tour de la Patagonie à vélo, ce livre a énormément bénéficié dans ses dernières étapes des connaissances extraordinaires de Sam Turvey en zoologie et du zèle méticuleux qu'il a déployé pour les y intégrer.

Toutes sortes de conseils et d'aide me sont venus généreusement de la part de Michael Yudkin, Mark Griffith, Steve Simpsons, Angela Douglas, George McGavin, Jack Pettigrew, George Barlow, Colin Blakemore, John Mollon, Henry Bennett-Clark, Robin Elisabeth Cornwell, Lindell Bromham, Mark Sutton, Bethia Thomas, Eliza Howlett, Tom Kemp, Malgosia Nowak-Kemp, Richard Fortey, Derek Siveter, Alex Freeman, Nicky Warren, A. V. Grimstone, Alan Cooper, et particulièrement Christine DeBlase-Ballstadt. Je remercie profondément Mark Ridley et Peter Holland qui, engagés par les éditeurs pour une relecture critique, m'ont donné des conseils particulièrement pertinents. Quant aux défauts qui restent, la responsabilité qui incombe classiquement aux auteurs s'impose plus que jamais en ce qui me concerne.

Comme toujours, je sais gré à Charles Simonyi de sa générosité imaginative. Et une fois de plus, Lalla Ward, mon épouse, a été mon soutien et ma force.

Richard DAWKINS

Composé par Nord Compo
à Villeneuve-d'Ascq

Achevé d'imprimer par Normandie Roto Impression s.a.s.
61250 Lonrai

N° d'édition : 48801-03. – N° d'impression : 08-1117
Dépôt légal : octobre 2007
Imprimé en France